Taissija I. Trofimowa

Physik

Taissija I. Trofimowa

Physik

Aus dem Russischen übersetzt von
Thomas Routschek, Frank Popielas
und Steffen Reberg

Die Deutsche Bibliothek – CIP-Einheitsaufnahme

Trofimowa, Taisija I.:
Physik / Taissija I. Trofimowa. Aus dem Russ. übers. von
Thomas Routschek ... – Braunschweig; Wiesbaden:
Vieweg, 1997
    Einheitssacht.: Kurs fiziki ⟨dt.⟩

Titel der Originalausgabe:

Т. И. Трофимова
Курс физики

4. überarbeitete Auflage 1997
Verlag „Vysšaja škola", Moskau

http://www.vieweg.de

Das vorliegende Werk wurde sorgfältig erarbeitet. Dennoch übernehmen Autor und Verlag für die
Richtigkeit von Angaben, Hinweisen und Ratschlägen sowie für eventuelle Druckfehler keine
Haftung.
Die Wiedergabe von Gebrauchsnamen, Handelsnamen, Warenbezeichnungen usw. in diesem Buch
berechtigt auch ohne besondere Kennzeichnung nicht zu der Annahme, daß solche Namen im Sinne
der Warenzeichen- und Markenschutz-Gesetzgebung als frei zu betrachten wären und daher von
jedermann benutzt werden dürften.

Gedruckt auf säurefreiem Papier
Satz und Layout: Verlag MIR, Moskau

ISBN-13: 978-3-528-06679-6   e-ISBN-13: 978-3-322-87254-8
DOI: 10.1007/978-3-322-87254-8

Vorwort

Das vorliegende Lehrbuch richtet sich an Teilnehmer von Physikkursen an den technischen Hochschulen.

Durch eine sorgfältige Auswahl und knappe Darlegung des Lehrstoffes konnte der Umfang des Lehrbuches auf ein Minimum reduziert werden.

Das Lehrbuch besteht aus sieben Teilen. Im ersten Teil werden physikalische Grundlagen der klassischen Mechanik dargelegt sowie Elemente der Speziellen Relativitätstheorie behandelt. Der zweite Teil ist den Grundlagen der statistischen Physik und der Thermodynamik gewidmet. Im dritten Teil werden die Elektrostatik, der elektrische Gleichstrom und der Elektromagnetismus untersucht. Im vierten Teil, der der Schwingungs- und der Wellentheorie gewidmet ist, werden die mechanischen und elektromagnetischen Schwingungen parallel betrachtet. Der Verfasser weist auf Ähnlichkeiten und Unterschiede hin und vergleicht physikalische Prozesse, die bei jeweiligen Schwingungen ablaufen. Der fünfte Teil behandelt Elemente der geometrischen und der elektronischen Optik sowie die Wellenoptik und die gequantelte Natur der Strahlung. Der sechste Teil ist den Elementen der Quantenphysik der Atome, Moleküle und Festkörper gewidmet. Im siebenten Teil werden Elemente der Atomkern- und Elementarteilchenphysik dargelegt.

Der Lehrstoff wird ohne aufwendige mathematische Formeln und Berechnungen dargelegt. Im Vordergrund standen der physikalische Kern der Erscheinungen sowie die diese beschreibenden Begriffe und Gesetze. Auf die Kontinuität der heutigen und der klassischen Physik wird mit Nachdruck hingewiesen. Sämtliche biographischen Daten stammen aus dem Buch „Die Physikwissenschaftler" von J. A. Chramow (Moskau: Verlag Nauka, 1983). Dieser Physikkursus ist für Studenten an technischen Hochschulen mit einer begrenzten Zahl an Physikstunden gedacht, kommt jedoch auch für das Fern- und Abendstudium in Frage.

Die Autorin bedankt sich sehr bei allen Kollegen und Lesern sowie den Lehrstühlen für Physik am Maschinenbauinstitut Kurgan und an der Uraler Staatlichen Technischen Universität für wohlwollende Kritiken, die zu einer Verbesserung des vorliegenden Lehrbuches beitrugen.

Taissija I. Trofimowa
Moskau

Inhaltsverzeichnis

Teil 2 Grundlagen der statistischen Physik und Thermodynamik 61

Teil 3 Elektrizität und Elektromagnetismus 109

Teil 4   Schwingungen und Wellen   189

Teil 5 Optik. Quantennatur der Strahlung   227

Einleitung

Gegenstand der Physik und ihre Verbindung mit anderen Bereichen der Wissenschaft

Materie stellt die uns umgebende Welt, alles um uns herum Existierende und von uns mit den Sinnesorganen Wahrgenommene dar. Eine untrennbare Eigenschaft der Materie ist ihre Bewegung, die eine ihrer Existenzformen darstellt. Eine Bewegung im weiteren Sinne des Wortes ist eine beliebige Veränderung der Materie, angefangen von einfachen Verschiebungen bis hin zu kompliziertesten Denkprozessen.

Die verschiedenen Bewegungsformen der Materie werden von verschiedenen Wissenschaften untersucht, unter anderem auch von der Physik. Das Stoffgebiet der Physik kann, wie übrigens auch im Falle jeder anderen Wissenschaft, nur durch ihre detaillierte Darlegung erfaßt werden. Es ist recht schwierig, eine strenge Definition der Physik anzugeben, da die Grenzen zwischen der Physik und einer Reihe angrenzender Disziplinen nur relativ sind. Bei ihrem heutigen Entwicklungsstand kann man die Physik nicht mehr nur als eine Lehre von der Natur definieren.

Von A. Joffe (1880–1960; russischer Physiker) wurde die Physik als eine Wissenschaft definiert, in der die allgemeinen Eigenschaften und Bewegungsgesetze von Stoffen und Feldern untersucht werden. Heutzutage ist es allgemein anerkannt, daß alle Wechselwirkungen über Felder realisiert werden, zum Beispiel über Gravitationsfelder, elektromagnetische Felder oder Felder von Kernkräften. Das Feld stellt neben dem Stoff eine Existenzform der Materie dar. Den untrennbaren Zusammenhang zwischen Feld und Stoff sowie die Unterschiede in ihren Eigenschaften werden wir im Verlauf des Studiums des Physikkurses betrachten.

Die Physik ist die Wissenschaft von den einfachsten und damit zugleich allgemeinsten Bewegungsformen der Materie und ihren wechselseitigen Umwandlungen. Die im Rahmen der Physik untersuchten Bewegungsformen der Materie (mechanische Bewegung, Wärmebewegung u. a.) sind in allen höheren und komplizierteren Bewegungsformen der Materie (chemischen, biologischen u. a.) anzutreffen. Sie sind deshalb als einfachste Bewegungsformen zugleich auch die allgemeinsten Bewegungsformen der Materie. Die höheren und komplizierteren Bewegungsformen der Materie stellen den Gegenstand anderer Wissenschaften dar (Chemie, Biologie u. a.).

Die Physik ist eng mit den anderen Naturwissenschaften verbunden. Diese enge Verbindung zwischen Physik und anderen Bereichen der Naturwissenschaften führt dazu, daß die Physik die Astronomie, Geologie, Chemie, Biologie und andere Naturwissenschaften grundlegend durchdrungen hat. Im Ergebnis dessen entstand eine Reihe neuer interdisziplinärer Wissenschaften wie die Astrophysik, die Geophysik, die physikalische Chemie, die Biophysik u. a.

Die Physik ist ebenfalls eng mit der Technik verbunden, und zwar in doppelter Hisicht. Die Physik entwickelte sich aus den Bedürfnissen der Technik (zum Beispiel wurde die Entwicklung der Mechanik im alten Griechenland durch die Anforderungen der Bau- und Kriegstechnik der damaligen Zeit hervorgerufen), die Technik bestimmt ihrerseits die Forschungsrichtungen der Physik (zum Beispiel rief seinerzeit die Aufgabe der Entwicklung wirtschaftlicher Wärmemaschinen eine stürmische Entwicklung der Thermodynamik hervor). Andererseits ist das technische Entwicklungsniveau der Produktion von der Physik abhängig. Die Physik war und ist die Basis zur Schaffung neuer Bereiche der Technik (Elektronik, Kerntechnik u. a.).

Das stürmische Entwicklungstempo der Physik und ihre wachsenden Verbindungen mit der Technik weisen auf die Rolle der Physikausbildung an technischen Hochschulen hin: Sie ist die Grundlage für die technische Ausbildung des Ingenieurs, ohne die seine Tätigkeit unmöglich ist.

Einheiten physikalischer Größen

Die grundlegende Forschungsmethode der Physik ist das auf dem sinnlich-empirischen Erkennen der objektiven Realität beruhende **Experiment**, d. h. die Beobachtung der zu untersuchenden Erscheinungen unter genau zu berücksichtigenden Bedingungen, die es gestatten, den Lauf der Erscheinungen zu verfolgen und das Experiment bei Wiederholung dieser Bedingungen mehrfach zu reproduzieren.

Zur Erklärung der experimentellen Fakten werden Hypothesen aufgestellt. Eine **Hypothese** ist eine wissenschaftliche Annahme, die zur Erklärung einer Erscheinung getroffen wurde. Sie bedarf der experimentellen Bestätigung und der theoretischen Begründung, um zu einer zuverlässigen wissenschaftlichen Theorie zu werden.

Als Ergebnis der Verallgemeinerung experimenteller Fakten sowie der menschlichen Tätigkeit werden **physikalische Gesetze** aufgestellt. Das sind sich beständig wiederholende, in der Natur existierende objektive Gesetzmäßigkeiten. Die größte Bedeutung besitzen Gesetze, die physikalische Größen miteinander verbinden. Diese Größen müssen dazu gemessen werden. Die Messung von physikalischen Größen ist ein mit Hilfe von Meßinstrumenten ausgeführter Vorgang zur Ermittlung des Wertes einer physikalischen Größe in den verwendeten Einheiten. Die Einheiten physikalischer Größen können beliebig gewählt werden, dabei entstehen jedoch Schwierigkeiten bei ihrem Vergleich. Deshalb ist es zweckmäßig, ein Einheitensystem einzuführen, das die Einheiten aller physikalischen Größen umfaßt und sie zu handhaben erlaubt.

Zur Erstellung eines Einheitensystems wählt man beliebig die Einheiten einer festen Anzahl voneinander unabhängiger physikalischer Größen. Diese Größen werden als **Basisgrößen** bezeichnet. Die restlichen Größen und ihre Einheiten werden aus Gesetzen abgeleitet, die diese Größen mit den Basisgrößen verbinden. Man nennt sie **abgeleitete Größen**.

International zugrundegelegt wird das Internationale Einheitensystem (SI). Es beruht auf sieben Basiseinheiten – dem Meter, dem Kilogramm, der Sekunde, dem Ampere, dem Kelvin, dem Mol, der Candela – und zwei ergänzenden Einheiten – dem Radiant und dem Steradiant.

Der **Meter** (m) ist die Weglänge, die Licht im Vakuum in 1/299 792 458 s zurücklegt.

Das **Kilogramm** (kg) ist die Masse des internationalen Kilogramm-Prototyps (eines Platin-Iridium-Zylinders, der im Internationalen Büro für Maße und Gewichte in Sèvres bei Paris aufbewahrt wird).

Die **Sekunde** (s) ist die Zeitdauer von 9 192 631 770 Perioden der dem Übergang zwischen zwei Hyperfeinstrukturniveaus des Grundzustandes des Atoms Cäsium-133 entsprechenden Strahlung.

Das **Ampere** (A) ist die Stromstärke eines gleichbleibenden Stroms, der bei Durchfließen von zwei parallelen geradlinigen unendlich langen Leitern von vernachlässigbar kleinem Querschnitt, die sich im Vakuum in einer Entfernung von 1 m voneinander befinden, eine zwischen den Leitern wirkende Kraft von $2 \cdot 10^{-7}$ N auf jeden Meter Länge hervorruft.

Das **Kelvin** (K) ist der 1/273,16te Teil der thermodynamischen Temperatur des Tripelpunktes von Wasser.

Das **Mol** (mol) ist die Stoffmenge eines Systems, das aus so vielen Strukturelementen besteht, wie Atome in 0,012 kg des Nuklids ^{12}C enthalten sind.

Die **Candela** ist die Lichtstärke einer Strahlungsquelle, welche monochromatische Strahlung der Frequenz $540 \cdot 10^{12}$ Hz in eine bestimmte Richtung aussendet, in der die Strahlstärke 1/683 W/sr beträgt.

Der **Radiant** (rad) ist der Winkel zwischen zwei Radien eines Kreises, dessen Bogenlänge gleich dem Radius ist.

Der **Steradiant** (sr) ist der Raumwinkel mit der Spitze im Mittelpunkt einer Kugelfläche, der auf der Kugelfläche eine Fläche gleich einem Quadrat mit einer Seitenlänge vom Radius der Kugelfläche herausschneidet.

Zur Aufstellung abgeleiteter Einheiten verwendet man physikalische Gesetze, die diese mit den Basiseinheiten verbinden. Zum Beispiel ergibt sich aus der Gleichung der gleichförmigen geradlinigen Bewegung $v = s/t$ (s ist der durchlaufene Weg, t die Zeit) die abgeleitete Einheit der Geschwindigkeit zu 1 m/s.

Die **Dimension einer physikalischen Größe** ist ihr Ausdruck in den Basiseinheiten. Zum Beispiel ergibt sich ausgehend vom zweiten Newtonschen Axiom die Dimension der Kraft zu

$$[F] = [M][L][T^{-2}],$$

wobei $[M]$ die Dimension der Masse, $[L]$ die Dimension der Länge und $[T]$ die Dimension der Zeit ist.

Die Dimensionen beider Seiten einer physikalischen Gleichung müssen übereinstimmen, da physikalische Gesetze nicht von der Wahl der Einheiten der physikalischen Größen abhängen können.

Davon ausgehend kann man die Richtigkeit der erhaltenen physikalischen Gleichungen (zum Beispiel bei der Lösung von Aufgaben) überprüfen sowie die Dimensionen physikalischer Größen aufstellen.

Teil 1

Die physikalischen Grundlagen der Mechanik

Die **Mechanik** ist ein Teilgebiet der Physik, in dem die Gesetzmäßigkeiten der mechanischen Bewegung und die Ursachen, die diese Bewegung hervorrufen oder ändern, untersucht werden. Eine **mechanische Bewegung** ist die Veränderung der gegenseitigen Lage von Körpern oder deren Teilen im Laufe der Zeit.

Die Entwicklung der Mechanik als Wissenschaft begann im dritten Jahrhundert v. Chr., als der griechische Gelehrte Archimedes (287–212 v. Chr.) das Hebelgesetz und die Gesetze über das Gleichgewicht schwimmender Körper formulierte. Die grundlegenden Gesetze der Mechanik wurden von dem italienischen Physiker und Astronom G. Galilei (1564–1642) aufgestellt und in ihrer endgültigen Form von dem englischen Gelehrten I. Newton (1643–1727) formuliert.

Die Mechanik von Galilei und Newton wird als **klassische Mechanik** bezeichnet. In ihrem Rahmen werden Bewegungen makroskopischer Körper untersucht, deren Geschwindigkeiten klein im Vergleich zur Vakuum-Lichtgeschwindigkeit sind. Die Bewegungsgesetze makroskopischer Körper mit Geschwindigkeiten vergleichbar mit der Lichtgeschwindigkeit c werden von der **relativistischen Mechanik** untersucht, die auf der von A. Einstein (1879–1955) formulierten **Speziellen Relativitätstheorie** beruht. Auf die Bewegung mikroskopischer Körper (einzelner Atome und Elementarteilchen) sind die Gesetze der klassischen Mechanik nicht anwendbar – sie werden hier von den Gesetzen der **Quantenmechanik** ersetzt.

Im ersten Teil unseres Kurses beschäftigen wir uns mit der Mechanik von Galilei und Newton, d. h., wir werden Bewegungen makroskopischer Körper betrachten, deren Geschwindigkeiten beträchtlich unter der Lichtgeschwindigkeit c liegen. In der klassischen Mechanik wird von einer Konzeption von Raum und Zeit ausgegangen, welche von I. Newton ausgearbeitet wurde und die Naturwissenschaften des 17. bis 19. Jahrhunderts beherrschte. Die Mechanik von Galilei und Newton betrachtet Raum und Zeit als objektive Existenzformen der Materie. Raum und Zeit sind jedoch voneinander und von der Bewegung materieller Körper getrennt, was dem Kenntnisstand der damaligen Zeit entsprach.

Die Mechanik untergliedert man in drei Teilgebiete : 1) die Kinematik; 2) die Dynamik; 3) die Statik.

In der **Kinematik** untersucht man die Bewegung von Körpern, ohne die Ursachen, die diese Bewegung hervorrufen, zu betrachten.

In der **Dynamik** werden die Bewegungsgesetze von Körpern sowie die Ursachen, welche die Bewegung hervorrufen oder ändern, behandelt.

In der **Statik** werden die Gleichgewichtsgesetze in Systemen von Körpern untersucht.

Wenn die Bewegungsgesetze der Körper bekannt sind, kann man aus ihnen auch die Gleichgewichtsgesetze ableiten. Deshalb werden die Gesetze der Statik und der Dynamik in der Physik gemeinsam behandelt.

Kapitel 1

Grundbegriffe der Kinematik

§ 1 Modelle in der Mechanik.
Bezugssysteme.
Bahnkurve, Weglänge, Verschiebungsvektor

In der Mechanik werden zur Beschreibung der Bewegung von Körpern in Abhängigkeit von den Bedingungen der jeweiligen Aufgabe verschiedene *physikalische Modelle* benutzt. Das einfachste Modell ist der **Massenpunkt** – ein Körper mit einer Masse, dessen Ausmaße in der gegebenen Aufgabe vernachlässigt werden können. Der Massenpunkt ist ein abstrakter Begriff, seine Einführung vereinfacht jedoch die Lösung praktischer Aufgaben. Zum Beispiel kann man die Planeten bei der

Beschreibung der Bewegung auf ihren Umlaufbahnen um die Sonne als Massenpunkt betrachten.

Einen beliebigen makroskopischen Körper oder ein System von Körpern kann man gedanklich in kleine, miteinander wechselwirkende Teilsysteme zerlegen, wobei ein jedes als ein Massenpunkt betrachtet wird. Somit führt die Betrachtung eines beliebigen Systems von Körpern auf die Untersuchung eines **Systems von Massenpunkten**. In der Mechanik untersucht man zunächst die Bewegung eines Massenpunktes, danach geht man zu der Betrachtung der Bewegung eines Systems von Massenpunkten über.

Körper können durch gegenseitige Einwirkung aufeinander

deformiert werden, d. h. ihre Form und Größe ändern. Deshalb wird in der Mechanik ein weiteres Modell, der vollkommen starre Körper, eingeführt. Ein **vollkommen starrer Körper** ist ein Körper, der unter keinen Umständen deformiert werden kann und in dem der Abstand zweier Punkte (oder genauer zweier Teilchen) unverändert bleibt.

Eine beliebige Bewegung eines starren Körpers kann man sich als Kombination einer Translation und einer Rotation vorstellen. Als **Translation** bezeichnet man eine Bewegung, bei der eine beliebige, fest mit dem sich bewegenden Körper verbundene Gerade sich parallel zu ihrer Ausgangslage verschiebt. Eine **Rotation** ist eine Bewegung, bei der sich alle Punkte des Körpers auf Kreisbahnen bewegen, deren Zentren auf ein und derselben Geraden, der **Rotationsachse**, liegen.

Die Bewegung von Körpern vollzieht sich in Raum und Zeit. Deshalb muß man zur Beschreibung der Bewegung eines Massenpunktes wissen, an welchem Punkt im Raum sich dieser Massenpunkt befindet und zu welchen Zeitpunkten er diese oder jene Position eingenommen hat.

Die Position eines Massenpunktes wird relativ zu einem anderen, beliebig gewählten Körper bestimmt, den man **Bezugskörper** nennt. Mit ihm wird ein **Bezugssystem** verbunden, das ein Koordinatensystem und eine Uhr umfaßt. In dem am häufigsten verwendeten kartesischen Koordinatensystem wird die Lage eines Punktes A bezüglich dieses Systems zu einem gegebenen Zeitpunkt durch drei Koordinaten x, y und z oder den vom Koordinatenursprung zum gegebenen Punkt reichenden Ortsvektor r gekennzeichnet (Bild 1.1).

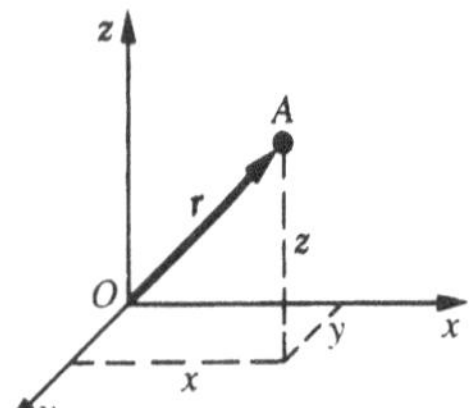

Bild 1.1

Bei der Bewegung eines Massenpunktes ändern sich dessen Koordinaten in der Zeit. Im allgemeinen Fall wird diese Bewegung durch die skalaren Gleichungen

$$\begin{cases} x = x(t) \\ y = y(t) \\ z = z(t) \end{cases} \tag{1.1}$$

beschrieben, die der Vektorgleichung

$$r = r(t) \tag{1.2}$$

äquivalent sind.

Die Gl. (1.1) (bzw. (1.2)) nennt man die **kinematischen Bewegungsgleichungen eines Massenpunktes**.

Die Anzahl der unabhängigen Koordinaten, die die Lage eines Punktes im Raum vollständig bestimmen, heißt **Anzahl der Freiheitsgrade**. Wenn sich ein Massenpunkt frei im Raum

bewegt, so hat er, wie bereits erwähnt, drei Freiheitsgrade (die Koordinaten x, y und z); wenn er sich auf einer Fläche bewegt – zwei Freiheitsgrade; bewegt er sich entlang einer Linie, so hat er einen Freiheitsgrad.

Wenn man t aus den Gl. (1.1) und (1.2) eliminiert, erhält man die Bahngleichung für die Bewegung eines Massenpunktes. Die **Bahnkurve** eines Massenpunktes ist die Linie, die dieser Punkt im Raum beschreibt. Je nach Form der Bahnkurve kann die Bewegung gerad- oder krummlinig sein.

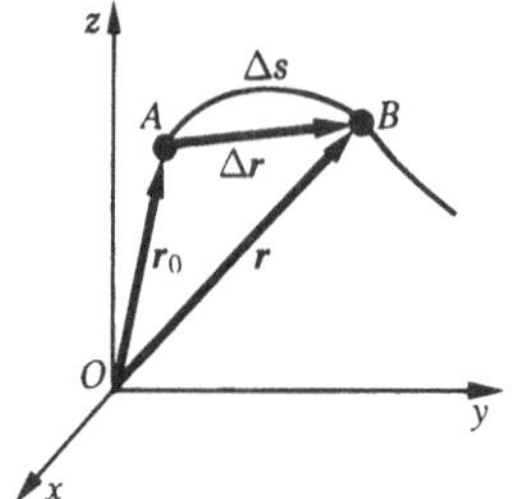

Bild 1.2

Betrachten wir die Bewegung eines Massenpunktes längs einer beliebigen Bahnkurve (Bild 1.2). Die Zeit tragen wir ab dem Zeitpunkt ab, zu dem sich der Punkt in Position A befand. Der Abschnitt AB der Bahnkurve, der von dem Massenpunkt seit Beginn der Zeitmessung durchlaufen wurde, heißt **Weglänge** Δs und ist eine *skalare* Funktion der Zeit: $\Delta s = \Delta s(t)$. Der von der Ausgangsposition des sich bewegenden Punktes bis zur Position zum gegebenen Zeitpunkt reichende *Vektor* $\Delta r = r - r_0$ (Zuwachs des Ortsvektors des Punktes in dem betrachteten Zeitabschnitt) wird als **Verschiebung** bezeichnet.

Bei der geradlinigen Bewegung stimmt der Verschiebungsvektor mit dem entsprechenden Abschnitt der Bahnkurve überein, der Betrag der Verschiebung $|\Delta r|$ ist gleich dem durchlaufenen Weg Δs.

§ 2   Geschwindigkeit

Zur Charakterisierung der Bewegung eines Massenpunktes wird eine vektorielle Größe, die **Geschwindigkeit**, eingeführt. Sie bestimmt sowohl die *Schnelligkeit* der Bewegung als auch deren *Richtung* zu einem gegebenen Zeitpunkt.

Ein Massenpunkt bewege sich längs einer krummlinigen Bahnkurve so, daß ihm zum Zeitpunkt t der Ortsvektor r_0 entspricht (Bild 2.1). In dem kleinen Zeitabschnitt Δt durchläuft der Punkt den Weg Δs und wird um die elementare (unendlich kleine) Größe Δr verschoben.

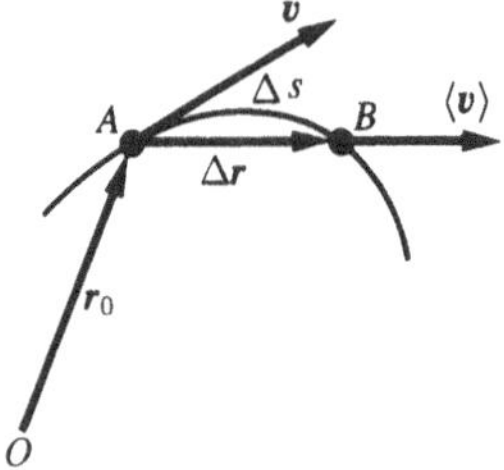

Bild 2.1

Der **Vektor der Durchschnittsgeschwindigkeit** $\langle v \rangle$ ist das Verhältnis der Verschiebung Δr des Ortsvektors zu dem Zeitabschnitt Δt:

$$\langle v \rangle = \frac{\Delta r}{\Delta t}. \tag{2.1}$$

Die Richtung des Vektors der Durchschnittsgeschwindigkeit stimmt mit der Richtung von Δr überein. Bei einer unbegrenzten Verringerung von Δt strebt die Durchschnittsgeschwindigkeit zu einem Grenzwert, den man **Momentangeschwindigkeit v** nennt:

$$v = \lim_{\Delta t \to 0} \frac{\Delta r}{\Delta t} = \frac{dr}{dt}.$$

Die Momentangeschwindigkeit v stellt somit eine vektorielle Größe dar, die gleich der ersten Ableitung des Ortsvektors des sich bewegenden Punktes nach der Zeit ist. Da eine Sehne im Grenzfall in eine Tangente übergeht, zeigt der Geschwindigkeitsvektor entlang der Tangente an die Bahnkurve in Bewegungsrichtung (Bild 2.1). Mit der Verkleinerung von Δt nähert sich der Weg Δs immer mehr an $|\Delta r|$ an, der Betrag der Momentangeschwindigkeit ist daher gleich

$$v = |v| = \left| \lim_{\Delta t \to 0} \frac{\Delta r}{\Delta t} \right|$$

$$= \lim_{\Delta t \to 0} \frac{|\Delta r|}{\Delta t} = \lim_{\Delta t \to 0} \frac{\Delta s}{\Delta t} = \frac{ds}{dt}.$$

Der Betrag der Momentangeschwindigkeit ist somit gleich der ersten Ableitung des durchlaufenen Weges nach der Zeit:

$$v = \frac{ds}{dt}. \tag{2.2}$$

Bei einer **ungleichförmigen Bewegung** ändert sich der Betrag der Momentangeschwindigkeit in der Zeit. In diesem Fall verwendet man eine skalare Größe $\langle v \rangle$ – die **Durchschnittsgeschwindigkeit** der ungleichförmigen Bewegung:

$$\langle v \rangle = \frac{\Delta s}{\Delta t}.$$

Aus Bild 2.1 folgt, daß $\langle v \rangle > |\langle v \rangle|$ ist, da $\Delta s > |\Delta r|$ gilt, und nur im Falle einer geradlinigen Bewegung ist

$$\Delta s = |\Delta r|.$$

Durch Integrieren des Ausdrucks $ds = v\,dt$ (siehe Gl. (2.2)) in den Grenzen der Zeit von t bis $t + \Delta t$ erhält man die Länge des von dem Punkt in der Zeit Δt durchlaufenen Weges:

$$s = \int_{t}^{t+\Delta t} v\,dt. \tag{2.3}$$

Im Falle einer **gleichförmigen Bewegung** ist der Betrag der Momentangeschwindigkeit konstant, der Ausdruck (2.3) nimmt dann die Form

$$s = v \int_{t}^{t+\Delta t} dt = v\Delta t$$

an. Die Länge des von dem Punkt in dem Zeitintervall von t_1 bis t_2 zurückgelegten Weges ergibt sich aus dem Integral

$$s = \int_{t_1}^{t_2} v(t)\,dt.$$

§ 3 Die Beschleunigung und ihre Komponenten

Im Falle der ungleichförmigen Bewegung ist es wichtig zu wissen, wie schnell sich die Geschwindigkeit in der Zeit ändert. Die physikalische Größe, welche den Betrag und die Richtung der Schnelligkeit der Geschwindigkeitsänderung kennzeichnet, nennt man **Beschleunigung**.

Betrachten wir eine **ebene Bewegung**, d. h. eine Bewegung, bei der alle Teile der Bahnkurve in einer Ebene liegen. Die Geschwindigkeit eines Punktes in A zum Zeitpunkt t sei durch den Vektor v gegeben. In der Zeit Δt bewege sich der Punkt nach B und nehme die sich von v sowohl im Betrag als auch in der Richtung unterscheidende Geschwindigkeit $v_1 = v + \Delta v$ an. Wir verschieben den Vektor v_1 in den Punkt A und finden Δv (Bild 3.1).

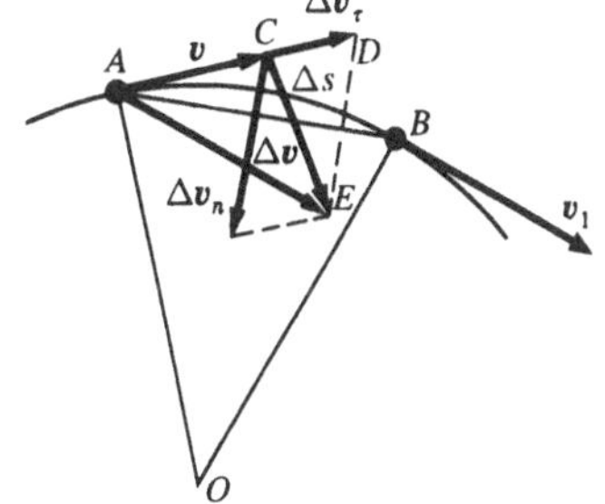

Bild 3.1

Als **Durchschnittsbeschleunigung** der ungleichförmigen Bewegung im Intervall von t bis $t + \Delta t$ bezeichnet man die vektorielle Größe, die gleich dem Verhältnis der Geschwindigkeitsänderung Δv zu dem Zeitintervall Δt ist:

$$\langle a \rangle = \frac{\Delta v}{\Delta t}.$$

Die **Momentanbeschleunigung a** (Beschleunigung) eines Massenpunktes zum Zeitpunkt t ist der Grenzwert der mittleren Beschleunigung:

$$a = \lim_{\Delta t \to 0} \langle a \rangle = \lim_{\Delta t \to 0} \frac{\Delta v}{\Delta t} = \frac{dv}{dt}.$$

Die Beschleunigung a stellt somit eine vektorielle Größe dar, die gleich der ersten Ableitung der Geschwindigkeit nach der Zeit ist.

Zerlegen wir den Vektor Δv in zwei Komponenten. Dazu tragen wir aus dem Punkt A (Bild 3.1) in Richtung der Geschwindigkeit v den Vektor $\overrightarrow{AD}$ ab, der betragsgleich mit v_1

ist. Es ist zu erkennen, daß der Vektor $\overrightarrow{CD}$, der gleich $\Delta\boldsymbol{v}_\tau$ ist[1], die Änderung des *Betrages* der Geschwindigkeit in der Zeit Δt bestimmt: $\Delta v_\tau = v_1 - v$. Die zweite Komponente des Vektors $\Delta\boldsymbol{v} - \Delta\boldsymbol{v}_n$ hingegen kennzeichnet die Änderung der *Richtung* der Geschwindigkeit in dem Zeitabschnitt Δt.

Die **Tangentialkomponente der Beschleunigung** beträgt

$$a_\tau = \lim_{\Delta t \to 0} \frac{\Delta v_\tau}{\Delta t} = \lim_{\Delta t \to 0} \frac{\Delta v}{\Delta t} = \frac{\mathrm{d}v}{\mathrm{d}t},$$

d. h., sie ist gleich der ersten Ableitung des Betrages der Geschwindigkeit nach der Zeit und bestimmt somit die Schnelligkeit der Änderung des Betrages der Geschwindigkeit.

Bestimmen wir die zweite Komponente der Beschleunigung. Wir nehmen an, daß der Punkt A hinreichend dicht an dem Punkt B liegt und man Δs somit als einen Kreisbogen mit dem Radius r betrachten kann, wobei sich Δs nur geringfügig von der Sehne AB unterscheidet. Aus der Ähnlichkeit der Dreiecke AOB und EAD folgt damit $\Delta v_n / AB = v_1 / r$, wegen $AB = v\Delta t$ gilt:

$$\frac{\Delta v_n}{\Delta t} = \frac{v v_1}{r}.$$

Im Grenzübergang $\Delta t \to 0$ erhalten wir $v_1 \to v$.

Mit $v_1 \to v$ strebt der Winkel EAD gegen Null, da das Dreieck EAD aber gleichschenklig ist, strebt der Winkel ADE zwischen $\boldsymbol{v}$ und $\Delta\boldsymbol{v}_n$ gegen 90°. Folglich liegen die Vektoren $\Delta\boldsymbol{v}_n$ und $\boldsymbol{v}$ bei $\Delta t \to 0$ senkrecht zueinander. Da der Geschwindigkeitsvektor entlang der Tangente an die Bahnkurve gerichtet ist, zeigt der zum Geschwindigkeitsvektor senkrechte Vektor $\Delta\boldsymbol{v}_n$ zum Krümmungsmittelpunkt der Bahnkurve. Die zweite Komponente der Beschleunigung

$$a_n = \lim_{\Delta t \to 0} \frac{\Delta v_n}{\Delta t} = \frac{v^2}{r}$$

heißt **Normalkomponente der Beschleunigung** und ist entlang der Normalen an die Bahnkurve zu deren Krümmungsmittelpunkt gerichtet (sie wird deshalb auch als **Zentripetalbeschleunigung** bezeichnet).

Die **Gesamtbeschleunigung** eines Körpers ist die geometrische Summe aus Tangential- und Normalkomponente (Bild 3.2):

$$\boldsymbol{a} = \frac{\mathrm{d}\boldsymbol{v}}{\mathrm{d}t} = \boldsymbol{a}_\tau + \boldsymbol{a}_n.$$

Die *Tangentialkomponente* kennzeichnet also die *Schnelligkeit der Änderung des Betrages der Geschwindigkeit* (und ist entlang der Tangente an die Bahnkurve gerichtet), während die *Normalkomponente* der Beschleunigung die Schnelligkeit der Richtungsänderung der Geschwindigkeit bestimmt (und zum Krümmungsmittelpunkt der Bahnkurve gerichtet ist).

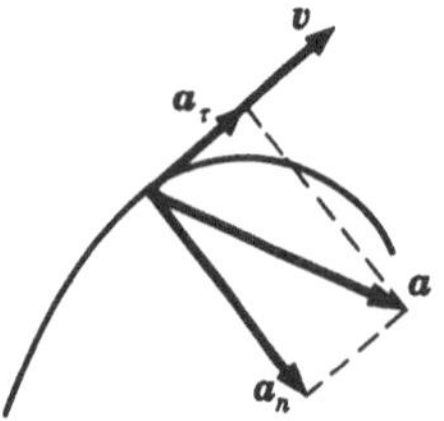

Bild 3.2

In Abhängigkeit von den Tangential- und Normalkomponenten der Beschleunigung kann man Bewegungen wie folgt klassifizieren:

1) $a_\tau = 0, a_n = 0$: geradlinig gleichförmige Bewegung;

2) $a_\tau = a = \text{const}, a_n = 0$: geradlinig gleichmäßig beschleunigte Bewegung. Bei einer solchen Bewegung ist

$$a_\tau = a = \frac{\Delta v}{\Delta t} = \frac{v_2 - v_1}{t_2 - t_1}.$$

Für den Anfangszeitpunkt $t_1 = 0$ und die Anfangsgeschwindigkeit $v_1 = v_0$ erhalten wir mit den Bezeichnungen $t_2 = t$ und $v_2 = v$ $a = (v - v_0)/t$, woraus folgt

$$v = v_0 + at.$$

Durch Integration dieser Gleichung in den Grenzen von Null bis zu einem beliebigen Zeitpunkt t finden wir die von dem Punkt bei einer gleichförmig beschleunigten Bewegung durchlaufene Weglänge:

$$s = \int_0^t v \, \mathrm{d}t = \int_0^t (v_0 + at) \, \mathrm{d}t = v_0 t + \frac{at^2}{2};$$

3) $a_\tau = f(t), a_n = 0$: geradlinig ungleichmäßig beschleunigte Bewegung;

4) $a_\tau = 0, a_n = \text{const}$. Wenn $a_\tau = 0$ ist, ändert sich nur die Richtung der Geschwindigkeit, ihr Betrag bleibt konstant. Aus $a_n = v^2/r$ folgt, daß der Krümmungsradius konstant sein muß. Folglich ist die Kreisbewegung eine gleichförmige Bewegung;

5) $a_\tau = 0, a_n \neq 0$: gleichmäßig krummlinige Bewegung;

6) $a_\tau = \text{const}, a_n \neq 0$: krummlinig gleichmäßig beschleunigte Bewegung;

7) $a_\tau = f(t), a_n \neq 0$: krummlinig ungleichmäßig beschleunigte Bewegung.

§ 4   Winkelgeschwindigkeit und Winkelbeschleunigung

Betrachten wir einen um eine feste Achse rotierenden starren Körper. Die Punkte des Körpers beschreiben Kreise verschiedener Radien, deren Zentren auf der Rotationsachse liegen. Ein bestimmter Punkt bewege sich auf einem Kreis mit dem Radius R (Bild 4.1). Seine Position nach Ablauf des Zeitabschnittes Δt bestimmen wir durch den Drehwinkel $\Delta\varphi$. Elementare (unendlich kleine) Drehwinkel betrachten wir als Vektoren. Der Betrag des Vektors $\mathrm{d}\boldsymbol{\varphi}$ ist gleich dem Drehwinkel, seine Richtung stimmt mit der Richtung der fortschreitenden Bewegung

---

[1] Wir verwenden hier den griechischen Buchstaben τ als Index, um eine Verwechselung mit dem lateinischen t als die Bezeichnung für die Zeit zu vermeiden.

einer Schraube überein, deren Kopf sich in Richtung des Punktes auf dem Kreis dreht, d. h. der **Rechtsschraubenregel** gehorcht (Bild 4.1). Vektoren, deren Richtung mit der Drehrichtung übereinstimmt, werden als **Pseudovektoren** oder **axiale Vektoren** bezeichnet. Diese Vektoren besitzen keine bestimmten Angriffspunkte: Sie können an jedem Punkt der Drehachse abgetragen werden.

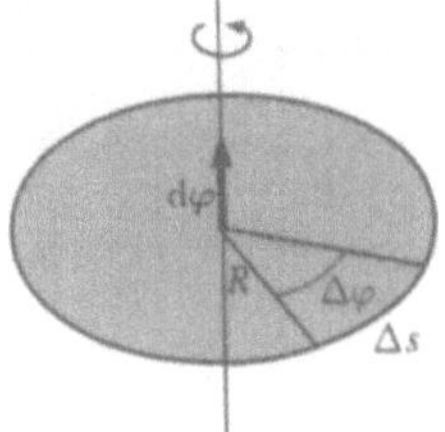

Bild 4.1

Die **Winkelgeschwindigkeit** ist eine vektorielle Größe, die gleich der ersten Ableitung des Drehwinkels nach der Zeit ist:

$$\boldsymbol{\omega} = \lim_{\Delta t \to 0} \frac{\Delta \boldsymbol{\varphi}}{\Delta t} = \frac{\mathrm{d} \boldsymbol{\varphi}}{\mathrm{d} t}.$$

Der Vektor $\boldsymbol{\omega}$ ist entlang der Drehachse entsprechend der Rechtsschraubenregel gerichtet, d. h. so wie der Vektor $\mathrm{d} \boldsymbol{\varphi}$ (Bild 4.2). Die Dimension der Winkelgeschwindigkeit ist $[\boldsymbol{\omega}] = [T^{-1}]$, ihre Maßeinheit Radiant pro Sekunde (rad/s).

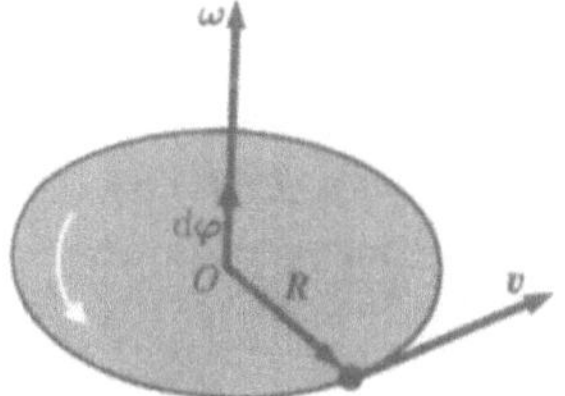

Bild 4.2

Die Bahngeschwindigkeit eines Punktes beträgt (siehe Bild 4.1)

$$v = \lim_{\Delta t \to 0} \frac{\Delta s}{\Delta t} = \lim_{\Delta t \to 0} \frac{R \Delta \varphi}{\Delta t}$$

$$= R \lim_{\Delta t \to 0} \frac{\Delta \varphi}{\Delta t} = R \omega,$$

d. h.

$$v = \omega R.$$

Die Formel für die Bahngeschwindigkeit kann man in vektorieller Form als Vektorprodukt schreiben

$$v = \omega \times \boldsymbol{R}.$$

Hierbei ist der Betrag des Vektorproduktes definitionsgemäß $\omega R \sin \widehat{(\omega \boldsymbol{R})}$, die Richtung stimmt mit der Richtung der fortschreitenden Bewegung einer Rechtsschraube bei ihrer Drehung von $\boldsymbol{\omega}$ nach $\boldsymbol{R}$ überein.

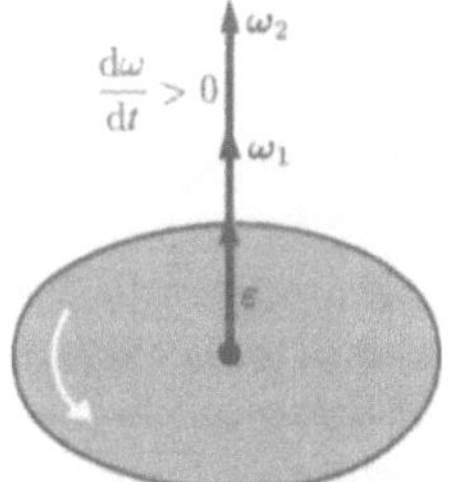

Bild 4.3

Für $\omega = \mathrm{const}$ ist die Bewegung gleichförmig, und sie kann durch die **Rotationsperiode** T gekennzeichnet werden – die Zeit, in der ein Punkt eine volle Umdrehung ausführt, d. h. sich um den Winkel 2π dreht. Da dem Zeitintervall $\Delta t = T$ der Drehwinkel $\Delta \varphi = 2\pi$ entspricht, ist $\omega = 2\pi/T$, woraus folgt

$$T = \frac{2\pi}{\omega}.$$

Die Anzahl der vollen Umdrehungen, die von einem Körper bei seiner gleichförmigen Bewegung auf einer Kreisbahn in der Zeiteinheit ausgeführt werden, heißt **Drehzahl**:

$$n = \frac{1}{T} = \frac{\omega}{2\pi},$$

woraus folgt

$$\omega = 2\pi n.$$

Die **Winkelbeschleunigung** ist eine vektorielle Größe, die gleich der ersten Ableitung der Winkelgeschwindigkeit nach der Zeit ist:

$$\boldsymbol{\varepsilon} = \frac{\mathrm{d} \boldsymbol{\omega}}{\mathrm{d} t}.$$

Bei der Rotation eines Körpers um eine feste Achse ist der Vektor der Winkelbeschleunigung entlang der Drehachse in Richtung des Vektors des elementaren Zuwachses der Winkelgeschwindigkeit gerichtet. Bei einer beschleunigten Bewegung ist der Vektor $\boldsymbol{\varepsilon}$ dem Vektor $\boldsymbol{\omega}$ gleichgerichtet (Bild 4.3), bei einer verzögerten Bewegung ist er ihm entgegengesetzt gerichtet (Bild 4.4).

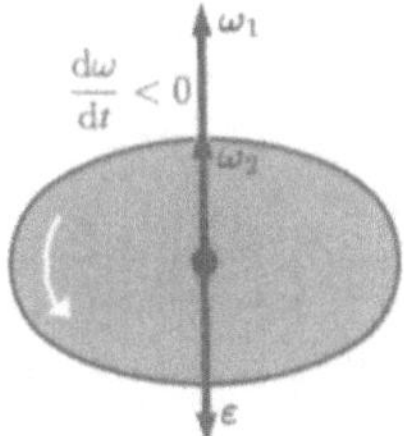

Bild 4.4

Die Tangentialkomponente $a_\tau = \mathrm{d}v/\mathrm{d}t$ der Beschleunigung ist mit $v = \omega R$

$$a_\tau = \frac{\mathrm{d}(\omega R)}{\mathrm{d} t} = R \frac{\mathrm{d} \omega}{\mathrm{d} t} = R \varepsilon.$$

Die Normalkomponente der Beschleunigung beträgt

$$a_n = \frac{v^2}{R} = \frac{\omega^2 R^2}{R} = \omega^2 R.$$

Somit ist der Zusammenhang zwischen Bahngrößen (die von dem Punkt auf einem Kreis mit dem Radius R zurückgelegte Weglänge s, Bahngeschwindigkeit v, Tangentialbeschleunigung a_τ, Normalbeschleunigung a_n) und Winkelgrößen (Drehwinkel φ, Winkelgeschwindigkeit ω, Winkelbeschleunigung ε) durch folgende Gleichungen gegeben:

$$s = R\varphi, \quad v = R\omega, \quad a_\tau = R\varepsilon, \quad a_n = \omega^2 R.$$

Im Falle der gleichmäßig beschleunigten Bewegung eines Punktes auf einer Kreisbahn ($\varepsilon = $ const) gilt

$$\omega = \omega_0 \pm \varepsilon t, \quad \varphi = \omega_0 t \pm \frac{\varepsilon t^2}{2},$$

wobei ω_0 die Anfangswinkelgeschwindigkeit ist.

Kontrollfragen

▶ Was ist ein Massenpunkt? Warum wird ein solches Modell in der Mechanik eingeführt?

▶ Was ist ein Bezugssystem?

▶ Was versteht man unter dem Verschiebungsvektor? Ist der Betrag des Verschiebungsvektors immer gleich dem von dem Punkt durchlaufenen Wegabschnitt?

▶ Was ist eine Translation, was eine Rotation?

▶ Geben Sie die Definitionen der Vektoren der Durchschnittsgeschwindigkeit und -beschleunigung, der Momentangeschwindigkeit und -beschleunigung an. In welche Richtung weisen sie?

▶ Was kennzeichnet die Tangentialkomponente der Beschleunigung, was die Normalkomponente? Wie groß sind deren Beträge?

▶ Gibt es Bewegungen, bei denen keine Normalbeschleunigung bzw. keine Tangentialbeschleunigung auftritt? Führen Sie Beispiele dazu an.

▶ Definieren Sie Winkelgeschwindigkeit und -beschleunigung? Wie werden deren Richtungen bestimmt?

▶ Welcher Zusammenhang besteht zwischen Bahn- und Winkelgrößen?

Aufgaben

1.1. Der von einem Körper in der Zeit durchlaufene Weg ist durch die Gleichung $s = A + Bt + Ct^2 + Dt^3$ gegeben ($C = 0,1$ m/s^2, $D = 0,03$ m/s^3). Bestimmen Sie: 1) in welcher Zeit von Beginn der Bewegung an gerechnet die Beschleunigung des Körpers den Wert 2 m/s^2 erreicht; 2) die Durchschnittsbeschleunigung $\langle a \rangle$ des Körpers in dieser Zeitspanne. [1) 10 s; 2) 1,1 m/s^2]

1.2. Ein Körper wird mit der Anfangsgeschwindigkeit $v_0 = 10$ m/s in horizontaler Richtung von einem Turm geworfen. Bestimmen Sie unter Vernachlässigung des Luftwiderstandes zum Zeitpunkt $t = 2$ s nach Bewegungsbeginn: 1) die Geschwindigkeit des Körpers; 2) den Krümmungsradius seiner Flugbahn. [Lösung der Aufgabe s. S. 379]

1.3. Bestimmen Sie den Winkel zur Horizontalen, unter dem ein Körper geworfen wurde, wenn die Gipfelhöhe gleich 1/4 der Wurfweite beträgt. Der Luftwiderstand ist zu vernachlässigen. [45°]

1.4. Eine Scheibe von $R = 5$ cm Radius rotiert um eine feststehende Achse, wobei die Abhängigkeit der Winkelgeschwindigkeit von der Zeit durch die Gleichung $\omega = 2At + 5Bt^4$ ($A = 2\,\mathrm{rad/s^2}$, $B = 1\,\mathrm{rad/s^5}$) gegeben ist. Bestimmen Sie für die Punkte auf dem Umfang der Scheibe zu Ende der ersten Sekunde nach Bewegungsbeginn: 1) die Gesamtbeschleunigung; 2) die Anzahl der von der Scheibe ausgeführten Umdrehungen. [Lösung der Aufgabe s. S. 379]

1.5. Die Normalbeschleunigung eines Punktes, der sich auf einer Kreisbahn mit dem Radius $r = 4$ m bewegt, ist durch die Gleichung $a_n = A + Bt + Ct^3$ ($A = 1\,\mathrm{m/s^2}$, $B = 6\,\mathrm{m/s^3}$, $C = 3\,\mathrm{m/s^4}$) gegeben. Bestimmen Sie: 1) die Tangentialbeschleunigung des Punktes; 2) den Weg, der von dem Punkt in $t_1 = 5$ s nach Bewegungsbeginn zurückgelegt wurde; 3) die Gesamtbeschleunigung zum Zeitpunkt $t_2 = 1$ s. [1) 6 m/s^2; 2) 85 m; 3) 6,32 m/s^2]

1.6. Die Drehzahl eines Rades verringert sich bei einer gleichmäßig verzögerten Bewegung innerhalb $t = 1$ min von 300 min^{-1} auf 180 min^{-1}. Bestimmen Sie: 1) die Winkelbeschleunigung des Rades; 2) die Anzahl der vollen Umdrehungen, die das Rad in dieser Zeit ausführt. [1) 0,21 rad/s^2; 2) 240]

1.7. Eine Scheibe von $R = 10$ cm Radius dreht sich um eine feststehende Achse, wobei die Abhängigkeit des Drehwinkels von der Zeit durch die Gleichung $\varphi = A + Bt + Ct^2 + Dt^3$ ($B = 1$ rad/s, $C = 1$ rad/s^2, $D = 1$ rad/s^3) gegeben ist. Bestimmen Sie für die Punkte auf dem Umfang des Rades zu Ende der zweiten Sekunde nach Rotationsbeginn: 1) die Tangentialbeschleunigung a_τ; 2) die Normalbeschleunigung a_n; 3) die Gesamtbeschleunigung a. [1) 1,4 m/s^2; 2) 28,9 m/s^2; 3) 28,9 m/s^2]

Kapitel 2

Dynamik eines Massenpunktes und der Translation eines starren Körpers

§ 5 Erstes Newtonsches Axiom. Masse. Kraft

Das Hauptgebiet der Mechanik ist die Dynamik, die auf den drei von Newton im Jahre 1687 formulierten Newtonschen Axiomen beruht. Sie spielen eine außerordentlich wichtige Rolle in der Mechanik und sind (wie alle physikalischen Gesetze) die Verallgemeinerung der Ergebnisse der großen Erfahrungen der Menschheit. Sie werden als *System miteinander verbundener Gesetze* betrachtet und erfahren ihre experimentelle Bestätigung im ganzen und nicht als einzelne Gesetze.

Das **erste Newtonsche Axiom**: Ein beliebiger Massenpunkt (Körper) verharrt so lange im Zustand der Ruhe oder der geradlinigen gleichförmigen Bewegung, bis eine Einwirkung anderer Körper diesen Zustand ändert.

Das Bestreben eines Körpers, im Zustand der Ruhe oder der geradlinig gleichförmigen Bewegung zu verharren, nennt man **Trägheit**. Das erste Newtonsche Axiom wird daher auch **Trägheitsgesetz** genannt.

Die mechanische Bewegung ist relativ, ihr Charakter hängt von dem Bezugssystem ab. Das erste Newtonsche Axiom ist nicht in jedem Bezugssystem gültig. Systeme, für die es erfüllt wird, heißen **Inertialsysteme**. Ein Bezugssystem, in dem ein Massenpunkt, der *frei von äußeren Einwirkungen ist*, in Ruhe verharrt oder sich gleichförmig und geradlinig bewegt, heißt Inertialsystem.

Das erste Newtonsche Axiom reduziert sich im Grunde *auf zwei Aussagen*: erstens, daß alle Körper die Eigenschaft der Trägheit besitzen, und zweitens, daß Inertialsysteme existieren.

Es ist experimentell erwiesen, daß man das heliozentrische (stellare) Bezugssystem (dessen Koordinatenursprung sich im Zentrum der Sonne befindet und dessen Achsen in Richtung bestimmter Sterne weisen) als ein Inertialsystem betrachten kann. Ein mit der Erde verbundenes Bezugssystem ist strenggenommen kein Inertialsystem, jedoch kann man die Effekte, welche die Abweichung von einem Inertialsystem bedingen (Drehung der Erde um ihre eigene Achse und um die Sonne), bei der

Lösung vieler Aufgaben vernachlässigen und ein solches System als Inertialsystem betrachten.

Aus Versuchen ist bekannt, daß sich die Bewegungsgeschwindigkeit verschiedener Körper bei gleichen äußeren Einwirkungen in unterschiedlichem Maße ändert, mit anderen Worten, sie werden unterschiedlich beschleunigt. Die Beschleunigung hängt nicht nur von der Größe der Einwirkung ab, sondern auch von den Eigenschaften des Körpers selbst (seiner Masse).

Die **Masse** eines Körpers ist eine physikalische Größe, die eine der grundlegenden charakteristischen Eigenschaften der Materie darstellt und deren Trägheits- (**träge Masse**) und Gravitationsverhalten (**schwere Masse**) bestimmt. Heutzutage kann man als gesichert annehmen, daß träge und schwere Masse einander gleich sind (mit einer Genauigkeit von mindestens 10^{-12} ihres Wertes).

Zur Beschreibung der im ersten Newtonschen Axiom erwähnten Einwirkungen führt man den Begriff der Kraft ein. Unter der Einwirkung einer Kraft ändert sich entweder die Geschwindigkeit des Körpers, d. h., er erfährt eine Beschleunigung (dynamische Kraftwirkung), oder der Körper wird deformiert, d. h., es ändern sich Form und Größe des Körpers (statische Kraftwirkung). Eine Kraft ist zu jedem Zeitpunkt durch ihre zahlenmäßige Größe, ihre Richtung im Raum und ihren Angriffspunkt gekennzeichnet. Die **Kraft** ist also eine vektorielle Größe, die ein Maß darstellt für die mechanische Einwirkung auf den Körper seitens anderer Körper oder Felder, in deren Folge der Körper eine Beschleunigung erfährt oder seine Form und Größe ändert.

§ 6   Zweites Newtonsches Axiom

Das zweite Newtonsche Axiom – das Grundgesetz der Dynamik der fortschreitenden Bewegung – gibt Antwort auf die Frage, wie sich die mechanische Bewegung eines Massenpunktes (Körpers) unter Wirkung ihn angreifender Kräfte ändert.

Untersucht man die Wirkung verschiedener Kräfte auf ein und denselben Körper, so stellt sich heraus, daß die dem Körper erteilte Beschleunigung direkt proportional der Resultierenden der angreifenden Kräfte ist:

$$a \sim F \quad (m = \text{const}). \tag{6.1}$$

Bei der Wirkung ein und derselben Kraft auf Körper verschiedener Massen werden diese verschieden beschleunigt, und zwar gilt

$$a \sim \frac{1}{m} \quad (F = \text{const}). \tag{6.2}$$

Berücksichtigt man, daß Kraft und Beschleunigung vektorielle Größen sind, kann man unter Verwendung der Gl. (6.1) und (6.2) schreiben

$$\boldsymbol{a} = k\frac{\boldsymbol{F}}{m}. \tag{6.3}$$

Die Beziehung (6.3) stellt das **zweite Newtonsche Axiom** dar: Die einem Massenpunkt (Körper) erteilte Beschleunigung ist

proportional der sie hervorrufenden Kraft, stimmt mit dieser in der Richtung überein und ist umgekehrt proportional der Masse dieses Massenpunktes (Körpers).

Im SI ist der Proportionalitätsfaktor $k = 1$. Somit gilt

$$\boldsymbol{a} = \frac{\boldsymbol{F}}{m}$$

oder

$$\boldsymbol{F} = m\boldsymbol{a} = m\frac{\mathrm{d}\boldsymbol{v}}{\mathrm{d}t}. \tag{6.4}$$

Unter Berücksichtigung der Tatsache, daß die Masse eines Massenpunktes (Körpers) in der klassischen Mechanik eine konstante Größe ist, kann man sie in dem Ausdruck (6.4) mit in die Ableitung einschließen:

$$\boldsymbol{F} = \frac{\mathrm{d}}{\mathrm{d}t}(m\boldsymbol{v}). \tag{6.5}$$

Die vektorielle Größe

$$\boldsymbol{p} = m\boldsymbol{v}, \tag{6.6}$$

die betragsmäßig gleich dem Produkt aus der Masse eines Massenpunktes und dessen Geschwindigkeit ist, wird **Impuls** dieses Massenpunktes genannt.

Durch Einsetzen von (6.6) in (6.5) erhalten wir

$$\boldsymbol{F} = \frac{\mathrm{d}\boldsymbol{p}}{\mathrm{d}t}. \tag{6.7}$$

Dieser Ausdruck ist eine **allgemeinere Formulierung des zweiten Newtonschen Axioms**: Die Geschwindigkeit der Impulsänderung eines Massenpunktes ist gleich der auf ihn wirkenden Kraft. Den Ausdruck (6.7) bezeichnet man als **Bewegungsgleichung des Massenpunktes**.

Die Maßeinheit der Kraft im SI ist das **Newton** (N): 1 N ist die Kraft, die einer Masse von 1 kg in ihrer Wirkungsrichtung eine Beschleunigung von 1 m/s^2 erteilt:

$$1\,\mathrm{N} = 1\,\mathrm{kg} \cdot \mathrm{m/s^2}.$$

Das zweite Newtonsche Axiom ist nur in Inertialsystemen gültig. Das erste Newtonsche Axiom kann man aus dem zweiten ableiten. Tatsächlich ist die Beschleunigung gleich Null (siehe (6.3)), wenn die Resultierende der wirkenden Kräfte verschwindet (keine Einwirkungen anderer Körper auf den Körper). Man betrachtet das *erste Newtonsche Axiom* aber dennoch als *eigenständiges Gesetz* (und nicht als Folge des zweiten Newtonschen Axioms), da eben dieses Axiom die Existenz von Inertialsystemen behauptet, in welchen die Gl. (6.7) ausschließlich gültig ist.

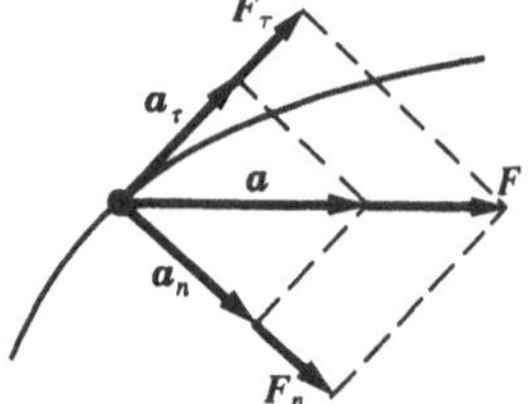

Bild 6.1

Eine wichtige Rolle in der Mechanik spielt das **Prinzip der Unabhängigkeit von Kraftwirkungen**: Wirken auf einen Massenpunkt gleichzeitig mehrere Kräfte, so erteilt jede dieser Kräfte dem Massenpunkt eine Beschleunigung entsprechend dem zweiten Newtonschen Axiom so, als ob die anderen Kräfte nicht angreifen würden. Diesem Prinzip entsprechend kann man Kräfte und Beschleunigungen in Komponenten zerlegen, deren Verwendung die Lösung von Aufgaben vereinfacht. Zum Beispiel wurde in Bild 6.1 die wirkende Kraft $F = ma$ in zwei Komponenten zerlegt: eine Tangentialkraft F_τ (in Richtung der Tangente an die Bahnkurve) und eine Normalkraft F_n (in Richtung der Normalen zum Krümmungsmittelpunkt). Unter Verwendung der Ausdrücke $a_\tau = \mathrm{d}v/\mathrm{d}t$ und $a_n = v^2/R$ sowie $v = R\omega$ kann man schreiben:

$$F_\tau = ma_\tau = m\frac{\mathrm{d}v}{\mathrm{d}t};$$

$$F_n = ma_n = \frac{mv^2}{R} = m\,\omega^2 R.$$

Wirken auf einen Massenpunkt gleichzeitig mehrere Kräfte, so versteht man gemäß dem Prinzip der Unabhängigkeit von Kraftwirkungen unter F im zweiten Newtonschen Axiom die resultierende Kraft.

§ 7 Drittes Newtonsches Axiom

Die Wechselwirkung von Massenpunkten (Körpern) wird durch das **dritte Newtonsche Axiom** bestimmt: Jede Einwirkung von Massenpunkten (Körpern) aufeinander trägt den Charakter einer Wechselwirkung; die Kräfte, mit denen Massenpunkte aufeinander einwirken, sind immer betragsmäßig gleich, entgegengesetzt gerichtet und wirken auf der Verbindungslinie zwischen den beiden Massenpunkten

$$F_{12} = -F_{21}, \tag{7.1}$$

wobei F_{12} die Kraft ist, mit der der zweite Körper auf den ersten wirkt, und F_{21} die Kraft, mit der der erste Körper auf den zweiten wirkt. Diese Kräfte greifen an *verschiedenen* Massenpunkten (Körpern) an, sie wirken immer *paarweise* und sind von *gleicher Natur*.

Bei der Anwendung der Gesetze der Dynamik wird bisweilen folgender Fehler begangen: Da die wirkende Kraft stets eine gleichgroße, entgegengesetzt gerichtete Gegenkraft hervorruft, müßte die resultierende Kraft gleich Null sein, und der Körper dürfte überhaupt keine Beschleunigung erfahren. Man muß sich jedoch vergegenwärtigen, daß im zweiten Newtonschen Axiom von einer Beschleunigung die Rede ist, die der Körper durch eine an ihn angreifende Kraft erfährt. Wenn die Beschleunigung gleich Null ist, so bedeutet dies, daß die Resultierende aller an ein und denselben Körper angreifenden Kräfte gleich Null ist. Im dritten Newtonschen Axiom ist jedoch von Kräften die Rede, die an *verschiedenen* Körpern angreifen. Auf jeden der beiden wechselwirkenden Körper wirkt nur eine Kraft, welche diesem Körper dann auch eine Beschleunigung erteilt.

Das dritte Newtonsche Axiom erlaubt den Übergang von der Dynamik *einzelner* Massenpunkte zur Dynamik von *Systemen* von Massenpunkten. Dies folgt daraus, daß auch für Systeme von Massenpunkten eine Wechselwirkung auf paarige Wechselwirkungskräfte zwischen Massenpunkten zurückgeführt wird.

§ 8 Reibungskräfte

Bei der bisherigen Besprechung von Kräften haben wir uns nicht für deren Ursprung interessiert. In der Mechanik werden wir jedoch verschiedene Kräfte betrachten: Reibungskräfte, Elastizitätskräfte, Gravitationskräfte.

Erfahrungsgemäß verlangsamt sich bei Abwesenheit anderer Kraftwirkungen auf einen Körper die Bewegung dieses sich auf der Oberfläche eines anderen Körpers bewegenden Körpers mit der Zeit, und der Körper kommt schließlich zum Stillstand. Diese Erscheinung kann man mit der Existenz einer **Reibungskraft** erklären, die das Gleiten zweier sich berührender Körper aufeinander behindert. Reibungskräfte sind von der relativen Geschwindigkeit der Körper abhängig. Sie können verschiedener Natur sein, bewirken jedoch stets die Umwandlung mechanischer Energie in innere Energie der sich berührenden Körper.

Man unterscheidet zwischen äußerer (trockener) und innerer (Flüssigkeits- oder zäher) Reibung. **Äußere Reibung** nennt man die Reibung, die an der Berührungsfläche zweier Körper bei deren relativen Verschiebung zueinander auftritt. Wenn die sich berührenden Körper sich nicht bewegen, spricht man von **Haftreibung**, bewegen sich jedoch die Körper relativ zueinander, so spricht man je nach Charakter der Bewegung von **Gleitreibung, Rollreibung** oder **Drehreibung**.

Als **innere Reibung** wird die Reibung zwischen Teilen ein und desselben Körpers bezeichnet, zum Beispiel zwischen verschiedenen Schichten einer Flüssigkeit oder eines Gases, deren Geschwindigkeiten sich von Schicht zu Schicht ändern. Im Unterschied zur äußeren Reibung gibt es hier keine Haftreibung. Wenn zwei Körper aufeinander gleiten und durch eine zähe Flüssigkeitsschicht (Schmiermittel) voneinander getrennt sind, so vollzieht sich die Reibung in der Schmierschicht. In diesem Fall spricht man von **hydrodynamischer Reibung** (hinreichend dicke Schmierschicht) oder **Grenzreibung** (Dicke der Schmierschicht ca. $0{,}1\ \mu\mathrm{m}$ oder kleiner).

Besprechen wir einige Besonderheiten der äußeren Reibung. Diese Reibung ist durch die Rauheit der sich berührenden Oberflächen bedingt; im Falle sehr glatter Oberflächen wird sie jedoch durch zwischenmolekulare Anziehungskräfte hervorgerufen.

Betrachten wir einen auf einer Ebene liegenden Körper (Bild 8.1), an den eine horizontale Kraft F angreift. Der Körper beginnt sich erst dann zu bewegen, wenn die angreifende Kraft F die Reibungskraft F_R übersteigt. Von den französischen Physikern G. Amontons (1663–1705) und C. Coulomb (1736–1806) wurde experimentell folgendes **Gesetz** aufgestellt: Die Gleitreibungskraft F_R ist proportional der Normalkomponente N der Druckkraft, mit der ein Körper auf einen anderen wirkt:

$$F_R = fN,$$

wobei f die Gleitreibungszahl ist, deren Größe von den Eigenschaften der sich berührenden Oberflächen abhängig ist.

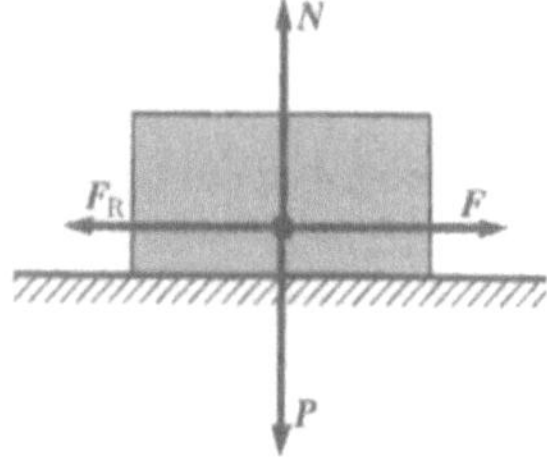

Bild 8.1

Bestimmen wir die Größe der Gleitreibungszahl. Befindet sich ein Körper auf einer schiefen Ebene mit dem Neigungswinkel α (Bild 8.2), so beginnt er sich erst dann zu bewegen, wenn die Tangentialkomponente F der Schwerkraft P die Reibungskraft F_R übersteigt. Im Grenzfall (Beginn des Gleitens) gilt folglich

$$F = F_R$$

oder

$$P \sin \alpha_0 = fN = fP \cos \alpha_0,$$

woraus folgt

$$f = \tan \alpha_0.$$

Die Gleitreibungszahl ist somit gleich dem Tangens des Winkels α_0, bei dem der Körper auf der schiefen Ebene zu gleiten beginnt.

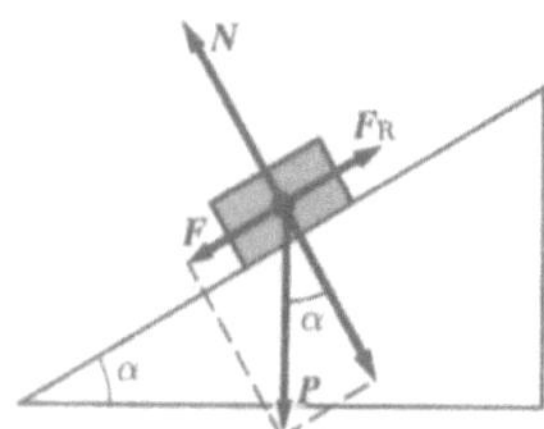

Bild 8.2

Bei glatten Oberflächen erlangt die zwischenmolekulare Anziehung eine gewisse Rolle. Dementsprechend wurde ein **Gesetz der Gleitreibung** vorgeschlagen

$$F_R = f_{\text{eff}}(N + Ap_0),$$

wobei p_0 der zusätzliche, durch die mit zunehmender Entfernung zwischen den Molekülen rasch abnehmenden zwischenmolekularen Anziehungskräfte bedingte Druck ist; A ist die Kontaktfläche zwischen den beiden Körpern und f_{eff} die effektive Gleitreibungszahl.

Die Reibung spielt eine große Rolle in Natur und Technik. Dank der Reibung funktioniert das Verkehrswesen, hält ein in die Wand eingeschlagener Nagel usw.

In einigen Fällen ist der Einfluß der Reibung unerwünscht, sie muß deshalb verringert werden. Dazu trägt man auf die gleitenden Oberflächen ein Schmiermittel auf (etwa 10fache Verringerung der Reibungskraft), welches die Unebenheiten zwischen den Oberflächen ausfüllt und sich als dünne Schicht zwischen ihnen so ausbreitet, daß sich die Oberflächen gewissermaßen nicht mehr berühren, sondern nur einzelne Flüssigkeitsschichten aufeinander gleiten. Die äußere Reibung zwischen Festkörpern wird somit durch die wesentlich geringere innere Reibung in der Flüssigkeit ersetzt.

Eine einschneidende Verringerung der Reibungskräfte erzielt man durch den Übergang von der Gleitreibung zur Rollreibung (Kugellager usw.). Die **Rollreibungskraft** wird durch das Coulombsche Gesetz bestimmt:

$$F_R = f_R \frac{N}{r}, \tag{8.1}$$

wobei r der Radius der Rollkörper und f_R die Rollreibungszahl mit der Dimension $[f_R] = [L]$ ist. Aus Gl. (8.1) folgt, daß die Rollreibungskraft umgekehrt proportional dem Radius des Rollkörpers ist.

§ 9 Impulserhaltungssatz. Massenmittelpunkt

Zur Herleitung des Impulserhaltungssatzes brauchen wir einige Begriffe. Eine Gesamtheit von Massenpunkten (Körpern), die als ein Ganzes betrachtet wird, nennt man ein **mechanisches System**. Die Wechselwirkungskräfte zwischen den Massenpunkten eines mechanischen Systems heißen **innere Kräfte**. Die Kräfte, mit denen äußere Körper auf die Massenpunkte eines Systems wirken, heißen **äußere Kräfte**. Ein mechanisches System von Körpern, auf das keine äußeren Kräfte wirken, heißt **abgeschlossenes** (oder **isoliertes**) **System**. In einem aus mehreren Körpern bestehenden mechanischen System sind die zwischen diesen Körpern wirkenden Kräfte entsprechend dem dritten Newtonschen Axiom betragsgleich und entgegengesetzt gerichtet, d. h., die geometrische Summe der inneren Kräfte ist gleich Null.

Betrachten wir ein mechanisches System, bestehend aus n Körpern, deren Massen und Geschwindigkeiten gleich $m_1, m_2, \ldots, m_n$ bzw. $v_1, v_2, \ldots, v_n$ sind. Es seien $F'_1, F'_2, \ldots, F'_n$ die Resultierenden der inneren Kräfte und $F_1, F_2, \ldots, F_n$ die Resultierenden der äußeren Kräfte. Schreiben wir das zweite Newtonsche Axiom für jeden der n Körper auf:

$$\frac{\mathrm{d}}{\mathrm{d}t}(m_1 v_1) = F'_1 + F_1,$$
$$\frac{\mathrm{d}}{\mathrm{d}t}(m_2 v_2) = F'_2 + F_2,$$
$$\cdots\cdots\cdots\cdots\cdots\cdots$$
$$\frac{\mathrm{d}}{\mathrm{d}t}(m_n v_n) = F'_n + F_n.$$

Wenn wir diese Gleichungen gliedweise addieren, so erhalten wir

$$\frac{\mathrm{d}}{\mathrm{d}t}(m_1\boldsymbol{v}_1 + m_2\boldsymbol{v}_2 + \cdots + m_n\boldsymbol{v}_n)$$
$$= \boldsymbol{F}_1' + \boldsymbol{F}_2' + \cdots + \boldsymbol{F}_n' + \boldsymbol{F}_1 + \boldsymbol{F}_2 + \cdots + \boldsymbol{F}_n.$$

Da aber die geometrische Summe der inneren Kräfte eines mechanischen Systems entsprechend dem dritten Newtonschen Axiom gleich Null ist, gilt

$$\frac{\mathrm{d}}{\mathrm{d}t}(m_1\boldsymbol{v}_1 + m_2\boldsymbol{v}_2 + \cdots + m_n\boldsymbol{v}_n)$$
$$= \boldsymbol{F}_1 + \boldsymbol{F}_2 + \cdots + \boldsymbol{F}_n$$

oder

$$\frac{\mathrm{d}\boldsymbol{p}}{\mathrm{d}t} = \boldsymbol{F}_1 + \boldsymbol{F}_2 + \cdots + \boldsymbol{F}_n, \tag{9.1}$$

wobei $\boldsymbol{p} = \sum_{i=1}^{n} m_i\boldsymbol{v}_i$ der Impuls des Systems ist. Die Ableitung des Impulses eines mechanischen Systems nach der Zeit ist somit gleich der geometrischen Summe der auf das System wirkenden äußeren Kräfte.

Im Falle der Abwesenheit äußerer Kräfte (wir betrachten ein abgeschlossenes System) ist

$$\frac{\mathrm{d}\boldsymbol{p}}{\mathrm{d}t} = \sum_{i=1}^{n} \frac{\mathrm{d}}{\mathrm{d}t}(m_i\boldsymbol{v}_i) = 0,$$

d. h.

$$\boldsymbol{p} = \sum_{i=1}^{n} m_i\boldsymbol{v}_i = \text{const.}$$

Dieser Ausdruck stellt den **Impulserhaltungssatz** dar: Der Impuls eines abgeschlossenen Systems bleibt erhalten, d. h., er ändert sich nicht in der Zeit.

Der Impulserhaltungssatz ist nicht nur in der klassischen Physik gültig, obwohl er als Folge der Newtonschen Axiome gewonnen wurde. Experimente belegen, daß er auch in abgeschlossenen Systemen von Mikroteilchen (die sich den Gesetzen der Quantenmechanik unterordnen) erfüllt wird. Dieser Satz besitzt universellen Charakter, d. h., der Impulserhaltungssatz ist ein *fundamentales Naturgesetz.*

Der Impulserhaltungssatz ist die Folge einer bestimmten Symmetrieeigenschaft des Raumes, seiner Homogenität. Die **Homogenität des Raumes** drückt sich darin aus, daß sich bei einer Parallelverschiebung eines abgeschlossenen Systems von Körpern als Ganzes im Raum dessen physikalische Eigenschaften und Bewegungsgesetze nicht ändern, mit anderen Worten, von der Wahl der Lage des Koordinatenursprungs des Inertialbezugssystems unabhängig sind.

Es sei bemerkt, daß der Impuls entsprechend (9.1) auch in einem nichtabgeschlossenen System erhalten bleibt, wenn die geometrische Summe aller äußeren Kräfte gleich Null ist.

In der Mechanik von Newton und Galilei kann man den Impuls eines Systems infolge der Unabhängigkeit der Masse von der Geschwindigkeit auch durch die Geschwindigkeit des Massenmittelpunktes des Systems ausdrücken. Als **Massenmittelpunkt** (oder **Trägheitszentrum**) eines Systems von Massenpunkten bezeichnet man einen angenommenen Punkt C, dessen Lage die Massenverteilung in dem System charakterisiert. Sein Ortsvektor ist gleich

$$\boldsymbol{r}_C = \frac{\sum_{i=1}^{n} m_i\boldsymbol{r}_i}{m},$$

wobei m_i und $\boldsymbol{r}_i$ die Masse bzw. der Ortsvektor des i-ten Massenpunktes sind; n ist die Anzahl der Massenpunkte im System; $m = \sum_{i=1}^{n} m_i$ die Masse des Systems.

Die Geschwindigkeit des Massenmittelpunktes ist

$$\boldsymbol{v}_C = \frac{\mathrm{d}\boldsymbol{r}_C}{\mathrm{d}t} = \frac{\sum_{i=1}^{n} m_i \frac{\mathrm{d}\boldsymbol{r}_i}{\mathrm{d}t}}{m} = \frac{\sum_{i=1}^{n} m_i\boldsymbol{v}_i}{m}.$$

Unter Berücksichtigung von $\boldsymbol{p}_i = m_i\boldsymbol{v}_i$ kann man mit dem Impuls des Systems $\sum_{i=1}^{n} \boldsymbol{p}_i$ schreiben

$$\boldsymbol{p} = m\boldsymbol{v}_C, \tag{9.2}$$

d. h., der Impuls eines Systems ist gleich dem Produkt aus der Masse des Systems und der Geschwindigkeit seines Massenmittelpunktes. Durch Einsetzen von (9.2) in (9.1) erhalten wir

$$m\frac{\mathrm{d}\boldsymbol{v}_C}{\mathrm{d}t} = \boldsymbol{F}_1 + \boldsymbol{F}_2 + \cdots + \boldsymbol{F}_n, \tag{9.3}$$

d. h., der Massenmittelpunkt eines Systems bewegt sich wie ein Massenpunkt, in dem die gesamte Masse des Systems vereinigt ist und an den eine Kraft angreift, die gleich der geometrischen Summe aller auf das System wirkenden äußeren Kräfte ist. Der Ausdruck (9.3) stellt das **Bewegungsgesetz des Massenmittelpunktes** dar.

Entsprechend (9.2) folgt aus dem Impulserhaltungssatz, daß *sich der Massenmittelpunkt eines abgeschlossenen Systems entweder geradlinig gleichförmig bewegt oder sich im Zustand der Ruhe befindet.*

§ 10 Bewegungsgleichung für Körper mit veränderlicher Masse

Die Bewegung einiger Körper geht mit der Änderung ihrer Masse einher, zum Beispiel verringert sich die Masse einer Rakete durch das Ausströmen der sich bei der Verbrennung des Treibstoffs bildenden Gase.

Leiten wir die Bewegungsgleichung für Körper mit veränderlicher Masse am Beispiel der Bewegung einer Rakete her. Wenn zum Zeitpunkt t die Masse der Rakete gleich m und ihre Geschwindigkeit gleich $\boldsymbol{v}$ ist, so verringert sich nach Ablauf des Zeitintervalls $\mathrm{d}t$ ihre Masse um $\mathrm{d}m$ und beträgt $m - \mathrm{d}m$;

die Rakete besitzt dann die Geschwindigkeit $v + \mathrm{d}v$. Die Impulsänderung des Systems in dem Zeitabschnitt $\mathrm{d}t$ ist

$$\mathrm{d}\boldsymbol{p} = [(m - \mathrm{d}m)(\boldsymbol{v} + \mathrm{d}\boldsymbol{v}) + \mathrm{d}m(\boldsymbol{v} + \boldsymbol{u})] - m\boldsymbol{v},$$

wobei $\boldsymbol{u}$ die Ausströmgeschwindigkeit der Gase relativ zur Rakete ist. Dann ist

$$\mathrm{d}\boldsymbol{p} = m\,\mathrm{d}\boldsymbol{v} + \boldsymbol{u}\,\mathrm{d}m$$

(wobei wir berücksichtigt haben, daß $\mathrm{d}m\,\mathrm{d}v$ um eine Größenordnung kleiner als die anderen Terme ist und es deshalb weggelassen haben).

Wirkt auf ein System eine äußere Kraft, so ist $\mathrm{d}\boldsymbol{p} = \boldsymbol{F}\mathrm{d}t$ und deshalb

$$\boldsymbol{F}\mathrm{d}t = m\,\mathrm{d}\boldsymbol{v} + \boldsymbol{u}\,\mathrm{d}m$$

oder

$$m\frac{\mathrm{d}\boldsymbol{v}}{\mathrm{d}t} = \boldsymbol{F} - \boldsymbol{u}\frac{\mathrm{d}m}{\mathrm{d}t}. \tag{10.1}$$

Das Glied $-\boldsymbol{u}\,\mathrm{d}m/\mathrm{d}t$ heißt **reaktive Kraft** F_r. Ist $\boldsymbol{u}$ entgegen $\boldsymbol{v}$ gerichtet, so wird die Rakete beschleunigt, stimmt die Richtung jedoch mit der von $\boldsymbol{v}$ überein, so wird die Rakete abgebremst.

Wir erhielten somit die **Bewegungsgleichung für einen Körper mit veränderlicher Masse**

$$m\boldsymbol{a} = \boldsymbol{F} + \boldsymbol{F}_\mathrm{r}. \tag{10.2}$$

Wenden wir Gl. (10.1) auf die Bewegung einer Rakete an, auf die keinerlei äußeren Kräfte wirken. Setzen wir $\boldsymbol{F} = 0$ und

nehmen an, daß die Geschwindigkeit der ausgestoßenen Gase relativ zur Rakete konstant ist (die Rakete bewege sich geradlinig). Wir erhalten

$$m\frac{\mathrm{d}v}{\mathrm{d}t} = -u\frac{\mathrm{d}m}{\mathrm{d}t},$$

woraus folgt

$$v = -u\int \frac{\mathrm{d}m}{m} = -u\ln m + C.$$

Den Wert der Integrationskonstante C bestimmen wir aus den Anfangsbedingungen. Wenn zum Anfangszeitpunkt die Geschwindigkeit der Rakete gleich Null und ihre Startmasse gleich m_0 betragen, so ist $C = u\ln m_0$. Folglich wird

$$v = u\ln \frac{m_0}{m}. \tag{10.3}$$

Aus dieser Beziehung gehen folgende Zusammenhänge hervor: 1) je größer die Endmasse m der Rakete ist, desto größer muß deren Startmasse m_0 sein; 2) je größer die Ausströmgeschwindigkeit u der Gase ist, desto größer kann die Endmasse bei gegebener Startmasse der Rakete sein.

Die Ausdrücke (10.2) und (10.3) wurden für eine nichtrelativistische Bewegung erhalten, d. h. für den Fall, daß die Geschwindigkeiten u und v klein im Vergleich zur Lichtgeschwindigkeit c sind.

Kontrollfragen

▶ Welche Bezugssysteme werden Inertialsysteme genannt? Warum ist ein mit der Erde verbundenes Bezugssystem strenggenommen kein Inertialsystem?

▶ Was ist eine Kraft? Wie kann man sie kennzeichnen?

▶ Ist das erste Newtonsche Axiom eine Folge des zweiten? Warum?

▶ Formulieren Sie die drei Newtonschen Axiome und zeigen Sie deren Zusammenhang untereinander.

▶ Worin besteht das Prinzip der Unabhängigkeit von Kraftwirkungen?

▶ Worin besteht das physikalische Wesen der Reibung? Wodurch unterscheiden sich trockene Reibung und Flüssigkeitsreibung? Welche Arten der äußeren (trockenen) Reibung kennen Sie?

▶ Was ist ein mechanisches System? Welches System nennt man abgeschlossen? Ist das Weltall ein abgeschlossenes System? Warum?

▶ Wie lautet der Impulserhaltungssatz? In welchen Systemen ist er gültig? Warum gilt er als ein fundamentales Naturgesetz?

▶ Welche Eigenschaft des Raumes bewirkt die Gültigkeit des Impulserhaltungssatzes?

▶ Was ist der Massenmittelpunkt eines Systems von Massenpunkten? Wie bewegt sich der Massenmittelpunkt eines abgeschlossenen Systems?

Aufgaben

2.1. Ein Körper gleitet auf einer schiefen Ebene mit einem Neigungswinkel von $\alpha = 30°$ zur Horizontalen. Bestimmen Sie die Geschwindigkeit des Körpers zu Ende der dritten Sekunde nach Bewegungsbeginn, wenn die Reibungszahl 0,15 beträgt. [10,9 m/s]

2.2. Ein Flugzeug führt einen Looping mit einem Radius von 80 m aus. Wie groß muß die Geschwindigkeit des Flugzeuges mindestens sein, damit der Pilot im oberen Teil des Loopings nicht von seinem Sitz gerissen wird? [28 m/s]

2.3. Über eine am Ende eines Tisches befestigte Rolle ist ein nicht dehnbarer Faden geführt, an dessen Enden Gewichte befestigt sind. Ein Gewicht ($m_1 = 400$ g) bewegt sich über die Tischoberfläche, das andere ($m_2 = 600$ g) bewegt sich senkrecht nach unten. Die Reibungszahl f zwischen Gewicht und Tisch beträgt 0,1. Betrachten Sie Faden und Rolle als massenlos und bestimmen Sie: 1) die Beschleunigung a, mit der sich die Gewichte bewegen; 2) die Fadenspannkraft T. [Lösung der Aufgabe s. S. 379]

2.4. An der Kante zweier schiefen Ebenen mit den Neigungswinkeln von $\alpha = 30°$ und $\beta = 45°$ zur Horizontalen ist eine Rolle befestigt. Zwei Gewichte von gleicher Masse ($m_1 = m_2 = 2$ kg) sind durch einen über die Rolle geführten Faden miteinander verbunden. Das Gewicht von Faden und Rolle sowie die Reibung an der Rolle sind zu vernachlässigen. Bestimmen Sie unter Annahme gleicher Reibungszahlen $f_1 = f_2 = f = 0,1$ der Gewichte auf den schiefen Ebenen: 1) die Beschleunigung, mit der sich die Gewichte bewegen; 2) die Fadenspannkraft. [1) 0,24 m/s^2; 2) 12 N]

2.5. Auf einem Eisenbahnwagen ist eine feststehende Kanone montiert, aus der längs der Strecke ein Schuß unter einem Winkel von $\sigma = 45°$ zur Horizontalen abgegeben wurde. Die Masse des Wagens mit Kanone beträgt $M = 20$ t, die Masse des Geschosses $m = 10$ kg, die Reibungszahl zwischen den Rädern des Wagens und den Schienen ist $f = 0,002$. Bestimmen Sie die Geschwindigkeit des Geschosses, wenn der Wagen nach Abgabe des Schusses um $s = 3$ m zurückrollt. [$v_0 = M\sqrt{2fgs}/(m\cos\alpha) = 970$ m/s]

2.6. Eine Rakete von $M = 500$ g Startmasse stößt kontinuierlich einen Gasstrahl mit der konstanten Geschwindigkeit von $u = 400$ m/s relativ zur Rakete aus. Der Gasverbrauch beträgt $\mu = 150$ g/s. Bestimmen Sie unter Vernachlässigung des Luftwiderstandes und des äußeren Kraftfeldes, welche Geschwindigkeit relativ zur Erde die Rakete in $t = 2$ s nach Bewegungsbeginn erhält, wenn ihre Anfangsgeschwindigkeit gleich Null ist. [Lösung der Aufgabe s. S. 380]

2.7. Auf einem Boot von $m = 5$ t Masse befindet sich ein Wasserwerfer, der $\mu = 25$ kg/s Wasser mit einer Geschwindigkeit von $u = 7$ m/s relativ zu dem Boot nach hinten ausstößt. Bestimmen Sie unter Vernachlässigung des Bewegungswiderstandes des Bootes: 1) die Geschwindigkeit des Bootes nach 3 min nach Bewegungsbeginn; 2) die höchstmögliche Geschwindigkeit des Bootes. [1) $v = u(1 - e^{-\mu t/m}) = 4,15$ m/s; 2) 7 m/s]

Kapitel 3

Arbeit und Energie

§ 11   Energie, Arbeit, Leistung

Die Energie ist ein universelles Maß für verschiedene Bewegungsformen und Wechselwirkungen. Mit den verschiedenen Bewegungsformen der Materie werden verschiedene Energieformen verbunden: u. a. mechanische, elektromagnetische, Wärme- und Kernenergie. Bei einigen Erscheinungen bleibt die Bewegungsform der Materie unverändert (zum Beispiel die Erwärmung eines kälteren Körpers durch einen wärmeren), bei anderen geht sie in eine andere Form über (zum Beispiel wird bei Reibung mechanische Energie in Wärmeenergie umgewandelt). Wesentlich ist jedoch, daß in allen Fällen die von einem Körper (in der einen oder anderen Form) an einen anderen abgegebene Energie gleich der von diesem Körper aufgenommenen Energie ist.

Die Änderung der mechanischen Bewegung eines Körpers wird durch Kräfte hervorgerufen, mit denen andere Körper auf diesen Körper wirken. Zur quantitativen Kennzeichnung des Energieaustausches zwischen wechselwirkenden Körpern führt man in der Mechanik den Begriff der **Arbeit einer Kraft** ein.

Bewegt sich ein Körper *geradlinig* und wirkt auf ihn eine mit seiner Bewegungsrichtung den Winkel α bildende konstante Kraft F, so ist die Arbeit dieser Kraft gleich dem Produkt aus der Projektion der Kraft F_s auf die Bewegungsrichtung ($F_s = F \cos \alpha$) und der Verschiebung des Angriffspunktes der Kraft:

$$W = F_s s = F_s \cos \alpha. \tag{11.1}$$

Da sich die Kraft im allgemeinen Fall sowohl in ihrem Betrag als auch in ihrer Richtung ändert, kann man die Gl. (11.1) nicht verwenden. Betrachtet man jedoch die elementare Verschiebung $\mathrm{d}r$, so kann die Kraft F als konstant und die Bewegung ihres Angriffspunktes als geradlinig betrachtet werden. Die **elementare Arbeit** der Kraft F zur Verschiebung um $\mathrm{d}r$ ist eine *skalare* Größe

$$\mathrm{d}W = F\mathrm{d}r = F \cos \alpha \cdot \mathrm{d}s = F_s \mathrm{d}s,$$

wobei α der Winkel zwischen den Vektoren F und $\mathrm{d}r$, $\mathrm{d}s = |\mathrm{d}r|$ der elementare Weg und F_s die Projektion der Kraft F auf den Vektor $\mathrm{d}r$ (Bild 11.1) ist.

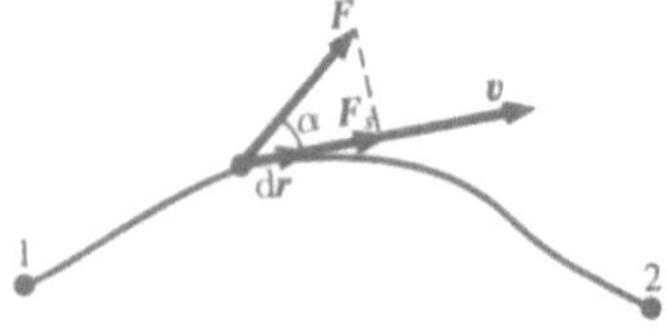

Bild 11.1

Die Arbeit einer Kraft auf dem Abschnitt einer Bahnkurve zwischen den Punkten 1 und 2 ist gleich der algebraischen Summe der elementaren Arbeiten auf den einzelnen, unendlich kleinen Wegabschnitten. Diese Summe führt auf das Integral

$$W = \int_1^2 F \cos \alpha \, \mathrm{d}s = \int_1^2 F_s \mathrm{d}s. \tag{11.2}$$

Zur Berechnung dieses Integrals muß man die Abhängigkeit der Kraft F_s von dem Weg s entlang der Bahnkurve 1–2 kennen. Ist diese Abhängigkeit graphisch dargestellt (Bild 11.2), so wird die gesuchte Arbeit W durch den Inhalt der grauen Fläche bestimmt. Bewegt sich der Körper zum Beispiel geradlinig, so ist $F = \text{const}$, $\alpha = \text{const}$, und wir erhalten

$$W = \int_1^2 F \cos \alpha \, \mathrm{d}s = F \cos \alpha \int_1^2 \mathrm{d}s = Fs \cos \alpha,$$

wobei s der durchlaufene Weg ist (siehe auch Gl. (11.1)).

Aus Gl. (11.1) folgt, daß bei $\alpha < \pi/2$ die Arbeit der Kraft positiv ist, in diesem Fall stimmt die Komponente F_s in der Richtung mit dem Geschwindigkeitsvektor v der Bewegung überein (siehe Bild 11.1). Ist $\alpha > \pi/2$, so wird die Arbeit der Kraft negativ. Bei $\alpha = \pi/2$ (die Kraft steht senkrecht zur Bewegungsrichtung) ist die Arbeit der Kraft gleich Null.

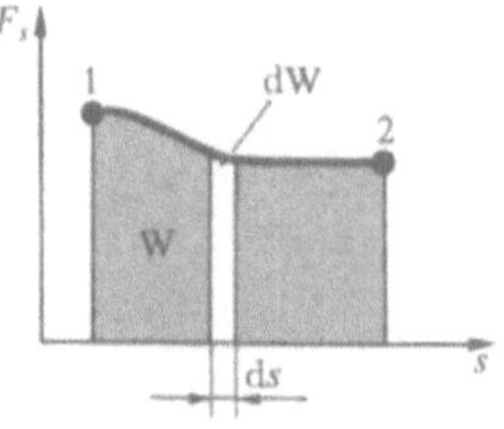

Bild 11.2

Die Maßeinheit der Arbeit ist das **Joule** (J); 1 J ist die Arbeit, die von einer Kraft von 1 N auf einem Weg von 1 m verrichtet wird ($1\,\mathrm{J} = 1\,\mathrm{N} \cdot \mathrm{m}$).

Zur Kennzeichnung der Geschwindigkeit der Arbeitsverrichtung führt man den Begriff der **Leistung** ein:

$$N = \frac{\mathrm{d}W}{\mathrm{d}t}. \tag{11.3}$$

In der Zeit $\mathrm{d}t$ verrichtet die Kraft F die Arbeit $F\mathrm{d}r$, und die von dieser Kraft zu dem gegebenen Zeitpunkt entwickelte Leistung ist

$$N = \frac{F\mathrm{d}r}{\mathrm{d}t} = Fv,$$

d. h. gleich dem Skalarprodukt aus dem Kraftvektor und dem Vektor der Geschwindigkeit, mit der sich der Angriffspunkt der Kraft bewegt; N ist eine *skalare* Größe.

Die Maßeinheit der Leistung ist das **Watt** (W); 1 W ist die Leistung, bei der in 1 s eine Arbeit von 1 J verrichtet wird (1 W = 1 J/s).

§ 12 Kinetische und potentielle Energie

Die **kinetische Energie** eines mechanischen Systems ist die Energie der mechanischen Bewegung dieses Systems.

Eine auf einen ruhenden Körper wirkende und seine Bewegung hervorrufende Kraft F verrichtet Arbeit, wobei sich die Energie des sich bewegenden Körpers um die Menge der aufgewandten Arbeit vergrößert. Die Arbeit dW der Kraft F auf dem vom Körper während der Geschwindigkeitserhöhung von 0 auf v zurückgelegten Weg bewirkt somit eine Vergrößerung der kinetischen Energie des Körpers um dT, d. h.

$$dW = dT.$$

Multipliziert man beide Seiten der Gleichung mit der Verschiebung dr, erhält man unter Verwendung des zweiten Newtonschen Axioms $F = m\,dv/dt$

$$F dr = m\frac{dv}{dt}dr = dW.$$

Wegen $v = dr/dt$ gilt

$$dW = mv\,dv = mv\,dv = dT,$$

woraus folgt

$$T = \int\limits_{0}^{v} mv\,dv = \frac{mv^2}{2}.$$

Ein sich mit der Geschwindigkeit v bewegender Körper der Masse m besitzt somit die kinetische Energie

$$T = \frac{mv^2}{2}. \qquad (12.1)$$

Aus Gl. (12.1) ist ersichtlich, daß die kinetische Energie nur von der Masse und der Geschwindigkeit des Körpers abhängt, d. h., die kinetische Energie eines Systems ist eine Zustandsfunktion der Bewegung dieses Systems.

Bei der Herleitung der Gl. (12.1) wurde vorausgesetzt, daß die Bewegung in einem Inertialsystem betrachtet wird, da man sonst die Newtonschen Axiome nicht anwenden könnte. In verschiedenen, sich gegeneinander bewegenden Inertialsystemen ist die Geschwindigkeit eines Körpers und folglich auch seine kinetische Energie unterschiedlich. Die kinetische Energie ist somit von der Wahl des Bezugssystems abhängig.

Die **potentielle Energie** ist die mechanische Energie eines Systems von Körpern, die durch deren wechselseitige Anordnung und den Charakter der Wechselwirkungskräfte zwischen ihnen bestimmt wird.

Die Wechselwirkung zwischen den Körpern werde durch ein Kraftfeld realisiert (zum Beispiel ein Feld elastischer Kräfte, ein Feld von Gravitationskräften), welches dadurch gekennzeichnet

ist, daß die von den wirkenden Kräften bei der Verschiebung eines Körpers aus einer Position in eine andere verrichtete Arbeit unabhängig von der Bahnkurve ist, entlang derer sich diese Verschiebung vollzog, und nur von der Anfangs- und Endposition abhängig ist. Solche Felder nennt man **Potentialfelder**, die in ihnen wirkenden Kräfte heißen **konservative Kräfte**. Wenn die von einer Kraft verrichtete Arbeit jedoch von der Bahnkurve der Verschiebung des Körpers aus einem Punkt in einen anderen abhängig ist, nennt man die Kraft **dissipativ**. Ein Beispiel für eine solche Kraft ist die Reibungskraft.

Ein sich in einem Potentialfeld befindender Körper besitzt die potentielle Energie U. Die Arbeit der konservativen Kräfte bei einer elementaren (unendlich kleinen) Veränderung der Konfiguration des Systems ist gleich dem negativen Wert des Zuwachses an potentieller Energie, da die Arbeit aufgrund der Verringerung der potentiellen Energie verrichtet wird:

$$dW = -dU. \qquad (12.2)$$

Drückt man die Arbeit dW als Skalarprodukt der Kraft F und der Verschiebung dr aus, so kann man Gl. (12.2) in folgender Form schreiben:

$$F\,dr = -dU. \qquad (12.3)$$

Folglich kann man, wenn die Funktion $U(r)$ bekannt ist, aus Gl. (12.3) die Kraft F nach Betrag und Richtung bestimmen.

Die potentielle Energie kann, ausgehend von (12.3), zu

$$U = -\int F\,dr + C$$

bestimmt werden, wobei C die Integrationskonstante ist, d. h., die potentielle Energie wird bis auf eine beliebige Konstante bestimmt. Das spiegelt sich jedoch in den physikalischen Gesetzen nicht wider, da in diese entweder die Differenz der potentiellen Energien in zwei Positionen des Körpers oder die Ableitung von U nach den Koordinaten eingeht. Daher setzt man die potentielle Energie eines Körpers in einem beliebigen Punkt gleich Null (Wahl des Bezugsniveaus) und trägt die Energie eines Körpers in anderen Positionen bezüglich dieses Nullniveaus ab.

Für konservative Kräfte gilt

$$F_x = -\frac{\partial U}{\partial x}, \quad F_y = -\frac{\partial U}{\partial y}, \quad F_z = -\frac{\partial U}{\partial z},$$

oder in Vektorform

$$F = -\mathrm{grad}\,U, \qquad (12.4)$$

wobei

$$\mathrm{grad}\,U = \frac{\partial U}{\partial x}i + \frac{\partial U}{\partial y}j + \frac{\partial U}{\partial z}k \qquad (12.5)$$

(i, j, k sind die Einheitsvektoren der Koordinatenachsen). Der durch den Ausdruck (12.5) bestimmte Vektor heißt **Gradient der skalaren Größe** U.

Für ihn wird neben der Bezeichnung grad auch die Bezeichnung ∇U verwendet. Das Zeichen ∇ („Nabla") bezeichnet einen symbolischen Vektor, der die Bezeichnung **Hamilton-**

(nach dem irischen Mathematiker und Physiker W. Hamilton (1805–1865)) oder **Nablaoperator** trägt:

$$\nabla = \frac{\partial}{\partial x}\boldsymbol{i} + \frac{\partial}{\partial y}\boldsymbol{j} + \frac{\partial}{\partial z}\boldsymbol{k}. \tag{12.6}$$

Die konkrete Form der Funktion U hängt von dem Charakter des Kraftfeldes ab. Zum Beispiel beträgt die potentielle Energie einer auf die Höhe h über der Erdoberfläche angehobenen Masse m

$$U = mgh, \tag{12.7}$$

wobei die Höhe h von einem Nullniveau aus abgetragen wird, für das $U_0 = 0$ gilt. Gl. (12.7) folgt unmittelbar aus der Tatsache, daß die potentielle Energie gleich der Arbeit der Schwerkraft beim Fallen des Körpers aus der Höhe h auf die Erdoberfläche ist.

Da man das Bezugsniveau der potentiellen Energie beliebig wählt, kann diese auch negative Werte annehmen (*die kinetische Energie ist immer positiv*!). Nimmt man als Nullniveau die potentielle Energie eines auf der Erdoberfläche liegenden Körpers an, so ist die potentielle Energie eines Körpers, der sich auf dem Boden eines Schachtes (Tiefe h') befindet, $U = -mgh'$.

Bestimmen wir die potentielle Energie eines elastisch deformierten Körpers (einer Feder). Die Elastizitätskraft ist proportional der Deformation:

$$F_{x\,\text{elast}} = -kx,$$

wobei $F_{x\,\text{elast}}$ die Projektion der Elastizitätskraft auf die x-Achse und k der **Elastizitätskoeffizient** (bei einer Feder die **Federkonstante**) ist. Das Minuszeichen drückt aus, daß $F_{x\,\text{elast}}$ entgegen der Deformation x gerichtet ist.

Nach dem dritten Newtonschen Axiom ist die deformierende Kraft betragsgleich der Elastizitätskraft und ihr entgegengerichtet, d. h.:

$$F_x = -F_{x\,\text{elast}} = kx.$$

Die elementare Arbeit dW, die von der Kraft F_x der unendlich kleinen Deformation dx verrichtet wird, ist gleich

$$\mathrm{d}W = F_x\,\mathrm{d}x = kx\,\mathrm{d}x.$$

Die gesamte Arbeit beträgt

$$W = \int\limits_0^x kx\,\mathrm{d}x = \frac{kx^2}{2}$$

und führt zu einer Vergrößerung der potentiellen Energie der Feder. Die potentielle Energie eines elastisch deformierten Körpers ist somit

$$U = \frac{kx^2}{2}.$$

Wie auch die kinetische Energie ist die potentielle Energie eines Systems eine Zustandsfunktion des Systems. Sie ist nur von der Konfiguration des Systems und von seiner Lage im Verhältnis zu äußeren Körpern abhängig.

Die **mechanische Gesamtenergie eines Systems** umfaßt die Energien der mechanischen Bewegung und der Wechselwirkung:

$$E = T + U,$$

d. h., sie ist gleich der Summe aus kinetischer und potentieller Energie.

§ 13 Energieerhaltungssatz

Der Energieerhaltungssatz ist das Ergebnis der Verallgemeinerung vieler experimenteller Fakten. Die quantitative Formulierung des Energieerhaltungssatzes wurde von dem deutschen Arzt J. Mayer (1814–1878) und dem deutschen Naturforscher H. v. Helmholtz (1821–1894) gegeben.

Betrachten wir ein System von Massenpunkten mit den Massen $m_1, m_2, \ldots, m_n$, die sich mit den Geschwindigkeiten $\boldsymbol{v}_1, \boldsymbol{v}_2, \ldots, \boldsymbol{v}_n$ bewegen. Es seien $\boldsymbol{F}'_1, \boldsymbol{F}'_2, \ldots, \boldsymbol{F}'_n$ die Resultierenden der auf einen jeden dieser Massenpunkte wirkenden inneren konservativen Kräfte und $\boldsymbol{F}_1, \boldsymbol{F}_2, \ldots, \boldsymbol{F}_n$ die Resultierenden der äußeren Kräfte, die wir auch als konservativ betrachten wollen. Außerdem nehmen wir an, daß auf die Massenpunkte auch noch äußere nichtkonservative Kräfte wirken; die Resultierenden dieser Kräfte, die auf einen jeden der Massenpunkte wirken, bezeichnen wir mit $\boldsymbol{f}_1, \boldsymbol{f}_2, \ldots, \boldsymbol{f}_n$. Bei $v \ll c$ sind die Massen der Teilchen konstant, und die Gleichungen des zweiten Newtonschen Axioms für diese Teilchen nehmen folgende Gestalt an:

$$m_1\frac{\mathrm{d}\boldsymbol{v}_1}{\mathrm{d}t} = \boldsymbol{F}'_1 + \boldsymbol{F}_1 + \boldsymbol{f}_1,$$

$$m_2\frac{\mathrm{d}\boldsymbol{v}_2}{\mathrm{d}t} = \boldsymbol{F}'_2 + \boldsymbol{F}_2 + \boldsymbol{f}_2,$$

$$\cdots\cdots\cdots\cdots\cdots\cdots\cdots$$

$$m_n\frac{\mathrm{d}\boldsymbol{v}_n}{\mathrm{d}t} = \boldsymbol{F}'_n + \boldsymbol{F}_n + \boldsymbol{f}_n.$$

Unter der Wirkung der Kräfte bewegen sich die Punkte des Systems in der Zeit dt um die Verschiebungen d$\boldsymbol{r}_1$, d$\boldsymbol{r}_2$, ..., d$\boldsymbol{r}_n$. Nach skalarer Multiplikation jeder Gleichung mit der entsprechenden Verschiebung erhalten wir unter Verwendung von d$\boldsymbol{r}_i = \boldsymbol{v}_i\mathrm{d}t$:

$$m_1(\boldsymbol{v}_1\,\mathrm{d}\boldsymbol{v}_1) - (\boldsymbol{F}'_1 + \boldsymbol{F}_1)\,\mathrm{d}\boldsymbol{r}_1 = \boldsymbol{f}_1\,\mathrm{d}\boldsymbol{r}_1,$$

$$m_2(\boldsymbol{v}_2\,\mathrm{d}\boldsymbol{v}_2) - (\boldsymbol{F}'_2 + \boldsymbol{F}_2)\,\mathrm{d}\boldsymbol{r}_2 = \boldsymbol{f}_2\,\mathrm{d}\boldsymbol{r}_2,$$

$$\cdots\cdots\cdots\cdots\cdots\cdots\cdots\cdots\cdots$$

$$m_n(\boldsymbol{v}_n\,\mathrm{d}\boldsymbol{v}_n) - (\boldsymbol{F}'_n + \boldsymbol{F}_n)\,\mathrm{d}\boldsymbol{r}_n = \boldsymbol{f}_n\,\mathrm{d}\boldsymbol{r}_n.$$

Durch Addition der Gleichungen erhalten wir

$$\sum_{i=1}^n m_i(\boldsymbol{v}_i\,\mathrm{d}\boldsymbol{v}_i) - \sum_{i=1}^n (\boldsymbol{F}'_i + \boldsymbol{F}_i)\,\mathrm{d}\boldsymbol{r}_i = \sum_{i=1}^n \boldsymbol{f}_i\,\mathrm{d}\boldsymbol{r}_i. \tag{13.1}$$

Das erste Glied des linken Teils der Gl. (13.1) kann man in der Form

$$\sum_{i=1}^{n} m_i(\boldsymbol{v}_i\,\mathrm{d}\boldsymbol{v}_i) = \sum_{i=1}^{n} \mathrm{d}\,\frac{m_i v_i^2}{2} = \mathrm{d}T$$

schreiben, wobei $\mathrm{d}T$ der Zuwachs der kinetischen Energie des Systems ist. Das zweite Glied $\sum\limits_{i=1}^{n}(\boldsymbol{F}_i' + \mathbf{F}_i)\,\mathrm{d}\boldsymbol{r}_i$ ist gleich dem negativen Wert der Arbeit der inneren und äußeren konservativen Kräfte, d. h. ist gleich dem elementaren Zuwachs der potentiellen Energie $\mathrm{d}U$ des Systems (siehe Gl. (12.2)).

Der rechte Teil der Gl. (13.1) bezeichnet die Arbeit der auf das System wirkenden nichtkonservativen Kräfte. Wir erhalten somit

$$\mathrm{d}(T + U) = \mathrm{d}W. \tag{13.2}$$

Bei einem Übergang des Systems aus dem Zustand 1 in den Zustand 2 gilt

$$\int\limits_{1}^{2} \mathrm{d}(T + U) = W_{12},$$

d. h., die Änderung der gesamten mechanischen Energie des Systems beim Übergang aus einem Zustand in einen anderen ist gleich der dabei von den äußeren nichtkonservativen Kräften verrichteten Arbeit. Bei Abwesenheit äußerer nichtkonservativer Kräfte folgt aus (13.2), daß

$$\mathrm{d}(T + U) = 0$$

ist, und somit

$$T + U = E = \text{const} \tag{13.3}$$

gilt, d. h., die mechanische Gesamtenergie eines Systems bleibt unverändert. Der Ausdruck (13.3) stellt den **Satz von der Erhaltung der mechanischen Energie** dar: In einem System von Körpern, in dem nur konservative Kräfte wirken, bleibt die mechanische Gesamtenergie erhalten, d. h., sie ändert sich nicht in der Zeit.

Mechanische Systeme, auf deren Körper nur konservative Kräfte wirken (innere und äußere), heißen **konservative Systeme**. Den Satz von der Erhaltung der mechanischen Energie kann man wie folgt formulieren: In konservativen Systemen bleibt die mechanische Gesamtenergie erhalten.

Der Satz von der Erhaltung der mechanischen Energie ist mit der *Homogenität der Zeit* verbunden, d. h. mit der Invarianz physikalischer Gesetze gegenüber der Wahl des Anfangspunktes der Zeitrechnung. Zum Beispiel hängt die Geschwindigkeit und der durchlaufene Weg eines Körpers beim freien Fall im Feld der Schwerkraft nur von der Anfangsgeschwindigkeit und der Dauer des freien Falls ab und ist unabhängig von dem Zeitpunkt, zu dem der Körper zu fallen begann.

Es existiert noch eine weitere Form von Systemen, **dissipative Systeme**, in denen sich die mechanische Energie aufgrund der Umwandlung in andere (nichtmechanische) Energieformen schrittweise verringert. Dieser Prozeß erhielt die Bezeichnung **Dissipation** (oder **Streuung**) **der Energie**. Stenggenommen sind alle Systeme in der Natur dissipativ.

In konservativen Systemen ist die mechanische Gesamtenergie konstant. Es können nur Umwandlungen kinetischer Energie in potentielle Energie und umgekehrt in äquivalenten Mengen stattfinden, so daß die Gesamtenergie unverändert bleibt. Deshalb stellt dieser Satz nicht einfach nur ein Gesetz der *quantitativen* Erhaltung der Energie dar, sondern ein Gesetz der Erhaltung und Umwandlung der Energie, das auch *qualitative* Aspekte der Umwandlung verschiedener Bewegungsformen ineinander ausdrückt. Der Satz von der Erhaltung der mechanischen Energie ist ein *fundamentales Naturgesetz*, was sowohl für Systeme makroskopischer als auch mikroskopischer Körper Gültigkeit besitzt.

Energie verschwindet somit *niemals und entsteht nicht neu, sie wandelt sich nur aus einer Form in eine andere um.* Darin besteht auch das *physikalische Wesen* des Satzes von der Erhaltung und Umwandlung der Energie – das Prinzip der Nichtvernichtbarkeit von Materie und deren Bewegung. (Die Spezielle Relativitätstheorie zeigt uns später (§ 40), daß Energie und Masse einander äquivalent sind. Somit sind auch Umwandlungen von Energie in Masse und umgekehrt möglich, jedoch sind die beteiligten Energiemengen so groß, daß sie uns nie in mechanischen Systemen begegnen können.)

§ 14   Graphische Darstellung der Energie

In vielen Aufgaben betrachtet man eine eindimensionale Bewegung eines Körpers, dessen potentielle Energie eine Funktion von nur einer Veränderlichen (zum Beispiel der Koordinate x) ist, d. h. $U = U(x)$. Die graphische Darstellung der Abhängigkeit der potentiellen Energie von einem Argument nennt man **Potentialkurve**. Die Analyse der Potentialkurven erlaubt es, den Charakter der Bewegung des Körpers zu bestimmen.

Wir werden nur konservative Systeme betrachten, d. h. Systeme, in denen keine Umwandlung von mechanischer Energie in andere Energieformen stattfindet. Der Energieerhaltungssatz ist dann in der Form (13.3) gültig. Betrachten wir die graphische Darstellung der potentiellen Energie eines Körpers in einem homogenen Schwerefeld und eines elastisch deformierten Körpers.

Die potentielle Energie eines auf die Höhe h über der Erdoberfläche gehobenen Körpers der Masse m ist gemäß (12.7) $U(h) = mgh$. Die graphische Darstellung der gegebenen Abhängigkeit $U = U(h)$ ist eine durch den Koordinatenursprung verlaufende Gerade (Bild 14.1), deren Neigungswinkel zur h-Achse sich mit zunehmender Masse des Körpers vergrößert (da $\tan \alpha = mg$ ist).

Ein Körper verfüge über die Gesamtenergie E (in der graphischen Darstellung eine zur h-Achse parallele Gerade). In der Höhe h besitzt der Körper die potentielle Energie U, welche durch den Abschnitt der Vertikalen zwischen dem Punkt h auf der Abszisse und der Kurve $U(h)$ bestimmt wird. Die kinetische

Energie T wird dann durch den Ordinatenabschnitt zwischen der Kurve $U(h)$ und der Horizontalen EE bestimmt. Aus Bild 14.1 folgt, daß für $h = h_{\max}$ $T = 0$ und $U = E = mgh_{\max}$ sind, d. h., daß die potentielle Energie maximal und gleich der Gesamtenergie ist.

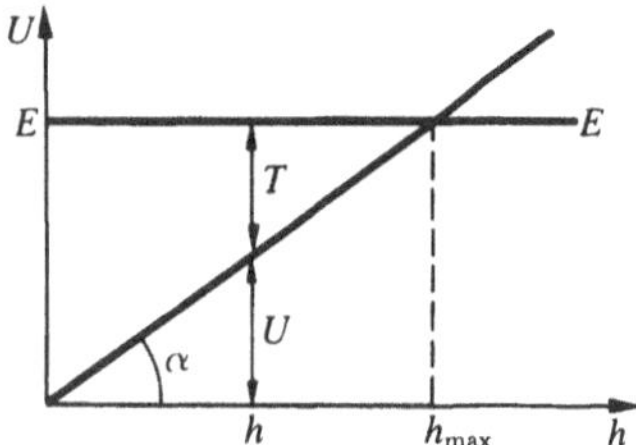
Bild 14.1

Aus der graphischen Darstellung kann man die Geschwindigkeit des Körpers in der Höhe h ermitteln:

$$T = E - U,$$

d. h.

$$\frac{mv^2}{2} = mgh_{\max} - mgh,$$

woraus folgt

$$v = \sqrt{2g(h_{\max} - h)}.$$

Die Abhängigkeit der potentiellen Energie der elastischen Deformation $U = kx^2/2$ von der Größe x der Deformation wird durch eine Parabel dargestellt (Bild 14.2), wobei die Darstellung der Gesamtenergie E des Körpers eine der Abszisse x parallele Gerade ist und die Werte von T und U wie in Bild 14.1 bestimmt werden. Aus Bild 14.2 folgt, daß sich die potentielle Energie des Körpers mit fortschreitender Deformation x vergrößert, die kinetische Energie sich dagegen verringert. Der Abszissenwert $x_{\max}$ bestimmt die maximal mögliche Zugdeformation des Körpers, $-x_{\max}$ bestimmt die maximal mögliche Druckdeformation des Körpers. Bei $x = \pm x_{\max}$ werden $T = 0$ und $U = E = kx_{\max}^2/2$, d. h., die potentielle Energie wird maximal und ist gleich der Gesamtenergie.

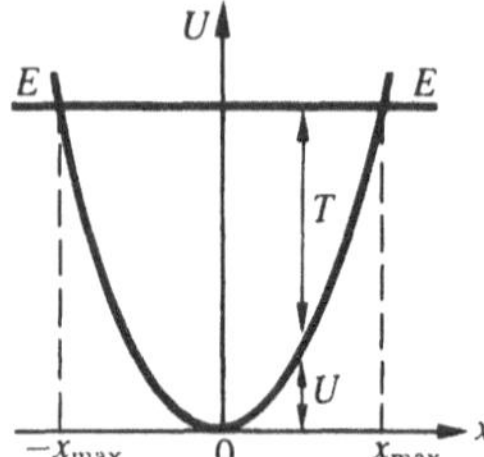
Bild 14.2

Aus der Analyse der Kurve in Bild 14.2 folgt, daß sich ein Körper mit der Gesamtenergie E nicht weiter als $x_{\max}$ nach rechts und nicht weiter als $-x_{\max}$ nach links bewegen kann, da die kinetische Energie keine negativen Werte annehmen kann

und die potentielle Energie folglich nicht größer als die Gesamtenergie sein kann. In einem solchen Fall spricht man davon, daß sich der Körper in einem **Potentialtopf** mit den Koordinaten $-x_{\max} \leqq x \leqq x_{\max}$ befindet.

Im allgemeinen Fall kann die Potentialkurve eine recht komplizierte Form besitzen, zum Beispiel mit mehreren aufeinanderfolgenden Maxima und Minima (Bild 14.3). Analysieren wir diese Potentialkurve. Wenn E die Gesamtenergie des Teilchens ist, so kann sich dieses nur dort befinden, wo $U(x) \leqq E$ gilt, d. h. in den Bereichen I und III. Das Teilchen kann nicht aus dem Bereich I in den Bereich III oder umgekehrt übergehen, da es daran von der **Potentialbarriere** CDG gehindert wird, deren Breite gleich dem Intervall der x-Werte ist, für die $E < U$ gilt, und deren Höhe von der Differenz $U_{\max} - E$ bestimmt wird. Damit das Teilchen die Potentialbarriere überwinden kann, muß ihm zusätzliche Energie gleich oder größer der Höhe der Potentialbarriere zugeführt werden. In dem Bereich I ist das Teilchen in dem Potentialtopf ABC „eingesperrt" und führt Schwingungen zwischen den Punkten mit den Koordinaten x_A und x_C aus.

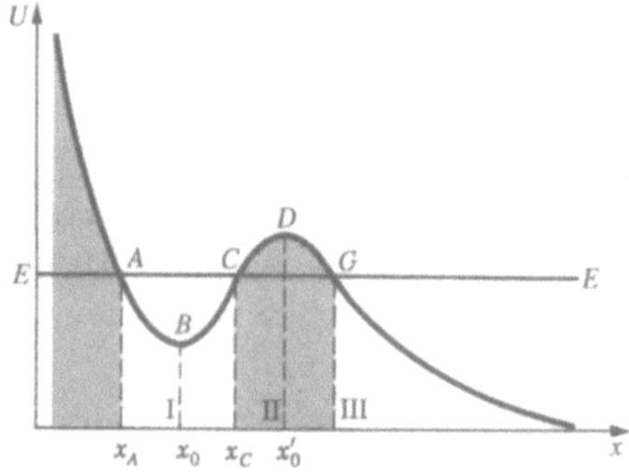
Bild 14.3

Im Punkt B mit der Koordinate x_0 (Bild 14.3) ist die potentielle Energie des Teilchens minimal. Da die auf das Teilchen wirkende Kraft (siehe § 12) $F_x = \partial U/\partial x$ beträgt (U ist Funktion von nur einer Koordinate) und die Bedingung für ein Minimum der potentiellen Energie $\partial U/\partial x = 0$ ist, gilt im Punkt B $F_x = 0$. Bei einer Verschiebung des Teilchens aus der Position x_0 (sowohl nach links als auch nach rechts) ist es einer Rückstellkraft ausgesetzt, die Position x_0 ist deshalb eine **stabile Gleichgewichtslage**. Die angeführten Bedingungen werden auch in dem Punkt x_0' (für $U_{\max}$) erfüllt. Dieser Punkt entspricht jedoch einer **instabilen Gleichgewichtslage**, da bei einer Verschiebung des Teilchens aus der Position x_0' Kräfte auftreten, die das Teilchen von dieser Position entfernen.

§ 15   Stoß vollkommen elastischer und unelastischer Körper

Ein Beispiel für die Anwendung des Energie- und Impulserhaltungssatzes bei der Lösung realer physikalischer Aufgaben ist der Stoß vollkommen elastischer und unelastischer Körper.

Ein **Stoß** ist das Zusammentreffen zweier oder mehrerer Körper, bei dem die Wechselwirkung nur eine sehr kurze Zeit andauert. Neben den Stößen in direktem Sinne des Wortes gehören freilich auch die Zusammenstöße zweier Atome oder der Billardkugeln. Zu Stoßvorgängen gehört sicherlich das Auftreffen einer Person beim Abspringen von der Straßenbahn usw. Die Wechselwirkungskräfte zwischen den stoßenden Körpern sind derart groß (*Stoß-* oder *Momentankräfte*), daß die auf den Körper wirkenden äußeren Kräfte sicher vernachlässigbar sind. Dadurch kann man ein System von Körpern im Stoßvorgang annähernd als ein abgeschlossenes System betrachten und auf diese die Erhaltungssätze anwenden.

Der Körper erfährt während des Stoßes eine Deformation. Das Wesen eines Stoßes besteht darin, daß sich die kinetische Energie der relativen Bewegung der stoßenden Körper für eine kurze Zeit in Energie der elastischen Deformation umwandelt. Während des Stoßes findet eine Umverteilung der Energie zwischen den stoßenden Körpern statt. Es ist zu beobachten, daß die relative Geschwindigkeit der Körper nach dem Stoß nicht wieder ihren früheren Wert erreicht. Die Ursache dafür ist, daß keine ideal elastischen Körper und keine ideal glatten Oberflächen existieren. Das Verhältnis der Normalkomponenten der relativen Geschwindigkeit vor und nach dem Stoß heißt **Wiederherstellungskoeffizient** ε:

$$\varepsilon = \frac{v_n'}{v_n}.$$

Ist für die stoßenden Körper $\varepsilon = 0$, so nennt man diese Körper **vollkommen unelastisch**, ist $\varepsilon = 1$, **vollkommen elastisch**. In der Praxis gilt für alle Körper $0 < \varepsilon < 1$ (zum Beispiel für Stahlkugeln $\varepsilon \approx 0{,}56$, für Elfenbeinkugeln $\varepsilon \approx 0{,}89$, für Blei $\varepsilon \approx 0$). In einigen Fällen kann man die Körper jedoch mit hohem Genauigkeitsgrad entweder als vollkommen elastische oder vollkommen unelastische Körper betrachten.

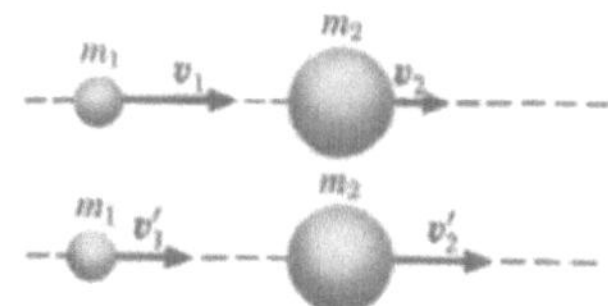

Bild 15.1

Die durch den Berührungspunkt der Körper senkrecht zu ihrer Berührungsfläche verlaufende Gerade heißt **Stoßgerade**. Ein Stoß heißt **zentral**, wenn sich die Körper vor dem Stoß auf der ihre Massenmittelpunkte verbindenden Geraden bewegen. Wir werden nur *zentrale* vollkommen elastische und vollkommen unelastische Stoßvorgänge betrachten.

Ein **vollkommen elastischer Stoß** ist das Zusammentreffen zweier Körper, bei dem an keinem der beiden miteinander wechselwirkenden Körper eine bleibende Deformation entsteht und sich die gesamte kinetische Energie, die die Körper vor dem Stoß besaßen, nach dem Stoß wieder in kinetische Energie umwandelt (wir unterstreichen, daß es ein *Idealfall* ist).

Für einen vollkommen elastischen Stoß werden der Impuls- und der Energieerhaltungssatz erfüllt.

Bezeichnen wir die Geschwindigkeiten der Kugeln mit den Massen m_1 und m_2 vor dem Stoß mit v_1 und v_2 und nach dem Stoß mit v_1' und v_2' (Bild 15.1). Bei einem direkten zentralen Stoß liegen die Geschwindigkeitsvektoren der Kugeln vor und nach dem Stoß auf der Geraden, die deren Mittelpunkte miteinander verbindet. Ihre Richtung berücksichtigen wir mit dem Vorzeichen: Einer Bewegung nach rechts schreiben wir einen positiven Wert zu, nach links einen negativen.

Unter den erwähnten Vorraussetzungen nehmen die Bewegungsgesetze folgende Form an

$$m_1 v_1 + m_2 v_2 = m_1 v_1' + m_2 v_2' \qquad \text{(Impulssatz)}, \quad (15.1)$$

$$\frac{m_1 v_1^2}{2} + \frac{m_2 v_2^2}{2} = \frac{m_1 v_1'^2}{2} + \frac{m_2 v_2'^2}{2} \qquad \text{(Energiesatz)}. \quad (15.2)$$

Nach entsprechenden Umformungen der Ausdrücke (15.1) und (15.2) erhalten wir

$$m_1(v_1 - v_1') = m_2(v_2' - v_2), \qquad (15.3)$$

$$m_1(v_1^2 - v_1'^2) = m_2(v_2'^2 - v_2^2), \qquad (15.4)$$

woraus folgt

$$v_1 + v_1' = v_2 + v_2'. \qquad (15.5)$$

Als Lösungen der Gl. (15.3) und (15.4) finden wir:

$$v_1' = \frac{(m_1 - m_2)v_1 + 2m_2 v_2}{m_1 + m_2}, \qquad (15.6)$$

$$v_2' = \frac{(m_2 - m_1)v_2 + 2m_1 v_1}{m_1 + m_2}. \qquad (15.7)$$

Erörtern wir einige Beispiele.

1) Bei $v_2 = 0$ ist

$$v_1' = \frac{m_1 - m_2}{m_1 + m_2} v_1, \qquad (15.8)$$

$$v_2' = \frac{2m_1}{m_1 + m_2} v_1. \qquad (15.9)$$

Analysieren wir die Ausdrücke (15.8) und (15.9) für zwei Kugeln von unterschiedlicher Masse:

a) $m_1 = m_2$. Wenn die zweite Kugel vor dem Stoß unbeweglich gehangen hat ($v_2 = 0$) (Bild 15.2), kommt nach dem Stoß die erste Kugel zum Stillstand ($v_1' = 0$) und die zweite Kugel bewegt sich mit derselben Geschwindigkeit in derselben Richtung, in der sich die erste Kugel vor dem Stoß bewegt hat ($v_2' = v_1$);

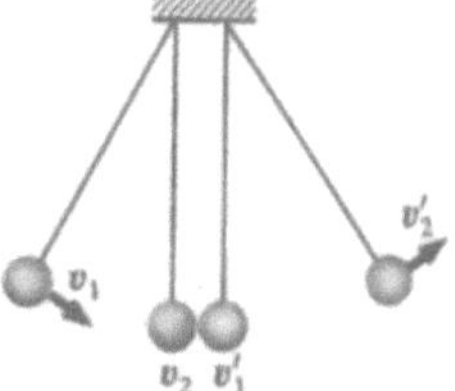

Bild 15.2

b) $m_1 > m_2$. Die erste Kugel bewegt sich weiter in derselben Richtung wie vor dem Stoß, jedoch mit geringerer Geschwindigkeit ($v_1' < v_1$). Die Geschwindigkeit der zweiten Kugel nach dem Stoß ist größer als die der ersten Kugel nach dem Stoß ($v_2' > v_1$) (Bild 15.3);

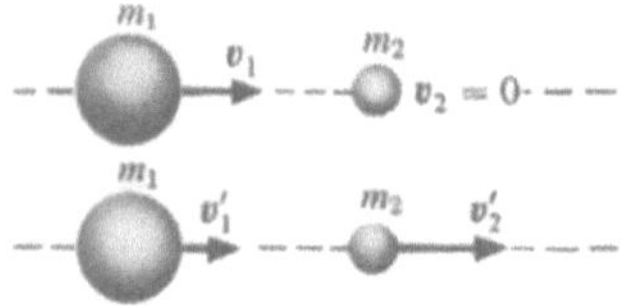

Bild 15.3

c) $m_1 < m_2$. Die Bewegungsrichtung der ersten Kugel ändert sich bei dem Stoß, die Kugel prallt zurück. Die zweite Kugel bewegt sich in derselben Richtung wie die erste vor dem Stoß, jedoch mit geringerer Geschwindigkeit, d. h. $v_2' < v_1$ (Bild 15.4);

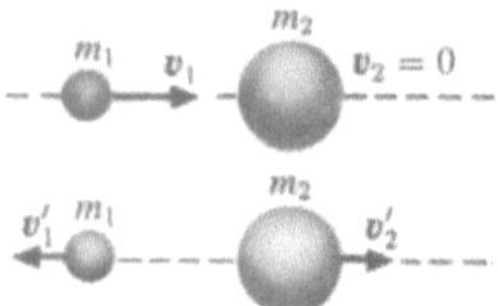

Bild 15.4

d) $m_2 \gg m_1$ (zum Beispiel Stoß einer Kugel an eine Wand). Aus den Gl. (15.8) und (15.9) folgt $v_1' = -v_1$ und $v_2' \approx 2m_1 v_1 / m_2 \approx 0$.

2) Für $m_1 = m_2$ nehmen die Ausdrücke (15.6) und (15.7) die Form

$$v_1' = v_2, \quad v_2' = v_1$$

an, d. h., Kugeln gleicher Masse „tauschen ihre Geschwindigkeiten aus".

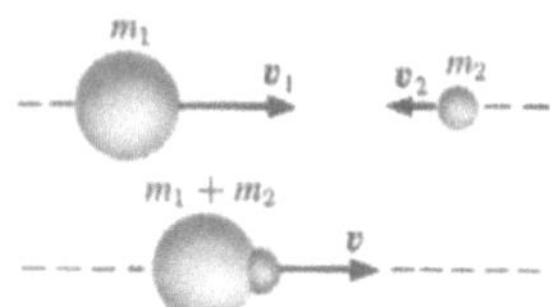

Bild 15.5

Ein **vollkommen unelastischer Stoß** ist das Zusammentreffen zweier Körper, in dessen Ergebnis sich die Körper vereinigen und sich als ein Ganzes weiterbewegen. Einen vollkommen unelastischen Stoß kann man mit Hilfe von zwei sich einander entgegen bewegender Kugeln aus Plastilin (Ton) demonstrieren (Bild 15.5).

Sind die Massen der Kugeln m_1 und m_2, ihre Geschwindigkeiten vor dem Stoß v_1 und v_2, so kann man unter Verwendung des Impulserhaltungssatzes schreiben

$$m_1 v_1 + m_2 v_2 = (m_1 + m_2)v,$$

wobei v die Bewegungsgeschwindigkeit der Kugeln nach dem Stoß ist. Dann gilt

$$v = \frac{m_1 v_1 + m_2 v_2}{m_1 + m_2}. \tag{15.10}$$

Bewegen sich die Kugeln gegeneinander, so werden sie sich nach dem Stoß in der Richtung weiterbewegen, in der sich die Kugel mit dem größeren Impuls bewegt. In dem speziellen Fall, daß die Kugeln gleiche Massen haben ($m_1 = m_2$), ist

$$v = \frac{v_1 + v_2}{2}.$$

Untersuchen wir, wie sich die kinetische Energie der Kugeln bei einem zentralen vollkommen unelastischen Stoß ändert. Da bei dem Stoßprozeß zwischen den Kugeln Kräfte wirken, die nicht von den Verformungen selbst, sondern von deren Geschwindigkeiten abhängen, haben wir es hierbei mit Kräften ähnlich den Reibungskräften zu tun, und der Energieerhaltungssatz wird deshalb nicht erfüllt. Infolge der Deformation „geht kinetische Energie verloren", die in Wärmeenergie und andere Energieformen übergeht. Diesen „Energieverlust" kann man aus der Differenz zwischen der kinetischen Energie vor und nach dem Stoß bestimmen:

$$\Delta T = \left(\frac{m_1 v_1^2}{2} + \frac{m_2 v_2^2}{2} \right) - \frac{(m_1 + m_2)v^2}{2}.$$

Unter Verwendung von (15.10) erhalten wir

$$\Delta T = \frac{m_1 m_2}{2(m_1 + m_2)}(v_1 - v_2)^2.$$

Wenn sich der gestoßene Körper anfangs nicht bewegte ($v_2 = 0$), so ist

$$v = \frac{m_1 v_1}{m_1 + m_2}, \quad \Delta T = \frac{m_2}{m_1 + m_2} \frac{m_1 v_1^2}{2}.$$

Für $m_2 \gg m_1$ (sehr große Masse des unbeweglichen Körpers) ist $v \ll v_1$, und fast die gesamte kinetische Energie geht bei dem Stoß in andere Energieformen über. Deshalb muß zum Beispiel der Amboß massiver sein als der Schmiedehammer, um beträchtliche Verformungen zu erreichen. Dementgegen sollte die Masse des Hammers beim Einschlagen eines Nagels in die Wand wesentlich größer sein ($m_1 \gg m_2$), dann ist $v \approx v_1$, und es wird praktisch die gesamte Energie für eine möglichst große Verschiebung des Nagels und nicht für eine bleibende Deformation der Wand aufgewandt.

Der vollkommen unelastische Stoß ist ein Beispiel für den „Verlust" mechanischer Energie unter dem Einfluß dissipativer Kräfte.

Kontrollfragen

▶ Wodurch unterscheiden sich die Begriffe Energie und Arbeit?

▶ Wie bestimmt man die Arbeit einer veränderlichen Kraft?

▶ Wie groß ist die von der resultierenden Kraft verrichtete Arbeit, die an einen sich gleichmäßig auf einer Kreisbahn bewegenden Körper angreift?

▶ Was versteht man unter Leistung? Leiten Sie deren Gleichung her.

▶ Geben Sie die Definitionen Ihnen bekannter Arten mechanischer Energie und leiten Sie deren Gleichungen her.

▶ Welcher Zusammenhang besteht zwischen Kraft und potentieller Energie?

▶ Warum ist die Änderung der potentiellen Energie nur durch die Arbeit konservativer Kräfte bedingt?

▶ Worin besteht der Satz von der Erhaltung der mechanischen Energie? Für welche Systeme ist er gültig?

▶ Ist die Bedingung der Abgeschlossenheit zwingend für die Gültigkeit des Satzes von der Erhaltung der mechanischen Energie?

▶ Worin besteht das physikalische Wesen des Satzes von der Erhaltung und Umwandlung der Energie? Warum gilt er als ein fundamentales Naturgesetz?

▶ Durch welche Eigenschaft der Zeit ist die Gültigkeit des Satzes von der Erhaltung der mechanischen Energie bedingt?

▶ Was ist ein Potentialtopf, was eine Potentialbarriere?

▶ Welche Schlußfolgerungen kann man über den Charakter der Bewegung eines Körpers aus der Analyse der Potentialkurve ziehen?

▶ Wodurch wird eine stabile und eine instabile Gleichgewichtslage gekennzeichnet? Worin besteht der Unterschied zwischen ihnen?

▶ Wodurch unterscheidet sich ein vollkommen elastischer Stoß von einem vollkommen unelastischen?

▶ Wie bestimmt man die Geschwindigkeit der Körper nach einem zentralen vollkommen elastischen Stoß? Aus welchem Gesetz kann dieser Ausdruck gewonnen werden?

Aufgaben

3.1. Ein Gewicht von $m = 80$ kg Masse wird auf einer schiefen Ebene mit einer Beschleunigung $a = 1$ m/s^2 gehoben. Die Länge der schiefen Ebene beträgt $l = 3$ m, ihr Neigungswinkel zur Horizontalen $\alpha = 30°$ und die Reibungszahl $f = 0{,}15$. Bestimmen Sie: 1) die von der Hebevorrichtung verrichtete Arbeit; 2) ihre mittlere Leistung; 3) ihre maximale Leistung. Die Anfangsgeschwindigkeit des Gewichtes ist gleich Null. (Lösung der Aufgabe s. S. 380)

3.2. Bestimmen Sie: 1) die Arbeit, um ein Gewicht durch Bewegung auf einer schiefen Ebene zu heben; 2) die mittlere und 3) die maximale Leistung der Hebevorrichtung, wenn die Masse des Gewichtes 10 kg, die Länge der schiefen Ebene 2 m, ihr Neigungswinkel zur Horizontalen 45°, die Reibungszahl 0,1 und die Dauer des Hebens 2 s betragen. [1) 172 J; 2) 86 W; 3) 173 W]

3.3. Ein Stein von 0,3 kg Masse wird von einem Turm aus einer Höhe von 35 m horizontal geworfen. Bestimmen Sie unter Vernachlässigung des Luftwiderstandes: 1) die Geschwindigkeit, mit der der Stein geworfen wurde, wenn seine kinetische Energie 1 s nach Bewegungsbeginn 60 J beträgt; 2) die potentielle Energie des Steines 1 s nach Bewegungsbeginn. [1) 17,4 m/s; 2) 88,6 J]

3.4. Bestimmen Sie die minimale Höhe, aus der ein Wagen mit einer Person auf einer Bahn mit einer Schleife von 10 m Radius abfahren muß, damit er eine volle Schleife durchfährt und nicht von der Bahn abgerissen wird. Die Reibung ist zu vernachlässigen. [25 m]

3.5. Eine Kugel von $m = 10$ g Masse, die horizontal mit einer Geschwindigkeit von $v = 500$ m/s fliegt, trifft auf ein ballistisches Pendel der Länge $l = 1$ m von $M = 5$ kg Masse und bleibt in ihm stecken. Bestimmen Sie den Auslenkungswinkel des Pendels. [18°30']

3.6. Die potentielle Energie eines Teilchens in einem zentralen Kraftfeld in der Entfernung r vom Zentrum des Feldes ist durch die Gleichung $U(r) = A/r^2 - B/r$ gegeben, wobei A und B positive Konstanten sind. Bestimmen Sie die der Gleichgewichtslage des Teilchens entsprechende Entfernung r_0. Ist diese Lage eine stabile Gleichgewichtslage? $[r_0 = 2A/B]$

3.7. Bei einem zentralen vollkommen elastischen Stoß trifft ein sich bewegender Körper der Masse m_1 auf einen ruhenden Körper der Masse m_2, wonach sich die Geschwindigkeit des ersten Körpers um das $n = 1{,}5$fache verringert. Bestimmen Sie: 1) das Verhältnis m_1/m_2; 2) die kinetische Energie T_2', mit der sich der zweite Körper zu bewegen beginnt, wenn die kinetische Energie des ersten Körpers zu Anfang $T_1 = 1000$ J beträgt. [1) 5; 2) 555 J]

3.8. Zwei Bleikugeln von $m_1 = 2$ kg und $m_2 = 3$ kg Masse sind an zwei Fäden von je $l = 70$ cm aufgehängt. Zu Anfang berühren sich die Kugeln, danach wird die kleinere Kugel um $\alpha = 60°$ ausgelenkt und freigegeben. Bestimmen Sie unter Annahme eines zentralen unelastischen Stoßes: 1) die Höhe h, in die sich die Kugeln nach dem Stoß bewegen; 2) die zur Deformation der Kugeln bei dem Stoß aufgewandte Energie ΔT. (Lösung der Aufgabe s. S. 380)

3.9. Ein Körper von $m_1 = 4$ kg Masse bewegt sich mit einer Geschwindigkeit $v_1 = 3$ m/s und trifft auf einen unbeweglichen Körper gleicher Masse. Bestimmen Sie unter der Annahme eines zentralen unelastischen Stoßes die bei dem Stoß freiwerdende Wärmemenge. [9 J]

Kapitel 4

Mechanik starrer Körper

§ 16 Trägheitsmoment

Bei der Untersuchung der Rotation eines starren Körpers werden wir den Begriff des Trägheitsmomentes benutzen. Als **Trägheitsmoment** eines Systems (Körpers) bezüglich einer Achse wird die physikalische Größe bezeichnet, die die Summe der Produkte aus den Massen der n Massenpunkte des Systems und den Quadraten ihrer Entfernungen zu der betrachteten Achse darstellt:

$$J = \sum_{i=1}^{n} m_i r_i^2.$$

Für eine stetige Massenverteilung führt diese Summe auf das Integral

$$J = \int r^2 \, dm,$$

wobei über das gesamte Volumen des Körpers integriert wird. Die Größe r beschreibt in diesem Fall die Lage des Punktes mit den Koordinaten x, y und z.

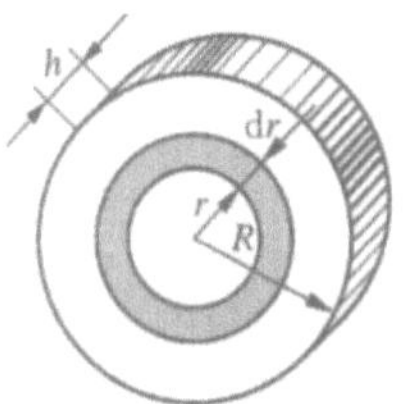

Bild 16.1

Bestimmen wir zum Beispiel das Trägheitsmoment eines homogenen Vollzylinders mit der Höhe h und dem Radius R bezüglich seiner Symmetrieachse (Bild 16.1). Zerlegen wir den Zylinder in einzelne Hohlzylinder von unendlich kleiner Dicke dr mit dem inneren Radius r und dem äußeren Radius $r + dr$. Das Trägheitsmoment eines jeden dieser Hohlzylinder beträgt $dJ = r^2 dm$ (wegen $dr \ll r$ nehmen wir an, daß die Entfernung aller Punkte des Zylinders zur Achse gleich r ist). Dabei ist dm die Masse eines elementaren Zylinders, dessen Volumen $2\pi r h \, dr$ beträgt. Mit der Dichte ρ des Materials schreiben wir $dm = \rho \cdot 2\pi r h \, dr$ und $dJ = 2\pi h \rho r^3 \, dr$. Das Trägheitsmoment des Vollzylinders ergibt sich dann zu

$$J = \int dJ = 2\pi h \rho \int_{0}^{R} r^3 \, dr = \frac{\pi h R^4 \rho}{2}.$$

Weil jedoch $\pi R^2 h$ das Volumen des Zylinders und dementsprechend $m = \pi R^2 h \rho$ seine Masse ist, beträgt das Trägheitsmoment

$$J = \frac{mR^2}{2}.$$

Ist das Trägheitsmoment eines Körpers bezüglich einer durch seinen Massenmittelpunkt verlaufenden Achse bekannt, so kann man das Trägheitsmoment bezüglich einer beliebigen anderen parallelen Achse mit Hilfe des **Steinerschen Satzes** bestimmen: Das Trägheitsmoment J bezüglich einer beliebigen Rotationsachse ist gleich der Summe aus dem Trägheitsmoment J_C bezüglich einer parallelen, durch den Massenmittelpunkt C des Körpers gehenden Achse und dem Produkt aus der Masse m des Körpers und dem Quadrat des Abstandes a zwischen den Achsen:

$$J = J_C + ma^2. \tag{16.1}$$

Zum Abschluß führen wir noch die Werte der Trägheitsmomente einiger Körper an (Tabelle 16.1) (die Körper betrachen wir als homogen, m ist die Masse des Körpers).

Tabelle 16.1 Trägheitsmomente einiger einfach geformter Körper

Körper	Lage der Rotationsachse	Trägheitsmoment
dünnwandiger Hohlzylinder mit dem Radius R	Symmetrieachse	mR^2
Vollzylinder oder Scheibe mit dem Radius R	Symmetrieachse	$mR^2/2$
gerader dünner Stab der Länge l	Achse senkrecht zur Stabmitte	$ml^2/12$
gerader dünner Stab der Länge l	Achse senkrecht zum Stabende	$ml^2/3$
Kugel mit dem Radius R	Achse durch den Mittelpunkt	$2mR^2/5$

§ 17 Rotationsenergie

Betrachten wir einen starren Körper (siehe § 1), der um eine durch ihn verlaufende feststehende Achse z rotiert (Bild 17.1). Zerlegen wir diesen Körper gedanklich in kleine Volumina mit den elementaren Massen m_1, m_2, ..., m_n in den Entfernungen r_1, r_2, ..., r_n von der Rotationsachse. Bei der Rotation des starren Körpers bezüglich einer feststehenden Achse beschreiben die einzelnen Volumina mit den Massen m_i Kreise mit unterschiedlichen Radien r_i und besitzen verschiedene Bahngeschwindigkeiten v_i. Da wir jedoch einen starren Körper be-

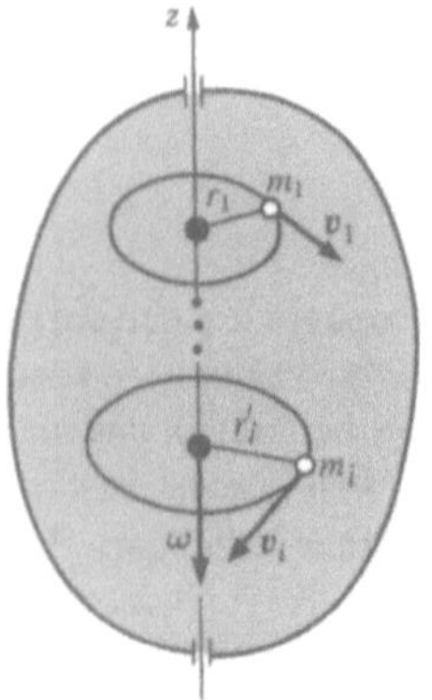

Bild 17.1

trachten, rotieren diese Volumina mit gleicher Winkelgeschwindigkeit:

$$\omega = \frac{v_1}{r_1} = \frac{v_2}{r_2} = \cdots = \frac{v_n}{r_n}. \tag{17.1}$$

Die Rotationsenergie des rotierenden Körpers finden wir als Summe der kinetischen Energien seiner elementaren Volumina:

$$T_{\mathrm{rot}} = \frac{m_1 v_1^2}{2} + \frac{m_2 v_2^2}{2} + \cdots + \frac{m_n v_n^2}{2}$$

oder

$$T_{\mathrm{rot}} = \sum_{i=1}^{n} \frac{m_i v_i^2}{2}.$$

Unter Verwendung des Ausdruckes (17.1) erhalten wir

$$T_{\mathrm{rot}} = \sum_{i=1}^{n} \frac{m_i \omega^2}{2} r_i^2 = \frac{\omega^2}{2} \sum_{i=1}^{n} m_i r_i^2 = \frac{J_z \omega^2}{2},$$

wobei J_z das Trägheitsmoment des Körpers bezüglich der Achse z ist. Die kinetische Energie des rotierenden Körpers beträgt somit

$$T_{\mathrm{rot}} = \frac{J_z \omega^2}{2}. \tag{17.2}$$

Aus dem Vergleich von Gl. (17.2) mit der Gl. (12.1) für die kinetische Energie eines sich fortschreitend bewegenden Körpers ($T = mv^2/2$) folgt, daß das Trägheitsmoment ein *Maß für die Trägheit des Körpers* bei der Rotation darstellt. Gl. (17.2) ist für die Rotation von Körpern um eine feststehende Rotationsachse gültig.

Im Falle der ebenen Bewegung eines Körpers, zum Beispiel eines ohne Gleiten eine schiefe Ebene herunterrollenden Körpers, setzt sich die Bewegungsenergie aus der Energie der fortschreitenden Bewegung und der Rotationsenergie zusammen

$$T = \frac{mv_C^2}{2} + \frac{J_C \omega^2}{2},$$

wobei m die Masse des rollenden Körpers, v_C die Geschwindigkeit seines Massenmittelpunktes, J_C das Trägheitsmoment des Körpers bezüglich der durch den Massenmittelpunkt verlaufenden Achse und ω die Winkelgeschwindigkeit des Körpers ist.

§ 18   Drehmoment. Dynamisches Grundgesetz der Rotation eines starren Körpers

Das **Drehmoment einer Kraft F bezüglich eines festen Punktes** O ist eine physikalische Größe, die durch das Vektorprodukt aus dem Ortsvektor r aus dem Punkt O zum Angriffspunkt A der Kraft und der Kraft F bestimmt wird (Bild 18.1):

$$M = r \times F.$$

M ist hierbei ein Pseudovektor, seine Richtung stimmt mit der Richtung der fortschreitenden Bewegung einer Rechtsschraube bei ihrer Drehung von r nach F überein.

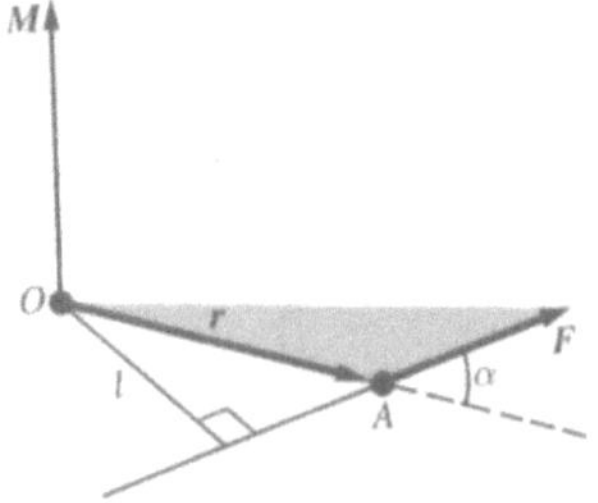

Bild 18.1

Der Betrag des Drehmomentes ist

$$M = Fr \sin \alpha = Fl, \tag{18.1}$$

wobei α der Winkel zwischen r und F und $r \sin \alpha = l$ der **Kraftarm**, d. h. die kürzeste Entfernung zwischen der Wirkungslinie der Kraft und dem Punkt O, ist.

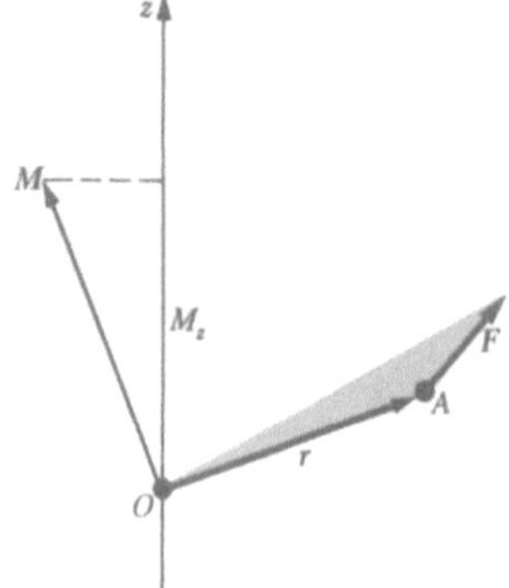

Bild 18.2

Als **Drehmoment bezüglich einer feststehenden Achse z** bezeichnet man die *skalare* Größe M_z, die gleich der Projektion des Drehmomentenvektors M bezüglich eines beliebigen Punktes O auf der gegebenen Achse auf diese Achse z ist (Bild 18.2). Die Größe des Drehmomentes M_z ist unabhängig von der Wahl des Punktes O auf der Achse z. Wenn die Richtung des Vektors

M mit der Achse z übereinstimmt, wird das Drehmoment als Vektor entlang dieser Achse dargestellt:

$$M_z = (r \times F)_z.$$

Bestimmen wir die Arbeit bei der Rotation eines Körpers (Bild 18.3). Die Kraft F greife in dem Punkt B in der Entfernung r von der Rotationsachse an, und α sei der Winkel zwischen der Wirkungsrichtung der Kraft und dem Ortsvektor r. Da wir den Körper als vollkommen starr betrachten, ist die Arbeit dieser Kraft gleich der für die Drehung des ganzen Körpers aufgewandten Arbeit. Bei der Drehung des Körpers um einen unendlich kleinen Winkel $d\varphi$ durchläuft der Angriffspunkt B den Weg $ds = r\, d\varphi$, und die Arbeit ist gleich dem Produkt aus der Projektion der Kraft auf die Bewegungsrichtung und der Größe der Verschiebung

$$dW = F \sin \alpha \, r \, d\varphi. \tag{18.2}$$

Unter Berücksichtigung von (18.1) kann man schreiben

$$dW = M_z \, d\varphi,$$

wobei $Fr \sin \alpha = Fl = M_z$ das Drehmoment bezüglich der Achse z ist. Die Arbeit bei der Rotation eines Körpers ist somit gleich dem Produkt aus dem Drehmoment der wirkenden Kraft und dem Drehwinkel.

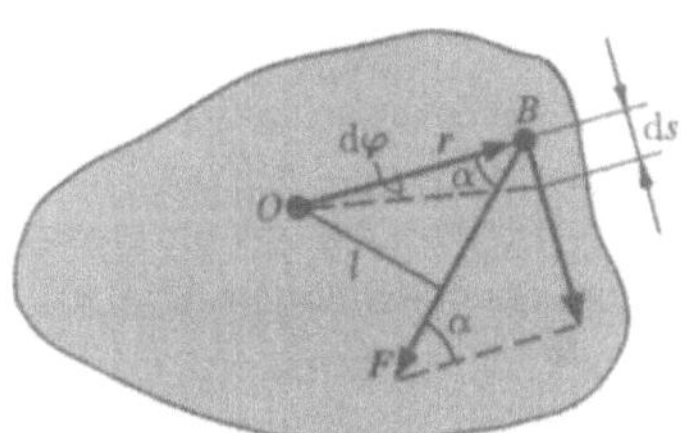

Bild 18.3

Die Arbeit bei der Rotation eines Körpers bewirkt eine Vergrößerung seiner kinetischen Energie

$$dW = dT.$$

Aus

$$dT = d\left(\frac{J_z \omega^2}{2}\right) = J_z \omega \, d\omega$$

folgt jedoch

$$M_z d\varphi = J_z \omega \, d\omega$$

oder

$$M_z \frac{d\varphi}{dt} = J_z \omega \frac{d\omega}{dt}.$$

Wenn wir berücksichtigen, daß $\omega = d\varphi/dt$ ist, dann erhalten wir

$$M_z = J_z \frac{d\omega}{dt} = J_z \varepsilon. \tag{18.3}$$

Gl. (18.3) stellt das **dynamische Grundgesetz der Rotation eines starren Körpers** bezüglich einer feststehenden Achse dar.

Man kann zeigen, daß für eine mit der durch den Massenmittelpunkt verlaufenden Hauptträgheitsachse (siehe § 20) zusammenfallenden Rotationsachse folgende Vektorgleichung gültig ist

$$M = J\varepsilon, \tag{18.4}$$

wobei J das Hauptträgheitsmoment (Trägheitsmoment bezüglich der Hauptachse) des Körpers ist.

§ 19   Drehimpuls und Drehimpulserhaltungssatz

Beim Vergleich der Gesetze von Rotation und Translation wird die Analogie zwischen ihnen sichtbar; bei der Rotation treten anstelle von Kräften Drehmomente auf, und das Trägheitsmoment übernimmt die Rolle der Masse. Welche Größe ist jedoch dem Impuls eines Körpers zuzuordnen? Es ist der Drehimpuls bezüglich einer Achse.

Der **Drehimpuls** eines Massenpunktes A **bezüglich eines festen Punktes** O ist eine physikalische Größe, die durch das Vektorprodukt

$$L = r \times p = r \times (mv)$$

bestimmt wird. Dabei ist r der Ortsvektor vom Punkt O zum Punkt A, $p = mv$ der Impuls des Massenpunktes (Bild 19.1) und L ein Pseudovektor, dessen Richtung mit der Richtung der fortschreitenden Bewegung einer Rechtsschraube bei ihrer Drehung von r nach p übereinstimmt.

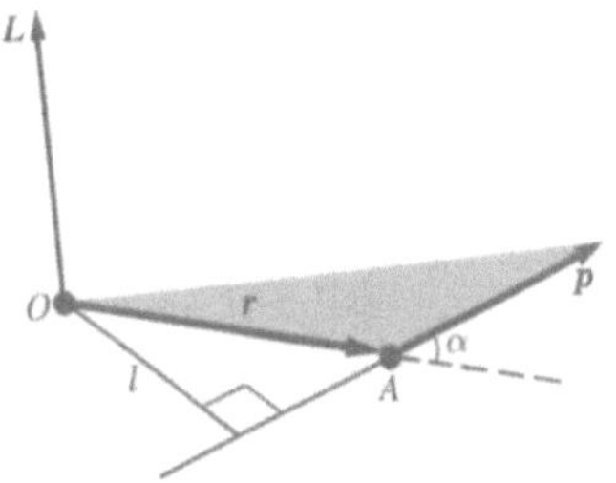

Bild 19.1

Der Betrag des Drehimpulsvektors ist gleich

$$L = rp \sin \alpha = mvr \sin \alpha = pl,$$

wobei α der Winkel, den die Vektoren r und p bilden, und l der Wirkungsarm des Vektors p bezüglich des Punktes O ist.

Der **Drehimpuls bezüglich einer feststehenden Achse** z ist eine skalare Größe L_z, die gleich der Projektion des Drehimpulsvektors bezüglich eines beliebigen Punktes O dieser Achse auf diese Achse ist. Die Größe des Drehimpulses ist unabhängig von der Lage des Punktes O auf der Achse z.

Bei der Rotation eines starren Körpers um eine feststehende Achse z bewegt sich jeder einzelne Punkt des Körpers mit einer Geschwindigkeit v_i auf einer Kreisbahn vom Radius r_i. Die Geschwindigkeit v_i und der Impuls $m_i v_i$ stehen senkrecht auf dem Radius, d. h., der Radius ist gleich dem Wirkungsarm des Vektors $m_i v_i$. Wir können deshalb für den Drehimpuls eines einzelnen Teilchens schreiben

$$L_{iz} = m_i v_i r_i. \tag{19.1}$$

Er ist entsprechend der Rechtsschraubenregel entlang der Achse gerichtet.

Der **Drehimpuls eines starren Körpers** bezüglich einer Achse ist gleich der Summe der Drehimpulse der einzelnen Teilchen

$$L_z = \sum_{i=1}^{n} m_i v_i r_i.$$

Mit Gl. (17.1) $v_i = \omega r_i$ erhalten wir

$$L_z = \sum_{i=1}^{n} m_i r_i^2 \omega = \omega \sum_{i=1}^{n} m_i r_i^2 = J_z \omega,$$

d. h.

$$L_z = J_z \omega. \tag{19.2}$$

Der Drehimpuls eines starren Körpers bezüglich einer Achse ist gleich dem Produkt aus dem Trägheitsmoment des Körpers bezüglich dieser Achse und der Winkelgeschwindigkeit.

Differenzieren wir Gl. (19.2) nach der Zeit

$$\frac{dL_z}{dt} = J_z \frac{d\omega}{dt} = J_z \varepsilon = M_z,$$

d. h.

$$\frac{dL_z}{dt} = M_z.$$

Dieser Ausdruck ist eine weitere Form des **dynamischen Grundgesetzes der Rotation eines starren Körpers** bezüglich einer feststehenden Achse: Die Ableitung des Drehimpulses eines starren Körpers bezüglich einer Achse ist gleich dem Drehmoment bezüglich dieser Achse.

Man kann zeigen, daß folgende Vektorgleichung gültig ist

$$\frac{dL}{dt} = M. \tag{19.3}$$

In einem abgeschlossenen System ist das Drehmoment der äußeren Kräfte $M = 0$ und $dL/dt = 0$, woraus folgt

$$L = \text{const.} \tag{19.4}$$

Gl. (19.4) stellt den **Drehimpulserhaltungssatz** dar: Der Drehimpuls eines abgeschlossenen Systems bleibt erhalten, d. h., er ändert sich nicht in der Zeit.

Der Drehimpulserhaltungssatz ist ein *fundamentales Naturgesetz*. Er ist mit einer Symmetrieeigenschaft des Raumes – sei-

Tabelle 19.1 Vergleich wichtiger Bestimmungsgrößen bei Translation und Rotation

Translation		Rotation	
Masse	m	Trägheitsmoment	J
Geschwindigkeit	$v = \dfrac{dr}{dt}$	Winkelgeschwindigkeit	$\omega = \dfrac{d\varphi}{dt}$
Beschleunigung	$a = \dfrac{dv}{dt}$	Winkelbeschleunigung	$\varepsilon = \dfrac{d\omega}{dt}$
Kraft	F	Drehmoment	M_z oder M
Impuls	$p = mv$	Drehimpuls	$L_z = J_z \omega$
Grundgesetz der Dynamik	$F = ma;$ $F = \dfrac{dp}{dt}$	Grundgesetz der Dynamik	$M_z = J_z \varepsilon;$ $M = \dfrac{dL}{dt}$
Arbeit	$dW = F_s ds$	Arbeit bei Rotation	$dW = M_z d\varphi$
kinetische Energie	$\dfrac{mv^2}{2}$	Rotationsenergie	$\dfrac{J_z \omega^2}{2}$

ner *Isotropie* – verbunden, d. h. mit der Invarianz physikalischer Gesetze bezüglich der Wahl der Richtungen der Koordinatenachsen des Bezugssystems (bezüglich der Drehung eines abgeschlossenen Systems im Raum um einen beliebigen Winkel).

Den Drehimpulserhaltungssatz kann man mit dem Drehschemelversuch demonstrieren. Eine auf einem reibungsfrei um eine vertikale Achse rotierenden Schemel sitzende Person hält an ausgestreckten Armen zwei Hanteln (Bild 19.2). Sie wurde mit der Winkelgeschwindigkeit ω_1 in Rotation versetzt. Beim Anziehen der Arme mit den Hanteln verringert sich das Trägheitsmoment des Systems. Da das Drehmoment der äußeren

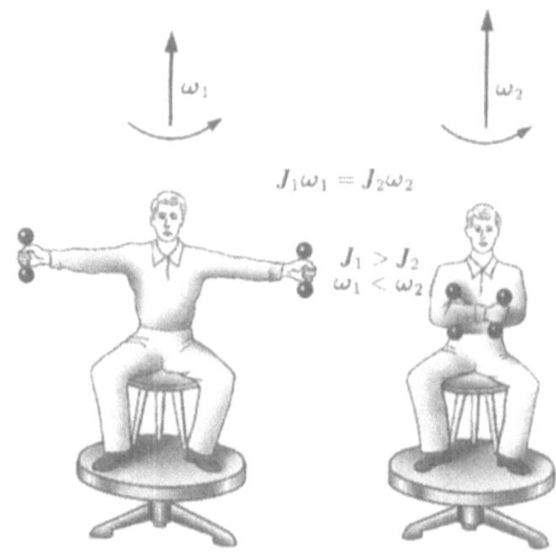

Bild 19.2

Kräfte gleich Null ist, bleibt der Drehimpuls des Systems erhalten, und die Winkelgeschwindigkeit ω_2 der Rotation vergrößert sich. In Analogie dazu zieht ein Turner bei einem Salto Arme und Beine an, um sein Trägheitsmoment zu verringern und somit die Winkelgeschwindigkeit der Drehung zu erhöhen.

In Tabelle 19.1 sind die grundlegenden Größen und Gleichungen der Rotation eines Körpers um eine feststehende Achse und seiner Translation gegenübergestellt.

§ 20 Freie Achsen. Kreisel

Um die Lage der Rotationsachse im Laufe der Zeit unveränderlich zu halten, benutzt man Lager, in denen die Rotationsachse ruht. Es existieren jedoch auch Rotationsachsen, die ihre Orientierung im Raum beibehalten, wenn keine äußeren Kräfte auf sie wirken. Diese Achsen nennt man **freie Achsen** (oder **freie Rotationsachsen**). Es kann bewiesen werden, daß für jeden Körper drei einander senkrechte, durch den Massenmittelpunkt des Körpers verlaufende Achsen existieren, die als freie Achsen auftreten können (sie heißen **Hauptträgheitsachsen** des Körpers). Die Hauptträgheitsachsen eines homogenen Parallelepipeds zum Beispiel verlaufen durch die Mittelpunkte jeweils gegenüberliegender Seiten (Bild 20.1). Bei einem homogenen Zylinder ist die Symmetrieachse eine der Hauptträgheitsachsen, die anderen Hauptträgheitsachsen werden von zwei beliebigen, zueinander senkrechten Achsen gebildet, die in einer zur Symmetrieachse senkrechten Ebene liegen und durch den Massenmittelpunkt verlaufen. Die Hauptträgheitsachsen einer Kugel sind drei beliebige einander senkrechte Achsen durch den Massenmittelpunkt.

Für die Stabilität der Rotation ist es von großer Bedeutung, welche der freien Achsen als Rotationsachse dient.

Man kann zeigen, daß um die Hauptträgheitsachsen mit dem größten und dem kleinsten Trägheitsmoment eine stabile Rotation ausgeführt wird, eine Rotation um die Achse mit dem dazwischenliegenden Trägheitsmoment hingegen instabil ist. Wenn man also einen Körper von der Form eines Parallelepipeds in die Höhe wirft und ihn gleichzeitig in Rotation versetzt, so wird er sich beim Fallen stabil um die Achsen 1 und 2 (Bild 20.1) drehen.

Wenn man zum Beispiel einen mit einem Faden an der Spindel einer Zentrifuge befestigten kleinen Stab in schnelle Rotation versetzt, so wird er sich in der horizontalen Ebene um eine zur Symmetrieachse senkrechte vertikale Achse durch die Stab-

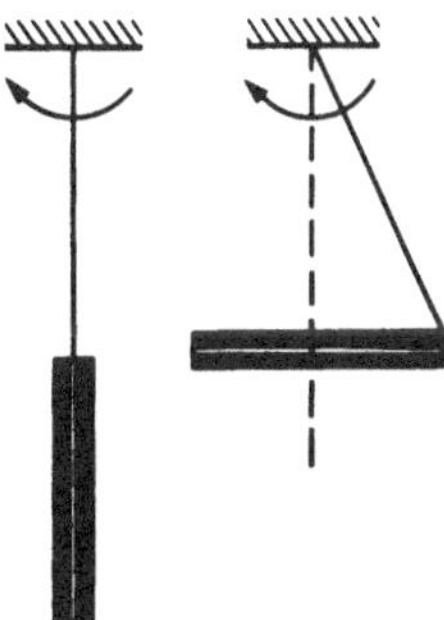

Bild 20.2

mitte drehen (Bild 20.2). Diese Achse ist dann auch eine freie Rotationsachse (das Trägheitsmoment ist in dieser Lage des Stabes maximal). Wenn man jetzt den um die freie Achse rotierenden Stab von äußeren Zwängen befreit (den Faden vorsichtig von der Spindel löst), so bleibt die Lage der Rotationsachse im Raum für eine gewisse Zeit erhalten. Die Eigenschaft freier Achsen, ihre Lage im Raum beizubehalten, findet viele technische Anwendungen. Am interessantesten sind in dieser Hinsicht **Kreisel** – homogene Vollkörper, die mit hoher Geschwindigkeit um ihre eine freie Achse darstellende Symmetrieachse rotieren.

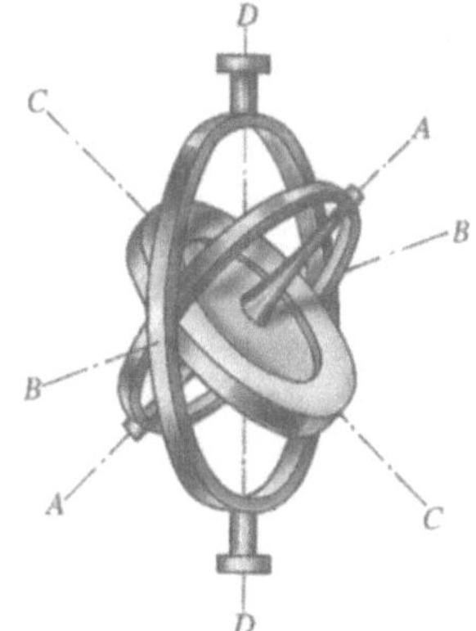

Bild 20.3

Betrachten wir eine der Ausführungen des Kreisels – der Kreisel mit Kardanaufhängung (Bild 20.3). Ein scheibenförmiger Körper – der Kreisel – ist auf der Achse AA befestigt, welche um die zu ihr senkrechte horizontale Achse BB rotieren kann. Die Achse BB kann ihrerseits um die vertikale Achse DD rotieren. Alle drei Achsen schneiden sich in dem Punkt C, dem Massenmittelpunkt des Kreisels, welcher seine Lage nicht ändert. Die Kreiselachse kann jede beliebige Richtung im Raum einnehmen. Die Reibungskräfte in den Lagern der drei Achsen und das Drehmoment der Ringe wollen wir vernachlässigen.

Aufgrund der geringen Reibung in den Lagern kann man der Kreiselachse, solange sich der Kreisel nicht bewegt, eine beliebige Richtung geben. Wenn man den Kreisel in schnelle Rotation versetzt (zum Beispiel mit Hilfe einer auf die Achse aufgewickelten Schnur) und seinen Rahmen dreht, so bleibt die

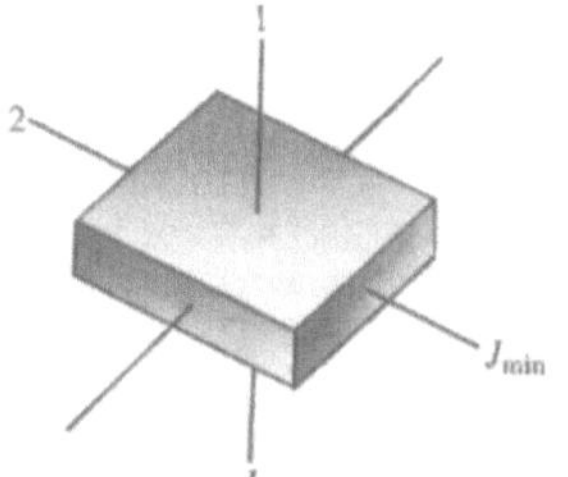

Bild 20.1

Lage des Kreisels im Raum unverändert. Dies kann man mit Hilfe des dynamischen Grundgesetzes der Rotation erklären. Die Schwerkraft kann die Orientierung der Achse eines frei rotierenden Kreisels nicht ändern, da diese Kraft am Massenmittelpunkt angreift (das Rotationszentrum C fällt mit dem Massenmittelpunkt zusammen) und das Drehmoment der Schwerkraft bezüglich des fixierten Massenmittelpunktes gleich Null ist. Das Drehmoment der Reibungskräfte vernachlässigen wir ebenfalls. Wenn das Drehmoment der äußeren Kräfte bezüglich des fixierten Massenmittelpunktes verschwindet, so ist entsprechend Gl. (19.3) $L =$ const, d. h., der Drehimpuls des Kreisels behält seine Größe und Richtung im Raum bei. Folglich bleibt mit ihm auch die Lage der Kreiselachse im Raum unverändert.

Zur Änderung der Lage der Kreiselachse im Raum ist entsprechend (19.3) ein von Null verschiedenes Drehmoment der äußeren Kräfte erforderlich. Wenn das Moment der an den rotierenden Kreisel angreifenden äußeren Kräfte bezüglich des Massenmittelpunktes des Kreisels von Null verschieden ist, tritt eine als **gyroskopischer Effekt** bezeichnete Erscheinung auf. Sie äußert sich darin, daß sich die Kreiselachse unter der Wirkung des an die Achse des rotierenden Kreisels angreifenden Kräftepaares F (Bild 20.4) um die Gerade O_3O_3 dreht und nicht um die Gerade O_2O_2, wie dies auf den ersten Blick natürlich erscheinen mag (O_1O_1 und O_2O_2 liegen in der Zeichenebene, O_3O_3 und F stehen senkrecht zu ihr).

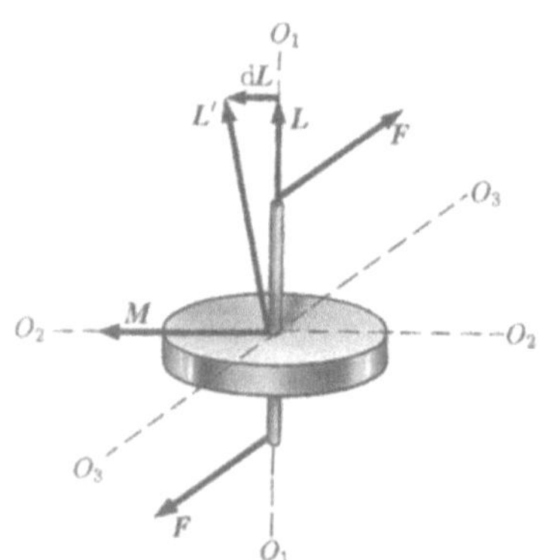

Bild 20.4

Der gyroskopische Effekt wird folgendermaßen erklärt. Das Drehmoment M des Kräftepaares F ist entlang der Geraden O_2O_2 gerichtet. In der Zeit dt erhält der Drehimpuls L des Kreisels den Zuwachs $dL = M\,dt$ (die Richtung von dL stimmt mit der Richtung von M überein) und nimmt den Wert $L' = L + dL$ an. Die Richtung des Vektors L' stimmt mit der neuen Richtung der Rotationsachse des Kreisels überein. Die Rotationsachse des Kreisels dreht sich somit um die Gerade O_3O_3. Wenn die Wirkungsdauer der Kraft gering ist, so wird auch bei einem großen Drehmoment M die Änderung des Drehimpulses dL des Kreisels ebenfalls sehr gering sein. Eine kurzzeitige Kraftwirkung führt deshalb praktisch zu keiner Änderung der räumlichen Orientierung der Kreiselachse. Zu deren Lageänderung müssen Kräfte über eine längere Zeit angreifen.

Wenn die Kreiselachse in den Lagern fixiert ist, dann treten infolge des gyroskopischen Effekts sogenannte **gyroskopische Kräfte** auf, die auf die Lager, in denen die Kreiselachse rotiert, wirken. Ihre Wirkung muß bei der Konstruktion von Anlagen mit schnell rotierenden massiven Teilen beachtet werden. Gyroskopische Kräfte treten nur in rotierenden Bezugssystemen auf und stellen einen Spezialfall der Corioliskraft (siehe § 27) dar.

Kreisel werden in verschiedenen Navigationsgeräten (Kreiselkompaß, künstlicher Horizont u. a.) verwendet. Eine weitere wichtige Anwendung von Kreiseln ist das Beibehalten der Bewegungsrichtung von Transportmitteln, zum Beispiel von Schiffen (automatische Kurssteueranlage) und Flugzeugen (Autopilot). Bei jeder Abweichung vom Kurs infolge irgendwelcher Einwirkungen (Wellen, Windstoß usw.) bleibt die Lage der Kreiselachse im Raum erhalten. Die Kreiselachse dreht sich folglich zusammen mit dem Rahmen der Kardanaufhängung bezüglich des Transportmittels. Die Drehung des Rahmens der Kardanaufhängung betätigt über bestimmte Vorrichtungen die Steuerruder, welche den gegebenen Kurs wieder herstellen.

Das Gyroskop wurde erstmals von dem französischen Physiker J. Foucault (1819–1868) zum Nachweis der Erdrotation verwendet.

§ 21   Deformation eines Festkörpers

Bei der Betrachtung der Mechanik fester Körper verwendeten wir den Begriff des starren Körpers. In der Natur gibt es jedoch keine vollkommen starren Körper, da sich unter einer Kraftwirkung die Form und Abmessungen aller realen Körper ändern, d. h., diese Körper *deformiert* werden.

Eine **Deformation** nennt man **elastisch**, wenn der Körper nach Aufheben der äußeren Kraftwirkung wieder seine ursprünglichen Abmessungen und Form annimmt. Eine Verformung, die auch nach Aufheben der äußeren Kraftwirkung erhalten bleibt, nennt man **plastische (bleibende) Deformation**. Reale Körper werden immer plastisch verformt, da die Deformationen nach Aufheben der äußeren Kraftwirkung niemals vollständig verschwinden. Sind die bleibenden Deformationen jedoch gering, so kann man sie vernachlässigen und elastische Deformationen betrachten, was wir auch tun werden.

In der Elastizitätslehre wird bewiesen, daß alle Verformungsarten (Zug oder Druck, Schub, Biegung, Torsion) auf gleichzeitig auftretende Zugverformung oder Druck- und Schubverformung zurückgeführt werden können.

Betrachten wir einen homogenen Stab der Länge l mit der Querschnittsfläche A (Bild 21.1), an dessen Enden die Kräfte F_1 und F_2 ($F_1 = F_2 = F$) entlang der Stabachse angreifen. Dadurch ändert sich die Länge des Stabes um Δl. Bei Zugbeanspruchung ist Δl naturgemäß positiv, bei Druckbeanspruchung negativ.

Die pro Flächeneinheit des Querschnitts wirkende Kraft wird als **Spannung** bezeichnet

$$\sigma = \frac{F}{A}. \tag{21.1}$$

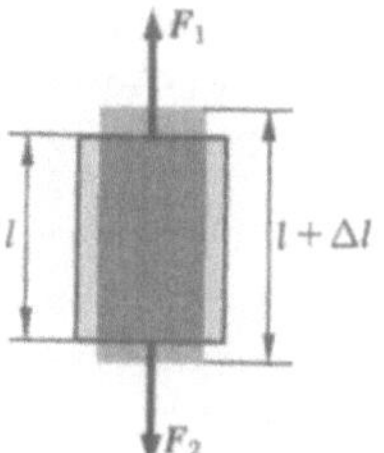

Bild 21.1

Wenn die Kraft entlang der Normalen zur Oberfläche gerichtet ist, heißt die Spannung **Normalspannung**, ist sie entlang einer Tangente an die Oberfläche gerichtet, **Tangentialspannung**.

Ein Maß für den Grad der vom Körper erfahrenen Verformung ist die **relative Deformation**. So ist die relative Längenänderung eines Stabes (Längsverformung)

$$\varepsilon = \frac{\Delta l}{l}, \qquad (21.2)$$

die relative Querstreckung (Einschnürung) beträgt

$$\varepsilon' = \frac{\Delta d}{d},$$

wobei d der Durchmesser des Stabes ist.

Die Deformationen ε und ε' haben stets verschiedene Vorzeichen (bei Dehnung ist Δl positiv und Δd negativ, bei Druckbeanspruchung ist Δl negativ und Δd positiv). Experimentell wurde folgender Zusammenhang zwischen ε und ε' gefunden

$$\varepsilon' = -\mu\varepsilon,$$

wobei μ ein von den Materialeigenschaften abhängiger positiver Koeffizient, die **Poissonsche Konstante**, ist. Sie ist nach dem französischen Gelehrten S. Poisson (1781–1840) benannt.

Von dem englischen Physiker R. Hooke (1635–1703) wurde experimentell festgestellt, daß für kleine Deformationen die Dehnung ε proportional der Spannung σ ist

$$\sigma = E\varepsilon, \qquad (21.3)$$

wobei der Proportionalitätsfaktor E der Youngsche Modul oder Elastizitätsmodul ist. Er ist nach dem englischen Gelehrten T. Young (1773–1829) benannt. Aus Gl. (21.3) ist ersichtlich, daß der **Youngsche Modul** gleich der Spannung ist, die eine relative Dehnung von eins hervorruft.

Aus den Gl. (21.2), (21.3) und (21.1) folgt, daß

$$\varepsilon = \frac{\Delta l}{l} = \frac{\sigma}{E} = \frac{F}{EA}$$

oder

$$F = \frac{EA}{l}\Delta l = k\Delta l \qquad (21.4)$$

gilt, wobei k der **Elastizitätskoeffizient** ist. Die Gl. (21.4) drückt ebenfalls das Hookesche Gesetz aus, wonach die Längenänderung eines Stabes bei elastischer Deformation proportional der auf den Stab wirkenden Kraft ist.

Die Deformation von Festkörpern gehorcht dem Hookeschen Gesetz bis zu einer bekannten Grenze. Der Zusammenhang zwischen Deformation und Spannung wird in Form des Spannungs-Dehnungs-Diagramms dargestellt, welches wir qualitativ für einen metallischen Probekörper betrachten wollen (Bild 21.2). Aus der Abbildung ist ersichtlich, daß die von Hooke festgestellte lineare Abhängigkeit $\sigma(\varepsilon)$ nur in sehr engen Grenzen bis zur sogenannten **Proportionalitätsgrenze** (σ_p) gültig ist. Bei einer weiteren Erhöhung der Spannung ist die Deformation noch elastisch (obwohl die Abhängigkeit $\sigma(\varepsilon)$ schon nicht mehr linear ist), und bis zur **Elastizitätsgrenze** σ_e treten keine bleibenden Verformungen auf. Bei Überschreiten der Elastizitätsgrenze treten in dem Körper bleibende Verformungen auf, und die Rückkehr des Körpers in seinen Ausgangszustand nach Aufheben der Kraftwirkung wird im Diagramm nicht durch die Linie BO, sondern durch die zu ihr parallele Linie CF dargestellt. Die Spannung, bei der eine merkliche bleibende Deformation ($\approx$ 0,2 %) auftritt, heißt **Fließgrenze** σ_Fl und ist im Diagramm durch den Punkt C dargestellt. In dem Bereich CD wächst die Verformung ohne Erhöhung der Spannung, d. h., der Körper „fließt" gewissermaßen. Dieser Bereich wird **Fließbereich** (oder **Bereich plastischer Verformungen**) genannt. Werkstoffe mit einem großen Fließbereich werden als **zäh** bezeichnet, solche praktisch ohne Fließbereich nennt man **spröde**. Bei der weiteren Dehnung (über den Punkt D hinaus) wird der Körper zerstört. Die in dem Körper bis zu seiner Zerstörung auftretende maximale Spannung heißt **Festigkeit** σ_M.

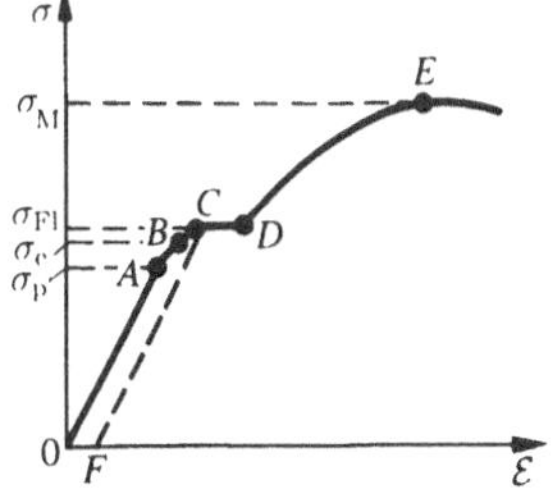

Bild 21.2

Das Spannungsdiagramm realer Körper ist von vielen Faktoren abhängig. Ein und derselbe Körper kann sich bei einer kurzzeitigen Kraftwirkung spröde verhalten, bei anhaltender, aber geringer Kraftwirkung jedoch fließend.

Berechnen wir die potentielle Energie eines elastisch gedehnten (zusammengedrückten) Stabes. Sie ist gleich der von den äußeren Kräften bei der Deformation verrichteten Arbeit

$$U = W = \int\limits_{0}^{\Delta l} F\,\mathrm{d}x,$$

wobei x die absolute Längenzunahme des Stabes ist, die sich im Laufe der Verformung von 0 bis Δl ändert. Gemäß dem Hookeschen Gesetz (21.4) ist $F = kx = EAx/l$. Deshalb gilt

$$U = \int\limits_{0}^{\Delta l} \frac{EA}{l} x \, dx = \frac{1}{2} \frac{EA}{l} (\Delta l)^2,$$

d. h., die potentielle Energie eines elastisch gedehnten Stabes ist proportional zum Quadrat der Längenänderung $(\Delta l)^2$. Eine Schubverformung kann man am einfachsten verwirklichen, indem man ein rechteckiges Parallelepiped nimmt und die Kraft F_τ (Bild 21.3) tangential an dessen Oberfläche angreifen läßt (der untere Teil des Körpers ist fest fixiert). Die relative Schubverformung wird nach der Gleichung

$$\tan \gamma = \frac{\Delta s}{h}$$

bestimmt, wobei Δs die absolute Verschiebung der parallelen Schichten des Körpers relativ zueinander und h der Abstand zwischen den Schichten ist (für kleine Winkel gilt $\tan \gamma \approx \gamma$).

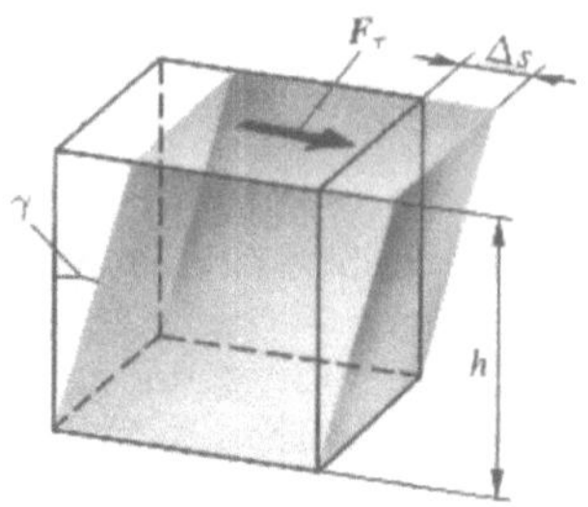

Bild 21.3

Kontrollfragen

▶ Was ist das Trägheitsmoment eines Körpers?

▶ Welche Rolle spielt das Trägheitsmoment bei der Rotation?

▶ Geben Sie die Gleichung für die kinetische Energie eines um eine feststehende Achse rotierenden Körpers an. Wie kann sie hergeleitet werden?

▶ Was ist das Drehmoment einer Kraft bezüglich eines festen Punktes, bezüglich einer feststehenden Achse? Wie wird die Richtung des Drehmomentes bestimmt?

▶ Formulieren Sie das dynamische Grundgesetz der Rotation eines starren Körpers und geben Sie seine Herleitung an.

▶ Was versteht man unter dem Drehimpuls eines Massenpunktes, eines starren Körpers? Wie wird die Richtung des Drehimpulses bestimmt?

▶ Worin besteht das physikalische Wesen des Drehimpulserhaltungssatzes? Für welche Systeme ist er gültig? Führen Sie Beispiele an.

▶ Welche Symmetrieeigenschaft des Raumes bewirkt die Gültigkeit des Drehimpulserhaltungssatzes?

▶ Stellen Sie die grundlegenden Gleichungen der Dynamik von Translation und Rotation gegenüber. Erläutern Sie deren Analogie.

▶ Was sind freie Achsen (Hauptträgheitsachsen)? Welche von ihnen sind stabil?

▶ Was ist ein Kreisel? Nennen Sie die grundlegenden Eigenschaften eines Kreisels.

▶ Formulieren Sie das Hookesche Gesetz. Wann ist es gültig?

▶ Erläutern Sie das qualitative Spannungsdiagramm $\sigma(\varepsilon)$. Was versteht man unter der Proportionalitätsgrenze, Elastizitätsgrenze und der Festigkeit?

▶ Worin besteht das physikalische Wesen des Youngschen Moduls?

Aufgaben

4.1. Ein Vollzylinder und eine Kugel von gleicher Masse und gleichem Radius beginnen, gleichzeitig von gleicher Ausgangshöhe aus ohne zu gleiten eine schiefe Ebene hinunterzurollen. Bestimmen Sie: 1) das Verhältnis der Geschwindigkeiten von Zylinder und Kugel in der gegebenen Höhe; 2) ihr Verhältnis zum gegebenen Zeitpunkt. [1) 14/15; 2) 14/15]

4.2. Über eine feste Rolle in Form eines homogenen Vollzylinders von $m = 160$ g Masse ist ein massenloser Faden geführt, an dessen Enden zwei Gewichte von $m_1 = 200$ g und $m_2 = 300$ g Masse befestigt sind. Bestimmen Sie unter Vernachlässigung der Reibung an der Achse der Rolle: 1) die Beschleunigung a der Gewichte; 2) die Fadenspannkräfte T_1 und T_2. [Lösung der Aufgabe s. S. 381]

4.3. Am Umfang einer massiven Scheibe von $R = 0{,}5$ m Radius greift eine konstante Tangentialkraft von $F = 100$ N an. Bei der Rotation wirkt auf die Scheibe ein Drehmoment der Reibungskräfte von $M = 2$ N·m. Bestimmen Sie die Masse m der Scheibe, wenn bekannt ist, daß deren Winkelbeschleunigung ε konstant ist und 12 rad/s^2 beträgt. [32 kg]

4.4. Die Rotationsgeschwindigkeit eines Rades mit einem Trägheitsmoment von 2 kg · m^2, das unter Bremswirkung gleichmäßig verzögert rotiert, verringert sich innerhalb $t = 1$ min von $n_1 = 300$ U/min auf $n_2 = 180$ U/min. Bestimmen Sie: 1) die Winkelbeschleunigung ε des Rades; 2) das Drehmoment M der Bremskraft; 3) die Arbeit der Bremskraft. [1) 0,21 rad/s^2; 2) 0,42 N·m; 3) 630 J]

4.5. Eine Person sitzt mittig auf einem Drehschemel, der infolge seiner Trägheit um eine feststehende vertikale Achse mit der Drehzahl $n_1 = 30$ min^{-1} rotiert. An ausgestreckten Armen hält die Person zwei Hanteln von je $m = 5$ kg Masse. Der Abstand der Hanteln von der Rotationsachse beträgt $l_1 = 60$ cm. Das Gesamtträgheitsmoment der Person und des Drehschemels bezüglich der Rotationsachse beträgt $J_0 = 2$ kg · m^2. Bestimmen Sie: 1) die Drehzahl n_2 der Rotation des Drehschemels mit der Person; 2) die von der Person verrichtete Arbeit, wenn sie die Arme anzieht und somit die Entfernung der Hanteln von der Rotationsachse auf $l_2 = 20$ cm verringert. [Lösung der Aufgabe s. S. 382]

4.6. Eine am Rand einer sich durch ihre Trägheit um eine feststehende vertikale Achse mit einer Frequenz von $n_1 = 10$ min^{-1} drehenden horizontalen Plattform von $M = 100$ kg Masse stehende Person von $m = 80$ kg Masse bewegt sich zum Mittelpunkt der Plattform. Betrachten Sie die Plattform als eine runde homogene Scheibe und die Person als einen Massenpunkt. Bestimmen Sie, mit welcher Frequenz n_2 sich die Plattform danach drehen wird. [26 min^{-1}]

4.7. Bestimmen Sie die relative Längenzunahme eines Aluminiumstabes, wenn bei seiner Dehnung eine Arbeit von 62,1 J verrichtet wurde. Die Länge des Stabes beträgt 2 m, seine Querschnittsfläche 1 mm^2, und der Youngsche Modul für Aluminium ist $E = 69$ GPa. [$\Delta l/l = \sqrt{2W/(EAl)} = 0{,}03$]

4.8. Ein Kupferdraht von $l = 80$ cm Länge und $A = 8$ mm^2 Querschnitt ist mit einem Ende an einer Aufhängevorrichtung befestigt, an seinem anderen Ende ist ein Gewicht von $m = 400$ g Masse angebracht. Nach Auslenkung bis auf Höhe der Aufhängung wird der gesteckte Kupferdraht mit dem Gewicht freigegeben. Bestimmen Sie unter der Annahme der Massenlosigkeit des Kupferdrahtes seine Längenzunahme im unteren Bahnpunkt der Bewegung des Gewichts. Der Elastizitätsmodul für Kupfer beträgt $E = 118$ GPa. [Lösung der Aufgabe s. S. 382]

Kapitel 5

Gravitation. Elemente der Feldtheorie

§ 22   Keplersche Gesetze.
Newtonsches Gravitationsgesetz

Schon im frühen Altertum wurde beobachtet, daß die Planeten im Unterschied zu den Sternen, die ihre relative Position zueinander über Jahrhunderte beibehalten, sehr komplizierte Bahnen um die Sterne beschreiben. Zur Erklärung der schleifenförmigen Bewegung der Planeten nahm der altgriechische Gelehrte C. Ptolemäus an, daß sich jeder Planet auf einem kleinen Kreis (Epizyklus) bewegt, dessen Mittelpunkt sich gleichförmig auf einem großen Kreis bewegt, in dessen Mittelpunkt sich die Erde befindet. Dabei betrachtete er die Erde als den Mittelpunkt des Weltalls. Die als **ptolemäisches** oder **geozentrisches Weltsystem** bezeichnete Konzeption herrschte mit Unterstützung der katholischen Kirche fast eineinhalb tausend Jahre.

Zu Beginn des 16. Jahrhunderts begründete der polnische Astronom N. Kopernikus (1473–1543) das **heliozentrische Weltsystem** (siehe § 5), in dem die Bewegung der Himmelskörper durch die Bewegung der Erde (sowie der anderen Planeten) um die Sonne und die Eigenrotation der Erde erklärt wird. Die Kopernikanische Theorie und seine Beobachtungen wurden als unterhaltsame Phantasien angesehen.

Zu Beginn des 17. Jahrhunderts gelangte die Mehrheit der Gelehrten zu der Überzeugung, daß das heliozentrische Weltbild der Wirklichkeit entspricht. J. Kepler (1571–1630) stellte nach Bearbeitung und Konkretisierung der Ergebnisse zahlreicher Beobachtungen des dänischen Astronomen T. Brahe (1546–1601) die **Gesetze über die Planetenbewegung** auf:

1. Die Planeten bewegen sich auf Ellipsen, in deren einem Brennpunkt sich die Sonne befindet.

2. Der Ortsvektor eines Planeten überstreicht in gleichen Zeiten gleiche Flächen.

3. Die Quadrate der Umlaufzeiten der Planeten um die Sonne verhalten sich wie die dritten Potenzen der großen Halbachsen ihrer Umlaufbahnen.

Später entdeckte I. Newton beim Studium der Bewegung der Himmelskörper auf Grundlage der Keplerschen Gesetze und der grundlegenden Gesetze der Dynamik das **Gravitationsgesetz**: Zwischen zwei beliebigen Massenpunkten wirkt eine gegenseitige Anziehungskraft, die direkt proportional der Masse dieser Massenpunkte (m_1 und m_2) und umgekehrt proportional dem Quadrat der Entfernung zwischen ihnen (r^2) ist:

$$F = G\frac{m_1 m_2}{r^2}.   \tag{22.1}$$

Diese Kraft heißt **Gravitationskraft**. Die Gravitationskräfte sind immer Anziehungskräfte und wirken stets entlang der durch die Massenschwerpunkte der wechselwirkenden Körper verlaufenden Geraden. Der Proportionalitätsfaktor G wird als **Gravitationskonstante** bezeichnet.

Das Gravitationsgesetz wurde für Körper aufgestellt, die man als Massenpunkte betrachtet, d. h. für Körper, deren Ausmaße klein im Verhältnis zu der Entfernung zwischen ihnen sind. Sind jedoch die Ausmaße der wechselwirkenden Körper vergleichbar mit der Entfernung zwischen ihnen, so muß man diese Körper in Punktelemente zerlegen. Man berechnet nun gemäß Gl. (22.1) die Anziehungskräfte zwischen allen Paaren dieser Elemente und addiert sie dann geometrisch (integriert), was eine recht schwierige mathematische Aufgabe darstellt.

Der erste experimentelle Beweis des Gravitationsgesetzes für irdische Körper wurde von dem englischen Physiker H. Cavendish (1731–1810) erbracht. Er bestimmte auch den Wert der Gravitationskonstante G. Das prinzipielle Schema des Cavendishschen **Drehwaagenversuches** ist in Bild 22.1 dargestellt. Ein leichter Waagebalken A mit zwei gleichen Gewichten von je $m = 729$ g Masse ist an einem elastischen Faden B aufgehängt. An dem Waagebalken C sind in gleicher Höhe massive Kugel von $M = 158$ kg Masse befestigt. Durch Drehung des Waagebalkens C um die vertikale Achse kann man den Abstand zwischen den Kugeln der Massen m und M ändern. Unter der Wirkung des an die Kugeln m seitens der Kugeln M angreifenden Kräftepaares dreht sich der Waagebalken A in der horizontalen Ebene, wobei er den Faden B verdrillt, bis das Drehmoment der Elastizitätskräfte das Drehmoment der Gravitationskräfte kompensiert. Bei bekannten Elastizitätseigenschaften des Fadens kann man durch Messung des Drehwinkels die auftretenden Anziehungskräfte bestimmen. Da die Massen der Kugeln bekannt sind, kann man auch den Wert von G berechnen.

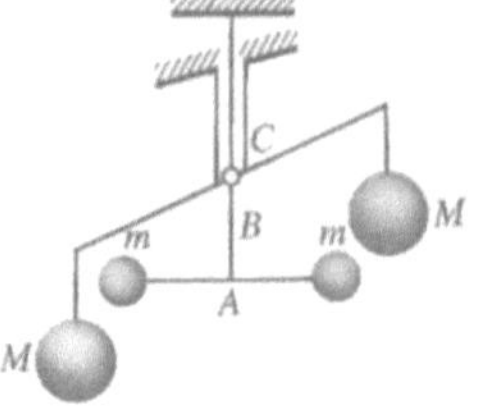

Bild 22.1

In Tabellen universeller physikalischer Konstanten wird G zu $6{,}6720 \cdot 10^{-11}$ N $\cdot$ m^2/kg^2 angegeben, d. h., zwei sich im Abstand von 1 m voneinander befindende punktförmige Körper von je 1 kg Masse ziehen sich mit einer Kraft von $6{,}6720 \cdot 10^{-11}$ N an. Der sehr kleine Wert von G zeigt, daß die Gravitationskraft nur bei großen Massen von Bedeutung ist.

§ 23 Schwerkraft und Gewicht. Schwerelosigkeit

Auf jeden sich in Erdoberflächennähe befindenden Körper wirkt die Erdanziehungskraft F, unter deren Einfluß sich der Körper gemäß dem zweiten Newtonschen Axiom mit der Beschleunigung des freien Falls g zu bewegen beginnt. In einem mit der Erde verbundenen Bezugssystem wirkt somit auf jeden Körper der Masse m die als **Schwerkraft** bezeichnete Kraft

$$P = mg.$$

Entsprechend einem fundamentalen physikalischen Gesetz – dem **verallgemeinerten Galileischen Gesetz** – fallen alle Körper in ein und demselben Schwerefeld mit der gleichen Beschleunigung. An einem gegebenen Ort auf der Erde ist die Fallbeschleunigung folglich für alle Körper gleich. Nahe der Erdoberfläche variiert sie je nach geographischer Breite in den Grenzen von 9,780 m/s^2 am Äquator bis 9,832 m/s^2 an den Polen. Dies ist einerseits durch die Rotation der Erde um ihre Achse und andererseits durch die Abplattung der Erde (der Erdradius beträgt 6378 km am Äquator und 6357 km an den Polen) bedingt. Da sich die verschiedenen Werte von g nur gering voneinander unterscheiden, nimmt man bei der Lösung praktischer Aufgaben die Beschleunigung des freien Falls zu 9,81 m/s^2 an.

Bei Vernachlässigung der Eigenrotation der Erde um ihre Achse sind die Schwerkraft und die Gravitationsanziehungskraft einander gleich:

$$P = mg = F = G\frac{mM}{R^2}.$$

Hierbei ist M die Erdmasse und R die Entfernung der Körpers vom Erdmittelpunkt. Die Gleichung ist für den Fall angegeben, daß sich der Körper auf der Erdoberfläche befindet.

Wenn sich der Körper in der Höhe h über der Erdoberfläche befindet, gilt mit dem Erdradius R_0:

$$P = G\frac{mM}{(R_0 + h)^2},$$

d. h., die Schwerkraft nimmt bei Entfernung von der Erdoberfläche ab.

Im täglichen Leben wird auch der Begriff des Gewichtes eines Körpers verwendet. Das **Gewicht** eines Körpers ist die Kraft, mit der dieser infolge der Erdanziehung auf die Unterlage (oder die Aufhängung), die ihn vom freien Fall bewahrt, wirkt. Das Gewicht eines Körpers tritt nur in Erscheinung, wenn sich der Körper mit einer von g verschiedenen Beschleunigung bewegt, d. h., wenn auf ihn außer der Schwerkraft noch andere Kräfte wirken. Der Zustand, in dem sich der Körper nur unter dem Einfluß der Schwerkraft bewegt, wird als Zustand der **Schwerelosigkeit** bezeichnet.

Die Schwerkraft wirkt also *immer, das Gewicht* tritt aber *nur* in Erscheinung, *wenn* auf den Körper *noch andere Kräfte wirken*, in deren Folge sich der Körper mit einer von g verschiedenen Beschleunigung a bewegt. Bewegt sich der Körper

in dem Schwerefeld der Erde mit der Beschleunigung $a \neq g$, so greift an ihn eine zusätzliche Kraft N an, die der Bedingung

$$N + P = ma$$

genügt. Das Gewicht des Körpers ist dann

$$P' = -N = P - ma = mg - ma = m(g - a),$$

d. h., wenn der Körper ruht oder sich geradlinig gleichförmig bewegt, ist $a = 0$ und $P' = mg$. *Bewegt sich* der Körper *frei im Schwerefeld* längs einer beliebigen Bahnkurve, so ist $a = g$ und $P' = 0$, d. h., der Körper ist schwerelos. Ein Körper ist zum Beispiel in einem Raumschiff schwerelos, das sich frei im Kosmos bewegt.

§ 24 Das Gravitationsfeld und seine Feldstärke

Das Newtonsche Gravitationsgesetz gibt die Abhängigkeit der Gravitationskraft von den Massen der wechselwirkenden Körper und der Entfernung zwischen ihnen an, zeigt aber nicht, wie sich diese Wechselwirkung vollzieht. Die Gravitation gehört zu einer besonderen Gruppe von Wechselwirkungen. Zum Beispiel ist die Gravitationskraft von dem Medium, in dem sich die wechselwirkenden Körper befinden, unabhängig. Die Gravitation existiert auch im Vakuum.

Die gravitative Wechselwirkung zwischen Körpern vollzieht sich über ein **Gravitationsfeld**. Dieses Feld wird von den Körpern erzeugt und ist eine Existenzform der Materie. Die grundlegende Eigenschaft des Gravitationsfeldes besteht darin, daß auf jeden in dieses Feld eingebrachten Körper der Masse m eine Gravitationskraft wirkt, d. h.

$$F = mg. \tag{24.1}$$

Der Vektor g ist von m unabhängig und heißt Feldstärke des Gravitationsfeldes. Die **Feldstärke des Gravitationsfeldes** wird durch die Kraft bestimmt, die seitens des Feldes auf einen materiellen Körper von einer Einheitsmasse wirkt. Sie stimmt in ihrer Richtung mit der wirkenden Kraft überein. Die Feldstärke ist eine *Kraftcharakteristik* des Gravitationsfeldes.

Ein Gravitationsfeld heißt **homogen**, wenn seine Feldstärke an allen Punkten gleich ist. Es wird **zentral** genannt, wenn die Feldstärkevektoren an allen Punkten entlang von Geraden gerichtet sind, die sich in einem in bezug auf ein Inertialsystem *unbeweglichen* Punkt A schneiden (Bild 24.1).

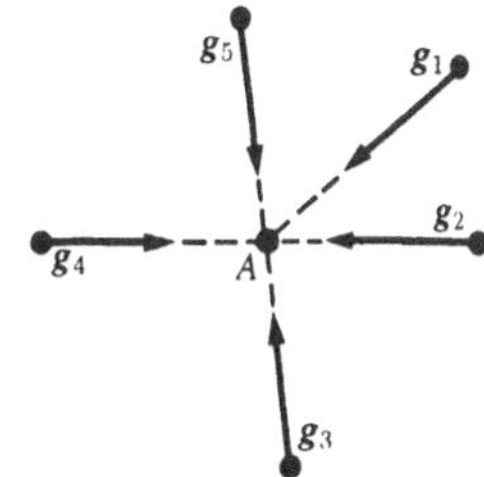

Bild 24.1

Zur graphischen Darstellung eines Kraftfeldes verwendet man *Feldlinien*. Die Feldlinien werden so gewählt, daß der Feldstärkevektor des Feldes auf einer Tangente an die Feldlinie liegt.

§ 25   Arbeit im Gravitationsfeld. Potential des Gravitationsfeldes

Betrachten wir die Arbeit, die von den Kräften des Gravitationsfeldes bei der Verschiebung eines Massenpunktes der Masse m in diesem Feld verrichtet wird. Berechnen wir zum Beispiel die Arbeit, die aufgewandt werden muß, um einen Körper der Masse m von der Erde zu entfernen. In der Entfernung R (Bild 25.1) wirkt auf den Körper die Kraft

$$F = G\frac{mM}{R^2}.$$

Bei der Verschiebung dieses Körpers um die Strecke $\mathrm{d}R$ wird die Arbeit

$$\mathrm{d}W = -G\frac{mM}{R^2}\,\mathrm{d}R \qquad (25.1)$$

aufgewandt. Das Minuszeichen erscheint deshalb, weil in diesem Fall Kraft und Verschiebung entgegengesetzt gerichtet sind (Bild 25.1).

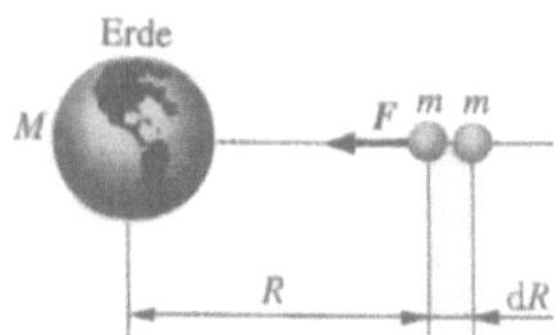

Bild 25.1

Bei der Verschiebung des Körpers aus der Entfernung R_1 nach R_2 wird die Arbeit

$$W = \int_{R_1}^{R_2}\mathrm{d}W = -\int_{R_1}^{R_2}G\frac{mM}{R^2}\mathrm{d}R = m\left(\frac{GM}{R_2} - \frac{GM}{R_1}\right) \qquad (25.2)$$

aufgewandt. Aus Gl. (25.2) folgt, daß die im Gravitationsfeld verrichtete Arbeit nicht von der Bahnkurve der Verschiebung abhängt, sondern nur durch Anfangs- und Endposition des Körpers bestimmt wird, d. h., *Gravitationskräfte sind* tatsächlich *konservativ*, und *das Gravitationsfeld ist ein Potentialfeld* (siehe § 12).

Entsprechend Gl. (12.2) ist die von konservativen Kräften verrichtete Arbeit gleich dem negativen Wert der Änderung der potentiellen Energie des Systems, d. h.

$$W = -\Delta U = -(U_2 - U_1) = U_1 - U_2.$$

Aus Gl. (25.2) erhalten wir

$$U_1 - U_2 = -m\left(\frac{GM}{R_1} - \frac{GM}{R_2}\right). \qquad (25.3)$$

Da in die Gleichung nur die Differenz der potentiellen Energien in zwei Positionen eingeht, setzt man die potentielle Energie bei $R_2 \to \infty$ gleich Null ($\lim\limits_{R_2\to\infty} U_2 = 0$). Die Gl. (25.3) erscheint dann in der Form $U_1 = -GmM/R_1$. Da der erste Punkt beliebig gewählt wurde, ist

$$U = -G\frac{mM}{R}.$$

Die Größe

$$\varphi = \frac{U}{m}$$

ist eine als Potential bezeichnete energetische Charakteristik des Gravitationsfeldes. Das **Potential des Gravitationsfeldes** φ ist eine skalare Größe, die durch die potentielle Energie einer Einheitsmasse am gegebenen Feldpunkt oder die Arbeit zur Verschiebung der Einheitsmasse aus dem gegebenen Feldpunkt ins Unendliche bestimmt wird. Das Potential des von einem Körper der Masse M erzeugten Gravitationsfeldes ist somit gleich

$$\varphi = -G\frac{M}{R}, \qquad (25.4)$$

wobei R der Abstand von diesem Körper zu dem betrachteten Punkt ist.

Aus Gl. (25.4) folgt, daß der geometrische Ort der Punkte mit gleichem Potential eine Kugelfläche ($R = $ const) bildet. Solche Flächen, die ein konstantes Potential besitzen, heißen **Äquipotentialflächen**.

Betrachten wir den Zusammenhang zwischen dem Potential eines Gravitationsfeldes φ und dessen Feldstärke g. Aus (25.1) und (25.4) folgt, daß die von den Feldkräften bei einer kleinen Verschiebung eines Körpers der Masse m verrichtete elementare Arbeit gleich

$$\mathrm{d}W = -m\,\mathrm{d}\varphi$$

ist. Andererseits ist $\mathrm{d}W = F\mathrm{d}l$ ($\mathrm{d}l$ ist die elementare Verschiebung). Unter Berücksichtigung von (24.1) erhalten wir

$$\mathrm{d}W = -mg\,\mathrm{d}l,$$

d. h.

$$mg\,\mathrm{d}l = -m\,\mathrm{d}\varphi$$

oder

$$\boldsymbol{g} = -\frac{\mathrm{d}\varphi}{\mathrm{d}l}.$$

Die Größe $\mathrm{d}\varphi/\mathrm{d}l$ charakterisiert die Änderung des Potentials pro Längeneinheit in Richtung der Verschiebung im Gravitationsfeld.

Man kann zeigen, daß

$$\boldsymbol{g} = -\mathrm{grad}\,\varphi \qquad (25.5)$$

gilt, wobei

$$\operatorname{grad} \varphi = \frac{\partial \varphi}{\partial x}\boldsymbol{i} + \frac{\partial \varphi}{\partial y}\boldsymbol{j} + \frac{\partial \varphi}{\partial z}\boldsymbol{k}$$

der Gradient der skalaren Funktion φ ist (siehe (12.5)). Das Minuszeichen in Gl. (25.5) weist darauf hin, daß der Feldstärkevektor $\boldsymbol{g}$ *in Richtung abnehmenden* Potentials zeigt.

Als ein spezielles Beispiel betrachten wir, ausgehend von der Gravitationstheorie, die potentielle Energie eines Körpers in der Höhe h bezüglich der Erde:

$$U = -\frac{GmM}{R_0 + h} - \left(-\frac{GmM}{R_0} \right) = \frac{GmMh}{R_0(R_0 + h)},$$

wobei R_0 der Erdradius ist.

Wegen

$$P = \frac{GmM}{R_0^2} \quad \text{und} \quad g = \frac{P}{m} = \frac{GM}{R_0^2} \qquad (25.6)$$

erhalten wir unter Berücksichtigung der Bedingung $h \ll R_0$

$$U = \frac{mGMh}{R_0^2} = mgh.$$

Wir haben somit eine Gleichung hergeleitet, die mit der oben postulierten Gl. (12.7) übereinstimmt.

§ 26 Die kosmischen Geschwindigkeiten

Zum Start einer Rakete in den Kosmos muß man ihr in Abhängigkeit von dem gestellten Ziel eine bestimmte Anfangsgeschwindigkeit erteilen, die man kosmische Geschwindigkeit nennt.

Die **erste kosmische Geschwindigkeit** (oder **Kreisbahngeschwindigkeit**) v_1 ist die minimale Geschwindigkeit, die einem Körper erteilt werden muß, damit er sich auf einer Kreisbahn um die Erde bewegen kann, d. h. ein künstlicher Erdsatellit werden kann. Auf einen sich auf einer Kreisbahn vom Radius r bewegenden Satelliten wirkt die Erdanziehungskraft, welche ihm die Normalbeschleunigung v_1^2/r erteilt. Nach dem zweiten Newtonschen Axiom ist

$$\frac{GmM}{r^2} = \frac{mv_1^2}{r}.$$

Bewegt sich der Satellit unweit der Erdoberfläche, so ist $r \approx R_0$ (Erdradius) und $g = GM/R_0^2$ (siehe (25.6)); deshalb ist an der Erdoberfläche

$$v_1 = \sqrt{gR_0} = 7,9\,\text{km/s}.$$

Die erste kosmische Geschwindigkeit reicht für den Körper nicht aus, um den Bereich der Erdanziehung zu verlassen. Die dazu erforderliche Geschwindigkeit nennt man zweite kosmische Geschwindigkeit. Als **zweite kosmische Geschwindigkeit** (oder **parabolische Geschwindigkeit**) v_2 bezeichnet man

die minimale Geschwindigkeit, die man einem Körper erteilen muß, damit er die Erdanziehung überwinden und ein Sonnensatellit werden kann, d. h., damit er sich auf einer parabelförmigen Umlaufbahn im Gravitationsfeld der Sonne bewegt. Zum Überwinden der Erdanziehung und der Fortbewegung in den Kosmos (bei fehlendem Widerstand des Mediums) muß die kinetische Energie des Körpers gleich der Arbeit sein, die gegen die Gravitationskraft verrichtet wird:

$$\frac{mv_2^2}{2} = \int\limits_{R_0}^{\infty} G\frac{mM}{r^2}\,\mathrm{d}r = \frac{GmM}{R_0},$$

woraus folgt

$$v_2 = \sqrt{2gR_0} = 11,2\,\text{km/s}.$$

Die **dritte kosmische Geschwindigkeit** v_3 ist die Geschwindigkeit, die man einem Körper auf der Erde erteilen muß, damit er unter Überwindung der Anziehungskraft der Sonne das Sonnensystem verläßt. Die dritte kosmische Geschwindigkeit beträgt $v_3 = 16,7\,\text{km/s}$. Einem Körper eine solche große Anfangsgeschwindigkeit zu erteilen, stellt eine schwierige technische Aufgabe dar.

Kosmische Geschwindigkeiten wurden zuerst in der UdSSR erreicht: die erste beim Start des ersten künstlichen Erdsatelliten im Jahre 1957, die zweite beim Start einer Rakete im Jahre 1959. Mit dem historischen Raumflug von J. Gagarin im Jahre 1961 begann die stürmische Entwicklung sowohl der sowjetischen als auch der internationalen Raumfahrt.

§ 27 Nichtinertialsysteme. Trägheitskräfte

Wie bereits gesagt (siehe § 5, 6), gelten die Newtonschen Gesetze nur in Inertialsystemen. Bezugssysteme, die sich gegenüber einem Inertialsystem beschleunigt bewegen, heißen **Nichtinertialsysteme**. In Nichtinertialsystemen sind die Newtonschen Axiome im allgemeinen schon nicht mehr gültig. Man kann die Bewegungsgesetze jedoch auch in solchen Systemen anwenden, wenn man außer den durch die Wechselwirkung von Körpern verursachten Kräften besondere Kräfte – sogenannte **Trägheitskräfte** – in die Betrachtung einführt.

Wenn man die Trägheitskräfte berücksichtigt, sind die Newtonschen Axiome in beliebigen Bezugssystemen gültig: Das Produkt aus der Masse des Körpers und der Beschleunigung in dem betrachteten Bezugssystem ist gleich der Summe aller auf den gegebenen Körper wirkenden Kräfte (einschließlich der Trägheitskräfte). Die Trägheitskräfte $\boldsymbol{F}_\mathrm{T}$ sollen dem Körper gemeinsam mit den durch die Wechselwirkung der Körper miteinander bedingten Kräften $\boldsymbol{F}$ die Beschleunigung $\boldsymbol{a}'$ erteilen, die der Körper in den Nichtinertialsystemen besitzt, d. h.

$$m\boldsymbol{a}' = \boldsymbol{F} + \boldsymbol{F}_\mathrm{T}. \qquad (27.1)$$

Wegen $\boldsymbol{F} = m\boldsymbol{a}$ ($\boldsymbol{a}$ ist die Beschleunigung des Körpers in einem Inertialsystem) ist

$$m\boldsymbol{a}' = m\boldsymbol{a} + \boldsymbol{F}_\mathrm{T}.$$

Die Trägheitskräfte werden durch die beschleunigte Bewegung des Bezugssystems gegenüber dem zu messenden System bedingt; im allgemeinen muß man deshalb folgende Trägheitskräfte berücksichtigen: 1) Trägheitskräfte bei beschleunigter fortschreitender Bewegung des Bezugssystems, 2) auf einen in einem rotierenden Bezugssystem ruhenden Körper wirkende Trägheitskräfte, 3) auf einen in einem rotierenden Bezugssystem rotierenden Körper wirkende Trägheitskräfte.

Betrachten wir diese Fälle.

1. Trägheitskräfte bei beschleunigter fortschreitender Bewegung des Bezugssystems. Auf einem Wagen sei eine Kugel der Masse m mit einem Faden an einem Stativ aufgehängt (Bild 27.1). Solange sich der Wagen in Ruhe befindet oder sich gleichförmig geradlinig bewegt, befindet sich der Faden, an dem die Kugel hängt, in einer senkrechten Lage, und die Schwerkraft P wird von der Reaktionskraft T des Fadens ausgeglichen.

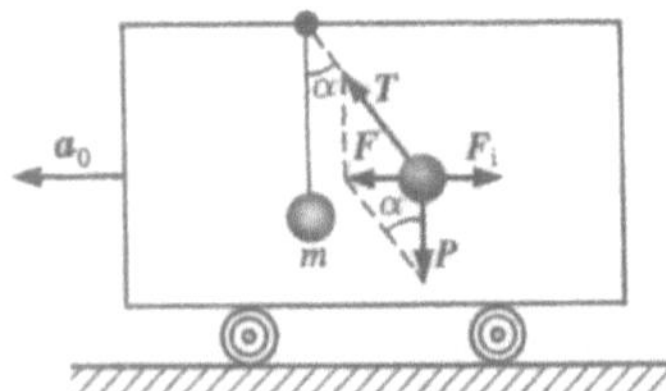

Bild 27.1

Wenn man den Wagen in eine fortschreitende Bewegung mit der Beschleunigung a_0 versetzt, wird der Faden um einen solchen Winkel α nach hinten ausgelenkt, daß die resultierende Kraft $F = P + T$ der Kugel eine Beschleunigung gleich a_0 erteilt. Die resultierende Kraft F wirkt somit in Richtung der Beschleunigung a_0 des Wagens und beträgt für eine stationäre Bewegung der Kugel (die sich jetzt gemeinsam mit dem Wagen mit der Beschleunigung a_0 bewegt)

$$F = mg \tan \alpha = ma_0,$$

woraus man den Auslenkungswinkel zu der Vertikalen erhält

$$\tan \alpha = \frac{a_0}{g},$$

d. h., er ist um so größer, je stärker der Wagen beschleunigt wird.

Relativ zu dem Bezugssystem, das fest mit dem beschleunigten Wagen verbunden ist, befindet sich die Kugel in Ruhe. Das ist möglich, wenn die Kraft F durch eine gleich große, in entgegengesetzter Richtung wirkende Kraft F_i kompensiert wird, die nichts anderes als eben die Trägheitskraft darstellt, da keine weiteren Kräfte auf die Kugel wirken. Somit ist

$$F_i = -ma_0. \tag{27.2}$$

Das Auftreten der Trägheitskraft bei einer fortschreitenden Bewegung ist in alltäglichen Erscheinungen zu beobachten. Zum Beispiel wird ein in Fahrtrichtung sitzender Passagier bei der Beschleunigung des Zuges unter der Wirkung der Trägheitskraft in den Sitz gepreßt. Umgekehrt wirkt die Trägheitskraft beim Bremsen des Zuges in entgegengesetzer Richtung, und der Passagier löst sich von der Rückenlehne seines Sitzes. Diese Kräfte sind besonders bei einer plötzlichen Bremsung des Zuges spürbar. Trägheitskräfte äußern sich in den Überlastungen, die beim Start und beim Abbremsen von Raumschiffen auftreten.

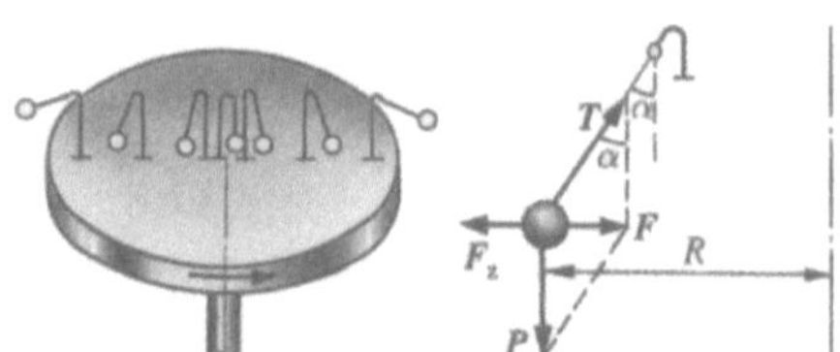

Bild 27.2

2. Auf einen in einem rotierenden Bezugssystem ruhenden Körper wirkende Trägheitskräfte. Eine Scheibe rotiere mit der Winkelgeschwindigkeit ω ($\omega = $ const) gleichförmig um eine durch ihren Mittelpunkt verlaufende vertikale Achse. Auf der Scheibe sind in verschiedener Entfernung von der Rotationsachse Pendel (an Fäden aufgehängte Kugeln der Masse m) angebracht. Bei der Rotation der Pendel auf der Scheibe werden die Kugeln um einen gewissen Winkel zur Vertikalen ausgelenkt (Bild 27.2).

In einem inertialen Bezugssystem, das zum Beispiel mit dem Raum, in dem sich die Scheibe befindet, verbunden ist, rotiert die Kugel auf Kreisbahn mit dem Radius R (Abstand von der Mitte der rotierenden Kugel bis zur Rotationsachse). Auf sie wirkt folglich eine Kraft $F = m\omega^2 R$ senkrecht zur Rotationsachse der Scheibe. Sie ist die Resultierende aus der Schwerkraft P und der Fadenspannkraft T: $F = P + T$. Für eine stationäre Bewegung der Kugel gilt $F = mg \tan \alpha = m\omega^2 R$, woraus folgt

$$\tan \alpha = \frac{\omega^2 R}{g},$$

d. h., die Pendelfäden werden um so stärker ausgelenkt, je größer der Abstand R von den Kugeln zur Rotationsachse und je größer die Winkelgeschwindigkeit ω ist.

Bezüglich eines mit der rotierenden Scheibe verbundenen Bezugssystems ruht die Kugel, was möglich ist, wenn die Kraft F durch eine gleich große und ihr entgegengesetzt gerichtete Kraft F_z kompensiert wird. Diese Kraft ist nichts anderes als die Trägheitskraft, da auf die Kugel keine weiteren Kräfte wirken. Die Kraft F_z heißt **Zentrifugalkraft**, sie ist horizontal von der Rotationsachse weg gerichtet und beträgt

$$F_z = -m\omega^2 R. \tag{27.3}$$

Der Wirkung der Zentrifugalkraft sind zum Beispiel die Passagiere in einem sich fortbewegenden Transportmittel beim Durchfahren von Kurven und Piloten beim Ausführen von Kunstflugfiguren unterworfen. Zentrifugalkräfte werden in allen Zentrifugalapparaten genutzt: Pumpen, Abscheider u. a. Sie erreichen dabei sehr große Werte. Bei der Projektierung von schnell rotierenden Maschinenteilen (Rotoren, Propeller usw.) werden spezielle Maßnahmen zum Ausgleich der Zentrifugalkräfte ergriffen.

Aus Gl. (27.3) folgt, daß die auf Körper in rotierenden Bezugssystemen radial von der Drehachse wirkende Zentrifugalkraft von der Winkelgeschwindigkeit ω des Systems und dem Radius R abhängt, jedoch unabhängig von der Geschwindigkeit des Körpers bezüglich des rotierenden Bezugssystems ist. Die Zentrifugalkraft wirkt in rotierenden Bezugssystemen folglich auf alle Körper, die sich in einer endlichen Entfernung von der Rotationsachse befinden, unabhängig davon, ob sie sich in diesem System in Ruhe befinden (wie wir bis jetzt vorausgesetzt hatten) oder sich ihm gegenüber mit einer gewissen Geschwindigkeit bewegen.

3. Trägheitskräfte, die auf sich in einem rotierenden Bezugssystem bewegende Körper wirken. Eine Kugel der Masse m bewege sich mit konstanter Geschwindigkeit v' längs des Radius einer gleichförmig rotierenden Scheibe ($v' = \text{const}$, $\omega = \text{const}$, $v' \perp \omega$). Wenn sich die Scheibe nicht dreht, bewegt sich die entlang dem Radius in Bewegung versetzte Kugel auf einer radialen Geraden und gelangt zum Punkt A. Versetzt man jedoch die Scheibe in der durch den Pfeil angegebenen Richtung in Bewegung, rollt die Kugel entlang der Kurve OB (Bild 27.3a), wobei ihre Geschwindigkeit bezüglich der Scheibe ihre Richtung ändert. Das ist nur möglich, wenn auf die Kugel eine zu der Geschwindigkeit v' senkrechte Kraft wirkt.

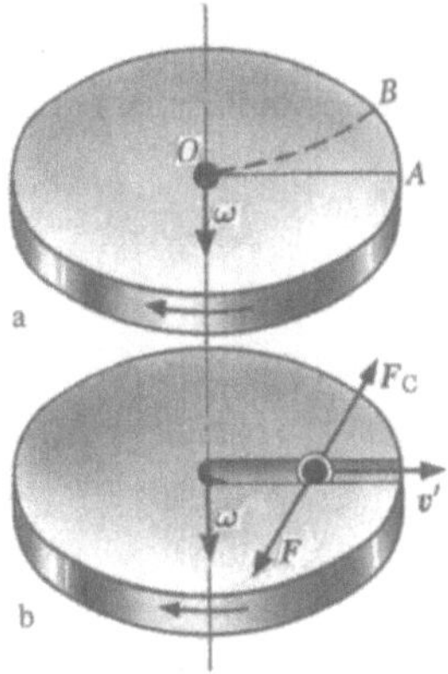

Bild 27.3

Um die Kugel auf der rotierenden Scheibe längs des Radius rollen zu lassen, verwenden wir einen unbeweglich entlang dem Radius der Scheibe befestigten Stab, auf dem sich die Kugel reibungsfrei und geradlinig mit der Geschwindigkeit v' bewegt (Bild 27.3b). Bei einer Auslenkung der Kugel wirkt der Stab mit einer Kraft F auf die Kugel. Bezüglich der Scheibe (des rotierenden Bezugssystems) bewegt sich die Kugel gleichförmig und geradlinig, was man damit erklären kann, daß die Kraft F durch eine an die Kugel angreifende, senkrecht zu v' wirkende Trägheitskraft F_C kompensiert wird. Diese Kraft wird nach dem französischen Physiker und Ingenieur G. Coriolis (1792–1843) **Corioliskraft** genannt.

Man kann zeigen, daß für die Corioliskraft gilt

$$F_C = 2m(v' \times \omega). \tag{27.4}$$

Der Vektor F_C steht entsprechend der Rechtsschraubenregel senkrecht auf die Vektoren der Geschwindigkeit v' des Körpers und der Winkelgeschwindigkeit ω des Bezugssystems.

Die Corioliskraft wirkt nur auf Körper, die sich bezüglich eines rotierenden Bezugssystems, zum Beispiel bezüglich der Erde, bewegen. Deshalb wird eine Reihe von auf der Erde zu beobachtenden Erscheinungen mit dem Wirken dieser Kräfte erklärt. Wenn sich also ein Körper auf der Nordhalbkugel nach Norden bewegt (Bild 27.4), ist die auf ihn wirkende Corioliskraft, wie aus Gl. (27.4) folgt, nach rechts in bezug auf die Bewegungsrichtung gerichtet, d. h., der Körper wird etwas nach Osten abgelenkt. Bewegt sich der Körper nach Süden, so wirkt die Corioliskraft ebenfalls nach rechts, wenn man in Bewegungsrichtung sieht, d. h., der Körper wird nach Westen abgelenkt. Deshalb ist auf der Nordhalbkugel zu beobachten, daß die rechten Flußufer von Flüssen, die nach Norden fließen, stärker ausgewaschen werden; die in Bewegungsrichtung rechten Schienen der Eisenbahngleise auf Nord-Süd-Strecken schneller verschleißen als die linken usw. Analog

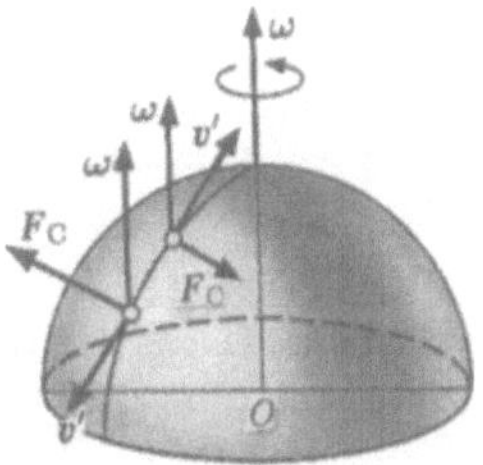

Bild 27.4

dazu kann man zeigen, daß auf der Südhalbkugel die auf einen sich bewegenden Körper wirkende Corioliskraft nach links in bezug auf die Bewegungsrichtung gerichtet ist.

Infolge der Corioliskraft werden auf die Erdoberfläche fallende Körper nach Osten abgelenkt (bei 60° geographischer Breite beträgt die Ablenkung 1 cm bei einem Fall aus 100 m Höhe). Mit der Corioliskraft ist das Verhalten des Foucaultschen Pendels verbunden, welches seinerzeit als Beweis für die Erdrotation diente. Wenn diese Kraft nicht existieren würde, bliebe die Schwingungsebene des nahe der Erdoberfläche schwingenden Pendels unverändert (bezüglich der Erde). Die Wirkung der Corioliskraft führt jedoch zu einer Drehung der Schwingungsebene um eine senkrechte Achse.

Wenn wir F_T in Gl. (27.1) ausschreiben, erhalten wir das **Grundgesetz der Dynamik in einem Nichtinertialsystem**:

$$m\boldsymbol{a}' = \boldsymbol{F} + \boldsymbol{F}_i + \boldsymbol{F}_z + \boldsymbol{F}_C,$$

wobei die Trägheitskräfte durch die Gl. (27.2)–(27.4) gegeben werden.

Wir weisen noch einmal darauf hin, daß die *Trägheitskräfte* nicht durch eine Wechselwirkung von Körpern *hervorgerufen werden*, sondern *durch die beschleunigte Bewegung des Bezugssystems*. Deshalb gehorchen sie auch nicht dem dritten Newtonschen Axiom.

Wenn nämlich auf einen Körper eine Trägheitskraft wirkt, existiert keine gegenwirkende Kraft, die an den gegebenen Körper angreift. Die zwei Grundsätze der Mechanik, daß eine Beschleunigung immer durch eine Kraft hervorgerufen wird und die Kraft immer durch die Wechselwirkung zwischen den Körpern bedingt ist, werden in sich beschleunigt bewegenden Bezugssystemen nicht gleichzeitig erfüllt.

Für einen beliebigen Körper, der sich in einem Nichtinertialsystem befindet, sind die Trägheitskräfte äußere Kräfte; folglich gibt es hier keine abgeschlossenen Systeme. Das bedeutet, daß in Nichtinertialsystemen der Energie-, Impuls- und Drehimpulserhaltungssatz nicht erfüllt werden. Trägheitskräfte wirken somit nur in Nichtinertialsystemen. In Inertialsystemen existieren keine derartigen Kräfte.

Es erhebt sich die Frage nach der „Realität" oder „physischen Existenz" von Trägheitskräften. In der Newtonschen Mechanik, entsprechend derer eine Kraft die Folge einer Wechselwirkung zwischen Körpern ist, kann man die Trägheitskräfte als „fiktive", in Inertialsystemen „verschwindende" Kräfte ansehen. Es ist jedoch auch eine andere Interpretation möglich. Da die Wechselwirkung zwischen

Körpern über Kraftfelder realisiert wird, werden die Trägheitskräfte als Einwirkungen auf die Körper seitens gewisser realer Kraftfelder betrachtet. Man kann sie dann als „real" ansehen. Unabhängig davon, ob die Trägheitskräfte als „fiktive" oder „reale" Kräfte betrachtet werden, kann man viele in diesem Paragraphen erwähnte Erscheinungen mit Hilfe von Trägheitskräften erklären.

Trägheitskräfte, die auf Körper in Nichtinertialsystemen wirken, sind den Massen dieser Körper proportional und erteilen ihnen bei gleichen sonstigen Bedingungen dieselbe Beschleunigung. Diese Körper bewegen sich deshalb in dem „Trägheitskraftfeld" vollkommen gleichartig, wenn nur die Anfangsbedingungen dieselben sind. Ebendiese Eigenschaften besitzen Körper, die sich unter dem Einfluß eines Gravitationsfeldes befinden.

Unter bestimmten Bedingungen ist es unmöglich, Trägheitskräfte von Gravitationskräften zu unterscheiden. Zum Beispiel vollzieht sich die Bewegung von Körpern in einem gleichmäßig beschleunigten Aufzug genau so wie in einem sich nicht bewegenden Aufzug in einem homogenen Gravitationsfeld. Es ist durch kein einziges, in dem Aufzug durchgeführtes Experiment möglich, das homogene Gravitationsfeld von dem homogenen Feld der Trägheitskräfte zu unterscheiden.

Die Analogie zwischen Gravitations- und Trägheitskräften liegt dem **Prinzip der Äquivalenz von Gravitations- und Trägheitskräften** (dem **Einsteinschen Äquivalenzprinzip**) zugrunde: Alle physikalischen Vorgänge vollziehen sich in einem Gravitationsfeld genau so wie in einem entsprechenden Feld der Trägheitskräfte, wenn die Feldstärken beider Felder an den entsprechenden Punkten im Raum übereinstimmen und die sonstigen Anfangsbedingungen für die betrachteten Körper dieselben sind. Dieses Prinzip stellt die Grundlage der **allgemeinen Relativitätstheorie** dar.

Kontrollfragen

▶ Wie bestimmt man die Gravitationskonstante, und worin besteht ihr physikalisches Wesen?

▶ Was ist das Gewicht eines Körpers? Worin besteht der Unterschied zwischen dem Gewicht eines Körpers und der Schwerkraft?

▶ Wie ist das Auftreten der Schwerelosigkeit beim freien Fall zu erklären?

▶ Was versteht man unter der Feldstärke eines Gravitationsfeldes?

▶ Wann nennt man ein Gravitationsfeld homogen, wann zentral?

▶ Welche Größen werden zur Charakterisierung eines Gravitationsfeldes eingeführt, und welcher Zusammenhang besteht zwischen ihnen? Geben Sie Definitionen dieser Größen.

▶ Es ist bekannt, daß die Gravitationskraft der Masse des Körpers proportional ist. Warum fällt aber ein schwerer Körper nicht schneller als ein leichter?

▶ Zeigen Sie, daß Gravitationskräfte konservative Kräfte sind.

▶ Wie groß ist der Maximalwert der potentiellen Energie eines Systems von zwei sich in einem Gravitationsfeld befindenden Körpern? Wann wird er erreicht?

▶ Welche Bahnkurven beschreiben Satelliten mit der ersten und der zweiten kosmischen Geschwindigkeit?

▶ Wie berechnet man die erste und die zweite kosmische Geschwindigkeit?

▶ Wann und weshalb ist es erforderlich, Trägheitskräfte zu betrachten?

▶ Was sind Trägheitskräfte? Wodurch unterscheiden sie sich von Kräften, die in Inertialsystemen wirken?

▶ Wie sind die Zentrifugalkraft und die Corioliskraft gerichtet? Wann treten sie auf? Wovon sind sie abhängig?

▶ Auf der Nordhalbkugel wird ein Schuß entlang eines Meridians nach Norden abgegeben. Wie wirkt sich die Eigenrotation der Erde auf die Bewegung des Geschosses aus?

▶ Formulieren und erläutern Sie das Einsteinsche Äquivalenzprinzip.

Aufgaben

5.1. Zwei sich berührende identische homogene Kugeln aus gleichem Material ziehen sich gegenseitig an. Bestimmen Sie, wie sich die Anziehungskraft ändert, wenn die Masse der Kugeln um das $n = 4$fache vergrößert wird. [Vergrößert sich um das 6,35fache]

5.2. Die Dichte der Materie eines kugelförmigen Planeten beträgt 3 g/cm^3. Wie groß muß die Umlaufzeit des Planeten um seine eigene Achse sein, damit Körper am Äquator des Planeten schwerelos sind? $[T = \sqrt{3\pi/(G\rho)} = 1,9\,\text{h}]$

5.3. Bestimmen Sie, an welchem Punkt der Geraden, die den Erd- mit dem Mondmittelpunkt verbindet, die Feldstärke des Gravitationsfeldes gleich Null ist. Die Entfernung zwischen Erd- und Mondmittelpunkt beträgt R, die Masse der Erde ist gleich dem 81fachen der Mondmasse. $[0,9\,R]$

5.4. Bestimmen Sie die Arbeit der Kräfte des Gravitationsfeldes bei der Verschiebung eines Körper von $m = 12$ kg Masse aus dem Punkt 1, der sich in einer Entfernung von $r_1 = 4R$ vom Erdmittelpunkt befindet, in den Punkt 2, der sich in einer Entfernung von $r_2 = 2R$ vom Erdmittelpunkt befindet. Dabei ist R der Erdradius. [Lösung der Aufgabe s. S. 382]

5.5. Zwei identische homogene Kugeln aus gleichem Material berühren sich. Bestimmen Sie, wie sich die potentielle Energie ihrer Gravitationswechselwirkung ändert, wenn die Masse der Kugeln um das 4fache vergrößert wird. [vergrößert sich um das 14,6fache]

5.6. Über einer festen Rolle ist ein nichtdehnbarer Faden geführt, an dessen Enden zwei Gewichte von $m_1 = 2$ kg und $m_2 = 0,5$ kg Masse befestigt sind. Das ganze System befindet sich in einem Aufzug, der sich mit einer nach oben gerichteten Beschleunigung von $a_0 = 2,1$ m/s^2 nach oben bewegt. Bestimmen Sie unter der Annahme der Massenlosigkeit von Faden und Rolle die Druckkraft, mit der die Rolle auf die Achse wirkt. [Lösung der Aufgabe s. S. 382]

5.7. Zwei Satelliten gleicher Masse bewegen sich auf Kreisbahnen mit den Radien R_1 und R_2 um die Erde. Bestimmen Sie: 1) das Verhältnis der Gesamtenergien E_1/E_2 der Satelliten; 2) das Verhältnis ihrer Drehimpulse L_1/L_2. [1) R_2/R_1; 2) $\sqrt{R_1/R_2}$]

5.8. Ein Waggon rollt auf einem horizontalen Streckenabschnitt. Die Reibungskraft macht 20 % des Gewichtes des Waggons aus. An der Decke des Waggons ist eine Kugel von 10 g Masse an einem Faden aufgehängt. Bestimmen Sie: 1) die auf den Faden wirkende Kraft; 2) den Auslenkungswinkel des Fadens gegenüber der Vertikalen. [1) 0,10 N; 2) 11°35′]

5.9. Ein Körper von 1,5 kg Masse trifft nach 5 s freiem Fall an einem Punkt mit der geographischen Breite $\varphi = 45°$ auf die Erde. Zeichnen und bestimmen Sie unter Berücksichtigung der Erdrotation alle auf den Körper im Moment des Auftreffens auf die Erde wirkenden Kräfte. [1) 14,7 N; 2) 35,7 N; 3) 7,57 mN]

Kapitel 6

Elemente der Flüssigkeitsmechanik

§ 28   Druck in einer Flüssigkeit und einem Gas

Moleküle von Gasen, die sich ungeordnet und chaotisch bewegen, sind nicht oder nur sehr schwach durch Wechselwirkungskräfte gebunden, sie bewegen sich deshalb frei und neigen dazu, infolge von Zusammenstößen in alle Richtungen auseinanderzufliegen, wobei sie das gesamte zur Verfügung stehende Volumen ausfüllen, d. h., das Volumen eines Gases wird von dem Volumen des Gefäßes bestimmt, in dem sich das Gas befindet.

Ebenso wie ein Gas nimmt eine Flüssigkeit das Volumen des Gefäßes ein, in welchem sie sich befindet. Bei Flüssigkeiten bleibt jedoch im Unterschied zu Gasen die mittlere Entfernung zwischen den Molekülen praktisch konstant, Flüssigkeiten besitzen deshalb ein praktisch konstantes Volumen.

Obwohl sich die Eigenschaften von Flüssigkeiten und Gasen in vielerlei Hinsicht unterscheiden, läßt sich ihr Verhalten in vielen Erscheinungen jedoch durch dieselben Parameter und identische Gleichungen bestimmen. In der **Hydromechanik** – einem Teilgebiet der Mechanik, in dem das Gleichgewicht und die Bewegung von Flüssigkeiten und Gasen, ihre Wechselwirkung miteinander und mit den von ihnen umströmten Festkörpern untersucht werden, – wird deshalb eine *einheitliche Herangehensweise* an die Untersuchung von Flüssigkeiten und Gasen verwendet.

Flüssigkeiten und Gase werden in der Mechanik mit großer Genauigkeit als **Kontinua** betrachtet, die gleichmäßig in dem von ihnen eingenommenen Raum verteilt sind. Die Dichte einer Flüssigkeit ist nur geringfügig vom Druck abhängig. Die Dichte von Gasen ist jedoch stark druckabhängig. Erfahrungsgemäß kann man in vielen Aufgaben die Kompressibilität von Flüssigkeiten vernachlässigen und sich des einheitlichen Begriffes der **inkompressiblen Flüssigkeit** bedienen, einer Flüssigkeit, deren Dichte überall gleich ist und sich im Laufe der Zeit nicht ändert.

Wenn man ein dünnes Plättchen in eine ruhende Flüssigkeit gibt, wird die Flüssigkeit von beiden Seiten auf jedes Element ΔA des Plättchens mit den Kräften ΔF wirken, die unabhängig von der Orientierung des Plättchens betragsmäßig gleich und senkrecht zu dem Flächenelement ΔA sind, da tangentiale Kräfte das Plättchen in der Flüssigkeit in Bewegung versetzen würden (Bild 28.1).

Der **Druck** p wird nun definiert als die von der Flüssigkeit auf eine Flächeneinheit ausgeübte Normalkraft:

$$p = \frac{\Delta F}{\Delta A}.$$

Die Maßeinheit des Druckes ist das **Pascal** (Pa): 1 Pa ist gleich dem Druck, der von einer gleichmäßig senkrecht auf eine Fläche von 1 m^2 wirkenden Kraft von 1 N ausgeübt wird ($1\,\mathrm{Pa} = 1\,\mathrm{N/m^2}$).

Der Druck einer Flüssigkeit (eines Gases) im Gleichgewicht gehorcht dem **Pascalschen Gesetz** (nach dem französischen Gelehrten B. Pascal (1623–1662)): Der Druck an einem beliebigen Punkt einer ruhenden Flüssigkeit ist in allen Richtungen gleich, wobei der Druck gleichartig in dem gesamten Volumen übertragen wird, das von der ruhenden Flüssigkeit eingenommen wird.

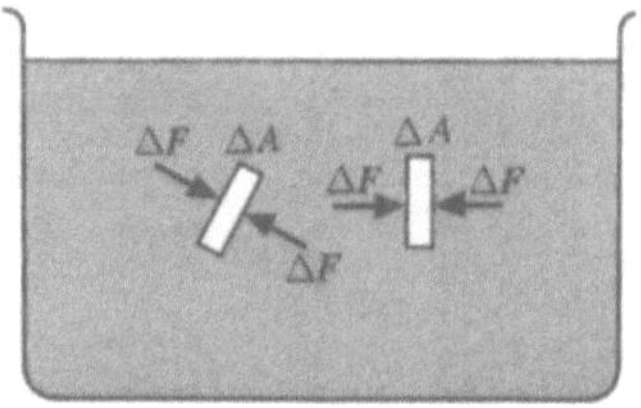

Bild 28.1

Untersuchen wir nun, wie das Gewicht der Flüssigkeit die Druckverteilung in einer ruhenden inkompressiblen Flüssigkeit beeinflußt. Im Gleichgewicht ist der Druck in der Horizontalen immer gleich, sonst würde kein Gleichgewicht bestehen. Die freie Oberfläche einer ruhenden Flüssigkeit ist deshalb in Entfernung von der Gefäßwandung immer horizontal. Wenn die Flüssigkeit inkompressibel ist, hängt ihre Dichte nicht von dem Druck ab. Das Gewicht einer Flüssigkeitssäule mit der Querschnittsfläche A, der Höhe h und der Dichte ρ ist dann $P = \rho g A h$, und der Druck auf die Grundfläche beträgt

$$p = \frac{P}{A} = \frac{\rho g A h}{A} = \rho g h, \tag{28.1}$$

d. h., er ändert sich linear mit der Höhe. Der Druck $\rho g h$ wird **hydrostatischer Druck** genannt.

Entsprechend Gl. (28.1) ist die Druckkraft auf die unteren Schichten der Flüssigkeit größer als auf die oberen. Auf einen in die Flüssigkeit getauchten Körper wirkt deshalb eine Auftriebskraft, die durch das **Gesetz von Archimedes** bestimmt wird: Auf einen in eine Flüssigkeit (Gas) getauchten Körper wirkt eine nach oben gerichtete Auftriebskraft, die gleich dem Gewicht der verdrängten Flüssigkeit (des verdrängten Gases) ist:

$$F_A = \rho g V,$$

wobei ρ die Dichte der Flüssigkeit und V das Volumen des in die Flüssigkeit eingetauchten Körpers ist.

§ 29   Kontinuitätsgleichung

Die Bewegung einer Flüssigkeit heißt **Strömung**, die Gesamtheit aller Teilchen der sich bewegenden Flüssigkeit wird als **Fluß** bezeichnet. Graphisch wird die Bewegung von

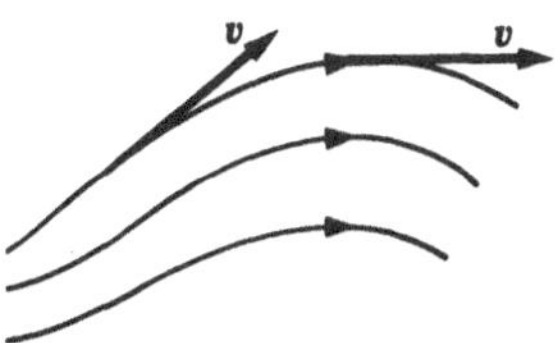

Bild 29.1

Flüssigkeiten mit Hilfe von **Stromlinien** dargestellt. Diese werden derart gezogen, daß deren Tangenten richtungsmäßig mit dem Geschwindigkeitsvektor an den betreffenden Raumpunkten übereinstimmen (Bild 29.1) und daß ihre Dichte, die durch das Verhältnis der Anzahl der Linien zu dem zu ihnen senkrechten durchströmten Flächenstück gekennzeichnet wird, dort größer ist, wo eine höhere Strömungsgeschwindigkeit herrscht, und dort kleiner ist, wo die Flüssigkeit langsamer strömt. Anhand der Stromliniendarstellung kann man somit die Richtung und den Betrag der Geschwindigkeit in verschiedenen Raumpunkten beurteilen, d. h., man kann die Strömungsverhältnisse der Flüssigkeit bestimmen. Die Stromlinien kann man in einer Flüssigkeit sichtbar machen, indem man zum Beispiel sichtbare disperse Teilchen in die Flüssigkeit einmischt.

Der von den Stromlinien begrenzte Teil einer Flüssigkeit wird **Stromröhre** genannt. Die Strömung einer Flüssigkeit heißt **stationär**, wenn sich Form und Anordnung der Stromlinien sowie der Wert der Geschwindigkeit zu jedem Zeitpunkt nicht ändern.

Betrachten wir eine beliebige Stromröhre. Wir nehmen zwei Querschnitte A_1 und A_2 senkrecht zur Richtung der Geschwindigkeit (Bild 29.2).

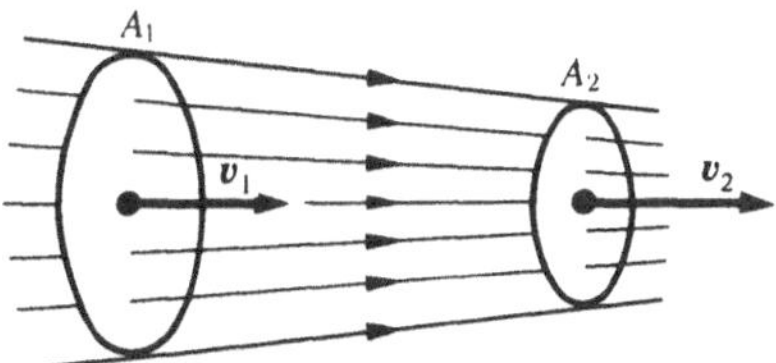

Bild 29.2

In der Zeit Δt bewegt sich das Flüssigkeitsvolumen $Av\Delta t$ durch den Querschnitt A; folglich fließt durch den Querschnitt A_1 in 1 s das Flüssigkeitsvolumen $A_1 v_1$, wobei v_1 die Strömungsgeschwindigkeit am Querschnitt A_1 ist. Durch den Querschnitt A_2 strömt in 1 s das Flüssigkeitsvolumen $A_2 v_2$, wobei v_2 die Strömungsgeschwindigkeit am Querschnitt A_2 ist. Hierbei wird vorausgesetzt, daß die Geschwindigkeit über dem gesamten Querschnitt konstant ist. Wenn die Flüssigkeit inkompressibel ist ($\rho = $ const), strömt durch den Querschnitt A_2 dasselbe Flüssigkeitsvolumen wie durch den Querschnitt A_1, d. h.

$$A_1 v_1 = A_2 v_2 = \text{const.} \tag{29.1}$$

Folglich ist das Produkt aus der Strömungsgeschwindigkeit einer inkompressiblen Flüssigkeit und der Querschnittsfläche der Stromröhre eine für die gegebene Stromröhre konstante Größe. Die Gl. (29.1) heißt **Kontinuitätsgleichung** einer inkompressiblen Flüssigkeit.

§ 30   Die Bernoulligleichung und aus ihr folgende Beziehungen

Teilen wir in einer stationär strömenden Flüssigkeit (einer *physikalischen Abstraktion*, d. h. eine theoretische Flüssigkeit, in der keine inneren Reibungskräfte auftreten) eine Stomröhre ab, die von den Querschnitten A_1 und A_2 begrenzt wird und in der die Flüssigkeit von links nach rechts fließt (Bild 30.1). Im Querschnitt A_1 betrage die Strömungsgeschwindigkeit v_1, der Druck p_1, und die Höhe, in der sich der Querschnitt befindet, sei h_1.

Im Querschnitt A_2 betrage analog dazu die Strömungsgeschwindigkeit v_2, der Druck p_2 und die Höhe h_2. In dem kleinen Zeitintervall Δt bewegt sich die Flüssigkeit von den Querschnitten A_1 und A_2 zu den Querschnitten A_1' und A_2'.

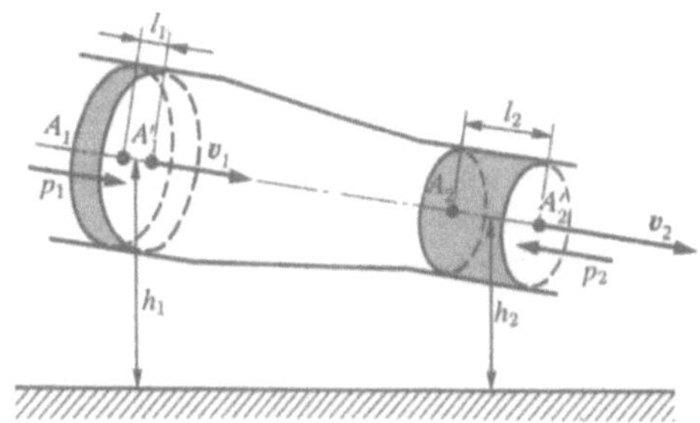

Bild 30.1

Entsprechend dem Energieerhaltungssatz muß die Änderung der Gesamtenergie $E_2 - E_1$ einer idealen inkompressiblen Flüssigkeit gleich der Arbeit W der äußeren Kräfte bei der Verschiebung der Flüssigkeitsmasse m sein:

$$E_2 - E_1 = W, \tag{30.1}$$

wobei E_1 und E_2 die Gesamtenergien der Flüssigkeitsmasse m in den Querschnitten A_1 und A_2 sind.

Andererseits ist W gleich der Arbeit, die bei der Bewegung der gesamten zwischen den Querschnitten A_1 und A_2 eingeschlossenen Flüssigkeit in dem betrachteten kleinen Zeitintervall Δt verrichtet wird. Zur Bewegung der Masse m von A_1 nach A_1' muß sich die Flüssigkeit um die Entfernung $l_1 = v_1\Delta t$ bzw. um $l_2 = v_2\Delta t$ bei der Bewegung von A_2 nach A_2' bewegen. Wir merken an, daß l_1 und l_2 so klein sind, daß man allen Punkten der in Bild 30.1 hervorgehobenen Volumina die konstante Geschwindigkeit v, den Druck p und die Höhe h zuschreiben kann.

Folglich ist

$$W = F_1 l_1 + F_2 l_2, \tag{30.2}$$

wobei $F_1 = p_1 A_1$ und $F_2 = -p_2 A_2$ ist (sie ist negativ, da sie entgegen der Strömungsrichtung zeigt; Bild 30.1).

Die Gesamtenergien E_1 und E_2 setzen sich aus der kinetischen und der potentiellen Energie der Flüssigkeitsmasse m zusammen:

$$E_1 = \frac{mv_1^2}{2} + mgh_1, \tag{30.3}$$

$$E_2 = \frac{mv_2^2}{2} + mgh_2. \tag{30.4}$$

Durch Einsetzen von (30.3) und (30.4) in (30.1) und Gleichsetzen von (30.1) und (30.2) erhalten wir

$$\frac{mv_1^2}{2} + mgh_1 + p_1 A_1 v_1 \Delta t$$

$$= \frac{mv_2^2}{2} + mgh_2 + p_2 A_2 v_2 \Delta t. \tag{30.5}$$

Entsprechend der Kontinuitätsgleichung (29.1) für eine inkompressible Flüssigkeit bleibt das von der Flüssigkeit eingenommene Volumen konstant, d. h.

$$\Delta V = A_1 v_1 \Delta t = A_2 v_2 \Delta t.$$

Nach Division der Gl. (35.5) durch ΔV erhalten wir

$$\frac{\rho v_1^2}{2} + \rho g h_1 + p_1 = \frac{\rho v_2^2}{2} + \rho g h_2 + p_2,$$

wobei ρ die Dichte der Flüssigkeit ist. Da jedoch ein beliebiger Querschnitt gewählt wurde, kann man schreiben

$$\frac{\rho v^2}{2} + \rho g h + p = \text{const.} \tag{30.6}$$

Die Gleichung wurde von dem schweizerischen Physiker D. Bernoulli (1700–1782, veröffentlicht 1738) hergeleitet und wird als **Bernoulligleichung** bezeichnet. Wie aus der Herleitung zu ersehen ist, stellt die Bernoulligleichung den Energieerhaltungssatz in Anwendung auf die stationäre Strömung einer idealen Flüssigkeit dar. Sie wird in guter Näherung auch für reale Flüssigkeiten mit geringer innerer Reibung erfüllt.

Die Größe p in Gl. (30.6) heißt **statischer Druck** (Druck der Flüssigkeit auf die Oberfläche des umströmten Körpers), die Größe $\rho v^2/2$ heißt **dynamischer Druck**. Wie schon weiter oben (siehe § 28) erwähnt wurde, heißt die Größe $\rho g h$ **hydrostatischer Druck**.

Für eine horizontale Stromröhre $(h_1 = h_2)$ nimmt die Gl. (30.6) die Form

$$\frac{\rho v^2}{2} + p = \text{const} \tag{30.7}$$

an, wobei $p + \rho v^2/2$ als **Gesamtdruck** bezeichnet wird. Aus der Bernoulligleichung (30.7) für eine horizontale Stromröhre und der Kontinuitätsgleichung (29.1) folgt, daß die Geschwindigkeit der Flüssigkeit bei der Strömung in einem horizontalen Rohr mit verschiedenen Querschnitten an sich verengenden Stellen größer ist, der statische Druck aber an sich erweiternden Stellen größer ist, d. h. dort, wo eine geringere Geschwindigkeit herrscht. Das kann man demonstrieren, indem man entlang

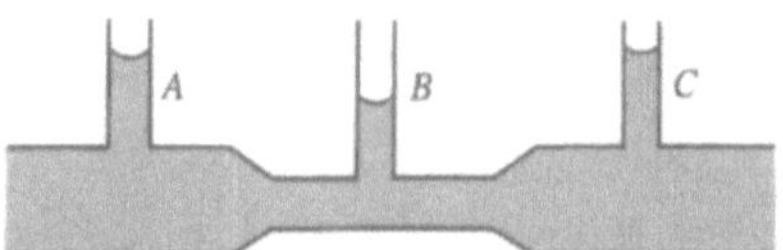

Bild 30.2

des Rohres eine Reihe von **Manometern** anordnet (Bild 30.2). In Übereinstimmung mit der Bernoulligleichung zeigt der Versuch, daß das Flüssigkeitsniveau in der Manometerröhre B, die an dem engen Rohrabschnitt angebracht wurde, niedriger ist als das Flüssigkeitsniveau in den Manometerröhren A und C, die an den weiten Abschnitten angeordnet sind.

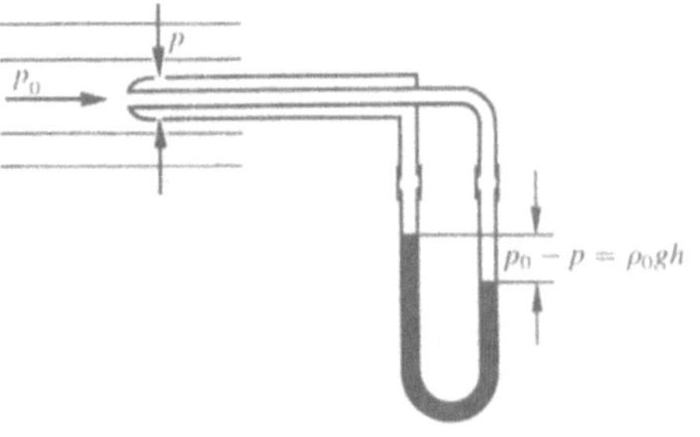

Bild 30.3

Aufgrund des Zusammenhanges zwischen dynamischem Druck und Strömungsgeschwindigkeit der Flüssigkeit (des Gases) kann man mit Anwendung der Bernoulligleichung die Geschwindigkeit des Flüssigkeitsstromes messen. Dazu verwendet man die Prandtlröhre (Bild 30.3). Sie besteht aus zwei unter einem Winkel von 90° gebogenen Röhren, deren entgegengesetzten Enden mit einem Manometer verbunden werden. Mit einer der Röhren wird der Gesamtdruck (p_0) gemessen, mit der anderen der statische Druck (p). Das Manometer mißt den Druckunterschied:

$$p_0 - p = \rho_0 g h, \tag{30.8}$$

wobei ρ_0 die Dichte der Flüssigkeit in dem Manometer ist. Andererseits ist entsprechend der Bernoulligleichung die Differenz zwischen Gesamtdruck und statischem Druck gleich dem dynamischen Druck:

$$p_0 - p = \frac{\rho v^2}{2}. \tag{30.9}$$

Aus den Gl. (30.8) und (30.9) erhalten wir die gesuchte Geschwindigkeit des Flüssigkeitsstromes:

$$v = \sqrt{\frac{2\rho_0 g h}{\rho}}.$$

Die Verringerung des statischen Druckes in den Punkten mit größerer Strömungsgeschwindigkeit liegt dem Prinzip der **Wasserstrahlpumpe** zugrunde (Bild 30.4). Ein Wasserstrahl wird

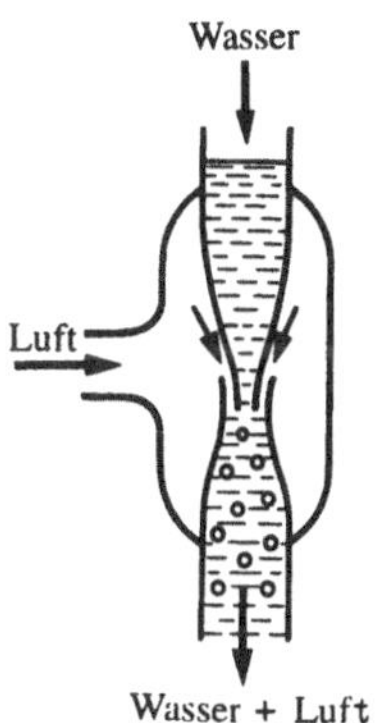

Bild 30.4

so in ein zur Umgebung offenes Rohr geleitet, daß am Ende des Rohres Atmosphärendruck herrscht. Das Rohr verfügt über eine Verengung, durch die das Wasser mit großer Geschwindigkeit strömt. An dieser Stelle ist der Druck kleiner als der Atmosphärendruck. Dieser Druck stellt sich auch in dem abzupumpenden Gefäß ein, welches mit dem Rohr durch eine in seinem engen Teil befindliche Öffnung verbunden ist. Das mit großer Geschwindigkeit aus der engen Öffnung ausströmende Wasser reißt die Luft mit. Auf diese Weise kann man Luft aus einem Gefäß bis zu einem Druck von ca. 100 hPa (Hectopascal, der Normaldruck am Erdboden ist ca. 1000 hPa) abpumpen.

Die Bernoulligleichung wird zur Bestimmung der Ausströmgeschwindigkeit einer Flüssigkeit aus einer Öffnung in der Wand oder im Boden eines Gefäßes verwendet. Betrachten wir ein zylindrisches Gefäß mit einer Flüssigkeit, in dessen Wandung sich in einer gewissen Höhe unterhalb des Flüssigkeitsspiegels eine kleine Öffnung befindet (Bild 30.5).

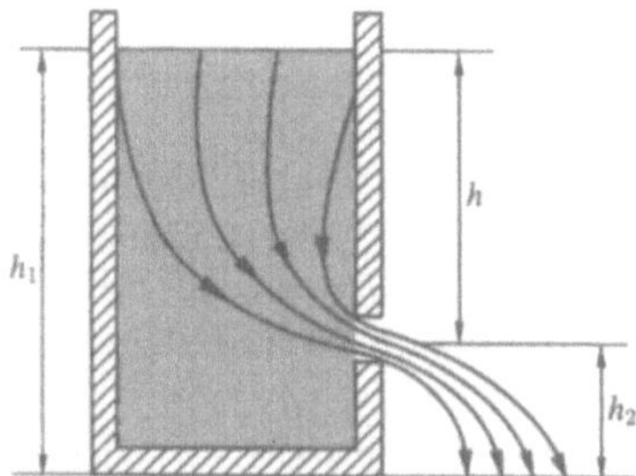

Bild 30.5

Betrachten wir zwei Querschnitte (in der Höhe h_1) der freien Oberfläche der Flüssigkeit im Gefäß und in der Höhe h_2 des Austritts der Flüssigkeit durch die Öffnung. Wir schreiben dafür die Bernoulligleichung auf:

$$\frac{\rho v_1^2}{2} + \rho g h_1 + p_1 = \frac{\rho v_2^2}{2} + \rho g h_2 + p_2.$$

Da die Drücke p_1 und p_2 in der Flüssigkeit in Höhe des ersten und des zweiten Querschnittes gleich dem Atmosphärendruck

sind, d. h. $p_1 = p_2$, nimmt die Bernoulligleichung folgende Form an:

$$\frac{v_1^2}{2} + g h_1 = \frac{v_2^2}{2} + g h_2.$$

Aus der Kontinuitätsgleichung (29.1) folgt, daß $v_2/v_1 = A_1/A_2$, wobei A_1 und A_2 die Flächeninhalte der senkrechten Querschnitte des Gefäßes und der Öffnung sind. Wenn $A_1 \gg A_2$ ist, kann das Glied $v_1^2/2$ vernachlässigt werden, und man erhält

$$v_2^2 = 2g(h_1 - h_2) = 2gh,$$

$$v_2 = \sqrt{2gh}.$$

Dieser Ausdruck ist als **Toricelligleichung** bekannt. Sie ist nach dem italienischen Physiker und Mathematiker E. Toricelli (1608–1647) benannt.

§ 31 Viskosität. Laminare und turbulente Strömungen

Als **Viskosität** (**innere Reibung**) bezeichnet man die Eigenschaft realer Flüssigkeiten, der Verschiebung eines Teiles der Flüssigkeit gegenüber einem anderen Teil Widerstand zu leisten. Bei der gegenseitigen Verschiebung von Flüssigkeitsschichten in einer realen Flüssigkeit treten innere Reibungskräfte auf, die entlang den Tangenten an die Schichtflächen gerichtet sind. Die Wirkung dieser Kräfte äußert sich darin, daß die sich schneller bewegende Schicht auf die sich langsamer bewegende Schicht eine Beschleunigungskraft ausübt, oder umgekehrt. Die sich langsamer bewegende Schicht übt auf die sich schneller bewegende Schicht wiederum eine Bremskraft aus.

Die innere Reibungskraft F ist um so größer, je größer die betrachtete Oberfläche der Schicht A (Bild 31.1) ist. Sie ist weiterhin von der Schnelligkeit der Änderung der Strömungsgeschwindigkeit der Flüssigkeit beim Übergang von Schicht zu Schicht abhängig. In der Abbildung sind zwei Schichten dargestellt, die sich im Abstand Δx voneinander befinden und sich mit den Geschwindigkeiten v_1 und v_2 bewegen. Dabei ist $v_1 - v_2 = \Delta v$. Der Abstand zwischen den Schichten wird *senkrecht* zu den Strömungsgeschwindigkeiten der Schichten gemessen. Die Größe $\Delta v/\Delta x$ gibt an, wie schnell sich die Geschwindigkeit beim Übergang von Schicht zu Schicht in x-Richtung, also senkrecht zur Bewegungsrichtung der Schichten, ändert, sie wird **Geschwindigkeitsgradient** genannt. Der Betrag der inneren Reibungskraft ist somit

$$F = \eta \left| \frac{\Delta v}{\Delta x} \right| A, \tag{31.1}$$

wobei der von den Eigenschaften der Flüssigkeit abhängige Proportionalitätsfaktor η als **dynamische Viskosität** (oder einfach **Viskosität**) bezeichnet wird.

Die Maßeinheit der Viskosität ist die **Pascalsekunde** (Pa·s): 1 Pa·s ist gleich der dynamischen Viskosität eines Mediums,

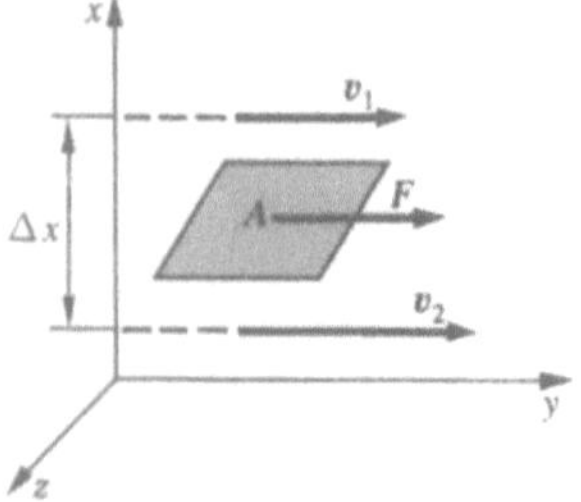

Bild 31.1

in dem bei laminarer Strömung und einem Geschwindigkeitsgradienten von 1 m/s auf 1 m eine innere Reibungskraft von 1 N auf 1 m² Kontaktfläche zwischen den Schichten auftritt ($1\,\mathrm{Pa}\cdot\mathrm{s} = 1\,\mathrm{N}\cdot\mathrm{s/m^2}$).

Je größer die Viskosität einer Flüssigkeit ist, desto stärker unterscheidet sich diese von einer idealen, desto größere innere Reibungskräfte treten in ihr auf. Die Viskosität ist von der Temperatur abhängig, wobei der Charakter dieser Abhängigkeit für Flüssigkeiten und Gase unterschiedlich ist (bei Flüssigkeiten verringert sie sich mit steigender Temperatur, bei Gasen vergrößert sie sich). Dieser Umstand weist auf Unterschiede in den Mechanismen der inneren Reibung hin. Besonders stark von der Temperatur abhängig ist die Viskosität von Ölen. Zum Beispiel verringert sich die Viskosität von Rhizinusöl im Intervall von 18–40 °C um das Vierfache. Der sowjetische Physiker P. Kapiza (1894–1984; Nobelpreis 1978) entdeckte, daß flüssiges Helium bei 2,17 K in den Zustand der Suprafluidität übergeht, in dem die Viskosität gleich Null ist.

Es existieren zwei Arten von Flüssigkeitsströmungen. Eine Strömung heißt **laminar** (**wirbelfrei**), wenn in Flußrichtung jede Schicht gegenüber den anderen Schichten gleitet, ohne sich mit ihnen zu vermischen. Man nennt eine Strömung **turbulent** (**Wirbelströmung**), wenn in Flußrichtung intensive Wirbelbildung und Vermischung der Flüssigkeit (des Gases) auftritt.

Laminare Strömung tritt bei geringen Geschwindigkeiten der Flüssigkeit auf. Die äußere, an die Wandung des Rohres anliegende Schicht haftet aufgrund der molekularen Adhäsionskräfte an dieser und wird nicht in Bewegung versetzt. Die Geschwindigkeit der folgenden Schichten ist um so größer, je größer ihr Abstand zur Rohroberfläche ist. Die größte Geschwindigkeit erreicht die sich längs der Rohrachse bewegende Schicht.

Bei einer turbulenten Strömung bekommen die Flüssigkeitsteilchen Geschwindigkeitskomponenten senkrecht zur Strömung, sie können deshalb aus einer Schicht in eine andere übergehen. Die Geschwindigkeit der Flüssigkeitsteilchen wächst rasch mit der Entfernung von der Rohroberfläche, danach ändert sie sich nur noch unbedeutend. Da die Flüssigkeitsteilchen aus einer Schicht in eine andere übergehen, unterscheiden sich ihre Geschwindigkeiten in den verschiedenen Schichten nur geringfügig. Wegen des großen Geschwindigkeitsgradienten an der Rohroberfläche kommt es gewöhnlich zur Wirbelbildung.

Das Profil der mittleren Geschwindigkeit bei turbulenter Strömung in Rohren (Bild 31.2) unterscheidet sich von dem parabolischen Profil (siehe den nachfolgenden Abschnitt) bei laminarer Strömung durch ein schnelleres Anwachsen der Geschwindigkeit an den Rohrwandungen und eine geringere Krümmung im zentralen Abschnitt der Strömung.

Der Strömungscharakter hängt von einer dimensionslosen Größe ab, die als **Reynoldszahl** (nach dem englischen Physiker O. Reynolds (1842–1912)) bezeichnet wird:

$$\mathrm{Re} = \frac{\rho\langle v\rangle d}{\eta} = \frac{\langle v\rangle d}{v}.$$

Hierin ist $v = \eta/\rho$ die **kinematische Viskosität**, ρ die Dichte der Flüssigkeit, $\langle v\rangle$ die über den Rohrquerschnitt gemittelte Geschwindigkeit der Flüssigkeit und d eine charakteristische Länge, zum Beispiel der Durchmesser des Rohres.

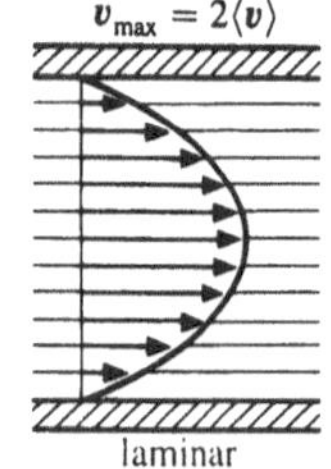
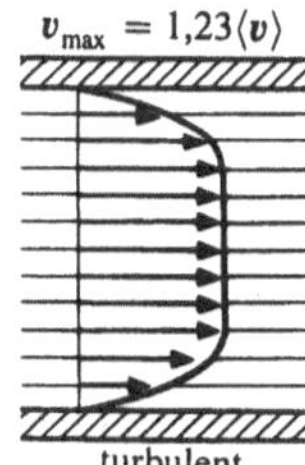

Bild 31.2

Für kleine Reynoldszahlen ($\mathrm{Re} \lesssim 1000$) ist die Strömung laminar, der Übergang von laminarer Strömung zur turbulenten tritt im Bereich $1000 \lesssim \mathrm{Re} \lesssim 2000$ auf, und bei $\mathrm{Re} = 2300$ (für glatte Rohre) ist die Strömung turbulent. Bei gleicher Reynoldszahl ist die Strömung verschiedener Flüssigkeiten (Gase) in Rohren mit verschiedenen Querschnitten gleichartig.

§ 32   Verfahren zur Bestimmung der Viskosität

1. Verfahren nach Stokes. Dieses Verfahren zur Bestimmung der Viskosität wird nach dem englischer Physiker und Mathematiker G. Stokes (1819–1903) benannt und beruht auf der Messung der Geschwindigkeit sich langsam in einer Flüssigkeit bewegender kleiner sphärischer Körper.

Auf eine in einer Flüssigkeit nach unten fallende Kugel wirken drei Kräfte: die Schwerkraft $P = (4/3)\pi r^3\rho g$ (ρ Dichte der Kugel), die Auftriebskraft $F_A = (4/3)\pi r^3\rho' g$ (ρ' Dichte der Flüssigkeit) und eine Widerstandskraft, die von Stokes empirisch bestimmt wurde: $F = 6\pi\eta rv$, wobei r der Radius der Kugel und v ihre Geschwindigkeit ist. Bei einer gleichförmigen Bewegung der Kugel gilt

$$P = F_A + F$$

oder

$$\frac{4\pi r^3\rho g}{3} = \frac{4\pi r^3\rho' g}{3} + 6\pi\eta rv,$$

woraus folgt

$$v = \frac{2(\rho - \rho')gr^2}{9\eta}.$$

Durch Messung der Geschwindigkeit der sich gleichförmig bewegenden Kugel kann man die Viskosität der Flüssigkeit (des Gases) bestimmen.

2. Verfahren nach Poiseuille. Dieses Verfahren wird nach dem französischen Physiologen und Physiker J. Poiseuille (1799–1868) benannt und beruht auf der laminaren Strömung einer Flüssigkeit in einem dünnen Kapillarröhrchen. Betrachten wir ein Kapillarröhrchen mit dem Radius R und der Länge l. In der Flüssigkeit teilen wir in Gedanken eine Schicht mit dem Radius r und der Dicke dr (Bild 32.1) ab. Die auf die Mantelfläche dieser Schicht wirkende innere Reibungskraft (siehe (31.1)) ist

$$F = -\eta \frac{dv}{dr} dA = -\eta 2\pi r l \frac{dv}{dr},$$

wobei dA die Mantelfläche der zylindrischen Schicht ist; das Minuszeichen gibt an, daß sich die Geschwindigkeit mit wachsendem Radius verringert.

In einer stationären Strömung wird die auf die Mantelfläche des Zylinders wirkende innere Reibungskraft von der Druckkraft auf die Grundfläche des Zylinders kompensiert:

$$-\eta 2\pi r l \frac{dv}{dr} = \Delta p\, \pi r^2,$$

$$dv = -\frac{\Delta p}{2\eta l} r\, dr.$$

Nach Integration unter der Vorraussetzung, daß die Flüssigkeit an der Wandung haftet, d. h., die Geschwindigkeit in der Entfernung R gleich Null ist, erhalten wir

$$v = \frac{\Delta p}{4\eta l}(R^2 - r^2).$$

Hieraus ist ersichtlich, daß sich die Geschwindigkeit der Flüssigkeitsteilchen nach einem parabolischen Gesetz verteilt, wobei der Scheitel der Parabel auf der Rohrachse liegt (siehe auch Bild 31.2).

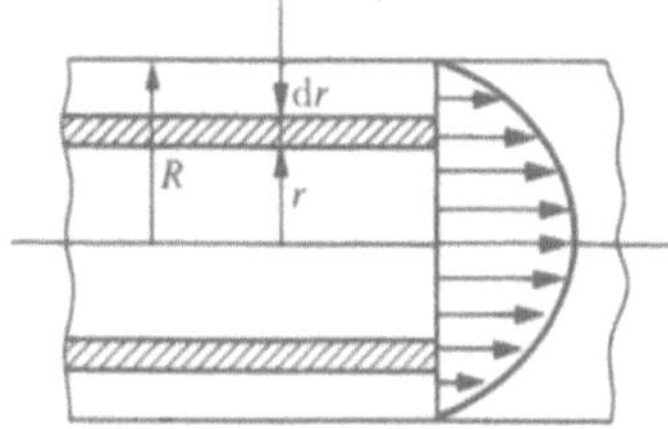

Bild 32.1

In der Zeit t fließt aus dem Rohr das Flüssigkeitsvolumen

$$V = \int_0^R vt \cdot 2\pi r\, dr = \frac{2\pi\Delta pt}{4\eta l} \int_0^R r(R^2 - r^2)\, dr$$

$$= \frac{\pi\Delta pt}{2\eta l} \left[\frac{r^2 R^2}{2} - \frac{r^4}{4} \right]_0^R = \frac{\pi R^4 \Delta pt}{8\eta l},$$

woraus man für die Viskosität erhält

$$\eta = \frac{\pi R^4 \Delta pt}{8Vl}.$$

§ 33 Bewegung von Körpern in Flüssigkeiten und Gasen

Eine der wichtigsten Aufgaben der Hydro- und Aeromechanik stellt die Untersuchung der Bewegungen fester Körper in einem Gas oder einer Flüssigkeit dar, insbesondere die Betrachtung der Kräfte, über die das Medium auf den sich bewegenden Körper wirkt. Dieses Problem erhielt eine besonders große Bedeutung in Zusammenhang mit der stürmischen Entwicklung der Luftfahrt und der Erhöhung der Geschwindigkeit von Schiffen.

Auf einen sich in einer Flüssigkeit oder in einem Gas bewegenden Körper wirken zwei Kräfte (die Resultierende bezeichnen wir mit $\boldsymbol{R}$). Eine dieser Kräfte ($\boldsymbol{R}_x$) ist entgegen der Bewegung des Körpers (der Stromrichtung) gerichtet – der **Frontalwiderstand**, die andere ($\boldsymbol{R}_y$) wirkt senkrecht zu dieser Richtung – **Auftriebskraft** (Bild 33.1).

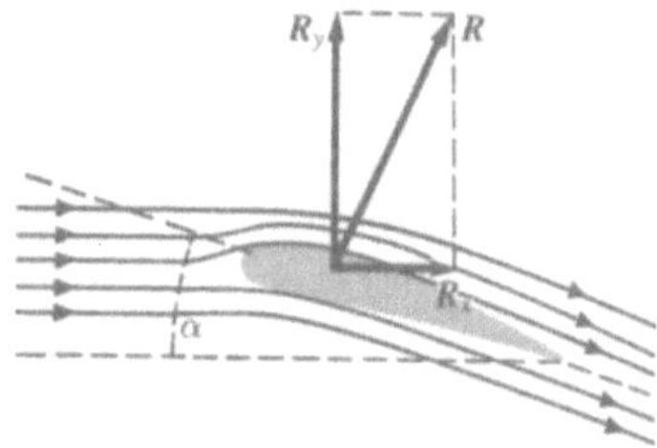

Bild 33.1

Auf einen symmetrischen Körper, dessen Symmmetrieachse mit der Richtung der Geschwindigkeit übereinstimmt, wirkt nur der Frontalwiderstand, die Auftriebskraft ist in diesem Falle gleich Null. Man kann beweisen, daß einer gleichförmigen Bewegung in einer *idealen Flüssigkeit* kein Frontalwiderstand entgegenwirkt. Wenn man die Bewegung eines Zylinders in einer solchen Flüssigkeit betrachtet (Bild 33.2), dann ist das Bild der Stromlinien sowohl in bezug auf die Geraden durch die Punkte A und B als auch in bezug auf die Geraden C und D symmetrisch, d. h., die resultierende Kraft auf den Zylinder ist gleich Null.

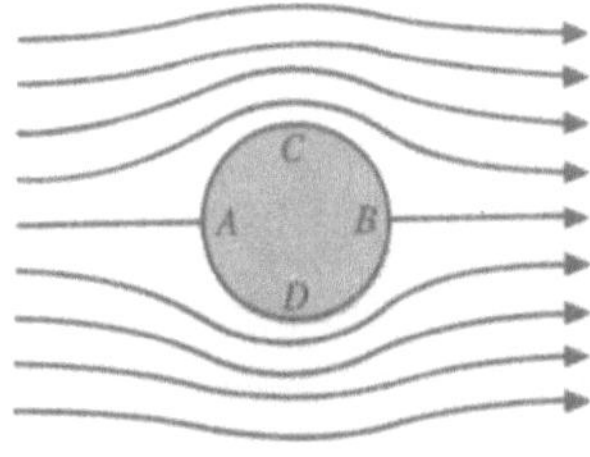

Bild 33.2

Bei der Bewegung von Körpern in zähen Flüssigkeiten herrschen andere Verhältnisse (besonders bei Erhöhung der Umströmungsgeschwindigkeit). Infolge der Viskosität des Mediums bildet sich im Bereich um den Körper eine Grenzschicht aus Teilchen, die sich mit geringerer Geschwindigkeit bewegen. Durch die bremsende Wirkung dieser Schicht tritt eine Rotation der Teilchen auf, und die Flüssigkeit in der Grenzschicht geht in eine turbulente Strömung über. Wenn der Körper keine Stromlinienform besitzt (keinen sich allmählich verjüngenden „Schwanzteil"), reißt die Grenzschicht von der Körperoberfläche ab. Hinter dem Körper entsteht eine der anlaufenden Strömung entgegengesetzte Flüssigkeitsströmung (Gasströmung). Die abgerissene Grenzschicht folgt dieser Strömung und bildet Wirbel, die sich in entgegengesetzten Richtungen drehen (Bild 33.3).

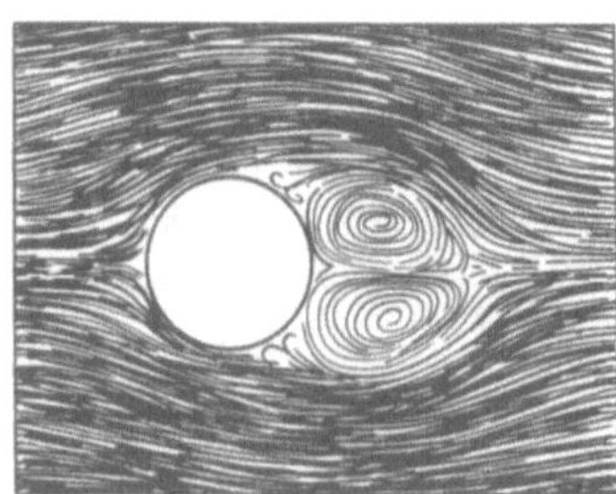

Bild 33.3

Der Frontalwiderstand ist von der Form des Körpers und seiner Lage bezüglich der Strömung abhängig. Diese Abhängigkeit wird durch den experimentell bestimmten Widerstandsbeiwert C_x berücksichtigt:

$$R_x = C_x \frac{\rho v^2}{2} A, \tag{33.1}$$

wobei ρ die Dichte des Mediums, v die Geschwindigkeit des Körpers und A der maximale Querschnitt des Körpers ist.

Die Komponente R_x kann man bedeutend verringern, wenn man die Form des Körpers so wählt, daß er keine Wirbel bildet.

Die Auftriebskraft kann mit einer Gl. (33.1) analogen Gleichung bestimmt werden:

$$R_y = C_y \frac{\rho v^2}{2} A,$$

wobei C_y der einheitenlose Auftriebskoeffizient ist.

Für eine Flugzeugtragfläche wird eine große Auftriebskraft bei kleinem Frontalwiderstand gefordert (diese Bedingung wird bei kleinen **Angriffswinkeln** α (Winkeln zur Strömung) erfüllt (siehe Bild 33.1). Eine Tragfläche erfüllt diese Bedingung um so besser, je größer die als Qualität der Tragfläche bezeichnete Größe $K = C_y/C_x$ ist.

Kontrollfragen

▶ Was versteht man unter dem Druck in einer Flüssigkeit? Ist der Druck eine vektorielle oder eine skalare Größe? Welche Einheit besitzt der Druck im SI?

▶ Formulieren und erläutern Sie die Gesetze von Pascal und Archimedes.

▶ Was ist eine Stromlinie, was eine Stromröhre?

▶ Wodurch ist eine stationäre Flüssigkeitsströmung gekennzeichnet?

▶ Worin besteht der physikalische Sinn der Kontinuitätsgleichung einer inkompressiblen Flüssigkeit? Wie kann man sie herleiten?

▶ Welches Gesetz drückt die Bernoulligleichung für eine ideale inkompressible Flüssigkeit aus? Leiten Sie diese Gleichung her.

▶ Wie kann man den statischen Druck in einer Flüssigkeitsströmung messen, wie den dynamischen Druck, wie den Gesamtdruck?

▶ Was ist der Geschwindigkeitsgradient?

▶ Worin besteht der physikalische Sinn des dynamischen Viskositätskoeffizienten?

▶ Wann nennt man eine Flüssigkeitsströmung laminar, wann turbulent? Was wird durch die Reynoldszahl gekennzeichnet?

▶ Erläutern Sie (mit Herleitung) die praktische Bedeutung der Verfahren von Stokes und Poiseuille.

▶ Was führt zum Auftreten des Frontalwiderstandes bei der Bewegung eines Körpers in einer Flüssigkeit? Kann dieser gleich Null sein?

▶ Wie erklärt man das Auftreten der Auftriebskraft (siehe Bild 33.1)?

Aufgaben

6.1. Eine eiserne Hohlkugel ($\rho = 7{,}87$ g/cm^3) wiegt in der Luft 5 N und im Wasser ($\rho' = 1$ g/cm^3) 3 N. Bestimmen Sie unter Vernachlässigung der Auftriebskraft der Luft das Volumen des Hohlraumes in der Kugel. [139 cm^3]

6.2. Ein Wassermesser besteht aus einem horizontalen Rohr mit veränderlichem Querschnitt, in das zwei vertikale Manometerröhren mit gleichem Querschnitt eingelötet sind. In dem Rohr fließt Wasser. Bestimmen Sie unter Vernachlässigung der Viskosität des Wassers den Massendurchfluß, wenn der Höhenunterschied der Flüssigkeitssäulen in den Manometerröhren $\Delta h = 8$ cm beträgt und das Rohr an den Manometeransatzstellen einen Querschnitt von $A_1 = 6$ cm^2 bzw. $A_2 = 12$ cm^2 aufweist. Die Dichte von Wasser beträgt $\rho = 1$ g/cm^3. [Lösung der Aufgabe s. S. 383]

6.3. Ein zylinderförmiger Kanister mit einer Grundfläche von $A = 1$ m^2 und einem Volumen von $V = 3$ m^3 ist mit Wasser gefüllt. Bestimmen Sie unter Vernachlässigung der Viskosität des Wassers die Zeit t, die benötigt wird, um den Kanister durch eine runde Öffnung von $A_1 = 10$ cm^2 im Boden zu leeren. [$t = (1/A_1)\sqrt{2AV/g} = 13$ min]

6.4. Eine Springbrunnendüse, die einen vertikalen Strahl von $H = 5$ m erzeugt, hat die Form eines sich nach oben verjüngenden Kegelstumpfes. Der Durchmesser des unteren Querschnitts beträgt $d_1 = 6$ cm, der des oberen $d_2 = 2$ cm. Die Höhe der Düse ist $h = 1$ m. Bestimmen Sie unter Vernachlässigung des Luftwiderstandes im Strahl und des Widerstandes in der Düse: 1) den Wasserverbrauch in 1 s; 2) die Differenz Δp zwischen dem Druck im unteren Querschnitt und dem Atmosphärendruck. Die Dichte von Wasser beträgt $\rho = 1$ g/cm^3. [1) $\sqrt{2gH}\,\pi\mathrm{d}^2/4 = 3{,}1 \cdot 10^{-3}$ m^3/s; 2) $\Delta p = \rho g h + \rho g H (1 - \mathrm{d}_2^4/\mathrm{d}_1^4) = 58{,}3$ kPa]

6.5. Auf einer horizontalen Fläche steht ein zylindrisches Gefäß, in dessen Wand sich eine Öffnung befindet. Der Querschnitt der Öffnung ist bedeutend kleiner als der Querschnitt des Gefäßes selbst. Die Öffnung befindet sich in der Entfernung $h_1 = 64$ cm unterhalb des konstant gehaltenen Flüssigkeitsspiegels in der Höhe $h_2 = 25$ cm über dem Gefäßboden. Bestimmen Sie unter Vernachlässigung der Viskosität des Wassers, in welcher horizontalen Entfernung von dem Gefäß der aus der Öffnung tretende Strahl auf die Fläche trifft. [80 cm]

6.6. In einem weiten, mit Glyzerin (Dichte $\rho = 1,2$ g/cm^3) gefüllten Gefäß fällt eine Glaskugel ($\rho' = 2,7$ g/cm^3) von 1 mm Durchmesser mit einer stationären Geschwindigkeit von 5 cm/s. Bestimmen Sie die dynamische Viskosität von Glyzerin. [1,6 Pa·s]

6.7. In einem mit Glyzerin (Dichte $\rho_2 = 1,26$ g/cm^3, dynamische Viskosität $\eta = 1,48$ Pa · s) gefülltem Gefäß sinkt eine Stahlkugel ($\rho_1 = 9$ g/cm^3) mit konstanter Geschwindigkeit. Bestimmen Sie unter der Annahme, daß bei einer Reynoldszahl von Re $\leq 0,5$ das Stokessche Gesetz gilt, den maximalen Kugeldurchmesser. [Lösung der Aufgabe s. S. 383]

6.8. In die Wandfläche eines auf einem Tisch stehenden zylindrischen Gefäßes ist in der Höhe $h_1 = 5$ cm über dessen Boden ein Kapillarröhrchen mit dem inneren Durchmesser $d = 2$ mm und der Länge $l = 1$ cm eingesetzt. Im Gefäß befindet sich Maschinenöl (Dichte $\rho = 0,9$ g/cm^3, dynamische Viskosität $\eta = 0,1$ Pa·s), das auf dem konstanten Niveau von $h_2 = 80$ cm über dem Kapillarröhrchen gehalten wird. Bestimmen Sie, in welcher horizontalen Entfernung vom Ende des Kapillarröhrchens der aus der Öffnung tretende Ölstrahl auf die Tischoberfläche trifft. [$s = d^2 \rho h_2 \sqrt{2gh_1}/(32l\eta) = 8,9$ cm]

6.9. Bestimmen Sie die maximale Geschwindigkeit, die eine in Luft ($\rho = 1,29$ g/cm^3) frei fallende Stahlkugel ($\rho' = 9$ g/cm^3) von $m = 20$ g Masse erreichen kann. Den Koeffizienten C_x nehmen wir mit 0,5 an. [94 cm/s]

Kapitel 7

Elemente der Speziellen Relativitätstheorie

§ 34   Galileitransformation.   Mechanisches Relativitätsprinzip

In der *klassischen Mechanik* gilt das **mechanische (Galileische) Relativitätsprinzip**: In allen Inertialsystemen herrschen die gleichen Gesetze der Dynamik, d. h., sie besitzen in allen Inertialsystemen die gleiche Form.

Um es zu beweisen, betrachten wir zwei Bezugssysteme: das als unbeweglich angenommene Inertialsystem K (mit den Koordinaten x, y, z) und das System K' (mit den Koordinaten x', y', z'), das sich gegenüber K gleichförmig geradlinig mit der Geschwindigkeit u (u = const) bewegt. Die Zeit tragen wir von dem Moment ab, an dem der Koordinatenursprung beider Systeme zusammenfällt. Zu einem beliebigen Zeitpunkt t besitzen die Systeme die in Bild 34.1 dargestellte Anordnung. Die Geschwindigkeit u ist entlang OO' gerichtet, der Ortsvektor aus O nach O' ist $r_0 = ut$.

Stellen wir uns den Zusammenhang zwischen den Koordinaten eines beliebigen Punktes A in beiden Systemen fest. Aus Bild 34.1 ist ersichtlich, daß

$$r = r' + r_0 = r' + ut \tag{34.1}$$

gilt. Gl. (34.1) kann man als Projektionen auf die Koordinatenachsen schreiben:

$$\begin{cases} x = x' + u_x t, \\ y = y' + u_y t, \\ z = z' + u_z t. \end{cases} \tag{34.2}$$

Die Gl. (34.1) und (34.2) werden als **Galilei-Koordinatentransformationen** bezeichnet.

In dem speziellen Fall, daß sich das System K' mit der Geschwindigkeit v in der positiven Richtung entlang der x-Achse des Systems K bewegt (zum Anfangszeitpunkt fallen die Koordinatenachsen zusammen), nehmen die Galileitransformationen folgende Gestalt an:

$$\begin{cases} x = x' + vt, \\ y = y', \\ z = z'. \end{cases}$$

In der klassischen Mechanik wird vorausgesetzt, daß der Zeitablauf von der relativen Bewegung der Bezugssysteme unabhängig ist, d. h., die Transformationen (34.2) kann man durch eine weitere Gleichung ergänzen:

$$t = t'. \tag{34.3}$$

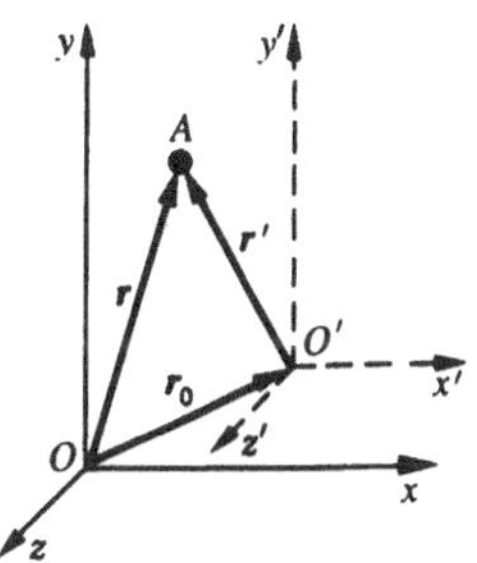

Bild 34.1

Die aufgestellten Beziehungen sind nur im Falle der klassischen Mechanik ($u \ll c$) gültig. Bei Geschwindigkeiten, die mit der Lichtgeschwindigkeit vergleichbar sind, werden die Galileitransformationen durch die allgemeineren Lorentztransformationen (nach dem niederländischen theoretischen Physiker H. Lorentz (1853–1928)) ersetzt (§ 36).

Wenn wir den Ausdruck (34.1) nach der Zeit ableiten (unter Berücksichtigung von (34.3)), erhalten wir die Gleichung

$$v = v' + u, \qquad (34.4)$$

welche die **Additionsregel für Geschwindigkeiten in der klassischen Mechanik** darstellt.

Die Beschleunigung in dem System K ist

$$a = \frac{\mathrm{d}v}{\mathrm{d}t} = \frac{\mathrm{d}(v' + u)}{\mathrm{d}t} = \frac{\mathrm{d}v'}{\mathrm{d}t} = a'.$$

Die Beschleunigung eines Punktes A in den sich gleichförmig und geradlinig gegeneinander bewegenden Bezugssystemen K und K' beträgt somit:

$$a = a'. \qquad (34.5)$$

Wenn auf den Punkt A keine Kräfte wirken ($a = 0$), ist folglich entsprechend (34.5) auch $a' = 0$, d. h., das System K' ist ein Inertialsystem (ein Punkt bewegt sich ihm gegenüber gleichförmig und geradlinig oder befindet sich im Zustand der Ruhe).

Aus der Beziehung (34.5) folgt somit der Beweis des mechanischen Relativitätsprinzips: Beim Übergang von einem Inertialsystem in ein anderes bleiben die Bewegungsgleichungen unverändert, d. h., sie sind **invariant** gegenüber Koordinatentransformationen. Galilei wies darauf hin, daß in dem gegebenen Inertialsystem mit keinem mechanischen Experiment bestimmt werden kann, ob sich dieses System in Ruhe befindet oder sich gleichförmig geradlinig bewegt. Wenn wir in der Kajüte eines sich gleichförmig geradlinig bewegenden Schiffes sitzen, können wir zum Beispiel nicht feststellen, ob sich das Schiff bewegt oder nicht, ohne aus dem Fenster zu schauen.

§ 35   Die Postulate der Speziellen Relativitätstheorie

Die klassische Newtonsche Mechanik beschreibt sehr gut die Bewegung von Makrokörpern, die sich mit geringen Geschwindigkeiten ($v \ll c$) bewegen. Am Ende des 19. Jahrhunderts

stellte sich jedoch heraus, daß die Schlußfolgerungen der klassischen Mechanik im Widerspruch zu den Ergebnissen einiger Versuche stehen, insbesondere schien es, daß sich die Bewegung schneller geladener Teilchen nicht den Gesetzen der klassischen Mechanik unterordnet. Weiterhin traten Schwierigkeiten auf, wenn man versuchte, die Newtonsche Mechanik zur Erklärung der Lichtausbreitung anzuwenden. Wenn sich Lichtquelle und Empfänger gleichförmig und geradlinig zueinander bewegten, dann müßte die gemessene Geschwindigkeit nach den Gesetzen der klassischen Mechanik von der relativen Geschwindigkeit von Sender und Empfänger abhängen.

Der amerikanische Physiker A. Michelson (1852–1913) versuchte in seinem berühmten Experiment im Jahre 1881 und danach im Jahre 1887 gemeinsam mit dem amerikanischen Physiker E. Morley (1838–1923), die Bewegung der Erde gegenüber dem Äther (den Ätherwind) unter Verwendung eines Interferometers (siehe § 175) festzustellen. Das Experiment sollte die Existenz des Äthers als dem Trägermedium für elektromagnetische Wellen beweisen, da sich die Physiker jener Zeit nicht vorstellen konnten, daß sich eine Welle im Vakuum ausbreiten kann. Michelson gelang es nicht, den Ätherwind festzustellen, wie übrigens auch nicht in zahlreichen anderen Versuchen. Die Versuche zeigten „hartnäckig", daß die Lichtgeschwindigkeit in zwei sich gegeneinander bewegenden Systemen gleich ist. Dies widersprach der Additionsregel für Geschwindigkeiten in der klassischen Mechanik.

Gleichzeitig wurden Widersprüche zwischen der klassischen Theorie und den die Grundlage für das Verständnis von Licht als elektromagnetische Welle bildenden Maxwellschen Gleichungen (§ 139), die nach dem englischen Physiker J. C. Maxwell (1831–1879) benannt sind, aufgezeigt: Dort mußte nämlich eine endliche Ausbreitungsgeschwindigkeit angenommen werden.

Zur Erklärung dieser und einiger anderer experimentellen Fakten erwies es sich als notwendig, eine neue Mechanik zu schaffen, welche diese Sachverhalte erklärt und dabei die Newtonsche Mechanik als Grenzfall für kleine Geschwindigkeiten ($v \ll c$) enthält. Dies gelang A. Einstein, der zu der Erkenntnis kam, daß der Weltäther als besonderes Medium, welches man als absolutes Bezugssystem annehmen könne, nicht existiert. Die Existenz einer konstanten Lichtausbreitungsgeschwindigkeit im Vakuum stand im Einklang mit den Maxwellschen Gleichungen.

A. Einstein begründete somit die **Spezielle Relativitätstheorie**. Diese Theorie stellt eine moderne physikalische Theorie von Raum und Zeit dar, in der wie auch in der klassischen Mechanik vorausgesetzt wird, daß Zeit und Raum homogen (siehe §§ 9, 13) und isotrop (siehe § 19) sind. Die Spezielle Relativitätstheorie wird oft auch als **relativistische Theorie** bezeichnet, die spezifischen, von dieser Theorie beschriebenen Erscheinungen als **relativistische Effekte**.

Die Grundlage der Speziellen Relativitätstheorie bilden die von Einstein im Jahre 1905 formulierten **Postulate**:

I. Relativitätsprinzip: Es ist mit keinem innerhalb eines gegebenen Inertialsystems durchgeführten (mechanischen, elektrischen, optischen) Versuch möglich, festzustellen, ob sich das

System in Ruhe befindet oder sich gleichförmig geradlinig bewegt; *sämtliche Naturgesetze sind invariant* gegenüber dem Übergang aus einem Inertialsystem in ein anderes.

II. Prinzip der Invarianz der Lichtgeschwindigkeit: *Die Vakuumlichtgeschwindigkeit ist* unabhängig von der Geschwindigkeit der Bewegung der Lichtquelle oder des Beobachters und *in allen Inertialsystemen gleich.*

Das erste Einsteinsche Postulat, welches eine Verallgemeinerung des mechanischen Relativitätsprinzips von Galilei *für beliebige physikalische Prozesse* darstellt, besagt somit, daß die physikalischen Gesetze invariant hinsichtlich der Wahl des Inertialbezugssystems sind und daß die diese Gesetze beschreibenden Gleichungen in allen Inertialsystemen die gleiche Form besitzen. Entsprechend diesem Postulat sind alle Inertialsysteme vollkommen gleichwertig, d. h., die Prozesse (mechanische, elektrodynamische, optische u. a.) laufen in allen Inertialsystemen gleich ab.

Entsprechend dem zweiten Einsteinschen Postulat *ist die Lichtgeschwindigkeit eine grundlegende Eigenschaft der Natur*, welche als experimentelle Tatsache konstatiert wird.

Die Einsteinschen Postulate und die auf ihrer Grundlage geschaffene Theorie führten eine neue Weltsicht und neue Vorstellungen von Raum und Zeit herbei, wie zum Beispiel die Relativität von Längen und Zeiträumen, die Relativität der Gleichzeitigkeit. Diese und andere Folgerungen aus der Einsteinschen Theorie fanden ihre zuverlässige experimentelle Bestätigung.

§ 36   Die Lorentztransformationen

Eine von A. Einstein auf Grundlage der von ihm formulierten Postulate vorgenommene Analyse der Erscheinungen in Inertialsystemen zeigte, daß die klassischen Galileitransformationen mit den Postulaten unvereinbar sind und demzufolge durch Transformationen ersetzt werden müssen, die den Postulaten der Speziellen Relativitätstheorie entsprechen.

Zur Illustration dieser Folgerung betrachten wir zwei Inertialsysteme: K (mit den Koordinaten x, y und z) und K' (mit den Koordinaten x', y' und z'), welches sich gegenüber K (entlang der x-Achse) mit der Geschwindigkeit $v = $ const bewegt (Bild 36.1). Zum Anfangszeitpunkt $t = t' = 0$, wenn die Koordinatenursprünge O und O' zusammenfallen, wird ein Lichtimpuls ausgesandt. Entsprechend dem zweiten Einsteinschen Postulat ist die Lichtgeschwindigkeit in beiden Systemen identisch und gleich c. Wenn deshalb im K-System das Signal im Punkt A eintrifft, wobei es die Entfernung

$$x = ct \qquad (36.1)$$

durchlaufen hat, beträgt die Koordinate des Lichtimpulses im K'-System bei Erreichen des Punktes A

$$x' = ct', \qquad (36.2)$$

wobei t' die Laufzeit des Lichtimpulses vom Koordinatenursprung zum Punkt A im K'-System ist. Durch Subtraktion von (36.1) von (36.2) erhalten wir

$$x' - x = c(t' - t).$$

Wegen $x' \neq x$ (das K'-System bewegt sich gegenüber dem K-System) ist

$$t' \neq t,$$

d. h., der Zeitablauf ist in den Systemen K und K' unterschiedlich – *die Zeit ist relativ* (in der klassischen Physik wird vorausgesetzt, daß die Zeit in allen Inertialsystemen gleich ist, d. h., daß $t = t'$ gilt).

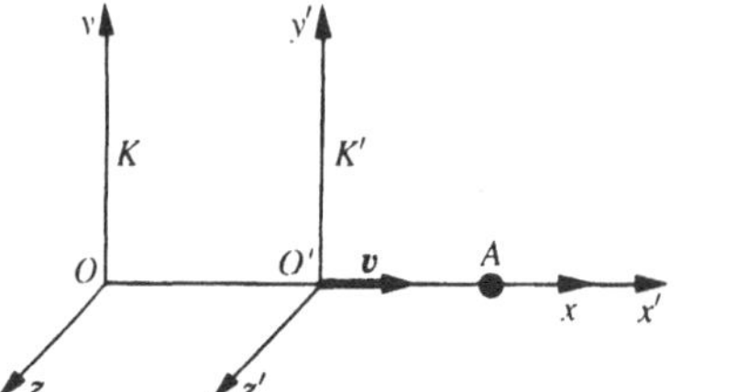

Bild 36.1

Einstein zeigte, daß in der Relativitätstheorie die klassischen Galileitransformationen, die den Übergang aus einem Inertialsystem in ein anderes beschreiben (siehe § 34):

$$K \rightarrow K' \qquad\qquad K' \rightarrow K$$
$$\begin{cases} x' = x - vt, \\ y' = y, \\ z' = z, \\ t' = t, \end{cases} \qquad \begin{cases} x = x' + vt, \\ y = y', \\ z = z', \\ t = t', \end{cases}$$

durch die Lorentztransformationen ersetzt werden, die den Einsteinschen Postulaten genügen (die Gleichungen sind für den Fall angegeben, daß sich K' gegenüber K entlang der x-Achse mit der Geschwindigkeit v bewegt).

Diese Transformationen wurden von Lorentz im Jahre 1904 noch vor Erstellung der Speziellen Relativitätstheorie als Transformationen vorgeschlagen, bezüglich derer die Maxwellschen Gleichungen (siehe § 139) invariant sind.

Die **Lorentztransformationen** lauten

$$K \rightarrow K' \qquad\qquad\qquad K' \rightarrow K$$
$$\begin{cases} x' = \dfrac{x - vt}{\sqrt{1 - \beta^2}}, \\[2mm] y' = y, \\ z' = z, \\[1mm] t' = \dfrac{t - \dfrac{vx}{c^2}}{\sqrt{1 - \beta^2}}; \end{cases} \qquad \begin{cases} x = \dfrac{x' + vt'}{\sqrt{1 - \beta^2}}, \\[2mm] y = y', \\ z = z', \\[1mm] t = \dfrac{t' + \dfrac{vx'}{c^2}}{\sqrt{1 - \beta^2}}; \end{cases} \qquad (36.3)$$

$$\text{mit} \quad \beta = \frac{v}{c}.$$

Aus einem Vergleich der angeführten Gleichungen geht hervor, daß sie sich nur durch das Vorzeichen von v unterscheiden. Das ist offensichtlich, weil die Geschwindigkeit des K-Systems gegenüber K' gleich $-v$ ist, wenn sich das K'-System gegenüber dem K-System mit der Geschwindigkeit v bewegt.

Aus den Lorentztransformationen folgt ebenfalls, daß sie für kleine Geschwindigkeiten (im Vergleich zur Lichtgeschwindigkeit), d. h. für $\beta \ll 1$, in die klassischen Galileitransformationen übergehen (darin besteht das Wesen des sogenannten **Korrespondenzprinzips**). Bei $v > c$ verlieren die Ausdrücke für x, t, x' und t' ihren physikalischen Sinn (sie werden imaginär). Dies befindet sich wiederum im Einklang mit der Tatsache, daß eine Bewegung mit einer die Vakuumlichtgeschwindigkeit übersteigenden Geschwindigkeit unmöglich ist.

Aus den Lorentztransformationen folgt der sehr wichtige Schluß, daß sich sowohl die Entfernung als auch der zeitliche Abstand zwischen zwei Ereignissen beim Übergang von einem Inertialsystem in ein anderes ändern, wohingegen im Rahmen der Galileitransformationen diese Größen als absolut, als beim Übergang von einem System in ein anderers unveränderlich, angesehen werden. Weiterhin sind weder die räumlichen noch die zeitlichen Transformationen (siehe (36.3)) voneinander unabhängig, da in die Transformationsgleichungen der Koordinaten die Zeit und in die Transformationsgleichungen der Zeit die räumlichen Koordinaten eingehen, d. h., es wird eine Wechselbeziehung von Raum und Zeit aufgestellt. Die Einsteinsche Theorie behandelt also nicht einen dreidimensionalen Raum, mit dem die Zeit verbunden wird, sondern betrachtet stetig miteinander verbundene Raum- und Zeitkoordinaten, die einen vierdimensionalen Raum-Zeit-Vektor bilden.

§ 37 Folgerungen aus den Lorentztransformationen

1. Gleichzeitigkeit von Ereignissen in verschiedenen Bezugssystemen. In dem System K laufen an den Koodinaten x_1 und x_2 zu den Zeitpunkten t_1 und t_2 zwei Ereignisse ab. In dem System K' entsprechen ihnen die Koordinaten x_1' und x_2' zu den Zeitpunkten t_1' und t_2'. Wenn *die Ereignisse im K-System in einem Punkt $(x_1 = x_2)$ und gleichzeitig ablaufen $(t_1 = t_2)$*, so ist entsprechend den Lorentztransformationen (36.3)

$$x_1' = x_2', \quad t_1' = t_2',$$

d. h., *diese Ereignisse laufen auch in jedem anderen Inertialsystem gleichzeitig und an einem Ort ab.*

Wenn *die Ereignisse im K-System räumlich getrennt $(x_1 \neq x_2)$, aber gleichzeitig $(t_1 = t_2)$ ablaufen*, gilt im K'-System entsprechend den Lorentztransformationen (36.3)

$$x_1' = \frac{x_1 - vt}{\sqrt{1 - \beta^2}}, \quad x_2' = \frac{x_2 - vt}{\sqrt{1 - \beta^2}},$$

$$t_1' = \frac{1 - \dfrac{vx_1}{c^2}}{\sqrt{1 - \beta^2}}, \quad t_2' = \frac{t - \dfrac{vx_2}{c^2}}{\sqrt{1 - \beta^2}},$$

wobei $\quad x_1' \neq x_2', \quad t_1' \neq t_2'.$

Die Ereignisse laufen also im K'-System auch *räumlich getrennt, aber nicht mehr gleichzeitig* ab. Das Vorzeichen der Differenz $t_2' - t_1'$ wird von dem Vorzeichen des Ausdrucks $v(x_1 - x_2)$ bestimmt. Die Differenz $t_2' - t_1'$ ist deshalb in verschiedenen Punkten des K'-Systems (bei verschiedenen v) in ihrer Größe unterschiedlich und kann sogar verschiedenes Vorzeichen besitzen. Folglich kann in den einen Bezugssystemen das erste Ereignis dem zweiten vorausgehen, während umgekehrt in den anderen Bezugssystemen das zweite Ereignis dem ersten vorausgehen kann. Diese Schlußfolgerung ist jedoch nicht auf ursächlich zusammenhängende Ereignisse anwendbar, da gezeigt werden kann, daß die Abfolge von ursächlich zusammenhängenden Ereignissen in allen Inertialsystemen dieselbe ist (vgl. § 38).

2. Dauer von Ereignissen in verschiedenen Bezugssystemen. In einem bezüglich des K-Systems ruhenden Punkt (mit der Koordinate x) finde ein Ereignis statt, dessen Dauer (Differenz der Zeitanzeige auf den Uhren zu Beginn und Ende des Ereignisses) $\tau = t_2 - t_1$ betrage, wobei die Indizes 1 und 2 dem Beginn und dem Ende des Ereignisses entsprechen. Die Dauer desselben Ereignisses im K-System ist

$$\tau' = t_2' - t_1', \tag{37.1}$$

wobei dem Beginn und Ende des Ereignisses entsprechend (36.3)

$$t_1' = \frac{t_1 - \dfrac{vx}{c^2}}{\sqrt{1 - \beta^2}}, \quad t_2' = \frac{t_2 - \dfrac{vx}{c^2}}{\sqrt{1 - \beta^2}}. \tag{37.2}$$

entsprechen. Durch Einsetzen von (37.2) in (37.1) erhalten wir

$$\tau' = \frac{t_2 - t_1}{\sqrt{1 - \beta^2}}$$

oder

$$\tau' = \frac{\tau}{\sqrt{1 - \beta^2}}. \tag{37.3}$$

Aus der Beziehung (37.3) folgt, daß $\tau < \tau'$, d. h., *die Dauer eines in einem Punkt ablaufenden Ereignisses ist in dem Inertialsystem am geringsten, bezüglich dessen dieser Punkt unbeweglich ist.* Dieses Resultat kann man noch folgendermaßen illustrieren: Das mit der Uhr in K' gemessene Zeitintervall ist vom Standpunkt eines Beobachters im K-System länger als das mit seiner Uhr gemessene Intervall. *Sich gegenüber einem Inertialsystem bewegende Uhren gehen folglich langsamer als ruhende*, d. h., der Lauf der Uhren verlangsamt sich in dem Bezugssystem, gegenüber dem sie sich bewegen. Auf Grundlage der Relativität der Begriffe „unbeweglich" und „sich bewegend" sind die Bezugssysteme für τ und τ' umkehrbar. Aus (37.3) folgt, daß die Verlangsamung der Uhren nur bei Geschwindigkeiten nahe der Vakuumlichtgeschwindigkeit spürbar wird.

In Zusammenhang mit der Entdeckung des relativistischen Effektes der Verlangsamung der Uhren kam seinerzeit das „Uhrenparadoxon" (manchmal auch als „Zwillingsparadoxon" bezeichnet) auf, welches viele Diskussionen hervorrief. Stellen wir uns vor, daß ein phantastischer Raumflug zu einem von der Erde 500 Lichtjahre (Entfernung, für die das Licht von den Sternen zur Erde 500 Jahre benötigt) entfernten Stern mit einer Geschwindigkeit nahe der Lichtgeschwindigkeit ($\sqrt{1-\beta^2} = 0{,}001$) durchgeführt werde. Nach einer Uhr auf der Erde dauert der Flug zu dem Stern und zurück (ohne Berücksichtigung der Beschleunigungs- und der Abbremsphasen) 1000 Jahre, während für das System des Raumschiffs und den in ihm befindlichen Kosmonauten die Reise lediglich 1 Jahr beansprucht. Der Kosmonaut würde also um $1/\sqrt{1-\beta^2}$ mal jünger zur Erde zurückkehren als sein auf der Erde verbliebener Zwillingsbruder. Diese Erscheinung, die als **Zwillingsparadoxon** bekannt ist, birgt in Wirklichkeit kein Paradoxon in sich. Das Relativitätsprinzip behauptet nämlich die Gleichwertigkeit nicht für jegliche Bezugssysteme, sondern nur für Inertialsysteme. Der Fehler bei der Erörterung besteht darin, daß die mit den Zwillingen verbundenen Bezugssysteme nicht äquivalent sind: Das mit der Erde verbundene System ist ein Inertialsystem, das mit dem Raumschiff verbundene jedoch ein Nichtinertialsystem; das Relativitätsprinzip ist auf sie daher nicht anwendbar.

Der relativistische Effekt der Uhrenverlangsamung ist vollkommen real und fand seine experimentelle Bestätigung bei der Untersuchung nicht stabiler, spontan zerfallender Elementarteilchen in Experimenten mit π-Mesonen. Die mittlere Lebensdauer sich entfernender π-Mesonen beträgt (nach einer sich mit ihnen bewegenden Uhr) $\tau \approx 2{,}2 \cdot 10^{-8}$ s. Folglich müßten die sich in den oberen Schichten der Atmosphäre (in einer Höhe von ≈ 30 km) bildenden und sich mit einer der Lichtgeschwindigkeit nahekommenden Geschwindigkeit bewegenden π-Mesonen eine Entfernung von $c\,\tau \approx 6{,}6$ m zurücklegen, d. h., sie könnten die Erdoberfläche nicht erreichen, was im Widerspruch zur Wirklichkeit steht. Die Erklärung liefert der relativistische Effekt der Uhrenverlangsamung: Für einen Beobachter auf der Erde beträgt die Lebensdauer des π-Mesons $\tau' = \tau/\sqrt{1-\beta^2}$, der Weg dieser Teilchen in der Atmosphäre beträgt $v\,\tau' = \beta c\,\tau' = \beta c\,\tau/\sqrt{1-\beta^2}$. Wegen $\beta \approx 1$ ist $v\,\tau' \gg c\,\tau$.

3. Länge von Körpern in verschiedenen Bezugssystemen.

Betrachten wir einen entlang der x'-Achse angeordneten im K'-System ruhenden Stab. Die Länge des Stabes im K'-System ist $l'_0 = x'_2 - x'_1$, wobei x'_1 und x'_2 die sich in der Zeit t' nicht ändernden Koordinaten des Stabanfangs und -endes sind. Der Index 0 weist darauf hin, daß der Stab im K'-System ruht. Bestimmen wir die Länge dieses Stabes im K-System, bezüglich dessen er sich mit der Geschwindigkeit v bewegt. Dazu muß man die Koordinaten seiner Enden x_1 und x_2 im K-System *zu ein und demselben Zeitpunkt* messen. Ihre Differenz $l = x_2 - x_1$ ergibt dann die Länge des Stabes im K-System. Unter Verwendung der Lorentztransformationen (36.3) erhalten wir

$$l'_0 = x'_2 - x'_1 = \frac{x_2 - vt}{\sqrt{1-\beta^2}} - \frac{x_1 - vt}{\sqrt{1-\beta^2}}$$

$$= \frac{x_2 - x_1}{\sqrt{1-\beta^2}},$$

d. h.

$$l'_0 = \frac{l}{\sqrt{1-\beta^2}}. \qquad (37.4)$$

Die in dem System, gegenüber dem sich der Stab bewegt, gemessene Länge ist geringer als die in dem System, in dem der Stab ruht, gemessene. Wenn der Stab im K-System ruht, kommen wir beim Bestimmen seiner Länge im K'-System wieder auf den Ausdruck (37.4).

Aus dem Ausdruck (37.4) folgt, daß sich die Länge eines sich gegenüber einem Inertialsystem bewegenden Körpers in Bewegungsrichtung um das $\sqrt{1-\beta^2}$ fache verringert, d. h., die sogenannte **Lorentzkontraktion** *ist um so größer, je größer die Geschwindigkeit der Bewegung ist.* Aus der zweiten und dritten Gleichung der Lorentztransformationen folgt

$$y'_2 - y'_1 = y_2 - y_1 \quad \text{und} \quad z'_2 - z'_1 = z_2 - z_1,$$

d. h., *die zur Bewegungsrichtung senkrechten Abmessungen des Körpers sind von seiner Bewegung unabhängig und in allen Inertialsystemen gleich. Die linearen Abmessungen eines Körpers sind* also *am größten in dem Bezugssystem, bezüglich dessen der Körper ruht.*

4. Relativistische Additionsregel für Geschwindigkeiten.

Betrachten wir die Bewegung eines Massenpunktes in dem System K', welches sich seinerseits gegenüber dem System K mit der Geschwindigkeit v bewegt. Bestimmen wir die Geschwindigkeit dieses Teilchens im K-System. Wenn die Bewegung des Teilchens im K-System zu jedem Zeitpunkt t durch die Koordinaten x, y, z und im K'-System zum Zeitpunkt t' durch die Koordinaten x', y', z' bestimmt wird, so stellen

$$u_x = \frac{\mathrm{d}x}{\mathrm{d}t}, \quad u_y = \frac{\mathrm{d}y}{\mathrm{d}t}, \quad u_z = \frac{\mathrm{d}z}{\mathrm{d}t}$$

bzw.

$$u'_x = \frac{\mathrm{d}x'}{\mathrm{d}t'}, \quad u'_y = \frac{\mathrm{d}y'}{\mathrm{d}t'}, \quad u'_z = \frac{\mathrm{d}z'}{\mathrm{d}t'}$$

die Projektionen des Geschwindigkeitsvektors des betrachteten Punktes auf die Achsen x, y, z bzw. x', y', z' bezüglich der Systeme K bzw. K' dar.

Entsprechend den Lorentztransformationen (36.3) ist

$$\mathrm{d}x = \frac{\mathrm{d}x' + v\,\mathrm{d}t'}{\sqrt{1-\beta^2}}, \quad \mathrm{d}y = \mathrm{d}y',$$

$$\mathrm{d}z = \mathrm{d}z', \quad \mathrm{d}t = \frac{\mathrm{d}t' + \dfrac{v\,\mathrm{d}x'}{c^2}}{\sqrt{1-\beta^2}}.$$

Nach entsprechenden Umformungen erhalten wir die **relativistische Additionsregel für Geschwindigkeit** in der Speziellen

Relativitätstheorie:

$$K' \to K \qquad\qquad K \to K'$$

$$
\begin{cases}
u_x = \dfrac{u_x' + v}{1 + \dfrac{vu_x'}{c^2}}, \\[3mm]
u_y = \dfrac{u_y'\sqrt{1 - \beta^2}}{1 + \dfrac{vu_x'}{c^2}}, \\[3mm]
u_z = \dfrac{u_z'\sqrt{1 - \beta^2}}{1 + \dfrac{vu_x'}{c^2}},
\end{cases}
\qquad
\begin{cases}
u_x' = \dfrac{u_x - v}{1 - \dfrac{vu_x}{c^2}}, \\[3mm]
u_y' = \dfrac{u_y\sqrt{1 - \beta^2}}{1 - \dfrac{vu_x}{c^2}}, \\[3mm]
u_z' = \dfrac{u_z\sqrt{1 - \beta^2}}{1 - \dfrac{vu_x}{c^2}}.
\end{cases}
\qquad (37.5)
$$

Wenn sich der Massenpunkt parallel zur x-Achse bewegt, fällt die Geschwindigkeit u bezüglich des K-Systems mit u_x und die Geschwindigkeit u' bezüglich K' mit u_x' zusammen. Die Additionsregel für Geschwindigkeiten nimmt dann die Form

$$
u = \frac{u' + v}{1 + \dfrac{vu'}{c^2}}, \qquad u' = \frac{u - v}{1 - \dfrac{vu}{c^2}} \qquad (37.6)
$$

an. Man kann sich leicht davon überzeugen, daß die Gl. (37.5) und (37.6) in die Additionsregel für Geschwindigkeit der klassischen Mechanik (siehe (34.4)) übergehen, wenn die Geschwindigkeiten v, u' und u klein im Vergleich zur Lichtgeschwindigkeit c sind. Die Gesetze der relativistischen Mechanik gehen somit im Grenzfall für kleine Geschwindigkeiten (im Vergleich zur Lichtgeschwindigkeit) in die Gesetze der klassischen Physik über, welche folglich einen Spezialfall der Einsteinschen Mechanik für kleine Geschwindigkeiten darstellen.

Die relativistische Additionsregel für Geschwindigkeiten gehorcht dem zweiten Einsteinschen Postulat (siehe § 35): Für $u' = c$ nimmt die Gl. (37.6) tatsächlich die Form $u = (c + v)/(1 + cv/c) = c$ an (analog dazu kann man zeigen, daß für $u = c$ die Geschwindigkeit u' ebenfalls gleich c ist).

Wir beweisen weiterhin, daß die aus der Addition von der Lichtgeschwindigkeit beliebig nahekommenden Geschwindigkeiten resultierende Geschwindigkeit immer kleiner oder gleich der Lichtgeschwindigkeit ist. Als Beispiel betrachten wir den Grenzfall $u' = v = c$. Nach Einsetzen in die Gl. (37.6) erhalten wir $u = c$. Das Resultat der Addition beliebiger Geschwindigkeiten kann somit die Vakuumlichtgeschwindigkeit c nicht übersteigen. *Die Vakuumlichtgeschwindigkeit ist die Grenzgeschwindigkeit*, die man nicht überschreiten kann. Die Lichtgeschwindigkeit in einem beliebigen Medium c/n (n ist die absolute Brechzahl des Mediums) stellt keinen Grenzwert dar (ausführlicher siehe § 189).

§ 38   Intervall zwischen Ereignissen

Die Lorentztransformationen und die Folgerungen aus ihnen resultieren in der Relativität von Längen und Zeitabschnitten, deren Werte von verschiedenen Bezugssystemen aus unterschiedlich sind. Gleichzeitig bedeutet der relative Charakter von Längen und Zeitabschnitten in der Einsteinschen Theorie die Relativität einzelner Komponenten einer realen, vom Bezugssystem unabhängigen, d. h. gegenüber Koordinatentransformationen *invarianten*, physikalischen Größe. Im vierdimensionalen Einsteinschen Raum, in dem jedes Ereignis durch vier Koordinaten charakterisiert wird, wird diese physikalische Größe durch **Intervalle** zwischen zwei Ereignissen dargestellt:

$$
s_{12} = \sqrt{c^2(t_2 - t_1)^2 - (x_2 - x_1)^2 - (y_2 - y_1)^2 - (z_2 - z_1)^2}, \quad (38.1)
$$

wobei $\sqrt{(x_2 - x_1)^2 + (y_2 - y_1)^2 + (z_2 - z_1)^2} = l_{12}$ der Abstand zwischen den Punkten im herkömmlichen dreidimensionalen Raum, in dem die Ereignisse ablaufen, ist. Mit der Bezeichnung $t_{12} = t_2 - t_1$ erhalten wir

$$
s_{12} = \sqrt{c^2 t_{12}^2 - l_{12}^2}.
$$

Zeigen wir nun, daß der Abstand zwischen zwei Ereignissen in allen Inertialsystemen gleich ist. Den Ausdruck (38.1) kann man in den Bezeichnungen $\Delta t = t_2 - t_1$, $\Delta x = x_2 - x_1$, $\Delta y = y_2 - y_1$ und $\Delta z = z_2 - z_1$ wie folgt schreiben

$$
s_{12}^2 = c^2(\Delta t)^2 - (\Delta x)^2 - (\Delta y)^2 - (\Delta z)^2.
$$

Der Abstand zwischen denselben Ereignissen im K'-System ist gleich

$$
(s_{12}')^2 = c^2(\Delta t')^2 - (\Delta x')^2 - (\Delta y')^2 - (\Delta z')^2. \qquad (38.2)
$$

Entsprechend den Lorentztransformationen (36.3) ist

$$
\Delta x' = \frac{\Delta x - v\Delta t}{\sqrt{1 - \beta^2}}, \quad \Delta y' = \Delta y, \quad \Delta z' = \Delta z,
$$

$$
\Delta t' = \frac{\Delta t - \dfrac{v\Delta x}{c^2}}{\sqrt{1 - \beta^2}}.
$$

Nach Einsetzen dieser Werte in (38.2) und elementaren Umformungen erhalten wir $(s_{12}')^2 = c^2(\Delta t)^2 - (\Delta x)^2 - (\Delta y)^2 - (\Delta z)^2$, d. h.

$$
(s_{12}')^2 = s_{12}^2.
$$

In Verallgemeinerung der erhaltenen Resultate kann man feststellen, daß das Raum-Zeit-Intervall, zu dem zwei Ereignisse gehören, invariant bleibt beim Übergang von einem Inertialsystem in ein anderes. Die Invarianz des Intervalls bedeutet, daß der Lauf der Ereignisse ungeachtet der Relativität der Längen und Zeitabschnitte von objektivem Charakter ist und nicht von dem Bezugssystem abhängt.

Die Relativitätstheorie hat somit eine neue Vorstellung von Raum und Zeit formuliert. Räumlich-zeitliche Beziehungen sind keine absoluten Größen, wie das die Mechanik von Galilei und Newton behauptete, sondern relative. Die Vorstellungen von dem absoluten Raum und der absoluten Zeit sind somit nicht haltbar. Die Invarianz des Intervalls zwischen zwei Ereignissen zeugt weiterhin davon, daß Raum und Zeit organisch miteinander verbunden sind und eine einheitliche Existenzform der Materie, das Raum-Zeit-Kontinuum, bilden. Raum und Zeit existieren nicht außerhalb oder unabhängig von der Materie.

Die weitere Entwicklung der Relativitätstheorie (**allgemeine Relativitätstheorie** oder **Gravitationstheorie**) zeigte, daß die Eigenschaften des Raum-Zeit-Kontinuums in dem gegebenen Bereich von den in ihm wirkenden Gravitationsfeldern bestimmt werden. Beim Übergang zu kosmischen Maßstäben ist die Geometrie des Raum-Zeit-Kontinuums nicht mehr euklidisch (d. h. von den Ausmaßen des Bereiches des Raum-Zeit-Kontinuums unabhängig), sondern ändert sich von Bereich zu Bereich in Abhängigkeit von der Massenkonzentration in diesen Bereichen und deren Bewegung.

§ 39　Grundgesetz der relativistischen Dynamik des Massenpunktes

Nach den Vorstellungen der klassischen Mechanik ist die Masse eines Körpers eine konstante Größe. Ende des 19. Jahrhunderts wurde jedoch in Experimenten mit sich schnell bewegenden Elektronen festgestellt, daß die Masse eines Körpers von seiner Geschwindigkeit abhängig ist, und zwar vergrößert sich die Masse mit der Erhöhung der Geschwindigkeit gemäß dem Gesetz

$$m = \frac{m_0}{\sqrt{1 - \dfrac{v^2}{c^2}}}, \tag{39.1}$$

wobei m_0 die **Ruhmasse** des Massenpunktes ist, d. h. die in dem Inertialsystem gemessene Masse, bezüglich dessen sich der Massenpunkt im Zustand der Ruhe befindet; c ist die Vakuumlichtgeschwindigkeit und m die Masse des Teilchens in dem Bezugssystem, gegenüber dem es sich mit der Geschwindigkeit v bewegt. Folglich hat ein und dasselbe Teilchen in verschiedenen Inertialsystemen eine unterschiedliche Masse.

Aus dem die Invarianz aller Naturgesetze beim Übergang von einem Inertialsystem in ein anderes behauptenden Einsteinschen Relativitätsprinzip (siehe § 35) folgt die Invarianzbedingung der Gleichungen physikalischer Gesetze gegenüber den Lorentztransformationen. Das Newtonsche Grundgesetz der Dynamik

$$F = \frac{\mathrm{d}p}{\mathrm{d}t} = \frac{\mathrm{d}}{\mathrm{d}t}(mv)$$

erweist sich ebenfalls als invariant gegenüber den Lorentztransformationen, wenn auf seiner rechten Seite die Ableitung des *relativistischen Impulses* nach der Zeit steht.

Das **Grundgesetz der relativistischen Dynamik** eines Massenpunktes lautet

$$F = \frac{\mathrm{d}}{\mathrm{d}t}\left(\frac{m_0}{\sqrt{1 - \dfrac{v^2}{c^2}}}v \right) \tag{39.2}$$

oder

$$F = \frac{\mathrm{d}p}{\mathrm{d}t}, \tag{39.3}$$

wobei

$$p = mv = \frac{m_0}{\sqrt{1 - \dfrac{v^2}{c^2}}}v \tag{39.4}$$

der **relativistische Impuls** der Punktmasse ist.

Es ist anzumerken, daß die Gl. (39.3) äußerlich mit der Grundgleichung der Newtonschen Mechanik (6.7) übereinstimmt. Ihr physikalischer Sinn ist jedoch ein anderer: Auf der rechten Seite steht die Ableitung des durch Gl. (39.4) gegebenen *relativistischen Impulses* nach der Zeit. Die Gl. (39.2) ist somit invariant gegenüber den Lorentztransformationen und genügt demzufolge dem Einsteinschen Relativitätsprinzip. Es ist zu berücksichtigen, daß weder Kraft noch Impuls invariante Größen sind. Außerdem stimmt im allgemeinen Fall die Beschleunigung mit der Kraft in der Richtung nicht überein.

Wegen der *Homogenität des Raumes* (siehe § 9) ist in der relativistischen Mechanik der **relativistische Impulserhaltungssatz** gültig: Der relativistische Impuls eines abgeschlossenen Systems bleibt erhalten, d. h., er ändert sich nicht in der Zeit. Oft wird nicht besonders vereinbart, daß der relativistische Impuls betrachtet wird, da man für einen sich mit einer der Lichtgeschwindigkeit nahekommenden Geschwindigkeit bewegenden Körper nur den relativistischen Ausdruck für den Impuls verwenden kann.

Eine Betrachtung der Gl. (39.1), (39.4) und (39.2) zeigt, daß die Gl. (39.2) für Geschwindigkeiten, die wesentlich unter der Lichtgeschwindigkeit liegen, in das Grundgesetz der klassischen Mechanik (siehe (6.5)) übergeht. Die Bedingung für die Anwendbarkeit der Gesetze der klassischen (Newtonschen) Mechanik ist somit die Bedingung $v \ll c$. Die Gesetze der klassischen Mechanik erhält man als Folge der Relativitätstheorie für den Grenzfall $v \ll c$ (formal wird der Übergang bei $c \to \infty$ durchgeführt). *Die klassische Mechanik ist* somit *eine Mechanik für makroskopische Körper, die sich mit kleinen Geschwindigkeiten* (im Vergleich zur Vakuumlichtgeschwindigkeit) *bewegen.*

Der experimentelle Beweis der Abhängigkeit der Masse von der Geschwindigkeit (39.1) bestätigt die Richtigkeit der Speziellen Relativitätstheorie. Im weiteren (siehe § 116) wird gezeigt werden, daß diese Beziehung die Grundlage zur Berechnung von Beschleunigern bildet.

§ 40　Masse-Energie-Beziehung

Bestimmen wir nun die kinetische Energie eines relativistischen Teilchens (Massenpunktes). Oben (§ 12) wurde gezeigt, daß der Zuwachs an kinetischer Energie eines Massenpunktes bei einer elementaren Verschiebung gleich der Arbeit der Kraft bei dieser Verschiebung ist

$$\mathrm{d}T = \mathrm{d}W \quad \text{oder} \quad \mathrm{d}T = F\,\mathrm{d}r. \tag{40.1}$$

Wenn man $d\boldsymbol{r} = \boldsymbol{v}\,dt$ berücksichtigt und den Ausdruck (39.2) in (40.1) einsetzt, erhält man

$$dT = \frac{d}{dt}\left(\frac{m_0\boldsymbol{v}}{\sqrt{1-\dfrac{v^2}{c^2}}}\right)\boldsymbol{v}\,dt = \boldsymbol{v}\,d\left(\frac{m_0\boldsymbol{v}}{\sqrt{1-\dfrac{v^2}{c^2}}}\right).$$

Nach Umformung dieses Ausdrucks unter Berücksichtigung von $\boldsymbol{v}\,d\boldsymbol{v} = v\,dv$ und Gl. (39.1) erhalten wir den Ausdruck

$$dT = d\left(\frac{m_0c^2}{\sqrt{1-\dfrac{v^2}{c^2}}}\right) = c^2\,dm, \tag{40.2}$$

d. h., der Zuwachs der kinetischen Energie eines Teilchens ist proportional der Vergrößerung seiner Masse.

Da die kinetische Energie eines ruhenden Teilchens gleich Null und seine Masse gleich der Ruhmasse m_0 ist, erhalten wir nach Integration von (40.2)

$$T = (m - m_0)c^2, \tag{40.3}$$

d. h., die kinetische Energie eines relativistischen Teilchens beträgt

$$T = m_0c^2\left(\frac{1}{\sqrt{1-\dfrac{v^2}{c^2}}} - 1\right). \tag{40.4}$$

Der Ausdruck (40.4) geht für Geschwindigkeiten $v \ll c$ in die klassische Gleichung

$$T = \frac{m_0v^2}{2}$$

über (in der Reihenentwicklung $(1 - v^2/c^2)^{-1/2} = 1 + (1/2)(v^2/c^2) + (3/8)(v^4/c^4) + \cdots$ kann man für $v \ll c$ die Glieder zweiter Ordnung vernachlässigen).

Einstein verallgemeinerte den Grundsatz (40.2), indem er vorschlug, daß er nicht nur für die kinetische Energie eines Teilchens, sondern auch für die Gesamtenergie gültig ist, und zwar: Jede Massenänderung geht mit einer Änderung der Gesamtenergie des Teilchens einher

$$\Delta E = c^2 \Delta m. \tag{40.5}$$

Davon ausgehend erhielt Einstein die universelle Beziehung zwischen der Gesamtenergie E eines Körpers und seiner Masse m:

$$E = mc^2 = \frac{m_0c^2}{\sqrt{1-\dfrac{v^2}{c^2}}}. \tag{40.6}$$

Die Gl. (40.6) drückt, wie auch (40.5), ein *fundamentales* Naturgesetz aus – die **Masse-Energie-Beziehung**: Die Gesamtenergie eines Systems ist gleich dem Produkt aus seiner Masse

und dem Quadrat der Vakuumlichtgeschwindigkeit. Es ist anzumerken, daß die potentielle Energie eines Körpers im äußeren Schwerefeld nicht mit in die Gesamtenergie E eingeht. Die Beziehung (40.6) kann man unter Berücksichtigung von (40.3) in der Form

$$E = m_0c^2 - T$$

schreiben, woraus folgt, daß auch ein ruhender Körper ($T = 0$) die als **Ruhenergie** bezeichnete Energie

$$E_0 = m_0c^2$$

besitzt. In der klassischen Mechanik wird die Ruhenergie E_0 nicht berücksichtigt, da man annimmt, daß für $v = 0$ die Energie des ruhenden Körpers gleich Null ist.

Aufgrund der *Homogenität der Zeit* (siehe § 13) gilt in der relativistischen Mechanik wie auch in der klassischen Mechanik der **Energieerhaltungssatz**: Die Gesamtenergie eines abgeschlossenen Systems bleibt erhalten, d. h., sie ändert sich nicht im Verlauf der Zeit.

Aus den Gl. (40.6) und (39.4) finden wir die relativistische Beziehung zwischen der Gesamtenergie und dem Impuls des Teilchens:

$$E^2 = m^2c^4 = m_0^2c^4 + p^2c^2,$$

$$E = \sqrt{m_0^2c^4 + p^2c^2}. \tag{40.7}$$

Rückblickend auf die Gl. (40.6) bemerken wir noch einmal, daß sie von *universellem Charakter* ist. Sie ist auf alle Energieformen anwendbar, d. h., man kann behaupten, daß mit der Energie, welche Form sie auch immer besitzen möge, die Masse

$$m = \frac{E}{c^2} \tag{40.8}$$

verbunden ist. Umgekehrt ist mit jeder Masse die Energie (40.6) verbunden.

Zur Charakterisierung der Festigkeit einer Bindung und der Stabilität eines Teilchensystems (zum Beispiel eines Atomkerns als System von Protonen und Neutronen) betrachtet man die Bindungsenergie. Die **Bindungsenergie** ist gleich der Arbeit, die aufgewandt werden muß, um das System in seine Bestandteile (zum Beispiel den Atomkern in Protonen und Neutronen) zu zerlegen. Die Bindungsenergie eines Systems beträgt

$$E_{\text{Bind}} = \sum_{i=1}^{n} m_{0i}c^2 - M_0c^2, \tag{40.9}$$

wobei m_{0i} die Ruhmasse des i-ten Teilchens im ungebundenen Zustand und M_0 die Ruhmasse des aus n Teilchen bestehenden Systems ist.

Die Masse-Energie-Beziehung wird durch die Energiefreisetzung bei Kernspaltungsexperimenten glänzend bestätigt. Man verwendet die Masse-Energie-Beziehung bei der Berechnung von Kernspaltungsreaktionen und Elementarteilchenumwandlungen.

Bei der Betrachtung der Folgerungen der Speziellen Relativitätstheorie stellen wir fest, daß sie, wie übrigens jede große Entdeckung, die Revision vieler herkömmlicher und vertraut gewordener Vorstellungen forderte. Die Masse eines Körpers bleibt nicht konstant, sondern ändert sich mit der Geschwindigkeit des Körpers; die Länge von Körpern und die Dauer von Ereignissen sind keine absoluten Größen, sondern besitzen relativen Charakter, und schließlich sind Masse und Energie miteinander verbunden, obwohl sie doch qualitativ verschiedene Eigenschaften der Materie darstellen.

Die grundlegende Erkenntnis der Speziellen Relativitätstheorie besteht darin, daß Raum und Zeit organisch miteinander verbunden sind und eine einheitliche Existenzform der Materie bilden – das Raum-Zeit-Kontinuum. Nur deshalb ist das räumlich-zeitliche Intervall zwischen zwei Ereignissen eine absolute Größe, während räumliche und zeitliche Abstände zwischen diesen Ereignissen relativ sind. Die sich aus den Lorentztransformationen ergebenden Folgerungen sind also Ausdruck der objektiv existierenden Raum-Zeit-Beziehungen sich bewegender Materie.

Kontrollfragen

▶ Worin besteht das physikalische Wesen des mechanischen Relativitätsprinzips?

▶ Wie lautet die Additionsregel für Geschwindigkeiten in der klassischen Mechanik?

▶ Worin lagen die Gründe für das Entstehen der Speziellen Relativitätstheorie?

▶ Wie lauten die grundlegenden Postulate der Speziellen Relativitätstheorie?

▶ Ist die Geschwindigkeit eines Körpers von der Geschwindigkeit der Bewegung des Bezugssystems abhängig? Ist die Lichtgeschwindigkeit davon abhängig?

▶ Schreiben Sie die Lorentztransformationen auf und kommentieren Sie diese. Unter welchen Bedingungen gehen sie in die Galileitransformationen über?

▶ Welche Schlußfolgerung kann man bezüglich Raum und Zeit aufgrund der Lorentztransformationen ziehen?

▶ Sind die Ereignisse im K'-System gleichzeitig, wenn sie im K-System in einem Punkt und gleichzeitig ablaufen bzw. wenn sie im K-System räumlich getrennt, aber gleichzeitig ablaufen? Begründen Sie Ihre Antwort.

▶ Welche Folgerungen ergeben sich aus der Speziellen Relativitätstheorie bezüglich der Abmessungen von Körpern und der Dauer von Ereignissen in verschiedenen Bezugssystemen? Begründen Sie Ihre Antwort.

▶ Bei welcher Geschwindigkeit beträgt die relativistische Längenkontraktion eines sich bewegenden Körpers 25 %?

▶ Worin besteht das „Zwillingsparadoxon" und wie wird es gelöst?

▶ Wie lautet die relativistische Additionsregel für Geschwindigkeiten? Wie kann man zeigen, daß sie sich im Einklang mit den Einsteinschen Postulaten befindet?

▶ Wie wird das Intervall zwischen zwei Ereignissen bestimmt? Beweisen Sie, daß es invariant gegenüber dem Übergang aus einem Inertialsystem in ein anderes ist.

▶ Wie lautet das Grundgesetz der relativistischen Dynamik eines Massenpunktes? Wodurch unterscheidet es sich vom Grundgesetz der Newtonschen Mechanik?

▶ Worin besteht der relativistische Impulserhaltungssatz, der Satz von der Erhaltung der relativistischen Masse?

▶ Wie wird die kinetische Energie in der relativistischen Mechanik ausgedrückt? Unter welcher Bedingung geht die relativistische Gleichung für die kinetische Energie in die klassische Gleichung über?

▶ Formulieren und schreiben Sie die Masse-Energie-Beziehung auf. Worin besteht ihr physikalisches Wesen? Führen Sie Beispiele ihrer experimentellen Bestätigung an.

Aufgaben

7.1. Bestimmen Sie die Eigenlänge eines Stabes (die in dem System, bezüglich dessen der Stab ruht, gemessene Länge), wenn im Laborsystem (dem mit den Meßinstrumenten verbundenen Bezugssystem) seine Geschwindigkeit $v = 0,8\,c$, seine Länge $l = 1$ m und der Winkel zwischen ihm und der Bewegungsrichtung

$$\vartheta = 30° \text{ betragen. } [l_0 = l\sqrt{\left(1 - \frac{v^2}{c^2}\sin^2\vartheta\right)\left(1 - \frac{v^2}{c^2}\right)} = 1,53 \text{ m}]$$

7.2. Die Eigenlebensdauer eines Teilchens unterscheidet sich um 1,5 % von der Lebensdauer des ruhenden Teilchens. Bestimmen Sie $\beta = v/c$. [0,172]

7.3. Die Energie eines in den oberen Atmosphärenschichten entstehenden π-Mesons beträgt 6 GeV, seine mittlere Lebensdauer in einem mit ihm verbundenen Bezugssystem ist gleich 26 ns. Nehmen Sie die Masse des π-Mesons mit 273 m_e an und bestimmen Sie seine Lebensdauer im Laborbezugssystem. [Lösung der Aufgabe s. S. 384]

7.4. Ein Körper von 2 kg Ruhmasse bewegt sich mit einer Geschwindigkeit von 200 Mm/s im K'-System, welches sich selbst gegenüber dem K-System mit einer Geschwindigkeit von 200 Mm/s bewegt. Bestimmen Sie: 1) die Geschwindigkeit des Körpers bezüglich des K-Systems; 2) seine Masse in diesem System. [1) 277 Mm/s; 2) 5,2 kg]

7.5. Bestimmen Sie unter Verwendung der Tatsache, daß das Intervall eine gegenüber Koordinatentransformationen invariante Größe ist, die Entfernung, die von einem π-Meson vom Zeitpunkt seiner Entstehung bis zu seinem Zerfall zurückgelegt wird, wenn seine Lebensdauer in diesem Bezugssystem $\Delta t = 5\,\mu$s und die Eigenlebensdauer (die mittels sich gemeinsam mit dem Körper bewegenden Uhren gemessene Zeit) $\Delta t_0 = 2,2\,\mu$s betragen. [1,35 km]

7.6. Bestimmen Sie die Geschwindigkeit, bei der der relativistische Impuls eines Teilchens dessen Newtonschen Impuls um das 5 fache übersteigt. [0,98 c]

7.7. Bestimmen Sie die kinetische Energie, die einer Rakete mit der Masse $m_0 = 1,5$ t erteilt werden muß, damit sie die Geschwindigkeit $v = 120$ Mm/s erreicht. [Lösung der Aufgabe s. S. 384]

7.8. Bestimmen Sie die einem Elektron beim Durchlaufen eines beschleunigenden Potentialunterschieds von 1,2 MeV erteilte Geschwindigkeit. [2,86 Mm/s]

7.9. Ein aus einem Beschleuniger mit einer Geschwindigkeit von 0,85 c austretendes ionisiertes Atom sendet in Bewegungsrichtung ein Photon aus. Bestimmen Sie die Geschwindigkeit des Photons relativ zu dem Beschleuniger. [Lösung der Aufgabe s. S. 384]

7.10. Bestimmen Sie den relativistischen Impuls eines Elektrons, dessen kinetische Energie 1 GeV beträgt. [$5,34 \cdot 10^{-19}$ N·s]

Teil 2

Grundlagen der statistischen Physik und Thermodynamik

Statistische und thermodynamische Untersuchungsmethoden. Die statistische Physik und die Thermodynamik sind Teilgebiete der Physik, in denen **makroskopische Prozesse** in Körpern untersucht werden, die mit einer sehr großen Anzahl der in den Körpern vorhandenen Moleküle und Atome verbunden sind. Zur Erforschung dieser Prozesse werden zwei qualitativ verschiedene und sich gegenseitig ergänzende Methoden angewandt: die **statistische (molekularkinetische)** und die **thermodynamische**. Die erste liegt der statistischen Physik zugrunde, die zweite der Thermodynamik.

Die **statistische Physik** ist ein Teilgebiet der Physik, in dem ausgehend von molekularkinetischen Vorstellungen der Aufbau und die Eigenschaften von Stoffen untersucht werden. Diese Vorstellungen sind darauf gegründet, daß alle Körper aus Molekülen oder Atomen bestehen, die sich in stetiger chaotischer Bewegung befinden.

Die Idee von Atombau der Stoffe wurde von dem griechischen Philosophen Demokrit (460–370 v. u. Z.) geäußert. Die Atomistik erlebte eine Renaissance erst im 17. Jahrhundert. Die strenge Entwicklung der statistischen Physik fällt in die Mitte des 19. Jahrhunderts und ist mit den Arbeiten des deutschen Physikers R. Clausius (1822–1888), des englischen Physikers J. Maxwell (1831–1879) und des österreichischen Physikers L. Boltzmann (1844–1906) verbunden.

Die in der statistischen Physik untersuchten Prozesse sind das Ergebnis der gemeinsamen Wirkung einer riesigen Zahl von Molekülen. Sie beruhen auf statistischen Gesetzmäßigkeiten und werden mit Hilfe **statistischer Methode** untersucht. Diese Methode ist darauf begründet, daß die Eigenschaften eines makroskopischen Systems letztendlich von den Eigenschaften der Teilchen des Systems, den Besonderheiten ihrer Bewegung und den *gemittelten* Werten ihrer dynamischen Kenngrößen (Geschwindigkeit, Energie usw.) bestimmt werden. Die Temperatur eines Körpers wird zum Beispiel von der Geschwindigkeit der ungeordneten Bewegung seiner Moleküle bestimmt, da aber zu jedem Zeitpunkt die einzelnen Moleküle verschiedene Geschwindigkeiten besitzen, kann die Temperatur nur durch den Mittelwert der Geschwindigkeiten aller Moleküle ausgedrückt werden. Man kann nicht von der Temperatur eines einzelnen Moleküls sprechen. Die makroskopischen Eigenschaften von Körpern haben somit nur im Falle einer großen Anzahl von Molekülen einen physikalischen Sinn.

Die **Thermodynamik** ist ein Teilgebiet der Physik, in dem die allgemeinen Eigenschaften von sich im Zustand des thermodynamischen Gleichgewichts befindenden Makrosystemen und die Übergangsprozesse zwischen diesen Gleichgewichtszuständen untersucht werden. Die diesen Umwandlungen zugrundeliegenden Mikroprozesse werden in der Thermodynamik nicht betrachtet. Hierdurch unterscheidet sich die **thermodynamische Methode** von der statistischen. Die Thermodynamik beruht auf zwei Hauptsätzen, Fundamentalgesetzen, die auf Grundlage verallgemeinerter experimenteller Daten aufgestellt wurden. Das Anwendungsgebiet der Thermodynamik ist wesentlich größer als das der molekularkinetischen Theorie, da es keine Gebiete der Physik und Chemie gibt, in denen man thermodynamische Methode nicht nutzen könnte. Andererseits ist die thermodynamische Methode jedoch etwas beschränkt: Sie sagt nichts aus über den mikroskopischen Stoffaufbau, über den Mechanismus der Erscheinungen, sondern stellt nur die Verbindungen zwischen den makroskopischen Eigenschaften eines Stoffes her. Die molekularkinetische Theorie und die Thermodynamik ergänzen sich gegenseitig, sie bilden ein einheitliches Ganzes, unterscheiden sich jedoch in den angewandten Untersuchungsmethoden.

Ein **thermodynamisches System** ist eine Gesamtheit von Makrokörpern, die miteinander wechselwirken und sowohl unter sich als auch mit anderen Körpern (dem äußeren Medium) Energie austauschen. Die Grundlage der thermodynamischen Methode bildet die Bestimmung des Zustandes eines thermodynamischen Systems. Er wird von **thermodynamischen Parametern (Zustandsgrößen)**, d. h. der Gesamtheit physikalischer Größen, die die Eigenschaften des thermodynamischen Systems kennzeichnen, bestimmt. Normalerweise wählt man als Zustandsgrößen die Temperatur, den Druck und das spezifische Volumen.

Die Temperatur ist ein der Grundbegriffe, die nicht nur in der Thermodynamik, sondern auch in der Physik insgesamt eine wichtige Rolle spielen. Die **Temperatur** ist eine physikalische Größe, die den Zustand eines thermodynamischen Gleichgewichts in einem Makrosystem beschreibt. Nach Beschluß der 11. Generalkonferenz für Maß und Gewicht (1960) kann man heutzutage nur zwei Temperaturskalen verwenden – die **thermodynamische** und die **Internationale Praktische Skala**, welche in Kelvin (K) bzw. in Grad Celsius (°C) graduiert sind.

Auf der Internationalen Praktischen Skala betragen die Gefrier- und Siedetemperatur von Wasser bei einem Druck von $1{,}013 \cdot 10^5$ Pa 0 bzw. 100 °C (die sogenannten **Festpunkte**).

Die thermodynamische Temperaturskala wird von einem Festpunkt bestimmt. Dafür wurde der **Tripelpunkt des Wassers** (die Temperatur, bei der sich Eis, Wasser und gesättigter

Dampf bei einem Druck von 609 Pa im thermodynamischen Gleichgewicht befinden) gewählt. Die Temperatur dieses Punktes beträgt auf der thermodynamischen Skala (genau) 273,16 K. Auf der thermodynamischen Skala ist die Gefriertemperatur des Wassers gleich 273,15 K (bei demselben Druck wie auch auf der Internationalen Praktischen Skala). Die thermodynamische Temperatur und die Temperatur nach der Internationalen Praktischen Skala sind deshalb definitionsgemäß durch die Beziehung $T = 273{,}15 + t$ miteinander verbunden. Die Temperatur $T = 0$ heißt **Kelvin-Nullpunkt**. Eine Analyse verschiedener Prozesse zeigt, daß 0 K nicht erreichbar ist, obwohl man sich diesem Punkt beliebig annähern kann.

Das **spezifische Volumen** v ist das Volumen einer Masseneinheit. Für einen homogenen Körper, d. h. einen Körper mit konstanter Dichte $\rho = \text{const}$, ist $v = V/m = 1/\rho$. Da das spezifische Volumen bei konstanter Masse dem Gesamtvolumen proportional ist, kann man die makroskopischen Eigenschaften eines homogenen Körpers durch das Volumen des Körpers kennzeichnen.

Die Zustandsgrößen eines Systems können sich ändern. Jede mit der Änderung mindestens einer der Zustandsgrößen des thermodynamischen Systems verbundene Veränderung in einem thermodynamischen System wird als **thermodynamischer Prozeß** bezeichnet. Ein Makrosystem befindet sich im Zustand des **thermodynamischen Gleichgewichts**, wenn sich sein Zustand im Laufe der Zeit nicht ändert (es wird vorausgesetzt, daß sich die äußeren Bedingungen des betrachteten Systems dabei nicht ändern).

Kapitel 8

Molekularkinetische Theorie idealer Gase

§ 41   Experimentelle Gesetze des idealen Gases

In der molekularkinetischen Theorie verwendet man das *idealisierte Modell* des **idealen Gases**, nach dem:

1) das Eigenvolumen der Gasmoleküle im Vergleich zum Volumen des Gefäßes vernachlässigbar klein ist;

2) zwischen den Molekülen des Gases keine Wechselwirkung auftritt;

3) die Stöße zwischen den Molekülen untereinander und mit der Gefäßwand vollkommen elastisch sind.

Das Modell des idealen Gases kann man bei der Betrachtung realer Gase verwenden, da diese unter Bedingungen, die den Normalbedingungen nahekommen (zum Beispiel Sauerstoff und Helium), sowie bei geringem Druck und hoher Temperatur in ihren Eigenschaften dem idealen Gas nahekommen. Außerdem kann man durch Einführen von Korrekturen, die das Eigenvolumen der Gasmoleküle und die wirkenden Molekularkräfte berücksichtigen, zur Theorie der realen Gase übergehen.

Noch vor Entstehung der molekularkinetischen Theorie wurde experimentell eine Reihe von Gesetzen aufgestellt, die das Verhalten idealer Gase beschreiben. Betrachten wir diese im einzelnen.

Boyle-Mariottesches Gesetz (es ist nach dem englischen Gelehrten R. Boyle (1627–1691) und dem französischen Physiker E. Mariotte (1620–1684) benannt): Für eine gegebene Gasmasse ist bei konstanter Temperatur das Produkt aus dem Druck des Gases und seinem Volumen eine konstante Größe:

$$pV = \text{const} \qquad (41.1)$$

für $T = \text{const}, \quad m = \text{const}.$

Die Kurve, welche den Zusammenhang zwischen den Größen p und V zeigt, die die Eigenschaften des Gases bei konstanter Temperatur kennzeichnen, heißt **Isotherme**. Die Isotherme stellt eine Hyperbel dar, die in der Abbildung um so höher liegt, je höher die Temperatur des Prozesses ist (Bild 41.1).

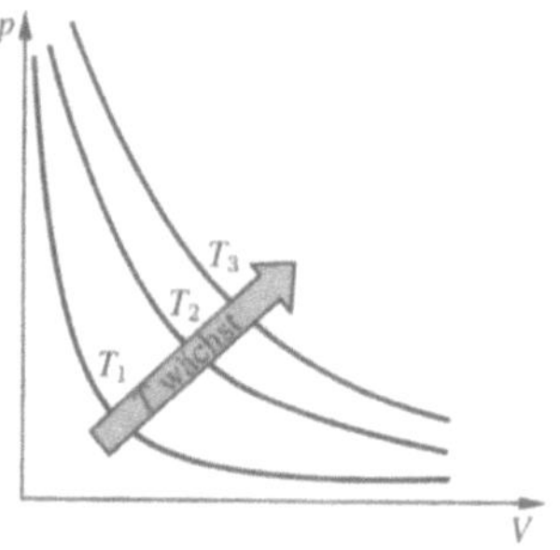

Bild 41.1

Gay-Lussacsche Gesetze (sie sind nach dem französischen Gelehrten J. Gay-Lussac (1778–1850) benannt): 1) Das Volumen einer gegebenen Gasmasse ändert sich bei konstantem Druck linear mit der Temperatur:

$$V = V_0(1 + \alpha t) \qquad (41.2)$$

für $p = \text{const}, \quad m = \text{const}.$

2) Der Druck einer gegebenen Gasmasse ändert sich bei konstantem Volumen linear mit der Temperatur:

$$p = p_0(1 + \alpha t) \qquad (41.3)$$

für $V = \text{const}, \quad m = \text{const}.$

In diesen Gleichungen ist t die Temperatur nach der Celsius-Skala, p_0 und V_0 sind der Druck und das Volumen bei 0 °C, der Koeffizient beträgt $\alpha = 1/273{,}15\,\mathrm{K}^{-1}$.

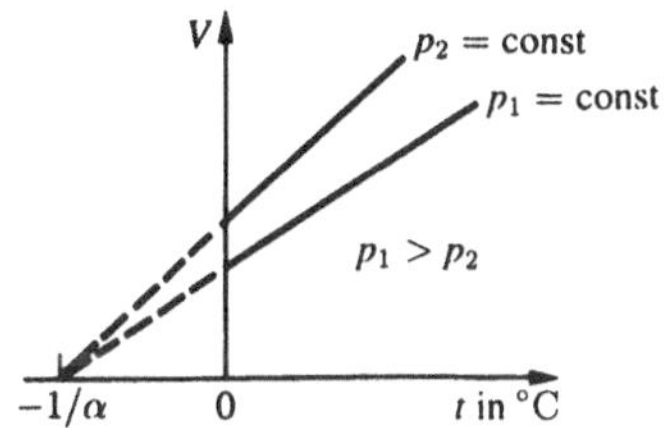

Bild 41.2

Ein **Prozeß**, bei dem der Druck konstant bleibt, wird **isobar** genannt. Im V-t-Diagramm (Bild 41.2) wird dieser Prozeß durch eine Gerade dargestellt, die man **Isobare** nennt. Ein bei konstantem Volumen ablaufender **Prozeß** heißt **isochor**. Im p-t-Diagramm (Bild 41.3) wird er durch eine Gerade dargestellt, die man **Isochore** nennt.

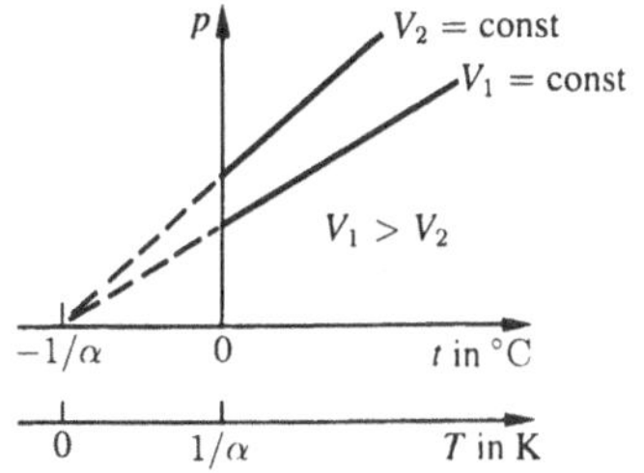

Bild 41.3

Aus (41.2) und (41.3) folgt, daß die Isobaren und die Isochoren die Temperaturachse im Punkt $t = -1/\alpha = -273,15\,°\mathrm{C}$ schneiden. Dieser Punkt wird aus der Bedingung $1 + \alpha t = 0$ bestimmt. Wenn man den Koordinatenursprung in diesen Punkt verlegt, findet ein Übergang zur Kelvin-Skala (Bild 41.3) statt, woraus folgt

$$T = t + \frac{1}{\alpha}.$$

Durch Einführung der thermodynamischen Temperatur in die Gl. (41.2) und (41.3) kann man die Gay-Lussacschen Gesetze in eine einfachere Form überführen:

$$V = V_0(1 + \alpha t) = V_0\left[1 + \alpha\left(T - \frac{1}{\alpha}\right)\right] = V_0\alpha T,$$

$$p = p_0(1 + \alpha t) = p_0\left[1 + \alpha\left(T - \frac{1}{\alpha}\right)\right] = p_0\alpha T$$

oder

$$\frac{V_1}{V_2} = \frac{T_1}{T_2} \tag{41.4}$$

für $p = \mathrm{const}, \quad m = \mathrm{const},$

$$\frac{p_1}{p_2} = \frac{T_1}{T_2} \tag{41.5}$$

für $V = \mathrm{const}, \quad m = \mathrm{const},$

wobei die Indizes 1 und 2 sich auf beliebige, auf einer Isobaren oder Isochoren liegende Zustände beziehen.

Avogadrosches Gesetz (es ist nach dem italienischen Physiker und Chemiker C. Avogadro (1776–1856) benannt): Ein Mol beliebiger Gase nimmt bei derselben Temperatur und demselben Druck das gleiche Volumen ein. Dieses Volumen beträgt unter Normalbedingungen $22{,}41 \cdot 10^{-3}\ \mathrm{m^3/mol}$.

Per Definition enthält ein Mol einer beliebigen Substanz dieselbe Anzahl von Molekülen. Die Anzahl wird **Avogadro-Konstante** genannt:

$$N_A = 6{,}022 \cdot 10^{23}\,\mathrm{mol}^{-1}.$$

Daltonsches Gesetz (es ist nach dem englischen Chemiker und Physiker J. Dalton (1766–1844) benannt): Der Druck eines Gemisches aus idealen Gasen ist gleich der Summe der Partialdrücke der im Gemisch enthaltenen Gase, d. h.

$$p = p_1 + p_2 + \cdots + p_n,$$

wobei $p_1, p_2, \ldots, p_n$ die Partialdrücke sind. Der **Partialdruck** ist der Druck, den ein Gas als Bestandteil eines Gemisches ausüben würde, wenn es allein ein dem Volumen des Gemisches bei gleicher Temperatur gleiches Volumen einnehmen würde.

§ 42 Zustandsgleichung des idealen Gases

Wie bereits ausgeführt wurde, wird der Zustand einer Gasmasse durch drei thermodynamische Parameter bestimmt: den Druck p, das Volumen V und die Temperatur T. Zwischen diesen Parametern existiert ein bestimmter Zusammenhang, der als **Zustandsgleichung** bezeichnet wird. In allgemeiner Form wird diese durch

$$f(p, V, T) = 0$$

gegeben, wobei jede Variable eine Funktion der anderen beiden Variablen ist.

Die Zustandsgleichung des idealen Gases wurde von dem französischen Physiker und Ingenieur B. Clapeyron (1799–1864) durch Kombination des Boyle-Mariotteschen und Gay-Lussacschen Gesetzes hergeleitet. Eine Gasmasse nehme das Volumen V_1 ein und besitze den Druck p_1 und die Temperatur T_1. Dieselbe Gasmasse wird in einem anderen beliebigen Zustand durch die Parameter p_2, V_2 und T_2 gekennzeichnet (Bild 42.1). Der Übergang aus dem Zustand 1 in den Zustand 2 wird durch zwei Prozesse realisiert: 1) einen isothermischen (Isotherme $1 - 1'$), 2) einen isochoren (Isochore $1' - 2$).

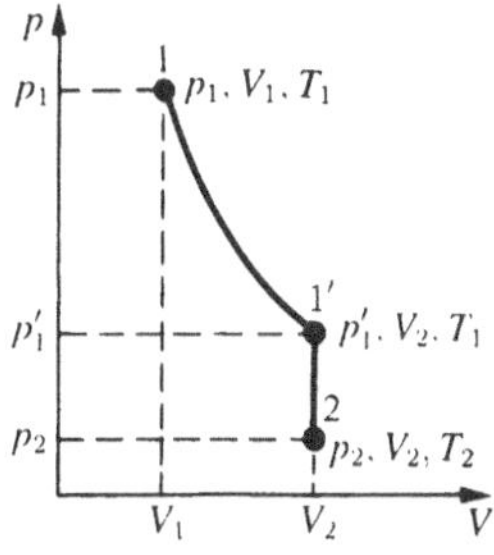

Bild 42.1

Entsprechend dem Boyle-Mariotteschen und dem Gay-Lussacschen Gesetz schreiben wir:

$$p_1 V_1 = p_1' V_2, \tag{42.1}$$

$$\frac{p_1'}{p_2} = \frac{T_1}{T_2}. \tag{42.2}$$

Nach Elimination von p_1' aus den Gl. (42.1) und (42.2) erhalten wir

$$\frac{p_1 V_1}{T_1} = \frac{p_2 V_2}{T_2}.$$

Da die Zustände 1 und 2 beliebig gewählt wurden, ist die Größe pV/T für eine gegebene Gasmasse konstant, d. h.

$$\frac{pV}{T} = B = \text{const.} \tag{42.3}$$

Der Ausdruck (42.3) wird als **Clapeyronsche Gleichung** bezeichnet, wobei B die *für unterschiedliche Gase verschiedene* Gaskonstante ist.

Der russische Gelehrte D. Mendelejew (1834–1907) vereinigte die Clapeyronsche Gleichung mit dem Avogadroschen Gesetz, indem er die Gl. (42.3) unter Verwendung des molaren Volumens V_m auf ein Mol bezog. Entsprechend dem Avogadroschen Gesetz nehmen alle Gase bei gleichem p und T dasselbe molare Volumen V_m ein, die Konstante B ist deshalb *für alle Gase dieselbe*. Diese für alle Gase gleiche Konstante wird mit R bezeichnet und heißt **molare Gaskonstante**. Die Gleichung

$$p V_m = RT \tag{42.4}$$

wird nur für ein ideales Gas erfüllt. Sie stellt die **Zustandsgleichung des idealen Gases** dar, die auch als **Clapeyron-Mendelejewsche Gleichung** bezeichnet wird.

Die molare Gaskonstante bestimmen wir aus Gl. (42.4), indem wir annehmen, daß sich ein Mol eines Gases unter Normalbedingungen befindet ($p_0 = 1{,}013 \cdot 10^5$ Pa, $T_0 = 273{,}15$ K, $V_m = 22{,}41 \cdot 10^{-3}$ m^3/mol): $R = 8{,}31$ J/(mol · K).

Von Gl. (42.4) für ein Mol eines Gases kann man zur Clapeyron-Mendelejewschen Gleichung für eine beliebige Gasmasse übergehen. Wenn bei einem gegebenen Druck und einer gegebenen Temperatur ein Mol eines Gases das molare Volumen V_m einnimmt, so nimmt unter denselben Bedingungen die Masse m des Gases das Volumen $V = (m/M)V_m$ ein, wobei M die **molare Masse** (Masse eines Mols der Substanz) ist. Die Gleichung von Clapeyron und Mendelejew für die Masse m eines Gases lautet

$$pV = \frac{m}{M}RT = \nu RT, \tag{42.5}$$

wobei $\nu = m/M$ die Stoffmenge ist.

Oft wird eine etwas andere Form der Zustandsgleichung des idealen Gases benutzt, indem man die **Boltzmann-Konstante** einführt:

$$k_B = \frac{R}{N_A} = 1{,}38 \cdot 10^{-23} \text{ J/K.}$$

Davon ausgehend schreiben wir die Zustandsgleichung (42.4) in der Form

$$p = \frac{RT}{V_m} = \frac{k_B N_A T}{V_m} = n k_B T,$$

wobei $N_A/V_m = n$ die Konzentration der Moleküle (Anzahl der Moleküle in der Volumeneinheit) ist. Aus der Zustandsgleichung

$$p = n k_B T \tag{42.6}$$

folgt somit, daß der Druck eines idealen Gases bei gegebener Temperatur der Konzentration der Moleküle (oder der Dichte des Gases) direkt proportional ist. Bei gleicher Temperatur und gleichem Druck enthalten alle Gase in einer Volumeneinheit dieselbe Anzahl der Moleküle. Die in 1 m^3 eines Gases unter *Normalbedingungen* enthaltene Anzahl der Moleküle heißt **Loschmidt-Konstante**, die nach dem österreichischen Chemiker und Physiker J. Loschmidt (1821–1895) benannt ist:

$$N_L = \frac{p_0}{k_B T_0} = 2{,}68 \cdot 10^{25} \text{ m}^{-3}.$$

§ 43 Grundgleichung der molekularkinetischen Theorie idealer Gase

Zur Herleitung der Grundgleichung der molekularkinetischen Theorie betrachten wir ein einatomiges ideales Gas. Wir nehmen an, daß sich die Gasmoleküle chaotisch bewegen, die Anzahl der wechselseitigen Zusammenstöße zwischen den Gasmolekülen im Vergleich zur Anzahl der Stöße mit der Gefäßwand vernachlässigbar klein ist und daß die Stöße der Moleküle mit der Gefäßwand vollkommen elastisch sind. An der Gefäßwand teilen wir ein elementares Flächenstück ΔA (Bild 43.1) ab und berechnen den Druck, der auf dieses Flächenstück ausgeübt wird. Bei jedem Stoßvorgang gibt ein sich senkrecht zu diesem Flächenstück bewegendes Molekül den Impuls $m_0 v - (-m_0 v) = 2 m_0 v$ weiter, wobei m_0 die Masse des Moleküls und v seine Geschwindigkeit ist. In der Zeit Δt erreichen das Flächenstück ΔA nur die Moleküle, welche von dem Zylinder mit der Grundfläche ΔA und der Höhe $v \Delta t$ (Bild 43.1) umschlossen werden. Die Anzahl dieser Moleküle beträgt $n \Delta A v \Delta t$ (n ist die Konzentration der Moleküle).

Es ist jedoch zu berücksichtigen, daß in der Realität die Moleküle unter verschiedenen Winkeln auf das Flächenstück

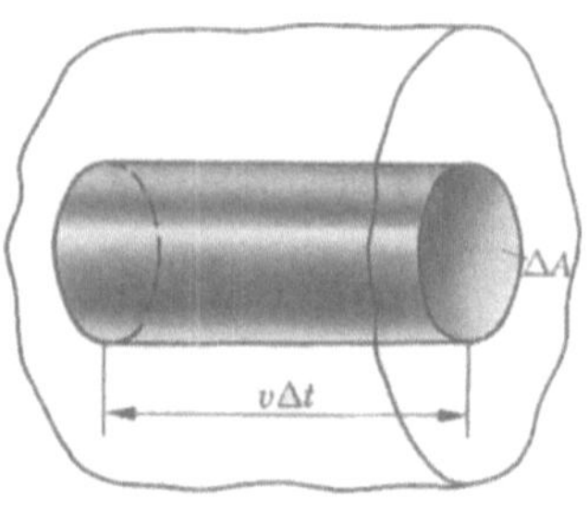

Bild 43.1

ΔA treffen und verschiedene Geschwindigkeiten besitzen, wobei sich die Geschwindigkeiten der Moleküle bei jedem Stoß ändern. Zur Vereinfachung der Berechnungen ersetzt man die chaotische Bewegung der Moleküle durch eine Bewegung in drei zueinander senkrechten Richtungen, so daß sich zu jedem Zeitpunkt in jeder Richtung $1/3$ der Moleküle bewegen, wobei sich eine Hälfte der Moleküle ($1/6$ pro Koordinatenrichtung) in der gegebenen Richtung nach einer Seite bewegt und die andere Hälfte nach der entgegengesetzten Seite. Die Anzahl der Stöße der sich in einer gegebenen Richtung bewegenden Moleküle mit dem Flächenstück ΔA ist dann $(1/6)n\Delta Av\Delta t$. Beim Stoß auf das Flächenstück geben ihm diese Moleküle den Impuls

$$\Delta P = 2m_0 v \cdot \frac{1}{6} n\Delta Av\Delta t = \frac{1}{3} nm_0 v^2 \Delta A\Delta t$$

weiter. Der von diesem Impuls ausgeübte Druck auf die Gefäßwand ist dann

$$p = \frac{\Delta P}{\Delta t \Delta A} = \frac{1}{3} nm_0 v^2. \tag{43.1}$$

Wenn sich in dem Volumen V eines Gases N Moleküle befinden, die sich mit den Geschwindigkeiten $v_1, v_2, \ldots, v_N$ bewegen, ist es zweckmäßig, die **mittlere quadratische Geschwindigkeit**

$$\langle v_{\mathrm{qu}}\rangle = \sqrt{\frac{1}{N} \sum_{i=1}^{N} v_i^2} \tag{43.2}$$

zu betrachten, die die Gesamtheit aller Gasmoleküle kennzeichnet. Die Gl. (43.1) nimmt unter Berücksichtigung von (43.2) die Form

$$p = \frac{1}{3} nm_0 \langle v_{\mathrm{qu}}\rangle^2 \tag{43.3}$$

an. Der Ausdruck (43.3) wird als **Grundgleichung der molekularkinetischen Theorie idealer Gase** bezeichnet. Eine genaue Berechnung unter Berücksichtigung der Bewegung der Moleküle in allen Richtungen führt auf dieselbe Gleichung.

Wenn man berücksichtigt, daß $n = N/V$ ist, erhält man

$$pV = \frac{1}{3} Nm_0 \langle v_{\mathrm{qu}}\rangle^2 \tag{43.4}$$

oder

$$pV = \frac{2}{3} N\frac{m_0 \langle v_{\mathrm{qu}}\rangle^2}{2} = \frac{2}{3}E, \tag{43.5}$$

wobei E die Summe der kinetischen Energien der fortschreitenden Bewegung aller Gasmoleküle ist.

Da die Masse des Gases durch $m = Nm_0$ ausgedrückt wird, kann man (43.4) in die Form

$$pV = \frac{1}{3} m \langle v_{\mathrm{qu}}\rangle^2$$

umschreiben. Für ein Mol eines Gases ist $m = M$ (M ist die molare Masse), deshalb folgt

$$pV_{\mathrm{m}} = \frac{1}{3} M \langle v_{\mathrm{qu}}\rangle^2,$$

wobei V_{m} das molare Volumen ist. Andererseits ist nach der Clapeyron-Mendelejewschen Gleichung $pV_{\mathrm{m}} = RT$. Somit erhalten wir

$$RT = \frac{1}{3} M \langle v_{\mathrm{qu}}\rangle^2,$$

woraus folgt

$$\langle v_{\mathrm{qu}}\rangle = \sqrt{\frac{3RT}{M}}. \tag{43.6}$$

Wegen $M = m_0 N_{\mathrm{A}}$, wobei m_0 die Masse eines Moleküls und N_{A} die Avogadro-Konstante ist, folgt aus (43.6), daß

$$\langle v_{\mathrm{qu}}\rangle = \sqrt{\frac{3RT}{m_0 N_{\mathrm{A}}}} = \sqrt{\frac{3k_{\mathrm{B}}T}{m_0}} \tag{43.7}$$

gilt, wobei $k_{\mathrm{B}} = R/N_{\mathrm{A}}$ die Boltzmann-Konstante ist. Hieraus finden wir, daß für Sauerstoffmoleküle bei Zimmertemperatur die mittlere quadratische Geschwindigkeit 480 m/s beträgt, für Wasserstoffmoleküle beträgt sie 1900 m/s. Bei der Temperatur von flüssigem Helium sind diese Geschwindigkeiten gleich 40 bzw. 160 m/s.

Die mittlere kinetische Energie der fortschreitenden Bewegung eines Moleküls eines idealen Gases

$$\langle \varepsilon_0\rangle = \frac{E}{N} = \frac{m_0 \langle v_{\mathrm{qu}}\rangle^2}{2} = \frac{3k_{\mathrm{B}}T}{2} \tag{43.8}$$

(es wurden die Gl. (43.5) und (43.7) benutzt) ist der thermodynamischen Temperatur proportional und nur von ihr abhängig. Aus dieser Gleichung folgt, daß bei $T = 0$ $\langle \varepsilon_0\rangle = 0$ ist, d. h., bei 0 K ist jede fortschreitende Bewegung der Gasmoleküle unterbunden, der Gasdruck ist folglich Null. Die thermodynamische Temperatur ist somit ein Maß für die mittlere kinetische Energie der fortschreitenden Bewegung der Moleküle eines idealen Gases. Die Gl. (43.8) legt die molekularkinetische Erklärung der Temperatur dar.

§ 44 Maxwellscher Verteilungssatz für Moleküle eines idealen Gases

Bei der Herleitung der Grundgleichung der molekularkinetischen Theorie nahmen wir unterschiedliche Geschwindigkeiten an. Infolge der mehrfachen Stöße ändert sich die Geschwindigkeit eines jeden Moleküls sowohl in ihrem Betrag als auch in ihrer Richtung. Aufgrund der chaotischen Bewegung der Moleküle sind jedoch alle Bewegungsrichtungen gleichwertig, d. h., in jeder Richtung bewegt sich im Durchschnitt dieselbe Anzahl der Moleküle.

Nach der molekularkinetischen Theorie bleibt die mittlere quadratische Geschwindigkeit der Moleküle mit der Masse m_0 in einem sich im Gleichgewichtszustand bei $T = \mathrm{const}$ befindenden Gas konstant und ist gleich $\langle v_{\mathrm{qu}}\rangle = \sqrt{3k_{\mathrm{B}}T/m_0}$, unabhängig davon, wie sich die Geschwindigkeit der Moleküle bei den Stoßprozessen auch ändern mag. Dies wird dadurch erklärt, daß sich im Gleichgewicht eine stationäre, im Laufe der Zeit sich nicht ändernde, Verteilung der Moleküle nach ihren Geschwindigkeiten einstellt, die einem bestimmten statistischen Gesetz gehorcht. Dieses Gesetz wurde von J. Maxwell theoretisch hergeleitet.

Bei der Herleitung des Geschwindigkeitsverteilungsgesetzes für die Moleküle nahm Maxwell an, daß das Gas aus einer sehr großen Anzahl von N identischen Molekülen besteht, die sich im Zustand der ungeordneten Wärmebewegung bei gleicher Temperatur befinden. Es wird weiterhin angenommen, daß auf das Gas kein Kraftfeld wirkt.

Das Maxwellsche Gesetz wird durch eine Funktion $f(v)$ beschrieben, die man **Verteilungsfunktion der Moleküle nach ihren Geschwindigkeiten** nennt. Wenn man den Bereich der Geschwindigkeiten der Moleküle in kleine Intervalle gleich dv zerlegt, so entfällt auf jedes Geschwindigkeitsintervall eine bestimmte Anzahl von Molekülen $dN(v)$, die eine in diesem Intervall liegende Geschwindigkeit besitzen. Die Funktion $f(v)$ bestimmt die relative Anzahl $dN(v)/N$ der Moleküle, deren Geschwindigkeiten im Intervall von v bis $v + dv$ liegen, d. h.

$$\frac{dN(v)}{N} = f(v)\, dv,$$

woraus folgt

$$f(v) = \frac{dN(v)}{N\, dv}.$$

Unter Verwendung von wahrscheinlichkeitstheoretischen Verfahren fand Maxwell die Funktion $f(v)$ – das **Verteilungsgesetz für Moleküle eines idealen Gases nach ihren Geschwindigkeiten**:

$$f(v) = 4\pi \left(\frac{m_0}{2\pi k_B T}\right)^{3/2} v^2 e^{-m_0 v^2/(2k_B T)}. \qquad (44.1)$$

Aus (44.1) ist ersichtlich, daß die konkrete Form der Funktion von der Natur des Gases (der Molekülmasse) und einem Zustandsparameter (der Temperatur T) abhängig ist.

Die Funktion (44.1) ist in Bild 44.1 graphisch dargestellt. Da sich der Faktor $e^{-m_0 v^2/(2k_B T)}$ bei anwachsender Geschwindigkeit schneller verringert, als der Faktor v^2 wächst, erreicht die Funktion von Null beginnend ein Maximum bei v_w und strebt dann asymptotisch gegen Null. Die Kurve ist bezüglich v_w nicht symmetrisch.

Die relative Anzahl der Moleküle $dN(v)/N$, deren Geschwindigkeiten im Intervall von v bis $v + dv$ liegen, entspricht dem großen hellen Streifen in Bild 44.1. Die von der Verteilungskurve und der Abszisse eingeschlossene Fläche ist gleich eins. Das bedeutet, daß die Funktion $f(v)$ der Normierungsbedingung

$$\int\limits_0^\infty f(v)\, dv = 1$$

genügt. Die Geschwindigkeit, bei der die Verteilungsfunktion für die Moleküle eines idealen Gases nach der Geschwindigkeit ihr Maximum einnimmt, nennt man die **wahrscheinlichste Geschwindigkeit**. Den Wert der wahrscheinlichsten Geschwindigkeit kann man finden, indem man den Ausdruck (44.1) nach dem Argument v differenziert (konstante Faktoren lassen wir weg), das Ergebnis gleich Null setzt und die Maximumsbedingung für den Ausdruck $f(v)$ benutzt:

$$\frac{d}{dv}\left(v^2 e^{-m_0 v^2/(2k_B T)}\right) = 2v\left(1 - \frac{m_0 v^2}{2k_B T}\right) e^{-m_0 v^2/(2k_B T)} = 0.$$

Die Werte $v = 0$ und $v = \infty$ entsprechen den Minima des Ausdruckes (44.1). Der Wert, für den der Ausdruck in den Klammern verschwindet, ist die gesuchte wahrscheinlichste Geschwindigkeit v_w:

$$v_w = \sqrt{\frac{2k_B T}{m_0}} = \sqrt{\frac{2RT}{M}}. \qquad (44.2)$$

Aus Gl. (44.2) folgt, daß sich das Maximum der Geschwindigkeitsverteilungsfunktion (Bild 44.2) bei einer Erhöhung der Temperatur nach rechts verschiebt (die wahrscheinlichste Geschwindigkeit wird größer). Der Flächeninhalt unter der Kurve bleibt jedoch unverändert, die Verteilungskurve der Moleküle nach den Geschwindigkeiten wird deshalb bei einer Erhöhung der Temperatur auseinandergezogen, wobei sich ihre Höhe verringert.

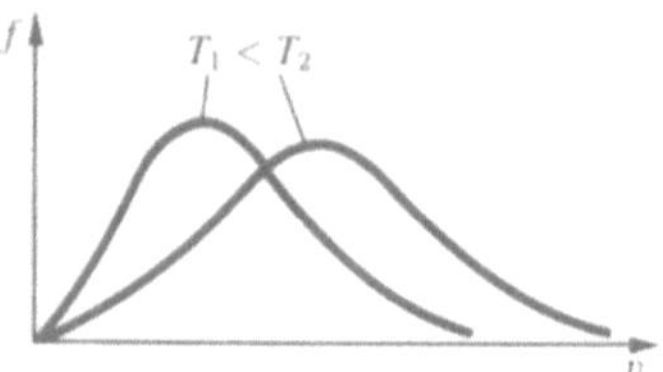

Bild 44.2

Die **mittlere Geschwindigkeit eines Moleküls** (die **mittlere arithmetische Geschwindigkeit**) $\langle v \rangle$ wird durch die Gleichung

$$\langle v \rangle = \frac{1}{N}\int\limits_0^\infty v\, dN(v) = \int\limits_0^\infty v f(v)\, dv$$

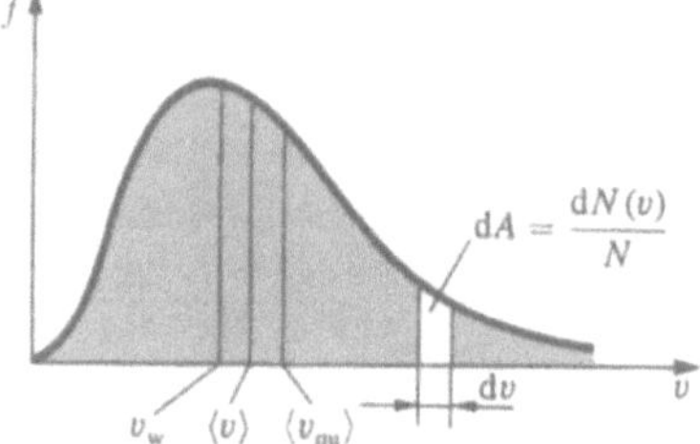

Bild 44.1

bestimmt. Wenn man hierin $f(v)$ einsetzt und integriert, erhält man

$$\langle v \rangle = \sqrt{\frac{8k_{\mathrm{B}}T}{\pi m_0}} = \sqrt{\frac{8RT}{\pi M}}. \qquad (44.3)$$

Folgende Geschwindigkeiten kennzeichnen den Zustand des Gases:

1) die wahrscheinlichste Geschwindigkeit $v_{\mathrm{w}} = \sqrt{2RT/M}$;

2) die mittlere Geschwindigkeit $\langle v \rangle = \sqrt{8RT/(\pi M)} = 1{,}13 v_{\mathrm{w}}$;

3) die mittlere quadratische Geschwindigkeit $\langle v_{\mathrm{qu}} \rangle = \sqrt{3RT/M} = 1{,}22 v_{\mathrm{w}}$ (Bild 44.1).

Ausgehend von der Verteilung der Moleküle nach den Geschwindigkeiten

$$dN(v) = N \cdot 4\pi \left(\frac{m_0}{2\pi k_{\mathrm{B}}T}\right)^{3/2} v^2 e^{-m_0 v^2/(2k_{\mathrm{B}}T)}\, dv \qquad (44.4)$$

kann man die Verteilung der Moleküle nach der kinetischen Energie ermitteln. Dazu gehen wir von der Variablen v zu der Variablen $\varepsilon = m_0 v^2/2$ über. Durch Einsetzen in (44.4) von $v = \sqrt{2\varepsilon/m_0}$ und $dv = (2m_0\varepsilon)^{-1/2}\, d\varepsilon$ erhalten wir

$$dN(\varepsilon) = \frac{2N}{\sqrt{\pi}}(k_{\mathrm{B}}T)^{-3/2}\varepsilon^{1/2}e^{-\varepsilon/(k_{\mathrm{B}}T)}\, d\varepsilon = Nf(\varepsilon)\, d\varepsilon,$$

wobei $dN(\varepsilon)$ die Anzahl der Moleküle ist, deren kinetische Energie der fortschreitenden Bewegung in dem Intervall von ε bis $\varepsilon + d\varepsilon$ liegt.

Die **Verteilungsfunktion für Moleküle nach der Energie der Wärmebewegung** ist somit

$$f(\varepsilon) = \frac{2}{\sqrt{\pi}}(k_{\mathrm{B}}T)^{-3/2}\varepsilon^{1/2}e^{-\varepsilon/(k_{\mathrm{B}}T)}.$$

Die mittlere kinetische Energie $\langle \varepsilon \rangle$ der Moleküle eines idealen Gases ist

$$\langle \varepsilon \rangle = \int\limits_0^\infty \varepsilon f(\varepsilon)\, d\varepsilon = \frac{2}{\sqrt{\pi}}(k_{\mathrm{B}}T)^{-3/2}\int\limits_0^\infty \varepsilon^{3/2}e^{-\varepsilon/(k_{\mathrm{B}}T)}\, d\varepsilon$$

$$= \frac{3k_{\mathrm{B}}T}{2},$$

d. h., wir erhalten ein mit der Gl. (43.8) übereinstimmendes Ergebnis.

§ 45 Barometerformel. Boltzmann-Verteilung

Bei der Herleitung der Grundgleichung der molekularkinetischen Gastheorie und der Maxwellschen Geschwindigkeitsverteilung der Moleküle wurde vorausgesetzt, daß auf die Moleküle keine äußeren Kräfte wirken, die Moleküle sind deshalb gleichmäßig über das Volumen verteilt. Die Moleküle eines beliebigen Gases befinden sich jedoch im Potentialfeld der Erdanziehung. Die Gravitation einerseits und die Wärmebewegung

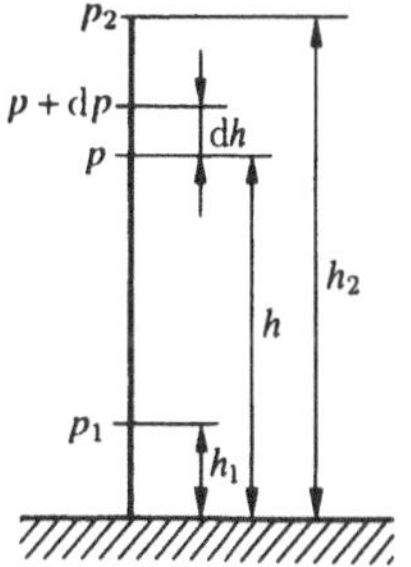

Bild 45.1

andererseits führen zu einem bestimmten stationären Zustand des Gases, in dem der Druck mit der Höhe abnimmt.

Leiten wir nun das Gesetz der Druckänderung mit der Höhe unter der Annahme her, daß das Gravitationsfeld homogen, die Temperatur konstant und die Masse aller Moleküle gleich ist. Wenn der Atmosphärendruck in der Höhe h gleich p ist (Bild 45.1), so ist er in der Höhe $h + dh$ gleich $p + dp$ (bei $dh > 0$ ist $dp < 0$, da sich der Druck mit der Höhe verringert). Die Differenz zwischen den Drücken p und $p + dp$ ist gleich dem Gewicht des in dem Zylinder mit der Höhe dh und den Grundflächen von einer Flächeneinheit eingeschlossenen Gases:

$$p - (p + dp) = \rho g\, dh,$$

wobei ρ die Dichte des Gases in der Höhe h ist (dh ist so klein, daß man die Dichte des Gases bei einer Höhenänderung um dh als konstant betrachten kann). Folglich ist

$$dp = -\rho g\, dh. \qquad (45.1)$$

Unter Verwendung der Zustandsgleichung des idealen Gases $pV = (m/M)RT$ (m ist die Masse des Gases, M die molare Masse des Gases) finden wir

$$\rho = \frac{m}{V} = \frac{pM}{RT}.$$

Nach Einsetzen dieses Ausdruckes in (45.1) erhalten wir

$$dp = -\frac{Mg}{RT}p\, dh$$

oder

$$\frac{dp}{p} = -\frac{Mg}{RT}\, dh.$$

Mit der Änderung der Höhe von h_1 nach h_2 ändert sich der Druck von p_1 nach p_2 (Bild 45.1), d. h.

$$\int\limits_{p_1}^{p_2} \frac{dp}{p} = -\frac{Mg}{RT}\int\limits_{h_1}^{h_2} dh,$$

$$\ln\frac{p_2}{p_1} = -\frac{Mg}{RT}(h_2 - h_1)$$

oder

$$p_2 = p_1 \mathrm{e}^{-Mg(h_2 - h_1)/(RT)}. \qquad (45.2)$$

Der Ausdruck (45.2) wird als **Barometerformel** bezeichnet. Sie erlaubt es, den Atmosphärendruck in Abhängigkeit von der Höhe oder umgekehrt die Höhe nach gemessenem Druck zu bestimmen. Da die Höhe relativ zum Meeresspiegel gemessen wird, wo der Druck als Normaldruck angenommen wird, kann man den Ausdruck (45.2) in der Form

$$p = p_0 \mathrm{e}^{-Mgh/(RT)} \qquad (45.3)$$

schreiben, wobei p der Druck in der Höhe h ist.

Die Höhe über der Erdoberfläche wird mit dem **Höhenmesser** bestimmt. Seine Funktionsweise beruht auf der Gl. (45.3). Aus dieser Gleichung folgt, daß der Druck um so schneller mit der Höhe abnimmt, je schwerer das Gas ist.

Die Barometerformel kann man unter Verwendung des Ausdruckes (42.6) $p = nk_\mathrm{B}T$ in

$$n = n_0 \mathrm{e}^{-Mgh/(RT)}$$

umformen, wobei n die Konzentration der Moleküle in der Höhe h und n_0 die Konzentration in der Höhe $h = 0$ ist. Wegen $M = m_0 N_\mathrm{A}$ (N_A ist die Avogadro-Konstante, m_0 die Masse eines Moleküls) und $R = k_\mathrm{B} N_\mathrm{A}$ ist

$$n = n_0 \mathrm{e}^{-m_0 g h/(k_\mathrm{B} T)}, \qquad (45.4)$$

wobei $m_0 g h = U$ die potentielle Energie des Moleküls im Gravitationsfeld ist, d. h.

$$n = n_0 \mathrm{e}^{-U/(k_\mathrm{B} T)}. \qquad (45.5)$$

Der Ausdruck (45.5) heißt **Boltzmann-Verteilung** im äußeren Potentialfeld. Aus ihr folgt, daß die Dichte eines Gases bei konstanter Temperatur dort größer ist, wo die potentielle Energie seiner Moleküle geringer ist.

§ 46   Mittlere Stoßzahl und mittlere freie Weglänge

Die Gasmoleküle befinden sich im Zustand chaotischer Bewegung und stoßen fortlaufend aneinander. Zwischen zwei aufeinanderfolgenden Stößen durchlaufen die Moleküle einen Weg l, den man als **freie Weglänge** bezeichnet. Im allgemeinen Fall ist die Weglänge zwischen zwei aufeinanderfolgenden Stößen verschieden, da wir es aber mit einer sehr großen Anzahl von Molekülen zu tun haben und sich diese in ungeordneter Bewegung befinden, kann man von einer **mittleren freien Weglänge** $\langle l \rangle$ sprechen.

Die kleinste Entfernung, auf die sich die Mittelpunkte zweier Moleküle bei einem Zusammenstoß annähern, heißt **effektiver Moleküldurchmesser** d (Bild 46.1). Er ist von der Geschwindigkeit der zusammenstoßenden Moleküle abhängig, d. h. von der Temperatur des Gases (er verringert sich etwas mit steigender Temperatur).

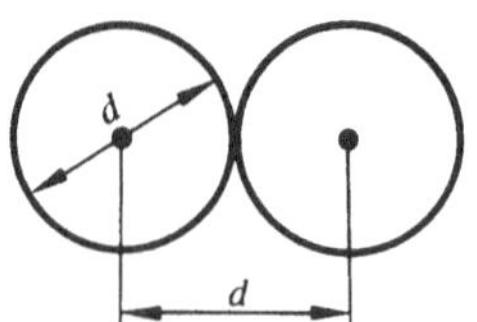

Bild 46.1

Da das Molekül in 1 s im Durchschnitt einen Weg zurücklegt, der gleich der mittleren arithmetischen Geschwindigkeit $\langle v \rangle$ ist, beträgt die mittlere freie Weglänge bei der mittleren Stoßzahl $\langle z \rangle$

$$\langle l \rangle = \frac{\langle v \rangle}{\langle z \rangle}.$$

Zur Bestimmung von $\langle z \rangle$ stellen wir uns das Molekül als eine Kugel mit dem Durchmesser d vor, die sich zwischen anderen „eingefrorenen" Molekülen bewegt. Dieses Molekül stößt nur mit den Molekülen zusammen, deren Mittelpunkte sich in einer Entfernung gleich oder kleiner d befinden, d. h., 1 die im Inneren des „Polygonzylinders" mit dem Radius d liegen (Bild 46.2).

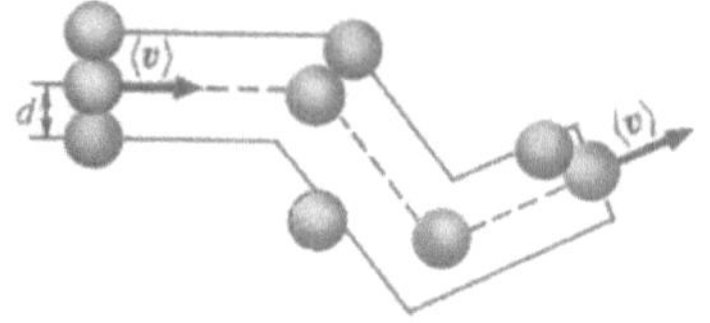

Bild 46.2

Die mittlere Stoßzahl in 1 s ist gleich der Anzahl der Moleküle im Volumen des „Polygonzylinders":

$$\langle z \rangle = nV,$$

wobei n die Konzentration der Moleküle ist, $V = \pi d^2 \langle v \rangle$ ($\langle v \rangle$ ist die mittlere Geschwindigkeit des Moleküls oder der von ihm in 1 s durchlaufene Weg). Die **mittlere Stoßzahl** ist somit

$$\langle z \rangle = n \pi d^2 \langle v \rangle.$$

Berechnungen zeigen, daß unter Berücksichtigung der Bewegungen der anderen Moleküle gilt

$$\langle z \rangle = \sqrt{2} \pi d^2 n \langle v \rangle.$$

Die mittlere freie Weglänge beträgt dann

$$\langle l \rangle = \frac{1}{\sqrt{2} \pi d^2 n},$$

d. h., $\langle l \rangle$ ist der Konzentration n der Moleküle umgekehrt proportional. Andererseits folgt aus (42.6), daß bei konstanter Temperatur n dem Druck p proportional ist. Folglich gilt

$$\frac{\langle l_1 \rangle}{\langle l_2 \rangle} = \frac{n_2}{n_1} = \frac{p_2}{p_1}.$$

§ 47   Experimentelle Begründung der molekularkinetischen Theorie

Wir wollen nun einige Versuche, die die Grundsätze und Folgerungen der molekularkinetischen Theorie belegen, betrachten.

1. Brownsche Bewegung. Der schottische Botaniker R. Brown (1773–1858) stellte bei der Beobachtung einer Emulsion von Blütenstaub in Wasser unter dem Mikroskop fest, daß sich die Blütenstaubteilchen angeregt und ungeordnet bewegen, sich dabei drehen und dann wieder von einem Ort zu einem anderen bewegen wie Staubteilchen im Sonnenlicht. Späterhin stellte sich heraus, daß eine solche zickzackförmige Bewegung für beliebige in einem Gas oder einer Flüssigkeit fein verteilte kleine ($\approx 1\ \mu$m) Teilchen charakteristisch ist. Die Intensität dieser als **Brownsche Bewegung** bezeichneten Bewegung wächst mit steigender Temperatur des Mediums, sich verringernder Viskosität und Teilchengröße (unabhängig von der chemischen Natur der Teilchen). Die Ursache der Brownschen Bewegung blieb lange Zeit unklar. Erst 80 Jahre nach Entdeckung dieses Effektes konnte eine Erklärung gegeben werden: Die Brownsche Bewegung schwebender Teilchen wird durch Zusammenstöße der Moleküle des Mediums, in dem die Teilchen schweben, hervorgerufen. Da sich die Moleküle chaotisch bewegen, erhalten die Brownschen Teilchen Stöße aus verschiedenen Richtungen, weshalb sie auch so eigenartige Bewegungen vollführen. Die Brownsche Bewegung bestätigt somit die Schlußfolgerungen der molekularkinetischen Theorie bezüglich der chaotischen Wärmebewegung von Atomen und Molekülen.

2. Sternscher Versuch. Die Geschwindigkeit von Molekülen wurde erstmals von dem deutschen Physiker O. Stern (1888–1970) experimentell bestimmt. Seine Versuche erlaubten es ebenfalls, die Geschwindigkeitsverteilung der Moleküle zu bestimmen. Das Schema der Sternschen Versuchsanordnung ist in Bild 47.1 dargestellt. Entlang der Achse des inneren, mit einem Spalt versehenen Zylinders ist ein versilberter Platindraht gespannt, der bei abgepumpter Luft durch Strom erwärmt wird. Das Silber verdampft bei der Erwärmung. Die durch den Spalt entweichenden Silberatome treffen auf die Innenfläche des zweiten Zylinders, wo sie eine Abbildung des Spaltes O hinterlassen. Wenn man die Versuchsanordnung in Rotation um die gemeinsame Zylinderachse versetzt, setzen sich die Silberatome nicht gegenüber dem Spalt ab, sondern in der Entfernung s von dem Punkt O. Es entsteht eine verwischte Abbildung des Spaltes. Durch Untersuchung der Dicke der abgesetzten Schicht kann man die Geschwindigkeitsverteilung der Moleküle abschätzen. Sie entspricht der Maxwellverteilung.

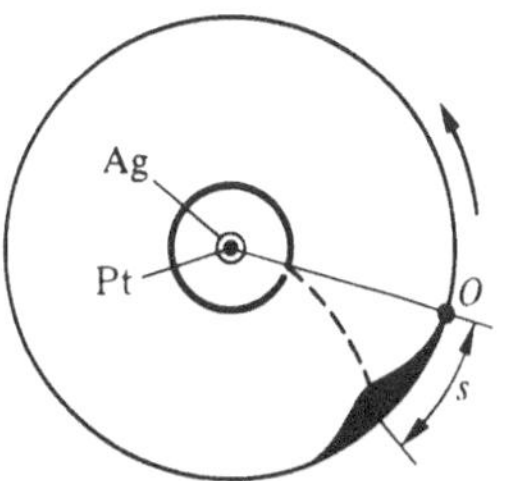

Bild 47.1

Aus den Zylinderradien, der Winkelgeschwindigkeit der Rotation und dem Abstand s kann man die Geschwindigkeit der Silberatome bei gegebener Temperatur des Drahtes berechnen. Die Ergebnisse des Versuches zeigen, daß die mittlere Geschwindigkeit der Silberatome nahe der Geschwindigkeit liegt, die aus der Maxwellschen Geschwindigkeitsverteilung der Moleküle folgt.

3. Lammert-Versuch. Dieser Versuch gestattet es, die Geschwindigkeitsverteilung der Moleküle genauer zu bestimmen. Das Schema der Versuchsanordnung ist in Bild 47.2 dargestellt. Ein von einer Quelle in einen evakuierten Gefäß ausgesandter Molekülstrahl trifft nach Durchlaufen eines Spaltes auf einen Empfänger. Zwischen Quelle und Empfänger sind zwei Scheiben mit einem Einschnitt auf einer gemeinsamen Achse angeordnet. Wenn sich die Scheiben nicht bewegen, erreichen die Moleküle den Empfänger, indem sie sich durch die beiden Einschnitte in den Scheiben bewegen. Versetzt man die Achse in Rotation, so erreichen den Empfänger nur die durch den Einschnitt in der ersten Scheibe gelangten Moleküle, die die Entfernung zwischen den Scheiben in einer Zeit durchlaufen, die gleich einer oder einem Vielfachen der Umlaufdauer der Scheibe ist. Die anderen Moleküle werden von der zweiten Scheibe aufgehalten. Durch Änderung der Winkelgeschwindigkeit der Rotation der Scheiben und Messung der auf den Empfänger treffenden Moleküle kann man die Geschwindigkeitsverteilung der Moleküle bestimmen. Auch in diesem Versuch wurde die Maxwellsche Geschwindigkeitsverteilung bestätigt.

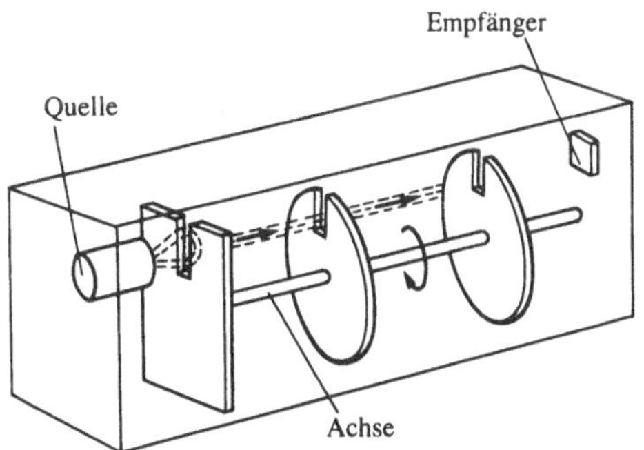

Bild 47.2

4. Experimentelle Bestimmung der Avogadro-Konstante. Die Avogadro-Konstante wurde von dem französischen Physiker J. Perrin (1870–1942) unter Ausnutzung der Molekülverteilung nach der Höhe (siehe Gl. (45.4)) bestimmt. Durch Untersuchung der Brownschen Bewegung unter dem Mikroskop konnte er sich davon überzeugen, daß sich die Brownschen Teilchen nach der Höhe genau so verteilen wie Gasmoleküle in einem Gravitationsfeld. Unter Anwendung der Boltzmann-Verteilung kann man für sie schreiben

$$n = n_0 \mathrm{e}^{-(m-m_1)gh/(k_{\mathrm{B}}T)},$$

wobei m die Teilchenmasse und m_1 die Masse der von ihnen verdrängten Flüssigkeit ist: $m = (4/3)\pi r^3 \rho,\ m_1 = (4/3)\pi r^3 \rho_1$ (r ist Teilchenradius, ρ Dichte der Teilchen, ρ_1 Dichte der Flüssigkeit).

Wenn n_1 und n_2 die Teilchenkonzentrationen in den Höhen h_1 und h_2 sind, gilt mit $k_\mathrm{B} = R/N_\mathrm{A}$

$$N_\mathrm{A} = \frac{3RT \ln \dfrac{n_1}{n_2}}{4\pi r^3(\rho - \rho_1)g(h_2 - h_1)}.$$

Der in den Arbeiten von Perrin erhaltene Wert für N_A entspricht den in anderen Versuchen gewonnenen Werten, was die Anwendbarkeit der Verteilung (45.4) auf Brownsche Teilchen bestätigt.

§ 48   Transporterscheinungen in thermodynamischen Nichtgleichgewichtssystemen

In der Thermodynamik von Nichtgleichgewichtssystemen treten spezielle *irreversible* Prozesse auf, die als **Transporterscheinungen** bezeichnet werden. Sie führen zur Übertragung von Energie, Masse und Impuls im Raum. Zu den Transportphänomenen zählen die **Wärmeleitung** (durch *Energietransport*), die **Diffusion** (durch *Massentransport*) und die **innere Reibung** (durch *Impulstransport*). Der Einfachheit halber beschränken wir uns auf *eindimensionale* Tranporterscheinungen. Das Bezugssystem legen wir so, daß die x-Achse in Übertragungsrichtung orientiert ist.

1. Wärmeleitung. Wenn in einem Bereich eines Gases die mittlere kinetische Energie größer ist als in einem anderen, dann gleicht sich die mittlere kinetische Energie der Teilchen infolge der ständigen Zusammenstöße der Moleküle im Laufe der Zeit aus, mit anderen Worten, die Temperatur gleicht sich aus.

Der Energietransport in Form von Wärmeenergie gehorcht dem **Fourierschen Gesetz**:

$$j_E = -\lambda \frac{\mathrm{d}T}{\mathrm{d}x}. \tag{48.1}$$

Darin ist j_E die **Dichte des Wärmestromes** – sie bestimmt die in Form von Wärme *in einer Zeiteinheit durch eine Einheitsfläche* senkrecht zur x-Achse übertragene Energie. Weiterhin ist λ die **Wärmeleitfähigkeit** und $\mathrm{d}T/\mathrm{d}x$ der Temperaturgradient, der gleich der Geschwindigkeit der Temperaturänderung pro Längeneinheit x in Normalenrichtung zu der Fläche ist. Das Minuszeichen weist darauf hin, daß bei der Wärmeleitung Energie in Richtung abnehmender Temperatur übertragen wird (die Vorzeichen von j_E und $\mathrm{d}T/\mathrm{d}x$ sind deshalb verschieden). Die Wärmeleitfähigkeit λ ist zahlenmäßig gleich der Dichte des Wärmestromes bei einem Temperaturgradient von eins.

Man kann zeigen, daß

$$\lambda = \frac{c_V \rho \langle v \rangle \langle l \rangle}{3} \tag{48.2}$$

ist, wobei c_V die *spezifische Wärmekapazität des Gases bei konstantem Volumen* (die für die Erwärmung von 1 kg Gas um 1 K bei konstantem Volumen benötigte Wärmemenge, vgl. § 53), ρ die Dichte des Gases, $\langle v \rangle$ die mittlere Geschwindigkeit der Wärmebewegung der Moleküle und $\langle l \rangle$ die mittlere freie Weglänge ist.

2. Diffusion. Unter Diffusion versteht man das spontane Eindringen und Vermischen von Teilchen zweier sich berührender Gase, Flüssigkeiten oder Festkörper. Die Diffusion führt zu einem Massenaustausch der Teilchen der beiden Körper, sie entsteht und verläuft so lange, wie ein Dichtegradient existiert. Zu Zeiten der Herausbildung der molekularkinetischen Theorie entstanden Widersprüche bezüglich der Diffusion. Da sich die Moleküle mit sehr großen Geschwindigkeiten bewegen, müßte die Diffusion sehr schnell vonstatten gehen. Wenn man jedoch in einem Zimmer ein Gefäß mit einem Riechstoff öffnet, verbreitet sich der Geruch recht langsam. Darin besteht jedoch kein Widerspruch. Die Moleküle besitzen bei Atmosphärendruck eine geringe freie Weglänge und verharren infolge der Zusammenstöße mit anderen Molekülen im wesentlichen an ihrem Platz.

Diffusionsprozesse chemisch homogener Gase gehorchen dem **Fickschen Gesetz**

$$j_\mathrm{m} = -D \frac{\mathrm{d}\rho}{\mathrm{d}x}. \tag{48.3}$$

Darin ist j_m die Dichte des Massenstromes, die *in einer Zeiteinheit durch eine Einheitsfläche* senkrecht zur x-Achse diffundierte Masse. Weiterhin ist D der **Diffusionskoeffizient** und $\mathrm{d}\rho/\mathrm{d}x$ der Dichtegradient, der gleich der Geschwindigkeit der Dichteänderung pro Längeneinheit x in Normalenrichtung zu der Fläche ist. Das Minuszeichen weist darauf hin, daß die Masse in Richtung abnehmender Dichte übertragen wird (die Vorzeichen von j_m und $\mathrm{d}\rho/\mathrm{d}x$ sind deshalb verschieden). Der Diffusionskoeffizient D ist zahlenmäßig gleich der Dichte des Massenstromes bei einem Dichtegradient von eins. Entsprechend der kinetischen Gastheorie ist

$$D = \frac{\langle v \rangle \langle l \rangle}{3}. \tag{48.4}$$

3. Innere Reibung (Viskosität). Zwischen unterschiedlich schnellen parallelen Gasschichten (Flüssigkeitsschichten) entsteht innere Reibung. Sie wird von dem durch die chaotische Wärmebewegung bedingten Molekülaustausch zwischen den Schichten hervorgerufen. Dadurch verringert sich der Impuls der sich schneller bewegenden Schicht; der Impuls der sich langsamer bewegenden Schicht vergrößert sich, was zum Abbremsen der schnelleren und zur Beschleunigung der langsameren Schicht führt.

Entsprechend Gl. (31.1) gehorcht die Kraft der inneren Reibung zwischen zwei Gasschichten (Flüssigkeitsschichten) dem **Newtonschen Reibungsgesetz**:

$$F = \eta \left| \frac{\mathrm{d}v}{\mathrm{d}x} \right| A, \tag{48.5}$$

wobei η die dynamische Viskosität, $\mathrm{d}v/\mathrm{d}x$ der Geschwindigkeitsgradient in x-Richtung senkrecht zur Bewegungsrichtung und A die der Kraftwirkung F ausgesetzte Fläche ist.

Die Wechselwirkung zwischen zwei Schichten kann man nach dem zweiten Newtonschen Axiom als einen Prozeß betrachten, bei dem von einer Schicht zu der anderen pro Zeiteinheit ein Impuls übertragen wird, der proportional zur wirkenden Kraft ist. Den Ausdruck (48.5) kann man dann in der Form

$$j_p = -\eta \frac{\mathrm{d}v}{\mathrm{d}x} \qquad (48.6)$$

darstellen, wobei j_p die **Impulsstromdichte**, der pro Zeiteinheit durch eine Einheitsfläche senkrecht zur x-Achse in positiver x-Richtung übertragene Gesamtimpuls, ist. $\mathrm{d}v/\mathrm{d}x$ ist der Geschwindigkeitsgradient. Das Minuszeichen weist darauf hin, daß der Impuls in Richtung abnehmender Geschwindigkeit übertragen wird (die Vorzeichen von j_p und $\mathrm{d}v/\mathrm{d}x$ sind deshalb verschieden).

Die **dynamische Viskosität** η ist zahlenmäßig gleich der Impulsstromdichte bei einem Geschwindigkeitsgradienten von eins; sie wird durch die Gleichung

$$\eta = \frac{\rho \langle v \rangle \langle l \rangle}{3} \qquad (48.7)$$

bestimmt.

Aus einem Vergleich der Transportgleichungen (48.1), (48.3) und (48.6) folgt, daß die Gesetzmäßigkeiten aller Transporterscheinungen einander ähnlich sind. Diese Gesetze wurden lange vor ihrer Begründung und Herleitung mittels der molekularkinetischen Theorie auf anderem Wege aufgestellt. Mit dieser Theorie kam man zu dem Schluß, daß die äußerliche Ähnlichkeit der mathematischen Beschreibung auf die chaotische Bewegung und die gegenseitigen Stöße zurückzuführen ist.

Die betrachteten Gesetze von Fourier, Fick und Newton geben keine molekularkinetische Erklärung für die Koeffizienten λ, D und η. Die Ausdrücke für die Transportkoeffizienten werden aus der kinetischen Theorie hergeleitet. Sie wurden ohne Herleitung angeführt, da die strenge Betrachtung der Transporterscheinungen sehr aufwendig ist, eine qualitative Betrachtung jedoch keinen Sinn hat. Die Gl. (48.2), (48.4) und (48.7) stellen die Verbindung zwischen den Transportkoeffizienten und der Wärmebewegung der Moleküle her. Aus diesen Gleichungen folgen einfache Beziehungen zwischen λ, D und η:

$$\begin{cases} \eta = \rho D, \\ \dfrac{\lambda}{\eta c_V} = 1. \end{cases}$$

Unter Verwendung dieser Gleichungen kann man aus experimentell gefundenen Werten der einen Koeffizienten die anderen bestimmen.

§ 49   Vakuum und Verfahren der Vakuumerzeugung. Eigenschaften ultrahochverdünnter Gase

Wenn man aus einem Gefäß das Gas absaugt, verringert sich die Zahl der Zusammenstöße zwischen den Molekülen untereinander mit der Verringerung des Druckes, was zur Vergrößerung der freien Weglänge der Moleküle führt. Bei hinreichend großer Verdünnung sind Zusammenstöße zwischen den Molekülen relativ selten, die Stöße der Moleküle an die Gefäßwand spielen deshalb eine große Rolle. Als **Vakuum** bezeichnet man den

Zustand des Gases, in dem die mittlere freie Weglänge $\langle l \rangle$ vergleichbar oder größer als ein charakteristisches lineares Maß d des Gefäßes ist, in dem sich das Gas befindet. In Abhängigkeit von dem Verhältnis von $\langle l \rangle$ zu d unterscheidet man zwischen **Grob-** ($\langle l \rangle \ll d$), **Fein-** ($\langle l \rangle \leqq d$), **Hoch-** ($\langle l \rangle > d$) und **Ultrahochvakuum** ($\langle l \rangle \gg d$). Ein Gas im Zustand des Hochvakuums bezeichnet man als **ultrahochverdünnt**.

Die Fragen der Erzeugung von Vakuum sind von großer technischer Bedeutung, da zum Beispiel in vielen modernen elektronischen Geräten Elektronenstrahlen verwendet werden, deren Erzeugung nur im Vakuum möglich ist. Zur Erzeugung verschiedener Unterdrücke benutzt man **Vakuumpumpen**. Heutzutage werden Vakuumpumpen, mit denen man ein Vorvakuum von 0,13 Pa erreichen kann, sowie Vakuumpumpen und Laborvorrichtungen verwendet, die einen Druck von 10 μPa – 1 pPa (10^{-9} Pa) erzeugen können.

Das Funktionsprinzip einer Vorvakuumpumpe (Kreiselpumpe) ist in Bild 49.1 dargestellt. In dem zylinderförmigen Hohlraum des Gehäuses rotiert ein exzentrisch gelagerter Zylinder. Zwei in Einschnitte des Zylinders eingesetzte und von Federn 2 verschobene Schaufeln (1 und 1$'$) teilen den Raum zwischen dem Zylinder und der Wandung des Innenraumes in zwei Teile. Das Gas strömt aus dem abzupumpenden Gefäß in den Bereich 3, mit der Drehung des Zylinders dreht sich die Schaufel 1 nach unten, der Raum 3 vergrößert sich, und das Gas strömt durch den Stutzen 4 ein. Bei der weiteren Drehung trennt die Schaufel 1$'$ den Raum 3 von dem Stutzen 4, das Gas wird durch das Ventil 5 nach außen verdrängt. Der ganze Prozeß wiederholt sich fortlaufend.

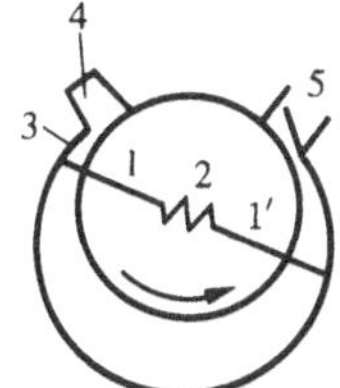

Bild 49.1

Zur Erzeugung von Hochvakuum finden **Diffusionspumpen** (Arbeitsmedium Quecksilber oder Öl) Anwendung. Sie sind nicht in der Lage, Gas aus einem Gefäß bei Atmosphärendruck beginnend abzupumpen, können jedoch einen weiteren Druckunterschied erzeugen. Sie werden deshalb in Verbindung mit Vorvakuumpumpen betrieben. Betrachen wir das Schema einer Diffusionspumpe (Bild 49.2). In dem Kolben wird das Quecksilber erwärmt, die in der Röhre 1 aufsteigenden Quecksilberdämpfe treten aus der Düse 2 mit hoher Geschwindigkeit aus, wobei sie Gasmoleküle aus dem abzupumpenden Gefäß (in ihm wurde ein Vorvakuum erzeugt) mitreißen. Diese Dämpfe kondensieren dann im Abschnitt der Wasserkühlung und laufen in das Reservoir zurück, das mitgerissene Gas entweicht (durch die Röhre 3) in den Raum, in dem bereits ein Vorvakuum erzeugt wurde. Bei Verwendung mehrstufiger Pumpen (mehrere Düsen sind nacheinander angeordnet) kann man

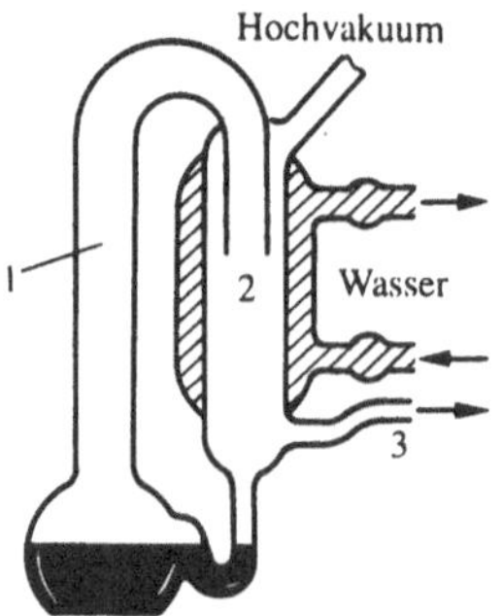

Bild 49.2

bei guter Abdichtung durchaus einen Unterdruck bis zu 100 mPa erreichen.

Zur weiteren Senkung des Druckes verwendet man sogenannte Fallen. Zwischen der Diffusionspumpe und dem abzupumpenden Objekt ordnet man ein speziell gekrümmtes Knie (1 oder 2) in der Verbindungsleitung (Falle) an, das mit flüssigem Stickstoff gekühlt wird (Bild 49.3). Bei einer solchen Temperatur kondensieren die Quecksilberdämpfe (Öldämpfe), und der Druck fällt in dem abzupumpenden Gefäß um 1–2 Größenordnungen. Die beschriebenen Fallen nennt man **Kühlfallen**; man kann auch **ungekühlte Fallen** verwenden. In der Nähe des auf einer Temperatur von 300 °C gehaltenen abzupumpenden Objekts füllt man einen Ausläufer des Verbindungsrohres mit einem Arbeitsmedium (zum Beispiel Alumogel – Gel von Aluminiumhydroxid, Adsorbent). Bei Erreichen des Hochvakuums kühlt man das Alumogel bis auf Zimmertempertur ab. Dabei beginnt es, die sich in dem System befindenden Dämpfe aufzusaugen. Der Vorteil dieser Fallen besteht darin, daß man mit ihnen in einem abgepumpten Objekt auch nach Beendigung des eigentlichen Abpumpens ein Hochvakuum bis zu einigen Tagen aufrecht erhalten kann.

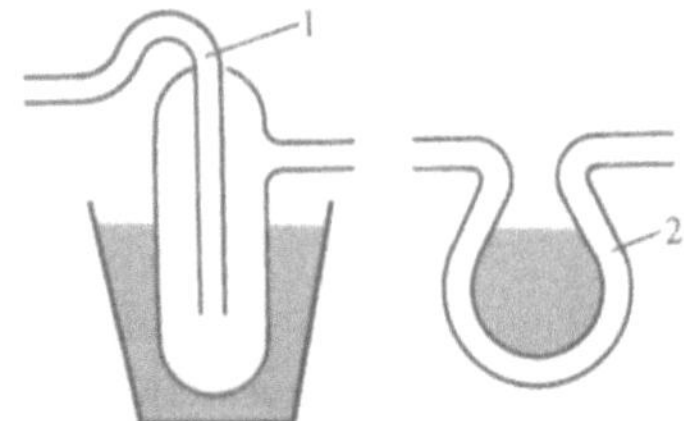

Bild 49.3

Betrachten wir einige Eigenschaften ultrahochverdünnter Gase. Da im ultrahochverdünnten Zustand die Moleküle miteinander praktisch nicht zusammenstoßen, besitzt das Gas in diesem Zustand keine innere Reibung. Dieses Fehlen der Zusammenstöße zwischen den Molekülen eines verdünnten Gases wirkt sich auch auf den Mechanismus der Wärmeleitung aus. Wenn bei normalen Drücken die Energieübertragung zwischen den Molekülen „staffelartig" geschieht, so muß in ultrahochverdünnten Gasen jedes Molekül *selbst* die Energie von einer Gefäßwand zu der anderen übertragen. Der Effekt der Verringerung der Wärmeleitfähigkeit bei Senkung des Druckes wird in der Praxis zur Wärmeisolation genutzt. Zur Verringerung des

Wärmeaustausches zwischen einem Körper und der Umwelt gibt man diesen Körper zum Beispiel in ein **Dewar-Gefäß**, das nach dem englischen Chemiker und Physiker D. Dewar (1842–1923) benannt ist. Dieses Gefäß verfügt über eine mit Luft bei einem geringen Druck gefüllte Doppelwand. Die Wärmeleitfähigkeit dieser Luft ist sehr gering.

Bild 49.4

Betrachten wir zwei Gefäße 1 und 2, die auf den Temperaturen T_1 bzw. T_2 gehalten werden (Bild 49.4) und über eine Röhre miteinander verbunden sind. Wenn die freie Weglänge der Moleküle wesentlich kleiner ist als der Durchmesser der Verbindungsröhre ($\langle l \rangle \ll d$), wird der stationäre Zustand des Gases durch die Druckgleichheit ($p_1 = p_2$) in beiden Gefäßen bestimmt. Ein stationärer Zustand eines ultrahochverdünnten Gases, das sich in den beiden mit der Röhre verbundenen Gefäßen befindet ($\langle l \rangle \gg d$), ist nur möglich, wenn die entgegengesetzten Teilchenströme zwischen den Gefäßen gleich sind, d. h., wenn

$$n_1 \langle v_1 \rangle = n_2 \langle v_2 \rangle \qquad (49.1)$$

gilt, wobei n_1 und n_2 die Teilchenkonzentrationen in den beiden Gefäßen und $\langle v_1 \rangle$ und $\langle v_2 \rangle$ die mittleren Geschwindigkeiten der Moleküle sind. Unter Berücksichtigung von $n = p/(k_B T)$ und $\langle v \rangle = \sqrt{8RT/(\pi M)}$ erhalten wir aus der Bedingung (49.1)

$$\frac{p_1}{p_2} = \sqrt{\frac{T_1}{T_2}}, \qquad (49.2)$$

d. h., unter den Bedingungen des Hochvakuums tritt kein Druckausgleich auf. Wenn man in den evakuierten Glasballon (Bild 49.5) an einer Feder 1 ein einseitig geschwärztes Glimmerplättchen 2 einbringt und es beleuchtet, entsteht ein Temperaturunterschied zwischen der hellen und der geschwärzten Seite des Plättchens. Aus (49.2) folgt, daß in diesem Fall der Druck auch unterschiedlich sein wird, d. h., die Moleküle werden sich von der geschwärzten Oberfläche mit größerer Kraft abstoßen als von der hellen, wodurch das Plättchen ausgelenkt wird. Diese Erscheinung wird als radiometrischer Effekt bezeichnet. Auf dem **Radiometereffekt** beruht die Wirkungsweise des **radio-**

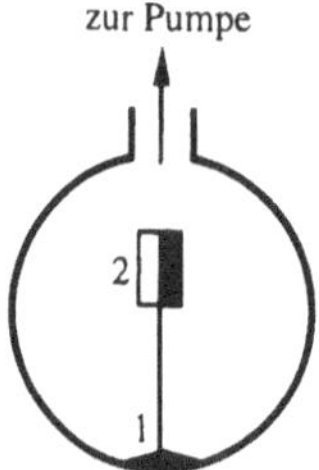

Bild 49.5

metrischen Manometers. Auf genau demselben Prinzip beruht die sogenannte Lichtmühle: Vier auf Vorder- und Rückseite unterschiedlich gefärbte Plättchen sind über Draht verbunden und in der Mitte eines evakuierten Glasgefäßes leicht beweglich gelagert. Beim Beleuchten mit Licht fangen die Flügel an, sich zu drehen. Der Drehsinn ist aber genau entgegengesetzt zu demjenigen, der nach der üblichen Erklärung vorherrschen müßte: Oft wird behauptet, daß durch Impulsübertragung bei der Reflexion von Lichtteilchen an den helleren Flächen die Flügel in Bewegung gesetzt würden.

Kontrollfragen

▶ Warum sind die thermodynamischen und statistischen (molekularkinetischen) Untersuchungsmethoden makroskopischer Systeme qualitativ verschieden, und warum ergänzen sie sich gegenseitig?

▶ Was sind thermodynamische Parameter? Welche thermodynamischen Parameter sind Ihnen bekannt?

▶ Wie wird das Boyle-Mariottesche Gesetz vom molekularkinetischen Standpunkt aus erklärt?

▶ Durch welche Gesetze werden isobare und isochore Prozesse beschrieben?

▶ Worin besteht der physikalische Sinn der Avogadro-Konstante, worin der Loschmidt-Zahl?

▶ Bei einer gewissen Temperatur und einem gewissen Druck nimmt 1 mol Stickstoff ein Volumen von 20 l ein. Welches Volumen nimmt 1 mol Wasserstoff unter denselben Bedingungen ein?

▶ Wie wird der Druck eines Gases vom molekularkinetischen Standpunkt aus gedeutet, wie die thermodynamische Temperatur?

▶ Worin besteht der Inhalt und welches Ziel verfolgt die Herleitung der Grundgleichung der molekularkinetischen Gastheorie?

▶ Welchen physikalischen Sinn besitzt die Verteilungsfunktion der Moleküle nach der Geschwindigkeit bzw. nach der Energie?

▶ Wie kann man bei bekannter Geschwindigkeitsverteilungsfunktion der Moleküle zur Energieverteilungsfunktion übergehen?

▶ Wie und um welchen Faktor unterscheidet sich die mittlere Geschwindigkeit der Moleküle von Wasserstoff und Sauerstoff?

▶ Worin besteht das Wesen der Boltzmann-Verteilung?

▶ Ist die mittlere freie Weglänge der Moleküle von der Temperatur des Gases abhängig? Warum?

▶ Wie ändert sich die mittlere freie Weglänge der Moleküle bei Erhöhung des Druckes?

▶ Worin besteht das Wesen der Transporterscheinungen? Welche Effekte zählen hierzu, und unter welchen Bedingungen treten sie auf?

▶ Erläutern Sie das physikalische Wesen der Gesetze von Fourier, Fick und Newton.

▶ Nach welchem Mechanismus wird die Wärmeleitung in ultrahochverdünnten Gasen realisiert?

Aufgaben

8.1. Stellen Sie einen isobaren und isochoren Prozeß in den Koordinaten p und V, p und T, T und V graphisch dar und erläutern Sie die Kurven.

8.2. In einem geschlossenen Gefäß befinden sich bei einer Temperatur von 300 K und einem Druck von 0,1 MPa 10 g Wasserstoff und 16 g Helium. Bestimmen Sie unter Annahme idealer Gase das spezifische Volumen des Gemisches. [Lösung der Aufgabe s. S. 384]

8.3. Ein Gasgemisch aus $m_1 = 16$ g Sauerstoff und $m_2 = 21$ g Stickstoff befindet sich bei einer Temperatur von $t = 20\,°C$ und einem Druck von $p = 0,2$ MPa in einem Gefäß. Bestimmen Sie die Dichte des Gemisches. [2,5 kg/m³]

8.4. Bestimmen Sie die mittlere arithmetische Geschwindigkeit der Moleküle eines idealen Gases, dessen Dichte bei einem Druck von 35 kPa 0,3 kg/m³ beträgt. [Lösung der Aufgabe s. S. 384]

8.5. Bestimmen Sie die wahrscheinlichste Geschwindigkeit der Moleküle eines Gases, dessen Dichte bei einem Druck von 40 kPa 0,35 kg/m³ beträgt. [478 m/s]

8.6. Stellen Sie unter Verwendung der Geschwindigkeitsverteilung für Moleküle eines idealen Gases die Verteilung der Moleküle nach der relativen Geschwindigkeit u ($u = v/v_w$) auf. $[f(u) = 4\mathrm{e}^{-u^2}u^2/\sqrt{\pi}\,]$

8.7. Bestimmen Sie unter Verwendung der Verteilungsfunktion für die Moleküle eines idealen Gases nach den relativen Geschwindigkeiten $f(u) = 4\mathrm{e}^{-u^2}u^2/\sqrt{\pi}$ ($u = v/v_w$) die Anzahl der Moleküle, deren Geschwindigkeit geringer als das 0,002fache der wahrscheinlichsten Geschwindigkeit ist, wenn sich in dem Gasvolumen $N = 1,67 \cdot 10^{24}$ Moleküle befinden. [Lösung der Aufgabe s. S. 385]

8.8. Bestimmen Sie unter Verwendung der Verteilung der Moleküle nach der relativen Geschwindigkeit (siehe Aufgabe 8.6), welcher Teil der sich bei einer Temperatur von $t = 0\,°C$ befindenden Sauerstoffmoleküle eine Geschwindigkeit zwischen 100 und 110 m/s besitzt. [0,4]

8.9. In welcher Höhe ist die Dichte der Luft doppelt so groß wie auf Höhe des Meeresspiegels? Nehmen Sie an, daß die Lufttemperatur überall gleich ist und 273 K beträgt. [5,5 km]

8.10. Bestimmen Sie die mittlere Zeitdauer des freien Weges von Wasserstoffmolekülen bei einer Temperatur von 300 K und einem Druck von 5 kPa. Nehmen Sie den effektiven Moleküldurchmesser mit 0,28 nm an. [170 ns]

8.11. Bestimmen Sie das Verhältnis der Diffusionskoeffizienten von Stickstoff ($M_1 = 28 \cdot 10^{-3}$ kg/mol) und Kohlendioxid ($M_2 = 44 \cdot 10^{-3}$ kg/mol), wenn sich beide Gase bei gleicher Temperatur und gleichem Druck befinden. Nehmen Sie die effektiven Moleküldurchmesser beider Gase als gleich an. [Lösung der Aufgabe s. S. 385]

8.12. Der Diffusionskoeffizient und der Koeffizient der inneren Reibung betragen unter gegebenen Bedingungen $1,42 \cdot 10^{-4}$ m²/s bzw. 8,5 μPa · s. Bestimmen Sie die Konzentration der Luftmoleküle unter diesen Bedingungen. $[1,25 \cdot 10^{24}\,\text{m}^{-3}]$

Kapitel 9

Grundlagen der Thermodynamik

§ 50   Anzahl der Freiheitsgrade eines Moleküls. Gleichverteilungssatz

Eine wichtige Kenngröße eines thermodynamischen Systems ist seine **innere Energie** U – die Energie der chaotischen Bewegung (Wärmebewegung) der Mikroteilchen des Systems (Moleküle, Atome, Elektronen, Atomkerne usw.) und die Wechselwirkungsenergie dieser Teilchen. Aus dieser Definition folgt, daß die kinetische Energie der Bewegung des Systems als Ganzes und die potentielle Energie des Systems in einem äußeren Feld nicht mit zur inneren Energie zählen.

Die innere Energie ist eine *eindeutige* Funktion des thermodynamischen Zustandes des Systems, d. h., in jedem Zustand besitzt das System einen wohlbestimmten Wert der inneren Energie (dieser ist unabhängig davon, wie das System in diesen Zustand gelangte). Das bedeutet, daß die Änderung der inneren Energie eines Systems bei einem Übergang aus einem Zustand in einen anderen nur von der Differenz der inneren Energien in diesen Zuständen bestimmt wird und von der Art und Weise des Übergangs unabhängig ist.

In § 1 wurde der Begriff der Anzahl der Freiheitsgrade eingeführt – die Anzahl der unabhängigen Variablen (Koordinaten), die die Lage des Systems im Raum vollständig bestimmen. In einer Reihe von Aufgaben betrachtet man ein Molekül eines einatomigen Gases (Bild 50.1a) als einen Massenpunkt, dem drei Translationsfreiheitsgrade zugeschrieben werden. Die Rotationsenergie braucht man dabei nicht zu berücksichtigen ($r \to 0$, $J = mr^2 \to 0$, $T_{\mathrm{rot}} = J\omega^2/2 \to 0$).

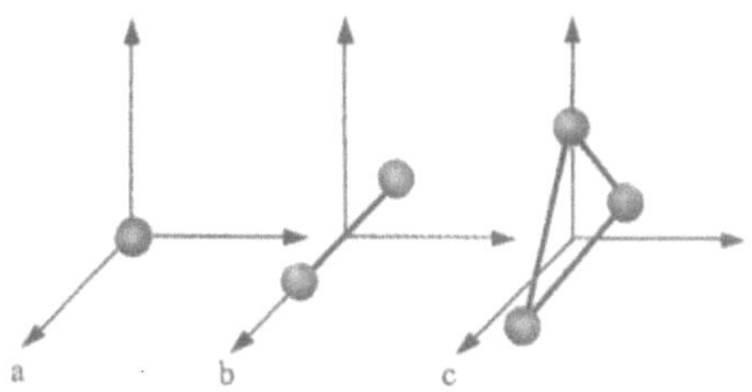

Bild 50.1

In Rahmen der klassischen Mechanik betrachtet man Moleküle zweiatomiger Gase in erster Näherung als Gesamtheit zweier über eine starre Bindung miteinander verbundenen Massenpunkte (Bild 50.1b). Dieses System besitzt außer den drei Translationsfreiheitsgraden noch zwei Rotationsfreiheitsgrade. Der Rotation um die dritte Achse (die durch beide Atome verlaufende Achse) ist kein Sinn zuzuschreiben. Ein zweiatomiges Gas verfügt somit über fünf Freiheitsgrade ($i = 5$). Dreiatomige (Bild 50.1c) und mehratomige nichtlineare Moleküle besitzen sechs Freiheitsgrade: drei Translationsfreiheitsgrade und drei Rotationsfreiheitsgrade. Eine starre Bindung zwischen den Ato-

men existiert natürlich nicht. Bei realen Molekülen sind deshalb noch Schwingungsfreiheitsgrade zu berücksichtigen.

Unabhängig von der Gesamtzahl der Freiheitsgrade eines Moleküls sind drei Freiheitsgrade immer der Translation zugeordnet. Keiner der Translationsfreiheitsgrade ist gegenüber den anderen ausgezeichnet, auf jeden dieser Freiheitsgrade entfällt daher im Durchschnitt dieselbe Energie, die gleich 1/3 des Wertes $\langle \varepsilon_0 \rangle$ ist:

$$\langle \varepsilon_1 \rangle = \frac{\langle \varepsilon_0 \rangle}{3} = \frac{1}{2} k_{\mathrm{B}} T.$$

In der klassischen statistischen Physik wird das **Boltzmannsche Gesetz von der Gleichverteilung der Energie auf die Freiheitsgrade** hergeleitet: Für ein statistisches System, das sich im thermodynamischen Gleichgewicht befindet, entfällt auf jeden Translationsfreiheitsgrad und jeden Rotationsfreiheitsgrad im Durchschnitt die kinetische Energie $k_{\mathrm{B}} T/2$ und auf jeden Schwingungsfreiheitsgrad im Durchschnitt die Energie $k_{\mathrm{B}} T$. Der Schwingungsfreiheitsgrad „besitzt" deshalb eine doppelt so große Energie, weil auf ihn nicht nur kinetische Energie (wie im Falle der Translation oder der Rotation), sondern auch potentielle Energie entfällt, wobei die Mittelwerte der kinetischen und der potentiellen Energie gleich sind. Die mittlere Energie eines Moleküls beträgt somit

$$\langle \varepsilon \rangle = \frac{i}{2} k_{\mathrm{B}} T,$$

wobei i die Summe aus der Anzahl der Translations- und Rotationsfreiheitsgrade sowie der doppelten Anzahl der Schwingungsfreiheitsgrade ist:

$$i = i_{\mathrm{T}} + i_{\mathrm{R}} + i_{\mathrm{S}}.$$

In der klassischen Theorie werden Moleküle mit starren Bindungen zwischen den Atomen betrachtet; für sie stimmt i mit der Anzahl der Freiheitsgrade des Moleküls überein.

Da die Änderung der potentiellen Energie im idealen Gas gleich Null ist (die Moleküle stehen nicht in Wechselwirkung miteinander), ist die auf ein Mol des Gases bezogene innere Energie gleich der Summe der kinetischen Energien von N_{A} Molekülen:

$$U_{\mathrm{m}} = \frac{i}{2} k_{\mathrm{B}} T N_{\mathrm{A}} = \frac{i}{2} RT. \tag{50.1}$$

Die innere Energie einer beliebigen Masse des Gases beträgt

$$U = \frac{m}{M} \frac{i}{2} RT = \nu \frac{i}{2} RT,$$

wobei M die molare Masse und ν die Stoffmenge ist.

§ 51   Erster Hauptsatz der Thermodynamik

Betrachten wir ein thermodynamisches System, dessen mechanische Energie unverändert bleibt, wobei sich nur die innere Energie des Systems ändert. Die innere Energie des Systems kann sich infolge verschiedener Prozesse ändern, zum Beispiel durch Verrichtung von Arbeit an dem System oder durch Wärmezufuhr. Wenn wir einen Kolben in einen Zylinder pressen, komprimieren wir das Gas in dem Zylinder, woraufhin die Temperatur des Gases steigt, d. h., es ändert sich (vergrößert sich) die innere Energie des Gases. Andererseits kann man die Temperatur des Gases und seine innere Energie durch Zufuhr einer gewissen Wärmemenge erhöhen, durch Energie also, die dem System von äußeren Körpern durch Wärmeleitung zugeführt wird (Austausch innerer Energie beim Kontakt von Körpern unterschiedlicher Temperatur).

Man kann somit von zwei Formen der Energieübertragung von einem Körper zu einem anderen sprechen: Arbeit und Wärme. Die Energie der mechanischen Bewegung kann man in Wärmeenergie umwandeln und umgekehrt. Bei diesen Umwandlungen wird der Satz von der Erhaltung und Umwandlung der Energie eingehalten; in Anwendung auf thermodynamische Systeme stellt dieser Satz den ersten Hauptsatz der Thermodynamik dar, der durch Verallgemeinerung experimenteller Daten aus mehreren Jahrhunderten gewonnen wurde.

Nehmen wir an, daß einem System mit der inneren Energie U_1 (zum Beispiel ein in einem Zylinder mit Kolben eingeschlossenes Gas) eine gewisse Wärmemenge Q zugeführt wurde und daß das System beim Übergang in den neuen Zustand mit der inneren Energie U_2 die Arbeit W an dem äußeren Medium, d. h. gegen die äußeren Kräfte, verrichtet hat. Eine Wärmemenge wird als positiv betrachtet, wenn sie dem System zugeführt wird, eine Arbeit hat positives Vorzeichen, wenn sie von dem System gegen äußere Kräfte verrichtet wird. Das Experiment zeigt, daß entsprechend dem Energieerhaltungssatz die Änderung der inneren Energie $\Delta U = U_2 - U_1$ auf jedem Weg des Übergangs des Systems aus dem einen Zustand in den anderen gleich der Differenz aus der vom System aufgenommenen Wärmemenge Q und der vom System gegen die äußeren Kräfte verrichteten Arbeit W ist:

$$\Delta U = Q - W$$

oder

$$Q = \Delta U + W. \tag{51.1}$$

Gl. (51.1) drückt den **ersten Hauptsatz der Thermodynamik** aus: Die dem System zugeführte Wärme wird zur Änderung seiner inneren Energie und zur Verrichtung von Arbeit gegen äußere Kräfte verwendet.

Der Ausdruck (51.1) nimmt in differentieller Form die Gestalt

$$dQ = dU + dW$$

oder richtiger

$$\delta Q = dU + \delta W \tag{51.2}$$

an, wobei dU eine unendlich kleine Änderung der inneren Energie, δW eine elementare Arbeit und δQ eine unendlich kleine Wärmemenge ist. In diesem Ausdruck ist dU ein vollständiges Differential, δW und δQ sind es nicht. Im weiteren werden wir die Schreibweise des ersten Hauptsatzes in der Form (51.2) benutzen.

Aus Gl. (51.1) folgt, daß die Wärmemenge im SI in denselben Einheiten wie die Energie und die Arbeit, d. h. in Joule (J), gemessen wird.

Wenn das System periodisch in seinen Ausgangszustand zurückkehrt, beträgt die Änderung seiner inneren Energie $\Delta U = 0$. Entsprechend dem ersten Hauptsatz der Thermodynamik ist dann

$$W = Q,$$

d. h. ein **Perpetuum mobile erster Art** – eine periodisch arbeitende Maschine, die mehr Arbeit verrichtet, als ihr von außen Energie zugeführt wird, ist nicht möglich (eine der Formulierungen des ersten Hauptsatzes der Thermodynamik).

§ 52   Arbeit eines Gases bei Volumenänderung

Zur Betrachtung konkreter Prozesse bestimmen wir in allgemeiner Form die von einem Gas bei der Änderung seines Volumens verrichtete äußere Arbeit. Betrachten wir zum Beispiel ein Gas in einem Zylinder mit Kolben (Bild 52.1). Wenn das Gas bei seiner Ausdehnung den Kolben um die unendlich kleine Entfernung dl verschiebt, so verrichtet es an ihm die Arbeit

$$\delta W = F\,dl = pA\,dl = p\,dV,$$

wobei A die Kolbenfläche und $A\,dl = dV$ die Änderung des Volumens des Systems ist. Somit ist

$$\delta W = p\,dV. \tag{52.1}$$

Die gesamte von dem Gas bei der Änderung seines Volumens von V_1 nach V_2 verrichtete Arbeit finden wir durch Intergration der Gl. (52.1) :

$$W = \int_{V_1}^{V_2} p\,dV. \tag{52.2}$$

Das Ergebnis der Intergration wird vom Charakter der Abhängigkeit des Druckes vom Volumen des Gases bestimmt.

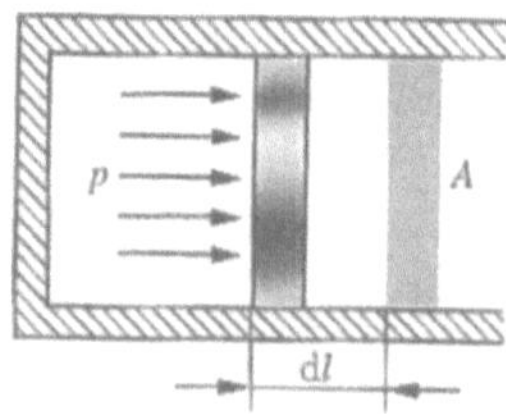

Bild 52.1

Der für die Arbeit gefundene Ausdruck (52.2) ist für beliebige Volumenänderungen fester, flüssiger und gasförmiger Körper gültig.

Die bei dem jeweiligen Prozeß verrichtete Arbeit kann man graphisch in den Koordinaten p und V darstellen. Die Druckänderung eines Gases bei seiner Ausdehnung wird zum Beispiel durch die Kurve in Bild 52.2 dargestellt. Bei Vergrößerung des Volumens um dV wird von dem Gas die Arbeit $p\,dV$ verrichtet, sie wird in der Abbildung durch den Streifen mit der Breite dV dargestellt. Die gesamte von dem Gas bei der Ausdehnung von dem Volumen V_1 auf das Volumen V_2 verrichtete Arbeit wird durch die von der Abszisse, der Kurve $p = f(V)$ und den Geraden V_1 und V_2 begrenzte Fläche bestimmt.

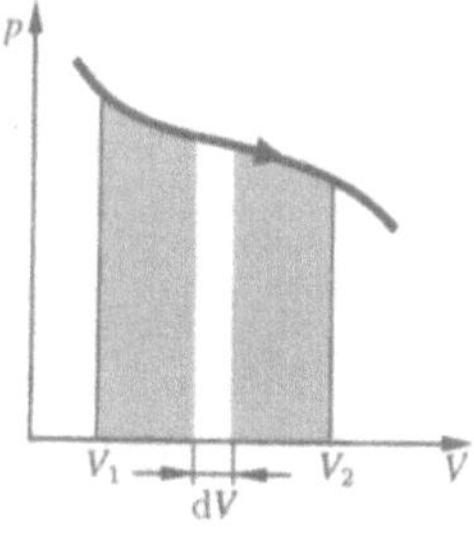

Bild 52.2

Graphisch können nur **Gleichgewichtsprozesse** dargestellt werden – Prozesse, die aus einer Folge von Gleichgewichtszuständen bestehen. Sie verlaufen derart, daß die Änderung der thermodynamischen Parameter über einen endlichen Zeitabschnitt unendlich klein ist. Alle realen Prozesse sind Nichtgleichgewichtsprozesse (sie verlaufen mit endlicher Geschwindigkeit). In einer Reihe von Fällen kann man die Abweichungen vom Gleichgewicht vernachlässigen (je langsamer ein Prozeß abläuft, desto näher kommt er einem Gleichgewichtsprozeß). Im folgenden werden wir die zu behandelnden Prozesse als Gleichgewichtsprozesse betrachten.

§ 53 Wärmekapazität

Die **spezifische Wärmekapazität** eines Stoffes ist eine Größe, die gleich der zur Erwärmung von 1 kg des Stoffes um 1 K benötigten Wärmemenge ist:

$$c = \frac{\delta Q}{m\,dT}.$$

Die Maßeinheit der spezifischen Wärmekapazität ist das Joule pro Kilogramm und Kelvin (J/(kg · K)).

Die **molare Wärmekapazität** eines Stoffes ist eine Größe, die gleich der zur Erwärmung von 1 mol des Stoffes um 1 K benötigten Wärmemenge ist:

$$C_\mathrm{m} = \frac{\delta Q}{\nu\,dT},\tag{53.1}$$

wobei $\nu = m/M$ die in Mol ausgedrückte Stoffmenge ist.

Die Maßeinheit der molaren Wärmekapazität ist das Joule pro Mol und Kelvin (J/(mol · K)).

Die spezifische Wärmekapazität c ist mit der molaren Wärmekapazität C_m über die Beziehung

$$C_\mathrm{m} = cM \tag{53.2}$$

verknüpft, wobei M die molare Masse des Stoffes ist.

Man unterscheidet zwischen der Wärmekapazität bei konstantem Volumen und der Wärmekapazität bei konstantem Druck, wenn während der Erwärmung des Stoffes sein Volumen bzw. der Druck konstant gehalten werden.

Schreiben wir unter Berücksichtigung von (52.1) und (53.1) den ersten Hauptsatz der Thermodynamik (51.2) für 1 mol eines Gases auf:

$$C_\mathrm{m}\,dT = dU_\mathrm{m} + p\,dV_\mathrm{m}.\tag{53.3}$$

Wenn das Gas bei konstantem Volumen erwärmt wird, ist die Arbeit der äußeren Kräfte gleich Null (siehe (52.1)), und die dem Gas von außen zugeführte Wärme wird nur zur Erhöhung der inneren Energie verwendet:

$$C_V = \frac{dU_\mathrm{m}}{dT},\tag{53.4}$$

d. h., die molare Wärmekapazität eines Gases bei konstantem Volumen C_V ist gleich der Änderung der inneren Energie von 1 mol des Gases bei der Erhöhung seiner Temperatur um 1 K. Gemäß Gl. (50.1) ist

$$dU_\mathrm{m} = \frac{i}{2}R\,dT,$$

dann ist

$$C_V = \frac{iR}{2}.\tag{53.5}$$

Wird das Gas bei konstantem Druck erwärmt, kann man den Ausdruck (53.3) in der Form

$$C_p = \frac{dU_\mathrm{m}}{dT} + \frac{p\,dV_\mathrm{m}}{dT}$$

schreiben. Wenn man berücksichtigt, daß dU_m/dT von der Art des Prozesses unabhängig (die innere Energie eines idealen Gases ist weder von p noch von V abhängig, sondern wird nur durch der Temperatur T bestimmt) und stets gleich C_V ist (siehe (53.4)), erhält man nach Differenzieren der Clapeyron-Mendelejewschen Gleichung $pV_\mathrm{m} = RT$ (42.4) nach T ($p = $ const)

$$C_p = C_V + R.\tag{53.6}$$

Der Ausdruck (53.6) wird als **Mayersche Gleichung** bezeichnet; sie zeigt, daß C_p stets um den Wert der molaren Gaskonstante größer ist als C_V. Dies erklärt sich dadurch, daß bei der Erwärmung eines Gases bei konstantem Druck noch eine zusätzliche Wärmemenge zur Verrichtung der Expansionsarbeit des Gases benötigt wird, da die Druckkonstanz durch eine Vergrößerung des Volumens des Gases erreicht wird.

Unter Verwendung von (53.5) kann man den Ausdruck (53.6) in der Form

$$C_p = \frac{i+2}{2} R \qquad (53.7)$$

schreiben. Bei der Betrachtung thermodynamischer Prozesse ist die Kenntnis des für jedes Gas charakteristischen Verhältnisses von C_p zu C_V wichtig:

$$\gamma = \frac{C_p}{C_V} = \frac{i+2}{i}. \qquad (53.8)$$

Aus (53.5) und (53.7) folgt, daß die molare Wärmekapazität nur durch die Anzahl der Freiheitsgrade bestimmt wird und nicht von der Temperatur abhängt. Diese Behauptung der molekular-kinetischen Theorie ist in einem recht weiten Temperaturbereich nur für einatomige Gase gültig. Schon für zweiatomige Gase ist die in der Wärmekapazität auftretende Anzahl der Freiheitsgrade von der Temperatur abhängig. Ein Molekül eines zweiatomigen Gases besitzt drei Translationsfreiheitsgrade, zwei Rotationsfreiheitsgrade und einen Schwingungsfreiheitsgrad.

Nach dem Gesetz über die Gleichverteilung der Energie auf die Freiheitsgrade (siehe § 50) ist bei Zimmertemperatur $C_V = 7R/2$. Aus der qualitativen experimentellen Abhängigkeit der molaren Wärmekapazität von Wasserstoff (Bild 53.1) folgt, daß C_V von der Temperatur abhängig ist: Bei niedriger Temperatur (≈ 50 K) ist $C_V = 3R/2$, bei Zimmertemperatur $C_V = 5R/2$ (anstelle der berechneten $7R/2$!) und bei sehr hoher Temperatur $C_V = 7R/2$. Dies ist dadurch zu erklären, daß bei niedriger Temperatur lediglich eine Translation der Moleküle zu beobachten ist, bei Zimmertemperatur noch die Rotation und bei sehr hoher Temperatur noch die Schwingung hinzugefügt werden.

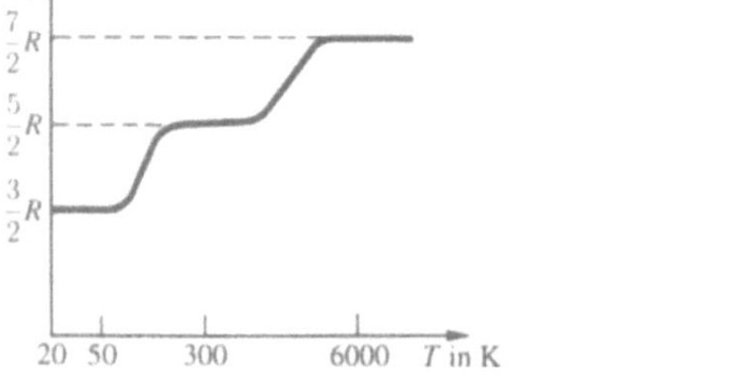

Bild 53.1

Die Diskrepanz zwischen Theorie und Experiment ist leicht zu erklären. Bei der Berechnung der Wärmekapazität muß man nämlich die Quantelung der Rotations- und Schwingungsenergien der Moleküle berücksichtigen (es sind nicht beliebige Rotationen und Schwingungen der Moleküle möglich, sondern nur eine bestimmte diskrete Reihe der Energiewerte). Wenn zum Beispiel die Energie der Wärmebewegung für die Anregung einer Schwingung nicht ausreicht, tragen diese Schwingungen nicht zur Wärmekapazität bei (der entsprechende Freiheitsgrad ist „eingefroren" – das Gleichverteilungsgesetz der Energie ist auf ihn nicht anwendbar). Damit wird erklärt, warum die Wärmekapazität eines zweiatomigen Gases – Wasserstoff – bei

Zimmertemperatur gleich $5R/2$ und nicht $7R/2$ ist. Analog dazu kann man die Verringerung der Wärmekapazität bei niedriger Temperatur („Einfrieren" des Rotationsfreiheitsgrades) und die Vergrößerung bei hoher Temperatur („Anregung" des Schwingungsfreiheitsgrades) erklären.

§ 54   Anwendung des ersten Hauptsatzes der Thermodynamik auf Isoprozesse

Unter den in thermodynamischen Systemen ablaufenden Prozessen werden die **Isoprozesse** hervorgehoben, bei denen eine der grundlegenden Zustandsgrößen konstant bleibt.

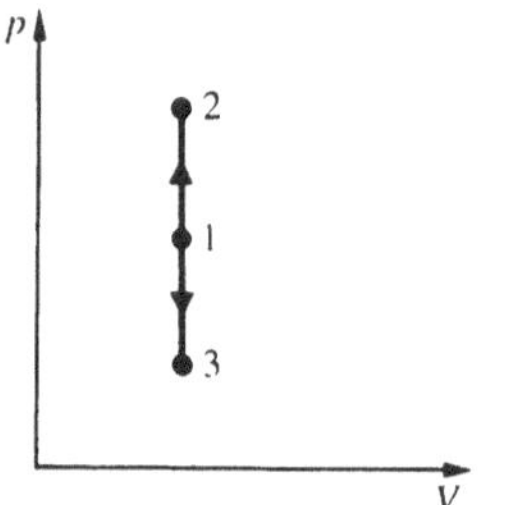

Bild 54.1

Isochorer Prozeß ($V = $ const). Graphisch wird dieser Prozeß in den Koordinaten p, V durch eine zur Ordinate parallele Gerade (**Isochore**) veranschaulicht (Bild 54.1), wobei der Prozeß 1–2 eine isochore Erwärmung, der Prozeß 1–3 eine isochore Abkühlung beschreibt. Beim isochoren Prozeß verrichtet das Gas keine Arbeit an äußeren Körpern, d. h.

$$\delta W = p\, \mathrm{d}V = 0.$$

Wie bereits im § 35 hingewiesen wurde, folgt aus dem ersten Hauptsatz der Thermodynamik ($\delta Q = \mathrm{d}U + \delta W$) für einen isochoren Prozeß, daß die gesamte dem Körper zugeführte Wärme zur Erhöhung der inneren Energie verwendet wird:

$$\delta Q = \mathrm{d}U.$$

Entprechend Gl. (53.4) ist

$$\mathrm{d}U_\mathrm{m} = C_V\, \mathrm{d}T.$$

Für eine beliebige Masse des Gases erhalten wir dann

$$\delta Q = \mathrm{d}U = \frac{m}{M} C_V\, \mathrm{d}T. \qquad (54.1)$$

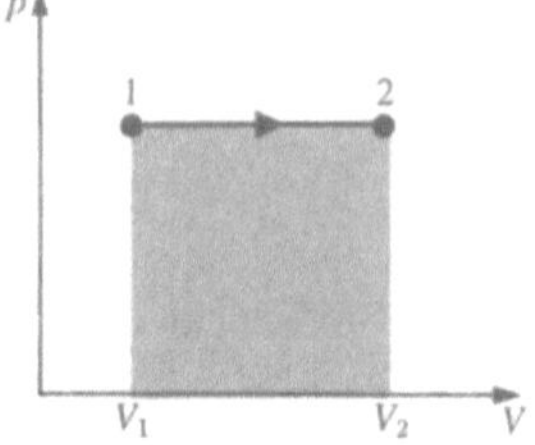

Bild 54.2

Isobarer Prozeß (p = const). Graphisch wird dieser Prozeß in den Koordinaten p, V durch eine zur V-Achse parallele Gerade (**Isobare**) veranschaulicht. Beim isobaren Prozeß ist die Arbeit des Gases (siehe (52.5)) bei der Ausdehnung des Volumens von V_1 auf V_2 gleich

$$W = \int_{V_1}^{V_2} p \, dV = p(V_2 - V_1) \qquad (54.2)$$

und wird durch den Flächeninhalt des in Bild 54.2 grauen Rechteckes bestimmt. Unter Anwendung der Clapeyron-Mendelejewschen Gleichung (42.5) auf die beiden von uns gewählten Zustände V_1 und V_2

$$pV_1 = \frac{m}{M}RT_1, \quad pV_2 = \frac{m}{M}RT_2$$

erhalten wir

$$V_2 - V_1 = \frac{m}{M}\frac{R}{p}(T_2 - T_1).$$

Der Ausdruck (54.2) für die Arbeit bei einer isobaren Ausdehnung nimmt dann die Form

$$W = \frac{m}{M}R(T_2 - T_1) \qquad (54.3)$$

an. Aus diesem Ausdruck ist der *physikalische Sinn der molaren Gaskonstante R* ersichtlich: Wenn $T_2 - T_1 = 1$ K, so ist für 1 mol eines Gases $R = W$, d. h., R ist zahlenmäßig gleich der Arbeit der isobaren Ausdehnung von 1 mol eines idealen Gases bei seiner Erwärmung um 1 K.

Beim isobaren Prozeß erhöht sich die innere Energie eines Gases der Masse m bei Zuführung der Wärmemenge

$$\delta Q = \frac{m}{M}C_p \, dT$$

(gemäß (53.4)) um

$$dU = \frac{m}{M}C_V \, dT.$$

Dabei verrichtet das Gas die durch (54.3) bestimmte Arbeit.

Isothermer Prozeß (T = const). Wie schon im § 41 hingewiesen, wird der isobare Prozeß durch das Boyle-Mariottesche Gesetz beschrieben:

$$pV = \text{const}.$$

Graphisch wird dieser Prozeß in den Koordinaten p, V durch eine Hyperbel (**Isotherme**) veranschaulicht (siehe Bild 41.1), welche im Diagramm um so höher liegt, je höher die Temperatur ist, bei der der Prozeß abläuft.

Ausgehend von (52.2) und (42.5) bestimmen wir die Arbeit der isothermen Ausdehnung eines Gases:

$$W = \int_{V_1}^{V_2} p \, dV = \int_{V_1}^{V_2} \frac{m}{M}RT\frac{dV}{V}$$

$$= \frac{m}{M}RT \ln \frac{V_2}{V_1} = \frac{m}{M}RT \ln \frac{p_1}{p_2}.$$

Da sich die innere Energie eines idealen Gases bei T = const nicht ändert:

$$dU = \frac{m}{M}C_V \, dT = 0,$$

folgt aus dem ersten Hauptsatz der Thermodynamik ($\delta Q = dU + \delta W$), daß für einen isothermen Prozeß

$$\delta Q = \delta W$$

gilt, d. h., die gesamte dem Gas zugeführte Wärmemenge wird von ihm zur Verrichtung von Arbeit gegen äußere Kräfte verwendet:

$$Q = W = \frac{m}{M}RT \ln \frac{V_2}{V_1} = \frac{m}{M}RT \ln \frac{p_1}{p_2}. \qquad (54.4)$$

Damit sich die Temperatur des Gases bei der Gasexpansion nicht verringert, muß ihm folglich während des isothermen Prozesses eine der äußeren Ausdehnungsarbeit äquivalente Wärmemenge zugeführt werden.

§ 55 Adiabatischer Prozeß. Polytroper Prozeß

Als **adiabatisch** wird ein Prozeß bezeichnet, bei dem kein Wärmeaustausch ($\delta Q = 0$) zwischen dem System und der Umgebung stattfindet. Zu den adiabatischen Prozessen kann man alle schnell ablaufenden Prozesse rechnen. Den Prozeß der Schallausbreitung in einem Medium kann man zum Beispiel als adiabatisch betrachten, da die Ausbreitungsgeschwindigkeit der Schallwellen in dem Medium so hoch ist, daß ein Energieaustausch zwischen den Wellen und dem Medium nicht abzulaufen vermag. Adiabatische Prozesse finden u. a. in Verbrennungsmotoren (Expansion und Kompression des Brennstoffgemisches in Zylindern) und in Kühlsystemen Anwendung.

Aus dem ersten Hauptsatz der Thermodynamik ($\delta Q = dU + \delta W$) folgt für adiabatische Prozesse

$$\delta W = -dU, \qquad (55.1)$$

d. h., die äußere Arbeit wird infolge der Änderung der inneren Energie des Systems verrichtet.

Unter Verwendung der Ausdrücke (52.1) und (53.4) schreiben wir die Gl. (55.1) für eine beliebige Masse eines Gases um:

$$p \, dV = -\frac{m}{M}C_V \, dT. \qquad (55.2)$$

Durch Differentiation der Zustandsgleichung des idealen Gases $pV = (m/M)RT$ erhalten wir

$$p \, dV + V dp = \frac{m}{M}R \, dT. \qquad (55.3)$$

Nach Elimination der Temperatur aus (55.2) und (55.3) erhalten wir:

$$\frac{p \, dV + V \, dp}{p \, dV} = -\frac{R}{C_V} = -\frac{C_p - C_V}{C_V}.$$

Nach Trennung der Variablen finden wir unter Berücksichtigung von $C_p/C_V = \gamma$ (siehe (53.8))

$$\frac{\mathrm{d}p}{p} = -\gamma \frac{\mathrm{d}V}{V}.$$

Nach Integration dieser Gleichung in den Grenzen von p_1 bis p_2 bzw. V_1 bis V_2 und anschließender Potenzierung erhalten wir den Ausdruck

$$\frac{p_2}{p_1} = \left(\frac{V_1}{V_2}\right)^{\gamma}$$

oder

$$p_1 V_1^{\gamma} = p_2 V_2^{\gamma}.$$

Da die Zustände 1 und 2 beliebig gewählt wurden, kann man schreiben

$$pV^{\gamma} = \text{const.} \tag{55.4}$$

Der erhaltene Ausdruck ist die **Gleichung des adiabatischen Prozesses**, die man auch **Poisson-Gleichung** nennt.

Um zu den Variablen T, V oder p, T überzugehen, eliminieren wir aus (55.4) mit Hilfe der Clapeyron-Mendelejewschen Gleichung

$$pV = \frac{m}{M}RT$$

den Druck bzw. die Temperatur:

$$TV^{\gamma-1} = \text{const,} \tag{55.5}$$

$$T^{\gamma}p^{1-\gamma} = \text{const.} \tag{55.6}$$

Die Ausdrücke (55.4)–(55.6) stellen Gleichungen des adiabatischen Prozesses dar. Die dimensionslose Größe (siehe (53.8) und (53.2))

$$\gamma = \frac{C_p}{C_V} = \frac{c_p}{c_V} = \frac{i+2}{i} \tag{55.7}$$

in diesen Gleichungen wird **Adiabatenkoeffizient** (oder **Poisson-Koeffizient**) genannt. Für hinreichend ideale einatomige Gase (Ne, He u. a.) ist $i = 3$ und $\gamma = 1{,}67$. Für zweiatomige Gase (H_2, N_2, O_2 u. a.) ist $i = 5$ und $\gamma = 1{,}4$. Die nach (55.7) berechneten Werte für γ werden experimentell gut bestätigt.

Graphisch werden adiabatische Prozesse in den Koordinaten p, V durch eine Hyperbel (**Adiabate**) dargestellt (Bild 55.1). Aus der Abbildung ist ersichtlich, daß die Adiabate ($pV^{\gamma} =$ const) steiler verläuft als die Isotherme ($pV =$ const). Dies wird dadurch erklärt, daß die Druckerhöhung eines adiabatischen Gases bei der adiabatischen Kompression 1–3 nicht nur wie bei der isothermen Kompression durch die Verringerung seines Volumens, sondern auch durch die Erhöhung seiner Temperatur bedingt ist.

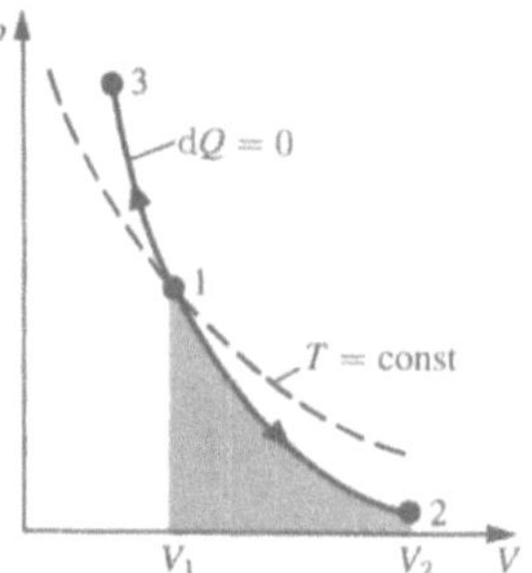

Bild 55.1

Berechnen wir die von dem Gas in einem adiabatischen Prozeß verrichtete Arbeit. Wir schreiben Gl. (55.2) in der Form

$$\delta W = -\frac{m}{M}C_V\,\mathrm{d}T$$

auf. Wenn sich das Gas adiabatisch von dem Volumen V_1 auf das Volumen V_2 ausdehnt, verringert sich seine Temperatur von T_1 auf T_2, und die Ausdehnungsarbeit des idealen Gases ist

$$W = -\frac{m}{M}C_V \int\limits_{T_1}^{T_2} \mathrm{d}T = \frac{m}{M}C_V(T_1 - T_2). \tag{55.8}$$

Durch Anwendung derselben Vorgehensweise wie bei der Herleitung von (55.5) kann man den Ausdruck (55.8) für die Arbeit bei der adiabatischen Ausdehnung in die Form

$$W = \frac{p_1 V_1}{\gamma - 1}\left[1 - \left(\frac{V_1}{V_2}\right)^{\gamma-1}\right]$$

$$= \frac{RT_1}{\gamma - 1}\frac{m}{M}\left[1 - \left(\frac{V_1}{V_2}\right)^{\gamma-1}\right]$$

überführen, wobei $p_1 V_1 = (m/M)RT_1$ ist.

Die von dem Gas bei der adiabatischen Ausdehnung 1–2 verrichtete Arbeit (sie wird durch die in Bild 55.1 graue Fläche bestimmt) ist geringer als bei einer isothermen Ausdehnung. Dies wird dadurch erklärt, daß bei der adiabatischen Ausdehnung eine Abkühlung des Gases auftritt, während beim isothermen Prozeß die Temperatur durch den Zustrom einer äquivalenten Wärmemenge von außen konstant gehalten wird.

Die betrachteten isochoren, isobaren, isothermen und adiabatischen Prozesse besitzen eine gemeinsame Besonderheit – sie laufen bei konstanter Wärmekapazität ab. In den ersten beiden Prozessen ist die Wärmekapazität gleich C_V bzw. C_p, beim isothermen Prozeß ($\mathrm{d}T = 0$) ist sie gleich $\pm\infty$, beim adiabatischen Prozeß ($\delta Q = 0$) gleich Null. Einen Prozeß, bei dem die Wärmekapazität konstant bleibt, bezeichnet man als **polytrop**.

Ausgehend vom ersten Hauptsatz der Thermodynamik kann man unter der Bedingung konstanter Wärmekapazität ($C = $ const) die Polytropengleichung herleiten:

$$pV^n = \text{const,} \tag{55.9}$$

wobei $n = (C - C_p)/(C - C_V)$ der Polytropenexponent ist. Für $C = 0$, $n = \gamma$ erhält man aus (55.9) offensichtlich die

Adiabatengleichung; für $C = \infty$, $n = 1$ die Isothermengleichung; für $C = C_p$, $n = 0$ die Isobarengleichung; für $C = C_V$, $n = \pm\infty$ die Isochorengleichung. Alle betrachteten Prozesse stellen somit Spezialfälle des Polytropenprozesses dar.

§ 56 Kreisprozeß. Reversible und irreversible Prozesse

Kreisprozesse (Zyklen) nennt man Prozesse, bei denen das System nach Durchlaufen einer Reihe von Zuständen wieder in den Ausgangszustand zurückkehrt. Graphisch wird ein Kreisprozeß durch eine geschlossene Kurve dargestellt (Bild 56.1). Den von einem idealen Gas durchlaufenen Kreisprozeß kann man in die Prozesse der Expansion (1–2) und Kompression (2–1) des Gases aufgliedern. Die Expansionsarbeit (durch den Flächeninhalt der Figur $1a2V_2V_1 1$ bestimmt) ist positiv ($dV > 0$), die Kompressionsarbeit (durch den Flächeninhalt der Figur $2b1V_1V_2 2$ bestimmt) ist negativ ($dV < 0$). Die von dem Gas beim Durchlaufen eines Zyklus verrichtete Arbeit wird folglich durch die von der geschlossenen Kurve umschlossene Fläche bestimmt. Wenn die Arbeit pro **Zyklus** positiv ist ($W = \oint p\,dV > 0$, der Zyklus wird im Uhrzeigersinn durchlaufen), nennt man den Prozeß **linksläufig** oder **direkt** (Bild 56.1a), wenn die Arbeit pro Zyklus negativ ist ($W = \oint p\,dV < 0$, der Zyklus wird entgegen dem Uhrzeigersinn durchlaufen), nennt man den Prozeß **rechtsläufig** oder **umgekehrt** (Bild 56.1b).

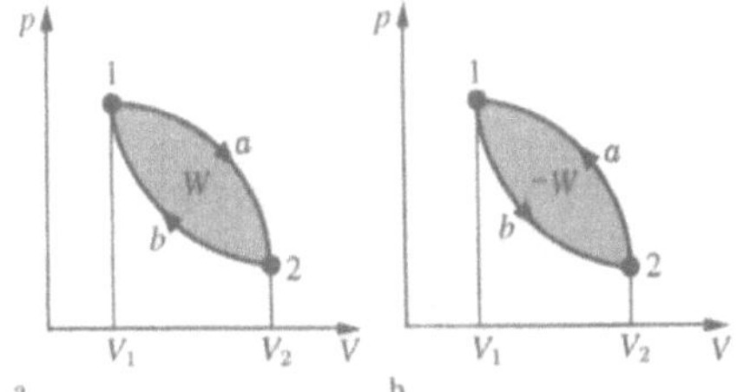

Bild 56.1

Der linksläufige Prozeß wird in *Wärmemaschinen* genutzt – periodisch arbeitenden Maschinen, die die Arbeit aufgrund der von außen erhaltenen Wärme verrichten. Der rechtsläufige Prozeß findet in *Kältemaschinen* Anwendung – periodisch arbeitenden Vorrichtungen, in denen aufgrund der Arbeit äußerer Kräfte Wärme an einen Körper mit höherer Temperatur übertragen wird.

Im Ergebnis eines Kreisprozesses kehrt das System in den Ausgangszustand zurück, die resultierende Änderung der inneren Energie ist folglich gleich Null. Der erste Hauptsatz der Thermodynamik lautet daher für einen Kreisprozeß

$$Q = \Delta U + W = W, \tag{56.1}$$

d. h., die pro Zyklus verrichtete Arbeit ist gleich der von außen erhaltenen Wärme. Das System kann jedoch bei einem Kreisprozeß Wärme entweder erhalten oder abgeben, deshalb ist

$$Q = Q_1 - Q_2,$$

wobei Q_1 die vom System erhaltene Wärme und Q_2 die vom System abgegebene Wärme ist. Der **thermische Wirkungsgrad eines Kreisprozesses** beträgt daher

$$\eta = \frac{W}{Q_1} = \frac{Q_1 - Q_2}{Q_1} = 1 - \frac{Q_2}{Q_1}. \tag{56.2}$$

Ein thermodynamischer Prozeß wird **reversibel** genannt, wenn er sowohl in Hin- wie auch in Rückrichtung verlaufen kann, wobei das System nach Ablauf von Hin- und Rückprozeß in den Ausgangszustand zurückkehrt und in der Umgebung und in dem System keinerlei Veränderungen zurückbleiben. Alle Prozesse, die diese Bedingungen nicht erfüllen, heißen **irreversibel**.

Jeder Gleichgewichtsprozeß ist reversibel. Die Reversibilität eines in einem System ablaufenden Gleichgewichtsprozesses folgt aus der Tatsache, daß in diesem Fall jeder Zwischenzustand ein thermodynamischer Gleichgewichtszustand ist; für ihn ist es bedeutungslos, ob der Prozeß in Hin- oder Rückrichtung abläuft. Reale Prozesse werden von Energiedissipation (aufgrund von Reibung, Wärmeleitung usw.) begleitet. Sie wird von uns hier nicht betrachtet. *Reversible Prozesse stellen eine Idealisierung realer Prozesse dar.* Ihre Betrachtung ist aus zwei Gründen von Bedeutung: 1) viele Prozesse in Natur und Technik sind praktisch reversibel; 2) reversible Prozesse sind am wirtschaftlichsten, sie besitzen den maximalen thermischen Wirkungsgrad, was es erlaubt, Wege zur Erhöhung des Wirkungsgrades realer Wärmemaschinen aufzuzeigen.

§ 57 Entropie

Der Begriff der Entropie wurde im Jahre 1865 von R. Clausius eingeführt. Zur Erklärung des physikalischen Inhaltes dieses Begriffes betrachtet man das als **reduzierte Wärmemenge** bezeichnete Verhältnis der von einem Körper bei einem isothermen Prozeß erhaltenen Wärme Q zu der Temperatur des wärmeabgebenden Körpers: $\delta Q/T$.

Die einem Körper in einem unendlich kleinen Prozeßabschnitt zugeführte reduzierte Wärmemenge ist gleich $\delta Q/T$. Eine strenge theoretische Analyse zeigt, daß die einem Körper bei einem *beliebigen Kreisprozeß* zugeführte reduzierte Wärmemenge stets gleich Null ist:

$$\oint \frac{\delta Q}{T} = 0. \tag{57.1}$$

Aus dem Verschwinden des über eine geschlossene Kurve berechneten Integrals (57.1) folgt, daß der Integrand $\delta Q/T$ ein vollständiges Differential einer nur durch den Zustand des Systems bestimmten und vom Weg, über den das System in diesen Zustand gelangte, unabhängigen Funktion ist. Somit gilt

$$\frac{\delta Q}{T} = dS. \tag{57.2}$$

Die *Zustandsfunktion*, deren Differential gleich $\delta Q/T$ ist, heißt **Entropie** und wird mit S bezeichnet.

Aus Gl. (57.1) folgt, daß die Entropieänderung bei *reversiblen Prozessen* gleich Null ist:

$$\Delta S = 0. \tag{57.3}$$

In der Thermodynamik wird bewiesen, daß die Entropie eines Systems wächst, wenn es einen *irreversiblen Prozeß* durchläuft:

$$\Delta S > 0. \tag{57.4}$$

Die Ausdrücke (57.3) und (57.4) beziehen sich nur auf *abgeschlossene Systeme*, wenn das System jedoch mit der Umgebung im Wärmeaustausch steht, kann sich seine Entropie beliebig verhalten. Die Beziehungen (57.3) und (57.4) kann man in Form der **Clausiusschen Ungleichung** darstellen:

$$\Delta S \geqq 0, \tag{57.5}$$

d. h., die Entropie eines abgeschlossenen Systems kann *entweder wachsen* (im Falle irreversibler Prozesse), *oder sie bleibt konstant* (im Falle reversibler Prozesse).

Bei einem Gleichgewichtsübergang aus dem Zustand 1 in den Zustand 2 beträgt die Entropieänderung des Systems gemäß (57.2)

$$\Delta S_{1 \to 2} = S_2 - S_1 = \int_1^2 \frac{\delta Q}{T} = \int_1^2 \frac{\mathrm{d}U + \delta W}{T}, \tag{57.6}$$

wobei der Integrand und die Integrationsgrenzen in den gegebenen Prozeß charakterisierenden Größen auszudrücken sind. Die Gl. (57.6) bestimmt die Entropie nur bis auf eine *additive Konstante*. Einen physikalischen Sinn besitzt nicht die Entropie selbst, sondern nur die Differenz von Entropien.

Ausgehend von (57.6) bestimmen wir nun die Entropieänderung in Prozessen mit idealen Gasen. Wegen $\mathrm{d}U = (m/M)C_V\mathrm{d}T$, $\delta W = p\,\mathrm{d}V = (m/M)RT(\mathrm{d}V/V)$ ist

$$\Delta S_{1 \to 2} = S_2 - S_1 = \frac{m}{M}C_V \int_{T_1}^{T_2} \frac{\mathrm{d}T}{T} + \frac{m}{M}R \int_{V_1}^{V_2} \frac{\mathrm{d}V}{V}$$

oder

$$\Delta S_{1 \to 2} = S_2 - S_1 = \frac{m}{M}\left(C_V \ln\frac{T_2}{T_1} + R \ln\frac{V_2}{V_1} \right), \tag{57.7}$$

d. h., die Entropieänderung des idealen Gases beim Übergang aus dem Zustand 1 in den Zustand 2 *ist unabhängig von der Art des Überganges* $1 \to 2$.

Da bei einem adiabatischen Prozeß $\delta Q = 0$ gilt, ist $\Delta S = 0$ und folglich $S = $ const, d. h., ein adiabatischer reversibler Prozeß läuft bei konstanter Entropie ab. Er wird deshalb oft als **isoentropischer Prozeß** bezeichnet. Aus (57.7) folgt, daß bei einem isothermen Prozeß ($T_1 = T_2$)

$$\Delta S = \frac{m}{M}R \ln\frac{V_2}{V_1};$$

bei einem isochoren Prozeß ($V_1 = V_2$)

$$\Delta S = \frac{m}{M}C_V \ln\frac{T_2}{T_1}$$

gilt. Die Entropie besitzt die Eigenschaft der *Additivität*: *Die Entropie eines Systems ist gleich der Summe der Entropien der das System bildenden Körper*. Die Eigenschaft der Additivität besitzen außerdem die innere Energie, die Masse, das Volumen; sie werden als extensive Größen bezeichnet (Temperatur und Druck verfügen nicht über diese Eigenschaft und werden intensive Größen genannt).

Der tiefere Sinn der Entropie wird in der statistischen Physik aufgedeckt. Die Entropie wird mit der thermodynamischen Zustandswahrscheinlichkeit des Systems verbunden. Die **thermodynamische Zustandswahrscheinlichkeit** W des Systems ist die *Anzahl der Möglichkeiten*, durch die der gegebene Zustand des makroskopischen Systems realisiert werden kann, oder die Anzahl der Mikrozustände, die den gegebenen Makrozustand realisieren (definitionsgemäß ist $W \geqq 1$, d. h., die thermodynamische Wahrscheinlichkeit ist keine Wahrscheinlichkeit im mathematischen Sinne (letztere ist immer kleiner oder gleich 1!)).

Nach Boltzmann (1872) sind die *Entropie S* eines Systems und die thermodynamische Wahrscheinlichkeit wie folgt miteinander verbunden:

$$S = k_\mathrm{B} \ln W, \tag{57.8}$$

wobei k_B die Boltzmann-Konstante ist. Die Entropie wird somit als Logarithmus der Anzahl der Mikrozustände definiert, über die der gegebene Makrozustand realisiert werden kann. Die Entropie kann man folglich als ein *Wahrscheinlichkeitsmaß* des Zustandes des thermodynamischen Systems betrachten. Die Boltzmannsche Gleichung (57.8) erlaubt es, der Entropie folgende statistische Deutung zu geben: *Die Entropie ist ein Maß für die Unordnung des Systems*. In der Tat ist die Entropie um so größer, je größer die Anzahl der Mikrozustände ist, die den gegebenen Makrozustand realisieren. Im Zustand des Gleichgewichtes – dem wahrscheinlichsten Zustand des Systems – ist die Anzahl der Mikrozustände maximal, dabei nimmt auch die Entropie ihren Maximalwert an.

Da reale Prozesse irreversibel sind, kann man behaupten, daß alle Prozesse in einem abgeschlossenen System zu einer Erhöhung der Entropie führen – das **Prinzip vom Anwachsen der Entropie**. Bei der statistischen Deutung der Entropie bedeutet dies, daß die Prozesse in einem abgeschlossenen System in Richtung der Vergrößerung der Anzahl der Mikrozustände, mit anderen Worten, von weniger wahrscheinlichen Zuständen zu wahrscheinlicheren Zuständen so lange verlaufen, bis die Zustandswahrscheinlichkeit ihr Maximum erreicht.

Bei einer Gegenüberstellung der Ausdrücke (57.5) und (57.8) wird deutlich, daß die Entropie und die thermodynamische Zustandswahrscheinlichkeit eines Systems entweder wachsen (im Falle irreversibler Prozesse) oder gleichbleiben (im Falle reversibler Prozesse) können.

Es ist jedoch anzumerken, daß diese Behauptungen für Systeme mit einer geringen Teilchenanzahl nicht erfüllt sein müssen. Für „kleine" Systeme können Fluktuationen beobachtet werden, d. h., die Entropie und die thermodynamische Zustandswahrscheinlichkeit des Systems können sich in einem bestimmten Zeitabschnitt verringern und nicht wachsen oder konstant bleiben.

§ 58 Zweiter Hauptsatz der Thermodynamik

Der erste Hauptsatz der Thermodynamik, der die Erhaltung und Umwandlung der Energie ausdrückt, kann keine Auskunft über die Richtung des Ablaufs thermodynamischer Prozesse geben. Außerdem kann man sich eine ganze Reihe der Prozesse vorstellen, die dem ersten Hauptsatz nicht widersprechen, in denen die Energie erhalten bleibt, die in der Natur jedoch nicht ablaufen. Der zweite Hauptsatz der Thermodynamik entstand aus der Notwendigkeit, auf die Frage zu antworten, welche Prozesse in der Natur möglich und welche unmöglich sind. Er bestimmt die Entwicklungsrichtung eines Prozesses.

Den **zweiten Hauptsatz der Thermodynamik** kann man unter Verwendung des Entropiebegriffes und der Ungleichung von Clausius (siehe § 57) als das **Gesetz vom Anwachsen der Entropie** eines abgeschlossenen Systems bei irreversiblen Prozessen formulieren: In einem abgeschlossenen System verläuft jeder irreversible Prozeß derart, daß sich die Entropie des Systems dabei vergrößert.

Man kann den zweiten Hauptsatz auch kürzer formulieren: *Bei Prozessen in einem abgeschlossenen System verringert sich die Entropie nicht.* Hierbei ist wesentlich, daß von abgeschlossenen Systemen gesprochen wird, da sich die Entropie von nicht abgeschlossenen Systemen beliebig verhalten (verringern, anwachsen oder konstant bleiben) kann. Außerdem vermerken wir noch einmal, daß die Entropie in einem abgeschlossenen System nur bei reversiblen Prozessen konstant bleibt. Bei irreversiblen Prozessen in einem abgeschlossenen System vergrößert sich die Entropie immer.

Die Boltzmannsche Gleichung (57.8) erlaubt es, das vom zweiten Hauptsatz der Thermodynamik postulierte Anwachsen der Entropie in einem abgeschlossenen System bei irreversiblen Prozessen zu erklären: *Das Anwachsen der Entropie* bedeutet den Übergang des Systems *aus einem weniger wahrscheinlichen in einen wahrscheinlicheren Zustand.* Die Boltzmannsche Gleichung erlaubt es also, dem zweiten Hauptsatz der Thermodynamik eine statistische Deutung zu geben. Diese beschreibt als statistisches Gesetz die Gesetzmäßigkeiten der chaotischen Bewegungen einer großen Anzahl von Teilchen, die ein abgeschlossenes System bilden.

Führen wir noch zwei weitere Formulierungen des zweiten Hauptsatzes der Thermodynamik an:

1) **nach Kelvin:** Es gibt keinen Kreisprozeß, dessen einziges Ergebnis darin besteht, die von einem Wärmebehälter erhaltene Wärme in eine ihr äquivalente Arbeit umzuwandeln;

2) **nach Clausius:** Es gibt keinen Kreisprozeß, dessen einziges Ergebnis in der Wärmeübertragung von einem Körper mit tieferer zu einem Körper mit höherer Temperatur besteht.

Man kann ziemlich leicht die Äquivalenz der Formulierungen von Kelvin und Clausius beweisen (wir überlassen dies dem Leser). Wenn man in einem abgeschlossenen System in Gedanken einen Prozeß durchführt, der dem zweiten Hauptsatz der Thermodynamik in der Formulierung von Clausius widerspricht, so ist weiterhin erwiesen, daß er mit einer Verringerung der Entropie einhergeht. Das beweist die Äquivalenz der Formulierung von Clausius (und folglich Kelvin) und der statistischen Formulierung, gemäß der die Entropie in einem abgeschlossenen System sich nicht verringern kann.

Mitte des 19. Jahrhunderts entstand das Problem vom sogenannten **Wärmetod des Weltalls.** Durch Betrachtung des Weltalls als ein abgeschlossenes System und Anwendung des zweiten Hauptsatzes der Thermodynamik auf dieses System kam Clausius zu dem Schluß, daß die Entropie des Weltalls ihr Maximum erreichen müßte. Das bedeutet, daß mit der Zeit alle Bewegungsformen in die Wärmebewegung übergehen müßten. Der Wärmeübergang von Körpern mit höherer Temperatur zu solchen mit tieferer führt jedoch dazu, daß sich die Temperatur des Weltalls ausgleicht, d. h., daß ein vollständiges thermisches Gleichgewicht eintritt und alle Prozesse im Weltall unterbunden sind - es tritt der Wärmetod des Weltalls ein. Der Fehler dieser Schlußfolgerung besteht darin, den zweiten Hauptsatz der Thermodynamik auf nicht abgeschlossene Systeme, zum Beispiel auf ein grenzenloses und sich unendlich entwickelndes System wie das Weltall, anzuwenden.

Die ersten beiden Hauptsätze der Thermodynamik geben nur ungenügend Auskunft über das Verhalten thermodynamischer Systeme bei Null Kelvin. Sie werden durch den **dritten Hauptsatz der Thermodynamik** oder das **Theorem von Nernst und Planck** ergänzt: Die Entropie aller Körper strebt im Gleichgewichtszustand mit Annäherung der Temperatur gegen Null Kelvin gegen Null:

$$\lim_{T \to 0} S = 0.$$

Da die Entropie bis auf eine additive Konstante bestimmt wird, ist es vorteilhaft, diese Konstante gleich Null zu wählen (wir merken jedoch an, daß das eine willkürliche Annahme ist, da die Entropie immer bis auf eine additive Konstante bestimmt wird). Aus dem Theorem von Nernst und Planck folgt, daß die Wärmekapazitäten C_p und C_V bei 0 K gleich Null sind. Der deutsche Physiker und Chemiker auf dem Gebiet der physikalischen Chemie W. H. Nernst (1864–1941) erforschte vor allem elektro- und thermochemische Gesetzmäßigkeiten.

§ 59 Wärmepumpen und Kältemaschinen. Carnotscher Kreisprozeß

Aus der Kelvinschen Formulierung des zweiten Hauptsatzes der Thermodynamik folgt, daß es kein **Perpetuum mobile zweiter Art** gibt – eine periodisch arbeitende Maschine, die Arbeit nur durch Abkühlung eines Wärmebehälters verrichtet. Zur Illustration dieser Aussage betrachten wir die Arbeit einer Wärmepumpe (historisch entstand der zweite Hauptsatz der Thermodynamik bei der Analyse der Arbeit von Wärmepumpen).

Das Wirkprinzip einer Wärmepumpe ist in Bild 59.1 dargestellt. Pro Zyklus wird von einem als **Wärmequelle** bezeichneten Thermostaten mit höherer Temperatur T_1 die Wärmemenge Q_1 abgeführt und einem als **Kühlbehälter** bezeichneten Thermostaten mit tieferer Temperatur T_2 die Wärmemenge Q_2 zugeführt. Thermostat ist ein thermodynamisches System, das mit anderen Körpern ohne Veränderung seiner Temperatur in Wärmeaustausch stehen kann. Dabei wird die Arbeit $W = Q_1 - Q_2$ verrichtet.

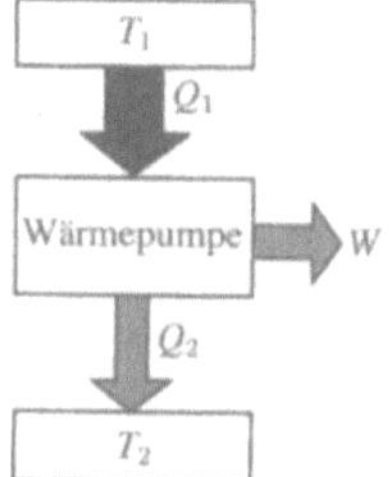

Bild 59.1

Damit der Wirkungsgrad (56.2) der Wärmepumpe $\eta = 1$ wird, müßte die Bedingung $Q_2 = 0$ erfüllt werden, d. h., die Wärmepumpe müßte über eine Wärmequelle verfügen, was aber nicht möglich ist. Der französische Physiker und Ingenieur N. L. S. Carnot (1796–1832) zeigte somit, daß für die Funktion einer Wärmepumpe mindestens zwei Wärmequellen mit verschiedenen Temperaturen erforderlich sind, ansonsten würde ein Widerspruch zum zweiten Hauptsatz der Thermodynamik auftreten.

Eine Wärmepumpe zweiter Art würde, wenn sie möglich wäre, praktisch ewig funktionieren, zum Beispiel würde die Abkühlung des Wassers der Ozeane um 1 K eine riesige Energie ergeben. Die Wassermasse im Weltmeer beträgt ca. 10^{18} t, bei ihrer Abkühlung um 1 K würde 10^{24} J Wärme frei werden, was der vollständigen Verbrennung von 10^{14} t Kohle gleichkäme. Ein mit dieser Kohle beladener Güterzug hätte eine Länge von 10^{10} km, was ungefähr mit den Ausmaßen des Sonnensystems übereinstimmt!

Ein gegenüber dem in Wärmepumpen ablaufenden umgekehrter Prozeß wird in Kältemaschinen genutzt. Ihr Wirkprinzip ist in Bild 59.2 dargestellt. Das System entnimmt pro Zyklus aus dem Thermostaten mit tieferer Temperatur T_2 die Wärmemenge Q_2 und gibt an den Thermostaten mit der höheren Temperatur T_1 die Wärmemenge Q_1 ab. Für einen Kreisprozeß ist gemäß (56.1) $Q = W$. Voraussetzungsgemäß gilt aber $Q_2 - Q_1 < 0$, daher ist $W < 0$ und $Q_2 - Q_1 = -W$ oder $Q_1 = Q_2 + W$, d. h., die von dem System an die Wärmequelle mit der höheren Temperatur T_1 abgegebene Wärmemenge Q_1 ist um den Wert der am System verrichteten Arbeit größer als die von der Wärmequelle mit der tieferen Temperatur T_2 erhaltenen Wärmemenge. Man

kann folglich nicht ohne Arbeitsverrichtung Wärme von einem Körper mit tieferer Temperatur abführen und an einen Körper mit höherer Temperatur abgeben. Diese Behauptung ist nichts anderes als der zweite Hauptsatz der Thermodynamik in der Formulierung von Clausius.

Man darf den zweiten Hauptsatz der Thermodynamik jedoch nicht so verstehen, daß er generell den Wärmeübergang von einem Körper mit tieferer Temperatur zu einem Körper mit höherer Temperatur verbietet. Genau solch ein Übergang wird ja in einer Kältemaschine verwirklicht. Dabei darf man jedoch nicht vergessen, daß äußere Kräfte Arbeit an dem System verrichten, d. h., der Wärmeübergang ist nicht das einzige Ergebnis des Prozesses.

Aufbauend auf dem zweiten Hauptsatz der Thermodynamik stellte Carnot das nach ihm benannte **Theorem** auf: Den größten Wirkungsgrad unter allen periodisch arbeitenden Wärmepumpen mit gleicher Temperatur des Wärmebehälters (T_1) und des Kühlbehälters (T_2) besitzen reversibel arbeitende Maschinen. Dabei hängt der Wirkungsgrad nicht von der Natur des Arbeitsmediums (des den Kreisprozeß durchlaufenden und mit anderen Körpern in Energieaustausch stehenden Stoffes) ab. Maßgebend sind nur die Temperaturen des Wärme- und des Kühlbehälters.

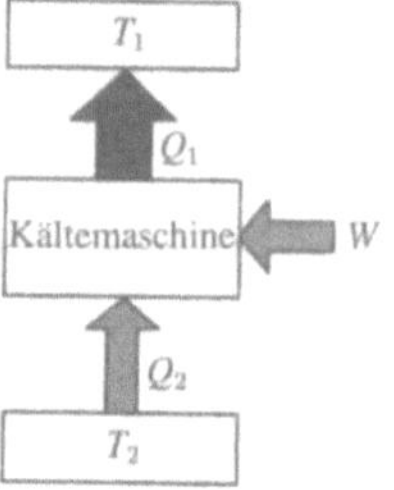

Bild 59.2

Carnot analysierte theoretisch den wirtschaftlichsten reversiblen Kreisprozeß, der aus zwei Isothermen und zwei Adiabaten besteht und **Carnotscher Kreisprozeß** genannt wird. Betrachten wir den *linksläufigen Carnotschen* Kreisprozeß, bei dem als Arbeitsmedium ein ideales Gas in einem Gefäß mit beweglichem Kolben verwendet wird.

Der Carnotsche Kreisprozeß ist in Bild 59.3 dargestellt, wobei die isotherme Expansion und Kompression durch die Kurven 1–2 bzw. 3–4, die adiabatische Expansion und Kompression durch die Kurven 2–3 bzw. 4–1 gegeben sind.

Bei einem isothermen Prozeß ist $U = $ const, deshalb ist gemäß (54.4) die dem Gas von dem Wärmebehälter zugeführte Wärmemenge Q_1 gleich der Expansionsarbeit W_{12}, die von dem Gas beim Übergang aus dem Zustand 1 in den Zustand 2 verrichtet wird:

$$W_{12} = \frac{m}{M} R T_1 \ln \frac{V_2}{V_1} = Q_1. \qquad (59.1)$$

Bei der adiabatischen Expansion 2–3 findet kein Wärmeaustausch mit der Umgebung statt, die Arbeit W_{23} wird aufgrund

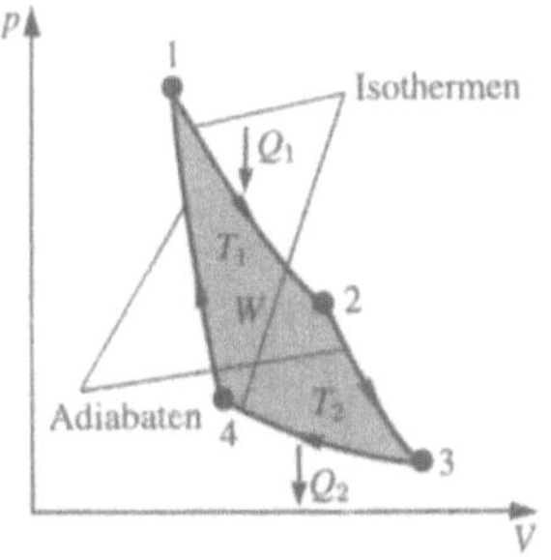

Bild 59.3

ergibt. Durch Einsetzen von (59.1) und (59.2) in (56.2) erhalten wir mit Berücksichtigung von (59.3)

$$\eta = \frac{Q_1 - Q_2}{Q_1} = \frac{\dfrac{m}{M} R T_1 \ln \dfrac{V_2}{V_1} - \dfrac{m}{M} R T_2 \ln \dfrac{V_3}{V_4}}{\dfrac{m}{M} R T_1 \ln \dfrac{V_2}{V_1}}$$

$$= \frac{T_1 - T_2}{T_1}, \tag{59.4}$$

d. h., der Wirkungsgrad des Carnotschen Kreisprozesses wird nur durch die Temperatur des Wärme- und des Kühlbehälters bestimmt. Um ihn zu erhöhen, muß man den Temperaturunterschied zwischen Wärme- und Kühlbehälter vergrößern. Zum Beispiel ist bei $T_1 = 400$ K und $T_2 = 300$ K $\eta = 0{,}25$. Wenn man jedoch die Temperatur des Wärmebehälters um 100 K erhöht und die Temperatur des Kühlbehälters um 50 K verringert, beträgt der Wirkungsgrad $\eta = 0{,}5$. Der Wirkungsgrad einer jeden realen Wärmepumpe ist wegen der Reibung und der unvermeidlichen Wärmeverluste wesentlich kleiner als der für den Carnotschen Kreisprozeß berechneten.

Der rechsläufige Carnotsche Kreisprozeß liegt der Arbeit von **Wärmepumpen** zugrunde. Im Unterschied zu Kältemaschinen sollen Wärmepumpen so viel Wärmeenergie wie möglich an den heißen Körper, zum Beispiel das Wasser in einem Heizsystem, abgeben. Ein Teil dieser Energie wird der Umgebung mit niedrigerer Temperatur entzogen, der andere Teil wird aus mechanischer Arbeit gewonnen, die zum Beispiel von einem Kompressor verrichtet wird.

Das Carnotsche Theorem diente als Grundlage zur Aufstellung der **thermodynamischen Temperaturskala**. Durch Vergleich der linken und rechten Seiten in (59.4) erhalten wir

$$\frac{T_2}{T_1} = \frac{Q_2}{Q_1}, \tag{59.5}$$

d. h., zum Vergleich der Temperaturen T_1 und T_2 zweier Körper muß man einen reversiblen Carnotschen Kreisprozeß durchführen, bei dem ein Körper als Wärmebehälter, der andere als Kühlbehälter verwendet wird. Aus (59.5) ist ersichtlich, daß das Verhältnis der Temperaturen der Körper gleich dem Verhältnis der bei diesem Kreisprozeß abgegebenen Wärmemenge zu der aufgenommenen Wärmemenge ist. Gemäß dem Carnotschen Theorem hat die chemische Zusammensetzung des Arbeitsmediums keinen Einfluß auf den Temperaturvergleich, diese thermodynamische Skala ist deshalb nicht mit den Eigenschaften irgendeines bestimmten thermometrischen Stoffes verbunden. Wir merken an, daß ein Temperaturvergleich auf diese Weise in der Praxis schwierig ist, da reale thermodynamische Prozesse, wie bereits hingewiesen, irreversibel ablaufen.

der Änderung der inneren Energie (siehe (55.1) und (55.8)) verrichtet:

$$W_{23} = -\frac{m}{M} C_V (T_2 - T_1).$$

Die von dem Gas bei der isothermen Kompression an den Kühlbehälter abgegebene Wärmemenge Q_2 ist gleich der Kompressionsarbeit W_{34}:

$$W_{34} = \frac{m}{M} R T_2 \ln \frac{V_4}{V_3} = -Q_2. \tag{59.2}$$

Die Arbeit der adiabatischen Kompression beträgt

$$W_{41} = -\frac{m}{M} C_V (T_1 - T_2) = -W_{23}.$$

Die im Ergebnis des Kreisprozesses verrichtete Arbeit beträgt

$$W = W_{12} + W_{23} + W_{34} + W_{41}$$
$$= Q_1 + W_{23} - Q_2 - W_{23} = Q_1 - Q_2.$$

Sie wird, wie man leicht zeigen kann, durch die in Bild 59.3 graue Fläche bestimmt.

Der thermische Wirkungsgrad des Carnotschen Kreisprozesses beträgt gemäß (56.2)

$$\eta = \frac{W}{Q_1} = \frac{Q_1 - Q_2}{Q_1}.$$

Durch Anwendung der Gl. (55.5) auf die Adiabaten 2–3 und 4–1 erhalten wir

$$T_1 V_2^{\gamma-1} = T_2 V_3^{\gamma-1},$$
$$T_1 V_1^{\gamma-1} = T_2 V_4^{\gamma-1},$$

woraus sich

$$\frac{V_2}{V_1} = \frac{V_3}{V_4} \tag{59.3}$$

Kontrollfragen

▶ Worin besteht das Wesen des Boltzmannschen Gesetzes von der Gleichverteilung der Energie auf die Freiheitsgrade eines Moleküls? Warum besitzt der Schwingungsfreiheitsgrad doppelt so viel Energie wie die Translations- und Rotationsfreiheitsgrade?

▶ Was ist die innere Energie eines idealen Gases? Durch welche Parameter wird sie bestimmt? Welche Prozesse können eine Änderung der inneren Energie des Systems herbeiführen?

▶ Was versteht man unter der Wärmekapazität eines Gases? Welche Wärmekapazität – C_p oder C_V – besitzt einen größeren Wert? Warum?

▶ Wie erklärt sich die Temperaturabhängigkeit der molaren Wärmekapazität von Wasserstoff?

▶ Welchen Wert besitzt die Arbeit der isobaren Expansion eines Mols eines idealen Gases bei der Erwärmung um 1 K?

▶ Findet bei der Expansion eines idealen Gases bei konstantem Volumen seine Erwärmung oder Abkühlung statt?

▶ Die Temperatur eines Gases in einem Zylinder sei konstant. Schreiben Sie auf Grundlage des ersten Hauptsatzes der Thermodynamik den Zusammenhang zwischen der zugeführten Wärmemenge und der verrichteten Arbeit auf.

▶ Ein Gas gehe aus ein und demselben Ausgangszustand 1 in ein und denselben Endzustand 2 im Ergebnis folgender Prozesse über: a) isothermer Prozeß; b) isobarer Prozeß; c) isochorer Prozeß. Zeigen Sie nach graphischer Untersuchung dieser Prozesse: 1) bei welchem Prozeß die größte Expansionsarbeit verrichtet wird; 2) bei welchem Prozeß dem Gas die größte Wärmemenge zugeführt wird.

▶ Ein Gas gehe aus ein und demselben Ausgangszustand 1 in ein und denselben Endzustand 2 im Ergebnis folgender Prozesse über: a) isobarer Prozeß, b) nacheinander folgender isochorer und isothermer Prozeß. Untersuchen Sie diese Übergänge graphisch. Ist in beiden Fällen 1) die Änderung der inneren Energie; 2) die aufgebrachte Wärmemenge gleich oder unterschiedlich?

▶ Warum verläuft eine Adiabate steiler als eine Isotherme?

▶ Wie ändert sich die Temperatur eines Gases bei seiner adiabatischen Kompression?

▶ Der Polytropenkoeffizient n ist größer als eins. Erwärmt sich oder kühlt sich ein ideales Gas bei seiner Kompression ab?

▶ Wodurch unterscheiden sich reversible Prozesse von irreversiblen? Warum sind alle realen Prozesse irreversibel?

▶ In welcher Richtung kann sich die Entropie eines abgeschlossenen bzw. eines nicht abgeschlossenen Systems ändern?

▶ Bestimmen Sie den Begriff der Entropie (Definition, Maßeinheit und mathematische Darstellung für verschiedene Prozesse).

▶ Worin besteht die statistische Bedeutung der Entropie?

▶ Stellen Sie in den Koordinaten T, S einen isothermen und einen adiabatischen Prozeß dar.

▶ Ist ein Prozeß möglich, bei dem von einem Wärmebehälter abgeführte Wärme vollständig in Arbeit verwandelt wird?

▶ Zeigen Sie nach graphischer Darstellung des Carnotschen Kreisprozesses im p-V-Diagramm die Fläche, die 1) die an dem Gas verrichtete Arbeit; 2) die von dem sich ausdehnenden Gas selbst verrichtete Arbeit bestimmt.

▶ Stellen Sie den Carnotschen Kreisprozeß in den Koordinaten T, S graphisch dar.

Aufgaben

9.1. Eine Menge von 1 kg Stickstoff befindet sich bei einer Temperatur von 280 K. Bestimmen Sie: 1) die innere Energie der Stickstoffmoleküle; 2) die mittlere Rotationsenergie der Stickstoffmoleküle. Betrachten Sie das Gas als ein ideales Gas. [1) 208 kJ; 2) 83,1 kJ]

9.2. Bestimmen Sie die spezifischen Wärmekapazitäten c_V und c_p eines zweiatomigen Gases, wenn die Dichte dieses Gases unter Normalbedingungen 1,43 kg/m^3 beträgt. [$c_V = 650\ \text{J}/(\text{kg}\cdot\text{K})$, $c_p = 910\ \text{J}/(\text{kg}\cdot\text{K})$]

9.3. Eine Menge von $m = 20$ g Wasserstoff wurde bei konstantem Druck um $\Delta T = 100$ K erwärmt. Bestimmen Sie: 1) die dem Gas zugeführte Wärmemenge Q; 2) den Zuwachs ΔU der inneren Energie des Gases; 3) die Expansionsarbeit W. [1) 29,3 kJ; 2) 20,9 kJ; 3) 8,4 kJ]

9.4. Eine Menge von 2 l Sauerstoff befindet sich bei einem Druck von 1 MPa. Bestimmen Sie die Wärmemenge, die man dem Gas zuführen muß, um seinen Druck im Ergebnis eines isochoren Prozesses um das Doppelte zu erhöhen. [5 kJ]

9.5. Ein Gas von 2 kg Masse befindet sich bei einer Temperatur von 300 K bei einem Druck von 0,5 MPa. Im Ergebnis einer isothermen Kompression erhöhte sich der Gasdruck um das Dreifache. Die zur Kompression aufgewandte Arbeit beträgt $W = -1,37$ kJ. Bestimmen Sie: 1) um welches Gas es sich hierbei handelt; 2) das ursprüngliche spezifische Volumen des Gases. [1) Helium; 2) 1,25 m^3/kg]

9.6. Sauerstoff ($M = 32 \cdot 10^{-3}$ kg/mol) wurde bei einem Druck von $p_1 = 0,5$ MPa und einer Temperatur von $T_1 = 350$ K zuerst einer adiabatischen Expansion von dem Volumen $V_1 = 1$ l auf das Volumen $V_2 = 2$ l und danach einer mit der Vergrößerung des Volumens von V_2 auf $V_3 = 3$ l verbundenen isobaren Expansion unterworfen. Bestimmen Sie für jeden dieser Prozesse: 1) die von dem Gas verrichtete Arbeit; 2) die Änderung seiner inneren Energie; 3) die dem Gas zugeführte Wärmemenge. [Lösung der Aufgabe s. S. 385]

9.7. Ein zweiatomiges ideales Gas nimmt ein Volumen von $V_1 = 1$ l ein und befindet sich bei einem Druck von $p_1 = 0,1$ MPa. Nach einer adiabatischen Kompression wird der Zustand des Gases durch das Volumen V_2 und den Druck p_2 beschrieben. Im Ergebnis eines nachfolgenden isochoren Prozesses kühlt sich das Gas bis auf seine Ausgangstemperatur ab, sein Druck beträgt dann $p_3 = 0,2$ MPa. Bestimmen Sie: 1) das Volumen V_2; 2) den Druck p_2. Stellen Sie diese Prozesse graphisch dar. [1) 0,5 l; 2) 0,26 MPa]

9.8. Ein ideales Gas der Stoffmenge $\nu = 2$ mol wurde zuerst isobar so erwärmt, daß sich sein Volumen um das $n = 2$fache vergrößerte, danach wurde es isochor so abgekühlt, daß sich sein Druck um das $n = 2$fache verminderte. Bestimmen Sie den Entropiezuwachs im Verlauf dieser Prozesse. [11,5 J/K]

9.9. Ein ideales Gas verrichtet beim Durchlaufen eines Carnotschen Kreisprozesses die Arbeit $W = 600$ J. Die Temperatur des Wärmebehälters T_1 beträgt 500 K, die Temperatur des Kühlbehälters T_2 300 K. Bestimmen Sie: 1) den thermischen Wirkungsgrad des Kreisprozesses; 2) die an den Kühlbehälter pro Zyklus abgegebene Wärmemenge. [Lösung der Aufgabe s. S. 386]

9.10. Eine Wärmepumpe verrichtet in einem Zyklus eines Carnotschen Kreisprozesses eine Arbeit von 1 kJ. Die Temperatur des Wärmebehälters beträgt 400 K, die Temperatur des Kühlbehälters 300 K. Bestimmen Sie: 1) den Wirkungsgrad der Maschine; 2) die vom Wärmebehälter in einem Zyklus erhaltene Wärmemenge; 3) die an den Kühlbehälter in einem Zyklus abgegebene Wärmemenge. [1) 25 %; 2) 4 kJ; 3) 3 kJ]

9.11. Ein ideales Gas durchläuft einen Carnotschen Kreisprozeß mit dem thermischen Wirkungsgrad 0,3. Bestimmen Sie die Arbeit der isothermen Kompression des Gases, wenn die Arbeit der isothermen Expansion 300 J beträgt. [−210 J]

9.12. Bestimmen Sie die Entropieänderung ΔS bei der isothermen Expansion von 10 g Stickstoff, wenn sich der Druck des Gases dabei von $p_1 = 0,1$ MPa auf $p_2 = 50$ kPa verringerte. [Lösung der Aufgabe s. S. 386]

Kapitel 10

Reale Gase, Flüssigkeiten und Feststoffe

§ 60   Kräfte und potentielle Energie der zwischenmolekularen Wechselwirkung

Das in der molekularkinetischen Gastheorie verwendete Modell des idealen Gases ermöglicht die Beschreibung des Verhaltens realer Gase bei hinreichend hohen Temperaturen und geringen Drücken. Bei der Herleitung der Zustandsgleichung des idealen Gases werden die Ausmaße der Moleküle und ihre Wechselwirkung miteinander vernachlässigt. Eine Druckerhöhung führt zu einer Verringerung des Abstandes zwischen den Molekülen, man muß deshalb ihr Volumen und die Wechselwirkung zwischen ihnen berücksichtigen. Unter Normalbedingungen sind in 1 m^3 Gas $2{,}68 \cdot 10^{25}$ Moleküle enthalten, die zusammen ein Volumen von ungefähr 10^{-4} m^3 einnehmen (der Radius der Moleküle beträgt ca. 10^{-10} m). Im Vergleich zum Volumen des Gases (1 m^3) kann man dieses Volumen vernachlässigen. Bei einem Druck von 500 MPa macht das Volumen der Moleküle schon die Hälfte des gesamten Gasvolumens aus. Das angeführte Modell des idealen Gases ist somit bei hohen Drücken und tiefen Temperaturen nicht anwendbar.

Bei der Betrachtung **realer Gase** – Gase, deren Eigenschaften von der Wechselwirkung der Moleküle abhängig sind – muß man die **Kräfte der zwischenmolekularen Wechselwirkung** berücksichtigen. Sie treten ab Entfernungen von $\leq 10^{-9}$ m auf und verringern sich schnell mit wachsendem Abstand zwischen den Molekülen. Derartige Kräfte werden **nahwirkend** genannt.

Im 20. Jahrhundert wurde mit der Entwicklung der Vorstellung vom Atombau und der Quantenmechanik festgestellt, daß zwischen den Molekülen gleichzeitig **anziehende** und **abstoßende Kräfte** wirken. In Bild 60.1a ist der qualitative Verlauf der zwischenmolekularen Wechselwirkung in Abhängigkeit von der Entfernung r zwischen den Molekülen dargestellt, wobei F_s und F_z die abstoßende bzw. anziehende Kraft und F die resultierende Kraft ist. Die abstoßenden Kräfte werden als *positiv* betrachtet, die Anziehungskräfte als *negativ*.

In der Entfernung $r = r_0$ ist die resultierende Kraft $F = 0$, d. h., die anziehenden und abstoßenden Kräfte heben sich auf. Die Entfernung r_0 entspricht somit der Gleichgewichtslage zwischen den Molekülen, in der sie sich bei Abwesenheit der Wärmebewegung befinden würden. Bei $r < r_0$ überwiegen die abstoßenden Kräfte ($F > 0$), bei $r > r_0$ die Anziehungskräfte ($F < 0$). In einer Entfernung von $r > 10^{-9}$ m tritt praktisch keine zwischenmolekulare Wechselwirkung auf ($F \to 0$).

Die elementare Arbeit W der Kraft F bei der Vergrößerung des Abstandes zwischen den Molekülen um dr wird aufgrund der Verringerung der potentiellen Energie der Moleküle verrichtet, d. h.

$$\delta W = F\,dr = -dU. \tag{60.1}$$

Aus der Analyse der qualitativen Abhängigkeit der potentiellen Energie der wechselwirkenden Moleküle von der Entfernung zwischen ihnen (Bild 60.1b) folgt, daß $U = 0$ ist, wenn sich die Moleküle so weit voneinander entfernt befinden, daß keine zwischenmolekularen Wechselwirkungskräfte wirken ($r \to \infty$). Bei der allmählichen Annäherung der Moleküle treten zwischen ihnen Anziehungskräfte ($F < 0$) auf, die eine positive Arbeit verrichten ($\delta W = F\,dr > 0$). Gemäß (60.1) verringert sich dann die potentielle Wechselwirkungsenergie und erreicht bei $r = r_0$ ihr Minimum. Bei $r < r_0$ wachsen die abstoßenden

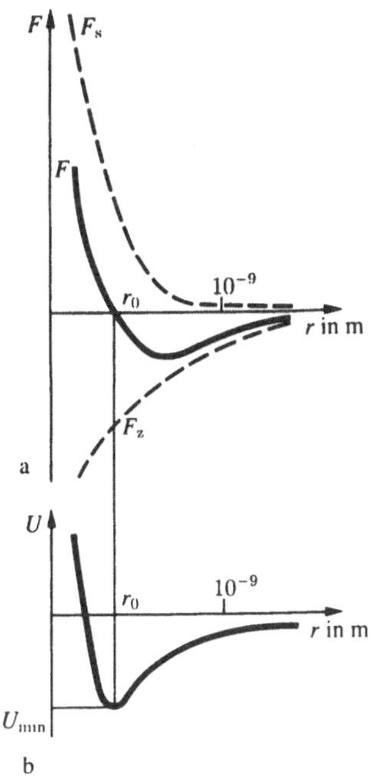

Bild 60.1

Kräfte ($F > 0$) mit der Verkleinerung von r rasch an, die gegen sie verrichtete Arbeit ist negativ ($\delta W = F\,dr < 0$). Die potentielle Energie beginnt ebenfalls sehr schnell anzuwachsen und erreicht positive Werte. Aus der gegebenen Potentialkurve folgt, daß ein System aus zwei wechselwirkenden Molekülen im Zustand des stabilen Gleichgewichtes ($r = r_0$) seine minimale potentielle Energie besitzt.

Als Kriterium für die verschiedenen Aggregatzustände eines Stoffes dient das Verhältnis der Größen U_{min} und $k_B T$. U_{min} – die minimale potentielle Wechselwirkungsenergie zwischen den Molekülen – bestimmt die gegen die Anziehungskräfte zu verrichtende Arbeit, die notwendig ist, um ein Molekül zu isolieren, das sich im Gleichgewicht ($r = r_0$) befindet; $k_B T$ ist der doppelte Betrag der mittleren, auf einen Freiheitsgrad der chaotischen Wärmebewegung der Moleküle entfallenden Energie.

Wenn $U_{min} \ll k_B T$ ist, befindet sich der Stoff im gasförmigen Zustand, da die intensive Wärmebewegung der Moleküle die Verbindung von Molekülen, die sich auf einen Abstand von r_0 aufeinander angenähert haben, erschwert, d.h., die Wahrscheinlichkeit der Bildung von Molekülaggregationen ist hinreichend gering. Wenn $U_{min} \gg k_B T$ ist, befindet sich der Stoff im festen Zustand, da die Moleküle sich einander annähern und nur unbedeutend weiter voneinander entfernen können. Dadurch schwingen sie nur um die durch r_0 bestimmte Gleichgewichtslage. Wenn $U_{min} \approx k_B T$ ist, befindet sich der Stoff im flüssigen Zustand. Die Moleküle bewegen sich aufgrund der Wärmebewegung im Raum, tauschen auch ihre Plätze, entfernen sich aber nicht um mehr als r_0 voneinander.

Jeder Stoff kann sich also in Abhängigkeit von der Temperatur im gasförmigen, flüssigen oder festen Aggregatzustand befinden, wobei die Übergangstemperatur aus einem Aggregatzustand in einen anderen von dem Wert U_{min} für den gegebenen

Stoff abhängig ist. Für Edelgase ist U_{min} zum Beispiel gering, für Metalle dagegen groß, deshalb befinden sich diese Stoffe bei normaler Temperatur (Zimmertemperatur) im gasförmigen bzw. festen Zustand.

§ 61 Die van-der-Waalssche Gleichung

Bei realen Gasen muß man, wie schon in § 60 bemerkt, die Ausmaße der Moleküle und ihre Wechselwirkung untereinander berücksichtigen. Das Modell des idealen Gases und die Clapeyron-Mendelejewsche Gleichung (42.4) $pV_m = RT$ (für ein Mol eines Gases) sind deshalb auf reale Gase nicht anwendbar.

Von dem holländischen Physiker van der Waals (1837–1923) wurde eine Zustandsgleichung für ein reales Gas hergeleitet, die das Eigenvolumen der Moleküle und die Kräfte der zwischenmolekularen Wechselwirkung berücksichtigt. Er führte in die Clapeyron-Mendelejewsche Gleichung zwei Korrekturen ein.

1. Berücksichtigung des Eigenvolumens der Moleküle. Dem Eindringen eines Moleküls in das von einem anderen eingenommene Volumen wirken abstoßende Kräfte entgegen. Dadurch beträgt das Volumen, in dem sich die Moleküle eines realen Gases bewegen können, nicht V_m, sondern $V_m - b$, wobei b das von den Molekülen selbst eingenommene Volumen ist. Das Volumen b ist gleich dem Vierfachen des Eigenvolumens der Moleküle. Wenn sich zum Beispiel in einem Gefäß zwei Moleküle befinden, kann sich der Mittelpunkt eines der beiden Moleküle nicht näher als bis auf den Moleküldurchmesser d an den Mittelpunkt des anderen Moleküls annähern. Das bedeutet, daß für beide Molekülmittelpunkte ein sphärisches Volumen mit dem Durchmesser d unerreichbar ist, d.h. ein Volumen, das gleich dem Achtfachen eines Molekülvolumens ist, was pro Molekül das Vierfache Volumen ausmacht.

2. Berücksichtigung der Anziehung zwischen den Molekülen. Die Wirkung der Anziehungskräfte führt zu einem zusätzlichen Druck auf das Gas, den man als **inneren Druck** bezeichnet. Nach Berechnungen von van der Waals ist der innere Druck umgekehrt proportional zum Quadrat des Molekülvolumens, d.h.

$$p' = \frac{a}{V_m^2}, \tag{61.1}$$

wobei a die zwischenmolekularen Anziehungskräfte beschreibt (die sogenannte van-der-Waals-Konstante) und V_m das molare Volumen ist. Durch Einführung dieser Korrekturen erhalten wir die **van-der-Waalssche Gleichung** *für ein Mol eines Gases* (**Zustandsgleichung des realen Gases**):

$$\frac{p + a}{V_m^2}(V_m - b) = RT. \tag{61.2}$$

Für eine beliebige Gasmenge ν ($\nu = m/M$) nimmt die Gleichung unter Berücksichtigung von $V = \nu V_m$ folgende Form an:

$$\left(p + \frac{\nu^2 a}{V^2}\right)\left(\frac{V}{\nu} - b\right) = RT$$

oder

$$\left(p + \frac{v^2 a}{V^2}\right)(V - vb) = vRT,$$

wobei die Korrekturen a und b experimentell bestimmte, für jedes Gas konstante Größen sind (zur experimentellen Bestimmung dieser Konstanten stellt man die van-der-Waalssche Gleichung für zwei experimentell bekannte Gaszustände auf und löst sie bezüglich a und b).

Bei der Herleitung der van-der-Waalsschen Gleichung wurde eine Reihe von Vereinfachungen vorgenommen, sie stellt deshalb auch nur eine grobe Näherung dar, obgleich sie besser mit den experimentellen Daten übereinstimmt als die Zustandsgleichung des idealen Gases (besonders für gering komprimierte Gase).

Die van-der-Waalssche Gleichung ist nicht die einzige Gleichung zur Beschreibung realer Gase. Es existieren noch weitere Gleichungen, von denen einige reale Gase sogar genauer beschreiben. Wegen ihrer Kompliziertheit werden wir sie jedoch nicht betrachten.

§ 62   Van-der-Waals-Isothermen und ihre Analyse

Zur Untersuchung des Verhaltens realer Gase betrachten wir die **van-der-Waalsschen Isothermen** – die nach der van-der-Waalsschen Gleichung (61.2) bestimmte Abhängigkeit p von V_m für ein *Mol* eines Gases bei gegebenen Temperaturen. Diese Kurven (in Bild 62.1 für vier verschiedene Temperaturen gezeichnet) besitzen einen recht eigenartigen Charakter. Bei hohen Temperaturen $(T > T_k)$ unterscheidet sich die Isotherme eines realen Gases von der Isotherme eines idealen Gases nur durch eine geringfügige Verzerrung ihrer Form, wobei sie monoton fallend bleibt. Bei einer bestimmten Temperatur T_k besitzt die Isotherme nur einen Wendepunkt K. Diese Isotherme nennt man **kritische Isotherme**, die ihr entsprechende Temperatur T_k **kritische Temperatur**. Die kritische Isotherme besitzt nur einen Wendepunkt K, den man als **kritischen Punkt** bezeichnet; in diesem Punkt verläuft die Tangente an die Kurve parallel zur Abszisse. Das entsprechende **Volumen** V_k und der **Druck** p_k werden ebenfalls als **kritisch** bezeichnet. Der durch die kritischen Parameter (p_k, V_k, T_k) beschriebene Zustand heißt **kri-**

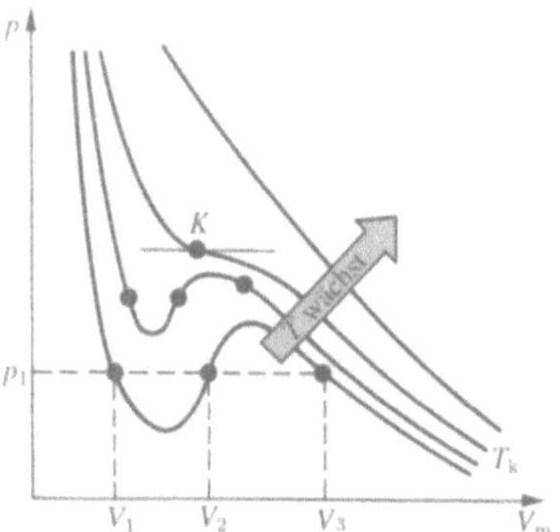

Bild 62.1

tischer Zustand. Bei tiefen Temperaturen weist die Isotherme einen wellenförmigen Abschnitt auf, auf dem sie zuerst monoton fällt, dann monoton steigt und erneut monoton fällt.

Zur Untersuchung des Charakters der Isotherme wird die van-der-Waalssche Gleichung (61.2) in folgende Form überführt:

$$pV_m^3 - (RT + pb)V_m^2 + aV_m - ab = 0. \tag{62.1}$$

Die Gl. (62.1) stellt bei gegebenem p und T eine Gleichung dritten Grades bezüglich V_m dar; sie kann folglich entweder drei reelle oder eine reelle und zwei imaginäre Wurzeln besitzen, wobei nur positive reelle Wurzeln einen physikalischen Sinn besitzen. Dem ersten Fall entsprechen deshalb die Isothermen bei tiefen Temperaturen (drei Volumenwerte V_1, V_2, V_3 entsprechen einem Druck p_1, wobei der Index „m" der Einfachheit halber weggelassen wurde), dem zweiten Fall die Isothermen bei hohen Temperaturen.

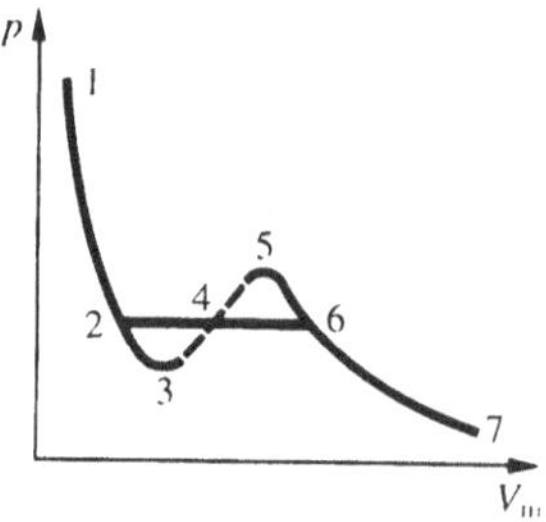

Bild 62.2

Bei Betrachtung verschiedener Abschnitte der Isotherme bei $T < T_k$ (Bild 62.2) erkennen wir, daß der Druck bei einer Verringerung des molaren Volumens V_m auf den Abschnitten 1–3 und 5–7 anwächst, was auch natürlich ist. Auf dem Abschnitt 3–5 führt eine Kompression des Stoffes zu einer Verminderung des Druckes; die Praxis zeigt jedoch, daß solche Zustände in der Natur nicht vorkommen. Das Vorhandensein des Abschnitts 3–5 bedeutet, daß der Stoff bei einer allmählichen Volumenänderung nicht die ganze Zeit als homogene Substanz existieren kann; zu einem gewissen Zeitpunkt muß eine sprunghafte Zustandsänderung und der Zerfall des Stoffes in zwei Phasen eintreten. Die wirkliche Isotherme besitzt somit die Form der gebrochenen Linie 7–6–2–1. Der Teil 7–6 entspricht dem gasförmigen Zustand, der Teil 2–1 dem flüssigen. In den dem horizontalen Abschnitt 6–2 der Isotherme entsprechenden Zuständen ist ein Gleichgewicht flüssiger und gasförmiger Phasen zu beobachten. Ein unterhalb der kritischen Temperatur gasförmiger Stoff wird als **Dampf** bezeichnet, einen im Gleichgewicht mit seiner Flüssigkeit befindlichen Dampf nennt man **gesättigt**.

Die aus der Analyse der van-der-Waalsschen Gleichung gewonnenen Schlußfolgerungen wurden von dem irischen Gelehrten T. Andrews (1813–1885) bei der Untersuchung der isothermen Kompression von Kohlendioxid bestätigt. Der Unterschied zwischen den experimentellen (Andrews) und den theoretischen (van der Waals) Isothermen besteht darin, daß der Umwandlung des Gases in eine Flüssigkeit im ersten Fall horizontale Abschnitte, im zweiten Fall aber wellenförmige Abschnitte entsprechen.

Zur Bestimmung der kritischen Parameter setzen wir diese Werte in (62.1) ein und schreiben

$$p_k V^3 - (RT_k + p_k b)V^2 + aV - ab = 0 \qquad (62.2)$$

(der Index „m" wurde der Einfachheit halber wieder weggelassen). Da im kritischen Zustand alle drei Wurzeln zusammenfallen und gleich V_k sind, wird die Gleichung in die Form

$$p_k (V - V_k)^3 = 0$$

oder

$$p_k V^3 - 3p_k V_k V^2 + 3p_k V_k^2 V - p_k V_k = 0 \qquad (62.3)$$

überführt. Da die Gl. (62.2) und (62.3) identisch sind, müssen in ihnen auch die Koeffizienten der Variablen in den entsprechenden Potenzen gleich sein. Man kann daher schreiben

$$p_k V_k^3 = ab, \quad 3p_k V_k^2 = a, \quad 3p_k V_k = RT_k + p_k b.$$

Durch Lösung der erhaltenen Gleichungen finden wir:

$$V_k = 3b, \quad p_k = \frac{a}{27b^2}, \quad T_k = \frac{8a}{27Rb}. \qquad (62.4)$$

Wenn man durch die Eckpunkte der horizontalen Abschnitte der Isothermenschar eine Linie zieht, erhält man eine glockenförmige Kurve (Bild 62.3), die den Bereich des Zweiphasenzustandes des Stoffes umschließt. Diese Kurve und die kritische Isotherme teilen das Diagramm p, V_m unter der Isotherme in drei Bereiche: Unter der glockenförmigen Kurve befindet sich der Bereich des Zweiphasenzustandes (Flüssigkeit und gesättigter Dampf Fl + D), links von ihm befindet sich der Bereich der Flüssigkeit Fl, rechts der Bereich des Dampfes D. Der Dampf unterscheidet sich von den übrigen gasförmigen Zuständen dadurch, daß er bei einer isothermen Kompression der Verflüssigung unterliegt. Ein Gas G kann bei einer Temperatur oberhalb der kritischen unter keinem Druck in eine Flüssigkeit überführt werden.

Bei einem Vergleich der van-der-Waalsschen Isotherme mit der Andrewsschen Isotherme (oberer Teil in Bild 62.4) erkennen wir, daß letztere einen geradlinigen Abschnitt 2–6 besitzt, der dem Zweiphasenzustand des Stoffes entspricht. Unter gewissen Bedingungen können auch diejenigen Zustände auf der

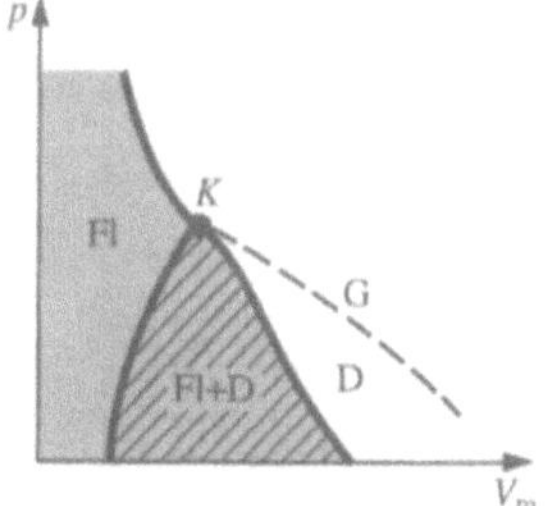

Bild 62.3

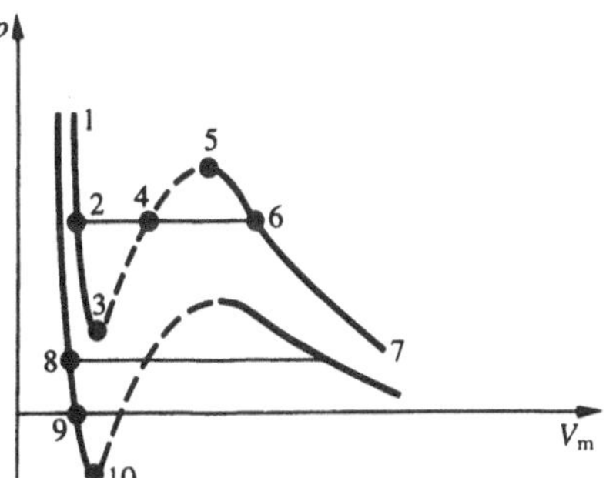

Bild 62.4

van-der-Waalsschen Kurve, welche durch die Abschnitte 5–6 und 2–3 dargestellt werden, realisiert werden. Diese instabilen Zustände nennt man **metastabil**. Der Abschnitt 2–3 stellt eine **überhitzte Flüssigkeit**, der Abschnitt 5–6 einen **übersättigten Dampf** dar. Beide Phasen sind begrenzt stabil.

Bei hinreichend tiefen Temperaturen schneidet die Isotherme die V_m-Achse und geht in den Bereich des negativen Drucks über (untere Kurve in Bild 62.4). Bei negativem Druck befindet sich ein Stoff im Zustand der Ausdehnung. Unter gewissen Bedingungen werden diese Zustände ebenfalls realisiert. Der Abschnitt 8–9 der unteren Isotherme entspricht einer **überhitzten Flüssigkeit**, der Abschnitt 9–10 einer **überspannten Flüssigkeit**.

§ 63   Innere Energie eines realen Gases

Die innere Energie realer Gase setzt sich aus der kinetischen Energie der Wärmebewegung seiner Moleküle (bestimmt die innere Energie eines idealen Gases, die gleich $C_V T$ ist, siehe § 53) und der potentiellen Energie der zwischenmolekularen Wechselwirkung zusammen. Die potentielle Energie eines realen Gases ist nur durch die Anziehungskräfte zwischen den Molekülen bedingt. Die Anziehungskräfte führen zum Entstehen des inneren Druckes auf das Gas (siehe (61.1)):

$$p' = \frac{a}{V_m^2}.$$

Wie aus der Mechanik bekannt ist, wird die zur Überwindung der zwischen den Gasmolekülen wirkenden Anziehungskräfte aufgewandte Arbeit zur Erhöhung der potentiellen Energie des Systems verwendet, d. h. $\delta W = p' dV_m = \delta U$ oder $\delta U = (a/V_m^2) dV_m$, woraus folgt

$$U = -\frac{a}{V_m}$$

(die Integrationskonstante wurde gleich Null gesetzt). Das Minuszeichen kommt daher, daß die Molekularkräfte, welche den inneren Druck hervorrufen, Anziehungskräfte sind (siehe § 60).

Unter Berücksichtigung beider Summanden erhalten wir, daß sich die innere Energie eines Mols eines realen Gases

$$U_m = C_V T - \frac{a}{V_m} \qquad (63.1)$$

mit Erhöhung der Temperatur und Vergrößerung des Volumens erhöht.

Wenn sich das Gas ohne Wärmeaustausch mit der Umgebung ausdehnt (adiabatischer Prozeß, d. h. $\delta Q = 0$) und keine äußere Arbeit verrichtet (Expansion des Gases im Vakuum, d. h. $\delta W = 0$), erhalten wir aufgrund des ersten Hauptsatzes der Thermodynamik ($\delta Q = (U_2 - U_1) + \delta W$)

$$U_1 = U_2. \tag{63.2}$$

Folglich tritt bei einer adiabatischen Expansion ohne Verrichtung äußerer Arbeit keine Änderung der inneren Energie des Gases auf.

Die Gl. (63.2) ist sowohl für ein ideales als auch für ein reales Gas korrekt formuliert, ihre physikalische Bedeutung ist in beiden Fällen jedoch vollkommen verschieden. Für ein ideales Gas bedeutet die Gleichung $U_1 = U_2$ die Gleichheit der Temperaturen ($T_1 = T_2$), d. h., bei einer adiabatischen Expansion eines idealen Gases in ein Vakuum ändert sich seine Temperatur nicht. Für ein reales Gas erhalten wir aus der Gl. (63.2) unter Berücksichtigung der Beziehungen

$$U_1 = C_V T_1 - \frac{a}{V_1},$$

$$U_2 = C_V T_2 - \frac{a}{V_2} \tag{63.3}$$

für ein Mol des Gases

$$T_1 - T_2 = \frac{a}{C_V} \left(\frac{1}{V_1} - \frac{1}{V_2} \right).$$

Wegen $V_2 > V_1$ ist $T_1 > T_2$, d. h., ein reales Gas kühlt sich bei der adiabatischen Expansion in ein Vakuum ab. Bei einer adiabatischen Kompression erwärmt sich das reale Gas im Vakuum.

§ 64   Der Joule-Thomson-Effekt

Wenn sich ein ideales Gas ausdehnt und dabei Arbeit verrichtet, kühlt es sich ab, da die Arbeit in diesem Fall aufgrund der inneren Energie (siehe § 55) verrichtet wird. Ein ähnlicher Prozeß, jedoch mit einem realen Gas – die adiabatische Expansion eines realen Gases mit Verrichtung einer positiven Arbeit durch äußere Kräfte –, wurde von den englischen Physikern J. Joule (1818–1889) und W. Thomson (später Lord Kelvin, 1824–1907) durchgeführt.

Betrachten wir den Joule-Thomson-Effekt. In Bild 64.1 ist das Schema ihres Versuches dargestellt. In einer wärmeisolierten Röhre mit einer porösen Zwischenwand befinden sich zwei Kolben, die sich reibungsfrei bewegen können. Zu Beginn befinde sich links von der Zwischenwand unter dem Kolben 1 ein Gas bei dem Druck p_1, das bei der Temperatur T_1 das Volumen V_1 einnimmt. Rechts ist kein Gas vorhanden (der Kolben 2 liegt an der Zwischenwand an). Nach Durchgang des Gases durch die poröse Zwischenwand ist der rechte Teil durch die Parameter p_2, V_2 und T_2 gekennzeichnet. Die Drücke p_1 und p_2 werden konstant gehalten ($p_1 > p_2$).

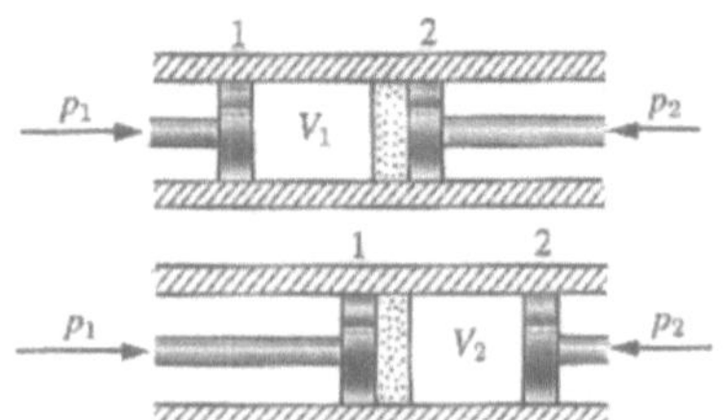

Bild 64.1

Da die Expansion ohne Wärmeaustausch mit der Umgebung abläuft, gilt aufgrund des ersten Hauptsatzes der Thermodynamik

$$\delta Q = (U_2 - U_1) + \delta W = 0. \tag{64.1}$$

Die von dem Gas verrichtete äußere Arbeit setzt sich aus der positiven Arbeit bei der Bewegung des Kolbens 2 ($W_2 = p_2 V_2$) und der negativen Arbeit bei der Bewegung des Kolbens 1 ($W_1 = p_1 V_1$) zusammen, d. h. $\delta W = W_2 - W_1$. Durch Einsetzen der Ausdrücke für die Arbeiten in (64.1) erhalten wir

$$U_1 + p_1 V_1 = U_2 + p_2 V_2. \tag{64.2}$$

Bei Joule-Thomson-Versuch ist somit die Größe $U + pV$ erhalten (unverändert). Sie ist eine Zustandsfunktion und wird **Enthalpie** genannt.

Der Einfachheit halber betrachten wir 1 *Mol* eines Gases. Nach Einsetzen des Ausdruckes (63.3) und der aus der van-der-Waalsschen Gleichung (61.2) berechneten Werte $p_1 V_1$ und $p_2 V_2$ (den Index „m" lassen wir wieder weg) in (64.2) erhalten wir nach elementaren Umformungen

$$T_2 - T_1 = \frac{2a \left(\dfrac{1}{V_2} - \dfrac{1}{V_1} \right) - b(p_2 - p_1)}{C_V + R}$$

$$- \frac{ab \left(\dfrac{1}{V_2^2} - \dfrac{1}{V_1^2} \right)}{C_V + R}. \tag{64.3}$$

Aus dem Ausdruck (64.3) folgt, daß das Vorzeichen der Differenz ($T_2 - T_1$) davon abhängig ist, welche der van-der-Waalsschen Korrekturen eine größere Rolle spielt. Analysieren wir den gegebenen Ausdruck unter den Voraussetzungen $p_2 \ll p_1$ und $V_2 \gg V_1$:

1) $a \approx 0$: die Anziehung zwischen den Molekülen wird nicht berücksichtigt, es werden nur die Ausmaße der Moleküle berücksichtigt. Es gilt dann

$$T_2 - T_1 \approx \frac{-b(p_2 - p_1)}{C_V + R} > 0,$$

d. h., das Gas erwärmt sich in diesem Fall.

2) $b \approx 0$: die Ausmaße der Moleküle werden nicht berücksichtigt, es werden nur die Anziehungskräfte zwischen den Mo-

lekülen berücksichtigt. Dann ist

$$T_2 - T_1 \approx \frac{2a\left(\dfrac{1}{V_2} - \dfrac{1}{V_1}\right)}{C_V + R} < 0,$$

d. h., das Gas kühlt sich in diesem Fall ab.

3) Berücksichtigung beider Korrekturen. Durch Einsetzen des nach der van-der-Waalsschen Gleichung berechneten Wertes für p_1 in den Ausdruck (64.3) erhalten wir

$$T_2 - T_1 \approx \frac{-\dfrac{2a}{V_1} + \dfrac{bRT_1}{V_1 - b}}{C_V + R} + \frac{\dfrac{ba}{V_1^2} - \dfrac{ab}{V_1^2}}{C_V + R}$$

$$= \frac{\dfrac{bRT_1}{V_1 - b} - \dfrac{2a}{V_1}}{C_V + R}, \tag{64.4}$$

d. h., das Vorzeichen der Temperaturdifferenz hängt von dem Anfangsvolumen V_1 und der Anfangstemperatur T_1 ab.

Die Änderung der Temperatur eines realen Gases bei seiner adiabatischen Expansion oder, wie man auch sagt, **adiabatischen Entspannung** – dem langsamen Durchströmen einer **Drossel** (zum Beispiel einer porösen Zwischenwand) unter Wirkung eines Druckunterschiedes – bezeichnet man als **Joule-Thomson-Effekt**. Man spricht gewöhnlich von einem **positiven** Joule-Thomson-Effekt, wenn sich das Gas bei der Entspannung abkühlt ($\Delta T < 0$), und von einem **negativen** Effekt, wenn es sich erwärmt ($\Delta T > 0$).

In Abhängigkeit von den Bedingungen der Entspannung kann der Joule-Thomson-Effekt für ein und dasselbe Gas sowohl positiv als auch negativ sein. Die Temperatur, bei der sich (für den gegebenen Druck) das Vorzeichen des Joule-Thomson-Effektes ändert, wird als **Inversionstemperatur** bezeichnet. Ihre Volumenabhängigkeit erhalten wir, indem wir den Ausdruck (64.4) gleich Null setzen:

$$T = \frac{2a}{Rb}\left(1 - \frac{b}{V}\right). \tag{64.5}$$

Die durch Gl. (64.5) bestimmte Kurve – die **Inversionskurve** – ist in Bild 64.2 dargestellt. Der Bereich oberhalb der Kurve entspricht einem negativen Joule-Thomson-Effekt, der Bereich unterhalb der Kurve einem positiven. Es ist zu bemerken, daß sich die Temperatur des Gases bei einem großen Druckunterschied an der Drossel deutlich ändert. So kühlt sich Luft bei der Entspannung von 20 auf 0,1 MPa von einer Anfangstemperatur von 17 °C um 35 K ab.

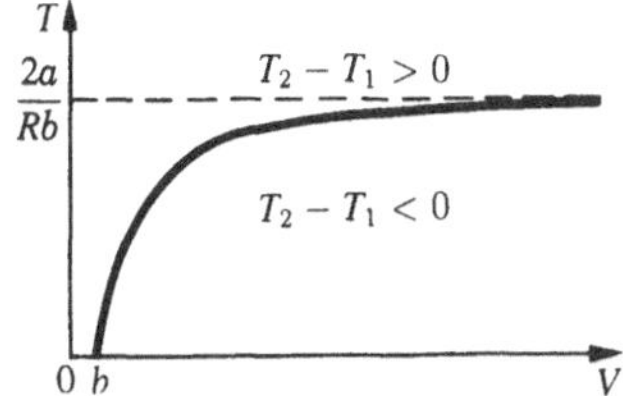

Bild 64.2

Der Joule-Thomson-Effekt wird durch die Abweichung des Gases vom Idealzustand hervorgerufen. In der Tat ist für ein Mol eines idealen Gases $pV_m = RT$, der Ausdruck (64.2) nimmt deshalb die Form

$$C_V T_1 + R T_1 = C_V T_2 + R T_2$$

an, woraus $T_1 = T_2$ folgt.

§ 65   Verflüssigung von Gasen

Die Verwandlung eines beliebigen Gases in eine Flüssigkeit – die **Verflüssigung eines Gases** – ist nur bei Temperaturen unterhalb der kritischen Temperatur (siehe § 62) möglich. Bei ersten Versuchen zur Gasverflüssigung zeigte sich, daß sich einige Gase (Cl_2, CO_2, NH_3) mittels isothermischer Kompression leicht verflüssigen lassen, eine ganze Reihe anderer Gase (O_2, N_2, H_2, He) dagegen nicht. Derartige erfolglose Versuche wurden von D. Mendelejew erklärt, indem er zeigte, daß die Verflüssigung dieser Gase bei Temperaturen oberhalb der kritischen Temperatur vorgenommen wurde und daher von vornherein zum Scheitern verurteilt war. Später gelang es, flüssigen Sauerstoff, Stickstoff und Wasserstoff (ihre kritischen Temperaturen betragen 154,4, 126,1 bzw. 33 K) zu erhalten. Im Jahre 1908 gelang dem niederländischen Physiker G. Kammerling-Onnes (1853–1926) die Verflüssigung von Helium, das die kleinste kritische Temperatur besitzt (5,3 K).

Zur Verflüssigung von Gasen werden häufig zwei industrielle Methoden angewandt, die auf dem Joule-Thomson-Effekt oder der Abkühlung des Gases bei Arbeitsverrichtung beruhen.

Das Schema einer der Anlagen, bei denen der Joule-Thomson-Effekt genutzt wird – die **Linde-Maschine** (nach dem deutschen Physiker und Ingenieur K. Linde, 1842–1934) – ist in Bild 65.1 dargestellt. In dem Kompressor (K) wird Luft bis zu einem Druck von mehreren Dutzend Megapascal komprimiert und in der Kältemaschine (KM) unter die kritische Temperatur abgekühlt. Daraufhin ist bei einer weiteren Expansion des Gases ein positiver Joule-Thomson-Effekt zu beobachten (Abkühlung des Gases bei seiner Expansion). Die Preßluft wird dann durch die innere Rohrleitung des Wärmetauschers (W) geführt und durch die Drossel (Dr) geleitet, wobei sie sich stark ausdehnt und abkühlt. Die entspannte Luft wird erneut in die äußere Rohrleitung des Wärmetauschers angesaugt und kühlt die zweite Portion Preßluft, die durch die innere Rohrleitung strömt. Da jede folgende Portion Luft vorher abgekühlt und danach durch die Drossel geleitet wird, sinkt die Temperatur immer weiter. Im Ergebnis einer 6–8stündigen Arbeit kühlt sich ein Teil der Luft ($\approx 5\,\%$) unter die kritische Temperatur ab, geht in den flüssigen Zustand über und wird in ein Dewar-Gefäß (DG) (siehe § 49) geleitet, der restliche Teil der Luft kehrt in den Wärmetauscher zurück.

Das zweite Verfahren zur Gasverflüssigung beruht auf der Abkühlung des Gases bei Arbeitsverrichtung. Ein in eine **Kolbenmaschine** geleitetes komprimiertes Gas dehnt sich aus und verrichtet dabei Arbeit bei der Bewegung des Kolbens. Da die

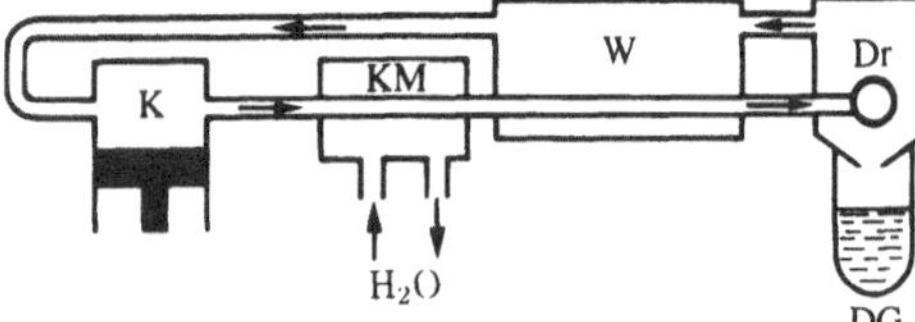

Bild 65.1

Arbeit aufgrund der inneren Energie des Gases verrichtet wird, verringert sich dessen Temperatur dabei.

Von dem russischen Physiker P. Kapiza wurde vorgeschlagen, anstelle der Kolbenmaschine eine **Turbokolbenmaschine** zu verwenden, in der das lediglich bis auf 500–600 kPa komprimierte Gas sich beim Verrichten von Arbeit zum Antrieb einer Turbine abkühlt. Dieses Verfahren wurde von Kapiza erfolgreich zur Verflüssigung von mit flüssigem Stickstoff vorgekühltem Helium verwendet. Moderne leistungsfähige Kühlanlagen funktionieren nach dem Prinzip der Turbokolbenmaschine.

§ 66   Eigenschaften von Flüssigkeiten. Oberflächenspannung

Die Flüssigkeit ist ein Aggregatzustand von Stoffen, der eine Zwischenstellung zwischen dem gasförmigen und dem festen Zustand einnimmt. Sie besitzt daher sowohl Eigenschaften von Gasen als auch von Feststoffen. Flüssigkeiten besitzen, ähnlich Feststoffen, ein bestimmtes Volumen. Wie Gase nehmen sie jedoch die Form des Gefäßes an, in dem sie sich befinden (siehe § 28). Gasmoleküle sind praktisch nicht durch zwischenmolekulare Wechselwirkungskräfte untereinander gebunden, in diesem Fall ist die mittlere Energie der Wärmebewegung eines Gasmoleküls viel größer als die mittlere durch Anziehungskräfte zwischen den Molekülen bedingte potentielle Energie (siehe § 60). Die Gasmoleküle bewegen sich daher in alle Richtungen auseinander, und das Gas nimmt das gesamte ihm zur Verfügung stehende Volumen ein. In Feststoffen und Flüssigkeiten sind die Anziehungskräfte zwischen den Molekülen schon wesentlich und halten die Moleküle auf einem bestimmten Abstand voneinander. In diesem Fall ist die mittlere Energie der chaotischen Wärmebewegung der Moleküle geringer als die mittlere durch Anziehungskräfte zwischen den Molekülen bedingte potentielle Energie. Sie reicht nicht aus, um die Anziehungskräfte zwischen den Molekülen zu überwinden, Feststoffe und Flüssigkeiten besitzen daher ein bestimmtes Volumen.

Die Röntgenstrukturanalyse von Flüssigkeiten zeigte, daß der Charakter der Anordnung der Flüssigkeitsteilchen zwischen dem für Gase und dem für Feststoffe liegt. In Gasen bewegen sich die Moleküle chaotisch, es gibt daher keinerlei Gesetzmäßigkeiten in ihrer gegenseitigen Anordnung. Bei Feststoffen ist eine sogenannte *Fernordnung* in der Anordnung der Teilchen zu erkennen, d. h. eine regelmäßige, sich über große Entfernungen wiederholende Anordnung der Teilchen. In Flüssigkeiten tritt nur eine sogenannte *Nahordnung* in der Anordnung der Teilchen auf, d. h. eine regelmäßige, sich über Entfernungen von der Größenordnung des Abstandes zwischen den Atomen wiederholende Anordnung der Teilchen.

Die Flüssigkeitstheorie ist bis zum heutigen Tage nicht voll entwickelt. Eine Reihe von Problemen bei der Untersuchung komplexer Eigenschaften von Flüssigkeiten wurde von dem russischen Physiker J. Frenkel (1894–1952) bearbeitet. Er erklärte die Wärmebewegung in einer Flüssigkeit damit, daß jedes Molekül einige Zeit um eine bestimmte Gleichgewichtslage schwingt, wonach es sprunghaft in eine neue Position übergeht, die von der Ausgangsposition um eine Entfernung in der Größenordnung des Atomabstandes entfernt ist. Die Flüssigkeitsmoleküle bewegen sich somit recht langsam in der gesamten Flüssigkeitsmasse, die Diffusion läuft viel langsamer als in Gasen ab. Mit Erhöhung der Flüssigkeitstemperatur vergrößert sich rasch die Frequenz der Schwingung, es erhöht sich die Molekülbeweglichkeit, was seinerseits der Grund für die Verringerung der Viskosität der Flüssigkeit ist.

Auf jedes Molekül wirken seitens der umgebenden Moleküle mit der Entfernung schnell abfallende Anziehungskräfte (siehe Bild 60.1); folglich kann man ab einer gewissen minimalen Entfernung die Anziehungskräfte zwischen den Molekülen vernachlässigen. Diese Entfernung (in der Größenordnung 10^{-9} m) nennt man **Molekularwirkungsradius r**, die Kugel vom Radius r wird als **Molekularwirkungssphäre** bezeichnet.

Betrachten wir ein beliebiges Molekül A der Flüssigkeit (Bild 66.1) und dessen kugelförmige Umgebung mit dem Radius r. Entsprechend unserer Definition braucht man nur die Wirkung der sich in der Molekularwirkungssphäre befindenden Moleküle zu berücksichtigen. Die Kräfte, mit denen diese Moleküle auf das Molekül A wirken, zeigen in verschiedene Richtungen und heben sich im Mittel gegenseitig auf. Die auf das Molekül im Flüssigkeitsinneren durch andere Moleküle ausgeübte resultierende Kraft ist deshalb gleich Null. Ein anderer Fall liegt vor, wenn sich ein Molekül, zum Beispiel das Molekül B, in einer Entfernung kleiner r von der Oberfläche befindet. Die Molekularwirkungssphäre liegt in diesem Fall nur teilweise im Flüssigkeitsinneren. Da die Konzentration der Moleküle in dem Gas über der Flüssigkeit im Vergleich zu ihrer Konzentration in der Flüssigkeit gering ist, hat die an jedes Molekül der Oberflächenschicht angreifende resultierende Kraft F einen von Null verschiedenen Wert, sie ist in das Flüssigkeitsinnere gerichtet. Die resultierenden Kräfte aller Moleküle in der Oberflächenschicht üben somit auf die Flüssigkeit einen als **Molekulardruck** (oder **inneren Druck**) bezeichneten Druck auf die Flüssigkeit aus. Auf einen Körper in der Flüssigkeit hat der Molekulardruck keine Wirkung, da er von Kräften, die nur zwischen Molekülen der Flüssigkeit selbst wirken, bedingt ist.

Die Gesamtenergie der Flüssigkeitsteilchen setzt sich aus der Energie ihrer chaotischen Wärmebewegung und der durch die Kräfte der zwischenmolekularen Wechselwirkung bedingten potentiellen Energie zusammen. Zum Transport eines Moleküls aus dem Flüssigkeitsinneren in die Oberflächenschicht muß man Arbeit aufwenden. Diese Arbeit wird aufgrund der kinetischen Energie des Moleküls verrichtet und für die Vergrößerung seiner potentiellen Energie verwendet. Die Moleküle

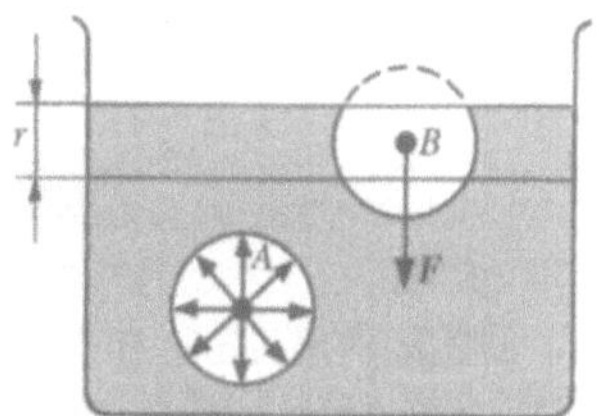

Bild 66.1

der Oberflächenschicht einer Flüssigkeit besitzen daher eine größere potentielle Energie als die Moleküle im Flüssigkeitsinneren. Diese als **Oberflächenenergie** bezeichnete zusätzliche Energie, über die Moleküle in der Oberflächenschicht der Flüssigkeit verfügen, ist dem Flächeninhalt ΔA dieser Schicht proportional:

$$\Delta E = \sigma \Delta A, \tag{66.1}$$

wobei σ die als Dichte der Oberflächenenergie bestimmte Oberflächenspannung ist.

Da der Gleichgewichtszustand durch ein Minimum an potentieller Energie gekennzeichnet ist, nimmt eine Flüssigkeit bei Abwesenheit äußerer Kräfte eine der bei gegebenem Volumen minimalen Oberfläche entsprechende Form, d. h. Kugelform, an. Bei Beobachtung feinster in der Luft schwebender Tröpfchen kann man feststellen, daß diese in der Tat kugelförmig sind, wobei jedoch eine leichte Verzerrung der Kugelform infolge der Erdanziehungskraft zu beobachten ist. Unter den Bedingungen der Schwerelosigkeit besitzen die Tropfen jeder beliebigen Flüssigkeit (unabhängig von ihrer Größe) Kugelform, was in Raumschiffen experimentell bewiesen wurde.

Die Bedingung für ein stabiles Gleichgewicht der Flüssigkeit ist also das Minimum der potentiellen Energie. Das bedeutet, daß die Flüssigkeit die bei gegebenem Volumen kleinstmögliche Oberfläche besitzen muß, d. h., die Flüssigkeit strebt nach einer Verringerung der freien Oberfläche. Man kann die Flüssigkeitsoberfläche in diesem Fall mit einem elastischen Band vergleichen, in dem Spannungskräfte wirken.

Betrachten wir die von einer geschlossenen Kontur umgebene Oberfläche einer Flüssigkeit (Bild 66.2). Die Oberfläche der Flüssigkeit verringert sich unter Wirkung der Kräfte der Oberflächenspannung (diese wirken tangential zur Flüssigkeitsoberfläche und senkrecht zu dem Abschnitt der Umgrenzungskurve, an die sie angreifen). Die betrachtete Kurve nimmt dabei die hellgrau dargestellte Lage ein. Die von dem hervorgehobenen Abschnitt auf die an ihn angrenzenden Abschnitte wirkende Kraft verrichtet die Arbeit

$$\Delta W = f \Delta l \Delta x,$$

wobei f die auf eine Längeneinheit der Umgrenzungskurve der Flüssigkeitsoberfläche wirkende Kraft der Oberflächenspannung ist.

Aus Bild 66.2 ist ersichtlich, daß $\Delta l \Delta x = \Delta A$, d. h.

$$\Delta W = f \Delta A. \tag{66.2}$$

Diese Arbeit wird aufgrund der Verringerung der potentiellen Energie verrichtet, d. h.

$$\Delta W = \Delta U. \tag{66.3}$$

Aus einem Vergleich der Ausdrücke (66.1) und (66.2) ist zu erkennen, daß

$$\sigma = f \tag{66.4}$$

ist, d. h., die **Oberflächenspannung** σ ist gleich der Kraft der Oberflächenspannung pro Längeneinheit der die Oberfläche umschließenden Kurve. Die Maßeinheit der Oberflächenspannung ist das Newton pro Meter (N/m) oder Joule pro Quadratmeter (J/m^2) (siehe (66.4) und (66.1)). Die meisten Flüssigkeiten besitzen bei einer Temperatur von 300 K eine Oberflächenspannung von $10^{-2} - 10^{-1}$ N/m. Die Oberflächenspannung verringert sich mit Erhöhung der Temperatur, da sich dabei die mittlere Entfernung zwischen den Molekülen der Flüssigkeit vergrößert.

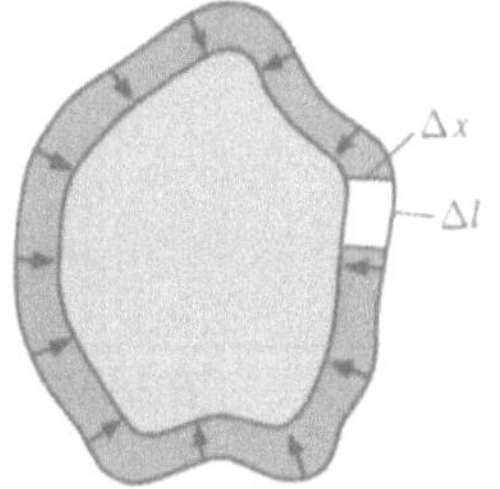

Bild 66.2

Die Oberflächenspannung ist stark von Verunreinigungen der Flüssigkeit abhängig. Eine die Oberflächenspannung verringernde Substanz wird als **oberflächenaktiver Stoff** bezeichnet. Der bekannteste für Wasser oberflächenaktive Stoff ist Seife. Die Zugabe von Seife führt zu einer starken Verringerung der Oberflächenspannung (ungefähr von $7{,}5 \cdot 10^{-2}$ auf $4{,}5 \cdot 10^{-2}$ N/m). Zu oberflächenaktiven Stoffen, die die Oberflächenspannung von Wasser verringern, zählen außerdem Alkohole, Äther, Erdöl u. a.

Es existieren Stoffe (Zucker, Salz), die eine Vergrößerung der Oberflächenspannung bewirken, indem ihre Moleküle mit den Flüssigkeitsmolekülen stärker als die Flüssigkeitsmoleküle untereinander wechselwirken. Wenn man zum Beispiel zu einer Seifenlösung Salz hinzugibt, werden die Seifenmoleküle stärker als im ungesalzenen Wasser in die Oberflächenschicht gedrängt. Bei der Seifensiederei wird die Seife mit diesem Verfahren aus der Lösung „ausgesalzt".

§ 67 Benetzung

Aus dem täglichen Leben ist bekannt, daß Wassertropfen auf Glas auseinanderlaufen und die in Bild 67.1 dargestellte Form annehmen, während sich Quecksilber auf derselben Oberfläche in einen etwas abgeflachten Tropfen verwandelt (Bild 67.2). Im ersten Fall spricht man davon, daß die Flüssigkeit die Oberfläche *benetzt*, im zweiten Fall, daß sie die Oberfläche *nicht benetzt*.

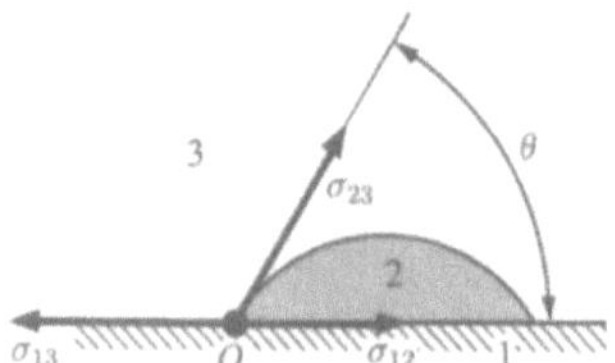

Bild 67.1

Die Benetzung ist von dem Charakter der Kräfte zwischen den Molekülen der sich berührenden Medien abhängig. Für benetzende Flüssigkeiten sind die Anziehungskräfte zwischen den Molekülen der Flüssigkeit und des Feststoffes größer als zwischen den Molekülen der Flüssigkeit selbst, und die Flüssigkeit ist bestrebt, die Grenzfläche mit dem Feststoff zu vergrößern. Für eine nichtbenetzende Flüssigkeit sind die Anziehungskräfte zwischen den Molekülen der Flüssigkeit und des Feststoffes kleiner als zwischen den Molekülen der Flüssigkeit selbst, und die Flüssigkeit ist bestrebt, die Grenzfläche mit dem Feststoff zu verkleinern.

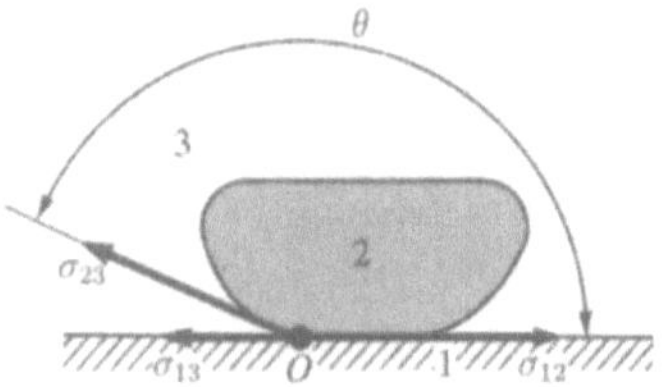

Bild 67.2

An die Berührungslinie der drei Medien (Untergrund, Tropfen, Luft; der Punkt O ist ihr Schnittpunkt mit der Zeichenebene) greifen drei Oberflächenspannungskräfte an, die tangential zur Berührungskante in das Innere der Berührungsfläche der entsprechenden beiden Medien wirken (Bilder 67.1 und 67.2). Diese auf *eine Längeneinheit* der Berührungslinie bezogenen Kräfte sind gleich den entsprechenden Oberflächenspannungen σ_{12}, σ_{13}, σ_{23}. Der Winkel θ zwischen den Tangenten an die Oberflächen der Flüssigkeit und des Feststoffes heißt **Randwinkel**. Die Gleichgewichtsbedingung für den Tropfen (Bild 67.1) ist durch das Verschwinden der Summe der Projektionen aller Oberflächenspannungskräfte auf die Richtung der Tangente an die Oberfläche des Feststoffes gegeben, d. h.

$$-\sigma_{13} + \sigma_{12} + \sigma_{23} \cos \theta = 0,$$

woraus man erhält

$$\cos \theta = \frac{\sigma_{13} - \sigma_{12}}{\sigma_{23}}. \tag{67.1}$$

Aus der Bedingung (67.1) folgt, daß der Randwinkel in Abhängigkeit von den Werten σ_{13} und σ_{12} ein spitzer oder ein stumpfer Winkel sein kann. Wenn $\sigma_{13} > \sigma_{12}$ ist, so ist $\cos \theta > 0$ und damit θ ein spitzer Winkel (Bild 67.1), d. h., die Flüssigkeit benetzt die Oberfläche des Feststoffes. Wenn $\sigma_{13} < \sigma_{12}$ ist, so ist $\cos \theta < 0$, und wir erhalten einen stumpfen Winkel (Bild 67.2), d. h., die Flüssigkeit benetzt die Oberfläche des Feststoffes nicht.

Der Randwinkel erfüllt die Bedingung (67.1), wenn gilt

$$\frac{|\sigma_{13} - \sigma_{12}|}{\sigma_{23}} \leqq 1. \tag{67.2}$$

Wenn die Bedingung (67.2) nicht erfüllt wird, kann sich der Flüssigkeitstropfen 2 bei keinem Winkel θ im Gleichgewicht befinden. Wenn $\sigma_{13} > \sigma_{12} + \sigma_{23}$ ist, fließt die Flüssigkeit über die Oberfläche des Feststoffes auseinander und bedeckt ihn mit einem dünnen Flüssigkeitsfilm (zum Beispiel Kerosin auf einer Glasfläche) – es findet **vollständige Benetzung** statt (in diesem Fall ist $\theta = 0$). Wenn $\sigma_{12} > \sigma_{13} + \sigma_{23}$ ist, zieht sich die Flüssigkeit zu einem kugelförmigen Tropfen zusammen, wobei sie im Extremfall nur einen Berührungspunkt mit der Unterlage hat (zum Beispiel ein Wassertropfen auf einer Paraffinfläche) – es findet überhaupt **keine Benetzung** statt (in diesem Fall ist $\theta = \pi$).

Benetzung und Nichtbenetzung sind relative Begriffe, d. h., eine Flüssigkeit, die eine Oberfläche benetzt, muß eine andere nicht benetzen. Wasser benetzt zum Beispiel Glas, aber nicht Paraffin; Quecksilber benetzt Glas nicht, wohl aber saubere Metalloberflächen.

Die Benetzung und Nichtbenetzung besitzt große technische Bedeutung. Zum Beispiel werden Erze bei der Flotationsanreicherung (Trennung des Erzes von taubem Gestein) fein gemahlen in einer Flüssigkeit aufgeschlämmt, die das taube Gestein, nicht aber das Erz, benetzt. Dieses Gemisch wird mit Luft durchblasen, wonach man es sich setzen läßt. Die von der Flüssigkeit benetzten Gesteinsteile setzen sich dabei auf den Grund ab, die Mineralkörnchen aber werden von den aufsteigenden Gasblasen mit an die Oberfläche getragen. Bei der mechanischen Bearbeitung werden Metalle zur Erleichterung und Beschleunigung ihrer Bearbeitung mit speziellen Flüssigkeiten benetzt.

§ 68   Druck unter einer gewölbten Flüssigkeitsoberfläche

Wenn die Flüssigkeitsoberfläche nicht eben, sondern gewölbt ist, übt sie auf die Flüssigkeit einen *zusätzlichen Druck* aus. Dieser durch die Kräfte der Oberflächenspannung bedingte Druck ist für eine konvexe Oberfläche positiv und für eine konkave Oberfläche negativ.

Zur Berechnung des zusätzlichen Druckes gehen wir von der Annahme aus, daß die freie Flüssigkeitsoberfläche eine Kugelform mit dem Radius R besitzt. Von dieser Kugel teilen wir in Gedanken ein Kugelsegment mit einer Grundlinie vom Radius $r = R \sin \alpha$ (Bild 68.1) ab. Auf jedes unendlich kleinen Längenelement Δl dieser Grundlinie wirkt tangential an die Kugeloberfläche eine Oberflächenspannungskraft $\Delta F = \sigma \Delta l$. Nach Zerlegung von ΔF in zwei Komponenten (ΔF_1 und ΔF_2) sehen wir, daß die geometrische Summe der Kräfte ΔF_2 gleich Null ist, da diese Kräfte auf gegenüberliegenden Seiten der Grundlinie in entgegengesetzten Richtungen angreifen und sich gegenseitig aufheben. Die resultierende Kraft der Oberflächenspannung auf das Kugelsegment ist deshalb senk-

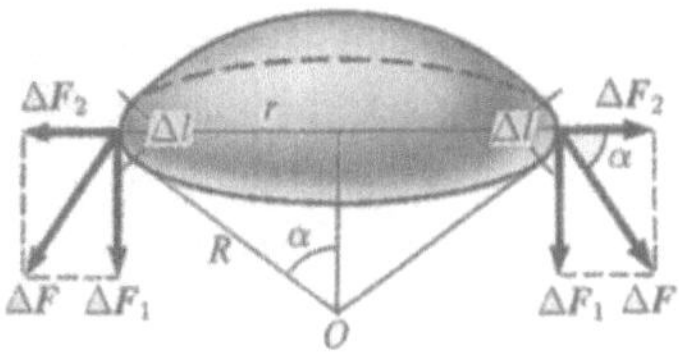

Bild 68.1

recht zur Schnittebene in das Flüssigkeitsinnere gerichtet und ist gleich der algebraischen Summe der Komponenten ΔF_1 :

$$F = \sum \Delta F_1 = \sum \Delta F \sin \alpha$$

$$= \sum \sigma \Delta l \frac{r}{R} = \frac{\sigma r}{R} \sum \Delta l = \frac{\sigma r}{R} 2\pi r.$$

Nach Division dieser Kraft durch die Grundfläche des Segmentes πr^2 berechnen wir den zusätzlichen, von den Oberflächenspannungskräften ausgeübten und durch die Krümmung der Oberfläche bedingten Druck auf die Flüssigkeit:

$$\Delta p = \frac{F}{A} = \frac{2\sigma \pi r^2}{R\pi r^2} = \frac{2\sigma}{R}. \tag{68.1}$$

Für eine konkave Oberfläche kann man zeigen, daß die resultierende Kraft der Oberflächenspannung aus der Flüssigkeit heraus gerichtet ist und

$$\Delta p = -\frac{2\sigma}{R} \tag{68.2}$$

beträgt. Folglich ist der Druck in der Flüssigkeit unter einer konkaven Oberfläche um den Betrag Δp kleiner als in dem Gas.

Die Gl. (68.1) und (68.2) stellen Spezialfälle der **Laplaceschen Gleichung** dar, die nach dem französischen Gelehrten P. Laplace (1749–1827) benannt ist und den zusätzlichen Druck für eine beliebige Flüssigkeisoberfläche mit doppelter Krümmung bestimmt:

$$\Delta p = \sigma \left(\frac{1}{R_1} + \frac{1}{R_2} \right), \tag{68.3}$$

wobei R_1 und R_2 die Krümmungsradien zweier beliebiger, zueinander senkrechter Normalenschnitte der Flüssigkeitsoberfläche in dem gegebenen Punkt sind. Der Krümmungsradius ist positiv, wenn sich der Krümmungsmittelpunkt des entsprechenden Schnittes im Inneren der Flüssigkeit befindet, er ist negativ, wenn sich der Krümmungsmittelpunkt außerhalb der Flüssigkeit befindet.

Für eine sphärische gekrümmte Oberfläche ($R_1 = R_2 = R$) geht der Ausdruck (68.3) in (68.1) über, für eine zylinderförmige Oberfläche ($R_1 = R$ und $R_2 = \infty$) beträgt der zusätzliche Druck

$$\Delta p = \sigma \left(\frac{1}{R} + \frac{1}{\infty} \right) = \frac{\sigma}{R}.$$

Im Falle einer ebenen Oberfläche ($R_1 = R_2 = \infty$) rufen die Oberflächenspannungskräfte keinen zusätzlichen Druck hervor.

§ 69 Kapillarerscheinungen

Wenn man ein dünnes Röhrchen (**Kapillare**) mit einem Ende in eine Flüssigkeit in einem weiten Gefäß taucht, nimmt die Oberflächenkrümmung der Flüssigkeit in der Kapillare aufgrund der Benetzung oder Nichtbenetzung der Kapillarenwandung durch die Flüssigkeit beträchtliche Ausmaße an. Wenn die Flüssigkeit das Material des Röhrchens benetzt, besitzt die Flüssigkeitsoberfläche in dem Röhrchen – der **Meniskus** – eine konkave Form, wenn die Flüssigkeit das Material nicht benetzt, bildet sich eine konvexe Oberfläche (Bild 69.1).

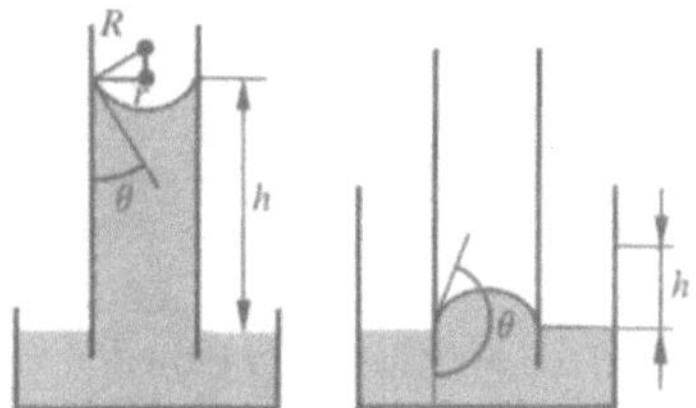

Bild 69.1

Unter einer konkaven Flüssigkeitsoberfläche entsteht ein durch Gl. (68.2) bestimmter negativer zusätzlicher Druck. Dieser Druck führt zu einem Aufsteigen der Flüssigkeit in der Kapillare, da unter der ebenen Flüssigkeitsoberfläche in dem weiten Gefäß kein zusätzlicher Druck herrscht. Wenn die Flüssigkeit jedoch die Kapillarenwandung nicht benetzt, führt der positive zusätzliche Druck zu einem Absinken der Flüssigkeit in der Kapillare. Die Erscheinung, daß die Flüssigkeit in der Kapillare tiefer oder höher steht, heißt **Kapillarität**. Die Flüssigkeit in der Kapillare steigt oder fällt bis auf die Höhe h, bei der der Druck der Flüssigkeitssäule (**hydrostatischer Druck**) $\rho g h$ durch den zusätzlichen Druck Δp kompensiert wird, d. h.

$$\frac{2\sigma}{R} = \rho g h,$$

wobei ρ die Dichte der Flüssigkeit und g die Fallbeschleunigung ist.

Wenn man den Radius der Kapillare mit r und den Randwinkel mit θ bezeichnet, folgt aus Bild 69.1, daß $(2\sigma \cos\theta)/r = \rho g h$ ist, woraus sich ergibt:

$$h = \frac{2\sigma \cos\theta}{\rho g r}. \tag{69.1}$$

In Einklang mit der Tatsache, daß eine benetzende Flüssigkeit in der Kapillare aufsteigt und eine nichtbenetzende Flüssigkeit abfällt, erhalten wir aus (69.1) für $\theta < \pi/2$ ($\cos\theta > 0$) eine positive Höhe h und für $\theta > \pi/2$ ($\cos\theta < 0$) eine negative Höhe. Aus (69.1) ist weiterhin ersichtlich, daß die Steighöhe (Tiefe) der Flüssigkeit in der Kapillare umgekehrt proportional dem Kapillarradius ist. In engen Kapillaren steigt die Flüssigkeit beträchtlich. So steigt Wasser ($\rho = 1000$ kg/m^3, $\sigma = 0{,}073$ N/m) bei vollständiger Benetzung ($\theta = 0$) in einer Kapillare von 10 μm Durchmesser bis auf eine Höhe von $h \approx 3$ m.

Kapillarerscheinungen spielen eine große Rolle in Natur und Technik. So wird zum Beispiel der Feuchtigkeitsaustausch im

Boden oder in Pflanzen durch Aufsteigen des Wassers in engen Kapillaren realisiert. Auf Kapillarerscheinungen beruhen u. a. die Wirkung von Kerzendochten und das Aufsaugen von Wasser durch Beton.

§ 70   Feststoffe. Mono- und Polykristalle

Feststoffe (Kristalle) sind durch das Vorhandensein bedeutender zwischenmolekularer Wechselwirkungskräfte gekennzeichnet. Sie behalten nicht nur ihr Volumen, sondern auch ihre Gestalt. Kristalle besitzen eine regelmäßige geometrische Form, die, wie von dem deutschen theoretischen Physiker M. Laue (1879–1960) durch röntgenographische Untersuchungen gezeigt wurde, das Ergebnis einer regelmäßigen Anordnung der das Kristall formierenden Teilchen (Atome, Moleküle, Ionen) ist. Eine durch eine regelmäßige Teilchenanordnung mit periodischer Wiederkehr in drei Dimensionen gekennzeichnete Struktur heißt **Kristallgitter**. Die Punkte, in denen die Teilchen angeordnet sind, genauer gesagt, mittlere Gleichgewichtslagen, um die die Teilchen schwingen, heißen **Gitterpunkte** des Kristallgitters.

Kristalline Körper kann man in zwei Gruppen einteilen: Monokristalle und Polykristalle. **Monokristalle** sind Feststoffe, deren Teilchen ein einheitliches Kristallgitter bilden. Die Kristallstruktur von Monokristallen ist an deren äußeren Form zu erkennen. Obwohl die äußere Form von Monokristallen einer Art verschieden sein kann, sind aber die Winkel zwischen ihren entsprechenden Flächen gleich. Dies ist das von M. Lomonossow formulierte Gesetz von der **Winkelkonstanz**. Er zog die wichtige Schlußfolgerung, daß die regelmäßige Form von Kristallen mit der gesetzmäßigen Anordnung der das Kristall bildenden Teilchen verbunden ist. Die meisten Minerale sind Monokristalle. Große natürliche Monokristalle sind allerdings selten anzutreffen (zum Beispiel Eis, Kochsalz, Islandspat). Heutzutage werden viele Monokristalle künstlich gezüchtet. Oft werden die Bedingungen für das Wachsen von großen Kristallen (Reinheit der Lösung, langsame Abkühlung, geringe Anzahl von Kristallisationskeimen) nicht aufrechterhalten, die meisten Feststoffe besitzen deshalb eine feinkristalline Struktur, d. h., sie bestehen aus einer Vielzahl regellos orientierter kleiner Kristallkörner. Solche Feststoffe werden **Polykristalle** genannt (viele Gesteine, Metalle und Legierungen).

Eine charakteristische Besonderheit von Monokristallen ist ihre **Anisotropie**, d. h. die Richtungabhängigkeit physikalischer

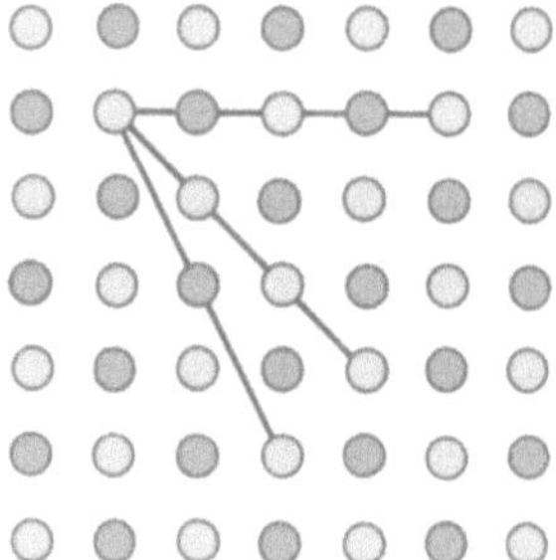

Bild 70.1

(elastischer, mechanischer, thermischer, elektrischer, magnetischer, optischer) Eigenschaften. Die Anisotropie von Monokristallen ist dadurch zu erklären, daß die Anzahl der auf gleiche Längen in dem Kristallgitter entfallenden Teilchen in verschiedenen Richtungen (Bild 70.1) nicht dieselbe ist, was eben zu dem Unterschied der Eigenschaften entlang dieser Richtungen führt. In Polykristallen ist Anisotropie nur für einzelne, kleine Kristallite zu beobachten, ihre verschiedene Orientierung führt jedoch dazu, daß die Eigenschaften von Polykristallen im Mittel in allen Richtungen gleich sind.

§ 71   Typen kristalliner Feststoffe

Kristalle können nach zwei Kriterien klassifiziert werden: 1) nach kristallographischen; 2) nach physikalischen (Natur der an den Gitterpunkten angeordneten Teilchen und Charakter der Wechselwirkung zwischen ihnen).

1. Kristallographisches Kriterium. In diesem Fall ist nur die räumliche Periodizität in der Anordnung der Teilchen ausschlaggebend, man kann daher von ihrer inneren Struktur absehen und die Teilchen als geometrische Punkte betrachten.

Ein Kristallgitter kann verschiedene Symmetrien besitzen. Die **Symmetrie eines Kristallgitters** bezeichnet die Eigenschaft des Gitters, mit sich selbst bei verschiedenen räumlichen Verschiebungen, zum Beispiel bei Parallelverschiebungen, Drehungen, Spiegelungen oder deren Kombinationen, in Deckung zu kommen. Nimmt man noch die verschiedenen Möglichkeiten hinzu, ein Gitter mit Teilchen verschiedener Symmetrie zu belegen, so ergeben sich 230 Kombinationen der Symmetrieelemente oder 230 verschiedene **Raumgruppen**.

Mit der übertragbaren Symmetrie im dreidimensionalen Raum verbindet man den Begriff der dreidimensionalen Struktur – des **Raum-** oder **Bravais-Gitters**. Diese Vorstellungen wurden von dem französischen Kristallographen O. Bravais (1811–1863) eingeführt. Jedes Raumgitter kann aus der Wiederholung ein und derselben Struktureinheit – der **Elementarzelle** – in drei verschiedenen Richtungen zusammengesetzt werden. Es gibt insgesamt 14 Bravais-Gitter-Typen, die sich durch die Art der übertragbaren Symmetrie unterscheiden. Sie werden in sieben **Kristallsysteme** oder **Syngonien** eingeteilt. Diese Kristallsysteme sind in Tabelle 71.1 in Reihenfolge wachsender Symmetrie aufgeführt. Zur Beschreibung der Elementarzellen verwendet man kristallographische Koordinatenachsen, die parallel den Kanten der Elementarzelle verlaufen. Den Koordinatenursprung wählt man in der linken Ecke der Vorderebene der Elementarzelle. Die Elementarzelle eines Kristalls stellt ein Parallelepiped mit den Seiten a, b, c und den Winkeln α, β und γ zwischen den Seiten (Tabelle 71.1) dar. Die Größen a, b, c und α, β, γ werden **Parameter der Elementarzelle** genannt, sie bestimmen diese vollständig.

2. Physikalisches Kriterium. In Abhängigkeit von der Art der Teilchen und dem Charakter der Wechselwirkungskräfte zwischen ihnen unterteilt man die Kristalle in vier Typen: Ionenkristalle, Atomkristalle, Metallkristalle und Molekülkristalle.

Tabelle 71.1   Die 7 Kristallsysteme und die Formen der zugehörigen Elementarzelle.

Kristallsystem	Charakteristika der Elementarzelle	Form der Elementarzelle
triklin	$a \neq b \neq c,$ $\alpha \neq \beta \neq \gamma$	
monoklin	$a \neq b \neq c,$ $\alpha = \beta = 90° \neq \gamma$	
rhombisch	$a \neq b \neq c,$ $\alpha = \beta = \gamma = 90°$	
tetragonal	$a = b \neq c,$ $\alpha = \beta = \gamma = 90°$	
rhomboedrisch (trigonal)	$a = b = c,$ $\alpha = \beta = \gamma \neq 90°$	
hexagonal	$a = b \neq c,$ $\alpha = \beta = 90°,$ $\gamma = 60°$	
kubisch	$a = b = c,$ $\alpha = \beta = \gamma = 90°$	

Ionenkristalle. An den Gitterpunkten sind abwechselnd Ionen entgegengesetzter Ladung angeordnet. Typische Ionenkristalle werden von den meisten Halogeniden (NaCl, CsCl, KBr u. a.) sowie den Oxiden verschiedener Elemente (MgO, CaO u. a.) gebildet. Die Strukturen der beiden charakteristischsten Ionenkristalle – NaCl (das Gitter stellt zwei gleiche, ineinandergelegte flächenzentrierte kubische Gitter dar; an den Gitterpunkten des einen Gitters befinden sich die Ionen Na$^+$, an den Gitterpunkten des anderen die Ionen Cl$^-$) und CsCl (kubisch raumzentriertes Gitter, im Mittelpunkt jeder Elementarzelle befindet sich ein Ion) sind in Bild 71.1 dargestellt. Die durch die Coulombschen Anziehungskräfte bedingte Bindung zwischen ungleichnamig geladenen Teilchen wird **Ionenbindung** (oder **heteropolare Bindung**) genannt.   In einem Ionengitter kann

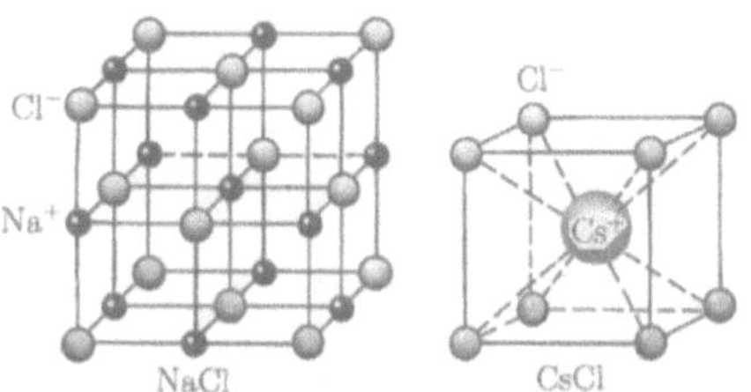

Bild 71.1

man keine einzelnen Moleküle abteilen: Der Kristall stellt gewissermaßen ein gigantisches Molekül dar.

Atomkristalle. An den Gitterpunkten des Kristalls sind neutrale Atome angeordnet, die durch **homöopolare** oder **kovalente Bindungen** quantenmechanischer Herkunft an ihren Gitterpunkten gehalten werden. (Nachbaratome teilen sich die am schwächsten mit dem Atom verbundenen Valenzelektronen.) Zu den Atomkristallen zählen Diamanten und Graphit (zwei verschiedene Zustände von Kohlenstoff), einige anorganische Verbindungen (Zn, BeO u. a.) sowie typische Halbleiter (Germanium Ge und Silicium Si). Die Struktur des Diamantgitters ist in Bild 71.2 dargestellt. Dabei ist jedes Kohlenstoffatom von vier ebensolchen Atomen umgeben, die in gleichen Entfernungen an den Ecken von Tetraedern angeordnet sind.

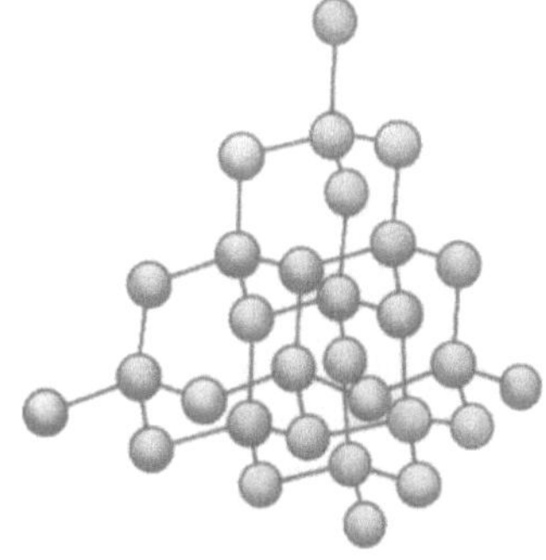

Bild 71.2

Die Valenzbindungen werden durch Elektronenpaare realisiert, die sich auf beide Atome umfassenden Elektronenbahnen bewegen. Diese Bindungen besitzen Richtcharakter: Die Kovalenzkräfte sind von dem Zentralatom nach den Ecken eines Tetraeders gerichtet. Im Unterschied zu Graphit besitzt das Diamantgitter keine ebenen Schichten, wodurch die Verschiebung einzelner Kristallabschnitte verhindert wird. Diamamt stellt daher eine sehr feste Verbindung dar.

Metallkristalle. An den Gitterpunkten des Kristalls sind positive Metallionen angeordnet. Bei der Bildung des Kristallgitters teilen sich die relativ schwach an die Atomen gebundenen Elektronen ab und werden kollektivisiert: Sie gehören schon nicht mehr nur einem Atom, wie im Falle einer Ionenbindung, und auch nicht einem Paar benachbarter Ionen, wie im Falle einer homöopolaren Bindung, sondern dem gesamten Kristall im Ganzen. Diese „freien" Elektronen können sich zwischen den positiven Ionen bewegen, was eine gute elektrische

Leitfähigkeit der Metalle sichert. Da die Metallbindung keine Richtwirkung besitzt und die positiven Gitterionen in ihren Eigenschaften gleich sind, müssen Metalle über eine hohe Symmetrieordnung verfügen. In der Tat besitzen die meisten Metalle ein kubisch raumzentriertes (Li, Na, K, Rb, Cs) oder kubisch flächenzentriertes (Cu, Ag, Pt, Au) Gitter. Metalle kommen zumeist als Polykristalle vor.

Molekülkristalle. An den Gitterpunkten sind neutrale Moleküle des Stoffes angeordnet, die Wechselwirkungskräfte zwischen ihnen sind durch eine geringfügige gemeinsame Nutzung der Elektronen in den Elektronenhüllen der Atome bedingt. Die Kräfte heißen van-der-Waalssche Kräfte, da sie von derselben Natur wie die zur Abweichung von einem idealen Gas führenden Anziehungskräfte zwischen Molekülen sind. Molekülkristalle sind zum Beispiel die meisten organischen Verbindungen (Paraffin, Alkohol, Gummi u.a.), Edelgase (Ne, Ar, Kr, Xe) und die Gase CO_2, O_2, N_2 im festen Zustand, Eis sowie die Kristalle von Brom Br_2, Iod I_2. Die van-der-Waalsschen Kräfte sind recht schwach, Molekülkristalle sind daher leicht deformierbar.

In einigen Feststoffen können gleichzeitig mehrere Bindungsarten realisiert sein. Ein Beispiel dafür ist der Graphit (hexagonales Gitter). Das Graphitgitter (Bild 71.3) besteht aus einer Reihe paralleler Ebenen, in denen die Kohlenstoffatome an den Ecken regelmäßiger Sechsecke angeordnet sind. Der Abstand zwischen den Ebenen ist mehr als doppelt so groß wie der Abstand zwischen den Atomen des Sechsecks. Die ebenen Schichten sind miteinander durch van-der-Waalssche Kräfte verbunden. Innerhalb einer Schicht bilden je drei Valenzelektronen jedes Kohlenstoffatoms eine kovalente Bindung mit den benachbarten Kohlenstoffatomen, das vierte, „frei" gebliebene Elektron wird kollektivisiert, jedoch nicht in dem gesamten Gitter wie im Falle der Metalle, sondern innerhalb einer Schicht. In diesem Fall werden somit drei Bindungsarten realisiert: homöopolare und Metallbindung innerhalb einer Schicht; van-der-Waals-Bindung zwischen den Schichten. Dies erklärt die Weichheit von Graphit, da seine Schichten sich gegeneinander gleitend verschieben lassen.

Der Unterschied im Aufbau der Kristallgitter der beiden Kohlenstoffmodifikationen – Graphit und Diamant – erklärt ihre unterschiedlichen physikalischen Eigenschaften: die Weichheit von Graphit und die Härte von Diamant; Graphit ist ein

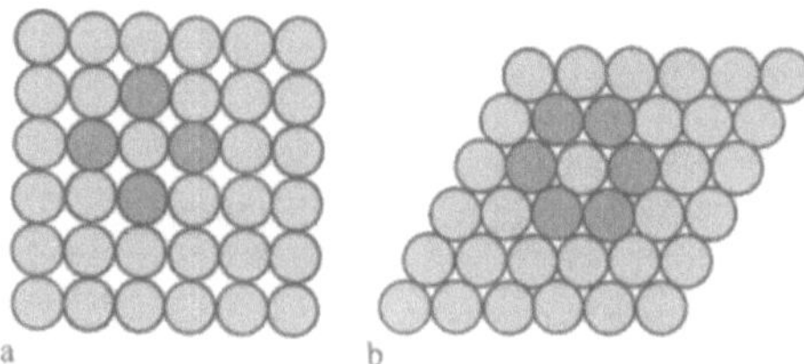

Bild 71.4

elektrischer Leiter, Diamant ist ein Dielektrikum (ohne freie Elektronen) usw.

Die Anordnung der Atome in den Kristallen wird weiterhin durch die **Koordinationszahl** – die Anzahl der nächsten Nachbaratome von gleichem Typ in dem Kristallgitter oder Nachbarmoleküle in Molekülkristallen – gekennzeichnet. Zur modellhaften Veranschaulichung der Kristallstruktur aus Atomen und Molekülen verwendet man das System der dichtesten Kugelpackung. Bei der Betrachtung des einfachsten Falles der dichtesten Packung von Kugeln mit gleichem Radius in einer Ebene gelangen wir zu zwei Anordnungsmöglichkeiten (Bild 71.4a, b). Die rechte Packung ist dichter, da der Flächeninhalt eines Rhombus mit einer Seitenlänge gleich der einer Quadratseite bei gleicher Anzahl von Kugeln kleiner ist als der Flächeninhalt des Quadrates. Wie aus der Abbildung ersichtlich ist, führt der Unterschied in der Packung zu verschiedenen Koordinationszahlen: Bei der linken Packung ist die Koordinationszahl gleich 4, bei der rechten gleich 6. Das heißt, je dichter die Packung, desto größer ist die Koordinationszahl.

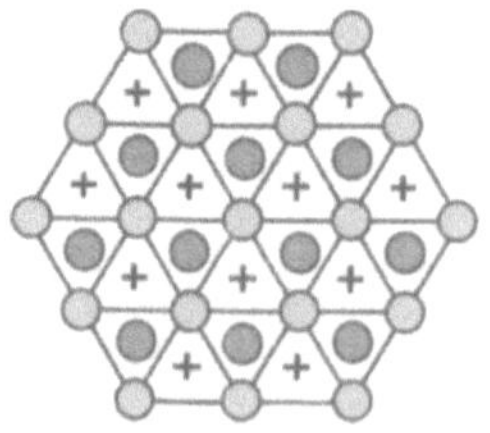

Bild 71.5

Untersuchen wir, unter welchen Bedingungen die räumliche Kugelpackungsdichte der einen oder anderen oben angeführten Kristallstruktur entsprechen kann. Wir beginnen die Konstruktion des Gitters mit der in Bild 71.4b dargestellten Kugelschicht. Zur Vereinfachung der weiteren Betrachtungen projizieren wir die Kugelmittelpunkte auf die Ebene, in der sie liegen, und stellen sie durch hellgraue Kreise dar (Bild 71.5). Auf dieselbe Ebene projizieren wir Mittelpunkte der Zwischenräume zwischen den Kugeln, die in Bild 71.5 durch dunkelgraue Kreise bzw. Kreuze dargestellt sind. Eine beliebige dicht gepackte Ebene werden wir als Schicht A bezeichnen, wenn die Kugelmittelpunkte über die hellgrauen Kreise zu liegen kommen, als Schicht B, wenn sie über die dunkelgrauen Kreise, und als Schicht C, wenn sie über die Kreuze zu liegen kommen. Über die Schicht A legen wir die zweite dicht gepackte Schicht so, daß jede Kugel dieser Schicht auf drei Kugeln der ersten Schicht ruht. Dies

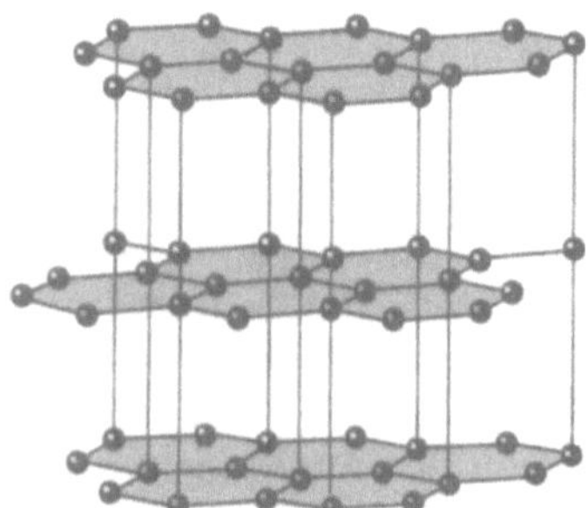

Bild 71.3

kann man auf zweierlei Weise erreichen: Man kann als zweite Schicht entweder B oder C nehmen. Die dritte Schicht kann man wiederum auf zweierlei Weise anlegen usw. Die dichte Packung kann man also als Folge $ABCBAC\ldots$ beschreiben, in der zwei Schichten mit der gleichen Bezeichnung nicht nebeneinander stehen können.

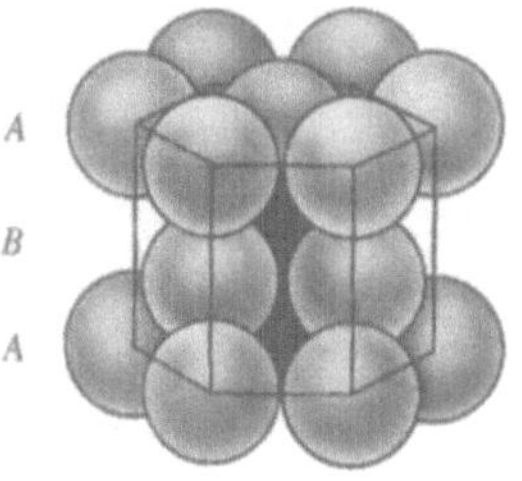

Bild 71.6

Aus der Vielzahl der möglichen Kombinationen haben in der Kristallographie nur zwei Packungstypen reale Bedeutung: 1) die zweischichtige Packung $ABABAB\ldots$ – die hexagonal dichtgepackte Struktur (Bild 71.6); 2) die dreischichtige Packung $ABCABC\ldots$ – die kubisch flächenzentrierte Struktur (Bild 71.7). In beiden Gittern ist die Koordinationszahl gleich 12, die Packungsdichte stimmt überein – die Atome nehmen 74 % des gesamten Kristallvolumens ein. Die dem kubisch raumzentrierten Gitter entsprechende Koordinationszahl ist gleich 8, für das Diamantgitter (siehe Bild 71.2) beträgt sie 4.

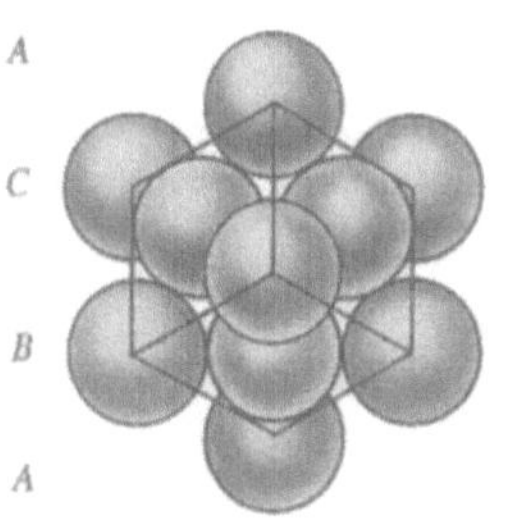

Bild 71.7

Außer zwei- und dreischichtigen Packungen kann man auch mehrschichtige Packungen mit größerer Periode der Wiederholung gleicher Schichten konstruieren, zum Beispiel $ABCBACABCBAC\ldots$ – eine sechsschichtige Packung. Es existiert eine Modifikation von SiC mit einer Wiederholungsperiode von 6, 15 und 243 Schichten.

Wenn der Kristall aus Atomen verschiedener Elemente aufgebaut ist, kann man ihn als dichte Packung von Kugeln verschiedener Durchmesser darstellen. In Bild 71.8 ist eine Modell-

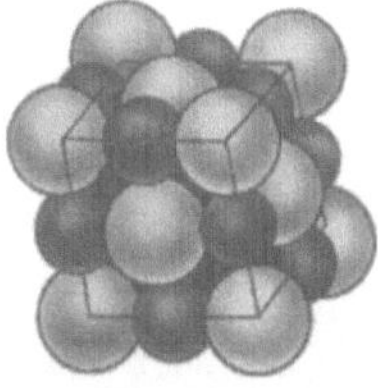

Bild 71.8

darstellung eines Kochsalzkristalls gegeben. Die großen Chloratome ($r = 181$ pm) bilden eine dichte dreischichtige Packung, in der die großen Hohlräume von den kleineren Natriumionen ($r = 98$ pm) ausgefüllt werden. Jedes Natriumion wird von sechs Chlorionen umgeben, und umgekehrt ist jedes Chloratom von sechs Natriumionen umgeben.

§ 72   Defekte in Kristallen

Die in § 71 betrachtete ideale Kristallstruktur existiert nur in sehr kleinen Volumina realer Kristalle, in denen immer Abweichungen von der geordneten Anordnung der Teilchen an den Gitterpunkten auftreten. Man nennt sie **Defekte des Kristallgitters**. Defekte werden unterteilt in **makroskopische Defekte**, die während der Bildung und des Wachstums des Kristalls entstehen (zum Beispiel Risse, Poren, makroskopische Fremdkörpereinschlüsse), und **mikroskopische Defekte**, die durch mikroskopische Abweichungen von der Periodizität entstehen.

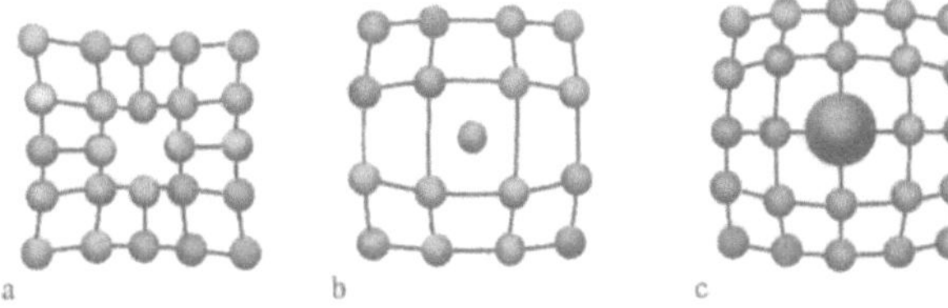

Bild 72.1

Bei **Mikrodefekten** unterscheidet man **Punktdefekte** und **lineare Defekte**. Es gibt drei Arten von Punktdefekten: 1) **Leerstellen** – das Fehlen eines Atoms an einem Gitterpunkt (Bild 72.1a); 2) **Zwischengitteratome** – ein in den Gitterzwischenraum eingedrungenes Atom (Bild 72.1b); 3) **Fremdatome** – ein Atom eines Fremdstoffes, welches entweder ein Atom des Grundstoffes im Kristallgitter ersetzt (**Substitutionsverunreinigung**, Bild 72.1c) oder in den Zwischengitterraum eindringt (**interstitielle Verunreinigung**, Bild 72.1b; nur im Zwischengitterraum befindet sich anstelle eines Grundstoffatoms ein Verunreinigungsatom). Punktdefekte stören nur die Nahordnung in den Kristallen ohne die Fernordnung zu beeinflussen.

Lineare Defekte stören die Fernordnung. Aus Experimenten ist bekannt, daß die mechanischen Eigenschaften der Kristalle in bedeutendem Maße von einem Defekt besonderer Art – den Versetzungen – bestimmt werden. **Versetzungen** sind lineare Defekte, die die regelmäßige Abfolge der Atomebenen stören.

Es gibt **Stufen-** und **Schraubenversetzungen**. Wenn eine Atomebene im Inneren des Kristalls abreißt, bildet der Rand dieser Ebene eine Stufenversetzung (Bild 72.2a). Im Falle einer Schraubenversetzung (Bild 72.2b) reißt keine Atomebene im Inneren des Kristalls ab, die Ebenen selbst sind jedoch nur annähernd parallel und schließen so aneinander an, daß der

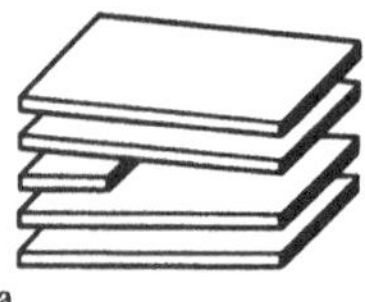
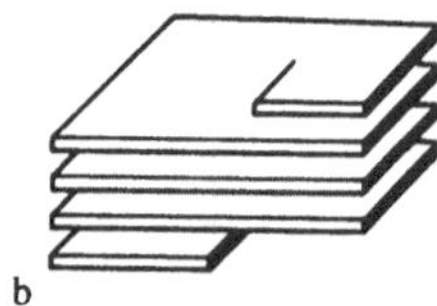

a   b   **Bild 72.2**

Kristall faktisch aus einer in eine schraubenförmige Fläche gebogenen Atomebene besteht.

Die **Versetzungsdichte** (Anzahl der Versetzungen pro Flächeneinheit der Kristalloberfläche) beträgt für vollkommene Monokristalle $10^2 - 10^3$ cm^{-2}, für deformierte Kristalle $10^{10} - 10^{12}$ cm^{-2}. Versetzungen reißen niemals ab, sie kommen entweder an der Oberfläche zum Vorschein oder verzweigen sich. In einem realen Kristall bilden sich deshalb ebene oder räumliche Versetzungsnetze. Versetzungen und ihre Bewegung kann man mit dem Elektronenmikroskop betrachten. Eine weitere Möglichkeit ist das Verfahren des selektiven Ätzens – an den Austrittsstellen der Versetzungen an die Oberfläche bilden sich Ätzgruben (intensive Zerstörung des Kristalls unter Einfluß des Ätzmittels), die Versetzungen „entwickeln".

Die Defekte des Kristallsgitters beeinflussen die Kristalleigenschaften, was weiter unten untersucht wird.

§ 73   Wärmekapazität von Feststoffen

Als Modell eines Feststoffes betrachten wir ein regelmäßiges räumliches Kristallgitter, an dessen Gitterpunkten punktförmige Teilchen (Atome, Ionen, Moleküle), um ihre Gleichgewichtslagen – die Gitterpunkte – Schwingungen in drei zueinander senkrechten Richtungen ausführen. Jedem zu dem Kristallgitter gehörenden Teilchen werden somit drei Schwingungsfreiheitsgrade zugeschrieben. Gemäß dem Gleichverteilungsgesetz der Energie auf die Freiheitsgrade (siehe § 50) besitzt jeder dieser Freiheitsgrade die Energie $k_B T$.

Die innere Energie eines Mols eines Feststoffes beträgt

$$U_m = 3N_A k_B T = 3RT,$$

wobei N_A die Avogadro-Konstante und $N_A k_B = R$ (R molare Gaskonstante) ist.

Die molare Wärmekapazität eines Feststoffes beträgt

$$C_V = \frac{dU_m}{dT} = 3R \approx 25 \, \text{J/(mol} \cdot \text{K)}, \qquad (73.1)$$

d. h., die molare (atomare) Wärmekapazität *chemisch einfacher Elemente* ist im kristallinen Zustand für alle Stoffe gleich (sie beträgt $3R$) und von der Temperatur unabhängig. Dieses Gesetz wurde auf empirischem Wege von den französischen Gelehrten P. Dulong (1785–1838) und L. Petit (1791–1820) gefunden und wird als **Dulong-Petitsche Regel** bezeichnet.

Wenn der Feststoff eine chemische Verbindung darstellt (zum Beispiel NaCl), ist die Anzahl der Teilchen in einem Mol nicht gleich der Avogadro-Konstante, sondern beträgt nN_A, wobei n die Anzahl der Atome in dem Molekül ist (für NaCl beträgt die Anzahl der Teilchen in einem Mol $2N_A$, so sind in einem Mol

NaCl N_A Atome Na und N_A Atome Cl enthalten). Die molare Wärmekapazität *chemischer Verbindungen im festen Zustand* beträgt somit

$$C_V = 3nR \approx 25n \, \text{J/(mol} \cdot \text{K)},$$

d. h., sie ist gleich der Summe aus den atomaren Wärmekapazitäten der die Verbindung bildenden Elemente.

Tabelle 73.1   Theoretische und experimentelle Werte für die Wärmekapazität verschiedener Stoffe im Vergleich

Stoff	C_V, J/(mol $\cdot$ K)	
	theoretischer Wert	experimenteller Wert
Aluminium Al	25	25,5
Diamant C	25	5,9
Beryllium Be	25	15,6
Bor B	25	13,5
Eisen Fe	25	26,8
Silber Ag	25	25,6
NaCl	50	50,6
AgCl	50	50,9
CaCl$_2$	75	76,2

Wie aus experimentellen Daten (Tabelle 73.1) hervorgeht, wird die Dulong-Petitsche Regel für viele Stoffe in recht guter Näherung erfüllt, obwohl einige Stoffe (C, Be, B) bedeutende Abweichungen von den berechneten Werten aufweisen. Außerdem zeigten Versuche zur Messung der Wärmekapazität bei tiefen Temperaturen wie auch im Falle von Gasen (siehe § 53), daß die Wärmekapazität von der Temperatur abhängig ist (Bild 73.1). In der Nähe von Null Kelvin ist die Wärmekapazität von Feststoffen proportional T^3, und nur bei hinreichend hohen, für jeden Stoff charakteristischen Temperaturen wird die Bedingung (73.1) erfüllt. Diamant besitzt zum Beispiel eine Wärmekapazität von $3R$ erst bei 1800 K! Für die meisten Feststoffe ist die Zimmertemperatur schon ausreichend hoch.

Die Diskrepanz zwischen den experimentellen und den auf Grundlage der klassischen Theorie berechneten theoretischen Werten wurde ausgehend von der quantenmechanischen Wärmekapazitätstheorie von A. Einstein und P. Debye (1884–1966) erklärt.

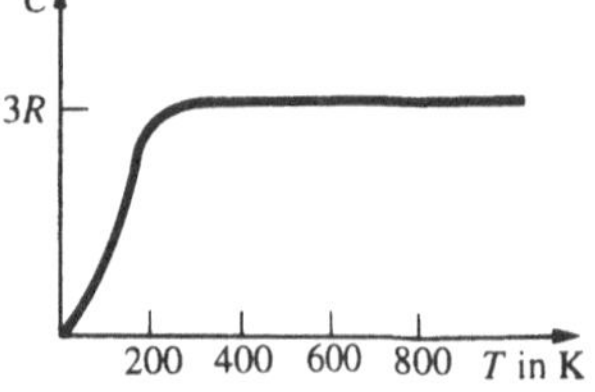

Bild 73.1

§ 74   Verdampfung, Sublimation, Schmelzen und Kristallisation. Amorphe Körper

Sowohl in Flüssigkeiten als auch in Feststoffen gibt es immer eine gewisse Anzahl von Molekülen, deren Energie zur Überwindung der Anziehung durch andere Moleküle ausreicht und die in der Lage sind, sich von der Oberfläche der Flüssigkeit oder des Feststoffes abzureißen und in den umgebenden Raum überzugehen. Dieser Prozeß wird für Flüssigkeiten **Verdampfung** (oder **Dampfbildung**) und für Feststoffe **Sublimation** genannt.

Die Verdampfung von Flüssigkeiten vollzieht sich bei beliebiger Temperatur, ihre Intensität steigt jedoch mit wachsender Temperatur. Parallel zu der Verdampfung läuft der kompensierende Prozeß der **Kondensation** von Dampf zu einer Flüssigkeit ab. Wenn die Anzahl der die Flüssigkeit in einer Zeiteinheit pro Flächeneinheit verlassenden Moleküle gleich der Anzahl der aus dem Dampf in die Flüssigkeit übergehenden Teilchen ist, hat sich ein **dynamisches Gleichgewicht** zwischen den Prozessen der Verdampfung und der Kondensation eingestellt. Ein **Dampf**, der sich im Gleichgewicht mit seiner Flüssigkeit befindet, wird als **gesättigt** bezeichnet (siehe auch § 62).

Für die meisten Feststoffe ist der Prozeß der Sublimation bei gewöhnlichen Temperaturen unbedeutend, der Dampfdruck über der Feststoffoberfläche ist gering, er erhöht sich mit steigender Temperatur. Intensiv sublimieren Stoffe wie Naphtalin oder Kampfer, was an ihrem scharfen, charakteristischen Geruch zu spüren ist. Besonders intensiv laufen Sublimationsprozesse im Vakuum ab, man nutzt diesen Umstand bei der Herstellung von Spiegeln. Ein bekanntes Beispiel für die Sublimation ist die Verwandlung von Eis in Dampf – feuchte Wäsche trocknet auch bei Frost.

Wenn man einen Feststoff erwärmt, vergrößert sich seine *innere Energie* (sie setzt sich aus der Schwingungsenergie der Teilchen an den Gitterpunkten und der Wechselwirkungsenergie dieser Teilchen zusammen). Bei einer Temperaturerhöhung vergrößert sich die Schwingungsamplitude der Teilchen so lange, bis das Kristallgitter zerstört wird, d. h., bis der Feststoff schmilzt. In Bild 74.1a ist die ungefähre Abhängigkeit $T(Q)$ dargestellt, wobei Q die Wärmemenge ist, die beim Schmelzen auf den Feststoff übergeht. Bei Wärmezufuhr an einen Feststoff steigt dessen Temperatur, bei der Schmelztemperatur T_{Schm} beginnt der Übergang des Feststoffes (FS) in eine Flüssigkeit (Fl). Die Temperatur T_{Schm} bleibt so lange konstant, bis der gesamte Kristall geschmolzen ist, erst danach beginnt die Temperatur weiter zu steigen.

Die Erwärmung eines Feststoffes bis zu der Temperatur T_{Schm} überführt ihn nicht sofort und vollständig in den flüssigen Zustand, da die Energie der Stoffteilchen zur Zerstörung des Kristallgitters ausreichen muß. Während des Schmelzens wird die dem Stoff zugeführte Wärme zur Verrichtung von Arbeit in Form von Zerstörung des Kristallgitters verwendet, deshalb gilt T_{Schm} = const bis zum Zerschmelzen des gesamten Kristallgitters. Danach wird die zugeführte Wärme wieder zur

Vergrößerung der inneren Energie der Flüssigkeitsteilchen verwendet, und die Temperatur beginnt sich zu erhöhen. Die zum Schmelzen von 1 kg eines Stoffes benötigte Wärmemenge heißt **spezifische Schmelzwärme**.

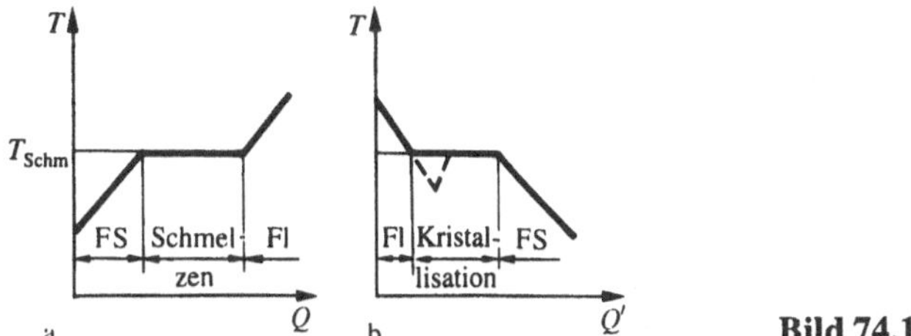

Bild 74.1

Wenn man die Flüssigkeit abkühlt, läuft der Prozeß in umgekehrter Richtung ab (Bild 74.1b; Q' ist die von dem Körper bei der Kristallisation abgegebene Wärmemenge): Zunächst verringert sich die Temperatur der Flüssigkeit, dann setzt bei der konstanten Temperatur T_{Schm} die **Kristallisation** ein, nach deren Vollendung beginnt die Temperatur des Kristalls zu sinken. Zur Kristallisation eines Stoffes werden sogenannte **Kristallisationskeime** benötigt – kristalline Keime, die nicht unbedingt Kriställchen des sich bildenden Stoffes sein müssen, sondern auch Staubteilchen, Ruß u. a. sein können. Das Fehlen von Kristallisationskeimen in einer reinen Flüssigkeit erschwert die Bildung mikroskopischer Kriställchen, und die Flüssigkeit kühlt sich im flüssigen Zustand bis zu einer Temperatur unterhalb der Kristallisationstemperatur ab. Dabei kommt es zu einer **Unterkühlung der Flüssigkeit** (in Bild 74.1b entspricht ihr die gestrichelte Linie). Bei starker Unterkühlung beginnt die spontane Bildung von Kristallisationskeimen, und der Stoff kristallisiert recht schnell.

Gewöhnlich ist eine Unterkühlung von Bruchteilen eines Kelvins bis zu mehreren Dutzend Kelvin möglich, für einige Stoffe können mehrere Hundert Kelvin erreicht werden. Wegen der hohen Viskosität verliert eine stark unterkühlte Flüssigkeit ihre Fluidität, wobei sie wie Feststoffe ihre Form behält. Man nennt diese Körper **amorphe Festkörper**, hierzu gehören Harz, Wachs, Siegellack, Glas. Amorphe Körper sind als unterkühlte Flüssigkeit **isotrop**, d. h., ihre Eigenschaften sind in allen Richtungen gleich; für sie ist, ebenso wie für Flüssigkeiten, eine *Nahordnung* in der Teilchenanordnung charakteristisch, im Unterschied zu Flüssigkeiten ist die Beweglichkeit der Teilchen aber recht gering. Eine Besonderheit amorpher Körper ist das Fehlen bestimmter Schmelzpunkte, d. h., es ist nicht möglich, eine bestimmte Temperatur anzugeben, oberhalb der man einen flüssigen und unterhalb der einen festen Zustand festlegen kann. Es ist aus Experimenten bekannt, daß in amorphen Körpern mit der Zeit eine Kristallisation zu beobachten ist, zum Beispiel entstehen in Glas kleine Kristallsplitter; das Glas beginnt sich zu trüben, wobei es seine Durchsichtigkeit verliert, und es verwandelt sich in einen polykristallinen Körper. Zusammen mit dem langsamen Fließen des Glases unter Einwirkung der Schwerkraft stellt dies eine große Aufgabe bei der Restauration von alten Kirchenfenstern dar.

In letzter Zeit haben in der Praxis **Polymere** breite Anwendung gefunden. Das sind organische Körper, deren Moleküle aus einer Vielzahl gleicher, langer Molekülketten bestehen, die über chemische Bindungen (Valenzbindungen) verbunden sind. Zu den Polymeren zählen sowohl natürliche (Stärke, Eiweiß, Kautschuk, Zellulose u. a.) als auch künstliche organische Stoffe (PVC, Gummi, Polystyrol u. a.). Polymere zeichnen sich durch Festigkeit und Elastizität aus; einige Polymere vertragen Streckungen bis über das 5–10fache ihrer Ausgangslänge. Dies wird dadurch erklärt, daß sich die langen Molekülketten bei ihrer Deformation entweder dicht verknäulen oder in gerade Linien auseinanderziehen können. Die Elastizität der Polymere tritt nur in einem bestimmten Temperaturbereich auf, unterhalb sind sie hart und spröde, oberhalb werden sie plastisch. Obwohl schon sehr viele polymere Materialien erzeugt wurden (Kunstfasern, Kunstleder, Baustoffe, Metallsubstitutionswerkstoffe u. a.), ist die Polymertheorie bis zum heutigen Tage noch nicht vollständig ausgearbeitet. Ihre Entwicklung wird durch die Anforderungen der modernen Technik bestimmt, die nach einer Synthese von Polymeren mit gegebenen Eigenschaften verlangt.

§ 75 Phasenumwandlungen I. und II. Art

Eine **Phase** ist ein thermodynamischer Gleichgewichtszustand eines Stoffes, der sich von anderen möglichen Gleichgewichtszuständen desselben Stoffes in seinen physikalischen Eigenschaften unterscheidet. Wenn sich zum Beispiel Wasser in einem geschlossenen Gefäß befindet, besteht dieses System aus *zwei Phasen*: einer flüssigen Phase – Wasser, und einer Gasphase – dem Luft-Wasserdampf-Gemisch. Wenn man ein Stück Eis in das Wasser gibt, erhält man ein Dreiphasensystem, in dem das Eis eine feste Phase darstellt. Oft wird der Begriff „Phase" im Sinne von „Aggregatzustand" verwendet, man muß jedoch berücksichtigen, daß er breiter ist als der Begriff „Aggregatzustand". Innerhalb eines Aggregatzustandes kann sich ein Stoff in mehreren Phasen befinden, die sich in ihren Eigenschaften, ihrer Zusammensetzung und ihrem Aufbau unterscheiden (zum Beispiel kommt Eis in fünf verschiedenen Modifikationen – Phasen – vor). Ein Übergang eines Stoffes aus einer Phase in eine andere – eine **Phasenumwandlung** – ist immer mit qualitativen Änderungen der Eigenschaften des Stoffes verbunden. Beispiele für Phasenumwandlungen sind die Änderung des Aggregatzustandes eines Stoffes oder Umwandlungen, die mit Änderungen in der Zusammensetzung, dem Aufbau und den Eigenschaften des Stoffes verbunden sind (zum Beispiel der Übergang eines kristallinen Stoffes von einer Modifikation in eine andere).

Man unterscheidet zwei Arten von Phasenumwandlungen. Eine **Phasenumwandlung I. Art** (zum Beispiel Schmelzen, Kristallisation u. a.) ist von Wärmeaufnahme oder -abgabe, die als **Phasenumwandlungswärme** bezeichnet wird, begleitet. Phasenumwandlungen I. Art sind durch konstante Temperatur und durch Änderungen der Entropie und des Volumens gekennzeichnet. Man kann dies wie folgt erklären. Beim Schmelzen zum Beispiel muß man einem Körper eine gewisse Wärmemenge zuführen, um die Zerstörung des Kristallgitters

hervorzurufen. Die beim Schmelzen zugeführte Wärme wird nicht zur Erwärmung des Körpers, sondern zum Aufsprengen der zwischenatomaren Bindungen verwendet, der Schmelzvorgang läuft daher bei konstanter Temperatur ab. Bei derartigen Umwandlungen – aus dem höher geordneten kristallinen Zustand in den niedriger geordneten flüssigen Zustand - vergrößert sich der Grad der Unordnung, d. h., dieser Prozeß ist gemäß dem zweiten Hauptsatz der Thermodynamik mit einem Anwachsen der Entropie verbunden. Wenn sich die Umwandlung in umgekehrter Richtung vollzieht (Kristallisation), wird vom System Wärme freigesetzt.

Phasenumwandlungen, die ohne Wärmeaufnahme oder -abgabe und ohne Volumenänderung ablaufen, heißen **Phasenumwandlungen II. Art.** Diese Umwandlungen sind durch die Konstanz von Volumen und Entropie gekennzeichnet, wobei sich aber die Wärmekapazität sprunghaft ändert. Eine allgemeine Erklärung der Phasenumwandlungen II. Art wurde von dem russischen Gelehrten L. Landau (1908–1968) gegeben. Entsprechend dieser Erklärung sind Phasenumwandlungen II. Art mit Änderungen der Symmetrie verbunden: Oberhalb des Umwandlungspunktes besitzt das System in der Regel eine höhere Symmetrie als unterhalb des Umwandlungspunktes. Beispiele für Phasenumwandlungen II. Art sind der Übergang eines ferromagnetischen Stoffes (Eisen, Nickel) bei einem bestimmten Druck und einer bestimmten Temperatur in den paramagnetischen Zustand; der Übergang einiger Metalle und Legierungen bei einer Temperatur nahe 0 K in den supraleitenden Zustand, bei dem schlagartig der elektrische Widerstand auf Null absinkt; die Umwandlung gewöhnlichen, flüssigen Heliums (Helium I) bei $T = 2{,}9$ K in eine andere flüssige Modifikation (Helium II), die über suprafluide Eigenschaften, nämlich zum Beispiel eine verschwindende Viskosität, verfügt.

§ 76 Phasendiagramme. Tripelpunkt

Für ein Einkomponentensystem, d. h. ein System, das aus einem chemisch homogenen Stoff oder seiner Verbindung besteht, fallen die Begriffe Phase und Aggregatzustand zusammen. Gemäß § 60 kann sich ein und derselbe Stoff in einem der drei Aggregatzustände befinden: fest, flüssig oder gasförmig, je nachdem, wie sich Bindungsenergie (potentielle Energie der Bausteine) und thermische Anregung ($k_B T/2$ pro Freiheitsgrad) zueinander verhalten. Dieses Verhältnis wird seinerseits durch die äußeren Bedingungen bestimmt – durch Temperatur und Druck. Folglich werden Phasenumwandlungen auch durch Änderungen der Temperatur und des Druckes bestimmt.

Zur anschaulichen Darstellung von Phasenumwandlungen verwendet man **Phasendiagramme** (Bild 76.1), in denen in den Koordinaten p, T der Zusammenhang zwischen der Temperatur der Phasenumwandlung und dem Druck in Form der Verdampfungs-(VK), Schmelz-(SK) und Sublimationskurve (SubK) gegeben werden, die das Diagramm in drei Bereiche teilen, welche den Existenzbedingungen der festen (FK), flüssigen (Fl) und gasförmigen (G) Phase entsprechen. Die Linien in dem Phasendiagramm heißen **Phasengleichgewichtskur-**

ven, jeder Punkt darauf entspricht Gleichgewichtsbedingungen zweier koexistenter Phase: SK – Feststoff und Flüssigkeit, VK – Flüssigkeit und Gas, SubK – Feststoff und Gas.

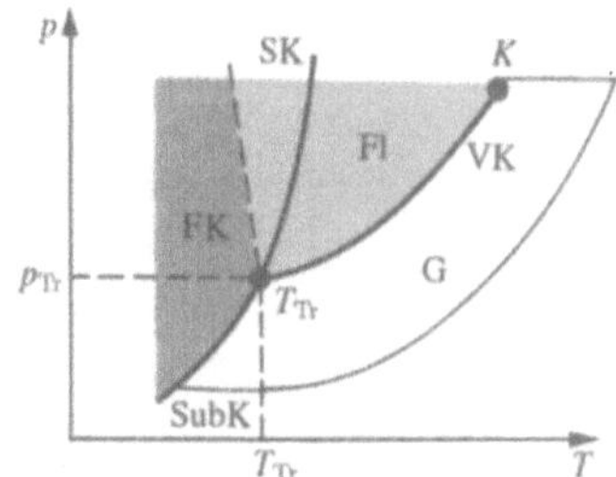

Bild 76.1

Der Punkt, in dem sich diese Kurven schneiden, wird **Tripelpunkt** genannt. Die zugehörige Temperatur T_{Tr} und der ihr entsprechende Gleichgewichtsdruck p_{Tr} bestimmen die gleichzeitige Gleichgewichtskoexistenz aller drei Phasen. Jeder Stoff besitzt nur einen Tripelpunkt. Der Tripelpunkt von Wasser ist durch die Temperatur von 273,16 K (auf der Celsiusskala entspricht ihr die Temperatur 0,01 °C) gekennzeichnet und dient als grundlegender Festpunkt beim Aufstellen der thermodynamischen Temperaturskala.

Die Thermodynamik liefert ein Verfahren zur Berechnung der Gleichgewichtskurve zweier Phasen ein und desselben Stoffes. Entsprechend der **Clausius-Clapeyronschen Gleichung** (vgl. § 33) beträgt die Ableitung des Gleichgewichtsdruckes nach der Temperatur

$$\frac{\mathrm{d}p}{\mathrm{d}T} = \frac{L}{T(V_2 - V_1)}, \qquad (76.1)$$

wobei L die Phasenumwandlungswärme („latente Wärme"), $(V_2 - V_1)$ die Volumenänderung des Stoffes bei der Umwandlung aus der ersten Phase in die zweite und T die Umwandlungstemperatur ist. (Der Prozeß läuft isotherm ab.)

Die Clausius-Clapeyronsche Gleichung ermöglicht die Bestimmung der Steigung der Gleichgewichtskurven. Da L und T positiv sind, wird der Anstieg durch das Vorzeichen von $V_2 - V_1$ gegeben. Beim Verdampfen von Flüssigkeiten oder bei der Sublimation von Feststoffen tritt stets eine Vergrößerung des Stoffvolumens auf, gemäß (76.1) ist daher $\mathrm{d}p/\mathrm{d}T > 0$; bei solchen Prozessen führt eine Temperaturerhöhung folglich zu einer Vergrößerung des Druckes und umgekehrt. Beim Schmelzen vergrößert sich das Volumen der meisten Stoffe in der Regel, d. h. $\mathrm{d}p/\mathrm{d}T > 0$; eine Druckerhöhung führt folglich zu einer Erhöhung der Schmelztemperatur (die durchgezogene Kurve SK in Bild 76.1). Für einige Stoffe (H_2O, Ge, Roheisen u. a.) ist jedoch das Volumen der flüssigen Phase kleiner als das Volumen der festen Phase, d. h. $\mathrm{d}p/\mathrm{d}T < 0$; eine Druckerhöhung geht folglich mit einer Verringerung der Schmelztemperatur einher (gestrichelte Linie in Bild 76.1).

Das auf Grundlage experimenteller Daten zusammengestellte Phasendiagramm ermöglicht es zu bestimmen, in welchem Zustand sich der gegebene Stoff bei bestimmten p und T befindet sowie welche Phasenumwandlungen bei dem einen oder anderen Prozeß stattfinden werden. Zum Beispiel befindet sich der Stoff unter den dem Punkt 1 entsprechenden Bedingungen (Bild 76.2) im festen Zustand, für den Punkt 2 im gasförmigen und für den Punkt 3 gleichzeitig im flüssigen und gasförmigen Zustand. Nehmen wir an, daß der Stoff im festen Zustand (Punkt 4) einer isobaren Erwärmung unterworfen wird, die im Phasendiagramm durch die horizontale Strichlinie 4–5–6 dargestellt ist. Aus der Abbildung ist ersichtlich, daß der Stoff bei der dem Punkt 5 entsprechenden Temperatur schmilzt und sich bei höherer Temperatur (Punkt 6) in ein Gas umzuwandeln beginnt. Wenn sich der Stoff jedoch im festen Zustand gemäß Punkt 7 befindet, geht der Kristall bei einer isobaren Erwärmung (Strichlinie 7–8) unter Auslassung der flüssigen Phase in ein Gas über, er sublimiert also. Wenn sich der Stoff in dem durch den Punkt 9 gekennzeichneten Zustand befindet, durchläuft er bei einer isothermen Kompression (Strichlinie 9–10) folgende drei Zustände: Gas – Flüssigkeit – kristalliner Zustand.

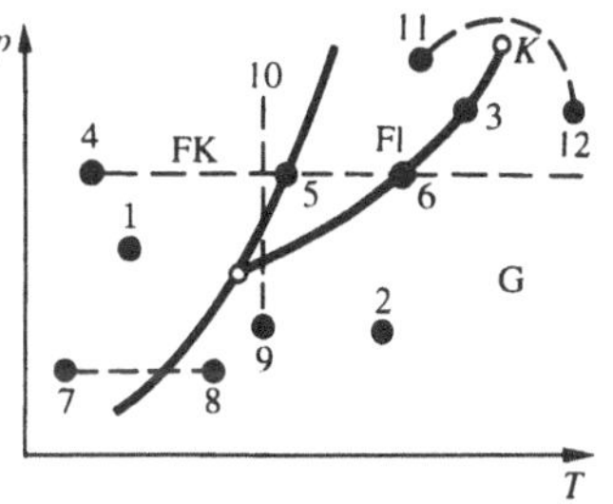

Bild 76.2

In dem Phasendiagramm (siehe Bilder 76.1 und 76.2) ist zu erkennen, daß die Verdampfungskurve in dem kritischen Punkt K endet. Deshalb ist ein kontinuierlicher Übergang des Stoffes aus dem flüssigen in den gasförmigen Zustand und umgekehrt unter Umgehung des kritischen Punktes möglich, ohne dabei die Verdampfungskurve zu schneiden (Umwandlung 11–12 in Bild 76.2), d. h. ein Übergang, der nicht von Phasenumwandlungen begleitet wird. Das ist deshalb möglich, weil der Unterschied zwischen einer Flüssigkeit und einem Gas ein rein quantitativer ist (beide Zustände sind zum Beispiel isotrop). Der Übergang aus dem kristallinen Zustand (der durch seine Anisotropie gekennzeichnet ist) in den flüssigen oder gasförmigen Zustand kann dagegen nur sprungartig erfolgen (durch eine Phasenumwandlung), die Schmelz- und Sublimationskurven können daher nicht abreißen, wie dies bei der Verdampfungskurve im kritischen Punkt der Fall ist. Die Schmelzkurve läuft ins Unendliche aus, die Sublimationskurve geht auf den Punkt ($p = 0$, $T = 0$) zu.

Kontrollfragen

▶ Wodurch unterscheiden sich reale Gase von idealen?

▶ Worin besteht der Sinn der Korrekturen bei der Herleitung der van-der-Waalsschen Gleichung?

▶ Warum stellen eine überhitzte Flüssigkeit und übersättigter Dampf metastabile Zustände dar?

▶ Bei der adiabatischen Expansion eines Gases in ein Vakuum ändert sich die innere Energie des Gases nicht. Wie ändert sich die Temperatur, wenn es sich um ein ideales bzw. um ein reales Gas handelt?

▶ Worin besteht das Wesen und die Grundlage des Joule-Thomson-Effektes? Wann bezeichnet man ihn als positiv, wann als negativ?

▶ Warum verringert sich bei allen Stoffen die Oberflächenspannung bei sinkender Temperatur?

▶ Was ist ein oberflächenaktiver Stoff?

▶ Unter welcher Bedingung wird ein Festkörper von einer Flüssigkeit benetzt bzw. nicht benetzt?

▶ Wovon ist die Steighöhe einer benetzenden Flüssigkeit in einer Kapillare abhängig?

▶ Wodurch unterscheiden sich Monokristalle von Polykristallen?

▶ Nach welchen Kriterien können Kristalle klassifiziert werden?

▶ Wie erhält man ausgehend von der klassischen Theorie der Wärmekapazität die Dulong-Petitsche Regel?

▶ Eine gewisse Menge eines Feststoffes ist mit demselben Stoff im flüssigen Zustand vermischt. Warum erhöht sich die Temperatur dieses Gemisches bei einer geringfügigen Erwärmung nicht?

▶ Wodurch unterscheiden sich Phasenumwandlungen I. Art von Phasenumwandlungen II. Art?

▶ Welche Aussagen kann man aus dem zur Darstellung von Phasenumwandlungen benutzten Phasendiagramm gewinnen?

Aufgaben

10.1. In einem Gefäß von 20 l Fassungsvermögen befindet sich bei einer Temperatur von 290 K $m = 1$ kg gasförmiges Kohlenmonoxid. Bestimmen Sie den Druck des Gases, wenn das Gas 1) ein reales Gas; 2) ein ideales Gas ist. Erläutern Sie den Unterschied der erhaltenen Ergebnisse. Die Korrekturen a und b sollen zu 0,365 N $\cdot$ m^4/mol^2 bzw. $4{,}3 \cdot 10^{-5}$ m^3/mol angenommen werden. [1) 2,44 MPa; 2) 2,76 MPa]

10.2. Eine Stoffmenge von $\nu = 1$ kmol eines Gases nimmt ein Volumen von $V_1 = 1$ m^3 ein. Bei der Expansion des Gases auf das Volumen $V_2 = 1{,}5$ m^3 wurde gegen die zwischenmolekularen Anziehungskräfte die Arbeit $W = 45{,}3$ kJ verrichtet. Bestimmen Sie die in die van-der-Waalsche Gleichung eingehende Korrektur a. [Lösung der Aufgabe s. S. 386]

10.3. Eine Stoffmenge von $\nu = 2$ mol Sauerstoff nimmt ein Volumen von $V_1 = 1$ l ein. Bestimmen Sie die Änderung ΔT der Sauerstofftemperatur, wenn sich dieser adiabatisch in ein Vakuum auf ein Volumen von $V_2 = 10$ l ausdehnt. Nehmen Sie die Korrektur a zu 0,136 N $\cdot$ m^4/mol^2 an. [$-11{,}8$ K]

10.4. Zeigen Sie, daß der Joule-Thomson-Effekt bei der Entspannung eines Gases, für das man die Anziehungskräfte der Moleküle vernachlässigen kann, stets negativ ist.

10.5. Bestimmen Sie die Arbeit W, die verrichtet werden muß, um in einem isothermen Prozeß den Durchmesser einer Seifenblase von $d_1 = 2$ cm auf $d_2 = 6$ cm zu vergrößern. Nehmen Sie die Oberflächenspannung σ der Seifenlösung zu 40 mN/m an. [0,8 mJ]

10.6. Ein Luftbläschen von $d = 0{,}02$ mm Durchmesser befindet sich in einer Tiefe von $h = 20$ cm unter der Wasseroberfläche. Bestimmen Sie den Luftdruck in diesem Bläschen. Für den Atmosphärendruck soll Normaldruck angenommen werden. Die Oberflächenspannung von Wasser beträgt $\sigma = 73$ mN/m, seine Dichte $\rho = 1$ g/cm^3. [118 kPa]

10.7. In ein mit Quecksilber gefülltes Gefäß ist eine offene Kapillare eingetaucht. Der Höhenunterschied des Quecksilberspiegels in dem Gefäß und der Kapillare beträgt $h = 37$ mm. Nehmen Sie die Dichte des Quecksilbers zu $\rho = 13{,}6$ g/cm^3 und seine Oberflächenspannung zu $\sigma = 0{,}5$ N/m an. Bestimmen Sie den Krümmungsradius des Quecksilbermeniskus in der Kapillare. [Lösung der Aufgabe s. S. 387]

10.8. Zur Erwärmung einer Metallkugel von 25 g Masse von 10 °C auf 30 °C wurde eine Wärmemenge von 117 J aufgewandt. Bestimmen Sie aus der Dulong-Petitschen Regel und dem Kugelmaterial die Wärmekapazität der Kugel. [$M \approx 107$ kg/mol; Silber]

Teil 3

Elektrizität und Elektromagnetismus

Kapitel 11

Elektrostatik

§ 77 Satz von der Erhaltung der elektrischen Ladung

Schon im frühen Altertum war bekannt, daß ein an Wolle geriebener Bernstein leichte Gegenstände anzieht. Der englische Arzt Gilbert (16. Jahrhundert) nannte solche Körper elektrisiert. Heute sprechen wir davon, daß der Körper dabei eine elektrische Ladung erhalten hat. Ungeachtet der großen Vielfalt von Stoffen in der Natur existieren nur *zwei Ladungstypen*: Ladungen, ähnlich denen, die auf Glas entstehen, wenn man es an Leder reibt (man bezeichnet sie als *positiv*), und Ladungen, ähnlich denen, die auf Hartgummi entstehen, wenn man ihn an einem Stück Pelz reibt (diese bezeichnet man als *negativ*); gleichnamige Ladungen stoßen sich voneinander ab, ungleichnamige ziehen sich an.

Von dem amerikanischen Physiker P. Millican (1868–1953) wurde experimentell gezeigt (1910–1914), daß die elektrische Ladung diskret ist, d. h., die Ladung eines jeden Körpers stellt ein ganzzahliges Vielfaches der Elementarladung e ($e = 1{,}6 \cdot 10^{-19}$ C).

Alle Körper in der Natur können elektrisiert werden, d. h., sie können eine elektrische Ladung aufnehmen. Die Elektrisierung kann auf verschiedene Weise vorgenommen werden: durch Berührung (Reibung), elektrostatische Induktion (siehe § 92) u. a. Jeder Aufladungsprozeß führt zu einer Ladungstrennung, bei der auf dem einen Körper (oder dem einen Teil eines Körpers) ein Überschuß an positiver Ladung und auf dem anderen (oder einem anderen Teil desselben Körpers) ein Überschuß an negativer Ladung auftritt.

Die Gesamtmenge der in dem Körper enthaltenen Ladung beider Vorzeichen ändert sich nicht: Diese Ladungen werden zwischen den Körpern nur neu verteilt.

Durch Verallgemeinerung experimenteller Daten wurde ein *fundamentales Naturgesetz* aufgestellt, das 1843 von dem englischen Physiker M. Faraday (1791–1867) experimentell bestätigt wurde – der **Ladungserhaltungssatz**: Die Summe der elektrischen Ladungen eines beliebigen geschlossenen Systems (eines Systems, das mit äußeren Körpern keine Ladungen austauscht) bleibt unverändert, unabhängig davon, welche Prozesse im Inneren des Systems auch immer ablaufen mögen.

Die elektrische Ladung ist eine relativistisch invariante Größe, d. h., sie ist von dem Bezugssystem unabhängig, was bedeutet, daß sie nicht davon abhängt, ob sich die Ladung bewegt oder in Ruhe befindet.

In Abhängigkeit von der Konzentration der freien Ladungen unterteilt man die Körper in Leiter, Dielektrika und Halbleiter. **Leiter** sind Körper, in denen sich die elektrische Ladung über das gesamte Volumen bewegen kann. Leiter werden in zwei Gruppen unterteilt: 1) **Leiter erster Art** (Metalle) – der Ladungstransport (Bewegung freier Elektronen) in ihnen ist nicht mit chemischen Umwandlungen verbunden; 2) **Leiter zweiter Art** (zum Beispiel Salzschmelzen, Säurelösungen) – in ihnen führt ein Ladungstransport (Bewegung positiver und negativer Ionen) zu chemischen Veränderungen. **Dielektrika** (zum Beispiel Glas, die meisten Kunststoffe) sind Körper, in denen praktisch keine freien Ladungen existierten. **Halbleiter** (zum Beispiel Germanium, Silicium) nehmen eine Zwischenstellung zwischen Leitern und Dielektrika ein. Die angeführte Einteilung der Körper ist nur sehr relativ, der große Unterschied in ihren Konzentrationen freier Ladungen ruft beträchtliche qualitative Unterschiede in ihrem Verhalten hervor und rechtfertigt deshalb die Einteilung der Körper in Leiter, Dielektrika und Halbleiter.

Die Maßeinheit der elektrischen Ladung (eine abgeleitete Einheit, da sie über die Einheit der Stromstärke bestimmt wird) ist das **Coulomb** (C) – die durch einen Leiterquerschnitt bei einer Stomstärke von 1 A in 1 s hindurchtretende Ladung.

§ 78 Das Coulombsche Gesetz

Das Gesetz über die Wechselwirkung *unbeweglicher* elektrischer *Punktladungen* wurde 1785 von C. Coulomb mittels einer Drehwaage, ähnlich der von H. Cavendish (siehe § 22) zur Bestimmung der Gravitationskonstante benutzten, aufgestellt (dieses Gesetz wurde zuvor von H. Cavendish entdeckt, seine Arbeit blieb jedoch über 100 Jahre unbekannt). Als **Punktladung** wird eine Ladung bezeichnet, die auf einem Körper konzentriert ist, dessen linearen Abmessungen man im Vergleich zu dem Abstand zu den geladenen Körpern, mit denen er in Wechselwirkung steht, vernachlässigen kann. Der Begriff der Punktladung ist ebenso wie der des Massenpunktes eine *physikalische Abstraktion.*

Das Coulombsche Gesetz: Die Wechselwirkungskraft zwischen zwei unbeweglichen Punktladungen *im Vakuum* ist proportional zu diesen Ladungen Q_1 und Q_2 und umgekehrt proportional dem Quadrat des Abstandes r zwischen ihnen:

$$F = k \frac{|Q_1 Q_2|}{r^2},$$

wobei k ein von der Wahl des Einheitensystems abhängiger Proportionalitätsfaktor ist.

Die Kraft F wirkt entlang der Verbindungsgeraden der wechselwirkenden Punktladungen, d. h., sie ist eine Zentralkraft und entspricht einer Anziehung ($F < 0$) im Falle gleichnamiger Ladungen und einer Abstoßung ($F > 0$) im Falle ungleichnamiger. Man nennt diese Kraft **Coulomb-Kraft**.

In Vektorform nimmt das Coulombsche Gesetz die Form

$$F_{12} = k \frac{Q_1 Q_2}{r^2} \frac{r_{12}}{r} \qquad (78.1)$$

an, wobei F_{12} die Kraft der Ladung Q_1 auf die Ladung Q_2 längs der Verbindungslinie r_{12} ist ($r = |r_{12}|$) (Bild 78.1). Auf die Ladung Q_2 wirkt von der Ladung Q_1 aus die Kraft $F_{21} = -F_{12}$, d. h., die Wechselwirkung elektrischer Punktladungen gehorcht dem dritten Newtonschen Axiom.

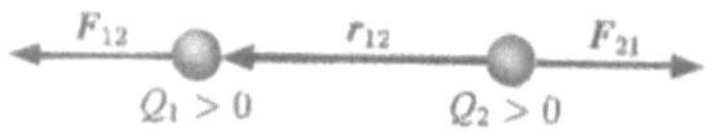

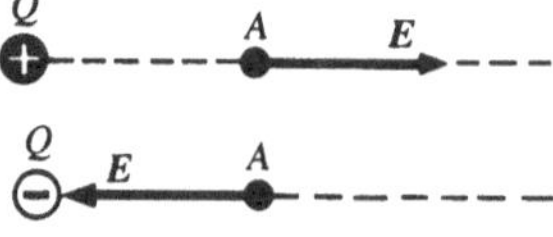

Bild 78.1

Im SI ist der Proportionalitätsfaktor gleich

$$k = \frac{1}{4\pi\varepsilon_0}.$$

Das Coulombsche Gesetz lautet dann in endgültiger Form

$$F = \frac{1}{4\pi\varepsilon_0} \frac{Q_1 Q_2}{r^2}. \qquad (78.2)$$

Die Größe ε_0 wird **elektrische Feldkonstante** genannt; sie ist eine universelle physikalische Konstante und beträgt

$$\varepsilon_0 = 8{,}85 \cdot 10^{-12}\,\mathrm{C^2/(N \cdot m^2)}$$

oder

$$\varepsilon_0 = 8{,}85 \cdot 10^{-12}\,\mathrm{F/m}, \qquad (78.3)$$

wobei **Farad** (F) die Maßeinheit der elektrischen Kapazität ist (siehe § 93). Es gilt dann

$$\frac{1}{4\pi\varepsilon_0} = 9 \cdot 10^9\,\mathrm{m/F}.$$

§ 79   Das elektrostatische Feld

Wenn man in den Raum um eine elektrische Ladung eine andere Ladung einbringt, so wird auf sie die Coulombsche Kraft wirken, das bedeutet, daß in dem eine elektrische Ladung umgebenden Raum ein **Kraftfeld** wirkt. Entsprechend den Vorstellungen der modernen Physik existiert das Feld real und stellt neben den Stoffen eine Existenzform der Materie dar. Es vermittelt bestimmte Wechselwirkungen zwischen makroskopischen Körpern und Teilchen, aus denen der Stoff besteht. In unserem Fall spricht man von einem elektrischen Feld – ein Feld, das die Wechselwirkung elektrischer Ladungen vermittelt. Wir werden das von ruhenden elektrischen Ladungen hervorgerufene elektrische Feld betrachten, man bezeichnet es als ein **elektrostatisches Feld**.

Zum Nachweis und der Untersuchung des elektrostatischen Feldes verwenden wir eine *punktförmige positive Probeladung* – eine Ladung, die das elektrische Feld nicht beeinflußt (keine Umverteilung der Ladungen hervorruft). Wenn man in das von der Ladung Q erzeugte Feld die Probeladung Q_0 einbringt, wirkt auf sie in verschiedenen Feldpunkten eine unterschiedliche Kraft F, die gemäß dem Coulombschen Gesetz (78.2) der Probeladung Q_0 proportional ist. Das Verhältnis F/Q_0 ist daher von Q_0 unabhängig und charakterisiert das elektrostatische Feld in dem Punkt, an dem sich die Probeladung befindet. Man nennt diese Größe die Feldstärke, sie kennzeichnet das *elektrostatische Feld durch die Kraft.*

Die **Feldstärke des elektrostatischen Feldes** in dem gegebenen Punkt ist eine physikalische Größe, die von der auf eine positive Probe-Einheitsladung in dem gegebenen Punkt wirkenden Kraft bestimmt wird:

$$E = \frac{F}{Q_0}. \qquad (79.1)$$

Wie aus den Gl. (79.1) und (78.1) hervorgeht, ist die Feldstärke einer Punktladung im Vakkum gleich

$$E = \frac{1}{4\pi\varepsilon_0} \frac{Q}{r^2} \frac{r}{r}$$

oder in skalarer Form

$$E = \frac{1}{4\pi\varepsilon_0} \frac{Q}{r^2}. \qquad (79.2)$$

Die Richtung des Vektors E zeigt in die Richtung der auf eine positive Ladung wirkenden Kraft. Wenn das Feld von einer positiven Ladung erzeugt wurde, ist der Vektor E entlang des Ortsvektors von der Ladung in den äußeren Raum gerichtet (Abstoßen einer positiven Probeladung); wenn das Feld von einer negativen Ladung erzeugt wird, zeigt der Vektor E in Richtung der Ladung (Bild 79.1).

Bild 79.1

Aus Gl. (79.1) folgt, daß die Maßeinheit der Feldstärke des elektrostatischen Feldes – Newton pro Coulomb (N/C): 1 N/C – gleich der Feldstärke eines auf eine Punktladung von 1 C mit einer Kraft von 1 N wirkenden Feldes ist; 1 N/C = 1 V/m, wobei das Volt (V) die Maßeinheit des Potentials des elektrostatischen Feldes ist (siehe § 84).

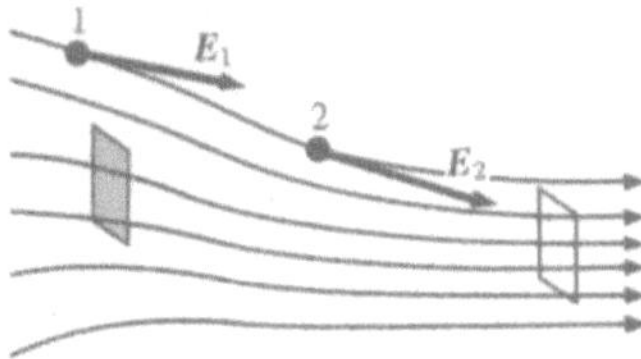

Bild 79.2

Graphisch wird das elektrostatische Feld mit Hilfe von **Feldlinien** dargestellt – Linien, deren Tangenten in jedem Punkt mit der Richtung des Vektors E übereinstimmen (Bild 79.2). Den Feldlinien wird eine Richtung zugewiesen, die parallel zur Richtung des Feldstärkevektors ist. Da der Feldstärkevektor in jedem gegebenen Raumpunkt nur eine Richtung besitzt, können sich Feldlinien niemals schneiden. Für ein **homogenes Feld** (wenn der Feldstärkevektor in jedem Punkt in Betrag und Richtung konstant ist) verlaufen die Feldlinien parallel zur Feldstärke. Für eine Punktladung sind die Feldlinien radiale Geraden, die im Falle einer positiven Ladung von ihr ausgehen (Bild 79.3a) und im Falle einer negativen Ladung auf ihr enden (Bild 79.3b). Wegen seiner großen Anschaulichkeit wird die graphische Darstellung des elektrischen Feldes in der Elektrotechnik häufig angewandt.

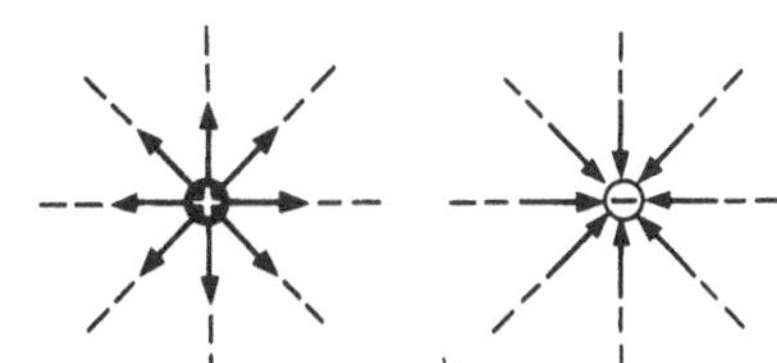

Bild 79.3

Damit man mit den Feldlinien nicht nur die Richtung, sondern auch den Betrag der Feldstärke eines elektrostatischen Feldes charakterisieren kann, wurde vereinbart, sie mit einer bestimmten Dichte darzustellen (siehe Bild 79.2): Die Anzahl der eine senkrecht zu ihnen stehende Einheitsfläche durchsetzenden Feldlinien soll gleich dem Betrag des Vektors E sein. Die Anzahl der Feldlinien, die eine Elementarfläche dA, deren Normale n mit dem Vektor E den Winkel α bildet, durchsetzen, ist gleich $E\,\mathrm{d}A\cos\alpha = E_n\,\mathrm{d}A$, wobei E_n die Projektion des Vektors E auf die Normale n an das Flächenstück dA ist (Bild 79.4). Die Größe

$$\mathrm{d}\Phi_E = E_n\,\mathrm{d}A = E\,\mathrm{d}A$$

nennt man den **Fluß des Feldstärkevektors** durch das Flächenstück dA. Hierbei ist d$A = \mathrm{d}A\,n$ ein Vektor, dessen Be-

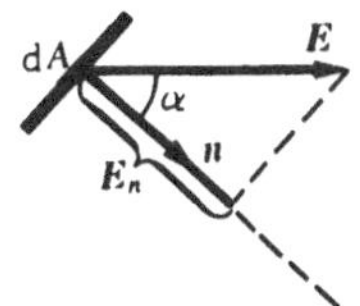

Bild 79.4

trag gleich dA ist und dessen Richtung mit der Richtung der Normalen n an das Flächenstück übereinstimmt. Die Wahl der Richtung des Vektors n (und folglich von dA) ist relativ, da man sie nach beiden Seiten legen könnte.

Die Maßeinheit des Feldstärkeflusses des elektrostatischen Feldes ist 1 V · m.

Für eine beliebige geschlossene Oberfläche A beträgt der Fluß des Vektors E durch diese Fläche

$$\Phi_E = \oint\limits_A E_n\,\mathrm{d}A = \oint\limits_A E\,\mathrm{d}A, \qquad (79.3)$$

wobei das Integral über die geschlossene Oberfläche A ermittelt wird. Der Fluß des Vektors E ist eine *algebraische Größe*: Sie hängt nicht nur von der Konfiguration des Feldes E, sondern auch von der Wahl der Richtung n ab. Für geschlossene Oberflächen nimmt man als positive Richtung der Normalen die *äußere Normale* an, d. h. die von der umschließenden Oberfläche nach außen zeigende Normale.

In der Entwicklungsgeschichte der Physik standen zwei Theorien im Widerstreit: die Fernwirkungs- und die Nahwirkungstheorie. In der **Fernwirkungstheorie** wird angenommen, daß die elektrischen Erscheinungen durch augenblickliche Wechselwirkung von Ladungen über beliebige Entfernungen bestimmt werden. Entsprechend der **Nahwirkungstheorie** werden alle elektrischen Erscheinungen durch Änderungen von Ladungsfeldern bestimmt, wobei sich diese Veränderungen im Raum von Punkt zu Punkt mit endlicher Geschwindigkeit ausbreiten. In Anwendung auf elektrostatische Felder führen beide Theorien zu denselben, in guter Näherung mit den experimentellen Daten übereinstimmenden Ergebnissen. Beim Übergang zu Erscheinungen, die durch die Bewegung elektrischer Ladungen bedingt sind, stellt sich jedoch die Unhaltbarkeit der Fernwirkungstheorie heraus, die moderne Theorie der Wechselwirkung geladener Teilchen ist deshalb eine *Nahwirkungstheorie*.

§ 80 Superpositionsprinzip elektrostatischer Felder. Das Feld eines Dipols

Betrachten wir ein Verfahren zu Bestimmung des Betrages und der Richtung des Feldstärkevektors E in jedem Punkt eines von den ruhenden Ladungen $Q_1, Q_2, \ldots, Q_n$ erzeugten elektrostatischen Feldes.

Versuche zeigen, daß auf Coulombsche Kräfte das in der Mechanik betrachtete Prinzip von der Unabhängigkeit der Kraftwirkungen (siehe § 6) anwendbar ist, d. h., die vom Feld auf die Probeladung Q_0 wirkende resultierende Kraft F ist gleich der

Vektorsumme der an sie von den einzelnen Ladungen Q_i angreifenden Kräfte F_i:

$$F = \sum_{i=1}^{n} F_i. \tag{80.1}$$

Entsprechend (79.1) gilt $F = Q_0 E$ und $F_i = Q_0 E_i$, wobei E die Feldstärke des resultierenden Feldes und E_i die durch die Ladung Q_i hervorgerufene Feldstärke ist. Durch Einsetzen letzteren Ausdruckes in (80.1) erhalten wir

$$E = \sum_{i=1}^{n} E_i. \tag{80.2}$$

Die Gl. (80.2) drückt das **Superpositionsprinzip (Überlagerungsprinzip) elektrostatischer Felder** aus. Es besagt, daß die Feldstärke E des von einem Ladungssystem erzeugten resultierenden Feldes gleich der *geometrischen Summe* der in dem gegebenen Punkt durch jede der Ladungen im einzelnen hervorgerufenen Feldstärken ist.

Das Superpositionsprinzip ermöglicht es, das elektrostatische Feld zu berechnen, das von einem beliebigen System ruhender Ladungen erzeugt wird, da man die Ladungen stets auf eine Gesamtheit von Punktladungen zurückführen kann.

Das Superpositionsprinzip kann man zur Berechnung des elektrostatischen Feldes eines Dipols anwenden. Ein **elektrischer Dipol** ist ein System von zwei betragsmäßig gleichen ungleichnamigen Punktladungen ($+Q$ und $-Q$), deren Abstand l voneinander wesentlich kleiner als die Entfernung zu dem betrachteten Feldpunkt ist. Der entlang der Dipolachse (die durch beide Ladungen verlaufende Gerade) von der negativen zur positiven Ladung gerichtete Vektor, dessen Betrag gleich dem Abstand zwischen den Ladungen ist, wird **Achsenvektor** des Dipols bezeichnet. Den Vektor

$$p = |Q| l, \tag{80.3}$$

der gleich dem Produkt aus der Ladung $|Q|$ und dem Achsenvektor l ist und der parallel zum Achsenvektor zeigt, nennt man das **elektrische Moment** oder **Dipolmoment des Dipols** p (Bild 80.1).

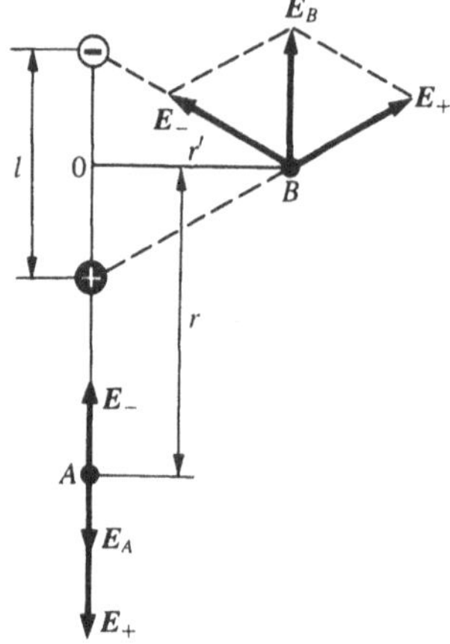

Bild 80.1

Entsprechend dem Superpositionsprinzip (80.2) ist die Feldstärke E des Dipolfeldes in einem beliebigen Punkt gleich

$$E = E_+ + E_-,$$

wobei E_+ und E_- die von der positiven bzw. negativen Ladung hervorgerufenen Feldstärken sind. Unter Verwendung dieser Gleichung berechnen wir die Feldstärke in Verlängerung der Dipolachse und auf der Senkrechten an den Mittelpunkt der Dipolachse.

1. Feldstärke in Verlängerung der Dipolachse im Punkt A (Bild 80.2). Wie aus der Abbildung ersichtlich, ist die Feldstärke des Dipols im Punkt A entlang der Dipolachse gerichtet und dem Betrag nach gleich

$$E_A = E_+ - E_-.$$

Wenn man die Entfernung des Punktes A von dem Mittelpunkt des Dipols mit r bezeichnet, kann man auf Grundlage von Gl. (79.2) im Falle von Vakuum schreiben

$$E_A = \frac{1}{4\pi\varepsilon_0} \left[\frac{Q}{\left(r - \dfrac{l}{2}\right)^2} - \frac{Q}{\left(r + \dfrac{l}{2}\right)^2} \right]$$

$$= \frac{Q}{4\pi\varepsilon_0} \frac{\left(r + \dfrac{l}{2}\right)^2 - \left(r - \dfrac{l}{2}\right)^2}{\left(r - \dfrac{l}{2}\right)^2 \left(r + \dfrac{l}{2}\right)^2}.$$

Laut der Definition eines Dipols ist $l/2 \ll r$, es gilt deshalb

$$E_A = \frac{1}{4\pi\varepsilon_0} \frac{2Ql}{r^3} = \frac{1}{4\pi\varepsilon_0} \frac{2p}{r^3}.$$

2. Feldstärke auf der im Mittelpunkt des Dipols auf seine Achse errichteten Senkrechten im Punkt B (Bild 80.2). Der Punkt B ist von beiden Ladungen gleichweit entfernt, daher gilt

$$E_+ = E_- = \frac{1}{4\pi\varepsilon_0} \frac{Q}{(r')^2 + \dfrac{l^2}{4}} \approx \frac{1}{4\pi\varepsilon_0} \frac{Q}{(r')^2}, \tag{80.4}$$

wobei r' die Entfernung des Punktes B vom Mittelpunkt des Achsenvektors des Dipols ist. Aus der Ähnlichkeit der über dem Dipolarm und dem Vektor E_B errichteten gleichschenkligen Dreiecke erhalten wir

$$\frac{E_B}{E_+} = \frac{l}{\sqrt{(r')^2 + \left(\dfrac{l}{2}\right)^2}} \approx \frac{l}{r'},$$

Bild 80.2

woraus folgt

$$E_B = E_+ \frac{l}{r'}. \qquad (80.5)$$

Nach Einsetzen des Wertes (80.4) in den Ausdruck (80.5) erhalten wir

$$E_B = \frac{1}{4\pi\varepsilon_0} \frac{Ql}{(r')^3} = \frac{1}{4\pi\varepsilon_0} \frac{p}{(r')^3}.$$

Der Vektor E_B besitzt eine zum elektrischen Moment des Dipols entgegengesetzte Richtung (der Vektor p zeigt von der negativen Ladung zu der positiven).

§ 81 Satz von Gauß für ein elektrostatisches Feld im Vakuum

Die Berechnung der Feldstärke eines Systems elektrischer Ladungen mit Hilfe des Superpositionsprinzips elektrostatischer Felder kann man bedeutend vereinfachen, wenn man den von dem deutschen Mathematiker C. F. Gauß (1777–1855) hergeleiteten Satz benutzt, der den Fluß des Feldstärkevektors eines elektrischen Feldes durch eine beliebige geschlossene Oberfläche bestimmt.

Entsprechend Gl. (79.3) ist der Fluß des Feldstärkevektors durch eine die Ladung Q im Mittelpunkt umschließende Kugelfläche vom Radius r gleich (Bild 81.1)

$$\Phi_E = \oint_A E_n \, dA = \frac{Q}{4\pi\varepsilon_0 r^2} 4\pi r^2 = \frac{Q}{\varepsilon_0}.$$

Dieses Ergebnis ist für eine geschlossene Oberfläche beliebiger Form gültig. In der Tat, wenn man die Kugel (Bild 81.1) mit einer beliebigen geschlossenen Oberfläche umschließt, durchdringt jede die Kugel durchdringende Feldlinie auch diese Oberfläche.

Wenn eine geschlossene Oberfläche beliebiger Form eine Ladung umschließt (Bild 81.2), kann eine beliebige Feldlinie diese Oberfläche entweder von außen oder von innen durchstoßen. Eine ungerade Anzahl von Durchdringungen einer Linie ergibt bei der Berechnung letztendlich eine Durchdringung, da der Fluß positiv zählt, wenn die Feldlinien von der Oberfläche nach außen zeigen, und negativ, wenn die Linien nach innen verlaufen. Wenn die geschlosse Oberfläche keine Ladung um-

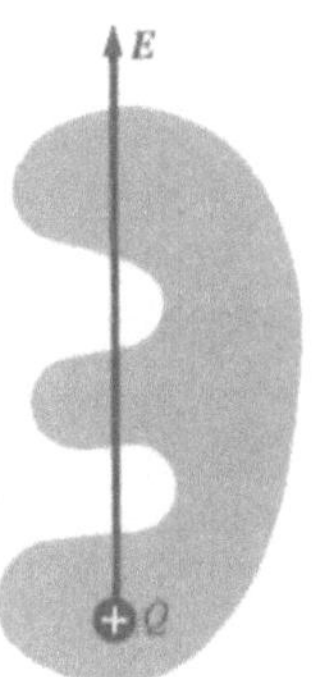

Bild 81.2

schließt, ist der Fluß durch diese Oberfläche gleich Null, da genau so viel Linien von außen in die Oberfläche eindringen, wie von innen durch sie nach außen verlaufen.

Für eine beliebige eine Punktladung Q umschließende geschlossene Oberfläche beträgt der Fluß des Vektors E Q/ε_0, d. h.

$$\Phi_E = \oint_A E \, dA = \oint_A E_n \, dA = \frac{Q}{\varepsilon_0}. \qquad (81.1)$$

Das Vorzeichen des Flusses stimmt mit dem Vorzeichen der Ladung Q überein.

Betrachten wir den allgemeinen Fall einer beliebigen, n Ladungen umschließenden Oberfläche. Nach dem Superpositionsprinzip (80.2) ist die Feldstärke E des von allen Ladungen erzeugten Feldes gleich der Summe der von jeder Ladung einzeln hervorgerufenen Feldstärken E_i: $E = \sum_i E_i$. Daher gilt

$$\Phi_E = \oint_A E \, dA = \oint_A \left(\sum_i E_i \right) dA = \sum_i \oint_A E_i \, dA.$$

Entsprechend (81.1) ist jedes der in der Summe auftretenden Integrale gleich Q_i/ε_0. Daraus folgt

$$\oint_A E \, dA = \oint_A E_n \, dA = \frac{1}{\varepsilon_0} \sum_{i=1}^{n} Q_i. \qquad (81.2)$$

Die Gl. (81.2) drückt den **Satz von Gauß für ein elektrostatisches Feld im Vakuum** aus: Der Fluß des Feldstärkevektors eines elektrostatischen Feldes im Vakuum durch eine beliebige geschlossene Oberfläche ist gleich dem Quotienten aus der algebraischen Summe der von der Fläche umschlossenen Ladungen und ε_0. Dieser Satz wurde mathematisch für ein Vektorfeld beliebiger Natur von dem russischen Mathematiker M. W. Ostrogradski (1801–1862) und später unabhängig von ihm in Anwendung auf elektrostatische Felder von Gauß aufgestellt.

Im allgemeinen Fall können elektrische Ladungen eine räumliche Ausdehnung mit der von Punkt zu Punkt im Raum unterschiedlichen Raumladungsdichte $\rho = dQ/dV$ besitzen. Die von der Oberfläche A umschlossene, das Volumen V ein-

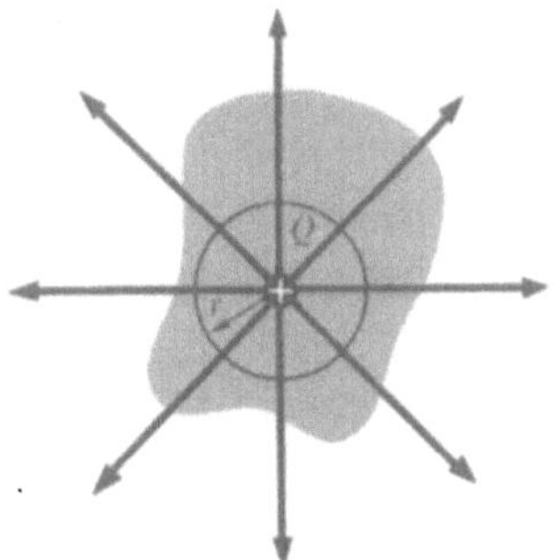

Bild 81.1

nehmende Gesamtladung ist dann

$$\sum_i Q_i = \int_V \rho \, dV. \tag{81.3}$$

Unter Verwendung der Gl. (81.3) kann man den Satz von Gauß (81.2) wie folgt schreiben:

$$\oint_A \mathbf{E} \, d\mathbf{A} = \oint_A E_n \, dA = \frac{1}{\varepsilon_0} \int_V \rho \, dV.$$

§ 82   Anwendung des Satzes von Gauß zur Berechnung einiger elektrostatischer Felder im Vakuum

1. Feld einer gleichmäßig geladenen unendlichen ebenen Fläche.
Eine unendliche Fläche (Bild 82.1) sei mit der konstanten Flächenladungsdichte $+\sigma$ ($\sigma = dQ/dA$ die auf eine Flächeneinheit entfallende Ladung) geladen. Die Feldlinien stehen senkrecht zu der betrachteten Fläche und zeigen von ihr in beide Richtungen. In Gedanken errichten wir einen Zylinder, der uns als geschlossene Oberfläche dient. Seine Grundflächen sind parallel zu der geladenen Fläche, seine Achse steht senkrecht zu ihr. Da die Mantelfläche des Zylinders parallel zu den Feldlinien verläuft ($\cos \alpha = 0$), ist der Fluß des Feldstärkevektors durch sie gleich Null, und der Gesamtfluß durch den Zylinder ist gleich der Summe der Flüsse durch die Grundflächen (die Flächeninhalte der Grundflächen sind gleich und stimmen für die Grundfläche E_n mit E überein), d. h. gleich $2EA$. Die im Inneren der errichteten Zylinderoberfläche eingeschlossene Ladung ist gleich σA. Nach dem Satz von Gauß (81.2) ist $2EA = \sigma A/\varepsilon_0$, woraus sich ergibt

$$E = \frac{\sigma}{2\varepsilon_0}. \tag{82.1}$$

Aus (82.1) folgt, daß E unabhängig von der Länge des Zylinders ist, d. h., die Feldstärke ist in beliebiger Entfernung dem Betrag nach gleich, mit anderen Worten, das Feld einer gleichmäßig geladenen ebenen Fläche ist *homogen*.

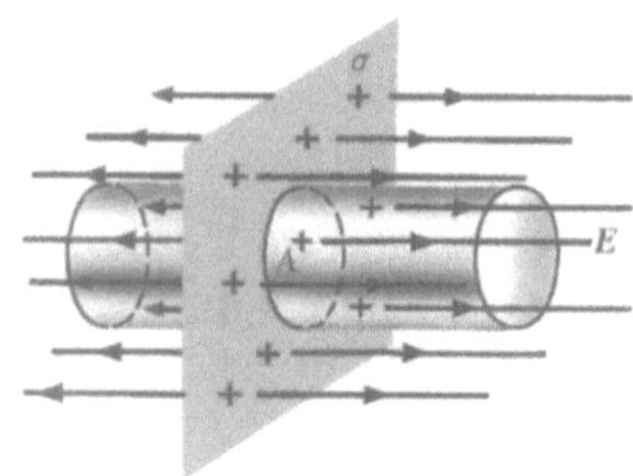

Bild 82.1

2. Feld zweier ungleichnamig geladener unendlicher paralleler ebener Flächen (Bild 82.2). Die Flächen seien mit den Flächenladungsdichten $+\sigma$ und $-\sigma$ gleichmäßig geladen. Das Feld dieser Flächen finden wir als Überlagerung der von den einzelnen Flächen erzeugten Feldern. In der Abbildung entsprechen die oberen Pfeile dem Feld der positiv geladenen Fläche, die unteren dem der negativ geladenen Fläche. Links und rechts der Fläche werden die Felder voneinander subtrahiert (die Feldlinien sind einander entgegengesetzt gerichtet), daher ist die Feldstärke hier $E = 0$. In dem Bereich zwi

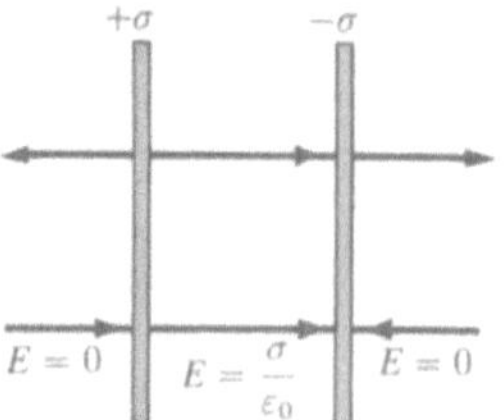

Bild 82.2

schen den Flächen gilt $E = E_+ + E_-$ (E_+ und E_- sind durch (82.1) gegeben), die resultierende Feldstärke ist daher

$$E = \frac{\sigma}{\varepsilon_0}. \tag{82.2}$$

Die resultierende Feldstärke in dem Bereich zwischen den Flächen wird somit durch (82.2) beschrieben, außerhalb des von den Flächen begrenzten Volumens ist sie gleich Null.

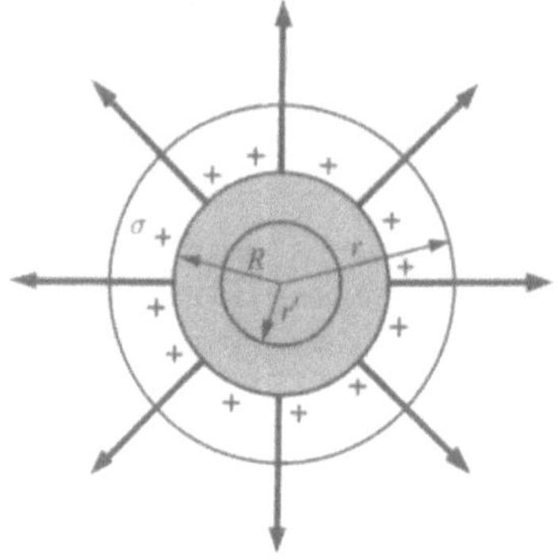

Bild 82.3

3. Feld einer gleichmäßig geladenen Kugeloberfläche. Eine Kugeloberfläche vom Radius R mit der Gesamtladung Q sei gleichmäßig mit der **Flächenladungsdichte** $+\sigma$ geladen. Das von der Ladung erzeugte Feld ist aufgrund der gleichmäßigen Ladungsverteilung auf der Oberfläche kugelsymmetrisch. Die Feldlinien sind deshalb radial gerichtet (Bild 82.3). In Gedanken errichten wir eine Kugelfläche mit dem Radius r, die mit der geladenen Kugelfläche einen gemeinsamen Mittelpunkt besitzt. Wenn $r > R$ ist, befindet sich die gesamte Ladung Q innerhalb dieser Fläche, nach dem Satz von Gauß (81.2) ist dann $4\pi r^2 E = Q/\varepsilon_0$, woraus folgt

$$E = \frac{1}{4\pi\varepsilon_0} \frac{Q}{r^2} \quad (r \geqq R). \tag{82.3}$$

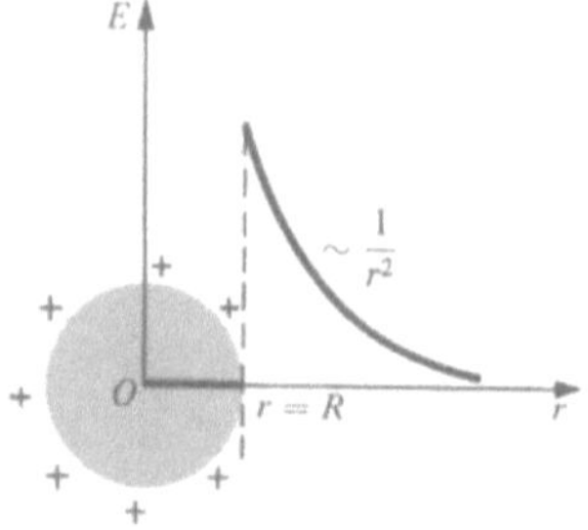

Bild 82.4

Für $r > R$ verringert sich das Feld mit der Entfernung nach demselben Gesetz wie für eine Punktladung. Die Abhängigkeit E von r ist in Bild 82.4 graphisch dargestellt. Wenn $r' < R$ ist, umschließt die geschlossene Fläche keine Ladung, im Inneren einer gleichmäßig geladenen Kugelfläche ist deshalb kein elektrisches Feld vorhanden ($E = 0$).

4. Feld einer räumlich geladenen Kugel. Eine Kugel vom Radius R mit der Gesamtladung Q sei gleichmäßig mit der Raumladungsdichte ρ ($\rho = \mathrm{d}Q/\mathrm{d}V$ die auf eine Volumeneinheit entfallende Ladung) geladen. Mit Berücksichtigung der Symmetriebedingungen (siehe Punkt 3) kann man zeigen, daß man für die Feldstärke außerhalb der Kugel dasselbe Ergebnis wie im vorhergehenden Fall (siehe (82.3)) erhält. Im Inneren der Kugel herrscht jedoch eine andere Feldstärke. Eine Kugelfläche mit dem Radius $r' < R$ umschließt die Ladung $Q' = (4/3)\pi r'^3 \rho$. Nach dem Satz von Gauß (81.2) ist daher $4\pi r'^2 E = Q'/\varepsilon_0 = (4/3)\pi r'^3 \rho/\varepsilon_0$. Wenn man berücksichtigt, daß $\rho = Q/((4/3)\pi R^3)$ ist, erhält man

$$E = \frac{1}{4\pi\varepsilon_0} \frac{Q}{R^3} r' \quad (r' \leqq R). \tag{82.4}$$

Die Feldstärke außerhalb einer geladenen Kugel wird somit durch (82.3) beschrieben, im Inneren der Kugel ändert sie sich linear mit der Entfernung r' gemäß (82.4). Die Abhängigkeit E von r ist in Bild 82.5 graphisch dargestellt.

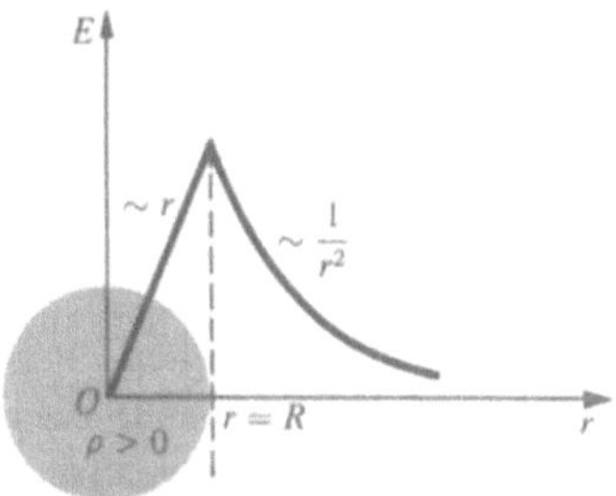

Bild 82.5

5. Feld eines gleichmäßig geladenen unendlichen Zylinders (Fadens). Ein unendlicher Zylinder vom Radius R (Bild 82.6) sei gleichmäßig mit der linearen Ladungsdichte τ ($\tau = \mathrm{d}Q/\mathrm{d}l$ die auf eine Längeneinheit entfallende Ladung) geladen. Aus Symmetriegründen folgt, daß die Feldlinien entlang der Radien der kreisförmigen Zylinderquerschnitte mit einheitlicher Dichte in allen Richtungen bezüglich der Zylinderachse verlaufen. Die geschlossene Fläche errichten wir in

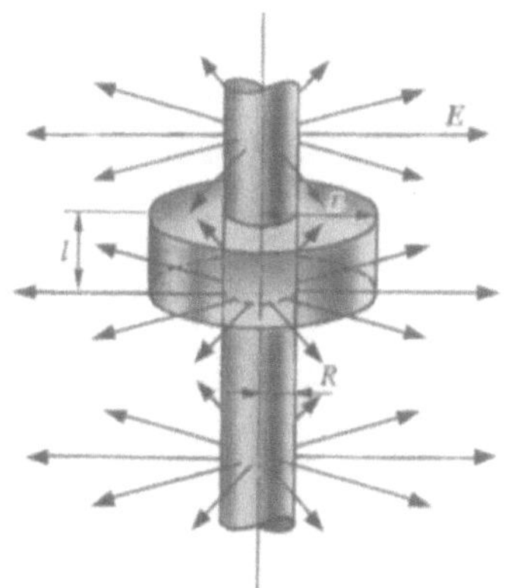

Bild 82.6

Gedanken als mit dem gegebenen Zylinder koaxialen Zylinder vom Radius r und der Höhe l. Der Fluß des Vektors E durch die Grundflächen des koaxialen Zylinders ist gleich Null (die Grundflächen liegen parallel zu den Feldlinien), durch die Mantelfläche beträgt er $-2\pi r l E$. Nach dem Satz von Gauß (81.2) ist für $r > R$ $2\pi r l E = \tau l/\varepsilon_0$, woraus folgt

$$E = \frac{1}{2\pi\varepsilon_0} \frac{\tau}{r} \quad (r \geqq R). \tag{82.5}$$

Wenn $r < R$ ist, umschließt die geschlossene Fläche keine Ladungen, in diesem Bereich ist deshalb $E = 0$. Die Feldstärke außerhalb eines gleichmäßig geladenen unendlichen Zylinders ist somit durch den Ausdruck (82.5) gegeben, im Inneren des Zylinders ist jedoch kein Feld vorhanden.

§ 83   Zirkulation des Feldstärkevektors eines elektrostatischen Feldes

Bei der Verschiebung einer Punktladung Q_0 im elektrostatischen Feld einer anderen Punktladung Q entlang einer beliebigen Bahnkurve aus dem Punkt 1 in den Punkt 2 (Bild 83.1) wird von der an die Ladung angreifenden Kraft Arbeit verrichtet. Die Arbeit der Kraft F für die elementare Verschiebung $\mathrm{d}l$ beträgt

$$\mathrm{d}W = F\,\mathrm{d}l = F\cos\alpha\,\mathrm{d}l = \frac{1}{4\pi\varepsilon_0} \frac{QQ_0}{r^2}\cos\alpha\,\mathrm{d}l.$$

Wegen $\cos\alpha\,\mathrm{d}l = \mathrm{d}r$ gilt

$$\mathrm{d}W = \frac{1}{4\pi\varepsilon_0}\frac{QQ_0}{r^2}\mathrm{d}r.$$

Die Arbeit zur Verschiebung der Ladung Q_0 aus dem Punkt 1 in den Punkt 2

$$W_{12} = \int\limits_{r_1}^{r_2} \mathrm{d}W = \frac{QQ_0}{4\pi\varepsilon_0}\int\limits_{r_1}^{r^2}\frac{\mathrm{d}r}{r^2}$$

$$= \frac{1}{4\pi\varepsilon_0}\left(\frac{QQ_0}{r_1} - \frac{QQ_0}{r_2}\right) \tag{83.1}$$

ist unabhängig von der Bahnkurve, entlang der die Ladung verschoben wird, und wird nur durch den Anfangspunkt 1 und den Endpunkt 2 bestimmt. Das elektrostatische Feld einer Punktladung ist folglich ein **Potentialfeld**, und die elektrostatischen Kräfte sind **konservativ** (siehe § 12).

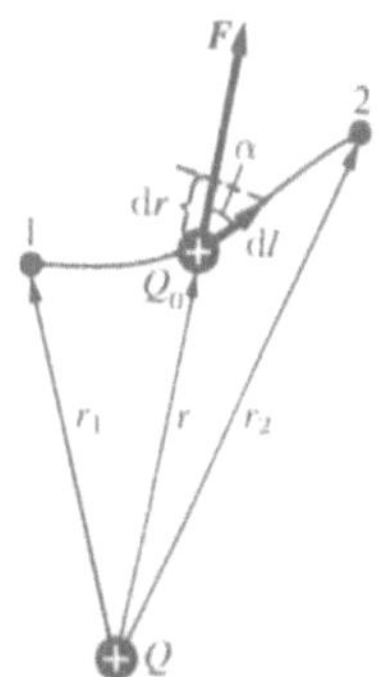

Bild 83.1

Aus (83.1) folgt, daß die bei der Verschiebung einer elektrischen Ladung in einem äußeren elektrostatischen Feld auf einem beliebigen geschlossenen Weg L verrichtete Arbeit verschwindet, d. h.

$$\oint_L \mathrm{d}W = 0. \tag{83.2}$$

Wenn man nun die positive Einheitspunktladung in dem elektrostatischen Feld verschiebt, ist die elementare Arbeit der Feldkräfte auf dem Weg $\mathrm{d}\boldsymbol{l}$ gleich $\boldsymbol{E}\,\mathrm{d}\boldsymbol{l} = E_l\,\mathrm{d}l$, wobei $E_l = E\cos\alpha$ die Projektion des Vektors $\boldsymbol{E}$ auf die Richtung der elementaren Verschiebung darstellt. Die Gl. (83.2) kann man dann in der Form

$$\oint_L \boldsymbol{E}\,\mathrm{d}\boldsymbol{l} = \oint_L E_l\,\mathrm{d}l = 0 \tag{83.3}$$

schreiben. Das Integral $\oint_L \boldsymbol{E}\,\mathrm{d}\boldsymbol{l} = \oint_L E_l\,\mathrm{d}l$ wird als **Zirkulation des Feldstärkevektors** bezeichnet. Die Zirkulation des Feldstärkevektors eines elektrostatischen Feldes entlang einer beliebigen geschlossenen Bahnkurve ist somit gleich Null. Ein Kraftfeld mit der Eigenschaft (83.3) nennt man **Potentialfeld**. Aus dem Verschwinden der Zirkulation des Vektors $\boldsymbol{E}$ folgt, daß die Feldlinien eines elektrostatischen Feldes nicht geschlossen sein können, sie beginnen und enden auf Ladungen (auf positiven bzw. negativen) oder verlaufen ins Unendliche.

Die Gl. (83.3) ist nur für ein elektrostatisches Feld gültig. Im folgenden wird gezeigt, daß die Bedingung (83.3) für das Feld einer sich bewegenden Ladung nicht erfüllt wird (für sie ist die Zirkulation des Feldstärkevektors von Null verschieden).

§ 84 Potential des elektrostatischen Feldes

Ein Körper, der sich in einem Potentialkraftfeld befindet (das elektrostatische Feld ist ein Potentialfeld), verfügt über potentielle Energie, auf Kosten derer von den Feldkräften Arbeit verrichtet wird (siehe § 12). Konservative Kräfte verrichten Arbeit bekanntlich (siehe (12.2)) aufgrund der Verringerung der potentiellen Energie. Die Arbeit (83.1), die die Kräfte des elektrostatischen Feldes verrichten, kann man daher als Differenz der potentiellen Energien der Punktladung Q_0 im Ausgangs- und Endpunkt im Feld der Punktladung Q darstellen:

$$W_{12} = \frac{1}{4\pi\varepsilon_0}\frac{QQ_0}{r_1} - \frac{1}{4\pi\varepsilon_0}\frac{QQ_0}{r_2} = U_1 - U_2, \tag{84.1}$$

woraus für die potentielle Energie der Ladung Q_0 im Feld der Ladung Q folgt:

$$U = \frac{1}{4\pi\varepsilon_0}\frac{QQ_0}{r} + C.$$

Sie ist, wie auch in der Mechanik, nicht eindeutig, sondern nur bis auf eine beliebige Konstante C bestimmt. Wenn man annimmt, daß die potentielle Energie der Ladung bei ihrer Verschiebung ins Unendliche ($r \to \infty$) verschwindet ($U = 0$),

ergibt sich $C = 0$. Die potentielle Energie der Ladung Q_0 in der Entfernung r von der das Feld erzeugenden Punktladung Q beträgt dann

$$U = \frac{1}{4\pi\varepsilon_0}\frac{QQ_0}{r}. \tag{84.2}$$

Für gleichnamige Ladungen ist $Q_0Q > 0$ und die potentielle Energie ihrer Wechselwirkung (Abstoßung) positiv, für ungleichnamige Ladungen ist $Q_0Q < 0$ und die potentielle Energie ihrer Wechselwirkung (Anziehung) negativ.

Wenn das Feld von einem System von Punktladungen $Q_1, Q_2, \ldots, Q_n$ erzeugt wird, ist die an der Punktladung Q_0 verrichtete Arbeit der elektrostatischen Kräfte gleich der algebraischen Summe der von jeder Ladung einzeln bedingten Arbeiten. Die potentielle Energie U der sich in diesem Feld befindenden Ladung Q_0 ist deshalb gleich der Summe der potentiellen Energien U_i jeder der Ladungen:

$$U = \sum_{i=1}^{n} U_i = Q_0 \sum_{i=1}^{n} \frac{Q_i}{4\pi\varepsilon_0 r_i}. \tag{84.3}$$

Aus den Gl. (84.2) und (84.3) folgt, daß das Verhältnis U/Q_0 unabhängig von Q_0 ist und daher eine *elektrische Kenngröße des elektrostatischen Feldes* darstellt, die man als Potential bezeichnet:

$$\varphi = \frac{U}{Q_0}. \tag{84.4}$$

Das **Potential** φ in einem Punkt eines elektrostatischen Feldes ist eine physikalische Größe, die durch die potentielle Energie einer in diesen Punkt gebrachten positiven Einheitsladung bestimmt wird.

Aus den Gl. (84.4) und (84.2) folgt für das Potential eines von einer Punktladung Q erzeugten Feldes

$$\varphi = \frac{1}{4\pi\varepsilon_0}\frac{Q}{r}. \tag{84.5}$$

Die von den elektrostatischen Kräften bei der Verschiebung der Ladung Q_0 aus dem Punkt 1 in den Punkt 2 (siehe (84.1), (84.4), (84.5)) verrichtete Arbeit kann wie folgt dargestellt werden:

$$W_{12} = U_1 - U_2 = Q_0(\varphi_1 - \varphi_2), \tag{84.6}$$

d. h., sie ist gleich dem Produkt aus der verschobenen Ladung und des Potentialunterschiedes zwischen Anfangs- und Endpunkt. Der **Potentialunterschied** zwischen den beiden Punkten 1 und 2 in einem elektrostatischen Feld bestimmt die von den Feldkräften verrichtete Arbeit bei der Verschiebung einer positiven Einheitsladung aus dem Punkt 1 in den Punkt 2.

Die Arbeit der Feldkräfte bei der Verschiebung der Ladung Q_0 aus dem Punkt 1 in den Punkt 2 kann auch in der Form

$$W_{12} = \int_1^2 Q_0 \boldsymbol{E}\,\mathrm{d}\boldsymbol{l} \tag{84.7}$$

geschrieben werden. Durch Gleichsetzen von (84.6) mit (84.7) erhalten wir den Ausdruck für den Potentialunterschied:

$$\varphi_1 - \varphi_2 = \int\limits_1^2 \boldsymbol{E}\,\mathrm{d}\boldsymbol{l} = \int\limits_1^2 E_l\,\mathrm{d}l, \qquad (84.8)$$

wobei die Integration entlang einer beliebigen, den Anfangs- mit dem Endpunkt verbindenden, Kurve ausgeführt werden kann, da die Arbeit der Kräfte des elektrostatischen Feldes von der Bahnkurve der Verschiebung unabhängig ist.

Wenn man die Ladung Q_0 aus einem beliebigen Punkt über die Grenzen des Feldes hinaus, d. h. ins Unendliche, verschiebt, wo das Potential vereinbarungsgemäß gleich Null ist, beträgt die Arbeit der Kräfte des elektrostatischen Feldes gemäß (84.6)

$$W_\infty = Q_0\varphi,$$

woraus man erhält

$$\varphi = \frac{W_\infty}{Q_0}. \qquad (84.9)$$

Das **Potential** ist somit eine physikalische Größe, die durch die Arbeit der Verschiebung einer positiven Einheitsladung aus dem gegebenen Punkt ins Unendliche bestimmt wird. Diese Arbeit ist zahlenmäßig gleich der Arbeit, die von äußeren Kräften (gegen die Kräfte des elektrostatischen Feldes) bei der Verschiebung einer positiven Einheitsladung aus dem Unendlichen in den gegebenen Punkt des Feldes verrichtet wird.

Aus dem Ausdruck (84.4) folgt die Maßeinheit des Potentials – das **Volt** (V): 1 V ist das Potential eines Feldpunktes, in dem eine Ladung von 1 C über eine potentielle Energie von 1 J verfügt (1 V = 1 J/C). Mit Berücksichtigung der Dimension des Volts kann man zeigen, daß die in § 79 eingeführte Maßeinheit des elektrostatischen Feldes tatsächlich gleich 1 V/m ist: $1\,\mathrm{N/C} = 1\,\mathrm{N\cdot m/(C\cdot m)} = 1\,\mathrm{J/(C\cdot m)} = 1\,\mathrm{V/m}$.

Aus den Gl. (84.3) und (84.4) folgt, daß das Potential eines von mehreren Ladungen erzeugten Feldes gleich der Summe der Potentiale aller dieser Ladungen ist:

$$\varphi = \sum_{i=1}^{n}\varphi_i = \frac{1}{4\pi\varepsilon_0}\sum_{i=1}^{n}\frac{Q_1}{r_i}.$$

§ 85   Die Feldstärke als Potentialgradient. Äquipotentialflächen

Wir wollen nun den Zusammenhang aufstellen zwischen der Feldstärke eines elektrostatischen Feldes, die das Feld über *Kraftwirkungen* charakterisiert, und dem Potential, welches das Feld *energetisch* kennzeichnet.

Die Arbeit bei der Verschiebung einer positiven *Einheitspunktladung* aus einem Feldpunkt in einen anderen entlang der x-Achse beträgt unter der Bedingung, daß sich die Punkte unendlich nahe beieinander befinden, $E_x\,\mathrm{d}x$, wobei $\mathrm{d}x = x_2 - x_1$ ist. Dieselbe Arbeit ist gleich $\varphi_1 - \varphi_2 = -\mathrm{d}\varphi$. Nach Gleichsetzen der beiden Ausdrücke kann man schreiben

$$E_x = -\frac{\partial\varphi}{\partial x}, \qquad (85.1)$$

wobei das Symbol der partiellen Ableitung unterstreicht, daß nur nach x differenziert wird. Durch analoge Betrachtungen für die Achsen y und z finden wir für den Vektor $\boldsymbol{E}$:

$$\boldsymbol{E} = -\left(\frac{\partial\varphi}{\partial x}\boldsymbol{i} + \frac{\partial\varphi}{\partial y}\boldsymbol{j} + \frac{\partial\varphi}{\partial z}\boldsymbol{k}\right),$$

wobei $\boldsymbol{i}, \boldsymbol{j}, \boldsymbol{k}$ die Einheitsvektoren der Koordinatenachsen x, y und z sind.

Aus der Definition des Gradienten (12.4) und (12.6) folgt, daß

$$\boldsymbol{E} = -\mathrm{grad}\,\varphi \quad \text{oder} \quad \boldsymbol{E} = -\nabla\varphi \qquad (85.2)$$

gilt, d. h., die Feldstärke $\boldsymbol{E}$ ist gleich dem negativen Potentialgradienten. Das Minuszeichen kommt daher, daß der Feldstärkevektor $\boldsymbol{E}$ *in Richtung abnehmenden Potentials* zeigt.

Zur graphischen Darstellung der Potentialverteilung eines elektrostatischen Feldes benutzt man, ebenso wie im Falle des Gravitationsfeldes (siehe § 25), **Äquipotentialflächen** – Flächen, auf denen das Potential φ in allen Punkten denselben Wert besitzt.

Wenn das Feld von einer Punktladung erzeugt wird, ist sein Potential gemäß (84.5) $\varphi = Q/(4\pi\varepsilon_0 r)$. Die Äquipotentialflächen sind somit in diesem Fall konzentrische Kugelflächen. Andererseits werden die Feldlinien im Falle einer Punktladung durch radiale Linien dargestellt. Die Feldlinien verlaufen für eine Punktladung folglich *senkrecht* zu den Äquipotentialflächen.

Die Feldlinien sind *stets Normalen* zu den Äquipotentialflächen. In der Tat besitzen alle Punkte der Äquipotentialfläche dasselbe Potential, die Verschiebungsarbeit auf dieser Fläche ist daher gleich Null, d. h., die auf die Ladung wirkenden elektrostatischen Kräfte sind *stets* entlang der Normalen der Äquipotentialflächen gerichtet. Der Vektor $\boldsymbol{E}$ ist folglich *immer senkrecht zu den Äquipotentialflächen*, deshalb sind die Feldlinien des Vektors $\boldsymbol{E}$ orthogonal zu diesen Flächen.

Um jede Ladung und um jedes System von Ladungen kann man unendlich viele Potentialflächen legen. Sie werden in der Regel jedoch so gelegt, daß zwischen zwei beliebigen Äquipotentialflächen dieselbe Potentialdifferenz besteht. Die Dichte der Äquipotentialflächen kennzeichnet dann anschaulich die Feldstärke in den verschiedenen Punkten des Feldes. In Bereichen mit dichter liegenden Äquipotentialflächen herrscht eine größere Feldstärke.

Wenn man den Verlauf der Feldlinien eines elektrostatischen Feldes kennt, kann man also die Äquipotentialflächen

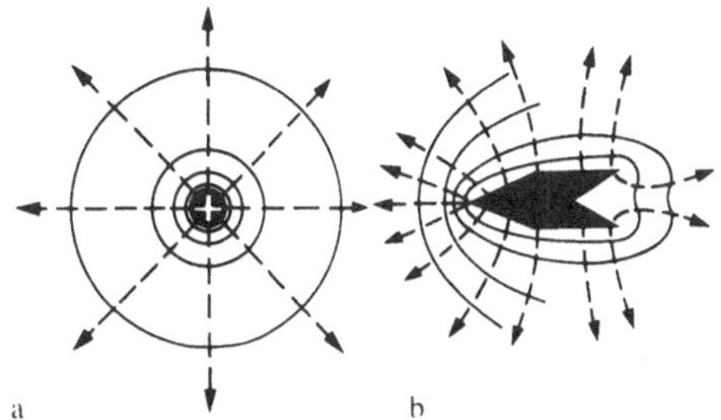

Bild 85.1

konstruieren, und umgekehrt kann man bei bekannter Anordnung der Äquipotentialflächen den Betrag und die Richtung der Feldstärke in jedem Punkt des Feldes bestimmen.
In Bild 85.1 sind beispielsweise die Feldlinien (Strichlinien)
und Äquipotentialflächen (Vollinien) der Felder einer positiven
Punktladung (a) und eines geladenen Metallzylinders mit einer
vorstehenden Spitze auf der einen Seite und einer Einbuchtung
auf der anderen Seite (b) dargestellt.

§ 86   Berechnung der Potentialdifferenz
aus der Feldstärke

Der im vorhergehenden Paragraphen aufgestellte Zusammenhang zwischen Feldstärke und Potential ermöglicht es, aus der
bekannten Feldstärke die Potentialdifferenz zwischen zwei beliebigen Punkten des Feldes zu ermitteln.

1. Das Feld einer gleichmäßig geladenen unendlichen Fläche
wird durch (82.1) bestimmt: $E = \sigma/(2\varepsilon_0)$, wobei σ die Flächenladungsdichte ist. Die Potentialdifferenz zwischen den Punkten mit Abstand x_1 und x_2 von der Fläche beträgt (unter Verwendung von (85.1)):

$$\varphi_1 - \varphi_2 = \int_{x_1}^{x_2} E\,\mathrm{d}x = \int_{x_1}^{x_2} \frac{\sigma}{2\varepsilon_0}\,\mathrm{d}x = \frac{\sigma}{2\varepsilon_0}(x_2 - x_1).$$

**2. Das Feld zweier unendlicher paralleler ungleichnamig gela-
dener Flächen** wird durch (82.2) gegeben: $E = \sigma/\varepsilon_0$, wobei σ die
Flächenladungsdichte ist. Die Potentialdifferenz zwischen den beiden
sich in der Entfernung d voneinander befindenden Flächen beträgt
(siehe (85.1)):

$$\varphi_1 - \varphi_2 = \int_{0}^{d} E\,\mathrm{d}x = \int_{0}^{d} \frac{\sigma}{\varepsilon_0}\,\mathrm{d}x = \frac{\sigma}{\varepsilon_0}d. \qquad (86.1)$$

3. Das Feld einer gleichmäßig geladenen Kugelfläche vom Radius R mit der Gesamtladung Q wird *außerhalb* der Kugelfläche ($r > R$)
nach (82.3) berechnet: $E = Q/(4\pi\varepsilon_0 r^2)$. Die Potentialdifferenz zwischen zwei Punkten in den Entfernungen r_1 und r_2 vom Mittelpunkt
der Kugelfläche ($r_1 > R, r_2 > R$) beträgt:

$$\varphi_1 - \varphi_2 = \int_{r_1}^{r_2} E\,\mathrm{d}r = \int_{r_1}^{r_2} \frac{1}{4\pi\varepsilon_0}\frac{Q}{r^2}\,\mathrm{d}r$$

$$= \frac{Q}{4\pi\varepsilon_0}\left(\frac{1}{r_1} - \frac{1}{r_2}\right). \qquad (86.2)$$

Wenn man $r_1 = r$ und $r_2 = \infty$ annimmt, beträgt das Potential außerhalb der Kugelfläche entsprechend (86.2)

$$\varphi = \frac{1}{4\pi\varepsilon_0}\frac{Q}{r}$$

(vgl. mit (84.5)). Im Inneren der Kugelfläche ist das Potential überall
gleich und beträgt

$$\varphi = \frac{Q}{4\pi\varepsilon_0 R}.$$

Die Abhängigkeit φ von r ist in Bild 86.1 graphisch dargestellt.

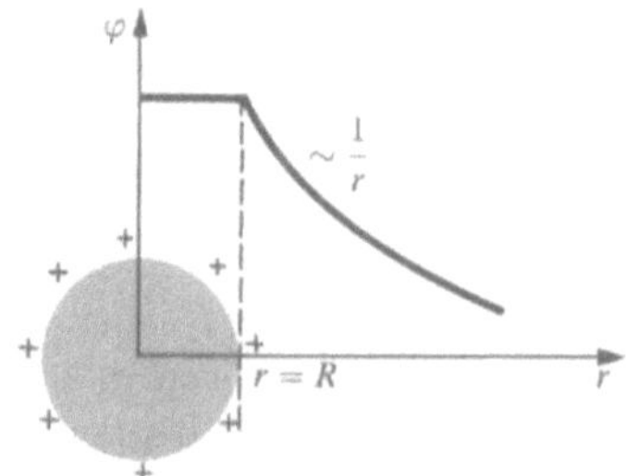

Bild 86.1

4. Das Feld einer räumlich geladenen Kugel vom Radius R mit
der Gesamtladung Q wird *außerhalb* der Kugel ($r > R$) nach (82.3)
berechnet, die Potentialdifferenz zwischen zwei Punkten in den Entfernungen r_1 und r_2 ($r_1 > R, r_2 > R$) vom Kugelmittelpunkt ist durch
(86.2) gegeben. In einem beliebigen Punkt *im Inneren* der Kugel in
der Entfernung r' ($r' < R$) wird die Feldstärke durch den Ausdruck
(82.4) bestimmt: $E = Qr'/(4\pi\varepsilon_0 R^3)$. Die Potentialdifferenz zwischen
zwei Punkten in den Entfernungen r_1' und r_2' vom Kugelmittelpunkt
($r_1' < R, r_2' < R$) beträgt folglich

$$\varphi_1 - \varphi_2 = \int_{r_1'}^{r_2'} E\,\mathrm{d}r = \frac{Q}{8\pi\varepsilon_0 R^3}\left(r_2'^2 - r_1'^2\right).$$

5. Das Feld eines unendlichen geladenen Zylinders vom Radius R mit der linearen Ladungsdichte wird *außerhalb* des Zylinders
($r > R$) nach (82.5) bestimmt: $E = \tau/(2\pi\varepsilon_0 r)$. Die Potentialdifferenz zwischen zwei Punkten in den Entfernungen r_1 und r_2 von der
Zylinderachse ($r_1 > R, r_2 > R$) beträgt

$$\varphi_1 - \varphi_2 = \int_{r_1}^{r_2} E\,\mathrm{d}r = \frac{\tau}{2\pi\varepsilon_0}\int_{r_1}^{r_2} \frac{\mathrm{d}r}{r} = \frac{\tau}{2\pi\varepsilon_0}\ln\frac{r_2}{r_1}. \qquad (86.3)$$

§ 87   Dielektrika.
Polarisation von Dielektrika

Ein Dielektrikum besteht, wie auch jeder andere Stoff, aus Atomen und Molekülen. Da die positive Ladung aller Kerne eines
Moleküls gleich der Gesamtladung der Elektronen ist, verhält
sich das Molekül im ganzen elektrisch neutral. Wenn man die
positiven Ladungen der Kerne des Moleküls durch die sich im
„Schwerezentrum" der positiven Ladungen befindende Gesamtladung $+Q$ und die negativen Ladungen aller Elektronen durch
die sich im „Schwerezentrum" der negativen Ladungen befindenden Gesamtladung $-Q$ ersetzt, kann man das Molekül als
elektrischen Dipol mit einem durch (80.3) bestimmten elektrischen Moment betrachten.

Die erste Gruppe der Dielektrika (N_2, H_2, O_2, CO_2,
CH_4, ...) bilden Stoffe, deren Moleküle einen symmetrischen
Aufbau besitzen, d. h., die „Schwerezentren" der positiven und
negativen Ladungen fallen bei Abwesenheit eines äußeren elektrischen Feldes zusammen, das Dipolmoment $\boldsymbol{p}$ des Moleküls
ist folglich gleich Null. **Moleküle** dieser Stoffe nennt man **un-
polar**. Unter der Wirkung eines äußeren elektrischen Feldes ver-

schieben sich die Ladungen unpolarer Moleküle in entgegengesetze Richtungen (die positiven Ladungen in Feldrichtung, die negativen entgegengesetzt), und die Moleküle erlangen einen Dipolmoment („induziertes" Dipolmoment).

Die zweite Gruppe der Dielektrika (H_2O, NH_3, O_2, CO, ...) bilden Stoffe, deren Moleküle einen asymmetrischen Aufbau besitzen, d. h., die „Schwerezentren" der positiven und negativen Ladungen fallen nicht zusammen. Diese Moleküle besitzen somit bei Abwesenheit eines äußeren elektrischen Feldes ein Dipolmoment. **Moleküle** dieser Stoffe werden **polar** genannt. Bei Abwesenheit eines äußeren Feldes sind die Dipolmomente polarer Moleküle infolge der Wärmebewegung jedoch beliebig im Raum orientiert, und ihr resultierendes Moment ist gleich Null. Wenn man ein solches Dielektrikum in ein äußeres Feld einbringt, werden die Feldkräfte den Dipol in Feldrichtung zu drehen versuchen, und es entsteht ein von Null verschiedenes resultierendes Moment („Orientierungspolarisation").

Die dritte Gruppe der Dielektrika (NaCl, KCl, KBr, ...) bilden Stoffe, deren Moleküle aus Ionen aufgebaut sind. Ionenkristalle stellen ein räumliches Gitter mit regelmäßig wechselnder Anordnung von Ionen verschiedener Vorzeichen dar. In diesen Kristallen kann man keine einzelnen Moleküle abgrenzen, man kann sie aber als System zweier ineinandergesetzter Ionenuntergitter betrachten. Bei Anlegen eines elektrischen Feldes an ein Ionenkristall tritt eine gewisse Deformation des Kristallgitters oder eine Verschiebung der Untergitter relativ zueinander auf, die das Entstehen von Dipolmomenten hervorruft („Ionenpolarisation").

Beim Einbringen von Dielektrika aller drei Typen in ein äußeres elektrisches Feld entsteht somit ein von Null verschiedenes resultierendes elektrisches Moment des Dielektrikums, das Dielektrikum wird, mit anderen Worten, polarisiert. Als **Polarisation** eines Dielektrikums bezeichnet man die Orientierung der Dipole oder das Auftreten nach dem Feld orientierter Dipole unter Einwirkung eines elektrischen Feldes.

Den drei Typen von Dielektrika entsprechend unterscheidet man drei Polarisationsarten:

Elektronenpolarisation von Dielektrika aus unpolaren Molekülen. Sie äußert sich im Entstehen eines induzierten Dipolmoments in Atomen infolge von Deformationen der Elektronenbahnen.

Orientierungspolarisation von Dielektrika aus polaren Molekülen. Sie besteht in der Orientierung der vorhandenen Dipolmomente der Moleküle nach dem Feld. Die Wärmebewegung erschwert die vollständige Orientierung der Moleküle, die gemeinsame Wirkung beider Faktoren (elektrisches Feld und Wärmebewegung) führt jedoch zu einer vorherrschenden Orientierung der Dipolmomente nach dem Feld. Diese Orientierung ist um so stärker, je größer die Feldstärke und je tiefer die Temperatur ist.

Ionenpolarisation von Dielektrika mit Ionenkristallgitter. Sie besteht in der Verschiebung des Untergitters der positiven Ionen in Feldrichtung und des Untergitters der negativen Ionen in entgegengesetzter Richtung, was zur Entstehung von Dipolmomenten führt.

§ 88   Polarisationsvektor. Feldstärke in einem Dielektrikum

Wenn man ein Dielektrikum in ein äußeres elektrostatisches Feld einbringt, wird es polarisiert, d. h., es erhält ein von Null verschiedenes Dipolmoment $\boldsymbol{p}_V = \sum_i \boldsymbol{p}_i$, wobei $\boldsymbol{p}_i$ das Dipolmoment eines einzelnen Moleküls ist. Zur quantitativen Beschreibung der Polarisation eines Dielektrikums verwendet man eine vektorielle Größe – den **Polarisationsvektor**. Er ist als das Dipolmoment einer Volumeneinheit des Dielektrikums definiert:

$$\boldsymbol{P} = \frac{\boldsymbol{p}_V}{V} = \frac{\sum_i \boldsymbol{p}_i}{V}. \tag{88.1}$$

Es wurde experimentell festgestellt, daß der Polarisationsvektor $\boldsymbol{P}$ für eine große Klasse von Dielektrika (mit Ausnahme der Seignetteelektrika, siehe § 91) linear von der Feldstärke $\boldsymbol{E}$ abhängt. Für isotrope Dielektrika gilt bei nicht allzu hoher Feldstärke

$$\boldsymbol{P} = \varkappa \varepsilon_0 \boldsymbol{E}, \tag{88.2}$$

wobei $\varkappa$ die sogenannte **dielektrische Suszeptibilität** ist. Diese dimensionslose Größe kennzeichnet die Eigenschaften des Dielektrikums und ist stets positiv ($\varkappa > 0$) und für die meisten Dielektrika (feste und flüssige) von der Größenordnung einiger Einheiten (obwohl sie zum Beispiel für Alkohol $\varkappa \approx 25$ und für Wasser $\varkappa = 80$ beträgt).

Zum Auffinden quantitativer Gesetzmäßigkeiten über das Feld in einem Dielektrikum bringen wir eine dünne Platte aus einem homogenen Dielektrikum in ein homogenes äußeres elektrostatisches Feld $\boldsymbol{E}_0$ (welches von zwei unendlichen parallelen ungleichnamig geladenen Flächen erzeugt wird) in der in Bild 88.1 dargestellten Weise ein. Unter der Wirkung des Feldes wird das Dielektrikum polarisiert, d. h., es findet eine Ladungsverschiebung statt: Die positiven Ladungen verschieben sich in Feldrichtung, die negativen entgegengesetzt. Dadurch entsteht auf der rechten, der negativen Fläche zugewandten Oberfläche des Dielektrikums ein Überschuß an positiven Ladungen mit der Flächenladungsdichte $+\sigma'$, auf der linken Oberfläche entsteht ein Überschuß an negativen Ladungen mit der Flächenladungsdichte $-\sigma'$. Diese nichtkompensierten Ladungen, die aus der Polarisation des Dielektrikums entstehen, nennt man **gebundene Ladungen**. Da ihre Flächenladungsdichte σ' geringer als die Flächenladungsdichte σ der freien Ladungen ist, wird das E-Feld durch das Feld der Ladungen des Dielektrikums nicht vollständig kompensiert: Ein Teil der Feldlinien durchdringt das Dielektrikum, der andere Teil reißt jedoch an den gebundenen Ladungen ab. Die Polarisation des Dielektrikums führt folglich im Vergleich zu dem ursprünglichen äußeren Feld zu einer Verringerung des Feldes im Dielektrikum. Außerhalb des Dielektrikums gilt $\boldsymbol{E} = \boldsymbol{E}_0$.

Das Auftreten gebundener Ladungen führt somit zum Entstehen eines zusätzlichen elektrischen Feldes $\boldsymbol{E}'$ (das von den *gebundenen* Ladungen erzeugte Feld), welches entgegen dem

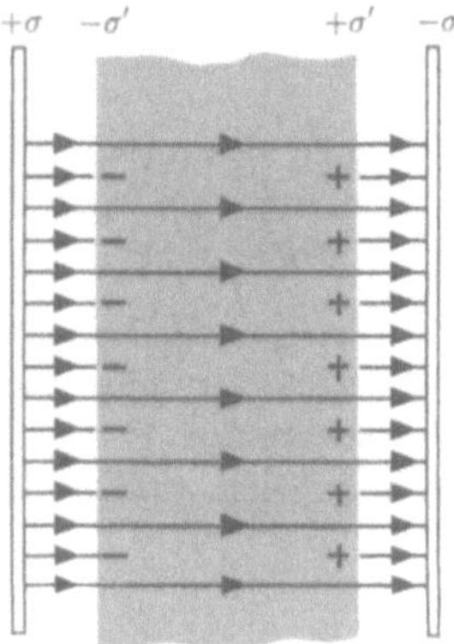

Bild 88.1

äußeren Feld E_0 (das von den *freien* Ladungen erzeugte Feld)
gerichtet ist und dieses abschwächt. Das resultierende Feld im
Inneren des Dielektrikums beträgt

$$E = E_0 - E'.$$

Für das Feld E' fanden wir $E' = \sigma'/\varepsilon_0$ (von zwei unendlichen
geladenen Flächen erzeugtes Feld, siehe Gl. (82.2)), es folgt
daher

$$E = E_0 - \frac{\sigma'}{\varepsilon_0}. \tag{88.3}$$

Bestimmen wir nun die Flächenladungsdichte σ' der gebundenen Ladungen. Nach (88.1) beträgt das Gesamtdipolmoment der
Dielektrikumplatte $p_V = PV = RAd$, wobei A der Flächeninhalt
der Plattenoberfläche und d die Dicke der Platte ist. Andererseits
ist das Gesamtdipolmoment gemäß (80.3) gleich dem Produkt
aus der gebundenen Ladung jeder Oberfläche $Q' = \sigma'A$ und
dem Abstand d zwischen ihnen, d. h. $p_V = \sigma'Ad$. Somit gilt

$$PAd = \sigma'Ad$$

oder

$$\sigma' = P, \tag{88.4}$$

d. h., die Flächenladungsdichte σ' der gebundenen Ladungen ist
gleich dem Betrag des Polarisationsvektors P.

Durch Einsetzen von (88.4) und (88.2) in (88.3) erhalten wir

$$E = E_0 - \varkappa E,$$

woraus für die Feldstärke des resultierenden Feldes im Inneren
des Dielektrikums folgt

$$E = \frac{E_0}{1 + \varkappa} = \frac{E_0}{\varepsilon}. \tag{88.5}$$

Die dimensionslose Größe

$$\varepsilon = 1 + \varkappa \tag{88.6}$$

wird als **Dielektrizitätskonstante des Mediums** bezeichnet.
Aus einem Vergleich von (88.5) und (88.6) ist zu erkennen,
daß ε angibt, um welchen Faktor das Feld in dem Dielektrikum abgeschwächt wird, ε kennzeichnet also quantitativ die
Polarisationseigenschaften eines Dielektrikums in einem elektrischen Feld.

§ 89   Die elektrische Verschiebung. Satz von Gauß für ein elektrostatisches Feld in einem Dielektrikum

Die Feldstärke eines elektrostatischen Feldes ist nach (88.5)
von den Eigenschaften des Mediums abhängig: In einem homogenen isotropen Medium ist die Feldstärke E umgekehrt proportional zur Dielektrizitätskonstante ε. Der Feldstärkevektor E
ändert sich sprunghaft an der Grenze des Dielektrikums, was die
Berechnung elektrostatischer Felder erschwert. Deshalb ist es
erforderlich, neben dem Feldstärkevektor das Feld noch durch
den **Vektor der elektrischen Verschiebung** zu kennzeichnen.
Für ein elektrisch isotropes Medium ist er definiert

$$D = \varepsilon_0 \varepsilon E. \tag{89.1}$$

Unter Verwendung der Gl. (88.6) und (88.2) kann man der Vektor der elektrischen Verschiebung auch in der Form

$$D = \varepsilon_0 E + P \tag{89.2}$$

ausdrücken. Die Maßeinheit der elektrischen Verschiebung ist
das Coulomb pro Quadratmeter (C/m^2).

Womit kann man den Vektor der elektrischen Verschiebung
in Verbindung bringen? Gebundene Ladungen entstehen in einem Dielektrikum, wenn es sich in einem äußeren, von einem
System freier Ladungen erzeugten elektrostatischen Feld befindet, d. h., das elektrostatische Feld der freien Ladungen wird in
einem Dielektrikum durch das zusätzliche Feld der gebundenen Ladungen überlagert. Das *resultierende Feld* wird in dem
Dielektrikum durch den Feldstärkevektor E beschrieben; er ist
deshalb von den Eigenschaften des Dielektrikums abhängig.
Durch den Vektor D wird das von den *freien Ladungen* erzeugte elektrostatische Feld beschrieben. Die in dem Dielektrikum
entstehenden gebundenen Ladungen können jedoch eine Umverteilung der felderzeugenden freien Ladungen hervorrufen.
Der Vektor D charakterisiert daher das von den *freien Ladungen* erzeugte elektrostatische Feld (d. h. das Feld im Vakuum),
wobei jedoch von der *bei Anwesenheit eines Dielektrikums* auftretenden Verteilung der freien Ladungen ausgegangen wird.

In Analogie zum E-Feld wird das D-Feld mit Hilfe von
Feldlinien der elektrischen Verschiebung dargestellt, deren
Richtung und Dichte genauso wie für Feldlinien der Feldstärke
(siehe § 79) bestimmt wird.

*Die Feldlinien des Vektors E können an beliebigen – freien
und gebundenen – Ladungen beginnen und enden, während die
Feldlinien des Vektors D nur an freien Ladungen beginnen und
enden können.* Durch Bereiche des Feldes, in denen sich gebundene Ladungen befinden, gehen die Feldlinien des Vektors D
ohne Unterbrechungen hindurch.

Für eine beliebige *geschlossene* Fläche A beträgt der Fluß
des Vektors D durch diese Fläche

$$\Phi_D = \oint_A D\, dA = \oint_A D_n\, dA,$$

wobei D_n die Projektion des Vektors D auf die Normale n zum Flächenelement dA ist.

Satz von Gauß für elektrostatische Felder in Dielektrika:

$$\oint_A D\, dA = \oint_A D_n\, dA = \sum_{i=1}^{n} Q_i, \tag{89.3}$$

d. h., der Fluß des Verschiebungsvektors eines elektrostatischen Feldes in einem Dielektrikum durch eine beliebige geschlossene Fläche ist gleich der Summe der von dieser Fläche eingeschlossenen *freien* elektrischen Ladungen. In dieser Form ist der Satz von Gauß für elektrostatische Felder sowohl für homogene isotrope als auch für inhomogene anisotrope Medien gültig.

Im Vakuum gilt $D_n = \varepsilon_0 E_n$ ($\varepsilon = 1$), der Fluß des Feldstärkevektors E durch eine beliebige geschlossene Fläche (vgl. (81.2)) beträgt dann

$$\oint_A \varepsilon_0 E_n\, dA = \sum_{i=1}^{n} Q_i.$$

Da das Feld E in einem Medium sowohl von freien als auch von gebundenen Ladungen hervorgerufen wird, kann man den Satz von Gauß (81.2) für das E-Feld in allgemeiner Form wie folgt schreiben:

$$\oint_A \varepsilon_0 E\, dA = \oint_A \varepsilon_0 E_n\, dA = \sum_{i=1}^{n} Q_i + \sum_{i=1}^{k} Q_{i\text{geb}},$$

wobei $\sum_{i=1}^{n} Q_i$ und $\sum_{i=1}^{n} Q_{i\text{geb}}$ die Summen der freien bzw. gebundenen Ladungen innerhalb des von der Fläche A eingeschlossenen Volumens sind. Diese Gleichung ist jedoch zur Beschreibung des E-Feldes in einem Dielektrikum nicht brauchbar, da sie die Eigenschaften des unbekannten E-Feldes durch die gebundenen Ladungen ausdrückt, die ihrerseits durch ebendieses Feld bestimmt werden. Das zeigt noch einmal die Zweckmäßigkeit der Einführung des elektrischen Verschiebungsvektors.

§ 90   Randbedingungen an der Grenze zwischen zwei Dielektrika

Betrachten wir den Zusammenhang der Vektoren E und D an der Grenze zwischen zwei homogenen isotropen Dielektrika (mit den Dielektrizitätskonstanten ε_1 bzw. ε_2), wenn *an der Grenze keine freien Ladungen vorhanden sind.* In Umgebung der Trennfläche zwischen den Dielektrika 1 und 2 konstruieren wir eine kleine geschlossene rechteckige Linie $ABCDA$ mit der Länge l. Ihr Umlaufsinn ist in Bild 90.1 dargestellt. Gemäß dem Satz über die Zirkulation des Vektors E (83.3) gilt

$$\oint_{ABCDA} E\, dl = 0,$$

woraus folgt

$$E_{2\tau} l - E_{1\tau} l = 0$$

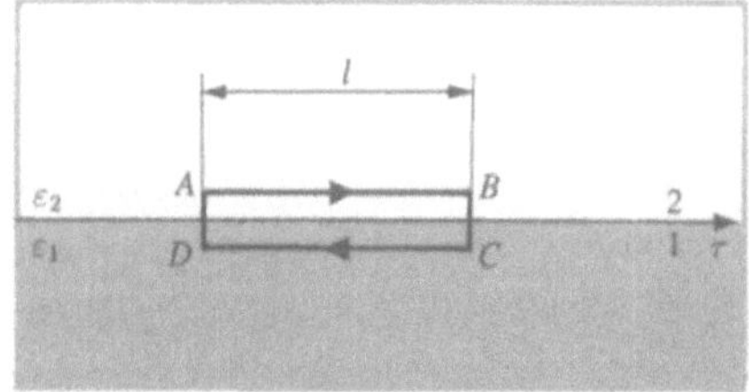

Bild 90.1

(die Vorzeichen der Integrale über AB und CD sind verschieden, da die Integrationswege entgegengesetzt gerichtet sind, die Integrale über die Abschnitte BC und DA sind vernachlässigbar klein).

Daher ist

$$E_{1\tau} = E_{2\tau}. \tag{90.1}$$

Nach Ersetzen der Projektion des Vektors E durch die durch $\varepsilon_0 \varepsilon$ geteilte Projektion des Vektors D gemäß (89.1) erhalten wir

$$\frac{D_{1\tau}}{D_{2\tau}} = \frac{\varepsilon_1}{\varepsilon_2}. \tag{90.2}$$

An der Trennfläche zwischen zwei Dielektrika (Bild 90.2) konstruieren wir einen geraden Zylinder von vernachlässigbarer Höhe, dessen eine Grundfläche sich in dem ersten Dielektrikum und die andere in dem zweiten Dielektrikum befindet. Die Grundflächen ΔA sind so klein, daß der Vektor D über jede der beiden Flächen konstant ist. Nach dem Satz von Gauß (89.3) gilt

$$D_{2n}\Delta A - D_{1n}\Delta A = 0$$

(die Normalen n und n' an die Grundflächen des Zylinders besitzen entgegengesetzte Richtungen). Daher ist

$$D_{1n} = D_{2n}. \tag{90.3}$$

Nach Ersetzen der Projektion des Vektors D durch die mit $\varepsilon_0 \varepsilon$ multiplizierte Projektion des Vektors E gemäß (89.1) erhalten wir

$$\frac{E_{1n}}{E_{2n}} = \frac{\varepsilon_2}{\varepsilon_1}. \tag{90.4}$$

Beim Übergang aus einem Dielektrikum in ein anderes ändern sich die Tangentialkomponente des Vektors E (E_τ) und die Normalkomponente des Vektors D (D_n) somit stetig (ohne sprunghafte Änderung), die Normalkomponente des Vektors E (E_n) und die Tangentialkomponente des Vektors D (D_τ) ändern sich jedoch sprunghaft.

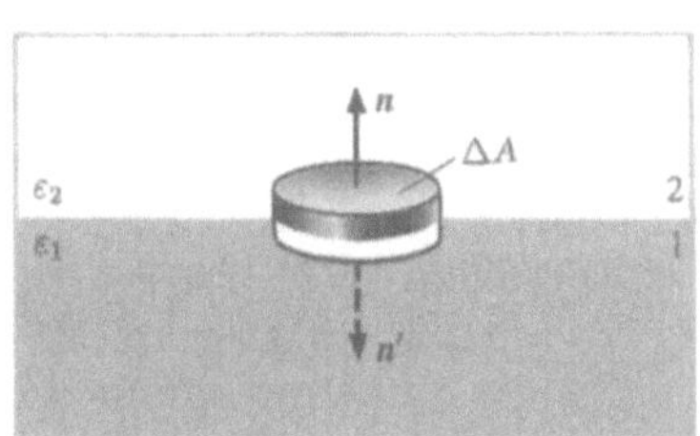

Bild 90.2

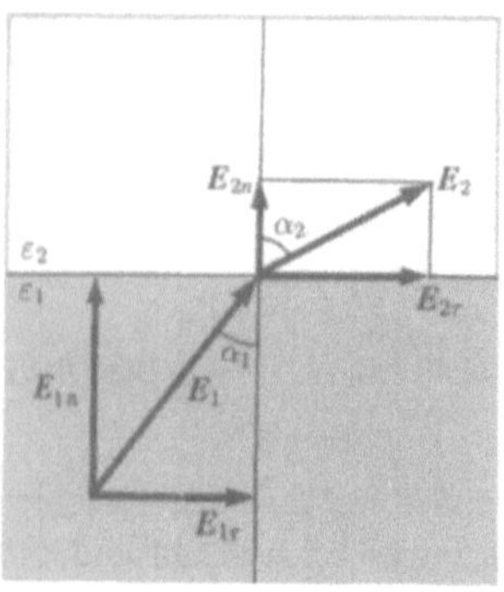

Bild 90.3

Aus den Bedingungen (90.1)–(90.4) für die Komponenten der Vektoren $\boldsymbol{E}$ und $\boldsymbol{D}$ folgt, daß die Feldlinien dieser Vektoren gebrochen werden. Stellen wir den Zusammenhang zwischen den Winkeln α_1 und α_2 auf (in Bild 90.3 ist $\varepsilon_2 > \varepsilon_1$). Nach (90.1) und (90.4) gilt $E_{2\tau} = E_{1\tau}$ und $\varepsilon_2 E_{2n} = \varepsilon_1 E_{1n}$. Wir zerlegen die Vektoren $\boldsymbol{E}_1$ und $\boldsymbol{E}_2$ an der Trennflächen in ihre Tangential- und Normalkomponenten. Aus Bild 90.3 folgt, daß

$$\frac{\tan \alpha_2}{\tan \alpha_1} = \frac{E_{2\tau}/E_{2n}}{E_{1\tau}/E_{1n}}$$

gilt. Unter Berücksichtigung der oben aufgeführten Bedingungen erhalten wir das Brechungsgesetz der Feldlinien der Feldstärke $\boldsymbol{E}$ (und somit auch der Verschiebung $\boldsymbol{D}$)

$$\frac{\tan \alpha_2}{\tan \alpha_1} = \frac{\varepsilon_2}{\varepsilon_1}.$$

Diese Gleichung zeigt, daß sich die E- und D-Linien beim Eintritt in ein Dielektrikum mit einer größeren Dielektrizitätskonstante von der Normalen entfernen.

§ 91   Ferroelektrika

Ferroelektrika sind Dielektrika, die in einem bestimmten Temperaturbereich spontan, d. h. ohne ein äußeres elektrisches Feld, polarisiert werden. Zu den Ferroelektrika zählen zum Beispiel das Seignettesalz $NaKC_4H_4O_6 \cdot 4\,H_2O$ (Ferroelektrika bezeichnet man daher auch als Seignette-Elektrika) und Bariumtitanat $BaTiO_3$.

Ohne Wirkung eines äußeren elektrischen Feldes stellen Ferroelektrika gewissermaßen ein Mosaik aus **Domänen** dar – Gebiete mit verschieden gerichtetem Polarisationsvektor. Das ist schematisch am Beispiel von Bariumtitanat dargestellt (Bild 91.1), wo die Pfeile und Zeichen $\odot$ und $\oplus$ die Richtung des Vektors $\boldsymbol{P}$ anzeigen. Da diese Richtungen in benachbarten Domänen unterschiedlich sind, ist das Dipolmoment des Dielektrikums im ganzen gleich Null. Bei Einbringen eines Ferroelektrikums in ein äußeres Feld werden die Dipolmomente der Domänen in Feldrichtung umorientiert, das dabei entstehende elektrische Feld aller Domänen erhält deren Orientierung für eine gewisse Zeit, auch wenn das äußere Feld nicht mehr wirkt. Ferroelektrika besitzen daher eine anormal große Dielektrizitätskonstante (für Seignettesalz zum Beispiel $\varepsilon_{\max} \approx 10^4$).

Die ferroelektrischen Eigenschaften sind stark temperaturabhängig. Für jedes Ferroelektrikum gibt es eine bestimmte Temperatur, oberhalb der die ungewöhnlichen Eigenschaften verschwinden, und es sich in ein gewöhnliches Dielektrikum verwandelt. Diese Temperatur wird als **Curie-Punkt** (zu Ehren des französischen Physikers Pierre Curie, 1859–1906) bezeichnet. In der Regel besitzen Ferroelektrika nur einen Curie-Punkt; eine Ausnahme bildet nur Seignettesalz (-18 und $+24\,°C$) und zu ihm isomorphe Verbindungen. Bei Ferroelektrika ist in Umgebung des Curie-Punktes ebenfalls ein plötzlich starkes Anwachsen der Wärmekapazität zu verzeichnen. Die am Curie-Punkt stattfindende Umwandlung von Ferroelektrika in gewöhnliche Dielektrika geht mit einer Phasenumwandlung II. Art (siehe § 75) einher.

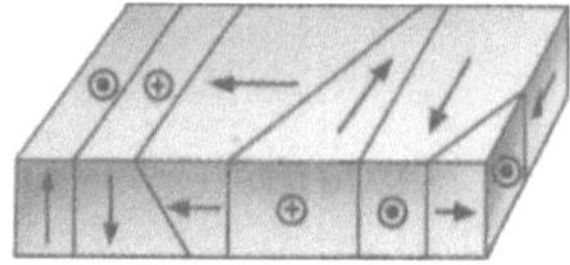

Bild 91.1

Die Dielektrizitätskonstante ε (und folglich auch die dielektrische Suszeptibilität $\varkappa$) von Ferroelektrika ist von der Feldstärke E des Feldes in dem Stoff abhängig, während diese Größen für andere Dielektrika eine Stoffkenngröße darstellen.

Für Ferroelektrika ist die Gl. (88.2) nicht gültig; der Zusammenhang zwischen dem Polarisationsvektor ($\boldsymbol{P}$) und der Feldstärke ($\boldsymbol{E}$) ist für sie *nichtlinear*. Der Wert von $\boldsymbol{P}$ ist von dem vorausgegangenen Wert von $\boldsymbol{E}$ abhängig. Bei Ferroelektrika ist eine **dielektrische Hysterese** („Verspätung") zu beobachten. Wie aus Bild 91.2 ersichtlich ist, wächst die Polarisiertheit P mit sich vergrößernder Feldstärke E des äußeren elektrischen Feldes bis zum Erreichen der Sättigung an (Kurve 1). Bei abfallender Feldstärke E verringert sich P entlang der Kurve 2, und bei $E = 0$ behalten Ferroelektrika die **Restpolarisation** (**Remanenz**) P_0, d. h., das Ferroelektrikum bleibt auch in Abwesenheit des äußeren Feldes polarisiert. Um die Restpolarisation zu vernichten, muß man ein entgegengesetzt gerichtetes elektrisches Feld ($-E_K$) anlegen. Die Größe E_K heißt **Koerzitivfeldstärke**. Bei einer weiteren Änderung von E ändert sich P entlang der Kurve 3 der **Hystereseschleife**.

Die Entdeckung der anormalen dielektrischen Eigenschaften von Bariumtitanat durch den russischen Physiker B. M. Wul

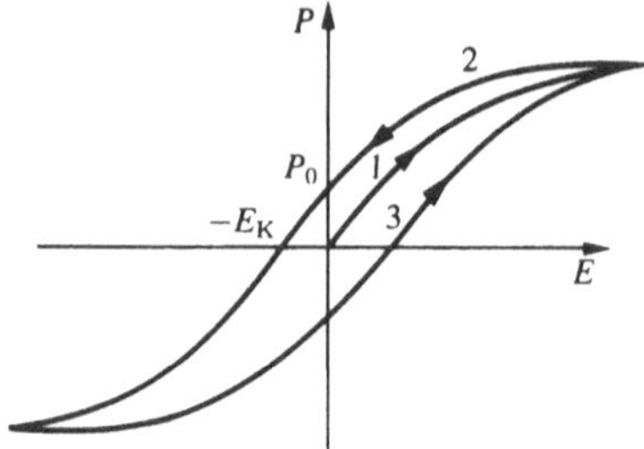

Bild 91.2

(1903–1985) war Ausgangspunkt für die intensive Erforschung der Ferroelektrika. Wegen seiner chemischen Beständigkeit und hohen mechanischen Festigkeit sowie des Erhaltes seiner ferroelektrischen Eigenschaften in einem weiten Temperaturbereich fand Bariumtitanat breite wissenschaftlich-technische Anwendung (zum Beispiel als Generator oder Empfänger von Ultraschallwellen). Heutzutage sind ohne Hinzurechnung von Mischkristallen allein über hundert Ferroelektrika bekannt. Ferroelektrika werden auch vielfach als Materialien mit großen ε-Werten verwendet (zum Beispiel in Kondensatoren).

Es sollen noch die **Piezoelektrika** erwähnt werden. Das sind kristalline Stoffe, bei denen unter Zug- oder Druckwirkung in bestimmten Richtungen eine elektrische Polarisation sogar ohne Wirkung eines äußeren elektrischen Feldes auftritt (**direkter Piezoeffekt**). Eine Folge des direkten Piezoeffektes ist der **umgekehrte Piezoeffekt** – das Auftreten von mechanischen Deformationen unter Wirkung eines elektrischen Feldes. In einigen Piezoelektrika ist das Gitter der positiven Ionen im Zustand des thermodynamischen Gleichgewichtes gegenüber dem Gitter der negativen Ionen verschoben, wodurch sie sich sogar ohne ein äußeres elektrisches Feld im elektrisch polarisierten Zustand befinden. Man bezeichnet solche Kristalle als **Pyroelektrika**. Weiterhin gibt noch **Elektreta** – Dielektrika, die für längere Zeit nach Abschalten des äußeren elektrischen Feldes im polarisierten Zustand verharren (elektrische Gegenstücke der Dauermagneten). Diese Stoffgruppe findet in der Technik und in Konsumgütern breite Anwendung.

§ 92   Leiter im elektrostatischen Feld

Wenn man einen Leiter in ein äußeres elektrostatisches Feld bringt und ihn auflädt, so wirkt das elektrostatische Feld auf die Ladungen des Leiters, wodurch sie in Bewegung versetzt werden. Die Bewegung der Ladungen (Strom) erfolgt so lange, bis sich ein Gleichgewicht der Ladungsverteilung einstellt, bei dem das elektrostatische Feld im Inneren des Leiters verschwindet. Das geschieht in sehr kurzer Zeit. Wenn das Feld in dem Leiter nicht verschwinden würde, würde in ihm eine geordnete Ladungsbewegung ohne Energieaufwand durch eine äußere Energiequelle stattfinden, was dem Energieerhaltungssatz widerspricht. Die Feldstärke ist also in allen Punkten im Inneren des Leiters gleich Null:

$$E = 0.$$

Die Abwesenheit eines Feldes im Inneren eines Leiters bedeutet gemäß (85.2), daß das Potential in allen Punkten im Inneren des Leiters gleich ist ($\varphi = $ const), d. h., die Oberfläche eines Leiters in einem elektrostatischen Feld ist eine *Äquipotentialfläche* (siehe § 85). Hieraus folgt jedoch, daß der Feldstärkevektor auf der gesamten äußeren Oberfläche des Leiters entlang der Flächennormalen in jedem Punkt gerichtet ist. Wäre dem nicht so, dann würden die Ladungen unter Wirkung der Tangentialkomponente von E sich auf der Oberfläche zu bewegen beginnen, was wiederum einem Gleichgewicht der Ladungsverteilung widersprechen würde.

Wenn man auf den Leiter eine Ladung Q überträgt, sammeln sich die nichtkompensierten Ladungen *nur auf der Oberfläche*

des Leiters. Das folgt unmittelbar aus dem Satz von Gauß (89.3), demgemäß für eine Ladung in einem von einer beliebigen geschlossenen Fläche begrenzten Volumen in einem Leiter gilt

$$Q = \oint_A \boldsymbol{D}\,\mathrm{d}A = \oint_A D_n\,\mathrm{d}A = 0,$$

da in allen Punkten innerhalb der Oberfläche $D = 0$ ist.

Stellen wir den Zusammenhang zwischen der Feldstärke E nahe der Oberfläche eines geladenen Leiters und der Flächenladungsdichte σ dieser Oberfläche her. Dazu wenden wir den Satz von Gauß auf einen unendlich kleinen, die Grenze Leiter–Dielektrikum überschneidenden Zylinder mit der Grundfläche ΔA an. Die Zylinderachse ist entlang des Vektors E gerichtet (Bild 92.1). Der Fluß des Vektors der elektrischen Verschiebung durch den inneren Teil der Zylinderoberfläche ist gleich Null, da im Inneren des Leiters E_1 (und damit auch D_1) gleich Null ist. Der Fluß des Vektors D durch die geschlossene Zylinderoberfläche wird daher nur durch den Fluß durch die äußere Grundfläche des Zylinders bestimmt. Nach dem Satz von Gauß (89.3) ist dieser Fluß ($D\Delta A$) gleich der Summe der von der Oberfläche umschlossenen Ladungen ($Q = \sigma\Delta A$): $D\Delta A = \sigma\Delta A$, d. h.

$$D = \sigma \tag{92.1}$$

oder

$$E = \frac{\sigma}{\varepsilon_0\varepsilon}, \tag{92.2}$$

wobei ε die Dielektrizitätskonstante des den Leiter umgebenden Mediums ist.

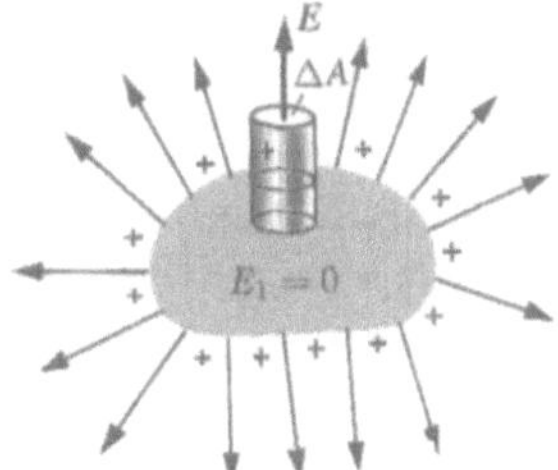

Bild 92.1

Die Feldstärke des elektrostatischen Feldes an der Oberfläche eines Leiters wird somit von der Flächenladungsdichte bestimmt. Man kann zeigen, daß der Ausdruck (92.2) die Feldstärke des elektrostatischen Feldes nahe einer Leiteroberfläche von *beliebiger Form* bestimmt.

Wenn man einen neutralen Leiter in ein äußeres elektrostatisches Feld einbringt, werden sich die freien Ladungen (Elektronen, Ionen) verschieben: die positiven in Feldrichtung, die negativen in entgegengesetzter Richtung (Bild 92.2a). An einem Ende des Leiters wird sich ein Überschuß an positiven Ladungen ansammeln, an dem anderen Ende ein Überschuß an negativen Ladungen. Diese Ladungen nennt man **induzierte Ladungen**. Der Prozeß wird so lange ablaufen, wie die Feldstärke im Inneren des Leiters von Null verschieden ist und die Feldlinien außerhalb des Leiters nicht senkrecht zu dessen Oberfläche verlaufen (Bild 92.2b). Ein neutraler Leiter in einem elektrostatischen Feld unterbricht somit einen Teil der Feldlinien; sie enden an den negativen induzierten Ladungen und beginnen erneut an den positiven. Die induzierten Ladungen verteilen sich auf der äußeren Leiteroberfläche. Die Umverteilung der Oberflächenladungen auf einem Leiter in einem äußeren elektrostatischen Feld wird als **elektrostatische Induktion** bezeichnet.

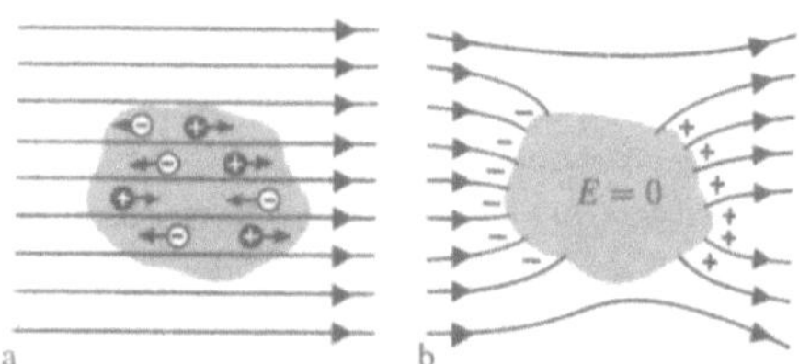

Bild 92.2

Aus Bild 92.2b folgt, daß die induzierten Ladungen auf dem Leiter infolge ihrer *Verschiebung* unter der Wirkung des Feldes entstehen, d. h., σ ist die Flächenladungsdichte der verschobenen Ladungen. Nach (92.1) ist die elektrische Verschiebung D in der Nähe eines Leiters zahlenmäßig gleich der Flächenladungsdichte der verschobenen Ladungen. Der Vektor D erhielt daher die Bezeichnung elektrischer Verschiebungsvektor.

Da sich im Gleichgewichtszustand im Inneren des Leiters keine Ladungen befinden, hat die Bildung eines Hohlraumes in ihm keinen Einfluß auf die Konfiguration der Ladungsanordnung und somit auch nicht auf das elektrostatische Feld. Folglich ist im Inneren des Hohlraumes kein Feld vorhanden. Wenn man jetzt diesen Leiter mit dem Hohlraum erdet, ist das Potential in allen Punkten des Hohlraumes gleich Null, d. h., der Hohlraum ist vom Einfluß äußerer elektrostatischer Felder vollkommen isoliert. Darauf beruhen **elektrostatische Schutzvorrichtungen** – Abschirmungen von Körpern, zum Beispiel Meßgeräten, vom Einfluß äußerer elektrostatischer Felder. Anstelle eines kompakten Leiters kann man zur Abschirmung auch ein dichtes Metallgeflecht verwenden, was übrigens nicht nur bei Gleichstrom, sondern auch bei Wechselstrom effektiv ist.

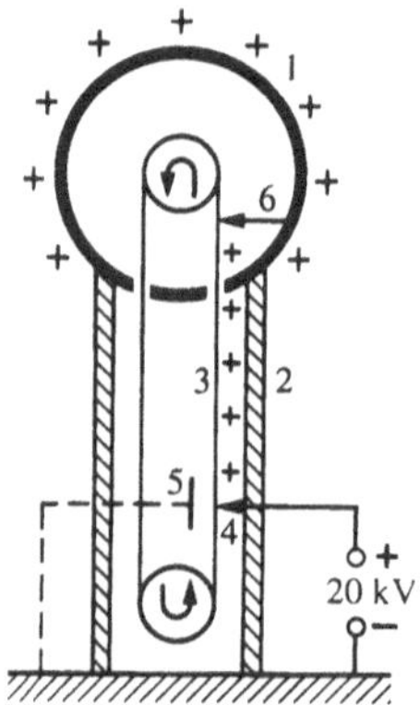

Bild 92.3

Die Eigenschaft von Ladungen, sich auf der Außenfläche von Leitern zu sammeln, wird in **elektrostatischen Generatoren** zur Anhäufung großer Ladungsmengen und zum Erreichen von Potentialunterschieden von mehreren Millionen Volt genutzt. Ein elektrostatischer Generator, wie er erstmals von dem amerikanischen Physiker R. van de Graaf (1901–1967) erfunden wurde, besteht aus einem kugelförmigen Hohlleiter 1, der an den Isolatoren 2 befestigt ist (Bild 92.3). Das sich bewegende geschlossene gummierte Gewebeband 3 wird von der Spannungsquelle über ein Spitzensystem 4 aufgeladen. Ein Pol der Spitzen ist mit der Spannungsquelle verbunden, der andere Pol ist geerdet. Die geerdete Platte 5 verstärkt den Ladungsabfluß von den Spitzen auf das Band. Ein weiteres Spitzensystem 6 nimmt die Ladungen von dem Band ab und führt sie der Hohlkugel zu, wo sie sich auf deren Außenfläche ansammeln. Der Kugelfläche wird somit allmählich eine große Ladung zugeführt, und man kann Potentialunterschiede von mehreren Millionen Volt erreichen. Elektrostatische Generatoren finden in Hochspannungsbeschleunigern für Ladungsteilchen sowie in der Schwachstrom-Hochspannungstechnik Anwendung.

§ 93   Elektrische Kapazität eines einzelnen Leiters

Betrachten wir einen **einzelnen Leiter**, d. h. einen von anderen Leitern, Körpern und Ladungen entfernten Leiter. Sein Potential ist entsrpechend (84.5) direkt proportional seiner Ladung. Aus Versuchen ist bekannt, daß verschieden geformte, aber gleich geladene Leiter verschiedene Potentiale annehmen. Für einen einzelnen Leiter kann man daher schreiben

$$Q = C\varphi.$$

Die Größe

$$C = \frac{Q}{\varphi} \tag{93.1}$$

nennt man **elektrische Kapazität** (oder einfach nur **Kapazität**) des Leiters. Die Kapazität eines Leiters wird von der Ladung bestimmt, die sein Potential um eins verändert.

Die Kapazität eines Leiters ist von seiner Größe und Form abhängig, nicht jedoch von dem Material, dem Aggregatzustand, der Form und Größe eines Hohlraumes in dem Leiter. Das kommt davon, daß sich die überschüssigen Ladungen auf der Außenfläche des Leiters verteilen. Die Kapazität ist von der Ladung des Leiters sowie seinem Potential ebenfalls unabhängig. Das Gesagte steht nicht im Widerspruch zu Gl. (93.1), da diese nur besagt, daß die Kapazität eines einzelnen Leiters direkt proportional seiner Ladung und umgekehrt proportional seinem Potential ist.

Die Maßeinheit der elektrischen Kapazität ist das **Farad** (F): 1 F ist die Kapazität eines einzelnen Leiters, dessen Potential sich bei Zuführung einer Ladung von 1 C um 1 V ändert.

Entsprechend (84.5) ist das Potential einer Kugel vom Radius R in einem homogenen Medium mit der Dielektrizitätskonstante ε gleich

$$\varphi = \frac{1}{4\pi\varepsilon_0}\frac{Q}{\varepsilon R}.$$

Unter Verwendung der Gl. (93.1) erhalten wir für die Kapazität der Kugel

$$C = 4\pi\varepsilon_0\varepsilon R. \tag{93.2}$$

Hieraus folgt, daß die Kapazität von 1 F eine einzelne Kugel im Vakuum von dem Radius $R = C/(4\pi\varepsilon_0) \approx 9 \cdot 10^6$ km besitzen würde. Dieser Radius ist etwa 1400mal größer als der Erdradius (die Kapazität der Erde beträgt $C \approx 0,7$ mF). Das Farad ist also eine sehr große Einheit, in der Praxis verwendet man daher kleinere Einheiten – Millifarad (mF), Mikrofarad (μF), Nanofarad (nF), Pikofarad (pF). Aus Gl. (93.2) folgt weiterhin, daß die Maßeinheit der elektrischen Feldkonstante ε_0 das Farad pro Meter (F/m) ist (siehe (78.3)).

§ 94 Kondensatoren

Wie im vorhergehenden Paragraphen gezeigt wurde, muß ein Leiter sehr große Ausmaße haben, um eine große Kapazität zu besitzen. In der Praxis werden jedoch Bauteile benötigt, die bei geringen Abmessungen und im Vergleich zu den umgebenden Körpern relativ geringem Potential beträchtliche Ladungsmengen speichern können, mit anderen Worten, eine große Kapazität besitzen. Diese Bauteile bezeichnet man als **Kondensatoren.**

Wenn man an einen geladenen Körper andere Körper annähert, entstehen auf ihnen induzierte (auf Leitern) oder gebundene (auf Dielektrika) Ladungen, wobei sich Ladungen mit entgegengesetztem Vorzeichen am nächsten zu der induzierenden Ladung Q befinden. Diese Ladungen schwächen natürlich das von der Ladung Q erzeugte Feld, d. h., sie verringern das Potential des Leiters, was zur Vergrößerung seiner Kapazität führt (siehe (93.1)).

Ein Kondensator besteht aus zwei Leitern (Platten), die durch ein Dielektrikum voneinander getrennt sind. Körper in der Umgebung des Kondensators sollen seine Kapazität nicht beeinflussen, man fertigt die Leiter daher in einer solchen Form, daß das von den angesammelten Ladungen erzeugte Feld in dem schmalen Spalt zwischen den Platten des Kondensators konzentriert ist. Dieser Bedingung genügen (siehe § 82): 1) zwei ebene Platten; 2) zwei koaxiale Zylinder; 3) zwei konzentrische Kugelflächen. In Abhängigkeit von der Form der Platten unterscheidet man daher **Platten-**, **Zylinder-** und **Kugelkondensatoren.**

Da das Feld im Inneren des Kondensators konzentriert ist, beginnen die Feldlinien auf einer Platte und enden auf der anderen. Die freien Ladungen auf den beiden Platten sind deshalb betragsmäßig gleich und von entgegengesetzter Polarität. Unter der **Kapazität eines Kondensators** versteht man das Verhältnis aus der in dem Kondensator gespeicherten Ladung Q und der Potentialdifferenz $(\varphi_1 - \varphi_2)$ zwischen den Platten:

$$C = \frac{Q}{\varphi_1 - \varphi_2}. \tag{94.1}$$

Berechnen wir die Kapazität eines Plattenkondensators, der aus zwei parallelen Metallplatten mit einem Flächeninhalt von je A in der Entfernung d voneinander mit den Ladungen $+Q$ und $-Q$ besteht. Wenn der Abstand zwischen den Platten klein ist im Vergleich zu deren linearen Abmessungen, kann man Randeffekte vernachlässigen und das Feld zwischen den Platten als homogen betrachten. Man kann es mit den Gl. (86.1) und (94.1) berechnen. Wenn sich zwischen den Platten ein Dielektrikum befindet, beträgt die Potentialdifferenz zwischen ihnen entsprechend (86.1)

$$\varphi_1 - \varphi_2 = \frac{\sigma d}{\varepsilon_0\varepsilon}, \tag{94.2}$$

wobei ε die Dielektrizitätskonstante ist. Aus Gl. (94.1) erhalten wir dann nach Substitution von $Q = \sigma A$ unter Berücksichtigung von (94.2) den Ausdruck für die Kapazität eines Plattenkondensators:

$$C = \frac{\varepsilon_0\varepsilon A}{d}. \tag{94.3}$$

Zur Bestimmung der Kapazität eines Zylinderkondensators, der aus zwei ineinandergesetzten koaxialen Hohlzylindern mit den Radien r_1 und r_2 besteht ($r_2 > r_1$), vernachlässigen wir wieder die Randeffekte und betrachten das Feld als radialsymmetrisch und zwischen den Zylinderplatten konzentriert. Die Potentialdifferenz zwischen den Platten ermitteln wir nach Gl. (86.3) für das Feld eines gleichmäßig mit der linearen Ladungsdichte $\tau = Q/l$ geladenen unendlichen Zylinders (l ist die Länge der Platten). Mit Berücksichtigung des Dielektrikums zwischen den Platten erhalten wir

$$\varphi_1 - \varphi_2 = \frac{\tau}{2\pi\varepsilon_0\varepsilon}\ln\frac{r_2}{r_1} = \frac{Q}{2\pi\varepsilon_0\varepsilon l}\ln\frac{r_2}{r_1}. \tag{94.4}$$

Durch Einsetzen von (94.4) in (94.1) erhalten wir den Ausdruck für die Kapazität eines Zylinderkondensators:

$$C = \frac{2\pi\varepsilon_0\varepsilon l}{\ln\dfrac{r_2}{r_1}}. \tag{94.5}$$

Zur Bestimmung der Kapazität eines Kugelkondensators, der aus zwei durch eine kugelförmige Schicht eines Dielektrikums getrennten konzentrischen Platten besteht, verwenden wir Gl. (86.2) für den Potentialunterschied zwischen zwei Punkten in den Entfernungen r_1 und r_2 ($r_2 > r_1$) vom Mittelpunkt der geladenen Kugelfläche. Mit Berücksichtigung des Dielektrikums zwischen den Platten erhalten wir

$$\varphi_1 - \varphi_2 = \frac{Q}{4\pi\varepsilon_0\varepsilon}\left(\frac{1}{r_1} - \frac{1}{r_2}\right). \tag{94.6}$$

Durch Einsetzen von (94.6) in (94.1) erhalten wir

$$C = 4\pi\varepsilon_0\varepsilon\frac{r_1 r_2}{r_2 - r_1}. \tag{94.7}$$

Für $d = r_2 - r_1 \ll r_1$ ist $r_2 \approx r_1 \approx r$ und $C = 4\pi\varepsilon_0\varepsilon r^2/d$. Da $4\pi r^2$ gleich der Oberfläche der Kugelplatten ist, erhalten wir die Gl. (94.3). Bei einer im Vergleich zu Kugelradius geringen Größe des Spaltes fallen die Ausdrücke für die Kapazität eines Kugel- und eines Plattenkondensators zusammen. Das ist auch bei Zylinderkondensatoren der Fall: Bei einer im Vergleich zu den Radien der Zylinder geringen Größe des Spaltes zwischen ihnen kann man in (94.5) $\ln(r_2/r_1)$ in eine Reihe entwickeln und sich auf die Glieder erster Ordnung beschränken. Dadurch gelangen wir wieder zu (94.3).

Aus den Gl. (94.3), (94.5) und (94.7) folgt, daß die Kapazität eines Kondensators von beliebiger Form direkt proportional zur Dielektrizitätskonstante des Dielektrikums im Raum zwischen den Platten ist. Die Verwendung von Ferroelektrika als Zwischenschicht führt daher zu einer wesentlichen Vergrößerung der Kapazität der Kondensatoren.

Eine weitere Kenngröße von Kondensatoren ist die **Durchschlagspannung** – die Potentialdifferenz zwischen den Kondensatorplatten, bei der es zum **Durchschlag**, d. h. zu einer elektrischen Entladung durch die Dielektrikumschicht hindurch, kommt. Die Durchschlagspannung ist von der Plattenform, den Eigenschaften des Dielektrikums und dessen Schichtdicke abhängig.

Zur Vergrößerung ihrer Kapazität und zum Variieren der möglichen Kapazitätswerte schaltet man Kondensatoren parallel oder in Reihe zusammen.

1. Parallelschaltung von Kondensatoren (Bild 94.1). Bei parallelgeschalteten Kondensatoren ist der Potentialunterschied auf den Kondensatorplatten gleich und beträgt $\varphi_A - \varphi_B$. Wenn die Kapazitäten der einzelnen Kondensatoren C_1, C_2, ..., C_n betragen, sind ihre Ladungen entsprechend (94.1) gleich

$$Q_1 = C_1(\varphi_A - \varphi_B),$$
$$Q_2 = C_2(\varphi_A - \varphi_B),$$
$$\dots\dots\dots\dots\dots$$
$$Q_n = C_n(\varphi_A - \varphi_B),$$

und die Ladung der zusammengeschalteten Kondensatoren ist

$$Q = \sum_{i=1}^{n} Q_i = (C_1 + C_2 + \cdots + C_n)(\varphi_A - \varphi_B).$$

Die Gesamtkapazität beträgt

$$C = \frac{Q}{\varphi_A - \varphi_B} = C_1 + C_2 + \cdots + C_n = \sum_{i=1}^{n} C_i,$$

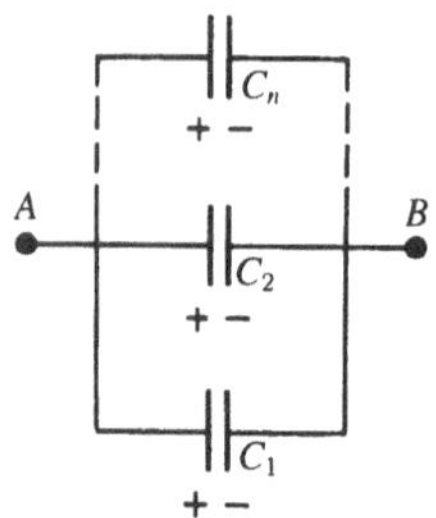

Bild 94.1

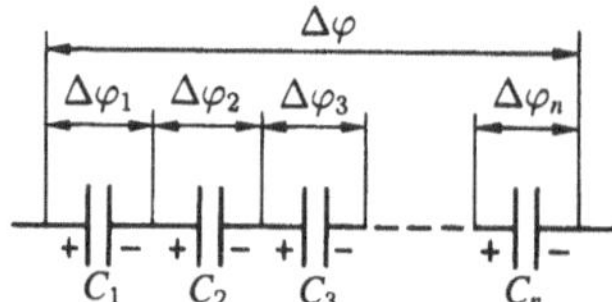

Bild 94.2

d. h., bei Parallelschaltung von Kondensatoren ist sie gleich der Summe der Kapazitäten der einzelnen Kondensatoren.

2. Reihenschaltung von Kondensatoren (Bild 94.2). Bei in Reihe geschalteten Kondensatoren sind die Ladungen aller Platten betragsmäßig gleich, und die Gesamtpotentialdifferenz beträgt

$$\Delta\varphi = \sum_{i=1}^{n} \Delta\varphi_i,$$

wobei für jeden der betrachteten Kondensatoren gilt

$$\Delta\varphi_i = \frac{Q}{C_i}.$$

Andererseits ist

$$\Delta\varphi = \frac{Q}{C} = Q \sum_{i=1}^{n} \frac{1}{C_i},$$

woraus folgt

$$\frac{1}{C} = \sum_{i=1}^{n} \frac{1}{C_i},$$

d. h., bei der Reihenschaltung von Kondensatoren summieren sich die reziproken Werte der Kapazitäten. Die resultierende Kapazität ist bei Reihenschaltung von Kondensatoren somit stets kleiner als die kleinste verwendete Kapazität.

§ 95   Energie eines Systems von Ladungen und des elektrostatischen Feldes

1. Energie eines Systems ruhender Punktladungen. Die elektrischen Wechselwirkungskräfte sind konservativ (siehe § 83); das Ladungssystem besitzt daher eine potentielle Energie. Bestimmen wir die potentielle Energie eines Systems von zwei ruhenden Punktladungen Q_1 und Q_2, die sich in der Entfernung r voneinander befinden. Jede dieser Ladungen besitzt im Feld der anderen Ladung die potentielle Energie[1] (siehe (84.2) und (84.5))

$$E_1 = Q_1\varphi_{12}, \quad E_2 = Q_2\varphi_{21},$$

wobei φ_{12} bzw. φ_{21} die von der Ladung Q_2 bzw. Q_1 in dem Punkt, an dem sich die Ladung Q_1 bzw. Q_2 befindet, erzeugten

---

[1] Der Buchstabe E bezeichnet hier wie in der Mechanik eine Energie und sollte nicht mit dem elektrischen Feldstärkevektor, der in diesem Paragraphen mit E^* bezeichnet wird, verwechselt werden.

Potentiale sind. Gemäß (84.5) ist

$$\varphi_{12} = \frac{1}{4\pi\varepsilon_0}\frac{Q_2}{r} \quad \text{und} \quad \varphi_{21} = \frac{1}{4\pi\varepsilon_0}\frac{Q_1}{r},$$

es gilt daher

$$E_1 = E_2 = E$$

und

$$E = Q_1\varphi_{12} = Q_2\varphi_{21} = \frac{1}{2}(Q_1\varphi_{12} + Q_2\varphi_{21}).$$

Durch aufeinanderfolgendes Hinzufügen der Ladungen Q_3, Q_4, ... zu dem System von zwei Ladungen kann man sich davon überzeugen, daß die Wechselwirkungsenergie eines Systems von n ruhenden Punktladungen

$$E = \frac{1}{2}\sum_{i=1}^{n} Q_i\varphi_i \tag{95.1}$$

beträgt, wobei φ_i das Potential ist, das an dem Punkt, an dem sich die Ladung Q_i befindet, von allen bis auf die i-te Ladung erzeugt wird.

2. Energie eines geladenen einzelnen Leiters. Gegeben sei ein einzelner Leiter mit der Ladung Q, der Kapazität C und dem Potential φ. Vergrößern wir nun die Ladung dieses Leiters um dQ. Dazu muß man die Ladung dQ aus dem Unendlichen auf den einzelnen Leiter bringen, wobei die Arbeit

$$dW = \varphi\,dQ = C\varphi\,d\varphi$$

verrichtet wird. Um den Körper vom Nullpotential auf das Potential φ aufzuladen, muß man die Arbeit

$$W = \int_{0}^{\varphi} C\varphi\,d\varphi = \frac{C\varphi^2}{2} \tag{95.2}$$

verrichten.

Die Energie des geladenen Leiters ist gleich der Arbeit, die zum Aufladen des Leiters verrichtet werden muß:

$$E = \frac{C\varphi^2}{2} = \frac{Q\varphi}{2} = \frac{Q^2}{2C}. \tag{95.3}$$

Man kann die Gl. (95.3) auch aus der Tatsache ableiten, daß das Potential eines Leiters in allen Punkten gleich ist, da die Oberfläche des Leiters eine Äquipotentialfläche darstellt. Wenn wir das Potential des Leiters als φ annehmen, erhalten wir aus (95.1)

$$E = \frac{1}{2}\varphi\sum_{i} Q_i = \frac{Q\varphi}{2},$$

wobei $Q = \sum_{i} Q_i$ die Ladung des Leiters ist.

3. Energie eines geladenen Kondensators. Wie jeder geladene Leiter besitzt ein Kondensator die durch Gl. (95.3) bestimmte Energie

$$E = \frac{C(\Delta\varphi)^2}{2} = \frac{Q\Delta\varphi}{2} = \frac{Q^2}{2C}, \tag{95.4}$$

wobei Q die Ladung des Kondensators, C seine Kapazität und $\Delta\varphi$ die Potentialdifferenz zwischen den Kondensatorplatten ist.

Unter Verwendung von (95.4) kann man die **mechanische (Verlagerungs-)Kraft** bestimmen, mit der die Kondensatorplatten gegenseitig angezogen werden. Dazu nehmen wir zum Beispiel an, daß sich der Plattenabstand x um die Größe dx ändert. Von der wirkenden Kraft wird dann die Arbeit

$$dW = F\,dx$$

infolge der Verringerung der potentiellen Energie des Systems

$$F\,dx = -dE$$

verrichtet, woraus sich ergibt

$$F = -\frac{dE}{dx}. \tag{95.5}$$

Durch Einsetzen des Ausdruckes (94.3) in (95.4) erhalten wir

$$E = \frac{Q^2}{2C} = \frac{Q^2}{2\varepsilon_0\varepsilon A}x. \tag{95.6}$$

Die gesuchte Kraft erhalten wir durch Differenzieren bei einem konkreten Energiewert (siehe (95.5) und (95.6)):

$$F = -\frac{dE}{dx} = -\frac{Q^2}{2\varepsilon_0\varepsilon A},$$

wobei das Minuszeichen darauf hinweist, daß F eine Anziehungskraft ist.

4. Energie eines elektrostatischen Feldes. Formen wir Gl. (95.4) (sie beschrieb die Energie eines Plattenkondensators durch die Ladungen und Potentiale unter Verwendung der Ausdrücke für die Kapazität eines Plattenkondensators ($C = \varepsilon_0\varepsilon A/d$) und der Potentialdifferenz zwischen seinen Platten ($\Delta\varphi = E^*d$) um. Wir erhalten dann

$$E = \frac{\varepsilon_0\varepsilon E^{*2}}{2}Ad = \frac{\varepsilon_0\varepsilon E^{*2}}{2}V, \tag{95.7}$$

wobei $V = Ad$ das Volumen des Kondensators ist. Gl. (95.7) zeigt, daß die Energie eines Kondensators über die *Feldstärke* E^*, also eine das elektrostatische Feld kennzeichnende Größe, ausgedrückt wird.

Die räumliche Energiedichte eines elektrostatischen Feldes (die Energie pro Volumeneinheit) beträgt

$$e = \frac{E}{V} = \frac{\varepsilon_0\varepsilon E^{*2}}{2} = \frac{E^*D}{2}. \tag{95.8}$$

Der Ausdruck (95.8) ist nur für **isotrope Dielektrika** gültig, für die die Beziehung (88.2) $P = \varkappa\varepsilon_0 E^*$ gültig ist.

Die Gl. (95.4) und (95.7) verbinden die Energie eines Kondensators mit der *Ladung* auf seinen Platten bzw. der *Feldstärke*. Es erhebt sich naturgemäß die Frage, wo die elektrostatische Energie lokalisiert ist und wodurch sie getragen wird – durch die Ladungen oder das Feld. Eine Antwort auf diese Frage kann nur experimentell gefunden werden. In der Elektrostatik werden zeitlich konstante Felder ruhender Ladungen betrachtet, d. h., in ihr sind die Felder und die sie bedingenden Ladungen untrennbar miteinander verknüpft. Die gestellte Frage kann daher im Rahmen der Elektrostatik nicht beantwortet werden. Die weitere Entwicklung von Theorie und Experiment hat gezeigt, daß veränderliche elektrische und magnetische Felder für sich selbst existieren und sich im Raum in Form elekromagnetischer Welle ausbreiten können, unabhängig von den sie anregenden Ladungen. Sie sind auch *in der Lage*, Energie zu übertragen. Das bestätigt in überzeugender Weise die Grundannahme der *Nahwirkungstheorie von der Lokalisierung der Energie in dem Feld* und dem *Feld* als *Träger* der Energie.

Kontrollfragen

▶ Worin besteht der Satz von der Erhaltung der elektrischen Ladung? Führen Sie Beispiele an, in denen dieser Satz in Erscheinung tritt.

▶ Schreiben Sie das Coulombsche Gesetz auf, formulieren Sie es in Worten und geben Sie Erläuterungen dazu.

▶ Welche Felder nennt man elektrostatisch?

▶ Was ist die Feldstärke E eines elektrostatischen Feldes? In welche Richtung weist der Feldstärkevektor E? Geben Sie die Maßeinheit der Feldstärke im SI an.

▶ Was ist ein elektrischer Dipol? Wie ist der Achsenvektor eines Dipols gerichtet?

▶ Finden Sie unter Verwendung des Superpositionsprinzips in dem Feld zweier sich in der Entfernung l voneinander befindenden Punktladungen $+Q$ und $+2Q$ den Punkt, an dem die Feldstärke verschwindet.

▶ Wie groß ist die Feldstärke des elektrischen Feldes in dem Punkt A in Verlängerung der Dipolachse und in dem Punkt B, der sich auf der durch die Mitte O der Dipolachse verlaufenden Senkrechten befindet, wenn $OA = OB$ ist?

▶ Worin besteht der physikalische Sinn des Satzes von Gauß für ein elektrostatisches Feld im Vakuum?

▶ Was versteht man unter der linearen, der Flächen- und der Raumladungsdichte?

▶ Im Inneren einer geschlossenen Fläche befinde sich ein elektrischer Dipol. Wie groß ist der Fluß Φ_E durch diese Fläche? Begründen Sie Ihre Antwort.

▶ Wie kann man beweisen, daß das elektrostatische Feld ein Potentialfeld ist?

▶ Was versteht man unter der Zirkulation der Feldstärke?

▶ Definieren Sie das Potential eines gegebenen Feldpunktes und die Potentialdifferenz zwischen zwei Feldpunkten. Geben Sie die Maßeinheiten dieser Größen an.

▶ Stellen Sie die Kurven $E(r)$ und $\varphi(r)$ für eine gleichmäßig geladene Kugelfläche graphisch dar. Erklären und begründen Sie die Kurven.

▶ Welcher Zusammenhang besteht zwischen Feldstärke und Potential? Leiten Sie diesen Zusammenhang her und erläutern Sie ihn. Worin besteht der physikalische Sinn dieser Begriffe?

▶ Wie groß ist die Arbeit zur Verschiebung einer Ladung auf einer Äquipotentialfläche?

▶ Wie sind die Äquipotentialflächen und die Feldlinien eines elektrostatischen Feldes zueinander orientiert? Beweisen Sie diese Orientierung.

▶ Worin unterscheidet sich die Polarisation von Dielektrika aus polaren Molekülen von der aus unpolaren Molekülen?

▶ Bestimmen Sie die Dielektrizitätskonstante in Bild 88.1.

▶ Wie ist der Vektor der elektrischen Verschiebung definiert? Was wird durch ihn gekennzeichnet?

▶ Formulieren Sie den Satz von Gauß für ein elektrostatisches Feld in einem Dielektrikum.

▶ Leiten Sie die Randbedingungen der Vektoren E und D an den Trennflächen zwischen zwei Dielektrika her. Kommentieren Sie die gefundenen Beziehungen.

▶ Wie groß ist die Feldstärke und das Potential des Feldes im Inneren und auf der Oberfläche eines geladenen Leiters? Welche Ladungsverteilung herrscht dort?

▶ Worauf beruhen elektrostatische Schutzvorrichtungen?

▶ Drei gleiche Kondensatoren werden einmal in Reihe geschaltet, das andere Mal parallel. Wann und um welchen Faktor vergrößert sich die Kapazität der Gesamtschaltung?

▶ Leiten Sie die Gleichung für die Energie eines geladenen Kondensators in Abhängigkeit von der Ladung auf den Kondensatorplatten und der Feldstärke her.

▶ Kann im Rahmen der Elektrostatik auf die Frage geantwortet werden, wo die Energie lokalisiert ist und wodurch sie getragen wird – durch die Ladungen oder durch das Feld? Begründen Sie Ihre Antwort.

Aufgaben

11.1. Zwei an gleich langen Fäden aufgehängte geladene Kugeln werden in Kerosin mit einer Dichte von 0,8 g/cm^3 getaucht. Wie groß muß die Dichte des Kugelmaterials sein, damit der Spreizwinkel zwischen den Fäden in Luft und Kerosin gleich ist? Die Dielektrizitätskonstante von Kerosin beträgt $\varepsilon = 2$. [1,6 g/cm^3]

11.2. Zwei Punktladungen $Q_1 = 2$ nC und $Q_2 = -3$ nC befinden sich im Vakuum in einer Entfernung von $l = 20$ cm. Bestimmen Sie: 1) die Feldstärke E; 2) das Potential φ des von diesen Ladungen erzeugten Feldes in einem von der ersten Ladung um $r_1 = 15$ cm und von der zweiten Ladung um $r_2 = 10$ cm entfernten Punkt. [Lösung der Aufgabe s. S. 387]

11.3. Ein rundes Plättchen befindet sich in einer gewissen Entfernung von einer unendlichen gleichmäßig geladenen Fläche mit der Flächenladungsdichte $\sigma = 1,5$ nC/cm^2. Die Oberfläche des Plättchens bildet mit den Feldlinien einen Winkel von $\alpha = 45°$. Bestimmen Sie den Fluß des Feldstärkevektors durch dieses Plättchen, wenn sein Radius $r = 10$ cm beträgt. [1,88 kV · m]

11.4. Ein Ring von $r = 10$ cm Radius aus einem dünnen Draht ist gleichmäßig mit der linearen Ladungsdichte $\tau = 10$ nC/m geladen. Bestimmen Sie die Feldstärke in dem Punkt A auf der durch den Mittelpunkt des Rings verlaufenden Achse in einer Entfernung von $a = 20$ cm vom Ringmittelpunkt. [1 kV/m]

11.5. Eine Kugel von $R = 10$ cm Radius ist gleichmäßig mit der Raumladungsdichte $\rho = 5$ nC/m^3 geladen. Bestimmen Sie die Feldstärke des elektrostatischen Feldes: 1) in einer Entfernung von $r_1 = 2$ cm vom Kugelmittelpunkt; 2) in einer Entfernung von $r_2 = 12$ cm vom Kugelmittelpunkt. Stellen Sie die Kurve $E(r)$ graphisch dar. [1) 3,77 V/m; 2) 13,1 V/m]

11.6. Von einem unendlich langen gleichmäßig mit der linearen Ladungsdichte $\tau = 15$ nC/m geladenen Zylinder von $R = 7$ mm Radius wird ein elektrostatisches Feld erzeugt. Bestimmen Sie: 1) die Feldstärke E in zwei Punkten in einer Entfernung von $r_1 = 5$ mm und $r_2 = 1$ cm von der Zylinderachse; 2) die Potentialdifferenz zwischen zwei Feldpunkten, die sich im mittleren Teil des Zylinders in einer Entfernung von $r_3 = 1$ cm und $r_4 = 2$ cm von der Zylinderoberfläche befinden. [Lösung der Aufgabe s. S. 387]

11.7. Von einem positiv geladenen unendlichen Faden mit der konstanten linearen Ladungsdichte $\tau = 1$ nC/m wird ein elektrostatisches Feld erzeugt. Welche Geschwindigkeit erlangt ein Elektron, das sich unter der Feldwirkung des Fadens an ihn aus der Entfernung $r_1 = 2,5$ cm auf die Entfernung $r_2 = 1,5$ cm annähert? [18 Mm/s]

11.8. Von einer gleichmäßig mit einer Flächenladungsdichte von $\sigma = 1$ nC/m^2 geladenen Kugelfläche von $R = 4$ cm Radius wird ein elektrostatisches Feld erzeugt. Bestimmen Sie die Potentialdifferenz zwischen zwei Feldpunkten in den Entfernungen $r_1 = 6$ cm und $r_2 = 10$ cm. [1,2 V]

11.9. Bestimmen Sie die lineare Ladungsdichte eines unendlichen geladenen Fadens, wenn von den Feldkräften bei der Verschiebung einer Ladung von $Q = 1$ nC aus der Entfernung $r_1 = 10$ cm in die Entfernung $r_2 = 5$ cm senkrecht zur Fadenrichtung eine Arbeit von 0,1 mJ verrichtet wird. [8 μC/m]

11.10. Der Raum zwischen den Platten eines Plattenkondensators ist mit Paraffin ($\varepsilon = 2$) gefüllt. Der Plattenabstand beträgt $d = 8,85$ mm. Welche Potentialdifferenz muß man an die Platten anlegen, damit die Flächenladungsdichte der gebundenen Ladungen in dem Paraffin 0,05 nC/m^2 beträgt? [500 V]

11.11. In einer Kugel von $R = 5$ cm aus einem homogenen isotropen Dielektrikum mit einer Dielektrizitätskonstante von $\varepsilon = 6$ sind freie Ladungen mit einer Raumladungsdichte von $\rho = 10$ nC/m^3 gleichmäßig verteilt. Bestimmen Sie die Feldstärke des elektrostatischen Feldes in den Entfernungen $r_1 = 2$ cm und $r_2 = 10$ cm vom Kugelmittelpunkt. [$E_1 = 1,25$ V/m; $E_2 = 23,5$ V/m]

11.12. Bestimmen Sie die beschleunigende Potentialdifferenz, die ein Elektron in einem elektrischen Feld durchlaufen muß, damit sich seine Geschwindigkeit von $v_1 = 1$ Mm/s auf $v_2 = 5$ Mm/s erhöht. [Lösung der Aufgabe s. S. 388]

11.13. Der Raum zwischen den Platten eines Plattenkondensators ist mit Glas gefüllt ($\varepsilon = 7$). Der Plattenabstand beträgt $d = 5$ mm, die Potentialdifferenz $U = 500$ V. Bestimmen Sie die Energie der polarisierten Glasplatte, wenn ihr Flächeninhalt $A = 50$ cm^2 beträgt. [6,64 μJ]

11.14. An den Platten eines mit Luft gefüllten Plattenkondensators liegt eine Potentialdifferenz von 1,5 kV an. Die Plattenoberfläche beträgt 150 cm^2, der Abstand zwischen den Platten ist gleich 5 mm. Nach Trennung des Kondensators von der Spannungsquelle wird der Raum zwischen den Platten mit Glas ($\varepsilon_2 = 7$) gefüllt. Bestimmen Sie: 1) die Potentialdifferenz zwischen den Platten nach Einbringen des Dielektrikums; 2) die Kapazität des Kondensators vor und nach Einbringen des Dielektrikums; 3) die Flächenladungsdichte auf den Kondensatorplatten vor und nach Einbringen des Dielektrikums. [Lösung der Aufgabe s. S. 388]

11.15. Ein mit Luft gefüllter Plattenkondensator mit einer Kapazität von $C = 10$ pF ist auf eine Potentialdifferenz von $U = 1$ kV aufgeladen. Nach Trennung des Kondensators von der Spannungsquelle wurde der Plattenabstand des Kondensators verdoppelt. Bestimmen Sie: 1) die Potentialdifferenz zwischen den Kondensatorplatten nach Vergrößerung des Abstandes zwischen ihnen; 2) die von den äußeren Kräften beim Auseinanderbewegen der Kondensatorplatten verrichtete Arbeit. [1) 2 kV; 2) 5 μJ]

11.16. Zwischen den Platten eines Kondensators besteht eine Potentialdifferenz von $U = 200$ V. Jede Platte besitzt einen Flächeninhalt von $A = 100$ cm^2, der Plattenabstand beträgt $d = 1$ mm, und der Raum zwischen den Platten ist mit Paraffin ($\varepsilon = 2$) gefüllt. Bestimmen Sie die Anziehungskraft zwischen den Platten. [3,54 mN]

11.17. Zwischen den Platten eines auf eine Potentialdifferenz von 1,5 kV aufgeladenen Plattenkondensators ist eine Paraffinplatte ($\varepsilon = 2$) von 5 mm Dicke eingepreßt. Bestimmen Sie die Flächenladungsdichte der gebundenen Ladungen in dem Paraffin. [Lösung der Aufgabe s. S. 388]

Kapitel 12

Gleichstrom

§ 96   Elektrischer Strom, Stromstärke und Stromdichte

In der **Elektrodynamik**, der Lehre von den Erscheinungen und Prozessen, die mit der Bewegung von elektrischen Ladungen oder makroskopischen elektrisch geladenen Körpern verbunden sind, ist der wichtigste Begriff der des elektrischen Stromes. Jede geordnete (gerichtete) Bewegung elektrischer Ladungen heißt **elektrischer Strom**. In einem Leiter bewegen sich die freien elektrischen Ladungen unter dem Einfluß eines bestehenden Feldes E: positive Ladungen in Feldrichtung, negative Ladungen entgegengesetzt (Bild. 96.1a), d. h., in dem elektrischen Leiter entsteht ein Strom. Diesen Strom nennt man **Leitungsstrom**. Wenn jedoch die Bewegung elektrischer Ladungen durch die Bewegung eines makroskopischen elektrisch geladenen Körpers im Raum hervorgerufen wird (Bild. 96.1b), dann entsteht ein sogenannter **Konvektionsstrom**.

Für die Entstehung und das Fortbestehen eines elektrischen Stromes ist es einerseits notwendig, daß freie **Träger des elektrischen Stromes**, also elektrische Ladungen, die sich geordnet bewegen können, existieren, und andererseits, daß es *ein elektrisches Feld gibt*, dessen Energie in einer bestimmten Weise für die geordnete Bewegung dieser Ladungen genutzt wird. Als die Richtung des Stromes hat man *willkürlich* die Bewegungsrichtung der *positiven Ladungen* festgelegt.

Quantitatives Maß des elektrischen Stromes ist die **Stromstärke** I, eine skalare physikalische Größe. Sie wird durch die elektrische Ladung festgelegt, welche pro Zeiteinheit durch den Leiterquerschnitt fließt:

$$I = \frac{\mathrm{d}Q}{\mathrm{d}t}.$$

Wenn sich die Stromstärke und die Stromrichtung im Laufe der Zeit nicht verändern, so handelt es sich um den **Gleichstrom**. Für einen Gleichstrom gilt

$$I = \frac{Q}{t},$$

dabei ist Q die elektrische Ladung, welche während der Zeitspanne t durch den Leiterquerschnitt fließt.

Einheit der Stromstärke ist das **Ampere** (A) (Definition siehe auf S. 2).

Die **Stromdichte** wird durch die Stromstärke bestimmt, welche durch eine Querschnittsflächeneinheit des Leiters senkrecht zur Richtung des Stromes fließt:

$$j = \frac{\mathrm{d}I}{\mathrm{d}A_\perp}.$$

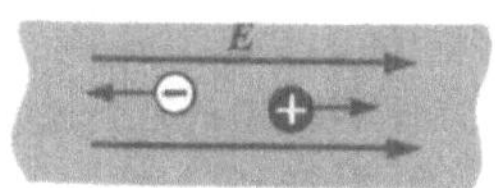

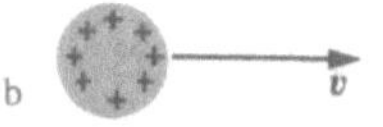

Bild 96.1

Drücken wir nun die Stromstärke und -dichte durch die Geschwindigkeit $\langle v \rangle$ der geordneten Bewegung der Ladungen im Leiter aus. Wenn die Konzentration der Ladungen n ist und jeder Ladungsträger die Elementarladung e besitzt (was für Ionen nicht unbedingt der Fall sein muß), dann bewegt sich in der Zeit $\mathrm{d}t$ die Ladung $\mathrm{d}Q = ne\langle v \rangle A\,\mathrm{d}t$ durch die Querschnittsfläche des Leiters A. Die Stromstärke ergibt sich dann zu

$$I = \frac{\mathrm{d}Q}{\mathrm{d}t} = ne\langle v \rangle A$$

und die Stromdichte zu

$$j = ne\langle v \rangle. \tag{96.1}$$

Die Stromdichte ist ein *Vektor*, der wie die Richtung des Stromes orientiert ist, d.h., die Richtung des Vektors j fällt mit der Richtung der geordneten Bewegung der positiven Ladungen zusammen. Die Maßeinheit der Stromdichte ist Ampere je Quadratmeter $(\mathrm{A/m^2})$.

Die Stromstärke durch eine beliebige Fläche A ist wie der Fluß des Vektors j definiert, d.h.

$$I = \int\limits_{A} j\,\mathrm{d}A, \tag{96.2}$$

dabei ist $\mathrm{d}A = n\,\mathrm{d}A$ (n ist ein Einheitsvektor auf der Normalen der Flächeneinheit $\mathrm{d}A$, welcher mit dem Vektor j den Winkel α bildet).

§ 97   Nebenkräfte.
Elektromotorische Kraft und Spannung

Wenn in einem Stromkreis auf die Ladungsträger nur die Kraft eines elektrostatischen Feldes einwirkt, dann kommt es zu einer Verschiebung der Ladungsträger (sie werden hier als positiv angenommen) von Punkten mit einem größeren zu Punkten mit einem kleineren Potential. Dies führt zum Potentialausgleich in allen Punkten des Stromkreises und damit zum Verschwinden des elektrischen Feldes. Deshalb ist für das Fortbestehen des elektrischen Stromes das Vorhandensein einer Vorrichtung im Stromkreis notwendig, die einen Potentialunterschied erzeugen und auch erhalten kann. Das wird durch die Arbeit von Kräften mit nichtelektrischer Natur ermöglicht. Derartige Vorrichtungen heißen **Stromquellen**. Kräfte *nichtelektrostatischen Ursprungs*, die von einer Stromquelle auf Ladungen wirken, heißen **Nebenkräfte** (oder äußere Kräfte).

Der Ursprung von Nebenkräften kann verschieden sein. In galvanischen Elementen zum Beispiel treten sie infolge chemischer Reaktionen zwischen den Elektroden und den Elektrolyten auf, im Generator aufgrund der mechanischen Energie der Drehbewegung des Rotors usw. Bildlich gesprochen ist die Funktion der Stromquelle im Stromkreis mit der Rolle einer Pumpe zu vergleichen, die notwendig ist, um Flüssigkeit in einem hydraulischen System zu bewegen. Unter Einwirkung des Feldes der Nebenkräfte bewegen sich die Ladungen in einer Stromquelle entgegengesetzt den Kräften des elektrostatischen

Feldes. Dadurch ist es möglich, an den Ausgängen der Stromquelle einen Potentialunterschied aufrechtzuerhalten, und durch den Stromkreis fließt ein Gleichstrom.

Die Nebenkräfte verrichten Arbeit durch das Bewegen elektrischer Ladungen. Die physikalische Größe, welche durch die Arbeit definiert wird, die von den Nebenkräften bei der Bewegung einer positiven Einheitsladung verrichtet wird, heißt **elektromotorische Kraft** (**EMK**) $\mathcal{E}$ und wird in einem Stromkreis wie folgt bestimmt:

$$\mathcal{E} = \frac{W}{Q_0}. \tag{97.1}$$

Diese Arbeit wird mit der Energie verrichtet, welche in der Stromquelle verbraucht wird. Deshalb kann man die Größe $\mathcal{E}$ auch elektromotorische Kraft der Stromquelle nennen, die an den Stromkreis angeschlossen ist. Oft sagt man auch anstelle von „im Stromkreis wirken Nebenkräfte" „im Stromkreis wirken EMK", d.h., der Begriff EMK wird als Charakteristikum von Nebenkräften verwendet. EMK wird wie auch das Potential in Volt angegeben (vgl. (84.9) und (97.1)).

Die Nebenkraft F_N, die auf die Ladung Q_0 wirkt, kann wie

$$F_\mathrm{N} = E_\mathrm{N} Q_0$$

bestimmt werden, wobei E_N die Stärke des Feldes der Nebenkräfte ist. Die Arbeit der Nebenkräfte bei der Bewegung der Ladung Q_0 in einem geschlossenen Abschnitt des Stromkreises ist gleich

$$W = \oint F_\mathrm{N}\,\mathrm{d}l = Q_0 \oint E_\mathrm{N}\,\mathrm{d}l. \tag{97.2}$$

Indem wir den Ausdruck (97.2) durch Q_0 teilen, erhalten wir die Formel für die EMK, welche im Stromkreis wirksam ist:

$$\mathcal{E} = \oint E_\mathrm{N}\,\mathrm{d}l,$$

d.h., die im geschlossenen Stromkreis wirkende EMK kann wie die Zirkulation des Vektors der Feldstärke der Nebenkräfte bestimmt werden. Die EMK, welche auf dem Abschnitt 1–2 wirkt, ergibt sich zu

$$\mathcal{E}_{12} = \int\limits_{1}^{2} E_\mathrm{N}\,\mathrm{d}l. \tag{97.3}$$

Auf die Ladung Q_0 wirken außer den Nebenkräften auch die Kräfte des elektrostatischen Feldes $F_\mathrm{e} = Q_0 E$. Für die resultierende Kraft, welche im Stromkreis auf die Ladung Q_0 wirkt, gilt also

$$F = F_\mathrm{N} + F_\mathrm{e} = Q_0(E_\mathrm{N} + E).$$

Die Arbeit, die auf dem Abschnitt 1–2 von der resultierenden Kraft an der Ladung Q_0 verrichtet wird, ist gleich

$$W_{12} = Q_0 \int\limits_{1}^{2} E_\mathrm{N}\,\mathrm{d}l + Q_0 \int\limits_{1}^{2} E\,\mathrm{d}l.$$

Indem wir die Ausdrücke (97.3) und (84.8) verwenden, können wir schreiben:

$$W_{12} = Q_0 \mathcal{E}_{12} + Q_0(\varphi_1 - \varphi_2). \qquad (97.4)$$

In einem geschlossenen Stromkreis ist die Arbeit der elektrostatischen Kräfte gleich Null (siehe § 83). Deshalb gilt im vorliegenden Fall $W_{12} = Q_0 \mathcal{E}_{12}$.

Die physikalische Größe, definiert durch die Arbeit, die durch das Gesamtfeld der elektrostatischen (Coulomb-) und der Nebenkräfte bei der Verschiebung einer positiven Einheitsladung auf dem gegebenen Abschnitt 1–2 des Stromkreises verrichtet wird, heißt die **Spannung** U am Abschnitt 1–2. Nach (97.4) erhalten wir also

$$U_{12} = \varphi_1 - \varphi_2 + \mathcal{E}_{12}.$$

Der Begriff Spannung ist eine Verallgemeinerung für einen Potentialunterschied: Die Spannung an den Enden des Abschnittes 1–2 ist dann gleich dem Potentialunterschied, wenn auf diesem Abschnitt keine EMK wirken, d. h. keine Nebenkräfte.

§ 98   Das Ohmsche Gesetz. Widerstand von Leitern

Der deutsche Physiker G. Ohm (1787–1854) fand experimentell heraus, daß der Strom I, der durch einen homogenen metallischen Leiter fließt (d. h., es wirken keine Nebenkräfte in diesem Leiter), proportional der Spannung U an den Enden dieses Leiters ist:

$$I = \frac{U}{R}, \qquad (98.1)$$

wobei R der elektrische Widerstand des Leiters ist. Gl. (98.1) ist der Ausdruck des **Ohmschen Gesetzes für einen Abschnitt eines Stromkreises** (in dem keine EMK wirken): Die Stromstärke in einem Leiter ist direkt proportional zur angelegten Spannung und umgekehrt proportional dem Widerstand des Leiters. Formel (98.1) erlaubt die Ableitung der Maßeinheit des elektrischen Widerstandes **Ohm** (Ω): 1 Ohm ist gleich dem Widerstand eines Leiters, in dem bei einer Spannung von 1 V ein Gleichstrom von 1 A fließt.

Die Größe

$$G = \frac{1}{R}$$

heißt **elektrischer Leitwert** des Leiters. Die Maßeinheit des Leitwertes ist **Siemens** (S): 1 S ist der elektrische Leitwert eines Stromkreisabschnittes mit dem Widerstand 1 Ohm.

Der Widerstand eines Leiters hängt von seinen Abmessungen, seiner Form und dem Material des Leiters ab. Für einen homogenen geraden Leiter ist der Widerstand R direkt proportional seiner Länge l und umgekehrt proportional seiner Querschnittsfläche A:

$$R = \rho \frac{l}{A}, \qquad (98.2)$$

dabei ist ρ der Proportionalitätsfaktor, welcher eine Materialkonstante des Leitermaterials ist. Er wird der **spezifische elektrische Widerstand** des Leitermaterials genannt. Die Maßeinheit des spezifischen Widerstandes ist das Ohmmeter ($\Omega \cdot$ m). Silber und Kupfer haben den kleinsten spezifischen elektrischen Widerstand ($1{,}6 \cdot 10^{-8}\,\Omega \cdot$ m und $1{,}7 \cdot 10^{-8}\,\Omega \cdot$ m). In der Praxis werden neben Leitern aus Kupfer auch solche aus Aluminium verwendet. Aluminium hat zwar einen größeren spezifischen Widerstand als Kupfer ($2{,}6 \cdot 10^{-8}\,\Omega \cdot$ m), dafür ist aber seine Dichte geringer als die von Kupfer.

Das Ohmsche Gesetz kann auch in Differentialform geschrieben werden. Indem wir den Ausdruck für den Widerstand (98.2) in das Ohmsche Gesetz (98.1) einsetzen, erhalten wir

$$\frac{I}{A} = \frac{1}{\rho} \frac{U}{l}. \qquad (98.3)$$

Die dem spezifischen Widerstand reziproke Größe

$$\gamma = \frac{1}{\rho}$$

heißt **spezifischer elektrischer Leitwert** des Leitermaterials. Die Maßeinheit dieser Größe ist Siemens je Meter (S/m). Unter Berücksichtigung von $U/l = E$ (die Stärke des elektrischen Feldes im Leiter) und $I/A = j$ (Stromdichte) kann Formel (98.3) wie folgt geschrieben werden:

$$j = \gamma E. \qquad (98.4)$$

Da sich die Ladungsträger in einem isotropen Leiter in jedem Punkt in Richtung des Vektors E bewegen, fallen die Richtungen der Vektoren E und j zusammen. Deshalb kann Formel (98.4) wie folgt geschrieben werden:

$$\boldsymbol{j} = \gamma \boldsymbol{E}. \qquad (98.5)$$

Formel (98.5) stellt das **Ohmsche Gesetz in Differentialform** dar. Es stellt den Zusammenhang von Stromdichte und Feldstärke in einem beliebigen Punkt des Leiters her. Die Gleichung gilt in gleicher Weise für Wechselfelder.

Der Versuch zeigt, daß in erster Näherung die Veränderung des spezifischen Widerstandes und folglich auch des Widerstandes mit der Temperatur durch folgendes lineares Gesetz beschrieben werden kann:

$$\begin{cases} \rho = \rho_0(1 + \alpha t), \\ R = R_0(1 + \alpha t), \end{cases}$$

dabei sind ρ und ρ_0 bzw. R und R_0 die entsprechenden spezifischen Widerstände bzw. die Widerstände des Leiters bei t und $0\,°$C, und α ist der **Temperaturkoeffizient des Widerstandes**. Für reine Metalle (bei nicht besonders niedrigen Temperaturen) ist α ungefähr $1/273\ \text{K}^{-1}$. Folglich kann die Temperaturabhängigkeit des elektrischen Widerstandes auch wie

$$R = \alpha R_0 T$$

dargestellt werden, wobei T die thermodynamische Temperatur bedeutet.

Die qualitative Temperaturabhängigkeit des elektrischen Widerstandes von Metallen ist in Bild 98.1 dargestellt (Kurve 1). Es wurde jedoch festgestellt, daß der Widerstand vieler Metalle (zum Beispiel Al, Pb, Zn u. a.) und ihrer Legierungen bei sehr niedrigen Temperaturen T_k (0,14–20 K), die für jeden Stoff charakteristisch sind und **kritische Temperaturen** genannt werden, sprungartig gleich Null wird (Kurve 2), d. h., das Metall wird zum absoluten Leiter. Diese Erscheinung wird **Supraleitung** genannt. Erstmalig wurde die Supraleitung im Jahre 1911 von H. Kamerlingh Onnes bei Quecksilber beobachtet. Diese Erscheinung kann mit Hilfe der Quantentheorie erklärt werden. Die praktische Anwendung supraleitender Materialien (zum Beispiel in Wicklungen supraleitender Magneten, Speichern von Datenverarbeitungsmaschinen u. a.) ist durch die niedrigen kritischen Temperaturen schwierig. Es sind aber in jüngster Zeit keramische Materialien mit kritischen Temperaturen über 100 K gefunden worden.

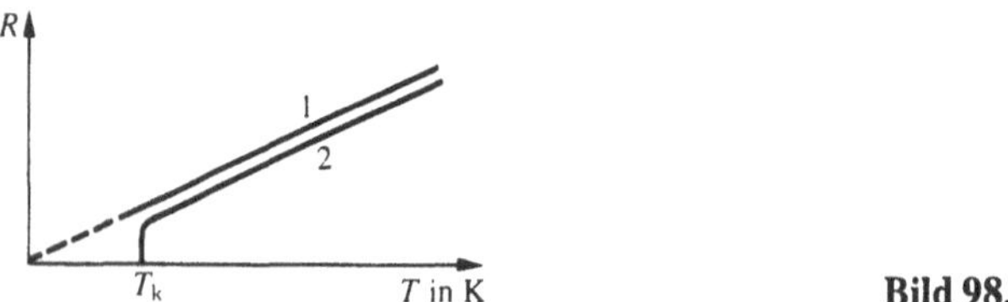

Bild 98.1

Auf der Abhängigkeit des elektrischen Widerstandes metallischer Werkstoffe von der Temperatur ist die Wirkungsweise von **Widerstandsthermometern** begründet. Mit derartigen Geräten können anhand einer Eichkurve, die die Widerstandsabhängigkeit von der Temperatur beschreibt, Temperaturmessungen mit einer Genauigkeit bis 0,003 K vorgenommen werden. Wenn als Arbeitsmedium derartiger Thermometer Halbleiter Verwendung finden, die nach einer speziellen Technologie hergestellt werden und **Thermistoren** heißen, dann können sogar Temperaturunterschiede von Millionstel Kelvin gemessen werden. Diese Technologie hat weiterhin den Vorteil, daß Thermistoren auf Halbleiterbauelementen mit sehr kleinen Abmessungen Platz finden.

§ 99　Stromarbeit und -leistung.
Joulesches Gesetz

Wir betrachten einen homogenen Leiter, an dessen Enden eine Spannung U anliegt. In der Zeit dt bewegt sich die Ladung $dq = I\,dt$ durch einen Leiterquerschnitt. Da der elektrische Strom die Bewegung der Ladung dq unter dem Einfluß des elektrischen Feldes darstellt, erhalten wir nach Formel (84.6) für die Stromarbeit

$$dW = U\,dq = IU\,dt. \tag{99.1}$$

Wenn der Widerstand des Leiters gleich R ist, dann erhalten wir, indem wir das Ohmsche Gesetz einsetzen,

$$dW = I^2R\,dt = \frac{U^2}{R}\,dt. \tag{99.2}$$

Aus (99.1) und (99.2) folgt für die Stromleistung

$$P = \frac{dW}{dt} = UI = I^2R = \frac{U^2}{R}. \tag{99.3}$$

Wenn man die Stromstärke in Ampere, die Spannung in Volt und den Widerstand in Ohm angibt, dann ist die Maßeinheit der Arbeit Joule und die der Leistung Watt. In der Praxis werden oft auch die Einheiten Wattstunde (W · h) und Kilowattstunde (kW · h) verwendet. 1 W · h ist die Arbeit, welche ein Strom mit einer Leistung von 1 W in einer Stunde verrichtet: 1 W · h = 3600 W · s = 3,6 · 10^3 J; 1 kW · h = 10^3 W · h = 3,6 · 10^6 J.

Wenn der Strom durch einen *unbeweglichen* metallischen Leiter fließt, dann ist die einzige Arbeit, die der Strom verrichtet, die Erwärmung, und nach dem Energieerhaltungssatz gilt

$$dQ = dW. \tag{99.4}$$

Beziehen wir die Formeln (99.4), (99.1) und (99.2) in unsere Betrachtungen ein, dann erhalten wir

$$dQ = IU\,dt = I^2R\,dt = \frac{U^2}{R}\,dt. \tag{99.5}$$

Formel (99.5) ist der mathematische Ausdruck für das **Joulesche Gesetz**, das experimentell und gleichzeitig unabhängig voneinander durch den englischen Physiker J. Joule (1818–1889) und den russischen Physiker E. H. Lenz (1804–1865) gefunden wurde, weshalb es auch das **Joule-Lenzsche Gesetz** genannt wird.

Stellen wir uns nun im elektrischen Leiter ein Einheitsvolumen in Form eines Zylinders $dV = dA\,dl$ vor (Zylinderachse und Stromrichtung fallen zusammen). Der Widerstand dieses Zylinders ist dann $R = \rho\,dl/dA$. Nach dem Jouleschen Gesetz wird in diesem Volumen in der Zeit dt die Wärmemenge

$$dQ = I^2R\,dt = \frac{\rho\,dl}{dA}(j\,dA)^2\,dt = \rho j^2\,dV\,dt$$

freigesetzt. Die Wärmemenge, welche pro Zeiteinheit in einer Volumeneinheit freigesetzt wird, heißt **Leistungsdichte** des elektrischen Stromes und ist gleich

$$w = \rho j^2. \tag{99.6}$$

Indem wir die Differentialform des Ohmschen Gesetzes ($j = \gamma E$) und die Gleichung $\rho = 1/\gamma$ benutzen, erhalten wir

$$w = jE = \gamma E^2. \tag{99.7}$$

Die Formeln (99.6) und (99.7) sind verallgemeinerte Ausdrücke des **Jouleschen Gesetzes in Differentialform** und gelten für beliebige Leiter.

Die Wärmewirkung von elektrischem Strom findet breite Anwendung in der Technik. Auf dem Prinzip der Erwärmung elektrischer Leiter, durch die ein Strom fließt, ist die Funktion elektrischer Muffelöfen, des elektrischen Kontaktschweißverfahrens, von Haushaltsheizgeräten u. v. a. m. begründet.

§ 100 Das Ohmsche Gesetz für nichthomogene Leiterabschnitte

Wir haben bereits das Ohmsche Gesetz für homogene Leiterabschnitte (siehe (98.1)), d. h. für Leiterabschnitte, in denen keine EMK wirken (es wirken keine Nebenkräfte), betrachtet. Nun wollen wir einen **nichthomogenen Leiterabschnitt** untersuchen. Die EMK auf dem Abschnitt 1–2 bezeichnen wir mit $\mathcal{E}_{12}$ und die an den Enden des Abschnittes anliegende Potentialdifferenz mit $\varphi_1 - \varphi_2$.

Wenn die Leiter des Abschnittes 1–2 *unbeweglich* sind, dann ist die Arbeit aller Kräfte W_{12} (der Neben- und der elektrostatischen Kräfte), die an den Ladungsträgern verrichtet wird, nach dem Energieerhaltungssatz gleich der Wärmemenge, die in diesem Abschnitt freigesetzt wird. Die Arbeit der Kräfte, die bei der Bewegung der Ladung Q_0 im Abschnitt 1–2 verrichtet wird, ist nach (97.4) gleich

$$W_{12} = Q_0 \mathcal{E}_{12} + Q_0(\varphi_1 - \varphi_2). \tag{100.1}$$

Die EMK $\mathcal{E}_{12}$ und die Stromstärke I sind skalare Größen. Erstere muß je nach dem Vorzeichen der Arbeit, welche die Nebenkräfte verrichten, entweder mit einem positiven oder negativen Vorzeichen versehen werden. Wenn die EMK die Bewegung der positiven Ladungen in der ausgewählten Richtung (die Richtung 1–2) ermöglicht, dann ist $\mathcal{E}_{12} > 0$. Wenn die EMK die Bewegung der positiven Ladungen in der angegebenen Richtung behindert, dann ist $\mathcal{E}_{12} < 0$.

In der Zeit t wird im Leiter die Wärmemenge (siehe (99.5)) freigesetzt

$$Q = I^2 Rt = IR(It) = IRQ_0. \tag{100.2}$$

Aus den Formeln (100.1) und (100.2) erhalten wir

$$IR = (\varphi_1 - \varphi_2) + \mathcal{E}_{12}, \tag{100.3}$$

woraus folgt

$$I = \frac{\varphi_1 - \varphi_2 + \mathcal{E}_{12}}{R}. \tag{100.4}$$

Die Ausdrücke (100.3) und (100.4) sind die mathematische Form des **Ohmschen Gesetzes für einen nichthomogenen Leiterabschnitt in integraler Schreibweise**, was eine **Verallgemeinerung des Ohmschen Gesetzes** darstellt.

Wenn auf einem gegebenen Leiterabschnitt *keine Stromquelle vorhanden ist* ($\mathcal{E}_{12} = 0$), dann geht der Ausdruck (100.4) in das *Ohmsche Gesetz für einen homogenen Leiterabschnitt* über (98.1):

$$I = \frac{(\varphi_1 - \varphi_2)}{R} = \frac{U}{R}$$

(wenn Nebenkräfte fehlen, ist die Spannung an den Enden des Abschnittes gleich dem Potentialunterschied, siehe § 97). Wenn der elektrische Stromkreis *geschlossen* ist, dann fallen die ausgewählten Punkte 1 und 2 zusammen, $\varphi_1 = \varphi_2$. Wir erhalten

dann aus (100.4) das *Ohmsche Gesetz für einen geschlossenen Stromkreis*:

$$I = \frac{\mathcal{E}}{R},$$

wobei $\mathcal{E}$ die im Stromkreis wirkende EMK und R der Gesamtwiderstand des Stromkreises ist. Allgemein gilt $R = r + R_1$, wobei r der Innenwiderstand der Stromquelle und R_1 der Widerstand des äußeren Stromkreises ist. Deshalb lautet das Ohmsche Gesetz für den geschlossenen Stromkreis wie folgt:

$$I = \frac{\mathcal{E}}{r + R_1}.$$

Wenn der Stromkreis *offen* ist und also kein Strom fließt ($I = 0$), dann erhalten wir aus dem Ohmschen Gesetz (100.4), daß $\mathcal{E}_{12} = \varphi_2 - \varphi_1$ ist, d. h., daß die EMK, welche im offenen Stromkreis wirkt, gleich dem Potentialunterschied an seinen Enden ist. Um die EMK einer Stromquelle zu bestimmen, muß man folglich den Potentialunterschied an ihren Ausgängen bei offenem Stromkreis messen.

§ 101 Die Kirchhoffschen Regeln für verzweigte Stromkreise

Das allgemeine Ohmsche Gesetz (siehe (100.3)) erlaubt es, praktisch jeden komplizierten Stromkreis zu berechnen. Allerdings ist die direkte Berechnung verzweigter Netzwerke mit mehreren in sich geschlossenen Leiterbahnen (die Leiterbahnen können gemeinsame Abschnitte haben, und in jeder Leiterbahn können mehrere Stromquellen wirken usw.) ziemlich kompliziert. Derartige Aufgaben können aber leicht mit Hilfe der **beiden Kirchhoffschen Regeln** gelöst werden, die vom deutschen Physiker G. Kirchhoff (1824–1887) aufgestellt wurden.

Jeder beliebige Punkt eines verzweigten Stromkreises, in dem mindestens drei stromdurchflossene Leiter aufeinander treffen, heißt **Knotenpunkt (Knoten)**. Dabei wird der in den Knotenpunkt fließende Strom mit einem positiven und der vom Knotenpunkt wegfließende Strom mit einem negativen Vorzeichen versehen.

Erste Kirchhoffsche Regel: In jedem Knotenpunkt ist die algebraische Summe der zufließenden und der abfließenden Ströme gleich Null:

$$\sum_k I_k = 0.$$

Zum Beispiel für Bild 101.1 lautet das erste Kirchhoffsche Regel wie folgt:

$$I_1 - I_2 + I_3 - I_4 - I_5 = 0.$$

Die erste Kirchhoffsche Regel folgt aus dem Satz von der Erhaltung der elektrischen Ladung: Wenn sich ein Gleichstrom eingestellt hat, können sich in keinem Punkt des Stromkrei-

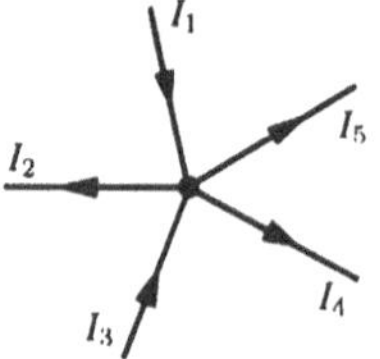

Bild 101.1

ses Ladungen ansammeln, da sonst der Strom nicht konstant bleiben würde.

Die zweite Kirchhoffsche Regel folgt aus dem allgemeinen Ohmschen Gesetz für verzweigte Stromkreise. Wir betrachten eine geschlossene Leiterbahn, die aus drei Abschnitten besteht (Bild 101.2). Wir legen die Uhrzeigerrichtung als positiv fest. Alle Ströme, deren Fließrichtung entlang der Leiterschleife mit dem Uhrzeigersinn übereinstimmt, haben ein positives Vorzeichen, die Ströme mit einer Fließrichtung entgegen dem Uhrzeigersinn ein negatives Vorzeichen. Die Stromquellen werden mit einem positiven Vorzeichen versehen, wenn der von ihnen erzeugte Stromfluß im Uhrzeigersinn erfolgt. Indem wir auf die einzelnen Abschnitte das Ohmsche Gesetz (100.3) anwenden, können wir schreiben:

$$\begin{cases} I_1 R_1 = \varphi_A - \varphi_B + \mathcal{E}_1, \\ -I_2 R_2 = \varphi_B - \varphi_C - \mathcal{E}_2, \\ I_3 R_3 = \varphi_C - \varphi_A + \mathcal{E}_3. \end{cases}$$

Wenn wir die Gleichungen gliedweise addieren, erhalten wir

$$I_1 R_1 - I_2 R_2 + I_3 R_3 = \mathcal{E}_1 - \mathcal{E}_2 + \mathcal{E}_3. \qquad (101.1)$$

Gl. (101.1) ist der mathematische Ausdruck für die **zweite Kirchhoffsche Regel**. In Worten ausgedrückt lautet es wie folgt: In jeder geschlossenen Leiterbahn ist die algebraische Summe der Produkte der Stromstärken I_i und der Widerstände R_i der entsprechenden Abschnitte dieser Leiterbahn gleich der algebraischen Summe aller EMK $\mathcal{E}_k$, welche in dieser Leiterbahn wirken:

$$\sum_i I_i R_i = \sum_k \mathcal{E}_k. \qquad (101.2)$$

Geschlossene Leiterbahnen werden auch „**Maschen**" genannt, und deshalb wird die zweite Kirchhoffsche Regel auch oft als Maschenregel bezeichnet.

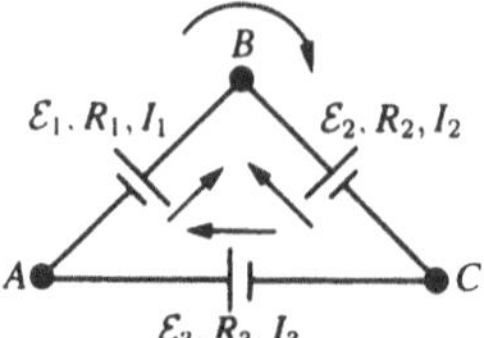

Bild 101.2

Bei der Berechnung komplizierter Gleichstromkreise unter Anwendung der Kirchhoffschen Regeln ist es notwendig:

1. Eine *beliebige* Richtung der Ströme auf allen Abschnitten des Stromkreises festzulegen. Die richtige Stromrichtung ergibt

sich bei der Lösung der folgenden Aufgabe: Wenn der gesuchte Strom ein positives Vorzeichen aufweist, dann wurde seine Richtung zu Anfang richtig festgelegt, wenn er ein negatives Vorzeichen hat, dann ist seine wahre Fließrichtung entgegengesetzt der eingangs bestimmten.

2. Eine Richtung für den Maschenumlauf festzulegen und streng daran festzuhalten; das Produkt IR ist positiv, wenn der Strom auf dem gegebenen Abschnitt mit der Richtung für den Maschenumlauf übereinstimmt und umgekehrt, und EMK, die in der festgelegten Richtung des Maschenumlaufes wirken, werden als positiv angenommen. Ist ihre Richtung umgekehrt, werden sie mit einem negativen Vorzeichen in die Rechnung einbezogen.

3. So viele Gleichungen aufzustellen, daß ihre Anzahl der Zahl der gesuchten Größen entspricht (in das Gleichungssystem müssen alle Widerstände und alle EMK des untersuchten Stromkreises Eingang finden); jede untersuchte Masche muß mindestens ein Element enthalten, das in anderen Maschen nicht enthalten ist. Anderenfalls werden Gleichungen erstellt, die lediglich eine einfache Kombination bereits aufgestellter Gleichungen darstellen.

Als Anwendungsbeispiel der Kirchhoffschen Regel betrachten wir das Schaltschema der **Wheatstoneschen Meßbrücke** (Bild 101.3), die nach dem englischen Physiker Ch. Wheatstone (1802–1875) benannt wurde. Die Widerstände R_1, R_2, R_3 und R_4 bilden die Brückenzweige. Zwischen den Punkten A und B befindet sich eine Batterie mit der EMK $\mathcal{E}$ und dem Widerstand r, zwischen den Punkten C und D ist ein Galvanometer mit dem Widerstand R_G geschaltet. Indem wir die erste Kirchhoffsche Regel für die Knotenpunkte A, B und C anwenden, erhalten wir:

$$\begin{cases} I_r - I_1 - I_4 = 0, \\ I_2 + I_3 - I_r = 0, \\ I_1 - I_2 - I_G = 0. \end{cases} \qquad (101.3)$$

Für die Maschen $ACB\mathcal{E}A$, $ACDA$ und $CBDC$ kann man nach der zweiten Kirchhoffschen Regel schreiben:

$$\begin{cases} I_r r + I_1 R_1 + I_2 R_2 = \mathcal{E}, \\ I_1 R_1 + I_G R_G - I_4 R_4 = 0, \\ I_2 R_2 - I_3 R_3 - I_G R_G = 0. \end{cases} \qquad (101.4)$$

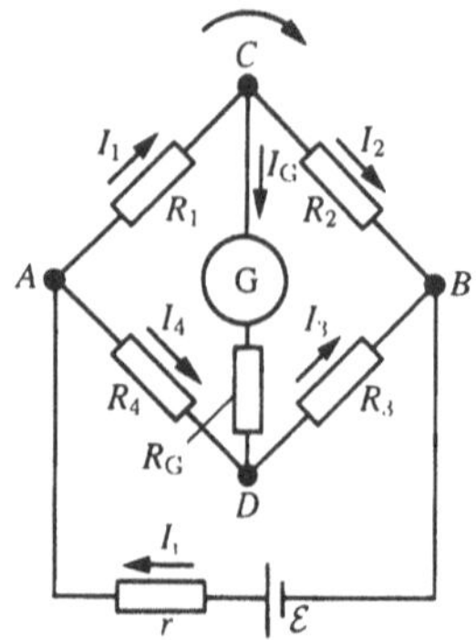

Bild 101.3

Wenn alle Widerstände und EMK bekannt sind, kann man die unbekannten Ströme berechnen, indem man die sechs aufgestellten Gleichungen löst. Durch Änderung der Widerstände R_2, R_3 und R_4 kann man erreichen, daß der Strom, welcher durch das Galvanometer fließt, gleich Null ist ($I_G = 0$). Weiter finden wir aus (101.3)

$$I_1 = I_2, \quad I_3 = I_4, \tag{101.5}$$

und aus (101.4) erhalten wir

$$I_1 R_1 = I_4 R_4, \quad I_2 R_2 = I_3 R_3. \tag{101.6}$$

Aus (101.5) und (101.6) folgt, daß

$$\frac{R_1}{R_4} = \frac{R_2}{R_3} \quad \text{oder} \quad R_1 = \frac{R_2 R_4}{R_3} \tag{101.7}$$

gilt. Wir sehen also, daß für den Fall des Gleichgewichtes der Meßbrücke ($I_G = 0$) die EMK, der Widerstand der Batterie und der Widerstand des Galvanometers bei der Bestimmung des Widerstandes R_1 keine Rolle spielen.

In der Praxis wird gewöhnlich das Schema aus Bild 101.4 für

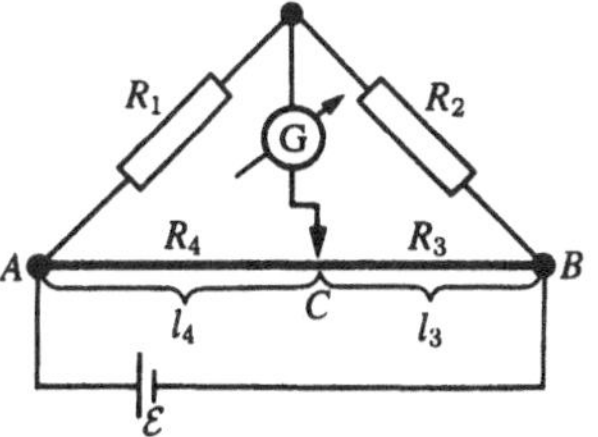

Bild 101.4

die **Wheatstonesche Schleifdraht-Meßbrücke** verwendet, wobei die Widerstände R_3 und R_4 durch einen homogenen langen Draht (Schleifdraht) mit einem hohen spezifischen Widerstand gebildet werden, so daß man das Verhältnis R_3/R_4 durch l_3/l_4 ersetzen kann. Dann kann unter Berücksichtigung von (101.7) geschrieben werden

$$R_1 = R_2 \frac{l_4}{l_3}. \tag{101.8}$$

Die Längen l_3 und l_4 sind leicht mit Hilfe einer Skale meßbar, und R_2 ist immer bekannt. Damit erlaubt Formel (101.8) die Berechnung des unbekannten Widerstandes R_1.

Kontrollfragen

▶ Was bedeuten die Begriffe Stromstärke, Stromdichte? Welche Maßeinheiten haben sie? (Geben Sie die Definitionen an.)

▶ Nennen Sie die Bedingungen für Auftreten und Fortdauer eines elektrischen Stromes.

▶ Was sind Nebenkräfte? Welchen Ursprung haben sie?

▶ Welcher physikalischer Sinn verbirgt sich hinter einer im Stromkreis wirkenden EMK, einer Spannung und einem Potentialunterschied?

▶ Warum ist der Begriff der Spannung eine Verallgemeinerung des Begriffes Potentialunterschied?

▶ Welcher Zusammenhang besteht zwischen Widerstand und Leitwert, spezifischem Widerstand und spezifischem Leitwert? Was sind ihre Maßeinheiten? (Geben Sie die Definitionen an.)

▶ Worin besteht der Effekt der Supraleitung? Welche Perspektiven der Anwendung dieses Effektes gibt es?

▶ Worauf beruht die Arbeitsweise eines Widerstandsthermometers?

▶ Leiten Sie das Ohmsche und das Joulesche Gesetz in Differentialform her.

▶ Worin besteht der physikalische Sinn der spezifischen Wärmeleistung von Strom?

▶ Analysieren Sie das Ohmsche Gesetz. Welche Einzelgesetze kann man daraus ableiten?

▶   Wie lautet die Formulierung der beiden Kirchhoffschen Regeln? Was liegt ihnen zugrunde?

▶   Wie werden Gleichungen, welche die Kirchhoffschen Regeln widerspiegeln, aufgestellt? Wie kann das
     Auftreten überflüssiger Gleichungen verhindert werden?

Aufgaben

12.1. Durch einen Kupferdraht mit einer Querschnittsfläche von 1 mm^2 fließt ein Strom von 1 A. Man bestimme die mittlere Geschwindigkeit der geordneten Elektronenbewegung entlang des Leiters mit der
Voraussetzung, daß auf jedes Kupferatom ein freies Elektron gerechnet wird. Die Dichte von Kupfer ist
$8,9$ g/cm^3. [$74\ \mu$m/s]

12.2. Bei konstanter Spannung an den Klemmen eines Platinofens erhöht sich die Temperatur dieses Ofens
von $t_1 = 20\,°$C auf $t_2 = 1200\,°$C. Berechnen Sie, um wievielmal dabei die Stromstärke zunimmt. Der
Temperaturkoeffizient für den Widerstand von Platin beträgt $3,65 \cdot 10^{-3}$ K^{-1}. [5mal]

12.3. Durch einen Kupferdraht mit einer Querschnittsfläche von $0,3$ mm^2 fließt ein Strom von $0,3$ A. Man
bestimme die Kraft, welche auf die einzelnen freien Elektronen von seiten des elektrischen Feldes wirkt.
Der spezifische Widerstand von Kupfer beträgt 17 n$\Omega \cdot$ m. [$2,72 \cdot 10^{-21}$ N]

12.4. Die Stromstärke in einem Leiter mit dem Widerstand $R = 50\,\Omega$ wächst innerhalb von $t = 6$ s gleichmäßig
von $I_0 = 0$ auf $I_{max} = 3$ A an. Man berechne die in dieser Zeit im Leiter freiwerdende Wärmemenge.
[Lösung der Aufgabe s. S. 388]

12.5. Die Stromstärke in einem Leiter mit dem Widerstand $10\,\Omega$ fällt innerhalb 30 Sekunden gleichmäßig von
$I_0 = 3$ A auf $I = 0$ ab. Berechnen Sie die in dieser Zeit im Leiter freigesetzte Wärmemenge. [900 J]

12.6. Man berechne den Innenwiderstand r einer Stromquelle, wenn im äußeren Stromkreis bei einer Stromstärke von $I_1 = 4$ A eine Leistung von $P_1 = 10$ W abgegeben wird und bei einer Stromstärke von $I_2 = 6$ A
eine Leistung von $P_2 = 12$ W. [Lösung der Aufgabe s. S. 389]

12.7. Die Stromdichte in einem Aluminiumdraht ist 5 A/cm^2. Bestimmen Sie die spezifische Wärmeleistung
des Stromes, wenn der spezifische Widerstand von Aluminium 26 n$\Omega \cdot$ m beträgt. [65 J/(m$^3 \cdot$ s)]

12.8. Drei Stromquellen mit einer EMK von $\mathcal{E}_1 = 1,8$ V, $\mathcal{E}_2 = 1,4$ V und $\mathcal{E}_3 = 1,1$ V sind direkt mit ihren
gleichnamigen Polen verbunden. Der Innenwiderstand der ersten Stromquelle ist $r_1 = 0,4\,\Omega$, der zweiten
Stromquelle $r_2 = 0,6\,\Omega$. Errechnen Sie den Innenwiderstand der dritten Stromquelle, wenn durch die
erste Stromquelle ein Strom von $I_1 = 1,13$ A fließt. [$0,2\,\Omega$]

12.9. Bestimmen Sie die Dichte j eines elektrischen Stromes in einem Kupferleiter (spezifischer Widerstand
von Kupfer: $\rho = 17$ n$\Omega \cdot$ m), wenn die Leistungsdichte des Stromes $w = 1,7$ J/(m$^3 \cdot$ s) beträgt. [Lösung
der Aufgabe s. S. 389]

Kapitel 13

Elektrische Ströme in Metallen, im Vakuum und in Gasen

§ 102 Klassische Theorie
der elektrischen Leitungsvorgänge in Metallen

In Metallen sind die Ladungsträger, die für das Fließen von elektrischem Strom sorgen, freie Elektronen, d. h. Elektronen, die nur schwach an die Ionen des Kristallgitters des Metalls gebunden sind. Diese Vorstellung über die Natur der Träger des elektrischen Stromes ist auf der Elektronentheorie für Leitungsvorgänge in Metallen begründet, die erstmals von dem deutschen Physiker P. Drude (1863–1906) formuliert und später von dem niederländischen Physiker H. Lorentz (1853–1928) weiterentwickelt wurde. Weiterhin bestätigen eine Reihe von klassischen Versuchen die Gültigkeit der Elektronentheorie.

Der erste dieser Versuche, der **Rickesche Versuch**, wurde im Jahre 1901 vom deutschen Physiker K. Ricke (1845–1915) durchgeführt. Man ließ für die Dauer eines Jahres einen elektrischen Strom durch drei in Reihe miteinander verbundene, an den Stirnflächen sorgfältig geschliffene Metallzylinder (Cu, Al, Cu) mit gleichem Radius fließen. Obwohl die Gesamtladung, die durch die drei Zylinder floß, einen riesigen Betrag ($\approx 3{,}5 \cdot 10^6$ C) erreichte, waren keinerlei, auch keine mikroskopischen Spuren eines Stoffaustausches auffindbar. Das galt als Beweis dafür, daß Ionen in Metallen an der Leitung von Elektrizität keinen Anteil haben und die elektrischen Leitvorgänge von Teilchen bewerkstelligt werden, welche in allen Metallen auftreten. Diese Teilchen konnten die im Jahre 1897 von dem englischen Physiker J. Thomson (1856–1940) entdeckten Elektronen sein.

Für den Beweis dieser Behauptung war es notwendig, das Vorzeichen und den Betrag der spezifischen Ladung (das Verhältnis der Ladung zur Masse des Teilchens) der Leitungsteilchen zu bestimmen. Die Grundidee derartiger Versuche bestand in folgendem: Wenn es im Metall bewegliche, schwach an das Gitter gebundene Trägerteilchen für den elektrischen Strom gibt, dann müssen sie sich bei plötzlicher Bremsung der Bewegung des Leiters ähnlich Passagieren in einem bremsenden Waggon wegen der Trägheit weiterbewegen. Das Resultat einer solchen Bremsung mußte ein Stromimpuls sein. Nach der Richtung dieses Stromimpulses kann das Vorzeichen der Ladung der Teilchen bestimmt werden, und wenn die Abmessungen und der Widerstand des Leiters bekannt sind, kann die spezifische Ladung der Teilchen berechnet werden. Die Versuche, die auf frühere Versuche des schottischen Physikers B. Stewart (1828–1887) zurückgehen, wurden im Jahre 1916 von dem amerikanischen Physiker R. Tolman (1881–1948) durchgeführt. Sie haben experimentell gezeigt, daß die Trägerteilchen des elektrischen Stromes in Metallen negativ geladen sind und ihre spezifische Ladung für alle Metalle etwa gleich ist. Mit der spezifischen Ladung und der früher durch den Physiker R. Millikan gefundenen elektrischen Elementarladung war es möglich, die Masse dieser Teilchen zu bestimmen. Es zeigte sich, daß die spezifische

Ladung und die Masse der Träger des elektrischen Stromes in Metallen mit den Parametern von Elektronen, die sich im Vakuum bewegen, übereinstimmen. Somit war endgültig bewiesen, daß die Träger des elektrischen Stromes in Metallen *freie Elektronen* sind.

Die Existenz freier Elektronen in Metallen kann wie folgt erklärt werden: Bei der Herausbildung des Kristallgitters von Metallen (als Resultat der Annäherung isolierter Atome) reißen sich die Valenzelektronen, die nur sehr schwach an die Atomkerne gebunden sind, von den Metallatomen los, werden so „frei" und können sich im gesamten Metallvolumen frei bewegen. An den Gitterpunkten des Kristallgitters befinden sich also Metallionen, und zwischen ihnen bewegen sich chaotisch die freien Elektronen. Sie bilden dabei das sogenannte Elektronengas, das nach der Elektronentheorie der Metalle die Eigenschaften eines idealen Gases besitzt.

Die Leitungselektronen stoßen bei ihrer Bewegung mit den Gitterionen zusammen. Dadurch stellt sich ein thermodynamisches Gleichgewicht zwischen dem Elektronengas und dem Gitter ein. Nach der Theorie von Drude und Lorentz besitzen die Elektronen die gleiche Energie der Wärmebewegung wie die Moleküle eines einatomigen Gases. Indem man die Folgerungen der molekular-kinetischen Theorie anwendet (siehe (44.3)), kann man deshalb die mittlere Geschwindigkeit der Wärmebewegung der Elektronen bestimmen

$$\langle u \rangle = \sqrt{\frac{8kT}{\pi m_e}}.$$

Für $T = 300$ K beträgt sie zum Beispiel $1{,}1 \cdot 10^5$ m/s. Die Wärmebewegung der Elektronen kann wegen ihres chaotischen Charakters nicht zur Entstehung eines elektrischen Stromes führen.

Beim Anlegen eines äußeren elektrischen Feldes an einen metallischen Leiter entsteht neben der Wärmebewegung der Elektronen eine geordnete Bewegung, d. h., es entsteht ein elektrischer Strom. Die mittlere Geschwindigkeit $\langle v \rangle$ der geordneten Bewegung der Elektronen kann man mit Hilfe der Formel (96.1) für eine Stromdichte $j = ne\langle v \rangle$ abschätzen. Wenn wir die zulässige Stromdichte zum Beispiel für Kupferdrähte 10^7 A/m² einsetzen, erhalten wir, daß bei einer Konzentration der Stromträger von $n = 8 \cdot 10^{28}$ m⁻³ die mittlere Geschwindigkeit $\langle v \rangle$ der geordneten Bewegung der Elektronen gleich $7{,}8 \cdot 10^{-4}$ m/s ist. Daraus folgt $\langle v \rangle \ll \langle u \rangle$, d. h., sogar bei sehr großen Stromdichten ist die mittlere Geschwindigkeit der geordneten Bewegung der Elektronen, welche den elektrischen Stromfluß hervorruft, bedeutend geringer als die ihrer Wärmebewegung. Deshalb kann bei Berechnungen die resultierende Geschwindigkeit $(\langle v \rangle + \langle u \rangle)$ durch die Geschwindigkeit der Wärmebewegung $\langle u \rangle$ ersetzt werden.

Es scheint, daß dieses Resultat dem Fakt des fast sofortigen Empfangs elektrischer Signale auf große Entfernungen widerspricht. Tatsächlich breitet sich das elektrische Feld nach der Schließung des Stromkreises mit einer Geschwindigkeit von c ($c = 3 \cdot 10^8$ m/s) aus. Nach der Zeit $t = l/c$ (l ist die Länge des Leiters) stellt sich entlang des Stromkreises ein konstantes elektrisches Feld ein, und innerhalb dieses Feldes beginnt die geordnete Bewegung der Elektronen. Deshalb entsteht der elektrische Strom in einem Stromkreis praktisch sofort nach dem Einschalten.

§ 103 Herleitung der grundlegenden Gesetze des elektrischen Stromes in der klassischen Theorie der elektrischen Leitungsvorgänge in Metallen

1. Ohmsches Gesetz. Es existiere in einem metallischen Leiter ein elektrisches Feld der Stärke $E = $ const. Von seiten des Feldes wirke auf eine Ladung e die Kraft $F = eE$ und die Beschleunigung $a = F/m = eE/m$. Die Elektronen bewegen sich also in der Zeit zwischen den Zusammenstößen geradlinig und gleichmäßig beschleunigt und weisen am Ende der freien geradlinigen Bewegung die Geschwindigkeit

$$v_{\max} = \frac{eE \langle t \rangle}{m}$$

auf, wobei $\langle t \rangle$ das mittlere Zeitintervall zwischen zwei Zusammenstößen der Elektronen mit den Gitterionen ist.

Nach der Theorie von Drude gibt das Elektron am Ende der freien geradlinigen Bewegung beim Zusammenstoß mit einem Gitterion die gesamte im Feld erhaltene Bewegungsenergie an dieses Ion ab, und deswegen wird die Geschwindigkeit seiner geordneten Bewegung gleich Null. Daraus folgt für die mittlere Geschwindigkeit der gerichteten Bewegung eines Elektrons

$$\langle v \rangle = \frac{v_{\max} + 0}{2} = \frac{eE \langle t \rangle}{2m}. \tag{103.1}$$

Die klassische Theorie der Metalle berücksichtigt die energetische Verteilung der Elektronen nach ihren Geschwindigkeiten nicht. Deshalb wird die mittlere Zeit $\langle t \rangle$ der freien Weglänge von der mittleren freien Weglänge $\langle l \rangle$ und der mittleren Geschwindigkeit der Bewegung der Elektronen relativ zum Kristallgitter des Leiters gesehen bestimmt. Letztere ist gleich $\langle u \rangle + \langle v \rangle$ ($\langle u \rangle$ ist die mittlere Geschwindigkeit der Wärmebewegung der Elektronen). In § 102 wurde gezeigt, daß $\langle v \rangle \ll \langle u \rangle$ ist, und deshalb gilt

$$\langle t \rangle = \frac{\langle l \rangle}{\langle u \rangle}.$$

Indem wir den Wert $\langle t \rangle$ in Formel (103.1) einsetzen, erhalten wir

$$\langle v \rangle = \frac{eE \langle l \rangle}{2m \langle u \rangle}.$$

Die Stromdichte in einem metallischen Leiter ergibt sich nach (96.1) zu

$$j = ne \langle v \rangle = \frac{ne^2 \langle l \rangle}{2m \langle u \rangle} E,$$

woraus ersichtlich ist, daß die Stromdichte der Feldstärke proportional ist, d. h., wir haben das Ohmsche Gesetz in Differentialform hergeleitet (vgl. (98.4)). Der Proportionalitätsfaktor zwischen j und E ist nichts anderes als die elektrische Leitfähigkeit des Materials

$$\gamma = \frac{ne^2 \langle l \rangle}{2m \langle u \rangle}, \tag{103.2}$$

die um so größer ist, je größer die Konzentration der freien Elektronen und ihre freie Weglänge sind.

2. Joulesches Gesetz. Am Ende der freien Weglänge besitzt das Elektron durch die Einwirkung des elektrischen Feldes die zusätzliche kinetische Energie

$$\langle E_{\text{kin}} \rangle = \frac{m v_{\max}^2}{2} = \frac{e^2 \langle l \rangle^2}{2m \langle u \rangle^2} E^2. \tag{103.3}$$

Beim Zusammenstoß mit einem Ion wird diese Energie vollständig an das Ionengitter abgegeben und erhöht somit die innere Energie des Metalls, d. h., das Metall erwärmt sich.

Je Zeiteinheit erfährt ein Elektron im Mittel $\langle z \rangle$ Zusammenstöße:

$$\langle z \rangle = \frac{\langle u \rangle}{\langle l \rangle}. \tag{103.4}$$

Wenn n die Elektronenkonzentration ist, dann geschehen pro Zeiteinheit $n \langle z \rangle$ Zusammenstöße, und dem Gitter wird die Energie

$$w = n \langle z \rangle \langle E_{\text{kin}} \rangle \tag{103.5}$$

übertragen, die in Wärme umgewandelt wird. Indem wir die Formeln (103.3), (103.4) und (103.5) gemeinsam betrachten, erhalten wir die Energie, die je Zeit- und Volumeneinheit im Leiter an das Gitter abgegeben wird:

$$w = \frac{ne^2 \langle l \rangle}{2m \langle u \rangle} E^2. \tag{103.6}$$

Die Größe w heißt Leistungsdichte des elektrischen Stromes (siehe § 99). Der Proportionalitätsfaktor zwischen w und E^2 ist nach (103.2) die elektrische Leitfähigkeit, und folglich ist Formel (103.6) der mathematische Ausdruck des Jouleschen Gesetzes in Differentialform (vgl. (99.7)).

3. Wiedemann-Franzsches Gesetz. Metalle haben sowohl eine hohe Elektronenleitfähigkeit als auch eine große Wärmeleitfähigkeit. Dieser Sachverhalt ist damit zu erklären, daß für den Transport von Ladung und Wärme in Metallen die gleichen Teilchen verantwortlich sind – die freien Elektronen. Indem sie sich im Metallvolumen bewegen, übertragen sie nicht nur elektrische Ladung, sondern auch die ihnen eigene Energie der chaotischen Wärmebewegung, d. h., sie übertragen auch Wärmeenergie.

Im Jahre 1853 stellten Wiedemann und Franz experimentell ein Gesetz auf, nach dem der Quotient aus Wärmeleitfähigkeit λ und elektrischer Leitfähigkeit γ für alle Metalle bei ein und derselben Temperatur gleich ist und sich proportional zur thermodynamischen Temperatur erhöht:

$$\frac{\lambda}{\gamma} = \beta T,$$

wobei β eine Materialkonstante des jeweiligen Metalls ist.

Die klassische Theorie der elektrischen Leitungsvorgänge in Metallen erlaubte die Bestimmung von β: $\beta = 3(k/e)^2$, wobei k die Boltzmann-Konstante ist. Dieser Wert stimmt gut mit den experimentellen Ergebnissen überein. Allerdings stellte sich später heraus, daß diese Übereinstimmung eine zufällige ist. Indem er die Maxwell-Boltzmannsche Statistik auf das Elektronengas anwandte und damit die Energieverteilung der Elektronen nach ihren Geschwindigkeiten berücksichtigte, erhielt Lorentz $\beta = 2(k/e)^2$, was einen krassen Widerspruch zwischen Theorie und Experiment aufwarf.

Die klassische Theorie der elektrischen Leitungsvorgänge in Metallen gab eine Erklärung für das Ohmsche, das Joulesche Gesetz und auch qualitativ für das Wiedemann-Franzsche Gesetz. Sie traf jedoch außer den betrachteten Widersprüchen im Wiedemann-Franzschen Gesetz noch auf weitere Ungereimtheiten bei dem Versuch einer Erklärung anderer experimenteller Ergebnisse. Im Anschluß werden wir einige hiervon betrachten.

Die Temperaturabhängigkeit des Widerstandes. Aus der Formel der elektrischen Leitfähigkeit (103.2) folgt, daß der Widerstand von Metallen, also die Größe, die umgekehrt proportional zu γ ist, proportional zu $\sqrt{T}$ ansteigen muß (in (103.2) sind n und $\langle l \rangle$ temperaturunabhängig und $\langle u \rangle \sim \sqrt{T}$). Diese Folgerung aus der Elektronentheorie widerspricht den experimentellen Ergebnissen, nach denen $R \sim T$ (siehe § 98) gelten müßte.

Abschätzen der mittleren freien Weglänge der Elektronen in Metallen. Um nach Formel (103.2) einen Ausdruck für γ zu erhalten, der mit dem Experiment übereinstimmt, muß man für $\langle l \rangle$ wesentlich größere Werte als die tatsächlichen verwenden. Mit anderen Worten anzunehmen, daß sich ein Elektron hunderte Gitterknotenpunkte ohne Zusammenstoß mit einem Ion fortbewegen kann, widerspricht der Theorie von Drude und Lorentz.

Wärmekapazität von Metallen. Die Wärmekapazität eines Metalls setzt sich aus der Wärmekapazität des Kristallgitters und der Wärmekapazität des Elektronengases zusammmen. Deshalb muß die atomare Wärmekapazität (d. h. die Wärmekapazität, gerechnet auf die Stoffmenge ein Mol) eines Metalls viel größer sein als die Wärmekapazität eines Dielektrikums, welches ja keine freien Elektronen besitzt. Nach der Dulong-Petitschen Regel (siehe § 73) ist die Wärmekapazität eines einatomigen Kristalls gleich $3R$. Wir wissen, daß die Wärmekapazität des einatomigen idealen Gases (also auch des Elektronengases) gleich $3R/2$ beträgt. Nach dem bisher Gesagten müßte die Wärmekapazität eines Metalls bei etwa $4{,}5R$ liegen. Das allerdings widerspricht den experimentellen Ergebnissen, nach

denen die Wärmekapazität gleich $3R$ ist. Das heißt, sowohl für Metalle als auch für Dielektrika gilt die Dulong-Petitsche Regel. Folglich ist das Vorhandensein freier Elektronen praktisch ohne Einfluß auf die Wärmekapazität. Dieser Umstand ist mit der klassischen Elektronentheorie nicht erklärbar.

Die aufgeführten Widersprüche von Theorie und Praxis können damit begründet werden, daß die Gesetze der klassischen Mechanik für die Bewegung der Elektronen nicht anwendbar sind. Es gelten die Gesetze der Quantenmechanik, und deshalb muß das Verhalten der Elektronen nicht mit der Maxwell-Boltzmannschen Statistik, sondern mit Hilfe der Quantenstatistik beschrieben werden. Man muß allerdings anmerken, daß die klassische Elektronentheorie bis in die heutige Zeit ihre Bedeutung nicht eingebüßt hat, da sie in vielen Fällen qualitativ richtige Ergebnisse hervorbringt (zum Beispiel bei geringer Konzentration von Leitungselektronen und hohen Temperaturen) und im Vergleich mit der Quantentheorie einfach und anschaulich ist.

§ 104   Austrittsarbeit von Elektronen aus Metallen

Wie der Versuch zeigt, verlassen die freien Elektronen bei normalen Temperaturen das Metallvolumen praktisch nicht. Folglich muß in der Oberflächenschicht von Metallen ein elektrisches Feld wirken, das den Austritt von Elektronen aus dem Metall in das umliegende Vakuum verhindert. Die Arbeit, welche für das Verlassen des Metalls von einem Elektron verrichtet werden muß, heißt **Austrittsarbeit**. Wir zeigen im folgenden zwei plausible Ursachen für die Existenz der Austrittsarbeit:

1. Wenn ein Elektron aus einem beliebigen Grunde das Metallvolumen verläßt, dann entsteht an dem ehemaligen Aufenthaltsort des Elektrons eine überschüssige positive Ladung, und das Elektron wird von dieser von ihm selbst induzierten positiven Ladung angezogen.

2. Wenn einzelne Elektronen das Metallvolumen verlassen, dann befinden sie sich in einem Abstand atomarer Ordnung von der Metalloberfläche und bilden so eine „Elektronenwolke" über dieser, deren Dichte mit der Entfernung schnell abnimmt. Diese Wolke bildet mit der Schicht positiver Ionen nahe der Oberfläche im Metall eine *elektrische Doppelschicht*, deren Feld ähnlich dem eines Plattenkondensators wirkt. Die Stärke dieser Schicht beträgt einige Atomabstände (10^{-10}–10^{-9} m). Sie erzeugt kein sich in den Raum ausbreitendes Feld, erschwert jedoch den Austritt freier Elektronen aus dem Metall.

Ein Elektron, welches das Metall verläßt, muß also das bremsende elektrische Feld dieser Doppelschicht überwinden. Die Potentialdifferenz $\Delta \varphi$ in dieser Schicht heißt **Potentialsprung an der Oberfläche** und wird durch die Austrittsarbeit W eines Elektrons aus dem Metall bestimmt:

$$\Delta \varphi = \frac{W}{e},$$

wobei e die Ladung des austretenden Elektrons ist. Da außerhalb der Doppelschicht das elektrische Feld praktisch nicht existiert, ist das Potential der Umgebung gleich Null, und das Potential innerhalb des Metalls ist positiv und gleich $\Delta\varphi$. Die potentielle Energie eines freien Elektrons im Metall ist gleich $-e\Delta\varphi$ und ist bezüglich des Vakuums negativ. Davon ausgehend kann man annehmen, daß das gesamte Metallvolumen für die Leitungselektronen ein Potentialtopf mit flachem Boden darstellt, dessen Tiefe gleich der Austrittsarbeit W ist.

Die Austrittsarbeit wird in **Elektronenvolt** (eV) angegeben: 1 eV ist gleich der Arbeit, welche von den Feldkräften bei der Bewegung einer elementaren elektrischen Ladung (die Ladung eines Elektrons) zur Überwindung eines Potentialunterschiedes von 1 V verrichtet werden muß. Da die Ladung eines Elektrons gleich $1,6 \cdot 10^{-19}$ C ist, ist 1 eV $= 1,6 \cdot 10^{-19}$ J.

Die Austrittsarbeit hängt von der chemischen Beschaffenheit des Metalls und von der Reinheit seiner Oberfläche ab. Sie schwankt in den Grenzen einiger Elektronenvolt (zum Beispiel für Kalium $W = 2,2$ eV, für Platin $W = 6,3$ eV). Indem man auf bestimmte Weise Schichten anderer Materialien auf die Metalloberfläche aufträgt, kann die Austrittsarbeit bedeutend verringert werden. Zum Beispiel, wenn man auf Wolfram ($W = 4,5$ eV) eine Oxidschicht eines basischen Metalls (Ca, Sr, Ba) aufträgt, dann verringert sich die Austrittsarbeit auf 2 eV.

§ 105   Emissionserscheinungen und ihre Anwendung

Wenn man den Elektronen im Metall eine Energie überträgt, die zur Verrichtung der Austrittsarbeit notwendig ist, dann kann ein Teil der Elektronen das Metallvolumen verlassen. Diese Erscheinung wird **Elektronenemission** genannt. In Abhängigkeit von der Methode der Energieübertragung unterscheidet man thermische Elektronenemission, Photoemission, Sekundäremission und Feldemission.

1. Thermische Elektronenemission ist Elektronenemission durch erhitzte Metalle. Die Konzentration freier Elektronen ist in Metallen ausreichend hoch. Deshalb erhalten sogar bei mittelmäßig hohen Temperaturen (infolge der Energieverteilung der Elektronen nach den Geschwindigkeiten) einige Elektronen die Möglichkeit, die Potentialbarriere an der Oberfläche des Metalls zu verlassen. Mit Erhöhung der Temperatur vergrößert sich die Zahl der Elektronen, deren kinetische Bewegungsenergie größer ist als die Austrittsarbeit. Die thermische Elektronenemission nimmt so merklich zu.

Die Gesetzmäßigkeiten der thermischen Elektronenemission kann man mit Hilfe der einfachsten Elektronenröhre, der Vakuumdiode, untersuchen. Eine **Vakuumdiode** ist ein von Luft evakuierter Glasballon, der zwei Elektroden enthält: die Kathode K und die Anode A. Im einfachsten Fall ist die Kathode ein Faden aus einem schwer schmelzbaren Metall (zum Beispiel Wolfram), der durch einen hindurchfließenden elektrischen Strom aufgeheizt wird. Die Anode hat meist die Form eines metallischen Zylinders, der die Kathode umgibt. Wenn man solch eine Diode in einen Stromkreis schaltet, wie in Bild 105.1 gezeigt, dann fließt beim Aufheizen der Kathode, wenn man eine positive Spannung (in bezug auf die Kathode) an die Anode anlegt, im Anodenstromkreis ein elektrischer Strom. Wenn man

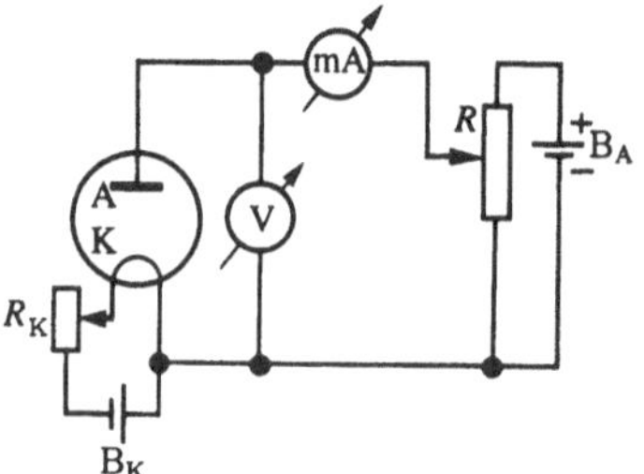

Bild 105.1

die Polarität der Batterie B_A umkehrt, dann fließt kein Strom, wie groß die Zahl der emittierten Elektronen auch sei. Folglich treten aus der Kathode negativ geladene Teilchen (Elektronen) aus.

Wenn man die Kathodentemperatur konstant hält und die Abhängigkeit des Anodenstroms I_A von der Anodenspannung U_A (die **Strom-Spannungs-Charakteristik**) (Bild 105.2) aufnimmt, dann stellt sich heraus, daß diese Kurve nichtlinearen Charakter besitzt, d. h., für die Vakuumdiode gilt das Ohmsche Gesetz nicht. Die Abhängigkeit des thermoelektrischen Stromes I von der Anodenspannung im Bereich geringer positiver Werte U wird durch das **Langmuir-Schottkysche Raumladungsgesetz** ($U^{3/2}$-Gesetz) beschrieben:

$$I = BU^{3/2},$$

wobei B ein Faktor ist, der von der Form und den Abmessungen der Elektroden und ihrer gegenseitigen Lage zueinander abhängt. Das Gesetz wurde nach dem amerikanischen Physiker und Chemiker I. Langmuir (1881–1957) und nach dem deutschen Physiker W. Schottky (1886–1976) benannt.

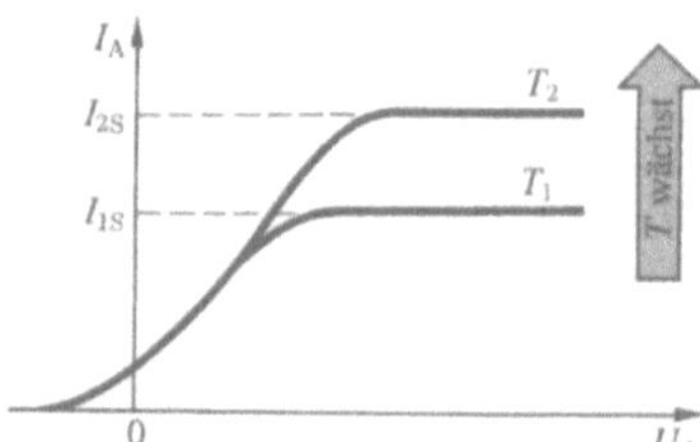

Bild 105.2

Bei Erhöhung der Anodenspannung wächst der Strom bis zu einem bestimmten maximalen Wert I_S. Dieser Strom wird **Sättigungsstrom** genannt. Die Einstellung des Sättigungsstromes bedeutet, daß fast alle Elektronen, welche die Kathode verlassen, die Anode erreichen. Deshalb kann jede weitere Erhöhung der Feldstärke nicht zum Wachstum des thermoelektrischen Stromes führen. Folglich charakterisiert die Sättigungsstromdichte die Fähigkeit zur Elektronenemission des Kathodenmaterials.

Die Sättigungsstromdichte kann nach der **Richardson-Deschmanschen-Gleichung**, die eine Folgerung aus der Quantenstatistik ist, bestimmt werden:

$$j_S = CT^2 \mathrm{e}^{-W/(kT)},$$

wobei W die Austrittsarbeit der Elektronen aus der Kathode, T die thermodynamische Temperatur und C eine Konstante ist. Die Konstante C ist theoretisch für alle Metalle gleich. Das allerdings widerspricht den experimentellen Ergebnissen und hängt mit Oberflächeneffekten zusammen. Eine Verringerung der Austrittsarbeit bringt eine bedeutende Zunahme der Sättigungsstromdichte mit sich. Deshalb werden in der Praxis oberflächenbeschichtete Kathoden verwendet (zum Beispiel Nickelkathoden, beschichtet mit dem Oxid eines basischen Metalls), deren Austrittsarbeit im Bereich 1–1,5 eV liegt.

Auf Bild 105.2 sind Strom-Spannungs-Charakteristiken für zwei Kathodentemperaturen T_1 und T_2 $(T_2 > T_1)$ dargestellt. Wenn sich die Kathodentemperatur erhöht, wird die Emission von Elektronen intensiver und der Sättigungsstrom wächst. Bei $U_A = 0$ ist immer noch ein geringer Anodenstrom zu beobachten, d. h., einige emittierte Elektronen, deren kinetische Energie ausreicht, erreichen die Anode auch ohne beschleunigendes elektrisches Feld.

Die thermische Elektronenemission wird in Geräten genutzt, bei denen es nötig ist, einen Elektronenstrahl im Vakuum zu erzeugen (zum Beispiel in Elektronenröhren, in Röntgenröhren, in Elektronenmikroskopen usw.). Elektronenröhren fanden früher breite Verwendung in der Elektro- und Radiotechnik, in Automatisierung und Teletechnik. Sie wurden dabei zur Gleichrichtung von Strömen, zur Verstärkung von elektrischen Signalen und Wechselströmen, zur Erzeugung elektromagnetischer Schwingungen usw. eingesetzt.

2. Photoelektrische Emission heißt die Emission von Elektronen aus Metallen unter dem Einfluß von Licht oder kurzwelliger elektromagnetischer Strahlung wie zum Beispiel der Röntgenstrahlung. Auf die grundlegenden Gesetzmäßigkeiten dieser Erscheinung wird bei der Betrachtung des photoelektrischen Effektes näher eingegangen.

3. Sekundäremission von Elektronen ist die Emission von Elektronen aus der Oberfläche von Metallen, Halbleitern oder Dielektrika bei der Bombardierung dieser Oberflächen mit Elektronenstrahlen. Der sekundäre Elektronenfluß besteht aus Elektronen, die elastisch und unelastisch von der Oberfläche reflektiert wurden, und wirklich sekundären Elektronen, die durch die Primärelektronen aus der Oberflächenschicht des bestrahlten Materials herausgeschlagen worden sind.

Das Verhältnis der Zahl der Sekundärelektronen n_2 zur Anzahl der Primärelektronen n_1 heißt **Faktor der sekundären Elektronenemission**:

$$\delta = \frac{n_2}{n_1}.$$

Dieser Faktor δ hängt von der Beschaffenheit des Oberflächenmaterials, der Energie der auftreffenden Teilchen und ihrem Auftreffwinkel ab. Halbleiter und Dielektrika haben größere Werte von δ als Metalle. Das liegt an der in Metallen höheren Konzentration von Leitungselektronen. Die Sekundärelektronen stoßen oft mit ihnen zusammen, verlieren so ihre kinetische Energie und können nicht aus dem Metallvolumen austreten. In Halbleitern und Dielektrika treten Zusammenstöße der Se-

kundärelektronen mit Leitungselektronen wegen deren geringerer Konzentration weniger häufig auf, und die Wahrscheinlichkeit des Austritts der Elektronen aus der Oberfläche ist mehrfach höher.

Als Beispiel ist in Bild 105.3 die qualitative Abhängigkeit des Faktors der sekundären Elektronenemission δ von der Energie E der auftreffenden Elektronen für KCl dargestellt. Mit Zunahme der Energie der auftreffenden Elektronen wächst auch δ, da die Primärelektronen tiefer in das Kristallgitter eindringen und folglich mehr Sekundärelektronen herausschlagen können. Ab einem bestimmten Energiewert der Primärelektronen jedoch fängt δ an, abzunehmen. Das erklärt sich daraus, daß mit zunehmender Eindringtiefe der Primärelektronen das Austreten für die Sekundärelektronen immer mehr Energie erfordert. Der Maximalwert für KCl ist etwa 12 (für Metalle wird der Wert 2 nicht überschritten).

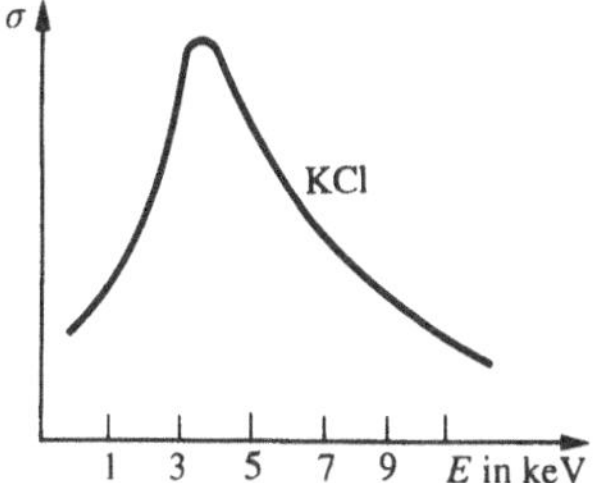

Bild 105.3

Die photoelektrische Emission wird in **Photoelektronenvervielfacher (Photomultiplier)** zur Verstärkung von schwachen Lichtströmen angewandt. Ein solcher Verstärker ist eine Vakuumröhre mit einer Photokathode K und einer Anode A, zwischen denen mehrere Elektroden (**Emitter**) angeordnet sind (Bild 105.4). Elektronen, die unter Lichteinwirkung aus der Photokathode austreten, treffen auf den Emitter E_1, nachdem sie einen beschleunigenden Potentialunterschied zwischen K und E_1 durchlaufen haben. Aus der Oberfläche des Emitters E_1 werden Elektronen herausgeschlagen. Der so verstärkte Elektronenstrahl trifft nun auf den Emitter E_2, und der Verstärkungsprozeß setzt sich an allen folgenden Emittern fort. Wenn der Verstärker n Emitter enthält, dann trifft an der Anode A (**Kollektor** genannt) ein um δ^n mal verstärktes photoelektrisches Stromsignal ein.

4. Feldemission heißt die Emission von Elektronen aus einer Metalloberfläche unter der Einwirkung eines starken äußeren elektrischen Feldes. Diese Erscheinung kann man in einer von Luft evakuierten Röhre mit folgender Elektrodenanordnung beobachten: Die Kathode ist als Spitze ausgebildet,

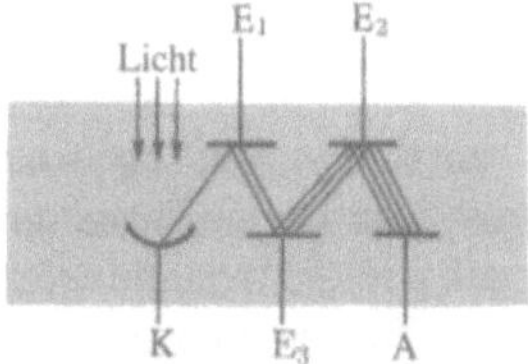

Bild 105.4

und als Anode dient die Innenfläche der Röhre. Diese Konfiguration erlaubt es, bei Spannungen von etwa 1000 V elektrische Felder einer Stärke von ca. 10^7 V/m zu erhalten. Bei langsamer Erhöhung der Spannung entsteht bei einer Feldstärke an der Kathode von etwa 10^5–10^6 V/m ein schwacher Strom. Dieser Strom ist durch die von der Kathode emittierten Elektronen bedingt. Die Stromstärke wächst mit Erhöhung der anliegenden Spannung. Das alles geschieht bei kalter Kathode, und deshalb wird die Erscheinung auch **Kaltemission** genannt. Der Mechanismus der Kaltemission kann nur mit Hilfe der Quantentheorie erklärt werden.

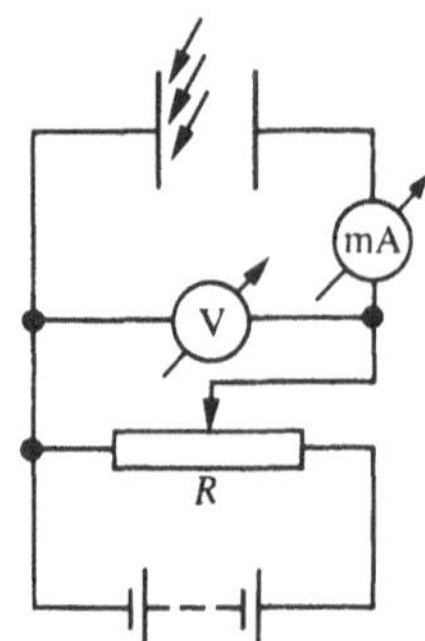

Bild 106.1

§ 106 Ionisation von Gasen. Unselbständige Gasentladungen

Gase sind bei nicht allzu hohen Temperaturen und bei Drücken nahe dem atmosphärischen gute Isolatoren. Wenn man ein aufgeladenes Elektrometer mit guter Isolation in trockener Atmosphäre stehen läßt, dann bleibt seine Ladung lange Zeit unverändert. Die Isoliereigenschaften von Gasen unter den genannten Bedingungen sind dadurch bedingt, daß Gase in diesem Zustand aus neutralen Atomen und Molekülen bestehen und keine freien Ladungsträger besitzen (Elektronen und Ionen). Ein Gas wird zum elektrischen Leiter, wenn ein Teil seiner Moleküle *ionisiert* wird, d. h., die neutralen Atome und Moleküle teilen sich in Ionen und freie Elektronen. Um ein Gas zu ionisieren, muß man es der Einwirkung eines **Ionisators** aussetzen (zum Beispiel, wenn man dem aufgeladenen Elektrometer eine Kerzenflamme nahebringt, dann nimmt die Ladung schnell ab; die elektrische Leitfähigkeit des Gases wurde durch Erwärmung herbeigeführt).

Bei der Ionisation von Gasen werden also ein oder mehrere Elektronen aus der äußeren Hülle der Atome oder der Moleküle herausgelöst. Als Resultat einer Ionisation liegen somit positive Ionen und freie Elektronen vor. Die Elektronen können sich mit den neutralen Molekülen oder Atomen verbinden und sie damit in negative Ionen umwandeln. Folglich existieren in einem ionisierten Gas positive und negative Ionen und freie Elektronen. Ein elektrischer Stromfluß in Gasen heißt **Gasentladung**.

Eine Ionisation von Gasen kann unter der Einwirkung unterschiedlicher Ionisatoren geschehen: starke Erwärmung (die Zusammenstöße der schnellen Moleküle werden so heftig, daß sie in Ionen und freie Elektronen zerschlagen werden), kurzwellige elektromagnetische Strahlung (ultraviolette, Röntgen- und Gammastrahlung), Teilchenstrahlung (Elektronen-, Protonen- und Alphastrahlen) usw. Um aus einem Atom oder Molekül ein Elektron herauszulösen, muß eine bestimmte Energie aufgewandt werden. Diese Energie nennt man **Ionisationsenergie**. Sie hat für verschiedene Stoffe eine Größenordnung von 4 bis 25 eV.

Gleichzeitig mit der Ionisation von Gasen läuft auch der umgekehrte Prozeß ab, die **Rekombination**: Die positiven und die negativen Ionen, die positiven Ionen und die freien Elektronen vereinigen sich beim Aufeinandertreffen und bilden erneut neutrale Atome und Moleküle. Je mehr Ionen durch die Ionisation entstehen, desto intensiver läuft auch der Prozeß der Rekombination ab.

Streng genommen ist die elektrische Leitfähigkeit von Gasen niemals gleich Null. In ihnen kann man immer freie Ladungsträger finden, die durch die Strahleneinwirkung radioaktiver Stoffe auf der Erdoberfläche und durch kosmische Strahlung entstanden sind (der Grad der Ionisierung ist allerdings sehr gering). Diese geringe elektrische Leitfähigkeit der Luft ist die Ursache für einen Ladungsabfluß von elektrisch geladenen Körpern, auch wenn diese gut elektrisch isoliert sind.

Der Charakter einer Gasentladung wird durch die Zusammensetzung, die Temperatur und den Druck des Gases, die Form, die Abmessungen und die Konfiguration der Elektroden, die anliegende Spannung und die Stromdichte bestimmt.

Betrachten wir nun einen Stromkreis, der einen Gasabschnitt enthält, welcher der gleichmäßigen Einwirkung eines Ionisators unterworfen ist (Bild 106.1). Aufgrund des Einwirkens des Ionisators erhält das Gas die Fähigkeit, Elektrizität zu leiten, und im Stromkreis fließt ein Strom. Die Abhängigkeit dieses Stromes von der anliegenden Spannung ist in Bild 106.2 dargestellt.

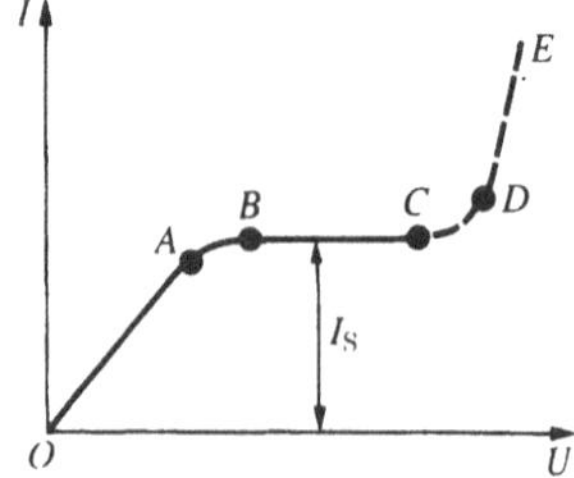

Bild 106.2

Auf dem Abschnitt *OA* der Kurve wächst die Stromstärke proportional zur Spannung, d. h., es gilt das Ohmsche Gesetz. Bei weiterer Spannungserhöhung verläßt die Kurve den Gültigkeitsbereich des Ohmschen Gesetzes, der Zuwachs der Stromstärke wird geringer (Abschnitt *AB*) und hört dann völlig auf (Abschnitt *BC*). Das ist der Fall, wenn die Ionen und Elektronen, die pro Zeiteinheit durch die Einwirkung des äußeren Ionisators entstehen, in der gleichen Zeitspanne die Elektroden erreichen. Im Ergebnis erhalten wir den Sättigungsstrom (I_S), der durch die Leistungsfähigkeit des Ionisators bestimmt wird. Wenn man im Zustand OC die Einwirkung des Ionisators einstellt, dann hört auch die Entladung auf. Entladungen, die nur unter Einwirkung eines Ionisators existieren, heißen **unselbständige Entladungen**. Bei weiterer Erhöhung der Spannung zwischen den Elektroden wächst die Stromstärke zuerst langsam (Abschnitt CD) und dann sehr steil an (Abschnitt DE). Der Mechanismus dieser Erscheinung ist das Thema des nächsten Abschnitts.

§ 107   Selbständige Gasentladung und ihre Erscheinungsformen

Eine Gasentladung, die auch nach dem Ende der Einwirkung eines äußeren Ionisators anhält, heißt **selbständige Gasentladung**.

Wir betrachten nun die Bedingungen für die Entstehung einer selbständigen Gasentladung. Wie bereits im letzten Abschnitt erläutert, wächst der Strom bei großen Spannungswerten zwischen den Elektroden stark an (Abschnitte CD und DE, siehe Bild 106.2). Bei hohen Spannungen werden die Elektronen, die durch die Wirkung des äußeren Ionisators entstehen, wegen des starken elektrischen Feldes stark beschleunigt, und indem sie auf neutrale Gasmoleküle treffen, werden diese ionisiert, wodurch Sekundärelektronen und positive Sekundärionen entstehen (Prozeß 1 in Bild 107.1). Die positiven Ionen bewegen sich zur Kathode und die Elektronen zur Anode. Die Sekundärelektronen ionisieren erneut neutrale Gasmoleküle, und folglich nimmt die Anzahl der Elektronen und Ionen im Verlauf der Bewegung der Elektronen zur Anode lawinenartig zu. Das ist die Ursache für das Anwachsen des elektrischen Stromes auf dem Abschnitt CD (siehe Bild 106.2). Der beschriebene Prozeß wird **Stoßionisation** genannt.

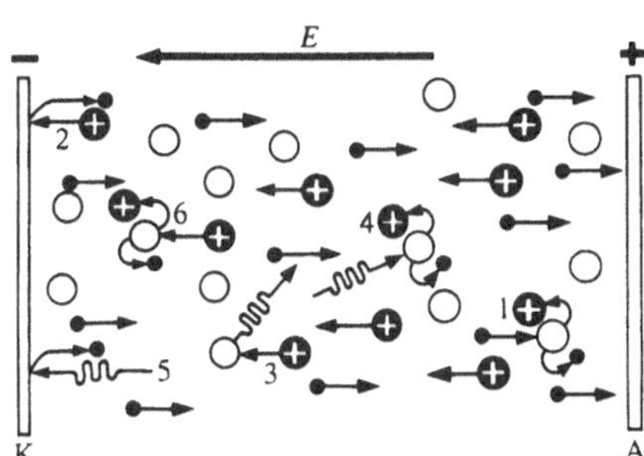

Bild 107.1

Allerdings ist die Stoßionisation durch Elektronen allein nicht ausreichend, um die Entladung ohne äußeren Ionisator aufrechtzuerhalten. Hierzu ist es notwendig, daß die Elektronenlawinen ständig erneuert werden, d. h., daß im Gas als Resultat verschiedener Prozesse ständig neue freie Elektronen entstehen müssen. Mögliche derartige Prozesse sind schematisch in Bild 107.1 dargestellt: 1) die durch das Feld beschleunigten positiven Ionen schlagen beim Auftreffen auf die Kathode Elektronen aus ihrer Oberfläche heraus (Prozeß 2); 2) indem die positiven Ionen mit neutralen Molekülen zusammenstoßen,

werden letztere in einen angeregten Zustand versetzt, und der Übergang solcher angeregten Moleküle ist mit der Aussendung eines Photons verbunden (Prozeß 3); 3) wenn ein Photon von einem neutralen Molekül absorbiert wird, so wird dabei das Molekül ionisiert, ein solcher Prozeß wird Photoionisation genannt (Prozeß 4); 4) es können auch Elektronen durch das Auftreffen von Photonen auf die Kathode freigesetzt werden (Prozeß 5).

Endlich können die positiven Ionen, deren freie Weglänge kleiner als die der Elektronen ist, bei sehr hohen Spannungen zwischen den Elektroden ausreichend Energie erhalten, um selbst neutrale Moleküle zu ionisieren (Prozeß 6). Dann bewegen sich Ionenlawinen in Richtung Kathode. Wenn außer den Elektronenlawinen auch Ionenlawinen entstehen, dann wächst die Stromstärke praktisch ohne Erhöhung der Spannung (Abschnitt DE in Bild 106.2).

Im Ergebnis der beschriebenen Prozesse (1–6) wächst die Zahl der freien Elektronen und der Ionen im Gasvolumen lawinenartig an, und die Entladung wird selbständig, d. h., sie dauert auch nach dem Ende der Einwirkung eines äußeren Ionisators an. Die Spannung, bei der die selbständige Entladung auftritt, heißt **Durchschlagsspannung**.

In Abhängigkeit vom Gasdruck, von der Elektrodenkonfiguration und den Parametern des äußeren Stromkreises kann man vier Typen der selbständigen Entladung unterscheiden: *Glimmentladung, Funkenentladung, Bogenentladung* und *Koronaentladung*.

1. Eine **Glimmentladung** entsteht bei niedrigen Gasdrücken. Wenn man an Elektroden, die in eine Glasröhre der Länge 30–50 cm eingeschmolzen sind, eine konstante Spannung von einigen hundert Volt anlegt und dann beginnt, langsam die Luft aus der Röhre zu pumpen, dann kann man bei Drücken von ungefähr 5,3–6,7 kPa eine Entladung in Form einer leuchtenden gewundenen Schnur rötlicher Färbung beobachten, die sich von der Kathode zur Anode zieht. Bei weiterer Verringerung des Druckes wird die Schnur dicker, und bei Drücken um 13 Pa hat die Entladung etwa die Form, wie in Bild 107.2 schematisch dargestellt.

Unmittelbar an der Kathode entsteht eine dünne leuchtende Schicht 1, die **Kathodenglimmschicht**, dann folgt eine dunkle Schicht 2, genannt **Kathodenfallraum (Kathodendunkelraum)**. Diese Schicht geht in eine weitere leuchtende Schicht 3 über, das **negative Glimmlicht**, das eine scharfe Grenze zur Kathode besitzt und zur Anodenseite hin langsam schwächer wird. Es entsteht durch die Rekombination der Elektronen und der positiven Ionen. An das negative Glimmlicht grenzt ein dunkler Abschnitt 4, der **Faradaysche Dunkelraum**, auf den eine Säule 5 ionisierten leuchtenden Gases folgt, die **positive Glimmsäule**. Die positive Glimmsäule spielt bei der Unterhaltung des Entladungsvorganges keine wesentliche Rolle. Zum

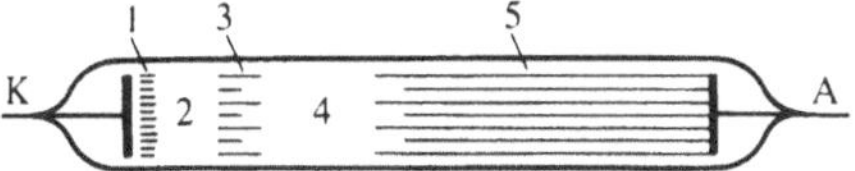

Bild 107.2

Beispiel nimmt ihre Länge bei Verkürzung des Elektrodenabstandes ab. Dabei verändern die Entladungsabschnitte an der Kathode ihre Form und Größe nicht. Bei einer Glimmentladung sind nur zwei ihrer Abschnitte wichtig zu ihrem Fortbestehen: der Kathodendunkelraum und das negative Glimmlicht. Im Kathodendunkelraum werden die Elektronen und die positiven Ionen stark beschleunigt. Die positiven Ionen schlagen beim Auftreffen auf der Kathode Elektronen aus ihrer Oberfläche (Sekundäremission). Im Gebiet des negativen Glimmlichtes werden die neutralen Gasmoleküle von den Elektronen durch Zusammenstöße ionisiert. Die dabei entstehenden positiven Ionen werden in Richtung Kathode beschleunigt und erzeugen bei ihrem Auftreffen erneut freie Elektronen, die wiederum Moleküle ionisieren usw. Auf diese Weise wird die Glimmentladung ständig unterhalten.

Wenn man das Abpumpen der Luft fortsetzt, dann beginnt bei etwa 1,3 Pa das Leuchten des Gases nachzulassen, und die Wände der Röhre fangen an zu leuchten. Die von den positiven Ionen aus der Kathode herausgeschlagenen Elektronen stoßen bei der dünnen Atmosphäre selten mit den Gasmolekülen zusammen und stoßen weiter vom elektrischen Feld beschleunigt auf die Glaswände des Gefäßes und rufen so deren Leuchten hervor. Diese Leuchterscheinung nennt man **Kathodenlumineszenz**. Derartige Elektronenstrahlen haben historisch bedingt die Bezeichnung **Kathodenstrahlen** erhalten. Wenn man in die Kathode kleine Löcher bohrt, dann bilden die positiven Ionen, welche die Kathode bombardieren und sich durch die Löcher bewegen, einen scharf begrenzten Strahl. Diese Strahlen heißen **Kanal-** oder **positive Strahlen**, so genannt nach dem Vorzeichen der Ladung, die sie tragen.

Die Glimmentladung findet in der Technik breite Anwendung. Da das Leuchten der positiven Glimmsäule eine für jedes Gas charakteristische Farbe hat, wird sie in farbigen Gasröhren für leuchtende Schriften und Reklamen verwendet (zum Beispiel Neongasentladungsröhren ergeben eine rote und Argonröhren eine blau-grüne Färbung). In Leuchtstoffröhren, die ökonomischer als Glühlampen arbeiten, wird die Strahlung der Glimmentladung, die in einer Atmosphäre von Quecksilberdämpfen stattfindet, von einem auf die Glaswand aufgetragenen lumineszierenden Stoff (Luminophor) absorbiert. Unter der Einwirkung der absorbierten Strahlung beginnt dieser Stoff selbst zu leuchten. Das Lichtspektrum ist bei entsprechender Auswahl des lumineszierenden Stoffes nahe dem des Sonnenlichtes. Die Glimmentladung wird weiterhin zur **Kathodenzerstäubung** verwendet. Das Kathodenmaterial wird infolge der Bombardierung durch positive Ionen stark erwärmt und geht teilweise in den gasförmigen Zustand über. Indem man verschiedene Stoffe in Kathodennähe bringt, kann man so eine gleichmäßige Metallschicht aufbringen.

2. Funkenentladungen entstehen bei großen elektrischen Feldstärken (ca. $3 \cdot 10^6$ V/m) in Gasen bei Drücken nahe dem atmosphärischen. Der Funke hat das Aussehen eines hell leuchtenden dünnen Kanals, der kompliziert gezackt und verästelt ist.

Eine Erklärung der Funkenentladung gibt die **Streamer-Theorie**. Ihr zufolge geht dem Auftreten des hell leuchtenden

Funkenkanals eine schwach leuchtende Ansammlung ionisierter Gasmoleküle voran. Diese Ansammlungen werden **Streamer** genannt. Sie entstehen nicht nur durch die Bildung von Elektronenlawinen aufgrund der Stoßionisation, sondern auch durch Photoionisation der Gasmoleküle. Wenn die Lawinen miteinander in Kontakt geraten, bilden sie leitende Brücken aus Streamern. Nach diesen vorbereiteten Leitungsbrücken richten sich dann auch kräftige Elektronenströme und bilden damit den Funkenkanal. Bei diesen Prozessen werden im Gas große Energiemengen in Form von Wärme freigesetzt, und im Bereich des Funkenkanals erfolgt eine starke Erwärmung (bis ca. 10^4 K). Diese Erwärmung führt zu den erwähnten Leuchterscheinungen. Die schnelle Erwärmung bringt ebenfalls eine Druckerhöhung mit sich, und es entstehen Druckwellen im Gas. Diese Druckwellen sind die Ursache für die akustischen Begleiterscheinungen einer Funkenentladung – ein Knistern bei schwachen Entladungen bis zu starken Donnerkaskaden bei Blitzen, die ein Beispiel für starke Funkenentladungen zwischen einer Gewitterwolke und der Erde oder zwischen zwei Gewitterwolken sind.

Die Funkenentladung wird zum Beispiel in Verbrennungsmotoren zur Entzündung des Treibstoff-Luft-Gemisches und zur Sicherung elektrischer Trassen vor Überspannung (Funkenentlader) genutzt. Wenn die Wegstrecke des Funkens klein ist, dann verursacht er eine Oberflächenerosion an den Elektroden. Deshalb wird die Funkenentladung auch zur Präzisionsbearbeitung von Metallen (Schneiden, Bohren) eingesetzt. Außerdem findet die Funkenentladung in der Spektralanalyse Verwendung bei der Registrierung geladener Teilchen (Funkenzähler).

3. Bogenentladung. Wenn man nach dem Beginn einer Funkenentladung an einer leistungsfähigen Energiequelle den Elektrodenabstand langsam verringert, dann geht die Entladung in eine stationäre über und wird stabil. Diese Erscheinung nennt man eine Bogenentladung. Dabei wächst die Stromstärke stark an und kann einige hundert Ampere erreichen. Die Spannung fällt bei einer Bogenentladung bis zu einer Größenordnung von 10 V ab. Bogenentladungen kann man mit Niedrigspannungsquellen hervorrufen und dabei das Funkenstadium umgehen. Dazu werden die Elektroden (zum Beispiel aus Kohlenstoff) zusammengeführt, bis sie sich berühren, und durch elektrischen Stromfluß stark erwärmt. Dann vergrößert man den Abstand zwischen ihnen, und es entsteht eine Bogenentladung. Bei atmosphärischem Druck beträgt die Kathodentemperatur etwa 3900 K. Durch Abbrennen der Elektroden nimmt die Kathode im Verlauf der Entladung eine spitze Form an, und an der Anode bildet sich eine Vertiefung (Krater). Dieser Krater ist das Gebiet im Bereich der Bogenentladung mit der höchsten Temperatur.

Nach modernen Vorstellungen wird die Bogenentladung durch eine intensive thermoelektronische Emission bei hohen Kathodentemperaturen und durch thermische Ionisation von Gasmolekülen bei hohen Gastemperaturen aufrechterhalten.

Bogenentladungen finden breite Verwendung in vielen Bereichen der Wirtschaft, zum Beispiel zum Schweißen und Schneiden von Metallen, in der Metallurgie (Lichtbogenofen) und zu Beleuchtungszwecken (Projektoren, Scheinwerfer). Weit verbreitet sind Lichtbogenlampen mit Quecksilberelektroden (Quecksilberdampflampen). Dort geht die Entladung in einer Atmosphäre von Quecksilberdämpfen in von Luft evakuierten Quarzkolben vor sich. Eine solche Bogenentladung ist eine starke Quelle von UV-Licht und wird auch in der Medizin genutzt (UV-Strahler). Außerdem wird die Bogenentladung in Quecksilberdämpfen bei niedrigen Drücken in Quecksilbergleichrichtern zur Gleichrichtung von Wechselströmen angewandt.

4. Koronaentladung nennt man eine elektrische Hochspannungsentladung bei hohen (zum Beispiel bei atmosphärischen) Drücken in einem stark inhomogenen Feld in der unmittelbaren Umgebung von Elektroden mit einer starken Oberflächenkrümmung (zum Beispiel einer Spitze). Wenn die Feldstärke in Spitzennähe etwa 30 kV/cm erreicht, dann beginnt die Umgebung der Spitze zu leuchten. Die Leuchterscheinung hat die Form einer Korona und ist der Grund für die Namensgebung dieser Entladungsform.

In Abhängigkeit vom Ladungsvorzeichen der Elektrode, in deren Bereich sich die Koronaentladung abspielt, unterscheidet man positive und negative Koronen. Im Falle einer negativen Korona entstehen die Elektronen, die die Stoßionisation der Gasmoleküle hervorrufen, durch Kathodenemission unter der Einwirkung positiver Ionen. Ist die Korona positiv, so entstehen die Elektronen durch Gasionisation in Anodennähe. Unter natürlichen Bedingungen entstehen Koronen unter dem Einfluß atmosphärischer Elektrizität an den Spitzen von Masten (darauf ist die Wirkung von Blitzableitern begründet) und Bäumen. Diese Erscheinung wird aus Tradition St.-Elm-Feuer genannt. Eine unerwünschte Nebenwirkung der Koronaentladung macht sich in Form von Energieverlusten durch Nebenströme an Hochspannungsleitungen bemerkbar. Zur Verminderung dieser Verluste vergrößert man den Durchmesser der Leitungen. Impulsförmige Koronaentladungen sind auch eine Ursache für Störungen von Radioübertragungen.

Koronaentladungen werden in Elektrofiltern zur Reinigung von Industrieabgasen verwendet. Das zu reinigende Gas bewegt sich in einem Zylinder von unten nach oben. In der Mitte des Zylinders befindet sich ein Leiter, in dessen Umgebung eine Koronaentladung stattfindet. Die zahlreichen Ionen aus der äußeren Koronaumgebung setzen sich an den Verunreinigungen ab und werden unter Einfluß des elektrischen Feldes in Richtung der äußeren Gegenelektrode bewegt und dort angelagert. Weiterhin findet die Koronaentladung bei der Beschichtung von Oberflächen mit pulverförmigen Materialien oder Lacken Verwendung.

§ 108   Plasma und seine Eigenschaften

Ein stark ionisiertes Gas, in dem die Konzentration von positiven und negativen Ladungen praktisch gleich groß ist, heißt **Plasma**. Man unterscheidet **Hochtemperaturplasma**, das bei sehr hohen Temperaturen entsteht, und **Gasentladungsplasma**, welches, wie der Name schon vermuten läßt, durch Gasentladung entsteht. Eine charakteristische Größe für ein Plasma ist der **Ionisierungsgrad** α – das Verhältnis der Zahl von ionisierten Teilchen zur Gesamtzahl aller Teilchen in einer Volumeneinheit des Plasmas. In Abhängigkeit von α spricht man von einem **schwach** (α beträgt Bruchteile eines Prozentes), **mittelstark** (α beträgt einige Prozent) und **vollständig** (α hat einen Wert nahe 100 %) **ionisierten Plasma**.

In einem beschleunigenden elektrischen Feld besitzen die geladenen Teilchen (Elektronen, Ionen) eine unterschiedliche mittlere kinetische Energie. Das bedeutet, daß die Temperatur T_e des Elektronengases eine andere als die des Ionengases T_I ist, wobei gilt $T_e > T_I$. Dieser Temperaturunterschied deutet darauf hin, daß ein Gasentladungsplasma **instabil** ist. Deswegen wird ein solches Plasma auch **nichtisotherm** genannt. Der Verlust an geladenen Teilchen infolge der Rekombination in einem Gasentladungsplasma wird durch Stoßionisation mit Hilfe von Elektronen ausgeglichen. Wenn das elektrische Feld, welches die Elektronen und Ionen beschleunigt, abgeschaltet wird, kann auch das Gasentladungsplasma nicht weiterbestehen.

Hochtemperaturplasma ist **stabil** oder **isotherm**, d. h., bei einer bestimmten Temperatur wird der Verlust an geladenen Teilchen durch thermische Ionisation ausgeglichen. In einem solchen Plasma sind die kinetischen Energien der unterschiedlichen Teilchen praktisch gleich. Sterne und Sternatmosphären befinden sich in einem solchen Plasmazustand. Die Oberflächentemperatur von Sternen erreicht Größenordnungen von einigen Millionen Kelvin.

Eine der Existenzbedingungen von Plasma ist eine bestimmte minimale Dichte der geladenen Teilchen, von der an man von einem Plasma als solches sprechen kann. Diese Dichte wird in der Plasmaphysik durch die Bedingung $L \gg D$ bestimmt. Dabei ist L die Linearabmessung des Systems geladener Teilchen und D ein plasmaspezifischer Parameter, der als **Debye-Länge (Radius)** bezeichnet wird. D ist derjenige Abstand, in dem das Coulombsche Feld jeder Ladung im Plasma abgeschirmt ist, weil jede Ladung von entgegengesetzt geladenen Teilchen umgeben ist.

Plasma besitzt folgende grundlegende Eigenschaften: einen hohen Ionisationsgrad (bis hin zur vollständigen Ionisation); die resultierende Raumladung ist gleich Null, da die Anzahl der positiv und negativ geladenen Teilchen praktisch gleich ist; eine hohe elektrische Leitfähigkeit (dabei wird der elektrische Strom in einem Plasma größtenteils von Elektronen geleitet, da sie kleiner und deshalb beweglicher sind); begleitende Leuchterscheinungen; starke Wechselwirkung mit elektrischen und magnetischen Feldern; hohe Schwingungsfrequenzen der Elektronen eines Plasmas ($\approx 10^8$ Hz), die einen allgemeinen Vibrationszustand des Plasmas hervorrufen; gleichzeitige Kollektivwechselwirkung einer großen Anzahl von Teilchen (in normalen Gasen treten Teilchen paarweise in Wechselwirkung). Diese Eigenschaften des Zustandes „Plasma" bedeuten einen qualitativen Unterschied zu anderen Aggregatzuständen, und deshalb betrachtet man Plasma auch als einen *besonderen*, den *vierten Aggregatzustand* von Stoffen.

Die Erforschung der Plasmaeigenschaften macht es möglich, viele Probleme der Astrophysik zu lösen, da der Zustand des größten Teils der Materie des Universums das Plasma ist.

Außerdem eröffnet die Plasmaforschung völlig neue Perspektiven für die gesteuerte Kernfusion. Dabei konzentrieren sich die Bemühungen auf ein Hochtemperaturplasma ($\approx 10^8$ K) aus Deuterium und Tritium (siehe § 268).

Niedrigtemperaturplasma ($T < 10^5$ K) verwendet man in Gaslasern, in thermoelektronischen Umwandlern und magnetohydrodynamischen Generatoren (MHD-Generatoren). In MHD-Generatoren kann Wärme direkt in elektrische Energie umgewandelt werden. Desweiteren besitzen Raketentriebwerke auf Plasmabasis große Perspektiven für kosmische Langstreckenflüge.

Man erzeugt Niedrigtemperaturplasma in sogenannten Plasmotronen und setzt es auch zum Schneiden und Schweißen von Metallen und zur Herstellung einiger chemischer Verbindungen ein, die mit anderen Verfahren nicht erzeugt werden können (zum Beispiel Halogenide inerter Gase).

Kontrollfragen

▶ Welche Versuche wurden zur Erforschung der Eigenschaften der Träger des elektrischen Stromes in Metallen angestellt?

▶ Welche sind die grundlegenden Ideen der Theorie von Drude und Lorentz?

▶ Vergleichen Sie die Größenordnungen der mittleren Geschwindigkeiten der Wärmebewegung und der geordneten Bewegung von Elektronen in Metallen (für normale Bedingungen).

▶ Warum führt die Wärmebewegung der Elektronen nicht zum Fließen eines elektrischen Stromes?

▶ Leiten Sie ausgehend von der klassischen Theorie der elektrischen Leitungsvorgänge in Metallen das Ohmsche und das Joulesche Gesetz in Differentialform her.

▶ Wie erklärt die klassische Theorie der elektrischen Leitungsvorgänge in Metallen die Abhängigkeit des elektrischen Widerstandes von der Temperatur?

▶ Worin bestehen die Widersprüche der klassischen Theorie der elektrischen Leitungsvorgänge in Metallen? Wo liegen die Grenzen ihrer Anwendbarkeit?

▶ Was ist die Austrittsarbeit eines Elektrons und wodurch wird sie hervorgerufen? Von welchen Größen ist sie abhängig?

▶ Welche Arten der Elektronenemission gibt es? Geben Sie die entsprechenden Definitionen.

▶ Erklären Sie die Strom-Spannungs-Charakteristik für eine Vakuumdiode.

▶ Ist es möglich, die Sättigungsstromstärke einer Vakuumdiode zu verändern? Wenn ja, wie?

▶ Wie können Elektronen aus einer kalten Kathode herausgelöst werden? Wie heißt diese Erscheinung?

▶ Geben Sie eine Erklärung für die qualitative Abhängigkeit des Koeffizienten der Sekundärelektronenemission eines Dielektrikums von der Energie der einfallenden Elektronen.

▶ Charakterisieren Sie den Ionisations- und den Rekombinationsprozeß.

▶ Worin besteht der Unterschied einer selbständigen zu einer unselbständigen Gasentladung? Welches sind die Bedingungen für die Fortdauer einer unselbständigen Gasentladung?

▶ Gibt es im Falle einer selbständigen Gasentladung einen Sättigungsstrom?

▶ Beschreiben Sie die unterschiedlichen Arten einer selbständigen Gasentladung. Worin bestehen ihre jeweiligen Besonderheiten?

▶ Zu welchem Typ von Gasentladungen zählt man einen Blitz?

▶ Worin besteht der Unterschied von stabilem zu instabilem Plasma?

▶ Nennen Sie die grundlegenden Plasmaeigenschaften. Welche Anwendungen von Plasma kennen Sie?

Aufgaben

13.1. Ein Thermoelement mit dem Widerstand $R = 12\,\Omega$ ist an ein Mikroamperemeter mit einem Innenwiderstand von $r = 200\,\Omega$ angeschlossen. Bestimmen Sie die Konstante des Thermoelementes, wenn das Amperemeter bei einem Temperaturunterschied von $\Delta T = 120$ K an seinen Lötstellen 30 μA anzeigt. [Lösung der Aufgabe s. S. 389]

13.2. Die Konzentration von Leitungselektronen in einem Metall beträgt $2,5 \cdot 10^{22}$ cm^{-3}. Bestimmen Sie mittlere Geschwindigkeit ihrer geordneten Bewegung bei einer Stromdichte von 1 A/mm^2. [0,25 mm/s]

13.3. Die Austrittsarbeit für Elektronen aus Wolfram beträgt 4,5 eV. Berechnen Sie, um wievielmal sich die Sättigungsstromdichte erhöht, wenn die Temperatur von 2000 auf 2500 K anwächst. [um 290mal]

13.4. Die Austrittsarbeit für Elektronen aus einem Metall beträgt 2,5 eV. Bestimmen Sie die Austrittsgeschwindigkeit eines Elektrons aus dem Metall, wenn das Elektron eine Energie von 10^{-18} J besitzt. [1,15 Mm/s]

13.5. Die Luft zwischen den Platten eines Plattenkondensators wird durch Röntgenstrahlung ionisiert. Zwischen den Platten fließt ein Strom von 10 μA. Die Fläche jeder Kondensatorplatte beträgt 200 cm^2, der Abstand der Platten ist 1 cm, und die Spannung zwischen ihnen ist 100 V. Die Beweglichkeit der positiven Ionen beträgt $b_+ = 1,4$ cm^2/(V $\cdot$ s) und der negativen $b_- = 1,9$ cm^2/(V $\cdot$ s). Die Ladung jedes Ions sei gleich der Elementarladung. Bestimmen Sie die Konzentration der Ionenpaare zwischen den Platten, wenn die Stromstärke weit unter der Sättigungsstromstärke liegt. [$9,5 \cdot 10^{14}$ m^{-3}]

13.6. Die Sättigungsstromstärke für eine unselbständige Entladung ist gleich 9,6 pA. Bestimmen Sie die Anzahl der Ionenpaare, die in einer Sekunde durch einen äußeren Ionisator entstehen. [$3 \cdot 10^7$]

Kapitel 14

Magnetisches Feld

§ 109   Magnetfelder und ihre Eigenschaften

Versuche haben gezeigt, daß in der Umgebung von elektrischem Stromfluß und Dauermagneten ein Kraftfeld ähnlich einem elektrischen Feld in der Umgebung elektrischer Ladungen entsteht. Ein solches Feld wird **magnetisches Feld** oder auch **Magnetfeld** genannt. Die Existenz eines Magnetfeldes läßt sich durch Kraftwirkungen auf in das Feld eingebrachte stromdurchflossene Leiter oder Dauermagneten nachweisen. Die Bezeichnung „Magnetfeld" ist mit der Orientierung eines magnetischen Zeigers unter Feldeinwirkung verbunden (diese Erscheinung wurde erstmalig von dem dänischen Physiker H. Ørsted (1777–1851) wahrgenommen).

Ein elektrisches Feld wirkt sowohl auf ruhende als auch auf bewegte elektrische Ladungen. Die wichtigste Besonderheit des magnetischen Feldes ist, daß es ausschließlich auf in diesem Feld *bewegte* elektrische Ladungen wirkt. Im Experiment wurde festgestellt, daß die Art der Kraftwirkung auf einen elektrischen Stromfluß von der Leiterform, von der Lage des Leiters und von der Richtung des Stromflusses abhängig ist. Um ein Magnetfeld zu charakterisieren, muß man folglich seine Wirkung auf einen bestimmten Strom untersuchen.

Ähnlich wie bei der Untersuchung eines elektrostatischen Feldes mit Hilfe von Punktladungen wird zur Beschreibung eines Magnetfeldes eine *geschlossene stromdurchflossene Leiterschleife* verwendet (*ein stromdurchflossener Rahmen*). Die linearen Abmessungen dieses Rahmens sind gering im Vergleich zur Entfernung zu den Strömen, welche das Magnetfeld hervorrufen. Die Orientierung der Leiterschleife im Raum wird mit Hilfe der Normalen zur Ebene der Leiterschleife bestimmt. Als positive Orientierungsrichtung der Normalen betrachtet man die Richtung, in welche sich eine Schraube mit Rechtsgewinde vorwärts bewegen würde, wenn sie in Stromrichtung gedreht wird (*Rechtsschraubenregel*) (Bild 109.1).

In Versuchen stellte sich heraus, daß das Magnetfeld auf eine solche Leiterschleife eine orientierende Wirkung ausübt und sie in einer bestimmten Weise dreht. Diese Drehung dient der Wahl der Magnetfeldrichtung. Als die Richtung des Magnetfeldes in einem gegebenen Punkt betrachtet man diejenige Richtung, in welche die positive Normale der Leiterschleife weist (Bild 109.2). Die Richtung eines Magnetfeldes kann ebenso als

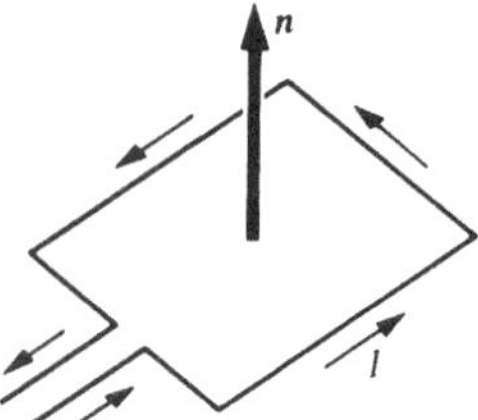

Bild 109.1

die Richtung der Kraft, welche auf den Nordpol einer Magnetnadel in diesem Punkt einwirkt, bestimmt werden. Da beide Pole der Magnetnadel sich im Feld nicht weit voneinander entfernt befinden, sind die Kräfte, die auf beide Pole einwirken, praktisch gleich groß. Folglich wirkt auf eine Magnetnadel ein Kräftepaar, das die Nadel derart dreht, daß die Verbindungsachse von Nord- und Südpol der Nadel mit der Feldrichtung übereinstimmt.

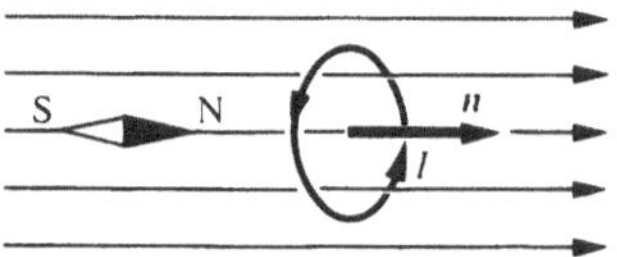

Bild 109.2

Eine Leiterschleife, wie oben beschrieben, kann ebenfalls zur quantitativen Beschreibung eines Magnetfeldes genutzt werden. Da auf eine stromdurchflossene Leiterschleife in einem magnetischen Feld ein orientierendes Kräftepaar einwirkt, kann man sagen, daß das Drehmoment dieser Kräfte von den Feldeigenschaften im betrachteten Punkt und von den Eigenschaften der Leiterschleife abhängig ist:

$$M = (p_m \times B), \tag{109.1}$$

wobei B der **Vektor der magnetischen Induktion** und p_m der **Vektor des magnetischen Momentes der Leiterschleife** ist. B ist ein quantitatives Charakteristikum des Magnetfeldes. Für eine ebene Leiterschleife, durchflossen von dem Strom I, gilt

$$p_m = IAn, \tag{109.2}$$

wobei A der Flächeninhalt der Leiterschleife und n der Einheitsvektor der Normalen zur Leiterschleife ist. Die Richtung von p_m fällt also mit der Richtung der positiven Normalen zusammen.

Wenn man in einen bestimmten Punkt des Magnetfeldes Leiterschleifen mit verschiedenen magnetischen Momenten bringt, so wirken auf sie unterschiedliche Drehmomente. Dabei bleibt das Verhältnis M_{max}/p_m (M_{max} ist das maximale Drehmoment) für alle Leiterschleifen konstant und kann somit als charakteristische Größe des magnetischen Feldes verwendet werden. Diese Größe nennt man magnetische Induktion:

$$B = \frac{M_{max}}{p_m}.$$

Die **magnetische Induktion** in einem bestimmten Punkt eines *homogenen* Magnetfeldes wird wie das maximale Drehmoment einer stromdurchflossenen Leiterschleife bestimmt, deren magnetisches Moment gleich eins ist, wenn die Normale der Leiterschleife senkrecht zur Richtung des Magnetfeldes ist. Es bleibt zu bemerken, daß der Vektor **B** ebenso aus dem Ampèreschen Gesetz (siehe § 111) und aus dem Ausdruck für die Lorentzkraft (siehe § 114) hergeleitet werden kann.

Da ein Magnetfeld ein *Kraftfeld* ist, wird es analog zum elektrischen Feld mit Hilfe von **magnetischen Feldlinien** dargestellt. Es sind dies Linien, deren Tangenten in jedem Punkt mit der Richtung des Vektors **B** übereinstimmen. Ihre Richtung wird nach der Rechtsschraubenregel bestimmt: Der Kopf einer Schraube mit Rechtsgewinde, die in Stromrichtung geschraubt wird, dreht sich in Richtung der Feldlinien.

Die magnetischen Feldlinien kann man mit Hilfe von Metallspänen sichtbar machen. Die Eisenteilchen werden im Magnetfeld magnetisiert und verhalten sich ähnlich kleinen Magnetnadeln. In Bild 109.3a sind die magnetischen Feldlinien eines Magnetfeldes, hervorgerufen durch einen kreisförmigen Stromfluß senkrecht zur Bildebene, abgebildet, in Bild 109.3b findet man die Darstellung der Feldlinien des Feldes eines stromdurchflossenen Solenoids (ein Solenoid ist eine gleichmäßig auf eine Zylinderoberfläche gewickelte stromdurchflossene Drahtspirale).

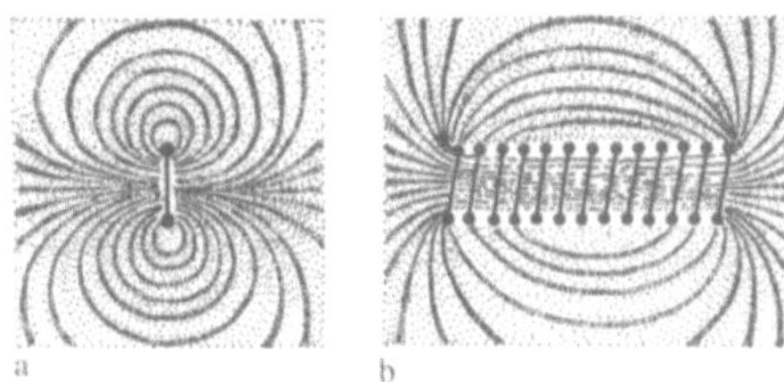

Bild 109.3

Die magnetischen Feldlinien sind stets *geschlossen* und schließen den stromdurchflossenen Leiter ein. Dadurch unterscheiden sie sich von den Feldlinien eines elektrostatischen Feldes, die *offen* sind (beginnend bei den positiven und endend bei den negativen Ladungen (siehe § 79)).

In Bild 109.4 sind die magnetischen Feldlinien eines Stabmagneten dargestellt; sie treten am Nordpol aus und am Südpol ein. Auf den ersten Blick scheint es, daß hier völlige Analogie zu den Feldlinien eines elektrostatischen Feldes besteht und die Pole des Magneten die Rolle von magnetischen „Ladungen" (magnetischen Monopolen) spielen. Versuche haben gezeigt, daß es nicht möglich ist, die Pole eines Stabmagneten durch Zerschneiden zu trennen, d. h., im Unterschied von elektrischen Ladungen gibt es keine freien magnetischen Ladungen, und deshalb können auch die magnetischen Feldlinien nicht an den Polen aufhören. Später wurde herausgefunden, daß im Inneren von Stabmagneten ein magnetisches Feld analog dem Feld im Inneren einer Solenoidspule existiert. Die magnetischen Feldlinien dieses Feldes sind die Fortsetzung der Feldlinien außerhalb des Magneten. Demzufolge sind auch die magnetischen Feldlinien von Dauermagneten in sich geschlossen.

Bis jetzt haben wir makroskopische Ströme in elektrischen Leitern betrachtet. Der französische Physiker A. Ampère (1775–1836) hatte die Idee, daß es in jedem Körper mikroskopische Ströme gibt, die durch die Bewegung der Elektronen in Atomen und Molekülen hervorgerufen werden. Diese mikroskopischen

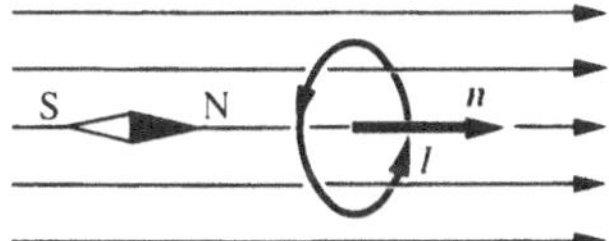

Bild 109.4

molekularen Ströme haben ein eigenes Magnetfeld und können sich im Magnetfeld von Makroströmen ausrichten. Wenn man zum Beispiel einen Körper in die Nähe eines stromdurchflossenen Leiters (Makrostrom) bringt, dann orientieren sich alle Mikroströme unter der Einwirkung des magnetischen Feldes in bestimmter Weise und rufen innerhalb des Körpers ein zusätzliches Magnetfeld hervor. Der Vektor der magnetischen Induktion **B** steht für das *resultierende* Feld, hervorgerufen durch die *Makro-* und *Mikroströme*, d. h., daß der Vektor **B** in *unterschiedlichen* Stoffen unter sonst gleichen Bedingungen *unterschiedliche* Werte annimmt.

Das Magnetfeld der *Makroströme* wird durch den **Vektor der magnetischen Feldstärke H** charakterisiert.

In einem homogenen und isotropen Stoff hängt der Vektor der magnetischen Induktion mit dem Feldstärkevektor **H** wie folgt zusammen:

$$B = \mu_0 \mu H, \tag{109.3}$$

wobei μ_0 die magnetische Feldkonstante und μ eine dimensionslose Größe, die **relative Permeabilität des** jeweiligen **Stoffes**, ist. Die relative Permeabilität zeigt an, um wieviel das Feld der Makroströme H durch die Felder der Mikroströme des Stoffes verstärkt wird.

Indem man die Vektorcharakteristika des elektrostatischen (**E** und **D**) und des magnetischen Feldes (**B** und **H**) vergleicht, erkennt man, daß der Vektor **E** der elektrischen Feldstärke analog dem Vektor der magnetischen Induktion **B** für ein Magnetfeld ist, da beide Vektoren die Kraftwirkung eines Feldes charakterisieren und beide von den Eigenschaften des jeweiligen Stoffes abhängig sind. Das Gegenstück des elektrischen Verschiebungsvektors **D** in einem elektrostatischen Feld ist analog dem Feldstärkevektor **H** für ein Magnetfeld.

§ 110   Biot-Savartsches Gesetz und seine Anwendung zur Berechnung der Parameter eines magnetischen Feldes

Die französischen Physiker J. Biot (1774–1862) und F. Savart (1791–1841) beschäftigten sich mit der Untersuchung von Magnetfeldern konstanter Ströme mit unterschiedlicher Form. Die Resultate dieser Forschungen wurden von dem hervorragenden französischen Mathematiker und Physiker P. Laplace verallgemeinert.

Das **Biot-Savartsche Gesetz** für einen Leiter mit dem Stromfluß I, dessen Element $\mathrm{d}l$ in einem bestimmten Punkt

A (Bild 110.1) die magnetische Induktion $\mathrm{d}\boldsymbol{B}$ hervorruft, kann wie folgt geschrieben werden:

$$\mathrm{d}\boldsymbol{B} = \frac{\mu_0 \mu}{4\pi} \frac{I(\mathrm{d}\boldsymbol{l} \times \boldsymbol{r})}{r^3}. \tag{110.1}$$

Dabei ist $\mathrm{d}\boldsymbol{l}$ ein Vektor, dessen Betrag gleich der Länge $\mathrm{d}l$ eines Elementes des Leiters ist, das mit der Stromrichtung zusammenfällt, $\boldsymbol{r}$ der Radiusvektor vom Element $\mathrm{d}l$ zum Punkt A des Feldes, r der Betrag des Radiusvektors $\boldsymbol{r}$. Die Richtung von $\mathrm{d}\boldsymbol{B}$ ist senkrecht zu $\mathrm{d}\boldsymbol{l}$ und $\boldsymbol{r}$, d. h. senkrecht zur Ebene, in welcher diese liegen. Sie fällt mit der Tangente der Feldlinie zusammen. Diese Richtung kann mit Hilfe der Rechtsschraubenregel bestimmt werden: Die Drehrichtung des Schraubenkopfes ergibt die Richtung von $\mathrm{d}\boldsymbol{B}$, wenn die geradlinige Bewegung der Schraube der Stromrichtung des Elementes entspricht.

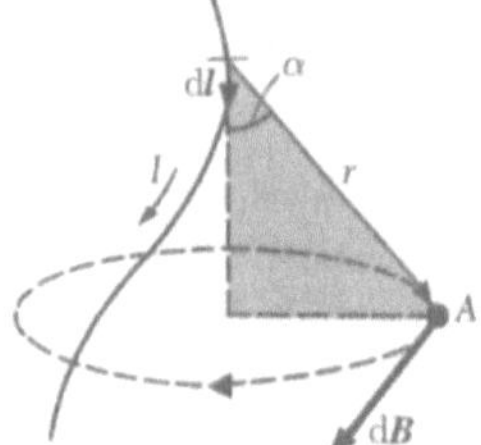

Bild 110.1

Der Betrag des Vektors $\mathrm{d}\boldsymbol{B}$ wird durch folgenden Ausdruck bestimmt:

$$\mathrm{d}B = \frac{\mu_0 \mu}{4\pi} \frac{I\mathrm{d}l \sin \alpha}{r^2}, \tag{110.2}$$

wobei α der Winkel zwischen den Vektoren $\mathrm{d}\boldsymbol{l}$ und $\boldsymbol{r}$ ist.

Für ein Magnetfeld gilt wie auch für ein elektrisches Feld das **Superpositionsprinzip**: Die magnetische Induktion des resultierenden Feldes von mehreren Strömen oder bewegten Ladungen ist gleich der Summe der magnetischen Induktion der Einzelfelder:

$$\boldsymbol{B} = \sum_{i=1}^{n} \boldsymbol{B}_i. \tag{110.3}$$

Die Berechnung der Parameter eines magnetischen Feldes ($\boldsymbol{B}$ und $\boldsymbol{H}$) nach den angeführten Formeln ist im allgemeinen ziemlich schwierig. Wenn allerdings die Stromverteilung eine bestimmte Symmetrie aufweist, dann erlaubt das Biot-Savartsche Gesetz zusammen mit dem Superpositionsprinzip die Berechnung konkreter Felder.

Betrachten wir nun dazu zwei Beispiele.

1. Magnetfeld eines geraden Stromes. Ein gerader Strom sei ein Strom, der in einem dünnen geraden Leiter von unendlicher Länge fließt (Bild 110.2). In einem beliebigen Punkt A, der sich im Abstand R von der Leiterachse befindet, haben die Vektoren $\mathrm{d}\boldsymbol{B}$ aller Stromelemente die gleiche Richtung. Diese Richtung ist rechtwinklig zur Abbildungsebene („zum Betrachter hin"). Deshalb kann man die Summe der Vektoren $\mathrm{d}\boldsymbol{B}$ durch

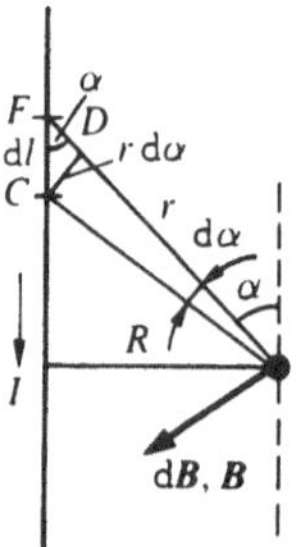

Bild 110.2

die Summe ihrer absoluten Beträge ersetzen. Als Integrationskonstante wählen wir den Winkel α (der Winkel zwischen den Vektoren $\mathrm{d}\boldsymbol{l}$ und $\boldsymbol{r}$), indem wir über ihn alle übrigen Größen ausdrücken.

Aus Bild 110.2 folgt, daß

$$r = \frac{R}{\sin \alpha}, \quad \mathrm{d}l = \frac{r\,\mathrm{d}\alpha}{\sin \alpha}$$

gilt (der Radius des Bogens CD ist wegen der Geringfügigkeit von $\mathrm{d}l$ gleich r, und den Winkel FDC kann man aus dem gleichen Grund als rechtwinklig annehmen). Indem wir diese Ausdrücke in (110.2) einsetzen, erhalten wir, daß die magnetische Induktion, bedingt von einem Leiterelement, wie folgt bestimmt wird:

$$\mathrm{d}B = \frac{\mu_0 \mu I}{4\pi R} \sin \alpha\, \mathrm{d}\alpha. \tag{110.4}$$

Da der Winkel α für alle Elemente des geraden Stromes innerhalb des Intervalls von 0 bis π liegt, erhalten wir nach (110.3) und (110.4),

$$B = \int \mathrm{d}B = \frac{\mu_0 \mu}{4\pi} \frac{I}{R} \int_0^{\pi} \sin \alpha\, \mathrm{d}\alpha = \frac{\mu_0 \mu}{4\pi} \frac{2I}{R}.$$

Folglich ergibt sich die magnetische Induktion des Magnetfeldes eines geraden Stromes zu

$$B = \frac{\mu_0 \mu}{4\pi} \frac{2I}{R}. \tag{110.5}$$

2. Magnetfeld im Mittelpunkt eines kreisförmigen stromdurchflossenen Leiters (Bild 110.3). Aus der Abbildung folgt, daß alle Elemente des kreisförmigen Leiters im Mittelpunkt des Kreises Magnetfelder mit gleichen Richtungen hervorrufen, entlang der Normalen der Wicklung. Deshalb kann man die Summe der Vektoren $\mathrm{d}\boldsymbol{B}$ durch die Summe ihrer absoluten Beträge ersetzen. Da alle Elemente des Leiters senkrecht zum Radiusvektor sind ($\sin \alpha = 1$) und der Abstand aller Lei-

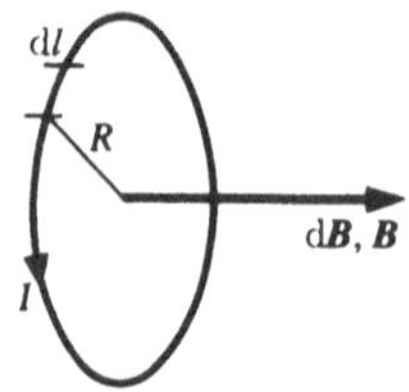

Bild 110.3

terelemente zum Kreismittelpunkt gleich R ist, folgt aus (110.2)

$$dB = \frac{\mu_0 \mu}{4\pi} \frac{I}{R^2} dl.$$

Dann gilt

$$B = \int dB = \frac{\mu_0 \mu}{4\pi} \frac{I}{R^2} \int dl = \frac{\mu_0 \mu I}{4\pi R^2} 2\pi R = \mu_0 \mu \frac{I}{2R}.$$

Die magnetische Induktion des Magnetfeldes im Zentrum eines kreisförmigen stromdurchflossenen Leiters ergibt sich folglich zu

$$B = \mu_0 \mu \frac{I}{2R}.$$

§ 111   Ampèresches Gesetz. Wechselwirkung paralleler Ströme

Ein Magnetfeld übt auf einen stromdurchflossenen Rahmen eine orientierende Wirkung aus (siehe § 109). Folglich ist das Drehmoment des Rahmens das Resultat einer Kraftwirkung auf die einzelnen Elemente des Rahmens. Indem er die Untersuchungsergebnisse der Wirkung von Magnetfeldern für verschiedene stromdurchflossene Leiter verallgemeinerte, fand Ampère heraus, daß die Kraft dF, mit welcher das Magnetfeld auf ein stromdurchflossenes Leiterelement dl in diesem Feld einwirkt, der Stromstärke I im Leiter und dem Vektorprodukt aus Leiterelement dl und magnetischer Induktion B direkt proportional ist:

$$dF = I(dl \times B). \tag{111.1}$$

Die Richtung des Vektors dF kann im Einverständnis mit Gl. (111.1) mit Hilfe der allgemeinen Regeln für das Vektorprodukt bestimmt werden. Daraus folgt die **Linke-Hand-Regel**: Wenn man die linke Handfläche so hält, daß der Vektor B in diese Ebene hinein zeigt und die vier gestreckten Finger in Stromrichtung weisen, dann zeigt der rechtwinklig abstehende Daumen in Richtung der Kraft, die auf das Leiterelement wirkt.

Der Betrag der Ampèreschen Kraft (siehe (111.1)) wird mit folgender Formel berechnet:

$$dF = IB\,dl \sin \alpha, \tag{111.2}$$

wobei α der Winkel zwischen den Vektoren dl und B ist.

Das Ampèresche Gesetz wird zur Bestimmung der Wechselwirkungskraft zweier Ströme genutzt. Wir betrachten zwei unendlich lange parallele und geradlinige Ströme I_1 und I_2 (die Richtung der Ströme ist in Bild 111.1 vermerkt). Der Abstand der Ströme voneinander beträgt R. Jeder der beiden Leiter erzeugt ein Magnetfeld, das auf den anderen stromdurchflossenen Leiter mit einer bestimmten Kraft wirkt. Wir untersuchen jetzt, mit welcher Kraft das Magnetfeld des Stromes I_1 auf ein Element dl des zweiten Leiters mit dem Strom I_2 wirkt. Der Strom

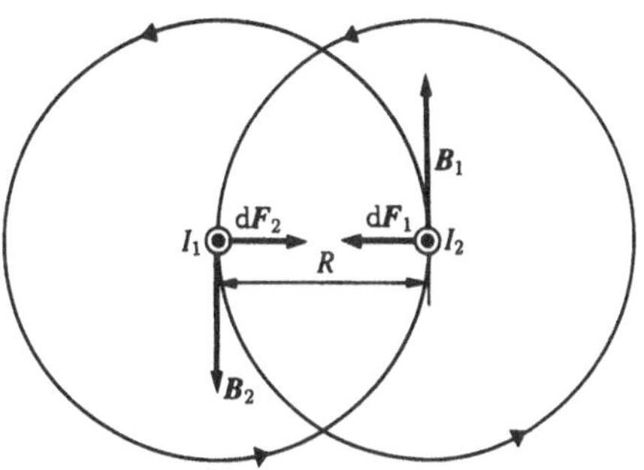

Bild 111.1

I_1 erzeugt in seiner Umgebung ein Magnetfeld, dessen Feldlinien durch konzentrische Kreise dargestellt werden können. Die Richtung des Vektors B_1 wird mit der Rechtsschraubenregel bestimmt. Der Betrag von B_1 ist nach Formel (110.5) gleich

$$B_1 = \frac{\mu_0 \mu}{4\pi} \frac{2I_1}{R}.$$

Die Richtung der Kraft dF_1, mit der das Feld B_1 auf ein Element dl des zweiten Leiters einwirkt, läßt sich mit der Linke-Hand-Regel, wie in der Abbildung dargestellt, bestimmen. Der Betrag der Kraft ergibt sich unter Berücksichtigung der Tatsache, daß der Winkel α zwischen den Elementen des Stromes I_2 und dem Vektor B_1 90° beträgt, zu

$$dF_1 = I_2 B_1\, dl$$

oder, indem man den Wert für B_1 einsetzt,

$$dF_1 = \frac{\mu_0 \mu}{4\pi} \frac{2I_1 I_2}{R} dl. \tag{111.3}$$

Analog kann man zeigen, daß die Kraft dF_2, mit der das Magnetfeld des Stromes I_2 auf ein Element dl des ersten Leiters mit dem Strom I_1 wirkt, entgegengesetzt gerichtet ist und dem Betrag nach gleich

$$dF_2 = I_1 B_2\, dl = \frac{\mu_0 \mu}{4\pi} \frac{2I_1 I_2}{R} dl \tag{111.4}$$

ist. Der Vergleich von (111.3) und (111.4) zeigt, daß

$$dF_1 = dF_2$$

gilt, d. h., *zwei parallele Ströme mit gleicher Richtung ziehen sich gegenseitig* mit der Kraft

$$dF = \frac{\mu_0 \mu}{4\pi} \frac{2I_1 I_2}{R} dl \tag{111.5}$$

an. Wenn *die Ströme entgegengesetzte Richtungen aufweisen*, dann kann man mit der Linke-Hand-Regel zeigen, daß zwischen ihnen eine *abstoßende Kraft* wirkt. Diese Kraft kann mit Hilfe von Formel (111.5) berechnet werden.

§ 112 Die magnetische Konstante. Einheiten der magnetischen Induktion und der magnetischen Feldstärke

Wenn sich zwei parallele stromdurchflossene Leiter im Vakuum befinden ($\mu = 1$), dann ist die Wechselwirkungskraft der Leiter pro Längeneinheit nach (111.5) gleich

$$\frac{\mathrm{d}F}{\mathrm{d}l} = \frac{\mu_0}{4\pi} \frac{2I_1 I_2}{R}. \tag{112.1}$$

Zur Bestimmung des Zahlenwertes von μ_0 benutzen wir die Definition der Maßeinheit Ampere. Sie lautet wie folgt: Bei $I_1 = I_2 = 1\,A$ und $R = 1\,\mathrm{m}$ ist $\mathrm{d}F/\mathrm{d}l = 2 \cdot 10^{-7}\,\mathrm{N/m}$. Indem wir diesen Wert in Formel (112.1) einsetzen, erhalten wir

$$\mu_0 = 4\pi \cdot 10^{-7}\,\mathrm{N/A}^2 = 4\pi \cdot 10^{-7}\,\mathrm{H/m},$$

wobei **Henry** (H) die Maßeinheit der Induktivität ist (siehe § 126).

Das Ampèresche Gesetz erlaubt es, die Maßeinheit der magnetischen Induktion B zu bestimmen. Wir setzen voraus, daß das Element des stromdurchflossenen Leiters $\mathrm{d}l$ senkrecht zur Richtung des magnetischen Feldes ist. Das Ampèresche Gesetz kann dann wie folgt geschrieben werden:

$$\mathrm{d}F = IB\,\mathrm{d}l,$$

woraus folgt

$$B = \frac{1}{I}\frac{\mathrm{d}F}{\mathrm{d}l}.$$

Die Maßeinheit der magnetischen Induktion ist **Tesla** (T): 1 T ist die magnetische Induktion eines homogenen Magnetfeldes, das mit der Kraft von 1 N/m auf einen geraden stromdurchflossenen Leiter wirkt, der rechtwinklig zur Richtung des Feldes ist, wenn die Stromstärke in dem Leiter 1 A beträgt:

$$1\,\mathrm{T} = 1\,\mathrm{N}/(\mathrm{A} \cdot \mathrm{m}).$$

Da $\mu_0 = 4\pi \cdot 10^{-7}\,\mathrm{N/A}^2$ ist und für ein Vakuum $\mu = 1$ gilt, erhalten wir mit $B = \mu_0 H$ (Gl.(109.3))

$$H = \frac{B}{\mu_0}.$$

Die Maßeinheit der magnetischen Feldstärke ist Ampere pro Meter (A/m): 1 A/m ist die Feldstärke eines solchen Feldes, dessen magnetische Induktion im Vakuum gleich $4\pi \cdot 10^{-7}\,\mathrm{T}$ beträgt.

§ 113 Magnetfeld bewegter Ladungen

Jeder stromdurchflossene Leiter ruft in seiner Umgebung ein Magnetfeld hervor. Ein elektrischer Strom ist aber nichts anderes als eine geordnete Bewegung elektrischer Ladungen. Deshalb kann man sagen, daß jede sich in einem Stoff oder im Vakuum bewegende elektrische Ladung in ihrer Umgebung ein Magnetfeld hervorruft. Durch Verallgemeinerung experimenteller Ergebnisse wurde ein Gesetz gefunden, welches das Feld

B einer Punktladung Q bestimmt, die sich mit einer nichtrelativistischen Geschwindigkeit v frei bewegt. Unter *freier Fortbewegung* versteht man hier die Bewegung der Ladung mit konstanter Geschwindigkeit. Dieses Gesetz wird durch folgende Formel ausgedrückt:

$$\boldsymbol{B} = \frac{\mu_0 \mu}{4\pi} \frac{Q(\boldsymbol{v} \times \boldsymbol{r})}{r^3}, \tag{113.1}$$

wobei r der Radiusvektor von der Ladung Q zum Beobachtungspunkt M ist (Bild 113.1). Entsprechend (113.1) liegt der Vektor $\boldsymbol{B}$ senkrecht zur Ebene der Vektoren $\boldsymbol{v}$ und $\boldsymbol{r}$. Genauer gesagt ist seine Richtung gleich der Vorwärtsbewegungsrichtung einer Schraube mit Rechtsgewinde, wenn sie von $\boldsymbol{v}$ zu $\boldsymbol{r}$ gedreht wird.

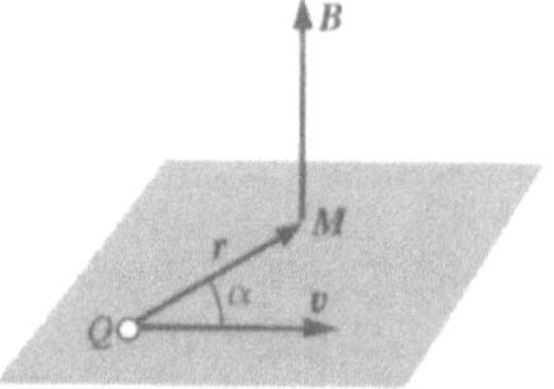

Bild 113.1

Der Betrag der magnetischen Induktion (113.1) wird mit Hilfe folgender Formel bestimmt:

$$B = \frac{\mu_0 \mu}{4\pi} \frac{Qv}{r^2} \sin\alpha, \tag{113.2}$$

wobei α der Winkel zwischen den Vektoren $\boldsymbol{v}$ und $\boldsymbol{r}$ ist.

Indem wir (113.1) und (113.2) vergleichen, erkennen wir, daß eine bewegte Ladung bezüglich ihrer magnetischen Eigenschaften äquivalent einem Stromelement ist:

$$I\,\mathrm{d}\boldsymbol{l} = Q\boldsymbol{v}.$$

Die angeführten Gesetzmäßigkeiten (113.1) und (113.2) gelten allerdings nur für geringe Geschwindigkeiten ($v \ll c$) der bewegten Ladung, wenn man das elektrische Feld der sich frei bewegenden Ladung als elektrostatisch annehmen kann, so als würde es von einer ruhenden Ladung hervorgerufen, die sich zum gegebenen Zeitpunkt im gleichen Punkt wie die bewegte Ladung befindet.

Die Formel (113.1) bestimmt die magnetische Induktion einer positiven Ladung, die sich mit der Geschwindigkeit v bewegt. Wenn die Ladung negativ ist, muß man Q durch $-Q$ ersetzen. Die Geschwindigkeit v ist die relative Geschwindigkeit bezüglich des Beobachtungspunktes. Der Vektor $\boldsymbol{B}$ hängt im betrachteten Bezugssystem sowohl von der Zeit als auch von der Lage des Beobachtungspunktes M ab. Deshalb muß der relative Charakter des magnetischen Feldes einer sich bewegenden Ladung unterstrichen werden.

Erstmalig wurde das Magnetfeld einer sich bewegenden Ladung durch den amerikanischen Physiker H. Rowland (1848–1901) nachgewiesen.

§ 114   Einfluß von Magnetfeldern auf bewegte Ladungen

Versuche haben gezeigt, daß Magnetfelder nicht nur auf strom-durchflossene Leiter (siehe § 111), sondern auch auf einzel-ne sich bewegende Ladungen eine Kraftwirkung ausüben. Die Kraft, mit der ein Magnetfeld auf eine sich im Feld mit der Geschwindigkeit v bewegende elektrische Ladung Q einwirkt, heißt **Lorentzkraft** und wird durch folgenden Ausdruck de-finiert:

$$F = Q(v \times B), \tag{114.1}$$

wobei B die magnetische Induktion des Feldes ist, in dem sich die Ladung bewegt.

Die Richtung der Lorentzkraft wird mit der **Linke-Hand-Regel** bestimmt: Wenn man die linke Handfläche so hält, daß der Vektor B in diese Ebene hinein zeigt und die vier gestreck-ten Finger in die Richtung von v weisen (für $Q > 0$ fallen die Richtungen von I und v zusammen, für $Q < 0$ sind sie ent-gegengesetzt), dann zeigt der rechtwinklig abstehende Daumen in Richtung der Kraft, die auf eine *positive Ladung* wirkt. In Bild 114.1 ist die gegenseitige Orientierung der Vektoren v, B (das Feld ist zum Betrachter hin gerichtet) und F für eine posi-tive Ladung dargestellt. Im Falle einer negativen Ladung ist die Kraft entgegengesetzt gerichtet.

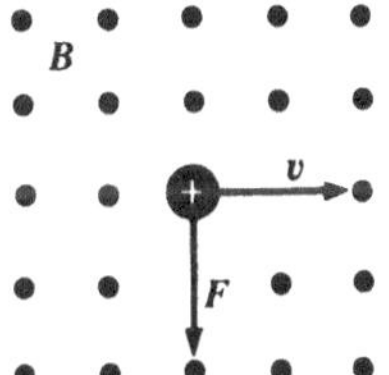

Bild 114.1

Der Betrag der Lorentzkraft (siehe (114.1)) ergibt sich zu

$$F = QvB \sin \alpha,$$

dabei ist α der Winkel zwischen v und B.

Wir bemerken ein weiteres Mal (siehe § 109), daß ein Ma-gnetfeld *auf eine ruhende Ladung keinerlei Wirkung ausübt*. Darin besteht der Hauptunterschied eines magnetischen Feldes zu einem elektrischen Feld. *Ein Magnetfeld wirkt nur auf sich in diesem Feld bewegende Ladungen.*

Anhand der Wirkung der Lorentzkraft kann man die For-mel für diese Kraft ebenfalls zur Bestimmung des Vektors der magnetischen Induktion B heranziehen (siehe auch § 109).

Die Lorentzkraft ist stets senkrecht zur Geschwindigkeit der geladenen Teilchen gerichtet. Deshalb ändert sie nur die Richtung, nicht aber den Betrag dieser Geschwindigkeit. Dem-zufolge verrichtet die Lorentzkraft keine Arbeit. Mit anderen Worten, ein konstantes Magnetfeld verrichtet keine Arbeit an sich in diesem Feld bewegenden elektrischen Ladungen und somit ändert sich auch die kinetische Energie dieser Teilchen durch die Bewegung im Magnetfeld nicht.

Wenn auf eine sich bewegende elektrische Ladung außer ei-nem Magnetfeld mit der Induktion B noch ein elektrisches Feld mit der Feldstärke E wirkt, dann ist die resultierende Kraft F, die auf die Ladung einwirkt, gleich der Vektorsumme der Kraft von seiten des elektrischen Feldes und der Lorentzkraft:

$$F = QE + Q(v \times B).$$

Dieser Ausdruck heißt **Lorentzsche Formel**. Die Geschwindig-keit v ist hier die Geschwindigkeit der sich bewegenden Ladung bezüglich des magnetischen Feldes.

§ 115   Bewegung geladener Teilchen im Magnetfeld

Der Ausdruck für die Lorentzkraft (114.1) erlaubt es, eine Reihe von Gesetzmäßigkeiten für die Bewegung geladener Teilchen in einem Magnetfeld aufzustellen. Die Richtung der Lorentzkraft und die Ablenkungsrichtung der geladenen Teilchen in einem Magnetfeld hängen vom Vorzeichen der Ladung Q der Teilchen ab. Auf diesem Prinzip beruht das Verfahren zur Bestimmung des Vorzeichens von elektrischen Ladungen in Magnetfeldern.

Für die Herleitung der allgemeinen Gesetzmäßigkeiten neh-men wir an, daß das Magnetfeld *homogen* ist und keine elektri-schen Felder wirken. Wenn sich die geladenen Teilchen im Ma-gnetfeld mit der Geschwindigkeit v entlang der magnetischen Induktionslinien bewegen, dann ist der Winkel α zwischen den Vektoren v und B gleich Null oder gleich π. Dann ist nach For-mel (114.1) die Lorentzkraft gleich Null, d. h., das Magnetfeld hat keinen Einfluß auf die Bewegung der geladenen Teilchen, und sie bewegen sich geradlinig und gleichförmig.

Wenn sich die geladenen Teilchen im Magnetfeld mit der Geschwindigkeit v senkrecht zum Vektor B bewegen, dann ist die Lorentzkraft $F = Q(v \times B)$ dem Betrag nach konstant und senkrecht zur Bewegungsrichtung der Teilchen. Nach dem zwei-ten Newtonschen Axiom bedingt die Lorentzkraft eine Zentrifu-galbeschleunigung. Daraus folgt, daß sich die Teilchen auf einer Kreiskurve bewegen, deren Radius r mit folgender Bedingung bestimmt werden kann:

$$QvB = \frac{mv^2}{r},$$

daraus folgt

$$r = \frac{m}{Q} \frac{v}{B}. \tag{115.1}$$

Die *Periode dieser Kreisbewegung der Teilchen*, d. h. die Zeit-dauer T für einen vollständigen Umlauf, ergibt sich zu

$$T = \frac{2\pi r}{v}.$$

Indem man in diese Formel (115.1) einsetzt, erhält man

$$T = \frac{2\pi}{B} \frac{m}{Q}, \tag{115.2}$$

d. h., die Periode der Kreisbewegung der geladenen Teilchen in einem homogenen Magnetfeld ist lediglich von einer Größe, die der spezifischen Ladung (Q/m) der Teilchen umgekehrt proportional und von der magnetischen Induktion abhängig ist. Sie ist unabhängig von der Geschwindigkeit der geladenen Teilchen (für $v \ll c$). Darauf ist die Wirkung zyklischer Beschleuniger für geladene Teilchen begründet (siehe § 116).

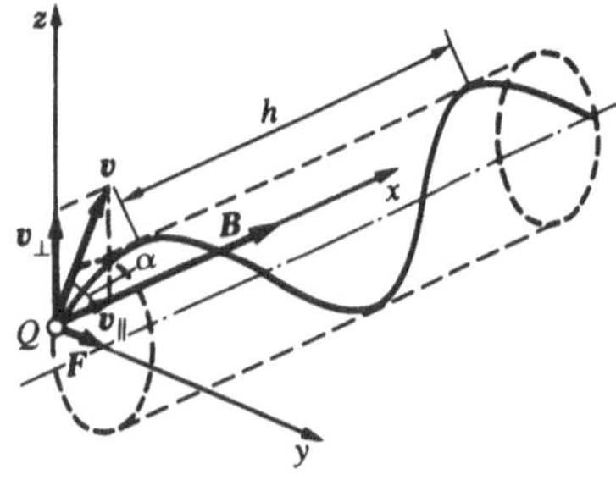

Bild 115.1

Wenn die Geschwindigkeit v der geladenen Teilchen mit dem Vektor B einen Winkel α bildet (Bild 115.1), dann kann man ihre Bewegung als Superposition darstellen: 1) der geradlinig gleichförmigen Bewegung entlang des Feldes mit der Geschwindigkeit $v_{\parallel} = v \cos\alpha$; 2) der gleichmäßigen Bewegung auf einer Kreisbahn, die in einer Ebene senkrecht zur Feldebene liegt, mit der Geschwindigkeit $v_{\perp} = v \sin\alpha$. Der Radius des Kreises kann mit Formel (115.1) bestimmt werden (für unseren Fall muß v durch $v_{\perp} = v \sin\alpha$ ersetzt werden). Als Resultat dieser Superposition entsteht eine Schraubenbewegung. Die Längsachse dieser Schraube ist parallel der Richtung des Magnetfeldes (Bild 115.1). Die Ganghöhe der Schraubenlinien ergibt sich zu

$$h = v_{\parallel} T = v T \cos\alpha.$$

Indem wir in letzteren Ausdruck (115.2) einsetzen, erhalten wir

$$h = \frac{2\pi m}{BQ} v \cos\alpha.$$

Die Drehrichtung der Schraube richtet sich nach dem Ladungsvorzeichen der Teilchen.

Wenn die Richtung der Geschwindigkeit v der geladenen Teilchen mit dem Vektor B eines *inhomogenen* Magnetfeldes einen Winkel α bildet und die Induktion in Bewegungsrichtung der Teilchen wächst, dann verringern sich r und h mit wachsender Induktion. Auf diesem Prinzip ist die Fokussierung von Strahlen geladener Teilchen in Magnetfeldern begründet.

§ 116   Beschleunigung geladener Teilchen

Teilchenbeschleuniger nennt man ein Gerät, in dem mit Hilfe elektrischer und magnetischer Felder Strahlen aus hochenergetischen geladenen Teilchen (Elektronen, Protonen, Mesonen usw.) erzeugt, beschleunigt und gelenkt werden. Jeder Teilchenbeschleuniger hat seine eigenen Charakteristika, wie die Teilchenart, die den Teilchen mitgeteilte Energie und die Strahlintensität.

Teilchenbeschleuniger werden in **kontinuierliche** (kontinuierliche Teilchenbeschleuniger erzeugen einen gleichmäßigen, zeitlich nicht veränderlichen Teilchenstrahl) und **Impulsbeschleuniger** (es werden pulsierende Teilchenstrahlen erzeugt) unterteilt. Letztere werden auch nach ihrer Impulsdauer eingeteilt. Nach der Form des Beschleunigungskanals und dem Beschleunigungsmechanismus unterscheidet man **lineare**, **zyklische** und **induktive Teilchenbeschleuniger**. Bei Linearbeschleunigern ist die Bewegungsbahn der Teilchen fast eine gerade Linie, und bei Kreis- und Induktivbeschleunigern bildet sie einen Kreis oder eine Spirale.

Betrachten wir nun einige Typen von Teilchenbeschleunigern.

1. Linearbeschleuniger. Die Beschleunigung der Teilchen geht mit Hilfe elektrostatischer Felder vonstatten, die zum Beispiel von einem Van-de-Graaffschen Hochspannungsgenerator (siehe § 92) erzeugt werden. Die geladenen Teilchen durchlaufen das Feld einmal: Eine Ladung Q, die den Potentialunterschied $\varphi_1 - \varphi_2$ durchläuft, erhält die Energie $E = Q(\varphi_1 - \varphi_2)$. Auf diese Weise können Teilchen bis zu ≈ 10 MeV beschleunigt werden. Eine weitere Beschleunigung durch Gleichspannungsquellen ist wegen Ladungsabfluß, Durchschlägen usw. nicht möglich.

2. Lineare Resonanzbeschleuniger. Die Beschleunigung der Teilchen geht mit Hilfe elektrischer Wechselfelder mit extrem hohen Frequenzen vonstatten, die *synchron* zur Teilchenbewegung schwingen. Auf diese Weise werden zum Beispiel Protonen bis zu einer Energie von einigen zehn Megaelektronenvolt und Elektronen bis zu einigen zehn Gigaelektronenvolt beschleunigt.

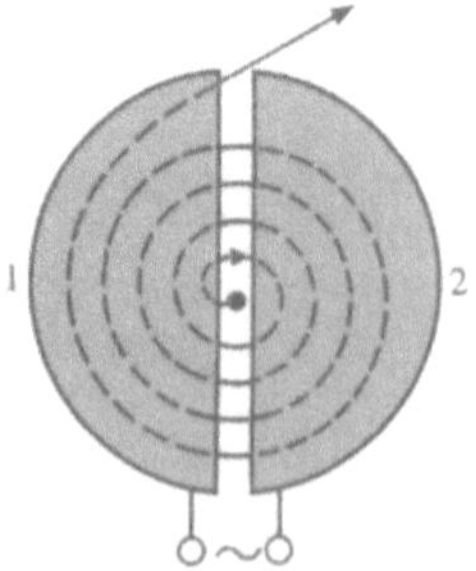

Bild 116.1

3. Zyklotron. Ein Zyklotron ist ein kreisförmiger Resonanzbeschleuniger für schwere Teilchen wie Protonen oder Ionen. Das prinzipielle Schema eines Zyklotrons ist in Bild 116.1 dargestellt. Zwischen den Polen eines starken Elektromagneten befindet sich eine Vakuumkammer, in der sich zwei Elektroden (1 und 2) in Form von zwei hohlen Metallhalbzylindern oder Duanten befinden. An den Duanten liegt ein elektrisches Wechselfeld an. Senkrecht zur Duantenebene ist das homogene Magnetfeld eines Elektromagneten gerichtet.

Wenn man nun ein geladenes Teilchen in das Zentrum des Spaltes zwischen den Duanten bringt, dann wird es durch das elektrische Feld beschleunigt und durch das Magnetfeld auf eine

Kreisbahn gezwungen. Indem es sich in dem Duanten 1 bewegt, beschreibt das Teilchen einen Halbkreis, dessen Radius der Geschwindigkeit des Teilchens proportional ist (siehe (115.1)). In dem Moment, wenn das Teilchen den Duanten 1 verläßt, wechselt die Polarität der Spannung an den Duanten. Deshalb wird das Teilchen erneut beschleunigt und beschreibt dabei wieder einen Halbkreis, diesmal im Duanten 2 und, da die Geschwindigkeit des Teilchens wächst, mit einem größeren Radius usw.

Für die ständige Beschleunigung des Teilchens ist es notwendig, daß das Zyklotron die *Synchronisationsbedingung* (Resonanzbedingung) erfüllt. Die Periode der Kreisbewegung des Teilchens im Magnetfeld und die Schwingungen des elektrischen Feldes müssen gleich groß sein. Ist diese Bedingung erfüllt, dann bewegt sich das Teilchen auf einer Bahn mit der Form einer größer werdenden Spirale, und das Teilchen erhält bei jedem Durchgang durch den Spalt einen zusätzlichen Energiebetrag vermittelt. Wenn die letzte Spiralenwindung erreicht ist und somit die Teilchen die maximal mögliche Geschwindigkeit erreicht haben, dann wird der Teilchenstrahl durch ein ablenkendes elektrisches Feld aus dem Zyklotron herausgelenkt.

Zyklotrone erlauben die Beschleunigung von Protonen bis zu einer Energie von etwa 20 MeV. Einer weiteren Beschleunigung sind durch die relativistische Massenzunahme mit wachsender Geschwindigkeit Grenzen gesetzt (siehe (39.1)). Die Massenzunahme führt zu einer Verlängerung der Umlaufperiode (nach (115.2) ist sie der Masse proportional), und die Synchronisation geht verloren. Deshalb ist es nicht möglich, in einem Zyklotron Elektronen zu beschleunigen (bei $E = 0,5$ MeV ist die Masse $m = 2m_0$ und bei $E = 10$ MeV $m = 28m_0$!).

Eine Beschleunigung relativistischer Teilchen in Kreisbeschleunigern kann dennoch erfolgen. Dazu ist es notwendig, das **Selbstsynchronisationsprinzip (Autophasierungsprinzip)**, das 1944 von dem russischen Physiker W. I. Weksler (1907–1966) und 1945 von dem amerikanischen Physiker E. MacMillan (geb. 1907) vorgeschlagen wurde, anzuwenden. Die Idee besteht darin, daß zur Kompensation der vergrößerten Periode der Kreisbewegung der Teilchen entweder die Frequenz des beschleunigenden elektrischen oder die Induktion des magnetischen Feldes oder beide gleichzeitig geändert werden. Dieses Verfahren wird in Phasotronen, Synchrotronen und in Synchrophasotronen angewendet.

4. Ein Phasotron (Synchrozyklotron) ist ein kreisförmiger Resonanzbeschleuniger schwerer geladener Teilchen (zum Beispiel Protonen, Ionen, α-Teilchen), in dem das ablenkende Magnetfeld konstant bleibt und sich die Frequenz des beschleunigenden elektrischen Feldes langsam mit der Periode der Kreisbewegung ändert. Die Teilchen beschreiben im Phasotron wie auch im Zyklotron eine Bahn mit der Form einer größer werdenden Spirale. In Phasotronen können Energien von etwa 1 GeV erzielt werden (die Grenzen werden allein von den Abmessungen des Phasotrons bestimmt, da mit wachsender Geschwindigkeit der Teilchen der Radius ihrer Kreisbahn größer wird).

5. Ein Synchrotron ist ein kreisförmiger Resonanzbeschleuniger ultrarelativistischer Elektronen, in dem das ablenkende Magnetfeld zeitlich veränderlich ist und die Frequenz des beschleunigenden elektrischen Feldes konstant bleibt. Elektronen werden bis zu Energien von 5–10 GeV beschleunigt.

6. Ein Synchrophasotron ist ein kreisförmiger Resonanzbeschleuniger schwerer geladener Teilchen (zum Beispiel Protonen, Ionen), in dem die Eigenschaften von Phasotron und Synchrotron vereint sind, d. h., das ablenkende Magnetfeld und die Frequenz des beschleunigenden elektrischen Feldes sind zeitlich veränderlich. Der mittlere Radius des Teilchenumlaufes bleibt dabei unverändert. Protonen kann man in Synchrophasotronen bis zu 500 GeV beschleunigen.

7. Ein Betatron ist ein kreisförmiger Induktivbescheuniger für Elektronen, in dem die Beschleunigung mit Hilfe eines elektrischen Wirbelfeldes vorgenommen wird (siehe § 137). Dieses Wirbelfeld wird durch ein pulsierendes Magnetfeld induziert, das die Elektronen auf eine Kreisbahn zwingt. In einem Betatron gibt es im Unterschied zu den weiter oben betrachteten Beschleunigerarten kein Synchronisationsproblem. Elektronen können in einem Betatron bis zu 100 MeV beschleunigt werden. Bei $E > 100$ MeV wird der Beschleunigungsbetrieb des Betatrons durch die elektromagnetische Strahlung der Elektronen gestört.

Besonders verbreitet sind Betatrons für Energien von 20–50 MeV. Sie werden in Serie hergestellt.

§ 117 Hall-Effekt

Wenn in einem Metall (oder in einem Halbleiter) ein Strom der Dichte j fließt und wenn es sich in einem Magnetfeld B befindet, dann entsteht in diesem Metall ein Strom mit einer Richtung senkrecht zu j und B. Dieser Effekt wird nach dem amerikanischen Physiker E. Hall (1855–1938) genannt, der ihn im Jahre 1879 entdeckt hat.

Wir bringen einen metallischen Quader mit einem Stromfluß j in ein Magnetfeld der Induktion B und senkrecht zu j (Bild 117.1). Mit der gegebenen Richtung von j ist die Geschwindigkeit der Elektronen im Metall von rechts nach links gerichtet. Auf die Elektronen wirkt die Lorentzkraft (siehe § 114), die in unserem Fall nach oben gerichtet ist, d. h., die Elektronenkonzentration im oberen Teil des Quaders steigt an (er lädt sich negativ auf) und wird im unteren Teil kleiner (er lädt sich positiv auf). Als Resultat entsteht zwischen der oberen und der unteren Fläche des Quaders ein Potentialunterschied und damit ein elektrisches Feld, von unten nach oben gerichtet. Wenn die Feldstärke dieses Feldes E_B einen Wert erreicht, daß es auf die Elektronen eine Kraftwirkung ausüben kann, dann stellt sich ein Gleichgewicht zwischen der Kraftwirkung des elektrischen Feldes und der Lorentzkraft ein. Mit dem Eintreten des Gleichgewichtszustandes nehmen die Elektronen eine konstante Verteilung in vertikaler Richtung an. Dann gilt

$$eE_B = \frac{e\Delta\varphi}{a} = evB \quad \text{oder} \quad \Delta\varphi = vBa,$$

wobei a die Höhe des Quaders und $\Delta\varphi$ der *vertikale* (der *Hallsche*) *Potentialunterschied* ist.

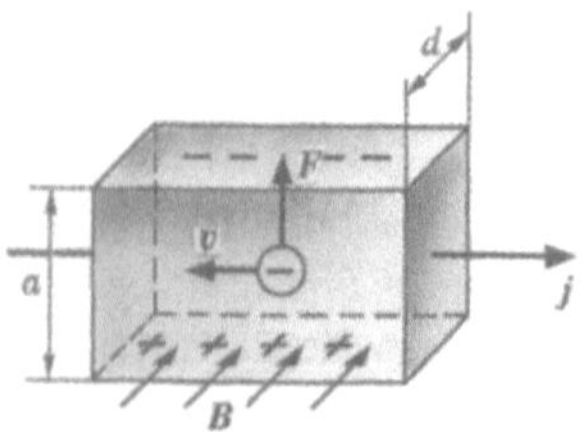

Bild 117.1

Wenn wir berücksichtigen, daß die Stromstärke $I = jA = nevA$ ist (A ist die Querschnittsfläche des Quaders mit der Breite d, n die Elektronenkonzentration und v die mittlere Geschwindigkeit der geordneten Elektronenbewegung), dann erhalten wir

$$\Delta\varphi = \frac{I}{nead}Ba = \frac{1}{en}\frac{IB}{d} = R\frac{IB}{d}, \tag{117.1}$$

d. h., der Hallsche Potentialunterschied ist der magnetischen Induktion B und der Stromstärke I direkt proportional und umgekehrt proportional der Breite d des Quaders. In Formel (117.1) ist $R = 1/(en)$ die **Hallsche Konstante**. Sie ist vom Material des Quaders abhängig. Anhand von Messungen der Hallschen Konstante kann man 1) die Konzentration der Träger des elektrischen Stromes in einem Leiter bestimmen (wenn Leitungscharakter und Ladung bekannt sind); 2) Aufschlüsse über den Leitungscharakter von Halbleitern erhalten (siehe § 242, 243), da das Vorzeichen der Hallschen Konstante mit dem Vorzeichen der Ladung der Träger des elektrischen Stromes identisch ist. Der Hall-Effekt ist deswegen die effektivste Methode zur Untersuchung des energetischen Spektrums der Träger des elektrischen Stromes in Metallen und Halbleitern. Außerdem wird er zum Multiplizieren Gleichströme in analogen Datenverarbeitungsmaschinen und in der Meßtechnik (Hallsche Meßfühler) verwendet.

§ 118   Zirkulation des Vektors B im Magnetfeld im Vakuum

Analog der Zirkulation des Feldstärkevektors des elektrostatischen Feldes (siehe § 83) führen wir die Zirkulation des magnetischen Induktionsvektors ein. Das Integral

$$\oint_L B\,\mathrm{d}l = \oint_L B_l\,\mathrm{d}l$$

heißt **Zirkulation des Vektors B** längs der geschlossenen Kurve L, wobei $\mathrm{d}l$ ein Vektor elementarer Länge der Kurve L, der in Richtung des Integrationsumlaufes gerichtet ist, $B_l = B\cos\alpha$ die Komponente des Vektors B in Richtung der Tangente zur Kurve (unter Berücksichtigung der ausgewählten Integrationsrichtung) und α der Winkel zwischen den Vektoren B und $\mathrm{d}l$ ist.

Durchflutungsgesetz für ein Magnetfeld im Vakuum (Satz über die Zirkulaton des Vektors B): Die Zirkulation des Vektors B entlang einer beliebigen geschlossenen Kurve ist gleich dem Produkt aus der magnetischen Konstanten μ_0 und

der Summe der Ströme, die von dieser Kurve eingeschlossen werden:

$$\oint_L B\,\mathrm{d}l = \oint_L B_l\,\mathrm{d}l = \mu_0\sum_{k=1}^{n}I_k, \tag{118.1}$$

wobei n die Anzahl der von der Kurve L eingeschlossenen stromdurchflossenen Leiter ist. Die Kurve L kann dabei beliebige Gestalt annehmen. Jeder Strom wird so viele Male berücksichtigt, wie er von der Kurve eingeschlossen wird. Ein Strom, der mit der Umlaufrichtung der Kurve über die Rechtsschraubenregel verknüpft ist, wird als positiv angenommen. Im umgekehrten Fall gilt der Strom als negativ. Zum Beispiel gilt für das System von Strömen, dargestellt in Bild 118.1,

$$\sum_{k=1}^{n}I_k = I_1 + 2I_2 - 0\cdot I_3 - I_4.$$

Der Ausdruck (118.1) ist nur *für Felder im Vakuum* gültig, da, wie im weiteren gezeigt wird, bei Feldern in Stoffen die Molekularströme berücksichtigt werden müssen.

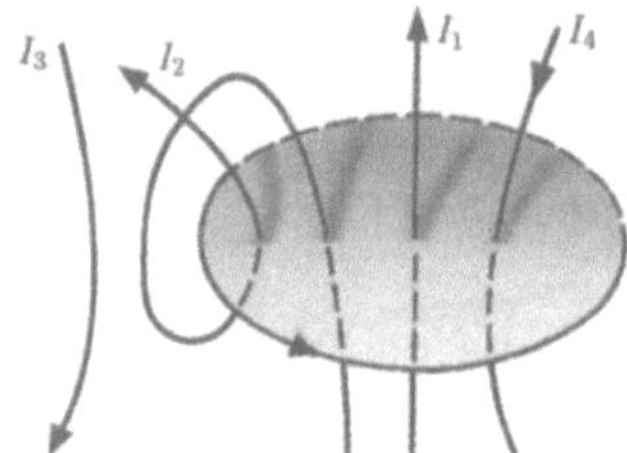

Bild 118.1

Wir demonstrieren nun die Gültigkeit des Durchflutungsgesetzes am Beispiel eines geraden Stromes I, der rechtwinklig der Zeichenebene zum Betrachter hin gerichtet ist (Bild 118.2). Wir stellen uns weiter eine geschlossene Kurve als Kreis mit dem Radius r vor. In jedem Punkt dieser Kurve hat der Vektor B den gleichen Betrag und ist wie die Tangente zum Kreis in diesem Punkt gerichtet (die Kurve stellt außerdem eine magnetische Induktionslinie dar). Folglich ergibt sich die Zirkulation des Vektors B zu

$$\oint_L B_l\,\mathrm{d}l = \oint_L B\,\mathrm{d}l = B\oint_L \mathrm{d}l = B\cdot 2\pi r.$$

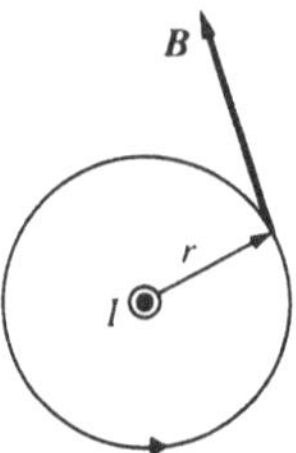

Bild 118.2

Unter Berücksichtigung von (118.1) erhalten wir $B \cdot 2\pi r = \mu_0 I$ (im Vakuum). Daraus folgt wiederum

$$B = \frac{\mu_0 I}{2\pi r}.$$

Wir haben also ausgehend vom Durchflutungsgesetz den Ausdruck für die magnetische Induktion des Feldes eines geraden Stromes erhalten, den wir bereits weiter oben (siehe (110.5)) hergeleitet hatten.

Indem wir die Ausdrücke (83.3) und (118.1) für die Zirkulation der Vektoren E und B vergleichen, erkennen wir, daß zwischen ihnen ein *prinzipieller Unterschied* besteht. Die Zirkulation des Vektors E eines elektrostatischen Feldes ist immer gleich Null, d. h., ein elektrisches Feld ist ein *Potentialfeld*. Die Zirkulation des Vektors B eines Magnetfeldes ist von Null verschieden. Ein solches Feld nennt man *Wirbelfeld*.

Das Durchflutungsgesetz besitzt in der Magnetodynamik den gleichen Stellenwert wie der Gaußsche Satz in der Elektrostatik. Es erlaubt die Bestimmung der magnetischen Induktion ohne die Anwendung des Biot-Savartschen Gesetzes.

§ 119 Magnetfelder von Spulen und Toroiden

Wir wollen nun mit Hilfe des Durchflutungsgesetzes die magnetische Induktion im Inneren einer langgestreckten Zylinderspule (**Solenoid**) berechnen. Es wird ein stromdurchflossener Solenoid der Länge l mit N Windungen betrachtet (Bild 119.1). Die Länge des Solenoids ist um ein Vielfaches größer als der Windungsdurchmesser, d. h., wir betrachten eine Spule unendlicher Länge. Versuche haben gezeigt, daß das Feld im Inneren der Spule (vgl. Bild 109.3b) homogen und außerhalb inhomogen und sehr schwach ist.

In Bild 119.1 sind die magnetischen Induktionslinien innerhalb und außerhalb der Spule dargestellt. Je länger die Spule ist, desto kleiner ist die magnetische Induktion außerhalb des Solenoids. Deshalb kann man näherungsweise annehmen, daß das Magnetfeld einer unendlich langen Zylinderspule im Inneren konzentriert ist und das Feld außerhalb des Spulenvolumens vernachlässigbar klein ist.

Zur Bestimmung der magnetischen Induktion B wählen wir eine geschlossene rechtwinklige Kurve $ABCDA$ aus, wie sie in

Bild 119.1 dargestellt ist. Die Zirkulation des Vektors B entlang der geschlossenen Kurve, die alle N Windungen der Spule einschließt, ergibt sich nach (118.1) zu

$$\oint_{ABCDA} B_l \, \mathrm{d}l = \mu_0 NI.$$

Das Integral nach $ABCDA$ kann in vier einzelne Integrale zerlegt werden: nach AB, nach BC, nach CD und DA. Auf den Abschnitten AB und CD ist die Kurve senkrecht zu den Feldlinien und $B_l = 0$. Auf dem Abschnitt außerhalb der Spule gilt $B = 0$, und auf dem Abschnitt DA ist die Zirkulation des Vektors B gleich Bl (die Kurve fällt mit dem Feldlinienverlauf zusammen). Daraus folgt

$$\int_{DA} B_l \, \mathrm{d}l = Bl = \mu_0 NI. \tag{119.1}$$

Von (119.1) gehen wir zum Ausdruck für die magnetische Induktion innerhalb der Spule über (im Vakuum):

$$B = \mu_0 \frac{NI}{l}. \tag{119.2}$$

Wir haben herausgefunden, daß das Feld im Inneren der Spule *homogen* ist (die Besonderheiten an den Enden der Spule werden in den Berechnungen vernachlässigt). Allerdings muß zugegeben werden, daß die Herleitung dieser Formel nicht völlig korrekt war (die Feldlinien eines Magnetfeldes sind geschlossen, und das Integral des Außenabschnitts der Kurve ist streng genommen von Null verschieden). Wenn man genau sein möchte, kann man das Feld im Spuleninneren mit Hilfe des Biot-Savartschen Gesetzes berechnen und erhält als Resultat die gleiche Formel wie (119.2).

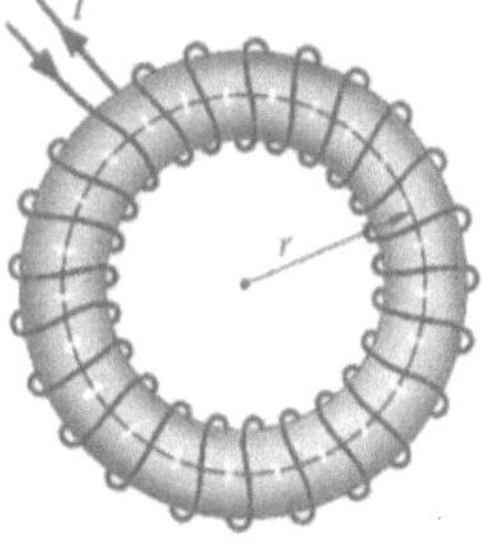

Bild 119.2

Wichtig für die Praxis ist auch das Magnetfeld einer Ringspule, deren Windungen auf einen ringförmigen Kern gewickelt sind (**Toroid**) (Bild 119.2). Das Experiment zeigt, daß das Magnetfeld einer solchen Spule im Inneren konzentriert ist. Außerhalb ist kein Magnetfeld nachweisbar.

Die magnetischen Induktionslinien haben nach geometrischen Überlegungen die Form von Kreisen, deren Mittelpunkt auf der Achse der Ringspule liegt. Als Integrationskurve wählen wir einen solchen Kreis mit dem Radius r. Dann gilt nach dem Durchflutungsgesetz (118.1)

$$B \cdot 2\pi r = \mu_0 NI,$$

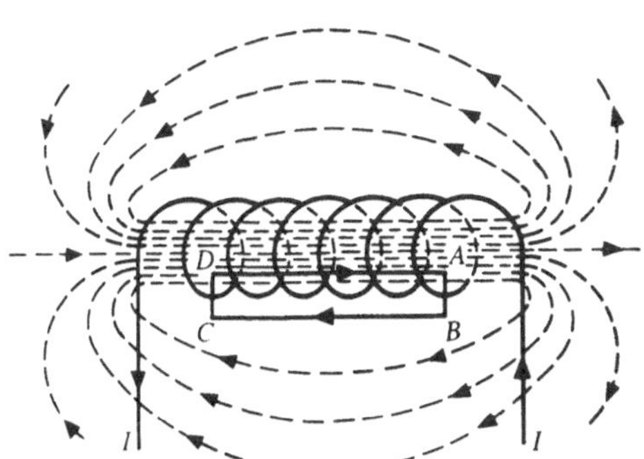

Bild 119.1

woraus für die magnetische Induktion im Inneren einer Ringspule folgt (im Vakuum)

$$B = \mu_0 \frac{NI}{2\pi r},$$

wobei N die Zahl der Windungen der Ringspule ist.

Verläuft die Kurve außerhalb des Toroids, so schließt sie keinerlei Ströme ein, und $B \cdot 2\pi r = 0$ ist. Das bedeutet, daß außerhalb der Ringspule kein Magnetfeld existiert.

§ 120   Magnetischer Fluß. Gaußscher Satz für Magnetfelder

Die *skalare* physikalische Größe

$$d\Phi_B = B\, dA = B_n\, dA \qquad (120.1)$$

heißt **magnetischer Fluß** durch die Fläche dA, wobei $B_n = B \cos \alpha$ die Projektion des Vektors B auf die Richtung der Normalen zur Fläche dA ist (α ist der Winkel zwischen den Vektoren n und B), $dA = dA\,n$ ist ein Vektor mit dem Betrag dA und einer Richtung wie die Flächennormale. Der magnetische Fluß kann in Abhängigkeit von dem Vorzeichen von $\cos \alpha$ sowohl positiv als auch negativ sein (das Vorzeichen wird durch die Auswahl der positiven Normalenrichtung bestimmt). Gewöhnlich ist der magnetische Fluß mit einer bestimmten stromdurchflossenen Leiteranordnung verbunden. Für diesen Fall haben wir die positive Richtung der Normalen schon einmal bestimmt (siehe § 109): Sie ist mit dem Stromfluß über die Rechtsschraubenregel verknüpft, d. h., der magnetische Fluß einer Leiteranordnung durch eine Fläche, die durch diese Anordnung selbst begrenzt wird, ist immer positiv.

Der magnetische Fluß Φ_B durch eine beliebige Fläche A ergibt sich zu

$$\Phi_B = \int_A B\, dA = \int_A B_n\, dA. \qquad (120.2)$$

Für ein homogenes Feld und eine ebene Fläche, die dem Vektor B rechtwinklig gelegen ist, gilt $B_n = B = $ const und

$$\Phi_B = BA.$$

Aus dieser Formel läßt sich die Maßeinheit des magnetischen Flusses das **Weber** (Wb) bestimmen: 1 Wb ist der magnetische Fluß durch eine ebene Fläche von 1 m², die senkrecht zu dem homogenen Magnetfeld mit der Induktion 1 T ist ($1\,\text{Wb} = 1\,\text{T} \cdot \text{m}^2$).

Gaußscher Satz für ein Vektorfeld B: Der magnetische Fluß durch eine geschlossene Fläche (die ein Raumvolumen einschließt) beliebiger Form ist gleich Null:

$$\oint_A B\, dA = \oint_A B_n\, dA = 0. \qquad (120.3)$$

Diese Formel ist der mathematische Ausdruck dafür, daß in der Natur keine magnetischen Ladungen existieren, so daß die magnetischen Feldlinien weder Anfang noch Ende besitzen und in sich geschlossen sind.

Man erhält also für den Fluß der Vektoren B und E durch eine geschlossene Fläche für Wirbel- und Potentialfelder unterschiedliche Ausdrücke (siehe (120.3), (81.2)).

Als Beispiel wollen wir nun den magnetischen Fluß des Vektors B durch eine Zylinderspule berechnen. Die magnetische Induktion des homogenen Magnetfeldes innerhalb der Spule mit einem Kern, der die relative Permeabilität μ besitzt, ergibt sich nach (119.2) zu

$$B = \mu_0\mu \frac{NI}{l}.$$

Der magnetische Fluß durch eine Windung der Spule der Fläche A ist gleich

$$\Phi_1 = BA,$$

und der vollständige magnetische Fluß aller Windungen ist dann gleich

$$\Psi = \Phi_1 N = NBA = \mu_0\mu \frac{N^2 I}{l} A. \qquad (120.4)$$

§ 121   Verschiebungsarbeit für stromdurchflossene Leiter im Magnetfeld

In einem Magnetfeld wirkt auf einen stromdurchflossenen Leiter die Ampèresche Kraft (siehe § 111). Wenn der Leiter nicht befestigt ist (zum Beispiel, wenn eine Seite der Leiterschleife beweglich gestaltet ist (Bild 121.1)), dann kann er sich unter der Einwirkung der Ampèreschen Kraft bewegen. Daraus folgt, daß das Magnetfeld Arbeit zur Verschiebung des stromdurchflossenen Leiters verrichtet.

Zur Berechnung dieser Arbeit betrachten wir einen Leiter der Länge l, durchflossen von dem Strom I (er ist frei beweglich), der sich in einem homogenen Magnetfeld befindet. Das Magnetfeld sei rechtwinklig der Leiterebene. Wenn die Strom- und Feldrichtung mit den in Bild 121.1 dargestellten übereinstimmen, dann ist die Kraft, die auf den Leiter wirkt, nach dem Ampèreschen Gesetz (siehe (111.2)) gleich

$$F = IBl.$$

Die Richtung der Kraft kann mit der Linke-Hand-Regel bestimmt werden. Unter Einwirkung der Ampèreschen Kraft wird der Leiter um den Abstand dx aus der Lage 1 in die Lage 2 parallelverschoben.

Die vom Feld verrichtete Arbeit ergibt sich zu

$$dW = F\, dx = IBl\, dx = IB\, dA = I\, d\Phi,$$

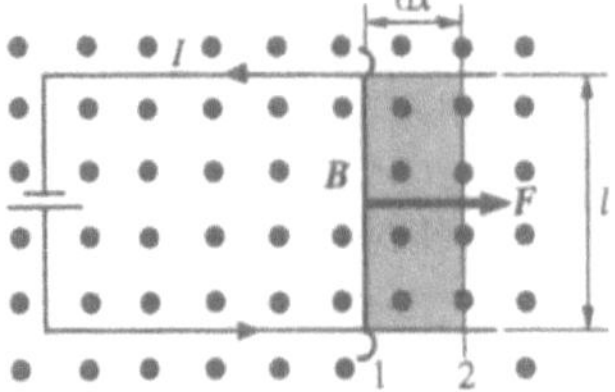

Bild 121.1

da $l\,\mathrm{d}x = \mathrm{d}A$ die Fläche ist, welche von dem Leiter während der Verschiebung bestrichen wird. $B \cdot \mathrm{d}A = \mathrm{d}\Phi$ ist der magnetische Fluß durch diese Fläche. Folglich gilt

$$\mathrm{d}W = I\mathrm{d}\Phi, \tag{121.1}$$

d. h., die Arbeit zur Verschiebung eines stromdurchflossenen Leiters in einem Magnetfeld ist gleich dem Produkt aus der Stromstärke und dem magnetischen Fluß durch die *vom Leiter bei seiner Bewegung bestrichenen* Fläche. Diese Formel ist auch für beliebige Richtungen von *B* korrekt.

Berechnen wir nun die Arbeit der Verschiebung einer geschlossenen Leiterschleife mit dem Gleichstrom I in einem Magnetfeld. Wir setzen voraus, daß die Leiterschleife M in der Zeichenebene verschoben wird und nach einer unendlich geringen Verschiebung die Lage M' einnimmt (Strichlinie in Bild 121.2). Die Stromrichtung (in Uhrzeigerrichtung) und die Richtung des Magnetfeldes (senkrecht zur Zeichenebene vom Betrachter weg) sind in der Abbildung dargestellt. Die Leiterschleife M teilen wir gedanklich in zwei mit ihren Enden verbundene Leiter: *ABC* und *CDA*.

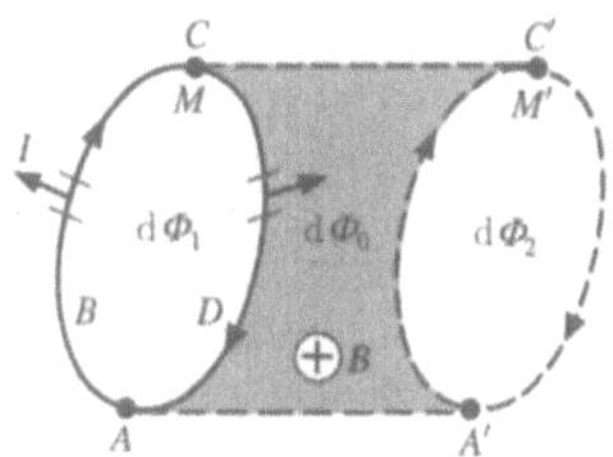

Bild 121.2

Die Arbeit dW, verrichtet von den Ampèreschen Kräften bei der Verschiebung der betrachteten Leiterschleife im Magnetfeld, ist gleich der Summe aus den Einzelverschiebungsarbeiten für die Leiter *ABC* (dW_1) und *CDA* (dW_2), d. h.

$$\mathrm{d}W = \mathrm{d}W_1 + \mathrm{d}W_2. \tag{121.2}$$

Die am Abschnitt *CDA* angreifenden Kräfte bilden mit der Verschiebungsrichtung spitze Winkel. Deshalb gilt für die von ihnen verrichtete Arbeit $\mathrm{d}W_2 > 0$. Nach Formel (121.1) ist sie gleich dem Produkt aus der Stromstärke im Leiter und dem magnetischen Fluß durch die bei der Verschiebung vom Leiterabschnitt *CDA* überstrichene Fläche. Der magnetische Fluß durch die überstrichene Fläche (in Bild 121.2 grau dargestellt) für den Leiter *CDA* ist gleich $\mathrm{d}\Phi_0$. $\mathrm{d}\Phi_2$ ist der magnetische Fluß durch die Fläche der Leiterschleife zum Ende der Verschiebung. Folglich können wir schreiben

$$\mathrm{d}W_2 = I(\mathrm{d}\Phi_0 + \mathrm{d}\Phi_2). \tag{121.3}$$

Die am Abschnitt *ABC* angreifenden Kräfte bilden mit der Verschiebungsrichtung stumpfe Winkel. Deshalb gilt für die von ihnen verrichtete Arbeit $\mathrm{d}W_1 < 0$. Der magnetische Fluß durch die vom Leiter *ABC* bei seiner Verschiebung überstrichene Fläche (in Bild 121.2 grau dargestellt) ist gleich $\mathrm{d}\Phi_0$. $\mathrm{d}\Phi_1$ ist der magnetische Fluß durch die Fläche der Leiterschleife zu Anfang der Verschiebung. Folglich können wir schreiben

$$\mathrm{d}W_1 = -I(\mathrm{d}\Phi_0 + \mathrm{d}\Phi_1). \tag{121.4}$$

Indem wir (121.3) und (121.4) in (121.2) einsetzen, erhalten wir den Ausdruck für die elementare Verschiebungsarbeit:

$$\mathrm{d}W = I(\mathrm{d}\Phi_2 - \mathrm{d}\Phi_1),$$

wobei $\mathrm{d}\Phi_2 - \mathrm{d}\Phi_1 = \mathrm{d}\Phi'$ die *Änderung* des magnetischen Flusses durch die von der Leiterschleife begrenzte Fläche ist. Es gilt also

$$\mathrm{d}W = I\,\mathrm{d}\Phi'. \tag{121.5}$$

Wenn wir den Ausdruck (121.5) integrieren, erhalten wir die von den Ampèreschen Kräften verrichtete Arbeit zur beliebigen endlichen Verschiebung der Leiterschleife in einem Magnetfeld:

$$W = I\Delta\Phi, \tag{121.6}$$

d. h., die Arbeit zur Verschiebung einer geschlossenen stromdurchflossenen Leiterschleife in einem Magnetfeld ist gleich dem Produkt aus der Stromstärke im Leiter und der *Änderung des magnetischen Flusses* während der Verschiebung durch die von der Leiterschleife begrenzte Fläche. Die Formel (121.6) gilt für beliebige Leiterschleifen und Magnetfelder.

▶ Was ist die magnetische Induktion eines Magnetfeldes? Wie kann die Richtung des Vektors der magnetischen Induktion B bestimmt werden?

▶ Man zeige und zeichne, wie die Feldlinien des Magnetfeldes eines geraden Stromes gerichtet sind. Was sind die Linien der magnetischen Induktion? Wie kann ihre Richtung bestimmt werden? Wodurch unterscheiden sie sich von den Feldlinien eines elektrostatischen Feldes?

▶ Warum ist ein Magnetfeld ein Wirbelfeld?

▶ Schreiben Sie das Biot-Savartsche Gesetz auf und erklären Sie den physikalischen Sinn dieses Gesetzes.

▶ Berechnen Sie mit Hilfe des Biot-Savartschen Gesetzes folgende Magnetfelder: 1) eines geraden Stromes; 2) im Zentrum einer kreisförmigen stromdurchflossenen Leiterschleife.

▶ Finden Sie den mathematischen Ausdruck für die Wechselwirkungskraft, mit der zwei unendlich lange und gerade Ströme mit entgegengesetzten Richtungen aufeinander einwirken. Fertigen Sie eine Zeichnung an, in der diese Kräfte vermerkt sind.

▶ Man nenne die Maßeinheiten der magnetischen Induktion und der magnetischen Feldstärke. Geben Sie die jeweilige Definition.

▶ Bestimmen Sie den Zahlenwert der magnetischen Konstanten.

▶ Warum ist eine sich bewegende Ladung bezüglich ihrer magnetischen Eigenschaften einem Stromelement äquivalent?

▶ Wie groß ist die Kraft, die auf eine sich bewegende negative Ladung in einem Magnetfeld wirkt? Wie ist sie gerichtet?

▶ Wie lautet die Formel für die Arbeit der Lorentzkraft bei der Bewegung eines Protons in einem Magnetfeld? Bergründen Sie ihre Antwort.

▶ Unter welcher Bedingung bewegt sich ein geladenes Teilchen in einem Magnetfeld auf einer Spiralbahn? Wovon ist der Abstand der einzelnen Spiralwicklungen voneinander abhängig? (Die Antworten sind durch die Herleitung von Formeln zu untermauern.)

▶ Was sind Teilchenbeschleuniger? Welche Arten von Teilchenbeschleunigern gibt es, und nach welchen Kriterien werden sie charakterisiert?

▶ Warum werden Zyklotrone nicht zur Beschleunigung von Elektronen verwendet?

▶ Worin besteht die grundlegende Idee der Selbstsynchronisation? Wo wird dieses Prinzip angewandt?

▶ Worin äußert sich der Hall-Effekt? Leiten Sie die Formel für den Hallschen Potentialunterschied her.

▶ Was ist das Durchflutungsgesetz? Berechnen Sie unter Anwendung dieses Gesetzes das Magnetfeld eines geraden Stromes.

▶ Was folgt aus dem Vergleich der Zirkulation der Vektoren E und B?

▶ Man berechne das Magnetfeld im Inneren einer Ringspule mit Hilfe des Durchflutungsgesetzes.

▶ Welcher Satz beweist den Wirbelcharakter von Magnetfeldern? Wie lautet seine Formulierung?

▶ Was ist der magnetische Fluß? Schreiben Sie den Gaußschen Satz für ein Magnetfeld und erklären Sie den physikalischen Sinn dieses Satzes.

▶ Welche pysikalische Größe wird in Weber ausgedrückt? Führen Sie die Definition der Einheit Weber an.

▶ Wie groß ist die Arbeit zur Verschiebung eines stromdurchflossenen Leiters in einem Magnetfeld? Wie groß ist die Arbeit zur Verschiebung einer stromdurchflossenen Leiterschleife in einem Magnetfeld? Leiten Sie die entsprechenden Formeln her. Worin besteht der prinzipielle Unterschied zwischen ihnen?

Aufgaben

14.1. Ein dünner Ring mit der Masse 15 g und dem Radius 12 cm trägt eine gleichmäßig verteilte Ladung mit einer linearen Dichte von 10 nC/m. Der Ring dreht sich gleichmäßig mit einer Frequenz von $8\ s^{-1}$ bezüglich seiner Mittelachse, die senkrecht zur Ringebene ist. Man bestimme das Verhältnis des magnetischen Momentes des durch den Ring erzeugten kreisförmigen Stromes zu seinem Drehimpuls (Impulsmoment). [251 nC/kg]

14.2. In einem quadratischen Leiter mit der Seitenlänge 60 cm fließt ein Gleichstrom von 3 A. Berechnen Sie die Induktion des Magnetfeldes im Zentrum des Quadrates. [5,66 μT]

14.3. In zwei unendlich langen geraden und parallelen Leitern, die einen Abstand von $d = 15$ cm zueinander haben, fließen in gleicher Richtung die Ströme $I_1 = 70$ A und $I_2 = 50$ A. Berechnen Sie die magnetische Induktion B in einem Punkt, der vom ersten Leiter den Abstand $r_1 = 10$ cm und vom zweiten Leiter den Abstand $r_2 = 20$ cm hat. [Lösung der Aufgabe s. S. 389]

14.4. Es sind zwei unendlich lange gerade und zueinander parallele Leiter mit dem Abstand 25 cm voneinander gegeben. Diese Leiter werden von Strömen von jeweils 20 und 30 A in entgegengesetzter Richtung durchflossen. Bestimmen Sie die magnetische Induktion B in einem Punkt, der $r_1 = 30$ cm vom ersten und $r_2 = 40$ cm vom zweiten Leiter entfernt ist. [9,5 μT]

14.5. Gegeben ist ein dünner Drahtring mit dem Radius 10 cm. Im Ring fließt ein Strom von 10 A. Bestimmen Sie die magnetische Induktion in einem Punkt auf der Achse des Ringes, der 15 cm vom Ringzentrum entfernt liegt. [10,7 μT]

14.6. Es sind zwei unendlich lange gerade und zueinander parallele Leiter mit dem Abstand R voneinander gegeben. Diese Leiter werden von jeweils gleich großen Strömen in der gleichen Richtung durchflossen. Um ihren Abstand zueinander auf $3R$ zu vergrößern, muß pro Zentimeter Leiterlänge eine Arbeit $W = 220$ nJ verrichtet werden. Bestimmen Sie die Stromstärke in den Leitern. [10 A]

14.7. Man bestimme die Feldstärke eines Magnetfeldes, das durch die geradlinig gleichförmige Bewegung eines Elektrons mit der Geschwindigkeit 500 km/s verursacht wird in einem Punkt mit dem Abstand 20 nm, dessen Lot auf die Bewegungsrichtung des Elektrons durch die momentane Position des Elektrons führt. [15,9 A/m]

14.8. Ein Elektron, das in ein homogenes Magnetfeld mit der magnetischen Induktion $B = 30$ mT einfliegt, bewegt sich auf einer Kreisbahn mit dem Radius $R = 10$ cm. Man bestimme das magnetische Moment p_m eines äquivalenten Kreisstromes. [Lösung der Aufgabe s. S. 389]

14.9. Ein Proton wird in einem elektrischen Feld mit dem Potentialunterschied 0,5 kV beschleunigt und bewegt sich im Anschluß in einem Magnetfeld mit der Induktion 0,1 T auf einer Kreisbahn. Man berechne den Radius dieses Kreises. [3,23 cm]

14.10. Finden Sie heraus, bis zu welcher Geschwindigkeit ein Strahl geladener Teilchen, der ein Gebiet mit einem vertikalen elektrischen und magnetischen Feld senkrecht durchfliegt, nicht abgelenkt wird. $E = 10\,\text{kV/m}$, $B = 0,2\,\text{T}$. [50 km/s]

14.11. Protonen werden in einem Zyklotron bis zu einer Energie von 10 MeV beschleunigt. Man bestimme den minimalen Radius der Duanten des Zyklotrons für eine Induktion des Magnetfeldes von 1 T. [47 cm]

14.12. Durch den Querschnitt einer kupfernen Platte der Dicke 0,1 mm fließt ein Strom von 5 A. Die Platte befindet sich in einem Magnetfeld mit der Induktion 0,5 T, das senkrecht zur Plattenkante und zum Stromfluß gerichtet ist. Die Elektronenkonzentration wird gleich der Atomkonzentration angenommen. Man berechne den in der Platte entstehenden vertikalen (Hallschen) Potentialunterschied. Die Dichte von Kupfer beträgt 8,93 g/cm³. [1,85 μV]

14.13. In zwei parallelen geraden Leitern der Länge $l = 2$ m, die sich im Vakuum in einem Abstand $d = 10$ cm voneinander befinden, fließen in entgegengesetzten Richtungen die Ströme $I_1 = 50$ A und $I_2 = 100$ A. Berechnen Sie die Wechselwirkungskraft der Ströme. [Lösung der Aufgabe s. S. 390]

14.14. Es ist ein unendlich langer gerader Leiter mit dem Strom 15 A gegeben. Man bestimme unter Verwendung des Durchflutungsgesetzes die magnetische Induktion B in einem 15 cm vom Leiter entfernten Punkt. [20 μT]

14.15. Die magnetische Induktion der Achse einer Ringspule ohne Kern (Außendurchmesser der Spule $d_1 = 60$ cm, Innendurchmesser $d_2 = 40$ cm) mit $N = 200$ Windungen beträgt $B = 0,16$ mT. Man berechne die Stromstärke in der Ringspule unter Verwendung des Durchflutungsgesetzes. [Lösung der Aufgabe s. S. 390]

14.16. Man bestimme die Induktion und die magnetische Feldstärke in der Achse einer Ringspule ohne Kern. In den 300 Wicklungen der Spule fließt ein Strom von 1 A. Der Außendurchmesser der Spule beträgt 60 cm und der Innendurchmesser 40 cm. [0,24 mT; 191 A/m]

14.17. Der magnetische Fluß durch die Querschnittsfläche einer Zylinderspule (ohne Kern) ist $\Phi = 5\,\mu$Wb. Die Länge der Spule ist $l = 25$ cm. Man berechne das magnetische Moment p_m dieser Spule. [1 A $\cdot$ m²]

14.18. Eine runde Leiterschleife der Fläche 20 cm² ist parallel zu einem Magnetfeld ($B = 0,2$ T) befestigt. Auf die Leiterschleife wirkt ein Drehmoment von 0,6 mN $\cdot$ m. Als die Leiterschleife von ihrer Befestigung gelöst wurde, betrug ihre Winkelgeschwindigkeit nach einer Drehung um 90° 20 s^{-1}. Man bestimme: 1) die Stromstärke in der Leiterschleife; 2) das Trägheitsmoment der Leiterschleife bezüglich ihres Durchmessers. [1) 1,5 A; 2) 3 $\cdot$ 10^{-6} kg $\cdot$ m²]

Kapitel 15

Elektromagnetische Induktion

§ 122 Elektromagnetische Induktion
(Faradaysche Experimente)

Im Kapitel 14 haben wir Magnetfelder in der Umgebung von elektrischen Strömen betrachtet. Diese Verknüpfung von Magnetfeld und elektrischem Strom war Anlaß für viele Versuche, in einer Leiteranordnung einen Stromfluß über ein Magnetfeld zu induzieren. Diese fundamentale Aufgabe wurde im Jahre 1831 von dem englischen Physiker M. Faraday auf glänzende Weise gelöst. Er beobachtete als erster eine Erscheinung, die er **elektromagnetische Induktion** nannte. Das Wesen der elektromagnetischen Induktion besteht in folgendem: Wenn sich der magnetische Fluß durch die Fläche einer Leiterschleife ändert, dann fließt in diesem Leiter ein elektrischer Strom. Diesen Strom nennt man auch **Induktionsstrom**.

Wir betrachten nun die klassischen Faradayschen Versuchsanordnungen, mit deren Hilfe es gelang, die Erscheinung der elektromagnetischen Induktion zu beobachten.

Versuch I (Bild 122.1a). Wenn man in eine Zylinderspule, die an ein Galvanometer angeschlossen ist, einen Dauermagneten schiebt oder ihn aus der Spule herauszieht, dann kann man während der Bewegung des Magneten in der Spule einen Ausschlag des Galvanometers beobachten (es entsteht ein Induktionsstrom). Die Richtung des Zeigerausschlages ist für das Hereinschieben und Herausziehen entgegengesetzt. Der Zeigerausschlag ist um so größer, je schneller man den Magneten relativ zur Spule bewegt. Wird die Polung des Magneten verändert, so ändert sich die Richtung des Zeigerausschlages ebenfalls. Auch wenn man die Spule bezüglich des unbeweglichen Magneten bewegt, entsteht ein Induktionsstrom.

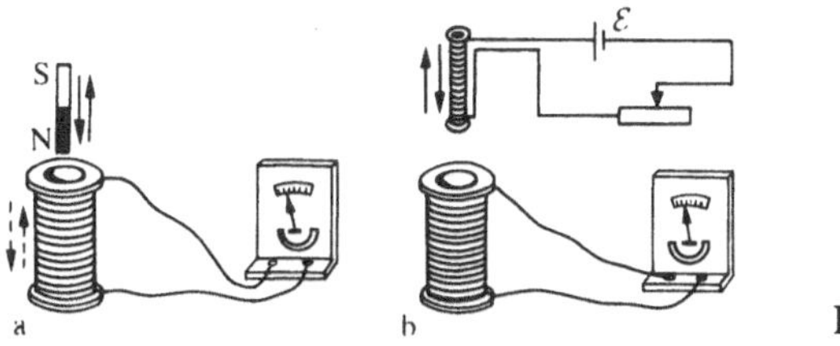

Bild 122.1

Versuch II. Es werden zwei Spulen ineinander gesteckt. Die Enden der einen Spule werden an ein Galvanometer angeschlossen, durch die andere Spule soll ein elektrischer Strom fließen. Im Moment des Ein- und Ausschaltens des Stromflusses, bei Veränderung der Stromstärke oder bei einer Verschiebung der Spulen gegeneinander kann man einen Zeigerausschlag des Galvanometers feststellen (Bild 122.1b). Die Richtung des jeweiligen Zeigerausschlages wechselt beim Ein- und Ausschalten, bei Erhöhung oder Verringerung der Stromstärke oder bei einer Verschiebung in entgegengesetzte Richtungen das Vorzeichen.

Durch Verallgemeinerung der Resultate seiner Versuche gelangte Faraday zu dem Schluß, daß ein Induktionsstrom immer dann auftritt, wenn sich der mit der Leiteranordnung verbundene magnetische Fluß ändert. Zum Beispiel entsteht in einer Leiterschleife, die in einem homogenen Magnetfeld gedreht wird, auch ein Induktionsstrom. In diesem Fall bleibt die magnetische Induktion in der Nähe des Leiters konstant, und es ändert sich nur der magnetische Fluß durch die Fläche der Leiterschleife.

Ebenfalls auf experimentellem Wege wurde herausgefunden, daß die Größe des Induktionsstromes *von der Art und Weise der Änderung des magnetischen Flusses* unabhängig ist und nur *von der Geschwindigkeit* der Änderung des magnetischen Flusses bestimmt wird (bereits Faraday hat herausgefunden, daß der Zeigerausschlag des Galvanometers, d. h. die Stromstärke, um so größer ist, je schneller man den Magneten bewegt, die Stromstärke ändert oder die Spulen zueinander bewegt).

Die Entdeckung der elektromagnetischen Induktion hatte große Bedeutung, da bewiesen wurde, daß man mit Hilfe von Magnetfeldern elektrischen Strom erzeugen kann. Weiter wurde durch die elektromagnetische Induktion der Zusammenhang von elektrischen und magnetischen Erscheinungen bewiesen, was eine wichtige Grundlage für die Entwicklung der elektromagnetischen Feldtheorie war.

§ 123 Das Faradaysche Induktionsgesetz und
seine Herleitung aus dem Energieerhaltungssatz

Aufbauend auf den Ergebnissen seiner Versuche gelang es Faraday, das Gesetz der elektromagnetischen Induktion quantitativ zu formulieren. Er konnte zeigen, daß bei jeder Änderung des magnetischen Flusses durch die Fläche einer Leiterschleife in dieser ein induzierter Stromfluß entsteht. Die Entstehung eines Induktionsstromes deutet auf das Vorhandensein einer EMK im Stromkreis hin. Diese EMK nennt man auch **induzierte Spannung**. Die Stromstärke des induzierten Stromes und folglich auch der induzierten Spannung $\mathcal{E}_i$ bestimmt allein die Geschwindigkeit der Änderung des magnetischen Flusses, d. h.

$$\mathcal{E}_i \sim \frac{d\Phi}{dt}. \tag{123.1}$$

Jetzt müssen wir uns noch über das Vorzeichen von $\mathcal{E}_i$ Klarheit verschaffen. In § 120 wurde gesagt, daß das Vorzeichen des magnetischen Flusses von der Wahl der positiven Normalen zur Fläche der Leiterschleife abhängt. Die Normale wiederum ist mit dem Stromfluß im Leiter über die Rechtsschraubenregel verknüpft (siehe § 109). Demzufolge bestimmen wir mit der Auswahl der Normalen auch das Vorzeichen des magnetischen Flusses sowie die Richtung des induzierten Stromes und das Vorzeichen der induzierten Spannung in der Leiterschleife. Unter Verwendung dieser Begriffe und Folgerungen können wir nun das **Faradaysche Gesetz der elektromagnetischen Induktion** formulieren: Welche Ursache die Änderung des magnetischen Flusses durch die Fläche einer geschlossenen Leiterschleife auch haben mag, für die induzierte Spannung gilt in jedem Fall

$$\mathcal{E}_i = -\frac{\mathrm{d}\Phi}{\mathrm{d}t}. \tag{123.2}$$

Das Vorzeichen „Minus" zeigt uns an, daß eine Vergrößerung des magnetischen Flusses ($\mathrm{d}\Phi/\mathrm{d}t > 0$) eine Spannung $\mathcal{E}_i < 0$ induziert, d. h., das Feld des induzierten Stromes ist entgegengesetzt zum magnetischen Fluß gerichtet; eine Verringerung des magnetischen Flusses ($\mathrm{d}\Phi/\mathrm{d}t < 0$) induziert eine Spannung $\mathcal{E}_i > 0$, d. h., die Richtungen des induzierten Stromes und des magnetischen Flusses sind gleich. Weiter ist das Vorzeichen „Minus" in (123.2) der mathematische Ausdruck für die Lenzsche Regel (1833), der allgemeinen Regel zur Bestimmung der Richtung des induzierten Stromes.

Lenzsche Regel: Der in einer Leiterschleife induzierte Strom ist immer so gerichtet, daß sein Magnetfeld der Änderung des magnetischen Flusses, die diesen Stromfluß hervorruft, entgegenwirkt.

Das Faradaysche Induktionsgesetz (siehe (123.2)) kann auch direkt aus dem Energieerhaltungssatz abgeleitet werden, durchgeführt erstmalig von H. v. Helmholtz. Wir betrachten einen stromdurchflossenen freibeweglichen Leiter, der sich in einem homogenen Magnetfeld befindet, das zur Fläche der Leiterschleife senkrecht ist (siehe Bild 121.1). Unter der Einwirkung der Ampèreschen Kraft F, deren Richtung in der Abbildung gekennzeichnet ist, bewegt sich der Leiter um die Strecke $\mathrm{d}x$. Die Ampèresche Kraft verrichtet also Arbeit zur Verschiebung des Leiters (siehe (121.1)) $\mathrm{d}W = I\,\mathrm{d}\Phi$, wobei $\mathrm{d}\Phi$ der magnetische Fluß durch die Fläche der Leiterschleife ist.

Wenn der Gesamtwiderstand des Leiters gleich R ist, dann setzt sich entsprechend dem Energieerhaltungssatz die Arbeit der Stromquelle in der Zeit $\mathrm{d}t$ ($\mathcal{E}I\,\mathrm{d}t$) aus der Arbeit für die Joulesche Wärme ($I^2 R\,\mathrm{d}t$) und der Verschiebungsarbeit des Leiters im Magnetfeld ($I\,\mathrm{d}\Phi$) zusammen:

$$\mathcal{E}I\,\mathrm{d}t = I^2 R\,\mathrm{d}t + I\,\mathrm{d}\Phi,$$

woraus folgt

$$I = \frac{\mathcal{E} - \dfrac{\mathrm{d}\Phi}{\mathrm{d}t}}{R},$$

wobei $-\mathrm{d}\Phi/\mathrm{d}t = \mathcal{E}_i$ nichts anderes als das Faradaysche Induktionsgesetz ist (siehe (123.2)).

Das **Faradaysche Induktionsgesetz** kann auch wie folgt formuliert werden: Die in einer Leiterschleife induzierte Spannung ist dem Betrag nach gleich der Geschwindigkeit der Änderung des magnetischen Flusses durch die Fläche dieser Leiterschleife und trägt ein entgegengesetztes Vorzeichen. Dieses Gesetz ist *allgemeingültig*, da die induzierte Spannung nicht von der Art und Weise der magnetischen Flußänderung abhängt.

Die induzierte Spannung wird in Volt gemessen. Tatsächlich erhält man, wenn man berücksichtigt, daß die Einheit des magnetischen Flusses **Weber** (Wb) ist:

$$\left[\frac{\mathrm{d}\Phi}{\mathrm{d}t}\right] = \frac{\mathrm{Wb}}{\mathrm{s}} = \frac{\mathrm{T}\cdot\mathrm{m}^2}{\mathrm{s}} = \frac{\mathrm{N}\cdot\mathrm{m}^2}{\mathrm{A}\cdot\mathrm{m}\cdot\mathrm{s}}$$

$$= \frac{\mathrm{J}}{\mathrm{A}\cdot\mathrm{s}} = \frac{\mathrm{J}\cdot\mathrm{s}}{\mathrm{C}\cdot\mathrm{s}} = V.$$

Wir untersuchen nun die Natur der induzierten Spannung. Wenn sich ein Leiter (der bewegliche Abschnitt in Bild 121.1) in einem homogenen Magnetfeld bewegt, dann bewegt sich die Lorentzkraft, die auf die Ladungen im Leiter wirkt, mit dem Leiter. Sie ist dem Stromfluß entgegengesetzt gerichtet, d. h., sie induziert im Leiter einen Strom entgegengesetzter Richtung (als Stromrichtung betrachtet man die Bewegungsrichtung der positiven Ladungen). Die Entstehung einer induzierten Spannung bei der Verschiebung eines Leiterabschnittes in einem homogenen Magnetfeld wird also durch das Wirken der Lorentzkraft verursacht.

Das Auftreten induzierter Spannungen ist entsprechend dem Faradayschen Induktionsgesetz auch in unbeweglichen Leiteranordnungen in magnetischen *Wechselfeldern* möglich. Da die Lorentzkraft nur auf bewegte Ladungen wirken kann, ist diese Erscheinung mit Hilfe dieser Kraft nicht erklärbar. Maxwell kam als erster auf die Idee, daß jedes magnetische Wechselfeld in seiner Umgebung ein elektrisches Feld erzeugt, das dann seinerseits für die Entstehung eines Induktionsstromes im Leiter sorgt. Die Zirkulation des Vektors E_B dieses Feldes bezüglich einer beliebigen unbeweglichen Leiterschleife L ist gleich der in der Leiterschleife induzierten Spannung:

$$\mathcal{E}_i = \oint_L E_B\,\mathrm{d}l = -\frac{\mathrm{d}\Phi}{\mathrm{d}t}. \tag{123.3}$$

§ 124   Rotation einer Leiterschleife im Magnetfeld

Die Erscheinung der elektromagnetischen Induktion wird zur Umwandlung von mechanischer Energie in elektrische verwendet. Die entsprechenden Apparate heißen **Generatoren**. Das Funktionsprinzip eines Generators kann man am Beispiel eines flachen Rahmens, der sich in einem homogenen Magnetfeld dreht, erklären (Bild 124.1).

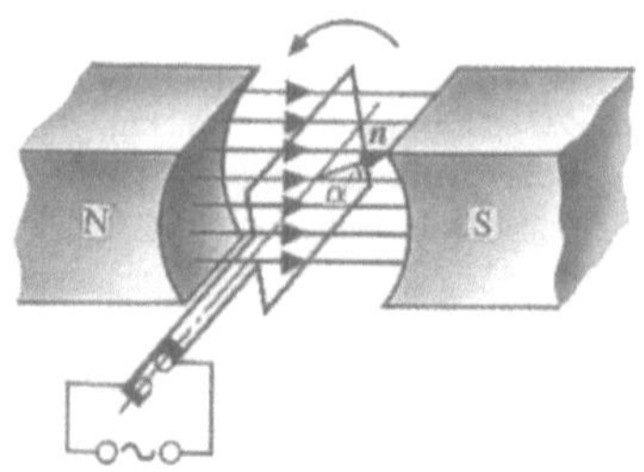

Bild 124.1

Wir setzen voraus, daß sich der Rahmen in einem homogenen Magnetfeld (B = const) gleichmäßig mit der Winkelgeschwindigkeit ω = const dreht. Der magnetische Fluß durch die Fläche A des Rahmens für einen beliebigen Zeitpunkt t ist gemäß (120.1) gleich

$$\Phi = B_n A = BA \cos \alpha = BA \cos \omega t,$$

wobei $\alpha = \omega t$ der Drehwinkel des Rahmens zum Zeitpunkt t ist (der Anfangspunkt ist so gewählt, daß für $t = 0$ $\alpha = 0$ gilt).

Bei Drehung des Rahmens wird in ihm eine Wechselspannung induziert (siehe (123.2))

$$\mathcal{E}_i = -\frac{\mathrm{d}\Phi}{\mathrm{d}t} = BA\omega \sin \omega t, \qquad (124.1)$$

die sich zeitlich harmonisch ändert. Für $\sin \omega t = 1$ nimmt die Spannung ihren Maximalwert an, d. h., die Formel

$$\mathcal{E}_{\max} = BA\omega \qquad (124.2)$$

gibt uns die Maximalwerte der induzierten Wechselspannung. Unter Berücksichtigung von (124.2) kann man Formel (124.1) wie folgt schreiben:

$$\mathcal{E}_i = \mathcal{E}_{\max} \sin \omega t.$$

Fassen wir das Gesagte zusammen: Wenn man einen flachen Rahmen in einem homogenen Magnetfeld gleichmäßig dreht, so wird in diesem Rahmen eine harmonische Wechselspannung induziert.

Aus Formel (124.2) folgt, daß $\mathcal{E}_{\max}$ (und folglich auch die induzierte Spannung) direkt von den Größen ω, B und A abhängig ist. In den meisten Ländern ist eine Standardfrequenz von $\nu = \omega/(2\pi) = 50$ Hz üblich. Deshalb können nur die beiden anderen Größen erhöht werden. Zur Vergrößerung von B verwendet man leistungsfähige Dauermagneten oder auch Elektromagneten. Die Leistung eines Elektromagneten kann u. a. durch den Einsatz von Kernen aus Materialien mit einer großen relativen Permeabilität μ gesteigert werden. Wenn nun nicht eine Windung, sondern gleich mehrere miteinander verbundene gedreht werden, so erhöht sich damit die Fläche A. Die Wechselspannung wird von der rotierenden Windung über leitende Bürsten (schematisch dargestellt in Bild 124.1) abgeleitet.

Der Prozeß der Umwandlung von mechanischer Energie in elektrische ist umkehrbar. Wenn man einen elektrischen Strom durch einen Rahmen fließen läßt, der sich in einem Magnetfeld befindet, dann wirkt entsprechend (109.1) auf ihn ein Drehmoment, und der Rahmen beginnt sich zu drehen. Auf diesem Prinzip beruht die Konstruktion von **Elektromotoren**. In Elektromotoren wird elektrische in mechanische Energie umgewandelt.

§ 125 Wirbelströme (Foucault-Ströme)

Induktionsströme entstehen nicht nur in linearen Leitern, sondern auch in massiven Teilen aus leitenden Materialien, die sich in einem magnetischen Wechselfeld befinden. Diese Ströme bilden im massiven Leiter in sich geschlossene Kurven und werden deshalb **Wirbelströme** genannt. Manchmal trifft man auch auf die Bezeichnung **Foucault-Ströme** (genannt nach dem ersten Forscher dieser Ströme).

Wirbelströme unterliegen wie normale Induktionsströme der Lenzschen Regel: Ihr Magnetfeld ist so gerichtet, daß es der Änderung des magnetischen Flusses, das diese Ströme erzeugt, entgegenwirkt. Die Wirkung der Wirbelströme kann an folgendem Beispiel demonstriert werden. Wenn man zwischen die Pole eines nicht angeschlossenen Elektromagneten ein kupfernes Pendel hängt, dann schwingt es frei ohne merkliche Verzögerung (Bild 125.1). Sobald der Strom eingeschaltet wird, kann man eine starke Abbremsung des Pendels bis zu seinem Stillstand beobachten. Diese Erscheinung kann mit Hilfe der Wirbelströme erklärt werden. Sie sind so gerichtet, daß die Kraftwirkung des Magnetfeldes auf die Wirbelströme das Pendel zum Stillstand bringt. Diese Erscheinung wird in vielen Geräten zur Abbremsung (Dämpfung) beweglicher Teile genutzt. Wenn man in das beschriebene Pendel in Längsrichtung Schlitze schneidet, dann werden die Wirbelströme so abgeschwächt, daß ihre Wirkung fast nicht zu spüren ist.

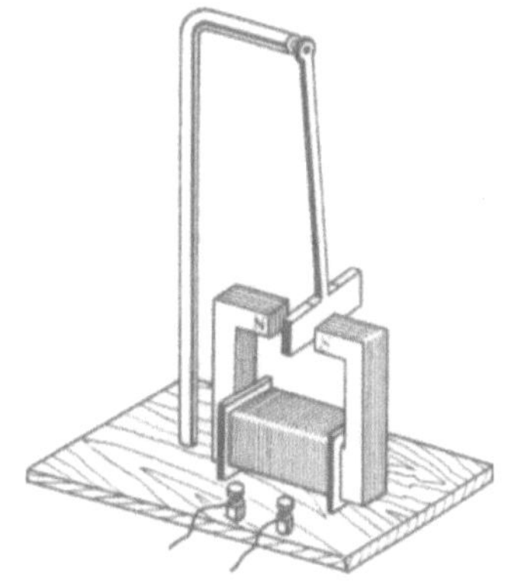

Bild 125.1

Wirbelströme ziehen außer einer Abbremsung beweglicher Teile (fast immer unerwünscht) auch eine Erwärmung des Leiters nach sich. Um diese Energieverluste in Grenzen zu halten, fertigt man die Anker von Generatoren und Transformatorenkerne nicht aus einem Stück, sondern aus dünnen Platten, die durch eine dünne isolierende Schicht voneinander getrennt sind. Die Platten werden so angeordnet, daß die Wirbelströme quer zur Plattenfläche gerichtet sind. Die Erwärmung von leitenden Materialien durch Wirbelströme wird in metallurgischen Induktionsöfen genutzt. Ein Induktionsofen ist ein Tiegel, der sich im Inneren einer Spule befindet. Die Spule schließt man an eine hochfrequente Spannungsquelle an. Im zu schmelzenden Metall entstehen intensive Wirbelströme, die das Material bis zum Schmelzpunkt aufheizen. Mit dieser Methode kann Metall im Vakuum geschmolzen werden, wodurch ein überaus hoher Reinheitsgrad erreichbar ist.

Wirbelströme entstehen ebenfalls in Leitern, durch die ein Wechselstrom fließt. Die Richtung dieser Wirbelströme kann mit der Lenzschen Regel bestimmt werden. In Bild 125.2a

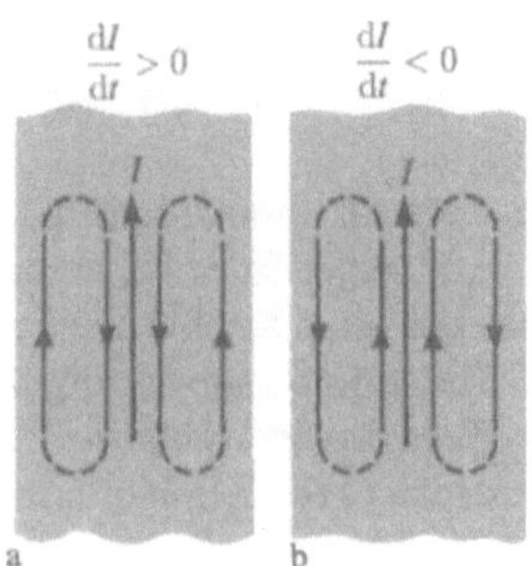

Bild 125.2

ist die Richtung der Wirbelströme bei Wachstum und in Bild 125.2b bei Abnahme des primären Stromes eingezeichnet. In beiden Fällen sind die Wirbelströme so gerichtet, daß sie der Stromänderung im Inneren des Leiters entgegen wirken. In der Außenschicht sind sie wie die Stromänderung gerichtet, d. h., sie verstärken diese Änderung. Das hat zur Folge, daß in Leitern mit einem schnell wechselnden Stromfluß der elektrische Strom ungleichmäßig verteilt ist. Er wird sozusagen an die Leiteroberfläche verdrängt. Diese Erscheinung erhielt die Bezeichnung **Skin-Effekt** (von dem englischen Wort „skin"– Haut) oder **Hauteffekt**. Da hochfrequente Ströme praktisch nur in einer dünnen Oberflächenschicht des Leiters fließen, werden die Leiter für diese Ströme aus hohlen Drähten gefertigt.

Wenn man massive Teile aus einem leitenden Material mit Hilfe von hochfrequenten Strömen erwärmt, so erwärmt sich wegen des Skin-Effektes lediglich eine Schicht nahe der Oberfläche dieser Teile. Darauf gründet sich eine Methode der Oberflächenhärtung von Metallen. Durch Änderung der Frequenz kann das Metall bis zu unterschiedlichen Tiefen gehärtet werden.

§ 126   Induktivität einer Leiteranordnung. Selbstinduktion

Ein elektrischer Strom, der in einer geschlossenen Leiterschleife fließt, ruft in seiner Umgebung ein Magnetfeld hervor. Die Induktion dieses Feldes ist nach dem Biot-Savartschen Gesetz (siehe (110.2)) proportional zur Stromstärke. Der magnetische Fluß Φ durch die Fläche der Leiterschleife ist proportional dem Stromfluß I in diesem Leiter:

$$\Phi = LI, \qquad (126.1)$$

wobei der Proportionalitätskoeffizient L **Induktivität** der Leiteranordnung genannt wird.

Mit Änderung der Stromstärke im betrachteten Leiter ändert sich auch der magnetische Fluß, verbunden mit diesem Strom. Folglich wird im Leiter eine Spannung induziert. Die Induktion einer Spannung in einer Leiteranordnung durch eine Änderung der Stromstärke in diesem Leiter heißt **Selbstinduktion**.

Mit Hilfe der Formel (126.1) läßt sich die Maßeinheit der Induktivität **Henry** (H) bestimmen: 1 H ist die Induktivität einer solchen Leiteranordnung, bei der der magnetische Fluß der Selbstinduktion bei einem Strom von 1 A gleich 1 Wb ist:

$$1\,\mathrm{H} = 1\,\mathrm{Wb/A} = 1\,\mathrm{V} \cdot \mathrm{s/A}.$$

Wir wollen nun die Induktivität einer unendlich langen Zylinderspule berechnen. Nach (120.4) ist der volle magnetische Fluß durch die Spule gleich $\mu_0 \mu N^2 I A / l$. Indem wir diesen Ausdruck in die Formel (126.1) einsetzen, erhalten wir

$$L = \mu_0 \mu \frac{N^2 A}{l}, \qquad (126.2)$$

d. h., die Induktivität einer Zylinderspule hängt von der Anzahl ihrer Windungen N, von ihrer Länge l, der Fläche A und der relativen Permeabilität μ des Spulenkernmaterials ab.

Man kann zeigen, daß die Induktivität eines Leiters im allgemeinen Fall nur von seiner geometrischen Form, seinen Abmessungen und von der relativen Permeabilität des Stoffes, in dem er sich befindet, abhängt. In diesem Sinne ist die Induktivität eines Leiters die analoge Größe zur elektrischen Kapazität einer offenen Leiterschleife, die ebenfalls nur von der Form des Leiters, seinen Abmessungen und der relativen Dielektrizitätskonstante des umgebenden Stoffes bestimmt wird (siehe § 93).

Wenn man auf die Erscheinung der Selbstinduktion das Faradaysche Induktionsgesetz anwendet (siehe (123.2)), dann erhalten wir für die Selbstinduktionsspannung

$$\mathcal{E}_s = -\frac{\mathrm{d}\Phi}{\mathrm{d}t} = -\frac{\mathrm{d}}{\mathrm{d}t}(LI)$$
$$= -\left(L\frac{\mathrm{d}I}{\mathrm{d}t} + I\frac{\mathrm{d}L}{\mathrm{d}t} \right).$$

Wird die Leiterschleife nicht deformiert und bleibt die relative Permeabilität des umgebenden Stoffes unverändert (wir zeigen im weiteren, daß letztere Bedingung nicht immer erfüllt wird), dann ist $L = $ const und

$$\mathcal{E}_s = -L\frac{\mathrm{d}I}{\mathrm{d}t}, \qquad (126.3)$$

wobei das Zeichen „Minus" aus der Lenzschen Regel folgt. Es zeigt an, daß die Existenz einer Induktivität im Leiter eine *Verzögerung der Stromänderung* in diesem Leiter bewirkt.

Wenn der Strom zeitlich anwächst, dann gilt $\mathrm{d}I/\mathrm{d}t > 0$ und $\mathcal{E}_s < 0$, d. h., der Selbstinduktionsstrom ist dem Strom der äußeren Stromquelle entgegengerichtet und verzögert dessen Anwachsen. Wenn der Strom zeitlich abnimmt, dann gilt $\mathrm{d}I/\mathrm{d}t < 0$ und $\mathcal{E}_s > 0$, d. h., der Selbstinduktionsstrom ist wie der Strom der äußeren Stromquelle gerichtet und verzögert dessen Abnahme. Eine Leiterschleife, die eine bestimmte Induktivität besitzt, zeigt eine elektrische Trägheit. Diese Trägheit kommt darin zum Ausdruck, daß jede Änderung des Stromflusses um so stärker verzögert wird, je größer die Induktivität des Leiters ist.

§ 127 Ein- und Abschaltvorgänge

Bei jedem Ein- oder Abschalten des elektrischen Stromes in einem Stromkreis entsteht in diesem Stromkreis eine Selbstinduktionsspannung. Dadurch entstehen in der Leiterschleife zusätzliche Ströme, auch **Extraströme der Selbstinduktion** genannt. Die Extraströme der Selbstinduktion sind nach der Lenzschen Regel immer so gerichtet, daß sie der Stromänderung im Leiter entgegenwirken. Beim Abschalten der Stromquelle haben die Extraströme die gleiche Richtung wie der schwächer werdende Primärstrom. Daraus folgt, daß das Vorhandensein einer Induktivität im Stromkreis zu einer Verzögerung des Verschwindens oder der Einstellung eines Stromes bei Ein- und Abschaltvorgängen führt.

Wir betrachten den Abschaltvorgang des elektrischen Stromes in einem Stromkreis mit einer Stromquelle der Spannung $\mathcal{E}$, einem Widerstand R und einer Spule der Induktivität L. Aufgrund der äußeren EMK fließt im Stromkreis ein Gleichstrom

$$I_0 = \frac{\mathcal{E}}{R}$$

(der Innenwiderstand der Stromquelle wird vernachlässigt).

Zum Zeitpunkt $t = 0$ schalten wir die Stromquelle ab. Der Stromfluß durch die Spule mit der Induktivität L beginnt abzunehmen. Das führt zur Entstehung einer Selbstinduktionsspannung $\mathcal{E}_s = -L(\mathrm{d}I/\mathrm{d}t)$, die nach der Lenzschen Regel der Abnahme des Stromflusses entgegenwirkt. Zu jeder Zeit gilt für den Strom im Stromkreis das Ohmsche Gesetz

$$I = \frac{\mathcal{E}_s}{R}$$

oder

$$IR = -L\frac{\mathrm{d}I}{\mathrm{d}t}. \tag{127.1}$$

Indem wir den Ausdruck (127.1) umformen, erhalten wir $\mathrm{d}I/I = -R\,\mathrm{d}t/L$. Durch Integration dieser Gleichung bezüglich I (von I_0 bis I) und t (von 0 bis t) erhalten wir $\ln(I/I_0) = -Rt/L$ oder

$$I = I_0\mathrm{e}^{-t/\tau}, \tag{127.2}$$

wobei $\tau = L/R$ eine Konstante ist, die man **Relaxationszeit** nennt. Aus (127.2) folgt, daß τ die Zeit ist, in deren Verlauf sich die Stromstärke auf ein e-tel verringert.

Wir fassen zusammen, daß beim Abschalten der Stromquelle die Stromstärke im Stromkreis exponentiell abnimmt (127.2). Sie wird qualitativ von Kurve 1 in Bild 127.1 beschrieben. Je größer die Induktivität des Stromkreises ist und je kleiner der Widerstand, desto größer ist τ und um so langsamer nimmt folglich der Stromfluß im Stromkreis beim Abschalten der Spannungsquelle ab.

Wird die Spannungsquelle eingeschaltet, so wirkt außer der äußeren EMK eine Selbstinduktionsspannung $\mathcal{E}_s = -L \cdot \mathrm{d}I/\mathrm{d}t$, die nach der Lenzschen Regel dem Anwachsen des Stromes entgegenwirkt. Nach dem Ohmschen Gesetz gilt

$$IR = \mathcal{E} + \mathcal{E}_s$$

oder

$$IR = \mathcal{E} - L\frac{\mathrm{d}I}{\mathrm{d}t}.$$

Indem wir die neue Variable $u = IR - \mathcal{E}$ einführen, formen wir die Gleichung wie folgt um

$$\frac{\mathrm{d}u}{u} = -\frac{\mathrm{d}t}{\tau},$$

wobei τ die Relaxationszeit ist.

Im Moment des Einschaltens ($t = 0$) gilt für die Stromstärke $I = 0$ und $u = -\mathcal{E}$. Wenn wir also bezüglich u (von $-\mathcal{E}$ bis $IR - \mathcal{E}$) und t (von 0 bis t) integrieren, so erhalten wir

$$\ln\frac{IR - \mathcal{E}}{-\mathcal{E}} = \frac{t}{\tau}$$

oder

$$I = I_0(1 - \mathrm{e}^{-t/\tau}), \tag{127.3}$$

wobei $I_0 = \mathcal{E}/R$ der Dauerstrom ist (für $t \to \infty$).

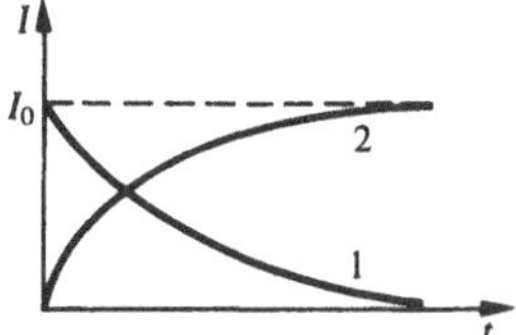

Bild 127.1

Zusammenfassend können wir sagen, daß beim Einschalten der Spannungsquelle das Anwachsen der Stromstärke im Stromkreis durch die Formel (127.3) beschrieben wird und qualitativ durch Kurve 2 in Bild 127.1 dargestellt werden kann. Die Stromstärke wächst vom Anfangswert $I = 0$ und nähert sich asymptotisch dem Wert für den Dauerstrom $I_0 = \mathcal{E}/R$ an. Die Wachstumsgeschwindigkeit des Stromes wird genau wie die Abnahmegeschwindigkeit von der Relaxationszeit $\tau = L/R$ bestimmt. Die Einstellung des Dauerstromes erfolgt um so schneller, je kleiner die Induktivität und je größer der Widerstand des betrachteten Stromkreises ist.

Wir wollen nun die EMK der Selbstinduktion $\mathcal{E}_s$ abschätzen, die bei einer plötzlichen Vergrößerung des Widerstandes des Stromkreises von R_0 auf R entsteht. Wir unterbrechen den Stromkreis, in dem ein Dauerstrom $I_0 = \mathcal{E}/R_0$ fließt. Beim Abschaltvorgang ändert sich die Stromstärke nach Formel (127.2). Indem wir in diese Formel die Ausdrücke für I_0 und τ einsetzen, erhalten wir

$$I = \frac{\mathcal{E}}{R_0}\mathrm{e}^{-Rt/L}.$$

Die Selbstinduktionsspannung ergibt sich zu

$$\mathcal{E}_s = -L\frac{\mathrm{d}I}{\mathrm{d}t} = \frac{R}{R_0}\mathcal{E}\mathrm{e}^{-Rt/L},$$

d. h., bei einem starken Anwachsen des Widerstandes eines Stromkreises ($R/R_0 \gg 1$) mit einer großen Induktivität kann die Selbstinduktionsspannung die EMK der Spannungsquelle um ein Vielfaches übersteigen. Das Unterbrechen eines Stromkreises mit Induktivität darf also nicht schlagartig geschehen (wegen der Entstehung bedeutender Selbstinduktionsspannungen), da sonst Durchschläge an der Isolation und Beschädigungen an Meßgeräten auftreten können. Wenn der Widerstand eines Stromkreises gleichmäßig und langsam vergrößert wird, dann sind die Selbstinduktionsspannungen, die dadurch hervorgerufen werden, unbedeutend.

§ 128   Gegeninduktion

Wir betrachten zwei unbewegliche Leiterschleifen (1 und 2), die sich nahe beieinander befinden (Bild 128.1). Wenn im Leiter 1 ein Strom I_1 fließt, dann ist der magnetische Fluß durch die Fläche der Leiterschleife (das Magnetfeld, welches diesen magnetischen Fluß bedingt, ist in der Abbildung mit durchgehenden Linien gekennzeichnet) diesem Strom proportional. Den Teil des magnetischen Flusses, welcher durch die Fläche der Leiterschleife 2 gerichtet ist, bezeichnen wir mit Φ_{21}. Dann gilt

$$\Phi_{21} = L_{21} I_1, \tag{128.1}$$

wobei L_{21} der Proportionalitätskoeffizient ist.

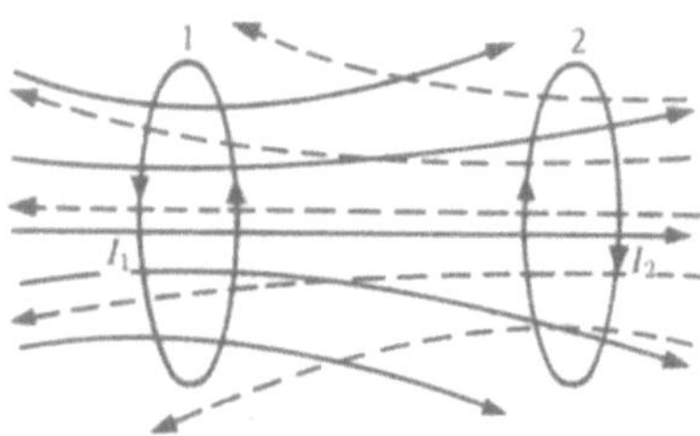

Bild 128.1

Wenn sich der Strom I_1 ändert, dann wird im Leiter 2 eine Spannung $\mathcal{E}_{12}$ induziert. Nach dem Faradayschen Induktionsgesetz (siehe (123.2)) gilt für diese induzierte Spannung, daß sie dem Betrag nach gleich der Geschwindigkeit der Änderung des magnetischen Flusses Φ_{21} ist und ein entgegengesetztes Vorzeichen hat:

$$\mathcal{E}_{12} = -\frac{d\Phi_{21}}{dt} = -L_{21}\frac{dI_1}{dt}.$$

Analog dazu durchdringt der magnetische Fluß des Leiters 2 mit dem Stromfluß I_2 (das Magnetfeld dieses Leiters ist in Bild 128.1 durch Strichlinien dargestellt) die Fläche der Leiterschleife 1. Für den Teil des magnetischen Flusses, welcher die Fläche der Leiterschleife 1 durchdringt (Φ_{12}), können wir schreiben

$$\Phi_{12} = L_{12} I_2.$$

Wenn sich der Strom I_2 ändert, dann wird im Leiter 1 eine Spannung $\mathcal{E}_{i1}$ induziert, die dem Betrag nach gleich der Ände-

rungsgeschwindigkeit des magnetischen Flusses Φ_{12} ist und ein entgegengesetztes Vorzeichen hat:

$$\mathcal{E}_{i1} = -\frac{d\Phi_{12}}{dt} = -L_{12}\frac{dI_2}{dt}.$$

Die Erscheinung der Induktion einer Spannung in einer der Leiterschleifen bei Änderung der Stromstärke in der anderen nennt man **Gegeninduktion**. Die Proportionalitätskoeffizienten L_{12} und L_{21} heißen **Gegeninduktivität** des entsprechenden Leiters. Berechnungen haben im Einklang mit Versuchsergebnissen gezeigt, daß L_{21} und L_{12} gleich groß sind, d. h.

$$L_{12} = L_{21}. \tag{128.2}$$

Die Koeffizienten L_{12} und L_{21} hängen von der geometrischen Form, den Abmessungen, der gegenseitigen Lage der Leiter und von der relativen Permeabilität des umgebenden Stoffes ab. Die Einheit der Gegeninduktivität ist wie bei der Induktivität Henry (H).

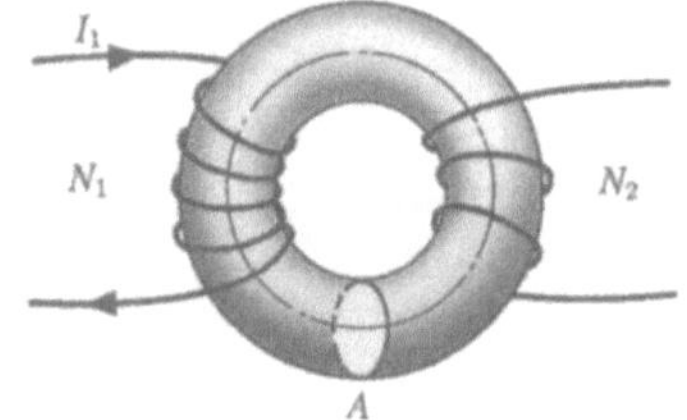

Bild 128.2

Wir wollen nun die Gegeninduktion zweier Spulen, die auf einen gemeinsamen Kern in Ringform gewickelt sind, untersuchen. Dieser Spezialfall hat in der Praxis große Bedeutung (Bild 128.2). Die erste Spule soll N_1 Windungen besitzen. Die relative Permeabilität des Spulenkerns sei μ. Durch die Spule fließe ein Strom I_1. Dann gilt nach (119.2) für die magnetische Induktion dieser Spule

$$B = \mu_0 \mu \frac{N_1 I_1}{l},$$

wobei l die Länge des Kerns, gerechnet auf der Mittellinie, ist. Der magnetische Fluß durch eine Windung der zweiten Spule ergibt sich zu

$$\Phi_2 = BA = \mu_0 \mu \frac{N_1 I_1}{l} A.$$

Dann gilt für den gesamten magnetischen Fluß durch die Fläche der zweiten Spule mit N_2 Windungen

$$\Psi = \Phi_2 N_2 = \mu_0 \mu \frac{N_1 N_2}{l} A I_1.$$

Der magnetische Fluß Ψ wird durch den Strom I_1 hervorgerufen, und deshalb erhalten wir nach (128.1)

$$L_{21} = \frac{\Psi}{I_1} = \mu_0 \mu \frac{N_1 N_2}{l} A. \tag{128.3}$$

Wenn wir den magnetischen Fluß der Spule 2 durch die Fläche der Spule 1 bestimmen, erhalten wir für L_{12} einen Ausdruck entsprechend (128.3). Wir erhalten also für die Gegeninduktivität zweier Spulen, die auf einen gemeinsamen ringförmigen Kern gewickelt sind, folgende endgültige Formel:

$$L_{12} = L_{21} = \mu_0\mu \frac{N_1 N_2}{l} A.$$

§ 129 Transformatoren

Transformatoren werden zur Erhöhung oder Verringerung der Spannung von Wechselströmen verwendet. Die Wirkungsweise eines Transformators beruht auf dem Gegeninduktionsprinzip. Der prinzipielle Aufbau eines Transformators ist in Bild 129.1 dargestellt. Die Primär- und die Sekundärspule (Wicklung) mit entsprechend N_1 und N_2 Windungen sind auf einem in sich geschlossenen eisernen Kern befestigt. Die Enden der Primärwicklung sind an eine Wechselspannungsquelle mit der EMK $\mathcal{E}_1$ angeschlossen, d.h., es fließt ein Wechselstrom I_1 in dieser Wicklung. Der Wechselstrom I_1 bedingt den wechselnden magnetischen Fluß Φ, der fast vollständig im Inneren des eisernen Kerns lokalisiert ist. Demzufolge führt er beinahe in vollem Umfang durch die Windungen der Sekundärwicklung. Die Änderung des magnetischen Flusses induziert in der Sekundärwicklung eine Spannung (Gegeninduktionsspannung) und in der Primärwicklung eine Selbstinduktionsspannung.

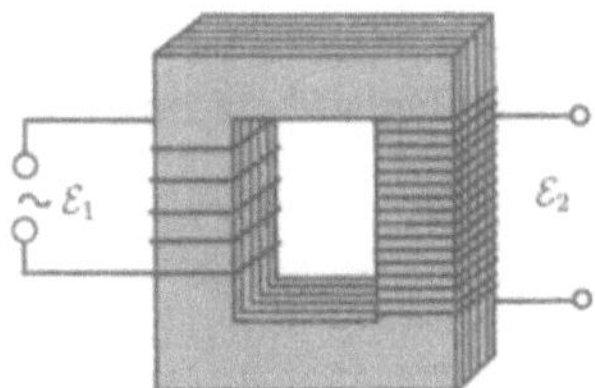

Bild 129.1

Der Strom I_1 in der Primärwicklung wird nach dem Ohmschen Gesetz bestimmt:

$$\mathcal{E}_1 - \frac{\mathrm{d}}{\mathrm{d}t}(N_1\Phi) = I_1 R_1,$$

wobei R_1 der Widerstand der Primärwicklung ist. Die am Widerstand R_1 abfallende Spannung $I_1 R_1$ ist bei schnell wechselnden Feldern klein im Vergleich zu den induzierten Spannungen. Deshalb kann man schreiben

$$\mathcal{E}_1 \approx N_1 \frac{\mathrm{d}\Phi}{\mathrm{d}t}. \tag{129.1}$$

Für die Gegeninduktionsspannung, die in der Sekundärwicklung entsteht, gilt

$$\mathcal{E}_2 = -\frac{\mathrm{d}(N_2\Phi)}{\mathrm{d}t} = -N_2 \frac{\mathrm{d}\Phi}{\mathrm{d}t}. \tag{129.2}$$

Indem wir (129.1) und (129.2) vergleichen, erhalten wir den Ausdruck für die Induktionsspannung der Sekundärwicklung

$$\mathcal{E}_2 = -\frac{N_2}{N_1}\mathcal{E}_1, \tag{129.3}$$

wobei das Vorzeichen „Minus" anzeigt, daß die Spannungen der Primär- und Sekundärwicklungen bezüglich ihrer Phase entgegengesetzt sind.

Das Verhältnis der Anzahl der Windungen zueinander N_2/N_1 heißt **Transformationsverhältnis** und zeigt an, um wievielmal die Spannung der Sekundärwicklung größer (oder kleiner) ist als die der Primärwicklung.

Wenn wir Energieverluste vernachlässigen und den Energieerhaltungssatz verwenden, dann kommt man zu dem Ergebnis, daß die Stromleistung in beiden Transformatorwicklungen praktisch gleich ist:

$$\mathcal{E}_2 I_2 \approx \mathcal{E}_1 I_1.$$

Daraus folgt, unter Berücksichtigung von (129.3),

$$\frac{\mathcal{E}_2}{\mathcal{E}_1} = \frac{I_1}{I_2} = \frac{N_2}{N_1},$$

d. h., die Stromstärken in den Wicklungen sind der Anzahl der Windungen in diesen Wicklungen umgekehrt proportional. Die Energieverluste liegen bei modernen Transformatoren unter 2 % und sind vorrangig auf die Entstehung von Joulescher Wärme und Wirbelströmen zurückzuführen.

Wenn $N_2/N_1 > 1$ ist, dann erhöht der entsprechende Transformator (**Aufspanntransformator**) die Wechselspannung und verringert den Betrag des Wechselstromes. Solche Transformatoren werden zum Beispiel für das Übertragen von Elektroenergie über große Entfernungen verwendet, da die Energieverluste durch Joulesche Wärme dem Quadrat der Stromstärke proportional sind und somit verringert werden.

Bei $N_2/N_1 < 1$ verringert sich die Spannung (**Abspanntransformator**), und die Stromstärke wird größer. Angewandt werden derartige Transformatoren beispielsweise beim Elektroschweißverfahren, wo hohe Stromstärken bei niedrigen Spannungen benötigt werden.

Wir haben bislang immer Transformatoren mit zwei Wicklungen betrachtet. Es gibt jedoch zum Beispiel in der Radiotechnik auch Transformatoren mit 4–5 Wicklungen unterschiedlicher Arbeitsspannung. Auch gibt es Transformatoren mit nur einer Wicklung. Ein solcher Transformator heißt **Autotransformator**. Im Falle eines hochtransformierenden Autotransformators wird die Eingangsspannung an einen Teil der Wicklung angelegt, und die Ausgangsspannung wird von der gesamten Wicklung abgegriffen. Wenn der Transformator die Spannung heruntertransformiert, liegt die Netzspannung an der gesamten Wicklung an, und die Sekundärspannung wird nur von einem Teil der Wicklung abgegriffen.

§ 130   Energie des Magnetfeldes

Ein stromdurchflossener Leiter ist immer von einem Magnetfeld umgeben. Die Existenz des Magnetfeldes ist an das Vorhandensein und Nichtvorhandensein des elektrischen Stromes gebunden. Ein Magnetfeld ist wie auch ein elektrisches Feld ein Energieträger. Wir setzen logisch voraus, daß die Energie eines Magnetfeldes gleich der zur Erzeugung dieses Magnetfeldes geleisteten Arbeit des elektrischen Stromes ist.

Betrachten wir nun diesen Sachverhalt etwas näher anhand einer Leiterschleife der Induktivität L, durchflossenen von einem Strom I. Der magnetische Fluß durch die Fläche dieses Leiters ergibt sich zu $\Phi = LI$ (siehe (126.1)). Die Änderung des magnetischen Flusses bei einer Änderung des Stromes um dI ist dann $d\Phi = L\,dI$. Damit sich aber der magnetische Fluß um die Größe $d\Phi$ ändert, muß eine bestimmte Arbeit aufgewandt werden (siehe § 121) $dW = I\,d\Phi = LI\,dI$. Danach ergibt sich die Arbeit zur Erzeugung des magnetischen Flusses Φ zu

$$W = \int_0^I LI\,dI = \frac{LI^2}{2}.$$

Folglich gilt für die Energie des Magnetfeldes der betrachteten Leiterschleife

$$E = \frac{LI^2}{2}. \tag{130.1}$$

Die experimentelle Untersuchung magnetischer Wechselfelder, genauer gesagt der Ausbreitung elektromagnetischer Wellen, hat bewiesen, daß die Energie von Magnetfeldern im Raum lokalisiert ist. Dieses Ergebnis stimmt auch mit der Feldtheorie überein.

Die Energie eines Magnetfeldes kann auch als Funktion von charakteristischen Größen dieses Feldes für den umgebenden Raum beschrieben werden. Hierzu betrachten wir den Spezialfall eines homogenen Magnetfeldes in einer langen Zylinderspule. Indem wir in Formel (130.1) den Ausdruck (126.2) einsetzen, erhalten wir

$$E = \frac{1}{2}\mu_0\mu\,\frac{N^2I^2}{l}A.$$

Da $I = Bl/(\mu_0\mu N)$ (siehe (191.2)) und $B = \mu_0\mu H$ (siehe (109.3)) ist, gilt

$$E = \frac{B^2}{2\mu_0\mu}V = \frac{BH}{2}V, \tag{130.2}$$

wobei $Al = V$ das Volumen der Zylinderspule ist.

Das Magnetfeld einer Zylinderspule ist homogen und im Inneren der Spule konzentriert. Deshalb ist die Energie des Magnetfeldes im Spulenvolumen mit einer konstanten **räumlichen Dichte** verteilt:

$$e = \frac{E}{V} = \frac{B^2}{2\mu_0\mu} = \frac{\mu_0\mu H^2}{2} = \frac{BH}{2}. \tag{130.3}$$

Der Ausdruck (130.3) für die räumliche Energiedichte eines Magnetfeldes ist analog der Formel (95.8) für die räumliche Energiedichte des elektrostatischen Feldes. Der Unterschied besteht lediglich darin, daß die elektrischen Größen durch die analogen magnetischen Größen ersetzt werden. Wir haben Formel (130.3) für ein homogenes Feld abgeleitet, sie ist aber ebenso für nichthomogene Felder gültig. Dennoch gibt es eine Einschränkung des Gültigkeitsbereiches. Formel (130.3) gilt nur für Stoffe, für die die Kurve $H - B$ einen *linearen* Verlauf aufweist, d. h., sie gilt nur für para- und diamagnetische Stoffe (siehe § 132).

Kontrollfragen

▶   Was ist die elektromagnetische Induktion? Analysieren Sie die Faradayschen Versuche.

▶   Was ist die Ursache für das Entstehen einer Induktionsspannung in einer geschlossenen Leiterschleife? Wovon hängt die Größe dieser Induktionsspannung ab?

▶   Warum ist es für die Beobachtung eines Induktionsstromes besser, eine Spule anstatt einer einfachen Leiterschleife zu verwenden?

▶   Man formuliere die Lenzsche Regel. Geben Sie Beispiele zu dieser Regel an.

▶   Entsteht bei jeder Änderung des magnetischeen Flusses durch die Fläche einer Leiterschleife in diesem Leiter eine Induktionsspannung, ein Induktionsstrom?

▶ Ein leitender Rahmen bewegt sich gleichförmig in einem homogenen Magnetfeld. Entsteht in diesem Rahmen ein Induktionsstrom?

▶ Man leite das Faradaysche Induktionsgesetz aus dem Energieerhaltungssatz her.

▶ Was ist der Ursprung einer Induktionsspannung?

▶ Man leite den Ausdruck für die Induktionsspannung in einem flachen leitenden Rahmen ab, der sich in einem homogenen Magnetfeld gleichmäßig dreht. Wie kann sie erhöht werden?

▶ Was sind Wirbelströme? Wo ist ihr Auftreten nützlich, wo unerwünscht?

▶ Warum fertigt man Transformatorenkerne nicht aus einem Stück?

▶ Was ist Selbst- und was ist Gegeninduktion? Man leite die Formel für die in beiden Fällen induzierte Spannung her.

▶ Worin besteht der physikalische Sinn der Relaxationszeit $\tau = L/R$? Zeigen Sie, daß die Maßeinheit dieser Größe die Maßeinheit der Zeit ist.

▶ Man zeige den Zusammenhang zwischen den Stromstärken in der Primär- und der Sekundärwicklung eines hochtransformierenden Transformators.

▶ Wann ist die Selbstinduktionsspannung größer, beim Ein- oder Abschalten des Stromes in einem Gleichstromkreis?

▶ Welche physikalische Größe hat die Einheit Henry? Geben Sie die Definition für ein Henry.

▶ Was ist der physikalische Sinn der Induktivität einer Leiterschleife, der Gegeninduktivität zweier Leiterschleifen? Wovon hängen diese Größen ab?

▶ Man schreibe die Formeln für die räumliche Energiedichte des elektrostatischen und des magnetischen Feldes. Wie lautet der Ausdruck für die Energiedichte des elektromagnetischen Feldes?

▶ Die Feldstärke eines Magnetfeldes ist auf das Doppelte gestiegen. Wie hat sich die räumliche Energiedichte des Magnetfeldes geändert?

Aufgaben

15.1. Ein Ring aus Aluminiumdraht ($\rho = 26\,\mathrm{n\Omega \cdot m}$) befindet sich in einem Magnetfeld rechtwinklig zu den Feldlinien. Der Durchmesser des Ringes ist 20 cm und der Drahtdurchmesser 1 mm. Man bestimme die Geschwindigkeit der Magnetfeldänderung, wenn die Stromstärke im Ring 0,5 A beträgt. [0,33 T/s]

15.2. In einem homogenen Magnetfeld mit der Induktion $B = 0{,}2$ T dreht sich gleichmäßig eine Spule mit $N = 600$ Windungen und einer Frequenz $n = 6\ \mathrm{s^{-1}}$. Die Querschnittsfläche der Spule beträgt $A = 100\ \mathrm{cm^2}$. Die Drehachse der Spule ist rechtwinklig zu ihrer Längsachse und der Feldrichtung. Berechnen Sie die maximale Induktionsspannung in der Spule. [Lösung der Aufgabe s. S. 390]

15.3. Eine Spule der Länge $l = 50$ cm ohne Kern besitzt $N = 200$ Windungen. In der Spule fließt ein Strom $I = 1$ A. Bestimmen Sie die räumliche Energiedichte des Magnetfeldes innerhalb der Spule. [Lösung der Aufgabe s. S. 391]

15.4. Man berechne die Anzahl der Windungen einer einschichtigen Spule der Induktivität 1 mH. Die Windungen liegen eng aneinander. Der Innendurchmesser der Spule beträgt 1 cm, der Durchmesser des verwendeten Drahtes ist 0,3 mm. Die Drahtisolation soll dabei vernachlässigt werden. [300]

15.5. Eine Spule ohne Kern mit einer einschichtigen Wicklung aus einem $d = 0,4$ mm dicken Draht, hat die Länge $l = 0,5$ m und eine Querschnittsfläche von $A = 60$ cm^2. Berechen Sie, in welcher Zeitspanne bei einer Spannung $U = 10$ V und einer Stromstärke $I = 1,5$ A in der Wicklung soviel Wärmeenergie freigesetzt wird, daß ihr Betrag dem der magnetischen Feldenergie im Spuleninneren gleichkommt. Das Feld nehmen wir als homogen an. [Lösung der Aufgabe s. S. 391]

15.6. Eine Stromquelle wird in einen Stromkreis mit einer Spule ($R = 10\ \Omega$, $L = 0,4$ H) eingeschaltet. Man berechne, wie lange es dauert, bis die Stromstärke 98 % des endgültigen Wertes erreicht. [0,16 s]

15.7. Zwei Spulen gleicher Länge und praktisch gleiches Querschnittes werden ineinandergesteckt. Die Induktivität der einen Spule beträgt $L_1 = 0,36$ H, und die der zweiten ist $L_2 = 0,64$ H. Man bestimme die Gegeninduktivität der Spulen. [0,48 H]

15.8. Ein Autotransformator, der die Spannung von $U_1 = 5,5$ kV auf $U_2 = 220$ V heruntertransformiert, hat $N_1 = 1500$ Windungen in der Primärwicklung. Der Widerstand der Sekundärwicklung ist $R_2 = 2\ \Omega$. Der Widerstand des äußeren Stromkreises (220 V-Netz) ist $R = 13\ \Omega$. Man berechne die Anzahl der Windungen in der Sekundärwicklung des Transformators. Der Widerstand der Primärwicklung soll dabei vernachlässigt werden. [68]

Kapitel 16

Magnetische Eigenschaften von Stoffen

§ 131 Magnetische Momente von Elektronen und Atomen

Als wir die Wirkung des Magnetfeldes auf stromdurchflossene Leiter und bewegte Ladungen untersuchten, haben wir uns nicht für die Prozesse im Inneren der Stoffe interessiert. Die Stoffeigenschaften wurden lediglich formal in Form der relativen Permeabilität μ berücksichtigt. Um die Wirkung von Magnetfeldern auf verschiedene Stoffe erklären zu können, ist es notwendig, sich mit der Magnetfeldwirkung auf die Atome und Moleküle von Stoffen zu beschäftigen.

Aus Erfahrung wissen wir, daß alle in einem Magnetfeld befindlichen Stoffe magnetisiert werden. Stoffe mit magnetischen Eigenschaften unter der Einwirkung eines äußeren Magnetfeldes heißen **Magnetika**.

Wir untersuchen nun die Ursache der Magnetisierung unter dem Gesichtspunkt des Aufbaus der Atome und Moleküle. Als Grundlage benutzen wir die Ampèresche Hypothese (siehe § 109), nach der in einem beliebigen Stoff mikroskopische Ströme fließen, die durch die Bewegung der Elektronen in Atomen und Molekülen entstehen.

Um die magnetischen Eigenschaften von Stoffen mit ausreichender Genauigkeit qualitativ erklären zu können, nehmen wir an, daß sich die Elektronen in den Atomen auf einer Kreisbahn bewegen. Allerdings muß angemerkt werden, daß der Begriff „Bahn" für Elektronen eines Atoms nicht richtig ist. Dafür spricht jedoch, daß die Ergebnisse, basierend auf der klassischen Theorie, mit den Resultaten von quantenmechanischen Berechnungen übereinstimmen. Ein sich auf einer Kreisbahn bewegendes Elektron ist einem kreisförmigen Stromfluß äquivalent. Deshalb besitzt es ein **magnetisches Bahnmoment** (siehe (109.2)) $\boldsymbol{p}_m = I A \boldsymbol{n}$, für dessen Betrag gilt

$$p_m = IA = e\nu A, \tag{131.1}$$

wobei $I = e\nu$ die Stromstärke, ν die Frequenz der Kreisbewegung des Elektrons und A die Innenfläche der Kreisbahn ist. Wenn sich das Elektron in Uhrzeigerrichtung bewegt (siehe Bild 131.1), dann ist der Strom entgegengesetzt dem Uhrzei-

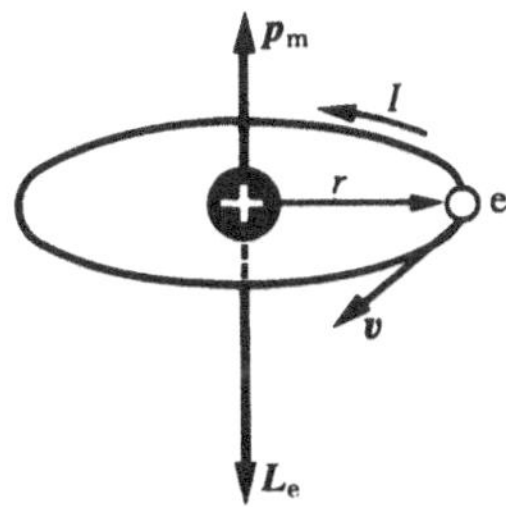

Bild 131.1

gersinn gerichtet, und der Vektor p_m ist nach der Rechtsschraubenregel rechtwinklig zur Kreisbahnebene des Elektrons.

Andererseits besitzt das sich auf einer Kreisbahn bewegende Elektron ein mechanisches Drehimpulsmoment L_e, für dessen Betrag nach (19.1) gilt

$$L_\mathrm{e} = m v r = 2m\, vA, \tag{131.2}$$

dabei gilt $v = 2\pi v r$, $\pi r^2 = A$. Der Vektor L_e (die Richtung von L_e wird mit der Rechtsschraubenregel bestimmt) heißt **mechanischer Bahndrehimpuls des Elektrons**.

Aus Bild 131.1 folgt, daß die Richtungen von p_m und L_e entgegengesetzt sind. Deshalb erhalten wir unter Berücksichtigung von (131.1) und (131.2)

$$p_\mathrm{m} = -\frac{e}{2m}L_\mathrm{e} = gL_\mathrm{e}, \tag{131.3}$$

wobei die Größe

$$g = -\frac{e}{2m} \tag{131.4}$$

als **gyromagnetisches Verhältnis der Bahnmomente** bezeichnet wird. Es ist allgemein üblich, das „Minus" zu schreiben. Es zeigt die unterschiedlichen Richtungen der Bahnmomente an. Dieses aus universellen Konstanten bestehende Verhältnis ist konstant für beliebige Elektronenbahnen, obwohl für verschiedene Bahnen v und r unterschiedlich sind. Formel (131.4) gilt nicht nur für Kreisbahnen, sondern auch für Umlaufkurven mit elliptischer Form.

Experimentell wurde das gyromagnetische Verhältnis im Jahre 1915 von Einstein und dem niederländischen Physiker W. J. de Haas (1878–1960) bestimmt. Sie beobachteten die Drehung eines frei an einem dünnen Quarzfaden aufgehängten Eisenstabes bei seiner Magnetisierung in einem äußeren Magnetfeld (der Stromfluß in der Spulenwicklung hatte eine Frequenz wie die Drehschwingungen des Stabes). Durch die Untersuchung der erzwungenen Drehschwingungen des Eisenstabes konnte das gyromagnetische Verhältnis mit $-(e/m)$ bestimmt werden. Das Vorzeichen der Träger der Molekularströme fällt mit dem Vorzeichen der elementaren Elektronenladung zusammen. Das gyromagnetische Verhältnis war in Wirklichkeit doppelt so groß wie die von uns bestimmte Größe g (siehe (131.4)). Zur Erklärung dieses äußerst wichtigen Resultates wurde angenommen und später bewiesen, daß ein Elektron außer den Bahnmomenten (siehe (131.1) und (131.2)) einen **mechanischen Eigendrehimpuls L_es**, auch **Spin** genannt, besitzt. Es

wurde angenommen, daß der Spin der Elektronen von einer Drehung um die eigene Achse herrührt, was zu einer ganzen Reihe von Widersprüchen führte. Heute ist bekannt, daß der Spin wie auch ihre Masse oder Ladung eine feste Eigenschaft von Elektronen ist. Dem Elektronenspin L_es entspricht ein **magnetisches Spinmoment p_ms**, das dem Spin L_es proportional ist und eine entgegengesetzte Richtung aufweist:

$$p_\mathrm{ms} = g_s L_\mathrm{es}. \tag{131.5}$$

Die Größe g_s heißt **gyromagnetisches Verhältnis der Spinmomente**. Die Projektion des magnetischen Spinmomentes auf die Richtung des Vektors B kann nur einen der beiden folgenden Werte annehmen:

$$p_\mathrm{msB} = \pm\frac{e\hbar}{2m} = \pm\mu_\mathrm{B},$$

wobei $\hbar = h/(2\pi)$ (h ist das Plancksche Wirkungsquantum). Die Größe μ_B ist die Einheit für das Magnetmoment eines Elektrons und wird **Bohrsches Magneton** genannt.

Im allgemeinen läßt sich das magnetische Moment eines Elektrons als Summe aus dem magnetischen Spin- und Bahnmoment bestimmen. Das magnetische Moment eines Atoms kann also als die Summe der magnetischen Momente seiner Atome und des magnetischen Momentes des Atomkerns bestimmt werden. Dieses setzt sich aus den magnetischen Momenten der im Kern enthaltenen Protonen und Neutronen zusammen. Die magnetischen Momente von Atomkernen sind jedoch um tausend Male kleiner als die von Elektronen und werden deshalb vernachlässigt. Das magnetische Gesamtmoment eines Atoms (Moleküls) p_a wird also als die Vektorsumme aus dem magnetischen Spin- und Bahnmoment aller Elektronen des Atoms (Moleküls) bestimmt:

$$p_\mathrm{a} = \sum p_\mathrm{m} + \sum p_\mathrm{ms}. \tag{131.6}$$

Wir machen nochmals darauf aufmerksam, daß wir zur Betrachtung der magnetischen Momente von Elektronen und Atomen von den Vorstellungen der klassischen Theorie ausgegangen sind. Dabei blieben die Einschränkungen für die Elektronenbewegung der Quantenmechanik unberücksichtigt. Dieses Vorgehen unsererseits führt im weiteren jedoch nicht zu Widersprüchen, da für die Erklärung der Magnetisierungsvorgänge in Stoffen das Wissen um die Existenz eines magnetischen Momentes der Atome ausreicht.

§ 132 Dia- und Paramagnetismus

Jeder Stoff wird unter Einwirkung eines Magnetfeldes **magnetisiert**, d. h., er erhält ein magnetisches Moment. Um diese Erscheinung verstehen zu können, muß die Wirkung des Magnetfeldes auf die sich in den Atomen bewegenden Elektronen untersucht werden.

Der Einfachheit halber setzen wir voraus, daß sich die Elektronen auf Kreisbahnen um die Atomkerne bewegen. Die Kreisbahn eines Elektrons sei bezüglich des Vektors B beliebig orientiert und bilde mit diesem Vektor einen Winkel α (Bild 132.1).

Das Elektron bewegt sich dann in einer Weise, daß sich der Vektor des magnetischen Bahnmomentes $\boldsymbol{p}_\mathrm{m}$ um $\boldsymbol{B}$ mit einer bestimmten Winkelgeschwindigkeit dreht und dabei der Winkel α zwischen $\boldsymbol{B}$ und $\boldsymbol{p}_\mathrm{m}$ konstant bleibt. Dieses Verhalten kann auch mathematisch abgeleitet werden. Eine solche Bewegung heißt in der Mechanik **Präzession**. Die Präzession von Elektronen in einem Magnetfeld wird nach ihrem Entdecker Larmor-Präzession genannt. Zum Beispiel führt die Scheibe eines Kreisels bei Verlangsamung seiner Bewegung um die Senkrechte durch seinen Auflagepunkt eine Präzessionsbewegung aus.

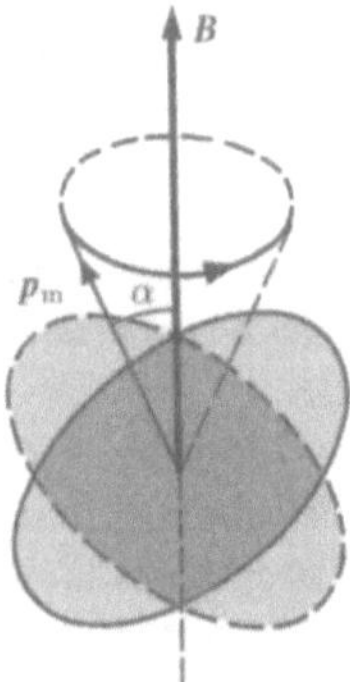

Bild 132.1

Die Kreisbahnen der Elektronenbewegung führen also unter der Einwirkung eines Magnetfeldes Präzessionsbewegungen aus. Dabei sind diese Bewegungen äquivalent zu kreisförmigen Strömen. Da nun diese Mikroströme durch das äußere Magnetfeld induziert wurden, entsteht nach der Lenzschen Regel im betrachteten Atom eine magnetische Feldkomponente, die dem äußeren Magnetfeld entgegengesetzt gerichtet ist. Die auf die Gegenrichtung zum äußeren Feld projizierten magnetischen Momente der Atome summieren sich und bilden im Stoff ein Gegenfeld, welches das äußere Feld abschwächt. Dieser Effekt erhielt die Bezeichnung **Diamagnetismus**, und ein **Stoff**, der in einem Magnetfeld gegen dessen Richtung magnetisiert wird, heißt **diamagnetisch**.

Ohne äußeres Magnetfeld ist ein diamagnetischer Stoff nicht magnetisch, da sich die magnetischen Momente der Elektronen gegenseitig kompensieren, d. h., das magnetische Gesamtmoment eines Atoms, als die Summe aus den magnetischen Momenten (Bahn- und Spinmoment) der einzelnen Elektronen des Atoms, ist gleich Null. Viele Metalle (zum Beispiel Bi, Ag, Au, Cu), die meisten organischen Verbindungen, Harze, Kohlenstoff usw. sind diamagnetische Stoffe.

Da der Effekt des Diamagnetismus mit der Wirkung eines äußeren Magnetfeldes auf die Elektronen der Atome eines Stoffes zusammenhängt, ist der Diamagnetismus eine Eigenschaft aller Stoffe. Es gibt allerdings auch **paramagnetische Stoffe**, die in einem äußeren Magnetfeld in Richtung dieses Feldes magnetisiert werden.

In paramagnetischen Stoffen kompensieren sich die magnetischen Momente der einzelnen Elektronen eines Atoms ohne äußere Feldeinwirkung nicht, und folglich besitzen die Atome

(Moleküle) eines paramagnetischen Stoffes ein magnetisches Moment. Diese Momente sind jedoch durch die chaotische Wärmebewegung der Moleküle ungeordnet orientiert, und deswegen sind paramagnetische Stoffe ohne die Einwirkung eines äußeren Magnetfeldes nicht magnetisch. Wirkt ein äußeres Feld, so richten sich die magnetischen Momente der Atome in einer *Vorzugsrichtung nach dem äußeren Feld* aus (eine vollständige Orientierung wird durch die Wärmebewegung der Atome verhindert). Wenn paramagnetische Stoffe durch ein äußeres Magnetfeld magnetisiert werden, so bilden sie ein eigenes Magnetfeld aus, welches wie das äußere Magnetfeld gerichtet ist und dieses somit im Stoffinneren verstärkt. Dieser Effekt wird **Paramagnetismus** genannt. Ohne Feld wird die Vorzugsorientierung der magnetischen Atommomente infolge der Wärmebewegung der Atome gestört, und der paramagnetische Stoff wird entmagnetisiert. Zur Gruppe der paramagnetischen Stoffe gehören die seltenen Erden, Pt, Al usw. Diamagnetismus tritt auch in paramagnetischen Stoffen auf. Er ist jedoch wesentlich schwächer als der Paramagnetismus in diesen Stoffen und ist deswegen kaum zu bemerken.

Die angeführten Betrachtungen bezüglich des Paramagnetismus stimmen mit der Erklärung für die Dipolpolarisation in Dielektrika mit polaren Molekülen (siehe § 87) überein. Man muß nur die elektrischen Momente der Atome im Falle der Polarisation gegen die magnetischen Momente der Atome für die Magnetisierung austauschen.

Zusammenfassend betonen wir noch einmal, daß der Diamagnetismus eine Eigenschaft aller Stoffe ist. Ist das magnetische Moment der Atome groß, dann überwiegt diese Eigenschaft den Diamagnetismus, und der Stoff ist paramagnetisch. Wenn das magnetische Moment der Atome jedoch verhältnismäßig klein ist, dann überwiegt der Diamagnetismus, und der Stoff zeigt diamagnetische Eigenschaften.

§ 133   Magnetisierung. Magnetfelder in Stoffen

Ähnlich der Polarisation von Dielektrika (siehe § 88) führen wir zur Beschreibung der Magnetisierungsprozesse in Stoffen eine Vektorgröße ein, die als das magnetische Moment pro Volumeneinheit des betreffenden Stoffes definiert ist und **Magnetisierung** genannt wird:

$$J = \frac{P_\mathrm{m}}{V} = \frac{\Sigma p_\mathrm{a}}{V},$$

wobei $P_\mathrm{m} = \Sigma p_\mathrm{a}$ das magnetische Gesamtmoment des Stoffes ist, das sich wie die Vektorsumme der einzelnen magnetischen Molekülmomente bestimmen läßt (siehe (131.6)).

Als wir die Charakteristika des Magnetfeldes betrachteten (siehe § 109), haben wir den Vektor der magnetischen Induktion $\boldsymbol{B}$ und den Vektor der magnetischen Feldstärke $\boldsymbol{H}$ eingeführt. Der Vektor $\boldsymbol{B}$ charakterisiert das aus allen Makro- und Mikroströmen resultierende Feld, und der Vektor $\boldsymbol{H}$ ist das Charakteristikum für das Feld der Makroströme. Folglich setzt sich das

Magnetfeld im Stoffinneren aus zwei sich überlagernden Feldern zusammen: dem durch Stromfluß hervorgerufenen äußeren Feld und dem Feld des magnetisierten Stoffes. Dann ist der Vektor der magnetischen Induktion gleich der Vektorsumme der magnetischen Induktion des äußeren Feldes B_0 (hervorgerufen durch einen magnetisierenden Stromfluß im Vakuum) und dem Feld der Mikroströme B' (hervorgerufen durch die Molekularströme):

$$B = B_0 + B', \tag{133.1}$$

wobei $B_0 = \mu_0 H$ (siehe (109.3)) ist.

Zur Beschreibung des Feldes der Molekularströme betrachten wir einen magnetischen Stoff in Zylinderform mit der Querschnittsfläche A und der Länge l, der sich in einem homogenen Magnetfeld mit der Induktion B_0 befindet. Das Magnetfeld der Molekularströme im Stoffinneren ist dann entgegen dem äußeren Feld im Falle eines diamagnetischen Stoffes und mit dem äußeren Feld im Falle eines paramagnetischen Stoffes gerichtet. Die Kreisbahnebene aller Molekularströme ist also senkrecht zum Vektor B_0. Für diamagnetische Stoffe ist der Vektor der magnetischen Momente p_m antiparallel zu B_0, für paramagnetische Stoffe ist er parallel zu B_0. Wenn man eine beliebige Schnittfläche senkrecht zur Zylinderachse betrachtet, dann sind die benachbarten Molekularströme entgegengesetzt gerichtet und kompensieren sich gegenseitig (Bild 133.1). Nur die Molekularströme, die sich an der Zylinderoberfläche befinden, werden nicht kompensiert.

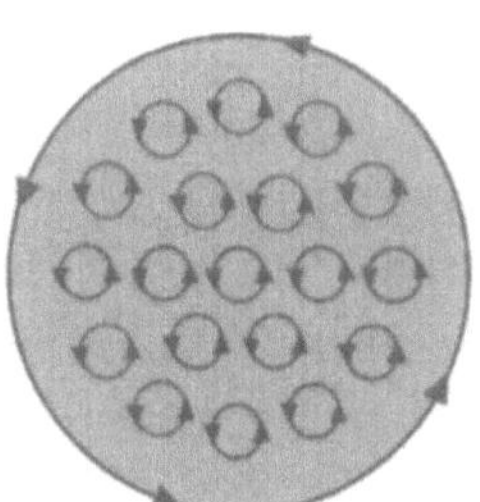

Bild 133.1

Der Oberflächenstrom des Zylinders ist ähnlich dem Strom in einer Zylinderspule und erzeugt im Inneren des Zylinders ein Magnetfeld mit der Induktion B'. Dieses Feld kann nach Formel (119.2) bei $N = 1$ (Zylinderspule mit einer Windung) berechnet werden:

$$B' = \mu_0 \frac{I'}{l}, \tag{133.2}$$

wobei I' die Stromstärke des Molekularstromes und l die Länge des Zylinders ist. Die relative Permeabilität μ wird gleich eins angenommen.

Andererseits ist I'/l der Stromfluß pro Längeneinheit des Zylinders oder auch seine lineare Stromdichte. Deshalb ergibt sich das magnetische Moment dieses Stromes zu $p = I'lA/l = I'V/l$, wobei V das Stoffvolumen ist. Wenn P das magnetische

Moment eines Stoffes mit dem Volumen V ist, dann ist P/V die Magnetisierung M des Stoffes. Es gilt also

$$M = \frac{I'}{l}. \tag{133.3}$$

Indem wir (133.2) und (133.3) gleichsetzen, erhalten wir

$$B' = \mu_0 M$$

oder in Vektorform

$$B' = \mu_0 M.$$

Wenn man die Ausdrücke für B_0 und B' in (133.1) einsetzt, dann erhalten wir

$$B = \mu_0 H + \mu_0 M \tag{133.4}$$

oder

$$\frac{B}{\mu_0} = H + M. \tag{133.5}$$

Experimente haben gezeigt, daß die Magnetisierung in schwachen Magnetfeldern der Feldstärke direkt proportional ist, d. h.

$$M = \chi H, \tag{133.6}$$

wobei χ eine dimensionslose Größe ist, die **magnetische Suszeptibilität eines Stoffes** genannt wird. Für diamagnetische Stoffe ist χ negativ (das Feld der Molekularströme ist dem äußeren Feld entgegengerichtet), und für paramagnetische Stoffe ist χ postiv (das Feld der Molekularströme ist wie das äußere Feld gerichtet).

Unter Verwendung von Formel (133.6) kann Formel (133.4) wie folgt geschrieben werden:

$$B = \mu_0(1 + \chi)H, \tag{133.7}$$

woraus folgt

$$H = \frac{B}{\mu_0(1 + \chi)}.$$

Die dimensionslose Größe

$$\mu = 1 + \chi \tag{133.8}$$

stellt die relative Permeabilität eines Stoffes dar. Indem wir (133.8) in (133.7) einsetzen, erhalten wir den Ausdruck (109.3) $B = \mu_0 \mu H$, der früher von uns per Postulat eingeführt worden ist.

Der Betrag der magnetischen Suszeptibilität ist für dia- und paramagnetische Stoffe sehr klein (in der Größenordnung von 10^{-4}–10^{-6}). Deshalb ist für solche Stoffe μ praktisch gleich eins. Dieser Sachverhalt ist leicht zu verstehen, da das Magnetfeld der Molekularströme wesentlich schwächer als das äußere magnetisierende Feld ist. Es gilt also für diamagnetische Stoffe $\chi < 0$ und $\mu < 1$, für paramagnetische Stoffe $\chi > 0$ und $\mu > 1$.

Das **Durchflutungsgesetz für ein Magnetfeld in einem Stoff** ist eine Verallgemeinerung des Gesetzes (118.1):

$$\oint_L B \, \mathrm{d}l = \oint_L B_l \, \mathrm{d}l = \mu_0(I + I'),$$

wobei I und I' entsprechend die Summe der Makro- und Mikroströme sind, die von einer beliebigen geschlossenen Kurve L eingeschlossen werden. Die Zirkulation des Vektors der magnetischen Induktion B bezüglich einer beliebigen geschlossenen Kurve ist gleich dem Produkt aus der Summe der Makro- und Mikroströme, die von dieser Kurve eingeschlossen werden, und der magnetischen Feldkonstanten. Der Vektor B charakterisiert also das resultierende Feld der Makroströme in Leitern (Leitungsströme) und der Mikroströme im Stoffvolumen. Deshalb haben die magnetischen Feldlinien keinen Ausgangspunkt und sind in sich geschlossen.

Man kann beweisen, daß die Zirkulation des Magnetisierungsvektors M bezüglich einer beliebigen geschlossenen Kurve L gleich der Summe der *Molekularströme* ist, die von dieser Kurve eingeschlossen werden:

$$\oint_L M \, \mathrm{d}l = I'.$$

Dann kann das Durchflutungsgesetz für Magnetfelder in Stoffen auch wie folgt geschrieben werden:

$$\oint_L \left(\frac{B}{\mu_0} - M \right) \mathrm{d}l = I, \qquad (133.9)$$

wobei I, um es noch einmal zu unterstreichen, die Summe der Leitungsströme ist.

Der Ausdruck in Klammern in Formel (133.9) ist nach (133.5) nichts anderes als der früher eingeführte Vektor der magnetischen Feldstärke H. Die Zirkulation des Vektors H bezüglich einer beliebigen geschlossenen Kurve L ist also gleich der Summe aller von dieser Kurve eingeschlossenen Leitungsströme:

$$\oint_L H \, \mathrm{d}l = I. \qquad (133.10)$$

Die Formel (133.10) ist der **mathematische Ausdruck des Durchflutungsgesetzes für den Vektor H**.

§ 134   Grenzbedingungen für die Vektoren B und H an der Grenze zwischen zwei Stoffen

Wir betrachten die Bedingungen für die Vektoren B und H an der Grenze zwischen zwei homogenen Stoffen (mit einer relativen Permeabilität μ_1 und μ_2) mit der Auflage, daß *an der Grenze kein Leitungsstrom fließt*.

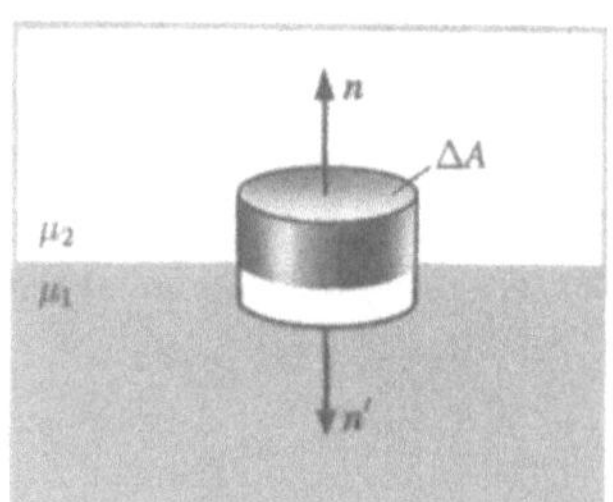

Bild 134.1

Wir konstruieren nahe der betrachteten Grenze der Stoffe 1 und 2 einen Zylinder mit verschwindend kleiner Höhe. Eine Grundfläche dieses Zylinders soll sich im Stoff 1 und die andere im Stoff 2 befinden (Bild 134.1). Die Grundflächen ΔA sollen so klein sein, daß der Vektor B in den Grenzen dieser Fläche konstant ist. Entsprechend dem Gaußschen Integralsatz (120.3) gilt

$$B_{2n}\Delta A - B_{1n}\Delta A = 0$$

(die Normalen n und n' zu den Grundflächen des Zylinders sind entgegengesetzt gerichtet). Deshalb gilt

$$B_{1n} = B_{2n}. \qquad (134.1)$$

Indem man nach $B = \mu_0\mu H$ die Projektionen von Vektor B durch die Projektionen des Vektors H, multipliziert mit $\mu_0\mu$, austauscht, erhält man

$$\frac{H_{n1}}{H_{n2}} = \frac{\mu_2}{\mu_1}. \qquad (134.2)$$

Wir konstruieren nun nahe der Grenze zwischen den Stoffen 1 und 2 eine kleine geschlossene und rechtwinklige Kurve $ABCDA$ der Länge l. Die Kurve soll, wie in Bild 134.2 gezeigt, orientiert sein. Entsprechend dem Durchflutungsgesetz für den Vektor H (133.10) gilt dann

$$\oint_{ABCDA} H \, \mathrm{d}l = 0$$

(an der Stoffgrenze fließt kein Leitungsstrom). Daraus folgt

$$H_{2\tau}l - H_{1\tau}l = 0$$

(die Vorzeichen der Integrale nach AB und CD sind verschieden, da die Integrationswege entgegengesetzt gerichtet sind; die Integrale nach BC und DA sind verschwindend gering). Deshalb kann man schreiben

$$H_{1\tau} = H_{2\tau}. \qquad (134.3)$$

Indem man nach $B = \mu_0\mu H$ die Projektionen von Vektor B durch die Projektionen des Vektors H, multipliziert mit $\mu_0\mu$, austauscht, erhält man

$$\frac{B_{1\tau}}{B_{2\tau}} = \frac{\mu_1}{\mu_2}. \qquad (134.4)$$

Beim Übergang von einem Stoff in den anderen ändern sich also die Normalglieder von Vektor B (B_n) und die Tangentialglieder des Vektors H (H_τ) (d.h., es treten keine plötzlichen Veränderungen auf). Die Tangentialglieder von Vektor B (B_τ) und die Normalglieder von Vektor H (H_n) hingegen ändern sich beim Übergang in einen anderen Stoff sprunghaft.

Aus den von uns erhaltenen Bedingungen (134.1)–(134.4) folgt für die Glieder der Vektoren B und H, daß die Linien dieser Vektoren einen Knick (sie werden gebrochen) aufweisen. Wie schon bei den Dielektrika (siehe § 90) kann man ein Bre-

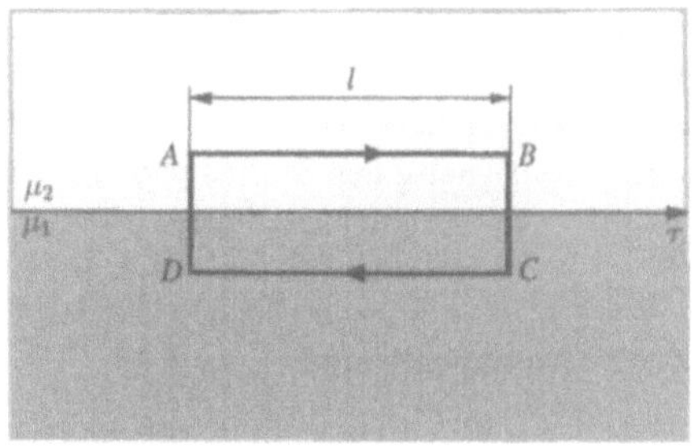

Bild 134.2

chungsgesetz für die Linie des Vektors B (und damit auch für H) formulieren:

$$\frac{\tan \alpha_2}{\tan \alpha_1} = \frac{\mu_2}{\mu_1}$$

(wir überlassen es dem Leser, dies in Analogie nach § 90 zu versuchen). Aus dieser Formel folgt, daß sich die Linien der Vektoren B und H von der Normalen entfernen, wenn sie in einen Stoff mit einer größeren relativen Permeabilität übergehen.

§ 135 Ferromagnetische Stoffe und ihre Eigenschaften

Neben den bereits betrachteten zwei Klassen von magnetischen Stoffen, den Dia- und Paramagnetika (**schwachmagnetische Stoffe**) gibt es noch eine weitere Gruppe, die **Ferromagnetika** (**starkmagnetische Stoffe**). Das sind Stoffe mit einer spontan auftretenden Magnetisierung, d. h., sie sind auch ohne Einwirkung eines äußeren Magnetfeldes magnetisiert. Zu den Ferromagnetika zählen außer dem Eisen als dem Namensgeber der Erscheinung, zum Beispiel Kobalt, Nickel, Gadolinium und ihre Verbindungen und Legierungen.

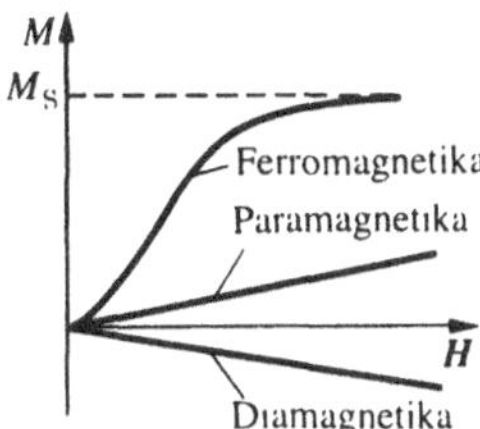

Bild 135.1

Ferromagnetika besitzen außer der Fähigkeit zu einer starken Magnetisierung noch andere wichtige Eigenschaften, die sie stark von den Dia- und Paramagnetika unterscheiden. Schwachmagnetische Stoffe zeigen für die Abhängigkeit M von H ein lineares Verhalten (siehe (133.6) und Bild 135.1). Für Ferromagnetika dagegen nimmt die besagte Abhängigkeit jedoch einen komplizierteren Verlauf an. Mit wachsendem H steigt die Magnetisierung M zuerst steil an, verlangsamt dann ihr Wachstum und erreicht zum Ende die sogenannte **magnetische Sättigung** M_S, die weiter nicht mehr von der Feldstärke abhängt. Diesen Kurvenverlauf der Abhängigkeit M von H wollen wir nun erklären. Mit dem Anwachsen des magnetisierenden Feldes

erhöht sich die Anzahl der magnetischen Molekularmomente, die in Feldrichtung orientiert sind. Dieser Prozeß verlangsamt sich im Laufe der Zeit, da immer weniger noch nicht nach dem Feld umorientierte magnetische Momente übrig sind. Zum Ende sind dann alle magnetischen Molekülmomente in Richtung des äußeren Feldes orientiert, und ein weiters Anwachsen von M ist nicht möglich. Das ist das Stadium der magnetischen Sättigung.

In schwachen Feldern wird die magnetische Induktion $B = \mu_0(H + M)$ (siehe (133.4)) mit wachsendem H schnell größer wegen des schnellen Anwachsens von M. In starken Feldern hingegen wächst B bei größer werdendem H in linearer Abhängigkeit (Bild 135.2), da der zweite Summand ($M = M_S$) konstant ist.

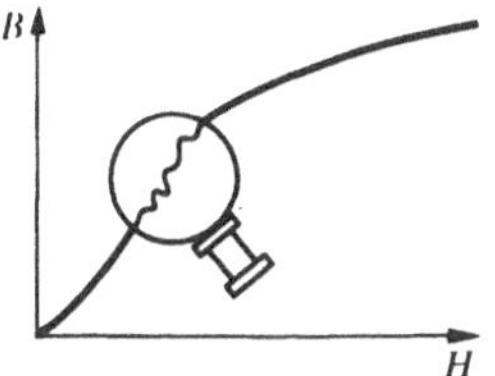

Bild 135.2

Eine überaus wichtige Besonderheit der Ferromagnetika sind nicht nur hohe Werte für μ (zum Beispiel für Eisen 5000 und die Legierung Permalloy 800 000!), sondern auch die Abhängigkeit μ von H (Bild 135.3). Anfangs wächst μ mit steigendem H und fällt dann nach dem Erreichen des Maximalwertes wieder ab. In starken Feldern strebt μ gegen 1 ($\mu = B/(\mu_0 H) = 1 + M/H$, deshalb gilt für $M = M_S = $ const mit wachsendem H $M/H \to 0$ und $\mu \to 1$).

Eine weitere charakteristische Besonderheit der Ferromagnetika ist, daß die Abhängigkeit M von H (und damit auch für die Abhängigkeit B von H) von der Vorgeschichte der Magnetisierung des ferromagnetischen Materials bestimmt wird. Diese Erscheinung wird **magnetische Hysterese** genannt. Wenn man ein ferromagnetisches Material bis zur Sättigung magnetisiert (Punkt 1, Bild 135.4) und dann die Feldstärke H des magnetiesierenden Feldes verringert, dann nimmt die Kurve, wie in Versuchen gezeigt wurde, einen Verlauf wie die Kurve 1–2 in der Abbildung. Die Kurve 1–2 liegt höher als die Kurve 0–1, und für $H = 0$ ist M von Null verschieden, d. h., in Ferromagnetika bleibt nach dem Verschwinden des äußeren Magnetfeldes eine **Restmagnetisierung** M_R zurück. Diese Restmagnetisierung

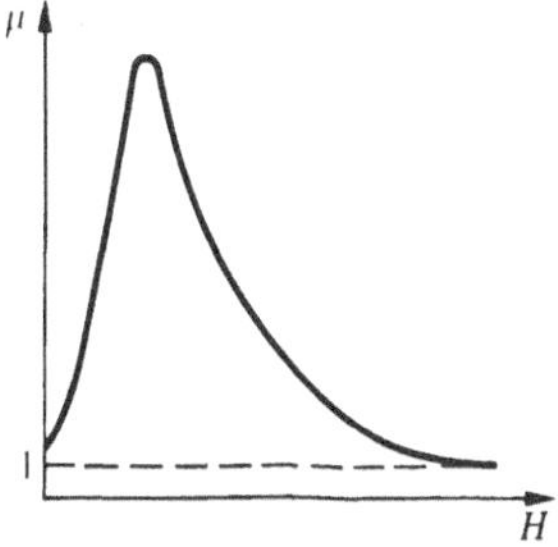

Bild 135.3

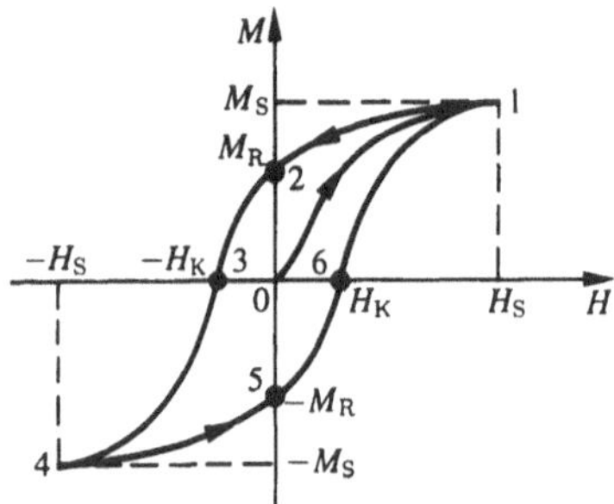

Bild 135.4

nennt man **Remanenz**. Mit der Remanenz ist die Existenz von **Dauermagneten** erklärbar. Unter der Einwirkung eines Feldes H_K geht die Magnetisierung auf Null zurück. Die Richtung dieses Feldes ist der Richtung des Feldes, welches die Magnetisierung hervorgerufen hat, entgegengesetzt. Die Feldstärke H_K heißt **Koerzitivkraft**.

Bei weiterer Erhöhung des entgegengesetzten Feldes wird das Ferromagnetikum umorientiert (Kurve 3–4), und für $H = -H_S$ wird die magnetische Sättigung erreicht (Punkt 4). Danach kann man das Material erneut entmagnetisieren (Kurve 4–5–6) und wieder bis zur Sättigung ummagnetisieren (Kurve 6–1).

Bei Einwirkung eines magnetischen Wechselfeldes ändert sich die Magnetisierung M nach dem Kurvenverlauf 1–2–3–4–5–6–1. Diese Kurve wird als **Hystereseschleife** bezeichnet (aus dem Griechischen „Verzögerung"). Die Hysterese bedingt, daß die Magnetisierung von Ferromagnetika im mathematischen Sinne keine eindeutige Funktion von H darstellt, d. h., ein und demselben Wert von H entsprechen mehrere Werte von M.

Unterschiedlichen Ferromagnetika entsprechen verschiedene Hystereseschleifen. Ferromagnetika mit einer kleinen (im Intervall von 1–2 A/cm) Koerzitivkraft H_K (mit einer schmalen Hystereseschleife) heißen **magnetisch weiche Stoffe**, und Ferromagnetika mit einer großen Koerzitivkraft (von einigen 10 bis zu einigen Tausend A/cm; mit einer breiten Hystereseschleife) heißen **magnetisch harte Stoffe**. Die Größen H_K, M_R und μ_{max} bestimmen die Eignung von Ferromagnetika für unterschiedliche praktische Anwendungen. So werden zum Beispiel magnetisch harte Materialien (wie kohlenstoff- und wolframhaltige Stähle) für Dauermagneten und magnetisch weiche Stoffe (wie Weicheisen, Eisen-Nickel-Legierungen) zur Herstellung von Transformatorenkernen verwendet.

Es gibt jedoch noch eine wichtige Besonderheit der Ferromagnetika: Für jeden ferromagnetischen Stoff gibt es eine bestimmte Temperatur, bei der er seine magnetischen Eigenschaften verliert. Diese Temperatur nennt man **Curie-Punkt** des Stoffes. Bei Erwärmung des ferromagnetischen Stoffes über den Curie-Punkt hinaus verwandelt sich das Ferromagnetikum in einen gewöhnlichen paramagnetischen Stoff. Dieser Übergang aus dem ferromagnetischen in den paramagnetischen Zustand im Curie-Punkt geht nicht mit der Freisetzung oder der Umsetzung von Wärmeenergie einher, d. h., im Curie-Punkt geht eine Phasenumwandlung zweiter Ordnung vor sich (siehe § 75).

Weiter geht der Magnetisierungsprozeß von Ferromagnetika mit einer Veränderung seiner linearen Abmessungen und seines Volumens einher. Diese Erscheinung wird als **Magnetostriktion** bezeichnet. Die Größe und das Vorzeichen des Effektes hängt von der Feldstärke H des magnetisierenden Feldes, von der Beschaffenheit des ferromagnetischen Stoffes und von der Orientierung der Kristallachsen bezüglich des Feldes ab.

§ 136   Die Natur des Ferromagnetismus

Bisher haben wir der physikalischen Natur der magnetischen Eigenschaften von Ferromagnetika keine Aufmerksamkeit geschenkt. Das soll nun im folgenden geschehen. Eine beschreibende Theorie des Ferromagnetismus wurde durch den französischen Physiker P. Weiß (1865–1940) formuliert. Die darauf folgende genaue Theorie auf der Grundlage der Quantenmechanik wurde von dem deutschen Physiker W. Heisenberg (1901–1976) und dem russischen Physiker J. I. Frenkel entwickelt.

Nach den Vorstellungen von Weiß besitzen Ferromagnetika bei Temperaturen unter dem Curie-Punkt die Eigenschaft spontaner Magnetisierung ohne die Einwirkung eines magnetisierenden Feldes. Die spontane Magnetisierung steht jedoch in scheinbarem Widerspruch zu der Tatsache, daß viele Ferromagnetika auch bei Temperaturen unter dem Curie-Punkt nicht magnetisiert sind. Zur Behebung dieses Widerspruchs führte Weiß eine Hypothese ein, nach der sich ein ferromagnetischer Stoff unter der Curie-Temperatur in viele kleine makroskopische Bezirke aufteilt, die von sich aus bis zur Sättigung magnetisiert sind. Er nannte diese Bezirke **Domänen** (manchmal werden sie auch als Weißsche Bezirke bezeichnet).

Ohne ein äußeres Magnetfeld sind die magnetischen Momente der einzelnen Domänen zufällig orientiert und kompensieren sich so gegenseitig. Deshalb ist das resultierende magnetische Moment des ferromagnetischen Stoffes gleich Null, und der Stoff ist nicht magnetisiert. Wirkt ein äußeres Magnetfeld, so werden nicht die magnetischen Momente einzelner Atome, sondern der gesamten spontan magnetisierten Bezirke in Feldrichtung orientiert. Deshalb wachsen die Magnetisierung M (siehe Bild 135.1) und die magnetische Induktion B (siehe Bild 135.2) mit steigendem H schon bei relativ geringen Feldstärken sehr schnell. Damit ist auch die Zunahme von μ der Ferromagnetika bis zu einem Maximalwert bei schwachen Feldern erklärbar (siehe Bild 135.3). Versuche haben ergeben, daß die Abhängigkeit B von H in Wirklichkeit nicht so glatt wie in Bild 135.2 dargestellt ist. Sie hat eher eine Stufenform. Das zeugt davon, daß die Domänen im Inneren von Ferromagnetika sich sprunghaft in Feldrichtung orientieren.

Bei Verschwinden des äußeren Magnetfeldes behalten Ferromagnetika eine Restmagnetisierung, da die Wärmebewegung nicht in der Lage ist, solch große Gebilde, wie sie die Domänen darstellen, in kurzer Zeit zu desorientieren. Das ist auch die Ursache für die Entstehung der magnetischen Hysterese (Bild 135.4). Um einen ferromagnetischen Stoff zu entmagnetisieren, ist es notwendig, ein Feld mit der Koerzitivfeldstärke anzulegen. Weiterhin kann durch Schütteln und Erwärmen zu einer Entmagnetisierung von Ferromagnetika beigetragen werden. Bei

Erwärmung auf Temperaturen, die höher als der Curie-Punkt liegen, wird die Domänenstruktur der Ferromagnetika zerstört.

Die Existenz von Domänen in Ferromagnetika wurde experimentell bewiesen. Ein Verfahren für die direkte Beobachtung von Domänen ist die **Pulverfigurmethode**. Auf eine sogfältig polierte Oberfläche eines ferromagnetischen Stoffes wird eine wäßrige Suspension eines feinen ferromagnetischen Pulvers (zum Beispiel Magnetit) aufgetragen. Die Pulverteilchen lagern sich vorrangig an Orten der größten Inhomogenität des Magnetfeldes an, d. h. an den Grenzen zwischen den Domänen. Die Pulverteilchen zeichnen so die Domänengrenzen nach, und man kann ein solches Bild unter dem Mikroskop photographieren. Die linearen Abmessungen der Domänen betragen etwa zwischen 10^{-4} und 10^{-2} cm.

Die Weiterentwicklung der Theorie des Ferromagnetismus durch Heisenberg und Frenkel sowie eine Reihe weiterer Versuchsergebnisse halfen die Natur der elementaren Träger des Ferromagnetismus aufzuklären. Heute ist allgemein bekannt, daß die magnetischen Eigenschaften von Ferromagnetika durch das *magnetische Spinmoment der Elektronen* bestimmt werden (ein direkter Beweis hierfür ist das Experiment von Einstein und de Haas, siehe § 131). Weiterhin wurde festgestellt, daß nur Stoffe mit kristallinem Aufbau ferromagnetische Eigenschaften aufweisen können. Die Atomhülle der Ferromagnetika muß innere, nicht voll besetzte Elektronenschalen besitzen, in denen die magnetischen Spinmomente nicht kompensiert werden. In solchen Kristallen können Kräfte auftreten, die die magnetischen Spinmomente der Elektronen in *parallele Richtungen* zueinander zwingen. Das führt dann zum Entstehen von Bezirken mit spontaner Magnetisierung. Diese Kräfte heißen **Austauschkräfte** und haben quantenmechanischen Ursprung.

Ferromagnetismus wird also nur in Kristallen beobachtet. Kristalle jedoch sind anisotrop (siehe § 70), und demzufolge müßten die magnetischen Eigenschaften von Ferromagnetika eine Anisotropie aufweisen, also eine Abhängigkeit der magnetischen Eigenschaften von der Richtung im Kristall. Tatsächlich haben Versuche gezeigt, daß für bestimmte Kristallrichtungen die Magnetisierung für eine bestimmte Stärke des äußeren Magnetfeldes am größten ist (magnetische Vorzugsrichtungen oder Richtungen der leichtesten Magnetisierung), für andere Richtungen am kleinsten ist (Richtungen der schwersten Magnetisierung). Aus diesen Betrachtungen für Ferromagnetika folgt ihre Ähnlichkeit mit Ferroelektrika (siehe § 91).

Es gibt Stoffe, in denen die Austauschkräfte eine *antiparallele* Orientierung der magnetischen Spinmomente der Elektronen bedingen. Solche Stoffe heißen **Antiferromagnetika**. Die Existenz der Antiferromagnetika wurde theoretisch von L. D. Landau vorhergesagt. Einige Verbindungen von Mangan (MnO, MnF_2), Eisen (FeO, $FeCl_2$) und vieler anderer Elemente sind Antiferromagnetika.

Für diese Stoffe gibt es ebenfalls einen Curie-Punkt (**Néel-Punkt**, benannt nach dem französischen Physiker L. Néel, geb. 1904), ab dem die magnetische Orientierung der Spinmomente zerstört wird und die Antiferromagnetika zu Paramagnetika werden. Der Phasenübergang ist wie bei den Ferromagnetika zweiter Art (siehe § 75).

In letzter Zeit haben Ferromagnetika aus Halbleitern große Bedeutung erlangt. Sie werden **Ferrite** genannt. Ferrite sind chemische Verbindungen des Typs $MeO \cdot Fe_2O_3$, wobei Me hier das Ion eines zweivalenten Metalls bedeutet (Mn, Co, Ni, Cu, Mg, Zn, Cd, Fe). Sie besitzen bemerkenswerte ferromagnetische Eigenschaften bei hohem spezifischem elektrischem Widerstand (milliardenmal größer als bei Metallen). Ferrite werden für Dauermagneten, Ferritantennen, Kerne in Radioschwingkreisen, RAM-Chips, für die Beschichtung von Magnetbändern usw. verwendet.

Kontrollfragen

▶ Warum sind das mechanische und das magnetische Moment eines Atoms entgegengesetzt gerichtet?

▶ Was ist das gyromagnetische Verhältnis?

▶ Aus welchen magnetischen Momenten setzt sich das magnetische Moment eines Atoms zusammen?

▶ Was sind Dia- und Paramagnetika? Worin besteht der Unterschied ihrer magnetischen Eigenschaften?

▶ Was ist Magnetisierung? Welche Größe aus der Elektrostatik ist ihr analog?

▶ Man schreibe und erkläre den Zusammenhang zwischen magnetischer Suszeptibilität und relativer Permeabilität von Para- und Diamagnetika.

▶ Leiten Sie den Zusammenhang zwischen den Vektoren der magnetischen Induktion, der Feldstärke eines Magnetfeldes und der Magnetisierung her.

▶ Erklären Sie den physikalischen Sinn der Zirkulation bezüglich einer beliebigen geschlossenen Kurve der Vektoren: 1) B; 2) H; 3) M.

▶ Leiten Sie die Bedingungen für die Vektoren B und H beim Übergang von einem Stoff in einen anderen her. Kommentieren Sie die Ergebnisse.

▶ Erklären Sie die Hystereseschleife von Ferromagnetika. Was ist Magnetostriktion?

▶ Welche Ferromagnetika sind magnetisch weich bzw. magnetisch hart? Wo werden sie angewandt?

▶ Erklären Sie den Magnetisierungsmechanismus von Ferromagnetika.

▶ Welche für Ferromagnetika charakteristische Temperatur heißt Curie-Punkt?

Aufgaben

16.1. Die Feldstärke eines homogenen Magnetfeldes in Kupfer ist 10 A/m. Bestimmen Sie die magnetische Induktion des von den Molekularströmen hervorgerufenen Feldes, wenn der Betrag der diamagnetischen Suszeptibilität für Kupfer $8{,}8 \cdot 10^{-8}$ ist. [1,11 pT]

16.2. In einer kreisförmigen Leiterschleife mit dem Radius 50 cm, die sich in flüssigem Sauerstoff befindet, fließt ein Strom mit 1,5 A. Man berechne die Magnetisierung im Zentrum der Leiterschleife. Die magnetische Suszeptibilität von flüssigem Sauerstoff ist $3{,}4 \cdot 10^{-3}$. [5,1 mA/m]

16.3. Eine Zylinderspule der Länge $l = 20$ cm mit einer Querschnittsfläche $A = 10\ \text{cm}^2$ und einer Windungsanzahl $N = 400$ befindet sich in einem diamagnetischen Medium. Man bestimme die Stromstärke in der Wicklung, wenn ihre Induktivität $L = 1$ mH und die Magnetisierung innerhalb der Spule $M = 20$ A/m beträgt. [Lösung der Aufgabe s. S. 391]

16.4. In der Wicklung einer Spule der Induktivität 1 mH, die sich in einer diamagnetischen Umgebung befindet, fließt ein Strom von 2 A. Die Spulenlänge ist 20 cm, und die Querschnittsfläche ist $10\ \text{cm}^2$. Die Spule besteht weiter aus 400 Windungen. Man bestimme für das Innere der Spule folgende Größen: 1) die magnetische Induktion; 2) die Magnetisierung. [1) 5 mT; 2) 20 A/m]

16.5. Eine Aluminiumkugel mit dem Radius 0,5 cm befindet sich in einem homogenen Magnetfeld ($B_0 = 0{,}1$ T). Man berechne das magnetische Moment der Kugel, wenn die magnetische Suszeptibilität von Aluminium gleich $2{,}1 \cdot 10^{-5}$ ist. [$8{,}75\ \mu\text{A} \cdot \text{m}^2$]

Kapitel 17

Grundlagen der Maxwellschen Theorie für das elektromagnetische Feld

§ 137 Elektrische Wirbelfelder

Aus dem Faradayschen Induktionsgesetz $\mathcal{E}_i = -\mathrm{d}\Phi/\mathrm{d}t$ (siehe (123.2)) folgt, daß *jede* Änderung des magnetischen Flusses durch die Fläche einer Leiterschleife zu einer Induktionsspannung und somit zur Entstehung eines Induktionsstromes führt. Folglich entsteht ein Induktionsstrom auch in einer unbeweglichen Leiterschleife, die sich in einem magnetischen Wechselfeld befindet. In einem beliebigen Stromkreis entsteht eine EMK immer unter dem Einfluß von Nebenkräften (Kräfte mit nichtelektrischer Herkunft (siehe § 97)). Es entsteht also die Frage nach der Natur der Nebenkräfte in besagtem Fall.

Experimente zeigen, daß diese Nebenkräfte weder durch Wärme- noch durch chemische Prozesse in der Leiterschleife hervorgerufen werden. Auch können sie nicht mit der Lorentzkraft erklärt werden, da diese nicht auf ruhende Ladungen wirkt. Maxwell entwarf eine Hypothese, nach der jedes magnetische Wechselfeld in seiner Umgebung ein elektrisches Feld hervorruft, das dann seinerseits für die Entstehung eines Stromflusses in der Leiterschleife verantwortlich ist. Nach Maxwell spielt die Leiterschleife, in der ein Strom induziert wird, nur die Rolle einer „Vorrichtung" zur Feststellung dieses Feldes.

Ein zeitlich veränderliches Magnetfeld ruft also in seiner Umgebung ein elektrisches Feld E_B hervor. Für die Zirkulation dieses Feldes gilt nach (123.3)

$$\oint_L E_B \,\mathrm{d}l = \oint_L E_{Bl}\,\mathrm{d}l = -\frac{\mathrm{d}\Phi}{\mathrm{d}t}, \tag{137.1}$$

wobei E_{Bl} die Projektion des Vektors E_B auf die Richtung von $\mathrm{d}l$ darstellt.

Indem man in Formel (137.1) $\Phi = \int_A B\,\mathrm{d}A$ (siehe (120.2)) einsetzt, erhält man

$$\oint_L E_B \,\mathrm{d}l = -\frac{\mathrm{d}}{\mathrm{d}t}\int_A B\,\mathrm{d}A.$$

Sind Oberfläche und Leiterschleife unbeweglich, so kann man die Plätze für die Operationen der Differentiation und Integration vertauschen. Folglich ist

$$\oint_L E_B \,\mathrm{d}l = -\int_A \frac{\partial B}{\partial t}\,\mathrm{d}A, \tag{137.2}$$

wobei das Symbol für die partielle Integration den Fakt unterstreicht, daß das Integral $\int_A B\,\mathrm{d}A$ allein von der Zeit abhängt.

Nach (83.3) ist die Zirkulation des Vektors der elektrischen Feldstärke (wir wollen ihn hier mit E_Q bezeichnen) entlang einer beliebigen geschlossenen Kurve gleich Null:

$$\oint_L E_Q \,\mathrm{d}l = \oint_L E_{Ql}\,\mathrm{d}l = 0. \tag{137.3}$$

Indem wir die Formeln (137.1) und (137.3) vergleichen, bemerken wir, daß zwischen den betrachteten Feldern (E_B und E_Q) ein prinzipieller Unterschied besteht: Die Zirkulation des Vektors E_B ist im Unterschied zu der des Vektors E_Q ungleich Null. Folglich ist das elektrische Feld E_B wie auch das dieses Feld erzeugende Magnetfeld selbst ein *Wirbelfeld* (siehe § 118).

§ 138 Verschiebungsstrom

Wenn nach Maxwell jedes magnetische Wechselfeld in seiner Umgebung ein elektrisches Wirbelfeld hervorruft, dann muß auch umgekehrt ein zeitlich veränderliches elektrisches Feld im umliegenden Raum ein magnetisches Wirbelfeld erzeugen. Um die genauen Zusammenhänge zwischen dem veränderlichen elektrischen Feld und dem von ihm hervorgerufenen Magnetfeld beschreiben zu können, wurde von Maxwell ein sogenannter **Verschiebungsstrom** eingeführt.

Wir betrachten einen Wechselstromkreis mit einem Kondensator (Bild 138.1). Zwischen den Platten des sich auf- und entladenden Kondensators existiert ein elektrisches Wechselfeld. Maxwell nun behauptet, daß durch den Kondensator Verschiebungsströme „fließen" und zwar ohne das Vorhandensein eines elektrischen Leiters.

Wir untersuchen nun den quantitativen Zusammenhang zwischen dem veränderlichen elektrischen Feld und dem damit verbundenen Magnetfeld. Nach Maxwell ruft das elektrische Wechselfeld zwischen den Kondensatorplatten ein solches Magnetfeld hervor, als würde zwischen den Platten ein Leitungsstrom mit einer Stärke wie in den an den Kondensator führenden Leitern fließen. Dann kann man behaupten, daß der Leitungsstrom I und der Verschiebungsstrom I_V gleich groß sind: $I = I_V$. Für den Leitungsstrom nahe den Platten gilt

$$I = \frac{\mathrm{d}Q}{\mathrm{d}t} = \frac{\mathrm{d}}{\mathrm{d}t}\int_A \sigma\,\mathrm{d}A$$

$$= \int_A \frac{\partial \sigma}{\partial t}\,\mathrm{d}A = \int_A \frac{\partial D}{\partial t}\,\mathrm{d}A \tag{138.1}$$

(die Ladungsdichte auf der Oberfläche der Kondensatorplatten σ ist gleich der elektrischen Verschiebung D im Konden-

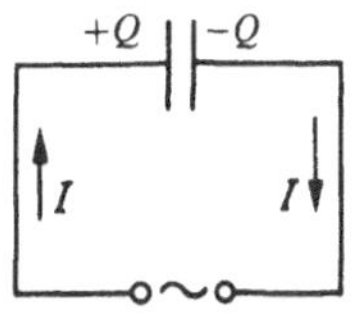

$+Q$ $-Q$

I I

Bild 138.1

sator (siehe (92.1)). Der Ausdruck unter dem Integrationszeichen in (138.1) kann wie ein Spezialfall des Skalarproduktes $(\partial D/\partial t)\,\mathrm{d}A$ betrachtet werden, wenn $\partial D/\partial t$ und $\mathrm{d}A$ parallel zueinander sind. Deshalb kann für den allgemeinen Fall geschrieben werden

$$I = \int\limits_A \frac{\partial D}{\partial t}\,\mathrm{d}A.$$

Indem man diesen Ausdruck mit $I = I_V = \int\limits_A j_V\,\mathrm{d}A$ (siehe (96.2)) vergleicht, erhält man

$$j_V = \frac{\partial D}{\partial t}. \tag{138.2}$$

Der Ausdruck (138.2) wurde von Maxwell **Verschiebungsstromdichte** genannt.

Wir wollen nun untersuchen, wie die Vektoren der Stromdichten des Verschiebungsstromes und des Leitungsstromes j_V und j gerichtet sind. Beim Aufladen des Kondensators (Bild 138.2a) fließt durch den die Platten verbindenden Leiter ein Strom von der rechten Kondensatorplatte zur linken. Das Feld im Kondensator wird stärker, und der Vektor D wächst mit der Zeit an. Folglich gilt $\partial D/\partial t > 0$, d. h., der Vektor $\partial D/\partial t$ ist wie der Vektor D gerichtet. Aus der Zeichnung ist ersichtlich, daß die Richtungen der Vektoren $\partial D/\partial t$ und j zusammenfallen. Bei der Entladung des Kondensators (Bild 138.2b) fließt durch den die Platten verbindenden Leiter ein Strom von der linken Kondensatorplatte zur rechten. Das Feld im Kondensator wird schwächer, und der Vektor D wird mit der Zeit kleiner. Folglich gilt $\partial D/\partial t < 0$, d. h., der Vektor $\partial D/\partial t$ ist entgegengesetzt zu D gerichtet. Allerdings ist der Vektor $\partial D/\partial t$ wieder wie der Vektor j gerichtet. Aus den angeführten Beispielen folgt, daß die Richtung des Vektors j und demzufolge auch j_V mit der Richtung des Vektors $\partial D/\partial t$ übereinstimmt, wie schon aus Formel (138.2) hervorgeht.

Wir unterstreichen, daß Maxwell dem Verschiebungsstrom von allen physikalischen Eigenschaften des elektrischen Stromes nur eine Eigenschaft zuschrieb – die Fähigkeit, im umliegenden Raum ein Magnetfeld zu erzeugen. Ein Verschiebungsstrom (im Vakuum oder in einem Stoff) ruft also im umgebenden Raum ein Magnetfeld hervor (die Feldlinien der magnetischen Felder der Verschiebungsströme, die bei der Auf- und Entladung

des Kondensators entstehen, sind in Bild 138.2 durch Strichlinien gekennzeichnet).

In Dielektrika setzt sich der Verschiebungsstrom aus zwei Teilen zusammen. Da nach (89.2) gilt $D = \varepsilon_0 E + P$, wobei E die Feldstärke des elektrischen Feldes und P die Polarisierung (siehe § 88) ist, ergibt sich die Stromdichte des Verschiebungsstromes zu

$$j_V = \varepsilon_0 \frac{\partial E}{\partial t} + \frac{\partial P}{\partial t}. \tag{138.3}$$

Dabei ist $\varepsilon_0 \partial E/\partial t$ die **Dichte des Verschiebungsstromes im Vakuum**, $\partial P/\partial t$ ist die **Dichte des Polarisationsstromes**, der durch die geordnete Ladungsbewegung im Dielektrikum bedingt ist (Ladungsverschiebung in nichtpolarisierten Molekülen oder Umkehr der Dipolorientierung in polarisierten Molekülen). Polarisationsströme können durchaus ein Magnetfeld erzeugen, da sie sich ihrer Natur nach nicht von Leitungsströmen unterscheiden. Das zweite Glied des Ausdrucks für die Dichte des Verschiebungsstromes $(\varepsilon_0 \partial E/\partial t)$ ist nicht mit der Bewegung von Ladungen verknüpft, sondern rührt allein von der zeitlichen Änderung des elektrischen Feldes her. Daß diese Änderung auch ein Magnetfeld erzeugen kann, ist eine *prinzipiell neue Behauptung* Maxwells. Sogar im Vakuum ruft jede zeitliche Veränderung eines elektrischen Feldes im umliegenden Raum ein Magnetfeld hervor.

Es bleibt zu bemerken, daß die Bezeichnung „Verschiebungsstrom" symbolisch ist, oder genauer, sie ist geschichtlich bedingt. Der Verschiebungsstrom ist eigentlich nichts als die zeitliche Änderung des elektrischen Feldes. Verschiebungsströme treten deshalb nicht nur im Vakuum und in Dielektrika, sondern auch in Leitern auf, in denen ein Wechselstrom fließt. Allerdings ist solch ein Verschiebungsstrom in Leitern vernachlässigbar klein im Vergleich zum Leitungsstromfluß. Aus (138.3) folgt, wie bereits erwähnt, daß der Polarisationsstrom ein Bestandteil des Verschiebungsstromes ist.

Maxwell führte weiter den Begriff „**Gesamtstrom**" ein. Der Gesamtstrom ist gleich der Summe aus den Leitungs- und den Verschiebungsströmen (auch aus den Konvektionsströmen). Die **Dichte des Gesamtstromes** ist gleich

$$j_{\mathrm{Ges}} = j + \frac{\partial D}{\partial t}.$$

Durch die Einführung des Verschiebungsstromes und des Gesamtstromes gelangte Maxwell zu einer neuen Betrachtungsweise der Geschlossenheit von Wechselstromkreisen. Der Gesamtstrom ist in Wechselstromkreisen immer geschlossen, d. h., an den Leiterenden wird nur der Leitungsstromfluß unterbrochen, und zwischen den Leiterenden schließt der Verschiebungsstrom den Stromkreis (in Dielektrika oder im Vakuum).

Indem Maxwell in das Durchflutungsgesetz (siehe (133.10)) für den Vektor H in den rechten Teil den Gesamtstrom $I_{\mathrm{Ges}} = \int\limits_A j_{\mathrm{Ges}}\,\mathrm{d}A$ durch die von der geschlossenen Kurve L aufgespannte Fläche A einsetzte, verallgemeinerte er diese wichtige Ge-

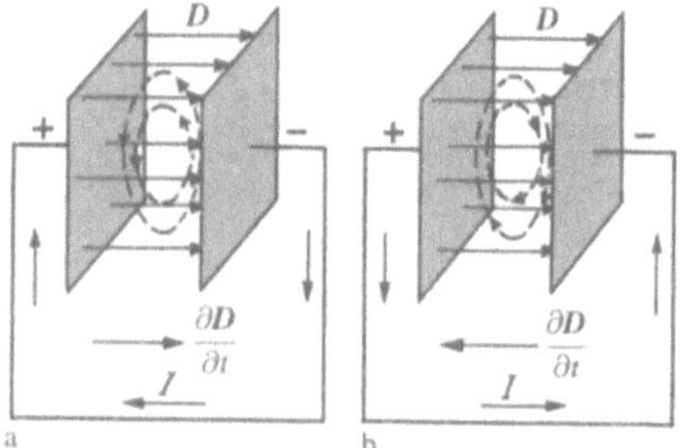

Bild 138.2

setztmäßigkeit. Das **Durchflutungsgesetz für den Vektor H** lautet also

$$\oint\limits_L H\, \mathrm{d}l = \int\limits_A \left(j + \frac{\partial D}{\partial t}\right)\, \mathrm{d}A. \tag{138.4}$$

Der Ausdruck (138.4) gilt uneingeschränkt, was durch vollständige Übereinstimmung von Theorie und Praxis bezeugt ist.

§ 139 Maxwellsche Gleichungen für das elektromagnetische Feld

Durch die Einführung des Verschiebungsstromes konnte Maxwell seine einheitliche makroskopische Theorie des elektromagnetischen Feldes abschließen. Diese Theorie erlaubte nicht nur die Erklärung elektrischer und magnetischer Erscheinungen von einem allgemeinen Betrachtungspunkt aus, sondern auch die Vorhersage neuer Erscheinungen, die in der weiteren Entwicklung bestätigt wurden.

Die Grundlage der Maxwellschen Theorie bilden die weiter oben betrachteten vier Maxwellschen Gleichungen:

1. Ein elektrisches Feld (siehe § 137) kann sowohl Potential-(E_Q) als auch Wirbelcharakter (E_B) tragen. Deshalb gilt für die Feldstärke des Gesamtfeldes $E = E_Q + E_B$. Da die Zirkulation des Vektors E_Q gleich Null ist (siehe (137.3)) und die Zirkulation des Vektors E_B durch den Ausdruck (137.2) bestimmt wird, ergibt sich die Zirkulation des Feldstärkevektors des Gesamtfeldes zu

$$\oint\limits_L E\, \mathrm{d}l = -\int\limits_A \frac{\partial B}{\partial t}\, \mathrm{d}A.$$

Diese Gleichung zeigt, daß nicht nur elektrische Ladungen, sondern auch zeitlich veränderliche Magnetfelder die Ursache von elektrischen Feldern sein können.

2. Verallgemeinertes Durchflutungsgesetz für den Vektor H (siehe (138.4)):

$$\oint\limits_L H\, \mathrm{d}l = \int\limits_A \left(j + \frac{\partial D}{\partial t}\right)\, \mathrm{d}A.$$

Diese Gleichung zeigt, daß Magnetfelder entweder durch sich bewegende Ladungen oder durch zeitlich veränderliche elektrische Felder hervorgerufen werden können.

3. Gaußscher Satz für ein elektrisches Feld D (siehe (89.3)):

$$\oint\limits_A D\, \mathrm{d}A = Q. \tag{139.1}$$

Wenn die Ladung innerhalb einer geschlossenen Oberfläche gleichmäßig mit der räumlichen Dichte ρ verteilt ist, dann kann Formel (139.1) wie folgt geschrieben werden:

$$\oint\limits_A D\, \mathrm{d}A = \int\limits_V \rho\, \mathrm{d}V.$$

4. Gaußscher Satz für ein Magnetfeld B (siehe (120.3)):

$$\oint\limits_A B\, \mathrm{d}A = 0.$$

Das vollständige System der Maxwellschen Gleichungen in Integralform lautet:

$$\oint\limits_L E\, \mathrm{d}l = -\int\limits_A \frac{\partial B}{\partial t}\, \mathrm{d}A;$$

$$\oint\limits_L H\, \mathrm{d}l = \int\limits_A \left(j + \frac{\partial D}{\partial t}\right)\, \mathrm{d}A;$$

$$\oint\limits_A D\, \mathrm{d}A = \int\limits_V \rho\, \mathrm{d}V;$$

$$\oint\limits_A B\, \mathrm{d}A = 0.$$

Die in diesem System enthaltenen Größen sind nicht unabhängig voneinander. Es gelten folgende Zusammenhänge (isotrope, nichtseignetteelektrische und nichtferromagnetische Stoffe):

$$D = \varepsilon_0 \varepsilon E,$$

$$B = \mu_0 \mu H,$$

$$j = \gamma E.$$

Dabei sind ε_0 und μ_0 entsprechend die elektrische und die magnetische Feldkonstante, ε und μ entsprechend die relative Dielektrizitätskonstante und die relative Permeabilität, γ die elektrische Leitfähigkeit des Stoffes.

Aus den Maxwellschen Gleichungen folgt, daß elektrische Felder durch elektrische Ladungen oder durch zeitlich veränderliche Magnetfelder erzeugt werden können und daß Magnetfelder entweder durch bewegte elektrische Ladungen oder zeitlich veränderliche elektrische Felder entstehen. Die Maxwellschen Gleichungen sind bezüglich des elektrischen und des magnetischen Feldes nicht symmetrisch. Das rührt daher, daß es in der Natur zwar elektrische, aber keine magnetischen Ladungen gibt.

Für stationäre Felder lauten die *Maxwellschen Gleichungen* wie folgt ($E = $ const und $B = $ const):

$$\oint\limits_L E\, \mathrm{d}l = 0; \quad \oint\limits_A D\, \mathrm{d}A = Q;$$

$$\oint\limits_L H\, \mathrm{d}l = I; \quad \oint\limits_A B\, \mathrm{d}A = 0,$$

d. h., die Ursache für die Entstehung elektrischer Felder sind in diesem Fall nur elektrische Ladungen; Magnetfelder werden nur durch Leitungsströme erzeugt. Für den stationären Fall sind die Felder voneinander unabhängig. Dieser Umstand erlaubt die getrennte Untersuchung *stationärer* elektrischer und magnetischer Felder.

Indem wir die aus der Vektoranalysis bekannten Sätze von Stokes und Gauß anwenden:

$$\oint_L W\, \mathrm{d}l = \int_A \operatorname{rot} W\, \mathrm{d}A;$$

$$\oint_A W\, \mathrm{d}A = \int_V \operatorname{div} W\, \mathrm{d}V,$$

erhalten wir das **vollständige System der Maxwellschen Gleichungen in Differentialform** (dieses System charakterisiert den Zustand des Feldes in jedem Punkt des Raumes):

$$\operatorname{rot} E = -\frac{\partial B}{\partial t}; \qquad \operatorname{div} D = \rho;$$

$$\operatorname{rot} H = j + \frac{\partial D}{\partial t}; \qquad \operatorname{div} B = 0.$$

Wenn die Ladungen und Ströme gleichmäßg im Raum verteilt sind, dann sind Integral- und Differentialform der Maxwellschen Gleichungen äquivalent. Existieren jedoch Oberflächen im Raum, an denen sich die Eigenschaften des Stoffes oder der Felder *sprungartig verändern*, dann ist allgemein die Integralform der Maxwellschen Gleichungen gültig.

Die Maxwellschen Gleichungen in Differentialform setzen voraus, daß sich alle Größen in Raum und Zeit gleichmäßig ändern. Um die mathematische Äquivalenz beider Formen zu erreichen, wird die Differentialform durch *Grenzbedingungen* ergänzt. Diese Bedingungen müssen durch das elektrische Feld beim Übergang von einem Stoff in einen anderen erfüllt werden. Die Integralform der Maxwellschen Gleichungen enthält diese Bedingungen bereits. Sie wurden von uns weiter oben (siehe § 90, 134) behandelt:

$$D_{1n} = D_{2n}, \quad E_{1\tau} = E_{2\tau},$$

$$B_{1n} = B_{2n}, \quad H_{1\tau} = H_{2\tau}$$

(die erste und letzte Gleichung entsprechen den Fällen, wenn es an den Grenzflächen weder freie Ladungen noch Leitungsströme gibt).

Die Maxwellschen Gleichungen sind allgemeingültig für elektrische und magnetische Felder in *ruhenden Stoffen*. Sie spielen in der Lehre vom Elektromagnetismus eine Rolle wie die Newtonschen Gesetze in der Mechanik. Aus den Maxwellschen Gleichungen folgt, daß ein magnetisches Wechselfeld immer mit der Entstehung eines elektrischen Feldes und ein elektrisches Wechselfeld immer mit der Entstehung eines magnetischen Feldes einhergeht, d. h., elektrisches und magnetisches Feld sind untrennbar miteinander verbunden, sie bilden ein einheitliches **elektromagnetisches Feld**.

Die Theorie Maxwells ist nicht nur eine Verallgemeinerung der grundlegenden Gesetzmäßigkeiten elektrischer und magnetischer Erscheinungen. Sie konnte nicht nur bereits bekannte experimentelle Ergebnisse erklären, was ebenfalls eine wichtige Folge dieser Theorie war, sondern sie erlaubte auch die Vorhersage neuer Erscheinungen. Eine wichtige Folgerung aus der Maxwellschen Theorie war die Existenz eines Magnetfeldes von Verschiebungsströmen (siehe § 138). Das erlaubte Maxwell die Vorhersage **elektromagnetischer Wellen** (ein elektromagnetisches Wechselfeld, das sich mit endlicher Geschwindigkeit im Raum ausbreitet). Weiter wurde bewiesen, daß die Ausbreitungsgeschwindigkeit eines freien elektromagnetischen Feldes (unabhängig von Ladungen und Strömen) im Vakuum gleich der Lichtgeschwindigkeit $c = 3 \cdot 10^8$ m/s ist. Diese Folgerung und die theoretische Untersuchung der Eigenschaften von elektromagnetischen Wellen führte Maxwell zur elektromagnetischen Theorie des Lichtes. Nach dieser Theorie hat Licht den Charakter elektromagnetischer Wellen. Elektromagnetische Wellen wurden experimentell erstmalig durch den deutschen Physiker H. Hertz (1857–1894) erzeugt. Es gelang ihm zu zeigen, daß die Gesetze der Erregung und der Ausbreitung dieser Wellen vollständig durch die Maxwellsche Theorie beschrieben werden. Auf diese Weise wurde die Richtigkeit der Theorie Maxwells experimentell bewiesen.

Man kann auf das elektromagnetische Feld nur die Einsteinsche Relativitätstheorie anwenden. Die Ausbreitung elektromagnetischer Wellen im Vakuum mit konstanter Geschwindigkeit c in allen Bezugssystemen läßt sich mit dem Relativitätsprinzip von Galilei nicht vereinbaren.

Nach der **Einsteinschen Relativitätstheorie** spielen sich alle mechanischen, optischen und elektromagnetischen Erscheinungen in allen Inertialsystemen gleich ab, d. h., sie lassen sich mit Hilfe derselben Gleichungen beschreiben. Die Maxwellschen Gleichungen sind invariant bezüglich der Lorentz-Transformation: Beim Übergang von einem Inertialsystem in ein anderes verändern sie sich nicht, obwohl die Größen E, B, D, H nach bestimmten Gesetzmäßigkeiten umgeformt werden.

Aus dem Relativitätsprinzip folgt, daß die getrennte Betrachtung von elektrischen und magnetischen Feldern relativen Charakter trägt. Wenn ein elektrisches Feld durch ein System unbeweglicher Ladungen erzeugt wird, dann sind diese Ladungen im gegebenen Inertialsystem unbeweglich, in bezug zu einem anderen Inertialsystem jedoch bewegen sie sich und rufen dort nicht nur ein elektrisches, sondern auch ein magnetisches Feld hervor. Analog gilt für einen unbeweglichen stromdurchflossenen Leiter, der in jedem Punkt des Raumes ein stationäres Magnetfeld erzeugt, daß er sich bezüglich anderer Inertialsysteme in Bewegung befindet und somit sein magnetisches Wechselfeld in diesen Inertialsystemen ein elektrisches Wirbelfeld hervorruft.

Die Maxwellsche Theorie stellt also gemeinsam mit ihrem experimentell bezeugten Gültigkeitsbeweis und dem Einsteinschen Relativitätsprinzip eine einheitliche Theorie der elektrischen, magnetischen und optischen Erscheinungen dar. Sie basiert auf der Grundlage des elektromagnetischen Feldbegriffes.

Kontrollfragen

▶ Was ist die Entstehungsursache eines elektrischen Wirbelfeldes? Wodurch unterscheidet sich solch ein Feld von einem elektrostatischen Feld?

▶ Schreiben Sie den Ausdruck für die Zirkulation eines elektrischen Wirbelfeldes.

▶ Warum war es notwendig, den Begriff des Verschiebungsstromes einzuführen? Was ist ein Verschiebungsstrom?

▶ Leiten Sie den Ausdruck für die Dichte des Verschiebungsstromes her. Erklären Sie diese Gleichung.

▶ In welchem Sinn können Verschiebungs- und Leitungsstrom miteinander verglichen werden?

▶ Schreiben Sie das verallgemeinerte Durchflutungsgesetz für den Vektor H auf und erklären Sie den physikalischen Sinn dieses Gesetzes.

▶ Schreiben Sie das vollständige System der Maxwellschen Gleichungen in Intergral- und Differentialform nieder und erklären Sie den physikalischen Sinn dieser Theorie.

▶ Warum können stationäre elektrische und magnetische Felder getrennt voneinander betrachtet werden? Schreiben Sie für diesen Fall die Maxwellschen Gleichungen in beiden Formen auf.

▶ Warum sind die Maxwellschen Gleichungen in Integralform allgemeingültig (im Vergleich zur Differentialform)?

▶ Welche grundlegenden Schlußfolgerungen kann man aus der Maxwellschen Theorie ziehen?

Teil 4

Schwingungen und Wellen

Kapitel 18

Mechanische und elektromagnetische Schwingungen

§ 140 Harmonische Schwingungen und ihre Charakteristika

Bewegungen oder Prozesse, die sich zeitlich periodisch wiederholen, nennt man **Schwingungen**. Schwingungen sind in Natur und Technik weit verbreitet (zum Beispiel die Schwingungen eines Uhrpendels oder eines elektrischen Wechselstromes usw.). Beim Schwingen eines Pendels verändern sich die Koordinaten des Massezentrums des Pendels, im Falle des elektrischen Widerstandwechselstromes ändern sich Spannung und Stromstärke im Stromkreis. Die physikalische Natur von Schwingungen kann unterschiedlich sein. Deshalb unterscheidet man mechanische, elektromagnetische und andere Schwingungsarten. Allerdings können unterschiedliche Schwingungsprozesse mit den gleichen charakteristischen Größen und Gleichungen beschrieben werden. Eine *einheitliche Herangehensweise* an die Betrachtung *unterschiedlicher Schwingungen* ist daher sinnvoll.

Schwingungen heißen **frei** (oder **Eigenschwingungen**), wenn sie durch eine einmalige Energiezufuhr hervorgerufen werden und im weiteren keine äußeren Einflüsse auf das Schwingungssystem einwirken (das System, welches die Schwingungen ausführt). Der einfachste Schwingungstyp sind die **harmonischen Schwingungen**. Bei harmonischen Schwingungen ändert sich die schwingende Größe zeitlich nach einer Sinus-(Kosinus-)abhängigkeit. Die Untersuchung von harmonischen Schwingungen ist aus zweierlei Gründen wichtig: 1) Schwingungen in Natur und Technik haben oft den annähernden Charakter einer harmonischen Schwingung; 2) viele **periodische Prozesse** (Prozesse, die sich in gleichen Zeitabständen wiederholen) können als Überlagerung harmonischer Schwingungen betrachtet werden. Harmonische Schwingungen s werden durch eine Gleichung des folgenden Typs beschrieben:

$$s = A \cos(\omega_0 t + \varphi). \qquad (140.1)$$

Dabei ist A der maximal mögliche Wert der schwingenden Größe (sie wird **Amplitude** genannt), ω_0 die **Kreisfrequenz**, φ die **Anfangsphase der Schwingung** für $t = 0$ und $(\omega_0 t + \varphi)$ die **Schwingungsphase** nach der Zeit t. Die Schwingungsphase

ist für den Wert der schwingenden Größe zum jeweiligen Zeitpunkt maßgebend. Da sich der Kosinus im Bereich von $+1$ bis -1 ändert, kann s Werte zwischen $+A$ und $-A$ annehmen.

Bestimmte Zustände eines Schwingungssystems, das harmonische Schwingungen ausführt, wiederholen sich nach einer Zeitspanne von T. Diese Zeitspanne nennt man die **Periode einer Schwingung**. T ist die Zeit, in der die Phase der Schwingung um 2π anwächst, d. h.

$$\omega_0(t + T) + \varphi = (\omega_0 t + \varphi) + 2\pi,$$

woraus folgt

$$T = \frac{2\pi}{\omega_0}. \qquad (140.2)$$

Die der Schwingungsperiode umgekehrt proportionale Größe

$$\nu = \frac{1}{T} \qquad (140.3)$$

heißt **Schwingungsfrequenz** und ist gleich der Anzahl der vollständigen Schwingungen je Zeiteinheit. Indem man (140.2) und (140.3) vergleicht, erhält man

$$\omega_0 = 2\pi\nu.$$

Die Maßeinheit der Frequenz ist das **Hertz** (Hz): 1 Hz ist die Frequenz eines periodischen Prozesses, bei der sich in einer Sekunde ein Schwingungszyklus abspielt.

Wir untersuchen nun die erste und zweite Ableitung der harmonisch schwingenden Größe s nach der Zeit (entsprechend Geschwindigkeit und Beschleunigung):

$$\frac{ds}{dt} = -A\omega_0 \sin(\omega_0 t + \varphi)$$

$$= A\omega_0 \cos\left(\omega_0 t + \varphi + \frac{\pi}{2}\right); \qquad (140.4)$$

$$\frac{d^2 s}{dt^2} = -A\omega_0^2 \cos(\omega_0 t + \varphi)$$

$$= A\omega_0^2 \cos(\omega_0 t + \varphi + \pi), \qquad (140.5)$$

d. h., es ergeben sich harmonische Schwingungen mit derselben Kreisfrequenz. Die Amplituden der Größen (140.4) und (140.5) sind entsprechend gleich $A\omega_0$ und $A\omega_0^2$. Die Phase der Geschwindigkeit (140.4) unterscheidet sich von der Phase des Ausdrucks (140.1) um $\pi/2$ und die Phase der Beschleunigung (140.5) von der Phase des Ausdrucks (140.1) um π. Folglich erreicht der Ausdruck $\mathrm{d}s/\mathrm{d}t$ in den Momenten, wenn $s = 0$ ist, seinen Maximalwert, und wenn s seinen kleinsten negativen Wert erreicht, dann nimmt der Ausdruck $\mathrm{d}^2s/\mathrm{d}t^2$ seine maximale Größe an (Bild 140.1).

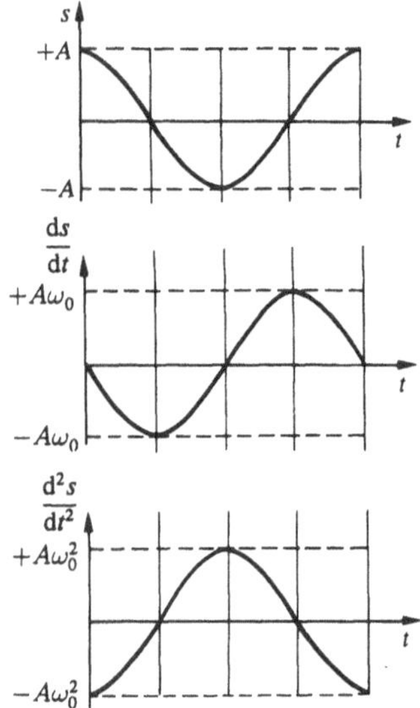

Bild 140.1

Aus (140.5) folgt die **Differentialgleichung für harmonische Schwingungen**

$$\frac{\mathrm{d}^2 s}{\mathrm{d}t^2} + \omega_0^2 s = 0 \qquad (140.6)$$

(wobei berücksichtigt wird, daß $s = A\cos(\omega_0 t + \varphi)$ ist)). Die Lösung dieser Gleichung ist der Ausdruck (140.1).

Man kann harmonische Schwingungen graphisch mit Hilfe des **rotierenden Vektors der Amplitude**, auch **Vektordiagramm-Methode** genannt, darstellen. Dazu wird von einem beliebigen Punkt O auf der x-Achse ein Vektor A gelegt, der mit der x-Achse einen Winkel φ bildet, der der Anfangsphase der Schwingung entspricht. Die Länge des Vektors A ist gleich der Amplitude der betrachteten Schwingung (Bild 140.2). Wenn man nun diesen Vektor mit der Winkelgeschwindigkeit ω_0, die

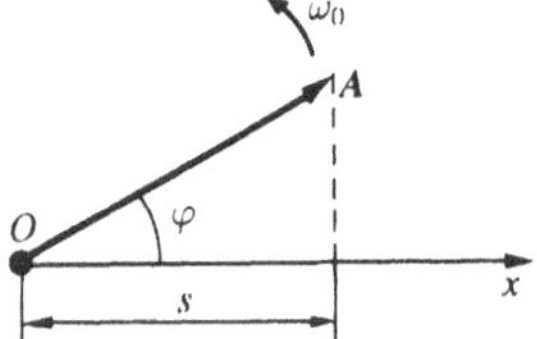

Bild 140.2

gleich der Kreisfrequenz der Schwingungen ist, rotieren läßt, dann bewegt sich die Projektion der Vektorspitze auf die x-Achse und nimmt Werte innerhalb des Intervalls $-A$ bis $+A$ an. Wärenddessen ändert sich die schwingende Größe zeitlich nach dem Gesetz $s = A\cos(\omega_0 t + \varphi)$. Harmonische Schwingungen können also mit Hilfe der Projektion des Amplitudenvektors A auf eine *beliebige* Achse graphisch dargestellt werden. Der Vektor A muß dabei mit der ausgewählten Achse einen Winkel φ bilden, welcher der Anfangsphase der Schwingung entspricht, und mit einer Winkelgeschwindigkeit von ω_0 um seinen Anfangspunkt (der auf der Achse liegt) rotieren.

In der Physik kommt häufig eine andere Methode zur Anwendung, die sich jedoch von der Vektordiagramm-Methode nur der Form nach unterscheidet. Die schwingende Größe wird bei dieser Methode als **komplexe Zahl** dargestellt. Nach der Eulerschen Formel gilt für komplexe Zahlen

$$\mathrm{e}^{\mathrm{i}\alpha} = \cos\alpha + \mathrm{i}\sin\alpha, \qquad (140.7)$$

wobei $\mathrm{i} = \sqrt{-1}$ die imaginäre Einheit ist. Deshalb kann man die Gleichung für die harmonische Schwingung (140.1) in komplexer Form wie folgt schreiben:

$$\tilde{s} = A\mathrm{e}^{\mathrm{i}(\omega_0 t + \varphi)}. \qquad (140.8)$$

Der Realteil von (140.8)

$$\mathrm{Re}(\tilde{s}) = A\cos(\omega_0 t + \varphi) = s$$

stellt eine harmonische Schwingung dar. Die Bezeichnung des Realteils Re lassen wir im weiteren weg, und (140.8) wird wie folgt geschrieben:

$$s = A\mathrm{e}^{\mathrm{i}(\omega_0 t + \varphi)}.$$

In der Theorie der Schwingungen ist es allgemein üblich, daß der schwingenden Größe s der *Realteil* des komplexen Ausdrucks (der rechte Teil der Gleichung) zugeordnet wird.

§ 141   Mechanische harmonische Schwingungen

Eine Punktmasse führe geradlinige harmonische Schwingungen entlang der x-Achse um ihre Gleichgewichtslage aus. Diese Gleichgewichtsposition wollen wir als den Koordinatenursprung betrachten. Dann kann die Abhängigkeit der x-Koordinate von der Zeit t mit einer Gleichung, analog der Gl. (140.1) beschrieben werden. Dabei gilt $s = x$:

$$x = A\cos(\omega_0 t + \varphi). \qquad (141.1)$$

Nach den Formeln (140.4) und (140.5) ergeben sich die Geschwindigkeit v und die Beschleunigung a der schwingenden Punktmasse entsprechend zu

$$v = -A\omega_0 \sin(\omega_0 t + \varphi)$$

$$= A\omega_0 \cos\left(\omega_0 t + \varphi + \frac{\pi}{2}\right);$$

$$a = -A\omega_0^2 \cos(\omega_0 t + \varphi)$$

$$= A\omega_0^2 \cos(\omega_0 t + \varphi + \pi). \qquad (141.2)$$

Die auf die Punktmasse m einwirkende Kraft $F = ma$ ist unter Berücksichtigung von (141.1) und (141.2) gleich

$$F = -m\,\omega_0^2 x.$$

Daraus folgt, daß die Kraft der Auslenkung der Punktmasse aus ihrer Gleichgewichtslage proportional und in die entgegengesetzte Richtung orientiert ist (zur Gleichgewichtslage hin).

Die **kinetische Energie** der geradlinig harmonisch schwingenden Punktmasse ist gleich

$$T = \frac{mv^2}{2} = \frac{mA^2\omega_0^2}{2}\sin^2(\omega_0 t + \varphi) \tag{141.3}$$

oder

$$T = \frac{mA^2\omega_0^2}{4}[1 - \cos 2(\omega_0 t + \varphi)]. \tag{141.4}$$

Die **potentielle Energie** der geradlinig harmonisch schwingenden Punktmasse unter der Einwirkung der elastischen Kraft F ist gleich

$$U = -\int_0^x F\,dx = \frac{m\,\omega_0^2 x^2}{2}$$

$$= \frac{mA^2\omega_0^2}{2}\cos^2(\omega_0 t + \varphi) \tag{141.5}$$

oder

$$U = \frac{mA^2\omega_0^2}{4}[1 + \cos 2(\omega_0 t + \varphi)]. \tag{141.6}$$

Indem wir die Formeln (141.3) und (141.5) addieren, erhalten wir den Ausdruck für die **Gesamtenergie**:

$$E = T + U = mA^2\frac{\omega_0^2}{2}. \tag{141.7}$$

Die Gesamtenergie bleibt konstant, da die elastische Kraft eine Konservativkraft ist und somit für harmonische Schwingungen das Gesetz von der Energieerhaltung gilt.

Aus den Formeln (141.4) und (141.6) folgt, daß sich T und U mit einer Frequenz von $2\omega_0$ ändern, d. h. mit einer doppelt so hohen Frequenz wie die harmonische Schwingung. In Bild 141.1 sind die Abhängigkeiten von x, T und U von der Zeit graphisch

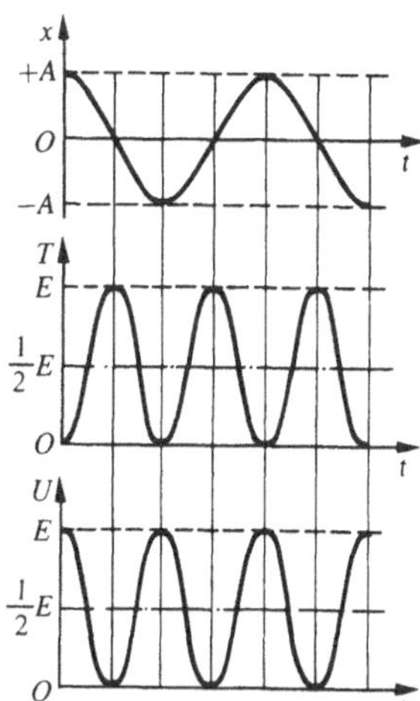

Bild 141.1

dargestellt. Da $\langle\sin^2\alpha\rangle = \langle\cos^2\alpha\rangle = 1/2$ gilt, folgt aus den Formeln (141.3), (141.5) und (141.7), daß $\langle T\rangle = \langle U\rangle = E/2$ ist.

§ 142 Harmonischer Oszillator. Federschwinger, physikalisches und mathematisches Pendel

Ein System, welches Schwingungen ausführt, die mit einer Gleichung der Art (140.6)

$$\ddot{s} + \omega_0^2 s = 0 \tag{142.1}$$

beschrieben werden können, heißt **harmonischer Oszillator**. Die Schwingungen eines harmonischen Oszillators sind ein wichtiges Beispiel für eine periodische Bewegung und dienen in vielen Fällen als genaues oder angenähertes Modell in vielen Aufgaben der klassischen und Quantenphysik. Beispiele für einen harmonischen Oszillator sind der Federschwinger, das physikalische und das mathematische Pendel und der Schwingkreis (für Ströme und Spannungen, die so klein sind, daß man die Elemente des Schwingkreises als linear annehmen kann; siehe § 146).

1. Ein **Federschwinger** ist ein Gewicht der Masse m, das an einer absolut elastischen Feder aufgehängt ist und unter Einwirkung der elastischen Kraft $F = -kx$ harmonische Schwingungen ausführt, wobei k die **Federkonstante** ist. Die Bewegungsgleichung für einen Federschwinger lautet

$$m\ddot{x} = -kx$$

oder

$$\ddot{x} + \frac{k}{m}x = 0.$$

Aus (142.1) und (140.1) folgt, daß ein Federschwinger harmonische Schwingungen nach dem Gesetz $x = A\cos(\omega_0 t + \varphi)$ mit einer Kreisfrequenz

$$\omega_0 = \sqrt{\frac{k}{m}} \tag{142.2}$$

und einer Periode

$$T = 2\pi\sqrt{\frac{m}{k}} \tag{142.3}$$

ausführt. Formel (142.3) gilt für elastische Schwingungen im Gültigkeitsbereich des Hookeschen Gesetzes (siehe (21.3)), d. h., wenn die Masse der Feder im Vergleich zur Masse des schwingenden Körpers vernachlässigbar klein ist.

Nach (141.5) und (142.2) ergibt sich die potentielle Energie eines Federschwingers zu

$$U = \frac{kx^2}{2}.$$

2. Ein **physikalisches Pendel** ist ein Festkörper, der unter der Einwirkung der Schwerkraft Schwingungen um eine unbewegliche Achse ausführt, die durch den Punkt O geht, der vom Schwerpunkt S des Körpers abweicht (Bild 142.1).

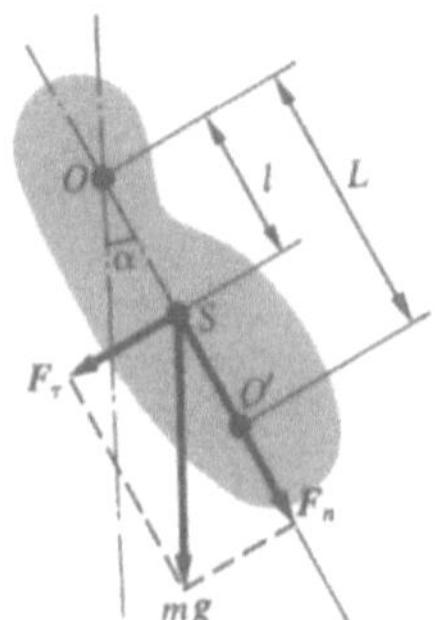

Bild 142.1

Wenn das Pendel unter einem Winkel α aus der Gleichgewichtslage ausgelenkt wird, dann kann das Moment M der rücktreibenden Kraft entsprechend der Gleichung der Dynamik der Kreisbewegung von Festkörpern wie folgt geschrieben werden:

$$M = J\varepsilon = J\ddot{\alpha} = F_\tau l = -mgl\sin\alpha \approx -mgl\alpha. \qquad (142.4)$$

Dabei ist J das Trägheitsmoment des Pendels in bezug auf die Achse durch den Punkt O, l der Abstand vom Aufhängungspunkt zum Schwerpunkt des Pendels, $F_\tau = -mg\sin\alpha \approx -mg\alpha$ die rücktreibende Kraft (das Vorzeichen „Minus" ist dadurch bedingt, daß F_τ und α entgegengesetzt gerichtet sind). Die Annahme $\sin\alpha \approx \alpha$ entspricht kleinen Abweichungen des Pendels aus der Gleichgewichtslage.

Gl. (142.4) kann auch wie folgt geschrieben werden:

$$J\ddot{\alpha} + mgl\alpha = 0$$

oder

$$\ddot{\alpha} + \frac{mgl}{J}\alpha = 0.$$

Indem wir setzen

$$\omega_0 = \sqrt{\frac{mgl}{J}}, \qquad (142.5)$$

erhalten wir die Gleichung

$$\ddot{\alpha} + \omega_0^2\alpha = 0,$$

die mit (142.1) identisch ist. Die Lösung dieser Gleichung (140.1) ist uns bereits bekannt:

$$\alpha = \alpha_0 \cos(\omega_0 t + \varphi). \qquad (142.6)$$

Aus (142.6) folgt, daß ein physikalisches Pendel bei kleinen Auslenkungen harmonische Schwingungen mit einer Kreisfrequenz ω_0 (siehe (142.5)) und einer Periode

$$T = \frac{2\pi}{\omega_0} = 2\pi\sqrt{\frac{J}{mgl}} = 2\pi\sqrt{\frac{L}{g}} \qquad (142.7)$$

ausführt. Dabei ist $L = J/(ml)$ die **reduzierte Länge des physikalischen Pendels**.

Der Punkt O' auf der Verlängerung der Achse OS mit einem Abstand von der Drehachse, der gleich der reduzierten Länge

L ist, heißt **Schwingungszentrum** des physikalischen Pendels (Bild 142.1). Indem wir den Satz von Steiner (16.1) anwenden, erhalten wir

$$L = \frac{J}{ml} = \frac{J_S + ml^2}{ml} = l + \frac{J_S}{ml} > l,$$

d.h., OO' ist immer länger als OS. Der Drehpunkt O und das Schwingungszentrum O' sind **miteinander vertauschbar**: Wenn man den Drehpunkt in das Schwingungszentrum verlegt, dann ist der frühere Drehpunkt O das neue Schwingungszentrum. Die Schwingungsperiode des physikalischen Pendels verändert sich dabei nicht.

3. Ein **mathematisches Pendel** ist ein idealisiertes System. Es besteht aus einer Punktmasse m, die an einem nicht dehnbaren und masselosen Faden aufgehängt ist und unter Schwerkrafteinwirkung Schwingungen ausführt. Als eine gute Näherung an ein mathematisches Pendel kann man sich eine kleine schwere Kugel an einem langen dünnen Faden vorstellen.

Das Trägheitsmoment des mathematischen Pendels ergibt sich zu

$$J = ml^2, \qquad (142.8)$$

wobei l die Länge des Pendels ist.

Man kann ein mathematisches Pendel als *Spezialfall des physikalischen Pendels* betrachten. Wenn man annimmt, daß die gesamte Masse des Pendels in einem Punkt (dem Schwerpunkt) konzentriert ist, dann erhalten wir durch Einsetzen von (142.8) in (142.7) den Ausdruck für die Periode kleiner Schwingungen des mathematischen Pendels:

$$T = 2\pi\sqrt{\frac{l}{g}}. \qquad (142.9)$$

Indem wir die Formeln (142.7) und (142.9) vergleichen, erkennen wir, daß die Schwingungsperioden des physikalischen und des mathematischen Pendels gleich sind, wenn die reduzierte Länge L des physikalischen Pendels gleich der Länge l des mathematischen Pendels ist. Folglich ist die **reduzierte Länge des physikalischen Pendels** die Länge eines mathematischen Pendels, dessen Schwingungsperiode mit der Schwingungsperiode des betrachteten physikalischen Pendels übereinstimmt.

§ 143 Freie harmonische Schwingungen in Schwingkreisen

Unter den verschiedenen elektrischen Erscheinungen nehmen die elektromagnetischen Schwingungen einen besonderen Platz ein. Bei elektromagnetischen Schwingungen ändern sich elektrische Größen wie Ladungen und Ströme periodisch. Dabei werden elektrische und magnetische Felder wechselseitig ineinander umgewandelt. Erzeugen kann man elektromagnetische Schwingungen mit Hilfe eines Schwingkreises. Ein **Schwingkreis** ist ein elektrischer Stromkreis, der aus der Reihenschaltung einer Spule der Induktivität L, eines Kondensators mit der Kapazität C und eines Widerstandes R besteht.

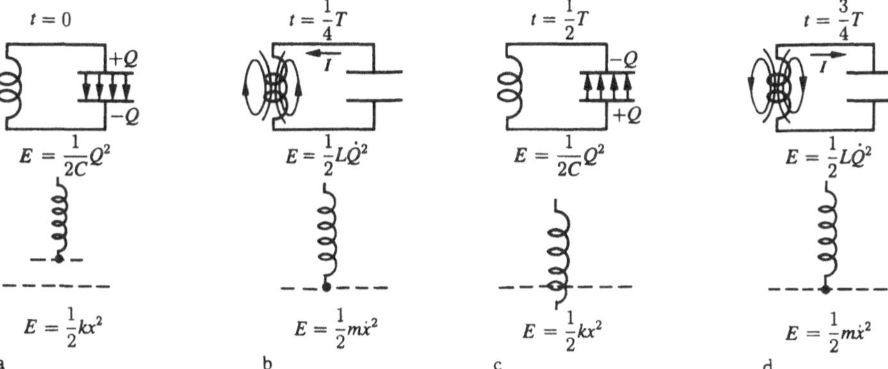

Bild 143.1

Wir betrachten nun die aufeinanderfolgenden Stadien eines Schwingungsprozesses in einem idealisierten Schwingkreis, dessen Widerstand wir gleich Null annehmen ($R \approx 0$). Zu Beginn wird der Kondensator aufgeladen. Seine Platten erhalten die Ladung $\pm Q$. Dann besteht zur Zeit $t = 0$ (Bild 143.1a) zwischen den Kondensatorplatten ein elektrisches Feld mit der Energie $E = Q^2/(2C)$ (siehe (95.4)). Wird nun der Kondensator über die Spule kurzgeschlossen, beginnt die Entladung des Kondensators, und im Stromkreis fließt ein mit der Zeit anwachsender Srom I. In der Folge verringert sich die Energie des elektrischen Feldes, und die Energie des magnetischen Feldes der Spule (sie ist gleich $L\dot{Q}^2/2$) wird größer.

Die volle Energie ergibt sich nach dem Energieerhaltungssatz ($R \approx 0$) zu

$$E = \frac{1}{2C}Q^2 + \frac{1}{2}L\dot{Q}^2 = \text{const.}$$

Dabei ist zu berücksichtigen, daß keine Energie in Wärme umgewandelt wird. Deshalb ist im Moment $t = T/4$, wenn der Kondensator vollständig entladen ist, die Energie des elektrischen Feldes gleich Null, während die Energie des magnetischen Feldes (und folglich auch die Stromstärke) ihr Maximum erreicht (Bild 143.1b). Von diesem Moment an fällt die Stromstärke im Schwingkreis ab, das Magnetfeld der Spule verringert sich, und folglich wird in der Spule ein Stromfluß induziert, der (nach der Lenzschen Regel) in die gleiche Richtung fließt wie auch der Entladungsstrom des Kondensators. Der Kondensator beginnt sich entgegengesetzt aufzuladen, und es entsteht ein elektrisches Feld, das dem Stromfluß im Schwingkreis entgegenwirkt. Wenn dieser Stromfluß Null wird, erreicht das elektrische Kondensatorfeld seine maximale Stärke (Bild 143.1c). Im weiteren laufen die gleichen Prozesse in umgekehrter Richtung ab (Bild 143.1d), und das System erreicht bei $t = T$ den Ausgangszustand (Bild 143.1a). Danach beginnt die Wiederholung des betrachteten Schwingprozesses mit Ent- und Wiederaufladung des Kondensators. Gäbe es dabei keine Energieverluste, dann würde das System unendlich lange periodische Schwingungen ausführen. Dabei würden sich die Ladung Q der Kondensatorplatten, die Spannung U am Kondensator und der Strom I durch die Spule periodisch ändern (schwingen). Man kann zusammenfassen, daß im Schwingkreis elektrische Schwingungen entstehen und dabei elektrische Feldenergie in magnetische und umgekehrt umgewandelt wird.

Die elektrischen Schwingungen in einem Schwingkreis kann man auch anhand mechanischer Schwingungen eines Pendels veranschaulichen (Bild 143.1 unten). Bei einem Pendel wird während des Schwingprozesses potentielle Energie in kinetische und umgekehrt umgewandelt. Die Energie des elektrischen Feldes des Kondensators ($Q^2/(2C)$) ist analog der potentiellen Energie einer elastisch deformierten Feder ($kx^2/2$), und der Energie des magnetischen Feldes der Spule ($L\dot{Q}^2/2$) entspricht die kinetische Energie ($m\dot{x}^2/2$). Die Stromstärke im Schwingkreis kann man mit der Bewegungsgeschwindigkeit des Pendels vergleichen. Die Induktivität L ist analog der Masse m, und der Widerstand des Stromkreises spielt die Rolle der Reibung für das mechanische Pendel.

Nach dem Ohmschen Gesetz gilt für eine Leiteranordnung, die eine Spule der Induktivität L, einen Kondensator der Kapazität C und einen Widerstand R enthält

$$IR + U_C = \mathcal{E}_\text{s},$$

wobei IR die Spannung am Widerstand, $U_C = Q/C$ die Spannung am Kondensator und $\mathcal{E}_\text{s} = -L\,dI/dt$ die Selbstinduktionsspannung (entsteht bei Wechselstromfluß durch die Spule) ist ($\mathcal{E}_\text{s}$ ist die einzige EMK im Stromkreis). Folglich gilt

$$L\frac{dI}{dt} + IR + \frac{Q}{C} = 0. \tag{143.1}$$

Indem man (143.1) durch L teilt und $I = \dot{Q}$ und $dI/dT = \ddot{Q}$ einsetzt, erhält man eine Differentialgleichung für die Schwingungen der Ladung Q im Schwingkreis:

$$\ddot{Q} + \frac{R}{L}\dot{Q} + \frac{1}{LC}Q = 0. \tag{143.2}$$

Im betrachteten Schwingkreis fehlen äußere Spannungsquellen. Deshalb sind die vordem betrachteten Schwingungsvorgänge *freie* Schwingungen (siehe § 140). Ist $R = 0$, dann sind die freien elektromagnetischen Schwingungen im Schwingkreis harmonisch. Für diesen Fall erhalten wir aus (143.2) eine Differentialgleichung für freie harmonische Schwingungen von Q im Schwingkreis:

$$\ddot{Q} + \frac{1}{LC}Q = 0.$$

Aus den Formeln (142.1) und (140.1) folgt, daß die Ladung Q harmonische Schwingungen nach folgender Gesetzmäßigkeit ausführt:

$$Q = Q_{\mathrm{m}} \cos\left(\omega_0 t + \varphi\right), \tag{143.3}$$

wobei Q_{m} die Amplitude der Schwingungen der Ladung des Kondensators mit der Kreisfrequenz ω_0 ist. Diese Kreisfrequenz nennt man **Eigenfrequenz des Schwingkreises**, d. h.

$$\omega_0 = \frac{1}{\sqrt{LC}}. \tag{143.4}$$

Der Ausdruck

$$T = 2\pi\sqrt{LC} \tag{143.5}$$

definiert die Periode der Schwingungen. Die Formel (143.5) wurde erstmalig von dem Physiker W. Thomson gefunden und wird nach ihm **Thomsonsche Schwingungsformel** genannt.

Die Stromstärke im Schwingkreis (siehe (140.1)) wird durch

$$I = \dot{Q} = -\omega_0 Q_{\mathrm{m}} \sin\left(\omega_0 t + \varphi\right)$$
$$= I_{\mathrm{m}} \cos\left(\omega_0 t + \varphi + \frac{\pi}{2}\right) \tag{143.6}$$

beschrieben, wobei $I_{\mathrm{m}} = \omega_0 Q_{\mathrm{m}}$ die Amplitude der Stromstärke ist.

Der Ausdruck für die Spannung am Kondensator lautet

$$U_C = \frac{Q}{C} = \frac{Q_{\mathrm{m}}}{C} \cos\left(\omega_0 t + \varphi\right)$$
$$= U_{\mathrm{m}} \cos\left(\omega_0 t + \varphi\right), \tag{143.7}$$

wobei $U_{\mathrm{m}} = Q_{\mathrm{m}}/C$ die Amplitude der Spannung ist.

Aus den Formeln (143.3) und (143.6) folgt, daß die Schwingungen der Stromstärke I zu denen der Ladung Q eine Phasenverschiebung von $\pi/2$ aufweisen, d. h., wenn die Stromstärke ihren Maximalwert erreicht, dann nimmt die Ladung (und folglich auch die Spannung) den Wert Null an und umgekehrt.

§ 144　Addition gleichgerichteter harmonischer Schwingungen mit gleicher Frequenz. Schwebungen

Ein schwingender Körper kann an mehreren Schwingungsprozessen gleichzeitig beteiligt sein. In einem solchen Fall ist es notwendig, die resultierende Schwingung zu beschreiben. Mit anderen Worten, die Einzelschwingungen müssen addiert werden. Wir addieren die folgenden harmonischen Schwingungen mit einheitlicher Richtung und Frequenz

$$\begin{cases} x_1 = A_1 \cos\left(\omega_0 t + \varphi_1\right), \\ x_2 = A_2 \cos\left(\omega_0 t + \varphi_2\right) \end{cases}$$

mit Hilfe von Vektordiagrammen (siehe § 140). Dazu konstruieren wir zunächst die Vektordiagramme dieser Schwingungen (Bild 144.1). Da die Vektoren $\boldsymbol{A}_1$ und $\boldsymbol{A}_2$ mit der gleichen Winkelgeschwindigkeit ω_0 rotieren, ist die Phasenverschiebung $(\varphi_2 - \varphi_1)$ zwischen ihnen konstant.

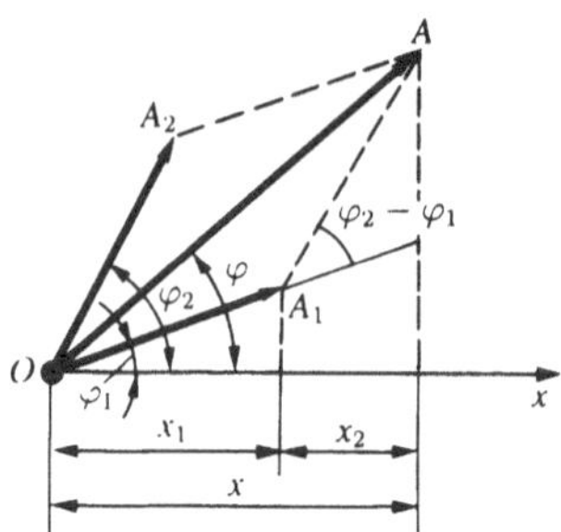

Bild 144.1

Wie man leicht sieht, erhält man für die resultierende Schwingung den Ausdruck

$$x = x_1 + x_2 = A \cos\left(\omega_0 t + \varphi\right). \tag{144.1}$$

Im Ausdruck (144.1) werden die Amplitude A und die Anfangsphase φ entsprechend durch folgende Formeln beschrieben:

$$A^2 = A_1^2 + A_2^2 + 2A_1 A_2 \cos\left(\varphi_2 - \varphi_1\right);$$
$$\tan \varphi = \frac{A_1 \sin \varphi_1 + A_2 \sin \varphi_2}{A_1 \cos \varphi_1 + A_2 \cos \varphi_2}. \tag{144.2}$$

Ein Körper, der an zwei harmonischen Schwingungen mit gleicher Richtung und Frequenz beteiligt ist, führt also wiederum harmonische Schwingungen aus. Dabei entsprechen Richtung und Frequenz dieser Schwingungen den jeweiligen Parametern der sich überlagernden Ausgangsschwingungen. Die Amplitude der resultierenden Schwingungen hängt vom Phasenunterschied $(\varphi_2 - \varphi_1)$ der sich überlagernden Schwingungen ab.

Wir analysieren nun den Ausdruck (144.2) in Abhängigkeit vom Phasenunterschied $(\varphi_2 - \varphi_1)$:

1) Für $\varphi_2 - \varphi_1 = \pm 2m\pi$ $(m = 0, 1, 2, \ldots)$ gilt $A = A_1 + A_2$, d. h., die Amplitude der resultierenden Schwingung A ist gleich der Summe der Amplituden der sich überlagernden Schwingungen.

2) Für $\varphi_2 - \varphi_1 = \pm(2m + 1)\pi$ $(m = 0, 1, 2, \ldots)$ gilt $A = |A_1 - A_2|$, d. h., die Amplitude der resultierenden Schwingung ist gleich der Differenz der Amplituden der sich überlagernden Schwingungen.

Für die Praxis ist besonders der Fall von Interesse, wenn sich zwei harmonische Schwingungen gleicher Richtung überlagern, die sich in ihrer Frequenz nur wenig unterscheiden. Als resultierende Schwingung einer solchen Überlagerung erhält man eine Schwingung, deren Amplitude sich periodisch ändert. Solche periodischen Änderungen der Amplitude bei der Überlagerung zweier harmonischer Schwingungen mit annähernd gleichen Schwingungsfrequenzen heißen **Schwebungen**.

Jetzt seien die Amplituden der sich überlagernden Schwingungen gleich A und die Frequenzen gleich ω und $\omega + \Delta\omega$. Dabei sei $\Delta\omega \ll \omega$. Den Koordinatenursprung wählen wir so, daß die Anfangsphasen beider Schwingungen gleich Null sind:

$$\begin{cases} x_1 = A\cos\omega t, \\ x_2 = A\cos(\omega + \Delta\omega)\,t. \end{cases}$$

Indem wir diese Ausdrücke addieren und unter Berücksichtigung der Tatsache, daß in der zweiten Zeile $\Delta\omega/2 \ll \omega$ gilt, gelangen wir zu folgender Formel:

$$x = \left(2A\cos\frac{\Delta\omega}{2}t\right)\cos\omega t. \tag{144.3}$$

Dieser Ausdruck ist das Ergebnis der Überlagerung zweier Schwingungen. Da $\Delta\omega \ll \omega$ gilt, ändert sich der Klammerausdruck, während das Glied $\cos\omega t$ einige vollständige Schwingungen ausführt, fast nicht. Deshalb kann man die resultierende Schwingung x wie eine harmonische Schwingung mit der Frequenz ω auffassen, deren Amplitude A_S sich nach folgender periodischer Gesetzmäßigkeit ändert:

$$A_S = \left|2A\cos\frac{\Delta\omega}{2}t\right|. \tag{144.4}$$

Die Frequenz der Änderung von A_S ist doppelt so groß wie die der Änderung des Kosinus (da der Ausdruck für A_S als Absolutbetrag berechnet wird), d. h., die Schwebungsfrequenz ist gleich dem Freqenzunterschied der sich überlagernden Schwingungen: $\omega_S = \Delta\omega$. Die Periodendauer der Schwebung ergibt sich zu

$$T_S = \frac{2\pi}{\Delta\omega}.$$

Der Abhängigkeitscharakter von (144. 3) ist in Bild 144.2 graphisch dargestellt. Die dicken durchgängigen Linien stellen den Verlauf der resultierenden Schwingung (144.3) dar. Die Einhüllende dieser Kurve beschreibt die langsam ändernde (nach (144.4)) Amplitude.

Bei der Bestimmung der Frequenz von Tönen (siehe § 158) werden die Schwebungen zwischen geeichten und gemessenen Schwingungen bestimmt. Diese Schwebungsmethode wird zum Stimmen von Musikinstrumenten, zu Gehöruntersuchungen usw. genutzt.

Beliebige komplizierte periodische Schwingungen $s = f(t)$ können als Superposition gleichzeitig auftretender harmoni-

scher Schwingungen mit unterschiedlichen Amplituden, Anfangsphasen und Frequenzen, die Vielfache einer Kreisfrequenz ω_0 sind, dargestellt werden:

$$\begin{aligned} s = f(t) &= \frac{A_0}{2} + A_1\cos(\omega_0 t + \varphi_1) \\ &\quad + A_2\cos(2\omega_0 t + \varphi_2) + \cdots \\ &\quad + A_n\cos(n\omega_0 t + \varphi_n). \end{aligned} \tag{144.5}$$

Mit der Darstellung einer periodischen Funktion wie in (144.5) wird der Begriff der **harmonischen Analyse einer periodischen Schwingung** verbunden. Auch nennt man diese Darstellungsart die **Zerlegung** der Funktion **in eine Fourier-Reihe** (nach dem französischen Gelehrten J. Fourier, 1768–1830). Die Glieder einer Fourier-Reihe, die harmonischen Schwingungen mit Kreisfrequenzen ω_0, $2\omega_0$, $3\omega_0$, ... entsprechen, heißen **erste (Grundschwingung)**, **zweite**, **dritte** usw. **Harmonische** der periodischen Schwingung.

§ 145   Addition zueinander senkrechter Schwingungen

Wir untersuchen nun das Resultat der Überlagerung von zwei harmonischen Schwingungen gleicher Frequenz ω, deren Ausbreitungsrichtungen senkrecht zueinander sind und entlang der Achsen x, y verlaufen. Der Einfachheit halber wählen wir den Koordinatenursprung so, daß die Anfangsphase der ersten Schwingung gleich Null ist:

$$\begin{cases} x = A\cos\omega t, \\ y = B\cos(\omega t + \varphi). \end{cases} \tag{145.1}$$

Die Phasendifferenz beider Schwingungen ist gleich φ. A und B sind die Amplituden der zu addierenden Schwingungen.

Die Gleichung für die resultierende Schwingung kann durch Eliminierung des Parameters t aus der Formel (145.1) gefunden werden. Indem wir die zu addierenden Schwingungen wie folgt schreiben

$$\frac{x}{A} = \cos\omega t;$$

$$\begin{aligned} \frac{y}{B} &= \cos(\omega t + \varphi) \\ &= \cos\omega t\cos\varphi - \sin\omega t\sin\varphi \end{aligned}$$

und in der zweiten Gleichung $\cos\omega t$ durch x/A und $\sin\omega t$ durch $\sqrt{1 - (x/A)^2}$ ersetzen, erhalten wir nach einigen einfachen Umformschritten die *Gleichung einer Ellipse*, deren Achsen bezüglich der Koordinatenachsen beliebig orientiert sein können:

$$\frac{x^2}{A^2} - \frac{2xy}{AB}\cos\varphi + \frac{y^2}{B^2} = \sin^2\varphi. \tag{145.2}$$

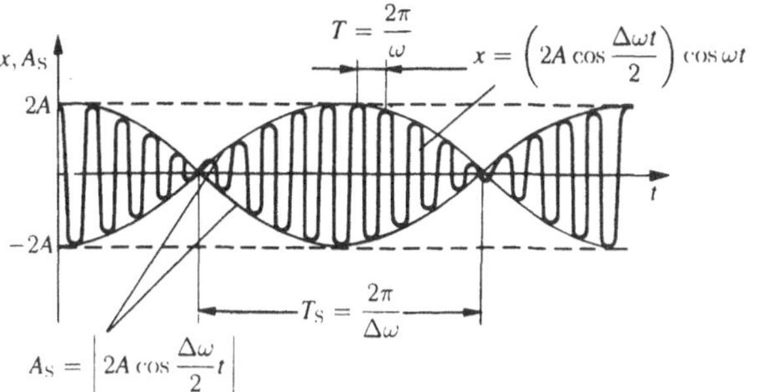

Bild 144.2

Da die graphische Darstellung der resultierenden Schwingung

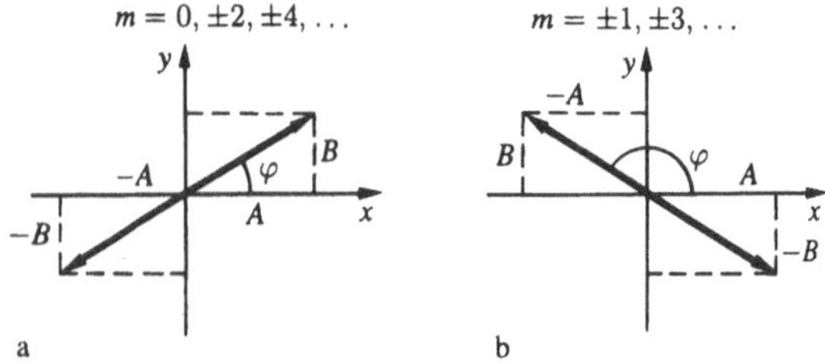

Bild 145.1

die Form einer Ellipse besitzt, nennt man eine derartige **Schwingung elliptisch polarisiert**.

Die Achsenorientierung und die Abmessungen der Ellipse hängen von den Amplituden und dem Phasenunterschied φ der sich überlagernden Schwingungen ab. Wir wollen nun einige Spezialfälle von physikalischem Interesse betrachten:

1) $\varphi = m\pi$ ($m = 0, \pm 1, \pm 2, \ldots$). Im vorliegenden Fall wird die Ellipse zu einer *Geraden*

$$y = \pm \frac{B}{A}x, \tag{145.3}$$

wobei das Vorzeichen „Plus" der Null und den geraden Werten für m entspricht (Bild 145.1a). Das Zeichen „Minus" entspricht den ungeraden Werten für m (Bild 145.1b). Die resultierende

Schwingung ist eine harmonische Schwingung mit der Frequenz ω und der Amplitude $\sqrt{A^2 + B^2}$. Die Ausbreitungsrichtung verläuft entlang der Geraden (145.3), die mit der x-Achse den Winkel $\varphi = \arctan((B/A)\cos m\,\pi)$ einschließt. Man spricht in diesem Fall von **linear polarisierten Schwingungen**.

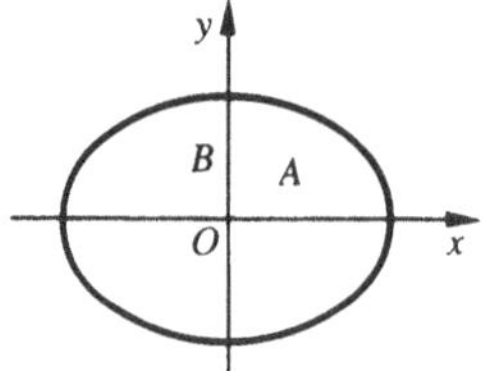

Bild 145.2

2) $\varphi = (2m + 1)(\pi/2)$ ($m = 0, \pm 1, \pm 2, \ldots$). Für diesen Fall nimmt die Gleichung folgende Form an:

$$\frac{x^2}{A^2} + \frac{y^2}{B^2} = 1. \tag{145.4}$$

Das ist die Gleichung einer Ellipse, deren Achsen mit den Koordinatenachsen zusammenfallen. Die Halbachsen der Ellipse entsprechen den jeweiligen Amplituden (Bild 145.2). Wenn also $A = B$ gilt, dann wird die Ellipse (145.4) zu einem *Kreis*. Man nennt solche **Schwingungen** auch **zirkular polarisiert**.

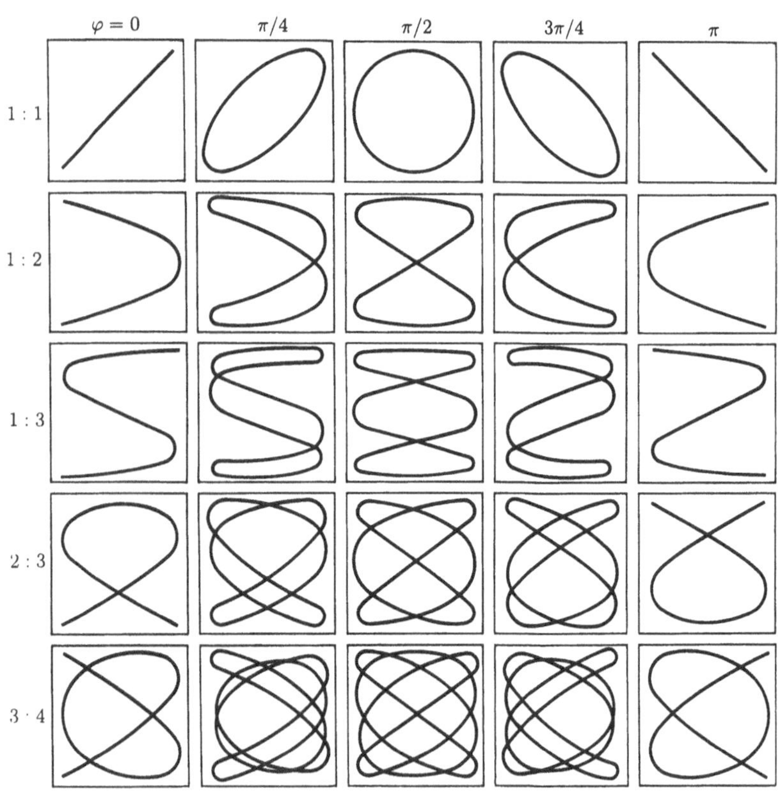

Bild 145.3

Sind die Frequenzen der zueinander senkrechten Schwingungen verschieden, dann nimmt die geschlossene Kurve der resultierenden Schwingung eine verhältnismäßig komplizierte Form an. Die geschlossenen Kurven, die von einem Punkt gezeichnet werden, der gleichzeitig zwei zueinander senkrechte Schwingungen ausführt, heißen **Lissajous-Figuren** (nach dem französischen Physiker J. Lissajous, 1822–1880). Die Form der Figuren hängt von den Frequenzen, vom Verhältnis der Amplituden zueinander und vom Phasenunterschied der sich überlagernden Schwingungen ab. In Bild 145.3 sind Lissajous-Figuren für verschiedene Frequenzverhältnisse und Phasenunterschiede dargestellt (Frequenzabhängigkeit: links; Abhängigkeit vom Phasenunterschied: oben).

Das Verhältnis der Frequenzen der sich überlagernden Schwingungen ist gleich dem Verhältnis der Anzahl der Schnittpunkte der Lissajous-Figuren für die entsprechende Schwingung mit den Rechteckseiten, die parallel zu den Koordinatenachsen sind. Anhand dieser Figuren kann eine unbekannte Frequenz mit Hilfe einer bekannten oder auch das Größenverhältnis von Frequenzen sich überlagernder Schwingungen bestimmt werden. Aufgrund dieser Möglichkeiten ist die Untersuchung von Lissajous-Figuren eine weitverbreitete Methode zur Bestimmung der Verhältnisse von Frequenzen und der Phasenunterschiede sich überlagernder Schwingungen.

§ 146 Differentialgleichung für freie gedämpfte Schwingungen (mechanische und elektromagnetische) und ihre Lösung. Selbsterregte Schwingungen

Freie **gedämpfte Schwingungen** werden Schwingungen genannt, deren Amplitude mit fortschreitender Zeit durch Energieverluste des schwingenden Systems abnimmt. Ein einfaches Beispiel für solche Energieverluste ist die Umwandlung von Schwingungsenergie in Wärme durch mechanische Schwingungssysteme oder die Widerstandsverluste und Abstrahlung von elektromagnetischer Energie in elektrischen Schwingungssystemen.

Die Gesetzmäßgkeiten der Dämpfung von Schwingungen werden von den Eigenschaften der schwingenden Systeme bestimmt. Gewöhnlich werden lineare Systeme betrachtet. **Lineare Systeme** sind idealisierte reale Systeme, deren physikalische Eigenschaften sich im Prozeßverlauf nicht ändern. Beispiele für lineare Systeme sind Federschwinger bei kleinen Federdehnungen (im Gültigkeitsbereich des Hookeschen Gesetzes), Schwingkreise, deren Induktivität, Kapazität und Widerstand von Stromstärke und Spannung unabhängig sind. Verschiedene lineare Systeme können mit den gleichen Differentialgleichungen beschrieben werden. Das erlaubt, von ihrer physikalischen Natur her unterschiedliche Schwingungsprozesse von einem einheitlichen Standpunkt aus, mit der gleichen Herangehensweise zu untersuchen. Auch eine Computermodellierung wird dadurch wesentlich vereinfacht.

Die **Differentialgleichung für freie gedämpfte Schwin-**

gungen eines *linearen Systems* hat die Form

$$\frac{d^2s}{dt^2} + 2\delta \frac{ds}{dt} + \omega_0^2 s = 0. \tag{146.1}$$

Dabei ist s die schwingende Größe, welche einen beliebigen physikalischen Prozeß beschreibt, $\delta = \text{const}$ die **Dämpfungskonstante** und ω_0 die Kreisfrequenz freier *ungedämpfter* Schwingungen des gleichen Schwingungssystems, d. h. für $\delta = 0$ (wenn keine Energieverluste auftreten würden). Sie (ω_0) heißt **Eigenfrequenz** des schwingenden Systems.

Die Lösung der Gl. (146.1) soll wie folgt bestimmt werden:

$$s = e^{-\delta t} u, \tag{146.2}$$

wobei $u = u(t)$ gilt. Nach Bestimmung der ersten und zweiten Ableitungen des Ausdrucks (146.2) und ihrem Einsetzen in (146.1) erhalten wir

$$\ddot{u} + (\omega_0^2 - \delta^2) u = 0. \tag{146.3}$$

Die Lösung von Gl. (146.3) hängt vom Vorzeichen des Koeffizienten vor der gesuchten Größe ab. Wir betrachten zuerst den Fall, daß dieser Koeffizient positiv ist:

$$\omega^2 = \omega_0^2 - \delta^2 \tag{146.4}$$

(wenn $(\omega_0^2 - \delta^2) > 0$ gilt, darf diese Bezeichnung eingeführt werden). Wir erhalten nun eine Gleichung des Typs (142.1)

$$\ddot{u} + \omega^2 u = 0,$$

deren Lösung die Funktion

$$u = A_0 \cos(\omega t + \varphi)$$

(siehe (140.1)) darstellt.

Wir erhalten somit als die Lösung der Gl. (146.1) (im Falle geringer Dämpfung ($\delta^2 \ll \omega_0^2$))

$$s = A_0 e^{-\delta t} \cos(\omega t + \varphi), \tag{146.5}$$

wobei

$$A = A_0 e^{-\delta t} \tag{146.6}$$

die **Amplitude der gedämpften Schwingung** und A_0 die Anfangsamplitude ist. Die Kurven (146.5) und (146.6) sind entsprechend in Bild 146.1 mit einer durchgehenden und einer Strichlinie dargestellt. Die Zeit $\tau = 1/\delta$, in der die Amplitude auf ein e-Mal abnimmt, heißt **Relaxationszeit**.

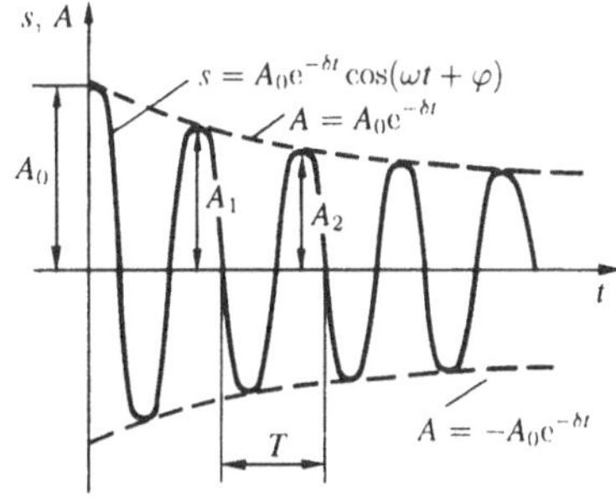

Bild 146.1

Die Dämpfung einer Schwingung stört ihre Periodizität. Deshalb sind gedämpfte Schwingungen keine periodischen Schwingungen, und strenggenommen sind auf derartige Schwingungen Begriffe wie „periodisch" und „Frequenz" nicht anwendbar. Ist jedoch die Dämpfung nur gering, kann man den Periodenbegriff als Bezeichnung für das Zeitintervall zwischen zwei aufeinander folgenden Maxima (oder Minima) der schwingenden physikalischen Größe bedingt verwenden (Bild 146.1). Dann gilt für die Periode von gedämpften Schwingungen unter Berücksichtigung von (146.4)

$$T = \frac{2\pi}{\omega} = \frac{2\pi}{\sqrt{\omega_0^2 - \delta^2}}.$$

Wenn $A(t)$ und $A(t + T)$ die Amplituden zweier aufeinanderfolgender Schwingungen sind, die Zeitpunkten entsprechen, welche sich um eine Periode voneinander unterscheiden, dann nennt man den Ausdruck

$$\frac{A(t)}{A(t + T)} = \mathrm{e}^{\delta T}$$

Dämpfungsdekrement. Durch Logarithmierung des Dämpfungsdekrementes erhalten wir mit

$$\theta = \ln \frac{A(t)}{A(t + T)} = \delta T = \frac{T}{\tau} = \frac{1}{N_\mathrm{e}} \qquad (146.7)$$

das **logarithmische Dämpfungsdekrement**. Dabei ist N_e die Anzahl der Schwingungen, die in der Zeit ausgeführt werden, in der sich die Anfangsamplitude auf ein e-Mal verringert. Das logarithmische Dämpfungsdekrement ist für ein vorgegebenes Schwingungssystem eine Konstante.

Zur Charakterisierung eines Schwingungssystems findet auch der Begriff des **Gütefaktors** Q Verwendung. Bei kleinen Werten des logarithmischen Dämpfungsdekrementes kann der Gütefaktor wie

$$Q = \frac{\pi}{\theta} = \pi N_\mathrm{e} = \frac{\pi}{\delta T_0} = \frac{\omega_0}{2\delta} \qquad (146.8)$$

bestimmt werden (da die Dämpfung nicht bedeutend ist ($\delta^2 \ll \omega_0^2$), wird T gleich T_0 angenommen).

Aus (146.8) folgt, daß der Gütefaktor der Anzahl der Schwingungen N_e, die während der Relaxationszeit ausgeführt werden, proportional ist.

Wir wollen nun die Schlußfolgerungen ziehen, die wir bereits für freie gedämpfte Schwingungen linearer Systeme gefunden haben. Als Beispiel für mechanische Schwingungen betrachten wir einen Federschwinger und als Beispiel für elektromagnetische Schwingungen einen elektrischen Schwingkreis.

1. Freie gedämpfte Schwingungen eines Federschwingers. Gegeben sei ein Federschwinger (siehe § 142) der Masse m, der unter der Einwirkung der elastischen Kraft $F = -kx$ kleine Schwingungen ausführt. Die Reibungskraft ist der Geschwindigkeit proportional, d. h.

$$F_\mathrm{r} = -rv = -r\dot{x},$$

wobei r der **Widerstandskoeffizient** ist. Das Minuszeichen deutet auf die entgegengesetzten Richtungen der Reibungskraft und der Geschwindigkeit.

Unter den gegebenen Bedingungen nimmt die Bewegungsgleichung für den Federschwinger folgende Form an:

$$m\ddot{x} = -kx - r\dot{x}. \qquad (146.9)$$

Indem wir die Formel $\omega_0 = \sqrt{k/m}$ (siehe (142.2)) verwenden und unter Berücksichtigung der Tatsache, daß für die Dämpfungskonstante

$$\delta = \frac{r}{2m} \qquad (146.10)$$

gilt, erhalten wir eine zu (146.1) identische Differentialgleichung für die gedämpften Schwingungen des Federschwingers:

$$\ddot{x} + 2\delta\dot{x} + \omega_0^2 x = 0.$$

Aus den Gl. (146.1) und (146.5) folgt, daß sich der Federschwinger nach dem folgenden Gesetz

$$x = A_0 \mathrm{e}^{-\delta t} \cos(\omega t + \varphi)$$

mit der Frequenz

$$\omega = \sqrt{\omega_0^2 - \frac{r^2}{4m^2}}$$

(siehe (146.4)) bewegt.

Der Gütefaktor für das Federschwingersystem ergibt sich nach (146.8) und (146.10) zu

$$Q = \frac{1}{r}\sqrt{km}.$$

2. Freie gedämpfte Schwingungen in einem elektrischen Schwingkreis. Die Differentialgleichung für freie gedämpfte Schwingungen der Ladung in einem Schwingkreis (bei $R \neq 0$) hat folgendes Aussehen (siehe (143.2)):

$$\ddot{Q} + \frac{R}{L}\dot{Q} + \frac{1}{LC}Q = 0.$$

Indem wir (142.2) berücksichtigen und für die Dämpfungskonstante

$$\delta = \frac{R}{2L} \qquad (146.11)$$

einsetzen, kann Gl. (143.2) in der gleichen Form wie (146.1) geschrieben werden:

$$\ddot{Q} + 2\delta\dot{Q} + \omega_0^2 Q = 0.$$

Aus den Formeln (146.1) und (146.5) folgt, daß die Schwingungen der Ladung im Schwingkreis nach folgender Gesetzmäßigkeit

$$Q = Q_\mathrm{m} \mathrm{e}^{-\delta t} \cos(\omega t + \varphi) \qquad (146.12)$$

und nach (146.4) mit der Frequenz

$$\omega = \sqrt{\frac{1}{LC} - \frac{R^2}{4L^2}} \qquad (146.13)$$

ausgeführt werden. Diese Frequenz ist kleiner als die Eigenfrequenz des Schwingkreises ω_0 (siehe (143.4)). Für $R = 0$ geht die Gl. (146.13) in (143.4) über.

Das logarithmische Dämpfungsdekrement wird mit Formel (146.7) bestimmt, und der Gütefaktor des Schwingkreises (siehe (146.8)) ergibt sich zu

$$Q = \frac{1}{R}\sqrt{\frac{L}{C}}. \qquad (146.14)$$

Zum Abschluß bemerken wir, daß bei Vergrößerung der Dämpfungskonstante δ die Periode der gedämpften Schwingung anwächst und bei $\delta = \omega_0$ unendlich groß wird, d. h., die Bewegung hört auf, periodisch zu sein. Im gegebenen Fall nähert sich die schwingende Größe für $t \rightarrow \infty$ asymptotisch an Null an. Ein solcher Vorgang ist kein Schwingprozeß und wird **aperiodisch** genannt.

In der Technik ist es von großem Interesse, Schwingungen zu erzeugen, die im Laufe der Zeit nicht abklingen. Dafür ist es notwendig, die Energieverluste eines realen schwingenden Systems zu ersetzen. Besonders wichtig sind dabei die vielfältig verwendeten sogenannten **erzwungenen Schwingungen. Selbsterregte Schwingungen** sind nicht abklingende Schwingungen, die in einem dissipativen System mit Hilfe einer äußeren Energiequelle aufrechterhalten werden. Die Eigenschaften dieser Schwingungen werden jedoch nur vom Schwingungssystem selbst bestimmt.

Eigenschwingungen unterscheiden sich *prinzipiell* von freien ungedämpften Schwingungen, die ohne das Einwirken äußerer Kräfte vor sich gehen, und auch von erzwungenen Schwingungen (siehe § 147), die unter der Einwirkung von periodischen äußeren Kräften ablaufen. Systeme, die automatisch die Energiezufuhr von einer äußeren Energiequelle regeln, werden selbsterregte Systeme genannt. Dabei wird dem System auf den Schwingungsverlauf abgestimmt, Energie in bestimmten Portionen zugeführt (im Schwingungstakt sozusagen).

Als Beispiel für selbsterregte Systeme kann man eine Uhr betrachten. Ein Hakenmechanismus treibt das Pendel im Takt seiner Schwingungen an. Die dem Pendel übertragene Energie stammt entweder von einer gespannten Feder oder von einem sich nach unten senkenden Gewicht. Die Luftschwingungen in Blasinstrumenten und Orgelpfeifen sind selbsterregte Schwingungen, die vom Luftstrahl aufrechterhalten werden.

Weiterhin sind zum Beispiel Verbrennungsmotoren, Dampfturbinen, Generatoren usw. selbsterregte Systeme.

§ 147 Differentialgleichung für erzwungene Schwingungen (mechanische und elektromagnetische) und ihre Lösung

Um in einem realen Schwingungssystem ungedämpfte Schwingungen zu erzeugen, muß man die Energieverluste, die während des Schwingprozesses in diesem System auftreten, ersetzen. Eine solche Kompensation ist mit Hilfe eines periodisch wirkenden Faktors $X(t)$ möglich:

$$X(t) = X_0 \cos \omega t.$$

Wenn man mechanische Schwingungen betrachtet, dann wird die Rolle von $X(t)$ von einer äußeren erregenden Kraft

$$F = F_0 \cos \omega t \qquad (147.1)$$

übernommen. Unter Berücksichtigung der Kraft (147.1) kann das Bewegungsgesetz für einen Federschwinger (146.9) nun wie folgt geschrieben werden:

$$m\ddot{x} = -kx - r\dot{x} + F_0 \cos \omega t.$$

Indem wir (142.2) und (146.10) benutzen, gelangen wir zu folgender Gleichung:

$$\ddot{x} + 2\delta\dot{x} + \omega_0^2 x = \frac{F_0}{m} \cos \omega t. \qquad (147.2)$$

Betrachten wir einen elektrischen Schwingkreis, dann wirkt eine sich periodisch ändernde, im Stromkreis wirkende EMK oder eine Wechselspannung

$$U = U_\mathrm{m} \cos \omega t \qquad (147.3)$$

als $X(t)$. Unter Berücksichtigung von (147.3) kann Gl. (143.2) wie folgt geschrieben werden:

$$\ddot{Q} + \frac{R}{L}\dot{Q} + \frac{1}{LC}Q = \frac{U_\mathrm{m}}{L} \cos \omega t.$$

Wenn wir (143.2) und (147.3) verwenden, gelangen wir zu der Gleichung

$$\ddot{Q} + 2\delta\dot{Q} + \omega_0^2 Q = \frac{U_\mathrm{m}}{L} \cos \omega t. \qquad (147.4)$$

Schwingungen, die unter der Einwirkung einer äußeren, sich periodisch ändernden Kraft oder einer ebenso gearteten EMK hervorgerufen werden, heißen **erzwungene mechanische** bzw. **erzwungene elektromagnetische Schwingungen**.

Die Gl. (147.2) und (147.4) können in eine lineare inhomogene Differentialgleichung überführt werden

$$\frac{d^2 s}{dt^2} + 2\delta \frac{ds}{dt} + \omega_0^2 s = x_0 \cos \omega t. \qquad (147.5)$$

Ihre Lösung kann im weiteren für erzwungene Schwingungen konkreter physikalischer Natur angewandt werden (x_0 ist für mechanische Schwingungen gleich F_0/m und für elektromagnetische Schwingungen gleich U_m/L).

Die Lösung der Gl. (147.5) ist gleich der Summe aus der allgemeinen Lösung (146.5) der homogenen Gl. (146.1) und der speziellen Lösung der inhomogenen Gleichung. Die spezielle Lösung bestimmen wir in komplexer Form (siehe § 140).

Dazu ersetzen wir den rechten Teil von Gl. (147.5) durch die komplexe Größe $x_0 e^{i\omega t}$:

$$\ddot{s} + 2\delta\dot{s} + \omega_0^2 s = x_0 e^{i\omega t}. \tag{147.6}$$

Die spezielle Lösung dieser Gleichung suchen wir in der Form

$$s = s_0 e^{i\eta t}.$$

Indem wir die Ausdrücke für s und seine Ableitungen ($\dot{s} = i\eta s_0 e^{i\eta t}$, $\ddot{s} = -\eta^2 s_0 e^{i\eta t}$) in Gl. (147.6) einsetzen, erhalten wir:

$$s_0 e^{i\eta t}(-\eta^2 + 2i\delta\eta + \omega_0^2) = x e^{i\omega t}. \tag{147.7}$$

Da diese Gleichung für alle Zeitpunkte t erfüllt ist, muß sich die Zeit t aus der Gleichung eliminieren lassen. Daraus folgt, daß $\eta = \omega$ ist. Unter Berücksichtigung dieses Umstandes können wir aus (147.7) die Größe s_0 bestimmen. Weiter multiplizieren wir Zähler und Nenner mit $(\omega_0^2 - \omega^2 - 2i\delta\omega)$:

$$s_0 = \frac{x_0}{(\omega_0^2 - \omega^2) + 2i\delta\omega} = x_0 \frac{(\omega_0^2 - \omega^2) - 2i\delta\omega}{(\omega_0^2 - \omega^2)^2 + 4\delta^2\omega^2}.$$

Es ist bequem, diese komplexe Zahl in exponentieller Form darzustellen:

$$s_0 = A e^{-i\varphi},$$

dabei ist

$$A = \frac{x_0}{\sqrt{(\omega_0^2 - \omega^2)^2 + 4\delta^2\omega^2}} \tag{147.8}$$

und

$$\varphi = \arctan\frac{2\delta\omega}{\omega_0^2 - \omega^2}. \tag{147.9}$$

Die Lösung der Gl. (147.6) nimmt nun folgende Form an:

$$s = A e^{i(\omega t - \varphi)}.$$

Der Realteil dieser komplexen Zahl ist die Lösung von Gl. (147.5) und ist gleich

$$s = A \cos(\omega t - \varphi), \tag{147.10}$$

wobei A und φ entsprechend durch die Formeln (147.8) und (147.9) definiert sind.

Die spezielle Lösung der inhomogenen Gl. (147.5) lautet also wie folgt:

$$s = \frac{x_0}{\sqrt{(\omega_0^2 - \omega^2)^2 + 4\delta^2\omega^2}}$$

$$\cdot \cos\left(\omega t - \arctan\frac{2\delta\omega}{\omega_0^2 - \omega^2}\right). \tag{147.11}$$

Die Lösung von Gl. (147.5) ist gleich der Summe aus der allgemeinen Lösung der homogenen Gleichung

$$s_1 = A_0 e^{-\delta t}\cos(\omega_1 t + \varphi_1) \tag{147.12}$$

(siehe 146.5) und der speziellen Lösung (147.11). Das Glied (147.12) spielt nur in der Anfangsphase des Prozesses (beim Anlaufen der Schwingungen), bis ihre Amplitude die durch (147.8) bestimmten Werte erreicht, eine Rolle.

In Bild 147.1 sind erzwungene Schwingungen graphisch dargestellt. Ist der Gleichgewichtszustand erreicht, dann werden erzwungene Schwingungen mit einer Frequenz ω ausgeführt, und sie sind harmonisch. Die Amplitude und Phase der Schwingungen, definiert durch (147.8) und (147.9), sind ebenfalls von ω abhängig.

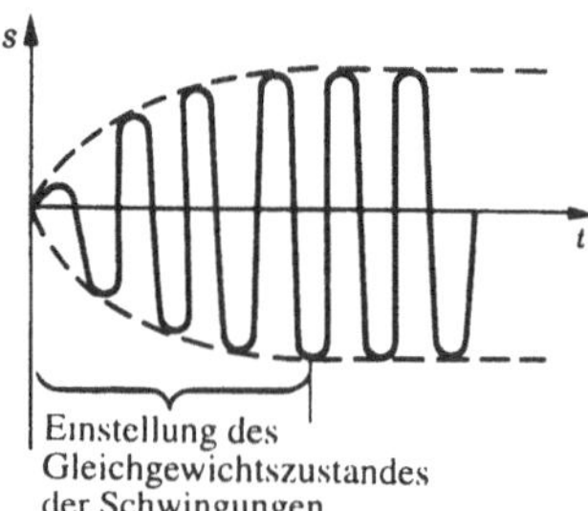

Bild 147.1

Wir wollen nun die Formeln (147.10), (147.8) und (147.9) für elektromagnetische Schwingungen herleiten und dabei berücksichtigen, daß $\omega_0^2 = 1/(LC)$ (siehe (143.4)) und $\delta = R/(2L)$ (siehe (146.11)) gilt:

$$Q_m = \frac{U_m}{\omega\sqrt{R^2 + \left(\omega L - \dfrac{1}{\omega C}\right)^2}};$$

$$\tan\alpha = \frac{R}{\dfrac{1}{\omega C} - \omega L}. \tag{147.13}$$

Indem wir den Ausdruck $Q = Q_m \cos(\omega t - \alpha)$ bezüglich t differenzieren, erhalten wir die Stromstärke in der Leiterschleife nach Einstellung des Schwingungsgleichgewichtes:

$$I = -\omega Q_m \sin(\omega t - \alpha)$$

$$= I_m \cos\left(\omega t - \alpha + \frac{\pi}{2}\right), \tag{147.14}$$

wobei

$$I_m = \omega Q_m = \frac{U_m}{\sqrt{R^2 + \left(\omega L - \dfrac{1}{\omega C}\right)^2}} \tag{147.15}$$

gilt. Der Ausdruck (147.14) kann auch wie folgt geschrieben werden:

$$I = I_m \cos(\omega t - \varphi).$$

Dabei ist $\varphi = \alpha - \pi/2$ die Phasenverschiebung zwischen dem Strom und der anliegenden Spannung (siehe (147.3)). Entsprechend Gl. (147.13) ist

$$\tan \varphi = \tan\left(\alpha - \frac{\pi}{2}\right) = -\frac{1}{\tan \alpha}$$

$$= \frac{\omega L - \dfrac{1}{\omega C}}{R}. \tag{147.16}$$

Aus Formel (147.16) geht hervor, daß der Strom der Spannung in der Phase voraus ist ($\varphi < 0$), wenn $\omega L < 1/(\omega C)$ ist, und hinter ihr zurückbleibt ($\varphi > 0$), wenn $\omega L > 1/(w C)$ ist.

Die Formeln (147.15) und (147.16) können ebensogut mit Hilfe eines Vektordiagramms hergeleitet werden. Wir zeigen diese Art der Herleitung in § 149 für Wechselströme.

§ 148 Amplitude und Phase erzwungener Schwingungen. Resonanz

Wir wollen nun die Abhängigkeit der *Amplitude A* von der *Frequenz* ω für erzwungene Schwingungen untersuchen. Dieses Mal betrachten wir mechanische und elektromagnetische Schwingungen gemeinsam und nennen die schwingende Größe entweder Auslenkung (x) des schwingenden Körpers aus der Gleichgewichtslage oder Ladung (Q) des Kondensators.

Aus Formel (147.8) folgt, daß die Amplitude A der Auslenkung (der Ladung) ein Maximum aufweist. Um die **Resonanzfrequenz** ω_{res} (die Frequenz, bei der die Amplitude der Auslenkung (der Ladung) ihr Maximum erreicht) zu bestimmen, muß das Maximum der Funktion (147.8) bestimmt werden. Man kann ebenso, was das gleiche ist, das Minimum des Ausdrucks unter der Wurzel bestimmen. Indem wir den Ausdruck unter der Wurzel bezüglich ω differenzieren und im Anschluß gleich Null setzen, erhalten wir die Bedingung, nach welcher wir ω_{res} ermitteln können:

$$-4(\omega_0^2 - \omega^2)\omega + 8\delta^2\omega = 0.$$

Diese Gleichung ist für $\omega = 0$, $\pm\sqrt{\omega_0^2 - 2\delta^2}$ erfüllt. Dabei ergibt nur der positive Wert einen physikalischen Sinn. Für die Resonanz erhalten wir also

$$\omega_{\text{res}} = \sqrt{\omega_0^2 - 2\delta^2}. \tag{148.1}$$

Die Amplitude von erzwungenen Schwingungen wächst bei Annäherung der Frequenz der erregenden Kraft (der Frequenz der erregenden Wechselspannung) an die Frequenz ω_{res} steil an, die gleich oder fast gleich der Eigenfrequenz des Schwingungssystems ist. Diese Erscheinung nennt man **Resonanz** (entsprechend **mechanische** und **elektrische Resonanz**). Bei $\delta^2 \ll \omega_0^2$ ist der Wert von ω_{res} praktisch gleich der Eigenfrequenz ω_0 des schwingenden Systems. Indem wir Gl. (148.1) in Formel (147.8) einsetzen, erhalten wir

$$A_{\text{res}} = \frac{x_0}{2\delta\sqrt{\omega_0^2 - \delta^2}}. \tag{148.2}$$

In Bild 148.1 ist die Abhängigkeit der Amplitude erzwungener Schwingungen von der Frequenz für verschiedene Werte von δ dargestellt. Aus (148.1) und (148.2) ist ersichtlich, daß je kleiner δ, desto höher und weiter rechts liegt das Maximum der betrachteten Kurve. Wenn $\omega \to 0$, dann gehen alle Kurven (siehe auch (147.8)) in ein und denselben, von Null verschiedenen, Wert x_0/ω_0^2 über. Diesen Wert nennt man **statische Auslenkung**. Für mechanische Schwingungen gilt $x_0/\omega_0^2 = F_0/(m\,\omega_0^2)$ und für elektromagnetische Schwingungen $x_0/\omega_0^2 = U_m(L\omega_0^2)$. Für $\omega \to \infty$ streben alle Kurven asymptotisch gegen Null. Eine Schar von Kurven, wie in Bild 148.1 dargestellt, nennt man **Resonanzkurven**.

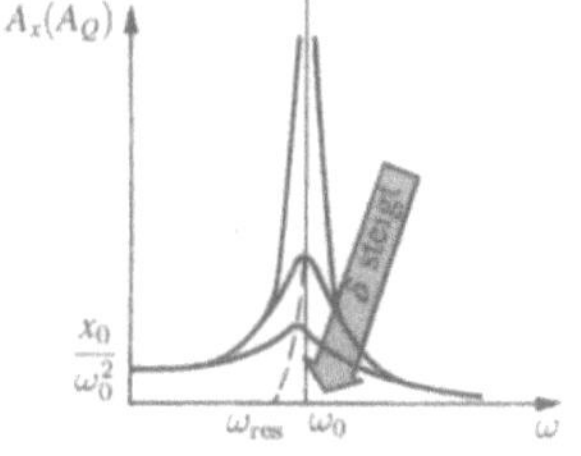

Bild 148.1

Aus Formel (148.2) folgt, daß bei geringer Dämpfung ($\delta^2 \ll \omega_0^2$) die Resonanzamplitude der Auslenkung (der Ladung) gleich

$$A_{\text{res}} = \frac{x_0}{2\delta\omega_0} = \frac{\omega_0}{2\delta}\frac{x_0}{\omega_0^2} = Q\frac{x_0}{\omega_0^2}$$

ist, wobei Q der Gütefaktor des Schwingungssystems (siehe (146.8)), x_0/ω_0^2 die weiter oben bereits eingeführte statische Auslenkung ist. Daraus folgt weiter, daß der Gütefaktor Q die Resonanzeigenschaften des Schwingungssystems bestimmt: Je größer Q ist, desto größer ist auch A_{res}.

In Bild 148.2 sind die Resonanzkurven für die Amplituden der Geschwindigkeit (des Stromes) graphisch dargestellt. Die Amplitude der Geschwindigkeit (des Stromes) ergibt sich zu

$$\omega A = \frac{x_0\omega}{\sqrt{(\omega_0^2 - \omega^2)^2 + 4\delta^2\omega^2}} = \frac{x_0}{\sqrt{\dfrac{(\omega_0^2 - \omega^2)^2}{\omega^2} + 4\delta^2}}.$$

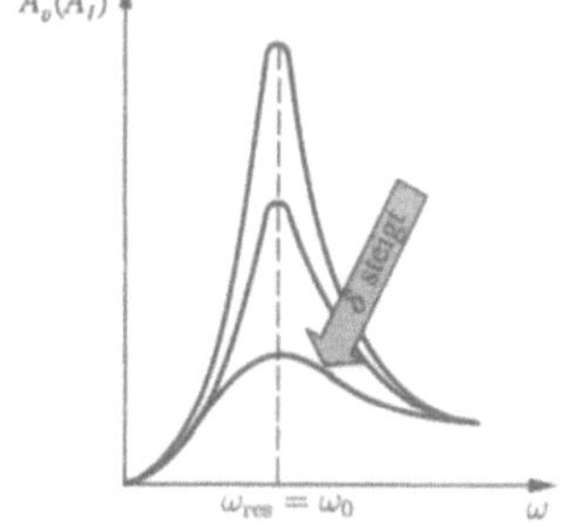

Bild 148.2

Sie erreicht ihr Maximum bei $\omega_{\text{res}} = \omega_0$ und ist gleich $x_0/(2\delta)$, d. h., um so größer die Dämpfungskonstante δ ist, desto niedriger liegt das Maximum der Resonanzkurve. Indem wir die Formeln (142.2), (146.10), (143.4) und (146.11) verwenden, erhalten wir, daß die Amplitude der Geschwindigkeit bei mechanischer Resonanz gleich $(A_v)_{\max} = x_0/(2\delta) = F_0/r$ und die Amplitude bei elektrischer Resonanz gleich

$$(A_I)_{\max} = \frac{x_0}{2\delta} = \frac{U_{\text{m}}}{R}$$

ist. Aus der Gleichung $\tan \varphi = 2\delta\omega/(\omega_0^2 - \omega^2)$ (siehe (147.9)) folgt, daß *nur* wenn die Schwingungen ungedämpft sind ($\delta = 0$), Schwingungen und erregende Kraft (die angelegte Wechselspannung) gleiche Phasen aufweisen. Für alle anderen Fälle gilt $\varphi \neq 0$.

In Bild 148.3 ist die Abhängigkeit φ von ω für verschiedene Konstanten δ graphisch dargestellt. Aus der Zeichnung folgt, daß sich bei Änderung von ω auch die Phasenverschiebung ändert. Aus Formel (147.9) geht hervor, daß für $\omega = 0$ $\varphi = 0$ gilt, und für $\omega = \omega_0$ gilt unabhängig von der Dämpfungskonstanten δ $\varphi = \pi/2$, d. h., die Kraft (die Spannung) ist den Schwingungen in der Phase um $\pi/2$ voraus. Bei weiterem Anwachsen von ω vergrößert sich auch der Wert für die Phasenverschiebung, und bei $\omega \gg \omega_0$ geht $\varphi \to \pi$, d. h., die Schwingungsphase ist der Phase der äußeren erregenden Kraft (der Wechselspannung) fast entgegengesetzt. Eine Kurvenschar wie in Bild 148.3 beschreibt die **Phasenabhängigkeit von Resonanzkurven**.

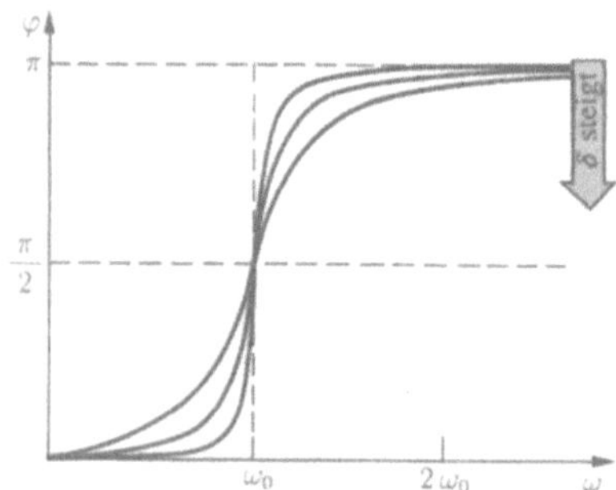

Bild 148.3

Resonanzerscheinungen können sich sowohl nützlich als auch störend auswirken. Zum Beispiel ist es bei der Konstruktion von Maschinen und Bauwerken wichtig darauf zu achten, daß die Eigenschwingungsfrequenz nicht mit den Frequenzen möglicher äußerer Erregerquellen übereinstimmt. Bei Nichtbeachtung dieser Zusammenhänge kann es zu Vibrationen kommen, die ernsthafte Zerstörungen hervorrufen können. Andererseits erlauben Resonanzerscheinungen die Messung von sehr schwachen Schwingungen, wenn deren Frequenz mit der Eigenschwingungsfrequenz des Meßgerätes übereinstimmt. Resonanzerscheinungen finden in der Radiotechnik, in der angewandten Akustik, in der Elektrotechnik usw. Verwendung.

§ 149   Wechselstrom

Die bisher untersuchten stationären erzwungenen Schwingungen können auch wie ein Wechselstrom in einem Stromkreis betrachtet werden, der einen Widerstand, einen Kondensator und eine Induktionsspule enthält. Einen **Wechselstrom** kann man als **quasistationär** betrachten, d. h., der momentane Wert der Stromstärke ist in allen Abschnitten des Stromkreises praktisch gleich, da sich die Stromstärke verhältnismäßig langsam ändert und sich die elektromagnetischen Signale im Stromkreis mit Lichtgeschwindigkeit ausbreiten. Für die Momentanwerte von quasistationären Strömen gilt das Ohmsche Gesetz und die daraus abgeleiteten Kirchhoffschen Regeln, welche im weiteren auf Wechselströme angewandt werden (diese Gesetzmäßigkeiten wurden bereits bei der Untersuchung von elektromagnetischen Schwingungen angewandt).

Wir wollen nun der Reihe nach die Prozesse untersuchen, die in einem Stromkreis mit Widerstand, Kondensator und Induktionsspule beim Anlegen einer Wechselspannung

$$U = U_{\text{m}}\cos \omega t \qquad\qquad (149.1)$$

ablaufen. Dabei ist U_{m} die Amplitude der Wechselspannung.

1. Wechselstromfluß durch einen Widerstand R ($L \to 0$, $C \to 0$) (Bild 149.1a). Unter quasistationären Bedingungen gilt für den Strom durch den Widerstand das Ohmsche Gesetz:

$$I = \frac{U}{R} = \frac{U_{\text{m}}}{R}\cos \omega t = I_{\text{m}}\cos \omega t,$$

wobei sich die Amplitude der Stromstärke zu

$$I_{\text{m}} = \frac{U_{\text{m}}}{R}$$

ergibt. Zur Veranschaulichung des Verhältnisses zwischen Wechselstrom und -spannung nutzt man die *Methode der Vektordiagramme*. In Bild 149.1b ist das Vektordiagramm für die Amplitudenwerte des Stromes I_{m} und der Spannung U_{m} für einen Widerstand dargestellt (die Phasenverschiebung zwischen I_{m} und U_{m} ist gleich Null).

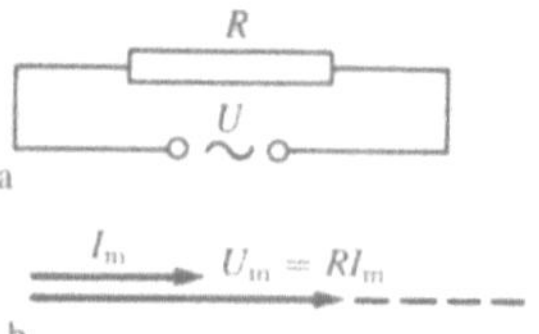

Bild 149.1

2. Wechselstromfluß durch eine Spule mit der Induktivität L ($R \to 0$, $C \to 0$) (Bild 149.2a). Wenn an einem Stromkreis eine Wechselspannung (149.1) anliegt, dann fließt in diesem Stromkreis ein Wechselstrom, in dessen Folge eine Selbstinduktionsspannung entsteht (siehe (126.3)) $\mathcal{E}_s = -L\,dI/dt$. Das Ohmsche Gesetz (siehe (100.3)) für den betrachteten Leiterabschnitt lautet dann

$$U_{\text{m}}\cos \omega t - L\frac{dI}{dt} = 0,$$

woraus folgt

$$L\frac{\mathrm{d}I}{\mathrm{d}t} = U_\mathrm{m}\cos\omega t. \qquad (149.2)$$

Da die äußere Spannung an einer Induktionsspule anliegt, gilt für den Spannungsabfall an der Spule

$$U_L = L\frac{\mathrm{d}I}{\mathrm{d}t}. \qquad (149.3)$$

Aus Gl. (149.2) folgt, daß

$$\mathrm{d}I = \frac{U_\mathrm{m}}{L}\cos\omega t\,\mathrm{d}t$$

gilt. Nach Integration erhalten wir

$$\begin{aligned}
I &= \frac{U_\mathrm{m}}{\omega L}\sin\omega t = \frac{U_\mathrm{m}}{\omega L}\cos\left(\omega t - \frac{\pi}{2}\right)\\
&= I_\mathrm{m}\cos\left(\omega t - \frac{\pi}{2}\right),
\end{aligned} \qquad (149.4)$$

wobei

$$I_\mathrm{m} = \frac{U_\mathrm{m}}{\omega L}$$

ist. Dabei ist zu berücksichtigen, daß die Integrationskonstante gleich Null ist (weil die konstante Komponente des Stromes fehlt).

Die Größe

$$R_L = \omega L \qquad (149.5)$$

heißt **induktiver Widerstand** des Stromkreises. Aus Gl. (149.4) kann gefolgert werden, daß eine Induktionsspule bei Gleichstrom ($\omega = 0$) keinen Widerstand besitzt. Durch Einsetzen des Ausdrucks $U_\mathrm{m} = \omega L I_\mathrm{m}$ in (149.2) und unter Berücksichtigung von (149.3) gelangen wir zu einer weiteren Formel für den Spannungsabfall an einer Induktionsspule:

$$U_L = \omega L I_\mathrm{m}\cos\omega t. \qquad (149.6)$$

Aus einem Vergleich der Gl. (149.4) und (149.6) kann gefolgert werden, daß der Spannungsabfall U_L dem Stromfluß I durch die Spule in der Phase um $\pi/2$ voraus ist. Dieses Verhalten ist auch dem Vektordiagramm zu entnehmen (Bild 149.2b).

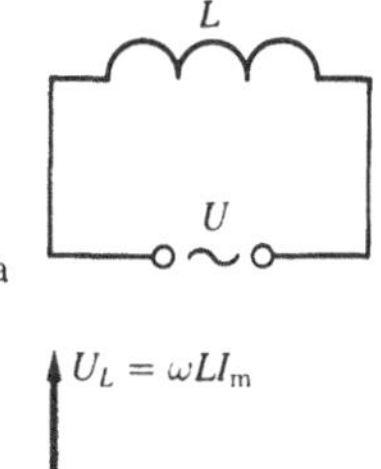

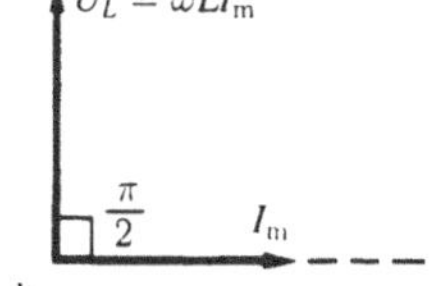

Bild 149.2

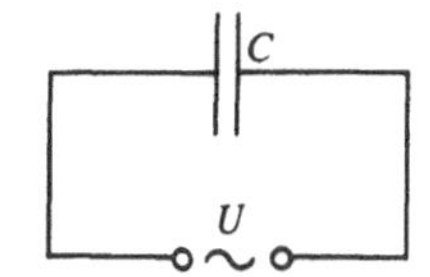

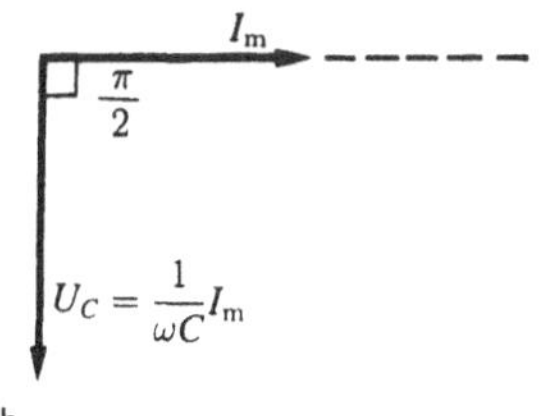

Bild 149.3

3. Wechselstromfluß durch einen Kondensator mit der Kapazität C ($R \rightarrow 0$, $L \rightarrow 0$) (Bild 149.3a). Wenn an einem Kondensator eine Wechselspannung anliegt, dann wechselt das Ladungsvorzeichen seiner Platten ständig, und im Stromkreis fließt ein Wechselstrom. Da die gesamte äußere Wechselspannung am Kondensator anliegt und wir den Widerstand der Verbindungsleiter vernachlässigen können, erhalten wir

$$\frac{Q}{C} = U_C = U_\mathrm{m}\cos\omega t.$$

Die Stromstärke kann wie folgt bestimmt werden:

$$\begin{aligned}
I &= \frac{\mathrm{d}Q}{\mathrm{d}t} = -\omega C U_\mathrm{m}\sin\omega t\\
&= I_\mathrm{m}\cos\left(\omega t + \frac{\pi}{2}\right),
\end{aligned} \qquad (149.7)$$

wobei

$$I_\mathrm{m} = \omega C U_\mathrm{m} = \frac{U_\mathrm{m}}{\dfrac{1}{\omega C}}$$

ist. Die Größe

$$R_C = \frac{1}{\omega C}$$

heißt **kapazitiver Widerstand** des Stromkreises. Bei Gleichstrom ($\omega = 0$) gilt $R_C = \infty$, d. h., ein Gleichstrom kann nicht durch einen Kondensator fließen. Der Spannungsabfall am Kondensator ergibt sich zu

$$U_C = \frac{1}{\omega C}I_\mathrm{m}\cos\omega t. \qquad (149.8)$$

Wenn man die Ausdrücke (149.7) und (149.8) vergleicht, dann kann man erkennen, daß der Spannungsabfall U_C hinter dem durch den Kondensator fließenden Strom I in der Phase um $\pi/2$ zurückbleibt. Dies geht auch aus dem entsprechenden Vektordiagramm (Bild 149.3b) hervor.

4. Wechselstromkreis mit den in Reihe geschalteten Elementen Widerstand, Induktionsspule und Kondensator. In

Bild 149.4a ist das Schaltbild eines solchen Stromkreises dargestellt. Es liegt eine Wechselspannung (149.1) an. Im Stromkreis entsteht dann ein Wechselstromfluß, der an allen Elementen des Stromkreises einen entsprechenden Spannungsabfall U_R, U_L, U_C hervorruft. Das Vektordiagramm für die Amplituden der Spannungsabfälle am Widerstand (U_R), an der Induktionsspule (U_L) und am Kondensator (U_C) finden wir in Bild 149.4b. Die Amplitude der anliegenden Spannung U_m muß gleich der Vektorsumme aus den Amplituden der einzelnen Spannungsabfälle sein. Wie aus Bild 149.4b hervorgeht, wird die Phasenverschiebung zwischen der Spannung und der Stromstärke durch den Winkel φ bestimmt. Aus der Zeichnung folgt weiter, daß (siehe auch Formel (147.16))

$$\tan \varphi = \frac{\omega L - \dfrac{1}{\omega C}}{R} \tag{149.9}$$

gilt. Mit Hilfe des rechtwinkligen Dreiecks ermitteln wir

$$(RI_\mathrm{m})^2 + \left[\left(\omega L - \frac{1}{\omega C}\right) I_\mathrm{m}\right]^2 = U_\mathrm{m}^2,$$

woraus für die Amplitude der Stromstärke folgt

$$I_\mathrm{m} = \frac{U_\mathrm{m}}{\sqrt{R^2 + \left(\omega L - \dfrac{1}{\omega C}\right)^2}}. \tag{149.10}$$

Dieses Ergebnis stimmt mit dem Ausdruck (147.15) überein.

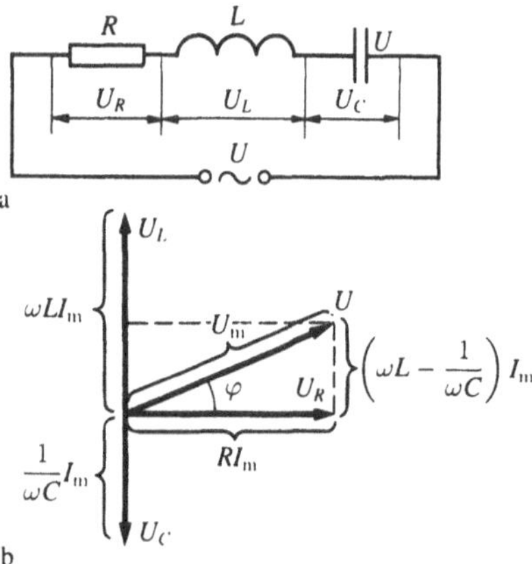

Bild 149.4

Wenn sich also die Spannung nach einem periodischen Gesetz wie

$$U = U_\mathrm{m}\cos \omega t$$

ändert, dann fließt im Stromkreis ein Strom, für den gilt

$$I = I_\mathrm{m} \cos (\omega t - \varphi), \tag{149.11}$$

wobei φ und I_m entsprechend durch die Formeln (149.9) und (149.10) definiert sind.

Die Größe

$$Z = \sqrt{R^2 + \left(\omega L - \frac{1}{\omega C}\right)^2}$$
$$= \sqrt{R^2 + (R_L - R_C)^2} \tag{149.12}$$

heißt **Wechselstromwiderstand (Scheinwiderstand, Impedanz)** des Stromkreises, und die Größe

$$X = R_L - R_C = \omega L - \frac{1}{\omega C}$$

wird **Blindwiderstand (Reaktanz)** des Stromkreises genannt.

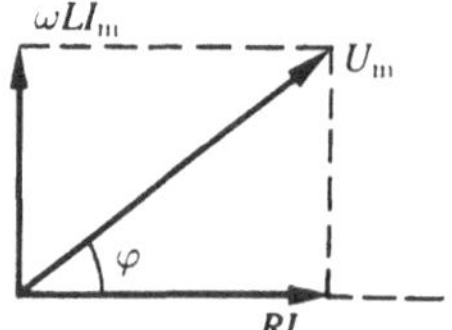

Bild 149.5

Wir wollen nun einen Spezialfall für einen Stromkreis, nämlich den oben beschriebenen, jedoch ohne Kondensator betrachten. Auch in diesem Fall müssen die entsprechenden Spannungsabfälle U_R und U_L in ihrer Summe die anliegende Spannung U ergeben. Aus dem unserem Fall entsprechenden Vektordiagramm (Bild 149.5) ist zu entnehmen, daß

$$\begin{cases} \tan \varphi = \dfrac{\omega L}{R}, \\[2mm] I_\mathrm{m} = \dfrac{U_m}{\sqrt{R^2 + (\omega L)^2}} \end{cases} \tag{149.13}$$

gilt. Der Ausdruck (149.13) entspricht den Formeln (149.10) und (149.9), wenn $1/(\omega C) = 0$ gilt, d. h. $C = \infty$. Folglich bedeutet das Fehlen des Kondensators im Stromkreis $C = \infty$ und nicht $C = 0$. Diese Schlußfolgerung kann man wie folgt deuten: Indem man die Kondensatorplatten bis zu ihrer Berührung zusammenführt, erhält man praktisch einen Stromkreis ohne Kondensator (der Abstand zwischen den Kondensatorplatten strebt gegen Null und die Kapazität ins Unendliche; siehe (94.3)).

§ 150   Spannungsresonanz

Wenn in einem Wechselstromkreis mit den parallel geschalteten Elementen Kondensator, Spule und Widerstand (siehe Bild 149.4)

$$\omega L = \frac{1}{\omega C} \tag{150.1}$$

gilt, dann ist der Phasenunterschied zwischen Strom und Spannung (149.9) gleich Null ($\varphi = 0$), d. h., die Spannungs- und Stromänderung gehen gleichphasig (in Phase) vonstatten. Der Bedingung (150.1) wird durch die Frequenz

$$\omega_\mathrm{res} = \frac{1}{\sqrt{LC}} \tag{150.2}$$

entsprochen. Die Impedanz des Stromkreises Z (149.12) nimmt in diesem Fall ihren kleinsten Wert an. Dieser Minimalwert ist gleich dem Wirkwiderstand R des Stromkreises. Die Stromstärke wird also nur durch die Größe von R bestimmt und nimmt bei vorgegebener Spannung U_m seinen größten Wert an. Dabei ist der Spannungsabfall am Wirkwiderstand gleich der anliegenden Spannung ($U_R = U$). Die Spannungsabfälle an Kondensator (U_C) und Spule (U_L) hingegen schwingen mit gleicher Amplitude und entgegengesetzten Phasen. Diese Erscheinung nennt man **Spannungsresonanz (Reihenresonanz)** und die Frequenz (150.2) **Resonanzfrequenz**.

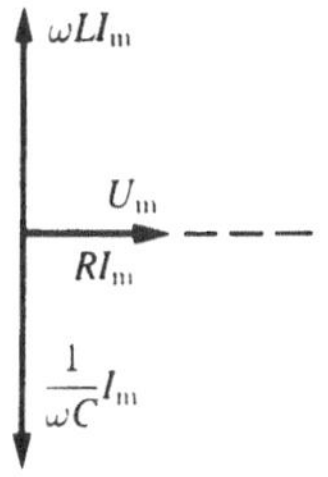

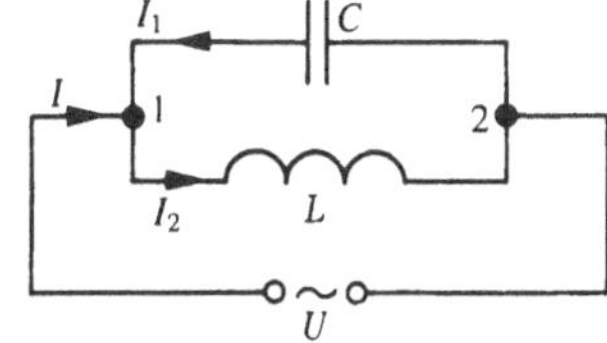

Bild 150.1

Die Abhängigkeit der Stromamplitude von ω finden wir in Bild 148.2, und das Vektordiagramm für die Spannungsresonanz ist in Bild 150.1 dargestellt.

Bei Spannungsresonanz gilt

$$(U_L)_{\text{res}} = (U_C)_{\text{res}}.$$

Setzt man die Ausdrücke für die Resonanzfrequenz und für die Spannungsamplitude an Spule und Kondensator in diese Formel ein, dann erhalten wir

$$(U_L)_{\text{res}} = (U_C)_{\text{res}} = \sqrt{\frac{L}{C}}\, I_m$$

$$= \frac{1}{R}\sqrt{\frac{L}{C}}\, U_m = Q U_m,$$

Q ist dabei der Gütefaktor des Schaltkreises (siehe (146.14)). Da der Gütefaktor von Schwingkreisen gewöhnlich größer als eins ist, übersteigen die Spannungswerte sowohl am Kondensator als auch an der Induktionsspule den Wert der am Stromkreis anliegenden äußeren Spannung. Deshalb kann man den Effekt der Spannungsresonanz für technische Anwendungen zur Verstärkung von Spannungsschwingungen mit einer bestimmten Frequenz nutzen. Zum Beispiel kann man im Resonanzfall am Kondensator eine Spannung mit einer Amplitude $Q U_m$ erzielen (Q ist der Gütefaktor des Schaltkreises), die den Wert von U_m bedeutend übersteigen kann. Eine derartige Spannungsverstärkung ist nur für ein enges Intervall nahe der Resonanzfrequenz des Schaltkreises möglich. Das erlaubt es, aus vielen Signalen eine Schwingung mit bestimmter Frequenz herauszufiltern. Bei einem Radioempfänger wird dieses Prinzip genutzt, um ihn auf eine bestimmte Wellenlänge abzustimmen. Die Erscheinung der Spannungsresonanz muß bei der Berechnung von Isolierungen bei Leiteranordnungen berücksichtigt

werden, die Kondensatoren und Induktionsspulen beinhalten, da ohne entsprechende Isolation Spannungsdurchschläge durch Überspannung auftreten können.

§ 151 Stromresonanz

Wir betrachten nun einen Wechselstromkreis, der einen Kondensator mit der Kapazität C und eine Spule mit der Induktivität L parallel geschaltet enthält (Bild 151.1). Der Einfachheit halber nehmen wir an, daß der Wirkwiderstand beider Leiterabschnitte vernachlässigbar gering ist. Wenn sich die angelegte Spannung wie $U = U_m \cos \omega t$ (siehe (149.1)) ändert, dann fließt entsprechend Formel (149.11) im Leiterabschnitt $1C2$ ein Strom

$$I_1 = I_{m_1} \cos(\omega t - \varphi_1),$$

dessen Amplitude durch Formel (149.10) mit den Bedingungen $R = 0$ und $L = 0$ wie folgt beschrieben wird:

$$I_{m_1} = \frac{U_m}{\dfrac{1}{\omega C}}.$$

Die Anfangsphase φ_1 dieses Stromes nach Formel (149.9) wird nach folgender Gleichung definiert:

$$\tan \varphi_1 = -\infty$$

$$\varphi_1 = \left(2n + \frac{3}{2}\right)\pi \quad (n = 1, 2, 3, \ldots). \tag{151.1}$$

Analog gehen wir bei der Stromstärke im Leiterabschnitt $1L2$ vor:

$$I_2 = I_{m_2} \cos(\omega t - \varphi_2).$$

Die Amplitude dieses Stromes wird aus Formel (149.10) mit den Bedingungen $R = 0$ und $C = \infty$ (Bedingung für das Fehlen einer Kapazität im Stromkreis, siehe § 149) bestimmt:

$$I_{m_2} = \frac{U_m}{\omega L}.$$

Für die Anfangsphase φ_2 dieses Stromes (siehe (149.9)) gilt

$$\tan \varphi_2 = +\infty,$$

woraus folgt

$$\varphi_2 = \left(2n + \frac{1}{2}\right)\pi \quad (n = 1, 2, 3, \ldots). \tag{151.2}$$

Bild 151.1

Aus dem Vergleich der Ausdrücke (151.1) und (151.2) geht hervor, daß die Phasendifferenz der Ströme in den Leiterabschnitten $1C2$ und $1L2$ gleich $\varphi_1 - \varphi_2 = \pi$ ist, d. h., die Ströme in den Leiterabschnitten befinden sich in Gegenphase. Die Stromamplitude im äußeren (unverzweigten) Leiterabschnitt ergibt sich zu

$$I_{\mathrm{m}} = |I_{\mathrm{m}_1} - I_{\mathrm{m}_2}| = U_{\mathrm{m}} \left| \omega C - \frac{1}{\omega L} \right|.$$

Wenn $\omega = \omega_{\mathrm{res}} = 1/\sqrt{LC}$, dann wird $I_{\mathrm{m}_1} = I_{\mathrm{m}_2}$ und $I_{\mathrm{m}} = 0$. Die starke Abnahme der Stromstärke im äußeren Stromkreis mit den parallel geschalteten Elementen Kondensator und Induktivitätsspule bei Annäherung der Frequenz ω der angelegten Spannung an die Frequenz ω_{res} heißt **Stromresonanz (Parallelresonanz)**. Im übrigen haben wir im vorliegenden Fall für die Resonanzfrequenz den gleichen Ausdruck wie bei Spannungsresonanz erhalten (siehe § 150).

Für die Amplitude der Stromstärke I_{m} haben wir deshalb den Wert Null erhalten, weil der Wirkwiderstand der Schaltung vernachlässigt wurde. Wenn man den Widerstand R in die Berechnungen einbezieht, erhält man für die Phasendifferenz $\varphi_1 - \varphi_2$ einen Wert ungleich π. Deshalb ist die Amplitude der Stromstärke I_{m} bei Stromresonanz in Wirklichkeit von Null verschieden, nimmt aber den kleinstmöglichen Wert an. Bei Stromresonanz im äußeren Leiterabschnitt kompensieren sich also die Ströme I_1 und I_2, und der Strom I im unverzweigten Teil erreicht seinen Minimalwert, der nur durch den Widerstand R der Leiteranordnung bedingt wird. Die Ströme I_1 und I_2 können bei Stromresonanz den Wert von I bedeutend überschreiten.

Die untersuchte Schaltung weist für einen Wechselstrom mit einer Frequenz nahe der Resonanzfrequenz einen hohen Widerstandswert auf. Diese Eigenschaft der Stromresonanz wird in Resonanzverstärkern genutzt, mit deren Hilfe man eine bestimmte Schwingung aus einem kompliziert strukturierten Signal herausfiltern kann. Weiter wird das Prinzip der Stromresonanz in Induktionsöfen verwendet. Die Metallerwärmung erfolgt dabei durch Wirbelströme (siehe § 125). Man wählt die Kapazität des der Erwärmungsspule parallelgeschalteten Kondensators derart, daß für eine bestimmte Generatorfrequenz Stromresonanz eintritt. Infolgedessen ist die Stromstärke in der Erwärmungsspule wesentlich höher als in den Anschlußleitern.

§ 152   Leistung im Wechselstromkreis

Der Momentanwert für die Leistung eines Wechselstromes ist gleich dem Produkt aus den Momentanwerten der Spannung und der Stromstärke:

$$P(t) = U(t)I(t),$$

wobei $U(t) = U_{\mathrm{m}} \cos \omega t$, $I(t) = I_{\mathrm{m}} \cos (\omega t - \varphi)$ (siehe (149.1) und (149.11)) gilt. Indem wir $\cos (\omega t - \varphi)$ umformen, erhalten wir

$$P(t) = I_{\mathrm{m}} U_{\mathrm{m}} \cos (\omega t - \varphi) \cos \omega t$$
$$= I_{\mathrm{m}} U_{\mathrm{m}} \left(\cos^2 \omega t \cos \varphi + \sin \omega t \cos \omega t \sin \varphi \right).$$

Von praktischem Interesse ist jedoch nicht der Momentanwert der Leistung, sondern ihr Mittelwert während einer Schwingungsperiode (Wirkleistung). Unter Berücksichtigung von $\langle \cos^2 \omega t \rangle = 1/2$ und $\langle \sin \omega t \cos \omega t \rangle = 0$ erhalten wir

$$\langle P \rangle = \frac{1}{2} I_{\mathrm{m}} U_{\mathrm{m}} \cos \varphi. \qquad (152.1)$$

Aus dem entsprechenden Vektordiagramm (siehe Bild 149.4) folgt, daß $U_{\mathrm{m}} \cos \varphi = RI_{\mathrm{m}}$ ist.

Deshalb gilt

$$\langle P \rangle = \frac{1}{2} RI_{\mathrm{m}}^2.$$

Die gleiche Leistung entwickelt ein Gleichstrom $I = I_{\mathrm{m}} \sqrt{2}$.

Die Größen

$$I = \frac{I_{\mathrm{m}}}{\sqrt{2}}, \quad U = \frac{U_{\mathrm{m}}}{\sqrt{2}}$$

nennt man entsprechend den **Effektivwert** des **Stromes** und **der Spannung**. Alle Ampere- und Voltmeter werden anhand der Effektivwerte der zu messenden Größe geeicht.

Mit den Ausdrücken für die Effektivwerte der Spannung und des Stromes kann man die Formel für den Leistungsmittelwert (152.1) wie folgt schreiben:

$$\langle P \rangle = IU \cos \varphi, \qquad (152.2)$$

wobei das Glied $\cos \varphi$ **Leistungsfaktor** genannt wird.

Die Formel (152.2) zeigt uns, daß die Leistung des Stromes in einem Wechselstromkreis im allgemeinen nicht nur von Stromstärke und Spannung, sondern auch von der Phasenverschiebung zwischen ihnen abhängig ist. Fehlt im Stromkreis ein Blindwiderstand, dann gilt $\cos \varphi = 1$ und $P = IU$. Enthält der Schaltkreis außer einem Blindwiderstand keine weiteren Elemente ($R = 0$), dann ist $\cos \varphi = 0$, und die Wirkleistung ist gleich Null, unabhängig von Strom- und Spannungswerten. Ist der Leistungsfaktor wesentlich kleiner eins, muß zur Übertragung einer gegebenen Leistung bei unveränderter Spannung des Generators die Stromstärke erhöht werden. Dies führt zur Entstehung Joulescher Wärme und macht eventuell eine Querschnittsvergrößerung (Kostenfrage!) der Leiter notwendig. Deshalb strebt man in der Praxis immer eine Vergrößerung des Leistungsfaktors an. Für Industrieanlagen ist der niedrigste zulässige Wert für den Leistungsfaktor 0,85.

Kontrollfragen

▶   Was sind Schwingungen, freie Schwingungen, harmonische Schwingungen und periodische Prozesse?

▶   Geben Sie die Definitionen für die Begriffe Amplitude, Phase, Periode, Frequenz und Kreisfrequenz von Schwingungen.

▶   Welcher Zusammenhang besteht zwischen Amplitude und Phasenverschiebung, Geschwindigkeit und Beschleunigung von harmonischen Schwingungen?

▶   Worin besteht die Grundidee bei der Methode der Vektordiagramme?

▶   Leiten Sie die Formel für Geschwindigkeit und Beschleunigung eines harmonisch schwingenden Punktes als Funktion der Zeit her.

▶   Leiten Sie die Formeln für die kinetische, potentielle und Gesamtenergie bei harmonischen Schwingungen her. Kommentieren Sie diese Formeln.

▶   Was ist das Verhältnis der Gesamtenergie einer harmonischen Schwingung zum Maximalwert der rücktreibenden Kraft, die diese Schwingungen hervorruft?

▶   Wie können die Massen von Körpern miteinander verglichen werden, wenn man die Schwingungsfrequenz dieser, an einer Feder aufgehängten Massen mißt?

▶   Was ist ein harmonischer Oszillator, ein Federpendel, ein physikalisches Pendel, ein mathematisches Pendel?

▶   Man leite die Formeln für die Schwingungsperiode eines physikalischen, eines mathematischen und eines Federpendels her.

▶   Was ist die reduzierte Länge eines physikalischen Pendels?

▶   Welche Prozesse spielen sich bei freien harmonischen Schwingungen in einem Schwingkreis ab? Wodurch wird ihre Periode bestimmt?

▶   Schreiben und analysieren Sie die Differentialgleichung für freie harmonische Schwingungen in einem Schwingkreis.

▶   Was sind Schwebungen? Wie groß ist die Schwebungsfrequenz, die Schwebungsperiode?

▶   Was ist die Bewegungslinie eines Punktes, der gleichzeitig an zwei rechtwinklig aufeinanderstehenden harmonischen Schwingungen mit gleicher Periode beteiligt ist? Wann erhalten wir einen Kreis, wann eine Gerade?

▶   Wie kann man anhand von Lissajous-Figuren das Verhältnis der Frequenzen von sich überlagernden Schwingungen zueinander bestimmen?

▶   Schreiben Sie die Differentialgleichung für gedämpfte Schwingungen und ihre Lösung. Analysieren Sie diese Gleichungen für mechanische und elektromagnetische Schwingungen.

▶   Wie ändert sich die Frequenz der Eigenschwingungen mit Massenvergrößerung des schwingenden Körpers?

▶ Nach welchem Gesetz ändert sich die Amplitude gedämpfter Schwingungen? Sind gedämpfte Schwingungen periodisch?

▶ Warum muß die Frequenz von gedämpften Schwingungen kleiner sein als die Frequenz der Eigenschwingungen eines Systems?

▶ Was ist die Dämpfungskonstante, das Dämpfungsdekrement, das logarithmische Dämpfungsdekrement? Worin besteht der physikalische Sinn dieser Größen?

▶ Unter welchen Bedingungen kann man aperiodische Bewegungen beobachten?

▶ Was sind Eigenschwingungen? Worin besteht der Unterschied zu erzwungenen und freien ungedämpften Schwingungen? Wo werden sie eingesetzt?

▶ Was sind erzwungene Schwingungen? Schreiben Sie die Differentialgleichung für erzwungene Schwingungen und lösen Sie sie. Analysieren Sie die Lösung für mechanische und elektromagnetische Schwingungen.

▶ Wovon ist die Amplitude erzwungener Schwingungen abhängig? Man schreibe die Formeln für die Amplitude und die Phase für den Resonanzfall nieder.

▶ Zeichnen und analysieren Sie die Resonanzkurven für die Amplitude der Auslenkung (der Ladung) und der Geschwindigkeit (des Stromes). Worin besteht ihr Unterschied?

▶ Warum ist der Gütefaktor das wichtigste Charakteristikum für die Resonanzeigenschaften eines Schwingsystems?

▶ Wie groß ist die Phasenverschiebung zwischen der Auslenkung und der erregenden Kraft im Resonanzfall?

▶ Was ist Resonanz? Wechle Rolle spielt sie?

▶ Wovon ist der induktive Widerstand, der kapazitive Widerstand eines Stromkreises abhängig? Was ist ein Blindwiderstand?

▶ Wie groß ist die Phasenverschiebung der Schwingungen von Spannung und Stromstärke bei einem Stromfluß durch einen Kondensator, eine Induktionsspule, einen Widerstand? Man begründe die Antwort auch anhand von Vektordiagrammen.

▶ Zeichnen und erklären Sie ein Vektordiagramm für einen Wechselstromkreis mit den in Reihe geschalteten Elementen Widerstand, Induktionsspule und Kondensator.

▶ Zählen Sie die charakteristischen Merkmale für Spannungs- und Stromresonanz auf. Geben Sie die graphischen Darstellungen für Spannungs- und Stromresonanz wieder.

▶ Wie kann man die Leistung in einem Wechselstromkreis berechnen? Was ist der Leistungsfaktor?

Aufgaben

18.1. Eine Punktmasse $m = 10$ g führt harmonische Schwingungen mit einer Frequenz von $\nu = 0{,}2$ Hz aus. Die Amplitude der Schwingungen ist $A = 5$ cm. Man bestimme: 1) den Maximalwert der Kraft, die auf die Punktmasse einwirkt; 2) die Gesamtenergie der Punktmasse. [Lösung der Aufgabe s. S. 391]

18.2. Eine Punktmasse führt harmonische Schwingungen mit einer Frequenz $v = 2$ Hz aus. Zum Zeitpunkt $t = 0$ bewegt sich die Punktmasse mit einer Geschwindigkeit $v_0 = 14$ cm/s durch einen Punkt $x_0 = 6$ cm. Man berechne die Amplitude der Schwingungen. [6,1 cm]

18.3. Die Gesamtenergie eines harmonisch schwingenden Punktes ist gleich 30 μJ. Die maximale auf den Punkt einwirkende Kraft ist gleich 1,5 mN. Man schreibe die Bewegungsgleichung für diesen Punkt, wenn die Periode der Schwingungen gleich 2 s und die Anfangsphase $\pi/3$ beträgt. [$x = 0,04\cos(\pi t + \pi/3)$]

18.4. Zwei Massen $m_1 = 500$ g und $m_2 = 400$ g werden an Federn gehängt, die sich um den gleichen Wert verlängern ($l = 15$ cm). Die Masse der Federn soll vernachlässigt werden. Bestimmen Sie: 1) die Schwingungsperioden der Massen; 2) welche Masse besitzt bei gleicher Amplitude die größere Energie und um wievielmal ist diese Energie größer als die der anderen Masse. [1) 0,78 s; 2) 1,25]

18.5. Ein physikalisches Pendel besteht aus einem dünnen homogenen Stab. Bestimmen Sie die Länge des Stabes, wenn bekannt ist, daß die Schwingungsfrequenz maximal ist, wenn der Aufhängpunkt O sich in einem Abstand von $x = 20,2$ cm vom Massenzentrum C entfernt befindet. [Lösung der Aufgabe s. S. 392]

18.6. Ein dünner homogener Stab mit einer Länge von 25 cm ist ein physikalisches Pendel. Man finde heraus, in welcher Entfernung vom Massenzentrum sich der Drehpunkt befinden muß, damit die Frequenz der Schwingungen größtmöglich ist. [7,2 cm]

18.7. Zwei mathematische Pendel, deren Längen sich um $\Delta l = 16$ cm unterscheiden, führen in einer gleichgroßen Zeitspanne: das erste Pendel $n_1 = 10$ und das zweite Pendel $n_2 = 6$ Schwingungen aus. Man ermittle die Längen der Pendel l_1 und l_2. [$l_1 = 9$ cm, $l_2 = 25$ cm]

18.8. Ein Schwingkreis enthält eine Spule mit 50 Windungen und der Induktivität 5 μH und einen Kondensator mit der Kapazität 2 nF. Der Maximalwert der Spannung an den Kondensatorplatten beträgt 150 V. Man bestimme den Maximalwert des magnetischen Flusses durch die Spule. [0,3 μWb]

18.9. Die Phasenverschiebung zwischen zwei gleichgerichteten harmonischen Schwingungen mit gleicher Periode (8 s) und gleicher Amplitude (2 cm) sei $\pi/4$. Finden Sie die Bewegungsgleichung, welche die Überlagerung dieser Schwingungen beschreibt, wenn die Anfangsphase einer der Schwingungen gleich Null ist. [$x = 0,037\cos((\pi/4)t + \pi/8)$]

18.10. Ein Punkt ist gleichzeitig an zwei harmonischen Schwingungen beteiligt, die in zueinander rechtwinkligen Richtungen ablaufen. Die Schwingungen werden durch die Gleichungen $x = \cos\pi t$ und $y = \cos(\pi/2)t$ beschrieben. Man bestimme die Gleichung für die Bewegungslinie des Punktes. [Lösung der Aufgabe s. S. 392]

18.11. Ein Gewicht $m = 50$ g hängt an einem Faden der Länge $l = 20$ cm und schwingt in einer Flüssigkeit. Der Widerstandswert der Flüssigkeit ist $r = 0,02$ kg/s. Auf das Gewicht wirkt eine erregende Kraft $F = 0,1\cos\omega t$, N. Bestimmen Sie: 1) die Frequenz der erregenden Kraft, bei der die Amplitude der erzwungenen Schwingungen des Gewichts maximal ist; 2) die Resonanzamplitude. [Lösung der Aufgabe s. S. 392]

18.12. Während ein Schwingungssystem 100 Schwingungen ausführt, verringert sich die Amplitude auf ein Drittel. Berechnen Sie den Gütefaktor des Systems. [286]

18.13. Das logarithmische Dämpfungsdekrement für einen Körper, der mit einer Frequenz $v = 50$ Hz schwingt, ist gleich $\theta = 0,01$. Man bestimme: 1) die Zeit, in der sich die Amplitude der Schwingungen des Körpers um 20mal verringert; 2) die Anzahl der Schwingungen, die während dieser Zeitspanne ausgeführt werden. [Lösung der Aufgabe s. S. 393]

18.14. Ein Schwingkreis enthält eine Spule mit der Induktivität $L = 25$ mH, einen Kondensator mit der Kapazität $C = 10\,\mu$F und einen Widerstand. Berechnen Sie den Widerstand, wenn bekannt ist, daß die Amplitude des Stromflusses im Schwingkreis während 16 Schwingungen um den Faktor e abnimmt. [Lösung der Aufgabe s. S. 393]

18.15. Ein Schwingkreis enthält eine Induktionsspule mit der Induktivität 25 mH, einen Kondensator mit der Kapazität $10\,\mu$F und einen Widerstand mit $1\,\Omega$. Der Kondensator weise eine Ladung von $Q_m = 1$ mC auf. Berechnen Sie: 1) die Schwingungsperiode des Schwingkreises; 2) das logarithmische Dämpfungsdekrement der Schwingungen; 3) die Abhängigkeit der Spannungswerte an den Kondensatorplatten von der Zeit. [1) 3,14 ms; 2) 0,05; 3) $U = 100\,e^{-20t}\cos 636\pi t$]

18.16. Ein Widerstand von $110\,\Omega$ und ein Kondensator seien in Reihe geschaltet und an eine Wechselspannungsquelle mit einer Spannungsamplitude von 110 V angeschlossen. Die Amplitude der Stromstärke wurde mit 0,5 A gemessen. Man bestimme die Phasendifferenz zwischen der äußeren Spannung und dem Strom. [60°]

18.17. In einem Wechselstromkreis mit einer Frequenz von 50 Hz befindet sich eine Spule mit der Länge 50 cm und einer Querschnittsfläche $10\,\text{cm}^2$. Die Spule hat 3000 Windungen. Bestimmen Sie den Wirkwiderstand der Spule für eine Phasenverschiebung zwischen Strom und Spannung von 60°. [$4,1\,\Omega$]

18.18. Ein Generator liefert eine Spannung mit einer Spannungsamplitude von 120 V und einer Frequenz von 32 kHz. Der Generator sei an einen Schwingkreis angeschlossen, der sich im Resonanzzustand befindet. Die Kapazität des Stromkreises betrage 1 nF. Man berechne die Amplitude der Spannung am Kondensator, wenn der Wirkwiderstand der Schaltung $5\,\Omega$ beträgt. [119 kV]

18.19. Ein Schwingkreis enthält eine Spule mit der Induktivität $L = 10\,\mu$H, einen Kondensator mit der Kapazität $C = 5$ nF und einen Wirkwiderstand $R = 0,2\,\Omega$. Im Schwingkreis werden ungedämpfte harmonische Schwingungen aufrechterhalten. Berechnen Sie die Amplitude der Spannung U_{m_C} am Kondenator, wenn die mittlere Leistung im Schwingkreis $\langle P \rangle = 5$ mW beträgt. [Lösung der Aufgabe s. S. 393]

18.20. Ein Schwingkreis enthalte eine Induktionsspule mit der Induktivität 5 mH und einen Kondensator der Kapazität $2\,\mu$F. Um im Schwingkreis harmonische ungedämpfte Schwingungen mit einer Spannungsamplitude am Kondensator von 1 V aufrechtzuerhalten, ist es notwendig, eine mittlere Leistung von 0,1 mW einzuspeisen. Bestimmen Sie den Gütefaktor des Systems, wenn man die Dämpfung der Schwingungen als verhältnismäßig gering annimmt. [100]

Kapitel 19

Elastische Wellen

§ 153   Longitudinal- und Transversalwellen

Wenn Schwingungen in einem bestimmten Punkt eines Mediums hervorgerufen werden, dann breiten sie sich in diesem Medium mit einer endlichen Geschwindigkeit aus und werden von Punkt zu Punkt des Mediums übergeben. Die Ausbreitungsgeschwindigkeit einer Welle hängt von den stofflichen Eigenschaften des Mediums ab. Je weiter ein Teilchen im Medium vom Schwingungsursprung entfernt ist, desto später beginnt es zu schwingen. Mit anderen Worten, die Schwingungsphase von einem Teilchen im Medium und die des Schwingungsursprungs unterscheiden sich um so mehr, je größer der Abstand des betrachteten Teilchens vom Ursprung der Schwingungen ist. Bei der Untersuchung des Ausbreitungsverhaltens von Schwingungen wird die Molekularstruktur des Mediums außer acht gelassen. Man betrachtet das Ausbreitungsmedium als **kontinuierlich,** d. h. als gleichmäßig im Raum verteilt und mit elastischen Eigenschaften.

Der Prozeß der Ausbreitung von Schwingungen in einem kontinuierlichen Medium nennt man **Welle.** Wenn eine Welle sich ausbreitet, dann bewegen sich die beteiligten Teilchen des Mediums nicht mit der Welle, sondern sie schwingen um ihre Gleichgewichtslage. Eine Welle breitet sich unter den Teilchen eines Mediums nur durch die Übergabe des Schwingungszustandes und der damit verbundenen Energie von Teilchen zu Teilchen aus. Deshalb ist eine *grundlegende Eigenschaft aller Wellen* unabhängig von ihrer physikalischen Natur, die *Übertragung von Energie ohne eine Massenbewegung.*

Unter den verschiedenen Wellenarten aus Natur und Technik kann man folgende Arten unterscheiden: **Wellen auf Flüssigkeitsoberflächen, elastische und elektromagnetische Wellen. Elastische** (oder **mechanische**) **Wellen** nennt man mechanische Störungen (Verformungen), die sich in einem elastischen Medium fortpflanzen. Es gibt longitudinale und transversale Wellen (Längs- und Querwellen). Bei **longitudinalen Wellen** schwingen die Teilchen des Mediums in Ausbreitungsrichtung der Welle, bei **transversalen Wellen** senkrecht zur Ausbreitungsrichtung der Welle.

Longitudinalwellen können sich in allen Medien angeregt werden, in denen bei *Deformation durch Druck oder Zug* elastische Kräfte entstehen, d. h. in festen, flüssigen und in gasförmigen Stoffen. Transversalwellen hingegen können sich nur in Stoffen angeregt werden, in denen elastische Kräfte *durch Verschiebung* entstehen, d. h. in festen Körpern. In Gasen und Flüssigkeiten treten nur Longitudinalwellen und in festen Körpern sowohl Longitudinal- als auch Transversalwellen auf.

Eine **elastische Welle** heißt **harmonisch,** wenn die ihr entsprechenden Schwingungen der Teilchen harmonisch sind. In Bild 153.1 ist eine Transversalwelle dargestellt, die sich mit der Geschwindigkeit v entlang der x-Achse ausbreitet, d. h., dargestellt wurde die Abhängigkeit zwischen der Auslenkung ξ der an der Ausbreitung der Welle beteiligten Teilchen des Mediums und dem Abstand x dieser Teilchen (zum Beispiel des Teilchens B) von der Quelle der Schwingungen O zu einem bestimmten Zeitpunkt t. Obwohl die Kurve $\xi(x,t)$ der Darstellung einer harmonischen Schwingung sehr ähnelt, sind sie *ihrem Wesen nach grundverschieden.* Die graphische Darstellung einer Welle zeigt die Abhängigkeit der Auslenkung *aller Teilchen des Mediums* bezüglich des Abstandes vom Schwingungsursprung zu einem gegebenen Zeitpunkt. Die Schwingungskurve dagegen stellt den Zusammenhang zwischen Auslenkung *eines Teilchens und der Zeit* dar.

Den kleinsten Abstand zwischen zwei Teilchen, die mit gleicher Phase schwingen, nennt man **Wellenlänge** λ (Bild 153.1). Die Wellenlänge entspricht dem Abstand, mit dem sich eine bestimmte Phase der Schwingung während einer Periode ausbreitet, d. h.

$$\lambda = vT$$

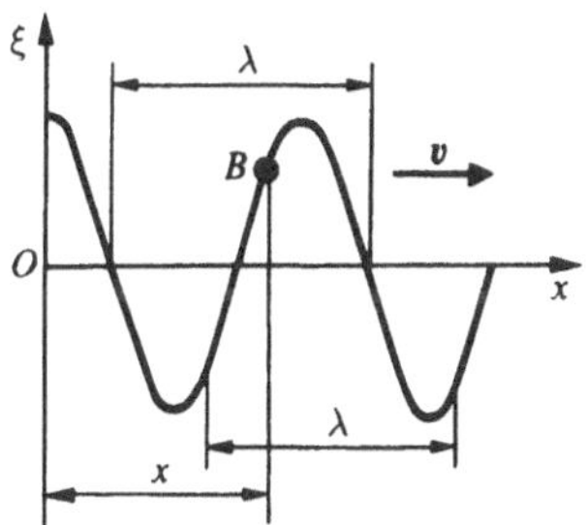

Bild 153.1

oder, indem man berücksichtigt, daß $T = 1/v$, wobei v die Frequenz der Schwingung ist,

$$v = \lambda v.$$

Betrachtet man den Prozeß der Wellenausbreitung eingehender, dann wird deutlich, daß nicht nur Teilchen entlang der x-Achse, sondern eine Reihe von Teilchen in einem bestimmten Stoffvolumen Schwingungen ausführen. Das bedeutet, eine Welle, die sich von ihrem Ursprung ausbreitet, erfaßt immer neue und neue Raumabschnitte. Die Verbindung der geometrischen Punkte im Raum, die zu einem Zeitpunkt t von den Schwingungen erreicht werden, heißt **Wellenfront.** Jedem Zeitpunkt t entspricht immer nur eine Wellenfront. Der geometrische Ort aller Punkte, die mit gleicher Phase schwingen, heißt **Wellenoberfläche.** Für jede Welle existieren unendlich viele Wellenoberflächen. Die Wellenfront ist gleichzeitig auch Wellenoberfläche. Im Prinzip können Wellenoberflächen jede beliebige Form aufweisen. Im Trivialfall stellen sie eine Menge von zueinander parallelen Ebenen oder von konzentrischen Kugelflächen dar. Der Form der Wellenoberfläche entsprechend nennt man solche Wellen **ebene** oder **Kugelwellen.**

§ 154 Gleichung der laufenden Welle. Phasengeschwindigkeit. Wellengleichung

Wellen, die im Raum Energie übertragen, heißen **laufende Wellen.** Die Energieübertragung durch Wellen wird quantitativ durch den Vektor der **Energieflußdichte** definiert, auch **Umow-Vektor** genannt (nach dem russischen Gelehrten N. A. Umow (1846–1915)). Die Richtung des Umow-Vektors ist mit der Richtung der Energieübertragung identisch. Der absolute Betrag des Vektors entspricht der Energie, die eine bestimmte Welle je Zeiteinheit durch eine zur Welle senkrechte Flächeneinheit überträgt.

Für die Herleitung der Gleichung einer laufenden Welle (der Abhängigkeit der Auslenkung der schwingenden Teilchen von den Koordinaten und der Zeit) betrachten wir eine *ebene Welle* und setzen dabei voraus, daß die Schwingungen harmonischen Charakter tragen und die x-Achse mit der Ausbreitungsrichtung der Welle zusammenfällt (Bild 153.1). In diesem Fall sind die Wellenoberflächen rechtwinklig zur x-Achse, und, da alle Teilchen in der Wellenoberfläche gleich schwingen, ist die Auslenkung ξ nur von x und t abhängig, d. h. $\xi = \xi(x,t)$.

Wir betrachten nun in Bild 153.1 im Medium ein bestimmtes Teilchen B, das sich im Abstand x vom Schwingungsursprung O befindet. Wenn die Schwingungen der in der Ebene $x = 0$ liegenden Punkte durch die Funktion $\xi(0, t) = A \cos \omega t$ beschrieben werden, dann schwingt unser Teilchen B nach dem gleichen Gesetz. Seine Schwingungen bleiben dabei zeitbezogen hinter den Schwingungen der Quelle um τ zurück, da die Welle für das Zurücklegen des Weges x die Zeit $\tau = x/v$ benötigt, wobei v die Ausbreitungsgeschwindigkeit der Welle ist. Die Schwingungsgleichung der in der Ebene x liegenden Teilchen hat dann folgendes Aussehen:

$$\xi(x, t) = A \cos \omega \left(t - \frac{x}{v}\right), \tag{154.1}$$

woraus folgt, daß $\xi(x, t)$ nicht nur eine periodische Funktion der Zeit, sondern auch eine periodische Funktion der Koordinate x ist. Die Gl. (154.1) heißt **Gleichung einer laufenden Welle**. Wenn sich eine ebene Welle in entgegengesetzter Richtung ausbreitet, dann gilt

$$\xi(x, t) = A \cos \omega \left(t + \frac{x}{v}\right).$$

Für den allgemeinen Fall lautet die **Gleichung einer ebenen Welle**, die sich entlang der positiven Richtung der x-Achse in einem Medium ausbreitet, das keine Wellenenergie absorbiert, wie folgt:

$$\xi(x, t) = A \cos \left[\omega \left(t - \frac{x}{v}\right) + \varphi_0\right]. \tag{154.2}$$

Dabei ist $A = $ const die **Wellenamplitude**, ω die **Kreisfrequenz der Welle**, φ_0 die **Anfangsphase der Schwingungen** (sie hängt von der Wahl des Koordinatenursprungs (x, t) ab) und $[\omega(t - x/v) + \varphi]$ die **Phase der ebenen Welle**.

Zur Charakterisierung von Wellen nutzt man die **Wellenzahl**

$$k = \frac{2\pi}{\lambda} = \frac{2\pi}{vT} = \frac{\omega}{v}. \tag{154.3}$$

Indem man den Ausdruck (154.3) verwendet, kann man Gl. (154.2) wie folgt schreiben:

$$\xi(x, t) = A \cos(\omega t - kx + \varphi_0). \tag{154.4}$$

Die Gleichung einer Welle, die sich entlang der negativen x-Achse ausbreitet, unterscheidet sich von (154.4) nur durch das Vorzeichen des Gliedes kx.

Mit der Eulerschen Formel (140.7) kann die Gleichung einer ebenen Welle wie folgt geschrieben werden:

$$\xi(x, t) = A e^{i(\omega t - kx + \varphi_0)}.$$

Es ist anzumerken, daß dabei nur der Realteil einen physikalischen Sinn ergibt (siehe § 140).

Wir setzen weiter voraus, daß die Phase bei der Wellenausbreitung konstant ist, d. h.

$$\omega \left(t - \frac{x}{v}\right) + \varphi_0 = \text{const}. \tag{154.5}$$

Indem wir Ausdruck (154.5) differenzieren und ω kürzen, erhalten wir $dt - (1/v)\,dx = 0$, woraus folgt

$$\frac{dx}{dt} = v. \tag{154.6}$$

Folglich ist die Ausbreitungsgeschwindigkeit v der Welle in Gl. (154.6) nichts anderes als die *Ausbreitungsgeschwindigkeit der Phase der Welle*. Sie wird dementsprechend auch **Phasengeschwindigkeit** der Welle genannt.

Wenn man diese Betrachtungen für ebene Welle auf Kugelwellen anwendet, gelangt man zu folgender **Gleichung für Kugelwellen**:

$$\xi(r, t) = \frac{A_0}{r} \cos(\omega t - kr + \varphi_0), \tag{154.7}$$

wobei r der Abstand vom betrachteten Punkt des Ausbreitungsmediums bis zur Quelle der Schwingungen ist. Für Kugelwellen bleibt die Amplitude der Schwingungen selbst in Medien, die *keine Wellenenergie absorbieren*, nicht konstant. Sie verringert sich ständig nach dem Gesetz $1/r$. Gl. (154.7) gilt nur für Abstände r, die die Abmessungen der Schwingungsquelle deutlich übersteigen (in diesem Fall kann man die Quelle der Schwingungen als punktförmig betrachten).

Aus (154.3) folgt für die Phasengeschwindigkeit

$$v = \frac{\omega}{k}. \tag{154.8}$$

Die Abhängigkeit der Phasengeschwindigkeit von Wellen in einem Medium von ihrer Frequenz nennt man **Dispersion von Wellen**. Ein Medium, in dem diese Erscheinung beobachtet wird, heißt **dispersives Medium**.

Die Ausbreitung von Wellen in einem *homogenen* und *isotropen* Medium wird im allgemeinen durch eine Differentialgleichung aus partiellen Ableitungen beschrieben, die man **Wellengleichung** nennt:

$$\frac{\partial^2 \xi}{\partial x^2} + \frac{\partial^2 \xi}{\partial y^2} + \frac{\partial^2 \xi}{\partial z^2} = \frac{1}{v^2} \frac{\partial^2 \xi}{\partial t^2}$$

oder

$$\Delta \xi = \frac{1}{v^2} \frac{\partial^2 \xi}{\partial t^2}, \tag{154.9}$$

wobei v die Phasengeschwindigkeit und

$$\Delta = \frac{\partial^2}{\partial x^2} + \frac{\partial^2}{\partial y^2} + \frac{\partial^2}{\partial z^2}$$

der **Laplace-Operator** ist. Jede beliebige Gleichung einer Welle ist eine Lösung der Wellengleichung. Man kann sich leicht überzeugen, daß zum Beispiel eine ebene Welle und auch eine Kugelwelle, wie in (154.2) und (154.7) beschrieben, die Gl. (154.9) erfüllen. Für eine ebene Welle, die sich entlang der x-Achse ausbreitet, nimmt die Wellengleichung folgende Form an:

$$\frac{\partial^2 \xi}{\partial x^2} = \frac{1}{v^2} \frac{\partial^2 \xi}{\partial t^2}. \tag{154.10}$$

§ 155 Superpositionsprinzip. Gruppengeschwindigkeit

Ist ein Medium, in dem sich gleichzeitig mehrere Wellen ausbreiten *linear*, d. h., die Eigenschaften des Mediums ändern sich unter den mechanischen Welleneinwirkungen nicht, dann ist auf dieses Medium das **Superpositionsprinzip** anwendbar: Bei der Ausbreitung mehrerer Wellen in einem linearen Medium nimmt jede Welle einen Verlauf, als würden die anderen Wellen nicht existieren. Die Gesamtauslenkung der Teilchen eines Mediums ist dann gleich der geometrischen Summe der Auslenkungen durch alle zu addierenden Wellen, an deren Ausbreitung das betrachtete Teilchen beteiligt ist.

Ausgehend vom Superpositionsprinzip und der Fourier-Zerlegung (siehe (144.5)) kann jede Welle als Summe harmonischer Wellen dargestellt werden, d. h. als Wellenpaket oder auch Wellengruppe. Ein **Wellenpaket** nennt man eine Superposition von Wellen, die sich bezüglich ihrer Frequenz wenig unterscheiden und sich zu jedem bestimmten Zeitpunkt nur in einem begrenzten Raumgebiet bewegen.

Wir wollen nun eines der einfachsten Wellenpakete aus zwei harmonischen Wellen mit gleichen Amplituden, annähernd gleichen Frequenzen und Wellenzahlen „konstruieren", die sich entlang der positiven x-Achse ausbreiten. Dabei sei $d\omega \ll \omega$ und $dk \ll k$. Dann gilt

$$
\begin{aligned}
\xi &= A_0 \cos(\omega t - kx) \\
&\quad + A_0 \cos[(\omega + d\omega)t - (k + dk)x] \\
&= 2A_0 \cos\left(\frac{t\,d\omega - x\,dk}{2}\right)\cos(\omega t - kx).
\end{aligned}
$$

Diese Welle unterscheidet sich von einer harmonischen Welle durch ihre Amplitude

$$
A = \left| 2A_0 \cos\left(\frac{t\,d\omega - x\,dk}{2}\right) \right|,
$$

die eine sich schwach ändernde Funktion der Koordinate x und der Zeit t darstellt.

Die Geschwindigkeit, mit der sich das Maximum der Amplitude der Welle ausbreitet, wird als die Ausbreitungsgeschwindigkeit dieser nichtharmonischen Welle (Wellenpaketes) betrachtet. Dabei gilt dieses Maximum als das Zentrum des Wellenpaketes. Mit der Bedingung $t\,d\omega - x\,dk = \text{const}$ erhalten wir

$$
\frac{dx}{dt} = \frac{d\omega}{dk} = u. \tag{155.1}
$$

Die Geschwindigkeit u heißt **Gruppengeschwindigkeit** und kann als die Bewegungsgeschwindigkeit einer Gruppe von Wellen definiert werden, die zu jedem Zeitpunkt ein im Raum lokalisiertes Wellenpaket bilden. Obwohl die Formel (155.1) für ein Wellenpaket aus zwei Bestandteilen hergeleitet wurde, kann man beweisen, daß sie auch für den allgemeinen Fall Gültigkeit besitzt.

Wir betrachten nun die Verbindung zwischen der Gruppengeschwindigkeit $u = d\omega/dk$ (siehe (155.1)) und der Phasengeschwindigkeit $u = \omega/k$ (siehe (154.8)). Unter Berücksichtigung von $\lambda = 2\pi/k$ (siehe (154.3)) erhalten wir

$$
\begin{aligned}
u &= \frac{d\omega}{dk} = \frac{d(vk)}{dk} = v + k\frac{dv}{dk} \\
&= v + k\left(\frac{dv}{d\lambda}\frac{d\lambda}{dk}\right) = v + k\left(-\frac{\lambda}{k}\right)\frac{dv}{d\lambda}
\end{aligned}
$$

oder

$$
u = v - \lambda\frac{dv}{d\lambda}. \tag{155.2}
$$

Aus der Formel (155.2) geht hervor, daß u sowohl kleiner als auch größer v sein kann, in Abhängigkeit von Vorzeichen von $dv/d\lambda$. Ist das Medium, in dem sich das Wellenpaket ausbreitet, kein dispersives Medium, dann gilt $dv/d\lambda = 0$, und die Gruppengeschwindigkeit ist gleich der Phasengeschwindigkeit.

Der Begriff Gruppengeschwindigkeit ist ein sehr wichtiger Begriff und spielt bei Entfernungsmessungen, bei der Lokalisation von Radiosignalen, in Steuereinrichtungen kosmischer Apparate usw. eine grundlegende Rolle. In der Relativitätstheorie wird bewiesen, daß für die *Gruppengeschwindigkeit* immer $u \leq c$ gilt. *Für die Phasengeschwindigkeit gibt es dabei keinerlei Einschränkungen.*

§ 156 Interferenz von Wellen

Der zeitlich und räumlich abgestimmte Ablauf mehrerer Schwingungs- und Wellenprozesse wird mit dem Begriff **Kohärenz** verbunden. Zwei **Wellen** heißen **kohärent**, wenn ihre Phasendifferenz zeitunabhängig ist. Wie leicht zu sehen ist, können nur Wellen, welche die gleiche Frequenz haben, auch kohärente Wellen sein. Bei der Überlagerung zweier (oder mehrerer) kohärenter Wellen im Raum erhält man in verschiedenen Punkten eine Verstärkung oder eine Abschwächung der resultierenden Welle in Abhängigkeit von der Phasendifferenz dieser Wellen. Diese Erscheinung nennt man **Interferenz von Wellen**.

Wir betrachten nun die Überlagerung zweier kohärenter Kugelwellen, die durch die punktförmigen Quellen S_1 und S_2 angeregt werden (Bild 156.1), welche mit gleicher Amplitude A_0, gleicher Frequenz ω und einem konstanten Phasenunterschied schwingen. Entsprechend (154.7) gilt

$$
\xi_1 = \frac{A_0}{r_1}\cos(\omega t - kr_1 + \varphi_1),
$$

$$
\xi_2 = \frac{A_0}{r_2}\cos(\omega t - kr_2 + \varphi_2),
$$

wobei r_1 und r_2 die entsprechenden Abstände vom Wellenursprung bis zum betrachteten Punkt B sind, k ist die Wellenzahl, und φ_1 und φ_2 sind die Anfangsphasen der beiden sich überlagernden Kugelwellen. Die Amplitude der resultierenden Welle im Punkt B ergibt sich nach (144.2) zu

$$
A^2 = A_0^2\left\{\frac{1}{r_1^2} + \frac{1}{r_2^2} + \frac{2}{r_1 r_2}\cos[k(r_1 - r_2) - (\varphi_1 - \varphi_2)]\right\}.
$$

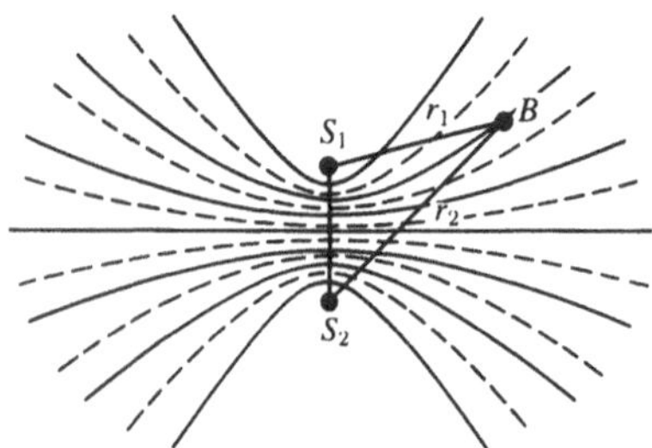

Bild 156.1

Da für kohärente Quellen von Wellen die Differenz der Anfangsphasen $(\varphi_1 - \varphi_2)$ konstant ist, hängt das Ergebnis der Überlagerung der beiden Wellen in verschiedenen Punkten nur von der Größe $\Delta = r_1 - r_2$ ab. Man nennt diesen Wert den **Gangunterschied** der beiden Wellen.

In den Punkten, für die

$$k(r_1 - r_2) - (\varphi_1 - \varphi_2) = \pm 2m\,\pi$$

$$(m = 0, 1, 2, \ldots) \tag{156.1}$$

gilt, beobachtet man **Interferenzmaxima**: Für die Amplitude der resultierenden Schwingung gilt $A = A_0/r_1 + A_0/r_2$. In den Punkten, für die

$$k(r_1 - r_2) - (\varphi_1 - \varphi_2) = \pm (2m + 1)\pi$$

$$(m = 0, 1, 2, \ldots) \tag{156.2}$$

gilt, werden **Interferenzminima** beobachtet: Für die Amplitude der resultierenden Schwingung gilt $A = |A_0/r_1 - A_0/r_2|$. Die Zahlen $(m = 0, 1, 2, \ldots)$ heißen entsprechend die **Ordnung der Interferenzmaxima** oder **-minima**.

Die Bedingungen (156.1) und (156.2) führen zu folgender Überlegung:

$$r_1 - r_2 = \text{const.} \tag{156.3}$$

Der Ausdruck (156.3) ist die Gleichung einer Hyperbel mit den Brennpunkten S_1 und S_2. Folglich stellt der geometrische Ort der Punkte, in denen man eine Verstärkung oder Abschwächung der resultierenden Schwingung beobachtet, eine Schar von Hyperbeln dar (Bild 156.1), die der Bedingung $\varphi_1 - \varphi_2 = 0$ genügen. Zwischen je zwei Interferenzmaxima (in Bild 156.1 mit durchgehenden Linien gekennzeichnet) befindet sich ein Interferenzminimum (in Bild 156.1 durch Strichlinien dargestellt).

§ 157   Stehende Wellen

Ein Sonderfall der Interferenz von Wellen sind **stehende Wellen**. Stehende Wellen entstehen durch Überlagerung zweier laufender Wellen, die sich in entgegengesetzter Richtung mit gleicher Amplitude und Frequenz, bei Transversalwellen auch mit gleicher Polarisation ausbreiten.

Für die Herleitung der Gleichung einer stehenden Welle setzen wir voraus, daß sich zwei ebene Wellen in entgegengesetzter Richtung entlang der x-Achse in einem Medium ohne

Dämpfung mit gleicher Amplitude und Frequenz ausbreiten. Wir wählen weiter den Koordinatenursprung derart, daß beide Wellen in diesem Punkt die gleiche Anfangsphase aufweisen. Der Zeitpunkt $t = 0$ wird so gelegt, daß die Phase beider Wellen gleich Null ist. Dann lauten die Wellengleichungen der Welle in positiver x-Richtung und der Welle, die sich ihr entgegengesetzt ausbreitet, entsprechend

$$\begin{cases} \xi_1 = A \cos(\omega t - kx), \\ \xi_2 = A \cos(\omega t + kx). \end{cases} \tag{157.1}$$

Indem wir diese Gleichungen addieren und dabei berücksichtigen, daß $k = 2\pi/\lambda$ (siehe (154.3)) ist, erhalten wir die **Gleichung einer stehenden Welle**:

$$\xi = \xi_1 + \xi_2 = 2A \cos kx \cos \omega t$$

$$= 2A \cos \frac{2\pi x}{\lambda} \cos \omega t. \tag{157.2}$$

Aus der Gl. (157.2) folgt, daß jeder Punkt dieser Welle Schwingungen mit der gleichen Frequenz ω und einer Amplitude $A_{\text{st}} = |2A \cos(2\pi x/\lambda)|$, die von der Koordinate x des betrachteten Punktes abhängig ist, ausführt.

In den Punkten des Mediums, für die

$$\frac{2\pi x}{\lambda} = \pm m\,\pi \quad (m = 0, 1, 2, \ldots) \tag{157.3}$$

gilt, erreicht die Amplitude der Schwingungen ihren Maximalwert, nämlich gleich $2A$. In den Punkten, für welche

$$\frac{2\pi x}{\lambda} = \pm \left(m + \frac{1}{2} \right) \pi \quad (m = 0, 1, 2, \ldots) \tag{157.4}$$

gilt, ist die Amplitude gleich Null. Die Punkte, für welche die Amplitude der Schwingungen maximal ist ($A_{\text{st}} = 2A$), heißen **Bäuche der stehenden Welle**; Punkte, in denen die Amplitude der Schwingungen gleich Null ist ($A_{\text{st}} = 0$), heißen **Knoten der stehenden Welle**. Die Knotenpunkte eines Mediums führen keinerlei Schwingungen aus.

Die entsprechenden *Koordinaten für Bäuche und Knoten* erhalten wir aus (157.3) und (157.4):

$$x_{\text{B}} = \pm m\,\frac{\lambda}{2} \quad (m = 0, 1, 2, \ldots), \tag{157.5}$$

$$x_{\text{K}} = \pm \left(m + \frac{1}{2} \right) \frac{\lambda}{2} \quad (m = 0, 1, 2, \ldots). \tag{157.6}$$

Aus den Formeln (157.5) und (157.6) folgt, daß der Abstand zwischen zwei benachbarten Bäuchen und zwei benachbarten Knoten gleich groß ist und $\lambda/2$ beträgt. Die Entfernung zwischen einem Bauch und einem benachbarten Knoten einer stehenden Welle ist gleich $\lambda/4$.

Alle Punkte einer laufenden Welle schwingen mit *gleicher Amplitude*, aber mit einer *Phasenverspätung* (in Gl. (157.1) für eine laufende Welle hängt die Phase der Schwingungen von der Koordinate x des betrachteten Punktes ab). Im Gegensatz dazu schwingen alle Punkte einer stehenden Welle mit einer *unterschiedlichen Amplitude*, dafür aber mit *gleicher Phase* (in Gl. (157.2) für eine stehende Welle ist das Argument des Kosinus von der x-Koordinate unabhängig). Beim Durchgang durch einen Knoten ändert das Glied $2A \cos(2\pi x/\lambda)$ sein Vorzeichen. Deshalb unterscheiden sich die Phasen der Schwingungen auf verschiedenen Seiten des Knotens um π, d. h., Punkte, die auf verschiedenen Seiten des Knotens liegen, schwingen gegenphasig.

Stehende Wellen kann man zum Beispiel bei Interferenz einer laufenden Welle mit ihrer Reflexion beobachten. Wenn man zum Beispiel das Ende einer Schnur unbeweglich befestigt und das andere Ende bewegt, dann wird die laufende Welle im Befestigungspunkt reflektiert. Diese reflektierte Welle interferiert dann mit der laufenden Welle und bildet eine stehende Welle. Im Reflexionspunkt befindet sich in diesem Fall ein Knoten. Ob sich am Reflexionspunkt ein Knoten oder ein Bauch befindet, hängt vom Verhältnis der Dichten der unterschiedlichen Medien, in denen Ausbreitung und Reflexion vor sich gehen, ab. Wenn das Medium, von dem die Reflexion ausgeht, eine geringere Dichte hat als das Medium, in dem die laufende Welle sich ausbreitet, dann befindet sich im Reflexionspunkt ein Bauch (Bild 157.1a). Für den umgekehrten Fall beobachtet man im Reflexionspunkt einen Knoten (Bild 157.1b). Wenn eine Welle von einem Medium mit höherer Dichte reflektiert wird, dann ändert sich ihre Phase um π, an der Grenze überlagern sich also Schwingungen entgegengesetzter Richtungen, woraufhin ein Knoten entsteht. Wird eine Welle von einem Medium mit geringerer Dichte reflektiert, dann ändert sich ihre Phase nicht, und an der Grenze überlagern sich damit Schwingungen gleicher Phase – wir erhalten einen Bauch.

Wenn man eine laufende Welle betrachtet, wird entlang ihrer Ausbreitungsrichtung Schwingungsenergie übertragen. Eine

stehende Welle hingegen *überträgt keine Energie*, da einfallende und reflektierte Welle die gleiche Energie in entgegengesetzte Richtungen übertragen. Deshalb bleibt die Gesamtenergie einer stehenden Welle, die sich zwischen zwei Knotenpunkten befindet, konstant. Lediglich in den Grenzen einer halben Wellenlänge wird wechselseitig kinetische in potentielle Energie und umgekehrt umgewandelt.

§ 158   Schallwellen

Elastische Wellen, die sich in einem Medium mit Frequenzen innerhalb des Intervalls 16–20 000 Hz ausbreiten, heißen **Schall-** (oder **akustische**) **Wellen**. Wellen dieser Frequenzen rufen beim Auftreffen auf das menschliche Ohr Hörempfindungen hervor. Wellen mit Frequenzen $\nu < 16$ Hz (**Infraschall**) und $\nu > 20\,000$ Hz (**Ultraschall**) werden vom Menschen nicht mehr wahrgenommen.

Schallwellen in Gasen und in Flüssigkeiten können nur longitudinale Wellen sein, da diese Medien nur bezüglich Zug- und Druckdeformation elastische Eigenschaften aufweisen. In festen Körpern können Schallwellen sowohl als Longitudinalwellen als auch als Transversalwellen vorkommen, da feste Körper bei Zug-, Druck- und Verschiebungsdeformation elastisch reagieren.

Als **Schallintensität** bezeichnet man eine Größe, die durch die mittlere Energie definiert ist, welche je Zeiteinheit von der Schallwelle durch eine zur Ausbreitungsrichtung der Welle senkrechte Flächeneinheit übertragen wird:

$$I = \frac{E}{At}.$$

Die Maßeinheit für die Schallintensität im SI-System ist **Watt pro Quadratmeter** (W/m^2).

Die Empfindlichkeit des menschlichen Gehörs ist für unterschiedliche Frequenzen verschieden. Um eine Hörempfindung hervorzurufen, muß die Schallwelle eine bestimmte minimale Intensität besitzen. Überschreitet jedoch die Schallintensität ein bestimmtes Niveau, dann können keine Töne mehr wahrgenommen werden, und die Schallwellen verursachen starkes Schmerzempfinden. Es existiert also für jede Schwingungsfrequenz eine kleinst- (**Hörbarkeits-** oder **Reizschwelle**) und eine größtmögliche Schallintensität (**Schmerzschwelle**), die eine Verarbeitung der Schallwellen durch das Gehör ermöglichen. In Bild 158.1 ist die Abhängigkeit der Reizschwelle und der Schmerzschwelle von der Schallfrequenz dargestellt. Das von den Kurven eingeschlossene Gebiet ist der **Hörbereich**.

Die Schallintensität ist ein objektives Charakteristikum für eine Welle. Eine subjektive Größe hingegen ist die **Lautstärke**, die von der Frequenz abhängt. Nach dem Weber-Fechnerschen Gesetz wächst die Lautstärke mit Anwachsen der Schallintensität mit logarithmischem Abhängigkeitsverhalten. Auf dieser Grundlage wurde folgende objektive Größe zur Bestim-

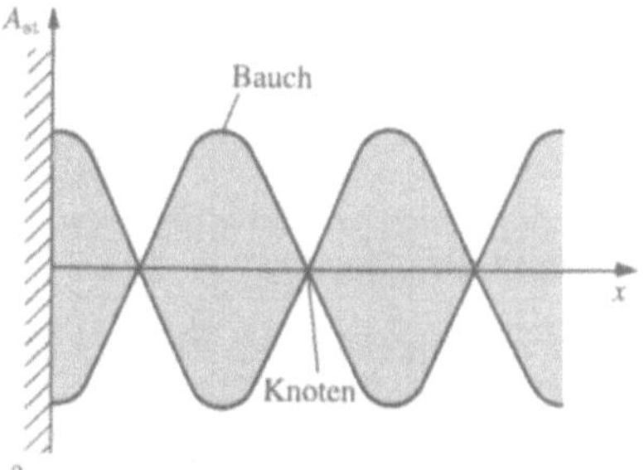

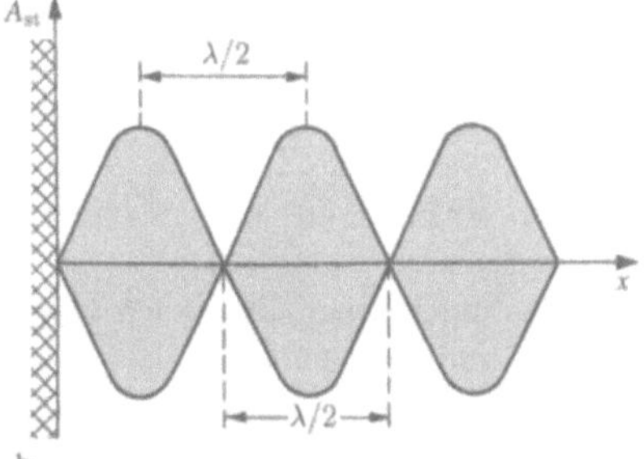

Bild 157.1

mung der Lautstärke anhand von Schallintensitätsmessungen eingeführt:

$$L = \log \frac{I}{I_0}, \qquad (158.1)$$

wobei I_0 die Schallintensität an der Reizschwelle ist, die für alle Töne gleich $10^{-12}\,\mathrm{W/m^{-2}}$ angenommen wird. Die Größe L heißt **Lautstärke** und wird in **Bel** angegeben (zu Ehren des Erfinders des Telefons Bell). Gewöhnlich benutzt man jedoch eine um zehnmal kleinere Maßeinheit – **Dezibel** (dB).

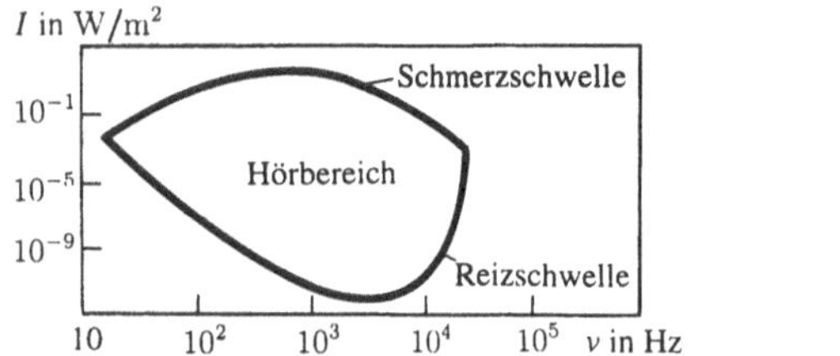

Bild 158.1

Um den Einfluß der Frequenz auf die Lautstärke bei der subjektiven Schallwahrnehmung zu berücksichtigen, vergleicht man die zu messende Lautstärke mit der subjektiven Lautstärke eines Normaltones von 1000 Hz. Die dann nach Formel (158.1) berechnete Lautstärke in Dezibel wird auch mit **Phon** bezeichnet. Zum Beispiel entspricht der Lärm in einem U-Bahnwaggon, der sich mit hoher Geschwindigkeit bewegt, ca. 90 Phon, ein Flüstern auf eine Entfernung von einem Meter dagegen nur etwa 20 Phon.

Realer Schall tritt als Überlagerung harmonischer Schwingungen mit einem breiten Frequenzspektrum auf. Das **akustische Spektrum** des Schalls kann **durchgängig** (in einem bestimmten Intervall sind Schwingungen aller Frequenzen vertreten) oder **linienartig** sein (es treten voneinander getrennte einzelne Frequenzen auf).

Neben der Lautstärke wird das Hörempfinden auch von Tonhöhe und Klangfarbe beeinflußt. Die **Höhe eines Tones** ist eine Eigenschaft, die subjektiv vom Menschen wahrgenommen wird und von der Tonfrequenz abhängt. Mit wachsender Frequenz steigt auch die Höhe eines Tones. Die **Klangfarbe eines Tones** wird vom Charakter des akustischen Spektrums und der Energieverteilung zwischen den einzelnen Frequenzen bestimmt. Zum Beispiel singen verschiedene Sänger ein und dieselbe Note aufgrund ihrer unterschiedlichen akustischen Spektren mit einer anderen Klangfarbe.

Jeder in einem elastischen Medium mit einer Frequenz im Schallbereich schwingende Körper kann als Schallquelle dienen (zum Beispiel bei Saiteninstrumenten sind Saiten, verbunden mit dem Klangkörper des Instruments, die Schallquellen).

Indem ein solcher Körper schwingt, versetzt er auch die angrenzenden Teilchen des Mediums in Schwingungen mit der gleichen Frequenz. Die Schwingungen werden von Teilchen zu Teilchen im Medium weitergegeben, d. h., im Medium breitet sich eine Welle mit der gleichen Frequenz aus, wie sie auch

die Quelle der Schwingungen aufweist. Die Ausbreitungsgeschwindigkeit der Welle ist von der Dichte und den elastischen Eigenschaften des Mediums abhängig und kann für Gase nach folgender Formel berechnet werden:

$$v = \sqrt{\frac{\gamma R T}{M}}, \qquad (158.2)$$

wobei R die universelle Gaskonstante, M die molare Masse, $\gamma = C_p/C_V$ das Verhältnis der molaren Wärmekapazitäten des Gases bei konstantem Druck und konstantem Volumen und T die thermodynamische Temperatur ist. Aus Formel (158.2) folgt, daß die Schallgeschwindigkeit in einem Gas nicht vom Druck p in diesem Gas abhängt, aber mit ansteigender Temperatur größer wird. Je größer die molare Masse des Gases, desto kleiner ist in diesem Gas die Schallgeschwindigkeit. Zum Beispiel beträgt für $T = 273$ K die Schallgeschwindigkeit in Luft ($M = 29 \cdot 10^{-3}$ kg/mol) 331 m/s, in Wasserstoff ($M = 2 \cdot 10^{-3}$ kg/mol) 1260 m/s. Die Formel (158.2) stimmt mit experimentellen Ergebnissen gut überein.

Bei der Schallausbreitung in einer Atmosphäre ist es notwendig, eine ganze Reihe von Faktoren zu beachten: Windrichtung und -geschwindigkeit, Feuchtigkeitsgehalt, Molekularstruktur des Gases, Brechungs- und Reflexionserscheinungen an der Grenze zu einem anderen Medium. Weiter besitzt jedes reale Medium eine bestimmte Viskosität, die eine Dämpfung der Schallwellen herbeiführt. Ein weiterer bedeutender Faktor für die Verringerung der Schallintensität mit wachsender Entfernung ist die Absorption von Schallwellen im Medium. Dabei wird Schallenergie irreversibel in andere Energieformen (meist in Wärme) umgewandelt.

Für die Akustik eines Raumes hat das **Nachhallen** (die Reverberation) des Schalls, d. h. die stetige Abnahme der Schallintensität in geschlossenen Räumen nach Abstellen der Schallquelle, eine große Bedeutung. Als **Nachhallzeit** wird die Zeit bezeichnet, in der sich die Schallintensität in einem Raum auf ein Millionstel verringert, d. h., die Lautstärke verringert sich um 60 dB. Bei guter Akustik beträgt die Nachhallzeit 0,5–1,5 s.

§ 159　Der Doppler-Effekt in der Akustik

Als **Doppler-Effekt** (nach dem österreichischen Physiker, Mathematiker und Astronom Ch. Doppler, 1803–1853) bezeichnet man die Änderung der Frequenz von Schwingungen, die von einem Empfänger registriert werden, infolge der relativen Bewegung von Sender und Empfänger zueinander. Zum Beispiel ist aus dem täglichen Leben bekannt, daß sich die Tonlage des Geräusches eines näherkommenden Zuges mit seiner Annäherung erhöht und mit zunehmender Entfernung erniedrigt, d. h., die Bewegung der Schallquelle (Zug) bezüglich des Empfängers (Gehör) verändert die Frequenz der empfangenen Schwingungen.

Um den Doppler-Effekt zu untersuchen, setzen wir voraus, daß sich Schallquelle und -empfänger entlang einer Verbindungsgeraden bewegen; v_S und v_E seien entsprechend die Geschwindigkeiten des Senders und des Empfängers. Die jeweiligen Geschwindigkeiten seien positiv, wenn sich die Quelle (der Empfänger) dem Emfänger (der Quelle) annähert, und negativ, wenn sich Quelle und Empfänger voneinander entfernen. Die Frequenz der Quelle (des Senders) sei v_0.

1. Sender und Empfänger befinden sich in bezug auf das Medium in Ruhe, d. h. $v_S = v_E = 0$. Wenn v die Ausbreitungsgeschwindigkeit der Schallwelle im Medium ist, dann ergibt sich die Wellenlänge zu $\lambda = vT = v/v_0$. Trifft die Welle den Empfänger, so ruft sie am schallempfindlichen Element Schwingungen mit einer Frequenz

$$v = \frac{v}{\lambda} = \frac{v}{vT} = v_0$$

hervor. Folglich ist die Schallfrequenz, die der Empfänger registriert, gleich der vom Sender ausgesandten Frequenz v_0.

2. Der Empfänger nähert sich dem Sender, der Sender befindet sich in Ruhe, d. h. $v_E > 0$, $v_S = 0$. In diesem Fall ist die Ausbreitungsgeschwindigkeit der Welle bezüglich des Empfängers gleich $v + v_E$. Da die Wellenlänge dabei gleich bleibt, gilt

$$v = \frac{v + v_E}{\lambda} = \frac{v + v_E}{vT} = \frac{v + v_E}{v} v_0,$$

d. h., die Frequenz der Schwingungen, die vom Empfänger registriert werden, ist um $(v + v_E)/v$-mal größer als die Frequenz des Senders.

3. Der Sender nähert sich dem Empfänger, der Empfänger befindet sich in Ruhe, d. h. $v_S > 0$, $v_E = 0$. Die Ausbreitungsgeschwindigkeit der Schallwelle hängt nur von den Eigenschaften des Mediums ab. Deshalb legt die vom Sender ausgestrahlte Welle während einer Schwingungsperiode des Senders in Empfängerrichtung den Weg vT (gleich der Wellenlänge λ) zurück. Dabei ist es unwichtig, ob der Sender sich bewegt oder sich im Ruhezustand befindet. In der gleichen Zeit legt der Sender in Wellenrichtung den Weg $v_S T$ (Bild 159.1) zurück, d. h., die Wellenlänge in Bewegungsrichtung verringert sich und ist gleich $\lambda' = \lambda - v_S T = (v - v_S)T$. Es gilt somit

$$v = \frac{v}{\lambda'} = \frac{v}{(v - v_S)T} = \frac{v}{v - v_S} v_0,$$

d. h., die Frequenz der Schwingungen, die vom Empfänger registriert werden, vergrößert sich um $v/(v - v_S)$-mal. Für die Fälle 2 und 3 ändert sich bei $v_S < 0$ und $v_E < 0$ das Vorzeichen.

4. Sender und Empfänger bewegen sich zueinander. Unter Verwendung der Ergebnisse für die Fälle 2 und 3 kann man

den Ausdruck für die Frequenz der Schwingungen, die vom Empfänger registriert werden, wie folgt formulieren:

$$v = \frac{v \pm v_E}{v \mp v_S} v_0. \qquad (159.1)$$

Dabei gilt das obere Zeichen, wenn das Ergebnis der gegenseitigen Bewegung von Sender und Empfänger ihre gegenseitige Annäherung ist, und das untere Zeichen, wenn sie sich voneinander entfernen.

Aus den angeführten Formeln geht hervor, daß das Ergebnis des Doppler-Effektes bei Bewegung von Sender oder Empfänger unterschiedlich ausfällt. Weichen Richtungen der Geschwindigkeiten v_S und v_E von der Verbindungsgeraden zwischen Sender und Empfänger ab, dann müssen an ihrer Stelle in Formel (159.1) ihre Projektionen auf die Richtung dieser Geraden verwendet werden.

§ 160 Ultraschall und seine Anwendung

Ultraschall, der hohe Frequenzen ($v > 20$ kHz) und folglich kleine Wellenlängen aufweist, wird durch eine Reihe besonderer Eigenschaften (siehe § 158) charakterisiert, was eine Einordnung als gesonderte Erscheinung sinnvoll erscheinen läßt. Aufgrund der kleinen Wellenlängen kann man Ultraschallwellen wie auch Lichtwellen in Form von scharf gebündelten Strahlen erzeugen.

Zur Erzeugung von Ultraschall werden hauptsächlich zwei Methoden verwandt.

Umgekehrten piezoelektrischen Effekt (Elektrostriktion) (siehe auch § 91) nennt man die Deformierung eines speziell hergestellten Quarzplättchens unter der Einwirkung eines elektrischen Feldes (in jüngster Zeit verwendet man auch Bariumtitanat anstelle von Quarz). Bringt man ein solches Plättchen in ein hochfrequentes elektrisches Wechselfeld, so kann man erzwungene Schwingungen hervorrufen. Bei Resonanz schwingt das Plättchen mit großen Amplituden und erzeugt Ultraschall hoher Intensität. Die Idee eines solchen Ultraschallgenerators wurde erstmalig von dem französischen Physiker P. Langevin (1872–1946) ausgearbeitet.

Magnetostriktion nennt man die Deformierung von ferromagnetischen Stoffen unter der Einwirkung eines Magnetfeldes. Indem man einen ferromagnetischen Stab (zum Beispiel aus Eisen oder Nickel) in ein hochfrequentes magnetisches Wechselfeld bringt, werden mechanische Schwingungen des Stabes erregt, deren Schwingungsamplitude im Resonanzfall maximal ist.

Ultraschall findet breite Verwendung in der Technik wie bei den Unterwassersignalen oder beim Aufspüren von Unterwasserobjekten und zur Tiefenbestimmung (Unterwasserortungsgerät, Echolot). Bei einem Echolot zum Beispiel werden von einem am Schiff befestigten Ultraschallgenerator auf Piezoquarzbasis Ultraschallwellen ausgesandt, die vom Meeresgrund reflektiert werden. Da die Ausbreitungsgeschwindigkeit von Ultraschall in Wasser bekannt ist und man die Zeit bis zum Eintreffen der reflektierten Wellen messen kann, ist es möglich, die

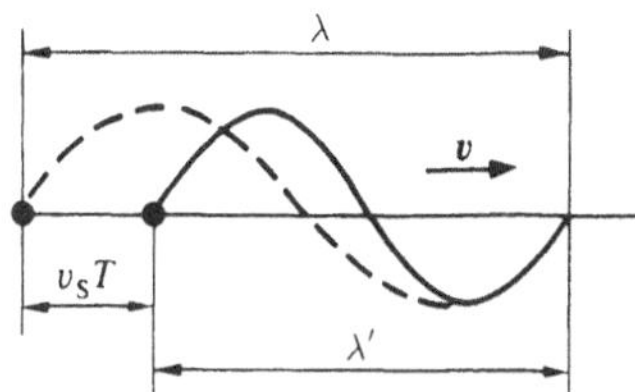

Bild 159.1

Tiefe an der betreffenden Stelle zu berechnen. Der Empfang der reflektierten Ultraschallsignale wird ebenfalls durch den Piezokristall des Generators bewerkstelligt, denn die eintreffenden Ultraschallwellen erregen ihrerseits im Piezokristall elastische Schwingungen (periodische Deformierungen), die wegen des piezoelektrischen Effektes an der gegenüberliegenden Seite des Kristalls elektrische Ladungen hervorrufen, die gemessen werden können.

Wird ein Ultraschallsignal durch eine zu untersuchende Probe gesandt, dann kann man anhand charakteristischer Streuungen des Strahles und durch die Entstehung von Ultraschallschatten Defekte in der Probe feststellen. Auf dieses Prinzip gründet sich ein ganzer Technikzweig – die **Ultraschalldefektoskopie**. Eine weitere Anwendung von Ultraschall ist ein neuer Bereich der Akustik – die **akustische Elektronik**, die es erlaubt, Verarbeitungsgeräte für Signalinformationen in der Mikroradioelektronik zu entwickeln.

Ultraschall wird zur Beeinflussung der verschiedensten Prozesse (Kristallisation, Diffusion, Wärme- und Massenaustausch in der Metallurgie usw.) und biologischen Objekte (Erhöhung der Stoffwechselintensität usw.) verwendet. Mit der Hilfe von Ultraschall ist es möglich, physikalische Eigenschaften von Stoffen zu erforschen (Absorptionsverhalten, Strukturuntersuchungen usw.) oder zum Beispiel auch sehr harte und spröde Körper zu bearbeiten.

Sehr wichtig ist die Verwendung von Ultraschallmethoden in der Medizin (Diagnostik, Ultraschallchirurgie, Mikromassage von Gewebebereichen usw.).

Kontrollfragen

▶ Wie erklären Sie die Ausbreitung von Schwingungen in einem elastischen Medium? Was ist eine Welle?

▶ Was sind longitudinale und was sind transversale Wellen? Wie entstehen sie?

▶ Was bedeuten die Begriffe Wellenfront und Wellenoberfläche?

▶ Was ist die Wellenlänge? Welchen Zusammenhang gibt es zwischen Wellenlänge, Geschwindigkeit und Periode?

▶ Welche Wellen heißen laufende, harmonische, ebene und Kugelwellen? Wie lauten die entsprechenden Gleichungen?

▶ Was ist eine Wellenzahl? Was bedeuten Phasen- und Gruppengeschwindigkeit?

▶ Worin besteht der physikalische Sinn des Umow-Vektors?

▶ Unter welchen Bedingungen tritt Interferenz von Wellen auf? Nennen Sie die Bedingungen für Interferenzmaxima und -minima.

▶ Zwei Wellen mit gleicher Periode breiten sich in einer Richtung aus. Der Gangunterschied sei gleich einer geraden Anzahl von Halbwellen. Was geschieht bei Interferenz dieser Wellen?

▶ Zwei Wellen breiten sich in entgegengesetzter Richtung gegeneinander aus. Sie unterscheiden sich nur in ihrer Amplitude. Man beantworte die Frage, ob die beiden Wellen eine stehende Welle bilden.

▶ Wodurch unterscheidet sich eine laufende Welle von einer stehenden?

▶ Wie groß ist der Abstand zwischen zwei benachbarten Knoten, zwischen zwei benachbarten Bäuchen, zwischen einem Bauch und einem benachbarten Knoten einer stehenden Welle?

▶ Was sind Schallwellen? Sind Schallwellen in der Luft Longitudinal- oder Transversalwellen, und warum ist dies so?

▶ Kann Schall sich im Vakuum ausbreiten?

▶ Wovon sind Lautstärke, Höhe und Klangfarbe eines Tones abhängig?

▶ Was ist der Doppler-Effekt? Wie verhält sich die Frequenz von Schwingungen, die von einem in Ruhe befindlichen Empfänger registriert werden, wenn sich die Quelle der Schwingungen von ihm entfernt?

▶ Welchen Einfluß hat die Windgeschwindigkeit auf den Doppler-Effekt?

▶ Wie kann die Frequenz der vom Empfänger registrierten Schwingungen bestimmt werden, wenn sich Sender und Empfänger in Bewegung befinden?

Aufgaben

19.1. Eine ebene harmonische Welle breitet sich entlang der positiven Richtung der x-Achse mit einer Geschwindigkeit von $v = 15$ m/s in einem Medium aus, das keine Energie absorbiert. Zwei Punkte, die sich auf dieser Geraden in einer Entfernung von $x_1 = 5$ m und $x_2 = 5{,}5$ m vom Schwingungsursprung befinden, schwingen mit einem Phasenunterschied von $\Delta\varphi = \pi/5$. Die Amplitude der Welle ist $A = 4$ cm. Man bestimme: 1) die Wellenlänge; 2) die Gleichung der Welle; 3) die Auslenkung ξ_1 des ersten Punktes zum Zeitpunkt $t = 3$ s. [Lösung der Aufgabe s. S. 393]

19.2. Eine ebene harmonische Welle breitet sich entlang der positiven x-Achse in einem Medium aus, das keine Wellenenergie absorbiert. Die Geschwindigkeit der Welle beträgt $v = 12$ m/s. Zwei auf dieser Geraden befindliche Punkte schwingen mit einer Phasendifferenz $\Delta\varphi = (5/6)\pi$. Sie befinden sich in einem Abstand von der Schwingungsquelle $x_1 = 7$ m und $x_2 = 12$ m. Die Amplitude der Welle ist $A = 6$ cm. Man bestimme: 1) die Wellenlänge λ; 2) die Wellengleichung; 3) die Auslenkung ξ_2 des zweiten Punktes zum Zeitpunkt $t = 3$ s. [1) 12 m; 2) $\xi(x,t) = 0{,}06 \cos\left(2\pi t - (\pi x/6)\right)$; 3) 6 cm]

19.3. Ein Ende eines elastischen Stabes ist mit einer Quelle harmonischer Schwingungen verbunden. Für diese Schwingungen gilt das Gesetz $\xi = A \sin \omega t$. Das andere Ende des Stabes ist starr befestigt. Bestimmen Sie unter Berücksichtigung der Tatsache, daß die Welle am starr befestigten Ende von dem dichteren Medium reflektiert wird: 1) die Gleichung der stehenden Welle; 2) die Koordinaten der Knoten; 3) die Koordinaten der Bäuche. [Lösung der Aufgabe s. S. 393]

19.4. Zwei Lautsprecher befinden sich im Abstand von 2 m voneinander und geben den gleichen Ton mit einer Frequenz von 1000 Hz wieder. Ein Empfänger befindet sich im Abstand von 4 m vom Zentrum der Lautsprecher. Man bestimme, in welcher Entfernung von der Zentrallinie parallel zu den Lautsprechern man den Empfänger aufstellen muß, damit man das erste Interferenzminimum registrieren kann. Die Schallgeschwindigkeit wird mit 340 m/s angenommen. [0,34 m]

19.5. Zur Bestimmung der Schallgeschwindigkeit in Luft mit Hilfe von akustischer Resonanz verwendet man ein Rohr mit einem Kolben und einer Tonmembran, die ein Rohrende verschließt. Der Abstand zwischen zwei Kolbenpositionen, bei denen Resonanz für die Frequenz 1700 Hz beobachtet wird, ist gleich 10 cm. Berechnen Sie die Schallgeschwindigkeit in der Luft. [340 m/s]

19.6. Die mittlere quadratische Geschwindigkeit von Molekülen eines zweiatomigen Gases beträgt unter bestimmten Bedingungen 461 m/s. Berechnen Sie die Ausbreitungsgeschwindigkeit von Schallwellen unter diesen Bedingungen. [315 m/s]

19.7. Ein unbeweglicher Empfänger registriert bei der Annäherung einer Schallquelle eine Frequenz von $\nu = 400\,\text{Hz}$. Die Schallquelle strahlt Wellen mit einer Frequenz von $\nu_0 = 360\,\text{Hz}$ aus. Die Lufttemperatur wird mit $T = 290\,\text{K}$ und die molare Masse der Luft mit $M = 0{,}029\,\text{kg/mol}$ angenommen. Berechnen Sie die Bewegungsgeschwindigkeit der Schallquelle. [Lösung der Aufgabe s. S. 394]

19.8. Ein Zug fährt mit einer Geschwindigkeit von 54 km/h an einem unbeweglichen Empfänger vorbei und gibt ein Tonsignal ab. Der Empfänger registriert einen Frequenzsprung $\Delta\nu = 54\,\text{Hz}$. Man berechne die Frequenz des vom Zug abgegebenen Originaltons. Die Schallgeschwindigkeit wird mit 340 m/s angenommen. [611 Hz]

Kapitel 20

Elektromagnetische Wellen

§ 161   Experimentelle Erzeugung elektromagnetischer Wellen

Aus den Maxwellschen Gleichungen geht die Existenz von **elektromagnetischen Wellen** hervor (siehe § 139). Elektromagnetische Wellen sind elektromagnetische Wechselfelder, die sich im Raum mit endlicher Geschwindigkeit fortbewegen. Die Maxwellschen Gleichungen wurden im Jahre 1865 als die Verallgemeinerung von empirischen Gesetzmäßigkeiten für elektrische und magnetische Erscheinungen formuliert. Wie bereits erwähnt, spielten die Hertzschen Versuche (1888) eine entscheidende Rolle bei der Etablierung der Maxwellschen Theorie. Durch sie gelang der Nachweis, daß sich elektrische und magnetische Felder tatsächlich in Wellenform ausbreiten. Ihr Verhalten konnte vollständig mit Hilfe der Maxwellschen Gleichungen beschrieben werden.

Als reale Quelle von elektromagnetischen Wellen kann jeder elektrische Schwingkreis oder ein Leiter, in dem ein Wechselstrom fließt, dienen. Die Grundidee dabei ist, daß man zur Erregung elektromagnetischer Wellen im Raum ein elektrisches Wechselfeld (Verschiebungsstrom) oder ein entsprechendes magnetisches Wechselfeld erzeugen muß. Die spezifische Ausstrahlung einer Quelle für elektromagnetische Wellen wird von deren Form sowie von Frequenz und Schwingungsgeometrie bestimmt. Um den Anteil von Strahlung merklich zu erhöhen, muß man das Volumen, in dem ein elektromagnetisches Wechselfeld erzeugt wird, ausdehnen. Deshalb sind geschlossene Schwingkreise zur Erzeugung elektromagnetischer Wellen ungeeignet, da das elektrische Feld zwischen den Kondensatorplatten und das magnetische in der Spule konzentriert sind.

Hertz verringerte in seinen Versuchen die Windungszahl der Spule und die Fläche der Kondensatorplatten und spreizte sie auseinander (Bild 161.1a, b). Damit schuf er den Übergang vom geschlossenen zum **offenen Schwingkreis (Hertzscher Vibrator)**. Ein solcher offener Schwingkreis läßt sich mit zwei Stäben, die durch einen Funkenabschnitt getrennt sind, veranschaulichen (Bild 161.1c). Eine solche Anordnung erhöht die Intensität der elektromagnetischen Strahlung beträchtlich, da das elektrische Wechselfeld den die Stäbe umgebenden Raum durchdringt und nicht wie bei einem geschlossenen Schwingkreis zwischen den Kondensatorplatten konzentriert ist (Bild 161.1a). Die Schwingungen eines solchen Systems werden von einer äußeren Spannungsquelle aufrechterhalten, die mit den Kondensatorplatten verbunden ist. Der Funkenabschnitt dient der Erhöhung des Potentialunterschiedes, mit dem die Kondensatorplatten zum ersten Mal aufgeladen werden.

Zur Erregung von elektromagnetischen Wellen schließt man den Hertzschen Vibrator V an einen Induktor I an (Bild 161.2).

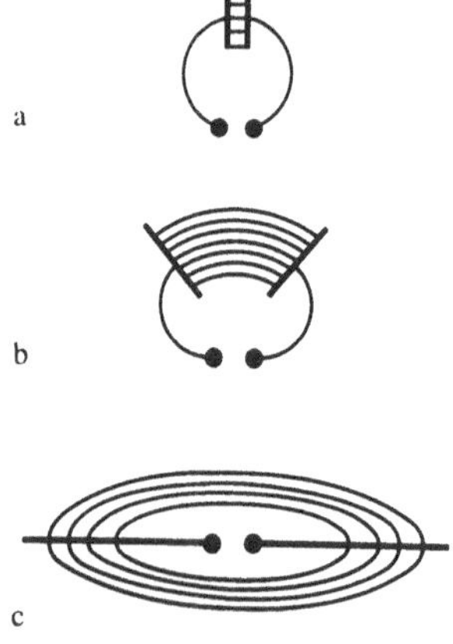

Bild 161.1

Tabelle 161.1 Unterteilung der elektromagnetischen Wellen

Strahlung	Wellenlänge in m	Frequenz in Hz	Strahlenquelle
Radiowellen	10^3–10^{-4}	$3 \cdot 10^5$–$3 \cdot 10^{12}$	Schwingkreis, Hertzscher Vibrator, Massengenerator, Röhrengenerator
Lichtwellen:			
Infrarotstrahlung	$5 \cdot 10^{-4}$–$8 \cdot 10^{-7}$	$6 \cdot 10^{11}$–$3,75 \cdot 10^{14}$	Röhren, Laser
sichtbares Licht	$8 \cdot 10^{-7}$–$4 \cdot 10^{-7}$	$3,75 \cdot 10^{14}$–$7,5 \cdot 10^{14}$	
Ultraviolettstrahlung	$4 \cdot 10^{-7}$–10^{-9}	$7,5 \cdot 10^{14}$–$3 \cdot 10^{17}$	
Röntgenstrahlung	$2 \cdot 10^{-9}$–$6 \cdot 10^{-12}$	$1,5 \cdot 10^{17}$–$5 \cdot 10^{19}$	Röntgenröhren
γ-Strahlung	$< 6 \cdot 10^{-12}$	$> 5 \cdot 10^{19}$	radioaktiver Zerfall, Kernspaltungsprozesse, kosmische Prozesse

Wenn nun die Spannung am Funkenabschnitt den Durchschlagswert erreicht, dann entsteht ein Funke, der beide Hälften des Vibrators kurzschließt. Dadurch werden im Vibrator freie gedämpfte Schwingungen angeregt. Hört der Funke auf, stoppt auch der Stromfluß im Schwingkreis, und die Schwingungen hören auf. Dann lädt der Induktor den Kondensator erneut, und der Prozeß beginnt von neuem usw. Zur Aufzeichnung elektromagnetischer Wellen benutzte Hertz einen zweiten Vibrator, den er Resonator R nannte. Der Resonator besitzt, wie bereits der Name vermuten läßt, die gleiche Eigenschwingungsfrequenz wie der ausstrahlende Vibrator. Wenn die elektromagnetischen Wellen den Resonator erreichen, entsteht an seinem Kondensator (Funkenabschnitt) ein elektrischer Funke.

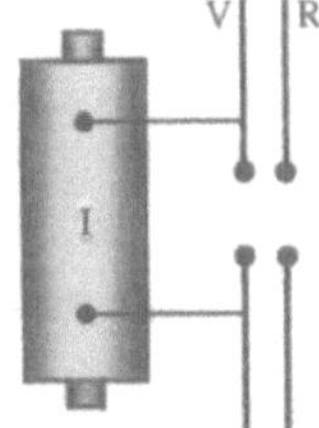

Bild 161.2

Mit Hilfe eines solchen Vibrators erreichte Hertz Frequenzen in Größenordnungen von 100 MHz und konnte Wellen mit einer Wellenlänge von ca. 3 m erzeugen. Durch Weiterentwicklung der Experimentiermethode gelang dem russischen Physiker A. A. Glagolewa-Arkadjewa (1884–1945) einen **Massenstrahler** zu konstruieren, in dem elektromagnetische Kurzwellen erzeugt werden konnten, die von den Schwingungen der elektrischen Ladungen in Atomen und Molekülen angeregt wurden. Die Wellen erzeugte man mit Hilfe von Funken zwischen metallischen Feilspänen, die sich in Öl befanden. Auf diese Weise erhielt man Wellenlängen von 50 mm bis 80 μm. Damit konnte die Existenz von Wellen nachgewiesen werden, die den Bereich zwischen Radiowellen und Infrarotstrahlen abdecken.

Eine Unzulänglichkeit der Vibratoren von Hertz und des Strahlers von Glagolewa-Arkadjewa ist das schnelle Abklingen der Schwingungen und ihre geringe Leistung. Um ungedämpfte Schwingungen zu erhalten, ist es notwendig, ein selbsterregtes System (siehe § 146) zu schaffen, das eine Energieabstrahlung mit einer Frequenz gleich der Eigenschwingfrequenz des Systems gewährleistet. In den 20er Jahren unseres Jahrhunderts begann man, elektromagnetische Wellen mit Hilfe von Elektronenröhren zu generieren. Elektronenröhrengeneratoren erlauben es, Wellen mit vorgegebener (fast beliebiger) Leistung und Sinusform zu erzeugen.

Elektromagnetische Wellen, die einen breiten Frequenzbereich einnehmen (oder auch Bereich von Wellenlängen $\lambda = c/v$, wobei c die Geschwindigkeit von elektromagnetischen Wellen im Vakuum ist), unterscheiden sich zum einen durch ihre Eigenschaften und zum anderen durch die Methoden ihrer Generierung und Registrierung voneinander. Deshalb werden elektromagnetische Wellen in verschiedene Arten unterteilt: Radiowellen, Lichtwellen, Röntgen- und γ-Strahlen (Tab. 161.1). Es bleibt zu bemerken, daß die Grenzen zwischen den einzelnen Wellenarten recht fließend sind.

§ 162 Differentialgleichung für elektromagnetische Wellen

Wie bereits früher erwähnt (siehe § 161), ist eine der wichtigsten Folgerungen aus den Maxwellschen Gleichungen (siehe § 139) die Existenz von elektromagnetischen Wellen. Für ein *homogenes und isotropes Medium in großer Entfernung von Ladungen und Strömen* (die elektromagnetische Felder hervorrufen) kann man aus den Maxwellschen Gleichungen ableiten, daß die Vektoren der Stärken des elektrischen und magnetischen Wechselfeldes E und H einer Wellengleichung des Typs (154.9) genügen:

$$\Delta E = \frac{1}{v^2} \frac{\partial^2 E}{\partial t^2}, \qquad (162.1)$$

$$\Delta H = \frac{1}{v^2}\frac{\partial^2 H}{\partial t^2}, \tag{162.2}$$

wobei

$$\Delta = \frac{\partial^2}{\partial x^2} + \frac{\partial^2}{\partial y^2} + \frac{\partial^2}{\partial z^2}$$

der Laplace-Operator und v die Phasengeschwindigkeit ist.

Jede Funktion, die den Gl. (162.1) und (162.2) genügt, beschreibt eine bestimmte Welle. Folglich können elektromagnetische Felder tatsächlich in Form von elektromagnetischen Wellen existieren. Die Phasengeschwindigkeit elektromagnetischer Wellen läßt sich nach folgendem Ausdruck bestimmen:

$$v = \frac{1}{\sqrt{\varepsilon_0\mu_0}}\frac{1}{\sqrt{\varepsilon\mu}} = \frac{c}{\sqrt{\varepsilon\mu}}, \tag{162.3}$$

wobei $c = 1/\sqrt{\varepsilon_0\mu_0}$ gilt. Die Größen ε_0 und μ_0 sind entsprechend die elektrische und die magnetische Feldkonstante, ε und μ sind entsprechend die relative Dielektrizitätskonstante und die relative Permeabilität des Mediums.

Im Vakuum (für $\varepsilon = 1$ und $\mu = 1$) ist die Ausbreitungsgeschwindigkeit elektromagnetischer Wellen gleich der Geschwindigkeit c. Da für Materie $\varepsilon\mu > 1$ gilt, ist die Ausbreitungsgeschwindigkeit elektromagnetischer Wellen in Materie immer kleiner als im Vakuum.

Bei der Berechnung der Ausbreitungsgeschwindigkeit einer elektromagnetischen Welle nach Formel (162.3) erhält man ein Ergebnis, das verhältnismäßig gut mit dem Experiment übereinstimmt, wenn die Abhängigkeit für ε und μ von der Frequenz berücksichtigt wird. Daß in Formel (162.3) der zusammengefaßte Koeffizient der Lichtgeschwindigkeit im Vakuum entspricht, deutet auf den grundlegenden Zusammenhang zwischen elektromagnetischen und optischen Erscheinungen. Dieser Zusammenhang erlaubte es Maxwell, die elektromagnetische Theorie des Lichtes zu begründen, nach welcher Licht den Charakter elektromagnetischer Wellen trägt.

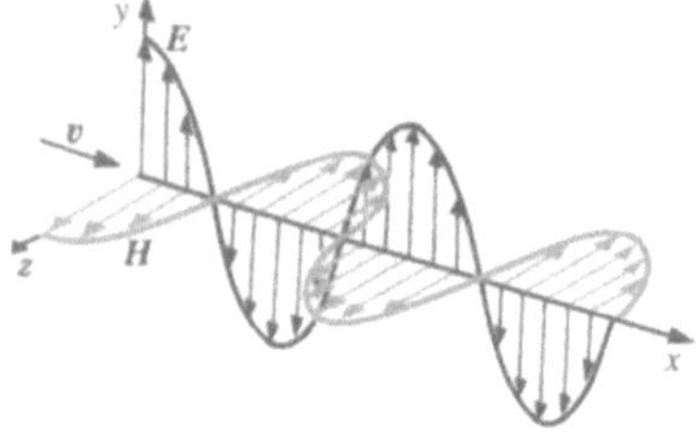

Bild 162.1

Eine Folgerung der Maxwellschen Theorie ist die **Rechtwinkligkeit von elektromagnetischen Wellen**: Die Vektoren E und H des elektromagnetischen Feldes der Welle stehen senkrecht aufeinander (in Bild 162.1 ist eine „Momentaufnahme" einer ebenen elektromagnetischen Welle dargestellt) und liegen in Ebenen, die dem Vektor der Ausbreitungsgeschwindigkeit rechtwinklig sind. Die Vektoren E, H und v bilden dabei ein Rechtsschraubensystem. Weiter folgt aus den Maxwellschen

Gleichungen, daß die Vektoren E und H bei einer elektromagnetischen Welle immer *gleichphasig* schwingen (siehe Bild 162.1). Die Momentanwerte für E und H in einem beliebigen Punkt sind durch folgende Gleichung miteinander verknüpft:

$$\sqrt{\varepsilon_0\varepsilon}E = \sqrt{\mu_0\mu}H. \tag{162.4}$$

Folglich erreichen E und H gleichzeitig ihr Maximum, nehmen gleichzeitig den Wert Null an usw.

Von den Wellengleichungen (162.1) und (162.2) ausgehend, kann man weiter schreiben

$$\frac{\partial^2 E_y}{\partial x^2} = \frac{1}{v^2}\frac{\partial^2 E_y}{\partial t^2}, \tag{162.5}$$

$$\frac{\partial^2 H_z}{\partial x^2} = \frac{1}{v^2}\frac{\partial^2 H_z}{\partial t^2}, \tag{162.6}$$

wobei die Indizes y und z bei E und H entsprechend unterstreichen, daß die Vektoren E und H wie die zueinander sekrechten Koordinatenachsen y und z gerichtet sind.

Den Gl. (162.5) und (162.6) entsprechen speziell ebene **monochromatische elektromagnetische Wellen** (elektromagnetische Wellen mit einer streng festgelegten Frequenz). Solche Wellen werden durch die nachstehenden Gleichungen beschrieben:

$$E_y = E_0\cos{(\omega t - kx + \varphi)}, \tag{162.7}$$

$$H_z = H_0\cos{(\omega t - kx + \varphi)}, \tag{162.8}$$

wobei E_0 und H_0 die entsprechenden Amplituden der Stärken des elektrischen und des magnetischen Feldes der Welle sind, ω ist die Kreisfrequenz der Welle, $k = \omega/v$ die Wellenzahl und φ die Anfangsphase der Schwingungen in den Punkten mit der Koordinate $x = 0$. In den Gl. (162.7) und (162.8) ist φ gleich, da die Schwingungen des elektrischen und des magnetischen Vektors einer elektromagnetischen Welle gleichphasig vonstatten gehen.

§ 163   Energie elektromagnetischer Wellen. Impuls des elektromagnetischen Feldes

Daß man elektromagnetische Wellen registrieren kann, deutet auf eine Energieübertragung hin. Die räumliche Dichte e der Energie einer elektromagnetischen Welle setzt sich aus den räumlichen Dichten e_{el} (siehe (95.8)) und e_m (siehe (130.3)) des elektrischen und des magnetischen Feldes zusammen:

$$e = e_{el} + e_m = \frac{\varepsilon_0\varepsilon E^2}{2} + \frac{\mu_0\mu H^2}{2}.$$

Unter Berücksichtigung von (162.4) erhalten wir, daß die Energiedichte des elektrischen und des magnetischen Feldes zu jedem Zeitpunkt gleich groß ist, d. h. $e_{el} = e_m$. Deshalb können wir schreiben:

$$e = 2e_{el} = \varepsilon_0\varepsilon E^2 = \sqrt{\varepsilon_0\mu_0}\sqrt{\varepsilon\mu}EH.$$

Wenn wir die Energiedichte e mit der Ausbreitungsgeschwindigkeit v der Welle im Medium (siehe (162.3)) multiplizieren, erhalten wir den absoluten Betrag des Vektors des Energieflusses:

$$S = ev = EH.$$

Weil die Vektoren E und H senkrecht zueinander sind und mit der Ausbreitungsrichtung der Welle ein Rechtsschraubensystem bilden, fällt die Richtung des Vektors $E \times H$ mit der Energieübertragungsrichtung zusammen. Der absolute Betrag dieses Vektors ist gleich EH. Der **Vektor der Dichte des elektromagnetischen Energieflusses** heißt **Poynting-Vektor**:

$$S = E \times H.$$

Der Vektor S ist in Ausbreitungsrichtung der elektromagnetischen Welle gerichtet, und sein absoluter Betrag ist gleich der Energie, die von der elektromagnetischen Welle je Zeiteinheit durch eine zur Ausbreitungsrichtung senkrechte Einheitsfläche übertragen wird.

Werden elektromagnetische Wellen von Körpern absorbiert oder reflektiert (diese Erscheinungen wurden bereits in den Hertzschen Versuchen beobachtet), dann folgt aus der Maxwellschen Theorie, daß die elektromagnetischen Wellen einen Druck auf die Körper ausüben. Dieser Druck läßt sich damit erklären, daß die geladenen Teilchen des Körpers unter der Einwirkung des elektrischen Feldes der Welle eine geordnete Bewegung beginnen, und von seiten des magnetischen Feldes der Welle wirkt auf diese Teilchen die Lorentz-Kraft. Die Größe dieses Druckes ist allerdings verschwindend gering. Nach groben Berechnungen beträgt der Druck auf eine vollständig absorbierende Oberfläche bei mittlerer Lichtintensität der auf der Erde eintreffenden Sonnenstrahlung etwa 5 μPa. In besonders empfindlichen Experimenten, die zu Klassikern wurden, gelang 1899 dem russischen Physiker P. N. Lebedew der Nachweis des Lichtdruckes auf feste Körper und 1910 auf Gase. Diese Versuche hatten fundamentale Bedeutung für die Bestätigung der Schlußfolgerung aus der Maxwellschen Theorie, daß Licht aus elektromagnetischen Wellen besteht.

Die Erscheinung des Lichtdruckes führt zu dem Schluß, daß dem elektromagnetischen Feld ein mechanischer Impuls eigen ist. Der Impuls des elektromagnetischen Feldes ergibt sich zu

$$p = \frac{E}{c},$$

wobei E die Energie des elektromagnetischen Feldes ist. Indem wir den Impuls wie $p = mc$ schreiben (das Feld breitet sich im Vakuum mit der Geschwindigkeit c aus), erhalten wir $p = mc = E/c$, woraus

$$E = mc^2 \tag{163.1}$$

folgt. Dieser Zusammenhang zwischen Masse und Energie des freien elektromagnetischen Feldes ist ein *universelles Naturgesetz* (siehe auch § 40). Nach der Speziellen Relativitätstheorie besitzt der Ausdruck (163.1) allgemeine Gültigkeit und ist auf alle Körper unabhängig von ihrem Aufbau anwendbar.

Die betrachteten Eigenschaften elektromagnetischer Wellen, die durch die Maxwellsche Theorie beschrieben werden, stehen also in völligem Einklang mit den Versuchsergebnissen von Hertz, Lebedew und den Schlußfolgerungen aus der Speziellen Relativitätstheorie. Dadurch wurden die grundlegenden Voraussetzungen für eine schnelle Anerkennung der Maxwellschen Theorie geschaffen.

§ 164 Dipolstrahlung. Anwendung elektromagnetischer Wellen

Die einfachste Quelle elektromagnetischer Wellen ist ein elektrischer Dipol, dessen elektrisches Moment sich nach einem harmonischen Gesetz

$$p = p_0 \cos \omega t$$

ändert, wobei p_0 die Amplitude des Vektors p ist. Als Beispiel eines solchen Dipols kann man ein System aus einer ruhenden positiven Ladung $+Q$ und einer negativen Ladung $-Q$ betrachten. Die negative Ladung schwingt dabei harmonisch in Richtung von p mit einer Frequenz ω.

Die Dipol-Aufgabenstellung hat in der Theorie der ausstrahlenden Systeme große Bedeutung, da sich die Berechnung aller realen ausstrahlenden Systeme (zum Beispiel einer Antenne) auf die Betrachtung eines Dipols zurückführen läßt. Außerdem kann man viele Fragen zur Strahlenwirkung auf Stoffe mit Hilfe der klassischen Theorie lösen, indem man die Atome wie ein System von Ladungen betrachtet, in dem die Elektronen harmonische Schwingungen um ihre Gleichgewichtslage ausführen.

Der Charakter des elektromagnetischen Feldes eines Dipols hängt vom gewählten Punkt ab. Von besonderem Interesse ist die sogenannte **Wellenzone des Dipols**. Die Wellenzone sind Punkte im Raum, die einen Abstand zum Dipol besitzen, der die Wellenlänge bedeutend übertrifft ($r \gg \lambda$). Die Betrachtung des elektromagnetischen Feldes vereinfacht sich für diese Punkte sehr. Das kann mit dem Charakter der elektromagnetischen Wechselfelder erklärt werden, die in Dipolnähe ($r \lesssim \lambda$) eine komplizierte Struktur aufweisen, wobei in größerer Entfernung ($r \gg \lambda$) vom Schwingungsherd nur die vom Dipol bereits „gelösten", sich weiter ausbreitenden Felder eine Rolle spielen.

Wenn sich die Welle in einem isotropen Medium ausbreitet, dann ist die Zeit bis zum Erreichen aller Punkte mit einem Abstand r von der Schwingungsquelle gleich. Deshalb schwingen alle Punkte der Oberfläche einer Kugel mit dem Radius r, deren Zentrum der Dipol ist, mit gleicher Phase, d. h., in der Wellenzone besitzt die Wellenfront Kugelform, und folglich ist die vom Dipol ausgestrahlte Welle eine Kugelwelle.

In jedem Punkt schwingen die Vektoren E und H nach dem Gesetz $\cos(\omega t - kr)$, und die Amplituden dieser Vektoren sind proportional $(1/r) \sin \vartheta$ (für Vakuum), d. h., sie hängen von der Entfernung r zur Strahlungsquelle und dem Winkel ϑ zwischen der Richtung des Radiusvektors und der Dipolachse ab. Hieraus

folgt, daß die Strahlungsintensität eines Dipols in der Wellenzone folgender Gesetzmäßigkeit unterliegt:

$$I \sim \frac{\sin^2 \vartheta}{r^2}. \tag{164.1}$$

Die Abhängigkeit (164.1) $I(\vartheta)$ bei festem Wert r dargestellt
in Polarkoordinaten (Bild 164.1) heißt **polares Strahlungsdiagramm eines Dipols**. Wie aus der Abhängigkeit (164.1) und
der Abbildung hervorgeht, strahlt ein Dipol am stärksten in
den Richtungen, die mit seiner Achse den Winkel $\vartheta = \pi/2$
bilden. Längs seiner Achse ($\vartheta = 0$ und $\vartheta = \pi$) strahlt ein Dipol überhaupt nicht. Dem polaren Strahlungsdiagramm können
Angaben zu Strahlungen mit bestimmtem Charakter entnom-
men werden, was bei der Konstruktion von Antennen ausgenutzt wird.

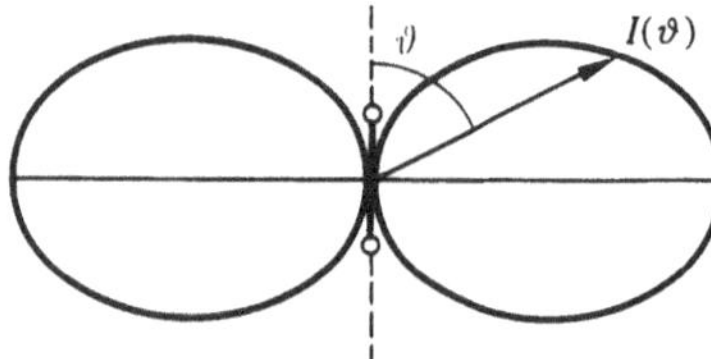

Bild 164.1

Erstmalig verwendete man elektromagnetische Wellen 7
Jahre nach den Hertzschen Versuchen. Am 7. Mai 1895 führte
der Dozent für Physik A. S. Popow (1859–1906) auf einer Sit-
zung der Russischen physikalisch-chemischen Gesellschaft das
erste Radio der Welt vor. Damit war die Möglichkeit eröffnet,
elektromagnetische Wellen zur drahtlosen Übermittlung von

Informationen zu nutzen, was die gesamte Entwicklung der
Menschheit nachhaltig beeinflußte. Das erste je übermittelte
Radiogramm enthielt nur zwei Worte: „Heinrich Hertz". Die
Erfindung des Radios spielte eine bedeutende Rolle bei der Ver-
breitung und Weiterentwicklung der Maxwellschen Theorie.

Wenn elektromagnetische Wellen im Zentimeter- und Mil-
limeterbereich auf ein Hindernis treffen, werden sie von ihm
reflektiert. Diese Erscheinung bildet die Grundlage des Radars,
also der Ortung von Gegenständen (zum Beispiel von Flugzeugen und Schiffen) auf große Entfernungen mit genauer Ent-
fernungsangabe. Auch Wolken, die Prozesse ihrer Bildung, die
Bahn von Meteoriten in den oberen Schichten der Erdatmosphäre usw. können mit Hilfe des Radars beobachtet werden.

Die Richtungsänderung elektromagnetischer Wellen an verschiedenen Hindernissen ist ein weiterer Charakterzug dieser
Wellen. Solche Erscheinungen werden durch Beugung der Wellen hervorgerufen. Nur dank der Beugung von Radiowellen ist
eine Verbindung zwischen zwei durch die Wölbung der Erdoberfläche getrennten Punkten überhaupt möglich. Langwellen
(hunderte und tausende Meter Wellenlänge) werden in Bildte-
legraphie verwendet, Kurzwellen (einige Meter und weniger)
finden in der Teletechnik bei der Übertragung von Bildern auf
eher geringe Entfernungen Anwendung. Weiter verwendet man
Radiowellen in der Radiogeodäsie bei der sehr genauen Bestimmung von Entfernungen, in der Radioastronomie bei der
Erforschung der Radiosignale von Himmelskörpern usw. Eine
vollständige Aufzählung aller Anwendungen der Radiowellen
ist praktisch fast unmöglich, da es eigentlich kein Gebiet in
Wissenschaft und Technik gibt, das sich ihrer nicht in der einen
oder anderen Weise bedienen würde.

Kontrollfragen

▶   Was ist eine elektromagnetische Welle? Wie hoch ist ihre Ausbreitungsgeschwindigkeit?

▶   Welche Vorrichtungen können zur Ausstrahlung elektromagnetischer Wellen genutzt werden?

▶   Welche physikalischen Prozesse bilden die Entstehungsgrundlage für elektromagnetische Wellen?

▶   Warum benutzte Hertz in seinen Versuchsanordnungen einen offenen Schwingkreis?

▶   Wie kann man sich das Spektrum elektromagnetischer Wellen vorstellen, und welches sind die Vorrich-
    tungen zur Erzeugung der einzelnen Wellenarten?

▶   Welche Feldcharakteristika unterliegen einer periodischen Änderung bei einer laufenden elektromagne-
    tischen Welle?

▶ Warum ist das Glied $\partial D/\partial t$ in der Maxwellschen Gleichung $\oint_L H\,\mathrm{d}l = \int_S (j+\partial D/\partial t)\mathrm{d}S$ für das Verständnis des Ausbreitungsverhaltens von elektromagnetischen Wellen so wichtig?

▶ Man schreibe die Wellengleichung für die Vektoren E und H eines elektromagnetischen Wechselfeldes. Analysieren Sie die Lösung dieser Gleichung und erläutern Sie den physikalischen Sinn.

▶ Wie wird die Phasengeschwindigkeit von elektromagnetischen Wellen bestimmt?

▶ Wie kann die räumliche Energiedichte einer elektromagnetischen Welle bestimmt werden?

▶ Worin besteht der physikalische Sinn des Poynting-Vektors, wie ist er definiert?

▶ Warum ist die Dipol-Aufgabenstellung so wichtig?

▶ Worin besteht der physikalische Sinn des polaren Strahlungsdiagramms eines Dipols?

Aufgaben

20.1. Eine elektromagnetische Welle mit der Frequenz 4 MHz geht aus einem nichtmagnetischen Medium mit der relativen Dielektrizitätskonstante $\varepsilon = 3$ in Vakuum über. Berechnen Sie den Zuwachs der Wellenlänge. [31,7 m]

20.2. Eine ebene elektromagnetische Welle breitet sich in einem homogenen und isotropen Medium mit den Stoffkonstanten $\varepsilon = 2$ und $\mu = 1$ aus. Die Amplitude der elektrischen Feldstärke der Welle ist gleich $E_0 = 12$ V/m. Man bestimme: 1) die Phasengeschwindigkeit der Welle; 2) die Amplitude der magnetischen Feldstärke der Welle. [Lösung der Aufgabe s. S. 394]

20.3. Zwei parallele Leiter, von denen ein Ende isoliert und das andere induktiv mit einem Generator elektromagnetischer Wellen gekoppelt ist, befinden sich in Alkohol. Bei entsprechender Wahl der Schwingungsfrequenz entstehen im System stehende Wellen. Der Abstand zwischen zwei Knoten der stehenden Wellen an den beiden Leitern ist 0,5 m. Man berechne die Frequenz der Generatorschwingungen. Die relative Dielektrizitätskonstante von Alkohol nehme man mit $\varepsilon = 26$ und seine relative Permeabilität mit $\mu = 1$ an. [58,8 MHz]

20.4. Eine ebene elektromagnetische Welle breitet sich entlang der positiven x-Achse im Vakuum aus. Die Intensität der Welle, d. h. die mittlere Energie, die pro Zeiteinheit durch eine Flächeneinheit tritt, ist gleich 21,2 μW/m^2. Man berechne die Amplitude der Feldstärke des elektrischen Feldes der Welle. [Lösung der Aufgabe s. S. 394]

20.5. Im Vakuum breite sich entlang der x-Achse eine ebene elektromagnetische Welle aus. Die Amplitude der elektrischen Feldstärke des Wellenfeldes beträgt 18,8 V/m. Bestimmen Sie die Intensität der Welle, d. h. die mittlere Energie, welche pro Zeiteinheit durch eine zur Ausbreitungsrichtung der Welle senkrechte Flächeneinheit übertragen wird. [0,47 W/m^2]

Teil 5

Optik.
Quantennatur der Strahlung

Kapitel 21

Elemente der geometrischen und elektronischen Optik

§ 165 Grundlegende Gesetze der Optik. Vollständige Reflexion

Noch vor der Entdeckung der Natur des Lichtes waren folgende grundlegende Gesetzmäßigkeiten der Optik bekannt: das Gesetz der geradlinigen Ausbreitung des Lichtes in einem optisch homogenen Medium; das Gesetz von der Unabhängigkeit von Lichtstrahlen (gilt nur in der linearen Optik); das Reflexionsgesetz und das Brechungsgesetz des Lichtes.

Das Gesetz der geradlinigen Ausbreitung des Lichtes: Licht breitet sich in einem optisch homogenen Medium geradlinig aus.

Als Beweis dieses Gesetzes kann man die scharfbegrenzten Schatten anführen, die bei Bestrahlung eines undurchsichtigen Objektes durch eine punktförmige Lichtquelle (die Abmessungen der Lichtquelle sind im Vergleich zu denen des bestrahlten Objektes und der Entfernung zum Objekt vernachlässigbar klein) hinter diesem Objekt entstehen. Empfindliche Experimente haben jedoch gezeigt, daß dieses Gesetz nicht für Lichtstrahlen gilt, die durch sehr kleine Löcher oder Spalten fallen. Dabei ist die Abweichung um so größer, je kleiner die Löcher (oder Spalten) sind.

Das Gesetz von der Unabhängigkeit von Lichtstrahlen: Der von einem einfallenden Lichtstrahl hervorgerufene Effekt hängt nicht von der Einwirkung oder Nichteinwirkung noch weiterer Lichtstrahlen ab. Indem man einfallendes Licht in einzelne Lichtstrahlen zerlegt (zum Beispiel mit Hilfe von Blenden), kann man zeigen, daß die Wirkung einzelner Lichtstrahlen unabhängig voneinander ist.

Fällt Licht auf die Trennungslinie zweier (durchsichtiger) Medien, dann teilt sich der einfallende Strahl I (Bild 165.1) in zwei Strahlen – den reflektierten Strahl II und den gebrochenen Strahl III, deren Richtungen durch das Reflexions- und das Brechungsgesetz definiert sind.

Das Reflexionsgesetz: Ein reflektierter Strahl liegt in der gleichen Ebene wie der einfallende Strahl und die Normale zur

Mediengrenze, die durch den Auftreffpunkt auf dieselbige führt; der Reflexionswinkel φ_1' ist gleich dem Einfallswinkel φ_1:

$$\varphi_1' = \varphi_1.$$

Das Brechungsgesetz: Der einfallende, der gebrochene Strahl und die Normale zur Mediengrenze, die durch den Auftreffpunkt geht, liegen in der gleichen Ebene; das Verhältnis des Sinus des Einfallswinkels zum Sinus des Brechungswinkels ist für zwei gegebene Medien eine konstante Größe:

$$\frac{\sin \varphi_1}{\sin \varphi_2} = n_{21}, \tag{165.1}$$

wobei n_{21} der **relative Brechungsindex** ist. Der relative Brechungsindex ist eine Größe, die die Lichtbrechung eines Mediums bezüglich eines anderen beschreibt. Die Indizes für die Winkelbezeichnungen φ_1, φ_1', φ_2 zeigen an, in welchem Medium (im ersten oder zweiten) sich der Strahl befindet.

Der relative Brechungsindex zweier Medien ist gleich dem Quotienten ihrer absoluten Brechungsindizes (er wird oft auch nur Brechungsindex oder Brechzahl genannt):

$$n_{21} = \frac{n_2}{n_1}. \tag{165.2}$$

Brechungsindex (Brechzahl) eines Mediums heißt eine Größe n, die gleich dem Quotienten aus der Geschwindigkeit c der elektromagnetischen Wellen im Vakuum zu ihrer Phasenge-

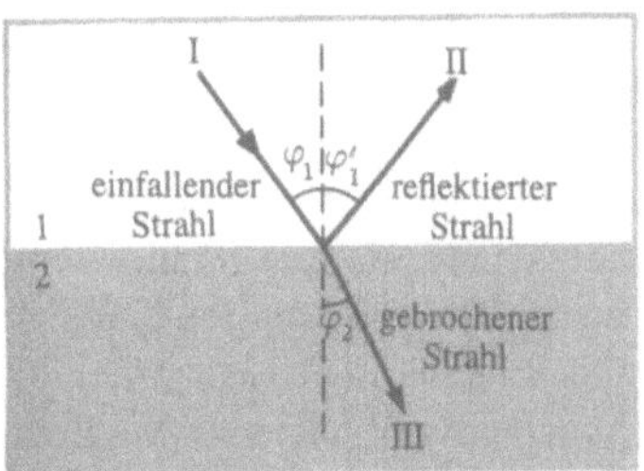

Bild 165.1

schwindigkeit v in diesem Medium ist:

$$n = \frac{c}{v}. \tag{165.3}$$

Ein Vergleich mit der Formel (162.3) zeigt, daß $n = \sqrt{\varepsilon\mu}$ gilt, wobei ε und μ die relative dielektrische Konstante bzw. die relative Permeabilität des Mediums sind. Unter Berücksichtigung von Formel (165.2) kann das Brechungsgesetz (165.1) wie folgt geschrieben werden:

$$n_1 \sin \varphi_1 = n_2 \sin \varphi_2. \tag{165.4}$$

Aus der Symmetrie des Ausdrucks (165.4) folgt, daß der Vorgang der Lichtbrechung reversibel ist. Wenn man den Lichtstrahl III (Bild 165.1) unter dem Winkel φ_2 auf die Mediengrenze fallen läßt, dann breitet sich der gebrochene Strahl im ersten Medium unter dem Winkel φ_1 aus, d. h., seine Richtung fällt mit der entgegengesetzten Richtung des Strahls I zusammen.

Wenn Licht aus einem Medium mit einer großen Brechzahl n_1 (optisch dichter) in ein Medium mit geringerer Brechzahl n_2 einfällt (optisch weniger dicht, zum Beispiel aus Glas in Wasser) $(n_1 > n_2)$, dann gilt nach Formel (165.4)

$$\frac{\sin \varphi_2}{\sin \varphi_1} = \frac{n_1}{n_2} > 1,$$

und der gebrochene Strahl entfernt sich weiter von der Normalen, d. h., der Brechungswinkel φ_2 ist größer als der Einfallswinkel φ_1 (Bild 165.2a). Mit dem Anwachsen des Einfallswinkels vergrößert sich auch der Brechungswinkel (Bild 165.2b, c), bis bei einem bestimmten Einfallswinkel $(\varphi_1 = \varphi_{gr})$ der Brechungswinkel den Wert $\pi/2$ annimmt. Der Winkel φ_{gr} heißt **Grenzwinkel**. Bei Einfallswinkeln $\varphi_1 > \varphi_{gr}$ wird alles einfallende Licht reflektiert (Bild 165.2d).

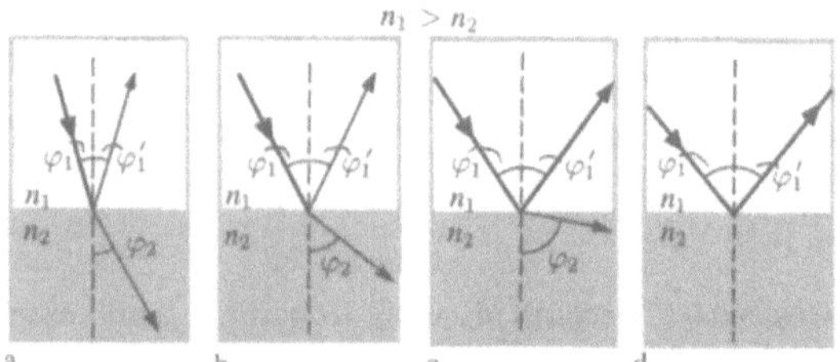

Bild 165.2

Bei Annäherung des Einfallswinkels an den Grenzwinkel verringert sich die Intensität des gebrochenen Strahls, und die des reflektierten wächst an (Bild 165.2a–c). Wenn $\varphi_1 = \varphi_{gr}$ gilt, dann nimmt die Intensität des gebrochenen Strahls den Wert Null an, und die Intensität des reflektierten Strahls wird gleich der des einfallenden Strahls (Bild 165.2d). Bei Einfallswinkeln im Intervall von φ_{gr} bis $\pi/2$ wird der Lichtstrahl also nicht gebrochen, sondern vollständig in das erste Medium zurückreflektiert. Dabei ist die Intensität des reflektierten Strahls gleich der des einfallenden Strahls. Diese Erscheinung nennt man **Totalreflexion**.

Den Grenzwinkel φ_{gr} kann man aus der Formel (165.4) mit $\varphi_2 = \pi/2$ bestimmen. Dann gilt

$$\sin \varphi_{gr} = \frac{n_2}{n_1} = n_{21}. \tag{165.5}$$

Gl. (165.5) genügt den Werten für φ_{gr} bei $n_2 \leqq n_1$. Folglich tritt die Totalrefexion nur beim Einfall von Licht *aus einem optisch dichteren in ein optisch weniger dichtes Medium* auf.

Die Totalreflexion wird in Totalreflexionsprismen verwendet. Die Brechzahl für Glas beträgt etwa $n \approx 1{,}5$. Deshalb ist der Grenzwinkel für eine Grenze Glas–Luft $\varphi_{gr} = \arcsin(1/1{,}5) = 42°$. Wenn nun Licht unter einem Winkel $\varphi > 42°$ auf diese Glas-Luft-Grenze fällt, tritt immer Totalreflexion ein. In Bild 165.3a-c sind Totalreflexionsprismen dargestellt, die es erlauben: a) den eintreffenden Lichtstrahl um 90° abzulenken; b) das erhaltene Bild umzukehren; c) die Strahlen zu vertauschen.

Derartige Prismen werden in vielen optischen Geräten verwendet (zum Beispiel in Operngläsern, Periskopen usw.) und auch in **Refraktometern**, die eine Bestimmung der Brechzahlen verschiedener Stoffe ermöglichen (nach dem Brechungsgesetz, indem φ_{gr} gemessen wird, kann man den relativen Brechungsindex und auch die Brechzahl eines Stoffes ermitteln, wenn die Brechzahl des zweiten Stoffes bekannt ist).

Außerdem wird die Totalreflexion in **Lichtleitern** eingesetzt. Lichtleiter sind dünne Fasern aus einem optisch durchsichtigen Material. Man kann zum Beispiel eine lichtleitende Glasfaser (Kern) mit einer Hülle aus anderem Glas umgeben, dessen Brechzahl niedriger als die des Kernmaterials ist. Fällt Licht unter einem Winkel auf die Grenzfläche der beiden Glassorten, der größer als der Grenzwinkel ist, erfährt es an der Grenze eine Totalreflexion und kann sich nur innerhalb der lichtleitenden Kernfaser ausbreiten.

Man kann also mit Hilfe von Lichtleitern den Verlauf von Lichtstrahlen beliebig verändern. Der Durchmesser der Lichtleiter beträgt von einigen Mikrometern bis zu einigen Millimetern. Zur Bildübertragung verwendet man in der Regel gebündelte Lichtleiter. Fragen, welche die Übertragung von Lichtwellen und Bildern behandeln, sind Inhalt eines speziellen Bereiches der Optik. Man nennt diesen Bereich

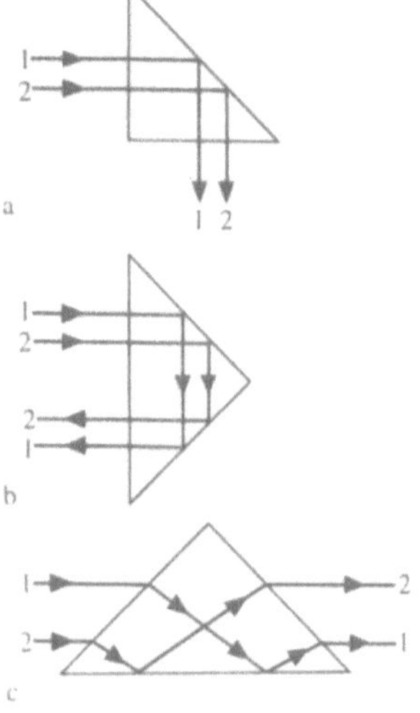

Bild 165.3

(entstanden in den 50er Jahren unseres Jahrhunderts) **Lichtleiteroptik** oder auch **Lichtleitertechnik**. Lichtleiter werden weiter in Elektronenstrahlröhren, zur Informationsübertragung und zur Beleuchtung von unzugänglichen Stellen (zum Beispiel in der Medizin) eingesetzt.

§ 166 Dünne Linsen. Darstellung von Gegenständen mit Hilfe von Linsen

Den Teilbereich der Optik, in dem die Gesetze der Lichtausbreitung basierend auf der Vorstellung von Lichtstrahlen betrachtet werden, nennt man **geometrische Optik**. Unter **Lichtstrahlen** versteht man Linien senkrecht zur Wellenoberfläche, entlang derer sich die Lichtenergie ausbreitet. Die geometrische Optik ist eine Näherungsmethode zur Konstruktion von Abbildern in optischen Systemen und erlaubt die Erklärung der grundlegenden Erscheinungen, die mit dem Lichtdurchgang durch solche Systeme verbunden sind. Deshalb ist die geometrische Optik die hauptsächlich angewandte Theorie der optischen Geräte.

Einen lichtdurchlässigen Körper, der durch zwei Oberflächen begrenzt ist, die einfallende Lichtstrahlen brechen, und eine optische Darstellung von Gegenständen ermöglicht, nennt man **Linse**. Man kann Quarz, Glas, Kristalle, Kunststoffe usw. zur Linsenherstellung verwenden. Nach ihrer äußeren Form (Bild 166.1) unterscheidet man: 1) bikonvexe; 2) plankonvexe; 3) bikonkave; 4) plankonkave; 5) konvex-konkave 6) konkavkonvexe Linsen. Nach den optischen Eigenschaften unterscheidet man **Sammel-** und **Zerstreuungslinsen**.

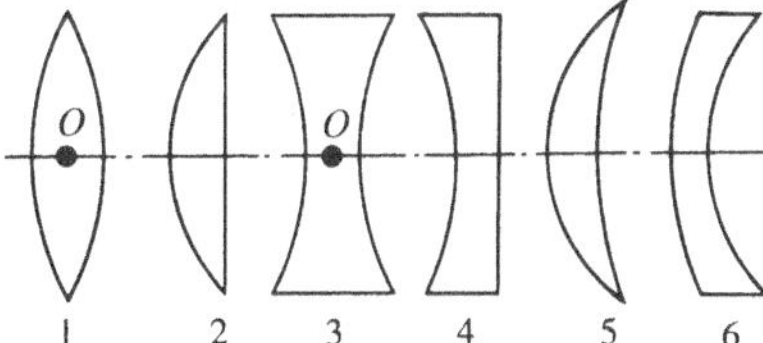

Bild 166.1

Man spricht von **dünnen Linsen**, wenn die Dicke der Linse (Abstand zwischen den zwei Oberflächen) sehr viel kleiner ist als die Krümmungsradien der begrenzenden Kugelflächen. Die durch die Krümmungsmittelpunkte verlaufende Gerade wird als **optische Achse** oder **Hauptachse** der Linse bezeichnet. Für jede Linse gibt es einen Punkt auf der optischen Achse mit der Eigenschaft, daß die Lichtstrahlen diesen Punkt ohne Brechung passieren. Einen solchen Punkt nennt man das **optische Zentrum der Linse**. Der Einfachheit halber werden wir annehmen, daß das optische Zentrum O mit dem geometrischen Zentrum des Mittelteils der Linse identisch ist (diese Regelung ist nur für bikonkave und bikonvexe Linsen mit dem gleichen Krümmungsradius der beiden Oberflächen gültig, für plankonvexe und plankonkave Linsen liegt das optische Zentrum O im Schnittpunkt der optischen Achse mit der Kugeloberfläche).

Eine Linsengleichung beschreibt den Zusammenhang zwischen den Krümmungsradien der Oberflächen R_1 und R_2 mit den Abständen a und b der Linse vom Objekt und vom Abbild desselben. Zur Herleitung dieser Gleichung benutzen wir

das **Fermatsche Prinzip** oder, wie man auch sagen kann, das **Prinzip der minimalen Laufzeit:** Lichtwellen nehmen bei ihrer Ausbreitung zwischen zwei Punkten einen Weg, der gegenüber benachbarten Wegen zeitlich der kürzeste ist. Dieses Prinzip wurde vom französischen Mathematiker und Physiker P. de Fermat (1601–1665) abgeleitet.

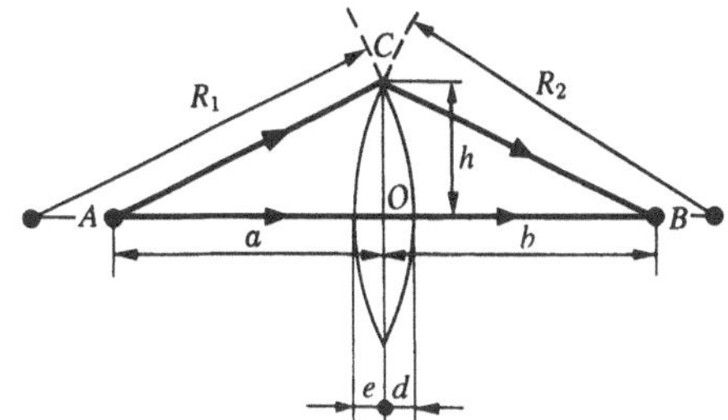

Bild 166.2

Wir betrachten zwei mögliche Wege eines Lichtstrahls (Bild 166.2) – eine Verbindungsgerade zwischen den Punkten A und B (Strahl AOB) und eine Bahn durch den äußeren Bereich der Linse (Strahl ACB), und halten uns dabei an die Bedingung der Zeitgleichheit auf beiden Wegstrecken. Diese Zeit ergibt sich für den Weg AOB zu

$$t_1 = \frac{a + N(e+d) + b}{c},$$

wobei $N = n/n_1$ der relative Brechungsindex ist (n und n_1 sind entsprechend die Brechzahlen der Linse und des sie umgebenden Mediums). Die Zeit für das Zurücklegen der Wegstrecke ACB ist gleich

$$t_2 = \frac{\sqrt{(a+e)^2 + h^2} + \sqrt{(b+d)^2 + h^2}}{c}.$$

Da nun $t_1 = t_2$ gilt, erhalten wir

$$a + N(e+d) + b$$
$$= \sqrt{(a+e)^2 + h^2} + \sqrt{(b+d)^2 + h^2}. \tag{166.1}$$

Wir wollen weiter **Paraxialstrahlen (achsennahe Strahlen)** untersuchen, d. h. Strahlen, die kleine Winkel mit der optischen Achse bilden. Nur für paraxiale Strahlen erhält man eine **stigmatische Abbildung**, d. h. eine Abbildung, bei der sich alle Lichtstrahlen des paraxialen Bündels ausgehend vom Punkt A nach dem Durchgang durch die Linse in ein und demselben Punkt B auf der optischen Achse schneiden. Dann gilt $h \ll (a+e)$, $h \ll (b+d)$ und

$$\sqrt{(a+e)^2 + h^2} = (a+e)\sqrt{1 + \frac{h^2}{(a+e)^2}}$$

$$= (a+e)\left[1 + \frac{1}{2}\left(\frac{h}{a+e}\right)^2\right]$$

$$= a + e + \frac{h^2}{2(a+e)}.$$

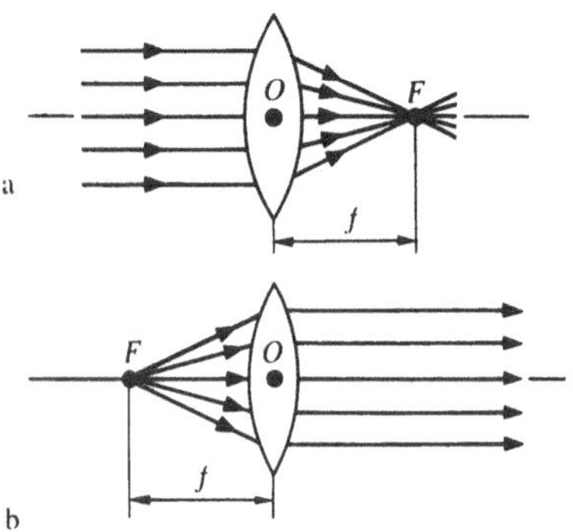

Bild 166.3

Analog erhalten wir

$$\sqrt{(b+d)^2 + h^2} = b + d + \frac{h^2}{2(b+d)}.$$

Indem wir diese Ausdrücke in Formel (166.1) einsetzen, erhalten wir

$$(N-1)(e+d) = \frac{h^2}{2}\left(\frac{1}{a+e} + \frac{1}{b+d}\right). \qquad (166.2)$$

Für dünne Linsen gilt $e \ll a$ und $d \ll b$. Deshalb kann man die Formel (166.2) auch in folgender Weise schreiben:

$$(N-1)(e+d) = \frac{h^2}{2}\left(\frac{1}{a} + \frac{1}{b}\right).$$

Unter Berücksichtigung, daß $e = R_2 - \sqrt{R_2^2 - h^2} = R_2 - R_2\sqrt{1 - h^2/R_2^2} = R_2 - R_2[1 - (h/R_2)^2/2] = h^2/(2R_2)$ und entsprechend $d = h^2/(2R_1)$ gilt, erhalten wir

$$(N-1)\left(\frac{1}{R_1} + \frac{1}{R_2}\right) = \frac{1}{a} + \frac{1}{b}. \qquad (166.3)$$

Gl. (166.3) ist die gesuchte **Linsengleichung für dünne Linsen**. Der Krümmungsradius der konvexen Oberfläche wird als positiv, der der konkaven als negativ angenommen.

Für $a = \infty$, d.h., die Strahlen fallen parallel in die Linse ein (Bild 166.3a), gilt

$$\frac{1}{b} = (N-1)\left(\frac{1}{R_1} + \frac{1}{R_2}\right).$$

Der diesem Fall entsprechende Abstand $b = OF = f$ heißt **Brennweite der Linse**:

$$f = \frac{1}{(N-1)\left(\dfrac{1}{R_1} + \dfrac{1}{R_2}\right)}.$$

Die Brennweite hängt von der Brechzahl und vom Krümmungsradius der Oberflächen ab.

Wenn $b = \infty$ ist, d.h., das Abbild befindet sich im Unendlichen, und folglich verlassen die Lichtstrahlen die Linse als paralleles Bündel (Bild 166.3b), dann ist $a = OF = f$. Die

Brennweiten einer Linse, die auf beiden Seiten von dem gleichen Medium umgeben ist, sind also gleich. Die Punkte F, die auf beiden Seiten der Linse auf der optischen Achse in Entfernung der Brennweite vom optischen Zentrum liegen, heißen **Brennpunkte** der Linse. Ein Brennpunkt ist ein Punkt, in dem sich nach der Brechung durch die Linse alle Strahlen vereinen, die parallel zur optischen Achse in die Linse einfallen.

Die Größe

$$(N-1)\left(\frac{1}{R_1} + \frac{1}{R_2}\right) = \frac{1}{f} = \Phi \qquad (166.4)$$

bezeichnet man als **Brechkraft der Linse**. Die Maßeinheit der Brechkraft ist die **Dioptrie**. Eine Dioptrie entspricht der Brechkraft einer Linse mit einer Brennweite von einem Meter: 1 Dioptrie = 1 m^{-1}.

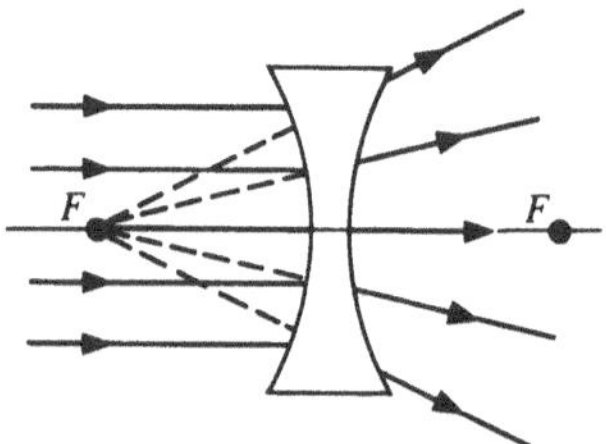

Bild 166.4

Linsen mit **positiver** Brechkraft sind **Sammellinsen** und Linsen mit **negativen** Brechkraftwerten **Zerstreuungslinsen**. Die Ebenen durch die Brennpunkte, die zur optischen Achse der Linse senkrecht sind, heißen **Brennebenen**. Im Unterschied zu Sammellinsen haben Zerstreuungslinsen imaginäre Brennpunkte. In einem imaginären Brennpunkt schneiden sich (nach der Brechung) die angenommenen Fortsetzungen der Strahlen, die parallel der optischen Achse in die Linse einfallen (Bild 166.4).

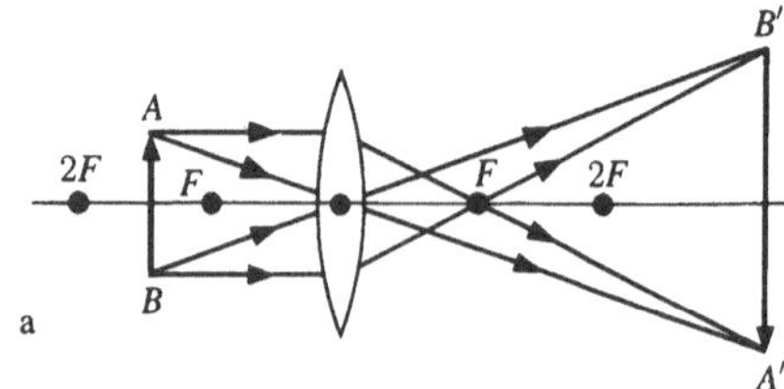

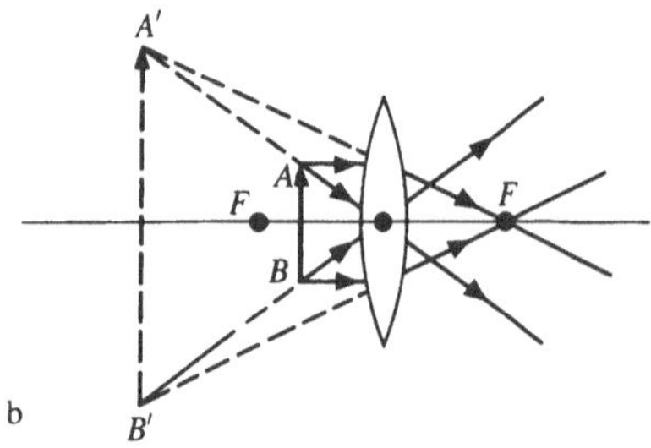

Bild 166.5

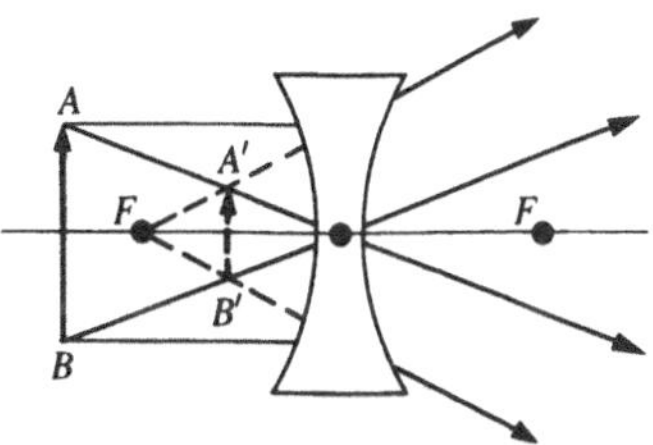

Bild 166.6

Unter Berücksichtigung von (166.4) kann die Linsengleichung (166.3) wie folgt geschrieben werden:

$$\frac{1}{a} + \frac{1}{b} = \frac{1}{f}.$$

Für eine Zerstreuungslinse müssen die Abstände f und b als negativ angenommen werden.

Die Bildkonstruktion für Linsen wird mit Hilfe folgender Strahlen vorgenommen:

1) Strahlen, die durch das optische Zentrum der Linse führen, ohne dabei ihre Richtung zu ändern;

2) Strahlen, die parallel der optischen Achse in die Linse einfallen; nach der Brechung führen diese Strahlen (oder ihre Fortsetzung) durch den zweiten Brennpunkt der Linse;

3) Strahlen (oder ihre Fortsetzung), die durch den ersten Brennpunkt der Linse führen; nach der Brechung treten diese Strahlen parallel der optischen Achse aus der Linse aus.

In den Bildern 166.5 und 166.6 ist ein Beispiel zur Bildkonstruktion für eine Sammellinse (Bild 166.5) und eine Zerstreuungslinse (Bild 166.6) angeführt: reelles Bild (Bild 166.5a) und virtuelles Bild (Bild 166.5b) für eine Sammellinse und virtuelles Bild (Bild 166.6) für eine Zerstreuungslinse.

Das Verhältnis der linearen Abmessungen des Bildes und des Objektes heißt **lineale Vergrößerung** bzw. **Abbildungsmaßstab**. Negativen Werten des Abbildungsmaßstabes entsprechen reelle Bilder (sie stehen auf dem Kopf); positiven Werten virtuelle Bilder (sie stehen aufrecht). In optischen Geräten, die zur Lösung bestimmter Aufgaben aus Wissenschaft und Technik vorgesehen sind, werden Kombinationen von Sammel- und Zerstreuungslinsen eingesetzt.

§ 167   Aberration (Abbildungsfehler) optischer Systeme

Im vorigen Abschnitt haben wir uns auf Paraxialstrahlen beschränkt. Wir haben weiter vorausgesetzt, daß die Brechzahl des Linsenmaterials nicht von der Wellenlänge des einfallenden Lichtes abhängt und daß die einfallenden Lichtbündel monochromatisch sind. Da für reale optische Systeme alle diese Voraussetzungen nicht zutreffen, treten Verzerrungen an den Objektabbildungen auf, die man **Aberrationen** (**Abbildungsfehler**) nennt.

1. Sphärische Aberration. Fällt ein ungebündelter Lichtstrahl auf eine Linse, dann schneiden sich die paraxialen Strahlen nach der Brechung im Punkt S' (im Abstand OS' vom optischen Zentrum der Linse) und die Strahlen, welche weiter von

der optischen Achse der Linse entfernt sind, im Punkt S'', der näher an der Linse liegt (Bild 167.1). Im Ergebnis erhält man anstelle eines scharfen Abbildes eine verschwommene Wiedergabe des Objektes. Diese Art der Abweichung, bedingt durch die Kugelform der Linsenoberflächen, heißt sphärische Aberration. Ein Bewertungscharakteristikum der Aberration ist der Abstand $\delta = OS'' - OS'$. Man kann die sphärische Aberration durch den Einsatz von Blenden verringern, die nur die paraxialen Strahlen hindurchlassen. Allerdings verringert man damit ebenfalls die Lichtstärke der Linse. Praktisch ausschließen läßt sich die sphärische Aberration durch die Verwendung eines Systems aus Sammel- ($\delta < 0$) und Zerstreuungslinsen ($\delta > 0$), oder indem man die Linsenoberflächen parabelförmig schleift. Die sphärische Aberration ist ein Spezialfall des Astigmatismus (siehe Punkt 5).

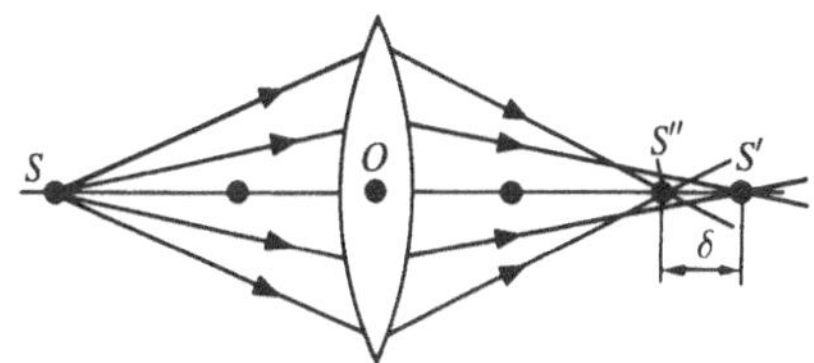

Bild 167.1

2. Koma. Wenn ein breites Strahlenbündel durch ein optisches System geleitet wird, das von einem Punkt ausgeht, der nicht auf der optischen Achse der Linse liegt, dann erhält man als Abbildung dieses Punktes einen Fleck, der an einen Kometenschweif erinnert. Deshalb nennt man die entsprechende Abweichung die Koma. Die Koma läßt sich mit den gleichen Methoden wie die sphärische Aberration weitestgehend unterdrücken.

3. Verzeichnung. Bei großen Einfallswinkeln von Lichtstrahlen auf die Linse werden Punkte, die sich in unterschiedlichen Abständen von der Hauptachse der Linse befinden, mit unterschiedlichen Vergrößerungswerten abgebildet. Diese Form der Abweichung nennt man Verzeichnung. Das Ergebnis dieses Fehlers sind Abweichungen bei der Abbildung von Gegenständen, besonders gut zu beobachten bei Gegenständen mit geometrischen Formen (rechtwinkliges Netz, Bild 167.2a), seine Abbildung durch die Linse kann kissenförmig (Bild 167.2b) oder tonnenförmig (Bild 167.2c) verzerrt sein. Abbildungsfehler durch Verzeichnung lassen sich durch eine Kombination von Linsen mit entgegengesetzter Verzeichnung verringern.

4. Chromatische Aberration. Bisher haben wir konstante Brechzahlen für das optische System vorausgesetzt. Diese Voraussetzung gilt jedoch nur für monochromatisches Licht

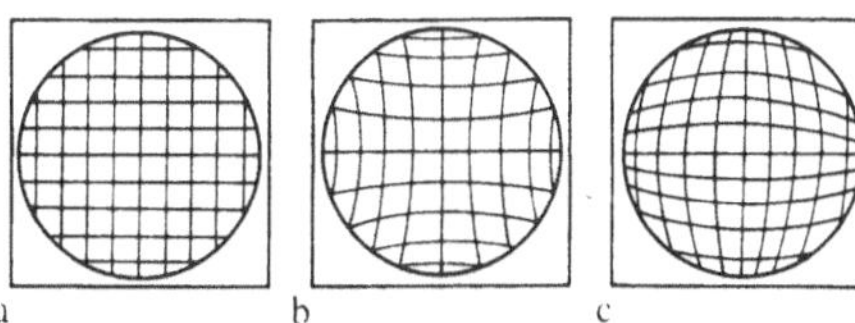

Bild 167.2

(λ = const). Ist das in das optische System einfallende Licht aus einer Vielzahl von Lichtstrahlen unterschiedlicher Wellenlänge zusammengesetzt, dann muß die Abhängigkeit der Brechzahl des Linsenmaterials (und des umgebenden Mediums) von der Wellenlänge des einfallenden Lichtes berücksichtigt werden (diese Erscheinung wird Dispersion genannt). Fällt ein weißer Lichtstrahl in das System, dann werden die einzelnen monochromatischen Bestandteile des Lichtes in verschiedenen Punkten gebündelt (die größte Brennweite hat Licht aus dem roten Spektralbereich, die kleinste Licht aus dem violetten Spektralbereich). Wir erhalten deshalb eine verschwommene Abbildung, deren Ränder eingefärbt sind. Diese Erscheinung wird chromatische Aberration genannt. Verschiedene Glassorten weisen auch eine unterschiedliche Dispersion auf. Durch Kombination von Sammel- und Zerstreuungslinsen aus unterschiedlichen Glassorten kann man die Brennweiten für zwei (**Achromate**) oder drei (**Apochromate**) verschiedene Farben in Übereinstimmung bringen, d. h. die chromatische Aberration verringern. Systeme, die die sphärische und chromatische Aberration berücksichtigen, heißen **Aplanate**.

5. Astigmatismus. Das Entstehen von Abbildungsfehlern durch unterschiedliche Krümmungsradien der optischen Oberfläche in verschiedenen Schnittebenen des einfallenden Lichtstrahls heißt Astigmatismus. Infolge des Astigmatismus wird ein von der Hauptachse entfernter Punkt auf dem Bildschirm als verschwommener Fleck mit elliptischen Umrissen abgebildet. Der Fleck wird in Abhängigkeit von der Entfernung des abzubildenden Punktes zum optischen Zentrum der Linse entweder zu einem vertikalen oder einem horizontalen Strich. Der Astigmatismus kann durch Auswahl der Radien der brechenden Flächen und deren Brennweiten minimiert werden. Optische Systeme, die die sphärische und chromatische Aberration wie auch den Astigmatismus berücksichtigen, nennt man **Anastigmate**.

Die Verringerung der Aberration ist nur mit Hilfe komplizierter und speziell berechneter Systeme möglich. Das gleichzeitige Ausgleichen aller Fehler ist eine sehr schwierige, ja manchmal unlösbare Aufgabe. Deshalb beschränkt man sich bei den meisten Vorhaben auf die Verringerung der besonders störenden Abbildungsfehler.

§ 168   Grundlegende photometrische Größen und ihre Einheiten

Die **Photometrie** ist ein Teilgebiet der Optik, das sich mit Fragen der Lichtintensitätsmessung beschäftigt. In der Photometrie werden folgende Größen verwendet:

1. **Energetische Größen.** Sie charakterisieren die energetischen Parameter der optischen Strahlung ohne Bezug auf die Wirkung dieser Strahlung auf den Empfänger;

2. **Visuelle Strahlungsgrößen.** Sie charakterisieren die physiologische Wirkung des Lichtes und werden nach der Wirkung auf die Augen oder andere Lichtempfänger bewertet (dabei wird von der sogenannten mittleren Augenempfindlichkeit ausgegangen).

1. Energetische Größen. Die **Strahlungsleistung** Φ_e ist der Quotient aus der Strahlungsenergie Q_e und der Zeit t:

$$\Phi_e = \frac{Q_e}{t}.$$

Die Maßeinheit für die Strahlungsleistung ist das **Watt** (W).

Die **Bestrahlungsstärke** E_e einer Lichtquelle ist gleich der von einer leuchtenden Oberfläche abgestrahlten Strahlungsleistung Φ_e je Flächeneinheit der strahlenden Oberfläche A:

$$E_e = \frac{\Phi_e}{A},$$

d. h., es ist von der Oberflächendichte der Strahlungsleistung die Rede. Die Maßeinheit für die Bestrahlungsstärke ist **Watt je Quadratmeter** (W/m^2).

Als **Strahlstärke** I_e wird eine Größe bezeichnet, die wie der Quotient aus der Strahlungsleistung Φ_e der Lichtquelle und dem Raumwinkel Ω, in dessen Grenzen sich die Strahlung ausbreitet, bestimmt (die Lichtquelle nehmen wir dabei als punktförmigen Strahler an, d. h., seine Abmessungen sind im Vergleich mit der Entfernung zum Empfänger der Strahlen vernachlässigbar gering):

$$I_e = \frac{\Phi_e}{\Omega}.$$

Die Maßeinheit der Strahlstärke ist **Watt je Steradiant** (W/sr).

Strahldichte L_e nennt man eine Größe gleich dem Verhältnis aus der Strahlstärke ΔI_e eines Elementes der strahlenden Oberfläche zur Fläche ΔA der Projektion dieses Elementes in eine Ebene, die der Beobachtungsrichtung senkrecht ist:

$$L_e = \frac{\Delta I_e}{\Delta A}.$$

Die Maßeinheit der Strahldichte ist $W/(sr \cdot m^2)$.

2. Visuelle Strahlungsgrößen. Bei optischen Messungen verwendet man verschiedene Strahlungsempfänger (zum Beispiel Augen, Photoelemente, Photoverstärker), die für Strahlung unterschiedlicher Wellenlängen verschieden empfindlich sind. Sie reagieren also **selektiv** auf Strahlung unterschiedlicher Wellenlänge. Jeder Strahlungsempfänger besitzt seine eigene Empfindlichkeit auf nicht monochrome Strahlenbündel. Darum sind Lichtmessungen immer subjektiv an den jeweiligen Empfänger gebunden. Deshalb unterscheiden sich die Werte von Lichtmessungen von den objektiven energetischen Größen, und es werden für sie spezielle Maßeinheiten eingeführt, die sich ausschließlich auf den visuellen Lichtbereich beziehen. Die *Basiseinheit der Maßeinheiten für photometrische Größen im SI-System* ist die Einheit der Lichtstärke, die **Candela** (cd). Die Definition der Candela wurde bereits weiter oben (siehe Einführung) gegeben.

Der **Lichtstrom** Φ_v ist wie die Leistung einer optischen Strahlung bezüglich der hervorgerufenen Lichtempfindung (der Wirkung auf einen selektiven Empfänger mit gegebener spektraler Empfindlichkeit) definiert.

Der Lichtstrom wird in **Lumen** (lm) gemessen. 1 Lumen ist der Lichtstrom, der von einer punktförmigen Lichtquelle der

Lichtstärke 1 Candela in den Raumwinkel 1 Steradiant ausgestrahlt wird (1 lm = 1 cd · sr).

Die **Leuchtdichte** $L_v(\varphi)$ einer leuchtenden Fläche in einer bestimmten Richtung φ ist das Verhältnis aus der Lichtstärke I_v in dieser Richtung zu der Projektion der Fläche A auf eine Ebene senkrecht zur betrachteten Richtung:

$$L_v(\varphi) = \frac{I_v}{A \cos \varphi}.$$

Die Maßeinheit für die Leuchtdichte ist **Candela je Quadratmeter** (cd/m^2).

Die **Beleuchtungsstärke** E_v ist der Quotient aus dem auf eine Fläche auftreffenden Lichtstrom Φ_v und dieser Fläche A:

$$E_v = \frac{\Phi_v}{A}.$$

Die Maßeinheit für die Beleuchtungsstärke ist **Lux** (lx): 1 lx ist die Beleuchtungsstärke einer Oberfläche, auf die ein Lichtstrom von 1 lm je Quadratmeter trifft (1 lx = 1 lm/m^2).

§ 169   Elemente der Elektronenoptik

Der Bereich der Physik und Technik, der sich mit Fragen der Erzeugung, Fokussierung und Ablenkung von Strahlen geladener Teilchen und der Erzeugung von Bildern mit ihrer Hilfe unter der Einwirkung von elektrischen und magnetischen Feldern im Vakuum befaßt, wird **Elektronenoptik** genannt. Elektronenoptische Geräte (Elektronenstrahlröhren, Elektronenmikroskop, optoelektronischer Wandler) stellen eine Kombination von verschiedenen elektronenoptischen Elementen wie zum Beispiel Elektronenlinsen, Spiegel und Prismen dar.

1. Elektronenlinsen sind Vorrichtungen zur Erzeugung elektrischer und magnetischer Felder, mit denen Strahlen geladener Teilchen gebündelt und fokussiert werden können. Es gibt elektrostatische und magnetische Linsen. Als **elektrostatische Linse** wirken elektrische Felder mit konkaven oder konvexen Äquipotentialflächen. Solche Felder treten zum Beispiel in Systemen mit elektrischen Elektroden und Diaphragmen mit Achsensymmetrie auf. In Bild 169.1 ist eine einfache elektrostatische Sammellinse dargestellt, dabei ist A der abzubildende Punkt des Gegenstandes und B die entsprechende Abbildung. Die Strichlinien sollen die Feldlinien darstellen.

Eine **magnetische Linse** ist meist eine Zylinderspule mit einem starken Magnetfeld, das koaxial zum Elektronenstrahl ist. Um das Magnetfeld auf die Symmetrieachse zu konzentrieren, befindet sich die Spule in einer eisernen Hülle mit einer engen inneren ringförmigen Öffnung.

Fällt ein ungebündelter Strahl geladener Teilchen in ein homogenes Magnetfeld ein, das entlang der Strahlachse gerichtet ist, dann kann man den Geschwindigkeitsvektor jedes Teilchens in zwei Komponenten zerlegen: in eine Orthogonal- und eine Längskomponente. Die erste dieser Komponenten bedingt eine gleichförmige Bewegung auf einer Kreisbahn in einer Ebene, die zur Feldrichtung senkrecht ist (siehe § 115). Die zweite Komponente ist für eine geradlinig gleichförmige Bewegung entlang der Feldrichtung verantwortlich. Die resultierende Bewegungsbahn der Teilchen ist eine Spirale, deren Achse mit der Feldrichtung zusammenfällt. Für unter verschiedenen Winkeln ausgestrahlte Elektronen sind die orthogonalen Geschwindigkeitskomponenten verschieden, d. h., die Radien der von ihnen beschriebenen Spiralbahnen sind verschieden. Das Verhältnis aus der senkrechten Geschwindigkeitskomponente und dem Radius der entsprechenden Spirale pro Periode der Kreisbewegung jedoch ist für alle Elektronen gleich (siehe § 115). Folglich werden alle Elektronen nach einer Drehung in ein und demselben Punkt auf der Achse der magnetischen Linse gebündelt.

Das Brechungsverhalten elektrostatischer und magnetischer Linsen ist von der Brennweite der entsprechenden Linse abhängig. Die Brennweite wiederum wird von der Linsenkonstruktion, der Geschwindigkeit der Elektronen und vom Potentialunterschied bei elektrostatischen Linsen und der magnetischen Induktion bei magnetischen Linsen bestimmt. Durch Änderung des Potentialunterschiedes oder des Stromflusses in der Spule kann die Brennweite stufenlos reguliert werden. Eine stigmatische Abbildung von Gegenständen mit Hilfe von Elektronenlinsen erhält man nur für Paraxialstrahlen von Elektronen. Wie bei den optischen Systemen (siehe § 167) entstehen auch in elektronenoptischen Systemen Abbildungsfehler: sphärische Aberration, Koma, Verzeichnung, Astigmatismus. Weisen die Elektronen im Strahl unterschiedliche Geschwindigkeiten auf, läßt sich auch chromatische Aberration beobachten. Jede Aberration verringert das Auflösungsvermögen und die Abbildungsqualität. Deshalb sind in jedem konkreten Fall Maßnahmen zu ihrer Verringerung notwendig.

2. Mit einem **Elektronenmikroskop** kann man Mikroobjekte sichtbar machen. Im Unterschied zu einem Lichtmikroskop werden im Elektronenmikroskop anstelle von Lichtstrahlen Elektronenstrahlen verwandt. Die Elektronenstrahlen werden in einem Hochvakuum (ca. 0,1 mPa) bis zu Energien von 30–100 keV und mehr beschleunigt. Anstelle der optischen Linsen treten in einem Elektronenmikroskop Elektronenlinsen. Die Abbildung in einem Elektronenmikroskop kann entweder mit Hilfe von durch die Probe hindurchgehenden oder von ihr reflektierten Elektronen erzeugt werden. Man unterscheidet deshalb **Elektronenmikroskope auf Durchstrahlungs-** und **Reflexionsbasis**.

In Bild 169.2 ist das Prinzip eines Durchstrahlungs-Elektronenmikroskops dargestellt. Der Elektronenstrahl entsteht in der Elektronenkanone (Glühkathode) 1 und tritt in den Bereich der **Kondensatorlinse** 2 ein. Die Kondensatorlinse fokussiert den Elektronenstrahl mit dem nötigen Querschnitt und der erforderlichen Intensität auf das Objekt 3. Nachdem die Elektronenstrahlen durch das Objekt hindurchgegangen sind und entspre-

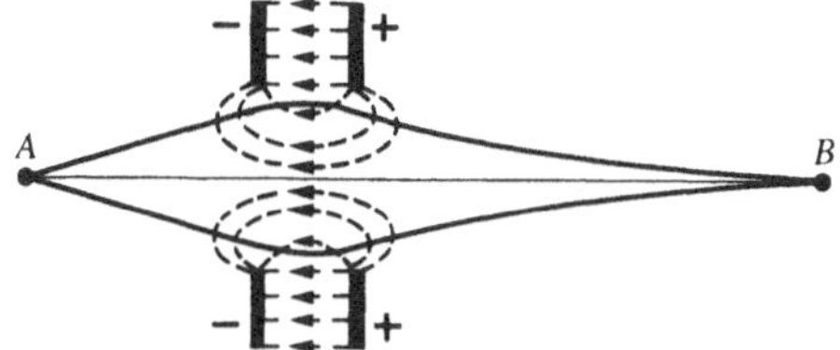

Bild 169.1

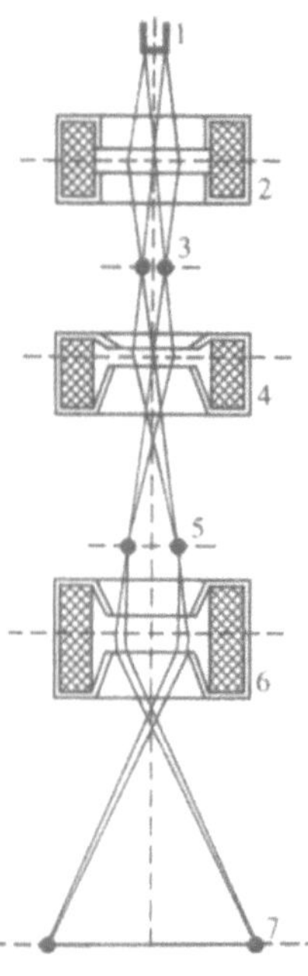

Bild 169.2

Auge unsichtbaren Abbildungen eines Objektes (zum Beispiel im infraroten oder ultravioletten Spektrum) in sichtbare heißt **optoelektronischer Wandler**. Das Schema eines einfachen optoelektronischen Wandlers ist in Bild 169.3 dargestellt. Die Abbildung des Objektes A wird mit Hilfe der optischen Linse 1 auf eine Photokathode 2 projiziert. Diese Strahlung ruft an der Photokathode eine photoelektrische Elektronenemission hervor, die der Leuchtdichteverteilung der Objektabbildung auf die Photokathode proportional ist. Die Photoelektronen werden von einem elektrischen Feld beschleunigt (Beschleunigungselektrode 3) und durch die Elektronenlinse 4 auf den fluoreszierenden Betrachterschirm 5 projiziert, der die Elektronenstrahlen in sichtbares Licht umwandelt (wir erhalten die endgültige Abbildung A''). Die Elektronenstrahlen bewegen sich in einem Hochvakuumgefäß 6.

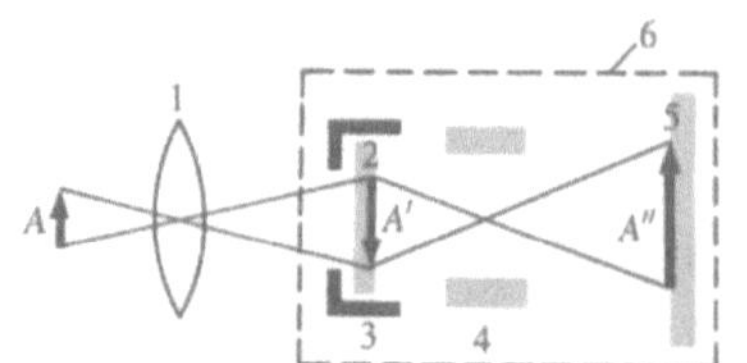

Bild 169.3

chend dessen Eigenschaften gebeugt oder absorbiert wurden, werden sie von der **Objektivlinse** 4 zu einer Zwischenabbildung 5 formiert und anschließend von der **Projektivlinse** 6 auf einem fluoreszierenden Leuchtschirm 7 vergrößert abgebildet.

Das Auflösungsvermögen eines Elektronenmikroskops wird einerseits durch die Welleneigenschaften (Beugung) der Elektronen und andererseits von den Abbildungsfehlern der Elektronenlinsen begrenzt. Aus der Theorie geht hervor, daß das Auflösungsvermögen eines Mikroskops der Wellenlänge proportional ist. Da nun die Wellenlänge der verwendeten Elektronenstrahlen (etwa 1 pm) ca. 1000mal kleiner als die Wellenlänge von sichtbaren Lichtstrahlen ist, erhält man für die Auflösung von Elektronenmikroskopen einen entsprechend größeren Wert von 10–0,1 nm (optische Geräte erreichen ca. 200–300 nm). Mit Hilfe von Elektronenmikroskopen sind Vergrößerungen bis 10^6mal möglich, die das Beobachten von Objektstrukturen einer Größe von ca. 0,1 nm erlauben.

3. Ein Gerät zur Verstärkung der Leuchtdichte einer Abbildug durch Lichtstrahlen und zur Umwandlung von für das

Aus der Optik ist bekannt, daß jede Vergrößerung einer Abbildung mit der Abnahme der Helligkeit verbunden ist. Der Vorteil von optoelektronischen Umwandlern besteht darin, daß man mit ihrer Hilfe eine vergrößerte Abbildung A'' von einem Objekt A erhalten kann, die sogar eine größere Helligkeit als das Objekt selbst aufweist, da die Helligkeit im optoelektronischen Wandler von der Energie der Elektronen bestimmt wird, die auf den fluoreszierenden Betrachterschirm fallen. Das Auflösungsvermögen von optoelektronischen Kaskadenwandlern (einige in Reihe hintereinander angeordnete Wandler) beträgt 25–60 Striche je Millimeter. Das Verhältnis des vom Beobachtungsschirm ausgestrahlten Lichtstromes zum Lichtstrom, der vom Objekt ausgehend auf die Photokathode fällt, heißt Wandlungskoeffizient und erreicht für optoelektronische Kaskadenwandler ca. 10^6. Unzulänglichkeiten dieser Geräte sind ihr kleines Auflösungsvermögen und eine verhältnismäßig starke Hintergrundstrahlung, die die Qualität der Abbildung beeinträchtigen.

Kontrollfragen

▶   Worin besteht der physikalische Sinn der Brechzahl eines Mediums? Was ist der relative Brechungsindex?

▶   Unter welcher Bedingung beobachtet man Totalreflexion?

▶ Nach welchem Prinzip funktionieren Lichtleiter?

▶ Was ist das Fermatsche Prinzip?

▶ Wie werden Abbildungen von Gegenständen durch Linsen erzeugt?

▶ Wodurch unterscheiden sich energetische und visuelle Lichtcharakteristika in der Photometrie? Zählen Sie die Ihnen bekannten photometrischen Größen auf.

▶ Warum ist das Auflösungsvermögen von Elektronenmikroskopen wesentlich höher als das von Lichtmikroskopen?

▶ Kann man in optoelektronischen Wandlern eine vergrößerte Abbildung mit einer höheren Helligkeit als die, die das abzubildende Objekt besitzt, erhalten? Wie ist das möglich?

Aufgaben

21.1. Ein Lichtstrahl fällt unter einem Winkel von $\varphi = 45°$ auf eine planparallele Glasplatte ($n = 1,6$). Berechnen Sie die Dicke der Platte, wenn der aus der Platte austretende Strahl von der Verlängerung des einfallenden Strahls um $h = 2$ cm abweicht. [Lösung der Aufgabe s. S. 395]

21.2. Auf eine planparallele Glasplatte ($n = 1,5$) der Stärke 6 cm fällt unter einem Winkel von 35° ein Lichtstrahl. Bestimmen Sie die Seitenabweichung des Strahls beim Verlassen der Glasplatte. [1,41 cm]

21.3. Es ist eine plankonvexe Linse mit der optischen Brechkraft 6 Dioptrien herzustellen. Berechnen Sie den Krümmungsradius der gewölbten Linsenoberfläche, wenn die Brechzahl des Linsenmaterials 1,6 ist. [10 cm]

21.4. Eine Leuchte mit der Form einer gleichmäßig leuchtenden Kugel mit einem Durchmesser von 50 cm hat eine Lichtstärke von 500 cd. Man bestimme: 1) die gesamte Strahlungsleistung Φ_e, die durch die Leuchte ausgestrahlt wird; 2) die Bestrahlungsstärke E_e; 3) die gesamte Beleuchtungsstärke E_v, die spezielle Beleuchtungsstärke E'_e und die Leuchtdichte L_v an einem Schirm, auf den 20 % des von der Leuchte ausgesandten Lichtstromes entfallen. Die Fläche dieses Schirms beträgt 0,5 m². Der Lichtreflexionsfaktor des Schirms ist $\rho = 0,7$. [Lösung der Aufgabe s. S. 395]

21.5. Bestimmen Sie, in welcher Höhe eine Lampe mit einer Leistung von 300 W anzubringen ist, damit die Helligkeit auf der darunterliegenden Fläche 50 lx beträgt. Der Neigungswinkel der Tischplatte beträgt 35°, und die Lichtleistung der Lampe sei 15 lm/W. Es soll angenommen werden, daß für den vollständigen Lichtstrom, der von einer isotropen Lichtquelle ausgesandt wird, gilt $\Phi_0 = 4\pi I$. [2,42 m]

Kapitel 22

Interferenz von Lichtwellen

§ 170   Entwicklung der Vorstellungen über die Natur des Lichtes

Die grundlegenden Gesetzmäßigkeiten der Optik sind schon seit alters her bekannt. Zum Beispiel wurde das Gesetz von der geradlinigen Ausbreitung und Reflexion des Lichtes erstmals im Jahre 430 v. Chr. formuliert. Aristoteles und Ptolemäus untersuchten 350 v. Chr. die Lichtbrechung. Die ersten Vorstellungen zur Natur des Lichtes entstanden bei den alten Griechen und den Ägyptern. Diese Vorstellungen erfuhren im Laufe der Entwicklung und unter dem Einfluß wichtiger Entdeckungen (zum Beispiel Parabolspiegel (13. Jahrhundert), Mikroskop (16. Jahrhundert), Fernrohr (17. Jahrhundert)) ihre Fortsetzung und Transformation. Ende des 17. Jahrhunderts entstanden auf der Grundlage der jahrhundertealten Erfahrungen **zwei Theorien des Lichtes: die Korpuskulartheorie** (I. Newton) und **die Wellentheorie des Lichtes** (R. Hooke und C. Huygens).

Nach der Korpuskulartheorie ist Licht ein Strom von Teilchen (Korpuskeln), die von den leuchtenden Körpern ausgesandt werden und sich auf geradlinigen Bahnen fortbewegen. Die Bewegung der Lichtteilchen versuchte Newton, mit den von ihm formulierten Gesetzen der Mechanik zu erklären. So faßte er die Reflexion von Licht analog der Reflexion einer elastischen Kugel beim Zusammenstoß mit einer Ebene auf, wobei für den Einfalls- und den Reflexionswinkel dadurch Gleichheit herrscht. Die Brechung des Lichtes erklärte er mit der Anziehung der Teilchen durch das brechende Medium, wodurch sich die Geschwindigkeit der Korpuskel beim Medienübertritt ändert. Aus der Newtonschen Theorie folgt, daß das Verhältnis des Sinus von Einfalls- und Brechungswinkel (φ_1 und φ_2) für zwei Medien eine Konstante ist:

$$\frac{\sin \varphi_1}{\sin \varphi_2} = \frac{v}{c} = n, \qquad (170.1)$$

wobei c die Lichtgeschwindigkeit im Vakuum und v die Lichtgeschwindigkeit im Medium ist. Da n in einem Medium immer größer als eins ist, gilt *nach der Newtonschen Theorie $v > c$*, d. h., die Lichtgeschwindigkeit in einem Medium ist immer höher als im Vakuum.

Entsprechend der Wellentheorie, die analog zu optischen und akustischen Erscheinungen entwickelt wurde, ist Licht eine elastische Welle, die sich in einem besonderen Medium, dem Äther, ausbreitet. Der Äther erfüllt den gesamten Weltraum, durchdringt alle Körper und besitzt die mechanischen Eigenschaften Dichte und Elastizität. Nach der Huygensschen Theorie ist die große Fortbewegungsgeschwindigkeit des Lichtes auf die besonderen Eigenschaften des Äthers zurückzuführen.

Die Wellentheorie des Lichtes ist auf dem **Huygensschen Prinzip** begründet: Jeder Punkt, den die Welle erreicht, dient als Ausgangspunkt sogenannter Sekundärwellen, und die Einhüllende dieser auch Elementarwellen genannten Wellen ergibt die

Lage der Wellenfront im nächsten Moment. Wir erinnern uns, daß die Wellenfront der geometrische Ort aller Punkte ist, die von den Schwingungen im Zeitpunkt t erreicht werden. Das Huygenssche Prinzip erlaubt die Analyse der Ausbreitung des Lichtes und die Herleitung des Reflexions- und Brechungsgesetzes.

Leiten wir nun einmal das Reflexions- und das Brechungsgesetz ausgehend vom Huygensschen Prinzip her: Es treffe eine ebene Welle auf die Stoffgrenze zweier Medien (die Wellenfront wird durch die Ebene AB dargestellt) und breitet sich entlang der Richtung I aus (Bild 170.1). Wenn die Welle die reflektierende Fläche im Punkt A erreicht, beginnt dieser Punkt eine sekundäre Elementarwelle auszusenden. Für das Zurücklegen der Entfernung BC benötigt die Welle die Zeit $\Delta t = BC/v$. In der gleichen Zeit erreicht die Wellenfront der Elementarwelle die Punkte einer Halbkugeloberfläche, für deren Radius AD gilt $v\Delta t = BC$. Die Lage der Wellenfront der reflektierten Welle in diesem Moment wird nach dem Huygensschen Prinzip durch die Ebene DC und die Ausbreitungsrichtung dieser Welle durch den Strahl II beschrieben. Aus der Gleichheit der Dreiecke ADC und ABC folgt das Reflexionsgesetz: Der Reflexionswinkel φ_1' ist gleich dem Einfallswinkel φ_1.

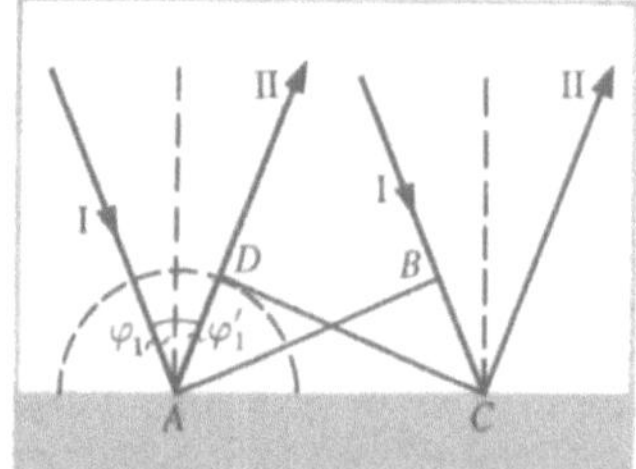

Bild 170.1

Zur Herleitung des Brechungsgesetzes setzen wir voraus, daß eine ebene Welle (die Wellenfront wird durch die Ebene AB dargestellt), die sich im Vakuum entlang der Richtung I mit der Geschwindigkeit c ausbreitet, auf die Grenze eines Mediums fällt, in dem die Ausbreitungsgeschwindigkeit der Welle gleich v ist (Bild 170.2). Die Zeit für das Zurücklegen des Weges BC der Welle betrage Δt. Dann gilt $BC = c\Delta t$. In der gleichen Zeit erreicht die vom Punkt A im Medium mit der Ausbreitungsgeschwindigkeit v angeregte Elementarwelle die Punkte einer Halbkugeloberfläche, für deren Radius $AD = v\Delta t$ gilt. Die Lage der Wellenfront der gebrochenen Welle in diesem Moment wird nach dem Huygensschen Prinzip durch die Ebene DC und die Ausbreitungsrichtung dieser Welle durch den Strahl III beschrieben. Aus dem Bild 170.2 folgt, daß

$$AC = \frac{BC}{\sin \varphi_1} = \frac{AD}{\sin \varphi_2}$$

gilt, d. h.

$$\frac{c\Delta t}{\sin \varphi_1} = \frac{v\Delta t}{\sin \varphi_2},$$

woraus folgt

$$\frac{\sin \varphi_1}{\sin \varphi_2} = \frac{c}{v} = n. \tag{170.2}$$

Indem wir die Ausdrücke (170.2) und (170.1) vergleichen, erkennen wir, daß die Wellentheorie zu einem anderen Schluß als die Korpuskulartheorie Newtons führt. *Nach der Huygensschen Theorie* gilt $v < c$, d. h., die Ausbreitungsgeschwindigkeit von Licht in einem Medium ist immer kleiner als die Lichtgeschwindigkeit im Vakuum.

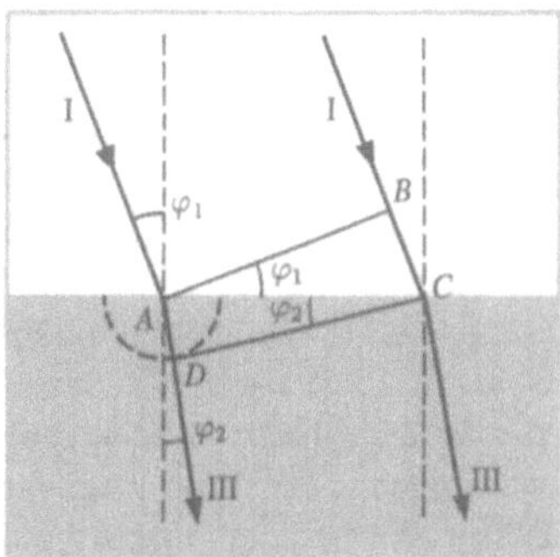

Bild 170.2

Am Anfang des 18. Jahrhunderts gab es also zwei gegensätzliche Betrachtungsweisen der Natur des Lichtes: die Korpuskulartheorie Newtons und die Wellentheorie von Huygens. Beide Theorien konnten die geradlinige Ausbreitung von Licht, das Reflexionsgesetz und das Brechungsgesetz erklären. Das 18. Jahrhundert wurde zum Jahrhundert des Kampfes der beiden Theorien. Ein experimenteller Beweis für die Richtigkeit der Wellentheorie wurde im Jahre 1854 erbracht, als L. Foucault (und unabhängig von ihm A. Fizeau, 1849) die Lichtgeschwindigkeit in Wasser messen konnte und einen Wert erhielt, der der Formel (170.2) entsprach. Zu Anfang des 19. Jahrhunderts war die Korpuskulartheorie völlig am Boden, alleinige Zustimmung der Fachwelt erhielt die Wellentheorie. Große Verdienste bei diesem Prozeß erwarben sich der englische Physiker T. Young, der Beugungs- und Interferenzerscheinungen untersuchte, und der französische Physiker J. Fresnel (1788–1827), der diese Erscheinungen erklärte und das Huygenssche Prinzip vervollständigte.

Ungeachtet der Anerkennung der Wellentheorie besitzt sie eine große Anzahl von Unzulänglichkeiten. Zum Beispiel konnten Erscheinungen wie Interferenz, Beugung und Polarisation nur erklärt werden, wenn man die Lichtwellen als Transversalwellen annahm. Wenn aber Lichtwellen Transversalwellen sind, so müßte ihr Träger, der Äther, Eigenschaften wie feste Stoffe besitzen. Der Versuch, dem Äther Festkörpereigenschaften zuzuschreiben, war jedoch erfolglos, da der Äther keinen bemerkbaren Einfluß auf in ihm bewegte Körper ausübt. Weiter wurde experimentell bewiesen, daß die Lichtgeschwindigkeit in verschiedenen Medien verschieden ist. Daraus folgt für den Äther,

daß er in verschiedenen Stoffen unterschiedliche Eigenschaften haben muß. Die Huygenssche Theorie konnte ebensowenig das Auftreten von Farben erklären.

Bei der Erforschung des Lichtes sammelte die Wissenschaft eine große Menge von Fakten, die von einer Wechselbeziehung von elektrischen, magnetischen und Lichterscheinungen zeugten. Das erlaubte es Maxwell, in den 70er Jahren des vergangenen Jahrhunderts die elektromagnetische Theorie des Lichtes zu begründen (siehe § 139). Danach gilt (siehe (162.3))

$$\frac{c}{v} = \sqrt{\varepsilon\mu} = n,$$

wobei c und v die entsprechenden Lichtgeschwindigkeiten im Vakuum und in einem betrachteten Medium mit der relativen Dielektrizitätskonstante ε und der relativen Permeabilität μ sind. Diese Gleichung verbindet die optischen, elektrischen und die magnetischen Konstanten eines Stoffes. Nach Maxwell sind ε und μ von der Wellenlänge des Lichtes unabhängige Größen. Deshalb konnte die elektromagnetische Theorie die Erscheinung der Dispersion nicht erklären (die Abhängigkeit der Brechzahl von der Wellenlänge). Diese Schwierigkeit wurde Ende des 19. Jahrhunderts durch Lorentz überwunden, der die **Elektronentheorie** des Lichtes begründete, nach der die relative dielektrische Konstante ε von der Wellenlänge des einfallenden Lichtstrahls abhängig ist. Die Lorentzsche Theorie führte den Begriff von innerhalb des Atoms schwingenden Elektronen ein und erlaubte die Erklärung der Aussendung und Absorption von Licht durch Stoffe.

Ungeachtet der riesigen Erfolge der elektromagnetischen Theorie Maxwells und der Elektronentheorie von Lorentz waren beide Theorien an bestimmten Stellen etwas widersprüchlich, und bei ihrer Anwendung traten einige Schwierigkeiten auf. Beide Theorien waren auf der Grundlage des Äthers erdacht, nur wurde der „elastische Äther" durch einen „elektromagnetischen" (Maxwell) oder einen „unbeweglichen Äther" (Lorentz) ersetzt. Die Maxwellsche Theorie konnte Prozesse der Aussendung und Absorption von Licht durch Stoffe, den photoelektrischen Effekt, die Comptonsche Streuung (Streuung von Licht an freien Elektronen) usw. nicht erklären. Die Lorentzsche Theorie wiederum war mit der Einordnung von Erscheinungen, die mit der Wechselwirkung von Licht mit Stoffen verbunden sind, überfordert. Speziell betrifft das die Frage der Energieverteilung bezüglich der Wellenlänge bei der Wärmestrahlung des schwarzen Körpers.

Die aufgezählten Schwierigkeiten und Widersprüche konnten im Jahre 1900 durch eine mutige Hypothese des deutschen Physikers M. Planck (1858–1947) überwunden werden. Nach dieser Hypothese sind das Ausstrahlen und die Absorption von Licht nicht fließende, sondern diskrete Vorgänge, d. h., sie gehen mit Hilfe von **bestimmten Energieportionen**, den **Quanten**, vonstatten. Die Energie der Quanten wird von der Frequenz v bestimmt:

$$E_0 = hv, \tag{170.3}$$

wobei h das Plancksche Wirkungsquantum ist.

Für die Plancksche Theorie war der Begriff des Äthers überflüssig. Mit ihrer Hilfe konnte man erstmalig die Wärmestrahlung von schwarzen Körpern erklären. Im Jahre 1905 begründete Albert Einstein die **Quantentheorie des Lichtes**, nach der nicht nur die *Ausstrahlung*, sondern auch die *Ausbreitung* von Licht in Form eines **Flusses von Lichtquanten**, den **Photonen**, vor sich geht. Die Energie von Photonen läßt sich mit Formel (170.3) bestimmen, und ihre Masse ergibt sich wie folgt:

$$m_{\text{Ph}} = \frac{E_0}{c^2} = \frac{h\nu}{c^2} = \frac{h}{\lambda c}. \qquad (170.4)$$

Die Vorstellung von Licht als einem Strom aus Photonen stimmt gut mit den Gesetzen von der Ausstrahlung und Absorption von Licht und mit den Gesetzmäßigkeiten zu Wechselwirkungen von Licht mit Stoffen überein. Es stellt sich nun nur noch die Frage, wie man mit Hilfe der Quantentheorie solch gut erforschte Erscheinungen wie die Brechung, Beugung und Polarisation des Lichtes erklären kann. Relativ leicht lassen sich diese Erscheinungen mit der Wellentheorie des Lichtes deuten. Alle im Verlaufe von Jahrhunderten angesammelten Fakten zu Lichtausbreitung und Wechselwirkungen von Licht mit Stoffen zeigen die Kompliziertheit der Antwort auf die Frage nach der Natur des Lichtes. Licht ist eine *Einheit aus sich widersprechenden Bewegungsarten* – der **Bewegung in Korpuskelform (Quantenbewegung)** und der **Fortbewegung in Form von Wellen (elektromagnetische)**. Die langwierige Entwicklung führte zu dem heute anerkannten Begriff vom **Welle-Teilchen-Dualismus des Lichtes**. Die Ausdrücke (170.3) und (170.4) verknüpfen die korpuskulare Charakteristika Masse und Energie eines Quants mit den Welleneigenschaften Schwingungsfrequenz und Wellenlänge. Licht muß also als eine *Einheit von fließenden und diskreten Vorgängen* betrachtet werden.

§ 171 Kohärenz und Monochromasie von Lichtwellen

Die Interferenz von Licht kann man durch Betrachtung der Interferenz von Wellen erklären (siehe § 156). Die notwendige Voraussetzung für die Interferenz von Wellen ist ihre **Kohärenz**, d. h. das bezüglich Raum und Zeit abgestimmte Ablaufen mehrerer Schwingungs- oder Wellenprozesse. Diese Bedingung erfüllen **monochromatische Wellen** (räumlich unbegrenzte Wellen mit einer bestimmten streng konstanten Frequenz). Da es in Wirklichkeit keine Quelle für streng monochromatisches Licht gibt, können Wellen, die von unabhängigen Lichtquellen ausgestrahlt werden, nicht kohärent sein. Deshalb kann man für zwei unabhängige Lichtquellen, wie zum Beispiel zwei elektrische Lampen, keine Interferenzerscheinungen beobachten.

Den physikalischen Grund für die Inkohärenz von Lichtwellen zweier unabhängiger Lichtquellen kann man aus dem Mechanismus der Entstehung des Lichtes in den Atomen ableiten. In zwei unabhängigen Lichtquellen strahlen die Atome unabhängig voneinander. In jedem der Atome ist der Prozeß der Lichtaussendung endlich und dauert etwa $\tau \approx 10^{-8}$ s. Nach dieser Zeitspanne kehrt das erregte Atom in den Normalzustand zurück, und die Lichtausstrahlung kommt zum Erliegen. Nachdem es wieder angeregt wurde, beginnt das Atom erneut Lichtwellen auszustrahlen, jedoch mit einer anderen Anfangsphase. Da sich der Phasenunterschied der Strahlung zweier unabhängiger Atome mit jedem neuen Ausstrahlungsakt ändert, sind die spontan von den Atomen einer beliebigen Lichtquelle ausgestrahlten Wellen inkohärent. Wenn also Wellen von Atomen ausgestrahlt werden, haben sie nur in einem Zeitintervall von $\tau \approx 10^{-8}$ s annähernd gleiche Amplituden und Schwingungsphasen. Ist jedoch das betrachtete Zeitintervall größer, ändern sich sowohl Amplitude als auch die Phase. Das Licht, das durch spontane Übergänge von Atomen oder Molekülen ausgestrahlt wird, besteht aus **Wellenzügen** endlicher Länge (kurzzeitige Wellenimpulse).

Das oben beschriebene Modell der Lichtemission ist auch für beliebige makroskopische Lichtquellen gültig, da die Atome eines leuchtenden Körpers ebenso *unabhängig* voneinander Lichtwellen ausstrahlen. Das bedeutet, daß die Anfangsphasen der entsprechenden Wellenzüge nicht miteinander verknüpft sind. Um es noch deutlicher zu sagen, sogar für ein und dasselbe Atom unterscheiden sich die Anfangsphasen verschiedener Wellenzüge für zwei aufeinanderfolgende Emissionsvorgänge. Aufgrund der genannten Tatsachen ist von einem makroskopischen Körper abgegebenes Licht inkohärent.

Man kann jede nichtmonochromatische Lichtstrahlung als eine Menge einander ablösender, voneinander unabhängiger harmonischer Wellenzüge darstellen. Die mittlere Zeitspanne τ_{koh}, während der in einem Wellenzug Kohärenz herrscht, heißt **Kohärenzzeit**. Nur in den Grenzen eines Wellenzuges gibt es Kohärenz, und die Kohärenzzeit kann das Zeitintervall für die Emission eines Wellenzuges nicht übersteigen, d. h. $\tau_{\text{koh}} < \tau$. Ein klares Interferenzbild kann man nur dann erhalten, wenn die Auflösungszeit des Aufzeichnungsgerätes wesentlich kleiner als die Kohärenzzeit der sich überlagernden Lichtwellen ist.

Breiten sich die Lichtwellen in einem homogenen Medium aus, so ist die Schwingungsphase für einen bestimmten Punkt im Raum nur für die Dauer der Kohärenzzeit τ_{koh} konstant. In dieser Zeit legt die Welle im Vakuum eine Wegstrecke von $l_{\text{koh}} = c\,\tau_{\text{koh}}$ zurück. Man nennt diese Weglänge die **Kohärenzlänge** (oder **Wellenzuglänge**).

Die Kohärenzlänge ist also der Weg, nach dessen Zurücklegen zwei oder mehrere Wellen ihre Kohärenz einbüßen. Daraus folgt, daß nur Wellen mit einem Gangunterschied interferenzfähig sind, der kleiner als die Kohärenzlänge der verwendeten Lichtquelle ist.

Je näher die Welle der Monochromasie ist, desto kleiner ist das Intervall $\Delta\omega$ ihres Frequenzspektrums und, wie man leicht zeigen kann, größer ihre Kohärenzzeit τ_{koh} und folglich auch die Kohärenzlänge l_{koh}. Kohärenz von Schwingungen in ein und demselben Punkt, die vom Grad der Monochromasie der Wellen bestimmt wird, heißt **zeitliche Kohärenz**.

Außer der zeitlichen Kohärenz wollen wir zur Beschreibung der Kohärenzeigenschaften in der zur Ausbreitungsrichtung senkrechten Ebene noch den Begriff der **räumlichen Kohärenz** einführen. Zwei Lichtquellen, deren Maße und gegenseitige Lage die Beobachtung von Interferenzerscheinungen zulassen (bei dem notwendigen Grad an Monochromasie), heißen **räumlich kohärent**. **Kohärenzradius** (oder **räumliche Kohärenzlänge**) nennt man den maximalen Abstand, gemessen quer zur Ausbreitungsrichtung der Welle, in dem noch Interferenz beobachtet werden kann. Die räumliche Kohärenz wird also durch den Kohärenzradius bestimmt.

Der Kohärenzradius ergibt sich zu

$$r_{\text{koh}} \sim \frac{\lambda}{\varphi},$$

wobei λ die Wellenlänge der Lichtwellen und φ das Winkelmaß der Lichtquelle ist. Der minimal mögliche Kohärenzradius für Sonnenstrahlen ist also etwa 0,05 mm (bei einem Winkelmaß der Sonne auf der Erde $\varphi \approx 10^{-2}$ rad und $\lambda \approx 500$ nm). Dieser Radius ist zu klein, um Interferenz von Sonnenstrahlen direkt beobachten zu können, da das Auflösungsvermögen des menschlichen Auges bei optimalem Sehabstand etwa 0,1 mm beträgt. Erstmalig wurde Interferenz von Sonnenstrahlen im Jahre 1802 durch T. Young beobachtet. Dafür leitete er Sonnenlicht durch eine sehr kleine Öffnung in einem lichtundurchlässigen Schirm (dabei verringert sich das Winkelmaß der Lichtquelle um einige Größenordnungen, und dementsprechend erhöht sich der Kohärenzradius (räumliche Kohärenzlänge)).

§ 172   Interferenz des Lichtes

Zwei monochromatische Lichtwellen rufen bei ihrer Überlagerung in einem bestimmten Punkt Schwingungen gleicher Richtung hervor: $x_1 = A_1 \cos(\omega t + \varphi_1)$ und $x_2 = A_2 \cos(\omega t + \varphi_2)$. Unter x versteht man die Stärke des elektrischen Feldes E oder des Magnetfeldes H der Welle; die Vektoren E und H schwingen in zueinander rechtwinkligen Ebenen (siehe § 162). Die Feldstärken von elektrischem und magnetischem Feld unterliegen dem Superpositionsprinzip (siehe § 80 und 110). Die Amplitude der resultierenden Schwingung ist dann gleich $A^2 = A_1^2 + A_2^2 + 2A_1 A_2 \cos(\varphi_2 - \varphi_1)$ (siehe (144.2)). Weil die Wellen kohärent sind, ist $\cos(\varphi_2 - \varphi_1)$ eine zeitlich konstante Größe (aber spezifisch für jeden Punkt im Raum). Deshalb gilt für die Intensität der resultierenden Welle ($I \sim A^2$)

$$I = I_1 + I_2 + 2\sqrt{I_1 I_2} \cos(\varphi_2 - \varphi_1). \qquad (172.1)$$

In den Punkten des Raumes, wo $\cos(\varphi_2 - \varphi_1) > 0$ ist, gilt für die Intensität $I > I_1 + I_2$, dort, wo $\cos(\varphi_2 - \varphi_1) < 0$ gilt, ist $I < I_1 + I_2$. Folglich geht bei der Überlagerung zweier (oder mehrerer) kohärenter Lichtwellen eine Umverteilung des Lichtstromes vor sich. Das Ergebnis ist die Entstehung von Lichtmaxima und -minima an bestimmten Orten. Diese Erscheinung nennt man **Interferenz von Lichtwellen**.

Bei inkohärenten Wellen ändert sich die Differenz fließend, deshalb ist das zeitliche Mittel der Funktion $\cos(\varphi_2 - \varphi_1)$ gleich Null. Daraus folgt, daß die Intensität der resultierenden Welle überall gleich ist und bei $I_1 = I_2$ $I = 2I_1$ gilt (für

kohärente Wellen gilt bei dieser Bedingung für Maxima $I = 4I_1$ und für Minima $I = 0$).

Wie können nun die für das Auftreten von Interferenz nötigen Bedingungen geschaffen werden? Um kohärente Lichtwellen zu erhalten, teilt man das Licht einer Lichtquelle in zwei Teile. Diese beiden Teilstrahlen überlagern sich dann mit einem bestimmten Gangunterschied, und man kann das Interferenzbild beobachten.

Die Teilung in zwei kohärente Strahlen geschehe in einem bestimmten Punkt O. Bis zu einem Punkt M, in dem das Interferenzbild beobachtet werden kann, legt eine Welle in einem Medium mit der Brechzahl n_1 den Weg s_1 und die andere in einem Medium mit der Brechzahl n_2 den Weg s_2 zurück. Wenn die Schwingungsphase im Punkt O gleich ωt ist, dann erregt die erste Welle im Punkt M eine Schwingung $A_1 \cos \omega(t - s_1/v_1)$ und die zweite Welle eine Schwingung $A_2 \cos \omega(t - s_2/v_2)$ hervor, wobei $v_1 = c/n_1$ und $v_2 = c/n_2$ entsprechend die Phasengeschwindigkeiten der ersten und zweiten Welle sind. Der Phasenunterschied der von den Wellen im Punkt M angeregten Schwingungen ergibt sich zu

$$\delta = \omega \left(\frac{s_2}{v_2} - \frac{s_1}{v_1} \right) = \frac{2\pi}{\lambda_0}(s_2 n_2 - s_1 n_1)$$

$$= \frac{2\pi}{\lambda_0}(L_2 - L_1) = \frac{2\pi}{\lambda_0}\Delta$$

(wir berücksichtigen, daß $\omega/c = 2\pi v/c = 2\pi/\lambda_0$ gilt, wobei λ_0 die Wellenlänge im Vakuum bedeutet). Das Produkt der geometrischen Weglänge s der Lichtwelle in einem Medium mit der Brechzahl n dieses Mediums heißt **optische Weglänge** L, und die Differenz der optischen Weglängen der zwei Wellen $\Delta = L_2 - L_1$ ist **optischer Gangunterschied**.

Ist der optische Gangunterschied gleich einer ganzen Zahl von Wellenlängen im Vakuum

$$\Delta = \pm m\lambda_0 \quad (m = 0, 1, 2, \ldots), \qquad (172.2)$$

dann ist $\delta = \pm 2m\pi$, und die Schwingungen, die im Punkt M von beiden Wellen erregt werden, sind phasengleich. Folglich ist die Formel (172.2) die **Bedingung für ein Interferenzmaximum**.

Gilt für den optischen Gangunterschied

$$\Delta = \pm(2m + 1)\frac{\lambda_0}{2} \quad (m = 0, 1, 2, \ldots), \qquad (172.3)$$

dann ist $\delta = \pm(2m + 1)\pi$, und die von beiden Wellen im Punkt M erregten Schwingungen laufen in Gegenphase ab. Folglich ist Gleichung (172.3) die **Bedingung für ein Interferenzminimum**.

§ 173   Methoden zur Beobachtung von Interferenzerscheinungen

Zur Erzeugung eines Interferenzbildes sind als Voraussetzung kohärente Lichtstrahlen unumgänglich. Es gibt eine Reihe von Methoden der Erzeugung kohärenter Lichtstrahlen. Vor Entdeckung des Laserlichtes (siehe § 233) wurden in allen Geräten zur Interferenzbeobachtung kohärente Lichtstrahlen derselben Lichtquelle verwendet, die nach vorangegangener Teilung zusammengeführt wurden. Praktisch ist das mit Hilfe von Schirmen und Spalten, Spiegeln und brechenden Körpern relativ einfach zu bewerkstelligen. Wir wollen nun einige dieser Methoden untersuchen.

1. Youngsche Methode. Die Lichtquelle ist ein hell erleuchteter Spalt S (Bild 173.1), von dem aus die Lichtwelle auf zwei enge, von S gleichweit entfernte Spalten S_1 und S_2 trifft. Die Spalten S_1 und S_2 sind parallel zu S. S_1 und S_2 spielen die Rolle der kohärenten Lichtquellen. Das Interferenzbild (das Gebiet BC) kann auf dem Bildschirm (E) beobachtet werden, der in einem bestimmten Abstand zu S_1 und S_2 parallel angebracht ist. Wie wir bereits erwähnten (siehe § 171), wurden Interferenzerscheinungen erstmalig von dem Physiker T. Young beobachtet.

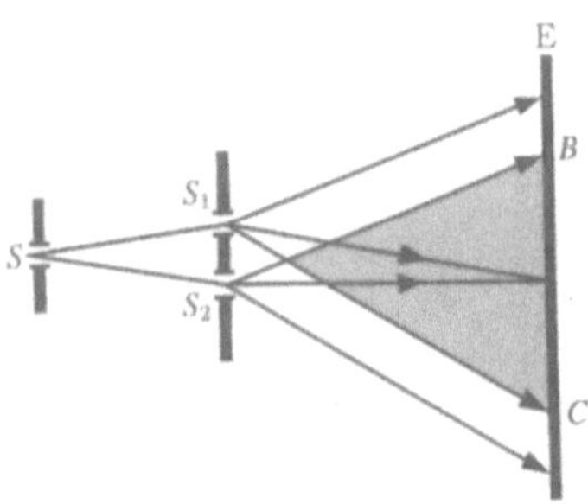

Bild 173.1

2. Fresnelsche Spiegel. Von der Lichtquelle S fällt Licht als divergenter Strahl auf zwei ebene Spiegel A_1O und A_2O (Bild 173.2). Die Spiegel sind mit einem Winkel zueinander angeordnet, der sich von 180° nur wenig unterscheidet (φ ist sehr klein). Berücksichtigt man die Regeln für die Konstruktion von Abbildern mit Hilfe von ebenen Spiegeln, kann man beweisen, daß sowohl die Lichtquelle als auch ihre Abbilder S_1 und S_2 (deren Winkelabstand gleich 2φ ist) auf einer Kreislinie mit dem Radius r liegen, deren Zentrum sich im Punkt O befindet (O ist der Berührungspunkt der beiden Spiegel).

Die von den Spiegeln reflektierten Lichtstrahlen können wie zwei imaginäre Lichtstrahlen mit den Ausgangspunkten S_1 und S_2 betrachtet werden. S_1 und S_2 sind dann imaginäre Abbilder von S in den Spiegeln. Die imaginären Lichtquellen S_1 und S_2 sind gegenseitig kohärent. Die von ihnen ausgehenden Licht-

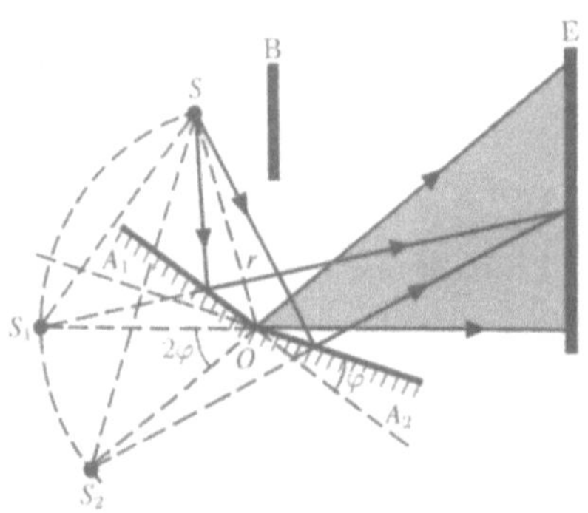

Bild 173.2

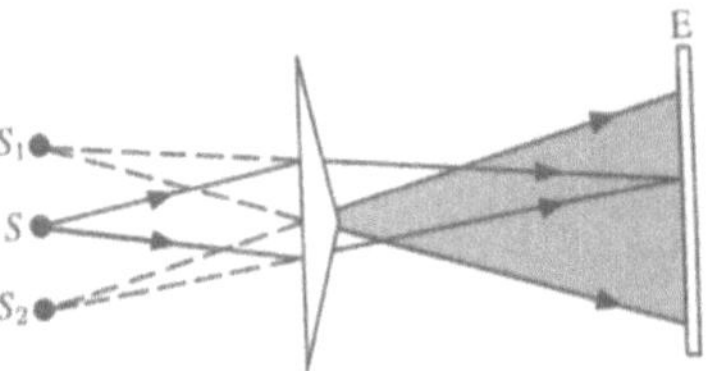

Bild 173.3

strahlen interferieren in ihrem Schnittgebiet (in Bild 173.2 der graue Bereich). Man kann beweisen, daß der Öffnungswinkel der sich schneidenden Lichtstrahlen nicht größer als 2φ sein kann. Das Interferenzbild kann auf dem Bildschirm (E) beobachtet werden, der durch eine Schutzwand (B) gegen äußeren Lichteinfall geschützt ist.

3. Fresnelsches Biprisma. Es besteht aus zwei gleichen, an den Grundflächen zusammengefügten Prismen mit kleinen Brechungswinkeln. Licht aus der Lichtquelle S (Bild 173.3) wird in beiden Prismen gebrochen. Als Ergebnis dieser Brechung breiten sich hinter den Prismen Lichtstrahlen aus, die so verlaufen, als hätten sie ihren Ursprung in den imaginären Lichtquellen S_1 und S_2. S_1 und S_2 sind kohärente Lichtquellen. In der Bildschirmebene (in der Abbildung grau dargestellt) überlagern sich die kohärenten Lichtstrahlen, und man kann das Interferenzbild beobachten.

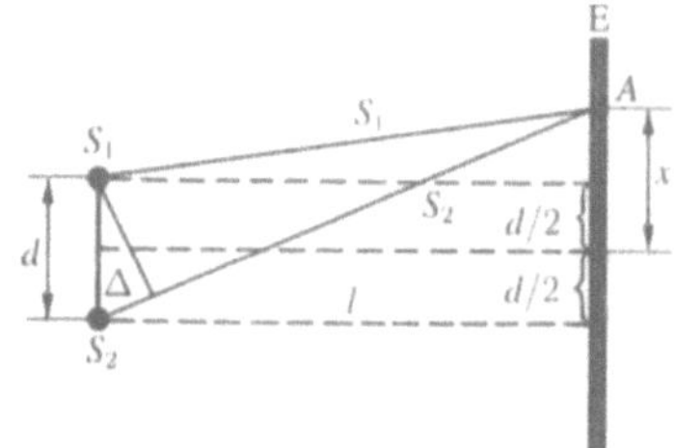

Bild 173.4

4. Berechnung eines Interferenzbildes von zwei Lichtquellen. Die Berechnung eines Interferenzbildes, wie es die weiter oben beschriebenen Methoden liefern, kann wie folgt durchgeführt werden: Wir betrachten zwei eng beieinanderliegende parallele Spalte (Bild 173.4). Die Spalte S_1 und S_2 haben den Abstand d zueinander, und das von ihnen ausgehende Licht sei kohärent (sie sind reelle oder imaginäre Abbilder der Lichtquelle S in irgendeinem optischen System). Das Interferenzbild soll in einem beliebigen Punkt A in der Bildschirmebene betrachtet werden, die parallel zu den beiden Spalten S_1 und S_2 ist und sich in einer Entfernung l von ihnen befindet. Dabei gilt $l \gg d$. Der Koordinatenursprung sei im Punkt O gelegen und symmetrisch bezüglich der Spalte.

Die Lichtintensität in einem beliebigen Punkt A der Bildschirmebene mit einem Abstand x von O wird von dem optischen Gangunterschied bestimmt: $\Delta = s_2 - s_1$ (siehe § 172). Aus Bild 173.4 können wir sehen, daß

$$s_2^2 = l^2 + \left(x + \frac{d}{2}\right)^2 ; \quad s_1^2 = l^2 + \left(x - \frac{d}{2}\right)^2$$

gilt, woraus folgt

$$s_2^2 - s_1^2 = 2xd$$

oder

$$\Delta = s_2 - s_1 = \frac{2xd}{s_1 + s_2}.$$

Aus der Bedingung $l \gg d$ folgt, daß $s_1 + s_2 \approx 2l$ ist, deshalb ist

$$\Delta = \frac{xd}{l}. \tag{173.1}$$

Indem wir den gefundenen Wert Δ (173.1) in die Bedingungen (172.2) und (172.3) einsetzen, erhalten wir, daß Interferenzmaxima für

$$x_{max} = \pm m \frac{l}{d} \lambda_0 \quad (m = 0, 1, 2, \ldots) \tag{173.2}$$

und Interferenzminima für

$$x_{min} = \pm \left(m + \frac{1}{2}\right) \frac{l}{d} \lambda_0 \quad (m = 0, 1, 2, \ldots) \tag{173.3}$$

beobachtet werden.

Der Abstand zwischen zwei benachbarten Maxima (oder Minima) heißt **Breite des Interferenzstreifens** und ist gleich

$$\Delta x = \frac{l}{d} \lambda_0. \tag{173.4}$$

Δx ist von der Ordnung des Interferenzmaximums oder -minimums (dem Wert m) unabhängig. Für feste Werte von l, d und λ_0 ist diese Größe eine Konstante. Nach Formel (173.4) ist der Wert Δx dem Abstand d umgekehrt proportional, und folglich kann es geschehen, daß bei großen Spaltabständen (zum Beispiel für $d \approx l$) einzelne Streifen nicht zu unterscheiden sind. Für sichtbares Licht $\lambda_0 \approx 10^{-7}$ m ist deshalb ein scharfes Interferenzbild nur für Werte $l \gg d$ möglich (diese Bedingung wurde auch in der Berechnung verwendet). Mißt man die Größen l, d und Δx, so kann man experimentell unter Benutzung von Formel (173.4) die Wellenlänge der untersuchten Lichtwelle bestimmen. Aus den Gleichungen (173.2) und (173.3) folgt also, daß das Interferenzbild von zwei kohärenten Lichtstrahlen auf dem Bildschirm eine Folge von hellen und dunklen Streifen darstellt, die zueinander parallel sind. Das Hauptmaximum (entspricht $m = 0$) führt durch den Punkt O. Über und unter ihm befinden sich in jeweils gleichen Abständen die Maxima und Minima erster ($m = 1$), zweiter ($m = 2$) Ordnung usw. Diese Ausführungen sind jedoch nur für monochromatische Strahlung ($\lambda_0 = $ const) gültig. Benutzt man weißes Licht (ein Gemisch der Wellenlängen von 390 nm (Violettgrenze des Spektrums) bis 750 nm (rote Grenze des Spektrums)), dann erscheinen die Interferenzmaxima für jede Wellenlänge entsprechend Formel (173.4) gegenseitig verschoben und haben die Form von Regenbogenstreifen. Nur für $m = 0$ fallen die Maxima aller Wellenlängen zusammen, und in der Mitte des Bildschirms kann man einen weißen Streifen beobachten, neben dem symmetrisch nach beiden Seiten verteilt die spektral gefärbten Streifen

der Maxima erster ($m = 1$), zweiter ($m = 2$) Ordnung usw. Die Interferenzstreifen, die von violettem Licht herrühren, liegen näher am Hauptmaximum, und die Interferenzstreifen des roten Spektralbereiches sind weiter vom Hauptmaximum entfernt.

§ 174 Interferenz an dünnen Schichten

In der Natur kann man häufig Regenbogenfarben an dünnen Schichten beobachten (Ölfilme auf Wasseroberflächen, Seifenblasen, Oxidschichten auf Metallen). Diese Regenbogenfarben entstehen durch Interferenz von Lichtwellen, die von den zwei Oberflächen der dünnen Schicht reflektiert wurden.

Eine ebene monochromatische Lichtwelle falle unter einem Winkel φ auf eine planparallele durchsichtige Dünnschicht mit der Brechzahl n und der Dicke d (Bild 174.1). Der Einfachheit halber betrachten wir nur einen Strahl. Im Punkt O auf der Oberfläche der dünnen Schicht teilt sich der Strahl auf: Ein Teil wird von der Oberfläche reflektiert, und der andere Teil wird gebrochen. Wenn der gebrochene Strahl den Punkt C erreicht, wird er zum Teil in die umgebende Luft hinein gebrochen ($n_0 = 1$). Der andere Teil wird reflektiert und erreicht den Punkt B. Hier wird er wieder zum Teil gebrochen und zum Teil reflektiert (diesen Teil wollen wir wegen der nun schon geringen Intensität nicht weiter verfolgen). Der Austritt in die umgebende Luft erfolgt mit dem Austrittswinkel φ. Die Strahlen 1 und 2 sind kohärent, wenn ihr optischer Gangunterschied im Vergleich mit der Kohärenzlänge der einfallenden Welle gering ist. Positioniert man eine Sammellinse in ihren Weg, dann schneiden sich beide Strahlen in einem Punkt P in der Brennebene der Linse und erzeugen ein Interferenzbild. Dieses Interferenzbild hängt von der Größe des Gangunterschiedes zwischen den interferierenden Lichtstrahlen ab.

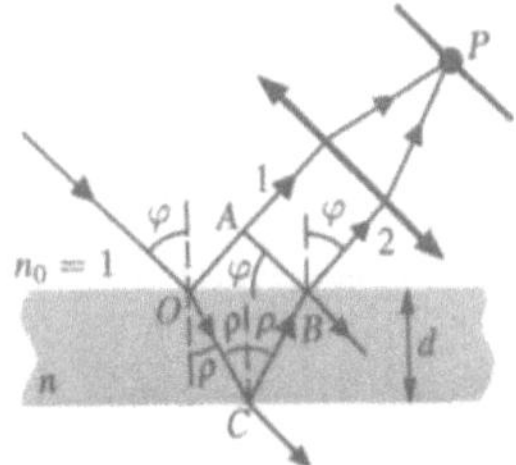

Bild 174.1

Für den optischen Gangunterschied zwischen zwei interferierenden Strahlen vom Punkt O bis zu der Ebene AB erhalten wir

$$\Delta = n(\overline{OC} + \overline{CB}) - \left(\overline{OA} \pm \frac{\lambda_0}{2}\right),$$

wobei wir die Brechzahl des die dünne Schicht umgebenden Mediums als gleich eins angenommen haben. Das Glied $\pm \lambda_0/2$ ist durch den Verlust einer Halbwelle bei der Lichtreflexion an der Stoffgrenze bedingt. Wenn $n > n_0$ gilt, dann geht der Verlust der Halbwelle im Punkt O vor sich, und das oben erwähnte Glied erhält das Vorzeichen „Minus". Gilt aber

$n < n_0$, dann geschieht das im Punkt C, und $\lambda_0/2$ erhält das Vorzeichen „Plus". Nach Bild 174.1 gilt $\overline{OC} = \overline{CB} = d/\cos\rho$, $\overline{OA} = \overline{OB}\sin\varphi = 2d\tan\rho\sin\varphi$. Indem wir für unseren Fall das Brechungsgesetz $\sin\varphi = n\sin\rho$ in Anwendung bringen, erhalten wir

$$\Delta = 2dn\cos\rho = 2dn\sqrt{1 - \sin^2\rho} = 2d\sqrt{n^2 - \sin^2\varphi}.$$

Mit Berücksichtigung des Verlustes der Halbwelle erhalten wir für den optischen Gangunterschied

$$\Delta = 2d\sqrt{n^2 - \sin^2\varphi} \pm \frac{\lambda_0}{2}. \tag{174.1}$$

Für den Fall, wie in Bild 174.1 dargestellt ($n > n_0$), gilt

$$\Delta = 2d\sqrt{n^2 - \sin^2\varphi} + \frac{\lambda_0}{2}.$$

Im Punkt P erhalten wir ein Maximum, wenn (siehe (172.2))

$$2d\sqrt{n^2 - \sin^2\varphi} + \frac{\lambda_0}{2} = m\lambda_0 \quad (m = 0,1,2,\ldots) \tag{174.2}$$

gilt, und ein Minimum, wenn (siehe (172.3))

$$2d\sqrt{n^2 - \sin^2\varphi} + \frac{\lambda_0}{2} = (2m + 1)\frac{\lambda_0}{2}$$
$$(m = 0, 1, 2, \ldots) \tag{174.3}$$

gilt. Es kann leicht bewiesen werden, daß Interferenz nur beobachtet werden kann, wenn die doppelte Dicke der dünnen Schicht kleiner als die Kohärenzlänge der einfallenden Welle ist.

1. Interferenzstreifen gleicher Neigung (Interferenz an einer planparallelen Platte). Aus den Formeln (174.2) und (174.3) folgt, daß das Interferenzbild an planparallelen Platten (oder Dünnschichten) von den Größen λ_0, d, n und φ bestimmt wird. Für feste Werte λ_0, d und n entspricht jedem Neigungswinkel φ ein Interferenzstreifen. Interferenzstreifen, die durch die Überlagerung von Lichtstrahlen entstehen, die unter gleichem Winkel auf eine planparallele Platte fallen, heißen **Interferenzstreifen gleicher Neigung.**

Die Strahlen $1'$ und $1''$ sind nach der Reflexion von der oberen und der unteren Fläche der Platte parallel zueinander, da die Platte planparallel ist. Folglich „schneiden" sich die interferierenden Strahlen $1'$ und $1''$ erst im Unendlichen, und man sagt deshalb, daß **Interferenzstreifen gleicher Neigung** *im Unendlichen lokalisiert sind.* Zu ihrer Beobachtung nutzt man Sammellinsen mit einem Bildschirm (E), der sich in der Brennebene der Linse befindet. Die parallelen Strahlen $1'$ und $1''$ treffen im Brennpunkt F der Linse zusammen (in Bild 174.2 ist ihre Hauptachse den Strahlen $1'$ und $1''$ parallel). In diesem Punkt treffen sich auch andere Strahlen (in Bild 174.2 ist es der Strahl 2), die dem Strahl 1 parallel sind. Dadurch wird die allgemeine Intensität erhöht. Strahlen wie der Strahl 3 mit einem anderen Neigungswinkel werden in einem anderen Punkt P der Brennebene der Linse gesammelt. Wie man leicht zeigen kann, haben Interferenzstreifen gleicher Neigung die Form konzentrischer Kreise mit dem Zentrum im Brennpunkt der Linse, wenn die Hauptachse der Linse senkrecht der Plattenoberfläche ist.

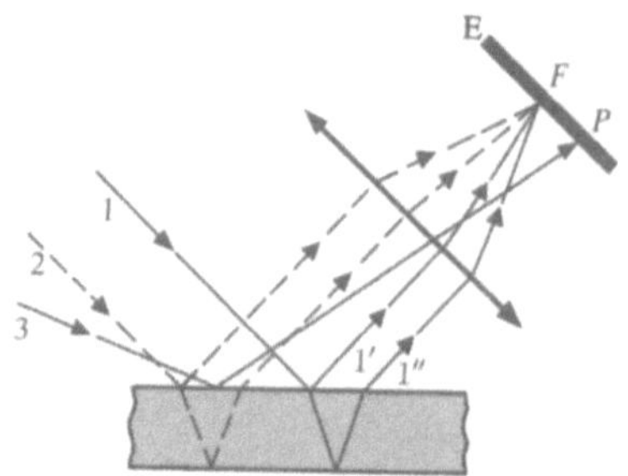

Bild 174.2

2. Interferenzstreifen gleicher Dicke (Interferenz an einem Keil). Auf einen Keil (der Winkel α zwischen den Begrenzungsflächen sei klein) falle eine ebene Welle, deren Ausbreitungsrichtung mit der Richtung der beiden parallelen Strahlen 1 und 2 (Bild 174.3) zusammenfällt. Von allen Strahlen, in die der Strahl 1 zerlegt wird, wollen wir nur die Strahlen $1'$ und $1''$ betrachten, die von der oberen und unteren Grenzfläche des Keils reflektiert werden. Bei einer bestimmten gegenseitigen Lage von Keil und Linse schneiden sich die Strahlen $1'$ und $1''$ in einem Punkt A, der eine Abbildung des Punktes B ist. Weil die Strahlen $1'$ und $1''$ kohärent sind, interferieren sie. Befindet sich die Lichtquelle genügend weit vom Keil entfernt und ist der Winkel α winzig klein, dann kann der optische Gangunterschied zwischen den interferierenden Strahlen $1'$ und $1''$ mit ausreichender Genauigkeit mit Hilfe von Formel (174.1) bestimmt werden. Für den Wert d setzt man dabei die Dicke des Keils am Auftreffpunkt des einfallenden Lichtstrahls ein. Die Strahlen $2'$ und $2''$, ein Resultat der Teilung von Strahl 2, der in einem anderen Punkt auf den Keil trifft, werden durch die Linse im Punkt A' fokussiert. Der optische Gangunterschied muß in diesem Fall mit der Dicke d' der Platte im Auftreffpunkt von Strahl 2 bestimmt werden. Auf dem Bildschirm entsteht also ein System von Interferenzstreifen. Jeder der Streifen entsteht aufgrund von Reflexionen an Stellen der Platte, die gleiche Dicken aufweisen (allgemein kann sich die Dicke der Platte beliebig ändern). Interferenzstreifen, die durch die Überlagerung von Lichtstrahlen entstehen, die von Stellen auf einem Keil mit gleicher Dicke reflektiert wurden, heißen **Interferenzstreifen gleicher Dicke.**

Da die obere und untere Oberfläche des Keils nicht parallel sind, schneiden sich die Strahlen $1'$ und $1''$ ($2'$ und $2''$) in der näheren Umgebung der Platte. Im Falle von Bild 174.3 schneiden sie sich über ihr (bei einer anderen Konfiguration des Keils

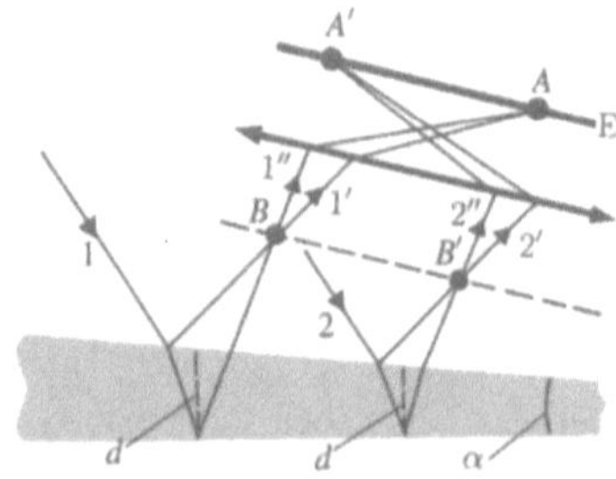

Bild 174.3

können sie sich auch unter der Platte schneiden). *Interferenzstreifen gleicher Dicke sind* also *nahe der Platten oberfläche lokalisiert.* Wird die Platte mit Strahlen senkrecht zur Plattenoberfläche beleuchtet, so sind die Streifen gleicher Dicke auf der Keiloberfläche lokalisiert.

3. Newtonsche Ringe. Die Newtonschen Ringe sind ein klassisches Beispiel für Interferenzstreifen gleicher Dicke. Sie können bei Lichtreflexion von einem keilförmigen Luftspalt beobachtet werden, der von einer planparallelen Platte und einer auf ihr liegenden plankonvexen Linse mit einem großen Krümmungsradius gebildet wird (Bild 174.4). Ein paralleler Lichtstrahl fällt senkrecht auf die ebene Fläche der Linse und wird teilweise von der unteren und der oberen Grenzfläche des Luftspaltes zwischen der Linse und der Platte reflektiert. Bei Überlagerung von reflektierten Strahlen entstehen Interferenzstreifen gleicher Dicke, die bei senkrechtem Lichteinfall die Form von konzentrischen Kreisen haben.

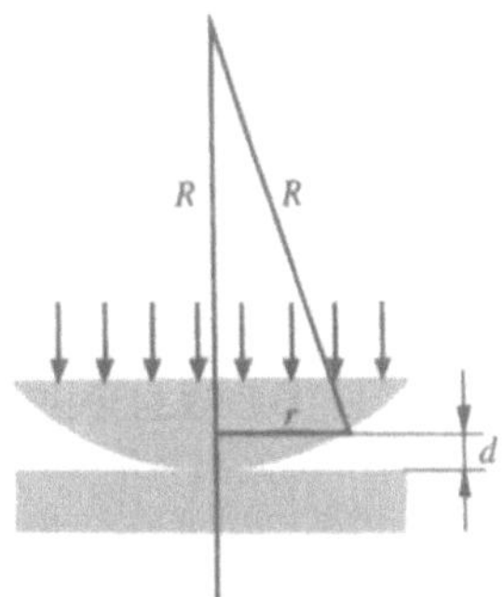

Bild 174.4

Im reflektierten Licht wird der optische Gangunterschied (mit Berücksichtigung des Verlustes einer Halbwelle bei Reflexion) nach Formel (174.1) wie folgt bestimmt:

$$\Delta = 2d + \frac{\lambda_0}{2},$$

wobei d die Breite des Luftspaltes ist. Als Bedingung ist jedoch zu beachten, daß die Brechzahl von Luft gleich eins ist und daß $\varphi = 0$ gilt. Aus Bild 174.4 folgt, daß $R^2 = (R - d)^2 + r^2$, wobei R den Krümmungsradius der Linse darstellt. Mit r wurde hier der Radius einer Kreislinie bezeichnet, deren Punkten eine konstante Größe des Luftspaltes d entspricht. Unter der Annahme, daß d verhältnismäßig klein ist, erhalten wir $d = r^2/(2R)$. Folglich gilt

$$\Delta = \frac{r^2}{R} + \frac{\lambda_0}{2}. \tag{174.4}$$

Indem wir die Formel (174.4) mit den Bedingungen für Maxima (172.2) und Minima (172.3) vergleichen, erhalten wir den Ausdruck des m-ten hellen Ringes

$$r_m = \sqrt{\left(m - \frac{1}{2}\right)\lambda_0 R} \quad (m = 1, 2, 3, \ldots)$$

und den Radius des m-ten dunklen Ringes

$$r_m^* = \sqrt{m\lambda_0 R} \quad (m = 0, 1, 2, \ldots).$$

Durch Messung der Radien der entsprechenden Ringe kann man bei bekanntem Krümmungsradius der Linse R die Wellenlänge λ_0 und umgekehrt bei bekannter Wellenlänge λ_0 den Krümmungsradius der Linse R bestimmen.

Sowohl für Interferenzstreifen gleicher Neigung als auch für Interferenzstreifen gleicher Dicke ist die Lage der Maxima von der Wellenlänge λ_0 abhängig (siehe (174.2)). Ein System von hellen und dunklen Ringen erhält man deshalb nur, wenn das einfallende Licht monochromatisch ist. Beobachtet man in weißem Licht, erhält man eine Menge von gegeneinander verschobenen Streifen, die von Strahlen mit unterschiedlichen Wellenlängen gebildet werden. Daher erhält das Interferenzbild auch seine Regenbogenfärbung. Alle diese Betrachtungen wurden für reflektiertes Licht angestellt. Man kann Interferenzerscheinungen aber auch mit Hilfe von durchgehenden Lichtstrahlen beobachten. Dabei treten dann auch keine Verluste von Halbwellen durch Reflexion auf. Daraus folgt für den optischen Gangunterschied von durchgehenden und reflektierten Lichtstrahlen ein Unterschied von $\lambda_0/2$, d. h., *den Interferenzmaxima von reflektierten Lichtstrahlen entsprechen Interferenzminima von durchgehenden Lichtstrahlen und umgekehrt.*

§ 175 Anwendung von Interferenzerscheinungen

Interferenzerscheinungen sind eine Folge der Wellennatur des Lichtes. Die quantitativen Gesetzmäßigkeiten sind von der Wellenlänge λ_0 abhängig. Deshalb wird die Interferenz von Lichtwellen zur Bestätigung der Wellennatur des Lichtes herangezogen. Auch die Werte für die Wellenlängen lassen sich über Interferenzerscheinungen bestimmen (**Interferenzspektroskopie**).

Interferenz wird auch zur Qualitätsverbesserung optischer Systeme (**Aufhellung der Optik**) und zur Herstellung hochreflektierender Beschichtungen verwendet. Jeder Durchlauf eines Lichtstrahls durch die brechende Oberfläche einer Linse (zum Beispiel die Grenze Glas–Luft) geht mit einer Reflexion von Licht einher, die ca. 4 % des einfallenden Lichtes (bei einer angenommenen Brechzahl für Glas von $n \approx 1{,}5$) ausmacht. Da moderne optische Systeme aus einer Vielzahl von Linsen bestehen, ist auch die Zahl der Reflexionen groß, und dementsprechend sind die Lichtverluste relativ hoch. Damit verringert sich die Intensität des am Okular ankommenden Lichtes und folglich die Lichtstärke des Gerätes. Außerdem führt die Lichtreflexion an den Linsenoberflächen oft (zum Beispiel in der Militärtechnik) zu einem Aufblitzen und verrät den Standort des Gerätes.

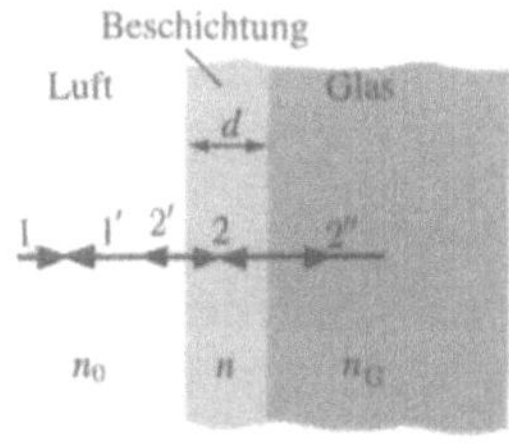

**Bild 175.1

Zur Verringerung der genannten Unzulänglichkeiten führt man eine sogenannte *Aufhellung der Optik* durch. Dazu bringt man auf die äußeren Oberflächen der Linse dünne Schichten eines Materials auf, dessen Brechzahl kleiner als die des Linsenmaterials ist. Bei Reflexion von Licht an den Grenzflächen Luft–Beschichtung und Beschichtung–Glas interferieren die kohärenten Lichtstrahlen $1'$ und $2'$ miteinander (Bild 175.1). Die Dicke der Beschichtung d und die Brechzahlen des Linsen- und Beschichtungsmaterials (entsprechend n_G und n) können so gewählt werden, daß die von beiden Beschichtungsflächen reflektierten Wellen gegenseitig auslöschen. Dafür müssen ihre Amplituden gleich groß sein. Der optische Gangunterschied ergibt sich zu $(2m + 1)(\lambda_0/2)$ (siehe (172.3)). Die Rechnung zeigt, daß die Amplituden der reflektierten Strahlen gleich groß sind, wenn

$$n = \sqrt{n_\mathrm{G}} \qquad (175.1)$$

gilt. Da n_G, n und die Brechzahl für Luft n_0 der Bedingung $n_\mathrm{G} > n > n_0$ genügen, treten Halbwellenverluste an beiden Oberflächen auf. Folglich lautet die Bedingung für ein Interferenzminimum (vorausgesetzt, das Licht fällt senkrecht ein, d. h. $\varphi = 0$)

$$2nd = (2m + 1)\frac{\lambda_0}{2},$$

wobei nd die **optische Dicke der Beschichtung** ist. Gewöhnlich setzt man $m = 0$. Dann ist

$$nd = \frac{\lambda_0}{4}.$$

Wenn also Bedingung (175.1) erfüllt ist und die optische Dicke der Schicht $\lambda_0/4$ beträgt, dann löschen sich als Resultat der Interferenz die reflektierten Strahlen gegenseitig aus. Eine vollständige Unterdrückung von Strahlen aller Wellenlängen ist nicht möglich, deshalb wird die beschriebene Methode nur für die Wellenlängen angewandt, für die das Auge am empfindlichsten ist: $\lambda_0 \approx 550$ nm (grünes Licht). Deshalb erscheinen uns Objektive mit Aufhellung bläulich-rot gefärbt.

Die Herstellung hochreflektierender Oberflächenvergütungen ist nur auf der Grundlage der **Interferenz von mehreren Lichtstrahlen** möglich. Dabei interferieren mehr als zwei kohärente Lichtstrahlen miteinander. Die Intensitätsverteilung bei dieser Spielart der Interferenz unterscheidet sich deutlich von der der Interferenz von nur zwei Strahlen. Die Interferenzmaxima sind wesentlich enger und kräftiger, als das für zwei Strahlen der Fall wäre. Die resultierende Amplitude nach Überlagerung von Lichtschwingungen gleicher Amplitude in den Intensitätsmaxima, wo die Schwingungen gleichphasig verlaufen, ist um den Faktor N größer, und die Intensität ist um den Faktor N^2 größer als für einen Strahl (N ist die Anzahl der interferierenden Lichtstrahlen). Zur Bestimmung der resultierenden Amplitude ist es bequem, sich der graphischen Methode zu bedienen, indem man die Methode der Vektordiagramme nutzt (siehe § 140). Mehrstrahlige Interferenz kann an Beugungsgittern beobachtet werden (siehe § 180).

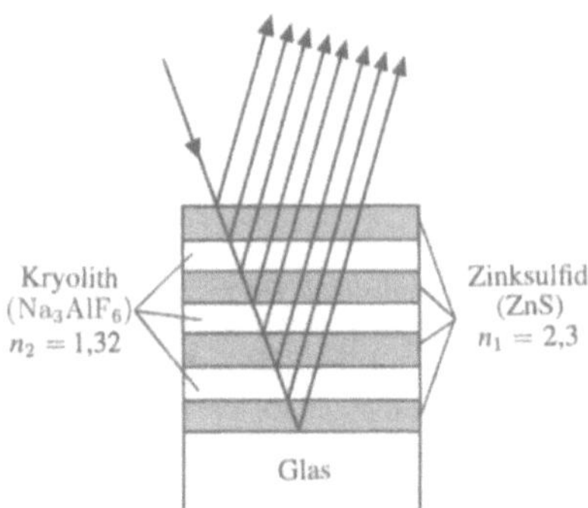

Bild 175.2

Man kann Interferenzerscheinungen mit mehreren Strahlen auch bei einem System von sich abwechselnden Schichten mit verschiedenen Brechzahlen beobachten (jedoch mit gleicher optischer Dicke von $\lambda_0/4$), die auf eine reflektierende Fläche aufgebracht sind (Bild 175.2). Man kann zeigen, daß an der Stoffgrenze der verschiedenen Schichten (zwischen zwei Schichten ZnS mit einer größeren Brechzahl n_1 befindet sich eine Schicht Kryolith mit einer kleineren Brechzahl n_2) eine große Zahl von interferierenden Strahlen entsteht. Diese Strahlen verstärken sich gegenseitig, wenn die optische Dicke der Schichten gleich $\lambda_0/4$ ist, d. h., der Reflexionsfaktor wird größer. Eine charakteristische Besonderheit eines solchen hochreflektierenden Systems ist, daß es in einem sehr engen Spektralbereich wirksam wird. Dabei gilt: je größer der Reflexionsfaktor, desto enger ist dieser spektrale Bereich. Zum Beispiel ergibt ein System aus sieben Schichten für den Bereich 500 nm einen Reflexionsfaktor $\rho \approx 96\,\%$ (bei einem Durchlaßfaktor von $\approx 3{,}5\,\%$ und einem Absorptionsfaktor $< 0{,}5\,\%$). Solche und ähnliche Reflektoren werden in der Lasertechnik und auch zur Herstellung von Interferenzlichtfiltern (optische Filter für einen engen Spektralbereich) eingesetzt.

Interferenz wird auch in sehr genauen Meßgeräten, genannt **Interferometer**, angewendet. Alle Interferometer arbeiten nach demselben Prinzip und unterscheiden sich lediglich in ihrer Konstruktion. In Bild 175.3 ist ein vereinfachtes Schema des **Michelson-Interferometers** dargestellt. Monochromatisches Licht von der Lichtquelle S fällt unter einem Winkel von $45°$ auf die planparallele Platte P_1. Die der Lichtquelle abgewandte Seite der Platte ist versilbert und halbdurchlässig. Sie teilt den Lichtstrahl in zwei Teile: den Strahl 1 (reflektiert von der Silberschicht) und den Strahl 2 (geht durch die Silberschicht hindurch). Der Strahl 1 wird durch den Spiegel M_1 reflektiert und geht auf dem Rückweg von neuem durch die Platte P_1 hindurch (Strahl $1'$). Der Strahl 2 wird durch den Spiegel M_2 und auf dem Rückweg von der Platte P_1 reflektiert (Strahl $2'$). Da der erste der Strahlen zweimal durch die Platte P_1 hindurchgeht, befindet sich auf der Bahn des zweiten Strahls eine Platte P_2 (gleich der Platte P_1, jedoch ohne Silberschicht) zur Kompensation des Gangunterschiedes zwischen den Strahlen 1 und 2.

Die Strahlen $1'$ und $2'$ sind kohärent, und folglich interferieren sie miteinander. Das Interferenzbild hängt vom optischen

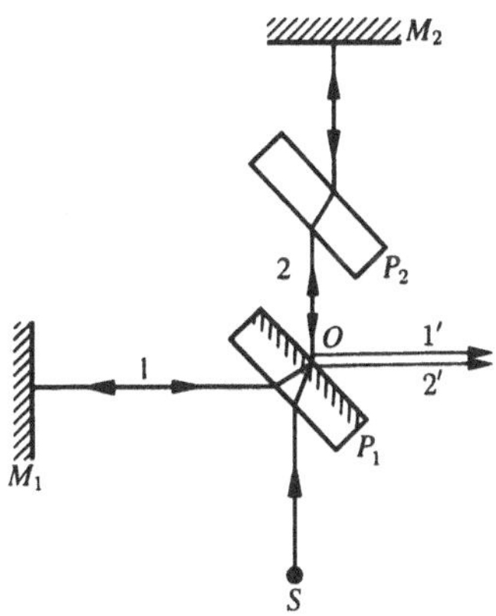

Bild 175.3

Gangunterschied zwischen dem Strahl 1 vom Punkt O bis zum Spiegel M_1 und dem Strahl 2 vom Punkt O bis zum Spiegel M_2 ab. Verschiebt man einen der Spiegel um die Entfernung $\lambda_0/4$, so erhöht sich der Gangunterschied beider Strahlen um $\lambda_0/2$. Damit ändert sich die Helligkeitsverteilung im Beobachtungsfeld. Man kann also aus einer geringfügigen Veränderung des Interferenzbildes auf eine kleine Verschiebung eines der Spiegel schließen. Das erlaubt die Verwendung des Michelson-Interferometers zur genauen Bestimmung von Maßen (Größenordnungen von 10^{-7} m, Bestimmung von Körperlängen, Veränderungen der Körperlänge infolge Temperaturveränderungen (Interferenzdilatometer), Wellenlängen usw.).

Eine Weiterentwicklung des Interferometers ist das **Mikrointerferometer**, eine Kombination aus Interferometer und Mikroskop. Es dient zur Qualitätskontrolle von Oberflächenbearbeitungen.

Interferometer sind sehr empfindliche optische Geräte, die die Messung von geringen Änderungen der Brechzahlen von durchsichtigen Medien (Gase, flüssige und feste Körper) in Abhängigkeit von Druck, Temperatur und Verunreinigungen usw. erlauben. Solche Interferometer erhielten die Bezeichnung **Interferenzrefraktometer**. In der Bahn der interferierenden Strahlen befinden sich zwei gleichartige Küvetten der Länge l. Eines der Gefäße ist mit einem Medium, zum Beispiel mit einem Gas mit bekannter Brechzahl n_0, und das andere mit einem Medium mit der gesuchten Brechzahl n_x gefüllt. Der dadurch auftretende zusätzliche optische Gangunterschied zwischen den interferierenden Strahlen ist $\Delta = (n_x - n_0)l$. Die Änderung des Gangunterschiedes führt zu einer Verschiebung der Interferenzstreifen. Die Verschiebung wird durch die Größe

$$m_0 = \frac{\Delta}{\lambda} = (n_x - n_0)\frac{l}{\lambda}$$

charakterisiert, wobei m_0 anzeigt, um welchen Teil der Breite des betrachteten Interferenzstreifens sich das Interferenzbild verschoben hat. Die Größen l, n_0 und λ sind bekannt. Wird nun der Wert m_0 gemessen, kann man die gesuchte Brechzahl n_x oder die Differenz $n_x - n_0$ bestimmen. Wenn das Interferenzbild zum Beispiel um 1/5 des Streifens verschoben wird und bekannt ist, daß $l = 10$ cm und $\lambda = 500$ nm gilt, dann erhalten wir $n_x - n_0 = 10^{-6}$, d.h., Interferenzrefraktometer ermöglichen bei der Bestimmung von Brechzahlen eine sehr hohe Genauigkeit (bis zu 10^{-6}).

Die Anwendungsbereiche von Interferometern sind sehr vielfältig. Neben den erwähnten Gebieten kann man sie zur Qualitätssicherungen von optischen Details, zur Winkelmessung, zur Verfolgung schnellebiger Prozesse in der Luftumgebung von Flugapparaten usw. verwenden. Unter Verwendung seines Interferometers verglich Michelson erstmalig das internationale Eichmaß für das Meter mit der Wellenlänge einer Standardlichtwelle. Mit Hilfe von Interferometern wurde ebenfalls die Lichtausbreitung in sich bewegenden Körpern untersucht. Die Ergebnisse dieser Forschungen führten zu fundamentalen Änderungen der Vorstellungen über Raum und Zeit.

Kontrollfragen

▶ Nennen Sie die Grundlagen und die hauptsächlichen Schlußfolgerungen der Korpuskular- und der Wellentheorie des Lichtes. Wie entstand der Begriff „Welle-Teilchen-Dualismus des Lichtes"?

▶ Welche Größen werden Kohärenzzeit und Kohärenzlänge genannt? Welcher Zusammenhang existiert zwischen ihnen?

▶ Wozu wurden die Begriffe der zeitlichen und der räumlichen Kohärenz eingeführt?

▶ Was ist die optische Weglänge, der optische Gangunterschied von Lichtwellen?

▶ Zwei kohärente Lichtstrahlen mit einem optischen Gangunterschied $\Delta = (3/2)\lambda$ interferieren in einem bestimmten Punkt. Beobachtet man in diesem Punkt ein Maximum oder ein Minimum? Warum ist das so?

▶ Warum kann man bei zwei Laserstrahlen Interferenz beobachten, bei zwei elektrischen Lampen jedoch nicht?

▶ Wie ändert sich das Interferenzbild beim Youngschen Versuch (siehe Bild 173.1), wenn sich die Versuchsanordnung im Wasser befindet?

▶ Unterscheiden sich die Interferenzbilder zweier nahe beieinanderliegender paralleler Spalte bei Beleuchtung mit monochromatischem und weißem Licht? Wenn ja, warum?

▶ Was sind Interferenzstreifen gleicher Neigung und gleicher Dicke? Wo findet man sie?

▶ Auf eine dünne durchsichtige Schicht fällt senkrecht monochromatisches Licht. Auf der Schicht werden parallele gleichmäßig voneinander entfernte und abwechselnd hell und dunkel gefärbte Streifen beobachtet. Ist die Dicke der Schicht überall gleich?

▶ Warum ist das Zentrum von Newtonschen Ringen in Durchlicht gewöhnlich hell?

▶ Zwischen zwei Platten befindet sich ein Luftspalt. Bei Einfall von monochromatischem Licht werden Interferenzstreifen beobachtet. Wie ändert sich der Abstand zwischen den Streifen, wenn man den Plattenzwischenraum mit einer durchsichtigen Flüssigkeit füllt?

▶ Wann und warum kann man durch Schichten mit der optischen Dicke eines Viertels der Wellenlänge die völlige Auslöschung der reflektierten Strahlen herbeiführen und wann eine hochreflektierende Oberflächenbeschichtung erhalten?

Aufgaben

22.1. Bestimmen Sie, welche Entfernung s_1 die Front einer monochromatischen Lichtwelle im Vakuum in einer Zeit zurücklegt, die sie für den Weg $s_2 = 1{,}5$ mm in Glas mit einer Brechzahl $n_2 = 1{,}5$ benötigt. [2,25 mm]

22.2. Auf einem Schirm wird ein Interferenzbild beobachtet, das von der Überlagerung zweier Lichtwellen von zwei kohärenten Lichtquellen herrührt ($\lambda = 500$ nm). In den Weg des einen Lichtstrahls wird rechtwinklig zu ihm eine Glasplatte ($n = 1{,}6$) gebracht. Die Glasplatte hat eine Dicke von $d = 5\ \mu$m. Man berechne, um wie viele Streifen sich dabei das Interferenzbild verschiebt. [Lösung der Aufgabe s. S. 396]

22.3. In einer Youngschen Versuchsanordnung wurden die Spalten mit einem Abstand von 0,3 mm zueinander mit monochromatischem Licht der Wellenlänge 600 nm bestrahlt. Man berechne den Abstand der Spalte zum Bildschirm, wenn die Breite der Interferenzstreifen 1 mm beträgt. [0,5 mm]

22.4. Auf einen gläsernen Keil ($n = 1{,}5$) mit einem Neigungswinkel von $\alpha = 40''$ fällt senkrecht zur Grundfläche monochromatisches Licht der Wellenlänge $\lambda = 600$ nm. Bestimmen Sie den Abstand zweier benachbarter Minima des Interferenzbildes voneinander. [Lösung der Aufgabe s. S. 396]

22.5. Auf einen gläsernen Keil ($n = 1{,}5$) fällt senkrecht monochromatisches Licht ($\lambda = 698$ nm). Man bestimme den Winkel zwischen den Keiloberflächen, wenn der Abstand zwischen zwei benachbarten Interferenzminima, in durchgehendem Licht betrachtet, 2 mm beträgt. [0,4′]

22.6. Eine plankonvexe Linse ($n = 1,6$) liegt mit ihrer gewölbten Seite auf einer Glasplatte. Der Abstand zwischen den ersten zwei Newtonschen Ringen, die in reflektiertem Licht beobachtet werden können, ist gleich 0,5 mm. Berechnen Sie die Brechkraft der Linse, wenn das einfallende Licht monochromatisch ist ($\lambda = 550$ nm) und rechtwinklig zur Linsenebene einfällt. [Lösung der Aufgabe s. S. 396]

22.7. Eine Versuchsanordnung zur Beobachtung der Newtonschen Ringe wird von monochromatischem Licht senkrecht bestrahlt. Wenn man den Zwischenraum zwischen Linse und Platte mit einer durchsichtigen Flüssigkeit füllt, dann verringern sich die Radien der dunklen Ringe, in reflektiertem Licht betrachtet, um Faktor 1,21. Berechnen Sie die Brechzahl der Flüssigkeit. [1,46]

22.8. Auf eine Linse mit der Brechzahl 1,55 fällt senkrecht monochromatisches Licht mit einer Wellenlänge von 550 nm. Zur Verringerung von Lichtverlusten durch Reflexion wird eine dünne Schicht auf die Linse aufgetragen. Man bestimme: 1) die optimale Brechzahl der Beschichtung; 2) die Dicke der Schicht. [1) 1,24; 2) 0,11 μm]

22.9. In einem Versuch mit dem Michelson-Interferometer war zu einer Verschiebung des Interferenzbildes um 450 Streifen die Bewegung eines Spiegels um 0,135 mm notwendig. Bestimmen Sie die Wellenlänge des einfallenden Lichtes. [600 nm]

22.10. In einem der Strahlen eines Interferenzrefraktometers befindet sich eine evakuierte Glasröhre der Länge 10 cm. Wird das Röhrchen mit Chlor gefüllt, verschiebt sich das Interferenzbild zum Streifen 131. Berechenen Sie die Brechzahl von Chlor, wenn das einfallende Lichtbündel monochromatisch ist und eine Wellenlänge von 590 nm besitzt. [1,000773]

Kapitel 23

Beugung von Lichtwellen

§ 176 Huygens-Fresnelsches Prinzip

Die Abweichung von den Gesetzen der geometrischen Optik (einer scharfen Schattenbildung) nach Lichthindernissen nennt man **Beugung des Lichtes**. Dank den Beugungserscheinungen kann Licht in den geometrischen Schattenbereich eindringen und so Hindernisse umgehen, durch kleine Löcher in Schirmen dringen usw. Zum Beispiel kann man Schallwellen gut um eine Hausecke herum hören, d. h., daß die Schallwellen um die Ecke herum gebeugt werden.

Beugungserscheinungen sind mit Hilfe des *Huygensschen Prinzips* erklärbar (siehe § 170). Danach ist jeder Punkt der Wellenfront gleichzeitig das Zentrum von Elementarwellen, und die Einhüllende dieser Elementarwellen ergibt die Lage der Wellenfront im nächsten Moment.

Es falle eine ebene Welle senkrecht auf ein Loch in einem undurchsichtigen Schirm (Bild 176.1). Nach Huygens dient jeder Punkt des auf das Loch entfallenden Teiles der Wellen-front als Zentrum für Elementarwellen (in einem homogenen und isotropen Medium sind das Kugelwellen). Indem man die Einhüllende dieser Elementarwellen für einen bestimmten Zeitraum einzeichnet, erkennt man, daß die Wellenfront in den Bereich des geometrischen Schattens eindringt, d. h., die Welle wird um die Ränder des Loches gebeugt.

Beugungserscheinungen sind charakteristisch für Wellen. Wenn also Licht Wellencharakter besitzt, treten auch Beugungserscheinungen auf, d. h., eine Lichtwelle, die auf die Grenzfläche eines lichtundurchlässigen Körpers fällt, wird von diesem gebeugt (dringt in den Bereich des geometrischen Schattens ein). Allerdings ist aus Versuchen bekannt, daß Gegenstände, die von einer punktförmigen Lichtquelle bestrahlt werden, einen scharfen Schatten werfen. Folglich weichen die Strahlen nicht von ihrer geradlinigen Ausbreitungsrichtung ab. Warum entsteht hier ein scharfer Schattenbereich, wenn Licht doch Welleneigenschaften besitzt? Leider fand die Huygenssche Theorie keine Antwort auf diese Frage.

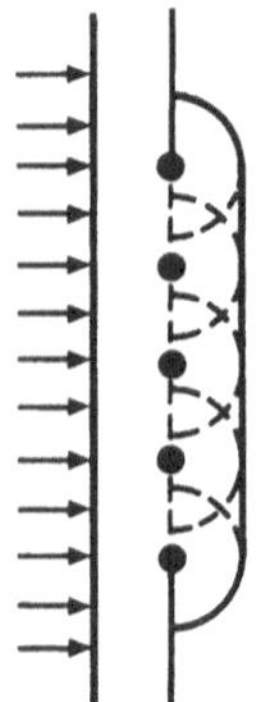

Bild 176.1

Das Huygenssche Prinzip gibt lediglich auf die Frage Auskunft, in welche Richtung sich die Wellenfront ausbreitet. Das Verhalten der Amplitude und damit die Intensität der Wellen in unterschiedlichen Ausbreitungsrichtungen wird dagegen nicht behandelt. Erst Fresnel verlieh dem Huygensschen Prinzip einen physikalischen Sinn durch die Ergänzung dieses Prinzips mit der Idee von der Interferenz der Elementarwellen.

Entsprechend dem **Huygens-Fresnelschen Prinzip** kann eine von einer beliebigen Quelle S herrührende Lichtwelle als das *Superpositionsresultat von kohärenten Elementarwellen* betrachtet werden, die von fiktiven Lichtquellen „ausgestrahlt" werden. Solche Lichtquellen sind zum Beispiel unendlich kleine Elemente einer geschlossenen Oberfläche, die die Lichtquelle S umgibt. Gewöhnlich wählt man als eine solche Oberfläche eine der Wellenoberflächen, und deshalb wirken alle fiktiven Lichtquellen gleichphasig. Die von der Lichtquelle ausgehenden Wellen sind also das Resultat der Interferenz aller kohärenten Elementarwellen. Fresnel schloß die Möglichkeit der Entstehung umgekehrter Elementarwellen aus und setzte voraus, daß wenn sich zwischen der Lichtquelle und dem Beobachtungspunkt ein undurchsichtiger Schirm mit einem Loch befindet, die Amplitude der Elementarwellen in der Schirmebene gleich Null ist. Dabei verhält sie sich an der Öffnung des Schirms, als wäre kein Hindernis vorhanden.

Das Einbeziehen der Amplituden und der Phasen der Elementarwellen erlaubt in jedem konkreten Fall die Bestimmung der Amplitude der resultierenden Welle in einem beliebigen Punkt des Raumes, d. h., es ist möglich, die Gesetzmäßigkeiten der Lichtausbreitung quantitativ zu beschreiben. Allgemein ist die Berechnung der Interferenz von Elementarwellen verhältnismäßig kompliziert und langwierig. Wir zeigen allerdings weiter unten für einige Anwendungsbeispiele eine Methode zur Berechnung der Amplitude der resultierenden Schwingungen durch Addition.

§ 177   Fresnelsche Zonen.
Geradlinige Lichtausbreitung

Das Huygens-Fresnelsche Prinzip mußte im Rahmen der Wellentheorie Auskunft auf die Frage der geradlinigen Lichtausbreitung geben. Indem er die gegenseitige Interferenz von Elemen-

tarwellen untersuchte, fand Fresnel die Lösung des Problems. Er verwendete dabei eine Herangehensweise, die als **Verfahren der Fresnelschen Zonen** bekannt wurde.

Wir wollen nun die Amplitude einer Lichtwelle in einem Punkt M bestimmen, die sich in einem homogenen Medium ausbreitet und von einer punktförmigen Lichtquelle S ausgeht (Bild 177.1). Nach dem Huygens-Fresnelschen Prinzip ersetzen wir die Wirkung der Lichtquelle S durch die Wirkung von fiktiven Lichtquellen, die auf einer Hilfsoberfläche F liegen. Die Hilfsoberfläche ist die Oberfläche einer Wellenfront (ausgehend von S), d. h. eine Kugeloberfläche mit dem Mittelpunkt S. Fresnel teilte nun die Wellenoberfläche F in ringförmige Zonen ein. Die Entfernungen der Ränder einer Zone zum Beobachtungspunkt M unterscheiden sich um $\lambda/2$, d. h. $\overline{P_1 M} - \overline{P_0 M} = \overline{P_2 M} - \overline{P_1 M} = \overline{P_3 M} - \overline{P_2 M} = \cdots = \lambda/2$. Eine solche Unterteilung der Wellenfront in Zonen kann man erreichen, indem man Kugeloberflächen mit dem Zentrum im Punkt M und mit den Radien $b + \lambda/2, b + 2\lambda/2, b + 3\lambda/2, \ldots$ konstruiert. Da die Wellen von benachbarten Zonen bis zum Punkt M Entfernungen zurücklegen, die sich um $\lambda/2$ unterscheiden, erreichen sie den Beobachtungspunkt in Gegenphase. Bei Überlagerung dieser Wellen schwächen sie sich gegenseitig ab. Für die Amplitude der resultierenden Schwingung im Punkt M ergibt sich

$$A = A_1 - A_2 + A_3 - A_4 + \cdots. \qquad (177.1)$$

A_1, A_2, ... sind dabei die Amplituden der Schwingungen, die entsprechend von der 1-ten, 2-ten, ... Zone herrühren.

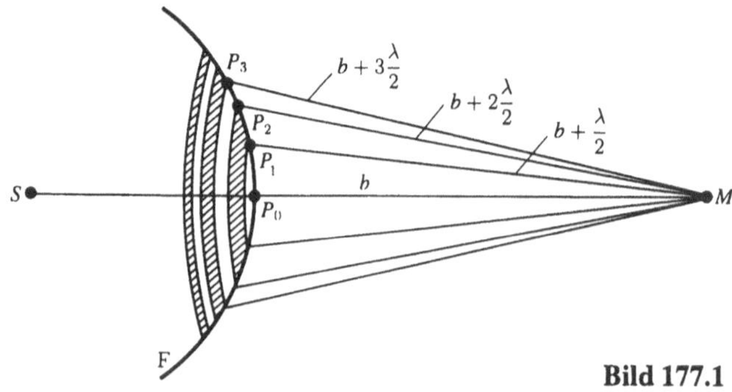

Bild 177.1

Um die Schwingungsamplitude zu bestimmen, wollen wir nun die Fläche der Fresnelschen Zonen berechnen. Die äußere Grenze der m-ten Zone schließe auf der Wellenoberfläche ein Kugelsegment der Höhe h_m ein (Bild 177.2). Wenn wir den Oberflächeninhalt dieses Segments mit σ_m bezeichnen, erhalten wir für den Flächeninhalt der m-ten Fresnelschen Zone $\Delta\sigma_m = \sigma_m - \sigma_{m-1}$, wobei σ_{m-1} den Oberflächeninhalt des Kugelsegments bedeutet, das durch die äußere Grenze der $(m-1)$-ten Fresnelschen Zone abgeteilt wird. Aus der Abbildung folgt, daß

$$r_m^2 = a^2 - (a - h_m)^2 = \left(b + m\frac{\lambda}{2}\right)^2 - (b + h_m)^2 \quad (177.2)$$

gilt. Nach einfachen Umformungen unter Berücksichtigung von $\lambda \ll a$ und $\lambda \ll b$ erhalten wir weiter, daß

$$h_m = \frac{bm\lambda}{2(a+b)} \tag{177.3}$$

ist. Der Flächeninhalt eines Kugelsegments ergibt sich zu

$$\sigma_m = 2\pi a h_m = \frac{\pi a b \lambda}{a+b} m,$$

und der Flächeninhalt der m-ten Fresnelschen Zone ist dann gleich

$$\Delta \sigma_m = \sigma_m - \sigma_{m-1} = \frac{\pi a b \lambda}{a+b}. \tag{177.4}$$

Der Ausdruck (177.4) ist von m unabhängig. Folglich sind die Flächeninhalte der Fresnelschen Zonen für nicht allzu große Werte m gleich. Die Konstruktion der Fresnelschen Zonen unterteilt die Wellenoberfläche einer Kugelwelle also in der Fläche nach gleichgroße Bereiche.

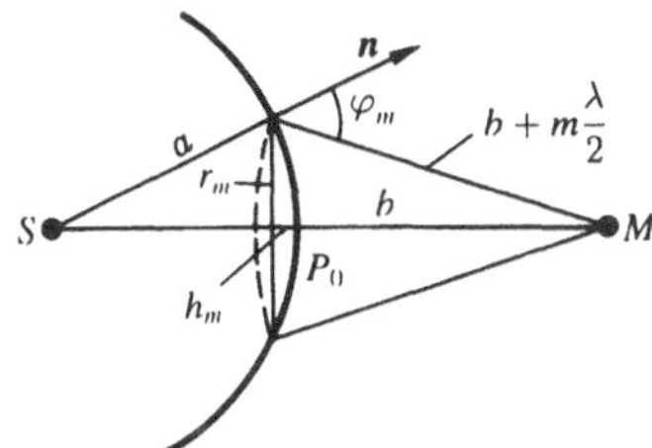

Bild 177.2

Nach Fresnelscher Voraussetzung ist die Wirkung einzelner Zonen im Punkt M um so kleiner, je größer der Winkel φ_m (Bild 177.2) zwischen der Normalen n zur Oberfläche der Zone und der Richtungsgeraden zum Punkt M ist, d. h., die Wirksamkeit der Zonen im Beobachtungspunkt nimmt gleichmäßig von der zentral gelegenen (etwa P_0) zu den an der Peripherie gelegenen Zonen (bis zum Wert Null) hin ab. Außerdem nimmt die Strahlungsintensität in Richtung M mit wachsendem m ab, da gleichzeitig die Entfernung der Zonen vom Punkt M wächst. Wenn wir diese beiden Faktoren betrachten, können wir schreiben

$$A_1 > A_2 > A_3 > A_4 > \cdots$$

Die Gesamtzahl der Fresnelschen Zonen, die auf der Halbkugel einer Wellenoberfläche Platz finden, ist verhältnismäßig groß: Zum Beispiel erhalten wir für $a = b = 10$ cm und $\lambda = 500$ nm eine Zahl der Fresnelschen Zonen $[2\pi a^2/(\pi a b \lambda)](a + b) = 8 \cdot 10^5$. Deshalb kann man in zulässiger Näherung sagen, daß die Amplitude der Schwingung A_m von einer bestimmten m-ten Fresnelschen Zone an gleich dem arithmetischen Mittel der Amplituden der an sie angrenzenden Zonen ist, d. h.

$$A_m = \frac{A_{m-1} + A_{m+1}}{2} \tag{177.5}$$

gilt. Dann kann der Ausdruck (177.1) auch wie folgt geschrieben werden

$$A = \frac{A_1}{2} + \left(\frac{A_1}{2} - A_2 + \frac{A_3}{2} \right)$$
$$+ \left(\frac{A_3}{2} - A_4 + \frac{A_5}{2} \right) + \cdots = \frac{A_1}{2}, \tag{177.6}$$

da die Klammerausdrücke nach Formel (177.5) gleich Null sind und der übrige Teil der Amplitude der letzten Fresnelschen Zone $\pm A_m/2$ vernachlässigbar klein ist.

Wir haben damit herausgefunden, daß die Amplitude der resultierenden Schwingung in einem beliebigen Punkt M gleichsam durch die Wirkung nur einer Hälfte der Fresnelschen Zentralzone bestimmt wird. Folglich läßt sich die Wirkung der gesamten Wellenoberfläche in einem Punkt M auf die Wirkung eines kleinen Abschnitts dieser Oberfläche reduzieren. Dieser Abschnitt ist kleiner als die zentral gelegene Fresnelsche Zone.

Wenn wir für die Formel (177.2) annehmen, daß für die Segmenthöhe $h_m \ll a$ gilt (bei nicht allzu großen Werten m), dann gilt $r_m^2 = 2ah_m$. Setzt man nun hier den Ausdruck (177.3) ein, erhält man den Radius der äußeren Grenze der m-ten Fresnelschen Zone:

$$r_m = \sqrt{\frac{ab}{a+b} m\lambda}. \tag{177.7}$$

Für $a = b = 10$ cm und $\lambda = 500$ nm ist der Radius der ersten (der zentralen) Fresnelschen Zone gleich $r_1 = 0,158$ mm. Folglich breitet sich das Licht von S nach M so aus, als würde sich ein Lichtbündel im Inneren eines sehr schmalen Kanals entlang der Geraden SM ausbreiten, d. h., die Lichtausbreitung erfolgt *geradlinig*. Das Huygens-Fresnelsche Prinzip gestattet also die Erklärung der geradlinigen Ausbreitung von Lichtwellen in einem homogenen Medium.

Daß sich Wellenfronten tatsächlich in Fresnelsche Zonen teilen lassen, ist experimentell bewiesen. Dazu verwendet man eine in Zonen unterteilte Platte (**Fresnelsche Zonenplatte**). Im einfachsten Fall ist das eine Glasplatte, die aus einem System von durchsichtigen und undurchsichtigen konzentrischen Ringen besteht, die nach dem Fresnelschen Prinzip konstruiert wurden, d. h. mit den Radien r_m der Fresnelschen Zonen, die nach Formel (177.7) für bestimmte Werte a, b und λ berechnet werden können ($m = 0, 2, 4, \ldots$ für die durchsichtigen und $m = 1, 3, 5, \ldots$ für die undurchsichtigen Ringe). Wenn man eine solche Platte an eine streng definierte Stelle (in einer Entfernung a von der punktförmigen Lichtquelle S und in einer Entfernung b vom Beobachtungspunkt auf deren Verbindungslinie) stellt, dann verdeckt sie für Lichtwellen der Wellenlänge λ die Fresnelschen Zonen mit einer geraden Ordnungszahl und läßt die Lichtwellen, die von den Zonen mit ungeraden Ordnungszahlen herrühren, beginnend mit der zentralen Zone, ungehindert durch. Als Ergebnis muß die resultierende Amplitude $A = A_1 + A_3 + A_5 + \cdots$ größer sein, als wenn die Wellenfront nicht teilweise verdeckt wäre. Im Versuch werden diese Schlüsse bestätigt: Die Zonenplatte vergrößert die Beleuchtungsstärke im Punkt M und wirkt dabei wie eine Sammellinse.

Dieses Prinzip wird in jüngster Zeit dazu verwendet, um Linsen mit hoher Brechkraft zu ersetzen, wenn die Konstruktion möglichst leicht sein soll und möglichst wenig Licht vom Glas absorbiert werden soll. Dies ist aber erst möglich, seit man in der Lage ist, durch Mikrostrukturierung die dazu notwendigen winzigen Strukturen zu erzeugen.

§ 178 Fresnelsche Beugung
an einer kleinen runden Öffnung
und an einer kleinen runden Scheibe

Wir untersuchen nun die **Beugung in konvergierenden Strahlen**, auch **Fresnelsche Beugung** genannt. Diese Erscheinung kann in endlicher Entfernung von Hindernissen beobachtet werden.

1. Fresnelsche Beugung an einer kleinen runden Öffnung. Eine Kugelwelle mit ihrem Ursprung in der Lichtquelle S trifft auf einen undurchsichtigen Schirm mit einer runden Öffnung. Wir beobachten die Beugung in einem Punkt B auf dem Schirm (E), der auf der Verbindungslinie von S und dem Mittelpunkt der Öffnung liegt (Bild 178.1). Der Schirm soll parallel zur Öffnungsebene sein und sich in einem Abstand b von ihr befinden. Wir unterteilen nun den offenen Teil der Wellenoberfläche F in Fresnelsche Zonen. Der Charakter des Beugungsbildes hängt von der Anzahl der auf die Öffnung entfallenden Fresnelschen Zonen ab. Die Schwingungsamplitude der resultierenden Schwingung, die von allen offenen Fresnelschen Zonen im Punkt B angeregt wird (siehe (177.1) und (177.6)), ergibt sich zu

$$A = \frac{A_1}{2} \pm \frac{A_m}{2},$$

wobei das Vorzeichen „Plus" ungeraden und das Vorzeichen „Minus" geraden Werten m entspricht.

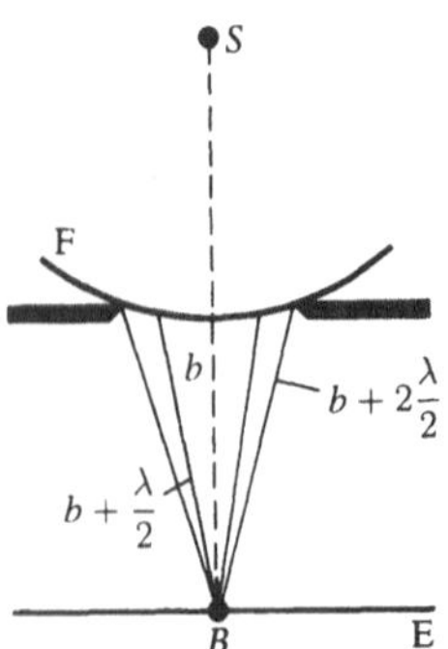

Bild 178.1

Wenn die Öffnung eine ungerade Anzahl Fresnelscher Zonen unbedeckt läßt, dann erhalten wir im Punkt B eine größere Amplitude (Intensität) als bei ungehinderter Wellenausbreitung. Ist die Anzahl der offenen Fresnelschen Zonen eine gerade Zahl, dann ist die Amplitude (Intensität) der resultierenden Schwingung im Punkt B gleich Null. Entfällt dagegen nur die erste Fresnelsche Zone auf die Öffnung, dann gilt für die Amplitude im Punkt B $A = A_1$, d.h., sie ist doppelt so groß wie

bei Wellenausbreitung ohne einen undurchsichtigen Schirm mit Öffnung (siehe § 177). Die Intensität des Lichtes ist dementsprechend viermal höher. Wenn die Öffnung zwei Fresnelsche Zonen freiläßt, dann heben sich deren Wirkungen im Punkt B durch Interferenz praktisch auf. Das Beugungsbild einer kleinen runden Öffnung in einem undurchsichtigen Schirm in der Nähe eines Punktes B trägt also den Charakter sich abwechselnder dunkler und heller Ringe mit dem Zentrum im Punkt B (ist m eine gerade Zahl, dann befindet sich im Zentrum ein dunkler Ring, und ist m ungerade, ein heller Ring). Dabei sinkt die Intensität der Maxima mit zunehmender Entfernung von der Bildmitte.

Die Berechnung der resultierenden Amplitude in Schirmbereichen, die außerhalb der Mittelachse liegen, ist mit größeren Schwierigkeiten verbunden, da die entsprechenden Fresnelschen Zonen teilweise von dem undurchsichtigen Schirm verdeckt werden. Trifft anstelle von monochromatischem Licht weißes Licht die Öffnung, dann kann man farbige Ringe beobachten.

Die Zahl der durch die Öffnung freigelassenen Fresnelschen Zonen hängt vom Öffnungsradius ab. Ist der Radius groß, so gilt $A_m \ll A_1$, und die resultierende Amplitude ergibt sich zu $A = A_1/2$, d.h., sie ist genauso groß wie bei völlig geöffneter Wellenfront. Beugungserscheinungen können in diesem Fall nicht beobachtet werden, die Lichtwellen breiten sich geradlinig aus, als wäre kein beugendes Hindernis vorhanden.

2. Fresnelsche Beugung an einer kleinen runden Scheibe. Eine Kugelwelle mit ihrem Ursprung in der Lichtquelle S trifft auf einen kleinen runden undurchsichtigen Schirm. Wir beobachten die Beugung in einem Punkt B auf dem Schirm (E), der auf der Verbindungslinie von S und dem Mittelpunkt der Öffnung liegt (Bild 178.2). In diesem Fall muß der von der Scheibe verdeckte Bereich der Wellenfront von den Betrachtungen ausgeschlossen werden. Die Fresnelschen Zonen müssen dementsprechend vom Rand der Scheibe beginnend konstruiert werden. Wir nehmen an, daß die Scheibe die m ersten Fresnelschen Zonen verdeckt. Dann ist die Amplitude der resultierenden Schwingung im Punkt B gleich

$$A = A_{m+1} - A_{m+2} + A_{m+3} - \cdots$$
$$= \frac{A_{m+1}}{2} + \left(\frac{A_{m+1}}{2} - A_{m+2} + \frac{A_{m+3}}{2} \right) + \cdots$$

oder

$$A = \frac{A_{m+1}}{2},$$

da die Klammerausdrücke Null ergeben. Folglich kann im Punkt B immer ein Interferenzmaximum beobachtet werden (heller Fleck), welcher der Hälfte der Wirkung der ersten unverdeckten Fresnelschen Zone entspricht. Das zentrale Maximum ist von konzentrischen dunklen und hellen Ringen umgeben. Die Intensität der Maxima nimmt mit wachsender Entfernung von der Bildmitte ab.

Wenn man den Radius der Scheibe vergrößert, dann ent-

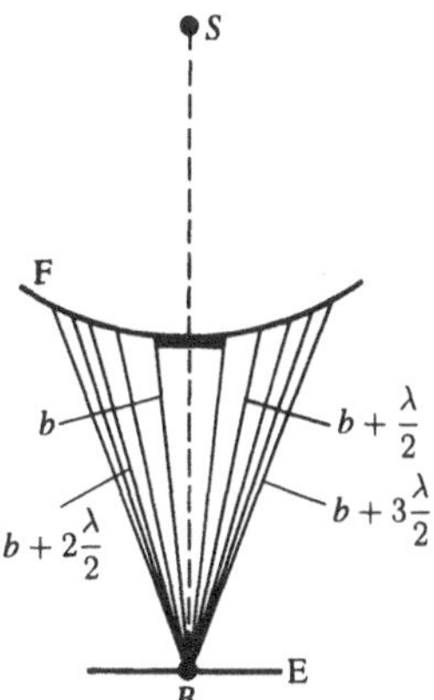

Bild 178.2

fernt sich die erste Fresnelsche Zone vom Beobachtungspunkt B, und der Winkel φ_m zwischen der Flächennormalen dieser Zone und der Richtungsgeraden zum Punkt B wird größer (siehe Bild 177.2). Im Ergebnis wird die Intensität des zentralen Maximums mit wachsendem Radius der Scheibe geringer. Bei zu großem Scheibenradius entsteht hinter ihr Schatten, an dessen Rändern man äußerst schwache Beugungserscheinungen beobachten kann. In diesem Fall kann man die Lichtbeugung vernachlässigen und von einer geradlinigen Ausbreitung des Lichtes ausgehen.

Abschließend möchten wir noch einmal unterstreichen, daß Beugungserscheinungen an runden Schirmöffnungen und runden Scheiben erstmals von Fresnel beobachtet und beschrieben wurden.

§ 179 Fraunhofersche Beugung an einem Spalt

Der deutsche Physiker J. Fraunhofer (1787–1826) untersuchte die **Beugung von ebenen Lichtwellen** oder **Beugungserscheinungen an parallelen Strahlen**. Sie besitzt große praktische Bedeutung. **Fraunhofersche Beugung** tritt auf, wenn Lichtquelle und Beobachtungspunkt unendlich weit von dem Hindernis entfernt sind, das die Beugung hervorruft. Um diese Art der Beugung zu beobachten, reicht es aus, eine punktförmige Lichtquelle im Brennpunkt einer Sammellinse zu positionieren. Das Beugungsbild kann dann in der Brennebene einer zweiten Sammellinse untersucht werden, die sich hinter dem beugenden Hindernis befindet.

Wir betrachten nun die Fraunhofersche Beugung an einem unendlich langen Spalt (hierfür ist es praktisch ausreichend, daß die (beleuchtete) Länge des Spaltes seine Breite beträchtlich übersteigt). Eine ebene monochromatische Lichtwelle falle senkrecht auf einen engen Spalt der Breite a (Bild 179.1a). Der optische Gangunterschied zwischen den Grenzstrahlen $\overline{MC}$ und $\overline{ND}$, die sich vom Spalt mit einer beliebigen Richtung φ ausbreiten, ergibt sich zu

$$\Delta = \overline{NF} = a \sin \varphi, \qquad (179.1)$$

wobei F der Punkt ist, in dem die Senkrechte aus dem Punkt M auf den Strahl $\overline{ND}$ trifft.

Wir unterteilen nun den offenen Teil der Wellenoberfläche in der Spaltebene MN in Fresnelsche Zonen. Diese haben das Aussehen von Streifen, die parallel zur Seite M des Spaltes sind. Die Breite jeder Zone wird so gewählt, daß der Gangunterschied der Grenzstrahlen dieser Zonen $\lambda/2$ beträgt, d. h., die Gesamtzahl der auf die Spaltbreite entfallenden Fresnelschen Zonen läßt sich wie das Verhältnis $\Delta : \lambda/2$ bestimmen. Da das Licht senkrecht in den Spalt einfällt, ist die Spaltebene gleich der Wellenfront. Folglich schwingen alle Punkte der Wellenfront in der Spaltebene mit gleicher Phase. Die Amplituden der Elementarwellen in der Spaltebene sind ebenfalls gleich, da die ausgewählten Fresnelschen Zonen gleiche Flächeninhalte besitzen und die gleiche Neigung bezüglich der Beobachtungsrichtung aufweisen.

Aus dem Ausdruck (179.1) folgt, daß die Zahl der auf die Spaltbreite entfallenden Fresnelschen Zonen vom Winkel φ abhängig ist. Von der Anzahl der Fresnelschen Zonen hängt wiederum das Resultat der Überlagerung aller Elementarwellen ab. Aus der angeführten Konstruktion folgt, daß die Amplitude der resultierenden Schwingung bei Lichtinterferenz von jedem Paar *benachbarter* Fresnelscher Zonen gleich Null ist, da die Schwingungen benachbarter Fresnelscher Zonen sich gegenseitig auslöschen. Aus dem Gesagten folgt, daß, wenn *die Anzahl der wirkenden Fresnelschen Zonen gerade ist,*

$$a \sin \varphi = \pm 2m \frac{\lambda}{2} \quad (m = 1, 2, 3, \ldots), \qquad (179.2)$$

im Punkt B ein **Beugungsminimum** zu beobachten ist (völlige Dunkelheit), und daß, wenn *die Zahl der wirkenden Fresnelschen Zonen ungerade ist,*

$$a \sin \varphi = \pm (2m + 1) \frac{\lambda}{2} \quad (m = 1, 2, 3, \ldots), \qquad (179.3)$$

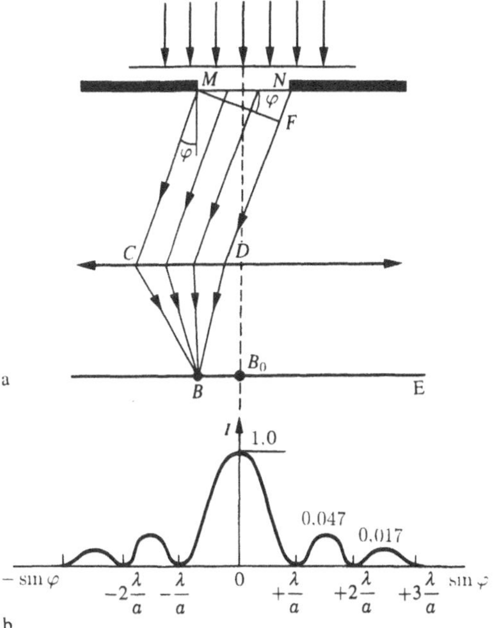

Bild 179.1

im Punkt B ein **Beugungsmaximum** feststellbar ist, welches der Wirkung einer nichtkompensierten Fresnelschen Zone entspricht. Wir wollen hier unterstreichen, daß der Spalt in gerader Richtung ($\varphi = 0$) wie eine einzelne Fresnelsche Zone wirkt und sich das Licht in dieser Richtung mit großer Intensität ausbreitet, d. h., im Punkt B_0 wird ein **zentrales Beugungsmaximum** beobachtet.

Aus den Bedingungen (179.2) und (179.3) kann man die Richtungen zu Punkten auf dem Schirm finden, in denen die Amplitude (und folglich auch die Intensität) gleich Null ($\sin \varphi_{\min} = \pm m\lambda/a$) oder maximal ist ($\sin \varphi_{\max} = \pm(2m + 1)\lambda/(2a)$). Die Intensitätsverteilung auf dem Schirm infolge der Lichtbeugung (**Beugungsspektrum**) ist in Bild 179.1b dargestellt. Eine genauere Berechnung ergibt, daß sich die Intensitäten des zentralen und der folgenden Maxima wie folgt zueinander verhalten: $1 : 0{,}047 : 0{,}017 : 0{,}0083 : \cdots$, d. h., der größte Teil der Lichtenergie ist im zentralen Maximum konzentriert. Aus Versuchen und den entsprechenden Berechnungen geht hervor, daß eine weitere Verengung des Spaltes zu einem Verschwimmen des zentralen Maximums führt, wobei seine Helligkeit abnimmt (das bezieht sich natürlich auch auf andere Maxima). Umgekehrt gilt, je breiter der Spalt ($a > \lambda$), desto heller das Bild, desto enger die Beugungsstreifen und desto größer ist auch die Anzahl der Streifen. Bei $a \gg \lambda$ erhält man im Zentrum eine scharfe Abbildung der Lichtquelle, d. h., die Lichtwellen breiten sich geradlinig aus.

Die Lage der Beugungsmaxima hängt von der Wellenlänge λ ab. Deshalb gilt der von uns untersuchte Typ von Beugungsbildern nur für monochromatisches Licht. Fällt weißes Licht in den Spalt ein, dann ist das zentrale Maximum ein weißer Streifen; das zentrale Maximum ist ein allgemeines Maximum für alle Wellenlängen (für $\varphi = 0$ ist der Gangunterschied gleich Null für alle λ). Die weiter seitlich gelegenen Maxima haben Regenbogenfarben, da die Bedingung für ein Maximum bei beliebigen Werten m verschieden für verschiedene Wellenlängen λ ist. Rechts und links vom zentralen Maximum kann man also Maxima erster ($m = 1$), zweiter ($m = 2$) und höherer Ordnungen beobachten, deren violette Ränder zur Mitte des Beugungsbildes weisen. Allerdings sind sie derart verschwommen, daß eine deutliche Trennung der Wellenlängen mit Hilfe der Lichtbeugung an einem einzelnen Spalt nicht möglich ist.

§ 180   Fraunhofersche Beugung an einem Beugungsgitter

Von großer praktischer Bedeutung ist die Lichtbeugung an einem **eindimensionalen Beugungsgitter**. Ein Beugungsgitter ist ein System von parallelen Spalten gleicher Breite, die in einer Ebene liegen und durch undurchsichtige Abschnitte gleicher Breite voneinander getrennt sind. Als wir im letzten Paragraphen die Fraunhofersche Beugung an einem einzelnen Spalt untersuchten, haben wir festgestellt, daß die Intensitätsverteilung auf dem Schirm von der Richtung der gebeugten Strahlen abhängt. Das bedeutet, daß eine Parallelverschiebung des Spaltes nach links oder rechts das Beugungsbild nicht beeinflußt.

Geht man nun von einem einzelnen Spalt zu mehreren (Beugungsgitter) über, dann sind folglich die Beugungsbilder der einzelnen Spalten untereinander gleich.

Das Beugungsbild eines Beugungsgitters ist das Resultat der Interferenz der Wellen, die von allen Spalten herrühren, d. h., *an einem Beugungsgitter* haben wir es mit *Interferenzerscheinungen vieler kohärenter Strahlenbündel* von allen beleuchteten Spalten des Beugungsgitters zu tun.

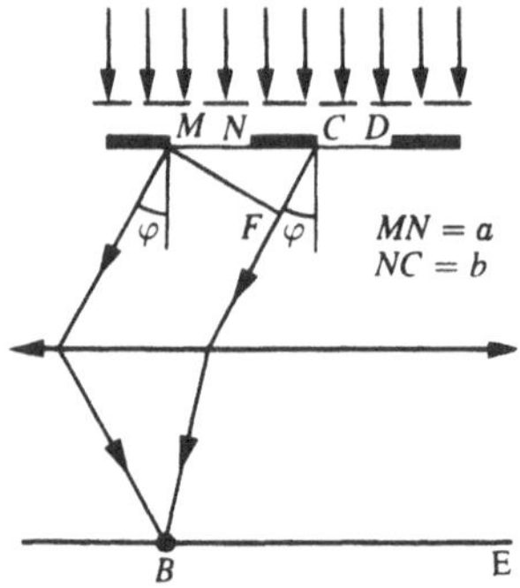

Bild 180.1

Wir wollen nun ein Beugungsgitter untersuchen. In Bild 180.1 sind der Anschaulichkeit halber nur zwei benachbarte Spalte MN und CD dargestellt. Die Breite der Spalte sei gleich a und die Breite der undurchsichtigen Abschnitte zwischen den Spalten gleich b. Die Größe $d = a + b$ heißt **Gitterkonstante (Periode) des Beugungsgitters**. Eine ebene monochromatische Welle falle senkrecht zur Gitterebene auf das Beugungsgitter. Da sich die Spalte in einem konstanten Abstand voneinander befinden, sind die optischen Gangunterschiede der Strahlen zweier benachbarter Spalte für eine gegebene Richtung φ gleich groß. Das gilt für den gesamten Gitterbereich:

$$\Delta = \overline{CF} = (a + b) \sin \varphi = d \sin \varphi. \tag{180.1}$$

Es ist leicht zu erkennen, daß das Licht sich nicht in den Richtungen ausbreiten kann, in die *kein einziger* Spalt Licht aussendet. Das gilt auch für zwei Spalte, d. h., die *Hauptminima der Lichtintensität* werden in Richtungen beobachtet, die bereits durch den Ausdruck (179.2) definiert wurden:

$$a \sin \varphi = \pm m\lambda \quad (m = 1, 2, 3, \ldots). \tag{180.2}$$

Außerdem löschen sich Lichtstrahlen von zwei Spalten durch Interferenz in bestimmten Richtungen gegenseitig aus, d. h., es entstehen **zusätzliche Minima**. Wie leicht zu erkennen, treten diese zusätzlichen Minima in Richtungen auf, denen ein Gangunterschied der Lichtstrahlen von $\lambda/2, 3\lambda/2, \ldots$ entspricht, die zum Beispiel von den äußeren linken Punkten M und C der beiden Spalte ausgehen. Die **Bedingung für die zusätzlichen Minima** unter Berücksichtigung von (180.1) lautet also:

$$d \sin \varphi = \pm(2m + 1)\frac{\lambda}{2} \quad (m = 0, 1, 2, \ldots).$$

Umgekehrt verstärkt die Wirkung eines Spaltes die des anderen, wenn die folgende Bedingung erfüllt wird

$$d \sin \varphi = \pm 2m \frac{\lambda}{2} = \pm m\lambda \quad (m = 0, 1, 2, \ldots). \quad (180.3)$$

Formel (180.3) ist also die Bedingung für die **Hauptmaxima**.

Das vollständige Beugungsbild für zwei Spalte wird also von den folgenden Bedingungen definiert:

Hauptminima

$$a \sin \varphi = \lambda, 2\lambda, 3\lambda, \ldots;$$

zusätzliche Minima

$$d \sin \varphi = \frac{\lambda}{2}, \frac{3}{2}\lambda, \frac{5}{2}\lambda, \ldots;$$

Hauptmaxima

$$d \sin \varphi = 0, \lambda, 2\lambda, 3\lambda, \ldots,$$

d. h., zwischen zwei Hauptmaxima liegt ein zusätzliches Minimum. Analog kann man zeigen, daß zwischen zwei Hauptmaxima bei drei Spalten immer zwei zusätzliche Minima liegen. Für vier Spalte wären es dann drei usw.

Besteht das Beugungsgitter aus N Spalten, dann gilt als Bedingung für die Hauptminima Formel (180.2). Bedingung für die Hauptmaxima bei N Spalten ist der Ausdruck (180.3). Die Lage der zusätzlichen Minima wird durch folgende Gleichung definiert:

$$d \sin \varphi = \pm m' \frac{\lambda}{N}$$

$$(m' = 1, 2, \ldots, N - 1, N + 1, \ldots,$$

$$2N - 1, 2N + 1, \ldots), \quad (180.4)$$

wobei m' alle ganzzahligen Werte außer $0, N, 2N, \ldots$ annehmen kann, d. h. außer den Werten, für die Bedingung (180.4) in den Ausdruck (180.3) übergeht. Folglich befinden sich bei N Spalten zwischen zwei Hauptmaxima $N-1$ zusätzliche Minima, die durch Sekundärmaxima voneinander getrennt sind. Die Sekundärmaxima erzeugen eine sehr schwache Hintergrundstrahlung.

Je mehr Spalte N das Beugungsgitter hat, desto mehr Lichtenergie gelangt durch das Gitter, und desto mehr Minima bilden sich zwischen den Hauptmaxima. Die Hauptmaxima werden mit zunehmender Spaltenanzahl intensiver und schärfer begrenzt. In Bild 180.2 ist ein Beugungsbild von acht Spalten qualitativ dargestellt. Da der Absolutbetrag von $\sin \varphi$ den Wert eins nicht übersteigen kann, folgt aus (180.3), daß die Zahl der Hauptmaxima

$$m \leq \frac{d}{\lambda}$$

wie das Verhältnis der Gitterperiode zur Wellenlänge definiert ist.

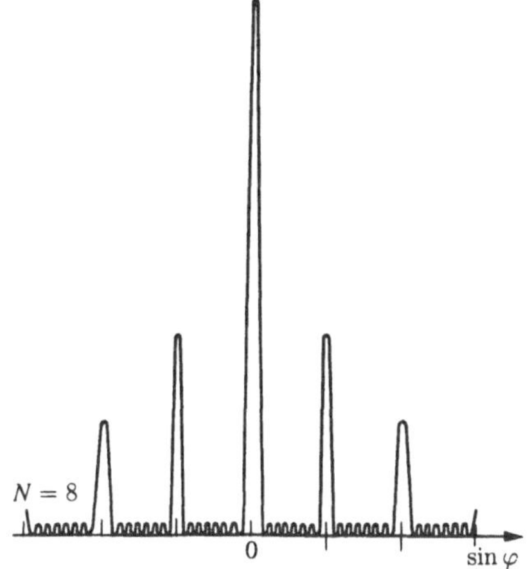

Bild 180.2

Die Lage der Hauptmaxima hängt von der Wellenlänge λ ab (siehe (180.3)). Deshalb werden bei weißem Licht alle Maxima außer dem zentralen Maximum ($m = 0$) in ein Spektrum zerlegt, dessen violetter Bereich der Bildmitte zugewandt ist (der rote Bereich ist dementsprechend nach außen gerichtet). Diese Eigenschaft von Beugungsgittern nutzt man zu Spektraluntersuchungen von Licht (Bestimmung der Wellenlängen und der Intensität aller monochromatischen Komponenten), d. h., man kann ein Beugungsgitter wie eine Spektroskopievorrichtung verwenden.

Beugungsgitter unterscheiden sich je nach Spektralbereich, in dem sie eingesetzt werden, in Abmessungen, Formgebung, Oberflächenmaterial, dem Profil der Striche und in deren Häufigkeit (von 6000 bis 0,25 Striche/mm, das deckt den Spektralbereich vom Ultraviolett bis Infrarot ab). Zum Beispiel erlaubt ein stufenförmiger Gitteraufbau, den Hauptteil der einfallenden Lichtenergie in Richtung eines bestimmten Maximums (nicht-nullter Ordnung) zu konzentrieren.

§ 181   Räumliche Beugungsgitter. Lichtstreuung

Lichtbeugung kann nicht nur an einem ebenen **eindimensionalen Gitter** (die Striche sind rechtwinklig einer bestimmten geraden Linie angeordnet), sondern auch an einem **zweidimensionalen Gitter** (die Striche sind senkrecht zueinander in einer Ebene angeordnet) beobachtet werden. Von großem Interesse sind auch Beugungserscheinungen an **räumlichen (dreidimensionalen) Gittern**. Räumliche Beugungsgitter sind dreidimensionale Gebilde, bei denen sich gleiche Strukturelemente geometrisch regelmäßig wiederholen. Die Gitterparameter wiederholen sich in allen drei voneinander unabhängigen Richtungen mit konstanter Periode und sind mit der Wellenlänge der elektromagnetischen Strahlung vergleichbar. Ein räumliches Beugungsgitter kann man sich anhand eines Kristallgitters eines festen Körpers vorstellen, da sich in einem solchen Gitter alle Strukturelemente (Atome, Moleküle, Ionen) periodisch in allen drei voneinander unabhängigen Richtungen wiederholen.

Lichtbeugung kann ebenfalls in sogenannten **trüben Medien**, Medien mit deutlicher optischer Inhomogenität, beobachtet werden. Zu den trüben Medien zählen die Aerosole (Wolken, Rauch, Nebel), Emulsionen, Kolloidlösungen usw., d. h. solche Medien, in denen sich eine große Menge fein verteilter Teilchen eines anderen Aggregatzustandes befindet. Geht Licht durch ein solches trübes Medium hindurch, wird es an den chaotisch verteilten sehr kleinen Inhomogenitäten gebeugt. Das ergibt eine gleichmäßige Intensitätsverteilung nach allen Richtungen. Ein bestimmtes Beugungsbild kommt nicht zustande. Man sagt, das **Licht wird** *in einem trüben Medium* **gestreut**. Diese Erscheinung kann man zum Beispiel beobachten, wenn ein gebündelter Sonnenstrahl durch staubige Luft hindurchgeht und durch die Lichtstreuung an den Staubkörnchen sichtbar wird.

Lichtstreuung kommt auch *in reinen Medien* vor (meist sehr schwach), die keine Fremdteilchen enthalten. Die Wechselwirkung von Licht mit Elektronen der Luftmoleküle führt zur Streuung mit der für Hertzsche Dipole charakteristischen Winkelverteilung (Rayleigh-Streuung). Unter dem Begriff der **molekularen Streuung** werden neben einer Streuung an Dipolen auch Streuung an Dichtefluktuationen der sich chaotisch bewegenden Luftteilchen aufgefaßt.

Mit der molekularen Streuung kann man zum Beispiel die blaue Färbung des Himmels erklären. Entsprechend den Rayleighschen Streuungsgesetzmäßigkeiten ist die Intensität des gestreuten Lichtes umgekehrt proportional zur vierten Potenz der Wellenlänge ($I \sim \lambda^{-4}$). Deshalb werden hellblaue und blaue Lichtstrahlen stärker gestreut als gelbe und rote, wodurch die im allgemeinen blaue Färbung des Himmels erzeugt wird. Das Licht, das durch eine dicke Luftschicht hindurch geht, ist mit Wellen größerer Wellenlängen angereichert (der blau-violette Spektralbereich wird vollständig gestreut). Deshalb erscheint die Sonne bei Sonnenauf- und -untergang rötlich gefärbt. Schwankungen der Dichte und der Streuungsintensität von Lichtwellen nehmen mit steigender Temperatur zu. Darum erscheint der Himmel an einem klaren Sommertag tiefer blaugefärbt als an einem vergleichbaren Wintertag.

§ 182   Beugung an einem räumlichen Gitter. Braggsche Reflexionsbedingung

Will man Beugungserscheinungen beobachten, dann muß die Gitterkonstante die gleiche Größenordnung wie die Wellenlänge der einfallenden Lichtwellen haben (siehe (180.3)). Kristalle, die ja ein dreidimensionales Beugungsgitter darstellen (siehe § 181), haben Gitterkonstanten der Größenordnung 10^{-10} m und eignen sich folglich nicht zur Beobachtung von Lichtbeugung im sichtbaren Spektrum elektromagnetischer Wellen ($\lambda \approx 5 \cdot 10^{-7}$ m). Diese Tatsache erlaubte es, dem deutschen Physiker M. v. Laue (1879–1960) den Schluß zu ziehen, daß man Kristalle als natürliche Beugungsgitter für Röntgenstrahlung verwenden kann, da der Abstand zwischen den Atomen in Kristallen die gleiche Größenordnung wie die Wellenlängen der Röntgenstrahlung besitzt ($\approx 10^{-12} - 10^{-8}$ m).

Eine einfache Methode zur Berechnung der Beugung von

Röntgenstrahlen an Kristallgittern schlugen unabhängig voneinander der russische Physiker G. W. Wulf (1862–1925) und die englischen Physiker H. und L. Bragg (Vater (1862–1942) und Sohn (1890–1971)) vor. Sie gingen von der Annahme aus, daß die Beugung von Röntgenstrahlen das Ergebnis ihrer Reflexion von einem System paralleler kristallographischer Ebenen ist (die Ebenen, in denen sich die Knotenpunkte (die Atome) des Kristallgitters befinden).

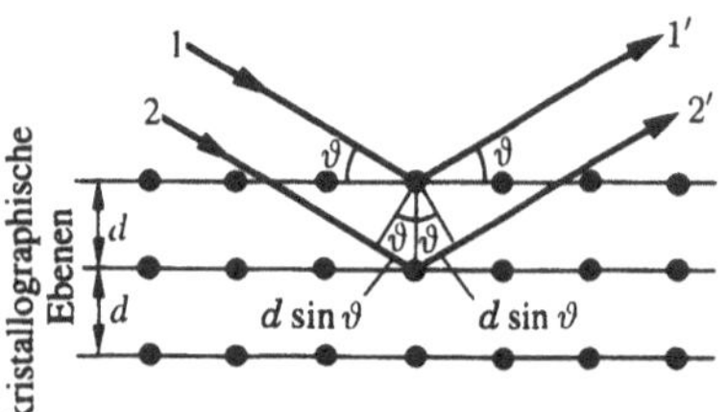

Bild 182.1

Stellen wir uns einmal einen Kristall als eine Menge von parallelen kristallographischen Ebenen vor (Bild 182.1), die einen Abstand d voneinander haben. Ein Strahl paralleler monochromatischer Röntgenstrahlen (1, 2) trifft unter dem **Glanzwinkel** ϑ (dem Winkel zwischen der Richtung des einfallenden Srahls und der kristallographischen Ebene) auf die kristallographische Ebene und regt die Atome dieser Ebene an. Die Atome werden dadurch zu Quellen von Sekundärwellen 1' und 2', die untereinander interferieren ähnlich den Elementarwellen an den Spalten eines Beugungsgitters. Die Intensitätsmaxima (Beugungsmaxima) werden in den Richtungen beobachtet, in denen alle von den Atomen der kristallographischen Ebene reflektierten Wellen gleichphasig sind. Es sind dies die Richtungen, die der **Braggschen Reflexionsbedingung** genügen:

$$2d \sin \vartheta = m\lambda \quad (m = 1, 2, 3, \ldots), \qquad (182.1)$$

d. h., ein Beugungsmaximum von zwei Strahlen, die von benachbarten kristallographischen Ebenen reflektiert wurden, wird für einen Gangunterschied der Strahlen beobachtet, der ein ganzzahliges Vielfaches der Wellenlänge λ der einfallenden Strahlung ist.

Ist die Einfallsrichtung der monochromatischen Röntgenstrahlung auf den Kristall beliebig, treten keine Beugungserscheinungen auf. Um Beugung hervorzurufen, muß man den Kristall drehen, bis sich eine kristallographische Ebene in Reflexionslage (unter Glanzwinkel) befindet. Man kann Beugung von Röntgenstrahlen an einem Kristallgitter auch bei beliebiger Lage des Kristalls beobachten. Dazu muß man Röntgenstrahlung mit einem kontinuierlichen Spektrum verwenden, wie sie von Röntgenröhren ausgestrahlt wird. Für eine solche Versuchsanordnung finden sich immer Wellenlängen λ, die der Bedingung (182.1) genügen. Andererseits kann man auch Kristallpulver verwenden. Unter der regellos angeordneten Mikrokristallen finden sich immer einige, die der Reflexionsbedingung genügen.

Die Braggsche Reflexionsbedingung wird zur Lösung von zwei wichtigen Aufgaben genutzt:

1. Indem man die Beugung von Röntgenstrahlen mit bekannter Wellenlänge an einer Kristallstruktur mit unbekanntem Aufbau untersucht und die Größen ϑ und m bestimmt, kann man die Abstände zwischen den kristallographischen Ebenen (d) bestimmen, d. h., es ist möglich, die Struktur eines Stoffes mit Kristallstruktur zu ergründen. Diese Methode bildet die Grundlage der **röntgenographischen Strukturanalyse**. Die Braggsche Reflexionsbedingung gilt auch für die Beugung von Elektronen und Neutronen.

2. Durch Beobachtung der Beugung von Röntgenstrahlen mit unbekannter Wellenlänge an einer kristallischen Struktur bei bekanntem d und durch Messung von ϑ und m kann man die Wellenlänge der einfallenden Röntgenstrahlen bestimmen. Diese Methode ist die Grundlage der **Röntgenspektroskopie**.

§ 183   Auflösungsvermögen von optischen Geräten

Auch wenn man ein ideales optisches System verwendet (ohne Defekte und Aberration), erhält man keine stigmatische Abbildung einer punktförmigen Lichtquelle. Dieses Verhalten ist mit den Welleneigenschaften von Licht erklärbar. Die Abbildung eines jeden leuchtenden Punktes in monochromatischem Licht stellt ein Beugungsbild dar, d. h., ein leuchtender Punkt wird als heller zentral gelegener Fleck abgebildet, der von abwechselnd dunklen und hellen Ringen umgeben ist.

Nach der Theorie des deutschen Physikers und Geschäftsmannes Ernst Abbe (1840–1905) sind die Abbildungen zweier nahe beieinanderliegender leuchtender Punkte oder zweier nahe beieinanderliegender Spektrallinien gleicher Intensität und gleichen symmetrischen Konturen aufgelöst (für das Wahrnehmungsvermögen unterscheidbar), wenn das zentrale Maximum des Beugungsbildes einer Lichtquelle (Linie) mit dem ersten Minimum des Beugungsbildes der anderen Lichtquelle (Linie) zusammenfällt (Bild 183.1a). Bei Erfüllung des **Abbeschen Kriteriums** beträgt die Intensität des „Tals" zwischen den Maxima 80 % der Intensität der Maxima. Das ist ausreichend für die Auflösung der Linien λ_1 und λ_2. Ist das Abbesche Kriterium nicht erfüllt, dann wird nur eine Linie beobachtet (Bild 183.1b).

1. **Auflösungsvermögen von Objektiven.** Wenn auf ein Objektiv Licht von zwei entfernten punktförmigen Lichtquellen S_1 und S_2 (zum Beispiel von Sternen) mit einem bestimmten Winkelabstand $\delta\psi$ voneinander einfällt, dann entstehen wegen der Beugung der Lichtwellen an den Rändern der Blende, die

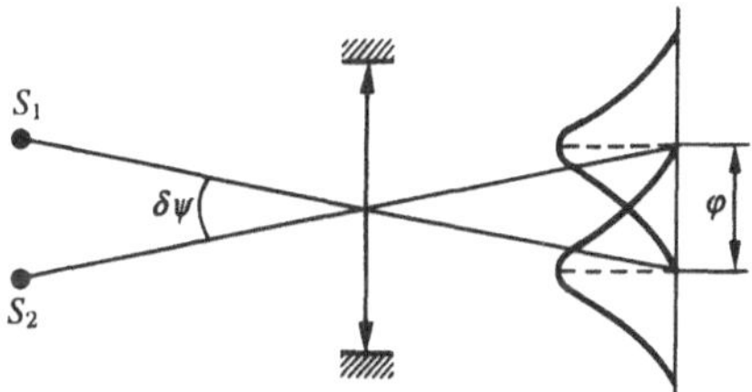

Bild 183.2

das Objektiv begrenzt, in der Brennebene anstelle zweier Punkte Maxima, die von abwechselnd dunklen und hellen Ringen umgeben sind (Bild 183.2). Man kann zeigen, daß zwei nahe beieinander liegende Sterne, die in monochromatischem Licht durch ein Objektiv beobachtet werden, aufgelöst werden, wenn der Winkelabstand zwischen ihnen folgender Bedingung genügt:

$$\varphi \geqq 1{,}22\frac{\lambda}{D}, \tag{183.1}$$

wobei λ die Wellenlänge des Lichtes und D der Durchmesser des Objektivs ist.

Die Größe

$$R = \frac{1}{\delta\psi}$$

heißt **Auflösungsvermögen eines Objektivs**, wobei $\delta\psi$ der kleinste Winkelabstand zwischen zwei Punkten ist, bei dem sie von dem optischen Gerät noch aufgelöst werden.

Aus Bild 183.2 folgt, daß bei Erfüllung des Abbeschen Kriteriums der Winkelabstand zwischen den Punkten $\delta\psi$ gleich φ sein muß, d. h. unter Berücksichtigung von Formel (183.1)

$$\delta\psi = \varphi = 1{,}22\frac{\lambda}{D}.$$

Folglich gilt für das Auflösungsvermögen eines Objektivs

$$R = \frac{1}{\delta\psi} = \frac{D}{1{,}22\lambda}, \tag{183.2}$$

d. h., es hängt vom Durchmesser und von der Wellenlänge ab.

Aus Formel (183.2) ist ersichtlich, daß man für die Verbesserung des Auflösungsvermögens optischer Geräte entweder den Durchmesser des Objektivs vergrößern oder die Wellenlänge des einfallenden Lichtes verringern muß. Deshalb verwendet man zur Beobachtung kleiner Objekte ultraviolette Strahlung. Das Abbild wird in diesem Fall mit Hilfe eines fluoreszierenden Schirms für das menschliche Auge sichtbar gemacht. Man kann es auch auf einer Photoplatte festhalten. Noch weiter könnte man das Auflösungsvermögen mit Hilfe von Röntgenstrahlen vergrößern. Allerdings haben Röntgenstrahlen ein hohes Durchdringungsvermögen und werden beim Durchgang durch Stoffe nicht gebrochen. Deshalb ist es nicht möglich, für Röntgenstrahlen brechende Linsen zu erzeugen. Elektronenstrahlen haben eine ähnliche Wellenlänge wie Röntgenstrahlen (bei bestimmten Energien). Darum besitzen Elektronenmikroskope ein sehr hohes Auflösungsvermögen (siehe § 169).

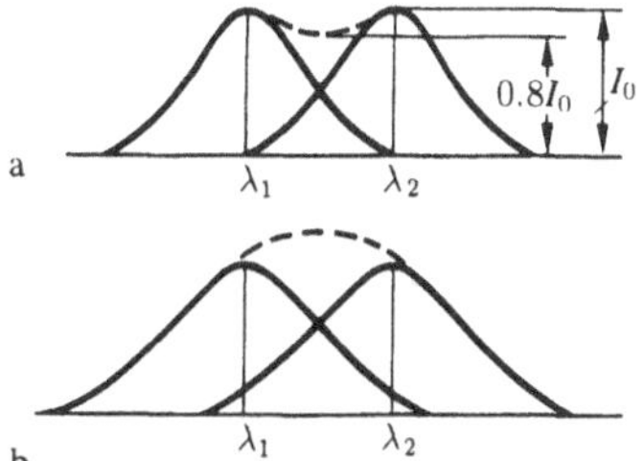

Bild 183.1

Die dimensionslose Größe

$$R = \frac{\lambda}{\delta\lambda} \qquad (183.3)$$

nennt man **Auflösungsvermögen eines Spektralgerätes.** Dabei ist $\delta\lambda$ der Absolutbetrag der minimalen Differenz zwischen den Wellenlängen zweier benachbarter Spektrallinien, für die diese Linien getrennt voneinander abgebildet werden.

2. Auflösungsvermögen von Beugungsgittern. Ein Maximum m-ter Ordnung für eine Wellenlänge λ_2 wird unter einem Winkel φ beobachtet, für den die Bedingung (180.3) gilt $d \sin \varphi = m\lambda_2$. Beim Übergang von einem Maximum zum benachbarten Minimum ändert sich der Gangunterschied um λ/N (siehe (180.4)), wobei N die Anzahl der Spalte im Beugungsgitter bedeutet. Folglich genügt das Minimum λ_1, das unter einem Winkel $\varphi_{\min}$ beobachtet werden kann, der Bedingung $d \sin \varphi_{\min} = m\lambda_1 + \lambda_1/N$. Nach dem Abbeschen Kriterium gilt $\varphi = \varphi_{\min}$, d. h. $m\lambda_2 = m\lambda_1 + \lambda_1/N$ oder $\lambda_2/(\lambda_2 - \lambda_1) = mN$. Da λ_1 und λ_2 nahe beieinander liegen, d. h. $\lambda_2 - \lambda_1 = \delta\lambda$, gilt nach Formel (183.3)

$$R_{\text{Beug.gitter}} = mN.$$

Das Auflösungsvermögen eines Beugungsgitters ist also proportional zur Ordnung der Spektren und zur Zahl N der Spalte, d. h., bei gegebener Spaltenzahl erhöht sie sich beim Übergang zu Spektren höherer Ordnung. Moderne Beugungsgitter haben ein relativ hohes Auflösungsvermögen (bis ca. $2 \cdot 10^5$).

§ 184   Holographie

Holographie (aus dem griechischen „vollständige Aufzeichnung") ist ein Verfahren der Abbildung und der anschließenden Wiederherstellung eines Wellenfeldes. Die Grundlage der Holographie ist die Aufzeichnung des Interferenzbildes von Lichtwellen. Dabei gelten die Gesetze der Wellenoptik – die Interferenz- und Beugungsgesetze.

Dieses prinzipiell neue Verfahren zur Aufzeichnung und Wiedergabe der räumlichen Abbildungen von Gegenständen wurde erstmals von dem ungarisch/englischen Physiker D. Gabor (1900–1979) im Jahre 1947 vorgestellt (Nobelpreis 1971). Eine experimentelle und theoretische Weiterentwicklung erfuhr dieses Verfahren nach der Erfindung der Laser (Lichtquellen mit einem hohen Kohärenzgrad der ausgesandten Strahlung (siehe § 233)) im Jahre 1960.

Wir wollen nun die elementaren Grundlagen der Holographie betrachten, d. h. die Registrierung und Wiedergabe von Informationen über ein Objekt. Zum Aufzeichnen und zur Wiedergabe einer Welle gehört das Festhalten von Amplitude und Phase der vom Objekt kommenden Lichtwelle. Das ist prinzipiell möglich, da die Intensitätsverteilung eines Interferenzbildes, die durch die Formel (144.2) bestimmt wird, $A^2 = A_1^2 + A_2^2 + 2A_1A_2 \cos(\alpha_2 - \alpha_1)$ (unter Berücksichtigung von $I \sim A^2$), sowohl von der Amplitude als auch vom Phasenunterschied der interferierenden Wellen bestimmt wird. Deshalb verwendet man zur Aufzeichnung der phasen- und auch der

amplitudenbezogenen Information *außer sogenannten* **Objektwelle** eine zweite kohärente *Welle*, die direkt *von der Lichtquelle ausgeht* (**Vergleichswelle**). Die Idee der Holographie besteht im Photographieren der Intensitätsverteilung des Interferenzbildes, das durch die Überlagerung der Objektwelle und der Vergleichswelle entsteht. Eine anschließende Lichtbeugung an der aufgezeichneten Schwärzeverteilung der Photoschicht läßt das Wellenfeld des Objektes wiedererstehen und erlaubt die Objektbetrachtung ohne die physische Anwesenheit des Objektes.

Praktisch kann diese Idee mit Hilfe einer wie in Bild 184.1a prinzipiell dargestellten Versuchsanordnung verwirklicht werden. Der Laserstrahl wird in zwei Teile geteilt. Ein Teil wird mittels eines Spiegels auf die Photoplatte gelenkt (Vergleichswelle), und der andere Teil gelangt nach der Wechselwirkung mit dem Objekt ebenfalls auf die Photoplatte (Objektwelle). Die beiden Strahlenteile sind kohärent zueinander, und indem sie bei ihrer Überlagerung interferieren, bilden sie in der Ebene der Photoplatte ein Interferenzbild. Nach der Entwicklung der Photoplatte erhält man dann das eigentliche **Hologramm** – die Aufzeichnung des Interferenzbildes von Vergleichs- und Objektwelle.

Um das Abbild des Objektes zu rekonstruieren (Bild 184.1b), bringt man das Hologramm in die gleiche Lage, die es auch bei der Aufzeichnung eingenommen hat. Dann wird es mit einem Laserstrahl des gleichen Lasers, der den gleichen Verlauf hat, wie der Vergleichsstrahl bei der Aufzeichnung hatte, beleuchtet. Den zweiten Teil des Strahls (ehemals für die Ob-

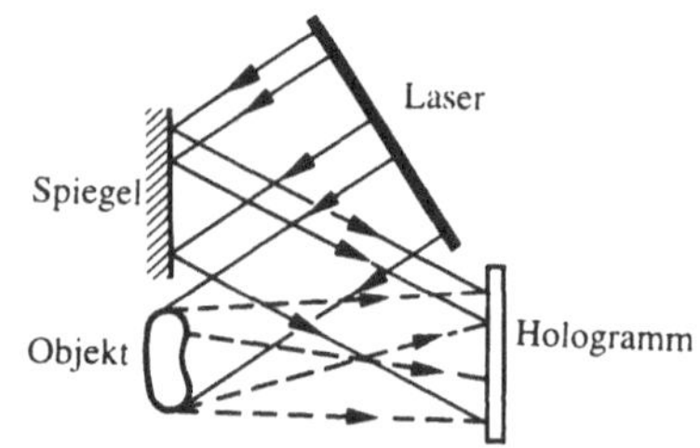

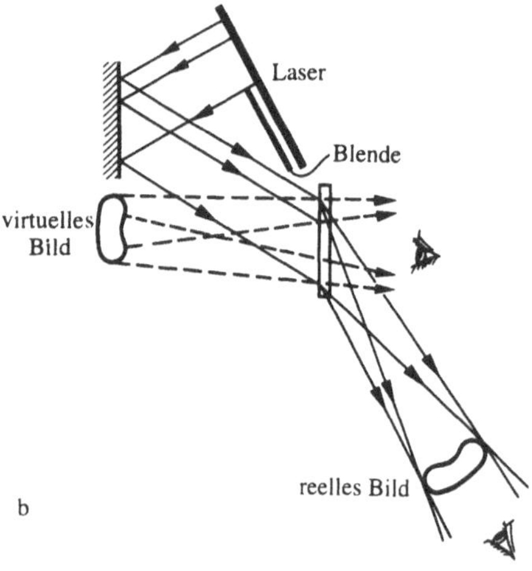

Bild 184.1

jektwelle genutzt) deckt man mit einer Blende ab. Aufgrund der Beugung der Lichtwellen am Interferenzbild des Hologramms entsteht eine Kopie der Objektwelle. Sie erzeugt ein räumliches virtuelles Bild, das alle optischen Eigenschaften des aufgenommenen Objektes besitzt. Das virtuelle Bild entsteht dort, wo sich das Objekt im Moment der Aufnahme befunden hat. Eine solche Darstellung ist so naturgetreu, daß man meint, sie berühren zu können. Außer dem virtuellen Bild entsteht auch ein reelles Bild, das ein dem Original umgekehrtes Relief aufweist, d. h., nach außen gewölbte Oberflächen sind von nach innen gewölbten Oberflächen ersetzt und umgekehrt (wenn die Beobachtungen von der rechten Seite des Hologramms aus geführt werden).

Gewöhnlich benötigt man nur das virtuelle Bild, welches dem Zuschauer den vollständigen Eindruck eines realen Objektes vermittelt. Wenn man das durch das Hologramm erzeugte Abbild von unterschiedlichen Positionen aus betrachtet, dann kann man auch weiter entfernte Objekte erkennen, die eigentlich von Objekten, die nicht so weit entfernt lagen, verdeckt wurden (also hinter bestimmte Objekte sehen). Diese Erscheinung ist da-

mit zu erklären, daß man, wenn man den Kopf ein wenig dreht, ein Abbild sieht, das durch die peripheren Teile des Hologramms erzeugt wurde. Auf diese Teile des Hologramms gelangten bei der Aufnahme auch Strahlen von Objekten, die eigentlich von anderen Objekten verdeckt waren. Ein Hologramm kann man in viele Teile zerbrechen, und jeder Teil gibt das Gesamtbild wieder. Allerdings geht die Verkleinerung des „Negativs" mit einer Qualitätseinbuße einher (Unschärfe). Die Erklärung hierfür ist, daß ein Hologramm bei der Wiedergabe als Beugungsgitter für den Vergleichsstrahl dient. Wenn sich nun die Größe des Hologramms verkleinert, verringert sich auch die Anzahl der Striche des Beugungsgitters, und das Auflösungsvermögen nimmt ab.

Verschiedene Methoden der Holographie (Hologrammaufzeichnung in dreidimensionalen Medien, Farb- und Panoramaholographie usw.) finden immer breitere Verwendung. Für die Zukunft haben Computer mit einem holographischen Speicher große Bedeutung. Gearbeitet wird auch an holographischen Mikroskopen, dem holographischen Kino/Fernsehen, an holographischen Interferometern usw.

Kontrollfragen

▶ Welche Ergänzungen brachte Fresnel in das Huygenssche Prinzip ein?

▶ Worin besteht das Konstruktionsprinzip für die Fresnelschen Zonen?

▶ Worin besteht das Wirkungsprinzip von Zonenplatten?

▶ Wann beobachtet man Fresnelsche und wann Fraunhofersche Beugung?

▶ Warum kann man an großen Scheiben und Löchern keine Beugungserscheinungen beobachten?

▶ Wie wirkt sich eine Vergrößerung der Wellenlänge und der Spaltbreite auf die Fraunhofersche Beugung an einem einzelnen Spalt aus?

▶ Wie läßt sich die größte Spektrenordnung eines Beugungsgitters ermitteln?

▶ Wie verändert sich das Beugungsbild bei zunehmender Entfernung des Beobachtungsschirms vom Beugungsgitter?

▶ Warum haben bei der Verwendung von weißem Licht alle Maxima außer dem zentralen Regenbogenfarben?

▶ Wie verändert sich das Beugungsbild, wenn sich die Häufigkeit der Striche ändert? Warum soll man sie erhöhen?

▶ Schreiben Sie die Bedingungen für Beugungsminima bei Lichtbeugung an einem Spalt und für die Hauptmaxima für ein Gitter. Beschreiben Sie den Charakter der Beugungsbilder.

▶ Warum kann man an Kristallen keine Beugungserscheinungen für sichtbares Licht beobachten, und warum gelingt dies mit Röntgenstrahlung?

▶ Beschreiben Sie den Mechanismus der Lichtstreuung in einem trüben Medium, in einem reinen Medium.

▶ Wie erklären Sie die Blaufärbung des Himmels? Warum erscheint die Sonne bei ihrem Auf- und Untergang rot gefärbt?

▶ Welche praktischen Anwendungsbereiche hat die Braggsche Reflexionsbedingung?

▶ Wann betrachtet man die Abbildung zweier gleicher punktförmiger Lichtquellen als aufgelöst (nach Abbe)?

▶ Wovon hängt das Auflösungsvermögen eines Beugungsgitters ab, und wie kann man die Formel zu deren Bestimmung herleiten?

▶ Warum ist zur Aufnahme eines Hologramms außer der Objektwelle noch die Vergleichswelle notwendig?

▶ Worin besteht die grundlegende Idee des Holographierens?

Aufgaben

23.1. In der Mitte zwischen einer punktförmigen Quelle monochromatischen Lichtes ($\lambda = 550$ nm) und dem Beobachtungsschirm befindet sich eine Blende mit einer runden Öffnung. Der Beobachtungsschirm liegt 5 m von der Lichtquelle entfernt. Es wird Interferenz beobachtet. Bestimmen Sie den Radius der Blendenöffnung, für die das Zentrum der Interferenzringe am dunkelsten ist. [Lösung der Aufgabe s. S. 397]

23.2. Eine ebene Lichtwelle mit einer Wellenlänge von 600 nm fällt senkrecht auf eine Blende mit einer runden Öffnung mit dem Durchmesser 1 cm. Berechnen Sie den Abstand vom Beobachtungspunkt bis zur Blendenöffnung, wenn diese wie folgt geöffnet ist: 1) es sind zwei Fresnelsche Zonen offen; 2) es sind drei Fresnelsche Zonen unverdeckt. [1) 20,8 m; 2) 13,9 m]

23.3. Auf einen Spalt der Breite $a = 0,1$ mm fällt senkrecht monochromatisches Licht mit einer Wellenlänge $\lambda = 500$ nm. Das Beugungsbild wird mit Hilfe einer Linse, die sich nahe dem Spalt befindet, auf einen Beobachtungsschirm projiziert, welcher zur Spaltebene parallel ist. Man bestimme die Entfernung des Schirms zur Linse, wenn der Abstand l zwischen den ersten Beugungsminima, die sich zu beiden Seiten des zentralen Maximums befinden, gleich 1 cm ist. [Lösung der Aufgabe s. S. 397]

23.4. Auf einen Spalt der Breite 0,2 mm fällt senkrecht monochromatisches Licht der Wellenlänge 500 nm. Der Bildschirm, auf dem das Beugungsbild zu beobachten ist, befindet sich parallel zu dem Spalt in einer Entfernung von 1 m. Bestimmen Sie die Entfernung zwischen den ersten Beugungsminima, welche zu beiden Seiten des zentralen Fraunhofer-Maximums gelegen sind. [5 cm]

23.5. Monochromatisches Licht ($\lambda = 550$ nm) fällt senkrecht auf ein Beugungsgitter. Das Beugungsbild wird durch eine Linse, die sich in der Nähe des Gitters befindet, auf einen Schirm projiziert, der einen Abstand von $L = 1$ m vom Beugungsgitter hat. Das erste Hauptmaximum wird mit einem Abstand $l = 12$ cm vom zentralen Maximum beobachtet. Berechnen Sie: 1) die Periode des Beugungsgitters; 2) die Anzahl der Striche, die auf 1 cm Länge des Gitters untergebracht sind; 3) die Gesamtzahl der vom Gitter erzeugten Maxima; 4) den Beugungswinkel, welcher dem letzten Maximum entspricht. [Lösung der Aufgabe s. S. 397]

23.6. Bestimmen Sie die Anzahl der Striche pro Millimeter des Beugungsgitters, wenn dem Winkel von $\pi/2$ das Maximum 5-ter Ordnung entspricht für monochromatisches Licht der Wellenlänge 500 nm. [400 mm^{-1}]

23.7. Ein enges paralleles Bündel monochromatischer Röntgenstrahlen fällt auf eine Kristallfläche mit einem Abstand zwischen ihren atomaren Ebenen von 0,28 nm. Bestimmen Sie die Wellenlänge der Röntgenstrahlen, wenn unter einem Winkel von 30° zur Fläche ein Beugungsmaximum 2-ter Ordnung zu beobachten ist. [140 pm]

23.8. Ein Beugungsgitter der Länge $l = 5$ mm kann in 1-ter Ordnung zwei Spektrallinien des Natriumspektrums auflösen ($\lambda_1 = 589$ nm und $\lambda_2 = 589{,}6$ nm). Bestimmen Sie, unter welchem Winkel Licht mit der Wellenlänge $\lambda_3 = 600$ nm im Spektrum 3-ter Ordnung beobachtet werden kann, das senkrecht auf das Beugungsgitter fällt. [Lösung der Aufgabe s. S. 398]

23.9. Bestimmen Sie die Gitterkonstante des Beugungsgitters, wenn es die 1-te Ordnung in zwei Spektrallinien des Kaliums ($\lambda_1 = 578$ nm und $\lambda_2 = 580$ nm) gerade noch aufspaltet. Die Länge des Gitters sei 1 cm. [34,6 μm]

Kapitel 24

Wechselwirkung elektromagnetischer Wellen mit Materie

§ 185 Lichtdispersion

Lichtdispersion nennt man die Abhängigkeit des Brechungsindexes n des Stoffes von der Frequenz ν (Wellenlänge λ) des Lichtes oder die Abhängigkeit der Phasengeschwindigkeit v der Lichtwellen (siehe § 154) von seiner Frequenz ν. Die Abhängigkeit der Lichtdispersion wird in folgender Form dargestellt:

$$n = f(\lambda). \tag{185.1}$$

Die Zerlegung des Strahlenbündels weißen Lichtes bei Durchgang durch ein Prisma in ein Spektrum ist die Folge der Dispersion. Erste experimentelle Beobachtungen der Dispersion stammen von I. Newton (1672).

Betrachten wir die Lichtdispersion im Prisma. Es wird vorausgesetzt, daß monochromatisches Licht unter dem Winkel α_1 auf ein Prisma mit dem Brechungswinkel A und dem Bre-

chungsindex n fällt (Bild 185.1). Nach zweifacher Brechung (an der linken und rechten Prismaoberfläche) ist der Strahl um den Winkel φ aus seiner ursprünglichen Position abgewichen. Aus der Zeichnung folgt:

$$\varphi = (\alpha_1 - \beta_1) + (\alpha_2 - \beta_2)$$
$$= \alpha_1 + \alpha_2 - A. \tag{185.2}$$

Setzen wir voraus, daß die Winkel A und α_1 klein sind, dann sind die Winkel α_2, β_1 und β_2 ebenfalls klein, und anstelle des Kosinus dieser Winkel verwenden wir einfach die Winkel selbst. Deshalb ist $\alpha_1/\beta_1 = n$, $\beta_2/\alpha_2 = 1/n$, und da $\beta_1 + \beta_2 = A$ ist, ergibt sich

$$\alpha_2 = \beta_2 n = n(A - \beta_1)$$
$$= n\left(A - \frac{\alpha_1}{n}\right) = nA - \alpha_1,$$
$$\alpha_1 + \alpha_2 = nA. \tag{185.3}$$

Aus den Formeln (185.3) und (185.2) folgt, daß

$$\varphi = A(n - 1) \tag{185.4}$$

ist, d. h., der Beugungswinkel der Strahlen durch das Prisma ist um so größer, je größer der Brechungswinkel des Prismas ist.

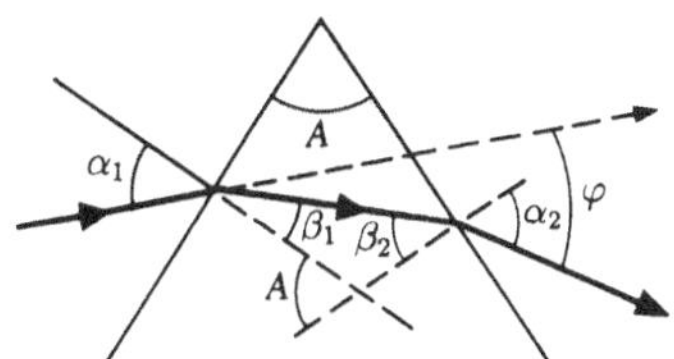

Bild 185.1

Aus der Formel (185.4) folgt, daß der Beugungswinkel der Strahlen durch das Prisma von der Größe $n - 1$ abhängt. n selbst ist eine Funktion der Wellenlänge. Deshalb weisen die Strahlen unterschiedlicher Wellenlänge nach Durchgang durch das Prisma unterschiedliche Beugungswinkel auf, d. h., ein Bündel weißen Lichtes wird durch das Prisma in ein Spektrum zerlegt, was auch I. Newton beobachtete. Man kann also mit Hilfe eines Prismas genauso wie mit Hilfe eines Beugungsgitters die spektrale Zusammensetzung des Lichtes bestimmen.

Betrachten wir die *Unterschiede des Beugungsspektrums und des prismatischen Spektrums*:

1. Das Beugungsgitter zerlegt das einfallende Licht unmittelbar nach seiner Wellenlänge (siehe (180.3)), wodurch man anhand der Messung der Winkel (in Richtung der entsprechenden Maxima) die Wellenlänge errechnen kann. Die Zerlegung des Lichtes in ein Spektrum im Prisma erfolgt nach den Werten der Brechzahlen, weshalb zur Bestimmung der Wellenlänge des Lichtes notwendig ist, folgende Abhängigkeit zu kennen: $n = f(\lambda)$ (185.1).

2. Die Farbbestandteile des Lichtes sind im Beugungs- und prismatischen Spektrum unterschiedlich angeordnet. Aus (180.3) folgt, daß im Beugunsgitter der Sinus des Beugungswinkels proportional zur Wellenlänge ist. Folglich wird die rote Strahlung, die eine größere Wellenlänge besitzt als die violette, stärker durch das Beugungsgitter abgelenkt. Das Prisma seinerseits zerlegt die Strahlen in ein Spektrum entsprechend den Brechzahlen, die für alle durchsichtigen Stoffe mit Zunahme der Wellenlänge abnehmen (Bild 185.2). Deshalb wird die rote Strahlung durch das Prisma schwächer abgelenkt als violette.

Die Größe

$$D = \frac{\mathrm{d}n}{\mathrm{d}\lambda}$$

nennt man die **Dispersion eines Stoffes**, sie zeigt den Charakter der Abhängigkeit der Brechzahl von der Wellenlänge. Aus Bild 185.2 folgt, daß die Brechzahl für durchsichtige Stoffe mit der Abnahme der Wellenlänge zunimmt; folglich nimmt ebenso die Größe $\mathrm{d}n/\mathrm{d}\lambda$ (dem Betrag nach) mit Abnahme der Wellenlänge λ zu. Solche Dispersion nennt man **normale Dispersion**. Wie weiter unten gezeigt wird, ist der Verlauf der Kurve $n(\lambda)$ – **Dispersionskurve** – in der Nähe der Absorptionslinien und -bänder ein anderer, und n nimmt mit Abnahme von λ ab. Solcher Verlauf der Abhängigkeit n von λ nennt man **anomale Dispersion**.

Auf der Erscheinung der normalen Dispersion basiert die **Prismenspektographie**. Ungeachtet einiger Unzulänglichkei-

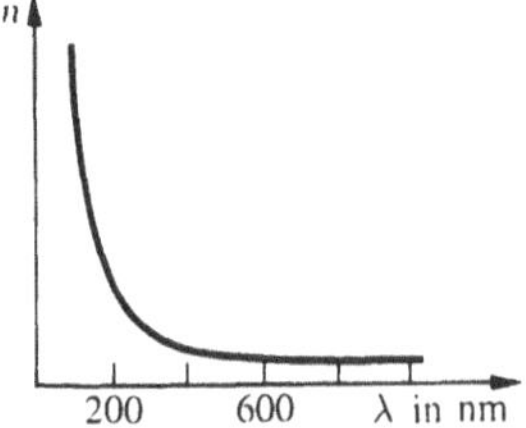

Bild 185.2

ten (zum Beispiel die Notwendigkeit der Eichung wegen der unterschiedlichen Dispersion in den verschiedenen Bereichen des Spektrums) finden bei der Bestimmung der spektralen Zusammensetzung des Lichtes Prismenspektrographen eine breite Anwendung in der Spektralanalyse. Das erklärt sich daraus, daß die Anfertigung breiter Prismen erheblich einfacher ist als die Herstellung guter Beugungsgitter. In Prismenspektrographen ist es außerdem einfacher, eine größere Lichtstärke zu erreichen.

§ 186   Elektronentheorie der Lichtdispersion

Aus der makroskopischen elektromagnetischen Theorie von Maxwell folgt, daß der absolute Brechungsindex eines Stoffes folgende Abhängigkeit besitzt:

$$n = \sqrt{\varepsilon\mu},$$

wobei ε die Dielektrizitätskonstante des Stoffes und μ die Permeabilität ist. Im optischen Spektralbereich ist für alle Stoffe $\mu \approx 1$, deshalb ist

$$n = \sqrt{\varepsilon}. \tag{186.1}$$

Aus der Formel (186.1) ergeben sich einige Widersprüche mit dem Experiment: Die Größe n, die eine Variable ist (siehe § 185), bleibt zur selben Zeit gleich einer bestimmten Konstanten $\sqrt{\varepsilon}$. Außerdem entspricht der Wert n, den wir aus diesem Ausdruck erhalten, nicht den experimentellen Werten. Die Schwierigkeiten in der Erklärung der Dispersion des Lichtes aus der elektromagnetischen Theorie von Maxwell heraus werden durch die Elektronentheorie von Lorentz beseitigt. In der Theorie von Lorentz wird die Lichtdispersion als Resultat der Wechselwirkung elektromagnetischer Wellen mit geladenen Teilchen betrachtet, die Bestandteile des Stoffes sind und erzwungene Schwingungen im elektromagnetischen Wechselfeld der Welle vollziehen.

Wenden wir die Elektronentheorie der Lichtdispersion auf ein homogenes Dielektrikum an und geben formal voraus, daß die Lichtdispersion eine Folge der Abhängigkeit ε von der Frequenz ω der Lichtwellen ist. Die Dielektrizitätskonstante eines Stoffes ist laut Definition (siehe (88.6) und (88.2)) gleich

$$\varepsilon = 1 + \varkappa = 1 + \frac{P}{\varepsilon_0 E},$$

wobei $\varkappa$ die dielektrische Suszeptibilität des Stoffes, ε_0 die elektrische Feldkonstante und P der augenblickliche Wert der Polarisation ist. Folglich ist

$$n^2 = 1 + \frac{P}{\varepsilon_0 E}, \tag{186.2}$$

ist also abhängig von P. Hauptsächlichen Einfluß hat im gegebenen Fall die Elektronenpolarisation, d. h. erzwungene Schwingungen der Elektronen unter Wirkung des elektrischen Feldbestandteiles der Welle, da für die gerichtete Polarisation der

Moleküle die Schwingungsfrequenz in der Lichtwelle sehr groß ist ($\nu \approx 10^{15}$ Hz).

In erster Näherung kann man voraussetzen, daß erzwungene Schwingungen nur die äußeren, am schwächsten an den Kern gebundenen Elektronen – **optische Elektronen** – vollziehen. Der Einfachheit halber betrachten wir nur die Schwingungen eines optischen Elektrons. Das induzierte Dipolmoment des Elektrons, das die erzwungenen Schwingungen erzeugt, ist gleich $p = ex$, wobei e die Ladung des Elektrons und x die Verschiebung des Elektrons unter Wirkung des elektrischen Feldes der Lichtwelle ist. Wenn die Konzentration der Atome im Dielektrikum n_0 ist, so ist der augenblickliche Wert der Polarisation:

$$P = n_0 p = n_0 ex. \tag{186.3}$$

Aus (186.2) und (186.3) erhalten wir

$$n^2 = 1 + \frac{n_0 ex}{\varepsilon_0 E}. \tag{186.4}$$

Folglich besteht die Aufgabe in der Bestimmung der Verschiebung x des Elektrons unter Wirkung des äußeren Feldes E. Betrachten wir das Feld der Lichtwelle als Funktion der Frequenz ω, d. h. sich ändernd nach dem harmonischen Gesetz: $E = E_0 \cos \omega t$.

Die Gleichung für erzwungene Schwingungen des Elektrons (siehe § 147) für den einfachsten Fall (ohne Beachtung der Widerstandskraft, hervorgerufen durch die Energieabsorption der einfallenden Welle) wird in folgender Form dargestellt:

$$\ddot{x} + \omega_0^2 x = \frac{F_0}{m} \cos \omega t = \frac{e}{m} E_0 \cos \omega t, \tag{186.5}$$

dabei ist $F_0 = eE_0$ der Wert der Amplitude der Kraft, die auf das Elektron seitens des Feldes der Welle wirkt, $\omega_0 = \sqrt{k/m}$ die Eigenfrequenz der Schwingungen des Elektrons und m die Elektronenmasse. Durch Lösen der Gl. (186.5) finden wir $\varepsilon = n^2$ in Abhängigkeit von den Atomkonstanten (e, m, ω_0) und der Frequenz ω des äußeren Feldes, d. h., wir lösen die Dispersionsgleichung.

Die Lösung der Gl. (186.5) kann in folgender Form niedergeschrieben werden:

$$x = A \cos \omega t, \tag{186.6}$$

wobei

$$A = \frac{eE_0}{m(\omega_0^2 - \omega^2)} \tag{186.7}$$

ist, worüber man sich leicht überzeugen kann (siehe (147.8)). Setzen wir (186.6) und (186.7) in (186.4) ein, so erhalten wir

$$n^2 = 1 + \frac{n_0 e^2}{\varepsilon_0 m} \frac{1}{(\omega_0^2 - \omega^2)}. \tag{186.8}$$

Wenn der Stoff verschiedene Ladungen e_i enthält, die erzwungene Schwingungen mit unterschiedlichen Eigenfrequenzen ω_{0i} vollziehen, so gilt

$$n^2 = 1 + \frac{n_0}{\varepsilon_0} \sum_i \frac{\dfrac{e_i^2}{m_i}}{\omega_{0i}^2 - \omega^2}, \tag{186.9}$$

wobei m_i die Masse der i-ten Ladung ist.

Aus (186.8) und (186.9) folgt, daß der Brechungsindex n von der Frequenz ω des äußeren Feldes abhängt, d. h., die erhaltenen Abhängigkeiten spiegeln tatsächlich die Erscheinung der Dispersion des Lichtes wider, auch bei den oben angeführten Vereinfachungen, die im weiteren beiseite gelassen werden müssen. Aus (186.8) und (186.9) folgt, daß der Brechungsindex n im Bereich von $\omega = 0$ bis $\omega = \omega_0$ größer als eins ist und mit Zunahme von ω (normale Dispersion) wächst; bei $\omega = \omega_0$ ist $n = \pm\infty$; im Bereich von $\omega = \omega_0$ bis $\omega = \infty$ ist n kleiner als eins und wächst von $-\infty$ bis eins (normale Dispersion). Die Abhängigkeit n von ω ist in Bild 186.1 dargestellt. Ein ähnliches Verhalten von n in der Nähe der Eigenfrequenz ω_0 erhält man mit Hilfe der Vereinfachung, daß bei den Schwingungen der Elektronen keine Widerstandskraft existiert. Wenn man in der Rechnung auch dies berücksichtigt, so ist die Funktion $n(\omega)$ in der Nähe von ω_0 durch die Strichlinie AB gegeben. Der Bereich AB ist der Bereich der anomalen Dispersion (n fällt mit Zunahme von ω); die restlichen Bereiche der Abhängigkeit n von ω beschreiben die normale Dispersion (n wächst mit Zunahme von ω).

§ 187   Absorption des Lichtes

Als **Lichtabsorption** bezeichnet man die Abnahme der Energie der Lichtwelle bei ihrer Fortpflanzung in einem Stoff infolge der Umwandlung der Lichtwellenenergie in andere Energieformen. Durch die Absorption nimmt die Intensität des Lichtes bei Durchgang durch einen Stoff ab.

Die Absorption des Lichtes in einem Stoff wird durch das **Lambert-Beersche Absorptionsgesetz** beschrieben:

$$I = I_0 e^{-\alpha x}, \tag{187.1}$$

wobei I_0 und I die Intensitäten einer ebenen monochromatischen Lichtwelle bei Ein- und Austritt aus der Schicht des absorbierenden Stoffes der Dicke x sind. Der **Absorptionskoeffizient** α hängt von der Wellenlänge des Lichtes, der chemischen Natur und des Zustandes des Stoffes ab, aber nicht von der Lichtintensität. Bei $x = 1/\alpha$ nimmt die Lichtintensität I im Vergleich zu I_0 auf eine e-tel ab.

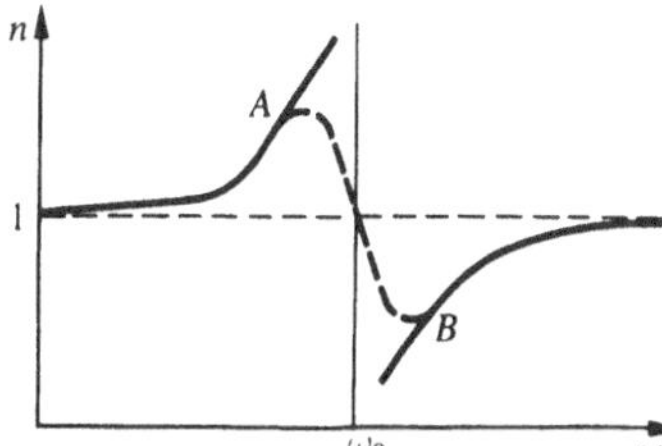

Bild 186.1

Der Absorptionskoeffizient hängt von der Wellenlänge λ (oder der Frequenz ω) ab und ist für die unterschiedlichen Stoffe verschieden. So besitzen zum Beispiel einatomige Gase und Metalldämpfe (d. h. Stoffe, in denen die Atome sich in bedeutenden Entfernungen voneinander befinden und so als isoliert gelten können) einen praktisch verschwindenden Absorptionskoeffizienten, und nur für sehr enge Spektralbereiche (ca. 10^{-12}–10^{-11} m) werden extreme Maxima beobachtet (das sogenannte **linienförmige Absorptionsspektrum**). Diese Linien entsprechen den Frequenzen der Eigenschwingungen der Elektronen in Atomen. Das Absorptionsspektrum von Molekülen, das durch die Schwingungen der Atome in den Molekülen bestimmt wird, wird durch **Absorptionsbanden** (10^{-10}–10^{-7} m) charakterisiert.

Der Absorptionskoeffizient für Dielektrika ist nicht sehr groß (ungefähr 10^{-3}–10^{-5} cm^{-1}), bei ihnen jedoch wird eine selektive Lichtabsorption in bestimmten Intervallen der Wellenlängen beobachtet, in denen α extrem wächst, und es werden verhältnismäßig breite Absorptionsbande beobachtet, d. h., Dielektrika besitzen ein **kontinuierliches Absorptionsspektrum**. Das ist damit verbunden, daß in Dielektrika keine freien Elektronen existieren und die Lichtabsorption durch die Resonanz bei den erzwungenen Schwingungen der Elektronen in Atomen und der Atomen in den Molekülen des Dielektrikums hervorgerufen wird.

Der Absorptionskoeffizient von Metallen hat einen großen Wert (ungefähr $10^{3} - 10^{5}$ cm^{-1}). Sie sind deshalb für sichtbares Licht undurchlässig. In Metallen entstehen aufgrund des Vorhandenseins freier Elektronen, die sich unter Einfluß des elektrischen Feldes der Lichtwellen bewegen, sich schnell ändernde Ströme, die von der Abgabe von Joulescher Wärme begleitet werden. Deshalb nimmt die Energie der Lichtwellen schnell ab und wird in innere Energie des Metalls umgewandelt. Je größer die Leitfähigkeit des Metalls ist, desto stärker ist in ihm die Absorption des Lichtes.

In Bild 187.1 sind die typische Abhängigkeit des Absorptionskoeffizienten α von der Wellenlänge λ des Lichtes und die Abhängigkeit des Brechungsindexes n von λ im Bereich der Absorptionsbande dargestellt. Aus der Zeichnung folgt, daß innerhalb der Absorptionsbande eine anomale Dispersion beobachtet wird (n nimmt mit Abnahme von λ ab). Jedoch muß die Absorption eines Stoffes bedeutend sein, damit sie Einfluß auf den Verlauf des Brechungsindexes nehmen kann.

Mit der Abhängigkeit des Absorptionskoeffizienten von der

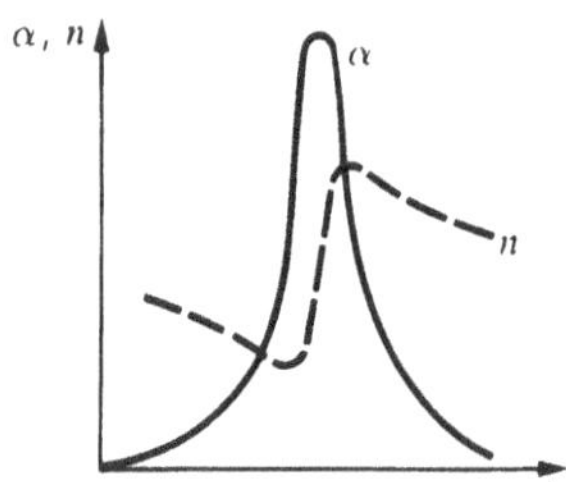

Bild 187.1

Wellenlänge wird die Färbung der absorbierenden Körper erklärt. So erscheint zum Beispiel Glas, das schwach rote und orangene Strahlung und stark grüne und blaue absorbiert, bei Bestrahlung mit weißem Licht rötlich. Wenn man auf solches Glas grünes und blaues Licht richtet, erscheint es wegen der starken Absorption des Lichtes dieser Wellenlängen schwarz. Diese Eigenschaft nutzt man zur Anfertigung von **Lichtfiltern**, die in Abhängigkeit von der chemischen Zusammensetzung (Gläser mit Ansetzungen verschiedener Salze, dünne Farbstoffschichte usw.) nur Licht bestimmter Wellenlängen durchlassen, indem sie die anderen absorbieren. Die unterschiedlichen Grenzen der selektiven Absorption bei verschiedenen Stoffen erklärt die Vielfalt und den Reichtum an Farbtönen und Farbstoffen, die wir in der uns umgebenden Welt beobachten können.

Die Absorption wird in breitem Maßstab in der **Absorptionsspektralanalyse** von Gasgemischen benutzt, indem man die Frequenzspektren und Intensitäten der Absorptionslinien (-bande) mißt. Die Struktur der Absorptionsspektren wird durch die Zusammensetzung und den Bau der Moleküle bestimmt, weshalb die Erforschung der Absorptionsspektren eine der hauptsächlichsten Methoden der quantitativen und qualitativen Untersuchung von Stoffen darstellt.

§ 188   Der Doppler-Effekt

Der Doppler-Effekt in der Akustik (siehe § 159) wird damit erklärt, daß die Schwingungsfrequenzen, die durch einen Empfänger registriert werden, durch die Bewegungsgeschwindigkeit der Schwingungsquelle und des Empfängers in bezug auf das Medium bestimmt werden, in dem sich die Schallwellen ausbreiten. Er kann auch bei der Bewegung der Quelle relativ zum Empfänger elektromagnetischer Wellen beobachtet werden. Da kein besonderes Medium existiert, das als Träger der elektromagnetischen Wellen dient, werden die Lichtfrequenzen, die durch den Empfänger (Beobachter) registriert werden, nur durch die Relativgeschwindigkeit der Quelle (des Senders) und des Empfängers (Beobachters) bestimmt. Die Gesetzmäßigkeiten des Doppler-Effektes für elektromagnetische Wellen werden auf der Basis der Speziellen Relativitätstheorie festgestellt.

Entsprechend dem Einsteinschen Relativitätsprinzip (siehe § 35) besitzt die Lichtwellengleichung in allen Inertialsystemen die gleiche Form. Aufbauend auf der Lorentz-Transformation (siehe § 36) kann man die Gleichung der Welle erhalten, die von der Quelle in Richtung des Empfängers in einem anderen Inertialsystem ausgeschickt wurde, und folglich auch die Lichtwellenfrequenzen verknüpfen, die von der Quelle (v_0) ausgestrahlt und vom Empfänger (v) registriert werden. Die Relativitätstheorie führt zu folgender den **Doppler-Effekt für elektromagnetische Wellen im Vakuum** beschreibenden Form:

$$v = v_0 \frac{\sqrt{1 - \dfrac{v^2}{c^2}}}{1 + \dfrac{v}{c}\cos\vartheta} = v_0 \frac{\sqrt{1 - \beta^2}}{1 + \beta\cos\vartheta}, \qquad (188.1)$$

dabei ist v die Geschwindigkeit der Lichtquelle bezüglich des Empfängers, c die Lichtgeschwindigkeit im Vakuum, $\beta = v/c$ und ϑ der Winkel zwischen dem Geschwindigkeitsvektor v und der Beobachtungsrichtung, gemessen im Bezugssystem, das mit dem Beobachter verbunden ist.

Aus dem Ausdruck (188.1) folgt, daß bei $\vartheta = 0$ gilt:

$$v = v_0 \frac{\sqrt{1 - \dfrac{v}{c}}}{\sqrt{1 + \dfrac{v}{c}}} = v_0 \frac{\sqrt{1 - \beta}}{\sqrt{1 + \beta}}. \tag{188.2}$$

Die Formel (188.2) bestimmt den sogenannten **longitudinalen Doppler-Effekt**, der bei der Bewegung des Empfängers längs der Geraden beobachtet wird, die ihn mit der Quelle verbindet. Bei kleinen Geschwindigkeiten v ($v \ll c$), wenn wir (188.2) in eine Potenzreihe von β zerlegen und nur das lineare Glied berücksichtigen, erhalten wir:

$$v = v_0 (1 - \beta) = v_0 \left(1 - \frac{v}{c}\right). \tag{188.3}$$

Folglich wird bei Entfernung der Quelle und des Empfängers voneinander (bei positiver Relativgeschwindigkeit) eine Verschiebung in den langen Wellenbereich beobachtet ($v < v_0$, $\lambda > \lambda_0$) – die sogenannte **Rotverschiebung** –, bei Annäherung von Quelle und Empfänger wiederum (bei negativer Relativgeschwindigkeit) in den kurzen Wellenbereich ($v > v_0$, $\lambda < \lambda_0$) – die sogenannte **Blauverschiebung**.

Wenn $\vartheta = \pi/2$ ist, so nimmt der Ausdruck (188.1) folgende Form an

$$v = v_0 \sqrt{1 - \frac{v^2}{c^2}} = v_0 \sqrt{1 - \beta^2}. \tag{188.4}$$

Die Formel (188.4) bestimmt den sogenannten **transversalen Doppler-Effekt**, der in den Fällen beobachtet wird, in denen sich der Empfänger senkrecht zur Beobachtungslinie bewegt.

Aus dem Ausdruck (188.4) folgt, daß der transversale Doppler-Effekt von β^2 abhängt, d. h., bei kleinen β ist ein Effekt zweiter Ordnung im Vergleich zum longitudinalen Doppler-Effekt, der schon in erster Ordnung von β abhängig ist (siehe (188.3)). Deshalb ist die Registrierung des transversalen Doppler-Effektes mit großen Schwierigkeiten verbunden. Der transversale Doppler-Effekt besitzt prinzipielle Bedeutung, auch wenn er viel kleiner ist als der longitudinale, da er in der Akustik nicht beobachtet wird (bei $v \ll c$ folgt aus (188.4), daß $v = v_0$ ist!), und demzufolge ein rein relativistischer Effekt ist. Er ist verbunden mit der Verlangsamung des Zeitflusses des sich bewegenden Beobachters. Der experimentelle Nachweis des transversalen Doppler-Effektes ist ein weiterer überzeugender Beweis für die Richtigkeit der Relativitätstheorie.

Den longitudinalen Doppler-Effekt nutzt man in der Atomforschung, der Erforschung der Moleküle ebenso wie in der von kosmischen Objekten, da auf der Frequenzverschiebung der Lichtwellen, die man als Verschiebung oder Verbreiterung der Spektrallinien beobachten kann, auf den Bewegungszustand der ausstrahlenden Teilchen oder Körper geschlossen werden kann. Der Doppler-Effekt findet auch Anwendung in der Radiotechnik und beim Radar, zum Beispiel um neben der Entfernung auch die Geschwindigkeit von Objekten messen zu können.

§ 189 Die Tscherenkow-Strahlung

Der russische Physiker P. A. Tscherenkow (1904–1990), der unter Wawilows Leitung arbeitete, zeigte, daß bei der Bewegung von relativistischen geladenen Teilchen in einem Medium eine charakteristische elektromagnetische Strahlung auftritt, die **Tscherenkow-Strahlung** genannt wird. Sie ist möglich, wenn die *(Phasen-)Geschwindigkeit v der Teilchen größer ist als die Lichtgeschwindigkeit in dem Medium*, d. h. unter Bedingung $v > c/n$ (n ist der Brechungsindex im Medium). Diese Strahlung wurde in den verschiedenartigen Stoffen, darunter auch in reinen Flüssigkeiten, beobachtet und genauer von S. I. Wawilow erforscht. Er zeigte, daß das gegebene Leuchten keine Lumineszenz ist (siehe § 245), wie zuerst angenommen wurde, und sprach die Vermutung aus, daß sie mit der Bewegung freier Elektronen durch den Stoff verbunden ist.

Die Tscherenkow-Strahlung wurde 1937 theoretisch durch die russischen Physiker I. J. Tamm (1895–1971) und I. M. Frank erklärt (Tscherenkow, Tamm und Frank erhielten dafür 1958 den Nobelpreis).

Entsprechend der elektromagnetischen Theorie strahlt ein geladenes Teilchen (zum Beispiel ein Elektron) nur bei beschleunigter Bewegung elektromagnetische Wellen aus. Tamm und Frank zeigten, daß diese Behauptung nur soweit gültig ist, wie die Geschwindigkeit des geladenen Teilchens nicht die Phasengeschwindigkeit c/n der elektromagnetischen Wellen im Stoff übersteigt, in dem sich das Teilchen bewegt. Wenn das Teilchen eine hohe Geschwindigkeit $v > c/n$ aufweist, so strahlt es sogar bei gleichförmiger Bewegung elektromagnetische Wellen aus. Damit strahlt ein Elektron, das sich im durchsichtigen Stoff mit einer Geschwindigkeit bewegt, die die Phasengeschwindigkeit im gegebenen Stoff übersteigt, selbst Licht aus.

Eine Besonderheit der Tscherenkow-Strahlung liegt darin, daß sie sich nicht in alle Richtungen ausbreitet, sondern nur längs der Erzeugender eines Kegels mit Öffnungswinkel ϑ zur Bahnkurve. Bestimmen wir den Öffnungswinkel ϑ

$$\cos \vartheta = \frac{c}{n} \frac{1}{v} = \frac{c}{nv}. \tag{189.1}$$

Die Entstehung der Tscherenkow-Strahlung und ihre Richtung sind von Frank und Tamm auf der Grundlage der Vorstellung über die Lichtinterferenz unter Beachtung des Huygens-Prinzips hergeleitet worden.

Mit Hilfe der Tscherenkow-Strahlung wurden Methoden entwickelt zur Registrierung von Teilchen großer Energien und Bestimmung ihrer Eigenschaften (Bewegungsrichtung, Größe und Vorzeichen der Ladung, Energie). Die Zähler zur Registrierung der geladenen Teilchen, in denen die Tscherenkow-Strahlung genutzt wird, erhielten die Bezeichnung **Tscherenkow-Zähler**. In diesen Zählern wird das Teilchen praktisch augenblicklich registriert (bei Bewegung eines geladenen Teilchens im Stoff mit einer Geschwindigkeit, die die Phasengeschwindigkeit des gegebenen Stoffes übersteigt, entsteht ein Lichtblitz, der mittels photoelektrischer Multiplikatoren in einen Stromimpuls umgewandelt wird (siehe § 105). Das machte es 1955 dem italienischen Physiker E. Segrè möglich, mit dem Tscherenkow-Zähler das kurzlebige Antiteilchen des Protons, das Antiproton, zu entdecken.

Kontrollfragen

▶ Worin unterscheidet sich normale Dispersion von anomaler?

▶ An welchen Merkmalen kann man Spektren unterscheiden, die mit Prisma und Beugungsgitter erhalten wurden?

▶ Was sind die Hauptideen und die Schlußfolgerungen der Elektronentheorie der Lichtdispersion?

▶ Warum absorbieren Metalle das Licht so stark?

▶ Worin besteht der hauptsächliche Unterschied des Doppler-Effektes für Lichtwellen und des Doppler-Effektes in der Akustik?

▶ Warum ist der transversale Doppler-Effekt ein rein relativistischer Effekt? Worin liegt er begründet?

▶ Wann entsteht die Tscherenkow-Strahlung?

Aufgaben

24.1. Auf die Oberfläche aus Glas ($n = 1,5$) fällt senkrecht ein Lichtstrahl. Bestimmen Sie den Beugungswinkel des Strahls durch das Prisma, wenn der Brechungswinkel $25°$ beträgt. [$14°21'$]

24.2. Bei Durchgang von Licht durch einen Stoff auf der Länge x nahm seine Intensität auf die Hälfte ab. Bestimmen Sie, um wievielmal die Lichtintensität bei Durchgang auf der Länge $4x$ abnimmt. [16mal]

24.3. Eine Quelle monochromatischen Lichtes der Wellenlänge $\lambda_0 = 550$ nm bewege sich mit der Geschwindigkeit $v = 0,2\,c$ in die Richtung des Beobachters. Bestimmen Sie die Wellenlänge, die der Empfänger des Beobachters registriert. [Lösung der Aufgabe s. S. 398]

24.4. Bestimmen Sie den Brechungsindex eines Stoffes, in dem die Tscherenkow-Strahlung beobachtet wird, wenn der minimale Impuls des Elektrons $2,44 \cdot 10^{-22}$ kg · m/s beträgt. [Lösung der Aufgabe s. S. 398]

24.5. Bestimmen Sie die minimale kinetische Energie (in MeV), die ein Elektron besitzen muß, damit in einem Stoff mit dem Brechungsindex 1,5 die Tscherenkow-Strahlung entsteht. [0,17 MeV]

Kapitel 25

Lichtpolarisation

§ 190   Natürliches und polarisiertes Licht

Eine Folge aus der Maxwellschen Theorie (siehe § 162) ist die Transversalität der Lichtwellen: Die Feldstärkevektoren E und H des elektrischen und magnetischen Feldes einer Welle stehen senkrecht zueinander und schwingen senkrecht zum Vektor der Ausbreitungsgeschwindigkeit v der Welle (senkrecht zum Lichtstrahl). Für die Beschreibung der Lichtpolarisation ist es deshalb hinreichend zu wissen, wie sich einer der Vektoren verhält. Gewöhnlich wird die Betrachtung bezüglich des **Lichtvektors** – des Vektors E der elektrischen Feldstärke – geführt. (Die Bezeichnung liegt darin begründet, daß bei Lichteinwirkung auf einen Stoff hauptsächliche Bedeutung der elektrische Feldbestandteil einer Welle besitzt, der auf die Elektronen in den Atomen des Stoffes wirkt.)

Licht stellt die summierte elektromagnetische Strahlung einer Vielzahl von Atomen dar, welche unabhängig voneinander Lichtwellen aussenden. Deshalb wird die Lichtwelle, die der Körper als Ganzes ausstrahlt, durch alle möglichen gleich wahrscheinlichen Schwingungen des Lichtvektors charakterisiert (Bild 190.1a; der Strahl verläuft senkrecht zur Zeichenebene). Im gegebenen Fall erklärt sich die gleichmäßige Verteilung der Vektoren E durch die große Anzahl atomarer Strahler und die Gleichheit der Amplituden der Vektoren E durch die gleiche (im Mittel) Intensität der Strahlung jedes einzelnen Atoms. Licht aller möglichen gleich wahrscheinlichen Orientierungen des Vektors E (und folglich auch H) bezeichnet man als **natürliches Licht.**

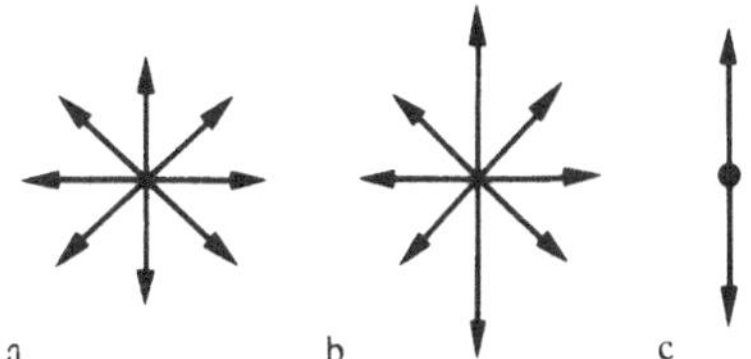

Bild 190.1

Licht, in dem die Schwingungsrichtungen des Lichtvektors auf spezielle Art und Weise geordnet sind, nennt man **polarisiertes Licht.** So ist es, wenn sich im Ergebnis irgendeiner äußeren Einwirkung eine bevorzugte (aber nicht ausschließliche) Schwingungsrichtung des Vektors E ergibt (Bild 190.1b). Dieses **Licht** heißt **teilweise polarisiert.** Licht, in dem der Vektor E (und folglich auch H) nur in einer bestimmten Richtung schwingt (Bild 190.1c), nennt man **linear polarisiertes Licht.**

Die Ebene, die durch die Schwingungsrichtung des Lichtvektors einer linear polarisierten Welle und der Ausbreitungsrichtung dieser Welle aufgespannt wird, heißt **Polarisationsebene.** Linear polarisiertes Licht ist ein Grenzfall des **elliptisch**

polarisierten Lichtes, d. h. Lichtes, für das sich der Vektor E (Vektor H) mit der Zeit so ändert, daß seine Spitze eine Ellipse beschreibt, die in der Ebene senkrecht zum Lichtstrahl liegt. Wenn die Polarisationsellipse in eine Gerade übergeht (siehe § 145) (bei einem Phasenunterschied φ gleich 0 oder π), so liegt das oben betrachtete linear polarisierte Licht vor; wenn sie in einen Kreis übergeht (bei $\varphi = \pm\pi/2$ und der Gleichheit der Amplituden der sich addierenden Wellen), so liegt **zirkular polarisiertes Licht** vor (**zu einem Kreis polarisiert**).

Als **Polarisationsgrad** bezeichnet man die Größe:

$$P = \frac{I_{\max} - I_{\min}}{I_{\max} + I_{\min}},$$

wobei $I_{\max}$ und $I_{\min}$ die maximale bzw. die minimale Intensität des teilweise polarisierten Lichtes sind, das der Analysator durchläßt. Für das natürliche Licht gilt $I_{\max} = I_{\min}$ und $P = 0$, für linear polarisiertes Licht $I_{\min} = 0$ und $P = 1$.

Natürliches Licht kann man in linear polarisiertes Licht überführen, indem man sogenannte **Polarisatoren** verwendet, die nur Schwingungen einer bestimmten Richtung durchlassen (zum Beispiel die Schwingungen durchlassen, die parallel der Hauptebene des Polarisators sind, und vollständig die Schwingungen zurückhalten, die senkrecht zu dieser Hauptebene stehen). Als Polarisatoren können solche Stoffe verwendet werden, die in bezug auf die Schwingungen des Vektors E anisotrop sind, zum Beispiel Kristalle (ihre Anisotropie ist bekannt, siehe § 70), oder verspannte Kunststoff-Folien, bei denen die Makromoleküle durch das Verspannen bevorzugt in eine bestimmte Richtung weisen. Von den natürlichen Kristallen, die schon lange als Polarisatoren Verwendung finden, sollte Turmalin angeführt werden.

Betrachten wir die klassischen Versuche mit Turmalin (Bild 190.2). Wir lenken natürliches Licht senkrecht auf eine Platte aus Turmalin T_1, die parallel zur sogenannten **optischen Achse** OO (siehe § 192) herausgeschnitten wurde. Drehen wir den Kristall T_1 um die Strahlrichtung, so betrachten wir überhaupt keine Änderungen der Lichtintensität nach Durchgang durch den Turmalin. Postieren wir auf den Weg des Lichtstrahls eine zweite Platte aus Turmalin T_2. Wenn wir diese Platte nun um die Richtung des Lichtstrahls drehen, so ändert sich in

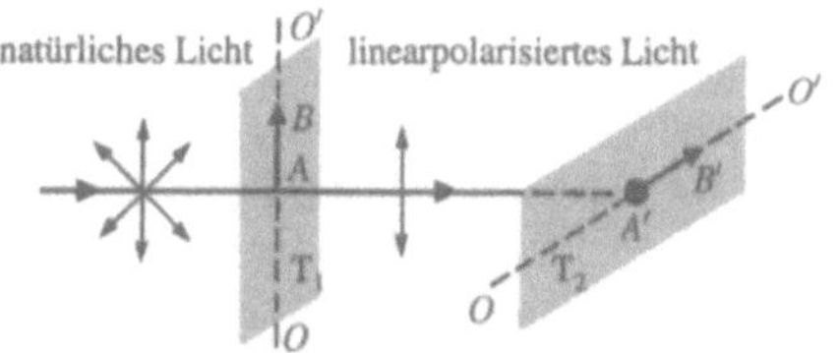

Bild 190.2

Abhängigkeit von dem Winkel α zwischen den optischen Achsen der Kristalle die Lichtintensität nach Durchgang durch die Platte nach dem **Gesetz von Malus** (nach dem französischen Physiker E. Malus, 1775–1812):

$$I = I_0 \cos^2 \alpha, \qquad (190.1)$$

dabei sind I_0 und I die Lichtintensitäten des auf den zweiten Kristall einfallenden bzw. des aus dem zweiten Kristall austretenden Lichtes. Folglich ändert sich die Lichtintensität bei Durchgang durch die Platte von einem Minimum (vollständige Lichtauslöschung) bei $\alpha = \pi/2$ (die optischen Achsen stehen senkrecht zueinander) bis zu einem Maximum bei $\alpha = 0$ (die optischen Achsen liegen parallel zueinander). Aus Bild 190.3 ist ersichtlich, daß die Amplitude E der Lichtschwingungen, die durch die Platte T_2 gehen, kleiner ist als die Amplitude E_0 der Lichtschwingungen, die auf die Platte T_2 einfallen:

$$E = E_0 \cos \alpha.$$

Da die Lichtintensität proportional zum Amplitudenquadrat ist, erhalten wir den Ausdruck (190.1)

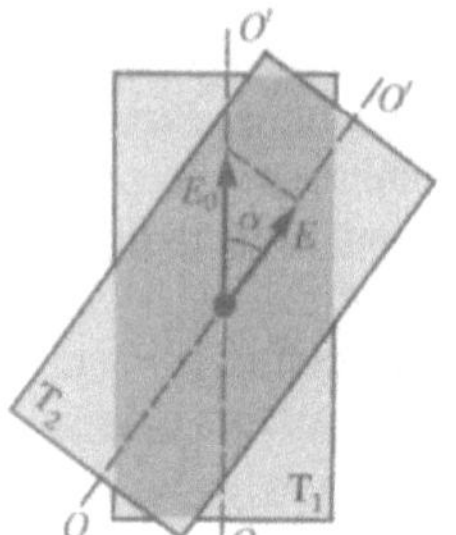

Bild 190.3

Die Versuchsergebnisse mit Kristallen aus Turmalin sind relativ einfach zu erklären, wenn man von den oben dargelegten Durchgangsbedingungen ausgeht. Die erste Platte aus Turmalin läßt nur Schwingungen einer bestimmten Richtung durch (in Bild 190.2 ist diese Richtung durch den Pfeil AB gezeigt). Das heißt, das natürliche Licht wird in linear polarisiertes Licht umgewandelt. Die zweite Platte aus Turmalin ihrerseits läßt in Abhängigkeit von ihrer Orientierung einen größeren oder kleineren Teil des polarisierten Lichtes durch. Dieser Teil entspricht der Komponente E, die parallel zur Achse des zweiten Turmalins liegt. In Bild 190.2 sind beide Platten so gelegen, daß die durchgelassenen Schwingungsrichtungen AB und $A'B'$ senkrecht zueinander stehen. Im gegebenen Fall läßt T_1 die Schwingungen durch, die entsprechend AB ausgerichtet sind. Die Platte T_2 ihrerseits löscht diese Schwingungen vollständig aus, d. h., durch die zweite Platte aus Turmalin geht das Licht nicht durch.

Die Platte T_1, die natürliches Licht in linear polarisiertes Licht umwandelt, heißt **Polarisator**. Die Platte T_2, die der Analyse des Polarisationsgrades des Lichtes dient, nennt man **Analysator**. Beide Platten sind vollständig identisch (man kann ihre Plätze vertauschen).

Schicken wir natürliches Licht durch zwei Polarisatoren, deren Hauptebenen den Winkel α bilden. Aus dem ersten Polarisator tritt linear polarisiertes Licht der Intensität $I_0 = I_{\text{nat}}/2$ aus, aus dem zweiten entsprechend (190.1) tritt Licht der Intensität $I = I_0 \cos^2 \alpha$ aus. Folglich beträgt die Lichtintensität nach dem Lichtdurchgang durch beide Polarisatoren

$$I = \frac{I_{\text{nat}}}{2} \cos^2 \alpha,$$

woraus folgt, daß $I_{\max} = I_{\text{nat}}/2$ (die Polarisatoren liegen parallel zueinander) und $I_{\min} = 0$ (die Polarisatoren kreuzen sich) sind.

§ 191   Lichtpolarisation bei Reflexion und Brechung an der Grenzfläche zweier Dielektrika

Wenn natürliches Licht auf die Grenzfläche zweier isotroper Dielektrika (zum Beispiel Luft und Glas) fällt, so wird ein Teil des Lichtes reflektiert, der andere Teil aber wird gebrochen und breitet sich im zweiten Medium aus. Postieren wir auf den Weg des reflektierten und des gebrochenen Strahls einen Analysator (zum Beispiel Turmalin). Jetzt können wir uns davon überzeugen, daß der reflektierte und der gebrochene Strahl teilweise polarisiert sind: Die Lichtintensität vestärkt sich und schwächt sich periodisch ab (vollständige Auslöschung wird nicht beobachtet!), wenn der Analysator um die Strahlenrichtung gedreht wird. Es zeigt sich, daß im reflektierten Strahl diejenige Schwingungen dominieren, die senkrecht zur Einfallsebene stehen (in Bild 191.1 sind sie durch Punkte gekennzeichnet), im gebrochenen Strahl die Schwingungen, die parallel zur Einfallsebene liegen (durch Pfeile dargestellt).

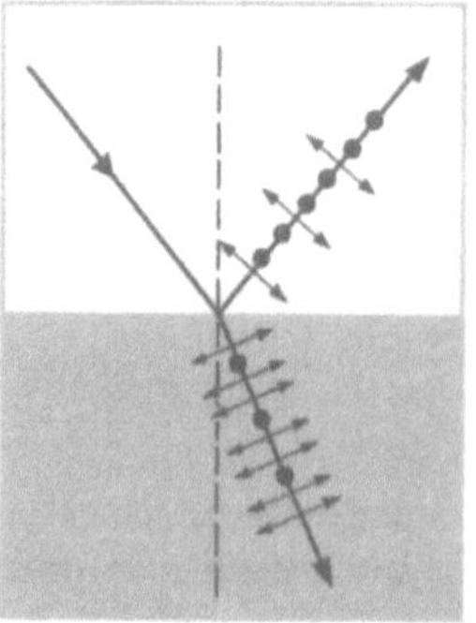

Bild 191.1

Der Polarisationsgrad (Grad der Aussonderung von Lichtwellen mit bestimmter Orientierung des elektrischen (und magnetischen) Vektors) hängt vom Einfallswinkel der Strahlen und vom Brechungsindex ab. Der schottische Physiker D. Brewster (1781–1868) stellte das Gesetz (**Brewstersches Gesetz**) auf, entsprechend dem beim Einfallswinkel α_{B} (**Brewsterscher Winkel**), der der Bedingung

$$\tan \alpha_{\text{B}} = \frac{n_2}{n_1}$$

genügt (n_1 und n_2 sind die Brechungsindizes der beiden Medien), *der reflektierte Strahl vollständig linear polarisiert ist* (er enthält nur Schwingungen, die senkrecht zur Einfallsebene stehen) (Bild 191.2). *Der gebrochene Strahl ist beim Einfallswinkel α_B maximal polarisiert, jedoch nicht vollständig.*

Wenn Licht auf die Grenzfläche unter dem Brewsterschen Winkel fällt, so stehen reflektierter und gebrochener Strahl senkrecht zueinander ($\tan \alpha_B = \sin \alpha_B / \cos \alpha_B$, $n_2/n_1 = \sin \alpha_B / \sin \alpha_2$ (α_2 ist der Brechungswinkel), woraus folgt $\cos \alpha_B = \sin \alpha_2$). Folglich ist $\alpha_B + \alpha_2 = \pi/2$. Da aber $\alpha'_B = \alpha_B$ (Reflexionsgesetz) ist, ist $\alpha'_B + \alpha_2 = \pi/2$.

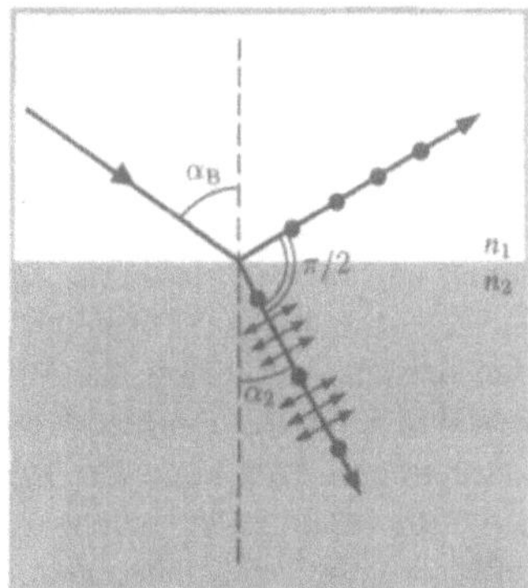

Bild 191.2

Wenn die Grenzbedingungen des elektromagnetischen Feldes an der Grenzfläche zweier isotroper Dielektrika berücksichtigt werden (die sogenannten **Fresnelschen Formeln**), kann man aus den Maxwellschen Gleichungen den Polarisationsgrad des reflektierten und des gebrochenen Lichtes bei den verschiedenen Einfallswinkeln errechnen.

Der Polarisationsgrad des gebrochenen Lichtes kann erhöht werden (durch mehrfache Brechung unter der Bedingung, daß das Licht jedesmal unter dem Brewsterschen Winkel einfällt). Wenn zum Beispiel für Glas ($n = 1{,}53$) der Polarisationsgrad des gebrochenen Strahls etwa 15 % beträgt, so ist das Licht nach der Brechung an 8–10 aufeinanderfolgenden Glasplatten praktisch vollständig polarisiert. Solch ein Plattensatz kann zur Analyse polarisierten Lichtes verwendet werden sowohl in Reflexion als auch bei Brechung.

§ 192 Die Doppelbrechung

Alle durchsichtigen Kristalle (außer den Kristallen des kubischen Kristallsystems, die optisch isotrop sind) besitzen die Eigenschaft der optischen **Doppelbrechung**, d. h. Aufspaltung jedes einfallenden Lichtbündels. Diese Eigenschaft wurde 1669 erstmalig durch den dänischen Wissenschaftler E. Bartholinus (1625–1698) für den isländischen Kalkspat (eine Abart des Kalzits $CaCO_3$) entdeckt. Sie erklärt sich aus den Besonderheiten der Lichtausbreitung in anisotropen Stoffen und folgt direkt aus den Maxwellschen Gleichungen.

Lenken wir auf einen dicken Kristall aus Kalkspat ein enges Lichtbündel. Die beiden aus dem Kristall austretenden Strahlen

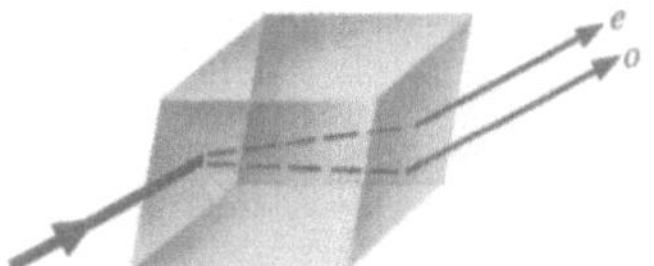

Bild 192.1

sind räumlich voneinander getrennt und liegen zueinander und zu dem einfallenden Strahl parallel (Bild 192.1). Sogar in dem Fall, wenn das Erstbündel senkrecht auf den Kristall fällt, ist das gebrochene Bündel in zwei aufgespalten. Dabei stellt das eine von ihnen die Fortsetzung des Erstbündels dar, das zweite wird abgelenkt (Bild 192.2). Der zweite Strahl erhielt die Bezeichnung **außerordentlicher Strahl** (e), und der erste heißt **ordentlicher** Strahl (o).

Im Kristall aus Kalkspat gibt es eine einzige Richtung, längs derer die Doppelbrechung nicht beobachtet wird. Diese Richtung im optisch anisotropen Kristall, längs der sich der Strahl ohne Doppelbrechung ausbreitet, nennt man **optische Achse des Kristalls**. Wichtig ist zu unterstreichen, daß die optische Achse keine bestimmte gerade Linie ist. Sie charakterisiert lediglich eine ausgezeichnete *Richtung* im Kristall und kann durch einen beliebigen Punkt des Kristalls gezogen werden. Jede beliebige Gerade, die parallel zu der gegebenen Richtung verläuft, ist eine optische Achse des Kristalls. In Abhängigkeit von der Kristallsymmetrie unterscheidet man **einachsige** und **zweiachsige Kristalle**, d. h., die Kristalle weisen eine oder zwei optische Achsen auf (optisch einachsig ist der Kalkspat).

Die Untersuchungen zeigen, daß die aus dem Kristall austretenden Strahlen in senkrecht zueinander stehenden Ebenen polarisiert sind. Die Ebene, die durch die Richtung des Lichtstrahls und der optischen Achse des Kristalls verläuft, nennt man **Hauptebene** (oder **Hauptschnitt**) des Kristalls. Die Schwingungen des Lichtvektors (des Vektors E des elektrischen Feldes) im ordentlichen Strahl verlaufen senkrecht zur Hauptebene, im außerordentlichen in der Hauptebene (Bild 192.2).

Die ungleiche Brechung des ordentlichen und des außerordentlichen Strahls weist auf den Unterschied ihrer Brechungsindizes hin. Es ist ersichtlich, daß bei beliebiger Richtung des ordentlichen Strahls die Schwingungen des Lichtvektors senkrecht zur optischen Achse des Kristalls verlaufen. Deshalb breitet sich der ordentliche Strahl in allen Richtungen mit der gleichen Geschwindigkeit aus, und folglich ist der Brechungsindex n_o für ihn eine konstante Größe. Für den außerordentli-

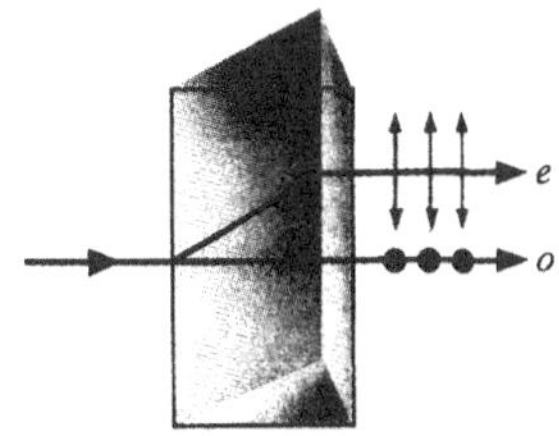

Bild 192.2

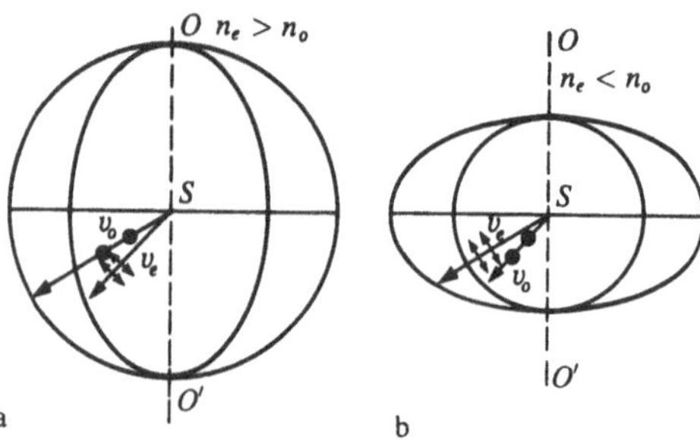

a   b   **Bild 192.3**

chen Strahl ist der Winkel zwischen der Schwingungsrichtung des Lichtvektors und der optischen Achse kein rechter Winkel. Er hängt von der Richtung des Strahls ab, weshalb sich der außerordentliche Strahl in unterschiedlichen Richtungen mit verschiedenen Geschwindigkeiten ausbreitet. Deshalb ist der Brechungsindex n_e des außerordentlichen Strahls eine variable Größe, die von der Strahlrichtung abhängt. Folglich gehorcht der ordentliche Strahl dem Brechungsgesetz (von hier auch die Bezeichnung „ordentlich"), wogegen für den außerordentlichen Strahl dieses Gesetz nicht zutrifft. Wenn wir nicht die Polarisation in zueinander senkrecht stehenden Ebenen beachten, sind diese zwei Strahlen nach dem Austritt aus dem Kristall in nichts zu unterscheiden.

Wie schon angegeben wurde, breitet sich der ordentliche Strahl in allen Richtungen im Kristall mit der gleichen Geschwindigkeit aus $v_o = c/n_o$ und der außerordentliche Strahl mit unterschiedlicher Geschwindigkeit $v_e = c/n_e$ aus (in Abhängigkeit von dem Winkel zwischen dem Vektor E und der optischen Achse). Für den Strahl, der sich längs der optischen Achse ausbreitet, sind $n_o = n_e$ und $v_o = v_e$, d. h., längs der optischen Achse existiert nur eine Ausbreitungsgeschwindigkeit des Lichtes. Der Unterschied in v_e und v_o in allen Richtungen, außer der Richtung der optischen Achse, ist der Grund für die Doppelbrechung des Lichtes in einachsigen Kristallen.

Setzen wir voraus, daß sich im Punkt S innerhalb des einachsigen Kristalls eine punktförmige Lichtquelle befindet. In Bild 192.3 ist die Ausbreitung des ordentlichen Strahls im Kristall dargestellt (die Hauptebene fällt mit der Zeichenebene zusammen, OO' ist die Richtung der optischen Achse). Die Wellenfläche des ordentlichen Strahls (er breitet sich mit v_o = const aus) ist eine Kugeloberfläche, die des außerordentlichen Strahls ($v_e \neq$ const) die Oberfläche eines Rotationsellipsoids. Das größte Auseinandergehen der Wellenflächen des ordentlichen

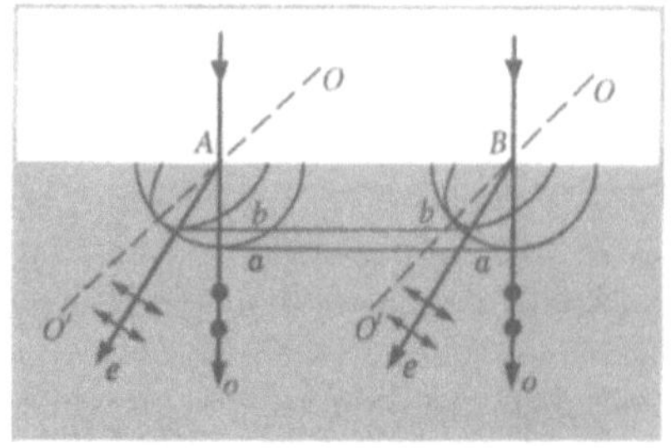

Bild 192.4

und des außerordentlichen Strahls beobachtet man in der Richtung senkrecht zur optischen Achse. Das Ellipsoid und die Kugel berühren sich einander in ihren Schnittpunkten mit der optischen Achse OO'. Wenn $v_e < v_o$ ($n_e > n_o$) ist, so ist das Ellipsoid des außerordentlichen Strahls in die Kugel des ordentlichen Strahls einbeschrieben (das Ellipsoid der Geschwindigkeiten wird im Verhältnis zur optischen Achse auseinandergezogen). Der **einachsige Kristall** heißt in diesem Fall **positiv** (Bild 192.3a).

Wenn $v_e > v_o$ ($n_e < n_o$) ist, so ist das Ellipsoid der Kugel umschrieben (das Ellipsoid der Geschwindigkeiten wird in Richtung senkrecht zur optischen Achse auseinandergezogen). In diesem Fall wird der **einachsige Kristall** als **negativ** bezeichnet (Bild 192.3b). Der oben betrachtete Kalkspat zählt zu den negativen Kristallen.

Als Beispiel der Konstruktion des ordentlichen und des außerordentlichen Strahls betrachten wir die Brechung einer ebenen Welle an der Grenzfläche eines anisotropen Mediums, zum Beispiel eines positiven (Bild 192.4). Das Licht fällt senkrecht zur Brechungsoberfläche auf den Kristall ein, die optische Achse OO' bildet mit ihr irgendeinen Winkel. In den Punkten A und B, die Mittelpunkte sind, konstruieren wir die kugelförmigen Wellenflächen, die dem ordentlichen Strahl entsprechen, und die ellipsoidalen, die dem außerordentlichen Strahl entsprechen. In dem Punkt, der auf OO' liegt, berühren sich diese Oberflächen. Entsprechend dem Huygensschen Prinzip wird die Oberfläche, die die Kugel tangiert, zur Front ($a - a$) der ordentlichen Welle, die Oberfläche, die das Ellipsoid tangiert, zur Front ($b - b$) der außerordentlichen Welle. Ziehen wir zu den Berührungspunkten Geraden, so erhalten wir die Ausbreitungsrichtungen des ordentlichen (o) und des außerordentlichen Strahls (e). Somit läuft im gegebenen Fall der ordentliche Strahl längs der ursprünglichen Richtung, der außerordentliche Strahl weicht von der ursprünglichen Richtung ab.

§ 193   Polarisationsprismen und Polaroids

Grundlage des Polarisationsprismas, das der Erzeugung polarisierten Lichtes dient, ist die Doppelbrechung. In den meisten Fällen verwendet man dafür **Prismen** und **Polarisationsfolien**. Prismen werden in zwei Klassen unterteilt:

1) Prismen, die nur einen linear polarisierten Strahl geben (**Polarisationsprismen**);

2) Prismen, die zwei zueinander senkrecht polarisierte Strahlen geben (**Doppelbrechungsprismen**).

Polarisationsprismen nutzen vollständige Reflexion (siehe § 165) eines der Strahlen (zum Beispiel des ordentlichen) an der Grenzfläche, während ein anderer Strahl mit einem anderen Brechungsindex durch diese Grenze dringt. Ein typischer Vertreter von Polarisationsprismen ist das **Nicolsche Prisma**, oft auch **Nicol** genannt (nach dem schottischen Wissenschaftler W. Nicol (1768–1851)). Das Nicolsche Prisma (Bild 193.1) besteht aus zwei Teilen aus Kalkspat, das längs der Linie AB mit Kanadabalsam ($n = 1{,}55$) geklebt ist. Die optische Achse

OO' des Prismas bildet mit der Eintrittsoberfläche einen Winkel von 48°. An der äußeren Oberfläche des Prismas teilt sich der natürliche Strahl, der parallel zur Kante CB läuft, in zwei Strahlen: den ordentlichen ($n_o = 1,66$) und den außerordentlichen ($n_e = 1,51$). Bei entsprechender Wahl des Einfallswinkels, gleich oder größer als der Grenzwinkel, erfährt der ordentliche Strahl eine vollständige Reflexion (Kanadabalsam ist für ihn optisch dünneres Medium) und wird dann von der geschwärzten Seitenoberfläche CB absorbiert. Der außerordentliche Strahl tritt aus dem Kristall parallel zum einfallenden Strahl aus, nur geringfügig zu diesem verschoben (wegen der Brechung an den angeschrägten Oberflächen AC und BD).

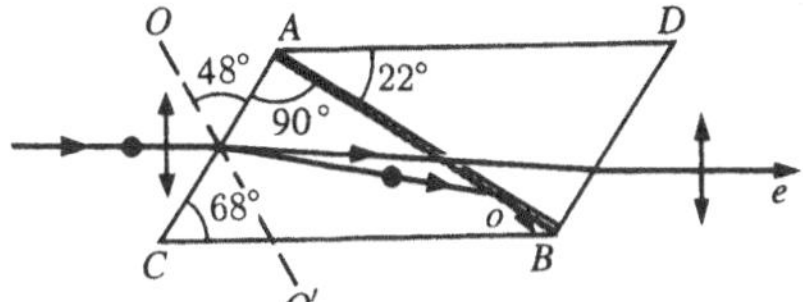

Bild 193.1

Die **Doppelbrechungsprismen** nutzen den Unterschied in den Brechungsindizes des ordentlichen und des außerordentlichen Strahls, um sie so weit wie möglich voneinander zu entfernen. Als Beispiel eines Doppelbrechungsprismas können Prismen aus Kalkspat und Glas dienen, oder auch bestehend aus zwei Prismen aus Kalkspat mit zwei zueinander senkrechten optischen Achsen. Für die ersten Prismen (Bild 193.2) wird der ordentliche Strahl im Kalkspat und im Glas zweimal gebrochen und folglich stark abgelenkt, der außerordentliche Strahl durchquert bei entsprechender Wahl des Brechungsindizes von Glas n ($n \approx n_e$) das Prisma fast ohne Ablenkung. Für die zweiten Prismen beeinflußt der Unterschied in der Orientierung der optischen Achsen den Streuungswinkel zwischen dem ordentlichen und dem außerordentlichen Strahl.

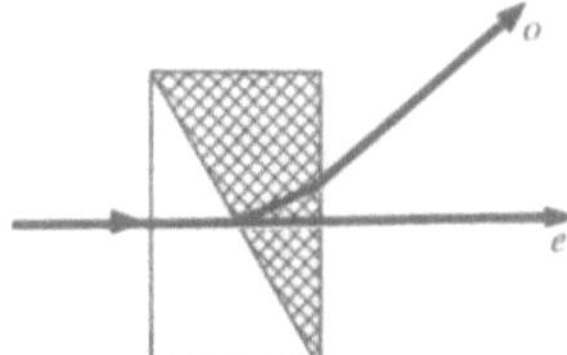

Bild 193.2

Doppelbrechungsprismen sind **dichroitische Kristalle**, d. h., sie absorbieren das Licht in Abhängigkeit von der Orientierung des elektrischen Vektors der Lichtwelle in unterschiedlicher Weise. Als Beispiel eines stark dichroitischen Kristalls kann Turmalin dienen, in dem aufgrund der selektiven Absorption des ordentlichen Strahls schon bei einer Plattenstärke von 1 mm aus ihm nur der außerordentliche Strahl austritt. Solch ein Unterschied in der Absorption, der außerdem auch von der Wellenlänge abhängt, führt dazu, daß der dichroitische Kristall bei Ausleuchtung mit weißem Licht in unterschiedlichen Richtungen verschieden gefärbt erscheint.

Dichroitische Kristalle erlangten eine noch größere Bedeutung in Zusammenhang mit der Erfindung der **Polarisationsfolien** oder **-filter**. Als Beispiel einer solchen Polarisationsfolie kann eine dünne Folie aus Zelluloid dienen, in dem Kristalle aus Herapathit (schwefelsaurem Jod-Chinin) eingearbeitet sind. Herapathit ist ein doppelbrechender Stoff mit sehr stark ausgeprägtem Dichroismus im Bereich des sichtbaren Lichtes. Es wurde herausgefunden, daß solch ein Film bereits bei einer Stärke von etwa 0,1 mm vollständig die ordentlichen Strahlen im sichtbaren Bereich des Spektrums absorbiert, es wirkt also schon in so dünnen Schichten als idealer Polarisationsfilter. Der Vorteil von Polarisationsfolien gegenüber Prismen ist die Möglichkeit, sie mit einer Oberfläche von bis zu einigen Quadratmetern anfertigen zu können. Jedoch hängt der Polarisationsgrad in ihnen stärker von λ ab als in Prismen. Außerdem gestattet es ihre im Vergleich zu Prismen geringere Durchsichtigkeit (ungefähr 30 %) in Verbindung mit einer nicht all zu großen Hitzebeständigkeit nicht, Polarisationsfolien starken Lichtströmen auszusetzen. Polarisationsfolien werden zum Beispiel als Blendschutz gegen Sonnenstrahlen und Scheinwerfer entgegenkommender Autos eingesetzt.

Verschiedene Kristalle erzeugen eine nach Betrag und Richtung unterschiedliche Doppelbrechung. Wenn man durch sie polarisiertes Licht schickt und die Änderung nach Durchgang durch den Kristall mißt, kann man ihre optischen Charakteristika bestimmen und so auf die Art des Kristalls schließen. Zu diesem Zweck verwendet man **Polarisationsmikroskope**.

§ 194 Analyse des polarisierten Lichtes

Angenommen, linear polarisiertes Licht falle senkrecht auf eine kristalline Platte, die parallel zur optischen Achse herausgeschnitten wurde (Bild 194.1). Im Inneren der Platte teilt sich das Licht in den ordentlichen (o) und den außerordentlichen (e) Strahl, die räumlich im Kristall nicht getrennt sind (sich aber mit unterschiedlichen Geschwindigkeiten ausbreiten) und sich nach Austritt aus dem Kristall addieren.

Da sich die Schwingungen des Lichtvektors im ordentlichen und außerordentlichen Strahl in zwei zueinander senkrechten Richtungen vollziehen, entstehen nach Austritt aus der Platte als Summe der Schwingungen Lichtwellen, in denen sich der Vektor E (und folglich auch H) mit der Zeit so ändert, daß sei-

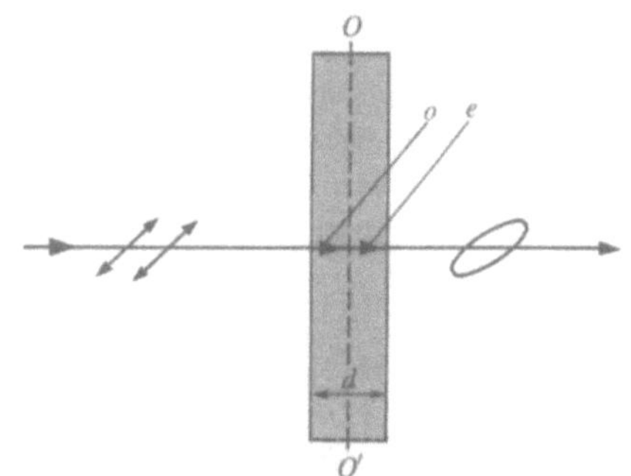

Bild 194.1

ne Spitze eine Ellipse beschreibt, die beliebig im Verhältnis zu den Koordinatenachsen ausgerichtet ist. Die Gleichung dieser Ellipse (siehe (145.2)) ist:

$$\frac{x^2}{E_o^2} - \frac{2xy}{E_o E_e} \cos \varphi + \frac{y^2}{E_e^2} = \sin^2 \varphi, \qquad (194.1)$$

wobei E_o und E_e die entsprechenden Intensitätsbestandteile des elektrischen Feldes der Welle im ordentlichen bzw. außerordentlichen Strahl und φ der Phasenunterschied der Schwingungen ist. Auf diese Art wandelt sich *linear polarisiertes* Licht beim Durchgang durch eine kristalline Platte in *elliptisch polarisiertes* Licht um.

Zwischen dem ordentlichen und dem außerordentlichen Strahl entsteht in der Platte ein optischer Gangunterschied:

$$\Delta = (n_o - n_e)\, d$$

oder Phasenunterschied

$$\varphi = \frac{2\pi}{\lambda_0} (n_o - n_e)\, d,$$

wobei d die Dicke der Platte und λ_0 die Wellenlänge im Vakuum ist.

Wenn $\Delta = (n_o - n_e)\, d = \lambda/4$, $\varphi = \pm\pi/2$ ist, dann nimmt die Gl. (194.1) folgende Form an:

$$\frac{x^2}{E_o^2} + \frac{y^2}{E_e^2} = 1,$$

d. h., die Ellipse ist bezüglich der Hauptachsen des Kristalls orientiert. Bei $E_o = E_e$, wenn aber der Lichtvektor im auf die Platte einfallenden linear polarisierten Licht einen Winkel von $\alpha = 45°$ mit der Richtung der optischen Achse der Platte bildet, ist

$$x^2 + y^2 = E_o^2,$$

d. h., nach Austritt aus der Platte ist das Licht zirkular polarisiert.

Eine parallel zur optischen Achse herausgeschnittene Platte, für die der optische Gangunterschied

$$\Delta = (n_o - n_e)\, d = \pm \left(m + \frac{1}{4} \right) \lambda_0 \quad (m = 0, 1, 2, \ldots)$$

beträgt, nennt man **Viertelwellenplättchen** ($\lambda/4$-Platte). Das Vorzeichen „Plus" gilt für optisch negative Kristalle, „Minus" für positive. Linear polarisiertes Licht, das die $\lambda/4$-Platte durchquert, wandelt sich bei Austritt in elliptisch polarisiertes Licht um (im Spezialfall auch in zirkular polarisiertes). Das Endergebnis wird, wie wir schon betrachteten, durch den Phasenunterschied φ und den Winkel α bestimmt.

Die Platte, für die

$$(n_o - n_e)d = \pm \left(m + \frac{1}{2} \right) \lambda_0 \quad (m = 0, 1, 2, \ldots)$$

gilt, nennt man **Halbwellenplättchen** ($\lambda/2$-Platte) usw.

Im zirkular polarisierten Licht ist der Phasenunterschied φ zwischen zwei beliebigen zueinander senkrechten Schwingungen gleich $\pm\pi/2$. Stellt man eine $\lambda/4$-Platte in den Strahlengang, dann ergibt sich ein zusätzlicher Phasenunterschied von $\pm\pi/2$. Der resultierende Phasenunterschied ist demnach entweder 0 oder π. Folglich (siehe (194.1)) wandelt sich zirkular polarisiertes Licht, das durch die $\lambda/4$-Platte geht, in linear polarisiertes um. Stellt man jetzt noch einen Polarisator in den Lichtweg, dann kann seine vollständige Auslöschung erreicht werden. Wenn nun das einfallende Licht natürliches ist, bleibt es auch nach Durchgang durch die $\lambda/4$-Platte solches (bei keiner Stellung der Platte und des Polarisators wird eine Auslöschung erreicht).

Wenn sich also bei Drehung des Polarisators bei beliebiger Stellung der Platte die Intensität nicht ändert, ist das einfallende Licht natürliches. Ändert sich die Intensität und kann man eine vollständige Auslöschung des Strahls erreichen, ist das einfallende Licht zirkular polarisiert. Kann eine vollständige Auslöschung nicht erreicht werden, ist das einfallende Licht eine Mischung aus natürlichem und zirkular polarisiertem Licht.

Stellt man in den Strahlengang von elliptisch polarisiertem Licht eine $\lambda/4$-Platte, deren optische Achse parallel zu einer der Achsen der Ellipse ist, dann ergibt sich ein zusätzlicher Phasenunterschied von $\pm\pi/2$. Der resultierende Phasenunterschied ist gleich Null oder π. Folglich wandelt sich elliptisch polarisiertes Licht nach dem Durchgang durch eine $\lambda/4$-Platte, die auf eine bestimmte Weise gedreht ist, in linear polarisiertes Licht um und kann durch Drehung des Polarisators ausgelöscht werden. Mit dieser Methode kann man elliptisch polarisiertes Licht von teilweise polarisiertem oder zirkular polarisiertes von natürlichem Licht unterscheiden.

§ 195   Künstliche optische Anisotropie

Die Doppelbrechung findet man in natürlichen anisotropen Stoffen (siehe § 192). Es gibt jedoch verschiedene Methoden der Herstellung **künstlicher optischer Anisotropie**, d. h. optische Anisotropie in natürlichen isotropen Stoffen.

Optisch isotrope Stoffe werden optisch anisotrop unter Einwirkung von: 1) einseitigem Druck oder Zug (Kristalle des kubischen Kristallsystems, Gläser u. a.); 2) elektrischen Feldern (**Kerr-Effekt**, nach dem schottischen Physiker J. Kerr (1824–1904); Flüssigkeiten, amorfe Körper, Gase); 3) Magnetfeldern (Flüssigkeiten, Gläser, Kolloide). In den angeführten Fällen erlangt das Medium die Eigenschaften eines einachsigen Kristalls, dessen optische Achse mit der Verformungsrichtung, der Richtung des elektrischen oder magnetischen Feldes entsprechend den obengenannten Einwirkungen zusammenfällt.

Als Maß der entstehenden optischen Anisotropie dient der Unterschied der Brechungsindizes des ordentlichen und des außerordentlichen Strahls in der Richtung senkrecht zur optischen Achse:

$$n_o - n_e = k_1 \sigma$$

(im Fall von Verformung);

$$n_o - n_e = k_2 E^2 \qquad (195.1)$$

(im Fall des elektrischen Feldes);

$$n_o - n_e = k_3 H^2$$

(im Fall eines Magnetfeldes),
dabei sind k_1, k_2, k_3 Konstanten, die den Stoff charakterisieren, σ ist die Normalspannung (siehe § 21), E und H die Feldstärken des elektrischen bzw. magnetischen Feldes.

In Bild 195.1 ist eine Vorrichtung zur Beobachtung des Kerr-Effektes in Flüssigkeiten dargestellt (die Vorrichtungen zur Untersuchung der anderen aufgeführten Erscheinungen sind ähnlich). Die **Kerr-Zelle** ist eine Flüssigkeitsküvette (zum Beispiel mit Nitrobenzol), in die Kondensatorplatten eingeführt werden, sie wird zwischen den sich kreuzenden Polarisator P und Analysator A aufgestellt. Ohne elektrisches Feld läßt das System kein Licht durch. Bei Einstellen eines elektrischen Feldes wird die Flüssigkeit doppelbrechend; bei Änderung des Potentialunterschiedes zwischen den Elektroden ändert sich der Grad der Anisotropie des Stoffes und damit auch die Lichtintensität des durch den Analysator gehenden Lichtes. Auf dem Weg l entsteht zwischen dem ordentlichen und dem außerordentlichen Strahl ein Gangunterschied von

$$\Delta = l(n_o - n_e) = k_2 l E^2$$

(unter Berücksichtigung der Formel (195.1)) oder ein entsprechender Phasenunterschied

$$\varphi = 2\pi \frac{\Delta}{\lambda} = 2\pi B l E^2,$$

wobei $B = k_2/\lambda$ die Kerr-Konstante ist.

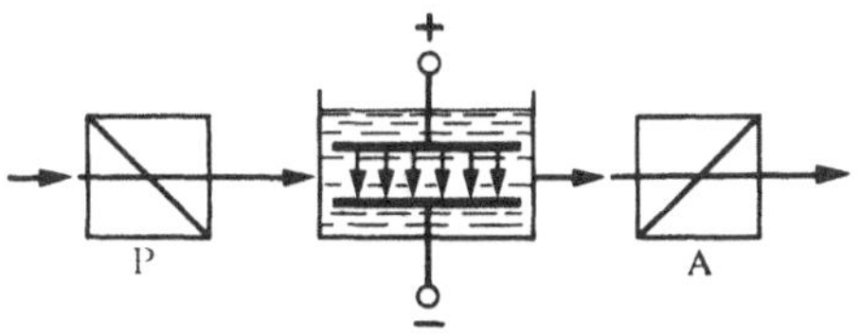

Bild 195.1

Als **Kerr-Effekt** bezeichnet man die Entstehung optischer Anisotropie unter Einwirkung eines elektrischen Feldes; er erklärt sich durch die unterschiedliche Polarisierbarkeit der Flüssigkeitsmoleküle in den unterschiedlichen Richtungen. Diese Erscheinung geht praktisch sofort ein, der Übergang des Stoffes aus dem isotropen Zustand in den anisotropen bei Einschalten des Feldes (und umgekehrt) erfolgt innerhalb etwa 10^{-10} s. Deshalb dient die Kerr-Zelle als idealer optischer Schalter und findet Anwendung in sich schnell vollziehenden Prozessen (Tonaufzeichnung, Tonwiedergabe, Geschwindigkeitsphoto- und -kinoaufnahme, Untersuchung der Geschwindigkeit der Lichtausbreitung usw.).

Die künstliche Anisotropie unter Einwirkung mechanischer Einflüsse gestattet es die Spannungen zu untersuchen, die in durchsichtigen Körpern entstehen. Mit solchen spannungsoptischen Untersuchungen lassen sich Spannungen aufgrund äußerer Belastungen von Werkstücken sichtbar machen.

§ 196 Drehung der Polarisationsebene

Einige Stoffe (zum Beispiel von den Festkörpern – Quarz, Zucker, Zinnober, von den Flüssigkeiten – Wasserlösung von Zucker, Weinsäure, Terpentinöl), die man **optisch aktiv** nennt, besitzen die Eigenschaft, die Polarisationsebene zu drehen.

Die Drehung der Polarisationsebene kann man an folgendem Versuchsaufbau beobachten (Bild 196.1). Wenn man zwischen gekreuzten Polarisator P und Analysator A, die ein dunkles Beobachtungsfeld geben, einen optisch aktiven Stoff einfügt (zum Beispiel eine Küvette mit einer Zuckerlösung), so erhellt sich das Beobachtungsfeld des Analysators. Bei Drehung des Analysators um einen Winkel φ kann man erneut ein dunkles Beobachtungsfeld erhalten. Der Winkel φ ist der Winkel, um den der optisch aktive Stoff die Polarisationsebene des Lichtes dreht, das durch den Polarisator kommt. Da man durch Drehung des Analysators ein dunkles Beobachtungsfeld erhalten kann, ist das Licht, das durch den optisch aktiven Stoff geht, linear polarisiert.

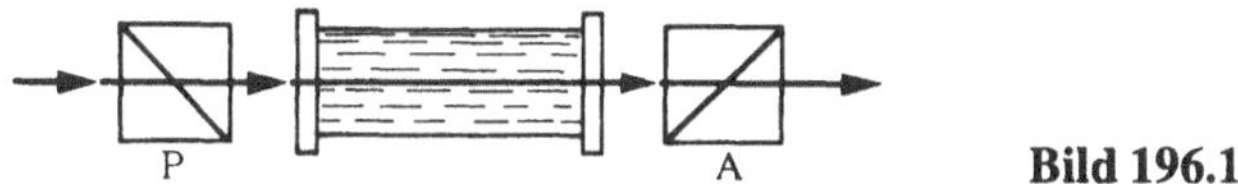

Bild 196.1

Die Erfahrung zeigt, daß der Drehwinkel der Polarisationsebene für optisch aktive Kristalle und reine Flüssigkeiten gleich

$$\varphi = \alpha d$$

ist, für optisch aktive Lösungen

$$\varphi = [\alpha] C d \qquad (196.1)$$

ist, dabei ist d der vom Licht im optisch aktiven Stoff zurückgelegte Weg, $\alpha([\alpha])$ die sogenannte **spezifische Drehung**, die zahlenmäßig gleich dem Drehwinkel der Polarisationsebene des Lichtes durch eine Schicht der Einheitsdicke des optisch aktiven Stoffes ist (Einheitskonzentration für Lösungen), C die Massenkonzentration des optisch aktiven Stoffes in der Lösung (in kg/m^3). Die spezifische Drehung hängt von der Natur des Stoffes, der Temperatur und der Wellenlänge des Lichtes im Vakuum ab.

Die Erfahrung zeigt, daß alle Stoffe, die im flüssigen Zustand optisch aktiv sind, auch im kristallinen Zustand diese Eigenschaft besitzen. Jedoch, wenn ein Stoff im kristallinen Zustand optisch aktiv ist, so ist er nicht immer im flüssigen Zustand optisch aktiv (zum Beispiel geschmolzener Quarz). Folglich wird die optische Aktivität durch den Bau der Moleküle eines Stoffes (ihrer Asymmetrie) bedingt, aber auch durch Besonderheiten der Lage der Teilchen im Kristallgitter.

Optisch aktive Stoffe werden in Abhängigkeit der Drehrichtung der Polarisationsebenen in **links-** und **rechtsdrehende** unterteilt. Im ersten Fall dreht sich die Polarisationsebene, wenn man entgegen dem Strahl blickt, nach rechts (im Uhrzeigersinn), im zweiten nach links (entgegen dem Uhrzeigersinn). Die Drehung der Polarisationsebene wurde durch A. Fresnel erklärt (1817). Entsprechend der Fresnel-Theorie ist die Ausbreitungsgeschwindigkeit des Lichtes in optisch aktiven Stoffen unterschiedlich für Strahlen, die nach links und nach rechts zirkular polarisiert sind.

Die Eigenschaft der Drehung der Polarisationsebene und im einzelnen die Formel (196.1) bilden die Grundlage zur Konzentrationsbestimmung von Lösungen optisch aktiver Stoffe, der sogenannten **Polarimetrie (Saccharimetrie)**. Dafür wird eine Vorrichtung verwendet, wie sie in Bild 196.1 gezeigt ist. Über

den gefundenen Drehwinkel φ der Polarisationsebene und der bekannten Größe $[\alpha]$ findet man aus (196.1) die Konzentration des gelösten Stoffes.

Später wurde von M. Faraday die Drehung der Polarisationsebene in optisch inaktiven Medien entdeckt, die unter Einwirkung eines Magnetfeldes entsteht. Diese Erscheinung heißt **Faraday-Effekt** (oder **magnetische Drehung der Polarisationsebene**). Sie besaß eine riesige Bedeutung für die Wissenschaft, da sie die erste Erscheinung darstellte, in der die Verbindung zwischen optischen und elektromagnetischen Prozessen entdeckt wurde.

Kontrollfragen

▶ Was nennt man natürliches Licht, linear polarisiertes Licht, teilweise polarisiertes Licht, elliptisch polarisiertes Licht?

▶ Wie kann man praktisch linear polarisiertes Licht von natürlichem Licht unterscheiden?

▶ Die Intensität von natürlichem Licht, das durch zwei Polarisatoren geschickt wurde, verminderte sich auf die Hälfte. Wie sind die Polarisatoren zueinander orientiert?

▶ Worin liegt die Bedeutung des Brewsterschen Winkels?

▶ Zeigen Sie, daß bei der Erfüllung des Brewsterschen Gesetzes reflektierter und gebrochener Strahl senkrecht zueinander liegen.

▶ Was nennt man die optische Achse des Kristalls? Worin unterscheiden sich einachsige von zweiachsigen Kristallen?

▶ Worin entsteht die Doppelbrechung im optisch anisotropen einachsigen Kristall?

▶ Worin unterscheiden sich negative Kristalle von positiven? Führen Sie die Konstruktion der Wellenflächen für ordentliche und außerordentliche Strahlen an.

▶ Welche Polarisationsgeräte kennen Sie? Worin besteht ihr Funktionsprinzip?

▶ Was ist eine $\lambda/4$-Platte, was eine $\lambda/2$-Platte?

▶ Ist es möglich, nur mit Hilfe eines Polarisators elliptisch polarisiertes Licht von teilweise polarisiertem Licht zu unterscheiden? Warum?

▶ Auf einen Polarisator fällt zirkular polarisiertes Licht, dessen Intensität gleich I_0 ist. Welche Intensität hat das Licht nach dem Polarisator?

▶ Wie kann man unter Benutzung einer $\lambda/4$-Platte und eines Polarisators zirkular polarisiertes Licht von natürlichem Licht unterscheiden?

▶ Wie wirkt die $\lambda/2$-Platte auf natürliches Licht, wie auf linear polarisiertes Licht, dessen Polarisationsebene mit der optischen Achse der Platte einen Winkel von 45° bildet?

▶ Was ist der Kerr-Effekt? Wodurch entsteht er?

▶ Welche Stoffe nennt man optisch aktiv?

▶ Worin unterscheidet sich die optische Aktivität von der Doppelbrechung?

Aufgaben

25.1. Eine Quarzplatte der Dicke $d = 2$ mm (die spezifische Drehung des Quarzes beträgt 15°/mm), die senkrecht zur optischen Achse herausgeschnitten wurde, wurde zwischen zwei gekreuzten Nicols aufgestellt. Unter Vernachlässigung der Lichtverluste in den Nicols bestimmen Sie, um wieviel sich die Lichtintensität verringert, wenn das Licht durch dieses System geht. [Lösung der Aufgabe s. S. 399]

25.2. Bestimmen Sie, um wieviel sich die Intensität von natürlichem Licht verringert, wenn es durch zwei Polarisatoren geht, die so zueinander gelegen sind, daß der Winkel zwischen ihren Hauptebenen 45° beträgt, und in jedem dieser Nicols 5 % der Intensität des auf sie einfallenden Lichtes verloren gehen. [4,43mal]

25.3. Ein Bündel natürlichen Lichtes fällt auf Glas mit dem Brechungsindex $n = 1,73$. Bestimmen Sie, bei welchem Brechungswinkel das durch das Glas reflektierte Lichtbündel vollständig polarisiert ist. [Lösung der Aufgabe s. S. 399]

25.4. Der Grenzwinkel der Totalreflexion für ein Lichtbündel an der Grenzfläche eines Kristalls aus Steinsalz mit Luft beträgt 40,5°. Bestimmen Sie den Brewsterschen Winkel bei Einfall des Lichtes aus der Luft auf die Oberfläche dieses Kristalls. [57°]

25.5. Bestimmen Sie den Unterschied der Brechungsindizes des ordentlichen und des außerordentlichen Strahls, wenn die kleinste Dicke der $\lambda/4$-Platte für $\lambda_o = 530$ nm 13,3 μm beträgt. [Lösung der Aufgabe s. S 400]

25.6. Linear polarisiertes Licht, dessen Wellenlänge im Vakuum $\lambda = 600$ nm beträgt, fällt auf eine Platte aus Kalkspat senkrecht zu deren optischen Achse. Nehmen wir als Brechungsindizes für Kalkspat für den ordentlichen und den außerordentlichen Strahl entsprechend $n_o = 1,66$ und $n_e = 1,49$. Bestimmen Sie die Wellenlängen dieser Strahlen im Kristall. [$\lambda_o = 361$ nm, $\lambda_e = 403$ nm]

25.7. Bestimmen Sie die geringste Dicke einer kristallinen $\lambda/2$-Platte für $\lambda = 589$ nm, wenn der Unterschied zwischen den Brechungsindizes des ordentlichen und des außerordentlichen Strahls für diese Wellenlänge $n_o - n_e = 0,17$ beträgt. [1,73 μm]

25.8. Natürliches monochromatisches Licht falle auf ein System aus zwei gekreuzten Nicols, zwischen denen sich eine Quarzplatte der Dicke von 4 mm befindet, die senkrecht der optischen Achse herausgeschnitten wurde. Auf welchen Bruchteil verringert sich die Intensität von Licht, das dieses System durchquert, wenn die spezifische Drehung des Quarzes gleich 15°/mm beträgt? [2,67mal]

Kapitel 26

Die Quantennatur der Strahlung

§ 197   Wärmestrahlung und ihre Charakteristika

Körper, die auf genügend hohen Temperaturen erhitzt werden, leuchten. Das Leuchten nennt man **Wärme-(Temperatur-)Strahlung**. Wärmestrahlung, die jeder Körper oberhalb des absoluten Nullpunktes abgibt, vollzieht sich aufgrund der Energie der Wärmebewegung der Atome und Moleküle eines Stoffes (d. h. aufgrund seiner inneren Energie). Wärmestrahlung ist durch ein kontinuierliches Spektrum charakterisiert, das ein von der Temperatur abhängiger Maximum besitzt. Bei hohen Temperaturen strahlen die Körper kurze (sichtbare und ultraviolette) elektromagnetische Wellen aus, bei niedrigen bevorzugt lange (infrarote).

Wärmestrahlung ist praktisch die einzige Art von Strahlung, die sich **im Gleichgewicht** befinden kann. Setzen wir voraus, daß ein erhitzter (strahlender) Körper in einem Kasten aufgestellt wurde, umgeben von einem ideal reflektierenden Mantel. Mit der Zeit tritt durch den ständigen Energieaustausch zwischen Körper und Strahlung ein Gleichgewicht ein, d. h., der Körper absorbiert pro Zeiteinheit genauso viel Energie, wie er abstrahlt. Setzen wir nun voraus, daß das Gleichgewicht zwischen Körper und Strahlung aus irgendeinem Grund verletzt wurde und der Körper mehr Energie ausstrahlt als absorbiert. Auf diese Weise beginnt die Temperatur des Körpers zu sinken, wodurch sich die durch den Körper abgestrahlte Energie verringert, so lange, bis sich wieder ein Gleichgewicht eingestellt hat.

Quantitativ beschreibt man die Wärmestrahlung durch die **spezifische Ausstrahlung (integrales Strahlungsvermögen)**. Sie ist gleich der Leistung der Strahlung von einer Flächeneinheit pro Frequenzintervall:

$$M_{v,T} = \frac{dW^{str}_{v,v+dv}}{dv},$$

wobei $dW^{str}_{v,v+dv}$ die Energie der elektromagnetischen Strahlung ist, die pro Zeiteinheit (Strahlungsleistung) von einer Flächeneinheit im Frequenzintervall von v bis $v + dv$ abgestrahlt wird.

Die Einheit der spezifischen Ausstrahlung ($M_{v,T}$) ist **Joule je Quadratmeter** (J/m^2).

Obige Strahlungsleistung ist eine Funktion der Wellenlänge:

$$dW^{str}_{v,v+dv} = M_{v,T}\, dv = M_{\lambda,T}\, d\lambda.$$

Ist $c = \lambda v$, dann ist

$$\frac{d\lambda}{dv} = -\frac{c}{v^2} = -\frac{\lambda^2}{c},$$

wobei das Vorzeichen „Minus" darauf hinweist, daß mit der Zunahme einer der beiden Größen (v oder λ) die andere ab-

nimmt. Deshalb werden wir im folgenden das Vorzeichen „Minus" weglassen. Damit ergibt sich

$$M_{v,T} = M_{\lambda,T} \frac{\lambda^2}{c}. \tag{197.1}$$

Mit (197.1) kann man von $M_{v,T}$ zu $M_{\lambda,T}$ übergehen und umgekehrt.

Von der Spektraldichte der Strahlungsleistung ausgehend, kann man die **integrale Strahlungsleistung** errechnen (man nennt sie einfach Strahlungsleitung), indem man über alle Frequenzen summiert:

$$M_T = \int\limits_0^\infty M_{v,T}\, dv. \tag{197.2}$$

Die Fähigkeit der Körper, auf sie einfallende Strahlung zu absorbieren, charakterisiert der **spektrale Absorptionsgrad**

$$\alpha_{v,T} = \frac{dW^{abs}_{v,v+dv}}{dW_{v,v+dv}},$$

der zeigt, welcher Teil der Energie durch den Körper absorbiert wird, die in der Zeiteinheit auf ein Oberflächenelement des Körpers einstrahlt (einfallende elektromagnetische Wellen der Frequenzen von v bis $v + dv$). Der spektrale Absorptionsgrad ist eine dimensionslose Größe. $M_{v,T}$ und $\alpha_{v,T}$ hängen vom Körper, seiner Temperatur ab und sind starkfrequenzabhängig. Deshalb werden diese Größen bestimmten T und v (oder richtiger, hinreichend engen Frequenzintervallen von v bis $v + dv$) zugeordnet.

Einen (idealisierten) Körper, der fähig ist, bei beliebiger Temperatur alle auf ihn einfallende Strahlung beliebiger Frequenz vollkommen zu absorbieren, nennt man **schwarzen Körper**. Folglich ist der spektrale Absorptionsgrad eines schwarzen Körpers für alle Temperaturen und Frequenzen gleich eins ($\alpha^{schw}_{v,T} = 1$). Absolut schwarze Körper gibt es nicht, jedoch kommen solche Körper wie Ruß, Platinschwärze, schwarzer Samt und einige andere in ihren Eigenschaften in bestimmten Frequenzintervallen ihnen sehr nahe.

Ein gutes Modell eines schwarzen Körpers stellt ein fast abgeschlossener Kasten mit einer kleinen Öffnung O dar, dessen innere Oberfläche geschwärzt ist (Bild 197.1). Ein Lichtstrahl, der in das Innere dieses Kastens gelangt, wird vielfach von den Wänden reflektiert, wodurch die Intensität der austretenden Strahlung praktisch gleich Null ist. Der Versuch zeigt, daß bei Größen der Öffnung von weniger als 10 % des Kastendurchmessers die einfallende Strahlung aller Frequenzen vollkommen absorbiert wird. Daß die Fenster der Häuser von der Straße aus dunkel erscheinen, obwohl es wegen der Lichtreflexion an den Wänden im Zimmerinnern genügend hell ist, läßt sich so leicht vorstellen.

Bild 197.1

Neben dem schwarzen Körper betrachtet man oft noch ein weiteres Modell, nämlich das des **grauen Körpers** – eines Körpers, dessen Absorptionsfähigkeit kleiner als eins, aber für alle Frequenzen gleich ist und nur von der Temperatur, dem Material und dem Zustand der Körperoberfläche abhängt. Auf diese Art und Weise gilt für den grauen Körper $\alpha_{v,T}^{\mathrm{gr}} = \alpha_T = \mathrm{const} < 1$.

Die Untersuchung der Wärmestrahlung spielte eine wichtige Rolle in der Schaffung der Quantentheorie des Lichtes, weshalb es notwendig ist, die Gesetze zu betrachten, denen sie unterliegt.

§ 198 Das Kirchhoffsche Strahlungsgesetz

Kirchhoff stellte mit Hilfe des zweiten Hauptsatzes der Thermodynamik und der Gleichgewichtsbedingung für ein isoliertes System eine quantitative Verbindung zwischen der spektralen Dichte der Strahlungsleistung und der spektralen Absorptionsdichte auf. Das Verhältnis der Spektraldichte der Strahlungsleistung zur spektralen Absorptionsdichte hängt nicht von der Natur des Körpers ab; es ist eine für alle Körper universelle Funktion der Frequenz (Wellenlänge) und der Temperatur (**Kirchhoffsches Strahlungsgesetz**):

$$\frac{M_{v,T}}{\alpha_{v,T}} = m_{v,T}. \tag{198.1}$$

Für den schwarzen Körper ist $\alpha_{v,T}^{\mathrm{schw}} \equiv 1$, weshalb aus dem Kirchhoffschen Strahlungsgesetz (siehe (198.1)) folgt, daß $M_{v,T}$ für den schwarzen Körper gleich $m_{v,T}$ ist. Auf diese Art ist die **universelle Kirchhoffsche Funktion** $m_{v,T}$ nichts anderes als der **spektrale Emissionsgrad des schwarzen Körpers**. Folglich ist gemäß dem Kirchhoffschen Strahlungsgesetz das Verhältnis der spektralen Dichte der Strahlungsleistung zur spektralen Absorptionsdichte für alle Körper gleich dem spektralen Emissionsgrad des schwarzen Körpers bei derselben Temperatur und Frequenz.

Aus dem Kirchhoffschen Strahlungsgesetz folgt, daß die spektrale Dichte der Strahlungsleistung eines beliebigen Körpers in einem beliebigen Spektralbereich stets unter der spektralen Dichte der Strahlungsleistung des schwarzen Körpers liegt (bei ein und denselben Werten T und v), weil $\alpha_{v,T} < 1$ und deshalb $M_{v,T} < m_{v,T}$ ist. Des weiteren folgt aus (198.1), daß, wenn ein Körper bei gegebener Temperatur keine elektromagnetischen Wellen im Frequenzintervall von v bis $v + \mathrm{d}v$ absorbiert, er sie in diesem Frequenzintervall bei der Temperatur T auch nicht ausstrahlt, weil $M_{v,T} = 0$ bei $\alpha_{v,T} = 0$ ist.

Mit Hilfe des Kirchhoffschen Strahlungsgesetzes kann man dem Ausdruck der Strahlungsleistung eines Körpers (197.2) folgende Form geben:

$$M_T = \int_0^\infty \alpha_{v,T} m_{v,T}\, \mathrm{d}v.$$

Für den grauen Körper

$$M_T^{\mathrm{gr}} = \alpha_T \int_0^\infty m_{v,T}\, \mathrm{d}v = \alpha_T M_{\mathrm{e}} \tag{198.2}$$

gilt, wobei

$$M_{\mathrm{e}} = \int_0^\infty m_{v,T}\, \mathrm{d}v \tag{198.3}$$

die **Lichtausstrahlung des schwarzen Körpers** ist (hängt nur von der Temperatur ab).

Das Kirchhoffsche Strahlungsgesetz beschreibt nur die Wärmestrahlung und ist für sie so repräsentativ, daß es als zuverlässiges Kriterium zur Bestimmung der Natur der Strahlung dienen kann. Strahlung, die nicht dem Kirchhoffschen Strahlungsgesetz unterliegt, ist keine Wärmestrahlung.

§ 199 Das Stefan-Boltzmannsche Gesetz und das Wiensche Verschiebungsgesetz

Aus dem Kirchhoffschen Strahlungsgesetz (siehe (198.1)) folgt, daß der Emissionsgrad des schwarzen Körpers eine universelle Funktion ist, weshalb das Finden ihrer expliziten Abhängigkeit von der Frequenz und der Temperatur eine wichtige Aufgabe der Theorie der Wärmestrahlung darstellt.

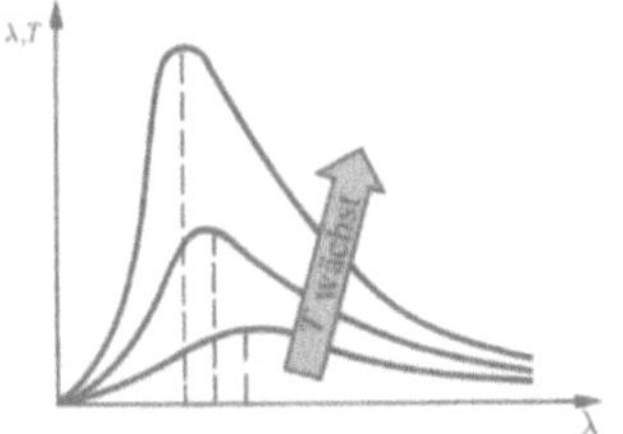

Bild 199.1

Die österreichischen Physiker J. Stefan (1835–1893) und L. Boltzmann lösten diese Aufgabe lediglich teilweise, indem sie die Abhängigkeit der Lichtausstrahlung M_{e} von der Temperatur aufstellten. Stefan benutzte dazu experimentelle Ergebnisse (1879), während Boltzmann auf thermodynamische Gesetzmäßigkeiten zurückgriff (1884). Sie fanden das **Stefan-Boltzmannsche Gesetz**:

$$M_{\mathrm{e}} = \sigma T^4, \tag{199.1}$$

d. h., die spezifische Ausstrahlung des schwarzen Körpers ist der vierten Potenz seiner thermodynamischen Temperatur proportional; σ ist die Stefan-Boltzmann-Konstante: Ihr experimenteller Wert ist gleich $5{,}67 \cdot 10^{-8}$ W/(m$^2 \cdot$ K^4).

Das Stefan-Boltzmannsche Gesetz bestimmt die Abhängigkeit von M_e von der Temperatur, gibt aber keinen Hinweis auf spektrale Zusammensetzung der Strahlung des schwarzen Körpers. Aus den experimentellen Kurven der Abhängigkeit der Funktion $m_{\lambda,T}$ ($m_{\lambda,T} = (c/\lambda^2)m_{\nu,T}$) von der Wellenlänge λ bei verschiedenen Temperaturen (Bild 199.1) folgt, daß die Energieverteilung im Spektrum des schwarzen Körpers nicht gleichmäßig ist. Alle Kurven besitzen ein klar ausgeprägtes Maximum, das sich im Zuge der Temperaturerhöhung in die Richtung kleiner Wellenlängen verschiebt. Die Fläche, begrenzt durch die Kurve der Abhängigkeit $m_{\lambda,T}$ von λ und der Abszisse, ist der spezifischen Ausstrahlung M_e des schwarzen Körpers proportional und folglich nach dem Stefan-Boltzmannschen Gesetz proportional zur vierten Potenz der Temperatur.

Der deutsche Physiker W. Wien (1864–1928) stellte auf Grundlage der Gesetze der Thermodynamik und der Elektrodynamik die Abhängigkeit der Wellenlänge $\lambda_{\max}$ des entsprechenden Maximums der Funktion $m_{\lambda,T}$ von der Temperatur T auf. Entsprechend diesem **Wienschen Verschiebungsgesetz** ist

$$\lambda_{\max} = \frac{b}{T}, \tag{199.2}$$

d. h., die Wellenlänge $\lambda_{\max}$, die dem maximalen Wert der Spektraldichte der Strahlungsleistung $m_{\lambda,T}$ des schwarzen Körpers entspricht, ist umgekehrt proportional zur thermodynamischen Temperatur, b ist die Wiensche Konstante: Ihr experimenteller Wert ist gleich $2{,}9 \cdot 10^{-3}$ m $\cdot$ K. Den Ausdruck (199.2) nennt man das Gesetz von der Wienschen *Verschiebung*, weil es die Verschiebung des Maximums der Funktion $m_{\lambda,T}$ mit zunehmender Temperatur in Bereich der kleinen Wellenlängen zeigt. Das Wiensche Verschiebungsgesetz erklärt, warum bei abnehmender Temperatur von erhitzten Körpern in ihrem Spektrum mehr und mehr langwellige Strahlung überwiegt (zum Beispiel der Übergang von der Weißglut zur roten beim Erkalten von Metall).

§ 200   Strahlungsformeln von Rayleigh-Jeans, Wien und Planck

Aus der Betrachtung der Gesetze von Stefan-Boltzmann und Wien folgt, daß die Versuche einer thermodynamischen Begründung der Ermittlung der universellen Kirchhoffschen Funktion $m_{\nu,T}$ blieben erfolglos. Ein folgender strenger Versuch der theoretischen Herleitung der Abhängigkeit $m_{\nu,T}$ geht auf die englischen Wissenschaftler Lord Rayleigh und J. H. Jeans (1877–1946) zurück. Sie wandten auf die Wärmestrahlung die Methoden der statistischen Physik an und benutzten dazu den klassischen Gleichverteilungssatz der Energie nach den Freiheitsgraden.

Die **Formel von Rayleigh-Jeans** für die spektrale Dichte der Strahlungsleistung des schwarzen Körpers hat die Form:

$$m_{\nu,T} = \frac{2\pi\nu^2}{c^2}\langle\varepsilon\rangle = \frac{2\pi\nu^2}{c^2}kT, \tag{200.1}$$

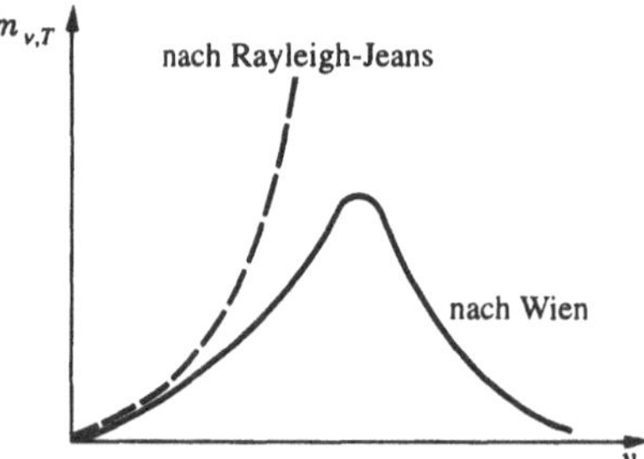

Bild 200.1

wobei $\langle\varepsilon\rangle = kT$ die mittlere Energie des Oszillators mit der Eigenfrequenz ν ist. Für den schwingenden Oszillator ist der Mittelwert der kinetischen und der potentiellen Energie gleich (siehe § 50). Deshalb ist die mittlere Energie für jeden Schwingungsfreiheitsgrad $\langle\varepsilon\rangle = kT$.

Wie die Versuche zeigen, stimmt der Ausdruck (200.1) mit den experimentellen Ergebnissen *nur* im Bereich hinreichend kleiner Frequenzen und recht hoher Temperaturen überein. Im Bereich hoher Frequenzen weicht die Formel von Rayleigh-Jeans stark von den Versuchsdaten ab, aber auch vom Wienschen Verschiebungsgesetz (Bild 200.1). Außerdem hat es sich erwiesen, daß der Versuch, aus der Formel von Rayleigh-Jeans das Stefan-Boltzmannsche Gesetz (siehe (199.1)) zu erhalten, zu absurden Ergebnissen führt. Tatsächlich erhalten wir eine errechnete spezifische Ausstrahlung des schwarzen Körpers (siehe (198.3)) unter Nutzung von (200.1)

$$M_e = \int\limits_0^{\infty} m_{\nu,T}\,\mathrm{d}\nu = \frac{2\pi kT}{c^2}\int\limits_0^{\infty}\nu^2\,\mathrm{d}\nu = \infty,$$

während M_e laut dem Stefan-Boltzmannschen Gesetz proportional T^4 ist. Dieses Ergebnis erhielt die Bezeichnung „Ultraviolettkatastrophe", weil sich die Gesetze der Energieverteilung im Spektrum des schwarzen Körpers im Rahmen der klassischen Physik nicht schlüssig erklären lassen.

Eine gute Übereinstimmung mit den Versuchsdaten liefert im Bereich der hohen Frequenzen das **Strahlungsgesetz von Wien**, auch die **Wiensche Strahlungsformel** gennant, die er aus allgemeinen thermodynamischen Überlegungen hergeleitet hat:

$$m_{\nu,T} = C\nu^3 A\mathrm{e}^{-A\nu/T},$$

wobei $m_{\nu,T}$ die Spektraldichte der Lichtausstrahlung des schwarzen Körpers, C und A konstante Größen sind. Mit Hilfe der Planckschen Konstanten, die zu Wienschen Zeiten noch unbekannt war, können wir sein Strahlungsgesetz heute wie folgt aufschreiben:

$$m_{\nu,T} = \frac{2\pi h\nu^3}{c^2}\mathrm{e}^{-h\nu/(kT)}.$$

Ein richtiger, mit den Versuchsdaten übereinstimmender Ausdruck für die Spektraldichte der Lichtausstrahlung des schwarzen Körpers wurde 1900 von dem deutschen Physiker M. Planck gefunden. Dafür mußte er sich von den aufgestellten Grundsätzen der klassischen Physik Abstand nehmen, laut denen sich die Energie eines beliebigen Systems nur *stetig* ändert, d. h. jeden beliebigen noch so kleinen Wert annehmen kann. Entsprechend der von Planck aufgestellten **Quantenhypothese** strahlen atomare Oszillatoren ihre Energie nicht stetig, sondern in definierten Mengen (Portionen) ab, die als **Quanten** bezeichnet werden. Die Energie eines Quants ist demnach proportional zur Schwingungsfrequenz (siehe (170.3)):

$$\varepsilon_0 = h\nu = \frac{hc}{\lambda}, \tag{200.2}$$

wobei $h = 6{,}625 \cdot 10^{-34}\,\text{J} \cdot \text{s}$ die **Plancksche Konstante** ist. Da die Strahlung nur portionsweise abgegeben wird, nimmt die Energie ε eines Oszillators lediglich definierte *diskrete Werte* an. Diese sind zahlenmäßig Vielfache der elementaren Energieportion ε_0:

$$\varepsilon = nh\nu \quad (n = 0, 1, 2, \ldots).$$

Im gegebenen Fall ist es unmöglich, die mittlere Energie $\langle \varepsilon \rangle$ gleich kT zu setzen. In der Näherung, daß die Energieverteilung der Oszillatoren nach möglichen diskreten Zuständen der Boltzmannschen Verteilung (siehe § 45) unterstellt ist, beträgt die mittlere Energie eines Oszillators

$$\langle \varepsilon \rangle = \frac{h\nu}{e^{h\nu/(kT)} - 1},$$

und die Spektraldichte der Lichtausstrahlung des schwarzen Körpers ist

$$m_{\nu,T} = \frac{2\pi\nu^2}{c^2} \frac{h\nu}{e^{h\nu/(kT)} - 1} = \frac{2\pi h\nu^3}{c^2} \frac{1}{e^{h\nu/(kT)} - 1}.$$

Das heißt, daß Planck für die universelle Kirchhoffsche Funktion folgende Formel herleitete:

$$m_{\nu,T} = \frac{2\pi h\nu^3}{c^2} \frac{1}{e^{h\nu/(kT)} - 1}. \tag{200.3}$$

Diese stimmt ausgezeichnet mit den experimentellen Werten für die Energieverteilung in den Strahlungsspektren des schwarzen Körpers in allen Frequenz- und Temperaturbereichen überein. Die theoretische Herleitung dieser Formel legte M. Planck am 14. Dezember 1900 auf der Tagung der Deutschen physikalischen Gesellschaft dar. Dieser Tag gilt als der Geburtstag der Quantenphysik.

In den Bereichen niedriger Frequenzen, d. h., bei $h\nu \ll kT$ (die Energie eines Quants ist sehr klein im Verhältnis zur Energie der Wärmebewegung kT), geht die Plancksche Formel (200.3) in die Rayleigh-Jeanssche Formel (200.1) über. Zum Beweis entwickeln wir die Expotentialfunktion in eine Reihe nach kT und beschränken uns im gegebenen Fall auf die ersten beiden Gliedern:

$$e^{h\nu/(kT)} \approx 1 + \frac{h\nu}{kT}, \quad e^{h\nu/(kT)} - 1 \approx \frac{h\nu}{kT}.$$

Setzen wir den letzten Ausdruck in die Plancksche Formel (200.3) ein, so erhalten wir:

$$m_{\nu,T} \approx \frac{2\pi h\nu^3}{c^2} \frac{1}{\dfrac{h\nu}{kT}} = \frac{2\pi\nu^2}{c^2} kT,$$

d. h., wir erhielten die Rayleigh-Jeanssche Formel (200.1).

Aus der Planckschen Formel kann man auch das Stefan-Boltzmannsche Gesetz erhalten. In Übereinstimmung mit (198.3) und (200.3) ist

$$M_e = \int_0^\infty m_{\nu,T}\, d\nu = \int_0^\infty \frac{2\pi h\nu^3}{c^2} \frac{1}{e^{h\nu/(kT)} - 1}\, d\nu.$$

Wir führen die dimensionslose Variable $x = h\nu/(kT)$ ein; $dx = h\,d\nu/(kT)$; $d\nu = kT\,dx/h$. Die Formel für M_e nimmt dann folgende Form

$$M_e = \frac{2\pi k^4}{c^2 h^3} T^4 \int_0^\infty \frac{x^3\, dx}{e^x - 1} = \sigma T^4 \tag{200.4}$$

an, wobei

$$\sigma = \frac{2\pi k^4}{c^2 h^3} \int_0^\infty \frac{x^3\, dx}{e^x - 1} = \frac{2\pi^5 k^4}{15 c^2 h^3}$$

ist, da

$$\int_0^\infty \frac{x^3\, dx}{e^x - 1} = \frac{\pi^4}{15}$$

gilt. Das heißt, aus der Planckschen Formel erhält man auch das Stefan-Boltzmannsche Gesetz (vergleiche die Formeln (199.1) und (200.4)). Des weiteren erhält man nach Einsetzen der Zahlenwerte von k, c und h für die Stefan-Boltzmannsche Konstante eine Größe, die gut mit den experimentellen Werten übereinstimmt.

Das Wiensche Verschiebungsgesetz erhalten wir mit Hilfe der Formeln (197.1) und (200.3):

$$m_{\lambda,T} = \frac{c}{\lambda^2} m_{\nu,T} = \frac{2\pi c^2 h}{\lambda^5} \frac{1}{e^{hc/(kT\lambda)} - 1},$$

woraus folgt

$$\frac{\partial m_{\lambda,T}}{\partial \lambda} = \frac{2\pi c^2 h}{\lambda^6 (e^{hc/(kT\lambda)} - 1)} \left(\frac{\dfrac{hc}{kT\lambda} e^{hc/(kT\lambda)}}{e^{hc/(kT\lambda)} - 1} - 5 \right).$$

Den Wert von $\lambda_{\max}$, bei dem die Funktion ein Maximum erreicht, finden wir, indem wir die Ableitung gleich Null setzen. Dann setzen wir $x = hc/(kT\lambda_{\max})$ und erhalten die Gleichung

$$xe^x - 5(e^x - 1) = 0.$$

Diese Gleichung löst man am besten iterativ und erhält $x = 4{,}965$. Folglich ist $hc/(kT\lambda_{\max}) = 4{,}965$, woraus folgt

$$T\lambda_{\max} = \frac{hc}{4{,}965 k} = b,$$

d. h., wir erhielten das Wiensche Verschiebungsgesetz (siehe (199.2)).

Aus der Planckschen Formel kann man, wenn man die universellen Konstanten h, k und c kennt, die Konstanten von Stefan-Boltzmann (σ) und von Wien (b) ausrechnen. Oder anders herum kann man aus den experimentellen Werten für σ und b die Werte h und k ausrechnen (auf diese Weise wurde erstmalig der zahlenmäßige Wert der Planckschen Konstanten ermittelt).

Demnach stimmt die Plancksche Formel nicht nur gut mit den experimentellen Werten überein, sondern enthält auch alle bis dorthin aufgestellten Gesetzmäßigkeiten für die Wärmestrahlung. Außerdem ermöglicht sie es, die Konstanten in den Gesetzen der Wärmeausstrahlung zu bestimmen. Folglich stellt die Plancksche Formel die vollständige Lösung der von Kirchhoff gestellten Hauptaufgabe der Wärmeausstrahlung dar. Ihre Lösung wurde dank der Quantenhypothese von Planck ermöglicht.

§ 201   Optische Pyrometrie. Wärmequellen des Lichtes

Die Gesetze der Wärmestrahlung nutzt man zur Messung der Temperatur erhitzter und selbstleuchtender Körper (zum Beispiel von Sternen). Die Methoden zur Messung hoher Temperaturen, die auf der Abhängigkeit der Spektraldichte der Lichtausstrahlung oder der integralen Lichtausstrahlung von der Temperatur basieren, nennt man **optische Pyrometrie**. Die Geräte zur Messung der Temperaturen erhitzter Körper anhand der Intensität ihrer Wärmestrahlung im optischen Spektralbereich nennt man **Pyrometer**. In Abhängigkeit von den Gesetzen der Wärmestrahlung, die bei der Temperaturmessung genutzt werden, unterscheidet man die **Strahlungs-**, die **Verteilungs-** und die **Farbtemperatur**.

1. Die spektrale Strahlungstemperatur ist die Temperatur des schwarzen Körpers, bei der seine spektrale Ausstrahlung M_e (siehe (198.3)) gleich derjenigen (M_T siehe (197.2)) des zu untersuchenden Körpers ist. Im gegebenen Fall wird die spektrale Ausstrahlung des zu untersuchenden Körpers registriert und nach dem Stefan-Boltzmannschen Gesetz seine Strahlungstemperatur errechnet:

$$T_\mathrm{Str} = \sqrt[4]{\frac{M_T}{\sigma}}.$$

Die spektrale Strahlungstemperatur T_Str eines Körpers ist stets kleiner als seine wahre Temperatur T. Zum Beweis setzen wir voraus, daß der zu untersuchende Körper ein grauer ist. Somit kann man mit (199.1) und (198.2) schreiben

$$M_T^\mathrm{gr} = \alpha_T M_\mathrm{e} = \alpha_T \sigma T^4.$$

Auf der anderen Seite ist

$$M_T^\mathrm{gr} = \sigma T_\mathrm{Str}^4.$$

Aus dem Vergleich dieser Ausdrücke folgt, daß

$$T_\mathrm{Str} = \sqrt[4]{\alpha_T} T$$

ist. Und da $\alpha_T < 1$ ist, folgt, daß $T_\mathrm{Str} < T$ ist, d.h., daß die wahre Temperatur eines Körpers stets höher als die Strahlungstemperatur ist.

2. Die Verteilungstemperatur. Für graue Körper (oder Körper, die ihnen in ihren Eigenschaften nahe kommen) ist die spezifische Ausstrahlung

$$M_{\lambda,T} = \alpha_T m_{\lambda,T},$$

wobei $\alpha_T = \mathrm{const} < 1$ ist. Folglich ist die Energieverteilung im Strahlungsspektrum des grauen Körpers dieselbe wie im Spektrum des schwarzen Körpers, der dieselbe Temperatur aufweist. Deshalb wenden wir auf die grauen Körper das Wiensche Gesetz an (siehe (199.2)), d.h., wenn wir die Wellenlänge λ_max wissen, die der maximalen spezifischen Ausstrahlung $M_{\lambda,T}$ des zu untersuchenden Körpers entspricht, kann man seine Temperatur bestimmen

$$T_\mathrm{V} = \frac{b}{\lambda_\mathrm{max}}.$$

Diese Temperatur nennt man Verteilungstemperatur. Für alle grauen Körper fällt die Verteilungstemperatur mit der wahren Temperatur zusammen. Für Körper, die sich stark von den grauen unterscheiden (zum Beispiel solche, die bestimmte Spektralbereiche absorbieren), bringt die Verteilungstemperatur keine neuen Erkenntnisse. Auf dieser Grundlage wird die Temperatur auf der Sonnenoberfläche ($T_\mathrm{V} \approx 6500$ K) und von den Sternen bestimmt.

3. Die Farbtemperatur. T_F ist die Temperatur des schwarzen Körpers, bei der für eine bestimmte Wellenlänge seine Spektraldichte der Lichtausstrahlung gleich der spezifischen Ausstrahlung des zu untersuchenden Körpers ist, d. h.

$$m_{\lambda,T_\mathrm{F}} = M_{\lambda,T}, \tag{201.1}$$

wobei T die wahre Temperatur des Körpers ist. Nach dem Gesetz von Kirchhoff (siehe (198.1)) ist für den zu untersuchenden Körper bei der Wellenlänge λ

$$\frac{M_{\lambda,T}}{\alpha_{\lambda,T}} = m_{\lambda,T}$$

oder mit (201.1)

$$\alpha_{\lambda,T} = \frac{m_{\lambda,T_\mathrm{F}}}{m_{\lambda,T}}. \tag{201.2}$$

So wie für nichtschwarze Körper $\alpha < 1$ ist, so ist $m_{\lambda,T_\mathrm{F}} < m_{\lambda,T}$, und folglich ist $T_\mathrm{F} < T$, d.h., die wahre Temperatur ist stets höher als die Farbtemperatur.

Als Helligkeitspyrometer nutzt man im allgemeinen **Pyrometer mit einem sich verbrauchenden Faden**. Das Glühen dieses Fadens des Pyrometers wird so gewählt, daß die Bedingung (201.1) erfüllt wird. Im gegebenen Fall kann die Abbildung des Pyrometerfadens nicht mehr unterschieden werden von der sich im Hintergrund befindenden Oberfläche des erhitzten Körpers, d. h., der Faden scheint sich aufgelöst zu haben.

Auf der Basis eines nach dem schwarzen Körper geeichten Milliampermeters kann man die Farbtemperatur bestimmen.

Bei Kenntnis des Absorptionsgrades $\alpha_{\lambda,T}$ des Körpers bei derselben Wellenlänge kann man anhand der Farbtemperatur die wahre Temperatur bestimmen. Schreiben wir die Formel von Planck (200.3) in folgende Form um

$$m_{\lambda,T} = \frac{c}{\lambda^2} m_{\nu,T}$$

$$= \frac{2\pi c^2 h}{\lambda^5} \frac{1}{e^{hc/(kT\lambda)} - 1}$$

und berücksichtigen dies in (201.2), so erhalten wir

$$\alpha_{\lambda,T} = \frac{e^{hc/(k\lambda T)} - 1}{e^{hc/(k\lambda T_\mathrm{F})} - 1},$$

d. h., bei bekannten $\alpha_{\lambda,T}$ und λ kann man die wahre Temperatur des zu untersuchenden Körpers bestimmen.

4. Wärmequellen des Lichtes. Das Leuchten erhitzter Körper nutzt man zur Schaffung von Lichtquellen.

Auf den ersten Blick scheint es, daß der schwarze Körper die beste Wärmequelle für das Licht darstellen sollte, da seine spezifische Ausstrahlung für jede beliebige Wellenlänge größer ist als für nichtschwarze Körper bei derselben Temperatur. Es erweist sich jedoch, daß für einige Körper (zum Beispiel Wolfram), die die Eigenschaft der selektiven Absorption und Emission besitzen, die Energieeinheit, die auf die Ausstrahlung im sichtbaren Spektralbereich kommt, bedeutend größer ist als für den schwarzen Körper bei derselben Temperatur. Deshalb stellt Wolfram, das außerdem noch eine hohe Schmelztemperatur aufweist, ein sehr geeignetes Material zur Anfertigung von Lampenfäden dar.

Die Temperatur von Wolframfäden in Vakuumlampen sollte allerdings 2450 K nicht überschreiten, da bei noch höheren Temperaturen eine starke Zerstäubung stattfindet. Das Strahlungsmaximum bei dieser Temperatur entspricht einer Wellenlänge von $\approx 1,1\ \mu\mathrm{m}$, d. h. weit entfernt von der maximalen Empfindlichkeit des menschlichen Auges ($\approx 0,55\ \mu\mathrm{m}$). Das Füllen von Röhrenlampen mit inerten Gasen (zum Beispiel einem Gemisch aus Krypton und Xenon unter Zugabe von Stickstoff) bei einem Druck von ≈ 50 kPa ermöglicht eine Temperaturerhöhung des Fadens bis 3000 K, was zu einer Verbesserung der spektralen Zusammensetzung der Strahlung führt. Die Lichtabgabe erhöht sich dabei jedoch nicht, da zusätzliche Energieverluste durch den Wärmeaustausch zwischen Faden und Gas infolge von Wärmeleitfähigkeit und Konvektion entstehen. Zur Verminderung des Energieverlustes aufgrund des Wärmeaustausches und der Erhöhung der Lichtabgabe der mit Gas gefüllten Lampen wird der Faden in Form einer Spirale ausgeführt. Dadurch heizen sich einzelne Windungen gegenseitig auf. Bei hohen Temperaturen bildet sich um diese Spirale herum eine unbewegliche Gasschicht und schließt damit den Wärmeaustausch infolge von Konvektion aus. Trotzdem übersteigt der energetische Wirkungsgrad von Glühlampen nicht die 5 %.

§ 202   Formen des photoelektrischen Effektes. Gesetze des äußeren Photoeffektes

Die Hypothese von Planck, die glänzend die Aufgabe der Wärmestrahlung des schwarzen Körpers löst, erhielt ihre Bestätigung und weitere Entwicklung mit der Erklärung des Photoeffektes – einer Eigenschaft, deren Entdeckung und Erforschung eine wichtige Rolle beim Aufstellen der Quantentheorie spielte. Man unterscheidet den äußeren, inneren und Ventilphotoeffekt. Den **äußeren photoelektrischen Effekt (Photoeffekt)** nennt man das Aussenden von Elektronen durch den Stoff unter Wirkung elektromagnetischer Strahlung. Der äußere Photoeffekt wird in Festkörpern beobachtet (Metallen, Halbleitern, Dielektrika) sowie in Gasen in einzelnen Atomen und Molekülen (Photoemission). Der Photoeffekt wurde von Heinrich Hertz (1887) entdeckt, als er bei der Bestrahlung eines Funkenabschnittes mit ultravioletter Strahlung eine Verstärkung des Entladungsprozesses beobachtete.

Erste fundamentale Untersuchungen des Photoeffektes wurden von dem russischen Wissenschaftler A. G. Stoletow ausgeführt. Ein prinzipielles Schema zur Untersuchung des Photoeffektes ist in Bild 202.1 angeführt. Zwei Elektroden (eine Kathode K aus dem zu untersuchenden Metall und eine Anode A, zum Beispiel ein Metallnetz) in einer Vakuumröhre sind so an die Batterie geklemmt, daß man mit Hilfe des Potentiometers R nicht nur den Wert, sondern auch das Vorzeichen der angelegten Spannung ändern kann. Der Strom, der bei Ausleuchtung der Kathode mit monochromatischem Licht (über ein Quarzfensterchen hineingeschickt) entsteht, wird mittels eines Milliampermeters gemessen. Bestrahlt man die Kathode mit Licht unterschiedlicher Wellenlängen, so findet man: 1) Die größere effektive Wirkung erweist die ultraviolette Strahlung. 2) Unter Einfluß des Lichtes verliert der Stoff nur negative Ladungen. 3) Die Stromstärke des unter Lichteinwirkung erzeugten Stromes ist direkt proportional der Lichtintensität.

J. J. Thomson hat im Jahre 1898 die spezifische Ladung eines unter Lichteinwirkung ausgesandten Teilchens gemessen (nach seiner Ablenkung im elektrischen und magnetischen Feld). Diese Messungen zeigten, daß unter Lichteinwirkung tatsächlich Elektronen herausgerissen werden.

Als innerer Photoeffekt bezeichnet man durch elektromagnetische Strahlung hervorgerufene Übergänge von Elektronen

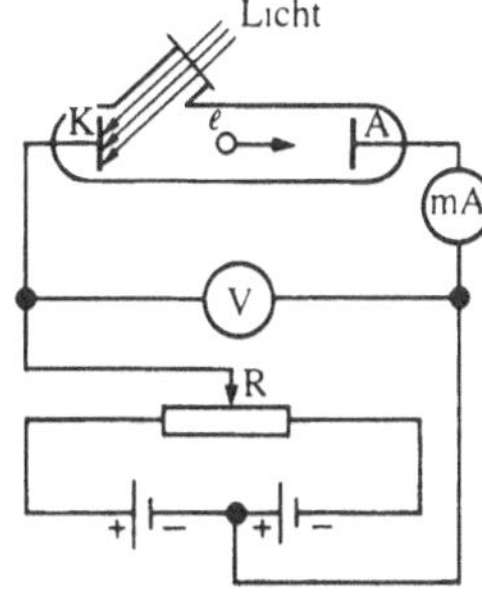

Bild 202.1

innerhalb von Halbleitern oder Dielektrika aus den gebundenen Zuständen in freie, ohne daß sie den Festkörper verlassen. Im Ergebnis erhöht sich die Konzentration von Stromträgern, was zur Entstehung der sogenannten **Photoleitfähigkeit** führt (der Erhöhung der elektrischen Leitfähigkeit des Halbleiters oder des Dielektrikums bei seiner Bestrahlung) oder zur Entstehung einer elektromotorischen Kraft.

Eine Nebenart des inneren Photoeffektes ist der **Sperrschicht-Photoeffekt**, bei dem die EMK (Photo-EMK) bei der Ausleuchtung des Kontaktes zweier unterschiedlicher Halbleiter oder Halbleiter und Metall entsteht, wenn ein äußeres elektrisches Feld fehlt. Der Sperrschicht-Photoeffekt öffnet damit den Weg für die direkte Umwandlung von Sonnenenergie in elektrische.

In Bild 202.1 ist ein experimenteller Aufbau zur Untersuchung der Strom-Spannungs-Charakteristik des Photoeffektes angeführt – die Abhängigkeit des Photostromes I, der durch einen Elektronenfluß gebildet wurde, der von der Kathode unter Lichteinwirkung ausgesandt wurde, in Abhängigkeit von der Spannung U zwischen den Elektroden. Solche Abhängigkeit, die zwei unterschiedlichen Ausleuchtungen E_e der Kathode entspricht (die Lichtfrequenz ist in beiden Fällen gleich), ist in Bild 202.2 gezeigt. Im Zuge der Erhöhung von U wächst der Photostrom beständig, d. h., eine immer größere Anzahl von Elektronen erreicht die Anode. Der leicht abfallende Charakter der Kurven zeigt, daß die Elektronen mit unterschiedlichen Geschwindigkeiten aus der Kathode herausfliegen.

Der maximale Stromwert I_S – der **Sättigungsphotostrom** – wird durch den Wert U bestimmt, bei dem alle Elektronen, die durch die Kathode ausgesandt werden, die Anode erreichen:

$$I_S = en,$$

wobei n die Elektronenanzahl, die von der Kathode innerhalb 1 s ausgesandt wurde, ist.

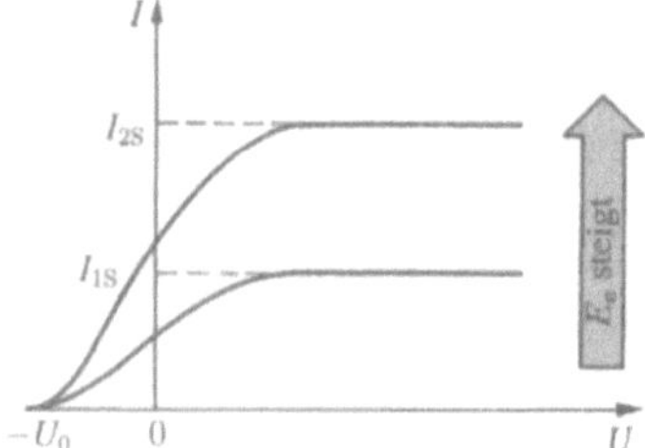

Bild 202.2

Aus der Strom-Spannungs-Charakteristik ist zu ersehen, daß bei $U = 0$ der Photostrom nicht verschwindet. Folglich besitzen die Elektronen, die durch das Licht aus der Kathode herausgeschlagen wurden, eine gewisse Anfangsgeschwindigkeit v. Das heißt wiederum, daß sie eine von Null verschiedene kinetische Energie besitzen und die Anode ohne ein äußeres Feld erreichen können. Dafür, daß der Photostrom Null wird, muß eine **Verzögerungsspannung (Bremsspannung)** U_0 angelegt werden. Bei $U = U_0$ kann keines der Elektronen das Verzögerungspotential

überwinden und die Anode erreichen, selbst wenn es bei Austritt aus der Kathode die Maximalgeschwindigkeit von v_{max} besitzt. Folglich ist

$$\frac{m v_{max}^2}{2} = e U_0. \qquad (202.1)$$

Somit kann über die Messung der Verzögerungsspannung U_0 die maximale Geschwindigkeit und die kinetische Energie der Photoelektronen bestimmt werden.

Bei der Aufnahme der Strom-Spannungs-Charakteristik unterschiedlichster Materialien (wichtig ist die Reinheit der Oberfläche, weshalb die Messungen im Vakuum und auf frischen Oberflächen durchgeführt werden) bei verschiedenen Frequenzen der auf die Kathoden fallenden Strahlung und verschiedenen energetischen Ausleuchtungen der Kathode und der Verallgemeinerung der erhaltenen Werte wurden folgende **drei Sätze des äußeren Photoeffektes** aufgestellt:

I. Bei fester Frequenz des einfallenden Lichtes ist die Anzahl der Photoelektronen, die in einer Zeiteinheit aus der Kathode herausgeschlagen werden, proportional zur Lichtintensität. (Die Stärke des Sättigungsphotostromes ist proportional zur energetischen Ausleuchtung E_e der Kathode.)

II. Die maximale Anfangsgeschwindigkeit (die maximale kinetische Anfangsenergie) der Photoelektronen hängt nicht von der Intensität des einfallenden Lichtes ab, sondern wird nur durch seine Frequenz v bestimmt – sie wächst mit Erhöhung der Frequenz.

III. Für jeden Stoff existiert eine „rote Grenze" des Photoeffektes, d. h. eine minimale Frequenz v_0 des Lichtes (sie hängt von der chemischen Natur des Stoffes und dem Zustand seiner Oberfläche ab), innerhalb der ein Photoeffekt noch möglich ist.

Die qualitative Erklärung des Photoeffektes vom Wellenstandpunkt aus sollte auf den ersten Blick keine Schwierigkeiten bereiten. Unter Einfluß des Feldes der Lichtwelle entstehen im Metall erzwungene Schwingungen der Elektronen, deren Amplitude (zum Beispiel bei Resonanz) dafür ausreichend sein kann, daß Elektronen das Metall verlassen; dann wird auch der Photoeffekt beobachtet. Die kinetische Energie, mit der die Elektronen aus dem Metall herausgerissen werden, sollte von der Intensität des einfallenden Lichtes abhängen, da mit Erhöhung letzterer dem Elektron mehr Energie übertragen wurde. Doch diese Schlußfolgerung widerspricht dem II. Satz des Photoeffektes.

So, wie nach der Wellentheorie, die den Elektronen übertragene Energie proportional der Lichtintensität ist, sollte Licht beliebiger Frequenz, aber hinreichend hoher Intensität Elektronen aus dem Metall herausreißen; mit anderen Worten, „die rote Grenze" des Photoeffektes darf nicht existieren, was dem III. Satz des Photoeffektes widerspricht. Außerdem konnte die Wellentheorie nicht das praktisch **sofortige Einsetzen des Photoeffektes** erklären, welches durch Versuche erwiesen wurde. Demnach ist der Photoeffekt vom Standpunkt der Wellentheorie her nicht erklärbar.

§ 203   Die Einsteinsche Gleichung für den äußeren Photoeffekt.
Die experimentelle Bestätigung der Quanteneigenschaften des Lichtes

A. Einstein zeigte 1905, daß die Erscheinung des Photoeffektes und seine Gesetzmäßigkeiten auf der Grundlage der von ihm vorgeschlagenen *Quantentheorie des Photoeffektes* erklärt werden können. Danach wird Licht der Frequenz v nicht nur in einzelnen Portionen (Quanten) *ausgesendet*, so wie es Planck voraussetzte (siehe § 200), sondern *breitet sich* dementsprechend im Raum *aus* und wird vom Stoff auch so *absorbiert*. Die Energie dieser einzelnen Quanten beträgt $\varepsilon_0 = hv$. Das bedeutet, daß die Lichtausbreitung nicht als stetiger Wellenprozeß, sondern als Fluß von im Raum lokalisierten diskreten Lichtquanten zu betrachten ist, die sich mit der Geschwindigkeit c der Lichtausbreitung im Vakuum bewegen. Diese Quanten der elektromagnetischen Strahlung erhielten die Bezeichnung **Photonen**.

Laut Einstein wird jedes Quant nur von einem Elektron absorbiert. Deshalb muß die Zahl der herausgerissenen Elektronen proportional zur Lichtintensität sein (I. Satz des Photoeffektes). Das spontane Einsetzen des Photoeffektes erklärt sich dadurch, daß sich die Energieübergabe bei Zusammenstoß des Photons mit dem Elektron fast augenblicklich vollzieht.

Die Energie des einfallenden Photons teilt sich auf in die Arbeit W des Elektrons zum Loslösen aus dem Metall und die Mitgabe von kinetischer Energie an das herausfliegende Photoelektron ($mv_{max}^2/2$). Nach dem Energieerhaltungssatz ist

$$hv = W + \frac{mv_{max}^2}{2}. \tag{203.1}$$

Die Gl. (203.1) nennt man die **Einsteinsche Gleichung für den äußeren Photoeffekt**.

Die Einsteinsche Gleichung ermöglicht es, den II. und III. Satz des Photoeffektes zu erklären. Aus (203.1) folgt direkt, daß die maximale kinetische Energie des Photoelektrons mit Zunahme der Frequenz der einfallenden Strahlung linear wächst und von deren Intensität abhängt (Zahl der Photonen). Weder W noch v hängen von der Lichtintensität ab (II. Satz des Photoeffektes). Da mit der Abnahme der Lichtfrequenz sich auch die kinetische Energie des Photoeffektes verringert (für ein gegebenes Metall ist $W = $ const), ist bei einer hinreichend niedrigen Frequenz $v = v_0$ die kinetische Energie des Photoelektrons gleich Null, und der Photoeffekt wird unterbrochen (III. Satz des Photoeffektes). Damit erhalten wir aus (203.1), daß

$$v_0 = \frac{W}{h} \tag{203.2}$$

ist. Dieses stellt auch die „rote Grenze" des Photoeffektes für das gegebene Metall dar. Sie hängt lediglich von der Austrittsarbeit des Elektrons ab, d. h. von der chemischen Natur des Stoffes und dem Zustand seiner Oberfläche.

Unter Nutzung von (202.1) und (203.2) kann (203.1) in folgender Form geschrieben werden

$$eU_0 = h(v - v_0).$$

Die Einsteinsche Gleichung wurde durch die Versuche von Millikan bestätigt. In seiner Anlage (1916) wurde die Oberfläche des zu untersuchenden Metalls einer Reinigung im Vakuum unterzogen. Untersucht wurde die Abhängigkeit der maximalen kinetischen Energie der Photoelektronen (es änderte sich die Verzögerungsspannung U_0 (siehe (202.1)) von der Frequenz v. Außerdem wurde die Plancksche Konstante bestimmt. 1926 wandten die russischen Physiker P. I. Lukirski (1894–1954) und S. S. Prileshajew zur Untersuchung des Photoeffektes die **Methode des sphärischen Vakuumkondensators** an. Als Anode dienten ihnen die versilberten Wände eines sphärischen Glaskolbens, als Kathode eine Kugel ($R \approx 1,5$ cm) aus dem zu untersuchenden Metall, die im Zentrum des Kolbens postiert wurde. Im übrigen hat sich das Schema nicht prinzipiell von dem in Bild 202.1 unterschieden. Solche Elektrodenform ermöglichte es, den Anstieg der Strom-Spannungs-Charakteristik zu verzögern und gleichzeitig die Verzögerungsspannung U_0 genauer zu ermitteln (folglich auch h). Der Wert h, der aus den Meßwerten ermittelt wurde, fällt mit den Werten zusammen, die mittels anderer Methoden gefunden wurden (nach der Strahlung des schwarzen Körpers (§ 200) und nach der Kurzwellengrenze des kontinuierlichen Röntgenspektrums (§ 229)). All das kann als Bestätigung für die Richtigkeit der Einsteinschen Gleichung und demzufolge auch seiner Quantentheorie des Photoeffektes angesehen werden.

Wenn die Lichtintensität sehr groß ist (zum Beispiel in Laserstrahlen; siehe § 233), dann sind **Vielphotoneneffekte** (oder **nichtlinearer Photoeffekt**) möglich. Danach kann ein vom Metall ausgesandtes Elektron gleichzeitig Energie nicht nur eines Photons, sondern von N Photonen aufnehmen ($N = 2$ bis 7).

Die Einsteinsche Gleichung für den Vielphotoneneffekt lautet

$$Nhv = W + \frac{mv_{max}^2}{2}.$$

In Versuchen mit fokussierten Laserstrahlen ist die Photonendichte so groß, daß das Elektron eine Energie erlangen kann, die notwendig ist für den Austritt aus dem Stoff, sogar unter Lichteinwirkung mit einer Frequenz niedriger als die „rote Grenze" – der Schwelle für den Einphotoneneffekt. Dadurch verschiebt sich die „rote Grenze" in Richtung längerer Wellen.

Die Idee von Einstein von der Lichtausbreitung in Form eines Flusses einzelner Photonen und dem Quantencharakter der Wechselwirkung elektromagnetischer Strahlung mit einem Stoff wurde im Jahre 1922 durch Versuche von A. F. Joffe und N. I. Dobronrawow bestätigt.

Im elektrischen Feld eines Plattenkondensators wurde ein geladener Wismutfilm ausgeglichen. Der untere Kondensatoranschluß war aus dünnster Aluminiumfolie gefertigt, die gleichzeitig als Anode für eine Miniaturröntgenröhre diente. Die Anode wurde mit bis zu 12 kV beschleunigten Photoelektronen bombardiert, die von der Kathode unter Wirkung ultravioletter Strahlung ausgesandt wurden. Die Ausleuchtung der Kathode wurde so gering gewählt, daß lediglich 1000 Photoelektronen pro Sekunde aus ihr herausgerissen wurden, und demnach die

Zahl der Röntgenimpulse pro Sekunde nur 1000 betrug. Der Versuch zeigte, daß im Mittel alle 30 Minuten der ausgeglichene Film aus dem Gleichgewicht gebracht wurde, d. h., daß die Röntgenstrahlung Elektronen aus dem Film befreite, die sich Energie entsprechend der Einsteinschen Gleichung (203.1) aneigneten.

Wenn sich nun die Röntgenstrahlung in Form sphärischer Wellen ausbreiten würde und nicht in einzelnen Photonen, so gäbe jeder Röntgenimpuls nur einen sehr kleinen Teil seiner Energie an den Film ab. Dieser wiederum breitete sich zwischen einer riesigen Zahl von Elektronen aus, die in dem Film vorhanden sind. Deshalb ist es bei einem solchen Mechanismus schwer, sich vorzustellen, daß eines dieser Elektronen in so kurzer Zeit wie 30 Minuten solche Energie anhäufen kann, die hinreichend für die Überwindung der Austrittsarbeit aus dem Film ist. Im Gegenteil dazu ist das mit der Teilchentheorie möglich. Wenn Röntgenstrahlung sich in Form eines Flusses diskreter Photonen ausbreitet, so wird das Elektron aus dem Film nur dann herausgeschlagen, wenn auf ihn ein Photon trifft. Eine elementare Rechnung für die gewählten Bedingungen ergibt, daß im Mittel ein Photon von $1{,}8 \cdot 10^6$ auf den Film trifft. Da in einer Sekunde 1000 Photonen herausfliegen, trifft im Mittel ein Photon in 30 Minuten auf den Film. Dies entspricht den Resultaten des Versuches.

Wenn Licht einen Photonenfluß darstellt, so muß jedes Photon, das in einen Zähler trifft (Auge, Photoelement), diese oder jene Wirkung unabhängig von allen anderen Photonen hervorrufen. Dies bedeutet, daß bei der Registrierung *schwacher* Lichtströme *Intensitätsfluktuationen* zu beobachten sein müßten. Diese Fluktuationen schwacher Ströme *sichtbaren Lichtes* wurden von S. I. Wawilow beobachtet. Die Beobachtung wurde visuell durchgeführt. Das Auge, das der Dunkelheit adaptiert ist, besitzt eine ziemlich sprunghafte Schwelle der Sichtempfindung. Das bedeutet, daß es Licht wahrnimmt, dessen Intensität größer ist als eine bestimmte Schwelle. Für Licht mit $\lambda = 525$ nm entspricht die Schwelle der Sichtempfindung bei verschiedenen Menschen ungefähr 100–400 Photonen, die innerhalb von 1 s auf die Netzhaut fallen. Wawilow beobachtete ein sich periodisch wiederholendes Aufblitzen des Lichtes von gleicher Dauer. Mit Verminderung des Lichtstromes können einige Blitze schon nicht mehr mit dem Auge wahrgenommen werden, wobei die Pause zwischen den Blitzen immer länger wird, je schwächer der Lichtstrom war. Dies wird mit der Fluktuation der Lichtintensität erklärt, d. h., die Zahl der Photonen erwies sich aus statistischen Gründen kleiner als der Schwellwert der Augen-Empfindlichkeit. Danach ist der Versuch von Wawilow eine erstaunliche Bestätigung der Quanteneigenschaften des Lichtes.

§ 204   Die Anwendung des Photoeffektes

Auf der Erscheinung des Photoeffektes basiert die Funktion photoelektrischer Geräte. Sie fanden ihre Anwendung in den verschiedenen Bereichen von Wissenschaft und Technik. In der heutigen Zeit ist es praktisch unmöglich, einen Produktions-

zweig zu nennen, in dem nicht **Photoelemente** ihren Einsatz fänden – Strahlungsdetektoren, die auf der Basis des Photoeffektes arbeiten und Strahlenenergie in elektrische umwandeln.

Das einfachste Photoelement, das auf dem äußeren Photoeffekt basiert, ist das **Vakuumphotoelement**. Es besteht aus einem evakuierten gläsernen Kolben, dessen innere Oberfläche (mit Ausnahme des Eintrittsfensters für die Strahlung) eine photoempfindliche Schicht aufweist, die als Photokathode dient. Als Anode wird gewöhnlich ein Ring oder ein Netz verwendet, das im Zentrum des Kolbens aufgespannt wird. Das Photoelement wird an das Batterienetz angeschlossen, deren Potential so gewählt wird, daß ein Sättigungsphotostrom gewährleistet ist. Die Auswahl des Materials der Photokathode wird durch den Arbeitsbereich des Spektrums bestimmt: Zur Registrierung sichtbaren Lichtes und infraroter Strahlung verwendet man eine Sauerstoff-Caesium-Kathode, zur Registrierung von ultravioletter Strahlung und des kurzwelligen Teiles des sichtbaren Lichtes Antimon-Caesium-Kathode. Vakuumphotoelemente weisen praktisch keine Trägheit auf, und es wird für sie eine strenge Proportionalität des Photostromes und der Strahlungsintensität beobachtet. Diese Eigenschaften gestatten es, Vakuumphotoelemente als photometrische Geräte zu verwenden, zum Beispiel als photoelektrisches Luxmeter (Meßgerät der Leuchtstärke) usw.

Zur Erhöhung der integralen Empfindlichkeit von Vakuumphotoelementen (der Sättigungsphotostrom, der auf 1 Lm des Lichtstromes kommt) wird der Kolben mit verdünntem Edelgas (Ar oder Ne bei einem Druck von $\approx 1{,}3 - 13$ Pa) gefüllt. Der Photostrom in einem solchen Element, wir nennen es **gasgefüllt**, verstärkt sich infolge der Stoßionisation der Moleküle des Gases durch die Elektronen. Die integrale Empfindlichkeit von gasgefüllten Photoelementen (≈ 1 mA/Lm) ist deutlich größer als die von Vakuumphotoelementen (20–150 μA/Lm). Sie besitzen aber im Vergleich mit letzteren eine größere Trägheit (eine nicht ganz so strenge Proportionalität des Photostromes von der Strahlungsintensität), was zur Begrenzung ihres Einsatzgebietes führt.

Zur Verstärkung des Photostromes werden die bereits oben betrachteten (siehe Bild 105.4) **Photoelektronenverstärker** (**Photomultiplier**) verwendet, in denen neben dem Photoeffekt die sekundäre Elektronenemission (siehe § 105) genutzt wird. Der allgemeine Verstärkungskoeffizient beträgt $\approx 10^7$ (bei einer Sperrspannung von 1–1,5 kV), und ihre integrale Empfindlichkeit kann 10 A/Lm erreichen. Deshalb beginnen Photoelektronenverstärker die Photoelemente zu verdrängen, obwohl ihre Anwendung mit der Nutzung von stabilisierten Hochspannungs-Stromquellen verbunden ist, was ein wenig unkomfortabel ist.

Photoelemente mit dem inneren Photoeffekt, die sogenannten **Halbleiterphotoelemente** oder **Photowiderstände**, verfügen über eine deutlich größere integrale Empfindlichkeit als Vakuumphotoelemente. Zu ihrer Herstellung verwendet man PbS, CdS, PbSe und einige andere Halbleiter. Wenn die Photokathoden der Vakuumphotoelemente und der Photoelektronenverstärker eine „rote Grenze" des Photoeffektes nicht höher als

1,1 μm besitzen, dann ermöglicht die Anwendung von Photowiderständen, Arbeiten im fernen infraroten Spektralbereich (3–4 μm) durchzuführen sowie in den Bereichen der Röntgen- und der γ-Strahlung. Außerdem besitzen sie kleine Abmessungen und eine niedrige Speisespannung. Die Unzulänglichkeit der Photowiderstände ist ihre merkbare Trägheit, weshalb sie nicht zur Registrierung sich schnell ändernder Lichtströme geeignet sind.

Photoelemente mit dem Sperrschicht-Photoeffekt, die sogenannten **Sperrschicht-Photoelemente** oder **Sperrschicht-(Photo)Zellen**, verfügen ähnlich den Photoelementen mit dem äußeren Photoeffekt über eine strenge Proportionalität des Photostromes zur Strahlungsintensität, besitzen aber im Vergleich zu ihnen eine große integrale Empfindlichkeit (ungefähr 2–30 mA/Lm) und benötigen keine zusätzlichen Potentiale im äußeren Netzgerät. Zu den Sperrschicht-Photoelementen gehören solche aus Ge, Si, Se, CuO, Ag usw.

Silicium- und andere Sperrschicht-Photoelemente verwendet man in Solarzellen (Sonnenzellen), die direkt die Lichtenergie in elektrische umwandeln und zu Sonnenbatterien (Solargeneratoren) zusammengeschaltet werden. Diese Batterien arbeiten schon seit vielen Jahren in der Raumfahrt. Der Wirkungsgrad der Sonnenbatterien beträgt bis zu $\approx$22 %. Das eröffnet breite Perspektiven für ihre Nutzung als Elektroenergiequellen für den Konsum und die Produktion.

Die betrachteten Arten des Photoeffektes werden auch in der Produktion verwendet zur Kontrolle, Steuerung und Automatisierung der verschiedensten Prozesse, in der Kriegstechnik zur Signalisation und Lokalisation unsichtbarer Strahlung, in der Technik des Tonkinos, in den verschiedensten Nachrichtensystemen usw.

§ 205   Masse und Impuls des Photons. Lichtdruck

Entsprechend der Einsteinschen Hypothese über die Lichtquanten wird das Licht ausgesendet, absorbiert und ausgebreitet in Form diskreter Portionen (Quanten), genannt **Photonen**. Die Energie eines Photons beträgt $\varepsilon_0 = h\nu$. Seine Masse findet man aus dem Gesetz der Wechselwirkung von Masse und Energie (siehe (40.8)):

$$m_\gamma = \frac{h\nu}{c^2}. \tag{205.1}$$

Das Photon ist ein Elementarteilchen, das sich immer (in jedem beliebigen Medium!) mit der Lichtgeschwindigkeit c bewegt und eine Ruhmasse von Null besitzt. Das bedeutet, daß sich die Masse des Photons von den Massen anderer Elementarteilchen wie Elektron, Proton und Neutron unterscheidet, die von Null verschiedene Ruhmasse besitzen und sich deshalb im Zustand der Ruhe befinden können.

Den Impuls des Photons p_γ erhalten wir, wenn wir in der allgemeinen Formel (40.7) der Relativitätstheorie die Ruhmasse

des Photons $m_{0\gamma} = 0$ setzen:

$$p_\gamma = \frac{\varepsilon_0}{c} = \frac{h\nu}{c}. \tag{205.2}$$

Aus den angeführten Betrachtungen folgt, daß das Photon wie auch jedes beliebige andere Teilchen durch Energie, Masse und Impuls charakterisiert wird. Die Ausdrücke (205.1), (205.2) und (200.2) verknüpfen den *Korpuskelcharakter* des Photons – Masse, Impuls und Energie – mit dem *Wellencharakter* des Lichtes – seiner Frequenz ν. Wenn Photonen durch einen Impuls gekennzeichnet sind, so muß Licht, das auf einen Körper trifft, einen Druck auf ihn ausüben. Vom Standpunkt der Quantentheorie heraus entsteht der Lichtdruck auf eine Oberfläche dadurch, daß jedes Photon bei Zusammenstoß mit der Oberfläche ihr seinen Impuls überträgt.

Ermitteln wir vom Standpunkt der Quantentheorie aus den Lichtdruck, der auf eine Körperoberfläche durch einen Fluß monochromatischer Strahlung (Frequenz ν) ausgeübt wird, die senkrecht auf die Oberfläche fällt. Wenn pro Zeiteinheit auf ein Oberflächenelement des Körpers N Photonen fallen, so werden bei einem Reflexionskoeffizienten ρ des Lichtes von der Körperoberfläche ρN Photonen reflektiert, und $(1 - \rho)N$ Photonen werden absorbiert. Jedes absorbierte Photon überträgt der Oberfläche einen Impuls von $p_\gamma = h\nu/c$, und jedes reflektierte einen Impuls $2p_\gamma = 2h\nu/c$ (bei der Reflexion ändert sich der Impuls des Photons von p_γ nach $-p_\gamma$). Der Lichtdruck auf die Oberfläche ist gleich dem Impuls, der von N Photonen innerhalb 1 s der Oberfläche übertragen wird:

$$p = \frac{2h\nu}{c}\rho N + \frac{h\nu}{c}(1 - \rho)N = (1 + \rho)\frac{h\nu}{c}N.$$

$Nh\nu = E_e$ ist die Energie aller Photonen, die auf ein Oberflächenelement in einer Zeiteinheit fallen, d. h. die energetische Bestrahlungsstärke der Oberfläche (siehe § 168), und $E_e/c = w$ ist die Volumendichte der Strahlungsenergie. Deshalb ist der Druck bei senkrechtem Einfall des Lichtes auf die Oberfläche

$$p = \frac{E_e}{c}(1 + \rho) = w(1 + \rho). \tag{205.3}$$

Die Formel (205.3), die auf der Grundlage der Quantenvorstellungen hergeleitet ist, fällt mit dem Ausdruck zusammen, den wir aus der elektromagnetischen (Wellen-)Theorie von Maxwell erhalten haben (siehe § 163). Demnach wird der Lichtdruck gleich gut durch die Wellen- wie auch von der Quantentheorie erklärt. Wie bereits aufgeführt, wurde (siehe § 163) der Beweis der Existenz des Lichtdruckes auf Festkörper und Gase in den Versuchen von P. N. Lebedew geliefert, der zu seiner Zeit eine große Rolle in der Bestätigung von Maxwells Theorie spielte. Lebedew nutzte ein kleines Gewicht an einem Faden; an den Rändern des Gewichtes waren leichte Flügel befestigt, die einen von den Flügeln hatten geschwärzte Oberflächen, die anderen vollkommen spiegelnde. Zum Ausschluß der Konvektion und des radiometrischen Effektes (siehe § 49) wurde ein bewegliches System von Spiegeln benutzt, das es gestattete, das Licht auf beide Flügeloberflächen zu lenken. Das Gewicht wurde in einen evakuierten Kolben gehängt, die Flügel wurden sehr dünn gewählt (damit die Temperatur beider Oberflächen gleich ist). Der Wert des Lichtdruckes auf die Flügel wurde durch den Verdrehungswinkel des Gewichtfadens bestimmt und stimmte mit dem theoretischen Wert überein. Im besonderen erwies sich, daß der Lichtdruck auf die Spiegeloberfläche doppelt so groß ist wie auf die geschwärzte (siehe (205.3)).

§ 206   Der Compton-Effekt und seine elementare Theorie

Am stärksten treten die Korpuskulareigenschaften beim Compton-Effekt zutage. Der amerikanische Physiker A. Compton (1892–1962) entdeckte 1923 bei der Untersuchung der Streuung monochromatischer Strahlung durch ein Medium aus leichten Atomen (Paraffin, Bor) in der gestreuten Strahlung neben der Strahlung mit der anfänglichen Wellenlänge auch Strahlung mit einer größeren Wellenlänge. Die Versuche zeigten, daß der Unterschied $\Delta\lambda = \lambda' - \lambda$ nicht von der Wellenlänge λ des einfallenden Lichtes abhängt und auch nicht von der Natur des streuenden Mediums, sondern lediglich durch den Streuungswinkel θ bestimmt wird:

$$\Delta\lambda = \lambda' - \lambda = 2\lambda_C \sin^2 \frac{\theta}{2}, \tag{206.1}$$

wobei λ' die Wellenlänge der gestreuten Strahlung, λ_C die **Compton-Wellenlänge** (bei der Streuung eines Photons an einem Elektron ist $\lambda_C = 2{,}426$ pm) ist.

Der **Compton-Effekt** ist die elastische Streuung kurzwelliger elektromagnetischer Strahlung (Röntgen- oder γ-Strahlung) an freien (oder schwach gebundenen) Elektronen eines Stoffes, die durch die Vergrößerung der Wellenlänge begleitet wird. Dieser Effekt kann nicht in den Rahmen der Wellentheorie eingepaßt werden, wonach sich die Wellenlänge bei Streuung nicht ändern darf: Unter Einfluß eines periodischen Feldes der Lichtwelle schwingt das Elektron mit der Frequenz des Feldes und strahlt deshalb gestreute Wellen derselben Frequenz ab.

Eine Erklärung des Compton-Effektes wurde auf der Grundlage der Quantenvorstellungen über die Natur des Lichtes gegeben. Wenn man davon ausgeht, wie es die Quantentheorie macht, daß die Strahlung korpuskularen Charakter besitzt, d. h., sie stellt einen Photonenfluß dar, so ist der Compton-Effekt Ergebnis elastischer Zusammenstöße von Röntgenphotonen mit freien Elektronen eines Stoffes (in leichten Atomen sind die Elektronen schwach an die Atomkerne gebunden, weshalb man sie als frei auffassen kann). Im Verlauf des Zusammenstoßes gibt das Photon an das Elektron einen Teil seiner Energie und seines Impulses in Übereinstimmung mit den entsprechenden Erhaltungssätzen ab.

Betrachten wir den elastischen Zusammenstoß zweier Teilchen (Bild 206.1) – eines einfallenden Photons mit dem Impuls $p_\gamma = h\nu/c$ und der Energie $\varepsilon_\gamma = h\nu$ mit einem ruhenden freien Elektron (die Ruhenergie ist $W_0 = m_0 c^2$; m_0 ist die Ruhmasse des Elektrons). Das Photon stößt mit dem Elektron zusammen, überträgt diesem einen Teil seiner Energie und seines Impulses und ändert seine Bewegungsrichtung (wird gestreut). Die

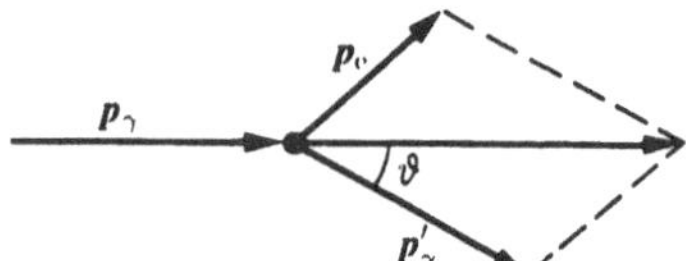

Bild 206.1

Abnahme der Energie des Photons bedeutet eine Zunahme der Wellenlänge der gestreuten Strahlung. Bei jedem Zusammenstoß sind Energie- und Impulserhaltungssatz erfüllt. Entsprechend dem Energieerhaltungssatz ist

$$W_0 + \varepsilon_\gamma = W + \varepsilon_\gamma', \tag{206.2}$$

und neben dem Impulserhaltungssatz gilt

$$\boldsymbol{p}_\gamma = \boldsymbol{p}_e + \boldsymbol{p}_\gamma', \tag{206.3}$$

wobei $W_0 = m_0 c^2$ die Energie des Elektrons vor dem Zusammenstoß ist, $\varepsilon_\gamma = h\nu$ ist die Energie des einfallenden Photons, $W = \sqrt{p_e^2 c^2 + m_0^2 c^4}$ ist die Energie des Elektrons nach dem Zusammenstoß (es wird die relativistische Formel benutzt, denn die Abgabegeschwindigkeit des Elektrons ist im allgemeinen recht groß), $\varepsilon_\gamma' = h\nu'$ ist die Energie des gestreuten Photons. Setzen wir in (206.2) die Werte der Größen ein und stellen (206.3) entsprechend dem Bild 206.1 dar, so erhalten wir

$$m_0 c^2 + h\nu = \sqrt{p_e^2 c^2 + m_0^2 c^4} + h\nu', \tag{206.4}$$

$$p_e^2 = \left(\frac{h\nu}{c}\right)^2 + \left(\frac{h\nu'}{c}\right)^2 - 2\frac{h^2}{c^2}\nu\nu' \cos\theta. \tag{206.5}$$

Wenn wir die Gleichungen (206.4) und (206.5) gemeinsam lösen, so erhalten wir

$$m_0 c^2 (\nu - \nu') = h\nu\nu'(1 - \cos\theta).$$

Da $\nu = c/\lambda$, $\nu' = c/\lambda'$ und $\Delta\lambda = \lambda' - \lambda$ ist, erhalten wir

$$\Delta\lambda = \frac{h}{m_0 c}(1 - \cos\theta) = \frac{2h}{m_0 c}\sin^2\frac{\theta}{2}. \tag{206.6}$$

Der Ausdruck (206.6) ist nichts anders als die von Compton experimentell erhaltene Formel (206.1). Das Einsetzen in sie der Werte h, m_0 und c gibt die Compton-Wellenlänge des Elektrons $\lambda_C = h/(m_0 c) = 2{,}426$ pm.

Das Auftreten in der gestreuten Strahlung von „nicht verschobenen" Linien (Strahlung mit der anfänglichen Wellenlänge) kann man folgendermaßen erklären. Bei der Betrachtung des Streumechanismus wurde vorausgesetzt, daß das Photon lediglich mit einem freien Elektron zusammenstößt. Wenn jedoch das Elektron an das Atom gebunden ist, so wie es für die inneren Elektronen zutrifft (besonders in schweren Atomen), so tauscht das Photon seine Energie und seinen Impuls mit dem Atom als Ganzem aus. Da die Masse des Atoms im Vergleich zur Elektronenmasse sehr groß ist, wird dem Atom lediglich ein verschwindend kleiner Teil der Energie des Photons übertragen.

Deshalb wird sich im gegebenen Fall die Wellenlänge λ' der gestreuten Strahlung praktisch nicht von der Wellenlänge λ der einfallenden Strahlung unterscheiden.

Aus den angeführten Betrachtungen folgt weiterhin, daß der Compton-Effekt nicht im sichtbaren Spektralbereich beobachtet werden kann, da die Photonenenergie des sichtbaren Lichtes mit der Bindungsenergie der Elektronen des Atoms vergleichbar ist, in diesem Energiebereich kann nicht einmal das Außenelektron als freies Elektron bezeichnet werden.

Der Compton-Effekt wird nicht nur an Elektronen beobachtet, sondern auch an anderen geladenen Teilchen, zum Beispiel an Protonen. Jedoch wird dieser wegen der großen Protonenmasse nur bei der Streuung von Photonen sehr hoher Energie beobachtet.

Wie der Compton-Effekt, so beruht auch der Photoeffekt auf der Wechselwirkung von Photonen mit Elektronen. Im ersten Fall wird das Photon gestreut, im zweiten absorbiert. Die Streuung erfolgt bei Wechselwirkung des Photons mit freien Elektronen, beim Photoeffekt mit gebundenen Elektronen. Man kann zeigen, daß beim Zusammenstoß eines Photons mit einem freien Elektron keine Absorption stattfinden kann, da der Energie- und Impulserhaltungssatz nicht erfüllt werden könne. Deshalb kann bei der Wechselwirkung von Photonen mit freien Elektronen nur ihre Streuung beobachtet werden, d. h. der Compton-Effekt.

§ 207 Der Welle-Teilchen-Dualismus der elektromagnetischen Strahlung

Die in diesem Kapitel betrachteten Eigenschaften – Strahlung des schwarzen Körpers, Photoeffekt, Compton-Effekt – dienen als Beweis der Quanten-(Korpuskular-)Vorstellung des Lichtes sowie des Photonenstromes. Auf der anderen Seite sind solche Eigenschaften wie Interferenz, Beugung und Polarisation ein überzeugender Beweis für die Wellennatur des Lichtes. Und schließlich erklären sich Lichtdruck und -brechung durch die Wellen- und Quantentheorie. Demnach erfährt die elektromagnetische Strahlung eine bemerkenswerte Einheit von, wie es scheint, sich gegenseitig ausschließenden Eigenschaften – von stetigen (Wellen) und von diskreten (Photonen), die sich gegenseitig ergänzen.

Die Hauptgleichungen (siehe § 205), welche die Teilcheneigenschaften der elektromagnetischen Strahlung (Energie und Impuls des Photons) mit den Welleneigenschaften (Frequenz oder Wellenlänge) verknüpfen, sind:

$$\varepsilon_\gamma = h\nu, \quad p_\gamma = \frac{h\nu}{c} = \frac{h}{\lambda}.$$

Durch eine detailliertere Betrachtung der optischen Erscheinungen kommt man zu dem Schluß, daß man die Eigenschaften der Stetigkeit, die für das elektromagnetische Feld der Lichtwellen charakteristisch sind, nicht den Eigenschaften der Diskretheit gegenüberstellen kann, die für das Photon charakteristisch sind. Licht verfügt *gleichzeitig* über Teilchen- und Welleneigenschaften. So zeigt sich die Welleneigenschaft mit den Gesetzmäßigkeiten seiner Ausbreitung, Interferenz, Beugung, Polarisation und die Teilcheneigenschaften in den Prozessen der Wechselwirkung des Lichtes mit einem Stoff. Je größer die Wellenlänge ist, desto kleiner ist die Energie und der Impuls eines Photons und desto schwerer zeigen sich die Quanteneigenschaften des Lichtes (damit verbunden zum Beispiel die Existenz der „roten Grenze" beim Photoeffekt). Und umgekehrt, je kleiner die Wellenlänge, desto größer ist die Energie und der Impuls eines Photons und desto schwerer zeigen sich die Welleneigenschaften des Lichtes (zum Beispiel zeigen sich die Welleneigenschaften (die Beugung) der Röntgenstrahlung lediglich nach der Anwendung von Kristallen als Beugungsgitter).

Die Wechselbeziehung zwischen den sich eigentlich widersprüchlichen Teilchen- und Welleneigenschaften des Lichtes läßt sich einsichtig machen, wenn man, so wie in der Quantenoptik, eine *statistische Herangehensweise* zur Betrachtung der Gesetzmäßigkeiten der Lichtausbreitung verwendet. Zum Beispiel: Die Beugung des Lichtes an einem Spalt besteht darin, daß sich bei Durchgang des Lichtes durch einen Spalt eine *Umordnung* der Photonen im Raum vollzieht. So wie die Wahrscheinlichkeit des Auftreffens der Photonen auf verschiedene Bildschirmpunkte nicht gleich ist, so entsteht auch das Beugungsbild. Die Ausleuchtung des Bildschirms ist proportional zur Wahrscheinlichkeit, daß ein Photon auf ein Flächenelement des Bildschirms auftrifft. Auf der anderen Seite ist die Ausleuchtung nach der Wellentheorie proportional zum Amplitudenquadrat der Lichtwelle im gleichen Bildschirmpunkt. Folglich *stellt das Amplitudenquadrat der Lichtwelle in dem gegebenen Raumpunkt ein Maß der Wahrscheinlichkeit des Auftreffens von Photonen in diesem Punkt dar.*

Kontrollfragen

▶ Auf einem Porzellanteller mit hellem Hintergrund ist eine dunkle Zeichnung dargestellt. Warum sehen wir, wenn wir den Teller schnell aus dem Ofen nehmen, wo er auf hohe Temperaturen erwärmt wurde, eine helle Zeichnung auf dunklem Hintergrund, wenn wir ihn in der Dunkelheit betrachten?

▶ Worin unterscheidet sich ein grauer Körper von einem schwarzen?

▶ Worin besteht der physikalische Sinn der universellen Kirchhoffschen Funktion?

▶ Wie und um wieviel ändert sich die Lichtausstrahlung des schwarzen Körpers, wenn sich seine thermodynamische Temperatur auf die Hälfte verringert?

▶ Zeichnen und vergleichen Sie die Kurven $m_{\nu,T}$ und $m_{\lambda,T}$.

▶ Wie verschiebt sich das Maximum der Spektraldichte der Beleuchtungsstärke $m_{\nu,T}$ des schwarzen Körpers mit Temperaturerhöhung?

▶ Finden Sie mit Hilfe der Planckschen Strahlungsformel die Stefan-Boltzmannsche Konstante.

▶ Wie erhält man aus der Formel von Planck das Wiensche Verschiebungsgesetz und die Formel von Rayleigh-Jeans?

▶ Kann eine Goldplatte als Photowiderstand dienen?

▶ Wie ändert sich bei gegebener Lichtfrequenz der Sättigungsphotostrom mit Verringerung der Ausleuchtung der Kathode?

▶ Wie wird aus den Experimenten zum Photoeffekt die Plancksche Konstante bestimmt?

▶ Wie werden mit Hilfe der Einsteinschen Gleichung der I. und II. Satz des Photoeffektes erklärt?

▶ Zeichnen und erklären Sie die Strom-Spannungs-Charakteristik, die zwei verschiedenen Ausleuchtungen der Kathode (bei gegebener Lichtfrequenz) und zwei verschiedenen Frequenzen (bei gegebener Ausleuchtung) entsprechen.

▶ Wie groß ist das Verhältnis der Lichtdrücke auf eine Spiegel- und eine geschwärzte Oberfläche?

▶ Worin besteht der Unterschied der Wechselwirkung des Photons und des Elektrons beim Photoeffekt und beim Compton-Effekt?

Aufgaben

26.1. Das Maximum der Spektraldichte der Strahlungsleistung der Sonne kommt auf die Wellenlänge $\lambda = 480$ nm. Nehmen wir die Sonne als schwarzen Körper an. Es ist zu bestimmen: 1) die Temperatur ihrer Oberfläche; 2) die Leistung, die durch ihre Oberfläche abgestrahlt wird. [Lösung der Aufgabe s. S. 400]

26.2. Bestimmen Sie die Wärmemenge, die durch die Oberfläche von $50\,\mathrm{cm^2}$ geschmolzenen Platins innerhalb von 1 min abgestrahlt wird, wenn der Absorptionsgrad von Platin $\alpha_T = 0,8$ ist. Die Schmelztemperatur T von Platin beträgt $1770\,°\mathrm{C}$. [Lösung der Aufgabe s. S. 400]

26.3. Ein schwarzer Körper wurde von der Temperatur $T_1 = 500$ K bis auf die Temperatur $T_2 = 2000$ K erhitzt. Zu bestimmen sind: 1) um wieviel vergrößert sich die Lichtausstrahlung; 2) wie ändert sich die Wellenlänge, die dem Maximum der Spektraldichte der Strahlungsleistung entspricht. [1) 256mal; 2) verringerte sich auf 4350 nm]

26.4. Ein schwarzer Körper befindet sich auf der Temperatur $T_1 = 2900$ K. Bei seiner Abkühlung verringert sich die dem Maximum der Spektraldichte der Strahlungsleistung entsprechende Wellenlänge um $\Delta\lambda = 9\,\mu$m. Bestimmen Sie die Temperatur T_2, bis zu welcher sich der Körper abgekühlt hat. [290 K]

26.5. Bestimmen Sie die Austrittsarbeit der Elektronen aus Wolfram, wenn die „rote Grenze" des Photoeffektes für dieses Metall $\lambda_0 = 275$ nm beträgt. [4,52 eV]

26.6. Natrium wird mit monochromatischem Licht der Wellenlänge $\lambda = 40$ nm bestrahlt. Bestimmen Sie die kleinste Verzögerungsspannung, bei der der Photostrom unterbrochen wird. Die „rote Grenze" des Photoeffektes für Natrium ist $\lambda_0 = 584$ nm. [Lösung der Aufgabe s. S. 400]

26.7. Bestimmen Sie die Plancksche Konstante, wenn bekannt ist, daß zur Unterbindung des Photoeffektes mit Licht der Frequenz $v_1 = 2,2 \cdot 10^{15}$ s^{-1} es notwendig ist, eine Verzögerungsspannung von $U_{01} = 6,6$ V anzulegen, und mit Licht der Frequenz $v_2 = 4,6 \cdot 10^{15}$ s^{-1} eine Verzögerungsspannung von $U_{02} = 16,5$ V. $[6,6 \cdot 10^{-34}$ J·s]

26.8. Bestimmen Sie die Energie eines Photons (in eV), bei der seine Masse gleich der Ruhmasse des Elektrons ist. [0,51 MeV]

26.9. Der Druck monochromatischen Lichtes der Wellenlänge $\lambda = 500$ nm auf eine Oberfläche mit dem Reflexionskoeffizienten $\rho = 0,3$, die senkrecht zu dem einfallenden Licht gelegen ist, ist gleich 0,2 μPa. Bestimmen Sie die Photonenzahl, die jede Sekunde auf ein Flächenelement dieser Oberfläche einfallen. [Lösung der Aufgabe s. S. 401]

26.10. Bestimmen Sie die Rückstoßenergie des Elektrons beim Compton-Effekt, wenn das Photon ($\lambda = 100$ pm) unter einem Winkel von 180° gestreut wurde. [Lösung der Aufgabe s. S. 401]

Teil 6

Elemente der Quantenphysik der Atome, Moleküle und Festkörper

Kapitel 27

Die Bohrsche Theorie des Wasserstoffatoms

§ 208 Das Atommodell von Thomson und Rutherford

Die Vorstellung von den Atomen als unteilbare kleinste Teilchen der Materie (aus grch. atomos „unteilbar") entstand bereits in antiken Zeiten (Demokrit, Epikur, Lukrez). Zu Beginn des 18. Jahrhunderts erhält die atomistische Theorie eine immer größere Popularität, da zu dieser Zeit Arbeiten von A. Lavoisier (1743–1794, französischer Chemiker), M. W. Lomonossow und J. Dalton die reelle Existenz der Atome bewiesen haben. Jedoch ist zu dieser Zeit die Frage nach der inneren Struktur der Atome gar nicht erst entstanden, da nach wie vor die Atome als unteilbar angesehen wurden.

Eine große Rolle bei der Entwicklung der atomistischen Theorie spielten D. I. Mendelejew und Lothar Meyer, die im Jahre 1869 unabhängig voneinander das Periodensystem der Elemente ausarbeiteten, in dem erstmalig auf wissenschaftlicher Grundlage die Frage nach einer einheitlichen Natur der Atome gestellt wurde. In der zweiten Hälfte des 19. Jahrhunderts wurde experimentell bewiesen, daß das Elektron eines der Hauptbestandteile jedes beliebigen Stoffes ist. Diese Schlußfolgerung wie auch die vielfältigen experimentellen Daten führten dazu, daß anfangs des 20. Jahrhunderts ernstlich die Frage nach dem Atomaufbau gestellt wurde.

Ein erster Versuch der Schaffung eines Atommodells auf der Grundlage angehäufter experimenteller Daten ist auf J. J. Thomson (1903) zurückzuführen. Entsprechend diesem Modell stellt das Atom eine durchgängig positiv geladene Kugel mit einem Radius der Größenordnung 10^{-10} m dar, im Innern derer um ihre Gleichgewichtslage Elektronen pendeln; die Gesamtheit der negativen Ladungen der Elektronen ist gleich der positiven Ladung der Kugel, weshalb das Atom als Ganzes neutral ist. Nach einigen Jahren wurde bewiesen, daß die Vorstellung von einer durchgängig gleichmäßigen Verteilung der positiven Ladung im Innern des Atoms falsch ist.

In der Entwicklung der Vorstellungen über den Atomaufbau besitzen die Versuche des englischen Physikers E. Rutherford (1871–1937) zur Streuung von α-Teilchen in einem Stoff eine große Bedeutung. Alpha-Teilchen entstehen bei radioaktiven Umwandlungen; sie stellen positiv geladene Teilchen mit der Ladung $2e$ dar und einer Masse ungefähr 7300mal größer als die eines Elektrons. Bündel von α-Teilchen sind an radioaktiven Zerfällen monochromatisch (sie besitzen für die gegebene Umwandlung praktisch ein und dieselbe Geschwindigkeit (in der Größenordnung von 10^7 m/s)).

Mit der Untersuchung des Durchgangs von α-Teilchen durch einen Stoff (durch eine Goldfolie der Dicke von ungefähr 1 μm) zeigte Rutherford, daß ihr hauptsächlicher Teil eine geringfügige Ablenkung erfährt, einige aber (ungefähr 1 von 20 000) extrem aus ihrer ursprünglichen Richtung abgelenkt werden (die Ablenkungswinkel erreichten sogar 180°). Da Elektronen nicht merklich die Bewegung solch schwerer Teilchen, wie α-Teilchen es sind, ändern können, wurde von Rutherford gefolgert, daß die bedeutende Ablenkung der α-Teilchen in ihrer Wechselwirkung mit der positiven Ladung einer großen Masse begründet ist. Da jedoch lediglich einige α-Teilchen eine bedeutende Ablenkung erfahren, kommen auch nur einige von ihnen in der Nähe einer positiven Ladung vorbei. Das wiederum heißt, daß die positive Ladung des Atoms in einem Volumen konzentriert ist, das sehr klein im Vergleich zum Volumen des Atoms ist.

Auf der Grundlage seiner Forschungen schlug Rutherford 1911 das **Kern-(Planeten-)Modell des Atoms** vor. Nach diesem Modell bewegen sich Elektronen in einem Bereich mit der linearen Größenordnung von 10^{-10} m auf geschlossenen Kreisbahnen um einen positiven Kern. Dabei bilden sie die Elektronenwolke des Atoms. Der positive Kern besitzt die Ladung Ze (Z ist die Ordnungszahl im Periodensystem, e die Elementarladung), eine Größe von 10^{-15}–10^{-14} m und eine Masse, die praktisch gleich der des Atoms ist. Da die Atome neutral sind, ist die Ladung des Kerns gleich der Gesamtladung der Elektronen, d. h., um den Kern herum müssen Z Elektronen rotieren.

Der Einfachheit halber setzen wir voraus, daß sich das Elektron um den Kern auf einer Kreisbahn mit dem Radius r bewegt. Dabei verleiht die Coulombsche Kraft der Wechselwirkung zwischen Kern und Elektron dem Elektron eine Zentripetalbeschleunigung. Das zweite Newtonsche Axiom besitzt für das Elektron, das sich auf einer Kreisbahn unter Einfluß der Coulombschen Kraft bewegt, folgendes Aussehen:

$$\frac{Zee}{4\pi\varepsilon_0 r^2} = \frac{m_e v^2}{r}, \tag{208.1}$$

wobei m_e und v die Masse und die Geschwindigkeit des Elektrons auf der Kreisbahn mit dem Radius r sind, ε_0 ist die elektrische Feldkonstante.

Die Gl. (208.1) enthält zwei Unbekannten: r und v. Folglich existiert eine Vielzahl von Werten für den Radius und der ihm entsprechenden Geschwindigkeit (und folglich auch der Energie), die dieser Gleichung genügen. Deshalb können sich die Größen r, v (und folglich auch E) stetig ändern, d. h., es kann eine beliebige und dabei nicht definierte Energieportion abgegeben werden. Demnach muß das Spektrum des Atoms kontinuierlich sein. In Wirklichkeit zeigt der Versuch aber, daß Atome ein Linienspektrum besitzen. Aus (208.1) folgt, daß bei $r \approx 10^{-10}$ m die Bewegungsgeschwindigkeit der Elektronen $v \approx 10^6$ m/s beträgt und die (Radial-)Beschleunigung $v^2/r = 10^{22}$ m/s² ist. Entsprechend der klassischen Elektrodynamik strahlt ein sich beschleunigt bewegendes Elektron elektromagnetische Wellen ab, wodurch es ständig an Energie verliert. Dadurch nähert sich das Elektron dem Kern und fällt letztendlich auf ihn. Auf diese Weise erweist sich das Rutherford-Atom als instabil, was wiederum der Wirklichkeit widerspricht.

Die Versuche, ein Atommodell im Rahmen der klassischen Theorie zu konstruieren, führten nicht zum Erfolg: Das Thomsonsche Modell wurde durch die Versuche von Rutherford widerlegt, wobei sich das Kernmodell als elektrodynamisch instabil erwies und den experimentellen Daten widersprach. Die Überwindung der entstandenen Schwierigkeiten erforderte die Schaffung einer qualitativ neuen Theorie – der Quantentheorie des Atoms.

§ 209   Das Linienspektrum des Wasserstoffatoms

Die Erforschung der Spektren verdünnter Gase (d. h. Spektren einzelner Atome) zeigte, daß jedem Gas ein bestimmtes Linienspektrum zugeordnet werden kann. Dieses besteht aus einzelnen Spektrallinien oder Gruppen dicht beieinander liegender Linien. Das am meisten erforschte Spektrum ist das Spektrum des einfachsten Atoms – des Wasserstoffatoms.

Der schweizerische Wissenschaftler J. Balmer (1825–1898) stellte folgende empirische Formel auf, die alle zu dieser Zeit bekannten Spektrallinien des Wasserstoffatoms im sichtbaren Spektralbereich beschreibt:

$$\frac{1}{\lambda} = R'\left(\frac{1}{2^2} - \frac{1}{n^2}\right) \quad (n = 3, 4, 5, \ldots), \tag{209.1}$$

wobei $R' = 1{,}10 \cdot 10^7$ m^{-1} die **Rydbergsche Konstante** ist. Die Konstante ist nach dem schwedischen Physiker J. Rydberg (1854–1919) benannt, der über Emissionsspektren der Elemen-

te arbeitete. Da $v = c/\lambda$ ist, kann (209.1) für die Frequenz umgeschrieben werden:

$$v = R\left(\frac{1}{2^2} - \frac{1}{n^2}\right) \quad (n = 3, 4, 5, \ldots), \tag{209.2}$$

wobei $R = R'c = 3{,}29 \cdot 10^{15}$ s^{-1} ebenso Rydbergsche Konstante genannt wird.

Aus (209.1) und (209.2) folgt, daß die Spektrallinien, die sich durch unterschiedliche Werte n unterscheiden, eine Gruppe oder Serie von Linien bilden, die sogenannte **Balmer-Serie**. Mit der Vergrößerung von n nähern sich die Linien der Serie einander; der Wert bei $n = \infty$ bestimmt die **Grenze der Serie**, an die sich für höhere Frequenzen ein kontinuierliches Spektrum anschließt.

Zu Beginn des 20. Jahrhunderts wurden dann im Spektrum des Wasserstoffatoms noch weitere Serien entdeckt. Im *ultravioletten Bereich* befindet sich die **Lyman-Serie**:

$$v = R\left(\frac{1}{1^2} - \frac{1}{n^2}\right) \quad (n = 2, 3, 4, \ldots).$$

Im *infraroten Spektralbereich* wurden weiter entdeckt: die **Paschen-Serie**

$$v = R\left(\frac{1}{3^2} - \frac{1}{n^2}\right) \quad (n = 4, 5, 6, \ldots);$$

die **Brackett-Serie**

$$v = R\left(\frac{1}{4^2} - \frac{1}{n^2}\right) \quad (n = 5, 6, 7, \ldots);$$

die **Pfund-Serie**

$$v = R\left(\frac{1}{5^2} - \frac{1}{n^2}\right) \quad (n = 6, 7, 8, \ldots);$$

die **Humphrey-Serie**

$$v = R\left(\frac{1}{6^2} - \frac{1}{n^2}\right) \quad (n = 7, 8, 9, \ldots).$$

Alle oben angeführten Wasserstoffserien können durch eine Formel beschrieben werden, durch die sogenannte **allgemeine Balmer-Formel**:

$$v = R\left(\frac{1}{m^2} - \frac{1}{n^2}\right), \tag{209.3}$$

wobei m in jeder gegebenen Serie einen konstanten Wert annimmt, $m = 1, 2, 3, 4, 5, 6$ (bestimmt die Serie), n nimmt ganzzahlige Werte beginnend mit $m + 1$ an (bestimmt die einzelnen Linien dieser Serie).

Die Erforschung komplizierterer Spektren – Spektren der Gase von Alkalimetallen (zum Beispiel Li, Na, K) – zeigte, daß sie durch einen Satz ungesetzmäßig angeordneter Linien dargestellt werden. Rydberg gelang es, sie in drei Serien zu unterteilen. Jede von ihnen ist ähnlich den Linien der Balmer-Serie gelegen.

Die oben aufgeführten Serienformeln sind empirisch aufgestellt worden und besaßen lange Zeit keine theoretische Grundlage, obwohl sie experimentell mit großer Genauigkeit bestätigt wurden. Die oben angeführte Form der Serienformeln, die bemerkenswerte Wiederholbarkeit in ihnen von ganzen Zahlen, die Universalität der Rydberg-Konstante zeugen von einem tiefen physikalischen Sinn der gefundenen Gesetzmäßigkeiten, der im Rahmen der klassischen Physik nicht aufgedeckt werden konnte.

§ 210 Die Bohrschen Postulate

Ein erster Versuch, eine qualitativ neue (Quanten-)Theorie des Atoms zu konstruieren, wurde 1913 von dem dänischen Physiker Niels Bohr (1885–1962) unternommen. Er steckte sich das Ziel, die empirischen Gesetzmäßigkeiten der Linienspektren, das Kernmodell des Rutherford-Atoms und den Quantencharakter der Strahlung und der Lichtabsorption in ein einheitliches Ganzes zu fassen. Die Grundlage seiner Theorie bilden zwei Postulate:

Das erste Bohrsche Postulat (das Postulat der stationären Zustände): Im Atom existieren stationäre (sich mit der Zeit nicht ändernde) Zustände, in denen es keine Energie abstrahlt. Den stationären Zuständen entsprechen stationäre Umlaufbahnen, auf denen sich die Elektronen bewegen. Die Bewegung der Elektronen auf den stationären Umlaufbahnen wird nicht von der Ausstrahlung elektromagnetischer Wellen begleitet.

Im stationären Zustand des Atoms besitzt das Elektron, das sich auf einer kreisförmigen Umlaufbahn bewegt, diskrete gequantelte Werte des Impulsmoments, die folgender Bedingung genügen

$$m_e v r_n = n\hbar \quad (n = 1, 2, 3, \ldots), \tag{210.1}$$

wobei m_e die Elektronenmasse, v seine Geschwindigkeit auf der n-ten Umlaufbahn mit dem Radius r_n und $\hbar = h/(2\pi)$ ist.

Das zweite Bohrsche Postulat (die Frequenzbedingung): Beim Übergang eines Elektrons von einer stationären Bahn auf eine andere emittiert (absorbiert) es ein Photon mit der Energie

$$h\nu = E_n - E_m. \tag{210.2}$$

Sie ist gleich der Energiedifferenz der beiden stationären Zustände (E_n und E_m sind die entsprechenden Energien der stationären Zustände des Atoms vor und nach der Emission (Absorption)). Bei $E_m < E_n$ wird ein Photon emittiert (Übergang des Atoms von einem höheren energetischen Zustand in einen tieferen, d. h. Übergang des Elektrons von einer vom Kern weiter entfernteren Bahn auf eine nähergelegene); bei $E_m > E_n$ wird ein Photon absorbiert (Übergang des Atoms in einen höheren energetischen Zustand, d. h. Übergang des Elektrons auf eine weiter vom Kern gelegene Bahn). Die Zahl der möglichen diskreten Frequenzen $\nu = (E_n - E_m)/h$ der Quantenübergänge bestimmt das Linienspektrum des Atoms.

§ 211 Die Versuche von Franck und Hertz

Die deutschen Physiker J. Franck und G. Hertz bewiesen 1913 experimentell die Existenz diskreter Energieniveaus im Atom. Dabei wandten sie die Methode der Verzögerungsspannung beim Zusammenstoß der Elektronen mit den Gasatomen an. Das prinzipielle Schema ihres Aufbaus ist in Bild 211.1 angeführt. Eine Vakuumröhre, die mit Quecksilberdampf (der Druck beträgt ungefähr 13 Pa) gefüllt ist, enthält eine Kathode (K), zwei netzförmige Hilfselektroden (Netze N_1 und N_2) und eine Anode (A). Die Elektronen, die durch die Kathode emittiert werden, werden durch den Potentialunterschied, der zwischen der Kathode und dem Netz N_1 anliegt, beschleunigt. Zwischen dem Netz N_2 und der Anode liegt eine geringe (ungefähr 0,5 V) Verzögerungsspannung an. Die Elektronen, die im Bereich 1 beschleunigt werden, gelangen in den Bereich 2 zwischen den Netzen, wo sie Stöße mit den Atomen des Quecksilberdampfes vollziehen. Elektronen, die nach dem Stoß eine ausreichende Energie zur Überwindung des Verzögerungspotentials im Bereich 3 besitzen, erreichen die Anode. Bei unelastischen Stößen mit den Quecksilberatomen können letztere angeregt werden. Entsprechend der Bohrschen Theorie kann jedes der Quecksilberatome lediglich eine genau definierte Energie erhalten, wobei es in einen der angeregten Zustände übergeht. Wenn also in den Atomen tatsächlich stationäre Zustände existieren, müssen die Elektronen beim Zusammenstoß mit den Quecksilberatomen diskret ihre Energie verlieren, in definierten Portionen, die der Energiedifferenz beider stationären Zustände des Atoms entsprechen.

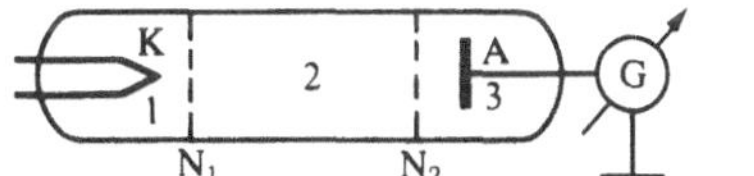

Bild 211.1

Aus dem Versuch folgt (Bild 211.2), daß mit zunehmender Beschleunigungsspannung bis 4,86 V der Anodenstrom zuerst monoton wächst. Sein Wert geht durch ein Maximum (4,86 V) und fällt daraufhin abrupt und nimmt erneut zu. Weitere Maxima beobachtet man bei $2 \cdot 4{,}86$ und $3 \cdot 4{,}86$ V.

Dem Grundzustand des Quecksilberatoms, d. h. dem nichtangeregten Zustand, am nächsten ist der angeregte Zustand mit

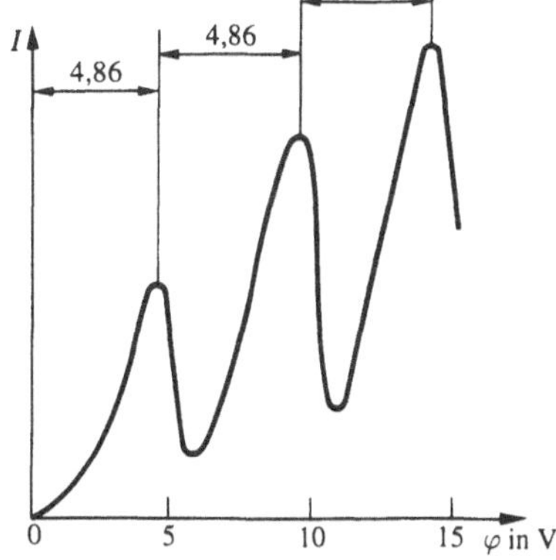

Bild 211.2

einem Abstand von 4,86 eV nach der Energieskala vom Grundzustand. Solange die Potentialdifferenz zwischen Kathode und dem Netz kleiner als 4,86 V ist, vollziehen die Elektronen bei ihrem Zusammentreffen mit den Quecksilberatomen nur elastische Stöße. Bei $e\varphi = 4{,}86\,\text{eV}$ ist die Energie des Elektrons ausreichend, um einen unelastischen Stoß hervorzurufen. Dabei gibt das Elektron dem Quecksilberatom seine gesamte kinetische Energie ab, indem es den Übergang eines der Elektronen des Atoms von dem normalen energetischen Zustand in einen angeregten anregt. Elektronen, die ihre kinetische Energie verloren haben, können nicht mehr das Bremsfeld überwinden und die Anode erreichen. Damit wird auch der erste extreme Abfall des Anodenstromes bei $e\varphi = 4{,}86$ eV erklärt. Bei Energiewerten von Vielfachen von 4,86 eV können die Elektronen mit den Quecksilberatomen 2, 3, ... unelastische Stöße vollziehen, wobei sie vollständig ihre kinetische Energie verlieren und nicht mehr die Anode erreichen, d. h., es wird wiederum ein extremer Abfall des Anodenstromes beobachtet. Dies wird auch tatsächlich im Experiment beobachtet (Bild 211.2).

Die Versuche von Frank und Hertz zeigten, daß die Elektronen beim Zusammenstoß mit Quecksilberatomen nur definierte Energieportionen übergeben. Dabei sind die 4,86 eV die kleinstmögliche Energieportion (das kleinstmögliche Energiequant), die durch das Quecksilberatom im energetischen Grundzustand absorbiert werden kann. Demzufolge hat die Bohrsche Idee von der Existenz von stationären Zuständen in Atomen einer Überprüfung standgehalten.

Die Quecksilberatome, die beim Zusammenstoß mit Elektronen die Energie ΔE erhalten haben, gehen in einen angeregten Zustand über und kehren in den Grundzustand zurück, indem sie, entsprechend dem zweiten Bohrschen Postulat (siehe (210.2)), ein Lichtquant der Frequenz $\nu = \Delta E/h$ emittieren. Bei bekanntem Wert $\Delta E = 4{,}86$ eV kann die Wellenlänge der Strahlung errechnet werden: $\lambda = hc/\Delta E \approx 255$ nm. Wenn die Theorie also stimmt, so müssen die Quecksilberatome, die von den Elektronen der Energie 4,86 eV bombardiert werden, eine Quelle ultravioletter Strahlung mit $\lambda \approx 255$ nm darstellen. Das Experiment entdeckt tatsächlich eine ultraviolette Linie mit $\lambda \approx 254$ nm. Das wiederum heißt, daß Franck und Hertz nicht nur das erste Bohrsche Postulat experimentell bestätigten, sondern auch das zweite. Diese Versuche spielten eine große Rolle in der Entwicklung der Atomphysik.

§ 212   Das Bohrsche Spektrum des Wasserstoffatoms

Die von Bohr formulierten Postulate gestatten es, das Spektrum des Wasserstoffatoms zu berechnen, sowie von **wasserstoffähnlichen Systemen** – Systemen, die aus einem Kern mit der Ladung Ze und einem Elektron (zum Beispiel die Ionen He^+, Li^{2+}) bestehen. Ebenso läßt sich theoretisch die Rydbergsche Konstante errechnen.

Bohr folgend, betrachten wir die Bewegung eines Elektrons in einem wasserstoffähnlichen System. Wir beschränken uns dabei auf die kreisförmigen stationären Bahnen. Lösen wir die Gl. (208.1), die von Rutherford vorgeschlagen wurde, und die

Gl. (210.1) gemeinsam, so erhalten wir den Ausdruck für den Radius der n-ten stationären Bahn:

$$r_n = n^2 \frac{\hbar^2 \cdot 4\pi\varepsilon_0}{m_e Z e^2} \qquad (212.1)$$

mit $n = 1, 2, 3, \ldots$ Aus (212.1) folgt, daß die Radien der Bahnen proportional mit dem Quadrat der ganzen Zahlen zunehmen.

Für das Wasserstoffatom ($Z = 1$) beträgt der Radius der ersten Umlaufbahn des Elektrons bei $n = 1$, der als **erster Bohrscher Radius** (a) bezeichnet wird,

$$r_1 = a = \frac{\hbar^2 \cdot 4\pi\varepsilon_0}{m_e e^2} = 0{,}528 \cdot 10^{-10}\,\text{m} = 52{,}8\,\text{pm}, \qquad (212.2)$$

was den Berechnungen auf der Grundlage der kinetischen Gastheorie entspricht. Da es nicht möglich ist, die Radien der stationären Bahnen zu messen, muß man sich zur Überprüfung der Theorie solchen Größen zuwenden, die experimentell bestimmt werden können. Solch eine Größe ist die Energie, die von den Wasserstoffatomen emittiert und absorbiert wird.

Die Gesamtenergie des Elektrons im wasserstoffähnlichen System setzt sich zusammen aus seiner kinetischen Energie $(m_e v^2/2)$ und seiner potentiellen Energie im elektrostatischen Feld des Kerns $(-Ze^2/(4\pi\varepsilon_0 r))$:

$$E = \frac{m_e v^2}{2} - \frac{Ze^2}{4\pi\varepsilon_0 r} = -\frac{1}{2}\frac{Ze^2}{4\pi\varepsilon_0 r}$$

(hierbei wurde berücksichtigt, daß

$$\frac{m_e v^2}{2} = \frac{1}{2}\frac{Ze^2}{4\pi\varepsilon_0 r}$$

ist, siehe (208.1)). Berücksichtigen wir die gequantelten Werte für den Radius der n-ten stationären Bahn (212.1), so erhalten wir, daß die Energie des Elektrons nur folgende erlaubte diskrete Werte annehmen kann

$$E_n = -\frac{1}{n^2}\frac{Z^2 m_e e^4}{8 h^2 \varepsilon_0^2} \quad (n = 1, 2, 3, \ldots), \qquad (212.3)$$

wobei das Minus bedeutet, daß sich das Elektron in einem gebundenen Zustand befindet.

Aus der Formel (212.3) folgt, daß die energetischen Zustände des Atoms eine Folge energetischer Niveaus bildet, die sich in Abhängigkeit des Wertes n ändern. Die ganze Zahl n in (212.3), die das energetische Niveau des Atoms bestimmt, nennt man **Hauptquantenzahl**. Den energetischen Zustand mit $n = 1$ nennt man den **Grundzustand (normalen Zustand)**; die Zustände mit $n > 1$ stellen **angeregte Zustände** dar. Das energetische Niveau, das dem Grundzustand des Atoms entspricht, nennt man das **Grund-(normale)Niveau**; alle anderen Niveaus stellen **angeregte Niveaus** dar.

Setzen wir für n verschiedene ganzzahlige Werte ein, so erhalten wir die möglichen Energieniveaus für das Wasserstoffatom ($Z = 1$) entsprechend (212.3). Schematisch sind diese in Bild 212.1 dargestellt. Die Energie des Wasserstoffatoms wächst immer mehr mit zunehmendem n, und die energetischen Nive-

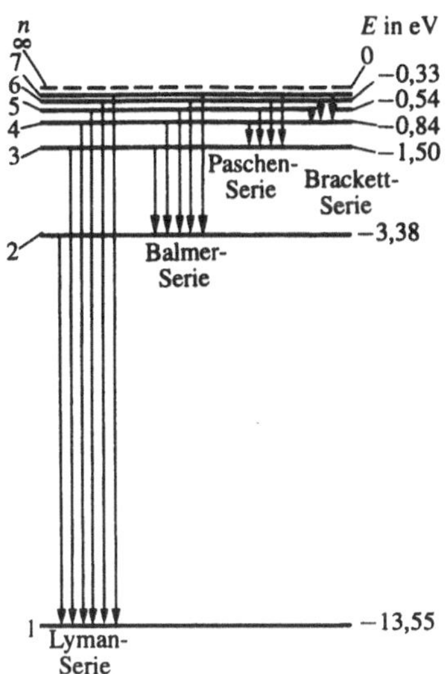

Bild 212.1

mit den experimentellen Werten der Rydbergschen Konstante in den empirischen Formeln für das Wasserstoffatom zusammenfällt (siehe § 209). Dieses Zusammenfallen zeigt überzeugend die Richtigkeit der von Bohr erhaltenen Formel (212.3) für die energetischen Niveaus der wasserstoffähnlichen Systeme.

Setzen wir zum Beispiel in (212.4) $m = 1$ und $n = 2, 3, 4, \ldots$, so erhalten wir eine Gruppe von Linien, die die Lyman-Serie bilden (siehe § 209) und den Übergängen der Elektronen aus den angeregten Niveaus ($n = 2, 3, 4, \ldots$) auf das Grundniveau ($m = 1$) entsprechen. Ähnlich bei Einsetzen von $m = 2, 3, 4, 5, 6$ und den ihnen entsprechenden Werten n erhalten wir die Balmer-Serie, Paschen-Serie, Brackett-Serie, Pfund-Serie und die Humphrey-Serie (ein Teil von ihnen ist schematisch in Bild 212.1 dargestellt), die in § 209 beschrieben sind. Folglich entsprechen die Spektrallinien nach der Bohrschen Theorie, die qualitativ das Spektrum des Wasserstoffatoms erklärt, der Strahlung, die im Ergebnis des Übergangs des Atoms in den gegebenen Zustand aus den angeregten energetisch höheren Zuständen entsteht.

Das Absorptionsspektrum des Wasserstoffatoms ist ein Linienspektrum. Es enthält jedoch nur die Lyman-Serie. Es erklärt ebenso die Bohrsche Theorie. So wie die freien Wasserstoffatome sich gewöhnlich im Grundzustand befinden (der stationäre Zustand mit geringster Energie bei $n = 1$), können bei definierter Energieübereignung dem Atom von außen her lediglich Übergänge der Atome aus dem Grundzustand in angeregte Zustände beobachtet werden (es entsteht die Lyman-Serie).

Die Bohrsche Theorie war ein großer Schritt in der Entwicklung der Atomphysik und stellt eine wichtige Etappe bei der Schaffung der Quantenmechanik dar. Jedoch enthält diese Theorie innere Widersprüche (auf der einen Seite werden Gesetze der klassischen Physik angewandt, auf der anderen Seite basiert sie auf Quantenpostulaten). Sie betrachtet die Spektren des Wasserstoffatoms und von wasserstoffähnlichen Systemen und errechnet die Frequenz der Spektrallinien, kann jedoch nicht ihre Intensität erklären und auf die Frage antworten: Warum vollziehen sich diese oder jene Übergänge? Eine weitere schwerwiegende Unzulänglichkeit der Bohrschen Theorie ist die Unmöglichkeit, mit ihrer Hilfe das Spektrum des Heliumatoms zu beschreiben – eines der einfachsten Atome, das im Periodensystem unmittelbar auf das Wasserstoffatom folgt.

aus nähern sich der Grenze, die dem Wert $n = \infty$ entspricht. Das Wasserstoffatom verfügt somit über eine minimale Energie ($E_1 = -13,55\,\text{eV}$) bei $n = 1$ und eine maximale ($E_\infty = 0$) bei $n = \infty$. Folglich bedeutet $E_\infty = 0$ die **Ionisierung** des Atoms (das Losreißen von Elektronen aus dem Atom).

Entsprechend dem zweiten Bohrschen Postulat (siehe (210.2)) wird beim Übergang des Wasserstoffatoms ($Z = 1$) aus dem stationären Zustand n in einen stationären Zustand m mit geringerer Energie ein Quant abgestrahlt

$$h\nu = E_n - E_m = -\frac{m_e e^4}{8h^2 \varepsilon_0^2} \left(\frac{1}{n^2} - \frac{1}{m^2} \right),$$

woraus für die Strahlungsfrequenz

$$\nu = \frac{m_e e^4}{8h^3 \varepsilon_0^2} \left(\frac{1}{m^2} - \frac{1}{n^2} \right) = R \left(\frac{1}{m^2} - \frac{1}{n^2} \right) \qquad (212.4)$$

folgt, mit

$$R = \frac{m_e e^4}{8h^3 \varepsilon_0^2}.$$

Unter Verwendung der heutigen Werte universeller Konstanten bei der Errechnung von R, erhalten wir eine Größe, die

▶ Welche Bedeutung haben die Zahlen m und n in der allgemeinen Balmer-Formel?

▶ Welche Strahlungsfrequenz des Wasserstoffatoms entspricht der kurzwelligen Grenze der Brackett-Serie?

▶ Legen Sie den Sinn der Bohrschen Postulate dar. Wie erklärt sich mit ihrer Hilfe das Linienspektrum des Atoms?

▶ Auf welchen Abschnitten der Kurve in Bild 211.2 werden elastische bzw. unelastische Stöße der Elektronen mit den Atomen beobachtet?

▶ Welche grundlegenden Schlußfolgerungen kann man auf der Basis der Versuche von Franck und Hertz machen?

▶ Nennen Sie unter Nutzung des Bohrschen Modells die Spektrallinien, die beim Übergang des Wasserstoffatoms in die Zustände mit $n = 3$ und $n = 4$ entstehen können.

▶ Tragen Sie auf eine Skala der Wellenlänge je drei Linien aus den ersten beiden Spektralserien des Wasserstoffatoms auf.

▶ Warum enthält das Absorptionsspektrum des Wasserstoffatoms nur die Lyman-Serie?

▶ Zeigen Sie, daß die Formel (212.3) in der Form $E_n = -13{,}55/n^2$ geschrieben werden kann, wobei E in eV ausgedrückt wird.

Aufgaben

27.1. Bestimmen Sie die Frequenz des durch ein angeregtes Wasserstoffatom emittierten Lichtes bei dem Übergang des Elektrons auf das zweite Energieniveau, wenn der Radius der Elektronenbahn sich um den Faktor 9 geändert hat. [Lösung der Aufgabe s. S. 401]

27.2. Bestimmen Sie die Ionisierungsenergie des Wasserstoffatoms, die Energie des Photons in eV, die der langwelligsten Linie der Lyman-Serie entspricht. [Die Lösung der Aufgabe s. S. 401]

27.3. Bestimmen Sie die Wellenlänge, die der Grenze der Balmer-Serie entspricht. [364 nm]

27.4. Unter Nutzung der Bohrschen Theorie bestimmen Sie das magnetische Bahnmoment des Elektrons, das sich auf der zweiten Bahn des Wasserstoffatoms bewegt. [$p_m = en\hbar/(2m) = 1{,}8 \cdot 10^{-23}$ A · m^2]

27.5. Unter Nutzung der Bohrschen Theorie bestimmen Sie die Änderung des mechanischen Bahndrehimpulses des Elektrons bei seinem Übergang aus dem angeregten Zustand ($n = 2$) in den Grundzustand unter Aussendung eines Photons der Wellenlänge $\lambda = 1{,}212 \cdot 10^{-7}$ m. [$\Delta L = \hbar = 1{,}05 \cdot 10^{-34}$ J · s]

27.6. Bestimmen Sie das Ionisationspotential des Wasserstoffatoms. [13,6 V]

27.7. Unter Verwendung der Ionisationsenergie von $E_i = 13{,}6$ eV des Wasserstoffatoms bestimmen Sie die zweite Anregungsspannung dieses Atoms. [12,1 V]

27.8. Wieder unter Verwendung der Ionisationsenergie von $E_i = 13{,}6$ eV für das Wasserstoffatom bestimmen Sie die Photonenenergie (in eV), die der kurzwelligsten Linie der Lyman-Serie entspricht. [10,2 eV]

Kapitel 28

Elemente der Quantenmechanik

§ 213 Der Welle-Teilchen-Dualismus der Materie

Der französische Wissenschaftler Louis de Broglie (1892–1987) erkannte die in der Natur existierende Symmetrie und entwickelte die Vorstellungen von der zwiespältigen Welle-Teilchennatur des Lichtes weiter, indem er 1927 die Hypothese von der *Universalität des Welle-Teilchen-Dualismus* aufstellte. De Broglie behauptete, daß nicht nur Photonen, sondern auch Elektronen und beliebige andere Materieteilchen neben ihren Teilchen- auch Welleneigenschaften aufweisen.

Und so werden nach de Broglie mit *jedem Mikroobjekt* auf der einen Seite die *Teilchencharakteristika* Energie E und Impuls p und auf der anderen Seite die *Wellencharakteristika* Frequenz ν und Wellenlänge λ miteinander verknüpft. Die quantitativen Beziehungen, welche die Teilchen- und Welleneigenschaften der Teilchen miteinander verbinden, sind die gleichen wie für die Photonen:

$$E = h\nu, \quad p = \frac{h}{\lambda}. \tag{213.1}$$

Die Gewagtheit der Hypothese de Broglies besteht darin, daß die Beziehung (213.1) nicht nur für Photonen postuliert wurde, sondern auch für andere Mikroteilchen, so unter anderem für solche, die über eine Ruhmasse verfügen. Danach wird jedes beliebige Teilchen, das einen Impuls besitzt, mit einem Wellenprozeß der Wellenlänge λ verglichen, die sich mit Hilfe der **Formel von de Broglie** bestimmen läßt:

$$\lambda = \frac{h}{p}. \tag{213.2}$$

Diese Beziehung gilt für jedes beliebige Teilchen mit dem Impuls p.

Bald darauf wurde die Hypothese von de Broglie experimentell bestätigt. 1927 entdeckten die amerikanischen Physiker C. Davisson (1881–1958) und L. Germer (1896–1971), daß ein Elektronenbündel, das an einem natürlichen Beugungsgitter gestreut wurde – ein Nickelkristall –, ein offensichtliches Beugungsbild ergibt. Die Beugungsmaxima entsprachen der Braggschen Bedingung (182.1), und die Braggsche Wellenlänge erwies sich genau gleich wie die nach der Formel (213.2) errechnete Wellenlänge. Später wurde die Formel von de Broglie durch Versuche von Tartakowski und Thomson bestätigt, die bei Durchgang eines Bündels schneller Elektronen (die Energie betrug ≈50 keV) durch eine Metallfolie (der Dicke von ≈1 μm) ein Beugungsbild beobachteten.

Da das Beugungsbild für einen Elektronenstrahl untersucht wurde, war es notwendig zu beweisen, daß die Welleneigenschaften nicht nur dem Elektronenstrahl als Ganzes, sondern auch jedem Elektron im einzelnen eigen sind. Dies experimentell zu bestätigen gelang 1948 dem russischen Physiker

W. A. Fabrikant. Er zeigte, daß sogar im Falle eines so schwachen Elektronenstrahls, bei dem jedes Elektron einzeln durch die Apparatur durchläuft, unabhängig von den anderen (der zeitliche Abstand zwischen den Elektronen ist 10^4mal größer als die Durchgangszeit durch das Gerät für das Elektron), das bei langer Exposition entstehende Beugungsbild sich nicht von den Beugungsbildern unterscheidet, die man bei kurzer Exposition für Elektronenstrahlen mit Dutzend Millionen Male größerer Intensität erhalten hat. Demnach sind die Welleneigenschaften von Teilchen keine kollektive Eigenschaft, sondern sind jedem Teilchen im einzelnen eigen.

Daraufhin wurden Beugungserscheinungen auch für Neutronen, Protonen, atomare und molekulare Bündel entdeckt. Dies diente als endgültiger Beweis für die Welleneigenschaften der Mikroteilchen und gestattete es, die Bewegung der Mikroteilchen in Form eines Wellenprozesses zu beschreiben, der durch eine definierte Wellenlänge charakterisiert wird, die nach der Formel von de Broglie (213.2) errechnet wird. Die Entdeckung der Welleneigenschaften von Mikroteilchen führte zur Entstehung und Entwicklung neuer Untersuchungsmethoden der Materiestruktur wie der Elektronenmikroskopie und der Neutronenstreuung (siehe § 182) und sogar zum Entstehen eines neuen Wissenschaftszweiges – der Elektronenoptik (siehe § 169).

Der experimentelle Beweis für das Vorhandensein von Welleneigenschaften der Mikroteilchen führte zu der Schlußfolgerung darüber, daß hier eine universelle Erscheinung vorliegt, eine allgemeine Eigenschaft der Materie. Doch dann sollten die Welleneigenschaften auch makroskopischen Körpern zu eigen sein. Warum entdecken wir diese nicht experimentell? Zum Beispiel entspricht einem Teilchen der Masse von 1 g, das sich mit der Geschwindigkeit von 1 m/s bewegt, die de Brogliesche Wellenlänge von $\lambda = 6{,}62 \cdot 10^{-31}$ m. Solch eine Wellenlänge liegt außerhalb des zugänglichen Beobachtungsbereiches (periodische Strukturen mit einer Periode $d \approx 10^{-31}$ m existieren nicht). Deshalb geht man davon aus, daß bei makroskopischen Körpern nur eine Seite ihrer Eigenschaften – die Teilchen – zutage tritt und nicht die Welleneigenschaften.

Die Vorstellungen über die Welle-Teilchen-Doppelnatur der Materie wird noch dadurch vertieft, daß auf die Materieteilchen die Beziehung der Gesamtenergie eines Teilchens ε und der Frequenz ν der de Broglieschen Wellen übertragen wird:

$$\varepsilon = h\nu. \tag{213.3}$$

Das spricht dafür, daß die Beziehung zwischen der Energie und der Frequenz in der Formel (213.3) den Charakter einer *universellen Beziehung* besitzt, die für Photonen als auch für beliebige andere Mikroteilchen richtig ist. Die Richtigkeit der Beziehung (213.3) folgt aus der Übereinstimmung der theoretischen Resultate, die mit ihrer Hilfe in der Quantenmechanik, der Atom- und Kernphysik erhalten wurden, mit dem Experiment.

Die experimentelle Bestätigung der Hypothese von de Broglie über den Welle-Teilchen-Dualismus der Stoffeigenschaften änderte grundsätzlich die Vorstellungen über die Eigenschaften von Mikroobjekten. Allen Mikroobjekten sind sowohl Teilchen- wie auch Welleneigenschaften eigen; es ist unmöglich, zur gleichen Zeit ein beliebiges Mikroteilchen weder als Teilchen noch als Welle im klassischen Sinn zu bezeichnen.

§ 214   Einige Eigenschaften der de Broglieschen Wellen

Betrachten wir ein sich mit der Geschwindigkeit v frei bewegendes Teilchen der Masse m. Errechnen wir für dieses Teilchen seine Phasen- und Gruppengeschwindigkeit der de Broglieschen Wellen. Die Phasengeschwindigkeit beträgt entsprechend (154.8)

$$v_{\text{Phas}} = \frac{\omega}{k} = \frac{\hbar\omega}{\hbar k} = \frac{E}{p} = \frac{mc^2}{mv} = \frac{c^2}{v} \qquad (214.1)$$

($E = \hbar\omega$ und $p = \hbar k$ gilt, wobei $k = 2\pi/\lambda$ die Wellenzahl ist). Da $v > c$ ist, ist die Phasengeschwindigkeit der de Broglieschen Wellen größer als die Lichtgeschwindigkeit im Vakuum (die Phasengeschwindigkeit der Wellen kann sowohl kleiner als auch größer als c sein, im Gegensatz zur Gruppengeschwindigkeit der Wellen (siehe § 155)).

Die Gruppengeschwindigkeit beträgt entsprechend (155.1)

$$u = \frac{\mathrm{d}\omega}{\mathrm{d}k} = \frac{\mathrm{d}(\hbar\omega)}{\mathrm{d}(\hbar k)} = \frac{\mathrm{d}E}{\mathrm{d}p}.$$

Für ein freies Teilchen ist $E = \sqrt{m_0^2 c^4 + p^2 c^2}$ (siehe (40.7)) und

$$\frac{\mathrm{d}E}{\mathrm{d}p} = \frac{pc^2}{\sqrt{m_0^2 c^4 + p^2 c^2}} = \frac{pc^2}{E} = \frac{mvc^2}{mc^2} = v.$$

Folglich ist die Gruppengeschwindigkeit der de Broglieschen Wellen gleich der Teilchengeschwindigkeit.

Die Gruppengeschwindigkeit des Photons ist $u = pc^2/E = mcc^2/(mc^2) = c$, d. h. gleich der Geschwindigkeit des Photons selbst.

Die de Broglieschen Wellen erfahren eine Dispersion (siehe § 154). Setzen wir in (214.1) $v_{\text{Phas}} = E/p$ die Formel (40.7) $E = \sqrt{m_0^2 c^4 + p^2 c^2}$ ein, so stellen wir fest, daß die Geschwindigkeit der de Broglieschen Wellen von der Wellenlänge abhängt. Dieser Umstand spielte seinerzeit eine große Rolle in der Entwicklung der Behauptungen der Quantenmechanik. Nach der Feststellung des Welle-Teilchen-Dualismus wurden Versuche unternommen, die Teilcheneigenschaften der Teilchen mit den Welleneigenschaften zu verknüpfen und die Teilchen als „enge" Wellenpakete (siehe § 155) zu betrachten, die aus de Broglieschen Wellen zusammengesetzt sind. Dies sollte ermöglichen, irgendwie von der Zwiespältigkeit der Eigenschaften der Teilchen wegzukommen. Solche Hypothese entsprach

der Lokalisierung des Teilchens zu einem gegebenen Zeitpunkt in einem definierten begrenzten Raumbereich. Als Argument zugunsten dieser Hypothese wurde angeführt, daß die Ausbreitungsgeschwindigkeit des Zentrums des Paketes (Gruppengeschwindigkeit), wie oben gezeigt, gleich der Teilchengeschwindigkeit ist. Jedoch erwies sich diese Näherung des Teilchens in Form eines Wellenpaketes (eine Gruppe von de Broglieschen Wellen) nicht stichhaltig wegen der starken Streuung der de Broglieschen Wellen, die zu einem „schnellen Auseinanderfließen" (innerhalb ungefähr 10^{-26} s!) des Wellenpaketes führt oder sogar seine Teilung in einige Pakete bewirkt.

§ 215   Die Unschärferelation

Entsprechend dem Welle-Teilchen-Dualismus der Materieteilchen verwendet man zur Beschreibung der Mikroteilchen sowohl Wellen- als auch Teilchenvorstellungen. Deshalb ist es nicht möglich, ihnen alle Teilchen- und Welleneigenschaften zuzuschreiben. Es ist selbstverständlich, daß es notwendig ist, einige Begrenzungen im Verständnis der klassischen Mechanik in ihrer Anwendung auf Objekte aus der Mikrowelt einzuführen.

In der klassischen Mechanik beschreibt jedes Teilchen eine genau definierte Bahn, so daß zu jedem beliebigen Zeitpunkt seine Koordinaten und sein Impuls genau fixiert sind. Doch wegen der Welleneigenschaften unterscheiden sich Mikroteilchen bedeutend von klassischen Teilchen. Einer der grundlegenden Unterschiede besteht darin, daß es nicht möglich ist, von der Bewegung des Mikroteilchens entlang einer definierten Bahn zu sprechen. Genauso ist es unmöglich, von gleichzeitig genauen Werten seiner Koordinaten und seines Impulses zu sprechen. Dies folgt aus dem Welle-Teilchen-Dualismus. So, wie das Verständnis „der Wellenlänge in einem gegebenen Punkt" jeden physikalischen Sinn entbehrt und der Impuls durch die Wellenlänge ausgedrückt wird (siehe (213.1)), folgt daraus, daß ein Mikroteilchen mit definiertem Impuls vollständig undefinierte Koordinaten besitzt. Und umgekehrt, wenn sich ein Mikroteilchen in einem Zustand mit genau definierten Koordinaten befindet, so ist sein Impuls vollständig undefiniert.

So kam W. Heisenberg 1927 zu der Schlußfolgerung, wonach es unmöglich ist, ein Objekt der Mikrowelt mit einer beliebigen im voraus gegebenen Genauigkeit der Koordinaten und des Impulses zu charakterisieren. Entsprechend der **Heisenbergschen Unschärferelation** kann ein Mikroteilchen (Mikroobjekt) nicht gleichzeitig sowohl genau definierte Koordinaten (x, y, z) als auch die genau definierten entsprechenden Projektionen des Impulses (p_x, p_y, p_z) besitzen, wobei die Unschärfe dieser Größen folgenden Bedingungen genügt

$$\begin{cases} \Delta x \Delta p_x \gtrsim h, \\ \Delta y \Delta p_y \gtrsim h, \\ \Delta z \Delta p_z \gtrsim h, \end{cases} \qquad (215.1)$$

d. h., das Produkt aus der Unschärfe der Koordinaten und ihren entsprechenden Projektionen des Impulses kann nicht kleiner sein als eine Größe der Größenordnung h.

Aus der Unschärferelation (215.1) folgt, daß zum Beispiel, wenn ein Mikroteilchen sich im Zustand mit genau definierten Koordinaten befindet ($\Delta x = 0$), sich die entsprechende Projektion des Impulses als vollständig undefiniert erweist ($\Delta p_x \to \infty$), und umgekehrt. Demnach existieren für ein Mikroteilchen keine Zustände, in denen seine Koordinaten und sein Impuls gleichzeitig genaue Werte besäßen. Hieraus folgt auch die praktische Unmöglichkeit, mit einer im voraus gegebenen Genauigkeit Koordinaten und Impuls eines Mikroobjektes zu messen.

Wir wollen verdeutlichen, daß die Unschärferelation tatsächlich aus den Welleneigenschaften des Mikroteilchens folgt. Nehmen wir an, daß ein Elektron durch einen engen Spalt der Breite Δx geht. Der Spalt sei senkrecht zur Bewegungsrichtung gelegen (Bild 215.1). Da die Elektronen Welleneigenschaften genügen, wird bei ihrem Durchgang durch den Spalt, dessen Abmessungen vergleichbar mit der de Broglieschen Wellenlänge λ des Elektrons sind, eine Beugung beobachtet. Das Beugungsbild, das auf dem Bildschirm B beobachtet wird, wird durch das Hauptmaximum charakterisiert, das symmetrisch zur y-Achse gelegen ist, und durch Nebenmaxima zu beiden Seiten des Hauptmaximums (diese betrachten wir nicht, da der größte Teil der Intensität dem Hauptmaximum zukommt).

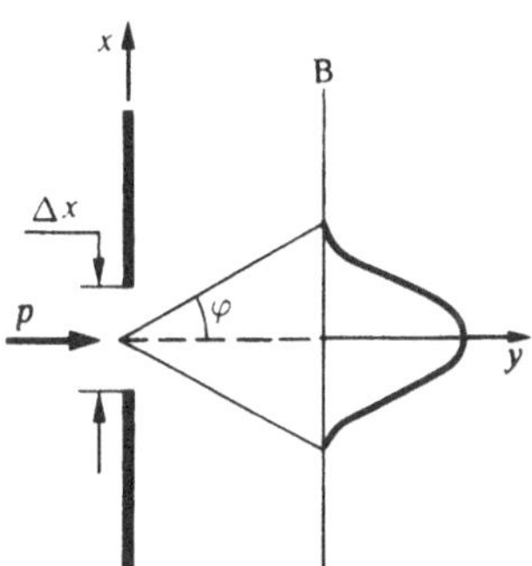

Bild 215.1

Bis zum Durchgang durch den Spalt bewegten sich die Elektronen entlang der y-Achse, weshalb die x-Komponente des Impulses $p_x = 0$ ist, so daß auch $\Delta p_x = 0$ gilt, die x-Koordinate des Teilchens aber vollständig undefiniert ist. Im Moment des Durchgangs des Elektrons durch den Spalt ist seine Lage in Richtung der x-Achse mit einer Genauigkeit der Spaltbreite bestimmt, d. h. einer Genauigkeit von Δx. Ebenfalls in diesem Moment wird das Elektron infolge der Beugung aus seiner ursprünglichen Richtung abgelenkt und bewegt sich im Bereich des Winkels 2φ (φ ist der Winkel, der dem ersten Beugungsminimum entspricht). Folglich entsteht eine Unschärfe im Wert der x-Komponente des Impulses, der, wie aus Bild 215.1 und der Formel (213.1) folgt, gleich dem folgenden Ausdruck ist

$$\Delta p_x = p \sin \varphi = \frac{h}{\lambda} \sin \varphi. \tag{215.2}$$

Der Einfachheit halber beschränken wir unsere Betrachtung nur auf die Elektronen, die auf den Bildschirm im Bereich des Hauptmaximums treffen. Aus der Beugungstheorie (siehe § 179) ist bekannt, daß das erste Minimum dem Winkel φ entspricht, der folgender Bedingung genügt

$$\Delta x \sin \varphi = \lambda, \tag{215.3}$$

wobei Δx die Spaltbreite und λ die de Brogliesche Wellenlänge ist. Aus (215.2) und (215.3) erhalten wir

$$\Delta x \Delta p_x = h.$$

Beachtet man, daß für einen geringeren, wenn auch unbedeutenden Teil der Elektronen, die außerhalb des Hauptmaximums liegen, die Größe $\Delta p_x \geq p \sin \varphi$ ist, so erhält man den Ausdruck

$$\Delta x \Delta p_x \geqq h,$$

d. h. die Unschärferelation (215.1).

Die Unmöglichkeit, sowohl die Koordinaten als auch die entsprechende Impulsprojektion gleichzeitig zu bestimmen, ist nicht auf die Unvollkommenheit der Meßmethoden oder der Meßgeräte zurückzuführen, sondern stellt eine Eigenschaft der Mikroobjekte selbst dar. Die Unschärferelation erhielten wir durch die gleichzeitige Nutzung der klassischen Charakteristika der Teilchenbewegung (Koordinaten, Impuls) und der Welleneigenschaften. Da in der klassischen Mechanik davon ausgegangen wird, daß die Messung der Koordinaten und des Impulses mit beliebiger Genauigkeit durchgeführt werden kann, *stellt die Unschärferelation* demnach *eine Quantenbegrenzung in der Anwendung der klassischen Mechanik auf Mikroobjekte dar.*

Indem die Unschärferelation die Spezifikation der Physik der Mikroteilchen widerspiegelt, ermöglicht sie es beispielsweise, zu bewerten, in welchem Maß man das Verständnis der klassischen Mechanik auf Mikroteilchen anwenden kann, speziell, mit welchem Genauigkeitsgrad man von einer Bahn des Teilchens sprechen kann. Die Bewegung auf einer Bahn wird zu jedem beliebigen Zeitpunkt durch definierte Werte der Koordinaten und Geschwindigkeiten charakterisiert. Drücken wir die Unschärferelation (215.1) in folgender Form aus

$$\Delta x \Delta v_x \geqq \frac{h}{m}. \tag{215.4}$$

Aus diesem Ausdruck folgt, daß je größer die Masse eines Teilchens ist, desto geringer sind die Unschärfen seiner Koordinaten und seiner Geschwindigkeit und, folglich, mit um so größerer Genauigkeit kann man auf dieses Teilchen das Konzept der Bahn anwenden. So ist schon für ein Staubkörnchen der Masse von 10^{-12} kg und linearen Abmessungen von 10^{-6} m die Koordinate mit einer Genauigkeit bis zu 0,01 seiner Abmessungen definiert ($\Delta x = 10^{-8}$ m); die Unschärfe der Geschwindigkeit nach (215.4) beträgt $\Delta v_x = 6{,}62 \cdot 10^{-34}/(10^{-8} \cdot 10^{-12})$ m/s $= 6{,}62 \cdot 10^{-14}$ m/s, d. h., bei keiner Geschwindigkeit, mit denen sich das Staubkörnchen bewegt, wird sich diese Unschärfe zeigen. Das bedeutet, daß die Welleneigenschaften für makroskopische Körper keinerlei Rolle spielen; Koordinaten und Geschwindigkeit von Makrokörpern können gleichzeitig hinreichend genau gemessen werden. Das wiederum bedeutet, daß zur Beschreibung der Bewegung von Makrokörpern mit absoluter Zuverlässigkeit die Gesetze der klassischen Mechanik angewandt werden können.

Nehmen wir an, daß sich ein Elektronenstrom entlang der x-Achse mit der Geschwindigkeit $v = 10^8$ m/s bewegt, die mit der Genauigkeit von 0,01 % ($\Delta v_x \approx 10^4$ m/s) bestimmt wurde. Welches ist die Genauigkeit bei der Bestimmung der Koordinate eines Elektrons? Nach (215.4) ist

$$\Delta x = \frac{h}{m\Delta v_x} = \frac{6{,}62 \cdot 10^{-34}}{9{,}11 \cdot 10^{-31} \cdot 10^4} = 7{,}27 \cdot 10^{-6}\,\text{m},$$

d. h., die Lage des Elektrons kann mit der Genauigkeit von einem tausendstel Millimeter bestimmt werden. Solche Genauigkeit ist hinreichend, um von einer Bewegung der Elektronen auf einer definierten Bahn sprechen zu können. Man kann ihre Bewegung aber mit den Gesetzen der klassischen Mechanik beschreiben.

Wenden wir die Unschärferelation auf ein Elektron an, das sich im Wasserstoffatom bewegt. Nehmen wir an, daß die Unschärfe der Koordinate des Elektrons $\Delta x \approx 10^{-10}$ m beträgt (in der Größenordnung der Abmessungen des Atoms selbst, d. h., man kann das Elektron einem bestimmten Atom zuordnen). Damit ist entsprechend (215.4) $\Delta v_x = 6{,}62 \cdot 10^{-34}/(9{,}11 \cdot 10^{-31} \cdot 10^{-10}) = 7{,}27 \cdot 10^6$ m/s. Aus der klassischen Mechanik folgt, daß bei der Bewegung des Elektrons um den Kern auf einer Kreisbahn mit dem Radius $\approx 0{,}5 \cdot 10^{-10}$ m seine Geschwindigkeit $v \approx 2{,}3 \cdot 10^6$ m/s beträgt. Demnach ist die Unschärfe der Geschwindigkeit um einige Male größer als die Geschwindigkeit selbst. Offensichtlich kann man in diesem Fall nicht von einer Bewegung des Elektrons auf einer bestimmten Kreisbahn sprechen. Mit anderen Worten ist es unmöglich, zur Beschreibung der Bewegung eines Elektrons im Atom die Gesetze der klassischen Mechanik anzuwenden.

Neben dieser Ort-Impuls-Unschärfe existieren noch weitere Unschärferelationen, zum Beispiel für die Energie E und die Zeit t, d. h., die Unschärfe dieser Größen genügt der Bedingung

$$\Delta E \Delta t \geq h. \tag{215.5}$$

Es sei betont, daß ΔE die Unschärfe der Energie eines Systems in einem gewissen Zustand ist, Δt ist die Dauer der Existenz dieses Systems. Folglich kann ein System, das eine mittlere Lebensdauer von Δt besitzt, keine fest definierte Energie besitzen; die Energiestreuung $\Delta E = h/\Delta t$ wächst mit Abnahme der mittleren Lebensdauer. Aus (215.5) folgt, daß die Frequenz eines abgestrahlten Photons ebenfalls eine Unschärfe $\Delta v = \Delta E/h$ besitzen muß, d. h., die Spektrallinien werden durch eine Frequenz gleich $v \pm \Delta E/h$ gekennzeichnet. Der Versuch zeigt tatsächlich, daß alle Spektrallinien verschwommen sind; mit der Messung der Breite der Spektrallinien kann man die Größenordnung der Lebensdauer eines Atoms im angeregten Zustand abschätzen.

§ 216   Die Wellenfunktion und ihr statistischer Inhalt

Die experimentelle Bestätigung der Idee von de Broglie von der Universalität des Welle-Teilchen-Dualismus, die Begrenzung der Anwendung der klassischen Mechanik auf Mikroobjekte und die widersprüchlichen Deutungen einer ganzen Rei-

he von Experimenten, zu denen die anfangs des 20. Jahrhunderts angewandten Theorien führten, geben den Anlaß zu einer neuen Entwicklungsetappe der Quantentheorie – zur Schaffung der **Quantenmechanik**, welche die Gesetze der Bewegung und Wechselwirkung der Mikroteilchen unter Berücksichtigung ihrer Welleneigenschaften beschreibt. Ihre Schaffung und Entwicklung umfaßt die Periode von 1900 (die Formulierung der Quantenhypothese durch Planck; siehe § 200) bis zu den 20er Jahren des 20. Jahrhunderts; sie ist vor allem mit den Arbeiten des österreichischen Physikers E. Schrödinger (1887–1961), des deutschen Physikers W. Heisenberg und des englischen Physikers P. Dirac (1902–1984) verbunden.

In dieser genannten Entwicklungsetappe entstanden neue prinzipielle Probleme, speziell die Frage nach der physikalischen Natur der de Broglieschen Wellen. Zur Klärung dieses Problems vergleichen wir die Beugung von Lichtwellen und Mikroteilchen. Das für Lichtwellen beobachtete Beugungsbild wird dadurch charakterisiert, daß durch die gegenseitige Überlagerung von gebeugten Wellen in den verschiedenen Punkten des Raumes eine Verstärkung oder Abschwächung der Schwingungsamplituden stattfindet. Entsprechend der Wellenvorstellung über die Natur des Lichtes ist die Intensität des Beugungsbildes dem Amplitudenquadrat der Lichtwellen proportional. Nach den Vorstellungen der Photonentheorie wird die Intensität durch die Zahl der Photonen bestimmt, die auf einen gegebenen Punkt des Beugungsbildes treffen. Folglich wird die Photonenzahl im gegebenen Punkt des Beugungsbildes durch das Amplitudenquadrat der Lichtwellen gegeben, während für ein Photon das Amplitudenquadrat die Wahrscheinlichkeit für das Auftreffen des Photons auf den einen oder anderen Punkt bestimmt.

Das für Mikroteilchen beobachtete Beugungsbild wird weiterhin durch die ungleiche Verteilung der Mikroteilchen charakterisiert, die nach verschiedenen Richtungen gestreut oder reflektiert wurden – in der einen Richtung wird eine größere Zahl von Teilchen beobachtet als in den anderen. Das Vorhandensein von Maxima im Beugungsbild bedeutet vom Standpunkt der Wellentheorie aus, daß diese Richtungen der größten Intensität der de Broglieschen Wellen entsprechen. Auf der anderen Seite erweist sich die Intensität der de Broglieschen Wellen also dort größer, wo eine größere Zahl von Teilchen existiert, d. h., die Intensität der de Broglieschen Wellen im gegebenen Punkt des Raumes wird durch die Zahl der Teilchen bestimmt, die auf diesen Punkt fallen. Danach stellt das Beugungsbild für Mikroteilchen eine Erscheinungsform der statistischen Gesetzmäßigkeiten (Wahrscheinlichkeit) dar, entsprechend der die Teilchen auf die Orte treffen, wo die Intensität der de Broglieschen Wellen am größten ist.

Die Notwendigkeit eines statistischen Zugangs zur Beschreibung der Mikroteilchen stellt die wichtigste Besonderheit der Quantentheorie dar. Kann man die de Broglieschen Wellen als Wahrscheinlichkeitswellen auslegen, d. h. sagen, daß die Wahrscheinlichkeit, ein Mikroteilchen in den verschiedenen Punkten des Raumes anzutreffen, sich nach dem Wellengesetz ändert? Solche Auslegung der de Broglieschen Wellen ist schon deshalb nicht richtig, da die Wahrscheinlichkeit ein Teilchen anzutreffen in einigen Orten des Raumes negativ werden kann, was keinen Sinn ergibt.

Um diese Schwierigkeiten auszuräumen, setzte der deutsche Physiker M. Born (1882–1970) 1926 voraus, daß sich nicht direkt die Wahrscheinlichkeit nach dem Wellengesetz ändert, wohl aber eine Größe, die **als Wahrscheinlichkeitsamplitude** genannt und mit $\Psi\,(x, y, z, t)$ bezeichnet wird. Diese Größe nennt man auch **Wellenfunktion** (oder **Psi-Funktion**). Die Wahrscheinlichkeitsamplitude ist komplex, und die Wahrscheinlichkeit W ist dann proportional zu ihrem Betragsquadrat:

$$W \sim |\Psi(x, y, z, t)|^2 \tag{216.1}$$

($|\Psi|^2 = \Psi\Psi^*$, Ψ^* ist dabei die zu Ψ konjugiert komplexe Funktion). Das Bedeutet, daß die Beschreibung eines Zustandes des Mikroobjektes mit Hilfe der Wellenfunktion einen **statistischen Wahrscheinlichkeitscharakter** besitzt. Das Betragsquadrat der Wellenfunktion (das Betragsquadrat der Amplitude der de Broglieschen Wellen) bestimmt die Wahrscheinlichkeit, ein Teilchen zum Zeitpunkt t im Bereich mit den Koordinaten x und $x + dx$, y und $y + dy$, z und $z + dz$ zu finden.

In der Quantenmechanik wird der Zustand eines Mikroteilchens prinzipiell auf eine neue Art und Weise beschrieben – mit Hilfe der Wellenfunktion, die den *Grundträger der Information* über seine Teilchen- und Welleneigenschaften darstellt. Die Wahrscheinlichkeit, ein Teilchen im Volumenelement dV zu finden, ist gleich

$$dW = |\Psi|^2 \, dV. \tag{216.2}$$

Die Größe

$$|\Psi|^2 = \frac{dW}{dV}$$

(das Bestragsquadrat der Ψ-Funktion) ist eine **Wahrscheinlichkeitsdichte**, d. h., sie definiert die Wahrscheinlichkeit für das Vorhandensein eines Teilchens im Volumenelement in der Umgebung eines Punktes mit den Koordinaten x, y, z. Demnach besitzt nicht die Ψ-Funktion selbst einen physikalischen Sinn, wohl aber das Betragsquadrat $|\Psi|^2$, durch das die Intensität der de Broglieschen Wellen gegeben wird.

Die Wahrscheinlichkeit, ein Teilchen zum Zeitpunkt t im begrenzten endlichen Volumen V zu finden, ist entsprechend dem Additionstheorem der Wahrscheinlichkeiten gleich

$$W = \int\limits_V dW = \int\limits_V |\Psi|^2 \, dV.$$

Da $|\Psi|^2 \, dV$ als Wahrscheinlichkeit definiert ist, ist es notwendig, die Wellenfunktion zu normieren, damit die Wahrscheinlichkeit eines sicheren Ereignisses gleich eins ist, wenn als Volumen das Volumen des gesamten Raumes angenommen wird. Das bedeutet, daß sich das Teilchen irgendwo im Raum befindet. Folglich ist die **Normierungsbedingung der Wahrscheinlichkeiten**

$$\int\limits_{-\infty}^{\infty} |\Psi|^2 \, dV = 1, \tag{216.3}$$

wobei das gegebene Integral (216.3) über den gesamten Raum genommen wird, d.h. in allen drei Koordinaten x, y, z von $-\infty$ bis $+\infty$.

Die Bedingung (216.3) bedeutet die objektive Existenz eines Teilchens im Raum.

Damit die Wellenfunktion eine objektive Charakteristik des Zustandes eines Mikroteilchens darstellt, muß sie einer Reihe von Grenzbedingungen genügen. Die Funktion Ψ, die die Wahrscheinlichkeit, ein Mikroteilchen im Volumenelement zu finden, muß *endlich* sein (die Wahrscheinlichkeit darf nicht größer als eins sein), *eindeutig* (eine zweideutige Wahrscheinlichkeit kommt nicht in Frage) und *stetig* (die Wahrscheinlichkeit kann sich nicht sprunghaft ändern).

Die Wellenfunktion genügt dem **Prinzip der Superposition**: Wenn sich ein System in den verschiedenen Zuständen befinden kann, beschrieben durch die Wellenfunktionen Ψ_1, Ψ_2, ..., Ψ_n, ..., so kann es sich auch im Zustand Ψ befinden, beschrieben durch eine Linearkombination dieser Funktionen:

$$\Psi = \sum_n C_n \Psi_n,$$

wobei C_n ($n = 1, 2, \ldots$) willkürliche, allgemein gesagt, komplexe Zahlen sind. Die Summierung der *Wellenfunktionen* (der Wahrscheinlichkeitsamplituden) und nicht der *Wahrscheinlichkeiten* (bestimmt durch die Betragsquadrate der Wellenfunktionen) unterscheidet prinzipiell die Quantentheorie von der klassischen statistischen Theorie, in der für unabhängige Ereignisse das *Additionstheorem der Wahrscheinlichkeiten* gilt.

Die Wellenfunktion Ψ, die die grundlegende Zustandscharakteristik von Mikroobjekten darstellt, ermöglicht es in der Quantenmechanik, die Mittelwerte physikalischer Größen zu errechnen, die das entsprechende Mikroobjekt charakterisieren. Zum Beispiel ist der mittlere Abstand $\langle r \rangle$ des Elektrons vom Kern gleich

$$\langle r \rangle = \int\limits_{-\infty}^{+\infty} r\,|\Psi|^2 \, dV,$$

wobei die Integration genau so geführt wird wie im Falle (216.3).

§ 217   Die Schrödinger-Gleichung für die stationären Zustände

Die statistische Auslegung der de Broglieschen Wellen (siehe § 216) und die Heisenbergsche Unschärferelation (siehe § 215) führten zu den Schlußfolgerungen, daß die Bewegungsgleichung in der Quantenmechanik eine Gleichung sein sollte, aus der die im Experiment beobachteten Welleneigenschaften der Teilchen folgen. Die Grundgleichung sollte eine Gleichung bezüglich der Wellenfunktion $\Psi\,(x, y, z, t)$ sein, so daß sie oder, genauer gesagt, die Größe $|\Psi|^2$ die Aufenthaltswahrscheinlichkeit für das Teilchen zum Zeitpunkt t im Volumen dV, d.h. im Bereich mit den Koordinaten x und $x + dx$, y und $y + dy$, z

und $z + dz$, beschreibt. Da die gesuchte Gleichung die Welleneigenschaften der Teilchen berücksichtigen sollte, muß sie eine **Wellengleichung** sein, ähnlich der Gleichung, welche die elektromagnetischen Wellen beschreibt.

Die Grundgleichung der nichtrelativistischen Quantenmechanik wurde 1926 von E. Schrödinger formuliert. Die Schrödinger-Gleichung wie auch alle Grundgleichungen der Physik (zum Beispiel die Newtonschen Axiome in der klassischen Mechanik und die Maxwellschen Gleichungen für das elektromagnetische Feld) werden nicht hergeleitet, sondern postuliert. Die Richtigkeit dieser Gleichungen wird durch die Übereinstimmung der durch sie erhaltenen Resultate mit dem Experiment gegeben, was ihr den Charakter eines Naturgesetzes verleiht. Die Schrödinger-Gleichung besitzt folgende Form

$$-\frac{\hbar^2}{2m}\Delta\Psi + U(x,y,z,t)\Psi = i\hbar\frac{\partial\Psi}{\partial t}, \tag{217.1}$$

dabei ist $\hbar = h/(2\pi)$, m die Teilchenmasse, Δ der Laplace-Operator ($\Delta\Psi = \partial^2\Psi/\partial x^2 + \partial^2\Psi/\partial y^2 + \partial^2\Psi/\partial z^2$), i die imaginäre Einheit, $U(x,y,z,t)$ die Potentialfunktion des Kraftfeldes, in dem sich das Teilchen bewegt, $\Psi(x,y,z,t)$ die gesuchte Wellenfunktion des Teilchens.

Die Gl. (217.1) gilt für ein beliebiges Teilchen (mit dem Spin gleich Null; siehe § 225), das sich mit geringer (im Vergleich zur Lichtgeschwindigkeit) Geschwindigkeit bewegt, d. h. mit einer Geschwindigkeit $v \ll c$. Sie wird ergänzt durch die Bedingungen, die an die Wellenfunktion gestellt werden: 1) die Wellenfunktion muß endlich, eindeutig und stetig sein (siehe § 216); 2) die Ableitungen $\partial\Psi/\partial x$, $\partial\Psi/\partial y$, $\partial\Psi/\partial z$ und $\partial\Psi/\partial t$ müssen stetig sein; 3) die Funktion $|\Psi|^2$ muß integrierbar sein. Dadurch läßt sich in den einfachsten Fällen die Bedingung der Wahrscheinlichkeitsnormierung (216.3) erfüllen.

Um zu der Schrödinger-Gleichung zu kommen, betrachten wir ein sich frei bewegendes Teilchen, dem entsprechend der Idee von de Broglie eine ebene Welle gegenübergestellt wird. Der Einfachheit halber betrachten wir den eindimensionalen Fall. Die Gleichung der ebenen Welle, die sich entlang der x-Achse ausbreitet, besitzt die Form (siehe § 154)

$$\xi(x,t) = A\cos(\omega t - kx)$$

oder in der komplexen Schreibweise

$$\xi(x,t) = Ae^{i(\omega t - kx)}.$$

Folglich besitzt die ebene de Brogliesche Welle folgende Form

$$\Psi = Ae^{-(i/\hbar)(Et - px)} \tag{217.2}$$

(es wurde berücksichtigt, daß $\omega = E/\hbar$, $k = p/\hbar$ ist). In der Quantenmechanik wird der Exponent mit dem Vorzeichen „Minus" genommen. Doch da nur $|\Psi|^2$ einen physikalischen Sinn ergibt (siehe (217.2)), ist das unbedeutend. Dann ist

$$\frac{\partial\Psi}{\partial t} = -\frac{i}{\hbar}E\Psi,$$

$$\frac{\partial^2\Psi}{\partial x^2} = \left(\frac{i}{\hbar}\right)^2 p^2\Psi = -\frac{1}{\hbar^2}p^2\Psi,$$

woraus folgt

$$E = -\frac{\hbar}{i}\frac{1}{\Psi}\frac{\partial\Psi}{\partial t} = \frac{1}{\Psi}i\hbar\frac{\partial\Psi}{\partial t},$$

$$p^2 = -\frac{1}{\Psi}\hbar^2\frac{\partial^2\Psi}{\partial x^2}. \tag{217.3}$$

Benutzt man die Beziehung zwischen der Energie E und dem Impuls p ($E = p^2/(2m)$) und setzt es in (217.3) ein, so erhalten wir die Differentialgleichung

$$-\frac{\hbar^2}{2m}\frac{\partial^2\Psi}{\partial x^2} = i\hbar\frac{\partial\Psi}{\partial t},$$

die mit (217.1) für den Fall $U = 0$ zusammenfällt (wir betrachteten ein freies Teilchen).

Wenn sich das Teilchen in einem Kraftfeld bewegt, das durch die potentielle Energie U charakterisiert ist, so setzt sich die Gesamtenergie E aus der kinetischen und der potentiellen Energie zusammen. Analoge Betrachtungen führen mit der Wechselbeziehung zwischen E und p für diesen Fall $p^2/(2m) = E - U$ zu einer Differentialgleichung, die mit (217.1) zusammenfällt.

Die angeführten Betrachtungen dürfen nicht als Herleitung der Schrödinger-Gleichung aufgefaßt werden. Sie erklären lediglich, wie man zu dieser Gleichung kommen kann. Der Beweis für die Richtigkeit der Schrödinger-Gleichung ist die Übereinstimmung der Schlußfolgerungen, zu denen sie führt, mit dem Experiment.

Die Gl. (217.1) stellt die **allgemeine Schrödinger-Gleichung** dar. Sie nennt man auch die **zeitabhängige Schrödinger-Gleichung**. Für viele physikalische Erscheinungen, die in der Mikrowelt stattfinden, kann die Gl. (217.1) vereinfacht werden, indem man die Abhängigkeit Ψ von der Zeit nicht benützt. Mit anderen Worten ist die Schrödinger-Gleichung für die stationären Zustände zu suchen – für die Zustände mit fixierten Energiewerten. Das ist möglich, wenn auch das Kraftfeld, in dem sich das Teilchen bewegt, stationär ist, d. h., die Funktion $U = U(x,y,z)$ nicht von der Zeit abhängt und den Sinn der potentiellen Energie besitzt. Im gegebenen Fall kann die Lösung der Schrödinger-Gleichung in Form eines Produktes zweier Funktionen dargestellt werden, von denen eine nur eine Funktion der Koordinaten ist, die andere nur der Zeit, wobei die Abhängigkeit von der Zeit durch den Multiplikator $e^{-i\omega t} = e^{-i(E/\hbar)t}$ ausgedrückt wird, so daß

$$\Psi(x,y,z,t) = \psi(x,y,z)e^{-i(E/\hbar)t} \tag{217.4}$$

ist, wobei E die Gesamtenergie des Teilchens ist, const im Falle eines stationären Feldes. Setzt man (217.4) in (217.1) ein, so erhalten wir

$$-\frac{\hbar^2}{2m}e^{-i(E/\hbar)t}\Delta\psi + U\psi e^{-i(E/\hbar)t}$$

$$= i\hbar\left(\frac{-iE}{\hbar}\right)\psi e^{-i(E/\hbar)t};$$

woraus wir nach Teilung durch den gemeinsamen Multiplikator $e^{-\mathrm{i}(E/\hbar)t}$ und entsprechenden Umwandlungen die Gleichung bekommen, welche die Funktion ψ definiert:

$$\Delta\psi + \frac{2m}{\hbar^2}(E - U)\psi = 0. \tag{217.5}$$

Die Gl. (217.5) nennt man die **stationäre Schrödinger-Gleichung**. Diese Gleichung enthält in Form eines Parameters die Gesamtenergie E des Teilchens. In der Theorie der Differentialgleichungen ist bewiesen, daß ähnliche Gleichungen eine unzählbare Menge an Lösungen besitzen, aus denen mittels auferlegter Grenzbedingungen die Lösungen ausgewählt werden, die einen physikalischen Sinn ergeben. Für die Schrödinger-Gleichung stellen die Bedingungen der Regularität der Wellenfunktion solche Bedingungen dar: Die Wellenfunktionen müssen endlich, eindeutig und stetig sein, zusammen mit ihren ersten Ableitungen. Danach besitzen nur solche Lösungen einen physikalischen Sinn, die durch reguläre Funktionen ψ ausgedrückt werden. Doch nicht beliebige Werte des Parameters E geben reguläre Lösungen, sondern lediglich ein bestimmter Satz von ihnen, der kennzeichnend für die gegebene Aufgabe ist. Diese Energiewerte nennt man **Eigenwerte**. Die Lösungen wiederum, die den *Eigenwerten* der Energie entsprechen, nennt man **Eigenfunktionen**. Die Eigenwerte E können sowohl eine stetige als auch eine diskrete Folge bilden. Im ersten Fall spricht man von einem **stetigen** oder **kontinuierlichen Spektrum**, im zweiten von einem **diskreten Spektrum**.

§ 218   Das Ursachenprinzip in der Quantenmechanik

Aus der Unschärferelation wird oft der idealistische Schluß von der Nichtanwendbarkeit des Ursachenprinzips auf Erscheinungen, die in der Mikrowelt stattfinden, gezogen. Das schließt man aus folgenden Überlegungen. In der klassischen Mechanik kann man entsprechend dem **Ursachenprinzip** – dem **Prinzip des klassischen Determinismus** – aus der Kenntnis des Zunstandes zu irgendeinem Zeitpunkt (dieser wird durch die Koordinaten und die Impulse aller Teilchen des Systems vollständig definiert) und anhand der an das System angelegten Kräfte absolut genau seinen Zustand in einem beliebigen folgenden Moment angeben. Also basiert die klassische Physik auf folgendem Ursachenverständnis: Der Zustand eines mechanischen Systems zum Anfangsmoment der Zeit mit bekanntem Wechselwirkungsgesetz der Teilchen ist Ursache, sein Zustand zu einem folgenden Moment ist Folge.

Auf der anderen Seite können Mikroobjekte nicht gleichzeitig sowohl definierte Koordinaten als auch eine entsprechende definierte Impulskomponente besitzen (das wird durch die Unschärferelation gegeben (215.1)). Deshalb wird auch die Schlußfolgerung gezogen, daß zum Anfangsmoment der Zeit der Zustand eines Systems nicht genau bestimmt werden kann. Wenn wiederum der Zustand eines Systems zum Anfangsmoment der Zeit nicht genau bestimmt werden kann, dann können auch nicht die folgenden Zustände vorhergesagt werden, d. h., es wird das Ursachenprinzip verletzt.

Jedoch ist es notwendig, sich darüber Rechenschaft abzulegen, daß gar keine Verletzung des Ursachenprinzips in bezug auf Mikroobjekte beobachtet wird, da in der Quantenmechanik der Begriff „Zustand eines Mikroobjektes" einen vollständig anderen Sinn besitzt als in der klassischen Mechanik. In der Quantenmechanik wird der Zustand eines Mikroobjektes vollständig durch die Wellenfunktion $\Psi(x,y,z,t)$ definiert, deren Betragsquadrat $|\Psi(x,y,z,t)|^2$ die Wahrscheinlichkeitsdichte für das Auffinden eines Teilchens im Punkt mit den Koordinaten x, y, z ergibt.

Die Wellenfunktion $\Psi(x,y,z,t)$ ihrerseits genügt der Schrödinger-Gleichung (217.1), welche die erste Ableitung der Funktion Ψ nach der Zeit enthält. Das wiederum bedeutet, daß die Angabe der Funktion Ψ_0 (für den Zeitpunkt t_0) seinen Wert in den folgenden Momenten definiert. Folglich ist in der Quantenmechanik der Anfangszustand Ψ_0 Ursache, der Zustand Ψ zum folgenden Moment Folge. Das ist auch die Form des Ursachenprinzips in der Quantenmechanik, d. h., die Vorgabe der Funktion Ψ_0 bestimmt seine Werte für jeden beliebigen Folgemoment im voraus. Danach folgt der Zustand eines Systems von Mikroteilchen, der in der Quantenmechanik definiert ist, eindeutig aus dem vorhergehenden Zustand, so wie es das Ursachenprinzip fordert.

§ 219   Die Bewegung freier Teilchen

Das freie Teilchen ($U(x) = 0$) ist ein Teilchen, das sich ohne die Einwirkung äußerer Felder bewegt. Da für ein freies Teilchen (nehmen wir an, es bewegt sich entlang der x-Achse) die potentielle Energie $U(x) = $ const ist, kann man sie auch gleich Null setzen. Damit fällt die Gesamtenergie des Teilchens mit seiner kinetischen zusammen. Dann nimmt die Schrödinger-Gleichung (217.5) für die stationären Zustände folgende Form an

$$\frac{\partial^2\psi}{\partial x^2} + \frac{2m}{\hbar^2}E\psi = 0. \tag{219.1}$$

Durch direktes Einsetzen kann man sich davon überzeugen, daß die Funktion $\psi(x) = Ae^{\mathrm{i}kx}$ eine Lösung der Gl. (219.1) darstellt, wobei $A = $ const und $k = $ const sind, mit den Energieeigenwerten

$$E = \frac{\hbar^2 k^2}{2m}. \tag{219.2}$$

Die Funktion $\psi(x) = Ae^{\mathrm{i}kx} = Ae^{(\mathrm{i}/\hbar)\sqrt{2mEx}}$ stellt nur den Ortsanteil der Wellenfunktion $\Psi(x,t)$ dar. Deshalb ist die von der Zeit abhängige Wellenfunktion entsprechend (217.4)

$$\Psi(x,t) = Ae^{-\mathrm{i}\omega t + \mathrm{i}kx} = Ae^{-(\mathrm{i}/\hbar)(Et - p_x x)} \tag{219.3}$$

(hier sind $\omega = E/\hbar$ und $k = p_x/\hbar$). Die Funktion (219.3) stellt eine ebene monochromatische de Brogliesche Welle dar (siehe (217.2)).

Aus (219.2) folgt, daß die Abhängigkeit der Energie vom Impuls

$$E = \frac{\hbar^2 k^2}{2m} = \frac{p_x^2}{2m}$$

dieselbe ist wie für nichtrelativistische Teilchen in der Mechanik. Folglich kann die Energie eines freien Teilchens beliebige Werte annehmen (so wie die Wellenzahl k beliebige positive Werte annehmen kann), d. h., ihr energetisches Spektrum ist **stetig**.

Danach beschreibt ein freies Quantenteilchen eine ebene monochromatische de Brogliesche Welle. Die Wahrscheinlichkeitsdichte für das Auffinden eines Teilchens in einem beliebigen Raumpunkt ist nicht von der Zeit abhängig und in jedem Raumpunkt gleich

$$|\Psi|^2 = \Psi\Psi^* = |A|^2,$$

d. h., alle Lagen eines freien Teilchens sind im Raum gleichwahrscheinlich.

§ 220   Das Teilchen im eindimensionalen rechteckigen Potentialkasten mit unendlich hohen Wänden

Führen wir jetzt eine qualitative Analyse der Schrödinger-Gleichung durch, angewandt auf ein Teilchen im eindimensionalen rechteckigen Potentialkasten mit unendlich hohen Wänden. Solcher Kasten wird durch die potentielle Energie in der Form (der Einfachheit halber nehmen wir an, daß das Teilchen sich entlang der x-Achse bewegt)

$$U(x) = \begin{cases} \infty, & x < 0, \\ 0, & 0 \leqq x \leqq l, \\ \infty, & x > l \end{cases}$$

beschrieben, wobei l die Kastenbreite ist und die Energie vom Kastenboden aus gerechnet wird (Bild 220.1).

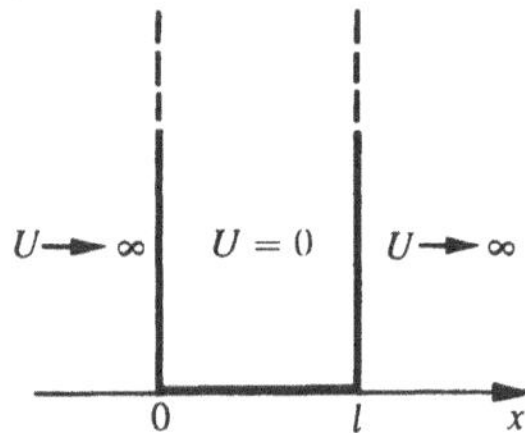

Bild 220.1

Die Schrödinger-Gleichung (217.5) für die stationären Zustände wird für den Fall des eindimensionalen Problems in folgender Form niedergeschrieben

$$\frac{\partial^2 \psi}{\partial x^2} + \frac{2m}{\hbar^2}(E - U)\psi = 0. \tag{220.1}$$

Laut Bedingung der Aufgabe (unendlich hohe Wände) ist das Teilchen im Kasten „eingesperrt", weshalb die Wahrscheinlichkeit für ein Auffinden (und folglich auch die Wellenfunktion) außerhalb des Kastens gleich Null ist. An den Grenzen des Kastens (bei $x = 0$ und $x = l$) muß die stetige Wellenfunktion

wegen ihrer Stetigkeit ebenfalls Null annehmen. Folglich besitzen die Grenzbedingungen in diesem Fall die Form

$$\psi(0) = \psi(l) = 0. \tag{220.2}$$

Innerhalb der Grenzen des Kastens ($0 \leq x \leq l$) führt die Schrödinger-Gleichung (220.1) zur Gleichung

$$\frac{\partial^2 \psi}{\partial x^2} + \frac{2m}{\hbar^2}E\psi = 0$$

oder

$$\frac{\partial^2 \psi}{\partial x^2} + k^2 \Psi = 0, \tag{220.3}$$

wobei

$$k^2 = \frac{2mE}{\hbar^2} \tag{220.4}$$

ist. Die allgemeine Lösung der Differentialgleichung (220.3) ist:

$$\psi(x) = A \sin kx + B \cos kx.$$

Da laut (220.2) $\psi(0) = 0$ ist, so ist $B = 0$. Dann ist

$$\psi(x) = A \sin kx. \tag{220.5}$$

Die Bedingung $\psi(l) = A \sin kl = 0$ (220.2) wird nur bei $kl = n\pi$ erfüllt, wobei n ganze Zahlen sind, d. h., notwendig dafür ist, daß gilt

$$k = \frac{n\pi}{l}. \tag{220.6}$$

Aus (220.4) und (220.6) folgt, daß

$$E_n = \frac{\pi^2 \hbar^2}{2ml^2}n^2 \quad (n = 1, 2, 3, \ldots) \tag{220.7}$$

ist, d. h., die stationäre Schrödinger-Gleichung, welche die Bewegung eines Teilchens im Potentialkasten mit unendlich hohen Wänden beschreibt, wird nur bei den Eigenwerten E_n in Abhängigkeit von der ganzen Zahl n erfüllt. Folglich nimmt die Energie E_n lediglich **diskrete Werte** an, d. h. **wird gequantelt**. Die Quantenwerte der Energie E_n nennt man **Energieniveaus**, und die Zahl n, welche die energetischen Niveaus durchzählt, nennt man **Hauptquantenzahl**. Danach kann sich ein Mikroteilchen im Potentialkasten mit unendlich hohen Wänden nur auf bestimmten energetischen Niveaus E_n aufhalten, oder, wie man sagt, das Teilchen befindet sich im Quantenzustand n.

Setzt man den Wert k aus (220.6) in (220.5) ein, so findet man die Eigenfunktionen:

$$\psi_n(x) = A \sin \frac{n\pi}{l}x.$$

Die Integrationskonstante A bestimmen wir aus der Normierungsbedingung (216.3), die für den gegebenen Fall in folgender Form geschrieben wird

$$A^2 \int_0^l \sin^2 \frac{n\pi}{l}x \, dx = 1.$$

Im Ergebnis der Integration erhalten wir $A = \sqrt{2/l}$, und die Eigenfunktionen besitzen damit folgende endgültige Form

$$\psi_n(x) = \sqrt{\frac{2}{l}} \sin \frac{n\pi}{l} x \quad (n = 1, 2, 3, \ldots). \tag{220.8}$$

Die Graphiken der Eigenfunktionen (220.8), die den Energieniveaus (220.7) bei $n = 1, 2, 3$ entsprechen, sind in Bild 220.2a angeführt. In Bild 220.2b ist die Wahrscheinlichkeitsdichte für das Auffinden eines Teilchens in verschiedenen Entfernungen von den Kastenwänden dargestellt (d. h. $|\psi_n(x)|^2 = \psi_n(x)\psi_n^*(x)$ für $n = 1, 2$ und 3). Aus der Abbildung folgt, daß zum Beispiel im Quantenzustand mit $n = 2$ sich das Teilchen nicht in der Mitte des Kastens aufhalten kann, wobei es zur selben Zeit gleich wahrscheinlich im linken wie auch im rechten Teil anzutreffen ist. Solches Verhalten des Teilchens weist darauf hin, daß die Vorstellungen von der Bahn eines Teilchens in der Quantenmechanik nicht stichhaltig sind.

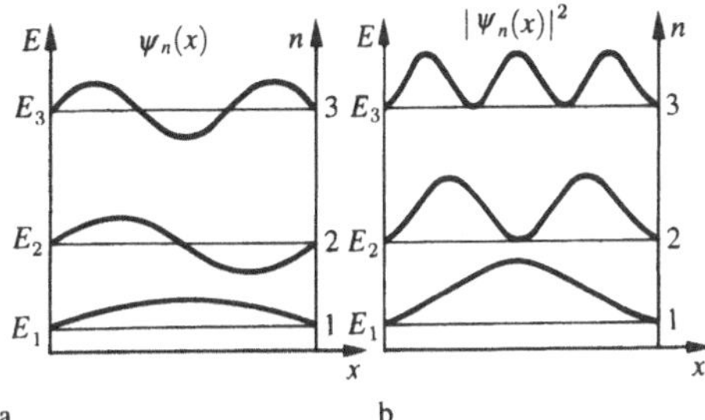

Bild 220.2

Aus (220.7) folgt, daß der Energieabstand zwischen zwei benachbarten Niveaus gleich

$$\Delta E_n = E_{n+1} - E_n$$
$$= \frac{\pi^2 \hbar^2}{2ml^2}(2n + 1) \approx \frac{\pi^2 \hbar^2}{ml^2} n \tag{220.9}$$

ist. Zum Beispiel ist für ein Elektron bei der Kastenbreite von $l = 10^{-1}$ m (freie Elektronen im Metall) $\Delta E_n \approx 10^{-35}n\,\mathrm{J} \approx 10^{-16}n\,\mathrm{eV}$ d. h., die energetischen Niveaus sind so eng gelegen, daß man das Spektrum praktisch als kontinuerlich ansehen kann. Wenn nun die Kastenabmessungen vergleichbar mit den atomaren ($l \approx 10^{-10}$ m) sind, so ist für das Elektron $\Delta E_n \approx 10^{-17}n\,\mathrm{J} \approx 10^2 n\,\mathrm{eV}$, d. h., wir erhalten klar getrennte diskrete Energiewerte (Linienspektrum). Danach führt die Anwendung der Schrödinger-Gleichung auf ein Teilchen im Potentialkasten mit unendlich hohen Wänden zu Quantenenergiewerten, während die klassische Mechanik der Energie keinerlei Begrenzungen auferlegen würde.

Außerdem führt die quantenmechanische Betrachtung dieser Aufgabe zu der Schlußfolgerung, daß ein Teilchen im Potentialkasten mit unendlich hohen Wänden keine Energie besitzen kann, die kleiner als die minimale Energie von $\pi^2 \hbar^2/(2ml^2)$ ist. Das Vorhandensein einer solchen, von Null verschiedenen minimalen Energie ist nicht zufällig und folgt aus der

Unschärferelation. Die Unschärfe der Koordinate Δx eines Teilchens im Kasten mit der Breite l beträgt $\Delta x = l$. Dann kann der Impuls laut Unschärferelation (215.1) keinen genauen, in diesem Fall verschwindenden, Wert besitzen. Die Unschärfe des Impulses ist $\Delta p \approx h/l$. Solcher Streuung der Impulswerte entspricht die kinetische Energie $E_{\min} \approx (\Delta p)^2/(2m) = h^2/(2ml^2)$. Alle anderen Niveaus ($n > 1$) besitzen eine Energie, die den minimalen Wert übersteigt.

Aus (220.9) und (220.7) folgt, daß bei großen Quantenzahlen ($n \gg 1$) $\Delta E_n/E_n \approx 2/n \ll 1$ ist, d. h., die benachbarten Niveaus sind eng beieinander gelegen: Je enger, desto größer ist n. Wenn n sehr groß ist, kann man praktisch von einer stetigen Folge der Niveaus sprechen, und die charakteristische Besonderheit der Quantenprozesse – die Diskretheit – wird verwischt. Dieses Ergebnis ist ein spezieller Fall des sogenannten **Ehrenfestschen Theorems**, wonach die Gesetze der Quantenmechanik bei großen Quantenzahlen in die Gesetze der klassischen Physik übergehen.

Eine **allgemeine Formulierung des Ehrenfestschen Theorems** lautet: Jede neue, allgemeinere Theorie stellt eine Entwicklung der klassischen Theorie dar, verdammt sie nicht vollständig, sondern schließt die klassische Theorie in sich mit ein, mit Hinweis auf die Grenzen ihrer Anwendbarkeit, wobei in bestimmten Grenzfällen die neue Theorie in die alte übergeht. So gehen die Formeln der Kinematik und Dynamik der Speziellen Relativitätstheorie bei $v \ll c$ in die Newtonsche Mechanik über. Obwohl zum Beispiel die Hypothese von de Broglie allen Körpern Welleneigenschaften zuschreibt, kann man sie in den Fällen, wenn wir es mit makroskopischen Körpern zu tun haben, vernachlässigen, d. h., man kann die klassische Newtonsche Mechanik anwenden.

§ 221   Durchgang eines Teilchens durch eine Potentialbarriere. Tunneleffekt

Betrachten wir eine rechteckige Potentialbarriere (Bild 221.1a) für die eindimensionale Bewegung (entlang der x-Achse) eines Teilchens. Für die rechteckige Potentialbarriere der Höhe U und der Breite l können wir schreiben

$$U(x) = \begin{cases} 0, & x < 0 & \text{(für den Bereich 1),} \\ U, & 0 \leq x \leq l & \text{(für den Bereich 2),} \\ 0, & x > l & \text{(für den Bereich 3).} \end{cases}$$

Bei den gegebenen Bedingungen geht das klassische Teilchen, das die Energie E besitzt, entweder über die Barriere (bei $E > U$), oder es wird von ihr reflektiert (bei $E < U$) und bewegt sich in die entgegengesetzte Richtung, d. h., es kann die Barriere nicht durchdringen. Ein Mikroteilchen wiederum weist sogar bei $E > U$ eine von Null verschiedene Wahrscheinlichkeit dafür auf, daß das Teilchen von der Barriere reflektiert wird und sich in die entgegengesetzte Richtung bewegen wird. Bei $E < U$ weist es auch eine von Null verschiedene Wahrscheinlichkeit dafür auf, daß es sich im Bereich von $x > l$ aufhält, d. h. die Barriere durchdringt. Ähnliche, so scheint es, paradoxe Schlußfolgerungen folgen direkt aus der Lösung der

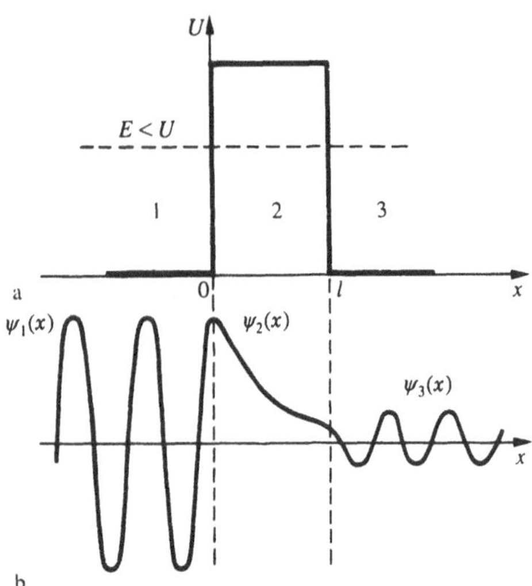

Bild 221.1

Schrödinger-Gleichung, welche die Bewegung des Teilchens bei den gegebenen Bedingungen der Aufgabe beschreibt.

Die Schrödinger-Gleichung (217.5) für die stationären Zustände besitzt für jeden der in Bild 221.1a hervorgehobenen Bereiche die Form

$$\frac{\partial^2 \psi_{1,3}}{\partial x^2} + k^2 \psi_{1,3} = 0$$

(für die Bereiche 1 und 3 gilt $k^2 = 2mE/\hbar^2$),

$$\frac{\partial^2 \psi_2}{\partial x^2} + q^2 \psi_2 = 0 \tag{221.1}$$

(für den Bereich 2 gilt $q^2 = 2m(E - U)/\hbar^2$).

Die allgemeinen Lösungen dieser Differentialgleichungen sind:

$$\psi_1(x) = A_1 e^{ikx} + B_1 e^{-ikx} \tag{221.2}$$

(für den Bereich 1),

$$\psi_2(x) = A_2 e^{iqx} + B_2 e^{-iqx}$$

(für den Bereich 2),

$$\psi_3(x) = A_3 e^{ikx} + B_3 e^{-ikx} \tag{221.3}$$

(für den Bereich 3).

Im speziellen wird die gesamte Wellenfunktion für den Bereich 1 entsprechend (217.4) folgende Form aufweisen

$$\Psi_1(x,t) = \psi_1(x)e^{-(i/\hbar)Et}$$
$$= A_1 e^{-(i/\hbar)(Et - p_1 x)} + B_1 e^{-(i/\hbar)(Et + p_1 x)}. \tag{221.4}$$

In diesem Ausdruck stellt das erste Glied eine ebene Welle vom Typ (219.3) dar, die sich in positiver Richtung der x-Achse ausbreitet (entspricht dem Teilchen, das sich auf die Barriere zu bewegt), das zweite Glied eine Welle, die sich in entgegengesetzter Richtung ausbreitet, d. h. von der Barriere reflektiert

wurde (entspricht dem Teilchen, das sich von der Barriere aus nach links bewegt).

Die Lösung (221.3) enthält ebenso Wellen (nach der Multiplikation mit dem Zeitmultiplikator), die sich in beide Richtungen ausbreiten. Jedoch enthält der Bereich 3 nur Wellen, die durch die Barriere gedrungen sind und sich von links nach rechts ausbreiten. Deshalb ist der Koeffizient B_3 in der Formel (221.3) gleich Null zu setzen.

Im Bereich 2 ist die Lösung für $E > U$ verschieden von der für $E < U$. Von physikalischem Interesse ist der Fall, wenn die Gesamtenergie des Teilchens kleiner ist als die Höhe der Potentialbarriere, da bei $E < U$ die Gesetze der klassischen Physik es dem Teilchen eindeutig nicht gestatten, die Barriere zu durchdringen. Im gegebenen Fall entsprechend (221.1) ist $q = i\beta$ eine imaginäre Zahl, wobei

$$\beta = \frac{\sqrt{2m(U - E)}}{\hbar}$$

ist. Mit dem Wert q und $B_3 = 0$ erhalten wir die Lösungen der Schrödinger-Gleichung für die drei Bereiche in der folgenden Form:

$$\psi_1(x) = A_1 e^{ikx} + B_1 e^{-ikx}$$

(für den Bereich 1),

$$\psi_2(x) = A_2 e^{-\beta x} + B_2 e^{\beta x} \tag{221.5}$$

(für den Bereich 2),

$$\psi_3(x) = A_3 e^{ikx}$$

(für den Bereich 3).

Im Bereich 2 entspricht die Funktion (221.5) schon nicht mehr ebenen Wellen, die sich in beide Richtungen ausbreiten, da die Exponenten nicht imaginär sind, sondern reell. Man kann zeigen, daß für den speziellen Fall einer hohen und breiten Barriere, wenn $\beta l \gg 1$ ist, $B_2 \approx 0$ ist.

Das qualitative Aussehen der Funktionen $\psi_1(x)$, $\psi_2(x)$ und $\psi_3(x)$ ist in Bild 221.1b gezeigt. Aus der Zeichnung folgt, daß die Wellenfunktion auch innerhalb der Barriere nicht Null ist und im Bereich 3, wenn die Barriere nicht sehr breit ist, wieder die Form de Brogliescher Wellen mit demselben Impuls besitzen wird, d. h. mit derselben Frequenz, aber mit kleinerer Amplitude. Folglich weist ein Teilchen eine von Null verschiedene Wahrscheinlichkeit der Durchdringung einer Barriere endlicher Breite auf.

In der Quantenmechanik gibt es also ein spezifisches quantenmechanisches Phänomen, das als **Tunneleffekt** bezeichnet wird und das Durchgehen (Durchsickern) von Mikroobjekten durch eine Potentialbarriere erlaubt.

Zur Beschreibung des Tunneleffektes nutzt man den **Transmissionskoeffizienten** (**Durchlässigkeit**) T der Potentialbarriere, der als die Beziehung der Flußdichte der durchgelassenen Teilchen zur Flußdichte der einfallenden Teilchen definiert ist. Man kann zeigen, daß

$$T = \frac{|A_3|^2}{|A_1|^2}.$$

Zur Bestimmung der Beziehung $|A_3/A_1|^2$ ist es notwendig, die Bedingungen der Stetigkeit für ψ und ψ' an den Grenzen der Barriere $x = 0$ und $x = l$ (Bild 221.1) zu nutzen:

$$\left\{ \begin{array}{l} \psi_1(0) = \psi_2(0), \\ \psi_1'(0) = \psi_2'(0), \\ \psi_2(l) = \psi_3(l), \\ \psi_2'(l) = \psi_3'(l). \end{array} \right. \tag{221.6}$$

Diese vier Bedingungen geben die Möglichkeit, die Koeffizienten A_2, A_3, B_1 und B_2 durch A_1 auszudrücken. Das gemeinsame Lösen der Gl. (221.6) für die rechteckige Potentialbarriere gibt (unter der Voraussetzung, daß der Transmissionskoeffizient klein im Vergleich zu eins ist)

$$T = T_0 \exp\left(-\frac{2}{\hbar}\sqrt{2m(U-E)}\,l\right), \tag{221.7}$$

wobei U die Höhe der Potentialbarriere, E die Energie des Teilchens, l die Breite der Barriere, T_0 ein konstanter Koeffizient, den man mit eins annehmen kann, ist. Aus (221.7) folgt, daß T stark von der Masse m des Teilchens, der Breite l der Barriere und von $(U - E)$ abhängt; je breiter die Barriere ist, desto geringer ist die Wahrscheinlichkeit des Durchgangs des Teilchens durch sie.

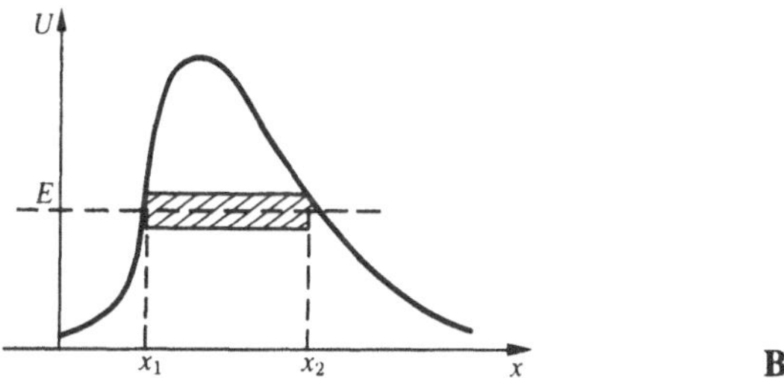

Bild 221.2

Für eine Potentialbarriere beliebiger Form (Bild 221.2), die den Bedingungen der sogenannten quasiklassischen Näherung (hinreichend glatte Form der Kurve) entspricht, erhalten wir

$$T = T_0 \exp\left[-\frac{2}{\hbar}\int_{x_1}^{x_2}\sqrt{2m(U-E)}\,dx\right],$$

wobei $U = U(x)$ ist.

Vom klassischen Standpunkt aus ist der Durchgang eines Teilchens durch die Potentialbarriere bei $E < U$ nicht möglich, da das Teilchen, das sich im Bereich der Barriere befindet, eine negative kinetische Energie besitzen müßte. Der Tunneleffekt ist ein spezifischer Quanteneffekt. Der Durchgang eines Teilchens durch einen Bereich, in den es entsprechend den Gesetzen der klassischen Mechanik nicht gelangen dürfte, kann mit der Unschärferelation erklärt werden. Die Unschärfe des Impulses Δp auf dem Abschnitt $\Delta x = l$ beträgt $\Delta p > h/l$. Die mit dieser Streuung des Impulses verbundene kinetische Energie $(\Delta p)^2/(2m)$ kann sich als hinreichend dafür erweisen, daß die Gesamtenergie des Teilchens größer als die potentielle ist.

Die Grundlagen der Theorie der Tunnelübergänge wurden in den Arbeiten von George Gamow (1928) gelegt. Der Tunneldurchgang durch eine Potentialbarriere bildet die Grundlage vieler Erscheinungen der Festkörperphysik (zum Beispiel die Effekte in der Kontaktschicht an der Grenze zweier Halbleiter), der Atom- und Kernphysik (zum Beispiel der α-Zerfall, der Verlauf von Kernreaktionen).

§ 222 Der lineare harmonische Oszillator in der Quantenmechanik

Als **linearen harmonischen Oszillator** bezeichnet man ein System, das unter Wirkung einer quasielastischen Kraft eine eindimensionale Bewegung vollzieht. Er stellt ein Modell dar, das in vielen Problemen der klassischen und Quantentheorie verwendet wird (siehe § 142). Federpendel, physikalisches und mathematisches Pendel sind Beispiele für klassische harmonische Oszillatoren.

Die potentielle Energie eines harmonischen Oszillators (siehe (141.5)) ist gleich

$$U = \frac{m\,\omega_0^2 x^2}{2}, \tag{222.1}$$

wobei ω_0 die Eigenfrequenz der Schwingungen des Oszillators und m die Masse des Teilchens ist. Die Abhängigkeit (222.1) besitzt die Form einer Parabel (Bild 222.1), d. h., der Potentialkasten ist in diesem Fall parabolisch.

Die Amplitude der kleinen Schwingungen des klassischen Oszillators wird durch seine Gesamtenergie bestimmt (siehe Bild 14.2). In den Punkten mit den Koordinaten $\pm x_{\max}$ ist die Gesamtenergie E gleich der potentiellen Energie. Deshalb kann vom klassischen Standpunkt aus das Teilchen nicht über die Grenzen des Bereiches hinausgehen $(-x_{\max}, +x_{\max})$. Solches Überschreiten würde bedeuten, daß seine potentielle Energie größer ist als die Gesamtenergie, was absurd ist, da es zu der Schlußfolgerung führt, daß die kinetische Energie negativ wurde. Danach befindet sich der klassische Oszillator in dem Potentialkasten mit den Koordinaten $-x_{\max} \leq x \leq +x_{\max}$, ohne daraus ausbrechen zu können.

Der harmonische Oszillator in der Quantenmechanik – **Quantenoszillator** – wird durch die Schrödinger-Gleichung beschrieben (217.5), wenn man (222.1) für die potentielle Energie berücksichtigt. Dann werden die stationären Zustände des Quantenoszillators durch die Schrödinger-Gleichung in der fol-

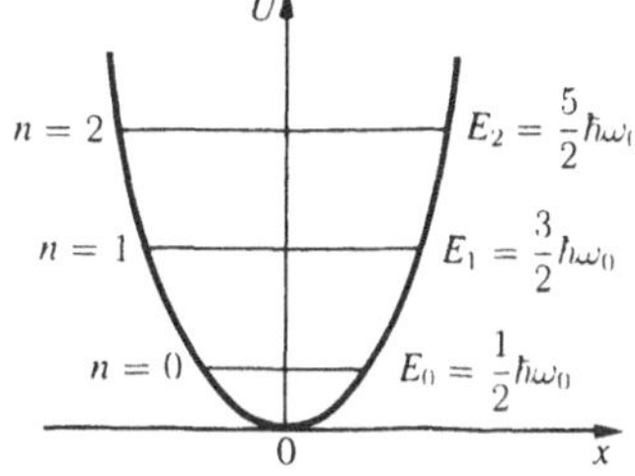

Bild 222.1

genden Form bestimmt

$$\frac{\partial^2 \psi}{\partial x^2} + \frac{2m}{\hbar^2}\left(E - \frac{m\,\omega_0^2 x^2}{2}\right)\psi = 0, \qquad (222.2)$$

wobei E die Gesamtenergie des Oszillators ist. In der Theorie der Differentialgleichungen wird bewiesen, daß die Gl. (222.2) nur bei den Eigenwerten der Energie

$$E_n = \left(n + \frac{1}{2}\right)\hbar\omega_0 \qquad (222.3)$$

eine Lösung besitzt. Die Formel (222.3) zeigt, daß die Energie des Quantenoszillators lediglich **diskrete Werte** besitzen kann, d. h. **gequantelt ist**. Die Energie ist wie im letzten Abschnitt (siehe § 220) nach unten begrenzt durch eine von Null verschiedene minimale Energie $E_0 = \hbar\omega_0/2$. Die Existenz einer minimalen Energie, die als **Nullpunktsenergie** bezeichnet wird, ist typisch für Quantensysteme und ist eine direkte Folgerung aus der Unschärferelation.

Das Vorhandensein der Nullpunktsenergie bedeutet, daß sich das Teilchen nicht auf dem Boden des Potentialkastens befinden kann, wobei diese Schlußfolgerung nicht von seiner Form abhängt. Tatsächlich ist der Fall auf den Kastenboden damit verbunden, daß der Impuls des Teilchens Null wurde und gleichzeitig auch seine Unschärfe. Dann wird die Koordinatenunschärfe beliebig groß, was seinerseits dem Aufenthalt des Teilchens im Potentialkasten widerspricht.

Das Vorhandensein einer Nullpunktsenergie des Quantenoszillators widerspricht den Schlußfolgerungen der klassischen Theorie, nach der die kleinste Energie, die ein Oszillator besitzen kann, gleich Null ist (das entspricht einem ruhenden Teilchen im Gleichgewicht). Zum Beispiel kommt die klassische Physik zu der Schlußfolgerung, daß bei $T = 0$ die Energie der Schwingungsbewegung der Atome eines Kristalls Null annehmen muß. Folglich verschwindet auch die Lichtstreuung, die durch die Schwingungen der Atome bedingt ist. Jedoch zeigt das Experiment, daß die Intensität der Lichtstreuung bei Temperaturabnahme nicht Null wird, sondern gegen einen bestimmten Grenzwert strebt, der darauf hinweist, daß bei $T \to 0$ die

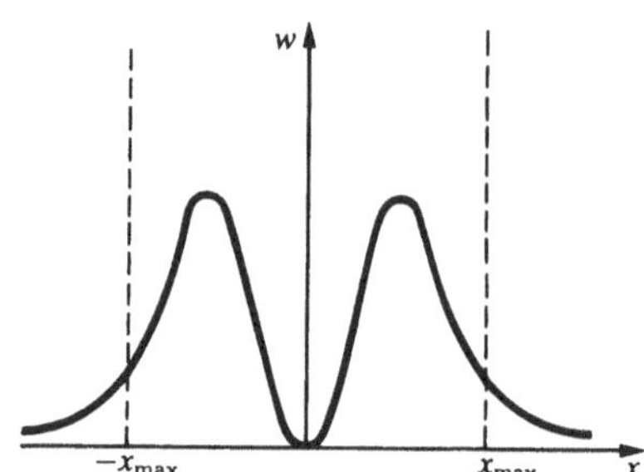

Bild 222.2

Schwingungen der Atome im Kristall nicht unterbunden werden. Das ist eine Bestätigung der Nullschwingungen.

Aus (222.3) folgt weiterhin, daß die Energieniveaus des linearen harmonischen Oszillators alle den gleichen Abstand besitzen (Bild 222.1). Und zwar ist der Abstand zwischen benachbarten Energieniveaus gleich $\hbar\omega_0$, wobei die minimale Energie gleich $E_0 = \hbar\omega_0/2$ ist.

Die strenge Lösung der Aufgabe des Quantenoszillators führt zu noch einem bedeutenden Unterschied von der klassischen Betrachtungsweise. Die quantenmechanische Berechnung zeigt, daß man ein Teilchen auch außerhalb des erlaubten Bereiches $|x| \leq x_{\max}$ finden kann (siehe Bild 14.2), während es laut der klassischen Theorie den Bereich $(-x_{\max}, +x_{\max})$ nicht verlassen darf. Dann existiert eine von Null verschiedene Wahrscheinlichkeit, das Teilchen in diesem Bereich aufzufinden, der klassisch gesehen verboten ist. Dieses Ergebnis (ohne seine Herleitung) ist in Bild 222.2 demonstriert, wo die Quantendichte der Wahrscheinlichkeit ω des Auffindens des Oszillators für den Zustand $n = 1$ angeführt ist. Aus der Zeichnung folgt, daß für den Quantenoszillator die Wahrscheinlichkeit ω tatsächlich einen endlichen Wert außerhalb des erlaubten Bereiches $|x| \leq x_{\max}$ besitzt, d. h. besitzt eine endliche (aber geringe) Wahrscheinlichkeit dafür, daß ein Teilchen im Bereich außerhalb des Potentialkastens aufgefunden wird. Die Existenz eines von Null verschiedenen Wertes ω außerhalb des Potentialkastens erklärt sich durch die Möglichkeit des Durchgangs von Mikroteilchen durch die Potentialbarriere (siehe § 221).

▶ Was definiert das Betragsquadrat der Wellenfunktion?

▶ Warum stellt die Quantenmechanik eine statistische Theorie dar?

▶ Worin besteht der Unterschied zwischen der klassischen und der Quantenmechanik?

▶ Wie ändert sich der Transmissionskoeffizient der Potentialbarriere, wenn sich seine Breite verdoppelt?

▶ Kann sich ein Teilchen auf dem Boden eines Potentialkastens aufhalten? Wird das durch die Form des Kastens bestimmt?

▶ Worin besteht der Unterschied in der quantenmechanischen und klassischen Beschreibung des harmonischen Oszillators, in den Herleitungen dieser Beschreibungen?

Aufgaben

28.1. Bestimmen Sie die de Brogliesche Wellenlänge λ des Elektrons, das eine Beschleunigungsspannung von 700 kV erfährt. [Lösung der Aufgabe s. S. 402]

28.2. Ein freies Teilchen bewegt sich mit der Geschwindigkeit u. Es ist zu zeigen, daß die Beziehung $v_{\text{phas}} u = c^2$ erfüllt wird.

28.3. Ein Elektronenstrahl wird in einer Elektronenstrahlröhre mit einem Potentialunterschied von $U = 0,5 \, \text{kV}$ beschleunigt. Vorausgesetzt, daß die Impulsunschärfe gleich 0,1 % von seinem zahlenmäßigen Wert ist, ist die Koordinatenunschärfe für das Elektron zu bestimmen. Stellt das Elektron im gegebenen Fall ein klassisches oder ein Quantenteilchen dar? [Lösung der Aufgabe s. S. 402]

28.4. Ein Elektron bewegt sich im Wasserstoffatom auf der ersten Bohrschen Umlaufbahn. Vorausgesetzt, daß die zulässige Unschärfe der Geschwindigkeit 1 % ihres zahlenmäßigen Wertes ausmacht, ist die Koordinatenunschärfe des Elektrons zu bestimmen. Kann in diesem Fall für das Elektron von einer Umlaufbahn gesprochen werden? [$\Delta x = 33 \, \text{nm}$; nein]

28.5. Die ψ-Funktion irgendeines Teilchens besitze die Form $\psi = A e^{-r/a}/r$, wobei r der Abstand dieses Teilchens von dem Kraftzentrum und a eine Konstante ist. Bestimmen Sie den mittleren Abstand $\langle r \rangle$ des Teilchens von dem Kraftzentrum. [$\langle r \rangle = a/2$]

28.6. Schreiben Sie die Schrödinger-Gleichung für die stationären Zustände des Elektrons nieder, das sich im Wasserstoffatom befindet.

28.7. Das Elektron im eindimensionalen rechteckigen Potentialkasten der Breite $l = 200 \, \text{pm}$ mit unendlich hohen Wänden befindet sich im angeregten Zustand ($n = 4$). Bestimmen Sie: 1) die minimale Energie des Elektrons; 2) die Wahrscheinlichkeit W dafür, daß das Elektron im ersten Viertel des Kastens anzutreffen ist. [Lösung der Aufgabe s. S. 402]

28.8. Ein Elektron befindet sich im eindimensionalen rechteckigen Potentialkasten der Breite l mit unendlich hohen Wänden. Bestimmen Sie die Wahrscheinlichkeit W für das Auffinden des Elektrons im mittleren Drittel des Kastens, wenn sich das Elektron im untesten angeregten Zustand befindet ($n = 2$). Erläutern Sie den physikalischen Sinn des Ergebnisses, indem Sie die Dichte der Wahrscheinlichkeit für das Auffinden des Elektrons im gegebenen Zustand graphisch darstellen. [$W = 0,195$]

28.9. Zwei Teilchen, Elektron und Proton, beide mit der Energie von $E = 5$ eV, bewegen sich in positiver Richtung der x-Achse und treffen dabei auf ihrem Weg auf eine rechtwinklige Potentialbarriere der Höhe $U = 10$ eV und der Breite $l = 1$ pm. Bestimmen Sie das Wahrscheinlichkeitsverhältnis des Durchgangs beider Teilchen durch diese Barriere. [Lösung der Aufgabe s. S. 403]

28.10. Eine rechteckige Potentialbarriere besitze die Breite von 0,1 nm. Bestimmen Sie den Energieunterschied $U - E$, bei dem die Wahrscheinlichkeit für den Durchgang des Elektrons durch die Barriere 0,99 beträgt (in eV). [0,1 meV]

Kapitel 29

Elemente der modernen Atom- und Molekülphysik

§ 223   Das Wasserstoffatom in der Quantenmechanik

Die Frage nach den Energieniveaus des Elektrons für das Wasserstoffatom (und weiter für wasserstoffähnliche Systeme: das Heliumion He^+, das zweifach ionisierte Lithium Li^{++} und andere) führt zu der Aufgabe von der Bewegung eines Elektrons im Coulombschen Feld des Kerns.

Die potentielle Energie der Wechselwirkung des Elektrons mit dem Kern, der die Ladung Ze trägt (für das Wasserstoffatom ist $Z = 1$), beträgt

$$U(r) = -\frac{Ze^2}{4\pi\varepsilon_0 r}, \tag{223.1}$$

wobei r der Abstand zwischen Elektron und Kern ist. Graphisch ist die Funktion $U(r)$ durch die fett gezeichnete Kurve in Bild 223.1 dargestellt. Mit abnehmendem r (bei Annäherung des Elektrons an den Kern) geht $U(r)$ gegen $-\infty$.

Der Zustand des Elektrons im Wasserstoffatom wird durch die Wellenfunktion ψ beschrieben, die der stationären Schrödinger-Gleichung (217.5) genügt und den Wert für das Potetial (223.1) berücksichtigt:

$$\Delta\psi + \frac{2m}{\hbar^2}\left(E + \frac{Ze^2}{4\pi\varepsilon_0 r}\right)\psi = 0, \tag{223.2}$$

wobei m die Masse des Elektrons und E die Gesamtenergie des Elektrons im Atom ist. Da das Feld, in dem sich das Elektron bewegt, zentralsymmetrisch ist, nutzt man zur Lösung von (223.2) gewöhnlich das sphärische Koordinatensystem: r, ϑ, φ. Ohne daß wir uns in die mathematische Lösung dieser Aufgabe vertiefen, begrenzen wir uns mit der Betrachtung der wichtigsten Ergebnisse, die aus ihr folgen, und erklären ihren physikalischen Sinn.

1. Energie. In der Theorie der Differentialgleichungen wird bewiesen, daß Gleichungen vom Typ (223.2) Lösungen, die den Forderungen der Eindeutigkeit, Endlichkeit und Stetigkeit der Wellenfunktion ψ genügen, nur bei folgenden Energieeigenwerten besitzen

$$E_n = -\frac{1}{n^2}\frac{Z^2 m e^4}{8 h^2 \varepsilon_0^2} \quad (n = 1, 2, 3, \ldots), \tag{223.3}$$

d. h. für einen diskreten Satz negativer Energiewerte.

Danach führt die Lösung der Schrödinger-Gleichung für das Wasserstoffatom wie auch im Falle des Potentialkastens mit unendlich hohen Wänden (siehe § 220) und des harmonischen Oszillators (siehe § 222) zum Auftreten diskreter Energieniveaus. Die möglichen Werte $E_1, E_2, E_3, \ldots$ sind in Bild 223.1 in Form horizontaler Geraden gezeigt. Das niedrigste Niveau E_1, das der minimal möglichen Energie entspricht, ist das **Grundniveau**. Alle anderen ($E_n > E_1$, $n = 2, 3, \ldots$) sind **angeregte Niveaus** (siehe § 212). Bei $E < 0$ ist die Bewegung des Elektrons eine **gebundene Bewegung** – es befindet sich innerhalb des hyperbolischen Potentialkastens. Aus der Zeichnung folgt, daß mit

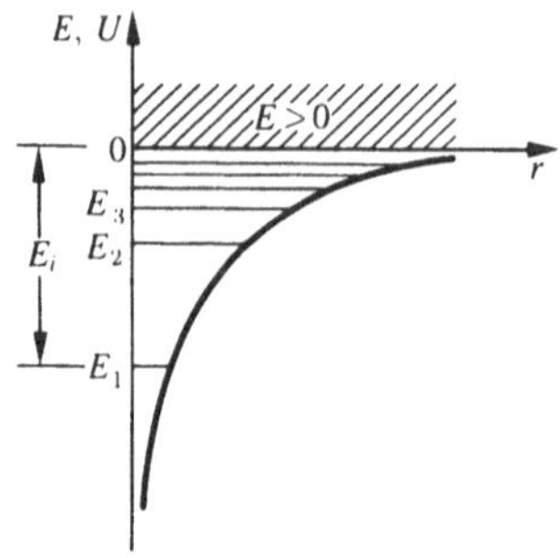

Bild 223.1

größer werdender Hauptquantenzahl n die Energieniveaus immer enger beieinander liegen, und bei $n = \infty$ ist $E_\infty = 0$. Bei $E > 0$ stellt die Bewegung des Elektrons eine **freie** Bewegung dar, der Bereich des stetigen Spektrums $E > 0$ (gestrichelt in Bild 223.1) entspricht dem **ionisierten Atom**. Die Ionisationsenergie des Wasserstoffatoms ist gleich

$$E_\mathrm{i} = -E_1 = \frac{me^4}{8h^2\varepsilon_0^2} = 13{,}55 \text{ eV}.$$

Der Ausdruck (223.3) fällt mit der Formel (212.3) zusammen, die von Bohr für die Energie des Wasserstoffatoms erhalten wurde. Jedoch, wenn Bohr nicht umhin kam, zusätzliche Hypothesen (Postulate) einzuführen, so folgen in der Quantenmechanik die diskreten Energiewerte direkt aus der Lösung der Schrödinger-Gleichung.

2. Die Quantenzahlen. Bei einer exakten mathematischen Behandlung des Problems erkennt man, daß der Schrödinger-Gleichung (223.2) die Eigenfunktionen $\psi_{nlm_l}(r,\vartheta,\varphi)$ genügen, die durch drei Quantenzahlen definiert sind: die Hauptquantenzahl n, die orbitale oder Drehimpulsquantenzahl l und die magnetische Quantenzahl m_l.

Die **Hauptquantenzahl** n definiert entsprechend (223.3) die **Energieniveaus des Elektrons** im Atom und kann beliebige ganzzahlige Werte (mit eins beginnend) annehmen:

$$n = 1, 2, 3, \dots$$

Aus der Lösung der Schrödinger-Gleichung folgt, daß der *Drehimpuls des Elektrons gequantelt wird*, d. h., er kann nur diskrete Werte annehmen, die durch folgende Formel bestimmt werden

$$L_e = \hbar\sqrt{l(l+1)}, \tag{223.4}$$

wobei l die **Drehimpulsquantenzahl** ist, die bei gegebenem n folgende Werte annimmt

$$l = 0, 1, \dots, (n-1), \tag{223.5}$$

d. h. insgesamt n Werte, und legt das **Impulsmoment des Elektrons** im Atom fest.

Aus der Lösung der Schrödinger-Gleichung folgt weiter, daß der Vektor L_e des Bahndrehimpulses des Elektrons lediglich solche Orientierungen im Raum besitzen kann, bei denen seine Projektion L_{ez} auf die Richtung z des äußeren Magnetfeldes solche gequantelten Werte annimmt, die ein Vielfaches von $\hbar$ sind

$$L_{ez} = \hbar m_l, \tag{223.6}$$

wobei m_l die **magnetische Quantenzahl** ist. Sie kann bei gegebenem l folgende Werte annehmen

$$m_l = 0, \pm 1, \pm 2, \dots, \pm l, \tag{223.7}$$

d. h. insgesamt $2l + 1$ Werte. Danach bestimmt *die magnetische Quantenzahl m_l die Projektion des Bahndrehimpulses des Elektrons auf die gegebene Richtung*, wobei der Vektor des Bahndrehimpulses des Elektrons im Atom $2l + 1$ Orientierungen besitzen kann.

Die Existenz der Quantenzahl m_l muß im Magnetfeld zur Aufspaltung des Niveaus mit der Hauptquantenzahl n in $2l + 1$ Unterniveaus führen. Entsprechend wird auch im Spektrum des Atoms eine Aufspaltung der Spektrallinien beobachtet. Die Aufspaltung der Energieniveaus wurde 1896 durch den niederländischen Physiker P. Zeeman (1865–1945) entdeckt und erhielt die Bezeichnung **Zeeman-Effekt**. Die Aufspaltung der Energieniveaus im äußeren elektrischen Feld, die ebenfalls experimentell bewiesen wurde, nennt man zu Ehren des deutschen Physikers J. Stark (1874–1957) den **Stark-Effekt**.

Wenn auch die Energie des Elektrons (223.3) nur von der Hauptquantenzahl n abhängt, so entsprechen jedem Eigenwert E_n (außer E_1) verschiedene Eigenfunktionen ψ_{nlm_l}, die sich in den Werten l und m_l unterscheiden. Folglich kann sich das Elektron in verschiedenen Zuständen befinden (man spricht von „erwarteten" Zuständen). Da bei gegebenem n die Drehimpulsquantenzahl l sich von 0 bis $n - 1$ ändern kann (siehe (223.5)), aber jedem Wert von l $2l + 1$ unterschiedliche Werte m_l entsprechen, ist die Zahl der unterschiedlichen Zustände, die dem gegebenen n entsprechen, gleich

$$\sum_{l=0}^{n-1} (2l + 1) = n^2. \tag{223.8}$$

Die Quantenzahlen und ihre Werte stellen eine Folgerung aus den Lösungen der Schrödinger-Gleichung und den Bedingungen der Eindeutigkeit, Stetigkeit und Endlichkeit der Wellenfunktion ψ dar. Außerdem widersprechen bei der Bewegung des Elektrons im Atom die Welleneigenschaften überhaupt den klassischen Vorstellungen von den Elektronenbahnen. Nach der Quantenmechanik entspricht die Wellenfunktion jedem Energieniveau, deren Betragsquadrat die Wahrscheinlichkeit für das Auffinden des Elektrons im Volumenelement definiert.

Die Wahrscheinlichkeit für das Auffinden des Elektrons in verschiedenen Bereichen des Atoms ist unterschiedlich. Das Elektron bildet eine Elektronenwolke bei seiner Bewegung, so als ob es über das ganze Volumen verteilt wurde. Die Dichte dieser Wolke charakterisiert die Wahrscheinlichkeit, daß sich das Elektron in den verschiedenen Punkten des Atomvolumens befindet.

Die Quantenzahlen n und l charakterisieren die Größe und die Form der Elektronenwolke, die Quantenzahl m_l charakterisiert die Orientierung der Elektronenwolke im Raum.

In der Atomphysik nennt man in Analogie zu der Spektroskopie den Zustand des Elektrons, der durch die Quantenzahlen $l = 0$ charakterisiert wird, s-Zustand (das Elektron in diesem Zustand nennt man s-Elektron), $l = 1$ heißt p-Zustand, $l = 2$ d-Zustand, $l = 3$ f-Zustand usw. Der Wert der Hauptquantenzahl wird vor der entsprechenden vereinbarten Bezeichnung der Drehimpulsquantenzahl angegeben. Zum Beispiel werden die Elektronen in den Zuständen mit $n = 2$ und $l = 0$ und 1 entsprechend mit den Symbolen $2s$ und $2p$ bezeichnet.

In Bild 223.2 ist als Beispiel die Verteilung der Elektronendichte (der Form der Elektronenwolke) für die Zustände des Wasserstoffatoms bei $n = 1$ und $n = 2$, die $|\psi_{nlm_l}|^2$ bestimmt,

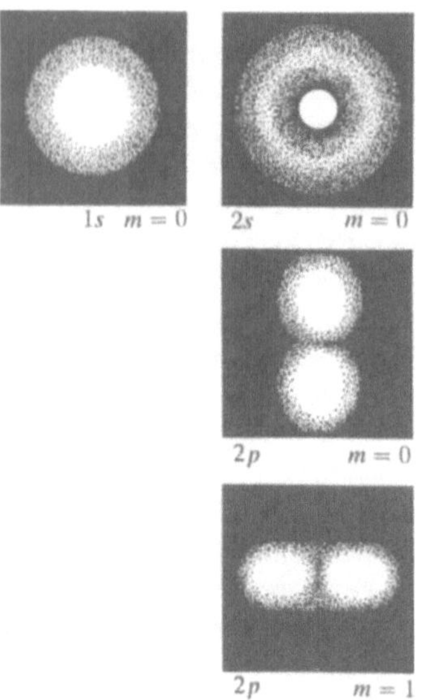

Bild 223.2

angegeben. Wie aus der Abbildung ersichtlich ist, hängt sie von n, l und m_l ab. So ist bei $l = 0$ die Elektronendichte verschieden von Null im Zentrum und hängt nicht von der Richtung ab (sie ist sphärisch-symmetrisch). Für die anderen Zustände aber ist sie im Zentrum gleich Null und hängt von der Richtung ab.

3. Spektrum. Die Quantenzahlen n, l und m_l gestatten es, das Emissions-(Absorptions-)spektrum des Wasserstoffatoms vollständiger zu beschreiben, als das in der Bohrschen Theorie erhaltene (siehe Bild 212.1).

In der Quantenmechanik werden **Auswahlregeln** eingeführt, welche die Zahl der möglichen Elektronenübergänge im Atom begrenzen, die mit Emission und Absorption von Licht verbunden sind. Theoretisch ist bewiesen und auch experimentell bestätigt, daß für die Dipolstrahlung des Elektrons, das sich im zentral-symmetrischen Feld des Kerns bewegt, nur solche Übergänge realisiert werden können, für die: 1) die Änderung

der Drehimpulsquantenzahl Δl folgender Bedingung genügt

$$\Delta l = \pm 1; \tag{223.9}$$

2) die Änderung der magnetischen Quantenzahl Δm_l folgender Bedingung genügt

$$\Delta m_l = 0, \ \pm 1.$$

In den optischen Spektren werden die angeführten Auswahlregeln im allgemeinen erfüllt. Im Prinzip können jedoch auch schwache „verbotene" Linien beobachtet werden, zum Beispiel solche, die bei Übergängen mit $\Delta l = 2$ entstehen. Das Erscheinen dieser Linien wird damit erklärt, daß eine strenge Theorie, die Dipolübergänge verbietet, Übergänge erlaubt, die der Strahlung komplizierter Ladungssysteme entsprechen, zum Beispiel der von Quadrupolfeldern. Die Wahrscheinlichkeit von Quadrupolübergängen (Übergängen mit $\Delta l = 2$) wiederum ist um ein Vielfaches kleiner als die Wahrscheinlichkeit von Dipolübergängen. Deshalb sind die „verbotenen" Linien auch schwach ausgeprägt.

Betrachten wir die Spektrallinien des Wasserstoffatoms (Bild 223.3) und berücksichtigen die Zahl der möglichen Übergänge, die dem gegebenen n entsprechen, und die Auswahlregel (223.9):

Die Lyman-Serie entspricht den Übergängen

$$np \to 1s \quad (n = 2, 3, \ldots);$$

die Balmer-Serie

$$np \to 2s, \quad ns \to 2p, \quad nd \to 2p \quad (n = 3, 4, \ldots)$$

usw.

Der Übergang des Elektrons aus dem Grundzustand in den angeregten liegt in der Energiezunahme des Atoms begründet und kann nur bei Energiezufuhr von außen her stattfinden, zum Beispiel infolge Absorption eines Photons durch das Atom. Da sich das absorbierende Atom gewöhnlich im Grundzustand befindet, muß das Spektrum des Wasserstoffatoms aus einzelnen Linien bestehen, die den Übergängen $1s \to np$ ($n = 2, 3, \ldots$) entsprechen, was sich in voller Übereinstimmung mit dem Experiment befindet.

§ 224   Der Grundzustand des Elektrons im Wasserstoffatom

Der $1s$-Zustand des Elektrons im Wasserstoffatom ist sphärisch-symmetrisch, d. h., er hängt nicht von den Winkeln ϑ und φ ab. Die Wellenfunktion ψ des Elektrons in diesem Zustand wird nur durch den Abstand r des Elektrons vom Kern bestimmt, d. h. $\psi = \psi_{100}(r)$, wobei die Ziffern 100 entsprechend darauf hinweisen, daß $n = 1$, $l = 0$ und $m_l = 0$ ist. Die Schrödinger-Gleichung für den $1s$-Zustand des Elektrons im Wasserstoffatom genügt der Funktion der Form

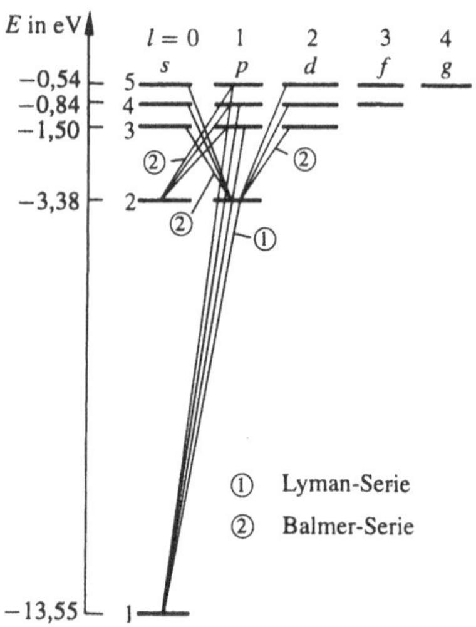

Bild 223.3

$$\psi = Ce^{-r/a}, \tag{224.1}$$

wobei, wie man zeigen kann, $a = \hbar^2 4\pi\varepsilon_0/(me^2)$ eine Größe ist, die mit dem ersten Bohrschen Radius a (siehe (212.2)) für das Wasserstoffatom zusammenfällt. C ist Konstante, die aus der Normierungsbedingung der Wahrscheinlichkeiten (216.3) bestimmt werden kann.

Dank der sphärischen Symmetrie der ψ-Funktion ist die Wahrscheinlichkeit für das Auffinden eines Elektrons im Abstand r in alle Richtungen gleich. Deshalb stellt man das Volumenelement dV, das einer einheitlichen Wahrscheinlichkeitsdichte entspricht, gewöhnlich in Form des Volumens einer sphärischen Schicht mit dem Radius r und der Dicke dr dar: $dV = 4\pi r^2\, dr$. Dann ist entsprechend der Normierungsbedingung der Wahrscheinlichkeiten (216.3) unter Berücksichtigung von (224.1)

$$1 = \int\limits_0^\infty |\psi|^2\, dV = \int\limits_0^\infty C^2 e^{-2r/a} 4\pi r^2\, dr.$$

Nach dem Integrieren erhalten wir

$$C = \frac{1}{\sqrt{\pi a^3}}. \tag{224.2}$$

Setzt man den Ausdruck (224.2) in die Formel (224.1) ein, so können wir die normierte Wellenfunktion, die dem $1s$-Zustand des Elektrons im Wasserstoffatom entspricht, bestimmen

$$\psi_{100}(r) = \frac{1}{\sqrt{\pi a^3}} e^{-r/a}. \tag{224.3}$$

Die Wahrscheinlichkeit, ein Elektron im Volumenelement (siehe (216.2)) aufzufinden, ist gleich

$$dW = |\psi|^2\, dV = |\psi|^2 4\pi r^2\, dr.$$

In diese Formel setzen wir die Wellenfunktion (224.3) ein und erhalten

$$dW = \frac{1}{\pi a^3} e^{-2r/a} 4\pi r^2\, dr.$$

Berechnen wir nun die Abstände $r_{\max}$ vom Kern, in denen das Elektron mit größter Wahrscheinlichkeit aufgefunden werden kann. Wenn wir die Ausdrücke dW/dr auf Maxima untersuchen, dann erhalten wir, daß $r_{\max} = a$ ist. Folglich kann das Elektron mit größter Wahrscheinlichkeit in einer Entfernung

gefunden werden, die gleich dem Bohrschen Radius ist, d. h., es existiert eine überall gleiche maximale Wahrscheinlichkeit für das Auffinden des Elektrons in allen Punkten, die auf einer Kugel mit dem Radius a mit dem Kern im Zentrum gelegen sind. Es scheint so, als ob die quantenmechanische Rechnung eine volle Übereinstimmung mit der Bohrschen Theorie ergibt. Jedoch erreicht die Wahrscheinlichkeitsdichte bei $r = a$ lediglich ein Maximum, bleibt aber von Null verschieden im gesamten Raum (Bild 224.1). Danach stellt der Bohrsche Radius im Grundzustand des Wasserstoffatoms den wahrscheinlichsten Abstand des Elektrons vom Kern dar. Darin besteht der quantenmechanische Sinn des Bohrschen Radius.

§ 225 Der Spin des Elektrons. Die Spinquantenzahl

O. Stern und W. Gerlach entdeckten 1922 bei direkten Messungen der Magnetmomente (siehe § 131), daß sich ein enges Bündel von Wasserstoffatomen, die sich offensichtlich im s-Zustand befanden, im inhomogenen Magnetfeld in zwei Bündel aufspaltet. In diesem Zustand ist der Bahndrehimpuls des Elektrons gleich Null (siehe (223.4)). Das magnetische Moment des Atoms, das mit der Bahnbewegung des Elektrons verbunden ist, ist proportional dem Bahndrehimpuls (siehe (131.3)), weshalb es ebenfalls gleich Null ist und das Magnetfeld keine Wirkung auf die Bewegung der Wasserstoffatome im Grundzustand haben dürfte, d. h., es dürfte sich keine Aufspaltung ergeben. Jedoch wurde auch mit hochauflösenden Spektrographen bewiesen, daß die Spektrallinien des Wasserstoffatoms eine feine Struktur (Dubletts) aufweisen, *sogar* bei Abwesenheit eines Magnetfeldes.

Zur Erklärung dieser Feinstruktur der Spektrallinien und für eine Reihe anderer Schwierigkeiten in der Atomphysik setzten die amerikanischen Physiker G. Uhlenbeck (1900–1974) und S. Goudsmith (1902–1979) voraus, daß das Elektron über einen **eigenen, unvernichtbaren Drehimpuls** verfügt, der nicht mit der Bewegung des Elektrons im Raum verbunden ist – den **Spin** (siehe § 131).

Der Spin des Elektrons (und aller anderen Mikroteilchen) ist eine Quantengröße, für die es keine klassischen Analogien gibt; er ist eine innere nicht abtrennbare Eigenschaft des Elektrons, ähnlich der Ladung und der Masse.

Wenn dem Elektron ein eigener Drehimpuls (Spin) L_s zugeschrieben wird, so entspricht ihm ein magnetisches Moment p_{ms}. Laut den allgemeinen Schlußfolgerungen der Quantenmechanik *wird der Spin nach folgendem Gesetz gequantelt*

$$L_s = \hbar\sqrt{s(s+1)},$$

wobei s die sogenannte **Spinquantenzahl** ist.

In Analogie mit dem Bahndrehimpuls wird die Projektion L_{sz} des Spins so gequantelt, daß der Vektor L_s $2s + 1$ Orientierungen annehmen kann. Da in den Versuchen von Stern und Gerlach nur zwei Orientierungen beobachtet wurden, ist $2s + 1 = 2$, woraus $s = 1/2$ folgt. Die Projektion des Spins

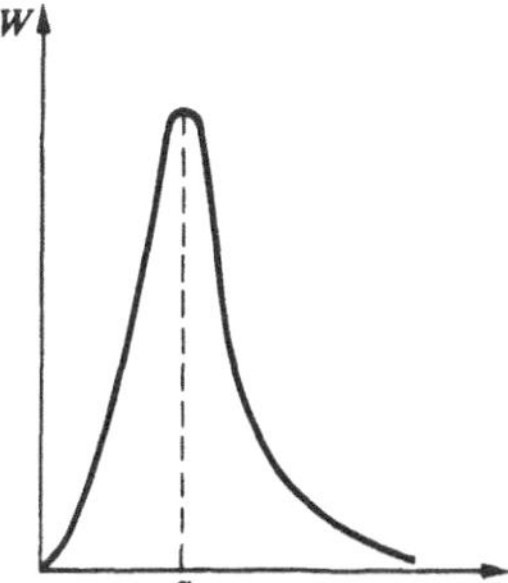

Bild 224.1

auf die Richtung des äußeren Magnetfeldes, die eine Quantengröße darstellt, wird durch den folgenden Ausdruck analog zu (223.6) bestimmt:

$$L_{sz} = \hbar m_s,$$

wobei m_s die **magnetische Spinquantenzahl** ist; sie kann nur zwei Werte besitzen: $m_s = \pm 1/2$.

Danach führten die Versuchsergebnisse zu der Notwendigkeit, die Elektronen (und die Mikroteilchen überhaupt) durch einen zusätzlichen inneren Freiheitsgrad zu charakterisieren. Deshalb ist für die volle Beschreibung des Zustandes eines Elektrons im Atom neben den Haupt-, Bahndrehimpuls- und Magnetquantenzahlen noch eine magnetische Spinquantenzahl notwendig.

§ 226   Nicht unterscheidbare identische Teilchen. Fermionen und Bosonen

Wenn wir von der Betrachtung der Bewegung eines Mikroteilchens (eines Elektrons) zu Vielelektronensystemen übergehen, so treten besondere Eigenschaften auf, die kein Analogon in der klassischen Physik besitzen. Setzen wir voraus, daß das quantenmechanische System aus lauter gleichen Teilchen besteht, zum Beispiel Elektronen. Alle Elektronen besitzen die gleichen physikalischen Eigenschaften – Masse, elektrische Ladung, Spin und andere innere Charakteristika (zum Beispiel Quantenzahlen). Solche Teilchen nennt man **identische Teilchen**.

Die ungewöhnlichen Eigenschaften eines Systems gleicher Teilchen werden in einem *fundamentalen* Prinzip der Quantenmechanik widergespiegelt – dem **Prinzip der Nichtunterscheidbarkeit identischer Teilchen**, entsprechend dem es experimentell nicht möglich ist, identische Teilchen zu unterscheiden.

In der klassischen Mechanik kann man gleiche Teilchen noch durch die Lage im Raum und anhand des Impulses unterscheiden. Wenn die Teilchen zu irgendeinem Zeitpunkt durchnumeriert werden, so kann man den Bahnen jedes der Teilchen folgen und kommt so zur Konfiguration in einem nachfolgenden Moment. Klassische Teilchen verfügen demnach über eine Individualität. Deshalb unterscheidet sich die klassische Mechanik von Systemen aus gleichen Teilchen nicht prinzipiell von der klassischen Mechanik von Systemen aus unterschiedlichen Teilchen.

In der Quantenmechanik ist die Grundlage eine andere. Aus der Unschärferelation folgt, daß für Mikroteilchen überhaupt das Bahnverständnis nicht anwendbar ist. Der Zustand eines Mikroteilchens wird durch die Wellenfunktion beschrieben, die lediglich dazu genügt, die Wahrscheinlichkeit ($|\psi|^2$) für das Auffinden eines Mikroteilchens in der Umgebung dieses oder jenes Punktes des Raumes zu berechnen. Wenn sich die Wellenfunktionen zweier identischer Teilchen im Raum überschneiden, entbehrt die Frage, welches der Teilchen sich in diesem Raum befindet, überhaupt jeder Grundlage: Man kann lediglich von der Wahrscheinlichkeit für das Auffinden eines der identischen Teilchen in diesem Bereich sprechen. In der Quantenmechanik verlieren Teilchen vollständig ihre Individualität und werden ununterscheidbar. Man muß aber unterstreichen, daß das Prinzip der Nichtunterscheidbarkeit identischer Teilchen nicht einfach eine Folgerung aus der Wahrscheinlichkeitsinterpretation der Wellenfunktion darstellt, sondern in die Quantenmechanik als neues Prinzip eingeführt wird. Dieses Prinzip stellt, wie bereits angeführt, ein fundamentales Prinzip dar.

Beachtet man den physikalischen Sinn der Größe $|\psi|^2$, so kann man das Prinzip der Nichtunterscheidbarkeit identischer Teilchen in folgender Form niederschreiben

$$|\psi(x_1, x_2)|^2 = |\psi(x_2, x_1)|^2, \qquad (226.1)$$

wobei x_1 und x_2 entsprechend die Gesamtheit der räumlichen und Spinkoordinaten des ersten und zweiten Teilchens sind. Aus (226.1) folgt, daß zwei Fälle möglich sind:

$$\psi(x_1, x_2) = \pm \psi(x_2, x_1),$$

d. h., das Prinzip der Nichtunterscheidbarkeit identischer Teilchen führt zu einer definierten Symmetrie der Wellenfunktion. Wenn beim Vertauschen der Teilchen die Wellenfunktion nicht das Vorzeichen ändert, nennt man sie **symmetrisch**, wenn sie es ändert, **antisymmetrisch**. Die Änderung des Vorzeichens der Wellenfunktion bedeutet keine Zustandsänderung, da lediglich das Betragsquadrat einen physikalischen Sinn besitzt. In der Quantenmechanik wird bewiesen, daß sich der Symmetriecharakter der Wellenfunktion nicht mit der Zeit ändert. Das ist der Beweis dafür, daß die Symmetrie oder Antisymmetrie ein Kennzeichen des gegebenen Typs von Mikroteilchen ist.

Es wurde festgestellt, daß die Symmetrie oder Antisymmetrie der Wellenfunktionen durch den Spin der Teilchen bestimmt wird. In Abhängigkeit vom Charakter der Symmetrie werden alle Elementarteilchen und die auf ihnen aufgebauten Systeme (Atome, Moleküle) in zwei Klassen unterteilt. Teilchen, die durch halben Spin gekennzeichnet sind (zum Beispiel Elektronen, Protonen, Neutronen), werden durch antisymmetrische Wellenfunktionen beschrieben und sind der Fermi-Dirac-Statistik untergeordnet; diese Teilchen nennt man **Fermionen**. Teilchen mit einem Spin Null oder ganzzahligen Spin (zum Beispiel π-Mesonen, Photonen) werden durch symmetrische Wellenfunktionen beschrieben und sind der Bose-Einstein-Statistik untergeordnet; diese Teilchen nennt man **Bosonen**. Komplizierte Teilchen (zum Beispiel Atomkerne), die aus einer ungeraden Zahl von Fermionen zusammengesetzt sind, sind Fermionen (der Gesamtspin ist halbzahlig), jene, die aus einer geraden Zahl von Fermionen zusammengesetzt sind, ergeben Bosonen (der Gesamtspin ist ganzzahlig).

Die Abhängigkeit vom Symmetriecharakter der Wellenfunktionen eines Systems identischer Teilchen vom Spin der Teilchen wurde theoretisch durch den Schweizer Physiker W. Pauli (1900–1958) begründet, was noch einmal einen Beweis dafür darstellte, daß der Spin eine fundamentale Charakteristik der Mikroteilchen ist.

§ 227 Das Pauli-Prinzip. Die Zustandsverteilung der Elektronen im Atom

Wenn identische Teilchen gleiche Quantenzahlen besitzen, so ist ihre Wellenfunktion symmetrisch bezüglich Vertauschung der Teilchen. Hieraus folgt, daß sich zwei gleiche Fermionen, die demselben System angehören, nicht im gleichen Zustand befinden können, da die Wellenfunktion für Fermionen antisymmetrisch ist. Als Verallgemeinerung von experimentellen Daten formulierte W. Pauli das nach ihm benannte Prinzip, nach dem Systeme aus Fermionen in der Natur nur in Zuständen angetroffen werden, die durch antisymmetrische Wellenfunktionen beschrieben werden.

Aus dieser These folgt eine einfachere Formulierung des **Pauli-Prinzips**, die von ihm in die Quantentheorie eingefügt wurde (1925), noch bevor die Quantenmechanik geschaffen wurde: In einem System gleicher Fermionen können sich zwei beliebige von ihnen nicht gleichzeitig in ein und demselben Zustand befinden. Es sei hinzugefügt, daß die Zahl einheitlicher Bosonen, die sich in ein und demselben Zustand befinden können, nicht beschränkt ist.

Wir erinnern daran, daß der Zustand eines Elektrons im Atom eindeutig durch den Satz der vier Quantenzahlen beschrieben wird, und zwar durch

die Hauptquantenzahl n $(n = 1, 2, 3, \ldots)$,

die Drehimpulsquantenzahl l $(l = 0, 1, 2, \ldots, n - 1)$,

die magnetische m_l $(m_l = -l, \ldots, -1, 0, +1, \ldots, +l)$

und

die Magnetspinquantenzahl m_s $(m_s = +1/2, -1/2)$.

Die Elektronenverteilung im Atom ist dem Pauli-Prinzip unterworfen, das in seiner einfachsten Formulierung angewandt werden kann: In ein und demselben Atom kann sich nicht mehr als ein Elektron mit dem gleichen Satz der vier Quantenzahlen n, l, m_l, m_s befinden, d. h.,

$$Z(n, l, m_l, m_s) = 0 \quad \text{oder} \quad 1,$$

wobei $Z(n, l, m_l, m_s)$ die Anzahl der Elektronen ist, die sich in diesem Quantenzustand befinden, der durch den Satz der vier Quantenzahlen n, l, m_l, m_s beschrieben ist. Demnach behauptet das Pauli-Prinzip, daß sich zwei Elektronen, die in ein und demselben Atom gebunden sind, in mindestens einer dieser vier Quantenzahlen unterscheiden.

Nach der Formel (223.8) entsprechen dem gegebenen n n^2 verschiedene Zustände, die sich in den Werten l und m_l unterscheiden. Die Quantenzahl m_s kann lediglich zwei Werte annehmen $(\pm 1/2)$. Deshalb ist die maximale Zahl von Elektronen in den Zuständen, die durch die gegebenen Quantenzahlen bestimmt werden, gleich

$$Z(n) = \sum_{l=0}^{n-1} 2(2l + 1) = 2n^2.$$

Die Gesamtheit der Elektronen in einem Vielelektronenatom, die dieselbe Hauptquantenzahl n besitzen, nennt man **Elektronenschale**. In jeder dieser Schalen verteilen sich die Elektronen auf **Unterschalen**, die dem gegebenen l entsprechen. Da die Bahndrehimpulsquantenzahl Werte von 0 bis $n - 1$ annimmt, ist die Zahl der Unterschalen gleich der Größennummer n der Schalen. Die Anzahl der Elektronen in der Unterschale wird durch die magnetische und Magnetspinquantenzahl bestimmt: Die maximale Zahl der Elektronen in der Unterschale mit gegebenem l ist gleich $2(2l + 1)$. Die Bezeichnungen der Schalen sowie die Elektronenverteilung auf die Schalen und Unterschalen ist in Tabelle 227.1 dargestellt.

§ 228 Das Periodensystem der Elemente

Das Pauli-Prinzip, das die Grundlage der Systematik für die Belegung der Elektronenzustände in den Atomen bildet, ermöglicht, das **Periodensystem der Elemente** zu erklären − das fundamentale Naturgesetz, das die Grundlage der modernen Chemie, Atom- und Kernphysik darstellt. Das Periodensystem wurde gleichzeitig und unabhängig von D. Mendelejew und L. Meyer aufgestellt (1869).

D. Mendelejew führte die Ordnungszahl Z des chemischen Elementes ein, die gleich der Protonenzahl im Kern und entsprechend der Gesamtanzahl der Elektronen in der Elektronenhülle

Tabelle 227.1 Zustandsverteilung der Elektronen im Atom

Hauptquantenzahl n	1	2		3			4				5				
Symbol der Schale	K	L		M			N				O				
Höchstzahl der Elektronen in der Schale	2	8		18			32				50				
Drehimpulsquantenzahl l	0	0	1	0	1	2	0	1	2	3	0	1	2	3	4
Symbol der Unterschale	$1s$	$2s$	$2p$	$3s$	$3p$	$3d$	$4s$	$4p$	$4d$	$4f$	$5s$	$5p$	$5d$	$5f$	$5g$
Höchstzahl der Elektronen in der Unterschale	2	2	6	2	6	10	2	6	10	14	2	6	10	14	18

des Atoms ist, wie man heute weiß. Er ordnete die chemischen Elemente anhand der Zunahme der Ordnungszahl und erhielt so eine Periodizität in der Änderung der chemischen Eigenschaften der Elemente. Jedoch erwiesen sich einige Kästchen dieser Tabelle als noch leer, da die ihnen entsprechenden Elemente (zum Beispiel Ga, Se, Ge) damals noch nicht bekannt waren. Zu dieser Zeit waren lediglich 64 chemische Elemente bekannt. Auf diese Art und Weise hat Mendelejew nicht nur die zu dieser Zeit bekannten Elemente richtig angeordnet, sondern auch die Existenz neuer, noch nicht entdeckter Elemente und ihre Haupteigenschaften vorausgesagt. Außerdem gelang es Mendelejew, die Atommasse einiger Elemente zu präzisieren. Zum Beispiel erwiesen sich die Atommassen von Be und U, auf der Grundlage der Tabelle von Mendelejew ausgerechnet, als richtig, die früher experimentell erhaltenen Werte dagegen als falsch.

Da die chemischen und einige physikalischen Eigenschaften der Elemente durch die Außen-(Valenz-)elektronen in den Atomen bestimmt werden, muß die Periodizität der Eigenschaften der chemischen Elemente mit einer bestimmten Periodizität in der Anordnung der Elektronen in den Atomen verbunden sein. Deshalb werden wir zur Erklärung der Tabelle annehmen, daß jedes folgende Element aus dem vorhergegangenen entstanden ist durch Hinzufügen eines Protons zum Kern und entsprechendes Erweitern der Elektronenhülle um ein Elektron. Die Wechselwirkung der Elektronen vernachlässigen wir. Statt dessen fügen wir dort, wo es notwendig ist, entsprechende Korrekturen ein. Betrachten wir die Atome der chemischen Elemente, die sich im Grundzustand befinden.

Das einzige Elektron des Wasserstoffatoms befindet sich im $1s$-Zustand. Es wird charakterisiert durch die Quantenzahlen im Grundzustand $n = 1, l = 0, m_l = 0$ und $m_s = \pm 1/2$ (die Orientierung des Spins ist beliebig). Beide Elektronen des He-Atoms befinden sich im $1s$-Zustand, jedoch mit antiparalleler Spinorientierung. Die Elektronenkonfiguration des He-Atoms schreibt man in Form von $1s^2$ (zwei $1s$-Elektronen). Im He-Atom endet die Belegung der K-Hülle, was der Vervollständigung der I. Periode des Periodensystems der Elemente entspricht (Tabelle 228.1).

Das dritte Elektron des Li-Atoms ($Z = 3$) kann – entsprechend dem Pauli-Prinzip – schon nicht mehr in der vollständig belegten K-Hülle untergebracht werden und belegt den niedrigstmöglichen energetischen Zustand mit $n = 2$ (L-Schale), d. h. den $2s$-Zustand. Die Elektronenkonfiguration für das Li-Atom lautet: $1s^2 2s$. Mit dem Li-Atom beginnt die II. Periode des Periodensystems der Elemente. Mit dem vierten Elektron von Be ($Z = 4$) endet die Belegung der Unterschale $2s$. Bei folgenden sechs Elementen von B ($Z = 5$) bis Ne ($Z = 10$) wird die Unterschale $2p$ (Tabelle 228.1) belegen. Die II. Periode des Periodensystems endet mit Neon – einem Edelgas, in dem die $2p$-Unterschale vollständig belegt ist.

Das elfte Elektron von Na ($Z = 11$) ist in der M-Schale gelegen ($n = 3$), wo es den für sich niedrigstmöglichen Zustand $3s$ einnimmt. Die Elektronenkonfiguration besitzt das Aussehen $1s^2 2s^2 2p^6 3s$. Das $3s$-Elektron stellt (ebenso wie auch das $2s$-

Tabelle 228.1　Periodensystem der Elemente

Peri-ode	Z	Ele-ment	K	L		M			N			
			$1s$	$2s$	$2p$	$3s$	$3p$	$3d$	$4s$	$4p$	$4d$	$4f$
I	1	H	1									
	2	He	2									
II	3	Li	2	1								
	4	Be	2	2								
	5	B	2	2	1							
	6	C	2	2	2							
	7	N	2	2	3							
	8	O	2	2	4							
	9	F	2	2	5							
	10	Ne	2	2	6							
III	11	Na	2	2	6	1						
	12	Mg	2	2	6	2						
	13	Al	2	2	6	2	1					
	14	Si	2	2	6	2	2					
	15	P	2	2	6	2	3					
	16	S	2	2	6	2	4					
	17	Cl	2	2	6	2	5					
	18	Ar	2	2	6	2	6					
IV	19	K	2	2	6	2	6	–	1			
	20	Ca	2	2	6	2	6	–	2			
	21	Sc	2	2	6	2	6	1	2			
	22	Ti	2	2	6	2	6	2	2			
	23	V	2	2	6	2	6	3	2			
	24	Cr	2	2	6	2	6	5	1			
	25	Mg	2	2	6	2	6	5	2			
	26	Fe	2	2	6	2	6	6	2			
	27	Co	2	2	6	2	6	7	2			
	28	Ni	2	2	6	2	6	8	2			
	29	Cu	2	2	6	2	6	10	1			
	30	Zn	2	2	6	2	6	10	2			
	31	Ga	2	2	6	2	6	10	2	1		
	32	Ge	2	2	6	2	6	10	2	2		
	33	As	2	2	6	2	6	10	2	3		
	34	Se	2	2	6	2	6	10	2	4		
	35	Br	2	2	6	2	6	10	2	5		
	36	Kr	2	2	6	2	6	10	2	6		

Elektron von Li) ein sogenannter Valenzelektron dar, weshalb auch die optischen Eigenschaften ähnlich den Eigenschaften von Li sind. Mit $Z = 12$ geht die folgende Belegung der M-Schale einher. Ar ($Z = 18$) erweist sich ähnlich He und Ne:

In seiner Außenschale sind alle s- und p-Zustände besetzt. Ar ist chemisch inert und vollendet die III. Periode des Periodensystems.

Das neunzehnte Elektron von K ($Z = 19$) müßte eigentlich den $3d$-Zustand in der M-Schale einnehmen. Jedoch das K-Atom ist bezüglich der optischen als auch der chemischen Eigenschaften den Atomen Na und Li ähnlich, die ein äußeres Valenzelektron im s-Zustand besitzen. Deshalb muß sich das neunzehnte Elektron von K ebenfalls im s-Zustand befinden, was jedoch nur der s-Zustand einer neuen Schale (der N-Schale) sein kann, d. h., die Belegung der N-Schale für K beginnt bei nicht vollbelegter M-Schale. Das bedeutet, daß wegen der Wechselwirkung der Elektronen untereinander der Zustand $n = 4$, $l = 0$ eine geringere Energie aufweist als der Zustand $n = 3$, $l = 2$. Die spektroskopischen und die chemischen Eigenschaften von Ca ($Z = 20$) zeigen, daß sich sein zwanzigstes Elektron ebenfalls im s-Zustand der N-Schale befindet. In den folgenden Elementen erfolgt die Belegung der M-Schale (von Sc ($Z = 21$) bis Zn ($Z = 30$)). Danach wird die N-Schale aufgefüllt bis Kr ($Z = 36$), bei dem wie auch im Falle von Ne und Ar die s- und p-Zustände der äußeren Schalen vollständig belegt sind. Mit Krypton wird die IV. Periode des Periodensystems beendet.

Ähnliche Betrachtungen können auch auf die restlichen Elemente im Periodensystem durchgeführt werden, jedoch kann man diese Daten auch in Nachschlagewerken finden. Wir bemerken lediglich, daß auch die Anfangselemente der folgenden Perioden Rb, Cs, Fr Alkalimetalle darstellen, ihr letztes Elektron befindet sich im s-Zustand. Außerdem nehmen die Atome der Edelgase (He, Ne, Ar, Kr, Xe, Rn) eine besondere Stellung in der Tabelle ein – in jedem von ihnen sind die s- und p-Zustände der äußeren Schale vollständig belegt, und mit ihnen wird die entsprechende Periode des Periodensystems vollendet.

Jede der zwei Gruppen der Elemente – die Lantanoide (von Lanthan ($Z = 57$) bis Lutetium ($Z = 71$)) und die Actinoide (von Actinium ($Z = 89$) bis Lawrenzium ($Z = 103$)) – müssen eng zusammengefaßt werden, da die chemischen Eigenschaften der Elemente innerhalb dieser Gruppen sehr ähnlich sind. Das wird dadurch erklärt, daß für die Lantanoide die Belegung der Unterschale $4f$, die 14 Elektronen aufnehmen kann, erst beginnt, wenn die Unterschalen $5s$, $5p$ und $6s$ vollständig belegt wurden. Deshalb erweist sich für diese Elemente die äußere P-Schale ($6s^2$) als einheitlich. Analog besitzen alle Actinoide gemeinsam die voll gefüllte Q-Schale ($7s^2$).

Somit erklärt sich die durch D. Mendelejew und L. Meyer unabhängig voneinander entdeckte Periodizität in den chemischen Eigenschaften der Elemente durch die Wiederholung in der Struktur der Außenschalen bei Atomen verwandter Elemente. So besitzen Edelgase einheitliche Außenschalen aus acht Elektronen (belegte s- und p-Zustände); in der äußeren Schale der Alkalimetalle (Li, Na, K, Rb, Cs, Fr) ist lediglich ein s-Elektron vorhanden; in der äußeren Schale der Erdalkalimetalle (Be, Mg, Ca, Sr, Ba, Ra) sind zwei s-Elektronen vorhanden; die Halogene (F, Cl, Br, I, At) besitzen äußere Schalen, in denen ein Elektron zur vollständigen Belegung der Schalen bis zum Edelgas nicht reicht, usw.

§ 229   Röntgenspektren

Eine große Rolle in der Aufklärung des Atomaufbaus, insbesondere der Verteilung der Elektronen auf die Schalen, spielte die als **Röntgenstrahlung** genannte Strahlung, die 1895 durch den deutschen Physiker W. Röntgen (1845–1923) entdeckt wurde. Die am meisten verbreitete Quelle der Röntgenstrahlung ist die Röntgenröhre, in der durch ein elektrisches Feld stark beschleunigte Elektronen die Anode bombardieren (eine metallische Zielscheibe aus schweren Metallen, zum Beispiel W oder Pt), die in ihr eine augenblickliche Abbremsung erfahren. Dabei entsteht die Röntgenstrahlung, die elektromagnetische Wellen mit einer Wellenlänge von ungefähr 10^{-12}–10^{-8} m darstellen. Die Wellennatur der Röntgenstrahlung wurde durch Beugungsexperimente bewiesen, wie wir sie in § 182 betrachtet haben.

Die Untersuchung der spektralen Zusammensetzung der Röntgenstrahlung zeigt, daß sein Spektrum eine komplizierte Struktur besitzt (Bild 229.1) und sowohl von der Elektronenenergie als auch vom Anodenmaterial abhängt. Das Spektrum stellt eine Überlagerung des kontinuierlichen Spektrums, das seitens kurzer Wellenlängen durch irgendeine Grenze λ_{min}, der sogenannten **Kante des kontinuierlichen Spektrums**, begrenzt ist, und dem Linienspektrum – der Gesamtheit einzelner Linien, die auf das kontinuierliche Spektrum aufgesetzt erscheinen.

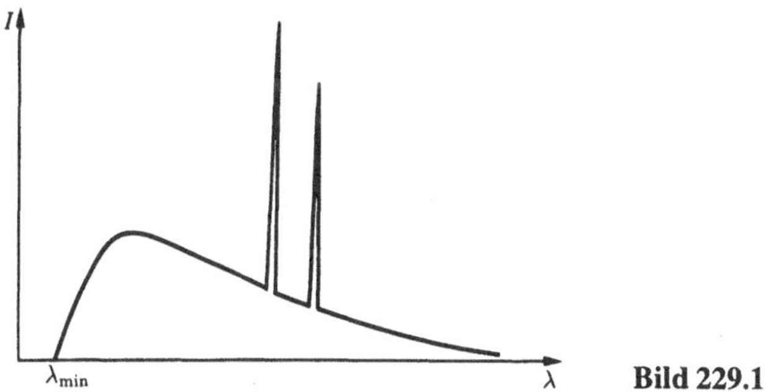

Bild 229.1

Die Untersuchung zeigte, daß das kontinuierliche Spektrum nicht vom Anodenmaterial abhängt, sondern nur durch die Energie der die Anode bombardierenden Elektronen bestimmt wird. Eine detaillierte Untersuchung der Eigenschaften dieser Strahlung zeigte, daß sie als Ergebnis der Abbremsung der die Anode bombardierenden Elektronen infolge der Wechselwirkung mit den Atomen der Zielscheibe ausgestrahlt wird. Das kontinuierliche Spektrum wird deshalb **Bremsspektrum** genannt. Diese Schlußfolgerung ist in Übereinstimmung mit der klassischen Strahlungstheorie, wonach bei Abbremsung sich bewegender Ladungen tatsächlich Strahlung mit einem kontinuierlichen Spektrum entstehen muß.

Aus der klassischen Theorie jedoch folgt nicht die Existenz der kurzwelligen Grenze des kontinuierlichen Spektrums. Aus den Versuchen folgt, daß je größer die kinetische Energie der

Elektronen ist, welche die Röntgen-Bremsstrahlung hervorrufen, um so geringer $\lambda_{\min}$ ist. Dieser Umstand, wie auch das Vorhandensein der Grenze selbst, wird durch die Quantentheorie erklärt. Es ist einsichtig, daß die Grenzenergie des Quants dem Fall der Abbremsung entspricht, bei dem die gesamte kinetische Energie des Elektrons in Quantenenergie übergeht, d. h.,

$$E_{\max} = h\nu_{\max} = eU,$$

wobei U der Potentialunterschied ist, durch den dem Elektron die Energie $E_{\max}$ übertragen wird. $\nu_{\max}$ ist die Frequenz, die der Grenze des kontinuierlichen Spektrums entspricht. Hieraus folgt die Grenzwellenlänge

$$\lambda_{\min} = \frac{c}{\nu_{\max}} = \frac{ch}{eU} = \frac{ch}{E_{\max}}, \tag{229.1}$$

was vollständig den experimentellen Werten entspricht. Aus der Messung der Grenze des kontinuierlichen Röntgenspektrums kann man mit Hilfe von Formel (229.1) den experimentellen Wert der Planckschen Konstante h bestimmen, der den genauesten heute meßbaren Wert ergibt.

Bei hinreichend großer Energie der Elektronen erscheinen einzelne scharfe Linien, die den kontinuierlichen Spektrum überlagern, das Linienspektrum, das durch das Anodenmaterial bestimmt wird und deshalb **charakteristisches Röntgenspektrum (Strahlung)** genannt wird.

Im Vergleich zu den optischen Spektren ist die charakteristische Röntgenstrahlung der verschiedenen Elemente vollständig analog und besteht aus einigen Serien, die mit K, L, M, N und O bezeichnet werden. Jede Serie ihrerseits enthält einen (nicht zu großen) Satz einzelner Linien, die mit abnehmender Wellenlänge mit den Indizien α, β, γ, ... (K_α, K_β, K_γ, ..., L_α, L_β, L_γ, ...) bezeichnet werden. Bei dem Übergang von den leichten Elementen zu schweren ändert sich die Struktur des charakteristischen Spektrums nicht, lediglich das Spektrum als Ganzes verschiebt sich in Richtung zu kürzeren Wellenlängen. Die Besonderheit dieser Spektren besteht darin, daß die Atome jedes chemischen Elementes, unabhängig davon, ob es sich im freien Zustand befindet oder zum Bestand einer chemischen Verbindung gehört, über eine bestimmte charakteristische Strahlung verfügen, die nur dem gegebenen Element mit dem Linienspektrum eigen ist. Wenn die Anode nun aus mehreren verschiedenen Elementen besteht, so stellt auch die charakteristische Röntgenstrahlung eine Überlagerung der Spektren dieser Elemente dar.

Bei Betrachtung der Struktur und der Besonderheiten der charakteristischen Röntgenspektren kommt man zu der Schlußfolgerung, daß ihre Entstehung mit Prozessen verbunden ist, die in den inneren Elektronenschalen der Atome stattfinden.

Wenden wir uns dem Mechanismus der Entstehung der Röntgenserien zu, der schematisch in Bild 229.2 gezeigt ist. Setzen wir voraus, daß unter Einfluß eines äußeren Elektrons oder eines hochenergetischen Photons eines von zwei Elektronen der K-Schale des Atoms herausgerissen wird. Nun kann sein Platz mit einem Elektron aus einer weiter vom Kern gelegenen Schalen L, M, N, ... belegt werden. Solche Übergänge

werden von der Aussendung von Röntgenquanten und der Entstehung von Spektrallinien der K-Serie begleitet: K_α ($L \to K$), K_β ($M \to K$), K_γ ($N \to K$) usw. Die langwelligste Linie der K-Serie ist die K_α-Linie. Die Frequenzen nehmen in der Folge $K_\alpha \to K_\beta \to K_\gamma$ zu, da die Energie beim Übergang eines Elektrons auf die K-Schale von einer weiter entfernteren Schale, zunimmt. Und umgekehrt nimmt die Intensität der Linien in der Folge $K_\alpha \to K_\beta \to K_\gamma$ ab, da die Wahrscheinlichkeit der Elektronenübergänge von der L-Schale auf die K-Schale größer ist als die von den weiter entfernteren Schalen M und N. Die K-Serie wird in jedem Fall von anderen Serien begleitet, da bei den von ihr ausgesandten Linien in den Schalen L, M, ... Leerstellen entstehen, die durch Elektronen auf noch höheren Niveaus aufgefüllt werden.

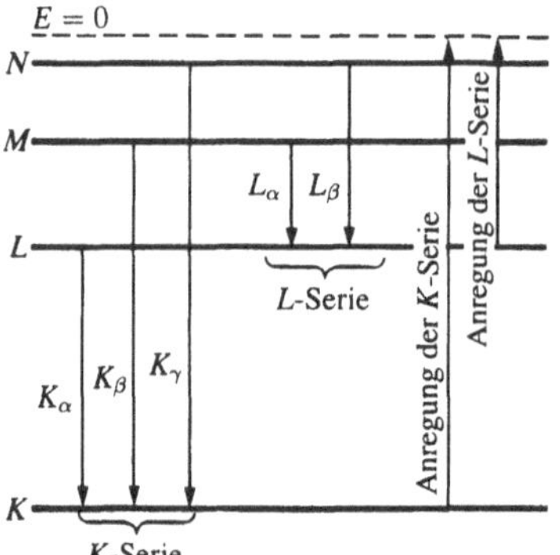

Bild 229.2

Analog entstehen auch die anderen Serien, die im übrigen nur bei schweren Elementen beobachtet worden sind. Die betrachteten Linien der charakteristischen Strahlung können eine feine Struktur besitzen, da die Niveaus, die durch die Hauptquantenzahl bestimmt werden, entsprechend den Werten der Bahndrehimpuls- und Magnetquantenzahlen aufgespaltet werden.

Bei der Untersuchung der Röntgenspektren von Elementen stellte der englische Physiker H. Moseley (1887–1915) 1913 folgende Beziehung auf, das sogenannte **Moseley-Gesetz**:

$$\nu = R(Z - \sigma)^2 \left(\frac{1}{m^2} - \frac{1}{n^2} \right), \tag{229.2}$$

dabei ist ν die Frequenz, die der gegebenen Linie der charakteristischen Röntgenstrahlung entspricht, R die Rydberg-Konstante, σ die sogenannte Abschirmungskonstante, $m = 1, 2, 3, \ldots$ (definiert die Röntgenserie), n nimmt ganzzahlige Werte mit $m + 1$ an (bestimmt die einzelne Linie innerhalb der entsprechenden Serie). Das Moseley-Gesetz (229.2) ähnelt der allgemeinen Balmer-Formel (209.3) für das Wasserstoffatom.

Der Sinn der Abschirmungskonstante σ besteht darin, daß auf ein Elektron, das einen Übergang vollzieht, der irgendeiner Linie entspricht, nicht die gesamte Kernladung Ze einwirkt, sondern die Ladung $(Z - \sigma)e$, abgeschwächt durch die Abschirmungswirkung der anderen Elektronen. Zum Beispiel ist für die

K_α-Linie $\sigma = 1$, und das Moseley-Gesetz wird in folgender Form geschrieben

$$v = R(Z-1)^2 \left(\frac{1}{1^2} - \frac{1}{2^2} \right).$$

§ 230 Moleküle: chemische Bindung und Energieniveaus

Für die Praxis interessant sind weniger die einzelnen Atome als vielmehr ihre stabilen Verbindungen, die entweder Moleküle oder Festkörper bilden. Das Molekül ist das kleinste Teilchen eines Stoffes, das aus gleichen oder unterschiedlichen Atomen besteht, die miteinander durch chemische Bindungen verbunden sind, und stellt den Träger seiner grundlegendsten chemischen und physikalischen Eigenschaften dar. Chemische Bindungen stammen aus der Wechselwirkung der äußeren Valenzelektronen der Atome. Vorrangig sind in den Molekülen zwei Typen von Bindungen anzutreffen: die **Ionenbindung** und **die kovalente Bindung** (siehe § 71).

Die Ionenbindung (zum Beispiel in den Molekülen NaCl, KBr) entsteht durch die elektrostatische Wechselwirkung der Atome, wenn ein Elektron eines Atoms zu einem anderen übergeht, d. h. bei Bildung positiver oder negativer Ionen. Die kovalente Bindung (zum Beispiel in den Molekülen H_2, C_2, CO) entsteht, wenn zwei benachbarte Atome die Außenelektronen teilen (der Spin der Außenelektronen muß dazu antiparallel sein). Die kovalente Bindung läßt sich aus der Nichtunterscheidbarkeit identischer Teilchen erklären (siehe § 226). Als Beispiel sollen uns die Elektronen im Wasserstoffmolekül dienen. Die Nichtunterscheidbarkeit der Teilchen führt zu einer spezifischen Wechselwirkung zwischen ihnen, der sogenannten **Austauschwechselwirkung**. Das ist ein reiner Quanteneffekt, der keine klassische Erklärung besitzt; man kann sich ihn aber so vorstellen, daß das Elektron jedes der Atome des Wasserstoffmoleküls eine gewisse Zeit beim Kern des anderen Atoms verbringt, wodurch die Bindung beider Atome entsteht. Bei Annäherung zweier Wasserstoffatome bis auf eine Entfernung in der Größenordnung des Bohrschen Radius entsteht ihre gegenseitige Anziehung, und es bildet sich das stabile Wasserstoffmolekül.

Das Molekül stellt ein Quantsystem dar: Es wird durch die Schrödinger-Gleichung beschrieben, welche die Bewegung der Elektronen im Molekül, die Schwingungen der Atome des Moleküls und die Rotation des Moleküls berücksichtigt. Die Lösung dieser Gleichung ist eine sehr schwierige Aufgabe, die gewöhnlich in zwei Teile aufgespalet wird: für die Elektronen und für die Kerne.

Die Energie eines isolierten Moleküls beträgt

$$E \approx E_{El} + E_{Schw} + E_{Rot}, \tag{230.1}$$

wobei E_{El} die Bewegungsenergie der Elektronen bezüglich der Kerne, E_{Schw} die Schwingungsenergien der Kerne (aufgrund derer sich periodisch der relative Abstand der Kerne ändert),

E_{Rot} die Rotationsenergie der Kerne (aufgrund derer sich periodisch die Orientierung des Moleküls im Raum ändert) ist. In (230.1) wurde nicht die Translationsbewegung des Massezentrums des Moleküls und die Energie der Atomkerne im Molekül berücksichtigt. Erstere ist nicht gequantelt, weshalb ihre Änderung auch nicht zur Entstehung eines molekularen Spektrums führen kann. Die zweite muß man nicht berücksichtigen, solange man die sogenannte Hypofeinstrukturen der Spektrallinien nicht betrachtet. Es gilt die Beziehung $E_{El} : E_{Schw} : E_{Rot} = 1 : \sqrt{m/M} : m/M$, wobei m die Elektronenmasse, M die Kernmasse der Atome im Molekül ist, woraus $m/M \approx 10^{-5}$ bis 10^{-3} folgt. Deshalb ist $E_{El} \gg E_{Schw} \gg E_{Rot}$. In realen Systemen ist $E_{El} \approx 1$ bis 10 eV, $E_{Schw} \approx 10^{-2}$ bis 10^{-1} eV, $E_{Rot} \approx 10^{-5}$ bis 10^{-3} eV.

Jede der zum Ausdruck (230.1) gehörenden Energien ist gequantelt (ihr entspricht ein Satz diskreter Energieniveaus) und wird durch die Quantenzahlen bestimmt. Beim Übergang aus einem energetischen Zustand in einen anderen wird die Energie $\Delta E = h v$ entweder absorbiert oder abgestrahlt. Bei solchen Übergängen ändern sich gleichzeitig die Bewegungsenergie der Elektronen, die Schwingungsenergie und die Rotationsenergie. Aus der Theorie und dem Experiment folgt, daß der Abstand zwischen den Rotationsenergieniveaus ΔE_{Rot} viel kleiner ist als der Abstand zwischen den Schwingungsniveaus ΔE_{Schw}, der seinerseits kleiner ist als der Abstand zwischen den Elektronenniveaus ΔE_{El}. In Bild 230.1 sind schematisch die Energieniveaus eines zweiatomigen Moleküls dargestellt (als Beispiel sind nur zwei Elektronenniveaus betrachtet worden – gezeigt durch fette Linien).

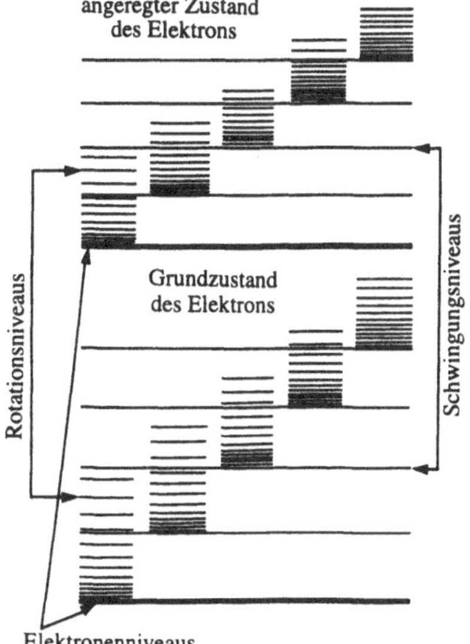

Bild 230.1

Wie im nachfolgenden Paragraphen gezeigt werden wird, bestimmt die Struktur der Energieniveaus der Moleküle ihr Strahlungsspektrum, das bei Quantenübergängen zwischen den entsprechenden energetischen Niveaus entsteht.

§ 231 Molekulare Spektren. Kombinierte Lichtstreuung

Der Bau der Moleküle und die Eigenschaften ihrer energetischen Niveaus zeigen sich in den **molekularen Spektren** – den Absorptions- und Emissionsspektren, die bei Quantenübergängen zwischen den Energieniveaus der Moleküle entstehen. Das Spektrum des Moleküls wird durch die Struktur seiner Energieniveaus und die entsprechenden Auswahlregeln bestimmt (so muß zum Beispiel die Änderung der Quantenzahlen, die der Schwingungs- sowie Rotationssbewegung entsprechen, gleich ± 1 sein).

Und so entstehen bei den verschiedenen Typen von Übergängen unterschiedliche Typen molekularer Spektren. Die Frequenzen der Spektrallinien, die durch die Moleküle ausgestrahlt wurden, können den Übergängen von einem Elektronenniveau auf das andere entsprechen (**Elektronenspektrum**) oder von einem Schwingungs-(Rotations-)Niveau auf das andere (**Schwingungs-** bzw. **Rotationsspektrum**). Außerdem sind Übergänge mit den einen Werten von E_{Schw} und E_{Rot} auf dem Niveau möglich, die andere Werte in allen drei Komponenten aufweisen, wodurch **Elektronen-Schwingungs-** und **Schwingungs-Rotationsspektren** entstehen. Deshalb ist das Spektrum der Moleküle relativ kompliziert.

Typische molekulare Spektren sind Bandenspektren, die aus mehr oder weniger dichten Banden im ultravioletten, sichtbaren und infraroten Bereich bestehen. Verwenden wir Spektrometer mit großem Auflösungsvermögen, so können wir sehen, daß die Banden aus so eng beieinander liegenden Linien bestehen, daß sie nur schwer zu unterscheiden sind. Die Struktur der Molekülspektren ist für die verschiedenen Moleküle unterschiedlich und wird komplizierter mit Zunahme der Anzahl der Atome im Molekül (man kann nur breite kontinuierliche Banden beobachten). Nur mehratomige Moleküle besitzen Schwingungs- und Rotationsspektren, die zweiatomigen Moleküle besitzen es nicht. Das erklärt sich daraus, daß die zweiatomigen Moleküle keine Dipolmomente aufweisen (bei Schwingungs- und Rotationsübergängen fehlt die Änderung des Dipolmomentes, was eine notwendige Bedingung dafür darstellt, daß die Übergangswahrscheinlichkeit von Null verschieden ist).

Im Jahre 1928 entdeckte der indische Physiker C. Raman (1888–1970) die Eigenschaft der **kombinierten Lichtstreuung**, die 1923 von A. Smekal vorausgesagt wurde und als **Raman** oder **Schmekal-Raman-Streuung** bezeichnet wird. Wenn ein Stoff (Gas, Flüssigkeit, durchsichtiger Kristall) mit monochromatischem Licht bestrahlt wird, so kann man im Streuspektrum neben der nichtverschobenen Spektrallinie neue Linien ausmachen, deren Frequenzen die Summen bzw. Differenzen der Frequenz ν des einfallenden Lichtes und der Frequenz ν_i der Eigenschwingungen (oder -rotation) der Moleküle des streuenden Stoffes darstellen.

Die Linien im Spektrum der Raman-Streuung mit den Frequenzen $\nu - \nu_i$, die kleiner als die Frequenz ν des einfallenden Lichtes sind, nennt man **Stokessche** (oder **rote**) **Linien**, Linien mit den Frequenzen $\nu + \nu_i$, die größer als ν sind, **anti-Stokessche** (oder **violette**) **Linien**. Die Analyse der Raman-Spektren führt zu folgenden Schlußfolgerungen: 1) die Begleitlinien sind symmetrisch zu beiden Seiten der nichtverschobenen Linie gelegen; 2) die Frequenz ν_i hängt nicht von der Frequenz des auf die Oberfläche einfallenden Lichtes ab, sondern wird nur durch den streuenden Stoff bestimmt, d. h. charakterisiert seine Zusammensetzung und seine Struktur; 3) die Zahl der Begleitlinien wird durch den streuenden Stoff bestimmt; 4) die Intensität der anti-Stokesschen Begleitlinien ist geringer als die der Stokesschen und nimmt mit Temperaturerhöhung zu, während die Intensität der Stokesschen Begleitlinien praktisch nicht von der Temperatur abhängt.

Die Erklärung für die Raman-Lichtstreuung liefert die Quantentheorie. Danach ist die Lichtstreuung ein Prozeß, bei dem durch das Molekül ein Photon absorbiert und dann wieder abgestrahlt wird. Wenn die Energie dieser beiden Photonen gleich ist, dann wird im gestreuten Licht eine unverschobene Linie beobachtet. Es sind jedoch Streuungsprozesse möglich, bei denen die Energien des absorbierten und des abgestrahlten Photons unterschiedlich sind. Der Unterschied der Photonenenergien ist entweder mit dem Übergang des Moleküls aus dem Grundzustand in einen angeregten verbunden (das ausgesandte Photon wird eine geringere Frequenz besitzen – es entsteht eine Stokessche Linie) oder umgekehrt (das ausgesandte Photon wird eine größere Frequenz besitzen – es entsteht eine anti-Stokessche Begleitlinie).

Die Lichtstreuung wird also von Übergängen des Moleküls zwischen den Schwingungs- oder Rotationsniveaus begleitet, wodurch symmetrisch zum Zentrum gelegene Begleitlinien entstehen. Die Anzahl der Linien wird somit durch das Energiespektrum des Moleküls bestimmt, d. h. hängt nur von der Natur des streuenden Stoffes ab. Da die Zahl der angeregten Moleküle viel kleiner ist als die Zahl der nicht angeregten, ist die Intensität der anti-Stokesschen Linien kleiner als die der Stokesschen. Mit Temperaturerhöhung wächst die Zahl der angeregten Moleküle, weshalb auch die Intensität der anti-Stokesschen Linien zunimmt.

Die Molekülspektren (darunter auch die eben beschriebenen Raman-Spektren) verwendet man zur Erforschung des Baus und der Eigenschaften der Moleküle. Man verwendet sie in der molekularen Spektralanalyse, der Laserspektroskopie, der Quantenelektronik usw.

§ 232 Absorption, spontane und erzwungene Strahlung

Wie oben angeführt wurde, können sich die Atome lediglich in Quantenzuständen mit diskreten Energiewerten $E_1, E_2, E_3, \ldots$ befinden. Der Einfachheit halber betrachten wir nur zwei dieser Zustände (1 und 2) mit den Energien E_1 und E_2. Wenn sich das Atom in dem Grundzustand 1 befindet, so kann sich unter Einwirkung äußerer Strahlung ein erzwungener Übergang in den angeregten Zustand 2 vollziehen (siehe Bild 232.1a), was zur Absorption der Strahlung führt. Die Wahrscheinlichkeit für solche Übergänge ist proportional zur Strahlungsdichte, die diese Übergänge hervorruft.

Das Atom, das sich im angeregten Zustand 2 befindet, kann nach einer gewissen Zeit spontan, ohne irgendeine äußere Einwirkung, in einen Zustand niedrigerer Energie übergehen (in unserem Fall in den Grundzustand), indem es die überschüssige Energie in Form elektromagnetischer Strahlung abgibt (es strahlt ein Photon mit der Energie $h\nu = E_2 - E_1$ aus). Den Prozeß der Ausstrahlung eines Photons durch das angeregte Atom (durch das angeregte Mikrosystem) ohne irgendeine äußere Einwirkung nennt man **spontane Emission** (Bild 232.1b). Je größer die Wahrscheinlichkeit für spontane Übergänge ist, desto geringer ist die mittlere Lebensdauer des Atoms im angeregten Zustand. Da die spontanen Übergänge in verschiedenen Molekülen unabhängig voneinander sind, ist die Strahlung nicht kohärent.

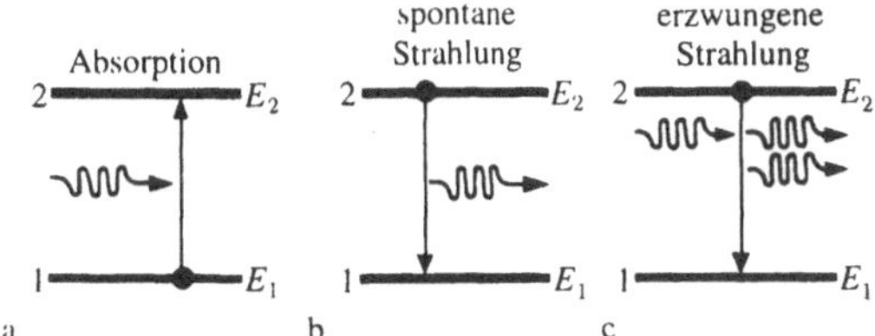

Bild 232.1

Um das im Versuch beobachtete thermodynamische Gleichgewicht zwischen dem Stoff und der durch ihn absorbierten und abgestrahlten Strahlung zu erklären, postulierte A. Einstein im Jahr 1916, daß neben der Absorption und spontanen Emission noch ein dritter, qualitativ anderer Typ von Wechselwirkung von Strahlung mit Materie existieren muß. Wenn auf ein Atom, das sich im angeregten Zustand 2 befindet, eine äußere Strahlung der Frequenz, die der Bedingung $h\nu = E_2 - E_1$ genügt, einwirkt, entsteht ein **erzwungener (induzierter) Übergang** in den Grundzustand 1 unter Abstrahlung eines Photons derselben Energie $h\nu = E_2 - E_1$ (Bild 232.1c). Bei einem ähnlichen Übergang vollzieht sich die Abstrahlung eines Photons durch das Atom *zusätzlich* zu dem Photon, unter dessen Wirkung sich der Übergang vollzogen hat. Danach sind in den Prozeß der **erzwungenen Strahlung** zwei Photonen einbezogen: Das primäre Photon, das die Abstrahlung der Strahlung durch das angeregte Atom hervorruft, und das sekundäre Atom, das durch das Atom abgestrahlt wurde. Es sei angemerkt, daß sekundäre Photonen von den primären Photonen *nicht zu unterscheiden sind*. Sie stellen *eine genaue Kopie von ihnen* dar.

In der statistischen Physik ist das **Prinzip des detaillierten Gleichgewichtes** bekannt, nach dem man bei einem thermodynamischen Gleichgewicht jedem Prozeß einen Umkehrprozeß gegenüberstellen muß, wobei die Geschwindigkeiten ihres Ablaufes gleich sind. A. Einstein wandte dieses Prinzip und den Energieerhaltungssatz für die Strahlung und die Absorption elektromagnetischer Wellen im Falle des schwarzen Körpers an. Aus der Bedingung, daß bei Gleichgewicht die gesamte Wahrscheinlichkeit der Abstrahlung (der spontanen und der erzwun-

genen) der Photonen gleich der Absorptionswahrscheinlichkeit der Photonen derselben Frequenz ist, erhielt Einstein die bereits früher von Planck hergeleitete Strahlungsformel (200.3).

Einstein und Dirac zeigten, daß die erzwungene Strahlung (sekundäre Photonen) *identisch* sind mit der erzwingenden Strahlung (primäre Photonen): Sie besitzt dieselbe Frequenz, Phase, Polarisation und Ausbreitungsrichtung wie die erzwingende Strahlung. Folglich sind erzwungene und erzwingende Strahlung *streng kohärent*, d. h., das abgestrahlte Photon unterscheidet sich nicht von dem auf das Atom einfallenden Photon.

Abgestrahlte Photonen, die sich in der einen Richtung bewegen und andere angeregte Atome treffen, stimulieren weitere induzierte Übergänge, und die Zahl der Photonen kann so lawinenartig anwachsen. In Zusammenhang mit der erzwungenen Strahlung ist auch ein konkurrierender Prozeß möglich – die Absorption. Deshalb ist für die Verstärkung der einfallenden Strahlung notwendig, daß die Zahl der Akte der induzierten Emissionsprozesse der Photonen (sie ist proportional zur Belegung der angeregten Zustände) die Zahl der Absorptionsprozesse der Photonen übersteigt (sie ist proportional zur Belegung der Grundzustände). In Atomsystemen, die sich im thermodynamischen Gleichgewicht befinden, wird die Absorption der einfallenden Strahlung die erzwungene Emission dominieren, d. h., die einfallende Strahlung schwächt sich bei Durchgang durch einen Stoff ab.

Damit ein Medium die einfallende Strahlung verstärkt, ist es notwendig, einen *Inversionszustand* zu schaffen, in dem die Zahl der Atome im angeregten Zustand größer ist als die Zahl derer im Grundzustand. Man sagt, es liege **Besetzungsinversion** vor. Die Überführung des Systems in einen Zustand mit Besetzungsinversion nennt man **Pumpen**. Das Pumpen kann man mit optischen, elektrischen und anderen Mitteln verwirklichen.

In Medien mit invertiertem Zustand kann die erzwungene Strahlung die Absorption überwiegen, wodurch der einfallende Lichtstrahl bei Durchgang durch dieses Medium verstärkt wird (solche Medien nennt man **aktiv**). Im gegebenen Fall verläuft die Erscheinung so, als ob im Lambert-Beerschen Absorptionsgesetz $I = I_0 e^{-\alpha x}$ (siehe (187.1)) der Absorptionskoeffizient α, der seinerseits von der Strahlungsintensität abhängt, negativ wird. Aktive Medien kann man deshalb als Medien mit negativem Absorptionskoeffizienten bezeichnen.

§ 233 Der Laser

Praktisch ist der inverse Zustand eines Mediums in *prinzipiell neuen* Strahlungsquellen verwirklicht – in **optischen Generatoren** oder **Lasern** (ausgehend von den ersten Buchstaben der englischen Bezeichnung **L**ight **A**mplification by **S**timulated **E**mission of **R**adiation – Lichtverstärkung durch erzwungene Emission von Strahlung). Laser generieren im sichtbaren, infraroten und nahen ultravioletten Bereich (im optischen Bereich). Verwirklicht wurde dieses qualitativ neue Prinzip der Verstärkung und Generierung elektromagnetischer Wellen zuerst in sogenannten **Masern** (Generatoren und Verstärker, die im Zentimeterbereich der Radiowellen arbeiten) und Lasern.

Die ersten Maser wurden von den sowjetischen Wissenschaftlern N. G. Bassow (geb. 1922) und A. M. Prochorow (geb. 1916) und dem amerikanischen Physiker Ch. Townes (geb. 1915) gebaut, die dafür auch mit dem Nobelpreis im Jahre 1964 geehrt wurden.

Folgende Laser stellen die wichtigsten Typen unter den existierenden Lasern dar: **Festkörper-, Gas-, Halbleiter-** und **Flüssigkeitslaser** (zur Grundlage dieser Einteilung wurde das aktive Medium gemacht).

Eine genauere Klassifizierung berücksichtigt weiterhin die Pumpmethode – optische, mit Wärme, chemische, durch Ionisation u. a. Außerdem ist es notwendig, zu beachten, ob der Laser stetig emittiert oder in Pulsen.

Ein Laser besitzt auf jeden Fall drei Hauptkomponenten: 1) das *aktive Medium*, in dem der Zustand mit der Inversion geschaffen wird; 2) das *Pumpsystem* (eine Anlage zur Erzeugung der Inversion im aktiven Medium); 3) *optische Resonatoren* (eine Anlage, die den Lichtstrahl viele Male durch das aktive Medium leitet und schließlich den fertigen Laserstrahl auskoppelt).

Der erste Festkörperlaser (1960), der im sichtbaren Spektralbereich arbeitete (Wellenlänge der Strahlung war 694,3 nm), war ein Rubinlaser (T. Maiman (geb. 1927)). In ihm wird die Besetzungszahl-Inversion der Niveaus über ein Dreiniveauschema verwirklicht. Der Rubinkristall besteht aus Aluminiumoxid Al_2O_3, in dessen Kristallgitter einige der Al-Atome durch die dreiwertigen Ionen Cr^{3+} (0,03 und 0,05 % der Chromionen entsprechend für rosa und roten Rubin) ersetzt wurden. Zum optischen Pumpen verwendet man eine Impulsgasentladungsröhre. Bei intensiver Bestrahlung des Rubins durch das Licht einer leistungsstarken Lampe gehen die Chromatome von dem niedrigeren Niveau 1 auf die höheren Niveaus des breiten Bandes 3 (Bild 233.1) über. Da die Lebensdauer des Chromatoms im angeregten Zustand gering ist (weniger als 10^{-7} s), vollziehen sich entweder spontane Übergänge $3 \rightarrow 1$ (sie sind unbedeutend) oder die wahrscheinlicheren nichtstrahlenden Übergänge auf das Niveau 2 (man nennt es metastabil) unter Abgabe der überschüssigen Energie an das Kristallgitter des Rubins. Der Übergang $2 \rightarrow 1$ ist laut Auswahlregel verboten, weshalb die Dauer des angeregten Zustandes 2 der Chromatome in der Größenordnung von 10^{-3} s liegt, d. h. ungefähr um vier Größenordnungen größer ist als für den Zustand 3. Das führt zu einer Anhäufung der Atome auf dem Niveau 2. Bei hinreichender Pumpleistung ist ihre Konzentration auf dem Niveau 2 deutlich größer als auf dem Niveau 1, d. h., es entsteht ein Medium mit inverser Besetzungszahl (oder Inversion) des Niveaus 2.

Jedes Photon, das zufällig bei spontanen Übergängen entstanden ist, kann im Prinzip im aktiven Medium eine Vielzahl erzwungener Übergänge $2 \rightarrow 1$ indizieren (hervorrufen), wodurch eine ganze Lawine sekundärer Photonen entsteht, die Kopien der primären sind. Auf diese Weise wird auch der Laserprozeß initiiert. Jedoch tragen spontane Übergänge einen zufälligen Charakter, und spontan erzeugte Photonen werden in die unterschiedlichsten Richtungen ausgestrahlt. Und demzufolge breitet sich auch die Lawine der sekundären Photonen in alle möglichen Richtungen aus. Folglich kann die Strahlung, die aus solchen ähnlichen Lawinen besteht, nicht über hohe kohärente Eigenschaften verfügen.

Zur Herausbildung einer Richtung der Laserstrahlung verwendet man einen weiteren prinzipiell wichtigen Teil des Lasers – den **optischen Resonator**. Im einfachsten Fall dient dafür ein Paar einander zugewandter paralleler (oder gewölbter) Spiegel auf der gemeinsamen optischen Achse, zwischen denen sich das aktive Medium befindet (ein Kristall oder eine Küvette mit Gas). In der Regel sind die Spiegel so gefertigt, daß an dem einen die Strahlung praktisch vollständig reflektiert wird und der zweite halbdurchlässig ist. Die Photonen, die sich unter einem Winkel zur Achse des Kristalls oder der Küvette bewegen, treten aus dem aktiven Medium über die Seitenoberflächen aus. Die Photonen, die sich entlang der Achse bewegen, werden mehrmals von den gegenüberliegenden Enden reflektiert, wobei sie jedesmal eine erzwungene Abstrahlung sekundärer Photonen hervorrufen, die ihrerseits eine erzwungene Strahlung hervorrufen usw. Da die Photonen, die bei der erzwungenen Strahlung erzeugt wurden, sich in dieselbe Richtung bewegen wie die primären, wächst der Photonenstrom, der parallel zur Achse des Kristalls oder der Küvette läuft, lawinenartig an. Ein mehrfach verstärkter Photonenstrom tritt durch den halbdurchlässigen Spiegel aus, wobei ein streng gerichtetes Lichtbündel extremer Helligkeit entsteht. Das heißt, daß der optische Resonator die Richtung (entlang der Achse) des verstärkten Photonenstromes erzwingt, wobei er gleichzeitig eine Laserstrahlung mit hoher Kohärenz formiert.

Der erste Gaslaser in kontinuierlicher Abstrahlung, ein sogenannter Dauerstrich-Laser (1961), war ein Laser auf der Grundlage eines Gemisches der Atome von Neon und Helium. Gase verfügen über enge Absorptionslinien, Lampen wiederum strahlen Licht in einem breiten Wellenlängenspektrum aus; folglich ist es nicht effektiv, sie in Form einer Pumpe zu verwenden, da nur ein Teil der Leistung der Lampe genutzt wird. Deshalb wird in Gaslasern die Besetzungszahl-Inversion der Niveaus durch elektrische Entladung erzeugt, die im Gas angeregt worden ist.

In Helium-Neon-Lasern erfolgt das Pumpen in zwei Etappen: Das Helium dient als Träger der Aktivierungsenergie, und die Laserstrahlung gibt uns das Neon. Die Elektronen, die bei der Entladung entstehen, regen beim Zusammenstoß das Heliumatom an, das in den angeregten Zustand 3 übergeht (Bild 233.2). Beim Zusammenstoß der angeregten Heliumatome mit den Neonatomen geht die Anregung auf sie über, und sie gehen in eines der höheren Niveaus des Neons über, das in der Nähe des entsprechenden Heliumniveaus liegt. Der Übergang des Neon-

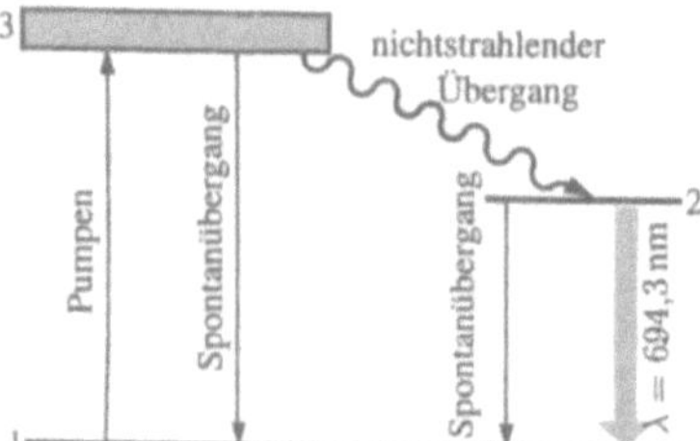

Bild 233.1

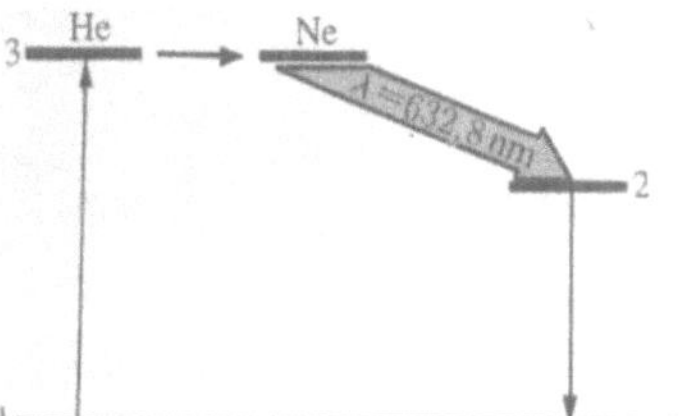

Bild 233.2

atoms vom oberen Niveau 3 auf eines der niedrigeren Niveaus 2 führt zur Laserstrahlung der Wellenlänge mit $\lambda = 632{,}8$ nm.

Die Laserstrahlung verfügt über folgende Eigenschaften:

1. *Zeitliche und räumliche Kohärenz* (siehe § 171). Die Zeit der Kohärenz beträgt 10^{-3} s, was einer Kohärenzwellenlänge der Größenordnung von 10^5 m entspricht ($l_{koh} = c\,\tau_{koh}$), d. h., sie ist um sieben Größenordnungen größer als bei gewöhnlichen Lichtquellen.

2. Sie ist *streng monochromatisch* ($\Delta\lambda < 10^{-11}$ m).

3. *Die hohe Energieflußdichte.* Wenn zum Beispiel ein Rubinstab beim Pumpen die Energie von $W = 20$ J erhielt und für 10^{-3} s ausgeleuchtet wurde, so ist der Strahlungsfluß $\Phi_e = 20/10^{-3}$ J/s $= 2 \cdot 10^4$ W. Wenn wir diese Strahlung auf eine Fläche von 1 mm² fokussieren, erhalten wir eine Energieflußdichte von $\Phi_e/A = 2 \cdot 10^4/10^{-6}$ W/m² $= 2 \cdot 10^{10}$ W/m².

4. *Eine sehr geringe Winkeldivergenz im Strahl.* Zum Beispiel unter Nutzung spezieller Fokussierung der Laserstrahlen, von der Erde aus gerichtet, ergeben diese auf der Mondoberfläche einen Punkt von etwa 3 km Durchmesser (der Strahl eines Scheinwerfers würde eine Oberfläche von etwa 40 000 km im Durchmesser ausleuchten).

Der Wirkungsgrad der Laser pendelt in den breiten Grenzen – von 0,01 % (für Helium-Neon-Laser) bis zu 75 % (für Neodym-Glaslaser), obwohl bei der Mehrzahl der Laser der Wirkungsgrad 0,1–1 % beträgt. Es wurden aber auch schon mächtige CO₂-Laser gebaut, die infrarote Strahlung im Dauerstrich-Betrieb generieren ($\lambda = 10{,}6\ \mu$m), deren Wirkungsgrad (30 %) den Wirkungsgrad existierender Laser übertrifft, die bei Zimmertemperatur arbeiten.

Die ungewöhnlichen Eigenschaften der Laserstrahlung finden in der heutigen Zeit breite Anwendung.

Die Anwendung der Laser zur Bearbeitung, zum Schneiden und für das Mikroschweißen fester Materialien erweist sich als ökonomisch effektiver (zum Beispiel das Bohren von kalibrierten Löchern im Diamant mit Laserstrahlen verringerte den Zeitaufwand von 24 h auf 6–8 min). Laser verwendet man zur schnellen und genauen Entdeckung von Defekten in Erzeugnissen, in der Medizin für genaueste Operationen (zum Beispiel den Strahl des CO₂-Lasers in Form eines unblutigen chirurgischen Skalpells), zur Erforschung chemischer Reaktionsmechanismen und des Einflusses auf ihren Verlauf, zur Herstellung hochreiner Stoffe. Breite Anwendung findet die Lasertrennung von Isotopen zum Beispiel eines solchen zur Energieerzeugung wichtigen Elementes wie Uran.

Eine weitere, für die Zukunft wichtige Anwendung der Laser ist die Herstellung und Erforschung von Hochtemperaturplasma. Dieser Bereich seiner Anwendung ist mit der Entwicklung einer neuen Richtung verbunden – der lasergesteuerten Kernfusion.

Laser werden vielfach in der Meßtechnik angewandt. Laserinterferometer (in ihnen dient ein Laser als Lichtquelle) verwendet man zur Präzisions-Längenmessung linearer Bewegungen, der Brechungsindizies des Mediums, des Druckes, der Temperatur. Zum Beispiel ist der oben erwähnte Helium-Neon-Laser wegen seiner monochromatischen Strahlung von hoher Stabilität (ein Frequenzstreifen von 1 Hz bei einer Frequenz von 10^{14} Hz) nicht zu ersetzen bei Justierungs- und Nivellierungsarbeiten.

Eine interessante Anwendung fanden die Laser in der Holographie (siehe § 184). Zur Schaffung von holographischen Speichern mit großer Kapazität sind Gaslaser im sichtbaren Bereich mit einem noch kleineren Wellenlängenintervall und Konvergenz der Strahlung notwendig.

Breite Anwendung finden auch Halbleiterlaser in der Optoelektronik, da sie über einen breiten Arbeitsbereich verfügen (0,7–30 μm) und über diesen Bereich kontinuierlich veränderbar sind. Die Anwendung der Laser ist in der heutigen Zeit so breit gefächert, daß sogar ihre Aufzählung im Rahmen dieses Kurses einfach unmöglich ist.

Kontrollfragen

▶ Was charakterisieren die folgenden Quantenzahlen: die Hauptquantenzahl, die Bahndrehimpulsquantenzahl und die magnetische Quantenzahl? Welche Werte können sie annehmen?

▶ Welche Werte können l und m_l bei der Hauptquantenzahl $n = 5$ annehmen?

▶ Wieviel unterschiedliche Zustände gehören zu $n = 4$?

▶ Vergleichen Sie die Wahrscheinlichkeitsdichte für das Auffinden des Elektrons im Grundzustand des Wasserstoffatoms entsprechend der Bohrschen Theorie und der Quantenmechanik.

▶ Welche Größen, die das Elektron im Wasserstoffatom charakterisieren, sind gequantelt? Schreiben Sie die entsprechenden Formeln auf.

▶ Warum kann das Wasserstoffatom ein und denselben Energiewert annehmen, obwohl es sich in verschiedenen Zuständen befindet?

▶ Welches sind die Quantisierungsregeln für die Quantelung des mechanischen Bahndrehimpulses und des Spins des Elektrons? Welche Projektionen auf die Richtung des äußeren Magnetfeldes besitzen sie?

▶ Was ist das Prinzip der Nichtunterscheidbarkeit identischer Teilchen?

▶ Welche Teilchen sind Bosonen, welche Fermionen? Welche Wellenfunktionen beschreiben sie?

▶ Wie würde sich die Struktur der Elektronenschalen eines Atoms ändern, wenn die Elektronen keine Fermionen wären, sondern Bosonen?

▶ Wieviel Elektronen können sich in dem (neutralen) Atom befinden, in dem im Grundzustand die K-, L-Schalen und die $3s$-Unterschale sowie die $3p$-Unterschale mit zwei Elektronen belegt sind? Welches Atom ist das?

▶ Welche Quantenzahlen besitzt das Außen-(Valenz-)Elektron des Natriumatoms im Grundzustand?

▶ Schreiben Sie die Elektronenkonfigurationen für folgende Atome auf: 1) Neon; 2) Nickel; 3) Germanium.

▶ Wie kann die Entstehung der kurzwelligen Grenze des Röntgen-Bremsspektrums erklärt werden?

▶ Warum besitzt die Röntgen-Bremsstrahlung ein stetiges Spektrum und die charakteristische ein Linienspektrum?

▶ Worin liegt der bedeutende Unterschied in den optischen und charakteristischen Spektren eines Atoms?

▶ Welche der folgenden drei Linien des charakteristischen Röntgenspektrums – K_β, K_α, L_β – ist die kurzwelligste, welche die intensivste?

▶ Welche Bedingung muß für die Entstehung der erzwungenen Emission im Stoff erfüllt werden?

▶ Warum stellt der optische Resonator eine der unabdingbaren Komponenten des Lasers dar?

Aufgaben

29.1. Ermitteln Sie, wieviel unterschiedliche Wellenfunktionen der Hauptquantenzahl $n = 5$ entsprechen? [25]

29.2. Zeichnen und erklären Sie das Diagramm, das die Aufspaltung der Energieniveaus und der Spektrallinien (unter Berücksichtigung der Auswahlregeln) beim Übergang zwischen den Zuständen mit $l = 2$ und $l = 1$ illustriert. [der $d \to p$-Übergang]

29.3. Angenommen, die Funktion $\psi = Ce^{-r/a}$ (C ist eine Konstante) genügt der Schrödinger-Gleichung für den $1s$-Zustand des Elektrons im Wasserstoffatom. Es ist zu zeigen, daß $a = \hbar^2 4\pi\varepsilon_0/(me^2)$ gleich dem ersten Bohrschen Radius ist. Dabei ist zu berücksichtigen, daß der $1s$-Zustand sphärisch symmetrisch ist.

29.4. Die normierte Wellenfunktion, die den $1s$-Zustand des Elektrons im Wasserstoffatom beschreibt, besitzt folgendes Aussehen $\psi_{100}(r) = (1/\sqrt{\pi a^3})\mathrm{e}^{-r/a}$, wobei r der Abstand des Elektrons vom Kern und a der erste Bohrsche Radius ist. Bestimmen Sie die Wahrscheinlichkeit W dafür, daß das Elektron im Atom in einer Kugel mit dem Radius $r = 0,05a$ aufgefunden wird. [Lösung der Aufgabe s. S. 403]

29.5. Das Elektron im Atom befindet sich im d-Zustand. Bestimmen Sie: 1) den Bahndrehimpuls des Elektrons; 2) den Maximalwert der Projektion des Bahndrehimpulses auf die Richtung des äußeren Magnetfeldes. [Lösung der Aufgabe s. S. 404]

29.6. Ein Elektron im Atom befindet sich im f-Zustand. Zu bestimmen sind: 1) der Bahndrehimpuls L_e dieses Elektrons; 2) der Maximalwert der Projektion des Bahndrehimpulses $(L_{ez})_{\max}$ auf die Richtung des äußeren Magnetfeldes. [1) $3,46\hbar$; 2) $3\hbar$]

29.7. Einer belegten Elektronenschale entspreche die Hauptquantenzahl $n = 3$. Bestimmen Sie die Anzahl der Elektronen in dieser Schale, die folgende gemeinsame Quantenzahlen besitzen: 1) $m_s = 1/2$ und $l = 2$; 2) $m_s = -1/2$ und $m_l = 0$. [1) 5; 2) 3]

29.8. Bestimmen Sie die Spannung an einer Röntgenröhre mit einer Nickelanode ($Z = 28$), wenn der Wellenlängenunterschied $\Delta\lambda$ zwischen der K_α-Linie und der kurzwelligen Grenze des kontinuierlichen Röntgenspektrums gleich 84 pm ist. [Lösung der Aufgabe s. S. 404]

29.9. Die minimale Wellenlänge der Röntgenstrahlung, erzeugt durch eine Röhre, die bei einer Spannung von 50 kV arbeitet, ist gleich 24,8 pm. Bestimmen Sie anhand dieser Werte die Plancksche Konstante. [$6,61 \cdot 10^{-34}\,\mathrm{J} \cdot \mathrm{s}$]

29.10. Bestimmen Sie die langwelligste Linie der K-Serie der charakteristischen Röntgenstrahlung, wenn die Anode der Röntgenröhre aus Platin gefertigt ist. Die Abschirmungskonstante ist mit eins anzunehmen. [20 pm]

Kapitel 30

Elemente der Quantenstatistik

§ 234 Die Quantenstatistik. Der Phasenraum. Die Verteilungsfunktion

Die **Quantenstatistik** ist ein Teilgebiet der statistischen Physik, die Systeme untersucht, die aus einer großen Teilchenanzahl bestehen und sich den Gesetzen der Quantenmechanik unterordnen.

Im Unterschied zu den Ausgangsbedingungen der klassischen statistischen Physik, in der identische Teilchen unterscheidbar sind (ein Teilchen kann von gleichen Teilchen unterschieden werden), basiert die Quantenstatistik auf dem Prinzip der Ununterscheidbarkeit identischer Teilchen (siehe § 226). Dabei erweist sich, wie weiter unten bewiesen werden wird,

daß Ensembles von Teilchen mit ganzzahligem und halbzahligem Spin unterschiedlichen Statistiken gehorchen.

Nehmen wir an, daß das System aus N Teilchen besteht. Führen wir in die Betrachtungen den mehrdimensionalen Raum aller Koordinaten und Impulse der Teilchen des Systems ein. Dann wird der Zustand des Systems durch die Vorgabe von $6N$ Variablen bestimmt, da der Zustand jedes einzelnen Teilchens durch ein Koordinatentripel x, y, z und ein Tripel der entsprechenden Impulse p_x, p_y, p_z bestimmt wird. Die entsprechende Anzahl von zueinander „senkrechten" Koordinatenachsen des gegebenen Raumes beträgt $6N$. Diesen $6N$-dimensionalen Raum nennt man **Phasenraum**. Jedem Mikrozustand des Systems entspricht ein Punkt im $6N$-dimensionalen

Phasenraum, da die Vorgabe eines Punktes im Phasenraum die Vorgabe von Koordinaten und Impulsen aller Teilchen des Systems bedeutet. Unterteilen wir den Phasenraum in kleine $6N$-dimensionale Elementarräume mit dem Volumen $\mathrm{d}q\,\mathrm{d}p = \mathrm{d}q_1\,\mathrm{d}q_2\cdots\mathrm{d}q_{3N}\,\mathrm{d}p_1\,\mathrm{d}p_2\cdots\mathrm{d}p_{3N}$, wobei q die Gesamtheit der Koordinaten aller Teilchen und p die Gesamtheit der Projektionen ihrer Impulse ist. Der Welle-Teilchen-Dualismus der Materieneigenschaften (siehe § 213) und die Unschärferelation von Heisenberg (siehe § 215) führen zu der Schlußfolgerung, daß das Volumen eines Elementarraumes (man nennt ihn **Phasenvolumen**) nicht kleiner sein kann als h^3 (h ist die Plancksche Konstante).

Die Wahrscheinlichkeit $\mathrm{d}W$ für einen gegebenen Zustand des Systems kann man mit Hilfe der Verteilungsfunktion $f(q,p)$ darstellen:

$$\mathrm{d}W = f(q,p)\,\mathrm{d}q\,\mathrm{d}p. \tag{234.1}$$

Hier ist $\mathrm{d}W$ die Wahrscheinlichkeit dafür, daß ein Punkt des Phasenraumes in dem Element des Phasenvolumens $\mathrm{d}q\,\mathrm{d}p$ liegt, das sich in der Nähe des gegebenen Punktes q, p befindet. Mit anderen Worten, $\mathrm{d}W$ stellt die Wahrscheinlichkeit dafür dar, daß sich das System in dem Zustand mit den Koordinaten von $q, q + \mathrm{d}q$ und den Impulsen von $p, p + \mathrm{d}p$ befindet.

Entsprechend der Formel (234.1) ist die Verteilungsfunktion nichts anderes als die Wahrscheinlichkeitsdichte eines bestimmten Zustandes des Systems. Deshalb ist sie auf eins normiert:

$$\int f(q,p)\,\mathrm{d}q\,\mathrm{d}p = 1,$$

wenn über den ganzen Phasenraum integriert wird.

Kennt man die Verteilungsfunktion $f(q,p)$, dann kann die Hauptaufgabe der Quantenstatistik gelöst werden – das Bestimmen des Mittelwertes der Größen, die das betrachtete System charakterisieren. Der Mittelwert einer beliebigen Funktion ergibt sich als folgendes Integral

$$\langle L(q,p)\rangle = \int L(q,p)f(q,p)\,\mathrm{d}q\,\mathrm{d}p. \tag{234.2}$$

Wenn wir es nicht mit Koordinaten und Impulsen zu tun haben, sondern mit Energien, die gequantelt sind, so wird der Zustand des Systems nicht durch eine stetige, sondern durch eine diskrete Verteilungsfunktion charakterisiert.

Den expliziten Ausdruck für die Verteilungsfunktion in der allgemeinen Form fand der amerikanische Physiker J. Gibbs (1839–1903). Man nennt sie die **kanonische Gibbs-Verteilung**. In der Quantenstatistik besitzt die kanonische Gibbs-Verteilung folgendes Aussehen

$$f(E_n) = A\mathrm{e}^{-E_n/(kT)}, \tag{234.3}$$

dabei ist A eine Konstante, die bei der Normierung auf eins festgelegt wurde, und n die Gesamtheit aller Quantenzahlen, die den gegebenen Zustand charakterisieren. Zu betonen ist aber, daß $f(E_n)$ die Wahrscheinlichkeit für den gegebenen Zustand ist und nicht die Wahrscheinlichkeit dafür, daß das System einen

bestimmten Energiewert E_n annimmt, da einer gegebenen Energie nicht ein, sondern mehrere unterschiedliche Zustände entsprechen können.

§ 235   Die Quantenstatistik nach Bose-Einstein und Fermi-Dirac

Eines der einfachsten Untersuchungsobjekte der Quantenstatistik, wie auch der klassischen, stellt das ideale Gas dar. Das hängt damit zusammen, daß man in manchen Fällen das reale System in guter Näherung als ideales Gas ansehen kann. Der Zustand eines Systems von unabhängigen Teilchen wird mit Hilfe sogenannter **Besetzungszahlen** N_i gegeben – Zahlen, die den Besetzungsgrad eines Quantzustandes (er wird durch den entsprechenden Satz i von Quantenzahlen charakterisiert) mit Teilchen des Systems ausweisen, das aus vielen identischen Teilchen besteht. Für ein System aus Teilchen, das aus Bosonen besteht – aus Teilchen mit einem ganzzahligen oder verschwindenden Spin (siehe § 226) –, können die Besetzungszahlen beliebige ganze Werte annehmen: $0, 1, 2, \ldots$ (siehe § 227). Für ein System von Teilchen, das aus Fermionen aufgebaut ist, d. h. aus Teilchen mit halbzahligem Spin (siehe § 226), können die Besetzungszahlen lediglich zwei Werte annehmen: 0 für den freien Zustand und 1 für den besetzten Zustand (siehe § 227). Die Summe aller Besetzungszahlen muß gleich der Teilchenzahl des Systems sein. Die Quantenstatistik ermöglicht es, die mittlere Teilchenzahl in dem gegebenen Quantenzustand zu errechnen, d. h. die mittlere Besetzungszahl $\langle N_i\rangle$ zu bestimmen.

Das ideale Gas aus Bosonen – das **Bosegas** – wird durch die **Bose-Einstein-Quantenstatistik** beschrieben. Der indische Physiker S. Bose (1894–1974) begründete 1924 die Quantenstatistik für Lichtquanten, die A. Einstein auf materielle Teilchen ausdehnte. Die Verteilung der Bosonen folgt aus der sogenannten **Großkanonischen Verteilung von Gibbs** (mit einer variablen Teilchenzahl) unter der Bedingung, daß die Zahl identischer Bosonen im gegebenen Quantenzustand beliebig sein kann (siehe § 227):

$$\langle N_i\rangle = \frac{1}{\mathrm{e}^{(E_i-\mu)/(kT)} - 1}. \tag{235.1}$$

Diese Verteilung nennt man die **Bose-Einstein-Verteilung**. Hier ist $\langle N_i\rangle$ die mittlere Bosonenzahl in dem Quantenzustand mit der Energie E_i, k die Boltzmann-Konstante, T die thermodynamische Temperatur, μ das **chemische Potential**; μ hängt nicht von der Energie ab, sondern wird lediglich durch die Temperatur und die Teilchendichte bestimmt. Das chemische Potential findet man gewöhnlich aus der Bedingung, daß die Summe aller $\langle N_i\rangle$ gleich der gesamten Teilchenzahl des Systems ist. Hier ist $\mu \leq 0$, da ansonsten die mittlere Teilchenzahl im gegebenen Quantenzustand negativ wäre, was wiederum keinen physikalischen Sinn ergibt. Das chemische Potential definiert die Änderung der Inneren Energie des Systems, wenn man ihm ein Teilchen hinzufügt unter der Bedingung, daß alle anderen Größen, von denen die Innere Energie abhängt (Entropie, Volumen), fixiert sind.

Das ideale Gas aus Fermionen – das **Fermigas** – wird durch die **Fermi-Dirac-Statistik** beschrieben. Der italienische Physiker E. Fermi (1901–1954) widmete sich vorwiegend der Quantenmechanik. Die Verteilung der Fermionen nach den Energien besitzt folgendes Aussehen:

$$\langle N_i \rangle = \frac{1}{e^{(E_i - \mu)/(kT)} + 1}, \qquad (235.2)$$

wobei $\langle N_i \rangle$ die mittlere Zahl der Fermionen in dem Quantenzustand mit der Energie E_i und μ das chemische Potential ist. Im Unterschied zu (235.1) kann μ positive Werte annehmen (das führt nicht zu negativen Werten der Zahlen $\langle N_i \rangle$). Diese Verteilung nennt man die **Fermi-Dirac-Verteilung**.

Wenn $e^{(E_i - \mu)/(kT)} \gg 1$ ist, dann gehen die Bose-Einstein- (235.1) wie auch die Fermi-Dirac-Verteilungen (235.2) in die klassische Maxwell-Boltzmann-Verteilung über:

$$\langle N_i \rangle = A e^{-E_i/(kT)} \qquad (235.3)$$

(vergleiche mit (44.4)), wobei

$$A = e^{\mu/(kT)} \qquad (235.4)$$

ist. Demnach verhalten sich beide „Quantengase" bei hohen Temperaturen wie gewöhnliches klassisches Gas.

Ein System aus Teilchen nennt man **entartet**, wenn sich seine Eigenschaften merklich von den Eigenschaften der Systeme unterscheiden, die der klassischen Statistik unterliegen. Das Verhalten des Bosegases wie auch des Fermigases unterscheidet sich von dem des klassischen Gases; sie stellen entartete Gase dar. Die Entartung der Gase macht sich bei ziemlich niedrigen Temperaturen und großen Dichten bemerkbar. Die Größe A nennt man den **Entartungsgrad**. Bei $A \ll 1$, d. h. bei geringem Entartungsgrad, gehen die Bose-Einstein- (235.1) und Fermi-Dirac-Verteilungen (235.2) in die klassische Maxwell-Boltzmann-Verteilung (235.3) über.

Die **Entartungstemperatur** T_0 nennt man die Temperatur, unterhalb der die Quanteneigenschaften des idealen Gases zutage treten. Sie ist bedingt durch die Identität der Teilchen, d. h., T_0 ist die Temperatur, bei der die Entartung merklich die Oberhand gewinnt. Wenn $T \gg T_0$ ist, wird das Verhalten des Teilchensystems (Gases) durch die klassischen Gesetze beschrieben.

§ 236   Das entartete Elektronengas in Metallen

Die Verteilung der Elektronen auf die unterschiedlichen Quantenzuständen unterliegt dem Pauli-Prinzip (siehe § 227), entsprechend dem sich in einem Zustand nicht zwei identische Teilchen (mit dem gleichen Satz der vier Quantenzahlen) von Elektronen aufhalten können; sie müssen sich in irgendeiner Charakteristik unterscheiden, zum Beispiel in der Spinrichtung. Folglich können sich laut Quantentheorie die Elektronen im Metall nicht auf dem niedrigsten Energieniveau aufhalten, sogar bei Null Kelvin nicht. Gemäß dem Pauli-Prinzip sind die Elektronen gezwungen, die „energetische Leiter" hinaufzuklettern.

Die Leitungselektronen im Metall kann man als ideales Gas betrachten, das der Fermi-Dirac-Verteilung (235.2) unterliegt. Wenn μ_0 das chemische Potential des Elektronengases bei $T = 0$ K ist, dann ist entsprechend (235.2) die mittlere Elektronenzahl $\langle N(E) \rangle$ in dem Quantenzustand mit der Energie E gleich

$$\langle N(E) \rangle = \frac{1}{e^{(E_i - \mu)/(kT)} + 1}. \qquad (236.1)$$

Für die Fermionen (Elektronen sind Fermionen) fallen die mittlere Teilchenzahl in dem Quantenzustand und die Besetzungswahrscheinlichkeit des Quantenzustandes zusammen, da der Quantenzustand entweder gar nicht oder nur mit einem Teilchen besetzt sein kann. Das bedeutet, daß für Fermionen $\langle N(E) \rangle = f(E)$ ist, wobei $f(E)$ die Verteilungsfunktion der Elektronen auf die Zustände ist.

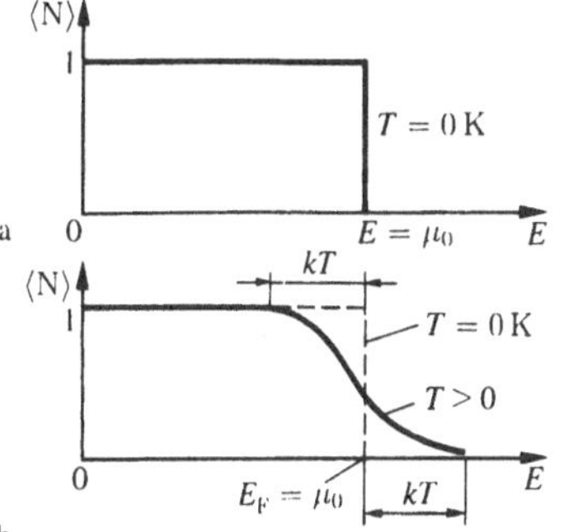

Aus (236.1) folgt, daß bei $T = 0$ K die Verteilungsfunktion $\langle N(E) \rangle = 1$ ist, wenn $E < \mu_0$ ist, und $\langle N(E) \rangle = 0$ ist, wenn $E > \mu_0$ ist. Die Graphik dieser Funktion ist in Bild 236.1a angeführt. Im Bereich der Energien von 0 bis μ_0 ist die Funktion $\langle N(E) \rangle$ gleich eins. Bei $E = \mu_0$ ändert sie sich sprungartig auf Null. Das bedeutet, daß bei 0 K alle unteren Quantenzustände bis hin zu dem Zustand mit der Energie $E = \mu_0$ mit Elektronen besetzt sind, aber alle Zustände mit einer Energie größer als μ_0 leer sind. Folglich ist μ_0 nichts anderes als die maximale kinetische Energie, die Leitungselektronen im Metall bei 0 K besitzen können. Diese maximale kinetische Energie nennt man **Fermi-Energie** und bezeichnet sie mit E_F ($E_F = \mu_0$). Deshalb schreibt man die Fermi-Dirac-Verteilung gewöhnlich in folgender Form

$$\langle N(E) \rangle = \frac{1}{e^{(E - E_F)/(kT)} + 1}. \qquad (236.2)$$

Das höchstmögliche Energieniveau, das durch die Elektronen belegt werden kann, nennt man **Fermi-Niveau**. Das Fermi-Niveau entspricht der Energie von E_F, welche die Elektronen auf diesem Niveau besitzen können. Es ist ersichtlich, daß das Fermi-Niveau um so höher liegt, je größer die Dichte des Elektronengases ist. Die Austrittsarbeit der Elektronen aus dem Metall darf man aber nicht vom Boden des „Potentialtopfes" aus zählen, wie es in der klassischen Theorie gemacht wurde, sondern vom Fermi-Niveau ab, d. h. vom obersten besetzten Energieniveau aus.

Für Metalle wird bei nicht zu sehr hohen Temperaturen die Ungleichung $kT \ll E_F$ erfüllt. Das bedeutet, daß sich das Elektronengas im Metall praktisch immer im Zustand starker Entartung befindet. Die Entartungstemperatur T_0 (siehe § 235) findet man aus der Bedingung $kT_0 = E_F$. Sie bestimmt die Grenze, oberhalb der die Quanteneffekte ihren merklichen Einfluß verlieren. Die entsprechenden Berechnungen zeigen, daß für Elektronen im Metall $T_0 \approx 10^4$ K ist, d. h., daß bei allen Temperaturen, bei denen das Metall im festen Zustand existiert, das Elektronengas im Metall entartet ist.

Bei Temperaturen, oberhalb von 0 K ändert sich die Fermi-Dirac-Verteilung (236.2) fließend von 1 auf 0 in einem engen Bereich (der Größenordnung von kT) in der Umgebung von E_F (siehe Bild 236.1b). (Hier ist als Vergleich gestrichelt die Verteilungsfunktion bei $T = 0$ K angeführt.) Das wird damit erklärt, daß bei $T > 0$ eine geringe Zahl von Elektronen mit einer Energie nahe bei E_F durch die Wärmebewegung angeregt wird und ihre Energie größer als E_F wird. In der Nähe der Fermi-Grenze bei $E < E_F$ ist die Besetzung durch die Elektronen kleiner eins, bei $E > E_F$ größer Null. An der Wärmebewegung nehmen lediglich wenige Elektronen teil, zum Beispiel bei Zimmertemperatur $T \approx 300$ K und einer Entartungstemperatur $T_0 = 3 \cdot 10^4$ K sind das nur 10^{-5} von der Gesamtzahl der Elektronen.

Wenn $(E - E_F) \gg kT$ ist („der Schwanz" der Verteilungsfunktion), kann man die eins im Nenner von (236.2) in Vergleich zum Exponenten vernachlässigen, und die Fermi-Dirac-Verteilung geht in die Maxwell-Boltzmann-Verteilung über. Damit kann bei $(E - E_F) \gg kT$, d. h. bei hohen Energiewerten, auf die Elektronen im Metall die klassische Statistik angewandt werden, während bei $(E - E_F) \gg kT$ auf sie nur die Fermi-Dirac-Quantenstatistik angewandt werden kann.

§ 237 Die Wärmekapazität im Lichte der Quantentheorie. Phononen

Die Quantenstatistik beseitigte die Schwierigkeiten in der Erklärung der Abhängigkeit der Wärmekapazität von Gasen (speziell von zweiatomigen) von der Temperatur (siehe § 53). Nach der Quantenmechanik kann die Rotationsenergie der Moleküle und die Schwingungsenergie der Atome im Molekül lediglich diskrete Werte annehmen. Wenn nun die Energie der Wärmebewegung merklich kleiner ist als der Energieunterschied benachbarter Energiniveaus ($kT \ll \Delta E$), so werden beim Zusammenstoß der Moleküle die Rotations- und Schwingungsfreiheitsgrade praktisch nicht angeregt. Deshalb ähnelt das Verhalten von zweiatomigen Gasen bei niedrigen Temperaturen dem von einatomigen Gasen.

Da der Unterschied zwischen den benachbarten Rotationsenergieniveaus merklich geringer ist als der zwischen den Schwingungsenergieniveaus, d. h. $\Delta E_{\text{Rot}} \ll \Delta E_{\text{Schw}}$ (siehe § 230), werden bei Temperaturanstieg zuerst die Rotationsfreiheitsgrade angeregt, wodurch die Wärmekapazität zunimmt; bei weiterem Temperaturanstieg werden auch die Schwingungs-

freiheitsgrade angeregt, und die Wärmekapazität steigt weiter (siehe Bild 53.1).

Die Fermi-Dirac-Verteilungsfunktion bei $T = 0$ und $T > 0$ unterscheidet sich merklich (Bild 236.1) lediglich in einem engen Energiebereich (der Größenordnung kT). Folglich nimmt an der Erhitzung des Metalls nur ein kleiner Teil aller Leitungselektronen teil. Damit wird auch verständlich, warum sich die Wärmekapazitäten von Metallen und Dielektrika nur wenig unterscheiden, was mit Hilfe der klassischen Theorie nicht erklärt werden konnte (siehe § 103).

Wie schon bereits hingewiesen wurde (siehe § 73), konnte die klassische Theorie auch nicht die Abhängigkeit der Wärmekapazität von Festkörpern von der Temperatur erklären; die Quantenstatistik jedoch löste diese Aufgabe. So schuf A. Einstein die qualitative Quantentheorie der Wärmekapazität des Kristallgitters. Dabei wandte er folgende Näherung an: Die Schwingungen der Atome des Kristallgitters vollziehen sich unabhängig (das Kristallmodell als Gesamtheit unabhängiger, mit gleicher Frequenz schwingender harmonischer Oszillatoren). Sie wurde im folgenden von P. Debye weiterentwickelt, der berücksichtigte, daß die Schwingungen im Kristallgitter nicht unabhängig voneinander sind (er betrachtete ein kontinuierliches Frequenzspektrum harmonischer Oszillatoren).

Ausgehend vom kontinuierlichen Frequenzspektrum der Oszillatoren zeigte P. Debye, daß den Hauptanteil an der kinetischen Energie des Quantenoszillators die Schwingungen niedriger Frequenzen einbringen, die elastischen Wellen entsprechen. Deshalb kann man die Wärmeanregung von Festkörpern in Form von elastischen Wellen beschreiben, die sich im Kristall ausbreiten. In Übereinstimmung mit dem Welle-Teilchen-Dualismus der Materieeigenschaften stellt man die elastischen Wellen im Kristall in Form von **Phononen** dar, die über eine Energie von $E = \hbar\omega$ verfügen. Das Phonon ist ein **Energiequant der Schallwelle** (da elastische Wellen Schallwellen sind). *Phononen sind Quasiteilchen*, d. h. Elementaranregungen, die sich ähnlich wie Mikroteilchen verhalten. In Analogie zu der Quantelung der elektromagnetischen Strahlung, die zu der Vorstellung von den Photonen führte, führt die Quantelung der elastischen Wellen zu der Vorstellung von den Phononen.

Quasiteilchen, im speziellen die Phononen, unterscheiden sich stark von gewöhnlichen Teilchen (zum Beispiel Elektronen, Protonen, Photonen), da sie mit der kollektiven Bewegung vieler Teilchen des Systems verbunden sind. Quasiteilchen können nicht im Vakuum entstehen, sie existieren nur im Kristall. Der Impuls des Phonons verfügt über eine eigentümliche Eigenschaft: Beim Zusammenstoß von Phononen im Kristall kann ihr Impuls in diskreten Portionen dem Kristallgitter übertragen werden – er wird dabei nicht beibehalten. Deshalb spricht man *im Falle der Phononen* von einem **Quasiimpuls**.

Die Energie des Kristallgitters betrachtet man als Energie des Phononengases, das der Bose-Einstein-Statistik gehorcht (siehe § 235), da die Phononen Bosonen darstellen (ihr Spin ist gleich Null). Phononen können erzeugt und absorbiert werden, ihre Zahl bleibt jedoch nicht konstant; deshalb ist es notwendig, in der Formel (235.1) das chemische Potential μ gleich Null zu setzen.

Die Anwendung der Bose-Einstein-Statistik auf das Phononengas – ein Gas aus nicht miteinander wechselwirkenden Bose-Teilchen – führte P. Debye zu der quantitativen Schlußfolgerung, entsprechend der bei hohen Temperaturen, wenn $T \gg T_D$ (der klassische Bereich) ist, die Wärmekapazität von Festkörpern durch die Dulong-Petitsche Regel (siehe § 73) beschrieben wird und bei niedrigen Temperaturen, wenn $T \ll T_D$ (der Quantenbereich) ist, proportional zur dritten Potenz der thermodynamischen Temperatur ist: $C_V \sim T^3$. Im gegebenen Fall ist T_D die sogenannte **Debye-Temperatur**, die durch die Beziehung $kT_D = \hbar\omega_D$ definiert ist, wobei ω_D die Grenzfrequenz der elastischen Wellen des Kristallgitters ist. Also erklärte die Theorie von Debye das Auseinandergehen der experimentellen und theoretischen (ausgerechnet auf der Grundlage der klassischen Theorie) Werte der Wärmekapazität von Festkörpern (siehe § 73 und Bild 73.1).

Das Modell der Quasiteilchen – der Phononen – erwies sich als effektiv zur Erklärung der von P. L. Kapiza entdeckten Eigenschaft der Suprafluidität des flüssigen Heliums (siehe § 31, 75). Die Theorie der Suprafluidität, die von L. D. Landau 1941 geschaffen und durch den russischen Wissenschaftler N. N. Bogoljubow weiterentwickelt wurde, wurde im folgenden angewandt zur Erklärung der Supraleitung (siehe § 239).

§ 238 Folgerungen aus der Quantentheorie für die Leitfähigkeit von Metallen

Die **Quantentheorie für die elektrische Leitfähigkeit von Metallen** – die Theorie der elektrischen Leitfähigkeit, die auf der Quantenmechanik und der Fermi-Dirac-Quantenstatistik aufgebaut ist, – betrachtete das in der klassischen Physik ununtersuchte Problem der Leitfähigkeit von Metallen unter einem neuen Gesichtspunkt. Die damit berechnete Leitfähigkeit von Metallen führt zu folgendem Ausdruck für die spezifische elektrische Leitfähigkeit des Metalls

$$\gamma = \frac{ne^2 \langle l_F \rangle}{m \langle u_F \rangle}, \tag{238.1}$$

die vom Äußeren her an die klassische Formel (103.2) für γ erinnert, bekommt jetzt jedoch einen ganz anderen physikalischen Sinn. Hier ist n die Konzentration der Leitungselektronen im Metall, $\langle l_F \rangle$ die mittlere freie Weglänge des Elektrons, das die Fermi-Energie besitzt, und $\langle u_F \rangle$ die mittlere Geschwindigkeit der Wärmebewegung solches Elektrons. Die Schlußfolgerungen, die man auf der Grundlage der Formel (238.1) erhält, stimmen vollständig mit den experimentellen Werten überein. Speziell die Quantentheorie der elektrischen Leitfähigkeit der Metalle erklärt die Abhängigkeit der spezifischen Leitfähigkeit von der Temperatur: $\gamma \sim 1/T$ (die klassische Theorie (siehe § 103) gibt, daß $\gamma \sim 1/\sqrt{T}$ ist) sowie die anomal großen Werte (in der Größenordnung von hunderten Perioden des Gitters) der mittleren freien Weglänge des Elektrons im Metall (siehe § 103).

Die Quantentheorie betrachtet die Bewegung der Elektronen unter Berücksichtigung ihrer Wechselwirkung mit dem Kristallgitter. Entsprechend dem Welle-Teilchen-Dualismus wird die Bewegung des Elektrons in Form eines Wellenprozesses dargestellt. Das ideale Kristallgitter (in seinen Gitterknoten befinden sich *nichtbewegliche* Teilchen, und es besitzt eine perfekte Periodizität) erweist sich ähnlich dem optisch homogenen Medium – es streut die „Elektronenwellen" nicht. Das entspricht der Aussage, daß das perfekte Metall dem elektrischen Strom – der geordneten Bewegung der Elektronen – keinerlei Widerstand entgegengesetzt. „Elektronenwellen" breiten sich im idealen Kristallgitter so aus, als ob sie die Gitterknoten umgingen und große Entfernungen zurücklegten.

Im reellen Kristallgitter existieren immer irgendwelche Inhomogenitäten, die zum Beispiel Leerstellen oder Fremdatome sein können; Inhomogenitäten werden auch durch Wärmeschwingungen hervorgerufen. Im reellen Kristall werden die „Elektronenwellen" an den Inhomogenitäten gestreut, was auch der Grund für den elektrischen Widerstand ist. Die Streuung der „Elektronenwellen" an den Inhomogenitäten, die mit den Wärmeschwingungen verbunden sind, kann man auch als Zusammenstoß der Elektronen mit Phononen auffassen.

Entsprechend der klassischen Theorie ist $\langle u \rangle \sim \sqrt{T}$, weshalb sie nicht die wahre Abhängigkeit γ von der Temperatur erklären konnte (siehe § 103). In der Quantentheorie hängt die mittlere Geschwindigkeit $\langle u_F \rangle$ praktisch nicht von der Temperatur ab, da bewiesen wird, daß mit Änderung der Temperatur das Fermi-Niveau praktisch unverändert bleibt. Jedoch nimmt mit Zunahme der Temperatur auch die Streuung der „Elektronenwellen" an den Wärmeschwingungen des Gitters (Phononen) zu, was eine Verringerung der mittleren freien Weglänge der Elektronen bewirkt. Im Bereich der Zimmertemperatur ist $\langle l_F \rangle \sim T^{-1}$, weshalb wir unter Berücksichtigung der Unabhängigkeit von $\langle u \rangle$ von der Temperatur erhalten, daß der Widerstand der Metalle ($R \sim 1/\gamma$) in Übereinstimmung mit den experimentellen Werten proportional mit T zunimmt. Also beseitigt die Quantentheorie der elektrischen Leitfähigkeit der Metalle auch diese Schwierigkeit der klassischen Theorie.

§ 239 Supraleitung. Der Josephson-Effekt

Bevor wir auf der Grundlage der Quantentheorie zur qualitativen Erklärung der Erscheinung der Supraleitung kommen, betrachten wir erst einmal einige Eigenschaften von Supraleitern.

Die Untersuchung der Eigenschaften von Supraleitern führte zu der Schlußfolgerung, daß beim Übergang von Metall in den supraleitenden Zustand sich die Struktur seines Kristallgitters nicht ändert und auch seine mechanischen und optischen (im sichtbaren und infraroten Bereich) Eigenschaften gleich bleiben. Jedoch ändern sich beim Übergang in den supraleitenden Zustand neben den elektrischen Eigenschaften auch qualitativ seine magnetischen und Wärmeeigenschaften. So ist ohne Magnetfeld der Übergang in den supraleitenden Zustand mit einer sprunghaften Änderung der Wärmekapazität verbunden, beim

Übergang in den supraleitenden Zustand im äußeren Magnetfeld ändert sich ebenfalls sowohl die Wärmeleitfähigkeit als auch die Wärmekapazität (solche Erscheinungen sind charakteristisch für Phasenübergänge zweiter Art; siehe § 75). Ein hinreichend starkes Magnetfeld (und folglich auch elektrischer Strom, der durch den Supraleiter strömt) zerstört den supraleitenden Zustand.

Wie der deutsche Physiker W. Meißner (1882–1974) zeigte, fehlt im supraleitenden Zustand im Innern des Supraleiters das Magnetfeld. Das bedeutet, daß bei Abkühlung des Supraleiters unter seine kritische Temperatur (siehe § 98) das Magnetfeld aus ihm hinausgedrängt wird (**Meißner-Ochsenfeld-Effekt**).

Die Tatsache, daß diese Effekte im supraleitenden Zustand bei den verschiedensten Metallen, ihren Legierungen und Verbindungen beobachtet werden, weist darauf hin, daß die Supraleitung in für alle Stoffe gemeinsamen physikalischen Ursachen begründet liegen muß, d. h., es muß ein für alle Supraleiter einheitlicher Mechanismus für diese Erscheinungen existieren.

Die physikalische Natur der Supraleitung wurde erst im Jahre 1957– 46 Jahre nach Entdeckung des Effektes durch den niederländischen Physiker H. Kamerlingh Onnes – durch die Theorie der amerikanischen Physiker J. Bardeen (geb. 1908), L. Cooper (geb. 1930) und D. Schrieffer (geb. 1931) verstanden.

Es hat sich erwiesen, daß neben der äußeren Ähnlichkeit zwischen der Suprafluidität (eine suprafluide Flüssigkeit strömt ohne Reibung durch enge Kapillaren, d. h., ohne der Reibung Widerstand entgegenzubringen) und der Supraleitung (ein Strom fließt im Supraleiter ohne Widerstand durch den Leiter) eine tiefe physikalische Analogie besteht: Sowohl die Suprafluidität als auch die Supraleitung stellen einen **makroskopischen Quanteneffekt** dar.

Qualitativ kann man die Supraleitung folgendermaßen erklären. Zwischen den Elektronen des Metalls entsteht neben der Coulombschen Abstoßung, die in hinreichendem Grad durch die abschirmende Wirkung der positiven Gitterionen abgeschwächt ist, aufgrund der Elektron-Phonon-Wechselwirkung (Wechselwirkung der Elektronen mit den Gitterschwingungen) eine schwache gegenseitige Anziehung. Diese gegenseitige Anziehung kann unter bestimmten Bedingungen über der Abstoßung dominieren. Dadurch bilden die Leitungselektronen, indem sie sich „anziehen", einen eigenartigen gebundenen Zustand, das sogenannte **Cooper-Paar**. Die „Abmessungen" dieser Paare sind um ein Vieles größer (ungefähr um vier Größenordnungen) als der mittlere atomare Abstand, d. h., zwischen den Elektronen, die zu einem Paar „gebunden" sind, befindet sich eine große Zahl „gewöhnlicher" Elektronen.

Um ein Cooper-Paar zu zerstören (eines dieser Elektronen abzureißen), muß eine gewisse Energie aufgewandt werden, die der Überwindung der Anziehungskraft der Elektronen. Diese Energie kann im Prinzip durch die Wechselwirkung mit Phononen erhalten werden. Jedoch wehren sich die Paare gegen ihre Zerstörung. Das wird damit erklärt, daß nicht nur ein Paar existiert, sondern ein ganzes Ensemble miteinander wechselwirkender Cooper-Paare.

Die Elektronen, die solchem Paar angehören, besitzen entgegengesetzten Spin. Deshalb ist der Spin eines solchen Cooper-Paares Null, und es stellt damit ein Boson dar. Auf die Bosonen ist das Pauli-Prinzip nicht anwendbar. Danach ist die Zahl der Bose-Teilchen, die sich in einem Zustand befinden, unbegrenzt. Deshalb häufen sich die Bosonen bei sehr niedrigen Temperaturen im Grundzustand an, aus dem es sehr schwierig ist, sie in einen angeregten Zustand zu überführen. Das System Bose-Teilchen–Cooper-Paar, das bezüglich des Ablösens eines Elektrons stabil ist, kann sich unter Einfluß eines äußeren elektrischen Feldes ohne Widerstand durch den Leiter bewegen, was zur Supraleitung führt.

Auf der Grundlage der Theorie der Supraleitung sagte 1962 der englische Physiker B. Josephson (geb. 1940) folgenden Effekt voraus, genannt zu seinen Ehren **Josephson-Effekt** (entdeckt 1963, Nobelpreis 1973). Er beschreibt den Verlauf des Stromes durch eine dünne Schicht eines Dielektrikums (ein Metalloxidfilm der Dicke ≈ 1 nm), der zwei Supraleiter voneinander trennt (der sogenannte **Josephson-Kontakt**). Die Leitungselektronen tunneln durch das Dielektrikum. Wenn der Strom durch den Josephson-Kontakt einen bestimmten kritischen Wert nicht übersteigt, so ist an ihm kein Spannungsabfall zu verzeichnen (ein **stationärer Effekt**), übersteigt er ihn aber, dann entsteht ein Spannungsabfall U, und der Kontakt strahlt elektromagnetische Wellen aus (ein **nichtstationärer Effekt**). Die Strahlungsfrequenz v ist mit U über dem Kontakt durch die Beziehung $v = 2eU/h$ verbunden (e ist die Elektronenladung). Das Entstehen der Strahlung wird damit erklärt, daß die Cooper-Paare (sie schaffen den supraleitenden Strom), die durch den Kontakt gehen, in bezug auf den Grundzustand des Supraleiters überschüssige Energie erlangen. Bei der Rückkehr in den Grundzustand strahlen sie Lichtquanten der Energie $hv = 2eU$ ab.

Den Josephson-Effekt nutzt man zur genauen Messung schwacher Magnetfelder (bis zu 10^{-18} T), Strömen (bis zu 10^{-10} A) und Spannungen (bis zu 10^{-15} V) sowie zur Schaffung schnellschaltender Elemente in logischen Schaltungen von Computern, Verstärkern usw. Die Probleme, die beim häufigen Erwärmen und Abkühlen entstehen, haben einen breiten Einsatz aber bis heute verhindert. Außerdem ist die ständige Kühlung auf tiefe Temperaturen aufwendig und teuer.

Kontrollfragen

▶ Worin liegt der prinzipielle Unterschied der Quantenstatistik von der klassischen?

▶ Was sind Phasenraum und Phasenvolumen?

▶ Worin unterscheidet sich ein Bosegas von einem Fermigas?

▶ Schreiben Sie die Bose-Einstein- und die Fermi-Dirac-Verteilung nieder und erklären Sie ihren physikalischen Sinn. Wann gehen sie in die klassische Maxwell-Boltzmann-Verteilung über?

▶ Unter welchen Bedingungen kann man auf die Elektronen im Metall die klassische Statistik und wann nur die Quantenstatistik anwenden?

▶ Was ist das Fermi-Niveau, was die Fermi-Energie?

▶ Warum rechnet man die Austrittsarbeit eines Elektrons aus dem Metall vom Fermi-Niveau ab?

▶ Wie erklärt die Quantenstatistik das Fehlen eines merklichen Unterschiedes der Wärmekapazität der Metalle und des Dielektrikums?

▶ Was ist ein Phonon? Wozu wurde seine Einführung notwendig? Welches sind seine Eigenschaften?

▶ Wie wird auf der Grundlage der Quantentheorie der elektrischen Leitfähigkeit der Metalle die Abhängigkeit der spezifischen Leitfähigkeit von der Temperatur erklärt?

▶ Wie erklärt man die Supraleitung?

▶ Was ist der Josephson-Effekt?

Aufgaben

30.1. Zeigen Sie, daß bei einem kleinen Entartungsparameter die Bose-Einstein- und Fermi-Dirac-Verteilung in die Maxwell-Boltzmann-Verteilung übergehen.

30.2. Bestimmen Sie die Verteilungsfunktion für die Elektronen, die sich auf dem Energieniveau E befinden, für den Fall, daß $E - E_\mathrm{F} \ll kT$ ist, unter Berücksichtigung: 1) der Fermi-Dirac-Statistik; 2) der Maxwell-Boltzmann-Statistik. Erklären Sie die Resultate.

30.3. Bestimmen Sie in eV die maximale Energie des Photons, das im Goldkristall angeregt werden kann, wenn die charakteristische Debye-Temperatur $T_\mathrm{D} = 180$ K beträgt. Welches wäre die Wellenlänge des Photons, das über diese Energie verfügt? Es wird angenommen, daß $T \ll T_\mathrm{D}$ ist. [Lösung der Aufgabe s. S. 404]

30.4. Bestimmen Sie die maximale kinetische Energie E des Photons, das im Kristall KCl angeregt werden kann, der durch die Debye-Temperatur $T_\mathrm{D} = 227$ K charakterisiert wird (in eV). Ein Photon welcher Wellenlänge könnte über solche Energie verfügen? [$E = 0{,}02$ eV; $\lambda = 63{,}5\ \mu$m]

30.5. Die Tiefe des Potentialtopfes eines Metalls beträgt 11 eV und seine Austrittsarbeit 4 eV. Bestimmen Sie die Gesamtenergie des Elektrons auf dem Fermi-Niveau. [$E = -4$ eV]

30.6. Ein Elektron mit einer Energie von 4 eV tritt in ein Metall ein, wobei sich seine kinetische Energie auf 7 eV erhöht. Bestimmen Sie die Tiefe des Potentialtopfes. [3 eV]

Kapitel 31

Elemente der Festkörperphysik

§ 240   Das Bändermodell der Festkörper

Mit der Schrödinger-Gleichung – der Grundgleichung der Dynamik in der nichtrelativistischen Quantenmechanik – kann man im Prinzip den Kristall betrachten, zum Beispiel, um seine möglichen Energiewerte zu finden und die dazu entsprechenden Energiezustände. Jedoch fehlen wie in der klassischen auch in der Quantenmechanik die Methoden zur genauen Lösung der dynamischen Aufgabe für Systeme aus einer großen Zahl von Teilchen. Deshalb wird diese Aufgabe näherungsweise gelöst. Dazu wird die Aufgabe für eine große Teilchenanzahl in eine Aufgabe mit nur einem Elektron überführt, das sich im gegebenen äußeren Feld bewegt. Dieser Weg führt zur **Bändertheorie des Festkörpers**.

Die Grundlage der Bändertheorie bildet die sogenannte **adiabatische Näherung** (auch **Hartree-Fock-Näherung** genannt). Das quantenmechanische System wird in schwere und leichte Teilchen unterteilt – in Kerne und Elektronen. Da sich die Massen und die Geschwindigkeiten dieser Teilchen erheblich unterscheiden, kann man voraussetzen, daß sich die Bewegung der Elektronen in einem Feld praktisch unbeweglicher Kerne vollzieht und der sich langsam bewegende Kern im gemittelten Feld aller Elektronen befindet. Vorausgesetzt, daß die Kerne in den Knoten des Kristallgitters unbeweglich sind, kann man die Bewegung des Elektrons als Bewegung im *konstanten periodischen Feld der Kerne* betrachten.

Des weiteren wendet man die Näherung des **selbstkonsistenten Feldes** an. Die Wechselwirkung des gegebenen Elektrons mit allen anderen Elektronen tauscht man gegen die Wirkung eines stationären elektrischen Feldes auf das Elektron aus, das über die Periodizität des Kristallgitters verfügt. Dieses Feld wird durch die mittlere Ladung aller im Raum befindlichen restlichen Elektronen und aller Kerne gebildet. Auf diese Weise geht die Vielelektronenaufgabe im Rahmen der Bändertheorie über in die Aufgabe, die Bewegung von nur einem Elektron im äußeren periodischen Feld – im gemittelten selbstkonsistenten Feld aller Kerne und Elektronen – zu bestimmen.

Betrachten wir in Gedanken die Bildung des Festkörpers aus isolierten Atomen. Solange die Atome voneinander isoliert sind, d. h. sich in makroskopischen Entfernungen voneinander befinden, besitzen sie übereinstimmende Energieniveaus (Bild 240.1). Im Zuge des „Pressens" unseres Modells zu einem Kristallgitter, d. h., wenn die Entfernungen zwischen den Atomen gleichzusetzen sind mit den zwischenatomaren Abständen in Festkörpern, führt die Wechselwirkung zwischen den Atomen dazu, daß die Energieniveaus *sich verschieben, sich aufspalten und zu Bändern erweitern*. Es bildet sich das sogenannte **Bänderschema**.

Aus Bild 240.1, in dem die Aufspaltung der Niveaus als Funktion der Entfernung r zwischen den Atomen dargestellt ist,

ist ersichtlich, daß sich lediglich die äußeren, Valenzniveaus der Elektronen aufspalten und verbreitern, weil sie schwächer an den Kern gebunden sind und die größtmögliche Energie besitzen, sowie die höchsten Niveaus, die im Grundzustand durch die Elektronen überhaupt nicht besetzt sind. Die Niveaus der inneren Elektronen werden wiederum entweder überhaupt nicht oder nur schwach aufgespalten.

Demnach verhalten sich die inneren Elektronen in Festkörpern praktisch ebenso wie in isolierten Atomen, die Valenzelektronen wiederum sind „kollektivisiert" – sie gehören dem gesamten Festkörper.

Die Bildung des Bänderschemas stellt einen quantenmechanischen Effekt dar und folgt aus der Unschärferelation. Im Kristall können die Valenzelektronen, die schwächer als die inneren Elektronen an den Kern gebunden sind, von einem Atom zum anderen durch die Potentialbarriere hindurchtunneln, welche die Atome voneinander trennt, d. h., sie wechseln ohne Änderung der Gesamtenergie von einem Kern zum anderen (Tunneleffekt, siehe § 221). Das führt dazu, daß sich die mittlere Lebensdauer τ eines Valenzelektrons im gegebenen Atom im Vergleich mit einem isolierten Atom erheblich verringert und ungefähr 10^{-15} s beträgt (für das isolierte Atom beträgt sie ungefähr 10^{-8} s). Die Lebensdauer des Elektrons in irgendeinem Zustand wiederum ist mit seiner Energieunschärfe (Niveaubreite) durch die Unschärferelation $\Delta E \sim h/\tau$ (siehe (215.5)) verbunden. Folglich ist im Kristall $\Delta E \approx 1$ bis 10 eV, wenn die natürliche Breite der Spektrallinien ungefähr 10^{-7} eV beträgt, d. h., die Energieniveaus der Valenzelektronen erweitern sich in ein Band erlaubter Energiewerte.

Die Energie der Außenelektronen kann Werte innerhalb der in Bild 240.1 grauen Flächen annehmen, der sogenannten **erlaubten Energiebänder**. Jedes erlaubte Band nimmt in sich so viel nächstgelegene Niveaus auf, wie der Kristall Atome beherbergt: Je mehr Atome zum Kristall gehören, desto enger sind die Niveaus im Band gelegen. Der Abstand zwischen benachbarten Energieniveaus in einem Band beträgt ungefähr 10^{-22} eV. Da dieser verschwindend klein ist, kann man das Band praktisch als kontinuierlich betrachten. Jedoch spielt die endliche Anzahl

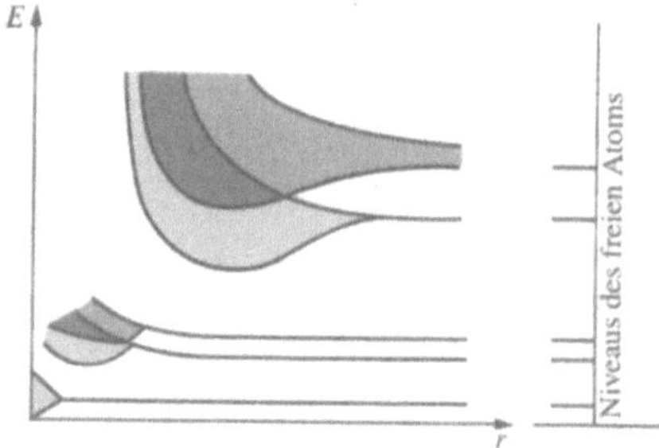

Bild 240.1

der Niveaus in jedem Band eine wichtige Rolle für die Elektronenverteilung auf die Zustände.

Die erlaubten Energiebänder sind durch Zonen mit nicht erlaubten Energiewerten, die sogenannten **verbotenen Energiezonen,** voneinander getrennt. In den verbotenen Zonen können sich die Elektronen nicht aufhalten. Die Bänderbreite (der erlaubten wie der verbotenen) hängt nicht von der Größe des Kristalls ab. Die erlaubten Bänder sind um so breiter, je schwächer die Valenzelektronen an den Kern gebunden sind.

§ 241 Metalle, Dielektrika und Halbleiter nach der Bändertheorie

Die Bändertheorie ermöglichte es, von einem einheitlichen Standpunkt aus die Existenz der Metalle, der Dielektrika und der Halbleiter zu interpretieren, indem sie den Unterschied in ihren elektrischen Eigenschaften erklärte, einerseits durch die ungleiche Besetzung durch die Elektronen der erlaubten Bänder, andererseits durch die Breite der verbotenen Zonen.

Der Besetzungsgrad der Energieniveaus in einem Band durch die Elektronen wird durch die Besetzung des entsprechenden atomaren Niveaus bestimmt. Wenn zum Beispiel irgendein Niveau des Atoms vollständig mit Elektronen besetzt ist (in Übereinstimmung mit dem Pauli-Prinzip), so ist das sich aus ihm bildende Band ebenfalls vollständig besetzt. Allgemein kann man von einem **Valenzband** sprechen, das vollständig mit Elektronen besetzt ist und aus den Energieniveaus der inneren Elektronen der freien Atome gebildet wurde. Des weiteren spricht man von dem **Leitungsband**, das entweder teilweise mit Elektronen besetzt oder leer ist und aus den Energieniveaus der äußeren Kristallelektronen der isolierten Atome aufgebaut ist.

In Abhängigkeit von der Besetzung der Bänder durch die Elektronen und der Breite der verbotenen Zonen sind vier Fälle möglich (Bild 241.1). In Bild 241.1a ist das oberste Band, das Elektronen enthält, lediglich teilweise mit Elektronen besetzt, d. h., in ihm existieren freie Niveaus. Im gegebenen Fall kann ein Elektron, das einen auch noch so kleinen Energiezuschuß erfährt (zum Beispiel infolge der Wärmebewegung oder eines elektrischen Feldes), in ein höher gelegenes Energieniveau desselben Bandes übergehen, d. h., es wird zu einem freien Elektron und kann an der Leitung teilnehmen. Ein Übergang innerhalb des Bandes ist leicht möglich, da zum Beispiel bei 1 K die Energie der Wärmebewegung $kT \approx 10^{-4}$ eV beträgt, d. h. weitaus größer ist als der Energieunterschied zwischen den benachbarten Niveaus des Bandes (ungefähr 10^{-22} eV). Das bedeutet, wenn im Festkörper ein Band existiert, das lediglich teilweise mit Elektronen besetzt ist, so stellt dieser Körper immer einen elektrischen Leiter dar. Ebendies ist bei den Metallen der Fall.

Der Festkörper ist auch in dem Fall ein elektrischer Leiter, wenn sich das Valenzband mit dem Leitungsband überschneidet, was letztlich zu einer nicht vollständigen Besetzung des Bandes führt (Bild 241.1b). Das hat seinen Platz für die Erdalkalimetalle, welche die II. Gruppe des Periodensystems bilden (Be, Mg, Ca, Zn, ...). In dem gegebenen Fall bildet sich das sogenannte Hybridband, das durch die Valenzelektronen lediglich teilweise

besetzt wird. Folglich sind die elektrischen Eigenschaften der Erdalkalimetalle durch das Überlappen von Valenz- und Leitungsband begründet.

Neben der oben betrachteten Überlappung der Bänder ist weiterhin eine Umverteilung der Elektronen zwischen den Bändern möglich, zwischen Bändern, die aus den Niveaus der verschiedenen Atome entstehen. Diese Umverteilung kann dazu führen, daß sich anstelle von zwei teilweise besetzten Bändern im Kristall eines als vollständig besetzt (Valenzband) und das andere als freies Band (Leitungsband) erweisen. Festkörper, bei denen das Energiespektrum der Elektronenzustände nur aus dem Valenzband und dem Leitungsband bestehen, sind Dielektrika oder Halbleiter, je nachdem, wie breit die verbotene Zone ist.

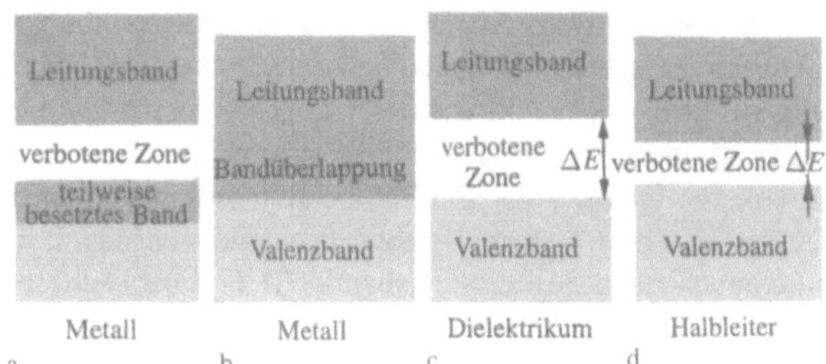

Bild 241.1

Wenn die Breite der verbotenen Zone des Kristalls in der Größenordnung von einigen eV liegt, dann kann die Wärmebewegung nicht die Elektronen aus dem Valenzband in das Leitungsband „hinüberwerfen". Das Kristall erweist sich als Dielektrikum, was es auch bei allen üblichen Temperaturen bleibt (Bild 241.1c). Wenn die verbotene Zone hinreichend eng ist (ΔE liegt in der Größenordnung von 1 eV), dann können einige Elektronen relativ leicht von dem Valenzband in das Leitungsband überwechseln, entweder durch die Wärmebewegung oder infolge einer äußeren Anregung, die den Elektronen die Energie von mindestens ΔE übertragen kann. In diesem Fall ist der Kristall ein Halbleiter (Bild 241.1d).

Der Unterschied zwischen den Metallen und den Dielektrika vom Standpunkt der Bändertheorie aus besteht darin, daß bei 0 K im Leitungsband der Metalle Elektronen existieren, im Leitungsband des Dielektrikums aber fehlen. Der Unterschied zwischen den Halbleitern und den Dielektrika wird durch die Breite der verbotenen Zonen bestimmt: Für Dielektrika ist sie ziemlich breit (zum Beispiel für NaCl $\Delta E = 6$ eV), bei Halbleitern dagegen ist sie hinreichend eng (zum Beispiel für Germanium $\Delta E = 0,72$ eV). Bei Temperaturen um die Null Kelvin erweist sich der Halbleiter ähnlich wie das Dielektrikum, da kein Übergang von Elektronen stattfindet. Bei Temperaturerhöhung wächst die Zahl der Elektronen im Halbleiter, die infolge der Wärmeanregung in das Leitungsband hinüberwechseln. Das bedeutet, daß sich in diesem Fall die elektrische Leitfähigkeit erhöht.

§ 242   Eigenleitfähigkeit der Halbleiter

Halbleiter sind Festkörper, die bei $T = 0$ K ein vollständig mit Elektronen besetztes Valenzband besitzen. Das Valenzband ist durch eine verhältnismäßig enge verbotene Zone (ΔE in der Größenordnung von 1 eV) von dem Leitungsband getrennt (Bild 241.1d). Sein Name deutet an, daß er elektrisch weniger leitfähig ist als Metalle, aber eine größere elektrische Leitfähigkeit als Dielektrika besitzt.

In der Natur existieren Halbleiter in Form von Elementen (Elemente der IV., V. und VI. Gruppe des Periodensystems), zum Beispiel Si, Ge, As, Se, Te, und chemischen Verbindungen, zum Beispiel Oxide, Sulfide, Selenide, Legierungen verschiedener Gruppen. Man unterscheidet **Eigen-** und **Fremdhalbleiter. Eigenhalbleiter** sind chemisch reine Halbleiter, ihre Leitfähigkeit nennt man **Eigenleitung**. Als Beispiel für Eigenleiter können die chemisch reinen Ge, Se dienen sowie viele chemische Verbindungen: InSb, GaAs, Cd u. a.

Bei 0 K und dem Fehlen anderer äußerer Faktoren sind Eigenhalbleiter Dielektrika. Bei Temperaturerhöhung können Elektronen von den oberen Niveaus des Valenzbandes I in die unteren Niveaus des Leitungsbandes II hinüberwechseln (Bild 242.1). Bei Anlegen eines elektrischen Feldes an den Kristall bewegen sie sich entgegen dem Feld und erzeugen einen elektrischen Strom. Demnach wird das Band II wegen seiner teilweisen Füllung durch Elektronen zu einem Leitungsband. Die Leitfähigkeit der Eigenhalbleiter, die durch Elektronen hervorgerufen wird, nennt man **Elektronenleitfähigkeit** oder **n-Leitung** (n wie negativ).

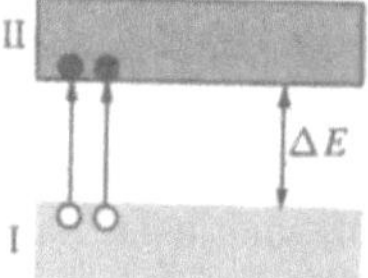

Bild 242.1

Durch den Übergang der Elektronen aus dem Band I in das Band II entstehen in dem Valenzband vakante Zustände, welche die Bezeichnung **Defektelektronen** oder auch **Löcher** erhalten haben. Im äußeren elektrischen Feld kann sich in das von einem Elektron befreite Loch ein Elektron des benachbarten Niveaus setzen, und das Loch erscheint an der Stelle, von der das Elektron kam, usw. Solches Prozeß der Besetzung der Löcher mit Elektronen kann man gleichsetzen mit dem Fortbewegen der Löcher in die entgegengesetzte Richtung so, als ob das Loch über eine positive Ladung verfügte, gleich groß wie die Ladung des Elektrons. Die Leitfähigkeit der Eigenhalbleiter, die durch Quasiteilchen, Löcher, bedingt ist, nennt man **Löcherleitung** oder **p-Leitung** (p wie positiv).

Es werden also in Eigenhalbleitern zwei Mechanismen der Leitfähigkeit beobachtet: die Elektronen- und Löcherleitung. Die Zahl der Elektronen im Leitungsband ist gleich der Zahl der Löcher in dem Valenzband, da die letztere der Elektronenzahl entspricht, die nach Anregung in das Leitungsband gewechselt sind. Wenn also die Konzentration der Leitungselektronen und Löcher durch n_e bzw. n_p bezeichnet werden, dann ist

$$n_e = n_p. \tag{242.1}$$

Die Leitfähigkeit der Halbleiter bedarf immer einer **Anregung**, d. h., sie entsteht nur unter Einfluß äußerer Faktoren (der Temperatur, Bestrahlung, starken elektrischen Felder usw.).

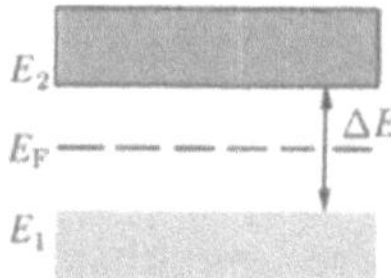

Bild 242.2

Im Eigenhalbleiter befindet sich das Fermi-Niveau in der Mitte des verbotenen Bandes (Bild 242.2): Für das Hinüberwechseln eines Elektrons vom oberen Niveau des Valenzbandes auf das untere Niveau des Leitungsbandes wird eine **Aktivierungsenergie** aufgewandt, die gleich der Breite ΔE der verbotenen Zone ist. Beim Übergang eines Elektrons in das Leitungsband wiederum ist es unumgänglich, daß in dem Valenzband ein Defektelektron entsteht. Folglich muß sich die Energie, die zur Bildung eines Stromträgerpaares aufgewandt wird, in zwei gleiche Teile aufspalten. So wie die Energie, die der halben Breite der verbotenen Zone entspricht, für das Hinüberwechseln des Elektrons benötigt wird und ebenso ein gleicher Teil für die Bildung des Defektelektrons aufgewandt wird, so muß der Ursprung für jeden dieser Prozesse in der Mitte der verbotenen Zone liegen. Die Fermi-Energie im Eigenhalbleiter stellt die Energie dar, von welcher aus die Anregung der Elektronen und Defektelektronen vonstatten geht.

Diese Schlußfolgerung über die Lage des Fermi-Niveaus in der Mitte der verbotenen Zone im Eigenhalbleiter kann auch mittels einer mathematischen Herleitung bestätigt werden. In der Festkörperphysik wird bewiesen, daß die Elektronenkonzentration in dem Leitungsband

$$n_e = C_1 e^{-(E_2 - E_F)/(kT)} \tag{242.2}$$

beträgt, dabei ist E_2 die Energie, die dem Boden des Leitungsbandes entspricht (Bild 242.2); E_F die Fermi-Energie, T die thermodynamische Temperatur, C_1 eine Konstante, die von der Temperatur und der effektiven Masse des Leitungselektrons abhängt. Die **effektive Masse** ist eine Größe, welche die Einheit der Masse besitzt und die dynamischen Eigenschaften der Quasiteilchen charakterisiert – der Leitungselektronen und Löcher. Die Einführung der effektiven Masse in die Bändertheorie gestattet es, einerseits nicht nur die Wirkung des äußeren elektrischen Feldes auf die Leitungselektronen zu berücksichtigen, sondern auch das innere periodische Feld des Kristalls; auf der anderen Seite gestattet sie es, die Wechselwirkung der Leitungselektronen mit dem Gitter zu abstrahieren und ihre Bewegung im äußeren Feld als Bewegung freier Teilchen zu betrachten.

Die Löcherkonzentration im Valenzband beträgt

$$n_\text{p} = C_2 e^{(E_1 - E_\text{F})/(kT)}, \tag{242.3}$$

dabei ist C_2 eine Konstante, die von der Temperatur und der effektiven Masse der Löcher abhängt, und E_1 die Energie, die der oberen Grenze des Valenzbandes entspricht. Die Anregungsenergie wird im gegebenen Fall vom Fermi-Niveau ab nach unten hin berechnet (Bild 242.2), weshalb die Größen im Exponentialfaktor (242.3) ein Vorzeichen haben, das entgegengesetzt zum Vorzeichen des Exponentialfaktors in (242.2) ist. Da für den Eigenhalbleiter $n_\text{e} = n_\text{p}$ ist (242.1), gilt somit

$$C_1 e^{-(E_2 - E_\text{F})/(kT)} = C_2 e^{(E_1 - E_\text{F})/(kT)}.$$

Wenn die effektiven Massen der Elektronen und der Löcher gleich sind ($m_\text{e}^* = m_\text{p}^*$), dann ist $C_1 = C_2$, und folglich ist

$$-(E_2 - E_\text{F}) = E_1 - E_\text{F},$$

woraus folgt

$$E_\text{F} = \frac{(E_1 + E_2)}{2} = \frac{\Delta E}{2}.$$

Das bedeutet, daß das Fermi-Niveau im Eigenhalbleiter tatsächlich in der Mitte des verbotenen Bandes liegt.

Da für den Eigenhalbleiter $\Delta E \gg kT$ ist, geht die Fermi-Dirac-Verteilung (235.2) in die Maxwell-Boltzmann-Verteilung über. Setzen wir in (236.2) $E - E_\text{F} \approx \Delta E/2$, so erhalten wir

$$\langle N(E) \rangle \approx e^{-\Delta E/(2kT)}. \tag{242.4}$$

Die Anzahl der Valenzelektronen, die in das Leitungsband hinübergewechselt sind, und folglich die Anzahl der Löcher ist proportional zu $\langle N(E) \rangle$. Daraus folgt, daß die spezifische Leitfähigkeit der Eigenhalbleiter gleich

$$\gamma = \gamma_0 e^{-\Delta E/(2kT)} \tag{242.5}$$

ist, wobei γ_0 eine Konstante ist, die charakteristisch für den gegebenen Halbleiter ist.

Die Zunahme der Leitfähigkeit der Halbleiter bei Temperaturerhöhung stellt eine charakteristische Besonderheit dar (bei Metallen nimmt mit Zunahme der Temperatur die Leitfähigkeit ab). Vom Standpunkt der Bändertheorie aus erklärt sich diese Besonderheit relativ einfach: Mit Zunahme der Temperatur wächst die Zahl der Elektronen, die infolge der Wärmeanregung in das Leitungsband hinüberwechseln und an der Leitung teilnehmen. Deshalb nimmt die spezifische Leitfähigkeit der Eigenhalbleiter bei Temperaturerhöhung zu.

Wenn wir die Abhängigkeit $\ln \gamma$ von $1/T$ darstellen, ist das für Eigenhalbleiter eine Gerade (Bild 242.3), aus deren Anstieg man die Breite ΔE des verbotenen Bandes bestimmen kann und den Faktor γ_0 aus seinem Ordinatenabschnitt.

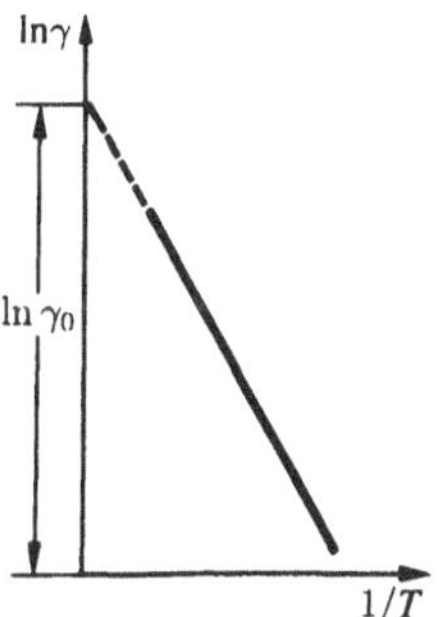

Bild 242.3

Ein weitverbreitetes Halbleiterelement ist Germanium, das den Gittertyp von Diamant besitzt, in dem jedes Atom durch Kovalenzbindungen (siehe § 71) mit seinen vier nächsten Nachbarn verbunden ist. Das vereinfachte ebene Schema der Anordnung der Atome im Germanium-Kristall ist in Bild 242.4 gezeigt, in dem jeder Strich eine Verbindung darstellt, die durch ein Elektron realisiert wird. Im idealen Kristall stellt solch eine Struktur bei 0 K ein Dielektrikum dar, da alle Valenzelektronen an der Bildung der Verbindungen teilnehmen und folglich nicht an der Leitung.

Bei Temperaturerhöhung (oder unter Einfluß anderer äußerer Faktoren) können die Wärmeschwingungen des Gitters zum Auseinanderbrechen einiger Valenzverbindungen führen, wodurch sich ein Teil der Elektronen trennt und zu freien Elektronen wird. An der von dem Elektron verlassenen Stelle entsteht ein Loch (es ist durch einen weißen Kreis dargestellt), das Elektronen aus benachbarten Paaren auffüllen können. Im Endeffekt wird sich das Loch ebenso wie das freiwerdende Elektron durch den Kristall bewegen. Die Bewegung der Leitungselektronen und der Löcher stellt ohne elektrisches Feld eine chaotische Bewegung dar. Wenn an den Kristall ein elektrisches Feld angelegt wird, beginnt das Elektron, sich entgegen dem elektrischen Feld zu bewegen, das Loch dagegen in Feldrichtung, was zur Entstehung der Eigenleitung von Germanium führt, bedingt durch die Elektronen und Löcher.

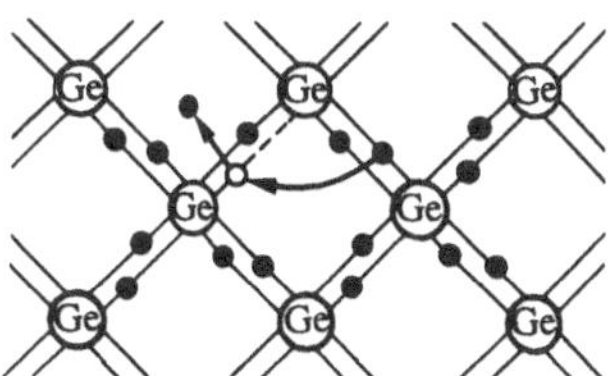

Bild 242.4

Neben der Generierung von Elektron-Loch-Paaren vollzieht sich in Halbleitern der umgekehrte Prozeß der **Rekombination**: Die Elektronen wechseln aus dem Leitungsband in das Valenzband über, geben an das Gitter Energie ab oder strahlen Quanten der elektromagnetischen Strahlung ab. So stellt sich bei jeder Temperatur ein bestimmtes Gleichgewicht der Elektronen- und Löcherkonzentration ein, das sich proportional dem Ausdruck (242.4) mit der Temperatur ändert.

§ 243   Fremdleitung

Die Leitfähigkeit von Halbleitern, die durch Beimischungen anderer Elemente bedingt ist, nennt man **Fremdleitung**, und die Halbleiter selbst **Fremdhalbleiter**. Fremdleitung entsteht entweder durch Beimischungen (Atome fremder Elemente, Dotierung) oder aber auch durch überschüssige Atome (im Vergleich mit der stöchiometrischen Zusammensetzung) oder Defekte (Fehlstellen oder Atome in Zwischenräumen, Stapelfehler und andere Störungen des regulären Kristallgitters). Das Vorhandensein von Dotierungen im Halbleiter ändert seine Leitfähigkeit merklich. Zum Beispiel erhöht die Zugabe von ungefähr 0,001 at % von Bor an Silicium seine Leitfähigkeit um ca. den Faktor 10^6.

Betrachten wir die Fremdleitung von Halbleitern am Beispiel von Ge und Si, denen Atome beigefügt werden, die sich in der Valenz um eins von der der Basisatome unterscheiden. Dies kann zum Beispiel durch den Austausch eines Germaniumatoms durch das fünfwertige As-Atom geschehen (Bild 243.1a). Damit kann ein Elektron keine Kovalenzbindung bilden, es erweist sich als überschüssig und kann bei den Wärmeschwingungen des Gitters leicht vom Atom abgelöst werden, d. h., es wird zu einem freien Elektron. Die Bildung eines freien Elektrons wird hier also nicht von der Zerstörung der Kovalenzbindung begleitet; folglich entsteht im Unterschied zu dem Fall, den wir in § 242 betrachtet haben, kein Loch. Die überschüssige positive Ladung, die in der Nähe der Dotierung entsteht, ist an das beigefügte Atom gebunden und kann sich deshalb praktisch nicht durch das Gitter bewegen.

Vom Standpunkt der Bändertheorie kann man sich den betrachteten Prozeß folgendermaßen vorstellen (Bild 243.1b). Die Zugabe einer Dotierung verzerrt das Feld des Gitters, was zur Entstehung des Energieniveaus D der Valenzelektronen von As in der verbotenen Zone führt, **Fremdniveau** genannt. Im Falle von Germanium mit der Dotierung von As befindet sich dieses Niveau vom Boden des Leitungsbandes aus gesehen in einem Abstand von $\Delta E_D = 0{,}013$ eV. Da $\Delta E_D < kT$ ist, ist schon bei gewöhnlichen Temperaturen die Wärmebewegung ausreichend dafür, daß Elektronen aus dem Fremdniveau in das Leitungsband hinüberwechseln; die dabei entstehenden positiven Ladungen werden an den nicht beweglichen Atomen von As lokalisiert und nehmen nicht an der Leitung teil.

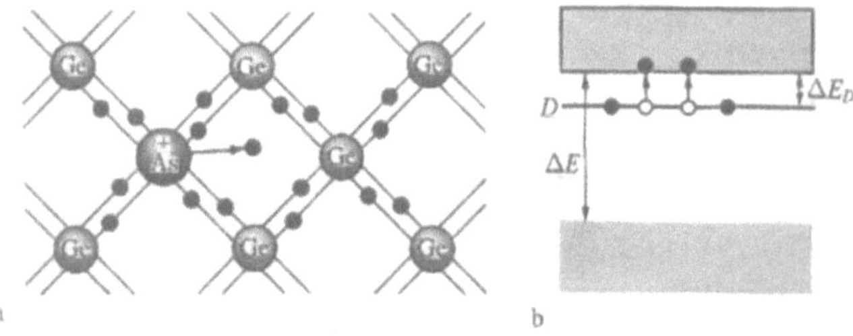

Bild 243.1

Das bedeutet, daß in Halbleitern mit Dotierungen, *deren Valenz um eins größer ist als die der Basisatome, Elektronen die Leitungsträger sind*; es entsteht die **Elektronen-Fremdleitung (n-Leitung)**. Halbleiter mit einer solchen Leitfähigkeit nennt man **Elektronenhalbleiter** (oder **Halbleiter vom n-Typ**). Dotierungen, die eine Elektronenquelle darstellen, nennt man **Donatoren** und die Energieniveaus dieser Dotierungen **Donatorniveaus**.

Setzen wir nun voraus, daß dem Siliciumgitter ein Atom mit nur drei Valenzelektronen beigefügt worden ist, zum Beispiel Bor (Bild 243.2a). Zur Bildung der Bindungen mit den vier Nachbarn fehlt dem Boratom ein Elektron, eine der Bindungen wird nicht abgesättigt, und das vierte Elektron kann vom benachbarten Atom des Basisstoffes eingefangen werden, wo sich dementsprechend ein Loch bildet. Die folgende Besetzung der sich bildenden Löcher mit Elektronen ist gleichbedeutend mit der Bewegung der Löcher im Halbleiter, d. h., die Löcher bleiben nicht lokalisiert, sondern bewegen sich im Siliciumgitter analog wie freie positive Ladungen. Die überschüssige negative Ladung wiederum, die in der Nähe des Fremdatoms entsteht, ist an das Fremdatom gekoppelt und kann sich nicht durch das Gitter bewegen.

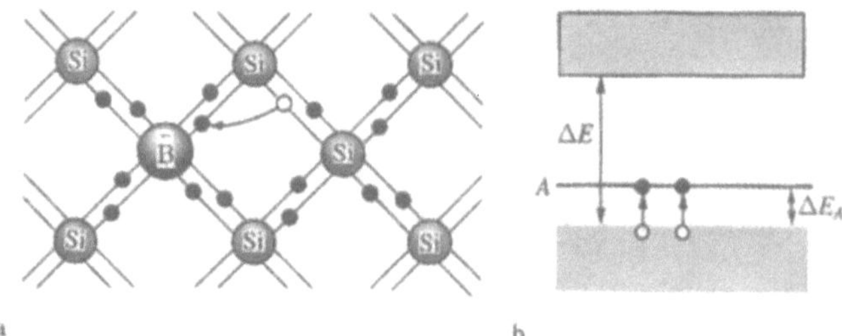

Bild 243.2

Laut Bändertheorie führt die Zugabe einer dreiwertigen Dotierung in das Siliciumgitter zur Entstehung eines Fremd-Energieniveaus A in der verbotenen Zone, das nicht mit Elektronen besetzt ist. Im Falle von Silicium mit der Dotierung mit Bor ist dieses Niveau um $\Delta E_A = 0{,}08$ eV höher gelegen als der obere Rand des Valenzbandes (Bild 243.2b). Die Nähe dieser Niveaus zum Valenzband führt dazu, daß bereits bei relativ niedrigen Temperaturen Elektronen aus dem Valenzband auf die Fremdniveaus überwechseln und sich mit den Boratomen verbinden, so verlieren sie ihre Fähigkeit, sich durch das Siliciumgitter zu bewegen, d. h., sie nehmen nicht an der Leitung teil. Stromträger sind hier lediglich die Löcher, die in dem Valenzband entstehen.

Das bedeutet, daß in Fremdhalbleitern, *deren Valenz um eins niedriger liegt als die Valenz der Basisatome, Löcher die Stromträger darstellen*; es entsteht die **Löcherleitung (p-Leitung)**. Halbleiter mit solcher Leitfähigkeit nennt man **Fremdhalbleiter** (oder **Halbleiter vom p-Typ**). Beimischungen, die Elektronen aus dem Valenzband des Halbleiters einfangen, nennt

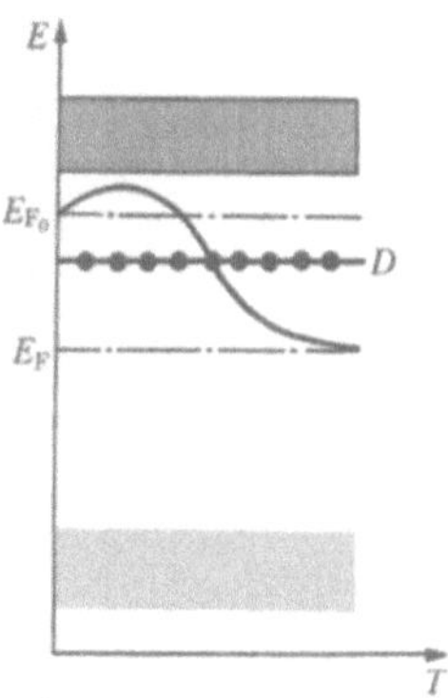

Bild 243.3

man **Akzeptoren** und die zugehörigen Energieniveaus **Akzeptorniveaus**.

Im Unterschied zur Eigenleitung, die gleichzeitig durch Elektronen und Löcher getragen wird, ist die Fremdleitung der Halbleiter hauptsächlich durch Ladungsträger eines einzigen Vorzeichens begründet: durch Elektronen im Falle von Donatorbeimischungen, durch Löcher im Falle von Akzeptorbeimischungen. Diese Stromträger nennt man die **Majoritäts-Stromträger**. Außer den Majoritäts-Stromträgern existieren in Halbleitern auch sogenannte Minoritäts-Stromträger: In Halbleitern vom n-Typ sind es die Löcher, in Halbleitern vom p-Typ die Elektronen.

Das Vorhandensein von Fremdniveaus in Halbleitern ändert merklich die Lage des Fermi-Niveaus E_F. Berechnungen zeigen, daß im Falle von Halbleitern vom n-Typ das Fermi-Niveau E_{F_0} bei 0 K in der Mitte zwischen der Unterkante des Leitungsbandes und dem Donatorniveau gelegen ist (Bild 243.3). Bei Temperaturerhöhung wechselt eine immer größere Zahl von Elektronen aus dem Donatorniveau in das Leitungsband über, jedoch wächst auch die Zahl der Wärmefluktuationen, die groß genug sind, Elektronen aus dem Valenzband anzuregen und diese über die verbotene Energiezone hinwegzuleiten. Deshalb besitzt das Fermi-Niveau bei hohen Temperaturen die Tendenz, sich nach unten zu bewegen (durchgehende Kurve), bis hin zu seiner Grenzlage im Zentrum der verbotenen Zone, die charakteristisch für Eigenhalbleiter ist.

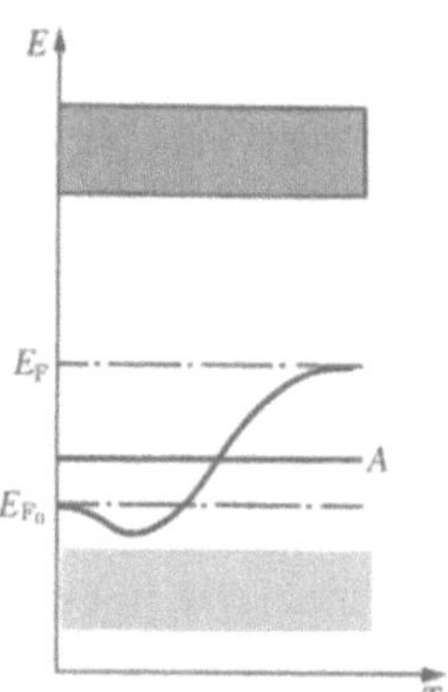

Bild 243.4

Das Fermi-Niveau E_{F_0} in Halbleitern vom p-Typ ist bei 0 K in der Mitte zwischen der Oberkante des Valenzbandes und dem Akzeptorniveau gelegen (Bild 243.4). Die durchgehende Kurve zeigt auch hier seine Änderung mit der Temperatur. Bei Temperaturen, bei denen die eingebauten Akzeptoren vollständig ausgeschöpft sind und eine Zunahme der Trägerkonzentration nur noch aufgrund der Anregung der eigenen Ladungsträger erzielt werden kann, liegt das Fermi-Niveau in der Mitte der verbotenen Zone, so wie im Eigenhalbleiter.

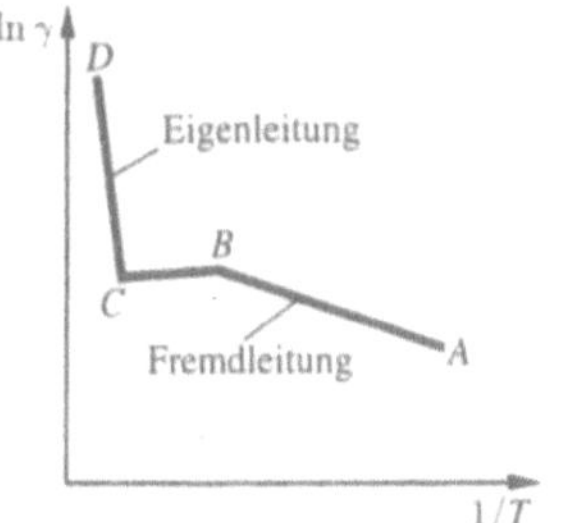

Bild 243.5

Die Leitfähigkeit von Eigenhalbleitern wie auch die Leitfähigkeit eines beliebigen Leiters wird durch die Ladungsträgerkonzentration und deren Beweglichkeit bestimmt. Bei Temperaturänderung ändert sich die Beweglichkeit der Ladungsträger nach einem ziemlich schwachen Potenzgesetz, die Ladungsträgerkonzentration jedoch nach einem starken expotentiellen Gesetz. Deshalb wird die Abhängigkeit der Leitfähigkeit der Fremdhalbleiter von der Temperatur im wesentlichen durch die Temperaturabhängigkeit der Stromträgerkonzentration in ihm bestimmt. In Bild 243.5 ist eine ungefähre Abhängigkeit von $\ln \gamma$ von $1/T$ für Fremdhalbleiter angegeben. Der Abschnitt AB beschreibt die Fremdleitung des Halbleiters. Der Anstieg der Fremdleitung des Halbleiters mit der Temperaturerhöhung liegt im wesentlichen im Anstieg der Konzentration der Fremdstromträger begründet. Der Abschnitt BC entspricht dem Bereich der „Erschöpfung" der Beimischungen (dies wird auch experimentell bestätigt), der Abschnitt CD beschreibt die Eigenleitung des Halbleiters.

§ 244   Photoleitung von Halbleitern

Photoleitung (siehe § 202) **in Halbleitern** ist die Zunahme der elektrischen Leitfähigkeit bei Einwirkung elektromagnetischer Strahlung, sie kann auf den Eigenschaften sowohl des Grundgitters als auch auf in ihm enthaltener Dotierung beruhen. Im ersten Fall können sich bei der Absorption von Photonen, deren Energie gleich oder größer als die Breite der verbotenen Zone ($h\nu \geq \Delta E$) ist, Übergänge von Elektronen aus dem Valenzband in das Leitungsband vollziehen (Bild 244.1a), was im Leitungsband zu zusätzlichen (sich nicht im Gleichgewicht befindlichen) Elektronen und im Valenzband zu Löchern führt. So entsteht die **Eigenphotoleitung**, die sowohl durch die Elektronen als auch durch die Löcher begründet werden kann.

Wenn ein Halbleiter eine Dotierung enthält, kann die Photoleitung auch bei $h\nu < \Delta E$ entstehen: Für Halbleiter mit Donatorbeimischungen muß das Photon über eine Energie von $h\nu \geqq \Delta E_D$ verfügen und für Halbleiter mit Akzeptorbeimischungen $h\nu \geqq \Delta E_A$. Bei der Absorption des Lichtes durch die beigefügten Zentren vollzieht sich der Übergang von Elektronen von den Donatorniveaus in das Leitungsband im Falle von Halbleitern des n-Typs (Bild 244.1b) oder aus dem Valenzband auf Akzeptorniveaus im Falle von Halbleitern des p-Typs (Bild 244.1c). Somit entsteht **Fremdphotoleitung**, die für Halbleiter vom n-Typ eine reine Elektronenleitung und für Halbleiter vom p-Typ eine reine Störstellenleitung ist.

Wenn also

$$h\nu \geqq \Delta E \quad \text{für Eigenhalbleiter,}$$

$$h\nu \geqq \Delta E_f \quad \text{für Fremdhalbleiter} \tag{244.1}$$

(ΔE_f ist im allgemeinen Fall die Aktivierungsenergie der beigefügten Atome) gilt, dann wird in Halbleitern die Photoleitung angeregt. Aus (244.1) kann man die **„rote Grenze" der Photoleitung** bestimmen – das ist die maximale Wellenlänge, bei der die Photoleitung noch angeregt wird:

$$\lambda_0 = \frac{ch}{\Delta E} \quad \text{für Eigenhalbleiter,}$$

$$\lambda_0 = \frac{ch}{\Delta E_f} \quad \text{für Fremdhalbleiter.}$$

Wenn wir die Werte von ΔE und ΔE_f für die konkreten Halbleiter berücksichtigen, kann man zeigen, daß die „rote Grenze" der Photoleitung für Eigenhalbleiter im sichtbaren Bereich des Spektrums liegt und für Fremdhalbleiter wiederum in den infraroten Bereich fällt.

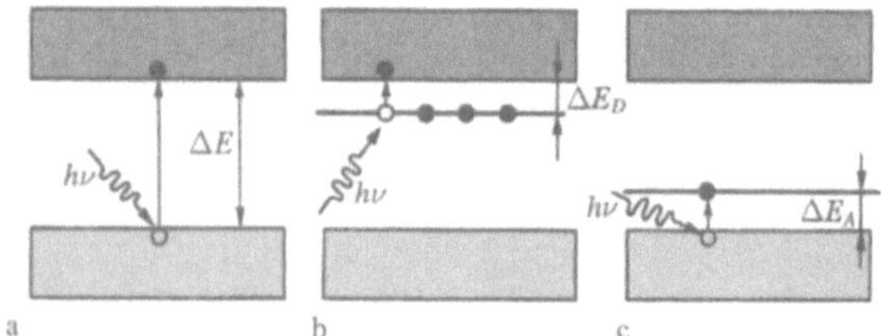

Bild 244.1

In Bild 244.2 ist die typische Abhängigkeit der Photoleitfähigkeit j und des Absorptionskoeffizienten $\varkappa$ von der Wellenlänge λ des auf den Halbleiter einfallenden Lichtes dargestellt. Aus der Zeichnung folgt, daß bei $\lambda > \lambda_0$ die Photoleitfähigkeit tatsächlich nicht angeregt wird. Der Abfall der Photoleitfähigkeit im Kurzwellenbereich des Absorptionsbandes wird mit der größeren Rekombinationsstärke bei starker Absorption in einer dünnen Oberflächenschicht der Dicke $x \approx 1\,\mu$m (der Absorptionskoeffizient ist $\approx 10^6\,\mathrm{m}^{-1}$) erklärt.

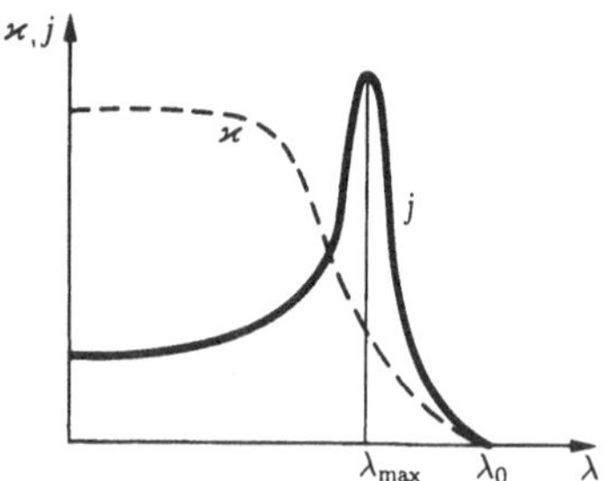

Bild 244.2

Neben der Absorption, die zur Photoleitung führt, kommen auch sogenannte Excitonen für die Absorption in Frage. **Excitonen** sind Quasiteilchen, und zwar elektrisch neutrale gebundene Zustände eines Elektrons mit einem Loch. Sie besitzen ein wasserstoffähnliches Anregungsspektrum mit einer Energie, die kleiner ist als die Breite der verbotenen Zone. Da die Excitonen elektrisch neutral sind, führt ihre Entstehung im Halbleiter nicht zu zusätzlichen Stromträgern, weshalb die Absorption des Lichtes durch Excitonen nicht durch die Erhöhung der Photoleitung begleitet wird.

§ 245 Lumineszenz in Festkörpern

Schon lange ist eine Strahlung bekannt, die sich in ihrem Charakter von allen bekannten Arten von Strahlung (Wärmestrahlung, Reflexion, Lichtstreuung usw.) unterscheidet. Diese Strahlung nennt man die Lumineszenzstrahlung. Beispiele für diese Strahlung sind das Leuchten von Körpern bei ihrer Bestrahlung mit sichtbarer, ultravioletter und Röntgenstrahlung, γ-Strahlung usw. Stoffe, die fähig sind, unter Einwirkung verschiedenster Anregungen zu leuchten, erhielten die Bezeichnung **Luminophoren**.

Lumineszenz ist eine Strahlung, die sich nicht im thermischen Gleichgewicht befindet. Sie trägt überschüssige Energie bei gegebener Temperatur gegenüber der Wärmestrahlung des Körpers und besitzt eine Dauer, die größer als die Periode der Lichtschwingungen ist. Der erste Teil dieser Definition führt zu der Schlußfolgerung, daß Lumineszenz keine Wärmestrahlung darstellt (siehe § 197), da jeder beliebige Körper bei einer Temperatur größer als 0 K elektromagnetische Wellen ausstrahlt. Der zweite Teil zeigt, daß Lumineszenz nicht ein solches Leuchten darstellt wie die Lichtreflexion und -streuung, die Bremsstrahlung geladener Teilchen usw. Die Periode der Lichtschwingungen beträgt ungefähr 10^{-15} s, weshalb die Dauer, nach der man das Leuchten der Lumineszenz zuordnen kann, größer als ungefähr 10^{-10} s ist. Das Merkmal der Leuchtdauer gibt die Möglichkeit, die Lumineszenz von anderen Nichtgleichgewichtsprozessen zu unterscheiden. So gelang es, anhand dieses Merkmals festzustellen, daß die Tscherenkow-Strahlung (siehe § 189) auf keinen Fall der Lumineszenz zugeordnet werden kann.

In Abhängigkeit von der Art der Anregung unterscheidet man: **Photolumineszenz** (unter Lichteinwirkung), **Röntgenlumineszenz** (unter Einwirkung von Röntgenstrahlung), **Kathodenlumineszenz** (unter Wirkung von Elektronen), **Elektrolu-**

mineszenz (unter Wirkung des elektrischen Feldes), **Radiolumineszenz** (bei Anregung durch Kernstrahlung, zum Beispiel γ-Strahlung, Neutronen, Protonen), **Chemilumineszenz** (bei chemischen Umwandlungen), **Tribolumineszenz** (bei Zerreiben und Glühen einiger Kristalle, zum Beispiel Zucker) oder auch **Sonolumineszenz** (beim Zerplatzen winziger Hohlräume in einem wassergefüllten Ultraschalltank). Nach der Leuchtdauer unterscheidet man formal: **Fluoreszenz** ($t \leq 10^{-8}$ s) und **Phosphoreszenz** – Leuchten, das sich noch erhebliche Zeit nach der Unterbrechung der Anregung fortsetzt.

Die erste quantitative Untersuchung der Lumineszenz hat der englische Physiker und Mathematiker G. Stokes (1819–1903) vor über 100 Jahre durchgeführt, der die folgende Regel 1852 formulierte: Die Wellenlänge der Lumineszenzstrahlung ist stets größer als die des anregenden Lichtes (Bild 245.1). Quantentheoretisch gesehen, besagt die Stokessche Regel, daß die Energie $h\nu$ des einfallenden Photons teilweise für irgendwelche nichtoptische Prozesse aufgebraucht wird, d. h.,

$$h\nu = h\nu_{\text{Lum}} + \Delta E,$$

weshalb $\nu_{\text{Lum}} < \nu$ oder $\lambda_{\text{Lum}} > \lambda$ ist.

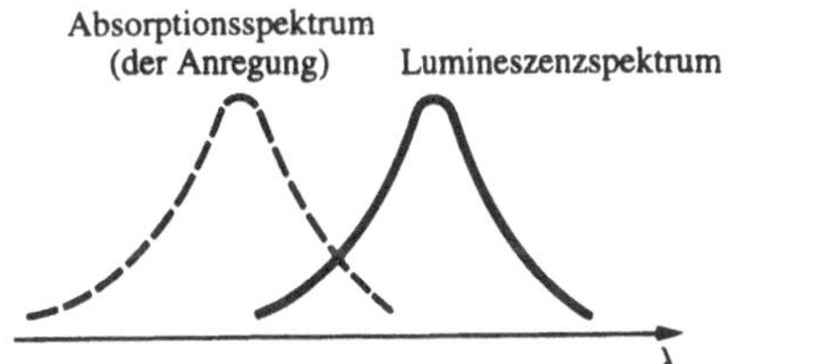

Bild 245.1

Charakteristisch für die Lumineszenz ist die sogenannte **Energieausbeute**, die gleich dem Verhältnis der abgestrahlten Energiemenge zur absorbierten Energiemenge ist. Die typische Abhängigkeit der Energieausbeute η von der Wellenlänge λ des anregenden Lichtes ist in Bild 245.2 dargestellt. Aus der Zeichnung folgt, daß zunächst η proportional mit λ wächst und nach Erreichen eines Maximums bei weiterer Erhöhung von λ rasch wieder gegen Null fällt. Die Größe der abgestrahlten Energiemenge pendelt für verschiedene Luminophoren in breiten Grenzen, ihr maximaler Wert kann ungefähr 80 % der eingestrahlten Energie erreichen.

Festkörper, die effektiv lumineszierende künstlich hergestellte Kristalle mit fremden Beimischungen sind, erhielten

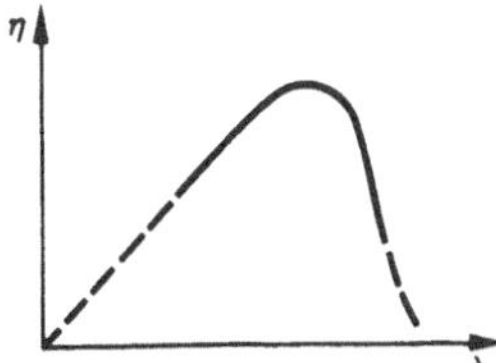

Bild 245.2

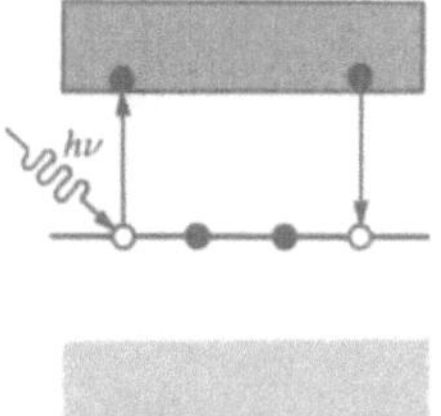

Bild 245.3

die Bezeichnung **Kristallophosphor**. Am Beispiel der Kristallophosphoren betrachten wir den Mechanismus der Entstehung der Lumineszenz vom Standpunkt der Bändertheorie der Festkörper aus. Zwischen dem Valenzband und dem Leitungsband des Kristallophosphors befinden sich die Fremdniveaus des Aktivators (Bild 245.3). Bei Absorption eines Photons mit der Energie von $h\nu$ durch ein Atom des Aktivators wird ein Elektron aus dem Fremdniveau in das Leitungsband gehoben und bewegt sich frei durch den Kristall so lange, bis es auf einen Ion des Aktivators trifft, mit ihm rekombiniert und dabei wieder in das Fremdniveau übergeht. Die Rekombination wird durch die Abstrahlung eines Quants des Lumineszenzleuchtens begleitet. Die Abklingzeit des Luminophors wird durch die Lebensdauer des angeregten Zustandes der Atome des Aktivators bestimmt, die gewöhnlich den Bruchteil einer Milliardstel Sekunde nicht übersteigt. Deshalb stellt das Leuchten eine kurzzeitige Strahlung dar und verschwindet gleich nach Abbruch der Bestrahlung.

Für die Entstehung eines dauerhaften Leuchtens (Phosphoreszenz) muß der Kristallophosphor ebenso **Einfangzentren** enthalten oder **Elektronenfallen**, die nicht besetzte lokale Niveaus darstellen (zum Beispiel L_1 und L_2), die in der Nähe der Unterkante des Leitungsbandes liegen (Bild 245.4). Sie können durch Fremdatome gebildet werden, durch Atome auf den Zwischengitterplätzen usw. Unter Lichteinwirkung werden die Aktivatoratome angeregt, d. h., die Elektronen wechseln aus dem Fremdniveau in das Leitungsband über und werden zu freien Elektronen. Jedoch werden sie durch die Fallen eingefangen, wodurch sie ihre Beweglichkeit verlieren und folglich auch die Fähigkeit, sich mit dem Ion des Aktivators zu rekombinieren. Die Loslösung des Elektrons aus der Falle erfordert einen bestimmten Energieaufwand. Diese Energie können die Elektronen zum Beispiel durch die Wärmeschwingungen des Gitters erhalten. Das aus der Falle befreite Elektron fällt in das Leitungsband und bewegt sich durch den Kristall, solange es weder durch die Falle erneut eingefangen wird noch mit dem Ion des Aktivators rekombiniert. Im letzteren Fall entsteht ein Quant der Lumineszenzstrahlung. Die Dauer dieses Prozesses wird somit durch die Aufenthaltsdauer des Elektrons in der Falle bestimmt.

Die Entdeckung der Lumineszenz zog breite Anwendung in der Praxis nach sich, zum Beispiel die **Lumineszenzanalyse** – eine Methode zur Bestimmung der Zusammensetzung eines Stoffes anhand seines charakteristischen Leuchtens. Diese Methode, die sehr empfindlich ist (ungefähr 10^{-10} g/cm^3), ermöglicht die Registrierung auch noch so geringer Mengen von

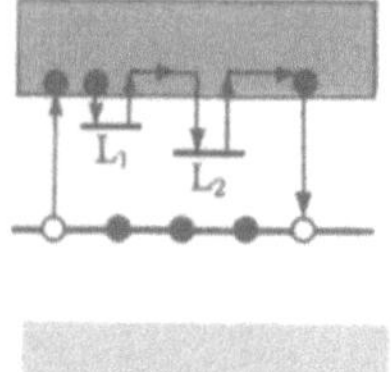

Bild 245.4

Beimischungen und wird bei genauen Untersuchungen in der Biologie, Medizin, Nahrungsmittelindustrie usw. angewandt. Die **Lumineszenzdefektoskopie** gestattet es, kleinste Risse in der Oberfläche von Maschinenteilen und anderen Erzeugnissen aufzuspühren (die zu untersuchende Oberfläche wird dazu mit einer lumineszierenden Lösung überzogen, von der nach ihrer Entfernung noch Reste in den Rissen verbleiben).

Luminophoren verwendet man in Lumineszenzdioden, sie stellen ein aktives Mittel der optischen Quantengeneratoren (siehe § 233) und Szintillatoren (wird weiter unten betrachtet) dar, man verwendet sie in elektrooptischen Wandlern (siehe § 169), für spezielle Zwecke, zum Beispiel für Leuchtfarben.

§ 246   Kontakt zweier Metalle

Wenn zwei verschiedene Metalle miteinander in Berührung kommen, entsteht zwischen ihnen ein Potentialunterschied, das **Kontakt-** oder **Berührungsspannung** heißt. Der italienische Physiker A. Volta (1745–1827) stellte fest, daß, wenn die Metalle Al, Zn, Sn, Pb, Sb, Bi, Hg, Fe, Cu, Ag, Au, Pt, Pd in genannter Reihenfolge miteinander in Kontakt kommen, jedes vorausgehende bei Berührung mit dem einen der folgenden positiv geladen wird. Diese Reihe nennt man die **Volta-Reihe**. Die Kontaktspannung beträgt für die verschiedenen Metalle von Zehnteln bis zu ganzen Volt.

Volta stellte experimentell folgende *zwei Gesetze* auf:

1. Die Kontaktspannung hängt lediglich von der chemischen Zusammensetzung und der Temperatur der sich berührenden Metalle ab.

2. Die Kontaktspannung von in Reihe verbundenen verschiedenen Leitern, die sich auf *derselben Temperatur* befinden, hängt nicht von der chemischen Zusammensetzung der zwischengeschalteten Leiter ab und ist gleich derjenigen Kontaktspannung, die bei direkter Berührung der Randleiter entsteht.

Zur Erklärung der Entstehung der Kontaktspannung verwenden wir die Vorstellungen des Bändermodells. Betrachten wir den Kontakt zweier Metalle mit den verschiedenen Austrittsarbeiten W_1 und W_2, d. h. mit unterschiedlichen Lagen des Fermi-Niveaus (des obersten mit Elektronen besetzten energetischen Niveaus). Wenn $W_1 < W_2$ (dieser Fall ist in Bild 246.1a dargestellt) ist, ist das Fermi-Niveau im Metall 1 höher gelegen als im Metall 2. Folglich werden die Elektronen von den höher gelegenen Niveaus des Metalls 1 auf die niedrigeren Niveaus des Metalls 2 überwechseln, was dazu führt, daß sich das Metall 1 positiv auflädt und das Metall 2 negativ. Gleichzeitig verschieben sich die Energieniveaus gegeneinander: In dem Metall, das positiv geladen ist, verschieben sich alle Niveaus nach unten und in dem Metall, das negativ geladen ist, nach oben. Dieser Prozeß verläuft so lange, bis sich zwischen den in Berührung gekommenen Metallen ein Gleichgewicht eingestellt hat, das erreicht ist, wenn die Fermi-Niveaus der beiden Metalle zusammenfallen (Bild 246.1b).

Da bei sich berührenden Metallen die Fermi-Niveaus zusammenfallen, die Austrittsarbeiten W_1 und W_2 aber sich nicht ändern (sie stellen feste Stoffeigenschaften der Metalle dar und hängen nicht davon ab, ob sich die Metalle miteinander in Kontakt befinden oder nicht), ist die potentielle Energie der Elektronen in den Punkten, die außerhalb der Metalle in unmittelbarer Nähe zu ihrer Oberfläche liegen (Punkte A und B in Bild 246.1b), unterschiedlich. Folglich stellt sich zwischen den Punkten A und B ein Potentialunterschied ein, der, wie aus der Zeichnung folgt, gleich

$$\Delta\varphi' = \frac{W_2 - W_1}{e} \qquad (246.1)$$

ist. Den Potentialunterschied (246.1), der durch den Unterschied der Austrittsarbeiten der kontaktierenden Metalle bedingt ist, nennt man die **äußere Kontaktspannung**. Oft spricht man einfach von der Kontaktspannung.

Wenn die Fermi-Niveaus zweier Metalle nicht gleich sind, wird zwischen den inneren Punkten der Metalle die **innere Kontaktspannung** beobachtet, der, wie aus der Zeichnung folgt, gleich

$$\Delta\varphi'' = \frac{E_{F_1} - E_{F_2}}{e} \qquad (246.2)$$

ist. In der Quantentheorie wird bewiesen, daß die Ursache für die Entstehung der inneren Kontaktspannung die verschiedenen Elektronenkonzentrationen in den kontaktierenden Metallen ist. $\Delta\varphi''$ hängt von der Kontakttemperatur T der Metalle ab (insofern besteht eine Abhängigkeit von E_F von der Temperatur T), woraus thermoelektrische Erscheinungen folgen. In der Regel ist $\Delta\varphi'' \ll \Delta\varphi'$.

Wenn zum Beispiel drei verschiedenartige Leiter in Berührung gebracht werden, welche die gleiche Temperatur aufweisen, ist der Potentialunterschied zwischen den Enden des offenen Netzes gleich der algebraischen Summe der Potentialsprünge in allen Kontakten. Dieser Unterschied (das zu beweisen, schlagen wir dem Leser vor) hängt nicht vom Zwischenleiter ab (zweites Gesetz von Volta).

Die innere Kontaktspannung entsteht in einer elektrischen

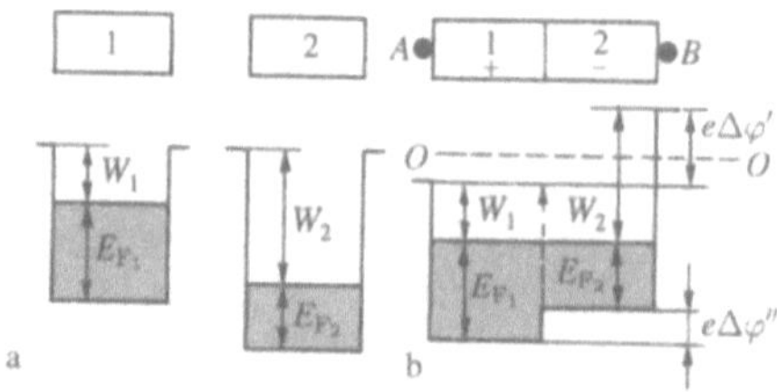

Bild 246.1

Doppelschicht, die sich in dem kontaktierenden Bereich bildet und **Kontaktschicht** genannt wird. Die Dicke dieser Kontaktschicht in Metallen beträgt ungefähr 10^{-10} m, d. h., sie ist vergleichbar mit den Gitterabständen im Metall. Die Zahl der Elektronen, die an der Diffusion durch diese Kontaktschicht beteiligt sind, beträgt ungefähr 2 % der Gesamtzahl der Elektronen, die sich auf der Metalloberfläche befinden. Solch eine unbedeutende Änderung der Elektronenkonzentration in dieser Kontaktschicht auf der einen Seite und die geringe Dicke im Vergleich zu der freien Weglänge der Elektronen auf der anderen Seite können nicht zu einer merklichen Änderung der Leitfähigkeit der Kontaktschicht im Vergleich zum Rest des Metalls führen. Folglich durchquert der elektrische Strom den Kontakt zweier Metalle genauso leicht wie die Metalle selbst, d. h., die Kontaktschicht leitet den elektrischen Strom in beide Richtungen ($1 \rightarrow 2$ und $2 \rightarrow 1$) gleichgut und gibt keinen Gleichrichteffekt, der stets mit einseitiger Leitfähigkeit verbunden ist.

§ 247   Thermoelektrische Erscheinungen und ihre Anwendung

Nach dem zweiten Gesetz von Volta entsteht in einem geschlossenen Netz aus einigen Metallen, die sich bei der gleichen Temperatur befinden, keine elektromotorische Kraft, d. h., es wird kein elektrischer Strom angeregt. Wenn jedoch die Temperatur der Kontakte nicht gleich ist, entsteht in dem Netz ein elektrischer Strom, der sogenannte **thermoelektrische Strom**. Die Erscheinung der Anregung eines thermoelektrischen Stromes (**Seebeck-Effekt**) und die eng mit ihm verbundenen **Erscheinungen von Peltier und Thomson** nennt man **thermoelektrische Erscheinungen**.

1. Der Seebeck-Effekt (1821). Der deutsche Physiker T. Seebeck (1770–1831) entdeckte, daß in einem geschlossenen Netz aus in Reihe miteinander verbundenen verschiedenartigen Leitern, zwischen deren Kontakten unterschiedliche Temperaturen bestehen, ein elektrischer Strom entsteht.

Betrachten wir ein geschlossenes Netz, das aus zwei metallischen Leitern 1 und 2 mit den Kontakt-Temperaturen T_1 (Kontakt A) und T_2 (Kontakt B) besteht, wobei $T_1 > T_2$ ist (Bild 247.1).

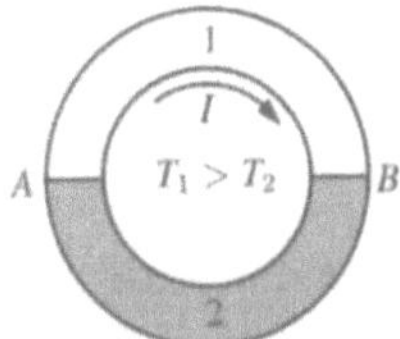

Bild 247.1

Es sei angemerkt, daß für viele Metallpaare in einem geschlossenen Netz (zum Beispiel Cu − Bi, Ag − Cu, Au − Cu) die elektromotorische Kraft direkt proportional zum Temperaturunterschied in den Kontakten ist:

$$\mathcal{E} = \alpha (T_1 - T_2).$$

Diese EMK nennt man **thermoelektromotorische Kraft**. Die Stromrichtung bei $T_1 > T_2$ ist in Bild 247.1 mit einem Pfeil gekennzeichnet. Die Thermo-EMK beträgt zum Beispiel für das Metallpaar Kupfer–Konstantan bei einem Temperaturunterschied von 100 K ganze 4,25 mV.

Der Grund für die Entstehung der Thermo-EMK wird schon aus Formel (246.2) klar, die die innere Kontaktspannung an der Grenze zweier Metalle definiert. Die Lage des Fermi-Niveaus hängt von der Temperatur ab. Das bedeutet, daß, wenn die Temperatur der Kontakte unterschiedlich ist, auch die innere Kontaktspannung unterschiedlich ist. Die Summe der Potentialsprünge ist also von Null verschieden, was zur Entstehung eines thermoelektrischen Stromes führt. Es sei weiterhin angemerkt, daß sich bei einem Temperaturgradienten auch eine Diffusion der Elektronen vollzieht, die ebenfalls eine Thermo-EMK hervorruft.

Der Seebeck-Effekt widerspricht nicht dem zweiten Hauptsatz der Thermodynamik, da sich in dem gegebenen Fall die innere Energie in elektrische umwandelt, wofür zwei Wärmequellen verwendet werden (zwei Kontakte). Folglich ist für die Aufrechterhaltung eines konstanten Stromes in dem betrachteten Netz die Aufrechterhaltung eines konstanten Temperaturunterschiedes der Kontakte notwendig: Dem heißeren Kontakt wird ständig Wärme zugeführt, und von dem kälteren wird sie abgeführt.

Der Seebeck-Effekt wird für die Temperaturmessung ausgenutzt. Dazu werden **Thermoelemente** oder **Thermopaare** verwendet – Temperaturmesser, der aus zwei miteinander verbundenen verschiedenartigen metallischen Leitern besteht. Wenn die Kontakte (gewöhnlich Lötstellen) der Leiter (Drähte), die ein Thermopaar bilden, sich auf verschiedenen Temperaturen befinden, so entsteht in dem Netz eine Thermospannung, die von dem Temperaturunterschied der Kontakte und der Natur der verwendeten Materialien abhängt. Die Empfindlichkeit der Thermopaare ist größer, wenn sie in Reihe verbunden werden. Diese Verbindungen nennt man **Thermobatterien (oder Thermosäulen)**. Thermopaare verwendet man für die Temperaturmessung verschwindend kleiner Temperaturunterschiede als auch zur Messung sehr hoher und sehr niedriger Temperaturen (zum Beispiel im Innern von Hochöfen oder flüssiger Gase). Die Genauigkeit der Temperaturbestimmung mittels Thermopaaren beträgt in der Regel einige Kelvin, bei einigen Thermopaaren erreicht sie $\approx$0,01 K. Thermopaare verfügen über eine Reihe von Vorzügen gegenüber gewöhnlichen Thermometern: Sie besitzen eine größere Empfindlichkeit und geringere Trägheit, gestatten Messungen in einem großen Temperaturbereich durchzuführen und erlauben Distanzmessungen.

Der Seebeck-Effekt kann im Prinzip zur Generierung eines elektrischen Stromes verwendet werden. So erreicht der Wirkungsgrad von Halbleiterthermobatterien schon jetzt $\approx$18 %. Folglich ist es prinzipiell möglich, mit Halbleiter-Thermoelektrogeneratoren die effektive direkte Umwandlung der Sonnenenergie in elektrische zu erreichen.

2. Der Peltier-Effekt (1834). Der französische Physiker J. Peltier (1785–1845) entdeckte, daß bei dem Durchgang eines elektrischen Stromes durch den Kontakt zweier verschiedener Leiter in Abhängigkeit von seiner Richtung neben der

Jouleschen Wärme zusätzliche Wärme abgestrahlt oder absorbiert wird. Das bedeutet, daß der Peltier-Effekt die Umkehrung des Seebeck-Effektes ist. Im Unterschied zu der Jouleschen Wärme, die zum Quadrat der Stromstärke proportional ist, ist die Peltier-Wärme zur ersten Potenz der Stromstärke proportional und ändert ihr Vorzeichen bei Änderung der Stromrichtung.

Betrachten wir das geschlossene Netz aus zwei verschiedenartigen metallischen Leitern 1 und 2 (Bild 247.2), durch das der Strom I' geschickt wird; seine Richtung ist in dem gegebenen Fall so gewählt, daß sie mit der Richtung des Wärmestromes zusammenfällt (in Bild 247.1 unter der Bedingung $T_1 > T_2$). Entsprechend den Beobachtungen von Peltier wird sich die Lötstelle A, die beim Seebeck-Effekt auf höherer Temperatur gehalten worden ist, jetzt abkühlen und die Lötstelle B erhitzen. Bei Änderung der Stromrichtung I' wird sich die Lötstelle A erhitzen und die Lötstelle B abkühlen.

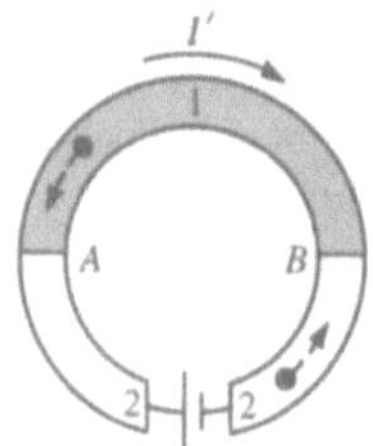

Bild 247.2

Erklären kann man den Peltier-Effekt folgendermaßen. Die Elektronen auf den verschiedenen Seiten der Lötstelle verfügen über eine unterschiedliche mittlere Energie (kinetische plus potentielle Energie). Wenn die Elektronen (ihre Bewegungsrichtung ist in Bild 247.2 durch punktierte Pfeile gekennzeichnet) durch die Lötstelle B gehen und in den Bereich mit geringerer Energie gelangen, werden sie ihren Energieüberschuß an das Kristallgitter abgeben; die Lötstelle wird sich erhitzen. An der Lötstelle A gelangen die Elektronen aus einem Bereich mit geringerer in einen Bereich mit höherer Energie, wobei sie in diesem Fall die fehlende Energie aus dem Kristallgitter nehmen; die Lötstelle wird sich abkühlen.

Den Peltier-Effekt nutzt man in thermoelektrischen Halbleiterkühlschränken und für aktive Kühlung von elektronischen Bauteilen.

3. Der Thomson-Effekt (1856). William Thomson (Lord Kelvin) kam bei der Untersuchung der thermoelektrischen Erscheinungen zu der Schlußfolgerung (die auch experimentell bestätigt wurde), daß bei Durchgang von Strom durch einen *nicht gleichmäßig* erhitzten Leiter zusätzliche Wärme abgegeben bzw. aufgenommen werden muß, analog zur Peltier-Wärme. Diese Erscheinung erhielt die Bezeichnung Thomson-Effekt. Ihn kann man folgendermaßen erklären. Da in dem erhitzteren Teil des Leiters die Elektronen eine größere mittlere Energie besitzen als in dem weniger erhitzten Teil, geben sie, wenn sie sich in die Richtung des Temperaturabfalles bewegen, einen Teil der Energie an das Gitter ab, wodurch Wärme abgegeben wird.

Wenn sich nun die Elektronen in die Richtung des Temperaturanstieges bewegen, nehmen sie umgekehrt Gitterenergie auf, was zur Temperaturabsenkung führt.

§ 248   Der Metall-Halbleiter-Kontakt als Gleichrichter

Betrachten wir einige Besonderheiten, die beim Zusammenfügen eines Metalls mit einem Halbleiter auftreten. Dafür nehmen wir einen n-Halbleiter mit der Austrittsarbeit W, die kleiner als die Austrittsarbeit aus dem Metall W_M ist. Die entsprechenden Energiediagramme vor und nach Herstellen des Kontakts sind in Bild 248.1a, b dargestellt.

Wenn $W_M > W$ ist, dann werden beim Kontakt Elektronen aus dem Halbleiter in das Metall überwechseln, wodurch die Kontaktschicht des Halbleiters an Elektronen verarmt und sich positiv auflädt, das Metall dagegen negativ. Dieser Prozeß vollzieht sich so lange, bis sich ein Gleichgewicht eingestellt hat, das (wie auch bei Metallen) durch das Ausgleichen der Fermi-Niveaus des Metalls und des Halbleiters charakterisiert wird. Auf dem Kontakt bildet sich eine elektrische Doppelschicht d, deren Feld (der Kontaktunterschied der Potentiale) einem weiteren Überwechseln der Elektronen im Wege steht. Infolge der geringen Konzentration der Leitungselektronen im Halbleiter (in der Größenordnung von 10^{15} cm^{-3} anstelle von 10^{22} cm^{-3} in Metallen) erreicht die Dicke der Kontaktschicht im Halbleiter ungefähr 10^{-6} cm, sie ist aber ungefähr 10 000mal größer als im Metall. Die Kontaktschicht des Halbleiters ist verarmt an den Majoritäts-Ladungsträgern – den Elektronen im Leitungsband, und ihr Widerstand ist merklich größer als im restlichen Volumen des Halbleiters. Solch eine Kontaktschicht nennt man **Sperrschicht**.

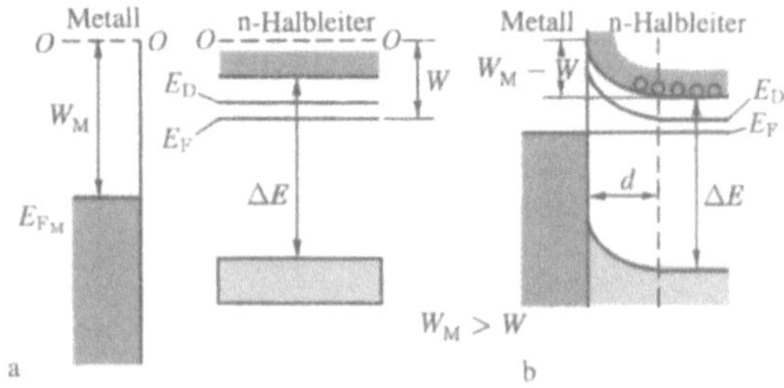

Bild 248.1

Bei $d = 10^{-6}$ cm und $\Delta\varphi \approx 1$ V ergibt sich ein elektrisches Feld der Kontaktschicht von $E = \Delta\varphi/d \approx 10^8$ V/m. Solch ein Kontaktfeld kann nicht allzu stark auf die Struktur des Spektrums einwirken (zum Beispiel auf die Breite der verbotenen Zone, auf die Aktivierungsenergie der Dotierungen usw.), und seine Wirkung führt lediglich zu einer Verbiegung der Energieniveaus des Halbleiters im Bereich des Kontaktes (Bild 248.1b). Da sich im Kontakt die Fermi-Niveaus angleichen, die Austrittsarbeiten aber konstante Größen sind, ist bei $W_M > W$ die

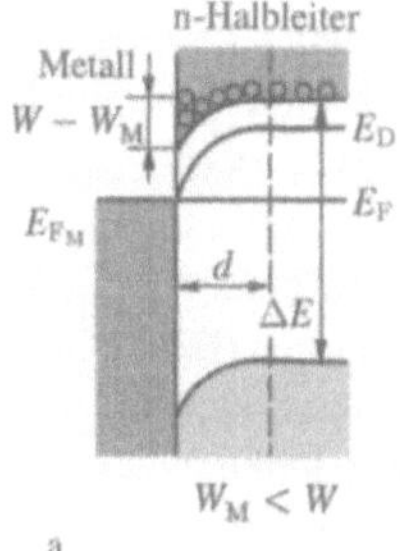

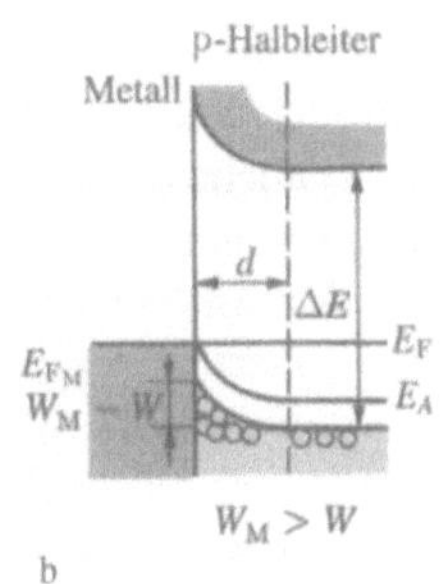

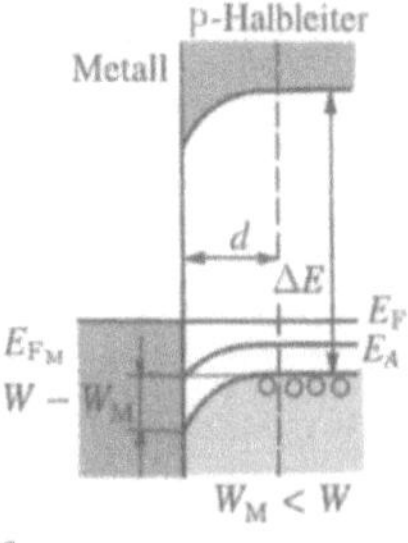

Bild 248.2

Energie der Elektronen in der Kontaktschicht des Halbleiters größer als in dem restlichen Volumen. Deshalb hebt sich die Unterkante des Leitungsbandes in der Kontaktschicht an und entfernt sich vom Fermi-Niveau. Entsprechend vollzieht sich eine Verbiegung der Oberkante des Valenzbandes sowie der Donatorniveaus.

Neben dem oben betrachteten Beispiel sind noch folgende drei Fälle eines Kontaktes von Metall mit Halbleitern möglich: a) $W_M < W$, der n-Halbleiter; b) $W_M > W$, der p-Halbleiter; c) $W_M < W$, der p-Halbleiter. Die entsprechenden Bänderschemen sind in Bild 248.2 gezeigt.

Wenn $W_M < W$ ist, so wechseln die Elektronen bei Kontakt des Metalls mit einem n-Halbleiter aus dem Metall in den Halbleiter über und bilden in der Kontaktschicht des Halbleiters eine negative Raumladung (Bild 248.2a). Folglich verfügt die Kontaktschicht des Halbleiters über eine erhöhte Leitfähigkeit, d. h. stellt keine Sperrschicht mehr dar. Mit analogen Argumenten kann man zeigen, daß die Verbiegung der Energieniveaus im Vergleich zum Kontakt Metall/n-Halbleiter ($W_M > W$) in die umgekehrte Richtung geht.

Bei dem Kontakt eines Metalls mit einem p-Halbleiter bildet sich die Sperrschicht bei $W_M < W$ (Bild 248.2c), da in der Kontaktschicht des Halbleiters ein Überschuß an negativen Ionen der Akzeptorbeimischungen und ein Mangel an den Majoritäts-Ladungsträgern – den Löchern – im Valenzband beobachtet wird. Wenn wiederum $W_M > W$ ist (Bild 248.2b), dann wird in der Kontaktschicht des p-Halbleiters ein Überschuß an den Majoritäts-Ladungsträgern – den Löchern – im Valenzband beobachtet, die Kontaktschicht verfügt über eine erhöhte Leitfähigkeit.

Ausgehend von den angeführten Betrachtungen, sehen wir, daß eine Sperrschicht bei Kontakt eines Donatorhalbleiters mit einer geringeren Austrittsarbeit als die des Metalls entsteht (Bild 248.1b) und bei Kontakt eines Akzeptors mit größerer Austrittsarbeit als die des Metalls (Bild 248.2c).

Die Sperrschicht verfügt über **einseitige (Ventil-)Leitfähigkeit**, d. h., bei Anlegen eines äußeren elektrischen Feldes an den Kontakt läßt sie den Strom praktisch nur in einer Richtung durch: entweder aus dem Metall in den Halbleiter oder aus dem Halbleiter in das Metall. Diese wichtigste Eigenschaft der Sperrschicht erklärt sich aus der Abhängigkeit ihres Widerstandes von der Richtung des äußeren elektrischen Feldes.

Wenn die Richtungen des äußeren Feldes und des Kontaktfeldes entgegengesetzt sind, dann werden die Majoritäts-Ladungsträger des Stromes aus dem Volumen des Halbleiters in die Kontaktschicht hineingezogen; die Dicke der Verarmungszone und ihr Widerstand nehmen ab. In dieser sogenannten **Durchlaßrichtung** kann der elektrische Strom durch den Kontakt Metall-Halbleiter fließen. Wenn das äußere und das Kontaktfeld gleiches Vorzeichen besitzen, dann werden sich die Majoritäts-Ladungsträger von der Grenzfläche zum Metall wegbewegen; die Dicke der Verarmungszone wächst, es wächst auch ihr Widerstand. Dadurch fließt in diesem Fall kein Strom durch den Kontakt, der Gleichrichter ist gesperrt – das ist die **Sperrichtung**. Für die Sperrschicht an der Grenze des Metalls mit einem n-Halbleiter ($W_M > W$) ist die Stromrichtung aus dem Metall in den Halbleiter die Durchlaßrichtung, für die Sperrschicht an der Grenze des Metalls mit einem p-Halbleiter ($W_M < W$) ist sie aus dem Halbleiter in das Metall.

§ 249   Der pn-Übergang

Die Berührungsgrenze zwischen zwei Halbleitern, von denen der eine Elektronen- und der andere Löcherleitung besitzt, nennt man **pn-Übergang**. Diese Übergänge besitzen große praktische Bedeutung, sie stellen die Grundlage vieler Halbleiter-Bauelemente dar. Es ist unmöglich, den pn-Übergang einfach durch das mechanische Verbinden zweier Halbleiter zu realisieren. Gewöhnlich schafft man die Bereiche unterschiedlicher Leitfähigkeit entweder durch Kristallzucht oder durch die entsprechende Bearbeitung der Kristalle. Zum Beispiel kann man auf einen Germanium-Kristall vom n-Typ eine Indium-„Tablette" auflegen (Bild 249.1a). Dieses System wird dann im Vakuum oder in inerter Atmosphäre auf ungefähr 500 °C erhitzt; die Indiumatome diffundieren dann bis zu einer gewissen Tiefe in das Germanium hinein. Danach wird der Kristall langsam abgekühlt. Da Germanium, das Indium enthält, ein p-Leiter ist, bildet sich an der Grenze der kristallisierten Schmelze und des Germaniums vom n-Typ ein pn-Übergang (Bild 249.1b).

Betrachten wir die physikalischen Prozesse, die im pn-Übergang vor sich gehen (Bild 249.2). Nehmen wir an, daß der Störstellenhalbleiter (die Austrittsarbeit ist W_n, das Fermi-Niveau E_{F_n}) mit einem Akzeptorhalbleiter in Kontakt (Bild 249.2b) gebracht wird (die Austrittsarbeit beträgt W_p, das Fermi-

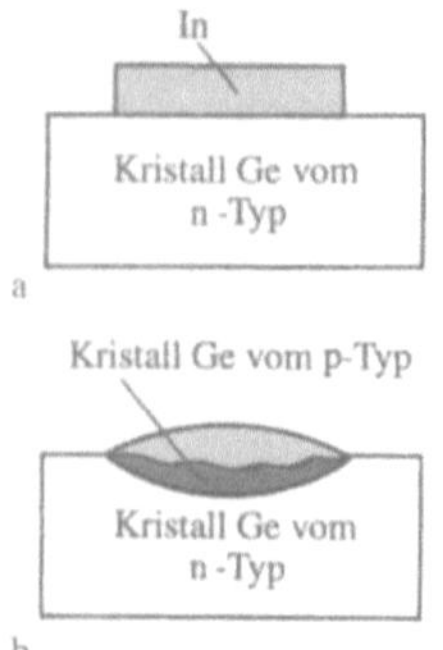

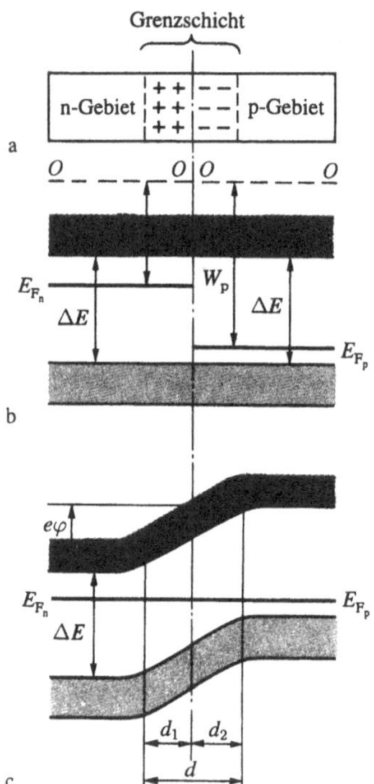

Bild 249.1

Niveau E_{F_p}). Da die Elektronenkonzentration im n-Germanium höher ist als im Indium, wird ein Teil der Elektronen in den p-Halbleiter diffundieren, wo ihre Konzentration niedriger ist. Die Diffusion der Löcher wiederum vollzieht sich in entgegengesetzter Richtung (in Richtung p → n).

Im n-Halbleiter bleibt jetzt wegen des Fehlens der Elektronen in der Nähe der Grenzfläche eine nicht kompensierte positive Raumladung praktisch unbeweglicher ionisierter Störstellenatome zurück. Im p-Halbleiter bildet sich durch das Fehlen der Löcher in der Nähe der Grenzfläche eine negative Raumladung aus nicht beweglichen ionisierten Akzeptoren (Bild 249.2a). Diese Raumladungen bilden an der Grenzfläche eine elektrische Doppelschicht, deren Feld, das von dem n-Bereich zum p-Bereich gerichtet ist, das weitere Hinüberwechseln der Elektronen in der Richtung n→p und der Löcher in umgekehrter Richtung p→n behindern. Wenn

Bild 249.2

die Konzentrationen der Donatoren und der Akzeptoren in den Halbleitern vom n- und p-Typ gleich sind, dann sind die Dicken der Schichten d_1 und d_2 (Bild 249.2c), in denen sich die nicht beweglichen Ladungen lokalisieren, gleich ($d_1 = d_2$).

Bei einer bestimmten Dicke des pn-Übergangs tritt der Gleichgewichtszustand ein, der durch das Angleichen der Fermi-Niveaus für beide Halbleiter charakterisiert ist (Bild 249.2c). In den Bereichen des pn-Übergangs verbiegen sich die Energiebänder, wodurch Potentialbarrieren entstehen sowohl für Elektronen als auch für Löcher. Die Höhe der Potentialbarriere $e\varphi$ wird durch den Anfangsunterschied der Lage der Fermi-Niveaus in beiden Halbleitern bestimmt. Alle Energieniveaus des Akzeptorhalbleiters sind im Verhältnis zu den Niveaus des Störstellenhalbleiters um die Höhe $e\varphi$ angehoben, wobei sich das Anheben innerhalb der Doppeltschicht vollzieht.

Die Dicke d der Schicht des pn-Übergangs in den Halbleitern beträgt ungefähr 10^{-6} bis 10^{-7} m und der Kontaktunterschied der Potentiale weniger als ein Volt. Die Stromträger sind lediglich bei einer Temperatur von einigen Tausend Grad in der Lage, solch einen Potentialunterschied zu überwinden, d. h., bei gewöhnlichen Temperaturen ist die gleichgewichtige Kontaktschicht **gesperrt** (sie ist charakterisiert durch einen erhöhten Widerstand).

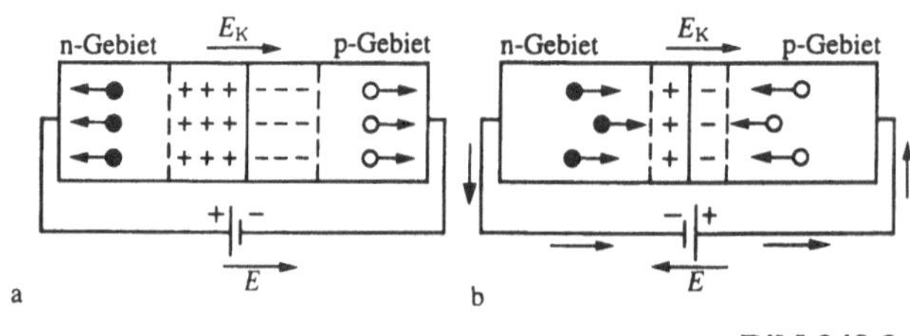

Bild 249.3

Den Widerstand der Sperrschicht kann man mit einem äußeren elektrischen Feld ändern. Wenn das an den pn-Übergang angelegte äußere elektrische Feld von dem n-Halbleiter in die Richtung des p-Halbleiters gerichtet ist (Bild 249.3a), d. h. mit dem Feld der Kontaktschicht zusammenfällt, dann ruft es eine Bewegung der Elektronen in dem n-Halbleiter und der Löcher im p-Halbleiter von der Grenze des pn-Übergangs weg auf die gegenüberlegende Seite hervor. Dadurch verbreitert sich die Sperrschicht, und ihr Widerstand nimmt zu. Die Richtung des äußeren Feldes, das die Sperrschicht verbreitert, nennt man **Sperr-(Gegen-)Richtung**. In dieser Richtung fließt praktisch kein elektrischer Strom durch den pn-Übergang. Der Strom in der Sperrschicht, der sogenannte **Sperrstrom**, entsteht ausschließlich aufgrund von Minoritäts-Ladungsträgern (von Elektronen im p-Halbleiter und von Löchern im n-Halbleiter).

Wenn das an den pn-Übergang angelegte äußere elektrische Feld dem Kontaktfeld entgegengesetzt ist (Bild 249.3b), dann bewirkt es eine Bewegung der Elektronen im n-Halbleiter und der Löcher im p-Halbleiter auf die Grenze des pn-Übergangs

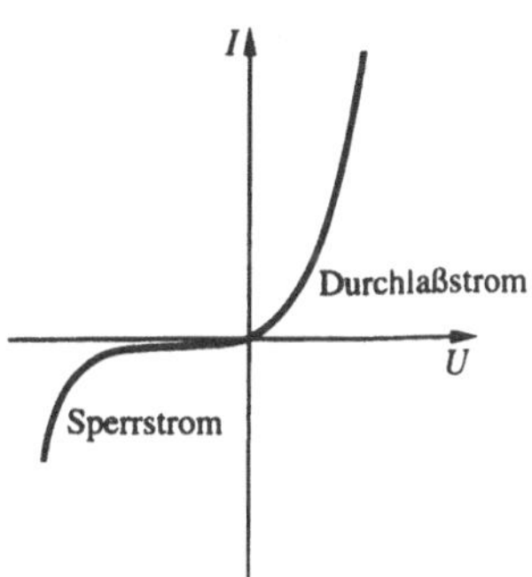

Bild 249.4

hin. Dort rekombinieren sie, die Dicke der Kontaktschicht und ihr Widerstand verringern sich. Folglich fließt der elektrische Strom in dieser Richtung durch den pn-Übergang; sie nennt man **Durchlaßrichtung**. Der Strom heißt **Durchlaßstrom**.

Demnach verfügt der pn-Übergang (ähnlich dem Kontakt eines Metalls mit einem Halbleiter) über **einseitige (Ventil-) Leitung** und damit eine Gleichrichterfunktion.

In Bild 249.4 ist die daraus resultierende Strom-Spannungs-Charakteristik des pn-Übergangs dargestellt. Das betragsmäßig schnelle Ansteigen des Sperrstromes zeigt das Durchschlagen der Kontaktschicht und ihrer Zerstörung an. Baut man also Bauteile mit einem pn-Übergang in ein Wechselstromnetz ein, so wirken sie als Gleichrichter.

§ 250 Halbleiterdioden und Transistoren

Die einseitige Leitung der Kontakte zweier Halbleiter (oder eines Metalls mit einem Halbleiter) nutzt man zur Gleichrichtung und Umwandlung von Wechselströmen. Ist nur ein Elektronen-Störstellen-Übergang vorhanden, so ist seine Funktionsweise analog der von einer Diode (siehe § 105). Deshalb nennt man Halbleiterbauelemente, die einen pn-Übergang enthalten, **Halbleiter-(Kristall-)Dioden**. Halbleiterdioden werden ihrer Konstruktion nach in **Punkt-** und **Flächenhalbleiterdioden** unterteilt.

Betrachten wir als Beispiel eine punktförmige Germaniumdiode (Bild 250.1), in der ein dünner Draht aus Wolfram (1) mit einer Spitze, die mit Aluminium überzogen ist, gegen n-Germanium (2) gedrückt wird. Wenn in Durchlaßrichtung durch diese Diode ein kurzer Stromimpuls geschickt wird, erhöht sich sprunghaft die Diffusion von Al in Ge, und es bildet sich eine Germaniumschicht, die mit Aluminium angereichert ist und über p-Leitung verfügt. An der Grenze dieser Schicht bildet

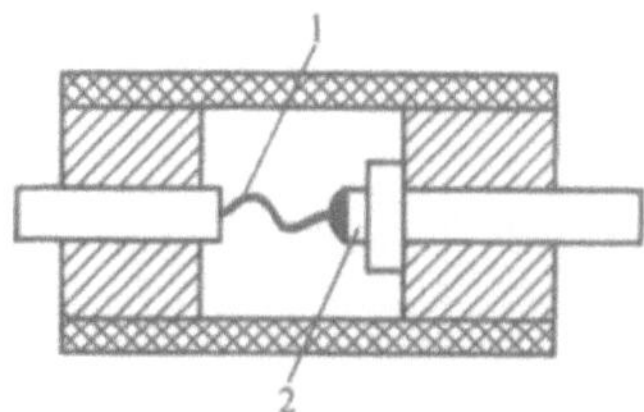

Bild 250.1

sich ein pn-Übergang, der gute Gleichrichtereigenschaften aufweist. Dank der geringen Kapazität der Kontaktschicht werden punktförmige Dioden für Detektoren (Gleichrichter) von hochfrequenten Schwingungen bis hin zum Zentimeterbereich der Wellenlängen verwendet.

Das prinzipielle Schema eines flächenförmigen Kupferoxidgleichrichters ist in Bild 250.2 angeführt. Auf einer Kupferplatte wird chemisch eine Schicht von Cu_2O herangezüchtet, die mit einer Silberschicht überzogen wird. Die Silberelektrode dient nur zum Anschluß des Gleichrichters an das Netz. Die Grenzschicht zwischen Cu und Cu_2O ist auf der Cu_2O-Seite mit Cu angereichert und weist damit Elektronenleitung auf, und auf der anderen, jetzt kupferarmen Seite der Cu_2O-Schicht findet man Löcherleitung. Das bedeutet, daß sich in der Tiefe des Kupferoxids eine Sperrschicht herausbildet mit der Durchlaßrichtung des Stromes von Cu_2O zu Cu (p→n).

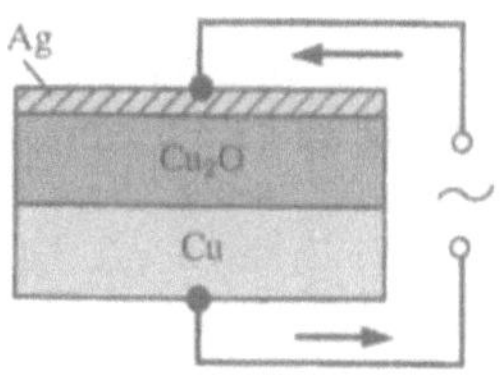

Bild 250.2

Die Technik der Anfertigung einer flächenförmigen Germaniumdiode wurde im letzten Paragraphen beschrieben (siehe Bild 249.1). Ebenso verbreitet sind Selendioden und Dioden auf der Grundlage von Galliumarsenid und Siliciumkarbid. Sie verfügen über eine ganze Reihe von Vorzügen im Vergleich zu den Vakuum-Dioden (kleine Abmessungen, großer Wirkungsgrad und lange Lebensdauer, keine Aufwärmezeiten usw.), sie sind jedoch sehr temperaturempfindlich, weshalb ihr Arbeitsbereich durch ein Temperaturintervall begrenzt ist (von −70 bis +120 °C). pn-Übergänge weisen nicht nur ausgezeichnete Gleichrichtereigenschaften auf, sondern können auch als Verstärker genutzt werden, und wenn in das Schema noch ein Rückkopplungszweig eingebaut wird, auch zur Generierung elektrischer Schwingungen. Bauteile, die dies zu leisten imstande sind, erhielten die Bezeichnung **Transistoren** (der erste Transistor wurde 1949 durch die amerikanischen Physiker J. Bardeen, W. H. Brattain und W. Shockley geschaffen; Nobelpreis 1956).

Zur Herstellung von Transistoren werden hauptsächlich Germanium und Silicium verwendet, da sie sich durch eine hohe mechanische Festigkeit, chemische Stabilität und größere Beweglichkeit der Stromträger als in anderen Halbleitern auszeichnen. Transistoren werden in **punktförmige** und **planare** unterteilt. Erstere verstärken die Spannung bedeutend, ihre Leistung ist jedoch gering wegen der Überhitzungsgefahr (so liegt zum Beispiel die obere Grenze der Arbeitstemperatur eines punktförmigen Germaniumtransistors bei ca. 50–80 °C). Planare Transistoren sind leistungsfähiger. Sie können vom pnp-

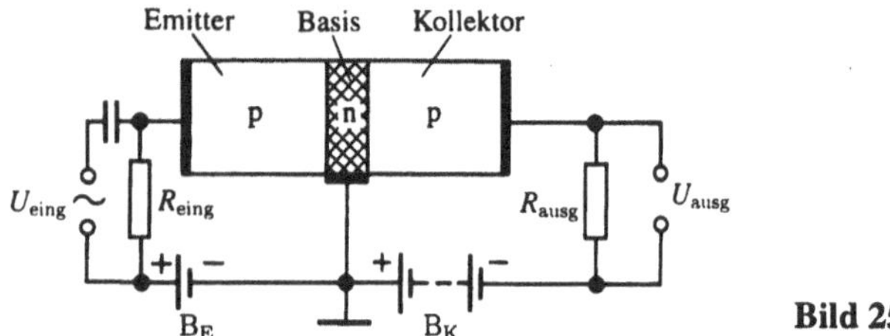

Bild 250.3

oder vom npn-Typ sein, je nachdem, in welcher Reihenfolge die Bereiche unterschiedlicher Leitfähigkeit angeordnet sind.

Als Beispiel betrachten wir das Arbeitsprinzip eines planaren pnp-Transistors, d. h. eines Transistors auf der Grundlage eines n-Halbleiters (Bild 250.3). Die Arbeitselektroden des Transistors, welche **Basis** (das ist der mittlere Teil des Transistors), **Emitter** und **Kollektor** (die an der Basis von beiden Seiten anliegenden Bereiche mit einem anderen Leitungstyp) genannt werden, werden mit metallischen Leitern (also nicht gleichrichtenden Kontakten) an das Netz angeschlossen. Zwischen Emitter und Basis wird eine konstante Vorspannung in Durchlaßrichtung angelegt, zwischen Basis und Kollektor eine konstante Vorspannung in umgekehrter Richtung (sie dienen zur Einstellung des Arbeitspunktes des Transistors). Die zu verstärkende Wechselspannung wird an den Eingangswiderstand R_{eing} gegeben und die verstärkte vom Ausgangswiderstand R_{ausg} abgenommen.

Der Stromfluß im Emitternetz ist im wesentlichen durch die Löcherleitung bedingt (sie stellt die Majoritäts-Ladungsträger dar) und wird durch ihre **Injektion** in den Basisbereich begleitet. Die in die Basis gelangenden Löcher diffundieren in Richtung des Kollektors, wobei bei nicht allzu großer Dicke der Basis ein bedeutender Teil der injizierten Löcher den Kollektor erreichen. Hier werden die Löcher durch das Feld eingefangen, das im Innern des Übergangs wirkt (sie werden von dem negativ geladenen Kollektor angezogen), und ändern den Kollektorstrom. Folglich ruft jede Änderung des Emitterstromes eine Änderung des Kollektorstromes hervor.

Wenn wir zwischen Emitter und Basis eine Wechselspannung anlegen, erhalten wir im Kollektornetz einen Wechselstrom und am Ausgangswiderstand eine Wechselspannung. Die Größe der Verstärkung hängt von den Eigenschaften der pn-Übergänge, der Lastwiderstände und der Batteriespannung B_K ab. Gewöhnlich ist $R_{ausg} \gg R_{eing}$, weshalb U_{ausg} bedeutend die Eingangsspannung U_{eing} überschreitet (der Verstärkungsfaktor kann 10 000 erreichen). Da die Leistung des Wechselstromes, abgegeben in R_{ausg}, größer sein kann als die im Emitternetz aufgewandte, ergibt der Transistor eine Leistungsverstärkung. Diese verstärkte Leistung wird mit der Stromquelle erreicht, die in das Kollektornetz geschaltet ist.

Aus diesen Betrachtungen folgt, daß der Transistor ähnlich der Elektronröhre sowohl eine Spannungs- als auch eine Leistungsverstärkung gibt. So wie in der Elektronröhre der Anodenstrom durch die an dem Netz anliegende Spannung geregelt wird, so wird der Kollektorstrom im Transistor entsprechend dem Anodenstrom der Röhre durch die Basisspannung geregelt.

Das Arbeitsprinzip des Transistors vom npn-Typ ist analog dem oben betrachteten, die Rolle der Löcher spielen jetzt jedoch die Elektronen. Es existieren auch andere Transistortypen, so wie auch andere Anschlußschemen an das Netz. Dank ihrer Vorzüge gegenüber den Elektronröhren (kleine Abmessungen, großer Wirkungsgrad und lange Lebensdauer, es ist keine Leistung verbrauchende Glühkathode notwendig, es ist kein Vakuum aufrechtzuerhalten usw.) bewirkte der Transistor eine Revolution im Bereich der Elektronik und ermöglichte auch die Schaffung schnellarbeitender elektronischer Rechenanlagen mit einem großen Speichervermögen, also der uns heute vertrauten Computern.

Kontrollfragen

▶ Was sind die adiabatische Näherung und die Näherung des selbst konsistenten Feldes?

▶ Worin unterscheiden sich die Energiezustände der Elektronen im isolierten Atom und im Kristall? Was sind verbotene und erlaubte Energiezonen?

▶ Worin unterscheiden sich nach der Bändertheorie Halbleiter und Dielektrika, Metalle und Dielekrtika?

▶ Wann stellt ein Festkörper nach der Bändertheorie einen elektrischen Leiter dar?

▶ Wie kann man die Zunahme der Leitfähigkeit von Halbleitern bei Temperaturanstieg erklären?

▶ Wodurch wird die Leitung von Eigenhalbleitern hervorgerufen?

▶ Warum ist das Fermi-Niveau im Eigenhalbleiter in der Mitte der verbotenen Zone gelegen?

▶ Nach welchem Mechanismus funktioniert die Elektronenfremdleitung von Halbleitern, nach welchem die Löcherfremdleitung?

▶ Warum überwiegt bei hinreichend hohen Temperaturen in Fremdhalbleitern die Eigenleitung?

▶ Welches ist der Mechanismus der Eigenphotoleitung und der Fremdphotoleitung? Was bedeutet die rote Grenze der Photoleitung?

▶ Welches sind laut Bändertheorie die Mechanismen für die Entstehung von Fluoreszenz und der Phosphoreszenz?

▶ Was ist der Grund für die Entstehung einer Kontaktspannung?

▶ Welche thermoelektrischen Erscheinungen gibt es? Wie kann ihre Entstehung erklärt werden?

▶ Wann entsteht die Sperrschicht bei Kontakt eines Metalls mit einem Halbleiter vom n-Typ, wann mit einem Halbleiter vom p-Typ? Erklären Sie den Mechanismus ihrer Entstehung.

▶ Wie kann man die Gleichrichter-Eigenschaft eines pn-Übergangs erklären?

▶ Wie sieht die Strom-Spannungs-Charakteristik eines pn-Übergangs aus? Erklären Sie die Entstehung des Durchlaß- und des Sperrstromes.

▶ Welche Richtung in der Halbleiterdiode stellt für den Strom die Durchlaßrichtung dar?

▶ Warum fließt durch eine Halbleiterdiode sogar dann ein Strom (wenn auch nur ein schwacher), wenn eine Sperrspannung anliegt?

Aufgaben

31.1. Die spezifische Leitfähigkeit einer Siliciumprobe erhöhte sich bei Erwärmung von der Temperatur $t_1 = 0\,°C$ bis zu der Temperatur $t_2 = 18\,°C$ um den Faktor 4,24. Bestimmen Sie die Breite der verbotenen Zone des Siliciums. [Lösung der Aufgabe s. S. 404]

31.2. Ein Germaniummuster wird von $0\,°C$ auf $17\,°C$ erwärmt. Die Breite der verbotenen Zone von Germanium beträgt 0,72 eV. Bestimmen Sie, um welchen Faktor seine spezifische Leitfähigkeit wächst. [um 2,45mal]

31.3. Reines Silicium werde mit einem geringen Teil Bor versetzt. Bestimmen und erklären Sie den Leitungstyp des sogenannten dotierten Siliciums.

31.4. Bestimmen Sie die Wellenlänge, ab der in einem dotierten Halbleiter die Photoleitung angeregt wird.

Teil 7

Elemente der Kern- und Teilchenphysik

Kapitel 32

Elemente der Physik des Atomkerns

§ 251 Größe, Zusammensetzung und Ladung des Atomkerns. Massen- und Ladungszahl

Bei der Untersuchung des Durchgangs von α-Teilchen mit einer Energie von einigen Megaelektronenvolt durch eine dünne Goldfolie (siehe § 208) kam E. Rutherford zu der Schlußfolgerung, daß das Atom aus positiv geladenen Kernen und ihn umgebenden Elektronen besteht. Aus diesen Versuchen schloß Rutherford, daß Atomkerne Abmessungen von ungefähr 10^{-14} bis 10^{-15} m besitzen (die linearen Abmessungen des gesamten Atoms betragen ungefähr 10^{-10} m).

Der Atomkern besteht aus Elementarteilchen – den **Protonen** und den **Neutronen**.

Das Proton (p) besitzt eine positive Ladung, die gleich groß ist wie die des Elektrons, und eine Ruhmasse $m_p = 1{,}6726 \cdot 10^{-27}$ kg $\approx 1836\, m_e$, wobei m_e die Elektronenmasse ist. Das Neutron (n) ist ein neutrales Teilchen mit der Ruhmasse $m_n = 1{,}6749 \cdot 10^{-27}$ kg ≈ 1839 Elektronenmasse. Protonen und Neutronen zusammen nennt man **Nukleonen** (aus dem lat. nucleus Kern). Die Gesamtzahl der Nukleonen im Atomkern ist die **Massenzahl** A.

Der Atomkern besitzt die **Ladung** Ze, wobei e die Ladung des Protons ist. Die **Kernladungszahl** Z ist gleich der Anzahl der Protonen im Kern und fällt mit der Ordnungszahl des jeweiligen chemischen Elementes im Periodensystem der Elemente zusammen. Die bis zur heutigen Zeit bekannten 111 Elemente besitzen Kernladungszahlen von $Z = 1$ bis $Z = 111$.

Der Kern wird durch das gleiche Symbol gekennzeichnet, wie auch das neutrale Atom: $_Z^A X$, wobei X das Symbol des chemischen Elementes, Z die Atomnummer (also die Zahl der Protonen im Kern) und A die Massenzahl (Zahl der Nukleonen im Kern) ist.

Heute ruft das Protonen-Neutronen-Modell des Kerns keine Einwände mehr hervor. Zwischenzeitlich wurde ebenfalls eine Hypothese von einem Aufbau des Kerns aus Protonen und Elektronen postuliert, sie konnte jedoch nicht den experimentellen Prüfungen standhalten. Richten wir uns nach dieser Hypothese, so stellt die Massenzahl A die Zahl der Protonen im Kern dar, und die Differenz zwischen der Massenzahl und der Elektronenzahl muß gleich der Ladungszahl sein. Dieses Modell konnte die Isotopenmassen und -ladungen erklären, nicht jedoch die Werte der Spins und magnetischen Momente der Kerne, der Bindungsenergie des Kerns usw. Außerdem erwies es sich als nicht vereinbar mit der Unschärferelation (siehe § 215). Deshalb wurde die Hypothese von dem Protonen-Elektronen-Aufbau des Kerns verworfen.

Da das Atom im ganzen neutral ist, bestimmt die Kernladung auch die Anzahl der Elektronen im Atom. Von der Anzahl der Elektronen wiederum hängt ihre Verteilung auf die Zustände im Atom ab, von der ihrerseits die chemischen Eigenschaften des Atoms abhängen. Folglich bestimmt die Kernladung die wesentlichen Eigenschaften des gegebenen chemischen Elementes, d. h., sie bestimmt die Anzahl der Elektronen im Atom, die Konfiguration ihrer Elektronenhüllen, den Wert und den Charakter des inneratomaren elektrischen Feldes.

Kerne mit gleichen Z, aber unterschiedlichen A (d. h. mit unterschiedlichen Neutronenzahlen $N = A - Z$) nennt man **Isotope** und Kerne mit gleichen A, aber unterschiedlichen Z **Isobare**. So besitzt zum Beispiel Wasserstoff ($Z = 1$) drei Isotope: $_1^1$H der normale Wasserstoff ($Z = 1, N = 0$), $_1^2$H Deuterium (schwerer Wasserstoff; $Z = 1, N = 1$) und $_1^3$H Tritium (superschwerer Wasserstoff; $Z = 1, N = 2$), Zinn besitzt zehn usw. In der überwiegenden Mehrzahl der Fälle verfügen die Isotope ein und desselben chemischen Elementes über die gleichen chemischen und die fast gleichen physikalischen Eigenschaften (mit Ausnahme zum Beispiel der Isotope des Wasserstoffs), da die chemischen Eigenschaften hauptsächlich durch die Struktur der Elektronenhüllen bestimmt werden, die für alle Isotope des gegebenen Elementes gleich ist. Als Beispiel für ein Kern-Isobar können die Kerne $_4^{10}$Be, $_5^{10}$B, $_6^{10}$C dienen. In der heutigen Zeit sind mehr als 2500 Kerne bekannt, die sich entweder in Z oder in A unterscheiden.

Der **Kernradius** ist durch die empirische Formel

$$R = R_0 A^{1/3} \tag{251.1}$$

gegeben, wobei $R_0 = (1,3 \text{ bis } 1,7)10^{-15}$ m ist. Jedoch ist dieser Ausdruck mit Vorsichtigkeit zu verwenden (da beispielsweise wegen der Verwischung der Kerngrenzen seine Bedeutung unklar ist). Aus der Formel (251.1) folgt, daß das Kernvolumen proportional zur Nukleonenzahl im Kern ist. Folglich ist die Dichte des Kernstoffs ungefähr gleich für alle Kerne (sie beträgt $\approx 10^{17}$ kg/m^3).

§ 252   Massendefekt und Kernbindungsenergie

Untersuchungen haben gezeigt, daß viele Atomkerne stabile Gebilde darstellen. Das bedeutet, daß im Kern zwischen den Nukleonen eine bestimmte Bindung existiert.

Die Kernmasse kann man sehr genau mit einem **Massenspektrometer** bestimmen – das sind Meßgeräte, die mit Hilfe elektrischer und magnetischer Felder ein Bündel geladener Teilchen (gewöhnlich Ionen) nach ihren unterschiedlichen spezifischen Ladungen Q/m aufspalten. Massenspektrometrische Untersuchungen haben gezeigt, daß *die Kernmasse kleiner ist als die Summe der Einzelmassen der aus ihr bestehenden Nukleonen*. Doch weil jeder Massenänderung eine Energieänderung entsprechen muß (vergleiche § 40), folgt, daß bei der Bildung eines Kerns Energie frei werden muß. Aus dem Energieerhaltungssatz folgt auch das Umgekehrte: Für die Spaltung des Kerns in seine Bestandteile muß notwendigerweise dieselbe Energie aufgewandt werden, die bei seiner Bildung frei wurde. Die Energie, die aufgewandt werden muß, um den Kern in einzelne Nukleonen zu zerlegen, nennt man **Kernbindungsenergie** (siehe § 40).

Entsprechend dem Ausdruck (40.9) beträgt die Bindungsenergie der Nukleonen im Kern

$$E_\mathrm{B} = \left[Z m_\mathrm{p} + (A - Z) m_\mathrm{n} - m_\mathrm{K} \right] c^2, \qquad (252.1)$$

wobei $m_\mathrm{p}, m_\mathrm{n}, m_\mathrm{K}$ die entsprechenden Massen des Protons, des Neutrons und des Kerns sind. In den Tabellen ist gewöhnlich nicht die Kernmasse m_K aufgeführt, sondern die Atommasse m. Deshalb verwendet man für die Kernbindungsenergie folgende Formel

$$E_\mathrm{B} = \left[Z m_\mathrm{H} + (A - Z) m_\mathrm{n} - m \right] c^2, \qquad (252.2)$$

wobei m_H die Atommasse des Wasserstoffs ist. Da m_H um den Betrag m_e größer als m_p ist, enthält das erste Glied in den eckigen Klammern die Z-fache Elektronenmasse. Da sich jedoch die Atommasse m von der Kernmasse m_K genau um Z-mal die Masse des Elektrons unterscheidet, führt ihre Berechnung nach den Formeln (252.1) und (252.2) zu den gleichen Ergebnissen.

Die Größe

$$\Delta m = \left[Z m_\mathrm{p} + (A - Z) m_\mathrm{n} \right] m_\mathrm{K}$$

nennt man den **Massendefekt** des Kerns. Um diesen Betrag verringert sich die Masse aller Nukleonen bei der Bildung eines Atomkerns aus ihnen.

Oft betrachtet man anstelle der Bindungenergie die **spezifische Bindungsenergie** δE_B – die Bindungsenergie, die auf ein Nukleon entfällt. Sie charakterisiert die Stabilität (Beständigkeit) der Atomkerne, d. h., je größer δE_B, desto stabiler ist der Kern. Die spezifische Bindungsenergie hängt von der Massenzahl A des Elementes ab (Bild 252.1). Für leichte Kerne ($A \leq 12$) wächst die spezifische Bindungsenergie steil auf 6–7 MeV pro Nukleon, wobei sie eine Reihe von Sprüngen vollzieht (so ist zum Beispiel für $^2_1$H $\delta E_\mathrm{B} = 1,1$ MeV, für $^4_2$He 7,1 MeV, für $^6_3$Li 5,3 MeV), danach nimmt sie langsam zu bis zu einem maximalen Wert von 8,7 MeV für die Elemente mit A von 50 bis 60, um dann erneut allmählich bei den schweren Kernen abzunehmen (zum Beispiel beträgt sie für $^{238}_{92}$U 7,6 MeV). Merken wir zum Vergleich an, daß die Bindungsenergie der Valenzelektronen in Atomen ungefähr 10 eV beträgt (also um den Faktor 10^6 weniger!).

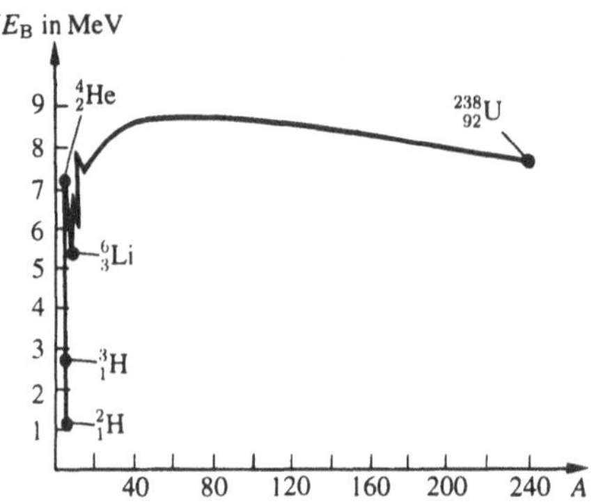

Bild 252.1

Die Abnahme der spezifischen Bindungsenergie beim Übergang zu den schweren Elementen erklärt sich dadurch, daß mit Zunahme der Anzahl der Protonen im Kern auch die Energie ihrer *Coulomb-Abstoßung* zunimmt. Deshalb wird die Bindung zwischen den Nukleonen weniger stabil und die Atome selbst weniger beständig.

Als am stabilsten erweisen sich die sogenannten **magischen Kerne**, bei denen die Zahl der Protonen oder der Neutronen gleich einer der „magischen Zahlen" ist: 2, 8, 20, 28, 50, 82, 126. Besonders stabil sind die „doppelt magischen" Kerne, bei denen sowohl die Zahl der Protonen als auch der Neutronen „magische Zahlen" sind (von diesen Kernen existieren fünf: $^4_2$He, $^{16}_8$O, $^{40}_{20}$Ca, $^{48}_{20}$Ca, $^{208}_{82}$Pb).

Aus Bild 252.1 folgt, daß vom energetischen Standpunkt aus die Kerne des mittleren Teils des Periodensystems am stabilsten sind. Schwere und leichte Kerne sind weniger stabil. Das bedeutet, daß folgende Prozesse energetisch vorteilhaft sind: 1) die Spaltung schwerer Kerne in leichtere; 2) die Fusion leichter Kerne miteinander zu schwereren. Bei beiden Prozessen werden enorme Energiemengen freigesetzt; diese Prozesse sind in der heutigen Zeit praktisch realisiert (Kernspaltung und Kernfusion).

§ 253 Der Kernspin und sein magnetisches Moment

Die Verwendung von Spektroskopen mit hohem Auflösungsvermögen und speziellen Anregungsquellen des Spektrums ermöglichte es, die sogenannte Superfeinstruktur der Spektrallinien zu entdecken. Ihre Existenz erklärte W. Pauli (1924) mit dem Vorhandensein eines Eigenimpulsmoments (Spin) und magnetischen Moments der Atomkerne.

Das **Eigendrehimpulsmoment des Kerns – Kernspin –** setzt sich aus den Spins der Nukleonen und aus den Bahndrehimpulsmomenten der Nukleonen (der Drehimpulsmomente, die durch die Bewegung der Nukleonen innerhalb des Kerns bedingt sind) zusammen. Beide Größen sind Vektoren, weshalb auch der Kernspin eine Vektorsumme darstellt. Der Kernspin *quantelt* sich nach dem Gesetz

$$L_K = \hbar\sqrt{I(I+1)},$$

wobei I die **Spinquantenzahl des Kerns** ist (sie nennt man oft auch einfach Kernspin), die ganzzahlige oder halbzahlige Werte annimmt: 0, 1/2, 1, 3/2, … Kerne mit geraden A besitzen ganzzahlige Kernspine, die mit ungeraden halbzahlige Kernspine.

Außer dem Spin verfügt der Kern noch über ein **magnetisches Moment** p_{mK}. Das magnetische Kernmoment steht mit dem Spin in folgender Beziehung (siehe analogen Ausdruck (131.5) für das Elektron): $p_{mK} = g_K L_K$, wobei g_K ein Proportionalitätsfaktor ist, genannt **gyromagnetisches Verhältnis des Kerns**.

Als Einheit der magnetischen Momente dient das **Kernmagneton**

$$\mu_K = \frac{e\hbar}{2m_p} = 5{,}0508 \cdot 10^{-27}\,\text{A} \cdot \text{m}^2, \qquad (253.1)$$

wobei m_p die Protonenmasse ist (vergleiche diese Formel mit dem Magneton von Bohr (§ 131)). Das Kernmagneton ist $m_p/m_e \approx 1836$mal kleiner als das Bohrsche Magneton, weshalb die magnetischen Eigenschaften der Atome hauptsächlich durch die magnetischen Eigenschaften ihrer Elektronen bestimmt werden.

Im Falle des Zeeman-Effektes (siehe § 223) beobachtet man bei dem Eindringen des Atoms in ein Magnetfeld die Aufspaltung der Energieniveaus und Spektrallinien (**Feinstruktur**), die durch die Spin-Bahn-Wechselwirkung der Elektronen bedingt ist. Im äußeren Magnetfeld wird ebenfalls eine Aufspaltung der Energieniveaus des Atoms in nahe beieinanderliegende Unterniveaus beobachtet (**Superfeinstruktur**), die durch die Wechselwirkung des Magnetmoments des Kerns mit dem Magnetfeld der Elektronen im Atom bedingt ist.

Das bedeutet, daß die Magnetmomente der Kerne mittels spektroskopischer Methoden anhand der Superfeinstruktur bestimmt werden. Jedoch sind die magnetischen Kernmomente ungefähr drei Größenordnungen kleiner als die Magnetmomente der Elektronen (siehe (253.1) und § 131), weshalb auch die Aufspaltung der Spektrallinien, die der Superfeinstruktur entsprechen, merklich geringer ausfällt als die Aufspaltung infolge der Wechselwirkung zwischen den Spin- und Bahndrehimpulsmomenten des Elektrons (Feinstruktur). Das bedeutet,

daß sogar bei Nutzung von Spektralgeräten mit sehr großem Auflösungsvermögen die Genauigkeit dieser Methode nicht sehr groß ist. Deshalb wurden genauere (nichtoptische) Methoden zur Bestimmung der magnetischen Kernmomente ausgearbeitet, von denen eine die **Methode der Kernspinresonanz** darstellt, die wir jetzt besprechen wollen.

Die Kernspinresonanz beruht auf folgendem Prinzip: Wenn auf einen Stoff, der sich in einem starken konstanten Magnetfeld befindet, schwaches magnetisches Wechselfeld mit Frequenzen im Radiobereich einwirkt, dann entsteht bei Frequenzen, die den Frequenzen der Übergänge zwischen den Unterniveaus des Kerns entsprechen, ein (Resonanz-) Absorptionsmaximum. Die Kernspinresonanz beruht damit auf den unter Einwirkung eines magnetischen Wechselfeldes stattfindenden Quantenübergängen zwischen den Unterniveaus des Kerns. Die Genauigkeit dieser Methode wird durch die Genauigkeit der Messung der Feldstärke des konstanten Magnetfeldes und der Resonanzfrequenz gegeben, so daß aus ihren Werten die magnetischen Kernmomente berechnet werden können. Da zur Bestimmung dieser Größen Präzisionsmethoden angewandt werden, kann man p_{mK} mit großer Genauigkeit (bis zu sechs Nachkommastellen) bestimmen.

Die Methode der Kernspinresonanz gestattet es, die Kernresonanz in Kernen zu beobachten, die über einen Magnetmoment der Größenordnung von nur $0{,}1\,\mu_K$ verfügen. Die Menge des Stoffes, die für die Messung notwendig ist, muß 10^{-3} bis 10 g betragen (in Abhängigkeit vom Wert von p_{mK}). Die Messung der Werte der Magnetkernmomente führt oft über den Vergleich der Resonanzfrequenzen der zu untersuchenden Kerne mit der Resonanzfrequenz der Protonen, was es ermöglicht, sich von der genauen Kalibrierung des Magnetfeldes zu befreien, die sehr aufwendig ist. Umgekehrt läßt sich die Methode auch zur quantitativen Bestimmung kleinster Stoffmengen einsetzen, wobei jedoch nur Isotope mit nicht verschwindendem Kernspin erfaßt werden.

§ 254 Kernkräfte. Kernmodelle

Zwischen den Bestandteilen des Kerns, den Nukleonen, bestehen besondere, für den Kern spezifische Kräfte, die die Coulombschen Abstoßungskräfte zwischen den Protonen deutlich übersteigen müssen, da es sonst keine stabilen Kerne geben dürfte. Man nennt diese Kräfte **Kernkräfte**.

Mittels experimenteller Untersuchungen (Streuung von Nukleonen an Kernen, Kernumwandlungen usw.) wurde gezeigt, daß die Kernkräfte auf den für die Atomkerne typischen Größenskalen die Gravitations-, elektrische und magnetische Wechselwirkungen um ein Vielfaches übersteigen und nicht zu ihnen gehören. Kernkräfte werden hauptsächlich durch die sogenannten **starken Wechselwirkungen** bestimmt.

Zählen wir die grundlegenden Eigenschaften der Kernkräfte auf:

1) Kernkräfte stellen *Anziehungskräfte* dar;

2) Kernkräfte wirken nur über *kurze Entfernungen* – ihre Wirkung macht sich nur bis zu Entfernungen in der Größenordnung von ungefähr 10^{-15} m bemerkbar. Bei der Zunahme der Abstände zwischen den Nukleonen nehmen die Kernkräfte schnell bis auf Null ab, aber bei Abständen unterhalb ihres Wirkungsradius erweisen sie sich als ungefähr 100mal stärker als die Coulombkraft, die zwischen den Protonen bei den gleichen Abständen wirkt;

3) die Kernkräfte sind *ladungsunabhängig*: Kernkräfte zwischen zwei Protonen oder zwischen zwei Neutronen oder auch zwischen einem Proton und einem Neutron sind ihrem Wert nach gleich. Hieraus folgt, daß die Kernkräfte nicht von elektromagnetischer Natur sind;

4) Kernkräfte besitzen die Eigenschaft der *Sättigung*, d. h., jedes Nukleon im Kern wechselwirkt nur mit einer begrenzten Anzahl der zu ihm nächsten Nukleonen. Die Sättigung sieht man daran, daß die spezifische Bindungsenergie der Nukleonen im Kern (wenn wir jetzt die leichten Kerne nicht berücksichtigen) bei Zunahme der Nukleonenzahl nicht zunimmt, sondern ungefähr konstant bleibt;

5) die Kernkräfte hängen von der gegenseitigen *Orientierung der Spins* der wechselwirkenden Nukleonen ab. So bilden zum Beispiel ein Proton und ein Neutron nur dann ein Deuteron (der Kern des Isotops $^2_1$H), wenn ihre Spins parallel zueinander orientiert sind;

6) die Kernkräfte stellen *keine Zentralkräfte* dar, d. h., sie wirken nicht entlang der Verbindungslinie zwischen den wechselwirkenden Nukleonen.

Der komplizierte Charakter der Kernkräfte und die Schwierigkeit der genauen Lösung der Bewegungsgleichung aller Nukleonen des Kerns (ein Kern mit der Massenzahl A stellt ein System aus A Körpern dar) ermöglichten bis in die heutige Zeit nicht, eine einheitliche Theorie des Atomkerns auszuarbeiten. Deshalb wendet man zur Betrachtung im gegebenen Stadium angenäherte Kernmodelle an, in denen der Kern durch irgendein Modellsystem ersetzt wird, das hinreichend gut nur die grundlegenden Eigenschaften des Kerns beschreibt und eine mehr oder weniger einfache mathematische Behandlung zuläßt. Aus der großen Zahl der Modelle, von denen jedes freie Parameter enthält, die mit dem Experiment in Übereinstimmung gebracht werden müssen, betrachten wir zwei: das **Tröpfchen**- und das **Schalenmodell**.

1. Das Tröpfchenmodell des Kerns (1935, C.F. von Weizsäcker). Das Tröpfchenmodell des Kerns stellt das erste Kernmodell dar. Es basiert auf der Analogie zwischen dem Verhalten der Nukleonen im Kern und dem Verhalten der Moleküle in einem Flüssigkeitstropfen. So wirken in beiden Fällen die Kräfte, die zwischen den Teilchen wirken – in der Flüssigkeit zwischen den Molekülen und im Kern zwischen den Nukleonen –, auf kurzen Entfernungen, und ihnen ist die Sättigung eigen. Für einen Flüssigkeitstropfen ist bei gegebenen äußeren Bedingungen eine konstante Dichte seines Stoffes charakteristisch. Der Kern wiederum besitzt eine praktisch konstante spezifische Bindungsenergie und eine konstante Dichte, die nicht von der Nukleonenzahl im Kern abhängt. Schließlich ist das Volumen des Tröpfchens wie auch das des Kerns (siehe (251.1)) der Teilchenzahl proportional. Ein merklicher Unterschied des Kerns vom Flüssigkeitströpfchen in diesem Modell besteht darin, daß es den Kern als ein Tröpfchen einer elektrisch geladenen unkomprimierbaren Flüssigkeit behandelt (mit einer Dichte gleich der Kerndichte), das den Gesetzen der Quantenmechanik unterliegt. Das Tröpfchenmodell gestattete es, eine halbempirische Formel für die Bindungsenergie der Nukleonen im Kern zu erhalten, erklärte den Mechanismus der Kernreaktionen und im speziellen die Kernspaltung. Jedoch ist dieses Modell zum Beispiel nicht in der Lage, die erhöhte Stabilität der Kerne zu erklären, die eine „magische Zahl" an Protonen und Neutronen enthält.

2. Das Schalenmodell des Kerns (1949–1950, der amerikanischen Physikerin M. Goeppert-Mayer (1906–1975) und des deutschen Physikers H. Jensen (1907–1973), Nobelpreis 1963). Das Schalenmodell setzt die Verteilung der Nukleonen im Kern auf diskrete Energieniveaus (Schalen) voraus, die entsprechend dem Pauli-Prinzip besetzt sind, und verbindet die Stabilität der Kerne mit der Besetzung dieser Niveaus. Man nimmt an, daß Kerne mit vollständig besetzten Schalen am stabilsten sind. Solche besonders stabile („magische") Kerne existieren tatsächlich (siehe § 252).

Das Schalenmodell des Kerns ermöglichte es, die Spins und die magnetischen Momente der Kerne zu erklären, die unterschiedliche Stabilität der Atomkerne sowie die Periodizität in der Änderung ihrer Eigenschaften. Dieses Modell ist besonders gut anwendbar zur Beschreibung der leichten und der mittelschweren Kerne sowie für die Kerne, die sich im Grund- (nicht angeregten) Zustand befinden.

Im Zuge der weiteren Anhäufung experimenteller Werte über die Eigenschaften der Atomkerne tauchten immer neue Fakten auf, die sich nicht in den Rahmen der beschriebenen Modelle einpassen ließen. So entstanden das **allgemeine Kernmodell** (eine Synthese des Tröpfchen- und des Schalenmodells), das **optische Kernmodell** (es erklärt die Wechselwirkung der Kerne mit anfliegenden Teilchen) usw.

§ 255 Radioaktive Strahlung

Der französische Physiker H. Becquerel (1852-1908) entdeckte 1896 zufällig bei der Untersuchung lumineszierenden Uransalzes die *spontane* Aussendung einer Strahlung von ihm unbekannter Natur, die Photoplatten schwärzte, die Luft ionisierte, durch dünne Metallplatten drang und die Lumineszenz einer Reihe von Stoffen hervorrufte. Bei der weiteren Untersuchung dieser Erscheinung entdeckte das Ehepaar Marie und Pierre Curie (1867–1934 bzw. 1859–1906, Nobelpreis 1903 und 1911 für Marie Curie und 1903 für Pierre Curie), daß die Becquerel-Strahlung nicht nur dem Uran eigen ist, sondern auch vielen anderen schweren Elementen wie Thorium und Actinium. Sie zeigten weiterhin, daß Uranpechblende (ein Erz, aus dem metallisches Uran gewonnen wird) eine Strahlung aussendet, deren Intensität die Intensität der Uranstrahlung um ein Vielfaches übersteigt. Dadurch gelang es, zwei neue Elemente abzutrennen, die beiden Träger der Becquerel-Strahlung: Polonium $^{210}_{84}$Po und Radium $^{226}_{98}$Ra.

Die neu entdeckte Strahlung nannte man **radioaktive Strahlung** und die Erscheinung selbst – das Aussenden der radioaktiven Strahlung – **Radioaktivität**.

Weitere Versuche zeigten, daß alle die Wechselwirkungen, die zu einer Zustandsänderung der Elektronenhülle des Atoms führen könnten, keinen Einfluß auf den Charakter der radioaktiven Strahlung haben: die Art der chemischen Verbindung, der Aggregatzustand, der mechanische Druck, die Temperatur, das elektrische und magnetische Feld. Folglich sind die radioaktiven Eigenschaften eines Elementes lediglich durch die Struktur seines Kerns bestimmt.

Heute versteht man unter **Radioaktivität** die Fähigkeit einiger Atomkerne, sich spontan in andere Kerne unter Ausstrahlung verschiedener Arten von radioaktiver Strahlung und Elementarteilchen umzuwandeln. Die Radioaktivität unterteilt man in **natürliche** (man beobachtet sie bei instabilen Isotopen, die in der Natur existieren) und **künstliche Radioaktivität** (man beobachtet sie bei Isotopen, die durch Kernreaktionen erzeugt wurden). Prinzipielle Unterschiede zwischen diesen beiden Typen der Radioaktivität existieren nicht, da die Gesetze der radioaktiven Umwandlungen in beiden Fällen gleich sind.

Radioaktive Strahlung gibt es in drei Arten: α, β, γ-Strahlung. Ihre genaue Untersuchung ermöglichte es, die Herkunft und die grundlegenden Eigenschaften zu klären.

α-Strahlung wird durch elektrische und magnetische Felder abgelenkt, verfügt über eine große Ionisierungsfähigkeit und eine geringe Reichweite (sie wurde zum Beispiel schon durch eine Aluminiumschicht mit einer Dicke von 0,05 mm absorbiert). α-Strahlung stellt einen Strom von Heliumkernen dar; die Ladung von α-Teilchen ist gleich $+2e$, und die Masse fällt mit der Masse des Kerns des Isotops von Helium $^4_2$He zusammen. Anhand der Ablenkung der α-Teilchen im elektrischen und magnetischen Feld wurde ihre spezifische Ladung Q/m_α bestimmt, was zusammen mit der Massenbestimmung die These ihrer Herkunft bestätigt.

β-Strahlung wird durch elektrische und magnetische Felder abgelenkt; ihre Ionisierungsfähigkeit ist bedeutend geringer (ungefähr um zwei Größenordnungen), aber die Reichweite ist merklich größer (sie wird durch eine Aluminiumschicht mit einer Dicke von ungefähr 2 mm absorbiert). β-Strahlung stellt einen Strom schneller Elektronen dar (das folgt wiederum aus der Bestimmung ihrer Masse und spezifischen Ladung).

Die Absorption des Elektronenflusses mit den gleichen Geschwindigkeiten im homogenen Stoff unterliegt einem Exponentialgesetz $N = N_0 \mathrm{e}^{-\mu x}$, wobei N_0 und N die Elektronenanzahl am Eingang und am Ausgang der Stoffschicht mit der Dicke x sind, μ ist der Absorptionskoeffizient. β-Strahlung wird stark im Stoff gestreut, weshalb μ nicht nur vom Stoff, sondern auch von den Abmessungen und der Form der Körper abhängt, auf welche die β-Strahlung einfällt.

γ-Strahlung wird durch elektrische und magnetische Felder nicht abgelenkt, verfügt über eine verhältnismäßig geringe Ionisierungsfähigkeit und eine große Reichweite (durchdringt zum Beispiel eine Bleischicht mit einer Dicke von 5 cm), bei Durchgang durch Kristalle wird Beugung beobachtet. γ-Strahlung stellt kurzwellige elektromagnetische Strahlung mit einer ziemlich kleinen Wellenlänge $\lambda < 10^{-10}$ m dar und verfügt deshalb über klar ausgeprägte Teilcheneigenschaften, d. h. stellt einen Strom von Photonen dar.

§ 256 Das radioaktive Zerfallsgesetz. Die Verschiebungsregel

Unter **radioaktivem Zerfall**, oder einfach unter **Zerfall**, versteht man die natürliche Umwandlung der Kerne, die sich spontan vollzieht. Den Atomkern, der dem radioaktiven Zerfall unterliegt, nennt man **Mutterkern**, den entstehenden Kern **Tochterkern**.

Die Theorie des radioaktiven Zerfalls ist auf der Voraussetzung aufgebaut, daß der radioaktive Zerfall einen spontanen Prozeß darstellt, der den Gesetzen der Statistik unterliegt. Da einzelne radioaktive Kerne unabhängig voneinander zerfallen, kann man sagen, daß die Anzahl der Kerne $\mathrm{d}N$, die im Mittel während des Zeitintervalls von t bis $t + \mathrm{d}t$ zerfallen, proportional zum Zeitabschnitt $\mathrm{d}t$ und zur Anzahl N der nichtzerfallenen Kerne zum Zeitpunkt t ist:

$$\mathrm{d}N = -\lambda N\, \mathrm{d}t, \tag{256.1}$$

wobei λ eine Konstante für den gegebenen radioaktiven Stoff ist. Man nennt sie die **(radioaktive) Zerfallskonstante**. Das Vorzeichen „Minus" weist darauf hin, daß sich die Gesamtanzahl der radioaktiven Kerne beim Zerfall verringert.

Trennen wir nun die Variablen voneinander und integrieren, d. h.

$$\frac{\mathrm{d}N}{N} = -\lambda\, \mathrm{d}t, \quad \int\limits_{N_0}^{N} \frac{\mathrm{d}N}{N} = -\lambda \int\limits_{0}^{t} \mathrm{d}t,$$

$$\ln \frac{N}{N_0} = -\lambda t.$$

So erhalten wir

$$N = N_0 \mathrm{e}^{-\lambda t}, \tag{256.2}$$

wobei N_0 die Anfangsanzahl der *nichtzerfallenen* radioaktiven Kerne (zum Zeitpunkt $t = 0$) und N die Anzahl der *nichtzerfallenen* Kerne zu dem Zeitpunkt t ist. Die Formel (256.2) belegt, daß die Anzahl der nichtzerfallenen radioaktiven Kerne expotentiell mit der Zeit abnimmt. Diese Aussage wird das **radioaktive Zerfallsgesetz** genannt.

Der radioaktive Zerfall wird durch zwei Größen charakterisiert: durch die Halbwertszeit $T_{1/2}$ und die mittlere Lebensdauer τ eines radioaktiven Kerns. Die **Halbwertszeit** $T_{1/2}$ ist die Zeit, in der sich die Ausgangsanzahl der radioaktiven Kerne im Mittel um die Hälfte verringert. Dann ist entsprechend (256.2)

$$\frac{N_0}{2} = N_0 \mathrm{e}^{-\lambda T_{1/2}},$$

woraus

$$T_{1/2} = \frac{\ln 2}{\lambda} = \frac{0{,}693}{\lambda}$$

folgt. Die Halbwertszeit für die natürlichen radioaktiven Elemente liegt im Bereich von Zehnmillionstel Sekunden bis zu vielen Milliarden Jahren.

Die Gesamtlebensdauer von $\mathrm{d}N$ Kernen ist gleich $t\,|\mathrm{d}N| = \lambda N t\,\mathrm{d}t$. Integrieren wir diesen Ausdruck innerhalb aller möglichen t (d. h. von Null bis ∞) und teilen durch die Ausgangsanzahl der Kerne N_0, so erhalten wir die **mittlere Lebensdauer** τ des radioaktiven Kerns:

$$\tau = \frac{1}{N_0} \int\limits_0^\infty \lambda N t\,\mathrm{d}t = \frac{1}{N_0} \int\limits_0^\infty \lambda N_0 t e^{-\lambda t}\,\mathrm{d}t$$

$$= \lambda \int\limits_0^\infty t e^{-\lambda t}\,\mathrm{d}t = \frac{1}{\lambda}$$

(es wurde (256.2) berücksichtigt). Danach ist die mittlere Lebensdauer τ des radioaktiven Kerns umgekehrt proportional zur radioaktiven Zerfallskonstante λ.

Die Anzahl der Zerfälle, die sich mit den Kernen der Probe innerhalb von 1 s vollziehen, nennt man die **Aktivität A des Nuklids** (= Kernsorte):

$$A = \left|\frac{\mathrm{d}N}{\mathrm{d}t}\right| = \lambda N. \tag{256.3}$$

Die Einheit der Aktivität im SI-System ist **Becquerel** (Bq): 1 Bq ist die Aktivität eines Nuklids, bei der sich innerhalb 1 s ein Zerfall vollzieht. Oft verwendet man in der Kernphysik noch eine alte Bezeichnung für die Aktivität des Nuklids im radioaktiven Zerfall – **Curie** (Ci): $1\,\mathrm{Ci} = 3{,}7 \cdot 10^{10}$ Bq.

Für den radioaktiven Zerfall gelten die sogenannten **Verschiebungsregeln**, die es ermöglichten herauszufinden, welcher Kern sich nach dem Zerfall eines gegebenen Mutterkerns bildet. Die Verschiebungsregeln lauten:
für den α-**Zerfall**:

$$\ce{^{A}_{Z}X} \to \ce{^{A-4}_{Z-2}Y} + \ce{^{4}_{2}He}, \tag{256.4}$$

für den β-**Zerfall**:

$$\ce{^{A}_{Z}X} \to \ce{^{A}_{Z+1}Y} + \ce{^{0}_{-1}e}, \tag{256.5}$$

wobei $\ce{^{A}_{Z}X}$ der Mutterkern, Y das Symbol für den Tochterkern, $\ce{^{4}_{2}He}$ der Heliumkern (α-Teilchen), $\ce{^{0}_{-1}e}$ die symbolische Bezeichnung für das Elektron (seine Ladung ist gleich -1 und seine Massenzahl gleich Null) ist. Die Verschiebungsregeln stellen nichts anderes dar als die Folgerungen aus zwei Gesetzen, die beim radioaktiven Zerfall erfüllt werden, – die Erhaltung der elektrischen Ladung und die Erhaltung der Massenzahl: Die Summe der Ladungen (der Massenzahlen) der entstehenden Kerne und Teilchen ist gleich der Ladung (der Massenzahl) des Ausgangskerns.

Die beim radioaktiven Zerfall entstehenden Kerne können ihrerseits radioaktiv sein. Das führt zu der Entstehung einer **Kette** oder **Reihe von radioaktiven Umwandlungen**, die mit einem stabilen Element endet. Die Gesamtheit der Elemente, die solch eine Zerfallskette bilden, nennt man **radioaktive Familie**.

Aus den Verschiebungsregeln (256.4) und (256.5) folgt, daß die Massenzahl beim α-Zerfall sich um 4 und beim β-Zerfall nicht verringert. Deshalb ist für alle Kerne innerhalb einer bestimmten radioaktiven Familie der Rest bei Division der Massenzahl durch 4 immer gleich. Deshalb kann es nur vier verschiedene radioaktive Familien sein, jede wird durch ihren Rest bei Division der Massenzahlen durch 4 charakterisiert:

$$A = 4n,\ 4n + 1,\ 4n + 2,\ 4n + 3,$$

wobei n eine positive ganze Zahl ist. Die Familien benennt man nach dem langlebigsten (mit der größten Halbwertszeit) Familienausgangspunkt: die Familie des Thoriums (von $\ce{^{232}_{90}Th}$), Neptuniums (von $\ce{^{237}_{93}Np}$), Urans (von $\ce{^{238}_{92}U}$) und Actiniums (von $\ce{^{235}_{89}Ac}$). Die Endnuklide stellen entsprechend $\ce{^{208}_{82}Pb}$, $\ce{^{209}_{83}Bi}$, $\ce{^{206}_{82}Pb}$, $\ce{^{207}_{82}Pb}$ dar, d. h., einzig die Familie des Neptuniums (eines künstlich radioaktiven Kerns) endet beim Element Bi, alle anderen (natürlich radioaktiven Kerne) bei dem Nuklid des Bleis.

§ 257   Die Gesetzmäßigkeiten des α-Zerfalls

Zur Zeit sind mehr als zweihundert α-aktive Kerne bekannt, hauptsächlich schwere Kerne ($A > 200, Z > 82$). Nur eine kleine Gruppe von α-aktiven Kernen kommt auf den Bereich mit $A = 140$ bis 170 (seltene Erden). Der α-Zerfall unterliegt der Verschiebungsregel (256.4). Als Beispiel dient der Zerfall des Uranisotops $\ce{^{238}U}$ mit der Bildung von Th:

$$\ce{^{238}_{92}U} \to \ce{^{234}_{90}Th} + \ce{^{4}_{2}He}.$$

Die Geschwindigkeit der bei dem Zerfall herausfliegenden α-Teilchen ist sehr groß und liegt für die verschiedenen Kerne in den Grenzen von $1{,}4 \cdot 10^7$ bis $2 \cdot 10^7$ m/s, was Energien von 4 bis 8,8 MeV entspricht. Entsprechend den modernen Vorstellungen bilden sich die α-Teilchen im Moment des radioaktiven Zerfalls, beim Aufeinandertreffen zweier Protonen und zweier Neutronen innerhalb des Kerns.

α-Teilchen, die durch einen bestimmten Kern ausgesandt werden, verfügen in der Regel über eine feste Energie. Genauere Messungen zeigten jedoch, daß das Energiespektrum der α-Teilchen, eine Feinstruktur aufweist, d. h., es werden verschiedene Gruppen von α-Teilchen ausgesandt, wobei innerhalb jeder Gruppe die Energien konstant sind. Das diskrete Spektrum der α-Teilchen weist daraufhin, daß die Atomkerne über diskrete Energieniveaus verfügen.

Für den α-Zerfall ist eine starke Abhängigkeit zwischen der Halbwertszeit $T_{1/2}$ und der Energie der herausfliegenden Teilchen charakteristisch. Diese Wechselbeziehung wird durch ein empirisches Gesetz, die sogenannte **Geiger-Nuttalsche Regel** (1912) bestimmt. Die Regel ist nach dem englischen Physiker J. Nuttal (1890–1958) und dem deutschen Physiker H. Geiger (1882–1954) benannt und stellt den Zusammenhang zwischen der **Reichweite** R_α (also diejenige Entfernung, die das Teilchen im Stoff bis zu seinem vollständigen Stillstand im Mittel zurücklegt) der α-Teilchen in der Luft und der radioaktiven Zerfallskonstante λ:

$$\ln \lambda = A + B \ln R_\alpha, \qquad (257.1)$$

dabei sind A und B empirische Konstanten, $\lambda = (\ln 2)/T_{1/2}$ die Zerfallskonstante. Entsprechend (257.1) ist die Reichweite um so größer, je geringer die Halbwertszeit des radioaktiven Elementes, und folglich ist auch die Energie der ausgesandten α-Teilchen um so größer. Die Reichweite der α-Teilchen in Luft (unter normalen Bedingungen) beträgt einige Zentimeter, in dichteren Stoffen ist sie merklich kleiner, einige Hundertstel Millimeter (α-Teilchen kann man mit einem gewöhnlichen Blatt Papier abschirmen).

Streuversuche von α-Teilchen an Urankernen haben gezeigt, daß α-Teilchen bis hin zu Energien von 8,8 MeV einer Rutherford-Streuung an den Kernen unterliegen, d. h., die Kräfte, die auf die α-Teilchen seitens der Kerne einwirken, werden durch das Coulomb-Gesetz beschrieben. Der ähnliche Charakter der Streuung der α-Teilchen an verschiedenen Kernen weist darauf hin, daß sie noch nicht in den Bereich der Kernkräfte hineinreichen, d. h., man kann folgern, daß der Kern durch eine Potentialbarriere umgeben ist, deren Höhe mindestens 8,8 MeV beträgt. Auf der anderen Seite besitzen α-Teilchen, die durch das Uran abgestrahlt werden, eine Energie von 4,2 MeV. Folglich fliegen die α-Teilchen aus dem α-aktiven Kern mit einer Energie heraus, die merklich geringer ist als die Höhe der Potentialbarriere. Die klassische Mechanik konnte dieses Ergebnis nicht erklären.

Die Erklärung des α-Zerfalls wurde durch die Quantenmechanik gegeben, nach der das α-Teilchen aus dem Kern mit Hilfe des Tunneleffektes herausfliegen kann (siehe § 221). Es existiert immer eine von Null verschiedene Wahrscheinlichkeit dafür, daß ein Teilchen mit einer Energie, die kleiner ist als die Höhe der Potentialbarriere, durch diese hindurchtunnelt, d. h., aus dem α-aktiven Kern können tatsächlich α-Teilchen mit einer Energie herausfliegen, die kleiner ist als die Höhe der Potentialbarriere. Dieser Effekt ist vollständig durch die Wellennatur der α-Teilchen bedingt.

Die Wahrscheinlichkeit für einen Durchgang eines α-Teilchens durch die Potentialbarriere wird durch deren Form bestimmt und errechnet sich auf der Grundlage der Schrödinger-Gleichung. Im einfachsten Fall, der Potentialbarriere mit rechtwinkligen vertikalen Wänden (siehe Bild 221.1a), wird der Transmissionskoeffizient, der die Wahrscheinlichkeit des Durchdringens bestimmt, durch die früher bereits betrachtete Formel (221.7) definiert:

$$T = T_0 \exp \left[-\frac{2}{\hbar} \sqrt{2m_\alpha (U - E)}\, l \right].$$

Dieser Ausdruck zeigt uns, daß der Transmissionskoeffizient T um so größer ist (und damit um so geringer ist die Halbwertszeit), je kleiner die Höhe (U) und die Breite (l) der Barriere

wird, die sich auf dem Weg des α-Teilchens befindet. Außerdem ist bei ein und derselben Potentialkurve die Barriere auf dem Weg der Teilchen um so kleiner, je größer ihre Energie E ist. Damit wird qualitativ die Geiger-Nuttallsche Regel bestätigt (siehe (257.1)).

§ 258   Der β^--Zerfall. Das Neutrino

Der β^--Zerfall (im folgenden wird gezeigt, daß auch der β^+-Zerfall existiert) unterliegt ebenfalls einer Verschiebungsregel (256.5)

$$^A_Z X \rightarrow \,^A_{Z+1} Y + \,^0_{-1} e$$

und ist mit dem Ausstoß eines Elektrons verbunden. Zur Erklärung des β^--Zerfalls mußten einige Schwierigkeiten überwunden werden.

Zum einen war es notwendig, die Herkunft der Elektronen zu bestimmen, die beim β^--Zerfall abgestoßen werden. Der Proton-Neutronenaufbau des Kerns schließt die Möglichkeit aus, daß einfach ein Elektron den Kern verläßt, da in dem Kern keine Elektronen vorhanden sind. Die Vorstellung wiederum, daß die Elektronen nicht aus dem Kern, sondern aus der Elektronenhülle herausfliegen, besitzt keinen Halt, da in diesem Fall optische oder Röntgenstrahlung beobachtet werden müßte, was die Experimente nicht bestätigen.

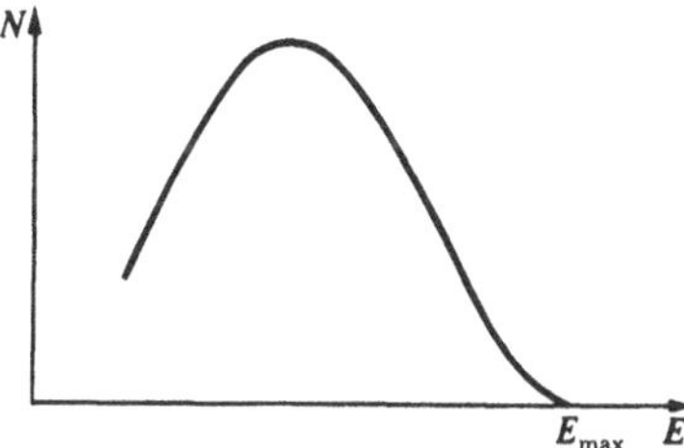

Bild 258.1

Zweitens war es notwendig, die Stetigkeit des Energiespektrums der ausgesandten Elektronen zu erklären (typisch für alle β^--aktiven Isotope ist die Verteilungskurve der β^--Teilchen nach den Energien, wie sie in Bild 258.1 aufgezeigt ist). Auf welche Art nun können β^--aktive Kerne, die vor und nach dem Zerfall über eine definierte Energie verfügen, Elektronen aussenden mit Energien von Null bis zu irgendeiner maximalen Energie $E_{\max}$, also in Form eines kontinuierlichen Energiespektrums? Die Hypothese, daß beim β^--Zerfall die Elektronen den Kern mit einer streng definierten Energie verlassen, jedoch durch irgendwelche sekundären Wechselwirkungen einen Teil ihrer Energie verlieren, so daß ihr anfängliches diskretes Spektrum in ein kontinuierliches umwandelt, wurde durch direkte kalorimetrische Versuche widerlegt. Da die maximale Energie $E_{\max}$ durch die Massendifferenz des Mutter- und Tochterkerns bestimmt wird, sind die Zerfälle, bei denen die Energie des Elektrons $E < E_{\max}$ ist, so, als ob der Energieerhaltungssatz verletzt wird. Bohr versuchte sogar, diese Verletzung auf irgendeine Grundlage zu stellen, in dem er die Hypothese aufstellte, daß der Energieerhaltungssatz statistischen Charakter trägt und lediglich im Mittel für eine große Zahl elementarer Prozesse erfüllt wird.

Drittens war es notwendig, sich mit der Nichterhaltung des Spins beim β^--Zerfall auseinanderzusetzen. Beim β^--Zerfall ändert sich die Zahl der Nukleonen im Kern nicht (da sich die Massenzahl A nicht ändert), weshalb sich auch der Kernspin nicht ändern dürfte, der bei geraden A ganzzahlig und bei ungeraden A halbzahlig (jeweils multipliziert mit $\hbar$) ist. Jedoch muß der Ausstoß eines Elektrons, das den Spin $\hbar/2$ besitzt, den Kernspin um die Größe $\hbar/2$ ändern.

Die letzten beiden Schwierigkeiten führten W. Pauli (1932) zu der Hypothese, daß beim β^--Zerfall zusammen mit dem Elektron noch ein neutrales Teilchen ausgesandt wird – das **Neutrino**. Das Neutrino besitzt keine Ladung, einen Spin von $\hbar/2$ und eine Ruhmasse von Null (bzw. maximal $10^{-4} m_e$); bezeichnet wird es mit $_0^0\nu_e$. Im weiteren zeigte sich, daß beim β^--Zerfall nicht das Neutrino, sondern das **Antineutrino** (das Antiteilchen des Neutrinos; bezeichnet durch $_0^0\tilde\nu_e$) ausgesandt wird.

Die Hypothese von der Existenz des Neutrinos ermöglichte es E. Fermi (1934), die Theorie des β^--Zerfalls zu schaffen, obwohl die Existenz des Neutrinos erst zwanzig Jahre später (1956) experimentell nachgewiesen wurde. Der Nachweis des Neutrinos war mit großen Schwierigkeiten gespickt, die darin begründet lagen, daß das Neutrino keine Ladung besitzt und keine Masse. Das Neutrino ist das einzige Teilchen, das weder an starken Wechselwirkungen noch an elektromagnetischen Wechselwirkungen beteiligt ist; die einzige Art der Wechselwirkung, an der das Neutrino teilhaben kann, ist die sogenannte *schwache Wechselwirkung*. Deshalb ist die direkte Beobachtung des Neutrinos sehr aufwendig. Die Ionisierungsfähigkeit des Neutrinos ist so gering, daß ein Ionisierungsakt auf einer Weglänge von 500 km vorkommt. Die Durchgangsfähigkeit des Neutrinos wiederum ist so riesig (die Wegstrecke eines Neutrinos mit einer Energie von 1 MeV in Blei beträgt 10^{18} m!), was das Aufhalten dieser Teilchen und damit ihren Nachweis erschwert.

Zum Auffinden des Neutrinos (Antineutrinos) wurde deshalb eine indirekte Methode angewandt, die darauf beruht, daß in den Reaktionen (auch dann, wenn ein Neutrino beteiligt ist) der Impulserhaltungssatz erfüllt ist. Danach wurde das Neutrino bei der Untersuchung des Rückstoßes der Atomkerne beim β^--Zerfall aufgespürt. Wenn beim β^--Zerfall zusammen mit dem Elektron auch ein Antineutrino ausgesandt wird, dann ist die Vektorsumme der drei Impulse – des Rückstoßkerns, des Elektrons und des Antineutrinos – gleich Null. Dieses wird tatsächlich in den Experimenten beobachtet. Das direkte Auffinden des Neutrinos selbst wurde erst viel später möglich, nach dem Bau leistungsstarker Reaktoren, die es ermöglichten, intensive Neutrinoflüsse zu erhalten.

Das Einführen des Neutrinos (Antineutrinos) gestattete es nicht nur, die scheinbare Nichterhaltung des Spins zu erklären, sondern sich auch mit der Frage der Stetigkeit des Energiespektrums der ausgesandten Elektronen zu befassen. Das kontinuierliche Spektrum der β^--Teilchen folgt aus der Verteilung der Energie zwischen den Elektronen und den Antineutrinos, wobei

die Summe der Energie beider Teilchen gleich $E_{\max}$ ist. Bei den einigen Zerfällen erhält das Antineutrino den größeren Energieanteil, ein anderes Mal das Elektron; im Grenzfall der Kurve in Bild 258.1, wo die Energie des Elektrons gleich $E_{\max}$ ist, wird die gesamte Zerfallsenergie durch das Elektron davongetragen, und die Energie des Antineutrinos ist gleich Null.

Schließlich betrachten wir noch die Frage nach der Herkunft der Elektronen beim β^--Zerfall. Da das Elektron weder aus dem Kern noch aus der Atomhülle herausfliegt, wurde der Vorschlag gemacht, daß *das β-Elektron in Prozessen entsteht, die im Innern des Kerns stattfinden*. Da sich beim β^--Zerfall die Zahl der Nukleonen im Kern nicht ändert und Z sich um eins erhöht (siehe (256.5)), stellt die Umwandlung eines der Neutronen des β^--aktiven Kerns in ein Proton unter gleichzeitiger Bildung eines Elektrons und dem Aussenden eines Antineutrinos die einzige Möglichkeit der gleichzeitigen Verwirklichung dieser Bedingungen dar:

$$_0^1\mathrm{n} \rightarrow {}_1^1\mathrm{p} + {}_{-1}^0\mathrm{e} + {}_0^0\tilde\nu_e. \tag{258.1}$$

In diesem Prozeß ist auch elektrische Ladungen erhalten, wie auch das Impuls und die Massenzahlen. Außerdem ist die gegebene Umwandlung energetisch möglich, da die Ruhmasse des Neutrons die Masse des (schweren) Wasserstoffatoms übertrifft, d. h. des Protons und des Neutrons zusammengenommen. Der gegebene Massenunterschied entspricht einer Energie von 0,782 MeV. Aufgrund dieser Energie kann sich eine spontane Umwandlung eines Neutrons in ein Proton vollziehen; die Energie wird zwischen dem Elektron und dem Antineutrino aufgeteilt.

Wenn die Umwandlung eines Neutrons in ein Proton energetisch günstig und überhaupt möglich ist, so muß ein radioaktiver Zerfall freier Neutronen (d. h. von Neutronen außerhalb des Kerns) beobachtet werden. Die Entdeckung dieser Erscheinung wäre die Bestätigung der dargelegten Theorie des β^--Zerfalls. Tatsächlich wurde 1950 in Neutronenströmen großer Intensität, wie sie in Kernreaktoren entstehen, der radioaktive Zerfall freier Neutronen entdeckt, der nach dem Schema (258.1) abläuft. Das energetische Spektrum der dabei entstehenden Elektronen entsprach dem in Bild 258.1 angeführten, und die obere Grenze $E_{\max}$ der Elektronenenergie erwies sich als gleich der oben errechneten (0,782 MeV).

§ 259   Die Gamma-Strahlung und ihre Eigenschaften

Experimentell wurde festgestellt, daß γ-Strahlung (siehe § 255) keine selbständige Art von Radioaktivität darstellt, sondern nur den α- und β-Zerfall begleitet und ebenso bei Kernreaktionen entsteht, bei der Bremsung geladener Teilchen, ihrem Zerfall usw. Das γ-Spektrum ist in diskrete Linien aufgeteilt, was den Beweis für die Diskretheit der Energiezustände der Atomkerne liefert.

Genauere Aussagen ergaben, daß die γ-Strahlung durch die Tochterkerne (und nicht durch die Mutterkerne) abgestrahlt wird. Der Tochterkern befindet sich zum Zeitpunkt seiner Bildung in einem angeregten Zustand ungefähr für eine Zeit von 10^{-13}–10^{-14} s, was viel geringer ist als die mittlere Lebensdauer des angeregten Atoms (ungefähr 10^{-8} s). Dann geht der Tochterkern unter Emission von γ-Strahlung in den Grundzustand über. Bei der Rückkehr in den Grundzustand kann er eine Reihe von Übergangszuständen durchlaufen. Deshalb kann die γ-Strahlung ein und desselben radioaktiven Isotops verschiedene Linien enthalten, die sich voneinander in der Energie unterscheiden.

Bei der γ-Strahlung ändern sich A und Z des Kerns nicht, weshalb sie auch nicht mit irgendwelchen Verschiebungsregeln verbunden ist. Die γ-Strahlung der meisten Kerne stellt eine so kurzwellige Strahlung dar, daß ihre Welleneigenschaften nur sehr schwach in Erscheinung treten. Hier treten in erster Linie die Teilcheneigenschaften zutage. Bei den radioaktiven Zerfällen der verschiedenen Kerne besitzen die γ-Quanten eine Energie von 10 keV bis 5 MeV.

Der Kern, der sich im angeregten Zustand befindet, kann in den Grundzustand nicht nur unter Aussendung eines γ-Quants übergehen, sondern auch durch direkte Übergabe der Anregungsenergie (ohne vorhergehendes Aussenden eines γ-Quants) an eines der Hüllen-Elektronen desselben Atoms, welches dann als ein sogenanntes **Konversionselektron** ausgestrahlt wird. Die Erscheinung selbst nennt man **Elektronenkonversion**. Diese Elektronenkonversion konkurriert mit der direkten γ-Ausstrahlung.

Die Konversionselektronen besitzen diskrete Energiewerte, die von der Austrittsarbeit des Elektrons aus derjenigen Schale abhängen, aus der das Elektron herausgerissen worden ist, und von der Energie E, die von dem Kern beim Übergang aus dem angeregten Zustand in den Grundzustand abgegeben wird. Wenn die gesamte Energie E in Form von γ-Quanten abgegeben wird, dann wird die Frequenz der Strahlung v durch die bekannte Beziehung $E = hv$ bestimmt. Wenn nun Konversionselektronen abgestrahlt werden, ist ihre Energie gleich $E - A_K$, $E - A_L$, ..., wobei A_K, A_L, ... die Austrittsarbeit des Elektrons aus der K- und L-Schale darstellen. Die diskreten Energiewerte der Konversionselektronen ermöglichen es, sie von den β-Elektronen zu unterscheiden, deren Spektrum kontinuierlich ist (siehe § 258). Die durch das Aussenden des Elektrons entstehenden Leerstellen in der inneren Schale des Atoms werden mit den Elektronen weiter außen liegender Schalen besetzt. Deshalb wird die Elektronenkonversion stets von charakteristischen Röntgenstrahlung begleitet.

Da γ-Quanten über eine verschwindende Ruhmasse verfügen, können sie nicht durch einen Stoff verlangsamt werden, weshalb sie beim Durchgang entweder absorbiert oder aber gestreut werden. γ-Quanten besitzen keine elektrische Ladung und erfahren demnach auch keine Coulomb-Kräfte. Bei Durchgang eines Bündels von γ-Quanten durch einen Stoff ändert sich ihre Energie nicht; doch aufgrund der Stöße verringert sich ihre Intensität, deren Änderung durch das exponentielle Gesetz $I = I_0 e^{-\mu x}$ beschrieben wird (I_0 und I sind die Intensitäten der γ-Strahlung am Ein- und Ausgang der Schicht des absorbieren-

den Stoffes der Dicke x; μ ist der Absorptionskoeffizient). Da die γ-Strahlung selbst eine durchdringende Strahlung ist, ist μ für viele Stoffe eine kleine Größe; μ hängt von den Stoffeigenschaften und der Energie der γ-Quanten ab.

γ-Quanten, die durch einen Stoff gehen, können mit der Elektronenhülle der Atome des Stoffes wechselwirken sowie auch mit ihren Kernen. In der Quantenelektrodynamik wird bewiesen, daß die Hauptprozesse, die den Durchgang der γ-Strahlung durch einen Stoff begleiten, der Photoeffekt, der Compton-Effekt (Compton-Streuung) und die Bildung von Elektronen-Positronen-Paaren sind.

Der Photoeffekt oder die **photoelektrische Absorption der γ-Strahlung** ist ein Prozeß, bei dem ein Atom ein γ-Quant absorbiert und ein Elektron ausstrahlt. Da das Elektron aus einer der inneren Schalen herausgerissen wird, wird der freiwerdende Platz durch Elektronen der höher liegenden Schalen besetzt, und der Photoeffekt wird durch charakteristische Röntgenstrahlung begleitet. Der Photoeffekt stellt den dominierenden Mechanismus der Absorption im Bereich geringer Energien der γ-Quanten dar ($E_\gamma \leq 100$ keV). Der Photoeffekt funktioniert nur mit gebundenen Elektronen, da ein freies Elektron keinen γ-Quant absorbieren kann, weil so zur gleichen Zeit weder der Energie- noch der Impulserhaltungssatz erfüllt wäre.

Mit wachsender Energie der γ-Quanten ($E_\gamma \approx 0,5$ MeV) wird die Wahrscheinlichkeit für den Photoeffekt kleiner, und den dominierenden Mechanismus der Wechselwirkung der γ-Quanten mit dem Stoff stellt die **Compton-Streuung** dar (siehe § 206).

Bei $E_\gamma > 1,02\,\text{MeV} = 2m_e c^2$ (m_e ist die Ruhmasse des Elektrons) ist die Bildung von Elektron-Positron-Paaren im elektrischen Feld der Kerne möglich. Die Wahrscheinlichkeit dieses Prozesses ist proportional zu Z^2 und wächst mit steigender Energie E_γ. Deshalb stellt bei einer Energie von $E_\gamma \approx 10$ MeV die **Bildung von Elektron-Positron-Paaren** den dominierenden Prozeß der Wechselwirkung der γ-Strahlung in einem beliebigen Stoff dar.

Wenn die Energie des γ-Quants die Bindungsenergie der Nukleonen im Kern (7–8 MeV) übersteigt, kann man bei Absorption eines γ-Quants den **Kernphotoeffekt** beobachten – den Ausstoß eines der Nukleonen aus dem Kern, meistens den eines Neutrons.

Die große Durchdringungsfähigkeit der γ-Strahlung nutzt man in der **Gamma-Spektroskopie**, die auf der unterschiedlichen Absorption der γ-Strahlung in verschiedenen Stoffen basiert. Die Lage und Abmessungen von Defekten (Blasen, Risse usw.) werden anhand der Unterschiede in den Strahlungsintensitäten bestimmt, die durch verschiedene Bereiche des durchleuchteten Stoffes gehen.

Die Wirkung der γ-Strahlung (sowie anderer Arten von ionisierender Strahlung) auf einen Stoff wird durch die **Dosis der ionisierenden Strahlung** charakterisiert. Man unterscheidet:

Die **absorbierte Strahlungsdosis** ist gleich dem Verhältnis der Strahlungsenergie zur Masse des bestrahlten Stoffes.

Die Einheit der absorbierten Strahlungsdosis heißt zu Ehren des amerikanischen Physikers L. H. Gray (1905–1965) **Gray**

(Gy): 1 Gy = 1 J/kg. Das Gray ist die Strahlungsdosis, bei der dem bestrahlten Stoff der Masse von 1 kg eine Energie von 1 J einer beliebigen ionisierenden Strahlung übertragen wird.

Der Quotient aus der Ladung von durch Röntgen- oder γ-Strahlung in Luft erzeugten Ionen eines Vorzeichens und der Masse der durchstrahlten Luft heißt **Exposition**.

Die Einheit der Exposition ist somit Coulomb pro Kilogramm (C/kg), in alten Einheiten **Röntgen**: 1 R = $2{,}58 \cdot 10^{-4}$ C/kg.

Da die verschiedenen Strahlungsarten unterschiedlich auf den (menschlichen) Organismus wirken, müssen sie mit Faktoren (sogenannten *Q*-**Faktoren**) gewichtet werden. Die *Q*-Faktoren gehen von 1 (Röntgen-, β, γ-Strahlung) bis 20 (α-Strahlen). Nach dieser Umrechnung definiert man dann die Äquivalentdosis **Sievert** durch 1 Sv = 1 J/kg. Sievert ist nach dem schwedischen Radiologen R. M. Sievert (1896–1966) benannt. Früher wurde auch die Einheit **rem** (roentgen equivalent **man**) verwendet. Es gilt 1 rem = 10^{-2} Sv.

§ 260   Resonanzabsorption der γ-Strahlung (Mössbauer-Effekt)

Wie bereits schon erwähnt wurde, ist das diskrete Spektrum der γ-Strahlung durch die Diskretheit der Energieniveaus der Atomkerne bedingt. Jedoch, wie aus der Unschärferelation (215.5) folgt, kann die Energie der angeregten Zustände Werte nur innerhalb von $\Delta E \approx h/\Delta t$ annehmen, wobei Δt die Lebensdauer des Kerns im angeregten Zustand ist. Folglich ist die Unschärfe der Energie ΔE des angeregten Zustandes um so größer, je kleiner Δt ist. $\Delta E = 0$ gilt nur für den Grundzustand des stabilen Kerns (für ihn gilt $\Delta t \to \infty$). Die Energieunschärfe eines quantenmechanischen Systems (zum Beispiel eines Atoms), das über diskrete Energiezustände verfügt, definiert die **natürliche Breite des Energieniveaus** Γ. So ist zum Beispiel bei einer Lebensdauer des angeregten Zustandes von 10^{-13} s die natürliche Breite des Energieniveaus ungefähr 10^{-2} eV.

Die Energieunschärfe des angeregten Zustandes, die durch seine endliche Lebensdauer bedingt ist, führt dazu, daß die γ-Strahlung nicht immer monochromatisch ist, sondern über einen gewissen Energiebereich verbreitert. Die dadurch entstehende Linienbreite nennt man die **natürliche Linienbreite** der γ-Strahlung.

Bei Durchgang der γ-Strahlung müßten im Stoff neben den oben beschriebenen Prozessen (siehe § 259) (Photoeffekt, Compton-Streuung, Bildung von Elektron-Positron-Paaren) im Prinzip auch Resonanzeffekte beobachtet werden. Wenn der Kern mit γ-Quanten einer Energie bestrahlt wird, die gerade gleich groß ist wie der Unterschied zwischen einem angeregten Zustand und dem Grundzustand des Kerns, dann kann eine **resonante Absorption der γ-Strahlung** durch die Kerne erfolgen: Der Kern absorbiert einen γ-Quant derselben Frequenz wie auch die des durch den Kern abgestrahlten γ-Quants beim Übergang des Kerns aus dem gegebenen angeregten in den Grundzustand.

Lange Zeit erachtete man es als unmöglich, die resonante Absorption der γ-Quanten durch die Kerne zu beobachten, da beim Übergang des Kerns aus dem angeregten Zustand mit der Energie E in den Grundzustand (seine Energie wird mit Null angenommen) wegen des Rückstoßes des Kerns im Strahlungsprozeß das abgestrahlte γ-Quant eine Energie E_γ besitzt, die ein wenig geringer als E ist

$$E_\gamma = E - E_\mathrm{K},$$

wobei E_K die kinetische Rückstoßenergie des Kerns ist. Bei Anregung des Kerns wiederum und dem Übergang aus dem Grundzustand in den angeregten mit der Energie E müßte der γ-Quant eine Energie von E'_γ besitzen, die ein wenig größer als E ist, d. h.,

$$E'_\gamma = E + E_\mathrm{K},$$

wobei E_K die Rückstoßenergie ist, die das γ-Quant zusätzlich besitzen müßte.

Das bedeutet, daß die Maxima der Linien der Emission und der Absorption um die Größe $2E_\mathrm{K}$ gegeneinander verschoben sind (Bild 260.1). Unter Berücksichtigung des Impulserhaltungssatzes, nach dem in den betrachteten Prozessen der Emission und der Absorption die Impulse des γ-Quants und des Kerns gleich sein müßten, erhalten wir

$$E_\mathrm{K} = \frac{p_\mathrm{K}^2}{2m_\mathrm{K}} = \frac{p_\gamma^2}{2m_\mathrm{K}} = \frac{E_\gamma^2}{2m_\mathrm{K}c^2} \approx \frac{E^2}{2m_\mathrm{K}c^2}. \tag{260.1}$$

So besitzt zum Beispiel der angeregte Zustand des Isotops von Iridium $^{191}_{77}\mathrm{Ir}$ eine Energie von 129 keV, und seine Lebensdauer liegt in der Größenordnung von 10^{-10} s, so daß seine Zustandsbreite $\Gamma \approx 4 \cdot 10^{-5}$ eV ist. Die Rückstoßenergie bei Emission aus diesem Zustand wiederum entsprechend (260.1) beträgt ungefähr $5 \cdot 10^{-2}$ eV, d. h. um drei Größenordnungen größer als die Zustandsbreite. Es ist nur natürlich, daß unter solchen Bedingungen keinerlei Resonanzabsorption möglich ist (für die Beobachtung der Resonanzabsorption muß die Absorptionslinie mit der Emissionslinie zusammenfallen). Aus den Versuchen folgt weiterhin, daß an freien Kernen keine resonante Absorption beobachtet wird.

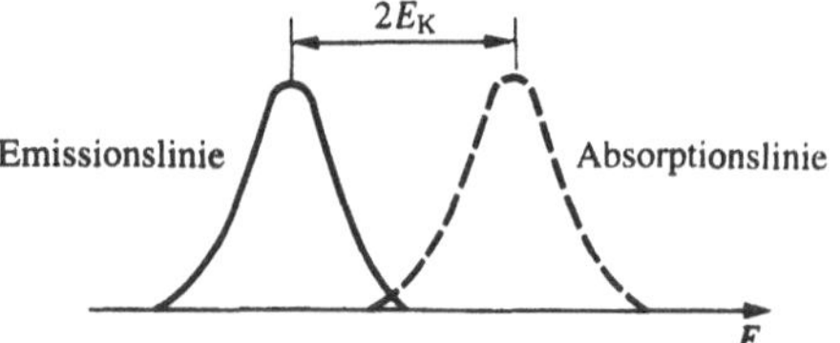

Bild 260.1

Die resonante Absorption der γ-Strahlung kann im Prinzip nur *bei der Kompensation der Energieverluste durch den Rückstoß des Kerns* erhalten werden. Diese Aufgabe löste 1959 der deutsche Physiker R. Mössbauer (geb. 1929; Nobelpreis 1961). Er untersuchte die Emission und die Absorption der γ-Strahlung in Kernen, die sich im Kristallgitter befinden, d. h. im gebundenen Zustand (die Versuche wurden bei niedriger Temperatur durchgeführt). Im gegebenen Fall wird der Impuls und die Abgabeenergie nicht nur einem Kern übertragen, der das γ-Quant abstrahlt (absorbiert), sondern dem Kristallgitter als Ganzes. Da der Kristall über eine viel größere Masse im Vergleich zu der Masse eines einzelnen Kerns verfügt, sind entsprechend der Formel (260.1) die Energieverluste durch Rückstoß verschwindend klein. Deshalb vollziehen sich die Prozesse der Emission und der Absorption praktisch ohne Energieverluste (ideal elastisch).

Wenn die elastische Emission (Absorption) von γ-Quanten durch die Atomkerne, die im Festkörper gebunden sind, nicht durch eine Änderung der inneren Energie begleitet wird, nennt man diese Erscheinung **Mössbauer-Effekt**. Bei den betrachteten Bedingungen fallen die Linien der Emission und der Absorption der γ-Strahlung praktisch zusammen und besitzen eine ziemlich geringe Breite Γ. Der Mössbauer-Effekt wurde an tiefgekühltem $^{191}_{77}$Ir entdeckt (bei Temperaturabnahme werden die Gitterschwingungen „eingefroren"), und im folgenden wurde es bei mehr als 20 stabilen Isotopen gefunden (zum Beispiel ^{57}Fe, ^{67}Zn usw.).

Mössbauer bereicherte die Experimentalphysik mit einer neuen Meßmethode von noch nie dagewesener Genauigkeit. Der Mössbauer-Effekt ermöglicht es, Strahlungsenergien (-frequenzen) mit einer verhältnismäßigen Genauigkeit von $\Gamma/E = 10^{-15}$ bis 10^{-17} zu messen, weshalb er in vielen Bereichen der Wissenschaft und Technik als genauestes Instrument verschiedenster Meßarten dienen kann. Es wurde die Möglichkeit geschaffen, geringste Details der γ-Linien, innere elektrische und magnetische Felder in Festkörpern usw. zu vermessen.

Äußere Einflüsse (zum Beispiel die Zeeman-Aufspaltung der Kernniveaus oder die Energieverschiebung der Photonen bei der Bewegung im Schwerefeld) kann zu einer sehr geringen Verschiebung entweder der Absorptions- oder der Emissionslinie führen, mit anderen Worten führt zur Schwächung oder zum totalen Verschwinden des Mössbauer-Effektes. Folglich kann diese Verschiebung gemessen werden. Auf ähnliche Weise wurde unter Laborbedingungen solch ein geringer Effekt wie die „Gravitations-Rotverschiebung" (1960) entdeckt, der durch die allgemeine Relativitätstheorie von Einstein vorhergesagt wurde.

§ 261 Beobachtungs- und Registrierungsmethoden von radioaktiver Strahlung und Teilchen

Praktisch alle Beobachtungs- und Registrierungsmethoden von radioaktiver Strahlung (α, β, γ) und Teilchen basieren auf ihrer Fähigkeit zur Ionisierung und Anregung der Atome eines Stoffes. Geladene Teilchen rufen diese Prozesse direkt hervor, und γ-Quanten und Neutronen weist man anhand der Ionisierung nach, die sie hervorrufen. Sekundäre Effekte, die diese betrachteten Prozesse begleiten, wie Lichtblitze, elektrischer Strom, Schwärzung von Photoplatten ermöglichen es, durchfliegende Teilchen zu registrieren, sie zu zählen, sie voneinander zu unterscheiden und ihre Energie zu messen.

Die Geräte, die zur Registrierung radioaktiver Strahlungen und Teilchen verwendet werden, unterteilt man in zwei Gruppen:

1) Geräte, die es ermöglichen, den Durchgang eines Teilchens durch einen bestimmten Raumabschnitt zu registrieren und in einigen Fällen seine Charakteristika zu bestimmen (Szintillationszähler, Tscherenkow-Zähler, Impulsionisationskammer, Gasentladungszähler, Halbleiterzähler);

2) Geräte, die es ermöglichen, Teilchenspuren in Stoffen zu beobachten, zum Beispiel zu photographieren (Wilson-Kammer, Diffusionskammer, Blasenkammer, Kernphotoemulsionen).

1. Szintillationszähler. Die Beobachtung von **Szintillationen** — den Lichtblitzen bei Auftreffen schneller Teilchen auf einen fluoreszierenden Bildschirm — ist die erste Methode, die es W. Crookes (englischer Chemiker und Physiker, 1832–1919) und E. Rutherford ermöglichte, in der Frühzeit der Kernphysik (1903) γ-Teilchen visuell zu registrieren. Der Szintillationszähler ist ein Detektor für Kernteilchen, seine Hauptelemente sind der Szintillator (Kristallphosphor) (siehe § 245) und ein Photoelektronenvervielfacher (siehe § 105), der es gestattet, schwache Lichtblitze in elektrische Impulse umzuwandeln, die durch eine elektronische Apparatur registriert werden. Gewöhnlich werden als Szintillatoren Kristalle einiger anorganischer (ZnS für α-Teilchen; NaI–Tl, CsI–Tl für γ-Teilchen und γ-Quanten) oder organischer Stoffe (Anthrazen, Plexiglas für γ-Quanten) verwendet.

Szintillatoren verfügen über eine hohe Zeitauflösung (10^{-10}–10^{-5} s), die bestimmt wird durch die Art der zu registrierenden Teilchen, durch den Szintillator und durch die Zeitauflösung der elektronischen Apparatur (sie liegt heute bei 10^{-9}–10^{-10} s). Für diese Art von Zählern ist die Effektivität der Registrierung (das Verhältnis der registrierten Teilchen zur Gesamtzahl der in den Zähler geflogenen Teilchen) praktisch 100 % bei geladenen Teilchen und 30 % bei γ-Quanten. Da für viele Szintillatoren (NaI–Tl, CsI–Tl, Anthrazen, Stilben) die Intensität der Lichtblitze in einem breiten Energieintervall proportional zur Energie der primären Teilchen ist, verwendet man solche Zähler auch zur Messung der Energie der registrierten Teilchen.

2. Der Tscherenkow-Zähler. Sein Arbeitsprinzip und die Eigenschaften der Tscherenkow-Strahlung, welche die Funktionsbasis des Zählers bilden, wurden in § 189 betrachtet. Bestimmt sind die Tscherenkow-Zähler zur Messung der Teilchenenergien, die sich im Stoff mit einer Geschwindigkeit bewegen, welche die Phasengeschwindigkeit des Lichtes in dem gegebenen Stoff übersteigt, und zur Trennung dieser Teilchen nach ihren Massen. Kennt man den Öffnungswinkel der Strahlung (siehe (189.1)), so kann man die Teilchengeschwindigkeit bestimmen, was bei bekannter Masse gleichbedeutend ist mit der Bestimmung seiner Energie. Ist auf der anderen Seite die Masse unbekannt, so kann sie durch unabhängige Energiemessung bestimmt werden. Außerdem kann man damit bei zwei Teilchenbündel mit unterschiedlichen Geschwindigkeiten (entsprechend unterschiedlich sind auch ihre Öffnungswinkel) die gesuchten Teilchen bestimmen. Für die Tscherenkow-Zähler beträgt die Auflösung nach den Geschwindigkeiten (mit anderen Worten nach den Energien) 10^{-3} bis

10^{-5}. Das ermöglicht, Elementarteilchen voneinander zu trennen bei Energien in der Größenordnung von 10 GeV, wenn sich die Öffnungswinkel nur sehr wenig voneinander unterscheiden. Das Auflösungsvermögen der Zähler erreicht 10^{-9} s. Die Tscherenkow-Zähler werden zum Beispiel auf Raumschiffen zur Untersuchung der kosmischen Strahlung stationiert.

3. Die Impulsionisationskammer ist ein Teilchendetektor, dessen Wirkungsweise auf der Fähigkeit geladener Teilchen basiert, Gase zu ionisieren. Die Ionisationskammer ist ein elektrischer Kondensator, der mit Gas gefüllt ist, an dessen Elektroden eine Gleichspannung anliegt. Das zu registrierende Teilchen, das in den Raum zwischen den Elektroden gelangt, ionisiert das Gas. Die Spannung wird so gewählt, daß alle sich bildenden Ionen zum einen auch sicher die Elektroden erreichen, ohne vorher zu rekombinieren, ohne auf der anderen Seite so stark gestreut zu werden, was eine Sekundärionisation hervorrufen kann. Folglich werden in der Ionisationskammer die Ionen unmittelbar an ihren Elektroden gesammelt, die unter Einfluß der geladenen Teilchen entstehen. Die Ionisationskammern teilt man in zwei Gruppen auf: **integrierende** (in ihnen wird der gesamte Ionisationsstrom gemessen) und **Impulsionisationskammern**, die im Grunde genommen Zähler sind. In ihnen wird der Durchgang eines einzelnen Teilchens registriert sowie seine Energie gemessen, dies jedoch nicht mit allzu großer Genauigkeit, da die Ausgangsimpulse sehr schwach sind.

4. Der Gasentladungszähler. Der Gasentladungszähler wird gewöhnlich in Form eines mit Gas gefüllten Metallzylinders (Kathode) mit einem dünnen Draht (Anode), der entlang der Achse des Zylinders entlangführt, ausgeführt. Obwohl Gasentladungszähler konstruktiv den Ionisationskammern ähneln, spielt bei ihnen die sekundäre Ionisation die Hauptrolle, die durch den Zusammenstoß der primären Ionen mit den Atomen und Molekülen des Gases und der Wände bedingt ist. Man spricht von zwei Typen von Zählern: den **Proportional-** (in ihnen vollzieht sich die Gasentladung nicht selbständig (siehe § 106), d. h., sie erlöscht bei Unterbrechung der Einwirkung des äußeren Ionisators) und **Geiger-Müller-Zähler**, den die deutschen Physiker J. W. Geiger und W. Müller (1911–1977) konstruierten (in ihnen vollzieht sich die Gasentladung selbständig (siehe § 107), d. h., sie wird aufrechterhalten auch nach Abbruch der Einwirkung eines äußeren Ionisators).

In den Proportionalzählern wird die Arbeitsspannung so gewählt, daß sie in dem Bereich der Strom-Spannungs-Charakteristik der unselbständigen Entladung arbeiten, in dem der Ausgangsimpuls proportional zur primären Ionisation ist, d. h. der Energie des in den Zähler hineinfliegenden Teilchens. Deshalb registrieren sie das Teilchen nicht einfach, sondern messen auch seine Energie. In den Proportionalzählern werden die Impulse, die durch die einzelnen Teilchen hervorgerufen werden, 10^3–10^4mal verstärkt (manchmal auch 10^6mal).

Der Geiger-Müller-Zähler unterscheidet sich in der Konstruktion und seiner Wirkungsweise nicht merklich von einem Proportionalzähler, arbeitet aber im Bereich der selbständigen Entladung (siehe § 107), wenn der Ausgangsimpuls nicht von der primären Ionisation abhängt. Die Geiger-Müller-Zähler re-

gistrieren die Teilchen, ohne ihre Energie zu messen. Der Verstärkungskoeffizient dieser Zähler beträgt 10^8. Zur Registrierung getrennter Impulse muß man die entstehende Entladung abbrechen. Dazu wird zum Beispiel mit dem Draht in Reihe ein Arbeitswiderstand geschaltet, an dem die im Zähler entstehende Entladung einen Spannungsabfall hervorruft, der ausreichend ist für die Unterbrechung der Entladung. Die Zeitauflösung der Geiger-Müller-Zähler beträgt 10^{-3}–10^{-7} s. Für Gasentladungszähler beträgt die Effektivität der Registrierung ungefähr 100 % bei geladenen Teilchen und ungefähr 5 % bei γ-Quanten.

5. Halbleiterzähler sind Teilchendetektoren, deren Hauptelement eine Halbleiterdiode ist (siehe § 250). Die Auflösungszeit beträgt ungefähr 10^{-9} s. Halbleiterzähler besitzen eine hohe Zuverlässigkeit, können in Magnetfeldern arbeiten. Die geringe Dicke des Arbeitsbereiches (in der Größenordnung von Hundertsten Mikrometern) gestattet es jedoch nicht, Halbleiterzähler zur Messung hochenergetischer Teilchen zu verwenden.

6. Die Wilson-Kammer (1912) ist die älteste und im Verlaufe vieler Jahrzehnte (bis hin zu den 50er bis 60er Jahren) der einzigste Typ eines Spurendetektors. Sie wurde vom englischen Physiker C. Wilson (1869–1959) entwickelt und wird in der Regel in Form eines Glaszylinders mit einem eng anliegenden Kolben ausgeführt. Der Zylinder wird mit einem neutralen Gas gefüllt (gewöhnlich Helium oder Argon), gesättigtem Wasserdampf oder Alkohol. Bei einer plötzlichen, d. h. adiabatischen, Ausdehnung des Gases wird der Dampf übersättigt, und auf der Flugbahn der Teilchen durch die Kammer bildet sich eine Nebelspur. Die sich bildenden Spuren werden für die Verfolgung ihrer räumlichen Lage stereoskopisch photographiert, d. h. gleichzeitig unter verschiedenen Winkeln. Anhand des Charakters und der Geometrie der Spuren kann man über den Typ des durch die Kammer gelangten Teilchens urteilen (so hinterläßt zum Beispiel ein α-Teilchen eine durchgängige, fette Spur, ein β-Teilchen dagegen nur eine dünne), über die Teilchenenergie (anhand der Länge des Weges), über die Dichte der Ionisation (anhand der Tropfenzahl auf eine Längeneinheit der Spur), über die Anzahl der an der Reaktion beteiligten Teilchen.

Anhand der Krümmung der Flugbahn der geladenen Teilchen in einem äußeren Magnetfeld kann man über das Vorzeichen der Ladung urteilen, und wenn der Teilchentyp bekannt ist (seine Ladung und seine Masse), dann kann man anhand des Krümmungsradius der Spur die Energie und die Masse des Teilchens sogar in dem Fall bestimmen, wenn nicht die gesamte Spur in die Kammer hineinpaßt (für Reaktionen bei hohen Energien bis hin zu einigen hundert MeV). Die Unzulänglichkeit der Wilson-Kammer ist ihre geringe Arbeitszeit, die ungefähr 1 % der Zeit beträgt, die für die Vorbereitung der Kammer zur folgenden Auflösung benötigt wird (Temperatur- und Druckausgleich, das Auflösen der Spurenreste, die Sättigung des Dampfes), sowie der Aufwand der Auswertung der Resultate.

7. Die Diffusionskammer (1936) ist eine Abart der Wilson-Kammer. In ihr stellt übersättigter Dampf den Arbeitsstoff dar, aber der Zustand der Übersättigung wird durch die Diffusion von Alkoholdämpfen von einem erwärmten Deckel (bis 10 °C) zum Boden, der durch feste Kohlensäure abgekühlt ist (bis −60 °C), geschaffen. In der Nähe des Bodens entsteht eine Schicht übersättigten Dampfes mit einer Dicke von ungefähr 5 cm, in der die durchgehenden geladenen Teilchen die Spuren erzeugen. Im Unterschied zu der Wilson-Kammer arbeitet die Diffusionskammer kontinuierlich. Außerdem können in ihr Drücke bis zu 4 MPa erzeugt werden, was ihr effektives Volumen merklich vergrößert.

8. Die Blasenkammer (1952; der amerikanische Physiker D. Glaser, geb. 1926). In der Blasenkammer stellt der Arbeitsstoff eine überhitzte (sich unter Druck befindende) durchsichtige Flüssigkeit dar (flüssiger Wasserstoff, Propan, Xenon). Die Kammer wird genauso wie die Wilson-Kammer gestartet, durch einen plötzlichen Druckabfall, der die Flüssigkeit in einen instabilen überhitzten Zustand überführt. Das zu dieser Zeit durch die Kammer fliegende geladene Teilchen ruft ein plötzliches Sieden hervor, und die Laufbahn des Teilchens wird dadurch durch eine Kette von Dampfblasen gekennzeichnet – es bildet sich eine Spur, die wie auch in der Wilson-Kammer photographiert wird. Die Blasenkammer arbeitet zyklisch. Die Abmessungen der Blasenkammer sind ungefähr die gleichen wie die der Wilson-Kammer (von Dutzenden Zentimetern bis zu 2 m), ihr effektives Volumen ist aber um 2–3 Größenordnungen größer, da eine Flüssigkeit merklich dichter ist als Gase. Das gestattet es, die Blasenkammer zur Untersuchung langer Ketten des Entstehens und des Zerfalls von Teilchen hoher Energie zu nutzen.

9. Kernphotoemulsionen (1927; der russische Physiker L. W. Myssowski, 1888–1939) sind die einfachsten Spurendetektoren geladener Teilchen. Der Durchgang geladener Teilchen ruft in der Emulsion eine Ionisation hervor, die zum Entstehen von Zentren des latenten photographischen Bildes führt. Nach der Entwicklung entdeckt man die Spuren der geladenen Teilchen in Form einer Kette von Kernen des metallischen Silbers. Da die Emulsion ein dichteres Medium ist als Gas oder eine Flüssigkeit, wie sie in der Wilson- oder Blasenkammer verwendet werden, ist unter ähnlich gleichen Bedingungen die Spur in der Emulsion kürzer. So ist zum Beispiel eine Spur der Länge von 0,05 cm in der Emulsion äquivalent der Spur von 1 m in der Wilson-Kammer. Deshalb verwendet man die Photoemulsion zur Untersuchung von Reaktionen, die durch Teilchen in Beschleunigern extrem hoher Energien und in kosmischen Strahlen hervorgerufen werden. In der Praxis der Untersuchung hochenergetischer Teilchen verwendet man weiter sogenannte **Stacks (Plattenpaket)** – das ist eine große Zahl markierter Photoemulsionsplatten, die auf dem Weg der Teilchen aufgestellt worden sind und nach der Entwicklung unter dem Mikroskop vermessen werden.

In der heutigen Zeit sind die Beobachtungs- und Registrierungsmethoden geladener Teilchen und Strahlungen so verschiedenartig, daß ihre detaillierte Beschreibung in diesem Rahmen einfach unmöglich ist.

Eine große Bedeutung beginnen verhältnismäßig neue (1957) Geräte zu spielen – **Funkenkammern**, die Vorzüge der *Zähler* (die Schnelligkeit der Registrierung) und der *Spuren-*detektoren (die Vollständigkeit der Information über die Spur) nutzen. Bildlich gesprochen, besteht die Funkenkammer aus einer großen Zahl von sehr kleinen Zählern. Deshalb ist sie nah den Zählern, da die Information aus ihr unverzüglich ausgegeben wird, ohne eine nachfolgende Bearbeitung und zeitraubende Auswertung, und verfügt zur selben Zeit über die Eigenschaften eines Spurendetektors, da man anhand der Funktion vieler Zähler die Spur der Teilchen ermitteln kann.

§ 262 Kernreaktionen und ihre Haupttypen

Kernreaktionen sind Umwandlungen der Atomkerne bei Wechselwirkung mit Elementarteilchen (darunter auch mit γ-Quanten) oder miteinander, die symbolisch in folgender Form geschrieben wird:

$$X + a \rightarrow Y + b \quad \text{oder} \quad X(a,b)Y,$$

wobei X und Y der Ausgangs- und der Endkern sind, a das Projektil und b das während der Kernreaktion abgestrahlte (oder die abgestrahlten) Teilchen.

In der Kernphysik wird die Effektivität der Wechselwirkung durch den **Wirkungsquerschnitt** σ gekennzeichnet. Mit jeder Art von Wechselwirkung des Teilchens mit dem Kern ist ein Wirkungsquerschnitt verbunden: Der effektive Streuquerschnitt definiert Streuprozesse, der Absorptionsquerschnitt Absorptionsprozesse. Der Wirkungsquerschnitt der Kernreaktion ist

$$\sigma = \frac{\mathrm{d}N}{nN\,\mathrm{d}x},$$

wobei N die Anzahl der Teilchen ist, die in der Zeiteinheit auf eine Flächeneinheit des Querschnitts des Stoffes treffen, der in der Volumeneinheit n Kerne enthält, $\mathrm{d}N$ ist die Zahl dieser Teilchen, die in einer Schicht mit der Dicke $\mathrm{d}x$ reagieren. Der Wirkungsquerschnitt besitzt die Einheit Fläche und charakterisiert die Wahrscheinlichkeit dafür, daß bei Einfall eines Teilchenbündels auf den Stoff eine Reaktion vonstatten geht. Die alte Einheit des Wirkungsquerschnitts von Kernprozessen ist **Barn** ($1\,\text{Barn} = 10^{-28}\,\text{m}^2$).

In einer jeden beliebigen Kernreaktion wird der *Satz von der Erhaltung der elektrischen Ladungen und der Massenzahlen* erfüllt: Die Summe der Ladungen (Massenzahlen) der Kerne und Teilchen, die in die Kernreaktion eintreten, ist gleich der Summe der Ladungen (Massenzahlen) der Endprodukte (Kerne und Teilchen) der Reaktion. Ebenso werden der *Energieerhaltungssatz*, der *Impulserhaltungssatz* und der *Drehimpulserhaltungssatz* erfüllt.

Im Unterschied zum radioaktiven Zerfall, der stets mit Energieabgabe verbunden ist, können Kernreaktionen **exotherm** ablaufen (unter Energieabgabe) wie auch **endotherm** (unter Energieaufnahme). Eine wichtige Rolle in der Erklärung des Mechanismus vieler Kernreaktionen spielte die Vermutung von N. Bohr (1936), daß Kernreaktionen in zwei Stadien ablaufen nach folgendem Schema:

$$X + a \rightarrow C \rightarrow Y + b. \tag{262.1}$$

Das erste Stadium ist das Einfangen des Teilchens a durch den Kern X, das sich ihm auf die Entfernung der Wirkung der Kernkräfte nähert (ungefähr $2 \cdot 10^{-15}$ m), und die Bildung eines Zwischenkerns C, des sogenannten **Compound-Kerns**. Die Energie des in den Kern hineinfliegenden Teilchens verteilt sich schnell auf die Nukleonen des Compound-Kerns, was zu einer insgesamten Anregung des Kerns führt. Bei dem Zusammenstoß der Nukleonen des Compound-Kerns kann eines der Nukleonen (oder eine Kombination von Kernen, zum Beispiel das Deuteron – der Kern des schweren Wasserstoffisotops, das ein Proton und ein Neutron enthält) oder ein α-Teilchen eine Energie erhalten, die ausreichend ist, um den Kern zu verlassen. Somit ist noch ein zweites Stadium der Kernreaktion möglich – der Zerfall des Compound- Kerns in den Kern Y und das Teilchen b.

In der Kernphysik wird die **charakteristische Kernzeit** eingeführt – die Zeit, die notwendig dafür ist, daß das Teilchen eine Entfernung in der Größenordnung des Kerndurchmessers ($d \approx 10^{-15}$ m) zurücklegt. So ist für Teilchen mit einer Energie von 1 MeV (was einer Geschwindigkeit von $v \approx 10^7$ m/s entspricht) die charakteristische Kernzeit $\tau = 10^{-15}$ m/10^7 m/s = 10^{-22} s. Auf der anderen Seite ist bewiesen, daß die Lebensdauer des Compound-Kerns 10^{-16} bis 10^{-12} s beträgt, d.h. (10^6 bis 10^{10}) τ. Das wiederum bedeutet, daß während der Lebensdauer des Compound-Kerns sehr viele Zusammenstöße zwischen den Nukleonen untereinander vonstatten gehen können, d. h., die Umverteilung der Energie zwischen den Nukleonen ist tatsächlich möglich. Folglich existiert der Compound-Kern so lange, daß er total „vergißt", auf welche Art und Weise er eigentlich entstanden ist. Deshalb hängt der Zerfall des Compound-Kerns (das Aussenden durch ihn des Teilchens b) – das zweite Stadium der Kernreaktion – nicht von der Art und Weise ab, wie der Compound-Kern gebildet wurde – das erste Stadium.

Wenn das ausgesandte Teilchen mit dem eingefangenen Teilchen identisch ist (b ≡ a), so beschreibt das Schema (262.1) die **Streuung** des Teilchens: **elastisch** bei $E_b = E_a$, **inelastisch** bei $E_b \neq E_a$. Wenn wiederum das ausgesandte Teilchen nicht identisch mit dem eingefangenen (b ≠ a) ist, dann haben wir es mit einer Kernreaktion im eigentlichen Wortsinn zu tun.

Einige Reaktionen verlaufen ohne Bildung eines Compound-Kerns, sie nennt man **direkte Kernwechselwirkungen** (zum Beispiel Reaktionen, die durch schnelle Nukleonen und Deuteronen hervorgerufen werden).

Kernreaktionen werden nach folgenden Merkmalen klassifiziert:

1) *nach der Art der an ihnen teilnehmenden Teilchen* – Reaktionen unter Neutroneneinwirkung; Reaktionen unter Einwirkung geladener Teilchen (zum Beispiel Protonen, Deuteronen, α-Teilchen); Reaktionen unter Einwirkung von γ-Quanten;

2) *nach der Energie der sie hervorrufenden Teilchen* – Reaktionen bei geringen Energien (in der Größenordnung Elektronenvolt), die sich hauptsächlich unter Teilnahme von Neutronen vollziehen; Reaktionen bei mittleren Energien (bis zu einigen MeV), die unter Beteiligung von γ-Quanten und geladenen Teilchen vonstatten gehen (Protonen, α-Teilchen); Reaktionen bei hohen Energien (Hunderte und Tausende MeV), die zur Bildung

von in freiem Zustand nicht existierenden Elementarteilchen führen und von großem theoretischem Interesse sind;

3) *nach der Art der an ihnen teilnehmenden Kerne* – Reaktionen an leichten Kernen ($A < 50$); Reaktionen an mittleren Kernen ($50 < A < 100$); Reaktionen an schweren Kernen ($A > 100$);

4) *nach dem Charakter der stattfindenden Kernumwandlungen* – Reaktionen mit Aussendung von Neutronen; Reaktionen mit Aussendung geladener Teilchen; Einfangreaktionen (im Falle dieser Reaktionen sendet der Compound-Kern keinerlei Teilchen aus, sondern geht in den Grundzustand über, indem er ein oder mehrere γ-Quanten abstrahlt).

Die erste in der Geschichte Kernreaktion wurde von E. Rutherford (1919) beim Beschießen von Stickstoffkernen mit α-Teilchen, die von einer radioaktiven Quelle abgestrahlt wurden, verwirklicht:

$$^{14}_{7}\mathrm{N} + {}^{4}_{2}\mathrm{He} \rightarrow {}^{18}_{9}\mathrm{F} \rightarrow {}^{17}_{8}\mathrm{O} + {}^{1}_{1}\mathrm{p}.$$

§ 263 Das Positron. Der β^+-Zerfall. Der Elektroneneinfang

P. Dirac fand 1928 die relativistische Wellengleichung für das Elektron, die es gestattete, alle hauptsächlichen Eigenschaften des Elektrons zu erklären, darunter auch das Vorhandensein des Spins und des magnetischen Momentes. Eine bemerkenswerte Folgerung aus der Dirac-Gleichung war, daß aus ihr für die Gesamtenergie des freien Elektrons nicht nur positive, sondern auch negative Werte erhalten werden können. Dieses Ergebnis konnte lediglich mit der Voraussetzung der Existenz eines Antiteilchens des Elektrons – des **Positrons** – erklärt werden.

Die Hypothese von Dirac, die von der Mehrheit der Physiker mißtrauisch aufgenommen wurde, wurde 1932 glänzend durch C. Anderson (der amerikanische Physiker, geb.1905, Nobelpreis 1936) bestätigt, der das Positron in Bestandteilen der kosmischen Strahlung entdeckte. Die Existenz des Positrons wurde durch die Beobachtung seiner Spuren in der Wilson-Kammer, die sich in einem Magnetfeld befand, bewiesen. Diese Teilchen wurden in der Kammer so abgelenkt, wie sich bewegende positive Ladungen ablenken lassen. Die Auswertung der Bahnkrümmung zeigte, daß das Positron $^{0}_{+1}$e ein Teilchen ist, das die positive Ladung $+e$ trägt, mit Ruhmasse, die genau mit der Ruhmasse des Elektrons zusammenfällt, und mit einem Spin von $\hbar/2$.

Irène und Frédéric Joliot-Curie (1897–1956 bzw. 1900–1958) entdeckten künstlich-radioaktive Kerne (siehe § 255), indem sie verschiedene Kerne mit α-Teilchen bombardierten (1934), die dem β^--Zerfall unterliegen. Weitere Kernreaktionen an B, Al und Mg führten zu künstlich-radioaktiven Kernen, die dem β^+-(**Positronen-**)Zerfall unterlagen:

$$^{10}_{5}\mathrm{B} + {}^{4}_{2}\mathrm{He} \rightarrow {}^{14}_{7}\mathrm{N} \rightarrow {}^{13}_{7}\mathrm{N} + {}^{1}_{0}\mathrm{n},$$

$$^{13}_{7}\mathrm{N} \rightarrow {}^{13}_{6}\mathrm{C} + {}^{0}_{+1}\mathrm{e} + {}^{0}_{0}\nu_e;$$

$$^{27}_{13}\text{Al} + {}^{4}_{2}\text{He} \rightarrow {}^{31}_{15}\text{P} \rightarrow {}^{30}_{15}\text{P} + {}^{1}_{0}\text{n},$$

$$^{30}_{15}\text{P} \rightarrow {}^{30}_{14}\text{Si} + {}^{0}_{+1}\text{e} + {}^{0}_{0}\nu_e;$$

$$^{24}_{12}\text{Mg} + {}^{4}_{2}\text{He} \rightarrow {}^{28}_{14}\text{Si} \rightarrow {}^{27}_{14}\text{Si} + {}^{1}_{0}\text{n},$$

$$^{27}_{14}\text{Si} \rightarrow {}^{27}_{13}\text{Al} + {}^{0}_{+1}\text{e} + {}^{0}_{0}\nu_e$$

(Nobelpreis 1936). Das Vorhandensein von Positronen in diesen Reaktionen wurde bei der Untersuchung der Spuren in der Wilson-Kammer, die sich im Magnetfeld befand, nachgewiesen.

Es wurde also in den Experimenten von Joliot-Curie auf der einen Seite die künstliche Radioaktivität entdeckt und auf der anderen erstmalig der radioaktive Positronenzerfall aufgespührt.

Das energetische β^+-Spektrum wie auch das β^--Spektrum (siehe § 258) ist kontinuierlich. Der β^+-Zerfall unterliegt folgender Verschiebungsregel:

$$^{A}_{Z}\text{X} \rightarrow {}^{A}_{Z-1}\text{Y} + {}^{0}_{+1}\text{e}.$$

Der β^+-Zerfall verläuft so, als wenn sich eines der Protonen des Kerns in ein Neutron umwandelt und dabei ein Positron und ein Neutrino ausstrahlt:

$$^{1}_{1}\text{p} \rightarrow {}^{1}_{0}\text{n} + {}^{0}_{+1}\text{e} + {}^{0}_{0}\nu_e, \tag{263.1}$$

wobei die gleichzeitige Aussendung eines Neutrinos aus den gleichen Überlegungen folgt, wie sie beim β^--Zerfall (siehe § 258) diskutiert wurden. Da die Ruhmasse des Protons kleiner ist als die des Neutrons, kann die Reaktion (263.1) nicht für ein freies Proton beobachtet werden. Jedoch erweist sich diese Reaktion als energetisch möglich für ein Proton, das im Kern dank der Kernwechselwirkung der Teilchen gebunden ist.

Bald schon nach den Versuchen von C. Anderson und dem Nachweis des β^+-Zerfalls wurde festgestellt, daß Positronen bei der Wechselwirkung von γ-Quanten großer Energien ($E_\gamma > 1{,}02\,\text{MeV} = 2m_ec^2$) mit Materie (siehe auch § 259) entstehen können. Dieser Prozeß verläuft nach folgendem Schema

$$\gamma \rightarrow {}^{0}_{-1}\text{e} + {}^{0}_{+1}\text{e}. \tag{263.2}$$

Elektronen-Positronen-Paare wurden tatsächlich in einer sich im Magnetfeld befindenden Wilson-Kammer entdeckt, in der das Elektron und das Positron, die dem Vorzeichen nach entgegengesetzte Ladungen besitzen, in entgegengesetzte Richtungen abgelenkt wurden.

Zur Erfüllung der Beziehung (263.2) ist es neben der Erfüllung des Energie- und des Impulserhaltungssatzes notwendig, daß das Photon über einen ganzzahligen Spin verfügt, gleich 0 oder 1, da die Spins des Elektrons und des Positrons 1/2 betragen. Eine Reihe von Experimenten und theoretischen Herleitungen führten zu der Schlußfolgerung, daß der Spin des Photons tatsächlich 1 ist (in den Einheiten von $\hbar$).

Bei dem Zusammenstoß eines Positrons mit einem Elektron vollzieht sich ihre **Annihilation**:

$$^{0}_{-1}\text{e} + {}^{0}_{+1}\text{e} \rightarrow 2\gamma. \tag{263.3}$$

Durch diesen Prozeß wandelt sich das Elektronen-Positronen-Paar in zwei γ-Quanten um, wobei die Energie des Paares in Photonenenergie übergeht. Das Entstehen von zwei γ- Quanten in diesem Prozeß folgt aus dem Impuls- und dem Energieerhaltungssatz. Die Prozesse (263.2) und (263.3) — Prozesse der Entstehung und der Umwandlung von Elektronen-Positronen-Paaren — stellten ein Beispiel für die *Wechselbeziehung der verschiedenen Formen der Materie* dar: In diesen Prozessen geht die Materie in Form eines Stoffes in Materie in Form eines elektromagnetischen Feldes über und umgekehrt.

Für viele Kerne vollzieht sich die Umwandlung des Protons in ein Neutron neben dem beschriebenen Prozeß (263.1) durch **Elektroneneinfang**, bei dem der Kern spontan ein Elektron der inneren Schalen des Atoms (K, L usw.) einfängt und dabei ein Neutrino aussendet:

$$^{1}_{1}\text{p} + {}^{0}_{-1}\text{e} \rightarrow {}^{1}_{0}\text{n} + {}^{0}_{0}\nu_e.$$

Die Notwendigkeit der Entstehung eines Neutrinos folgt aus dem Spinerhaltungssatz. Das Schema des Elektroneneinfangs lautet:

$$^{A}_{Z}\text{X} + {}^{0}_{-1}\text{e} \rightarrow {}^{A}_{Z-1}Y + {}^{0}_{0}\nu_e,$$

d. h., eines der Protone des Kerns wandelt sich in ein Neutron um, die Ladung des Kerns nimmt um eins ab, und er rückt im Periodensystem um eine Stelle nach links genauso wie auch beim Positronenzerfall.

Der Elektroneneinfang wird anhand der ihn begleitenden charakteristischen Röntgenstrahlung entdeckt, die beim Auffüllen der sich bildenden Löcher in der Elektronenhülle des Atoms entsteht (auf diese Weise wurde auch der Elektroneneinfang 1937 entdeckt). Außer dem Neutrino verlassen bei dem Elektroneneinfang keine weiteren Teilchen den Kern, d. h., die gesamte Zerfallsenergie wird durch das Neutrino fortgetragen. Darin unterscheidet sich der Elektroneneinfang prinzipiell (man nennt ihn auch die **dritte Art des β-Zerfalls**) von den $\beta^{\pm}$-Zerfallen, bei denen die Zerfallsenergie zwischen zwei emittierten Teilchen verteilt wird. Als Beispiel für den Elektroneneinfang kann die Umwandlung des radioaktiven Berylliumkerns $^{7}_{4}\text{Be}$ in den stabilen Kern $^{7}_{3}\text{Li}$ dienen:

$$^{7}_{4}\text{Be} + {}^{0}_{-1}\text{e} \rightarrow {}^{7}_{3}\text{Li} + {}^{0}_{0}\nu_e.$$

§ 264 Die Entdeckung des Neutrons. Kernreaktionen unter Einfluß von Neutronen

Neutronen stellen elektrisch neutrale Teilchen dar und erfahren keine Coulomb-Abstoßung, weshalb sie leicht in den Kern eindringen können und verschiedene Kernumwandlungen hervorrufen können. Kernreaktionen unter Wirkung von Neutronen spielten nicht nur bei der Entwicklung der Kernphysik eine große Rolle, sondern auch bei der Entwicklung von Kernreaktoren (siehe § 267).

Die kurze Geschichte der Entdeckung des Neutrons ist folgende. Die deutschen Physiker W. Bothe (1891–1957) und H. Becker entdeckten 1930 bei der Bestrahlung einer Reihe von

Elementen – darunter der Berylliumkern – mit α-Teilchen die Entstehung einer Strahlung mit sehr großer Reichweite. Da nur neutrale Teilchen stark durchgangsfähig sind, wurde zuerst die These aufgestellt, daß die entdeckte Strahlung harte γ-Strahlung mit einer Energie von ungefähr 7 MeV ist (die Energie wurde nach der Absorption errechnet). Nachfolgende Experimente (Irène und Frédéric Joliot-Curie, 1931) zeigten, daß die entdeckte Strahlung bei Wechselwirkung mit wasserstoffhaltigen Verbindungen, zum Beispiel Paraffin, Protonen mit einer Reichweite von ungefähr 26 cm herausschlägt. Aus den Berechnungen folgte, daß für die Erzeugung von Protonen mit solch einer Reichweite die vorgeschlagenen γ-Quanten über eine für die damalige Zeit phantastische Energie von 50 MeV verfügen müßten anstatt von 7 MeV!

Bei der Suche nach einer Erklärung für die beschriebenen Experimente setzte 1932 der englische Physiker J. Chadwick (1891–1974) voraus, daß die neue durchdringende Strahlung nicht γ-Quanten darstellt, sondern ein Bündel schwerer neutraler Teilchen, von ihm **Neutronen** genannt. Danach wurden die Neutronen in folgender Kernreaktion entdeckt:

$$^{9}_{4}\text{Be} + ^{4}_{2}\text{He} \rightarrow ^{12}_{6}\text{C} + ^{1}_{0}\text{n}.$$

Diese Reaktion stellt nicht die einzige dar, die zum Aussenden von Neutronen aus dem Kern führt (Neutronen entstehen zum Beispiel auch bei den folgenden Reaktionen $^{7}_{3}\text{Li}(\alpha, \text{n})^{10}_{5}\text{B}$ und $^{11}_{5}\text{B}(\alpha, \text{n})^{14}_{7}\text{N}$).

Der Charakter der Kernreaktionen unter Wirkung von Neutronen hängt von ihrer Geschwindigkeit ab (Energie). In Abhängigkeit von ihrer Energie teilt man die Neutronen formal in zwei Gruppen auf: **langsame** und **schnelle**. Der Bereich der langsamen Neutronen schließt in sich den Bereich der **ultrakalten** (mit einer Energie bis zu 10^{-7} eV), der **sehr kalten** (10^{-7}–10^{-4} eV), der **kalten** (10^{-4}–10^{-3} eV), der **warmen** (temperierten, thermischen, 10^{-3}–0,5 eV) und der **Resonanzneutronen** (0,5–10^{4} eV) ein. Zur zweiten Gruppe kann man die **schnellen** (10^{4}–10^{8} eV), die **hochenergetischen** (10^{8}–10^{10} eV) und die **relativistischen** ($\geq 10^{10}$ eV) Neutronen zählen.

Man kann Neutronen abbremsen, indem man sie durch einen Stoff lenkt, der Wasserstoff enthält (zum Beispiel Paraffin, Wasser). Beim Durchgang durch solche Stoffe erfahren schnelle Neutronen eine Streuung an den Kernen und werden solange abgebremst, bis ihre Energie gleich der Energie der Wärmebewegung der Atome des Stoffes-Moderators ist, d. h. ungefähr kT.

Langsame Neutronen sind effektiv zur Anregung von Kernreaktionen, da sie sich verhältnismäßig lange in der Nähe des Atomkerns aufhalten. Deshalb ist die Einfangwahrscheinlichkeit des Neutrons relativ groß. Jedoch ist die Energie der langsamen Neutronen niedrig, weshalb sie keine zum Beispiel inelastische Streuung hervorrufen können. Für die langsamen Neutronen sind die elastische Streuung an den Kernen (eine Reaktion des Typs (n, n)) und der Neutroneneinfang (eine Reaktion vom Typ (n, γ)) charakteristisch. Die Reaktion (n, γ) führt zu der Bildung eines neuen Isotops des Ausgangsstoffes:

$$^{A}_{Z}\text{X} + ^{1}_{0}\text{n} \rightarrow ^{A+1}_{Z}\text{Y} + \gamma,$$

zum Beispiel

$$^{113}_{48}\text{Cd} + ^{1}_{0}\text{n} \rightarrow ^{114}_{48}\text{Cd} + \gamma.$$

Oft bilden sich durch die (n, γ)-Reaktion künstlich-radioaktive Isotope, die in der Regel dem β^{-}-Zerfall unterliegen. Zum Beispiel bildet sich durch die Reaktion

$$^{31}_{15}\text{P} + ^{1}_{0}\text{n} \rightarrow ^{32}_{15}\text{P} + \gamma$$

das radioaktive Isotop $^{32}_{15}\text{P}$, das sich über β^{-}-Zerfall in das stabile Schwefel-Isotop $^{32}_{16}\text{S}$ Sumwandelt:

$$^{32}_{15}\text{P} \rightarrow ^{32}_{16}\text{S} + ^{\ 0}_{-1}\text{e}.$$

Unter Wirkung langsamer Neutronen beobachtet man an einigen leichten Kernen auch Einfangsreaktionen von Neutronen mit anschließender Emission geladener Teilchen – Protonen und α-Teilchen (unter Wirkung der temperierten Neutronen):

$$^{3}_{2}\text{He} + ^{1}_{0}\text{n} \rightarrow ^{3}_{1}\text{H} + ^{1}_{1}\text{p},$$

$$^{10}_{5}\text{B} + ^{1}_{0}\text{n} \rightarrow ^{7}_{3}\text{Li} + ^{4}_{2}\text{He}$$

(diese Reaktionen nutzt man zum Neutronennachweis) oder

$$^{6}_{3}\text{Li} + ^{1}_{0}\text{n} \rightarrow ^{3}_{1}\text{H} + ^{4}_{2}\text{He}$$

(diese Reaktion stellt eine wichtige Tritiumquelle dar, besonders bei Wasserstoffbomben-Explosionen, siehe § 268).

Reaktionen vom Typ (n, p) und (n, α), d. h. Reaktionen unter Bildung geladener Teilchen, finden hauptsächlich unter Wirkung schneller Neutronen statt, da im Falle der langsamen Neutronen die Energie des Atomkerns unzureichend dafür ist, um die Potentialbarriere zu überwinden, die der Aussendung der Protonen und α-Teilchen im Wege steht. Diese Reaktionen wie auch die Reaktionen des Neutronenseinfangs führen oft zu der Bildung von β^{-}-aktiven Kernen.

Für die schnellen Neutronen beobachtet man zuerst inelastische Streuung, die sich nach folgendem Schema vollzieht

$$^{A}_{7}\text{X} + ^{1}_{0}\text{n} \rightarrow ^{A}_{7}\text{X}^{*} + ^{1}_{0}\text{n}',$$

wobei das aus dem Kern herausfliegende Neutron mit $^{1}_{0}\text{n}'$ bezeichnet worden ist, da es nicht das Neutron ist, das in den Kern eingedrungen ist; $^{1}_{0}\text{n}'$ besitzt eine Energie, die geringer als die von $^{1}_{0}\text{n}$ ist, und der nach dem Herausfliegen des Neutrons zurückbleibende Kern ist angeregt (mit einem Stern gekennzeichnet), weshalb sein Übergang in den Grundzustand von der Emission eines γ-Quants begleitet wird.

Wenn die Neutronenenergie 10 MeV erreicht, ist die Reaktion (n, 2n) möglich. Zum Beispiel mit der Reaktion

$$^{238}_{92}\text{U} + ^{1}_{0}\text{n} \rightarrow ^{237}_{92}\text{U} + 2\,^{1}_{0}\text{n}$$

bildet sich das β^{-}-aktive Isotop $^{237}_{92}\text{U}$, das den Zerfall nach folgendem Schema erfährt

$$^{237}_{92}\text{U} \rightarrow ^{237}_{43}\text{Np} + ^{\ 0}_{-1}\text{e}.$$

§ 265 Kernspaltungsreaktionen

Zu Beginn der 40er Jahre wurde durch viele Wissenschaftler – E. Fermi (1901–1954, Italien), O. Hahn (1879–1968), F. Straßmann (1902–1980, Deutschland), O. Frisch (1904–1979, Großbritannien), L. Meitner (1878–1968, Österreich), G. N. Flerow (geb. 1913), K. N. Petrshak (Rußland) – bewiesen, daß sich bei der Bestrahlung von Uran mit Neutronen Elemente aus der Mitte des Periodensystems bilden – Lanthan und Barium. Dieses Ergebnis kennzeichnet die Entdeckung von Kernreaktionen eines total neuen Typs, von **Kernspaltungsreaktionen**, bei denen sich der schwere Kern unter Einwirkung der Neutronen und, wie sich in der Folge erwies, auch anderer Teilchen in einige leichtere Kerne spaltet (Spaltkerne), meistens in zwei Kerne, die einander nahe in ihren Massen sind.

Eine bemerkenswerte Besonderheit der Kernspaltung besteht darin, daß sie begleitet wird von zwei bis drei sekundären Neutronen, die **Spaltneutronen** genannt werden. Da für die mittleren Kerne die Anzahl der Neutronen und Protonen ungefähr gleich ist ($N/Z \approx 1$) und da für die schweren Kerne die Anzahl der Neutronen die Anzahl der Protonen bedeutend übersteigt ($N/Z \approx 1{,}6$), sind die sich bildenden Spaltkerne neutronenreich, weshalb sie auch die Neutronen abgeben. Jedoch beseitigt die Neutronenabgabe die Neutronenüberladung nicht vollständig. Das führt dazu, daß sich die Spaltkerne als radioaktiv erweisen. Sie können einer Reihe von β^--Umwandlungen unterliegen, die mit der Abstrahlung von γ-Quanten verbunden ist. Da der β^--Zerfall von der Umwandlung eines Neutrons in ein Proton begleitet wird (siehe (258.1)), erreicht nach einer Kette von β^--Umwandlungen der Quotient aus Neutronen- und Protonenzahl in den Spaltresten Werte, die dem stabilen Isotop entsprechen. Zum Beispiel wandelt sich bei der Spaltung des Urankerns $^{235}_{92}\text{U}$

$$^{235}_{92}\text{U} + {}^{1}_{0}\text{n} \rightarrow {}^{139}_{54}\text{Xe} + {}^{95}_{38}\text{Sr} + 2\,{}^{1}_{0}\text{n} \qquad (265.1)$$

der Spaltrest $^{139}_{54}\text{Xe}$ mit Hilfe von drei β^--Zerfallsschritte in das stabile Lanthan-Isotop $^{139}_{57}\text{La}$ um:

$$^{139}_{54}\text{Xe} \xrightarrow{\beta^-} {}^{139}_{55}\text{Cs} \xrightarrow{\beta^-} {}^{139}_{56}\text{Ba} \xrightarrow{\beta^-} {}^{139}_{57}\text{La}.$$

Die Spaltreste können ganz verschiedenartig sein, weshalb die Reaktion (265.1) nicht die einzige Reaktion ist, die die Spaltung von $^{235}_{92}\text{U}$ beschreibt. Möglich ist zum Beispiel auch folgende Reaktion

$$^{235}_{92}\text{U} + {}^{1}_{0}\text{n} \rightarrow {}^{139}_{56}\text{Ba} + {}^{94}_{36}\text{Kr} + 3\,{}^{1}_{0}\text{n}.$$

Die Mehrheit der Neutronen wird bei der Spaltung praktisch sofort abgestrahlt ($t \leq 10^{-14}$ s), ein Teil (ungefähr 0,7 %) wird jedoch auch durch die Spaltreste abgestrahlt, nachdem eine gewisse Zeit nach der Spaltung verstrichen ist ($0{,}05$ s $\leq t \leq 60$ s). Erstere nennt man **spontane Neutronen**, die zweiten **verzögerte Neutronen**. Im Mittel kommen auf einen Spaltungsakt 2,5 abgestrahlte Neutronen. Sie besitzen ein verhältnismäßig breites Energiespektrum zwischen 0 bis 7 MeV, wobei auf ein Neutron im Mittel eine Energie von 2 MeV kommt.

Berechnungen zeigen, daß die Kernspaltung außerdem von der Abstrahlung einer großen Energiemenge begleitet wird. Die spezifische Bindungsenergie der Kerne mittlerer Masse beträgt ungefähr 8,7 MeV, während sie für die schweren Kerne ungefähr 7,6 MeV aufweist (siehe § 252). Folglich muß bei der Spaltung eines schweren Kerns in zwei Spaltreste Energie frei werden, die ungefähr gleich 1,1 MeV pro Nukleon ist.

Experimente bestätigen, daß bei jedem Spaltakt tatsächlich eine große Menge an Energie frei wird, die auf die Spaltreste verteilt ist (der Hauptteil), die Spaltneutronen, sowie auf die folgenden Zerfallsprodukte der Spaltreste.

Die Grundlage der Spaltungstheorie der Atomkerne (N. Bohr, J. I. Frenkel) bildet das Tröpfchenmodell des Kerns (siehe § 254). Der Kern wird als Tröpfchen einer elektrisch geladenen inkompressiblen Flüssigkeit betrachtet (mit einer Dichte gleich der Kerndichte, die aber den Gesetzen den Quantenmechanik unterliegt), dessen Teilchen bei Auftreffen eines Neutrons in den Kern in Schwingungen geraten, worauf der Kern in zwei Teile platzt, die mit großer Geschwindigkeit auseinanderfliegen.

Die Wahrscheinlichkeit für die Kernspaltung wird durch die Energie der Neutronen bestimmt. Während zum Beispiel hochenergetische Neutronen (siehe § 264) praktisch die Spaltung aller Kerne hervorrufen, rufen Neutronen mit einer Energie von einigen MeV nur die Spaltung schwerer Kerne ($A > 210$) hervor. Neutronen, die über eine **Aktivierungsenergie** (das ist die minimale Energie, die notwendig ist, die Kernspaltungsreaktion in Gang zu setzen) in der Größenordnung von 1 MeV verfügen, rufen die Spaltung des Urankerns $^{238}_{92}\text{U}$, des Thoriumkerns $^{232}_{90}\text{Th}$, des Protactiniumkerns $^{231}_{91}\text{Pa}$ und des Plutoniumkerns $^{239}_{94}\text{Pu}$ hervor. Mittels thermischer Neutronen spaltet man die Kerne $^{235}_{92}\text{U}$, $^{239}_{94}\text{Pu}$ und $^{233}_{92}\text{U}$, $^{230}_{90}\text{Th}$ (letztere zwei Isotope sind in der Natur nicht anzutreffen, man erzeugt sie künstlich). Das Isotop $^{233}_{92}\text{U}$ erhält man zum Beispiel mit Hilfe der Einfangsreaktion ((n, γ)) (siehe § 264) der Neutronen durch den Kern $^{232}_{90}\text{Th}$:

$$^{232}_{90}\text{Th} + {}^{1}_{0}\text{n} \rightarrow {}^{233}_{90}\text{Th} \xrightarrow{\beta^-} {}^{233}_{91}\text{Pa} \xrightarrow{\beta^-} {}^{233}_{92}\text{U}. \qquad (265.2)$$

§ 266 Die Kettenreaktion der Spaltung

Die bei der Kernspaltung ausgesandten sekundären Neutronen können neue Spaltungsakte hervorrufen, was eine **Kettenreaktion der Spaltung** ermöglicht – derjeniger Kernreaktion, in der die Teilchen, welche die Reaktion hervorrufen, als Produkte dieser Reaktion gebildet werden. Die Kettenreaktion der Spaltung wird durch den **Vermehrungsfaktor** k der Neutronen charakterisiert, der gleich der Beziehung der Anzahl der Neutronen in der gegebenen Generation zu ihrer Anzahl in der vorangegangenen Generation ist. *Notwendige Bedingung* für die Entstehung der Kettenreaktion der Spaltung ist die *Forderung $k \geq 1$.*

Es erweist sich, daß nicht alle sekundären Neutronen eine nachfolgende Kernspaltung hervorrufen, was zur Verminderung des Vermehrungsfaktors führt. Zum einen verläßt ein Teil von ihnen die **aktive Zone** (den Raum, wo die Kettenreaktion stattfindet) eher wegen derer endlichen Abmessungen und der großen Durchdringungsfähigkeit (Reichweite) der Neutronen, als daß sie von irgendeinem Kern eingefangen werden. Andererseits wird ein Teil der Neutronen durch Kerne nicht spaltbarer Beimischungen eingefangen, die stets in der aktiven Zone vorhanden sind. Außerdem können neben der Spaltung konkurrierende Prozesse des Neutroneneinfangs und der inelastischen Streuung einen Platz haben.

Der Vermehrungsfaktor hängt von dem spaltenden Stoff ab und für das gegebene Isotop von seiner Menge sowie von den Abmessungen und der Form der aktiven Zone. Die minimalen Abmessunegn der aktiven Zone, bei denen die Aufrechterhaltung der Kettenreaktion möglich ist, nennt man die **kritischen Abmessungen**. Die minimale Masse des zu spaltenden Stoffes, der sich in dem System der kritischen Abmessungen befindet, nennt man die **kritische Masse**.

Die Entwicklungsgeschwindigkeit der Kettenreaktion ist unterschiedlich. Sei T die mittlere Lebensdauer eines Spaltrestes und N die Anzahl der Neutronen in der gegebenen Generation. In der folgenden Generation beträgt ihre Anzahl kN, d. h., der Zuwachs der Anzahl der Neutronen in einer Generation ist $dN = kN - N = N(k - 1)$. Der Zuwachs der Neutronen in der Zeiteinheit, d. h. die Geschwindigkeit des Anwachsens der Kettenreaktion, ist nun wiederum

$$\frac{dN}{dt} = \frac{N(k - 1)}{T}.\qquad(266.1)$$

Daraus erhalten wir durch Intergration

$$N = N_0 e^{(k-1)t/T},$$

wobei N_0 die Anzahl der Neutronen zum Anfangsmoment und N ihre Anzahl zum Moment t ist. N wird durch das Vorzeichen $(k - 1)$ bestimmt. Ist $k > 1$, so **entwickelt sich** die **Reaktion**, die Zahl der Spaltungen wächst stetig, und die Reaktion kann explosiv werden. Bei $k = 1$ läuft die **sich selbsterhaltende Reaktion**, bei der sich die Anzahl der Neutronen im Verlaufe der Zeit nicht ändert. Bei $k < 1$ läuft eine **sich abschwächende Reaktion** ab.

Kettenreaktionen werden in **kontrollierbare** und **unkontrollierbare Reaktionen** eingeteilt. Die Atombombenexplosion stellt ein Beispiel für eine unkontrollierbare Reaktion dar. Damit die Atombombe bei der Lagerung nicht explodiert, teilt man in ihr $^{235}_{92}$U (oder $^{239}_{94}$Pu) in zwei voneinander entfernte nicht kritische Massen. Danach werden mittels einer gewöhnlichen Explosion diese beiden Massen zusammengebracht, die Gesamtmasse ist nun größer als die kritische, und es wird eine explosionsartige Kettenreaktion in Gang gesetzt, die begleitet wird von der Freisetzung einer gewaltigen Energiemenge und großen Zerstörungen. Die Explosionsreaktion beginnt aufgrund der vorhandenen Neutronen der Spontanspaltung oder Neutronen aus der kosmischen Strahlung. Kontrollierbare Kettenreaktionen werden in Kernreaktoren verwirklicht (siehe § 267).

In der Natur existieren drei Isotope, die als Kernbrennstoff dienen können ($^{235}_{92}$U: es ist in natürlichem Uran in einer Menge von ca. 0,7 % enthalten) oder als Rohstoff zu seiner Erzeugung

($^{232}_{90}$Th und $^{238}_{92}$U: es ist in natürlichem Uran zu 99,3 % enthalten). $^{232}_{90}$Th dient als Ausgangsprodukt für die Erzeugung des künstlichen Kernbrennstoffs $^{233}_{92}$U (siehe Reaktion (265.2)) und $^{238}_{92}$U, das Neutronen absorbiert, mittels zweier aufeinander folgender β^--Zerfälle für die Umwandlung in den Kern $^{239}_{94}$Pu:

$$^{238}_{92}\text{U} + ^{1}_{0}\text{n} \rightarrow \;^{239}_{92}\text{U} \xrightarrow{\beta^-} \;^{239}_{93}\text{Np} \xrightarrow{\beta^-} \;^{239}_{94}\text{Pu}.\qquad(266.2)$$

Die Reaktionen (266.2) und (265.2) eröffnen demnach die Möglichkeit der Reproduktion des Kernbrennstoffes während der Kettenreaktion.

§ 267   Kernenergie

Eine große Bedeutung in der Energieerzeugung erlangt nicht nur die Verwirklichung der Kettenreaktion der Spaltung, sondern auch ihre Steuerung. Die Anlagen, in denen die gesteuerte Kettenreaktion der Spaltung verwirklicht und aufrechterhalten wird, nennt man **Kernreaktoren**. Der Start des ersten Reaktors in der Welt wurde an der Chicago University (1942) unter Leitung von E. Fermi, in der Sowjetunion (und in Europa) in Moskau (1946) unter der Leitung von I. W. Kurtschatow verwirklicht.

Zur Erklärung der Arbeitsweise eines Reaktors betrachten wir das Wirkungsprinzip eines Reaktors auf der Basis von thermischen Neutronen (Bild 267.1). In der aktiven Zone des Reaktors sind Wärme aussendende Elemente 1 und der Moderator 2, in dem die Neutronen gebremst werden bis auf thermische Geschwindigkeiten, angeordnet. Die Wärme aussendenden Elemente (Brennstäbe) sind Blöcke aus spaltbarem Material, eingeschlossen in einer hermetischen Hülle, die nur schwach Neutronen absorbiert. Aufgrund der Energie, die bei der Kernspaltung ausgesandt wird, erhitzen sich die Brennstäbe, weshalb sie sich zur Kühlung im Wärmeträgerstrom befinden (3 der Kanal für den Durchfluß des Wärmeträgers). Die aktive Zone wird von Reflektoren 4 umgeben, die den Ausfluß von Neutronen vermindern.

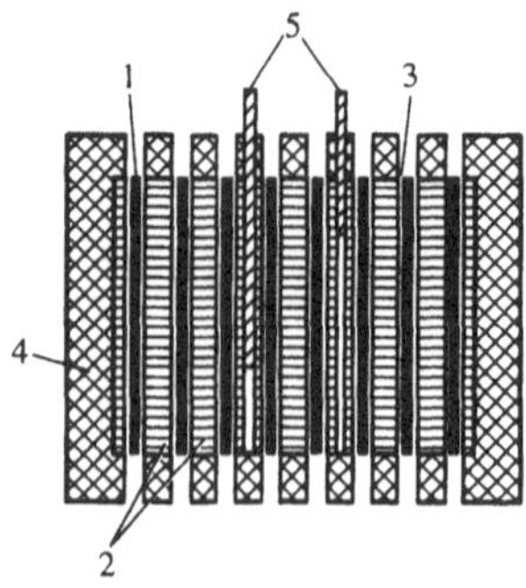

Bild 267.1

Die Steuerung der Kettenreaktion wird mittels spezieller Steuerstäbe 5 verwirklicht, die aus Materialien bestehen, die stark Neutronen absorbieren (zum Beispiel B, Cd). Die Parameter des Reaktors sind so berechnet, daß bei vollständig eingeführten Stäben die Reaktion nicht läuft, bei Anhebung der Stäbe wächst der Vermehrungsfaktor der Neutronen, und bei einer bestimmten Lage erreicht er eins. In diesem Moment beginnt der Reaktor zu arbeiten. Im Laufe seiner Arbeit vermindert sich die Menge des spaltbaren Materials in der aktiven Zone, und er wird mit Spaltprodukten „verschmutzt", unter denen sich starke Neutronenabsorber befinden können. Damit die Reaktion nicht unterbrochen wird, werden aus der aktiven Zone schrittweise die Steuerstäbe (oft spezielle Kompensationsstäbe) herausgenommen. Eine gleichmäßige Steuerung der Reaktionen ist dank der Existenz der Verzögerungsneutronen möglich (siehe § 265), die durch die sich spaltenden Kerne mit einer Verzögerung von bis zu 1 Minute ausgesandt werden. Wenn der Kernbrennstoff ausgebrannt ist, bricht die Reaktion ab. Für einen neuen Start des Reaktors wird der ausgebrannte Kernbrennstoff entfernt und durch einen neuen ersetzt. Im Reaktor befinden sich ebenfalls sogenannte Havariestäbe, deren Einführung bei einer plötzlichen Zunahme der Reaktion diese unverzüglich unterbricht.

Der Kernreaktor stellt eine leistungsfähige Quelle durchdringender Strahlung dar (Neutronen, γ-Strahlung), die ungefähr 10^{11}mal die üblichen Gesamtwerte übersteigt. Deshalb besitzt jeder Reaktor einen biologischen Schutz – ein System von Schirmen aus Schutzmaterialien (zum Beispiel Beton, Blei, Wasser), das hinter den Reflektoren gelegen ist, und seine Funktion wird ferngesteuert.

Man unterscheidet folgende Kernreaktoren:

1) *nach den Materialien, die sich in der aktiven Zone befinden* (Kernbrennstoff, Moderator, Wärmeträger); als spaltbare und Rohstoffen verwendet man $^{235}_{92}$U, $^{239}_{94}$Pu, $^{233}_{92}$U, $^{238}_{92}$U, $^{232}_{90}$Th, als Moderatoren Wasser (gewöhnliches und schweres), Graphit, Beryllium, organische Flüssigkeiten usw., als Wärmeträger Luft, Wasser, Wasserdampf, He, CO_2 usw.;

2) *nach der Anordnung des Kernbrennstoffes und des Moderators in der aktiven Zone*: **homogene** (beide Stoffe sind gleichmäßig miteinander vermischt) und **heterogene** (beide Stoffe sind jeder getrennt für sich in Form von Blöcken angeordnet);

3) *nach der Energie der Neutronen* (Reaktoren **auf der Basis von thermischen und schnellen Neutronen**; in letzteren verwendet man die Spaltungsneutronen und der Moderator fehlt völlig);

4) *nach dem Typ der Arbeitsweise* (kontinuierlich oder gepulst);

5) *nach ihrer Bestimmung* (zur Energieerzeugung, Forschungsreaktoren, Reaktoren für die Produktion neuer Spaltmaterialien, radioaktiver Isotope usw.).

In Übereinstimmung mit den betrachteten Merkmalen bilden ten sich auch solche Bezeichnungen heraus wie Uran-Graphit-, Wasser-Wasser-, Graphit-Gasreaktoren, schneller Brüter usw.

Unter den Kernreaktoren nehmen die **„Brutreaktoren"** einen besonderen Platz ein. In ihnen läuft neben der Energieproduktion der Prozeß der Reproduktion von Kernbrennstoff auf der Grundlage der Reaktion (265.2) oder (266.2). Das bedeutet, daß in dem Reaktor mit natürlichem oder schwach angereichertem Uran nicht nur das Isotop $^{235}_{92}$U, sondern auch das Isotop

$^{238}_{92}$U verwendet wird. In der heutigen Zeit bilden Reaktoren auf der Grundlage schneller Neutronen die Basis der Kernenergetik mit der Reproduktion von Kernbrennstoff.

Nicht verschwiegen werden darf an diesem Punkt aber die Problematik der radioaktiven Abfallsstoffe. Sowohl die ausgebrannten Kernbrennstäbe stellen als langlebiges, hochradioaktives Material eine größere Gefährdung von Mensch und Umwelt dar, wie auch diejenigen Teile des Reaktors, die dem intensiven Neutronenschlag ausgesetzt sind. In ihnen wird nämlich ein geringer Teil „aktiviert", d. h. in radioaktive Isotope umgewandelt. Die Beherrschung dieser Probleme stellt heute ein erstes Hindernis für die weitere Verbreitung der Kernenergie dar.

§ 268   Die Synthesereaktion der Atomkerne. Das Problem der gesteuerten Kernfusiunsreaktion

Als eine schier unerschöpfliche Energiequelle könnte die **Fusionsreaktion der Atomkerne** dienen – das ist die Bildung schwererer Kerne aus leichten. Die spezifische Bindungsenergie der Kerne (siehe Bild 252.1) erhöht sich sprunghaft beim Übergang von den Kernen des schweren Wasserstoffs (Deuterium $^2_1$H und Tritium $^3_1$H) zu Lithium $^6_3$Li und besonders zu Helium $^4_2$He, d. h., die Fusionsreaktion in schwerere Kerne ist mit einer großen Energiefreisetzung verbunden. Als Beispiele betrachten wir die folgenden Fusionsreaktionen:

$$
\begin{aligned}
{}^2_1\text{H} + {}^2_1\text{H} &\rightarrow {}^3_1\text{H} + {}^1_1\text{p} & (Q = 4{,}0\,\text{MeV}), \\
{}^2_1\text{H} + {}^2_1\text{H} &\rightarrow {}^3_2\text{He} + {}^1_0\text{n} & (Q = 3{,}3\,\text{MeV}), \\
{}^2_1\text{H} + {}^3_1\text{H} &\rightarrow {}^4_2\text{He} + {}^1_0\text{n} & (Q = 17{,}6\,\text{MeV}), \quad (268.1) \\
{}^6_3\text{Li} + {}^2_1\text{H} &\rightarrow {}^4_2\text{He} + {}^4_2\text{He} & (Q = 22{,}4\,\text{MeV}),
\end{aligned}
$$

wobei Q die freigesetzte Energie ist.

Die Fusionsreaktionen der Atomkerne verfügen über die Besonderheit, daß in ihnen die Energie, die durch ein Nukleon freigesetzt wird, größer ist als die bei der Spaltung schwerer Atomkerne. Wenn bei der Kernspaltung von $^{238}_{92}$U ungefähr eine Energie von 200 MeV freigesetzt wird, was ungefähr 0,84 MeV pro Nukleon ausmacht, ist in der Reaktion (268.1) diese Größe gleich $17{,}6 : 5\,\text{MeV} \approx 3{,}5\,\text{MeV}$.

Schätzen wir am Beispiel der Fusionsreaktion des Deuteriumkerns $^2_1$H die Reaktionstemperatur. Zur Verbindung der Deuteriumkerne müssen sie sich bis auf eine Entfernung von $2 \cdot 10^{-15}$ m annähern, was dem Wirkungsabstand der Kernkräfte entspricht, dabei wird die potentielle Energie der Abstoßung überwunden $e^2/(4\pi\varepsilon_0 T) \approx 0{,}7\,\text{MeV}$. Da auf jeden der stoßenden Kerne die Hälfte der angegebenen Energie kommt, ist die mittlere Energie der Wärmebewegung gleich 0,35 MeV, was einer Temperatur von ungefähr $2{,}6 \cdot 10^9$ K entspricht. Folglich kann die Fusionsreaktion des Deuteriums nur bei einer Temperatur ablaufen, die um zwei Größenordnungen die Temperatur im Zentrum der Sonne (ungefähr $1{,}3 \cdot 10^7$ K) übersteigt.

Es erweist sich jedoch, daß für den Verlauf der Fusionsreaktion der Atomkerne eine Temperatur in der Größenordnung von 10^7 K ausreichend ist. Das ist mit zwei Fakten verbunden: 1) Bei den Temperaturen, die für die Fusionsreaktion der Atomkerne charakteristisch sind, befindet sich jeder Stoff im Plasmazustand, die Plasmateilchen müssen wegen ihrer Ladung auch den Maxwellschen Gesetzen gehorchen, deshalb existiert stets eine geringe Menge von Kernen, deren Energie die mittlere bedeutend übersteigt; 2) die Kernfusion kann mit Hilfe des Tunneleffektes verlaufen (siehe § 221).

Die Fusionsreaktionen leichter Atomkerne in schwerere, die bei superhohen Temperaturen ablaufen (ungefähr 10^7 K und höher), nennt man **Kernfusion**.

Kernfusionen stellen demnach die wichtigste Energiequelle der Sonne und der Sterne dar. Die zwei wichtigsten Reaktionspfade bei der Energiegewinnung an der Sonne sind:

1) der **Proton-Proton-** (oder auch **Wasserstoff-)Zyklus**, charakteristisch für Temperaturen von ungefähr 10^7 K:

$$\begin{aligned}
{}^1_1\mathrm{p} + {}^1_1\mathrm{p} &\rightarrow {}^2_1\mathrm{H} + {}^{\ 0}_{+1}\mathrm{e} + {}^0_0\nu_\mathrm{e}, \\[4pt]
{}^2_1\mathrm{H} + {}^1_1\mathrm{p} &\rightarrow {}^3_2\mathrm{He} + \gamma, \\[4pt]
{}^3_2\mathrm{He} + {}^3_2\mathrm{He} &\rightarrow {}^4_2\mathrm{He} + 2\,{}^1_1\mathrm{p}.
\end{aligned}$$

2) der **Kohlenstoff-Stickstoff-** (**CN-** oder auch **Bethe-Weizsäcker-)Zyklus**, charakteristisch für höhere Temperaturen von ungefähr $2 \cdot 10^7$ K:

$$\begin{aligned}
{}^{12}_{6}\mathrm{C} + {}^1_1\mathrm{p} &\rightarrow {}^{13}_{7}\mathrm{N} + \gamma, \\[4pt]
{}^{13}_{7}\mathrm{N} &\rightarrow {}^{13}_{6}\mathrm{C} + {}^{\ 0}_{+1}\mathrm{e} + {}^0_0\nu_\mathrm{e}, \\[4pt]
{}^{13}_{6}\mathrm{C} + {}^1_1\mathrm{p} &\rightarrow {}^{14}_{7}\mathrm{N} + \gamma, \\[4pt]
{}^{14}_{7}\mathrm{N} + {}^1_1\mathrm{p} &\rightarrow {}^{15}_{8}\mathrm{O} + \gamma, \\[4pt]
{}^{15}_{8}\mathrm{O} &\rightarrow {}^{15}_{7}\mathrm{N} + {}^{\ 0}_{+1}\mathrm{e} + {}^0_0\nu_\mathrm{e}, \\[4pt]
{}^{15}_{7}\mathrm{N} + {}^1_1\mathrm{p} &\rightarrow {}^{12}_{6}\mathrm{C} + {}^4_2\mathrm{He}.
\end{aligned}$$

In diesem Zyklus wandeln sich vier Protonen in einen Heliumkern um, und es wird eine Energie von 26,7 MeV freigesetzt. Die Kohlenstoffkerne wiederum, deren Anzahl unverändert ist, nehmen an der Reaktion in Form eines Katalysators teil.

Fusionsreaktionen ergeben die größte Energieausbeute pro Masseneinheit des Brennstoffes im Vergleich aller Umwandlungen, darunter auch die Spaltung schwerer Kerne. So ist zum Beispiel die Deuteriummenge in einem Glas Wasser energetisch gesehen der von 60 l Benzin äquivalent. Deshalb ist die Perspektive der Verwirklichung der Kernfusion auf künstlichem Wege äußerst verlockend.

Erste künstliche Kernfusionsreaktionen wurden in der UdSSR (1953) und danach (ein halbes Jahr später) in den USA in Form der Explosion einer Wasserstoff-(Kernfusions-)Bombe verwirklicht, die eine ungesteuerte Reaktion darstellt. Als Sprengstoff, in dem die Reaktion (268.1) ablief, diente ein Gemisch aus Deuterium und Tritium und als Zünder eine gewöhnliche Atombombe, bei deren Explosion die für den Ablauf der Kernfusionsreaktion notwendige Temperatur entsteht.

Ein besonderes Interesse stellt die Verwirklichung der gesteuerten Kernfusionsreaktion dar, für deren Verwirklichung die Schaffung und Aufrechterhaltung von einer Temperatur in der Größenordnung von 10^8 K in einem begrenzten Volumen notwendig ist. Da bei der gegebenen Temperatur der verwendete Kernfusionsstoff ein vollständig ionisiertes Plasma darstellt (siehe § 108), entsteht das Problem seiner effektiven Isolation von den Wänden des Arbeitsvolumens. Im gegenwärtigen Stand der Entwicklung geht man davon aus, daß der beste Weg in dieser Richtung die Haltung des Plasmas in einem begrenzten Volumen durch ein starkes Magnetfeld spezieller Form ist. So wurden zwar schon Fusionsreaktionen über die Zeitdauer von Sekunden aufrechterhalten, jedoch gelang es noch nicht, mehr Energie zu gewinnen, als man vorher hingesetzt hatte.

Die gesteuerte Kernfusion eröffnet der Menschheit den Zugang zu einer nicht versiegenden Energiequelle, eingeschlossen in den leichten Kernen. Am verlockendsten in diesem Sinne ist die Möglichkeit der Gewinnung von Energie aus Deuterium, das in gewöhnlichem Wasser enthalten ist. Insgesamt beträgt die Deuteriummenge im Ozeanwasser ungefähr $4 \cdot 10^{13}$ t, was einem Energievorrat von 10^{17} MW·Jahren entspricht. Mit anderen Worten, die Ressourcen sind unbegrenzt. Bleibt nur noch zu hoffen, daß die Lösung dieser Probleme nicht eine Sache der fernen Zukunft ist.

Kontrollfragen

▶ Welche Teilchen bilden den Atomkern Zink? Wie viele sind es?

▶ Der Atomkern wurde aus N freien Nukleonen (die Masse jedes Nukleons beträgt m) zusammengesetzt. Welches ist die Masse und die spezifische Bindungsenergie dieses Kerns?

▶ Worin unterscheiden sich Isobare und Isotope?

▶ Warum verringert sich die Festigkeit der Kernbindung beim Übergang zu schwereren Elementen?

▶ Wie erklärt sich die Superfeinstruktur der Spektrallinien?

▶ Wie und um welchen Faktor ändert sich die Anzahl der Kerne eines radioaktiven Stoffes mit der Zeit, die gleich drei Perioden der Halbwertszeit ist?

▶ Wie (nach welchem Gesetz) ändert sich die Aktivität eines Nuklids mit der Zeit?

▶ Wie ändert sich die Lage eines chemischen Elementes im Periodensystem nach zwei α-Zerfällen der Kerne seiner Atome, wie nach einem α-Zerfall und zwei nachfolgenden β^--Zerfällen?

▶ Wie erklärt man den α-Zerfall auf der Grundlage der Quantentheorie?

▶ Wie erklärt man die Stetigkeit des Energiespektrums der β-Teilchen?

▶· Ändert sich die chemische Natur eines Elementes bei Aussendung eines γ-Quants durch den Kern?

▶ Welche Erscheinungen begleiten den Durchgang der γ-Strahlung durch einen Stoff?

▶ Worin besteht der Mössbauer-Effekt? Welche Anwendungen besitzt er?

▶ Schreiben Sie das Schema des Elektroneneinfangs nieder. Was begleitet den Elektroneneinfang? Worin besteht sein Unterschied zu den $\beta^\pm$-Zerfällen?

▶ Womit kann man das Ausstoßen eines Neutrinos (Antineutrinos) bei den $\beta^\pm$-Zerfällen erklären?

▶ Anhand welcher Merkmale kann man Kernreaktionen klassifizieren?

▶ Unter Einfluß welcher Teilchen (α-Teilchen, Neutronen) sind Kernreaktionen wahrscheinlicher? Warum?

▶ Was ist eine Kernspaltungsreaktion? Führen Sie Beispiele an.

▶ Charakterisieren Sie die Spaltneutronen. Welche Arten gibt es?

▶ Durch welche Reaktion vollzieht sich die Umwandlung von $^{238}_{92}\text{U}$ in $^{239}_{94}\text{Pu}$?

▶ Was kann man über den Charakter der Kettenreaktion der Spaltung sagen, wenn: 1) $k > 1$; 2) $k = 1$; 3) $k < 1$ ist?

▶ Anhand welcher Merkmale kann man die Kernreaktoren klassifizieren?

▶ Warum sind Kernspaltung und Fusion von Atomkernen mit dem Freisetzen einer großen Energiemenge verbunden? Wann wird pro Nukleon mehr Energie freigesetzt? Warum?

Aufgaben

32.1. Nach Beschuß des Lithiumisotops ^6_3Li durch Deuteronen ^2_1H ($m_{^2_1\text{H}} = 3{,}3446 \cdot 10^{-27}$ kg) bilden sich zwei α-Teilchen ^4_2He ($m_{^4_2\text{He}} = 6{,}6467 \cdot 10^{-27}$ kg), und es wird eine Energie von $\Delta E = 22{,}3$ MeV freigesetzt. Bestimmen Sie die Masse des Lithiumisotops. [Lösung der Aufgabe s. S. 405]

32.2. Bestimmen Sie die spezifische Bindungsenergie des $^{12}_6\text{C}$-Kerns, wenn die Masse seines neutralen Atoms gleich $19{,}9272 \cdot 10^{-27}$ kg beträgt. [7,7 MeV/Nukleon]

32.3. Bestimmen Sie, welcher Teil (in Prozenten) der anfänglichen Menge der Kerne des radioaktiven Isotops nach dem Verlauf der Zeit $t = 3\tau$ unzerfallen zurückbleibt, wobei τ die mittlere Lebensdauer des radioaktiven Kerns ist. [5 %]

32.4. Die Anfangsmasse des radioaktiven Isotops des Radons $^{222}_{86}\text{Rn}$ (Halbwertszeit $T_{1/2} = 3{,}82$ Tage) ist 1,5 g. Bestimmen Sie: 1) die Anfangsaktivität des Isotops; 2) seine Aktivität nach 5 Tagen. [Lösung der Aufgabe s. S. 405]

32.5. Die Halbwertszeit eines radioaktiven Isotops beträgt 24 h. Bestimmen Sie die Zeit, in der 1/4 der anfänglichen Anzahl der Kerne zerfällt. [10,5 h]

32.6. Als Ergebnis des Zusammenstoßes eines Deuterons mit einem Berylliumkern $^{9}_{4}\text{Be}$ bildete sich ein neuer Kern und ein Neutron. Bestimmen Sie die Ordnungszahl und die Massenzahl des sich bildenden Kerns, schreiben Sie die entsprechende Kernreaktion auf und bestimmen Sie den Energieeffekt. [Lösung der Aufgabe s. S. 405]

32.7. Ermitteln Sie, ob die Kernreaktion $^{2}_{1}\text{H} + {}^{3}_{2}\text{He} \rightarrow {}^{1}_{1}\text{H} + {}^{4}_{2}\text{He}$ Energie absorbiert oder freisetzt. Bestimmen Sie diese Energie. [18,4 MeV]

32.8. In der Reaktion $\gamma \rightarrow {}^{0}_{-1}e + {}^{0}_{+1}e$ war die Energie des Photons gleich 2,02 MeV. Bestimmen Sie die gesamte kinetische Energie des Positrons und des Elektrons im Moment ihrer Entstehung. [1 MeV]

32.9. In einem Kernreaktor auf der Basis von thermischen Neutronen beträgt die mittlere Lebensdauer einer Neutronengeneration $T = 90\,\text{ms}$. Wir setzen den Vermehrungsfaktor mit $k = 1{,}003$ ein. Bestimmen Sie die Periode τ des Reaktors, d. h. die Zeit, in welcher der Strom der thermischen Neutronen sich um den Faktor e vergrößert. [$\tau = T/(k-1) = 30\,\text{s}$]

Kapitel 33

Elemente der Teilchenphysik

§ 269　Kosmische Strahlung

Die Entwicklung der Teilchenphysik ist eng verbunden mit der Erforschung der kosmischen Strahlung – einer Strahlung, die auf der Erde aus einem praktisch in alle Richtungen isotropen Weltall eintrifft. Die Messungen der Intensität der kosmischen Strahlung, mit Methoden durchgeführt, die vergleichbar sind mit den Registrierungsmethoden radioaktiver Strahlungen und Teilchen (siehe § 261), führen zu der Schlußfolgerung, daß ihre Intensität schnell mit der Höhe zunimmt, ein Maximum erreicht, sich danach verringert und von einer Höhe $h \approx 50$ km ab praktisch konstant bleibt (Bild 269.1).

Man unterscheidet **primäre** und **sekundäre** kosmische Strahlung. Strahlung, die direkt aus dem Kosmos stammt, nennt man **primäre kosmische Strahlung**. Die Erforschung ihrer Bestandteile hat gezeigt, daß die primäre Strahlung einen Elementarteilchenstrom von hoher Energie darstellt, wobei mehr als 80 % davon Protonen mit einer Energie von ungefähr 10^{9}–10^{13} eV sind, ca. 7 % sind α-Teilchen, und lediglich ein kleiner Teil (ungefähr 1 %) kommt auf die Kerne schwererer Elemente ($Z > 20$). Nach modernen Vorstellungen, die auf Ergebnissen der Astrophysik und der Radioastronomie basieren, nimmt man an, daß die primäre kosmische Strahlung im großen und ganzen von galaktischer Herkunft ist. Es wird angenommen, daß die Teilchenbeschleunigung bis zu solch hohen Energien beim Zusammenstoß mit sich bewegenden interstellaren Magnetfeldern vonstatten gehen kann. Bei $h \geq 50$ km (Bild 269.1) ist die Intensität der kosmischen Strahlung konstant; in diesen Höhen wird lediglich primäre kosmische Strahlung beobachtet.

Mit Annäherung an die Erde nimmt die Intensität der kos-

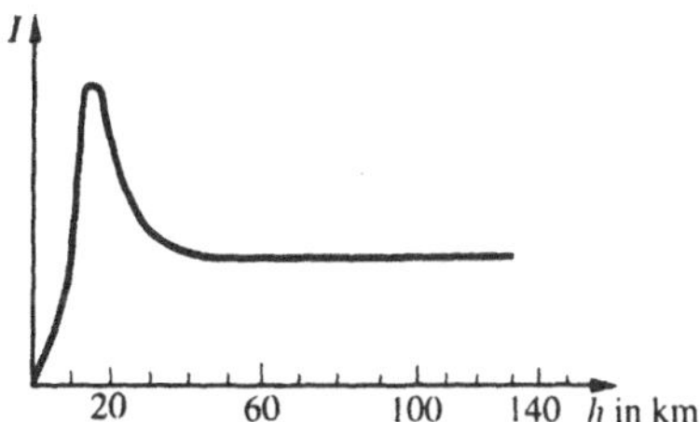

Bild 269.1

mischen Strahlung zu, was davon zeugt, daß **sekundäre kosmische Strahlung** vorliegt, die sich durch Wechselwirkung der primären kosmischen Strahlung mit den Atomkernen der Erdatmosphäre bildet. In der sekundären kosmischen Strahlung sind praktisch alle bekannten Elementarteilchen anzutreffen. Bei $h < 20$ km ist kosmische Strahlung Sekundärstrahlung; mit der Verringerung von h nimmt die Intensität ab, da die sekundären Teilchen bei ihrer Annäherung an die Erde absorbiert werden.

Aus der Zusammensetzung der sekundären kosmischen Strahlung kann man zwei Komponenten heraustrennen: die **weiche** (wird stark durch Blei absorbiert) und die **harte** (verfügt selbst in Blei über eine starke Durchdringungsfähigkeit). Die Entstehung der weichen Komponente erklärt sich folgendermaßen. Im Weltall sind stets γ-Quanten mit einer Energie von $E > 2m_e c^2$ vorhanden, die sich im Feld der Atomkerne in Elektron-Positron-Paare umwandeln (siehe § 263). Die so gebildeten Elektronen und Positronen senden ihrerseits, indem sie abgebremst werden, γ-Quanten aus, deren Energie ausreichend ist für die Bildung neuer Elektron-Positron-Paare usw. so lange, bis die Energie kleiner als $2m_e c^2$ ist (Bild 269.2). Den beschriebenen Prozeß nennt man **Elektronen-Positronen-Photonen-Schauer** (oder auch **Kaskadenguß**). Obwohl die primären Teilchen teils über riesige Energien verfügen, stellen die Teilchen des Schauers weiche Teilchen dar – sie dringen nicht durch große Stoffdicken. Danach stellen die Teilchen dieses Regens – Elektronen, Positronen und γ-Quanten – auch die weiche Komponente der sekundären kosmischen Strahlung dar. Die harte Komponente wird im weiteren betrachtet (siehe § 270).

Die Erforschung der kosmischen Strahlung ermöglichte einerseits zu Beginn der Entwicklung der Teilchenphysik, grundlegende experimentelle Ergebnisse zu erhalten. Auf der anderen

Seite bietet sie auch heute noch die Möglichkeit, die Prozesse mit Teilchen höchster Energien (bis hin zu 10^{21} eV), die noch nicht auf künstliche Weise erzeugt worden sind, zu erforschen. In der Forschung begann man zu Beginn der 50er Jahre zur Erforschung der Elementarteilchen Beschleuniger zu verwenden (sie ermöglichen, Teilchen bis zu einigen hunderten GeV zu beschleunigen; siehe § 116), in wessen Zusammenhang kosmische Strahlung ihre Einzigartigkeit bei ihrer Erforschung verloren hat, indem sie lediglich Hauptquelle der Teilchen im Bereich superhoher Energien bleibt.

§ 270 Myonen und ihre Eigenschaften

Der japanische Physiker H. Yukawa (1907–1981, Nobelpreis 1949) stellte 1935 bei der Untersuchung der Kernkräfte (siehe § 254) die Hypothese von der Existenz von Teilchen mit einer Masse, die 200–300mal die Elektronenmasse übersteigt, auf. Diese Teilchen müssen nach Yukawa die Träger der Kernwechselwirkung sein, ähnlich wie die Photonen Träger der elektromagnetischen Strahlung sind.

C. D. Anderson und O. Neddermeyer beobachteten tatsächlich (1936) bei der Untersuchung der Absorption der harten Komponente der sekundären kosmischen Strahlung in Bleifiltern mit einer Wilson-Kammer, die in einem Magnetfeld aufgestellt war, Teilchen mit einer Masse nahe der erwarteten ($207\, m_e$). Sie wurden im folgenden **Myonen** genannt. Es ist bewiesen, daß die harte Komponente der sekundären kosmischen Strahlung hauptsächlich aus Myonen besteht, die, wie weiter unten gezeigt wird, infolge des Zerfalls schwererer geladener Teilchen (π- und K-Mesonen) entstehen.

Es existieren positive (μ^+) und negative (μ^-) Myonen; die Ladung der Myonen ist gleich der Elementarladung e. Die Masse der Myonen ist gleich $206{,}8\, m_e$, die Lebensdauer der μ^+- und μ^--Myonen ist gleich und beträgt $2{,}2 \cdot 10^{-6}$ s. Die Untersuchungen der Änderung der Intensität der harten Komponente der sekundären kosmischen Strahlung mit der Höhe haben gezeigt, daß in geringen Höhen der Myonenfluß weniger intensiv ist. Das läßt schließen, daß Myonen dem spontanen Zerfall unterliegen, d. h. instabile Teilchen sind.

Der Zerfall der Myonen erfolgt nach den folgenden Schemata:

$$\mu^+ \rightarrow {}^{\,0}_{+1}e + {}^{0}_{0}\nu_e + {}^{0}_{0}\tilde{\nu}_\mu, \tag{270.1}$$

$$\mu^- \rightarrow {}^{\,0}_{-1}e + {}^{0}_{0}\tilde{\nu}_e + {}^{0}_{0}\nu_\mu, \tag{270.2}$$

wobei ${}^{0}_{0}\nu_\mu$ und ${}^{0}_{0}\tilde{\nu}_\mu$ entsprechend das **Myonenneutrino** und **-antineutrino** sind. Sie unterscheiden sich von den ${}^{0}_{0}\nu_e$ und ${}^{0}_{0}\tilde{\nu}_e$, dem **Elektronenneutrino** und **-antineutrino**, die das Aussenden der Positronen und Elektronen begleiten (siehe § 263, 258). Die Existenz von ${}^{0}_{0}\nu_\mu$ und ${}^{0}_{0}\tilde{\nu}_\mu$ folgt aus dem Energieerhaltungssatz und der Spinerhaltung.

Aus den Zerfallsschemata (270.1) und (270.2) folgt, daß die Spins der Myonen wie auch des Elektrons gleich 1/2 sein

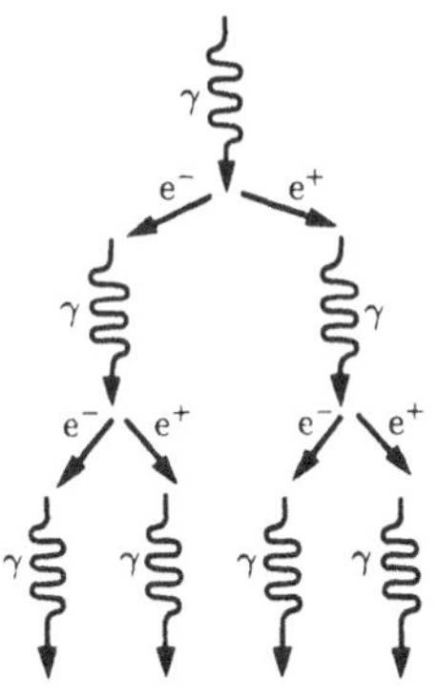

Bild 269.2

müssen (in den Einheiten von $\hbar$), da sich die Spins des Neutrinos (1/2) und des Antineutrinos ($-1/2$) gegenseitig kompensieren.

Weitere Experimente führten zu dem Ergebnis, daß Myonen nicht oder nur sehr geringfügig mit den Atomkernen wechselwirken. Sie können aber zum einen nicht bei der Wechselwirkung der primären Komponente der kosmischen Strahlung mit den Atomkernen der Atmosphäre wegen der Kernpassivität entstehen, und zum anderen können sie wegen ihrer Instabilität auch keine Bestandteile der primären kosmischen Strahlung sein. Folglich gelang es nicht, die Myonen mit den Teilchen zu identifizieren, die laut H. Yukawa Träger der Kernwechselwirkung darstellen müßten, da solche Teilchen intensiv mit den Kernen wechselwirken. Die Betrachtung und die folgende Anhäufung experimentellen Materials führten zu der Schlußfolgerung, daß weitere **kernaktive Teilchen** existieren müssen, deren Zerfall ebenfalls zu der Bildung von Myonen führt. Tatsächlich wurde 1947 ein Teilchen entdeckt, das über Eigenschaften verfügt, wie sie von Yukawa vorhergesagt worden sind, das in ein Myon und ein Neutrino zerfällt. Dieses Teilchen ist das π-Meson.

§ 271   Mesonen und ihre Eigenschaften

C. Powell (1903–1969, englischer Physiker) entdeckte 1947 mit seinen Mitarbeitern, als er in großen Höhen Kernphotoemulsionen der Einwirkung kosmischer Strahlen aussetzte, kernaktive Teilchen – die sogenannten π -**Mesonen** (aus dem griech. „Mesos" – Mittleres) oder **Pionen**. Im selben Jahr wurden die Pionen künstlich unter Laborbedingungen bei dem Beschuß von Platten aus Be, C und Cu mit α-Teilchen erhalten, die im Synchrozyklotron bis auf 300 MeV beschleunigt wurden. π-Mesonen wechselwirken stark mit Nukleonen und Atomkernen und bedingen nach heutigen Vorstellungen die Existenz der Kernkräfte.

Es existieren positive (π^+), negative (π^-) (ihre Ladung ist gleich der Elementarladung e) und neutrale (π^0) Mesonen. Die Masse der π^+- und π^--Mesonen ist gleich und beträgt 273,1 m_e, die Masse des π^0-Mesons ist etwas geringer (264,1 m_e). Alle Pionen sind instabil: Ihre Lebensdauer beträgt für geladene und neutrale π-Mesonen $2,6 \cdot 10^{-8}$ bzw. $0,8 \cdot 10^{-16}$ s.

Der Zerfall der geladenen Pionen erfolgt im wesentlichen nach folgenden Schemata

$$\pi^+ \to \mu^+ + {}^0_0 \nu_\mu, \qquad\qquad (271.1)$$

$$\pi^- \to \mu^- + {}^0_0 \tilde{\nu}_\mu, \qquad\qquad (271.2)$$

wobei die Myonen einen weiteren Zerfall nach den weiter oben betrachteten Formeln (270.1) und (270.2) erfahren. Aus den Zerfallsschemata (271.1) und (271.2) folgt, daß die Spins der geladenen π-Mesonen entweder ganzzahlig (in den Einheiten von $\hbar$) oder Null sein müssen. Die Spins geladener π-Mesonen laut anderer experimenteller Daten erwiesen sich gleich Null.

Das neutrale Pion zerfällt in zwei γ-Quanten:

$$\pi^0 \to 2\,\gamma.$$

Der Spin des π^0-Mesons wie auch der des π^+-Mesons ist gleich Null.

Die Erforschung der kosmischen Strahlen mittels der Methode der Photoemulsion (1949) und die Untersuchung der Reaktionen unter Beteiligung von Teilchen hoher Energien, die in Beschleunigern erhalten wurden, führten zu der Entdeckung der **K-Mesonen** oder **Kaonen** – von Teilchen mit einem Nullspin und Massen, die ungefähr gleich 970 m_e sind. Heute sind vier Typen von Kaonen bekannt: das positiv geladene (K^+), das negativ geladene (K^-) und zwei neutrale (K^0 und $\tilde{K}^0$). Die Lebensdauer der K-Mesonen liegt in den Grenzen von 10^{-8} bis 10^{-10} s in Abhängigkeit von ihrem Typ.

Es existieren verschiedene Zerfallsschemata der K-Mesonen. Der Zerfall geladener K-Mesonen erfolgt im wesentlichen nach den folgenden Schemata

$$\begin{cases} K^+ \to \mu^+ + \nu_\mu & (K^- \to \mu^- + \tilde{\nu}_\mu), \\ K^+ \to \pi^+ + \pi^0 & (K^- \to \pi^- + \pi^0), \\ K^+ \to e^+ + \pi^0 + \nu_e & (K^- \to e^- + \pi^0 + \tilde{\nu}_e). \end{cases}$$

Der Zerfall der neutralen K-Mesonen erfolgt nach folgenden Schemata (mit abnehmender Zerfallswahrscheinlichkeit): für die kurzlebigen (K^0_s)

$$\begin{cases} K^0_s \to \pi^+ + \pi^-, \\ K^0_s \to \pi^0 + \pi^0; \end{cases}$$

für die langlebigen (K^0_L)

$$K^0_L \to \pi^+ + e^- + \tilde{\nu}_e,$$

$$K^0_L \to \pi^- + e^+ + \nu_e,$$

$$K^0_L \to \pi^+ + \mu^- + \tilde{\nu}_\mu,$$

$$K^0_L \to \pi^- + \mu^+ + \nu_\mu,$$

$$K^0_L \to \pi^0 + \pi^0 + \pi^0,$$

$$K^0_L \to \pi^+ + \pi^- + \pi^0.$$

§ 272   Die drei Wechselwirkungsarten der Elementarteilchen

Entsprechend den modernen Vorstellungen werden in der Natur *vier Arten fundamentaler Wechselwirkungen* verwirklicht: die *starke*, die *elektromagnetische*, die *schwache* und die *Gravitationswechselwirkung*.

Die **starke** oder **Kernwechselwirkung** bewirkt die Bindung der Protonen und Neutronen in den Atomkernen und ermöglicht eine besondere Haltbarkeit dieser Verbindungen, welche die Grundlage der Stabilität des Stoffes unter irdischen Bedingungen bildet.

Die **elektromagnetische Wechselwirkung** ist die Wechselwirkung mit dem elektromagnetischen Feld. Sie ist charakteristisch für alle geladenen Teilchen. Die elektromagnetische Wechselwirkung ist verantwortlich für die Existenz der Atome und Moleküle, über die Wechselwirkung der positiv geladenen Kerne und der negativ geladenen Elektronen.

Die **schwache Wechselwirkung** ist die schwächste von allen Wechselwirkungen, die in der Mikrowelt ablaufen. Sie ist verantwortlich für die Wechselwirkung der Teilchen, die unter Teilnahme des Neutrinos oder des Antineutrinos (zum Beispiel β-Zerfall, μ-Zerfall) stattfinden, sowie für Nichtneutrinoprozesse, die durch eine verhältnismäßig lange Lebensdauer des zerfallenden Teilchens charakterisiert sind ($\tau \gtrsim 10^{-10}$ s).

Die **Gravitationswechselwirkung**, die ohne Ausnahme allen Teilchen eigen ist, ist wegen der kleinen Massen der Elementarteilchen verschwindend klein und in den Prozessen der Mikrowelt unmerklich.

Die starke Wechselwirkung übertrifft zum Beispiel 100mal die elektromagnetische und 10^{14}mal die schwache. Je stärker die Wechselwirkung ist, um mit so größerer Intensität verlaufen die Prozesse. So beträgt die Lebensdauer von Teilchen, genannt **Resonanzteilchen**, deren Zerfall durch die starke Wechselwirkung beschrieben wird, ungefähr 10^{-23} s; die Lebensdauer des π^0-Mesons, für dessen Zerfall die elektromagnetische Wechselwirkung verantwortlich ist, beträgt 10^{-16} s. Für die Zerfälle, für welche die schwache Wechselwirkung verantwortlich ist, sind Lebensdauer von 10^{-10}–10^{-8} s charakteristisch. Wie die starke ist auch die schwache Wechselwirkung nur kurzreichweitig. Der Wirkungsradius der starken Wechselwirkung beträgt ungefähr 10^{-15} m; für die schwache übersteigt er 10^{-19} m nicht. Der Wirkungsradius der elektromagnetischen Wechselwirkung ist praktisch unbegrenzt.

Damit lassen sich die Elementarteilchen in drei Gruppen einteilen:

1) **Photonen**. Diese Gruppe besteht aus lediglich einem Teilchen – dem Photon, dem Quant der elektromagnetischen Strahlung.

2) **Leptonen** (aus dem griech. „leptos" – leicht). Sie nehmen nur an der elektromagnetischen und der schwachen Wechselwirkung teil. Zu den Leptonen gehören die Elektronen- und die Myonenneutrinos, das Elektron, das Myon und das 1975 entdeckte schwere Lepton – τ-Lepton oder auch Tauon mit einer Masse von ungefähr 3487 m_e – sowie die ihnen entsprechenden Antiteilchen. Die Bezeichnung der Leptonen ist damit verbunden, daß die Massen der ersten bekannten Leptonen kleiner waren als die aller anderen Teilchen (außer des Photons). Zu den Leptonen gehört auch das τ-Neutrino, dessen Existenz in jüngster Zeit ebenfalls belegt wurde.

3) **Hadronen** (aus dem griech. „hadros" – groß, stark). Hadronen verfügen über die starke Wechselwirkung neben der elektromagnetischen und der schwachen Wechselwirkung. Von den oben genannten Teilchen gehören das Proton, Neutrino, Pionen und Kaonen dazu.

Für alle Arten der Wechselwirkung der Elementarteilchen wird der Energie-, der Impulserhaltungssatz und der Erhaltungssatz von der elektrischen Ladung erfüllt.

Ein charakteristisches Merkmal der starken Wechselwirkungen stellt die Ladungsunabhängigkeit der Kernkräfte dar. Wie bereits schon hingewiesen worden ist (siehe § 254), sind die Kernkräfte, die zwischen den Paaren p-p, p-n oder n-n wechselwirken, gleich. Wenn deshalb im Kern nur die starke Wech-

selwirkung realisiert wäre, führte die Ladungsunabhängigkeit der Kernkräfte zu einem gleichen Wert der Massen der Nukleonen (Protonen und Neutronen) und aller π-Mesonen. Der Unterschied in den Massen der Nukleonen und entsprechend der π-Mesonen ist durch die elektromagnetische Wechselwirkung bedingt: Die Wechselwirkungsenergien geladener und neutraler Teilchen sind verschieden, weshalb auch die Massen der geladenen und der neutralen Teilchen ungleich sind.

Die Ladungsunabhängigkeit der starken Wechselwirkung erlaubt es uns, Teilchen, die sich in ihren Massen nur wenig unterscheiden, als unterschiedlich geladene Zustände ein und desselben Teilchens zu betrachten. So bildet ein Nukleon ein Dublett (Neutron, Proton), π-Mesonen ein Triplett (π^+, π^-, π^0) usw. Ähnliche Gruppen sich ähnlicher Elementarteilchen, die auf die gleiche Art und Weise an der starken Wechselwirkung teilnehmen, die ähnliche Massen besitzen und sich nur in den Ladungen unterscheiden, nennt man **Isospin-Multipletts**. Jedes Isospin-Multiplett wird durch einen **Isospin** – eine der inneren Charakteristika der Hadronen – charakterisiert, welche die Anzahl der Teilchen (n) in dem Isospin-Multiplett bestimmt: $n = 2l + 1$. Dann ist der Isospin eines Nukleons gleich $I = 1/2$ (die Anzahl der Glieder in dem Isospin-Multiplett des Nukleons ist gleich zwei), der Isospin eines Pions $I = 1$ (im Pionenmultiplett ist $n = 3$) usw. Der Isospin charakterisiert nur die Anzahl der Glieder in dem Isospin-Multiplett und besitzt zu dem früher betrachteten Spin keinerlei Beziehungen.

Untersuchungen haben gezeigt, daß in allen Prozessen, die mit Umwandlungen von Elementarteilchen aufgrund der ladungsunabhängigen starken Wechselwirkung verbunden sind, der Isospin erhalten ist (**Satz von der Erhaltung des Isospins**). Für die elektromagnetischen und schwachen Wechselwirkungen wird dieses Gesetz nicht erfüllt. Da das Elektron, Positron, Photon, die Myonen und das Neutrino und das Antineutrino nicht an der starken Wechselwirkung teilnehmen, kann ihnen auch kein Isospin zugeschrieben werden.

§ 273 Teilchen und Antiteilchen

Erstmals entstand die Hypothese von den Antiteilchen 1928, als P. Dirac auf der Grundlage der relativistischen Wellengleichung die Existenz des Positrons (siehe § 263) vorhersagte, das nach vier weiteren Jahren durch C. Anderson in der kosmischen Strahlung nachgewiesen wurde. Das Elektron und das Positron stellen nicht das einzige Teilchen-Antiteilchen-Paar dar. Die Herleitungen der relativistischen Quantentheorie führten zu der Schlußfolgerung, daß für jedes Elementarteilchen ein Antiteilchen existieren muß (das sogenannte **Prinzip der Ladungskopplung**). Die Experimente zeigen, daß bis auf einige Ausnahmen (zum Beispiel des Photons und des π^0-Mesons) tatsächlich jedes Teilchen ein Antiteilchen besitzt.

Aus den allgemeinen Prinzipien der Quantentheorie folgt, daß Teilchen und Antiteilchen die gleiche Masse, die gleiche Lebensdauer im Vakuum, eine betragsmäßig gleiche, jedoch nach dem Vorzeichen entgegengesetzte elektrische Ladung (und magnetische Momente), gleiche Spins und Isospins besitzen müssen. Außerdem sind die übrigen Quantenzahlen gleich, die dem Elementarteilchen für die Beschreibung der Gesetzmäßigkeiten seiner Wechselwirkungen zugeschrieben sind (Leptonenzahl (siehe § 275), Baryonenzahl (siehe § 275), die „strangeness" (siehe § 274), der „charm" (siehe § 275) usw.). Bis 1956 nahm man an, daß eine vollständige Symmetrie zwischen Teilchen und Antiteilchen besteht, d. h., wenn zwischen den Teilchen irgendein Prozeß abläuft, dann muß ein analoger Prozeß (mit den selben Charakteristika) zwischen den Antiteilchen existieren. Jedoch wurde 1956 bewiesen, daß eine ähnliche Symmetrie nur für die starke und die elektromagnetische Wechselwirkung gilt und im Falle der schwachen Wechselwirkung verletzt ist.

Laut der Theorie von Dirac muß der Zusammenstoß von Teilchen und Antiteilchen zu ihrer gegenseitigen Annihilation führen, woraus andere Elementarteilchen oder Photonen entstehen. Als Beispiel dafür kann die betrachtete Reaktion (263.3) der Annihilation eines Elektron-Positron-Paares dienen ($_{-1}^{0}\mathrm{e} + _{+1}^{0}\mathrm{e} \to 2\gamma$).

Nachdem so die theoretisch vorhergesagte Existenz des Positrons experimentell bewiesen wurde, entstand die Frage nach der Existenz eines Antiprotons und eines Antineutrons. Berechnungen zeigen, daß für die Schaffung des Paares Teilchen-Antiteilchen Energie aufgewandt werden muß, welche mindestens die doppelte Ruhenergie des Paares beträgt, da den Teilchen eine ziemlich bedeutende kinetische Energie mitgegeben werden muß. Für die Schaffung eines p-$\tilde{\mathrm{p}}$-Paares ist eine Energie von ungefähr 4,4 GeV notwendig. Das Antiproton wurde tatsächlich experimentell (1955) bei der Streuung von Protonen an den Nukleonen der Kerne des „Targets" (Zielscheibe) (als Target diente Kupfer) entdeckt, woraus das Paar p-$\tilde{\mathrm{p}}$ entstand.

Das Antiproton unterscheidet sich von dem Proton im Vorzeichen der elektrischen Ladung und dem Eigenmagnetmoment. Das Antiproton kann nicht nur mit einem Proton annihilieren, sondern auch mit einem Neutron:

$$\tilde{\mathrm{p}} + \mathrm{p} \to \pi^+ + \pi^- + \pi^+ + \pi^- + \pi^0, \qquad (273.1)$$

$$\tilde{\mathrm{p}} + \mathrm{p} \to \pi^+ + \pi^- + \pi^0 + \pi^0 + \pi^0, \qquad (273.2)$$

$$\tilde{\mathrm{p}} + \mathrm{n} \to \pi^+ + \pi^- + \pi^- + \pi^0 + \pi^0. \qquad (273.3)$$

Schon ein Jahr später (1956) gelang es, das Antineutron zu erzeugen ($\tilde{\mathrm{n}}$) und seine Annihilation zu verwirklichen. Antineutronen entstehen durch die Umladung der Antiprotonen bei ihrer Bewegung durch einen Stoff. Die Umladung von $\tilde{\mathrm{p}}$ besteht in dem Austausch der Ladungen zwischen den Nukleonen und Antinukleonen und kann nach folgenden Schemata verlaufen

$$\tilde{\mathrm{p}} + \mathrm{p} \to \tilde{\mathrm{n}} + \mathrm{n}, \qquad (273.4)$$

$$\tilde{\mathrm{p}} + \mathrm{p} \to \tilde{\mathrm{n}} + \mathrm{n} + \pi^-, \qquad (273.5)$$

$\tilde{\mathrm{n}}$ unterscheidet sich von n im Vorzeichen des Eigenmagnetmomentes. Da Antiprotonen stabile Teilchen sind, unterliegen sie

letztendlich, wenn sie keine Annihilation erfahren, dem Zerfall nach dem Schema

$$_{0}^{1}\tilde{\mathrm{n}} \to _{-1}^{1}\tilde{\mathrm{p}} + _{+1}^{0}\mathrm{e} + _{0}^{0}\nu_{\mathrm{e}}$$

(vergleiche mit (258.1)).

Annihilationen wurden weiterhin gefunden für das π^+-Meson, die Kaonen und die Hyperonen (siehe § 274). Jedoch existieren Teilchen, die keine Antiteilchen besitzen, – das sind die sogenannten **wirklich neutralen Teilchen**. Zu ihnen zählt das Photon, das π^0-Meson und das η-Meson (seine Masse ist gleich 1074 m_{e}, seine Lebensdauer $7 \cdot 10^{-19}$ s; es zerfällt unter Bildung von π-Mesonen und γ-Quanten). Wirklich neutrale Teilchen sind zur Annihilation nicht fähig, erfahren jedoch gegenseitige Umwandlungen, welche die fundamentale Eigenschaft aller Elementarteilchen darstellen. Man kann sagen, daß jedes der wirklich neutralen Teilchen mit seinem Antiteilchen identisch ist.

Ein großes Interesse und große Schwierigkeiten stellten der Nachweis der Existenz des Antineutrinos und die Antwort auf die Frage dar, ob das Neutrino und das Antineutrino identische oder verschiedene Teilchen sind. Mit riesigen Strömen von Antineutrinos in Reaktoren (die Spaltungsreste schwerer Kerne unterliegen dem β-Zerfall und senden entsprechend (258.1) Antineutrinos aus) wiesen die amerikanischen Physiker F. Reines und K. Cowan (1956) erfolgreich die Einfangreaktion des Elektronenantineutrinos durch das Proton nach:

$$_{0}^{0}\tilde{\nu}_{\mathrm{e}} + _{1}^{1}\mathrm{p} \to _{0}^{1}\mathrm{n} + _{-1}^{0}\mathrm{e}. \qquad (273.6)$$

Ähnlich wurde die Einfangreaktion des Elektronenneutrinos durch das Neutron nachgewiesen:

$$_{0}^{0}\nu_{\mathrm{e}} + _{0}^{1}\mathrm{n} \to _{1}^{1}\mathrm{p} + _{-1}^{0}\mathrm{e}. \qquad (273.7)$$

Danach stellten die Reaktionen (273.6) und (273.7) auf der einen Seite einen unumstrittenen Beweis dafür dar, daß ν_{e} und $\tilde{\nu}_{\mathrm{e}}$ reelle Teilchen sind und nicht nur ein theoretisches Konzept, das lediglich zur Erklärung des β-Zerfalls eingeführt worden ist; auf der anderen Seite bestätigten sie die Aussage, daß die ν_{e} und $\tilde{\nu}_{\mathrm{e}}$ verschiedene Teilchen sind.

In weiteren Experimenten zur Entstehung und zur Absorption von Myonenneutrinos wurde gezeigt, daß auch ν_{μ} und $\tilde{\nu}_{\mu}$ unterschiedliche Teilchen sind. Weiterhin wurde bewiesen, daß das Paar ν_{e}, ν_{μ} unterschiedliche Teilchen sind und das Paar ν_{e}, $\tilde{\nu}_{\mathrm{e}}$ nicht identisch ist mit dem Paar ν_{μ}, $\tilde{\nu}_{\mu}$. So wurde die Einfangreaktion des Myonenneutrinos (man erhielt sie beim Zerfall $\pi^+ \to \mu^+ + \nu_{\mu}$ (271.1)) durch Neutronen verwirklicht, und man beobachtete die entstehenden Teilchen. Es erwies sich, daß die Reaktion (273.7) nicht abläuft, sondern der Einfang nach folgendem Schema vonstatten geht

$$_{0}^{0}\nu_{\mu} + _{0}^{1}\mathrm{n} \to _{1}^{1}\mathrm{p} + \mu^-,$$

d. h., anstelle der Elektronen entstanden in der Reaktion μ^--Myonen. Dieses bestätigte auch den Unterschied zwischen ν_{e} und ν_{μ}.

Nach den heutigen Vorstellungen unterscheiden sich das Neutrino und das Antineutrino voneinander in einer der Quantencharakteristika des Zustandes des Elementarteilchens – in der **Chiralität**, definiert als die Spinprojektion des Teilchens auf seine Bewegungsrichtung (also auf seinen Impuls). Für die Erklärung der experimentellen Daten setzt man voraus, daß bei dem Neutrino der Spin s antiparallel zum Impuls p orientiert ist, d. h., die Richtungen p und s bilden eine Linksschraube, und das Neutrino verfügt über eine **Linkschiralität** (siehe Bild 273.1a). Beim Antineutrino bilden p und s eine Rechtsschraube, d. h., das Antineutrino verfügt über eine **Rechtschiralität** (Bild 273.1b). Diese Eigenschaft gilt in gleichem auch für das Elektronen- und Myonenneutrino (-antineutrino).

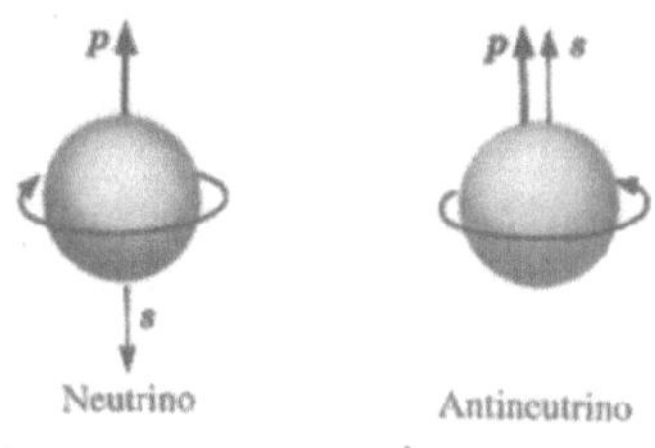

Bild 273.1

Dafür, daß die Chiralität als feste Eigenschaft genutzt werden kann, muß die Masse aller Neutrinos gleich Null sein. Die Einführung der Chiralität ermöglichte es zum Beispiel, die Verletzung der Parität (siehe § 274) bei der schwachen Wechselwirkung zu erklären, die den Zerfall der Elementarteilchen und den β-Zerfall hervorruft. So wie dem μ^--Myon eine Rechtschiralität zugeschrieben wird, wird dem μ^+-Myon eine Linkschiralität zugeschrieben.

Nach der Entdeckung einer so großen Zahl von Antiteilchen stand eine neue Aufgabe auf der Tagesordnung – den Antikern zu finden, mit anderen Worten die Existenz von Antimaterie zu beweisen, die aus Antiteilchen aufgebaut ist, so wie die Materie aus Teilchen aufgebaut ist. Antikerne wurden tatsächlich gefunden. Der erste Antikern – das Antideuteron (der gebundene Zustand $\bar{p}$ und $\bar{n}$) – wurde 1965 durch eine Gruppe amerikanischer Physiker unter Leitung von L. Lederman erhalten. Im folgenden wurden auf dem Serpuchower Beschleuniger die Kerne des Anti-Heliums (1970) und des Anti-Trithiums (1973) synthetisiert.

Jedoch muß angemerkt werden, daß die Möglichkeit der Annihilation bei dem Treffen mit Teilchen es den Antiteilchen nicht ermöglicht, längere Zeit unter Teilchen zu existieren. Deshalb muß die Antimaterie für ihr stabiles Existieren von der Materie isoliert sein. Wenn in der Nähe eines uns bekannten Teiles des Weltalls eine Anhäufung von Antimaterie existieren würde, so würde eine gewaltige Annihilationsstrahlung zu beobachten sein (kolossale Explosionen unter Freisetzung riesiger Mengen an Energie). Bis zur heutigen Zeit haben die Astrophysiker jedoch nichts dergleichen registriert. Die Forschungen, durchgeführt für die Suche der Antikerne (letztendlich der Antimaterie), und die in dieser Richtung erreichten ersten Erfolge besitzen fundamentale Bedeutung für das weitere Erkennen des Aufbaus der Materie.

§ 274 Hyperonen. Die strangeness und die Ganzzahligkeit der Elementarteilchen

In Kernphotoemulsionen (Ende der 40er Jahre) und auf Beschleunigern geladener Teilchen (50er Jahre) wurden schwere instabile Elementarteilchen gefunden, mit einer Masse größer als die Masse eines Nukleons, die sogenannten **Hyperonen** (aus dem griech. „hyper" – super, höher). Es sind einige Typen von Hyperonen bekannt: Lambda (Λ^0), Sigma (Σ^0, Σ^+, Σ^-), Ksi (Ξ^+, Ξ^-) und Omega (Ω^-). Die Existenz des Ω^--Hyperons folgt aus dem (1961) von dem amerikanischen Physiker M. Gell-Mann (geb. 1929, Nobelpreis 1969) vorgeschlagenen Schema für die Klassifizierung von stark miteinander wechselwirkender Elementarteilchen. Alle zu dieser Zeit bekannten Teilchen paßten sich in dieses Schema ein, doch blieb in ihm ein unbelegter Platz, der durch ein negatives Teilchen belegt sein müßte, mit einer Masse, die ungefähr gleich $3284\,m_e$ ist. Im Ergebnis speziell aufgestellter Experimente wurde tatsächlich das Ω^--Hyperon mit einer Masse von $3273\,m_e$ entdeckt.

Hyperonen besitzen Massen zwischen 2183 und 3273 m_e, ihr Spin ist gleich 1/2 (nur der Spin des Ω^--Hyperons ist gleich 3/2), die Lebensdauer beträgt ungefähr 10^{-10} s (für das Σ^0-Hyperon ist die Lebensdauer ungefähr gleich 10^{-20} s). Sie nehmen an den starken Wechselwirkungen teil, d. h. sind der Gruppe der Hadronen zuzuordnen. Hyperonen zerfallen in Nukleonen und leichte Teilchen (π-Mesonen, Elektronen, Neutrinos und γ-Quanten).

Eine detaillierte Erforschung der Entstehung und der Umwandlung der Hyperonen führte zu der Aufstellung einer neuen Quantencharakteristik der Elementarteilchen – der sogenannten **strangeness** (Seltsamkeit). Seine Einführung erwies sich als notwendig für die Erklärung einer Reihe paradoxer (vom Standpunkt der existierenden Vorstellungen aus) Eigenschaften dieser Teilchen. Nach den damaligen Vorstellungen hätten die Hyperonen über eine Lebensdauer von ungefähr 10^{-23} s verfügen müssen, was 10^{13} mal (!) weniger ist als die im Experiment ermittelte. Ähnliche Lebensdauern kann man lediglich damit erklären, daß der Zerfall der Hyperonen sich aufgrund der schwachen Wechselwirkung vollzieht. Außerdem, so erwies es sich, entsteht das Hyperon jedes Mal im Paar mit einem K-Meson. Zum Beispiel in der Reaktion

$$p + \pi^- \rightarrow \Lambda^0 + K^0 \tag{274.1}$$

entsteht mit einem Λ^0-Hyperon stets ein K^0-Meson, in dessen Verhalten die gleichen Besonderheiten entdeckt werden wie bei dem Hyperon. Der Zerfall des Λ^0-Hyperons wiederum vollzieht sich nach folgendem Schema

$$\Lambda^0 \rightarrow \pi^- + p. \tag{274.2}$$

Die Besonderheiten im Verhalten der Hyperonen und der K-Mesonen wurden 1955 durch M. Gell-Mann mit der Quantenzahl – **strangeness** (S) – erklärt, die in den Prozessen der starken und der elektromagnetischen Wechselwirkungen konstant bleibt. Schreibt man den Kaonen $S = 1$ zu und den Λ^0- und Σ-Hyperonen $S = -1$ und setzt voraus, daß bei den Nukleonen und π-Mesonen $S = 0$ ist, dann erklärt die Erhaltung der Gesamt-strangeness der Teilchen bei der starken Wechselwirkung als gemeinsames Entstehen eines Λ^0-Hyperons und eines K-Mesons, wie auch die Unmöglichkeit des Zerfalls der Teilchen mit einer von Null verschiedenen strangeness aufgrund der starken Wechselwirkung in Teilchen, deren strangeness gleich Null ist. Die Reaktion (274.2) läuft unter Verletzung der strangeness, weshalb sie nicht aufgrund der starken Wechselwirkung vonstatten gehen kann. Ξ-Hyperonen, die zusammen mit zwei Kaonen entstehen, wird $S = -2$ und Ω-Hyperonen $S = -3$ zugeschrieben.

Aus dem Satz von der Erhaltung der strangeness folgt die Existenz von Teilchen wie das K^0-Meson, das Σ^0- und Ξ^0-Hyperon, die im weiteren experimentell entdeckt wurden. Zu jedem Hyperon gibt es wieder ein Antiteilchen.

Elementarteilchen wird noch eine andere quantenmechanische Charakteristik zugeschrieben – die **Parität** P – eine Quantenzahl, welche die Symmetrie der Wellenfunktion des Elementarteilchens (oder eines Systems von Elementarteilchen) bezüglich einer Spiegelung charakterisiert. Wenn bei einer Spiegelung die Wellenfunktion eines Teilchens das Vorzeichen nicht ändert, ist die Parität des Teilchens $P = +1$ (die Parität ist positiv), wenn sie das Vorzeichen ändert, ist die Parität $P = -1$ (negativ).

Aus der Quantenmechanik folgt der **Satz von der Erhaltung der Parität**, entsprechend dem bei allen Umwandlungen, denen das System unterliegt, die Parität des Zustandes sich nicht ändert. Die Erhaltung der Parität ist verbunden mit der Eigenschaft der Spiegelsymmetrie des Raumes und weist auf die Invarianz der Naturgesetze in bezug auf den Austausch des Rechten durch den Linken und umgekehrt hin. Jedoch führten die Untersuchungen der amerikanischen Physiker T. Lee und Ch. Yang (1956; Nobelpreis 1957) des Zerfalls der K-Mesonen zu der Schlußfolgerung, daß bei schwachen Wechselwirkungen der Satz von der Erhaltung der Parität verletzt sein kann. Eine Reihe von Versuchen bestätigte diese Vorhersage. Danach *wird der Satz von der Erhaltung der Parität* wie auch *der Satz von der Erhaltung der strangeness nur bei starken und elektromagnetischen Wechselwirkungen erfüllt.*

§ 275 Klassifikation der Elementarteilchen. Quarks

In der Vielfältigkeit der Elementarteilchen, die zur heutigen Zeit bekannt sind, kann man ein mehr oder weniger strenges Klassifizierungssystem entdecken. Zu seiner Erklärung sind in der Tabelle 275.1 die oben betrachteten Elementarteilchen dargestellt, für welche die Hauptcharakteristika angeführt sind. Die Charakteristika für die Antiteilchen sind nicht mit angeführt, da, wie bereits in § 273 hingewiesen wurde, die Beträge der Ladungen und der strangeness, der Massen, der Spins, der Isospins und die Lebensdauer auch ihrer Antiteilchen gleich sind, sie unterscheiden sich lediglich in den Vorzeichen ihrer Ladungen und strangeness sowie in den Vorzeichen anderer Größen, die ihre elektrischen (und folglich auch magnetischen) Eigenschaften

charakterisieren. In der Tabelle sind weiterhin nicht vorhanden die Antiteilchen des Photons und der π^0- und η^0-Mesonen, da das Antiphoton und das Anti-π^0- und Anti-η^0-Meson identisch sind mit dem Photon und den π^0- und η^0-Meson.

In Tabelle 275.1 wurden die Elementarteilchen in drei Gruppen zusammengefaßt (siehe § 272): Photonen, Leptonen und Hadronen. Die Elementarteilchen, die jeder dieser Gruppe angehören, verfügen über allgemeine Eigenschaften und Charakteristika, die sie von den Teilchen der anderen Gruppe unterscheiden.

Zur Gruppe der **Photonen** gehört ein einziges Teilchen – das Photon, welches die elektromagnetische Wechselwirkung überträgt. An der elektromagnetischen Wechselwirkung nehmen in ein oder anderem Grad alle Teilchen teil, wie geladene so auch neutrale (außer dem Neutrino).

Zur Gruppe der **Leptonen** gehören das Elektron, das Myon, das Tauon, das ihnen jeweils entsprechende Neutrino sowie ihre Antiteilchen. Alle Leptonen besitzen einen Spin von 1/2 und sind folglich Fermionen (siehe § 226), die sich der Statistik von Fermi-Dirac unterordnen (siehe § 235). Da die Leptonen an der starken Wechselwirkung nicht teilnehmen, kann ihnen auch kein Isospin zugeschrieben werden. Die strangeness der Leptonen ist gleich Null.

Den Elementarteilchen, die zu der Gruppe der Leptonen gehören, schreibt man die sogenannte **Leptonenzahl (Leptonenladung)** L zu. Gewöhnlich wird angenommen, daß $L = +1$ ist für die Leptonen (e^-, μ^-, τ^-, ν_e, ν_μ, ν_τ), $L = -1$ für die Antileptonen (e^+, μ^+, τ^+, $\tilde{\nu}_e$, $\tilde{\nu}_\mu$, $\tilde{\nu}_\tau$) und $L = 0$ für alle anderen Elementarteilchen. Die Einführung von L ermöglicht, den **Satz von der Erhaltung der Leptonenzahl** zu formulieren: In einem geschlossenen System bleibt die Leptonenzahl bei *allen Prozessen* der gegenseitigen Umwandlung konstant.

Jetzt ist auch verständlich, warum bei dem Zerfall (258.1) das neutrale Teilchen Antineutrino genannt wurde und bei dem Zerfall (263.1) Neutrino. Da für das Elektron und das Neutrino $L = +1$ ist und für das Positron und das Antineutrino $L = -1$, wird der Satz von der Erhaltung der Leptonenzahl lediglich unter der Bedingung erhalten, daß das Antineutrino zusammen mit einem Elektron und das Neutrino zusammen mit einem Positron entstehen.

Den Hauptteil der Elementarteilchen bilden die Hadronen. Zu der Gruppe der **Hadronen** gehören die Pionen, Kaonen, das η-Meson, Nukleonen, Hyperonen sowie auch ihre Antiteilchen (in Tabelle 275.1 sind nicht alle Hadronen angeführt).

Den Hadronen wird die **Baryonenzahl (Baryonenladung)** B zugeschrieben. Hadronen mit $B = 0$ bilden die Untergruppe der **Mesonen** (Pionen, Kaonen, das η-Meson), und Hadronen mit $B = +1$ bilden die Untergruppe der **Baryonen** (aus dem griech. „baris" – schwer; hierzu gehören die Nukleonen und die Hyperonen). Für die Leptonen und das Photon ist $B = 0$. Wenn wir für die Baryonen $B = +1$, für die Antibaryonen (Antinukleonen, Antihyperonen) $B = -1$ und für alle anderen Teilchen $B = 0$ annehmen, kann man den **Satz von der Erhaltung der Baryonenzahl** formulieren: In einem geschlossenen System bleibt *bei allen Prozessen* der gegenseitigen Umwand-

Tabelle 275.1   Elementarteilchen

Gruppe	Name	Symbol		elektrische Ladung in e	Ruhmasse in m_e	Spin in $\hbar$	Isospin I	Leptonenzahl L	Baryonenzahl B	strangeness S	mittlere Lebensdauer in s
		Teilchen	Antiteilchen								
Photonen	Photon	γ		0	0	1	–	0	0	0	stabil
Leptonen	Elektron	e^-	e^+	1	1	1/2	–	+1	0	0	stabil
	Elektronenneutrino	ν_e	$\tilde{\nu}_e$	0	0	1/2	–	+1	0	0	stabil
	Myon	μ^-	μ^+	1	206,8	1/2	–	+1	0	0	$\approx 10^{-6}$
	Myonenneutrino	ν_μ	$\tilde{\nu}_\mu$	0	0	1/2	–	+1	0	0	stabil
	Tauon	τ^-	τ^+	1	3487	1/2	–	+1	0	0	$\approx 10^{-12}$
	Tauonenneutrino	ν_τ	$\tilde{\nu}_\tau$	0	0	1/2	–	+1	0	0	?
Hadronen	Mesonen — Pionen	π^0		0	264,1	0	1	0	0	0	$\approx 10^{-16}$
		π^+	π^-	1	273,1	0	1	0	0	0	$\approx 10^{-8}$
	Kaonen	K^0	$\tilde{K}^0$	0	974,0	0	1/2	0	0	+1	10^{-10}–10^{-8}
		K^+	K^-	1	966,2	0	1/2	0	0	+1	$\approx 10^{-8}$
	Etameson	η^0		0	1074	0	–	0	0	0	$\approx 10^{-19}$
	Baryonen — Proton	p	$\bar{p}$	1	1836,2	1/2	1/2	0	+1	0	stabil
	Neutron	n	$\bar{n}$	0	1838,7	1/2	1/2	0	+1	0	$\approx 10^3$
	Hyperonen: Lambda	Λ^0	$\tilde{\Lambda}^0$	0	2183	1/2	0	0	+1	−1	$\approx 10^{-10}$
	Sigma	Σ^0	$\tilde{\Sigma}^0$	0	2334	1/2	1	0	+1	−1	$\approx 10^{-20}$
		Σ^+	$\tilde{\Sigma}^+$	1	2328	1/2	1	0	+1	−1	$\approx 10^{-10}$
		Σ^-	$\tilde{\Sigma}^-$	1	2343	1/2	1	0	+1	−1	$\approx 10^{-10}$
	Ksi	Ξ^0	$\tilde{\Xi}^0$	0	2573	1/2	1/2	0	+1	−2	$\approx 10^{-10}$
		Ξ^-	$\tilde{\Xi}^-$	1	2586	1/2	1/2	0	+1	−2	$\approx 10^{-10}$
	Omega	Ω^-	$\tilde{\Omega}^-$	1	3273	3/2	0	0	+1	−3	$\approx 10^{-10}$

lungen der Elementarteilchen ohne Ausnahme die Baryonenzahl konstant.

Aus dem Satz von der Erhaltung der Baryonenzahl folgt, daß bei dem Zerfall eines Baryons neben anderen Teilchen unbedingt ein Baryon entstehen muß. Als Beispiel für die Erhaltung der Baryonenzahl können die Reaktionen (273.1)–(273.5) dienen. Baryonen besitzen einen Spin von 1/2 (nur der Spin des Ω^--Hyperons ist gleich 3/2), d. h., Baryonen sind wie auch die Leptonen Fermionen.

Die strangeness S für die verschiedenen Teilchen der Untergruppe der Baryonen besitzt unterschiedliche Werte (siehe Tabelle 275.1).

Mesonen besitzen einen Spin von Null und sind folglich Bosonen (siehe § 226), sie unterliegen aber der Bose-Einstein-Statistik (siehe § 235). Für Mesonen sind die Leptonen- und die

Baryonenzahl gleich Null. Aus der Untergruppe der Mesonen verfügen nur die Kaonen über ein $S = +1$, und die Pionen und das η-Meson besitzen eine strangeness von Null.

Unterstreichen wir noch einmal, daß *für Prozesse der gegenseitigen Umwandlung von Elementarteilchen*, bedingt durch *starke Wechselwirkungen, alle Erhaltungssätze* erfüllt werden (für die Energie, den Impuls, den Impulsmoment, die Ladungen (elektrische, Leptonen- und Bosonen-), den Isospin, die strangeness und die Parität). In Prozessen, hervorgerufen durch *schwache Wechselwirkungen, können sich Isospin, strangeness und die Parität ändern.*

In den 60er Jahren wuchs die Zahl der Elementarteilchen hauptsächlich aufgrund der Erweiterung der Gruppe der Hadronen.

Deshalb war die Entwicklung einer Klassifikation stets mit

dem Suchen nach neuen, noch fundamentaleren Teilchen verbunden, die als Basis für den Aufbau aller Hadronen dienen können. Die Hypothese von der Existenz solcher Teilchen, sogenannte **Quarks**, wurde unabhängig voneinander (1964) von dem österreichischer Physiker G. Zweig (geb. 1937) und M. Gell-Mann ausgesprochen. Die Bezeichnung „Quark" stammt aus dem Roman des irischen Schriftstellers J. Joyce „Finnegans Wake" („Der Leichenschmaus von Finnigan"; der Held träumt, daß die Möwen schreien: „Drei Quarks für Meister Mark".).

Entsprechend dem Modell von Gell-Mann und Zweig konnten alle zu der damaligen Zeit bekannten Hadronen geordnet werden, indem die Existenz dreier Typen von Quarks postuliert wurde (u, d, s) und entsprechend ihrer Antiquarks ($\tilde{u}$, $\tilde{d}$, $\tilde{s}$), wenn ihnen die Charakteristika zugeschrieben werden, wie sie in Tabelle 275.2 (darunter auch gebrochene(!) elektrische und Baryonenladungen) aufgeführt sind. Die merkwürdigste (fast unwahrscheinliche) Eigenschaft der Quarks ist mit ihrer elektrischen Ladung verbunden, da bisher noch niemand Teilchen mit gebrochenen Werten der elementaren elektrischen Ladung gefunden hat. Der Spin der Quarks ist gleich 1/2, da man nur aus Fermionen sowohl Fermionen (eine ungerade Zahl von Fermionen) als auch Bosonen (eine gerade Zahl von Fermionen) konstruieren kann.

Die Hadronen werden aus den Quarks folgendermaßen konstruiert: Mesonen bestehen aus einem Paar Quark-Antiquark, Baryonen aus drei Quarks (das Antibaryon aus drei Antiquarks). So besitzt zum Beispiel das π^+-Pion die Quarkstruktur von $u\tilde{d}$, das π^--Pion $\tilde{u}d$, das K$^+$-Kaon $d\tilde{s}$, das Proton uud, das Neutron udd, das Σ^+-Hyperon uus, das Σ^0-Hyperon uds usw.

Um Schwierigkeiten mit der Statistik auszuweichen (einige Baryonen, zum Beispiel das Ω^--Hyperon, bestehen aus drei gleichen Quarks (sss), was nach dem Pauli-Prinzip verboten ist; siehe § 227), wurde vorgeschlagen, daß jedes Quark (Antiquark) über eine spezifische Quantencharakteristik verfügt – der **„Farbe"**: „grün", „blau" und „rot". Soweit dann die Quarks keine einheitliche Farbe aufweisen, wird das Pauli-Prinzip nicht verletzt.

Eine vertiefende Erforschung des Modells von Gell-Mann und Zweig sowie die Entdeckung 1974 des wirklich neutra-

Tabelle 275.2   Quark-Typen

Quark (Anti-quark)	elektrische Ladung in e	Baryonen-zahl B	Spin in $\hbar$	strange-ness S
$u(\tilde{u})$	$+2/3\,(-2/3)$	$+1/3\,(-1/3)$	1/2	0
$d(\tilde{d})$	$-1/3\,(+1/3)$	$+1/3\,(-1/3)$	1/2	0
$s(\tilde{s})$	$-1/3\,(+1/3)$	$+1/3\,(-1/3)$	1/2	$-1\,(+1)$
$c(\tilde{c})$	$+2/3\,(-2/3)$	$+1/3\,(-1/3)$	1/2	$-1\,(+1)$

len J-Psi-Mesons (J/Ψ) mit einer Masse von ungefähr 6000 m_e, einer Lebensdauer von ungefähr 10^{-20} s und einem Spin gleich eins führten zu der Einführung eines neuen Quarks – des sogenannten c-Quarks, und einer neuen konstant bleibenden Größe – dem **charm** (nach dem engl. „charm" Zauber). Ähnlich der strangeness und der Parität, *bleibt der charm bei starken und elektromagnetischen Wechselwirkungen konstant, aber nicht bei schwachen.* Der Satz von der Erhaltung des charm erklärt die verhältnismäßig lange Lebensdauer des J/Ψ-Mesons. Die Hauptcharakteristika des c-Quarks sind in Tabelle 275.2 angeführt.

Dem Teilchen J/Ψ wird eine Quark-Struktur von $c\tilde{c}$ zugeschrieben. Die Struktur $c\tilde{c}$ nennt man **Charmonium** – ein atomähnliches System, das an das **Positronium** erinnert (ein gebundenes wasserstoffähnliches System, bestehend aus einem Elektron und einem Positron, die sich um ein gemeinsames Schwerezentrum bewegen).

Das Quarkmodell erwies sich als sehr fruchtbar, es ermöglichte, fast alle Hauptquantenzahlen der Hadronen zu bestimmen. Zum Beispiel folgt aus diesem Modell, da der Spin der Quarks 1/2 ist, der ganzzahlige (Null-)Spin für die Mesonen und der halbzahlige für die Baryonen in voller Übereinstimmung mit dem Experiment. Außerdem ermöglichte dieses Modell, auch neue Teilchen vorherzusagen, zum Beispiel das Ω^--Hyperon. Jedoch entstehen bei der Benutzung dieses Modells auch Schwierigkeiten. Das Quarkmodell gestattet es nicht, zum Beispiel die Masse der Hadronen zu bestimmen, da dafür die Kenntnis der Dynamik der Wechselwirkung von Quarks und ihrer Massen notwendig ist, die bisher unbekannt sind.

Mit der Zeit hat sich der Standpunkt herausgebildet, daß zwischen den Leptonen und den Quarks eine Symmetrie besteht: Die Zahl der Leptonen muß gleich der Zahl der Quarktypen sein. 1977 wurde ein superschweres Meson mit einer Masse von ungefähr 20 000 m_e entdeckt, das eine neue Struktur aus einem Quark und Antiquark eines neuen Typs – dem b-Quark – darstellt (es stellt den Träger der in starken Wechselwirkungen konstant bleibenden Größe, genannt **„Anmut"**, dar (aus dem engl. beauty oder auch bottom)). Die Ladung des b-Quarks ist gleich $-1/3$. Es wird vorausgesetzt, daß noch ein sechstes Quark t mit der Ladung $+2/3$ existiert, das t-Quark (aus dem engl. truth oder auch top), ähnlich dem wie das c-Quark charm, das b-Quark beauty genannt wurden. In der Elementarteilchenphysik wurde ein Teilchen – „Flavor" (Aroma) eingeführt - das sind die Charakteristika des Quarktyps (u, d, s, c, b, t), welche die Gesamtheit der Quantenzahlen vereinen (strangeness, charm, beauty u. a.), die sich von einem anderen Quarktyp unterscheiden außer in der Farbe. Das Flavor bleibt bei starken und elektromagnetischen Wechselwirkungen konstant. In allerjüngster Zeit werden sowohl das top-Quark nachgewiesen wie auch gezeigt, daß keine weiteren Quark-Typen existieren. Damit ist die Forschung der Teilchenphysik aber noch lange nicht beendet!

Kontrollfragen

▶ Was sind primäre und sekundäre kosmische Strahlung? Nennen Sie ihre Eigenschaften.

▶ Führen Sie die Schemata für den Zerfall der Myonen an. Womit erklärt sich der Ausstoß eines Myonen-neutrinos (-antineutrinos)?

▶ Führen Sie die Schemata des Zerfalls der π-Mesonen an. Geben Sie eine Charakterisierung der π-Mesonen.

▶ Welche fundamentalen Arten der Wechselwirkung werden in der Natur verwirklicht, und wie kann man sie charakterisieren? Welche von ihnen stellt eine universelle Wechselwirkung dar?

▶ Welche Erhaltungssätze werden bei allen Arten von Wechselwirkungen der Elementarteilchen erfüllt?

▶ Welche stellt die fundamentale Eigenschaft aller Elementarteilchen dar?

▶ Nennen Sie die Eigenschaften des Neutrinos und des Antineutrinos. Worin sind sie gleich, worin unterscheiden sie sich?

▶ Welche Charakteristika sind für Teilchen und Antiteilchen gleich; welche unterschiedlich?

▶ Was ist die strangeness und die Parität der Elementarteilchen? Wozu wurden sie eingeführt? Werden ihre Erhaltungssätze stets erfüllt?

▶ Warum besitzt das magnetische Moment des Protons dieselbe Richtung wie der Spin, und warum sind die Richtungen dieser Vektoren beim Elektron entgegengesetzt?

▶ Welche Gruppen gibt es für die Elementarteilchen? Welches sind die Kriterien, nach denen die Elementarteilchen dieser oder jener Gruppe zugeordnet werden?

▶ Welche Erhaltungssätze werden bei starker und bei schwacher Wechselwirkung der Elementarteilchen erfüllt?

▶ Welchen Elementarteilchen wird eine Leptonenzahl zugeschrieben und warum? Worin besteht der Inhalt ihrer Erhaltungssätze?

▶ Wozu ist die Hypothese von der Existenz der Quarks notwendig? Was wird mit ihrer Hilfe erklärt? Worin liegt ihre Schwierigkeit?

▶ Warum war es notwendig, solche Charakteristika der Quarks wie die Farbe und charm einzuführen?

▶ Wie viele Quark-Antiquark-Paare gibt es, und wie heißen sie?

Aufgaben

33.1. Nehmen wir an, daß die Energie relativistischer Myonen in der kosmischen Strahlung 3 GeV beträgt. Bestimmen Sie den Weg, den die Myonen während ihrer Lebensdauer zurückgelegt haben, wenn die den Myonen eigene Lebensdauer 2,2 μs beträgt und die Ruhenergie 100 MeV ist. [19,8 km]

33.2. Das neutrale Pion zerfällt in zwei γ-Quanten $\pi^0 \rightarrow 2\gamma$. Nehmen wir die Ruhmasse des Pions mit 264,1 m_e an. Bestimmen Sie die Energie jeder der entstehenden γ-Quanten. [67,7 MeV]

33.3. Bei dem Zusammenstoß eines Neutrons mit einem Antineutron vollzieht sich ihre Annihilation, wodurch zwei γ-Quanten entstehen, und die Energie der Teilchen in die Energie der γ-Quanten übergeht. Bestimmen Sie die Energie jeder der entstehenden γ-Quanten unter der Annahme, daß die kinetische Energie des Neutrons und des Positrons bis zu ihrem Zusammenstoß verschwindend klein ist. [942 MeV]

33.4. Bestimmen Sie, welche der weiter unten angeführten Prozesse durch den Erhaltungssatz der Leptonenzahl verboten sind: 1) $K^- \to \mu^- + \bar{\nu}_\mu$; 2) $K^+ \to e^+ + \pi^0 + \nu_e$.

33.5. Bestimmen Sie, welche der unten angeführten Prozesse durch den Erhaltungssatz der strangeness verboten sind: 1) $p + \pi^- \to \Sigma + K^-$; 2) $p + \pi^- \to K^- + K^+ + n$.

33.6. Bestimmen Sie, welche Erhaltungssätze bei den unten angeführten verbotenen Möglichkeiten des Zerfalls verletzt werden: 1) $\pi^- + n \to \Lambda^0 + K^-$; 2) $p + p \to p + \pi^+$.

Lösungen der Aufgaben

1.2. *Gegeben*: $v_0 = 10\,\text{m/s}$, $t = 2\,\text{s}$.
Gesucht: 1) v; 2) R.
Lösung: Der Körper führt zwei zueinander senkrechte Bewegungen aus: eine gleichförmige geradlinige Bewegung entlang der x-Achse (mit der Geschwindigkeit v_0) und einen freien Fall entlang der y-Achse (mit der Geschwindigkeit $v_y = gt$) (Bild L1). Folglich beträgt die Geschwindigkeit des Körpers in dem Punkt A

$$v = \sqrt{v_0^2 + g^2 t^2}.$$

Aus der Abbildung ist ersichtlich, daß für die Normalbeschleunigung des Körpers gilt

$$a_n = g \cos \alpha = \frac{g v_0}{\sqrt{v_0^2 + g^2 t^2}}.$$

Andererseits ist $a_n = v^2/R$, woraus folgt

$$R = \frac{v^2}{a_n} = \frac{(v_0^2 + g^2 t^2)^{3/2}}{g v_0}.$$

Nach Einsetzen der Zahlenwerte erhalten wir: 1) $v = 22\,\text{m/s}$; 2) $R = 109\,\text{m}$.

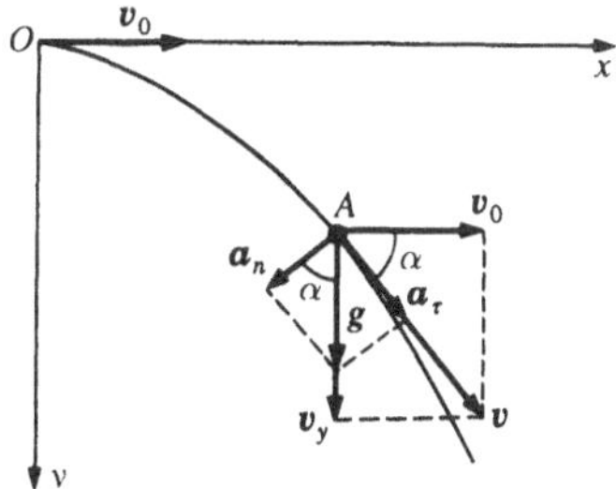

Bild L1

1.4. *Gegeben*: $R = 5\,\text{cm} = 0,05\,\text{m}$, $\omega = 2At + 5Bt^4$, $A = 2\,\text{rad/s}^2$, $B = 1\,\text{rad/s}^5$, $t = 1\,\text{s}$.
Gesucht: 1) a; 2) N.
Lösung: Die Gesamtbeschleunigung ist $a = \sqrt{a_\tau^2 + a_n^2}$, wobei die Tangentialkomponente der Bescheunigung $a_\tau = \varepsilon R$ ($\varepsilon = \text{d}\omega/\text{d}t$ ist die Winkelbeschleunigung) und die Normalkomponente der Beschleunigung $a_n = \omega^2 R$ betragen.

Entsprechend der Aufgabenstellung ist $\omega = 2At + 5Bt^4$; folglich gilt

$$a_\tau = \varepsilon R = R \frac{\text{d}\omega}{\text{d}t} = R(2A + 20Bt^3),$$

$$a_n = \omega^2 R = R(2At + 5Bt^4)^2,$$

woraus wir für die Gesamtbeschleunigung erhalten:

$$a = R\sqrt{(2A + 20Bt^3)^2 + (2At + 5Bt^4)^4}.$$

Der Drehwinkel der Scheibe ist $\varphi = 2\pi N$ (N ist die Anzahl der Umdrehungen), die Winkelgeschwindigkeit ist jedoch als $\omega = \text{d}\varphi/\text{d}t$ definiert, woraus folgt

$$\varphi = \int_0^t \omega\,\text{d}t = \int_0^t (2At + 5Bt^4)\,\text{d}t = At^2 + Bt^5.$$

Die Scheibe führt dann

$$N = \frac{\varphi}{2\pi} = \frac{At^2 + Bt^5}{2\pi}$$

Umdrehungen aus.

Nach Einsetzen der Zahlenwerte erhalten wir: 1) $a = 4,22\,\text{m/s}^2$; 2) $N = 0,477$.

2.3. *Gegeben*: $m_1 = 400\,\text{g} = 0,4\,\text{kg}$, $m_2 = 600\,\text{g} = 0,6\,\text{kg}$, $f = 0,1$.
Gesucht: 1) a; 2) T.
Lösung: Nach Wahl eines Koordinatensystems (Bild L2) schreiben wir für jedes Gewicht die Bewegungsgleichung (das zweite Newtonsche Axiom) in den Projektionen auf diese Koordinatenachsen auf:

$$m_1 a = T - F_\text{R},$$

$$m_2 a = m_2 g - T.$$

Unter Berücksichtigung von $F_\text{R} = f m_1 g$ erhalten wir das Gleichungssystem

$$\begin{cases} m_1 a = T - f m_1 g, \\ m_2 a = m_2 g - T, \end{cases}$$

woraus für die gesuchte Beschleunigung folgt

$$a = \frac{(m_2 - f m_1)g}{m_1 + m_2}.$$

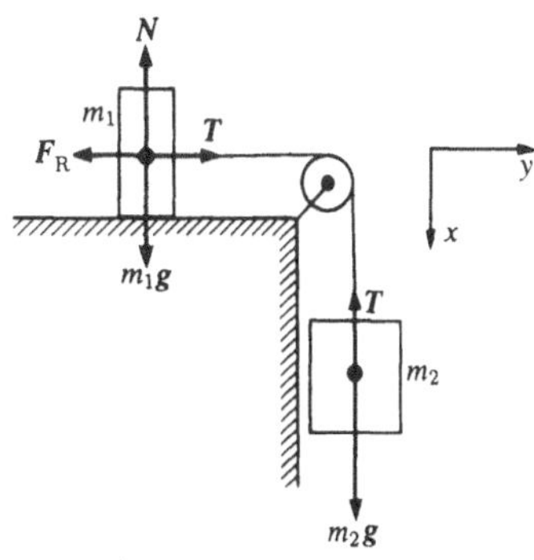

Bild L2

Die Fadenspannkraft ermitteln wir aus der zweiten Gleichung des Systems:

$$T = m_2(g - a).$$

Nach Einsetzen der Zahlenwerte erhalten wir: 1) $a = 5{,}49$ m/s^2; 2) $T = 2{,}59$ N.

2.6. *Gegeben*: $M = 500\,\text{g} = 0{,}5$ kg, $u = 400$ m/s, $\mu = 150\,\text{g/s} = 0{,}15$ kg/s, $t = 2$ s, $v_0 = 0$.
Gesucht: v.
Lösung: Entsprechend der Aufgabenstellung wirken keine äußeren Kräfte, der Impuls des Systems Rakete – ausgestoßene Gase bleibt deshalb konstant. Die Anfangsgeschwindigkeit der Rakete ist gleich Null, die Rakete wird sich deshalb geradlinig bewegen. Wenn wir die x-Achse in Richtung der Geschwindigkeit v der Rakete legen, können wir in den Projektionen auf diese Achse schreiben

$$(M - \mu t)\,dv - \mu u\,dt = 0,$$

wobei dv die Geschwindigkeitsänderung der Rakete (aufgrund der reaktiven Wirkung des ausgestoßenen Gasstrahls) in dem Zeitabschnitt dt ist. Hieraus folgt

$$dv = \frac{\mu u}{M - \mu t}\,dt. \tag{1}$$

Durch Integration der Gleichung (1) in den Grenzen von 0 bis t ermitteln wir die Geschwindigkeit v als Funktion der Zeit. Für $t = 0$ ist $v = 0$, folglich ist

$$v = u \int_0^t \frac{\mu\,dt}{M - \mu t},$$

woraus man

$$v = u \ln \frac{M}{M - \mu t}$$

erhält.

Nach Einsetzen der Zahlenwerte erhalten wir $v = 366$ m/s.

3.1. *Gegeben*: $m = 80$ kg, $a = 1$ m/s^2, $l = 3$ m, $\alpha = 30°$, $f = 0{,}15$.
Gesucht: 1) W; 2) $\langle P \rangle$; 3) $P_{\max}$.
Lösung: Die Bewegungsgleichung des Gewichtes lautet in Vektorschreibweise

$$m\boldsymbol{a} = \boldsymbol{F} + \boldsymbol{F}_1 + \boldsymbol{F}_2 + \boldsymbol{F}_R + \boldsymbol{N}.$$

In den Projektionen auf die x- und y-Achse (Bild L3) nimmt diese Gleichung die Form

$$ma = F - F_1 - F_R,$$

$$0 = N - F_2$$

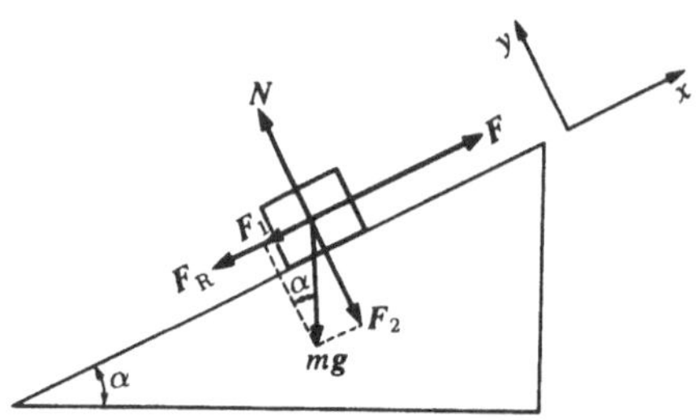

Bild L3

an, wobei $F_1 = mg \sin \alpha$, $F_2 = mg \cos \alpha$, $F_R = fN = fmg \cos \alpha$ ist.

Deshalb ist

$$F = m(a + g \sin \alpha + fg \cos \alpha).$$

Die von der Hebevorrichtung verrichtete Arbeit ist gleich

$$W = Fl = ml(a + g \sin \alpha + fg \cos \alpha).$$

Die von der Hebevorrichtung entwickelte mittlere Leistung ist

$$\langle P \rangle = \frac{W}{t},$$

wobei $t = \sqrt{2l/a}$ die Zeit zum Heben des Gewichtes ist. Folglich gilt

$$\langle P \rangle = W \sqrt{\frac{a}{2l}}.$$

Die von der Hebevorrichtung entwickelte maximale Leistung ist

$$P_{\max} = Fv_{\max} = Fat.$$

Durch Einsetzen der entsprechenden Ausdrücke erhalten wir

$$P_{\max} = m \sqrt{2al}\,(a + g \sin \alpha + fg \cos \alpha).$$

Nach Einsetzen der Zahlenwerte erhalten wir: 1) $W = 1{,}72$ kJ; 2) $\langle P \rangle = 702$ W; 3) $P_{\max} = 1{,}41$ kW.

3.8. *Gegeben*: $m_1 = 2$ kg, $m_2 = 3$ kg, $h = 70\,\text{cm} = 0{,}7$ m, $\alpha = 60°$ (Bild L4).
Gesucht: 1) h; 2) ΔT.

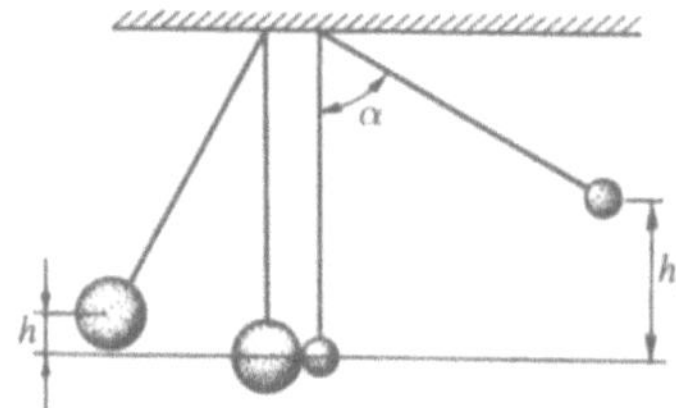

Bild L4

Lösung: Da der Stoß unelastisch erfolgt, bewegen sich die Kugeln nach dem Stoß mit der gemeinsamen Geschwindigkeit v, die wir aus dem Impulserhaltungssatz bestimmen:

$$m_1 v_1 + m_2 v_2 = (m_1 + m_2)v, \tag{1}$$

wobei v_1 und v_2 die Geschwindigkeiten der Kugeln vor dem Stoß sind. Die Geschwindigkeit v_1 der kleinen Kugel bestimmen wir aus dem Satz von der Erhaltung der mechanischen Energie:

$$m_1 g h_1 = \frac{m_1 v_1^2}{2},$$

woraus folgt

$$v_1 = \sqrt{2gh_1} = \sqrt{2gl(1 - \cos \alpha)}$$
$$= 2\sqrt{gl}\sin \frac{\alpha}{2} \tag{2}$$

(dabei haben wir $h_1 = l(1 - \cos \alpha)$ verwendet).

Aus den Ausdrücken (1) und (2) finden wir mit $v_2 = 0$

$$v = \frac{m_1 v_1}{m_1 + m_2} = \frac{2m_1 \sqrt{gl}\sin \dfrac{\alpha}{2}}{m_1 + m_2}. \tag{3}$$

Der Satz von der Erhaltung der mechanischen Energie liefert

$$(m_1 + m_2)\frac{v^2}{2} = (m_1 + m_2)gh,$$

woraus sich für die gesuchte Höhe ergibt

$$h = \frac{v^2}{g} = \frac{2m_1^2 l \sin^2 \dfrac{\alpha}{2}}{(m_1 + m_2)^2}$$

(mit Berücksichtigung von Gleichung (3)).

Die bei dem Stoß zur Deformation der Kugeln aufgewandte Energie ist

$$\Delta T = \frac{m_1 v_1^2}{2} - \frac{(m_1 + m_2)}{2}v^2, \tag{4}$$

woraus wir nach Einsetzen von (2) in (4) erhalten

$$\Delta T = 2gl\frac{m_1 m_2}{m_1 + m_2}\sin^2 \frac{\alpha}{2}.$$

Nach Einsetzen der Zahlenwerte erhalten wir: 1) $h = 5{,}6$ cm; 2) $\Delta T = 4{,}12$ J.

4.2. *Gegeben*: $m = 160\,\text{g} = 0{,}16\,\text{kg}$, $m_1 = 200\,\text{g} = 0{,}2\,\text{kg}$, $m_2 = 300\,\text{g} = 0{,}3$ kg.
Gesucht: 1) a; 2) T_1, T_2.

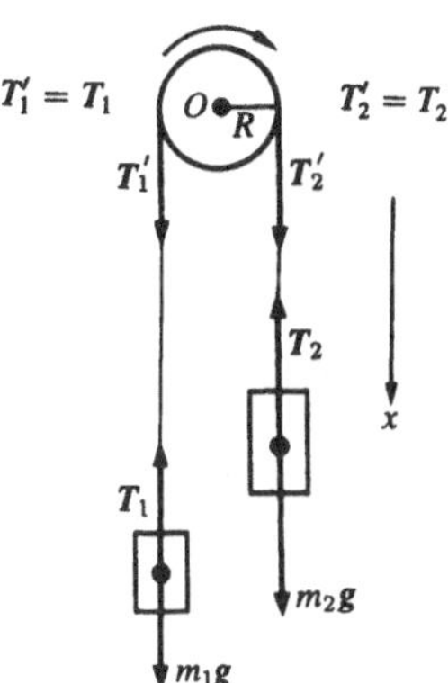

Bild L5

Lösung: Wir legen die x-Achse senkrecht nach unten (Bild L5) und schreiben für jedes Gewicht die Bewegungsgleichung (das zweite Newtonsche Axiom) in den Projektionen auf diese Achse auf:

$$m_1 a = T_1 - m_1 g, \tag{1}$$
$$m_2 a = m_2 g - T_2, \tag{2}$$

wobei T_1 und T_2 die Fadenspannkräfte sind. Sie sind verschieden groß, da $T_2 > T_1$ ist. Dadurch entsteht ein auf die Rolle wirkendes Drehmoment.

Gemäß dem Grundgesetz der Rotation ist das an den Zylinder angreifende Drehmoment gleich

$$M_z = J_z \varepsilon, \tag{3}$$

wobei J_z das Trägheitsmoment des Zylinders bezüglich der senkrecht in die Zeichenebene hinein gerichteten Rotationsachse und ε die Winkelbeschleunigung ist. Andererseits gilt

$$M_z = (T_2' - T_1')R, \tag{4}$$

wobei T_1' und T_2' die an den Umfängen der Zylinder angreifenden Kräfte und R der mit dem Zylinderradius übereinstimmende Kraftarm ist. Nach dem dritten Newtonschen Axiom gilt mit Berücksichtigung der Massenlosigkeit der Fäden $T_1' = T_1$ und $T_2' = T_2$. Unter Verwendung dieser Beziehungen erhalten wir durch Gleichsetzen von (3) und (4)

$$(T_2 - T_1)R = J_z \varepsilon, \tag{5}$$

wobei $J_z = mR^2/2$ und $\varepsilon = a/R$ ist.

Die Lösung der Gleichungen (1), (2) und (5) führt nach Einsetzen der Werte für J_z und ε auf den gesuchten Ausdruck für die Beschleunigung

$$a = \frac{m_2 - m_1}{m_1 + m_2 + \dfrac{m}{2}}g.$$

Aus den Gleichungen (1) und (2) ermitteln wir die Spannkräfte T_1 und T_2:

$$T_1 = m_1(g + a); \quad T_2 = m_2(g - a).$$

Nach Einsetzen der Zahlenwerte erhalten wir: 1) $a = 1{,}69$ m/s²; 2) $T_1 = 2{,}3$ N; $T_2 = 2{,}44$ N.

4.5. *Gegeben*: $n_1 = 30\,\text{min}^{-1} = 0{,}5\,\text{s}^{-1}$, $m = 5$ kg, $l_1 = 60$ cm $= 0{,}6$ m, $J_0 = 2\,\text{kg}\cdot\text{m}^2$, $l_2 = 20$ cm $= 0{,}2$ m.
Gesucht: 1) n_2; 2) W.
Lösung: Der Aufgabenstellung entsprechend ist das Drehmoment der äußeren Kräfte bezüglich der vertikalen Rotationsachse gleich Null, der Drehimpuls des Systems bleibt deshalb erhalten, d. h.

$$J_1\omega_1 = J_2\omega_2, \tag{1}$$

wobei $J_1 = J_0 + 2ml_1^2$ und $J_2 = J_0 + 2ml_2^2$ das Trägheitsmoment des gesamten Systems vor bzw. nach Anziehen der Arme und m die Masse der Hanteln ist. Die Winkelgeschwindigkeit beträgt $\omega = 2\pi n$. Durch Einsetzen dieses Ausdrucks in (1) erhalten wir die gesuchte Drehzahl:

$$n_2 = \frac{J_0 + 2ml_1^2}{J_0 + 2ml_2^2}n_1.$$

Die von der Person verrichtete Arbeit ist gleich der Änderung der kinetischen Energie des Systems:

$$W = T_2 - T_1 = \frac{J_2\omega_2^2}{2} - \frac{J_1\omega_1^2}{2}.$$

Wenn wir aus Gleichung (1) $\omega_2 = J_1\omega_1^2/J_2$ ausdrücken, erhalten wir

$$W = \frac{J_1\omega_1^2}{2}\left(\frac{J_1}{J_2} - 1\right) = \frac{J_1\omega_1^2}{2J_2}(J_1 - J_2)$$
$$= \frac{2J_1\pi^2 n_1^2}{J_2}(J_1 - J_2).$$

Nach Einsetzen der Zahlenwerte erhalten wir: 1) $n_2 = 70\,\text{min}^{-1}$; 2) $W = 36{,}8$ J.

4.8. *Gegeben*: $l = 80$ cm $= 0{,}8$ m, $A = 8\,\text{mm}^2 = 8\cdot 10^{-6}\,\text{m}^2$, $m = 400$ g $= 0{,}4$ kg, $E = 118\,\text{GPa} = 1{,}18\cdot 10^{11}$ Pa.
Gesucht: Δl.
Lösung: Aus dem Hookesschen Gesetz der Längsdehnung $\sigma = E\varepsilon$, wobei $\sigma = F/A$ die Spannung bei elastischer Deformation, E der Elastizitätsmodul, $\varepsilon = \Delta l/l$ die relative Längsdehnung ist, erhalten wir

$$\Delta l = \frac{Fl}{EA}, \tag{1}$$

wobei F die den Draht im unteren Bahnpunkt des Gewichtes dehnende Kraft ist. Sie ist zahlenmäßig gleich der Summe aus der Schwerkraft des Gewichtes und der auf das Gewicht wirkenden Zentrifugalkraft:

$$F = mg + \frac{mv^2}{l + \Delta l}, \tag{2}$$

wobei v die Geschwindigkeit der Gewichtes ist.

Nach dem Satz von der Erhaltung der mechanischen Energie ist

$$\frac{mv^2}{2} = mg(l + \Delta l).$$

Durch Einsetzen des hieraus gefundenen Ausdrucks für mv^2 in Gleichung (2) erhalten wir $F = 3mg$. Aus Gleichung (1) folgt dann für die gesuchte Längenzunahme des Drahtes

$$\Delta l = \frac{3mgl}{EA}.$$

Nach Einsetzen der Zahlenwerte erhalten wir $\Delta l = 9{,}98\cdot 10^{-4}$ m.

5.4. *Gegeben*: $m = 12$ kg, $r_1 = 4R$, $r_2 = 2R$, $R = 6{,}37\cdot 10^6$ m (Bild L6).
Gesucht: W_{12}.

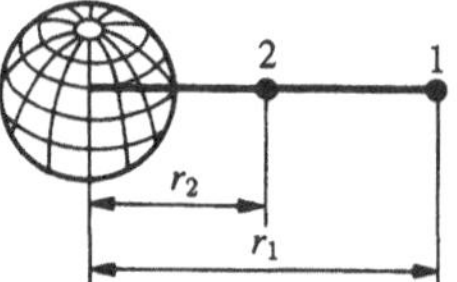

Bild L6

Lösung: Da es sich bei den Gravitationskräften um konservative Kräfte handelt, ist die Arbeit dieser Kräfte gleich dem negativen Wert der Änderung der potentiellen Energie des Systems Körper–Erde:

$$W_{12} = -\Delta U = U_1 - U_2, \tag{1}$$

wobei U_1 und U_2 die potentielle Energie des Systems Körper–Erde in den Punkten 1 bzw. 2 ist.

Wegen $U = -GmM/r$ (M ist die Erdmasse) ist

$$U_1 = -\frac{GmM}{4R}, \qquad U_2 = -\frac{GmM}{2R}.$$

Durch Einsetzen dieser Ausdrücke in (1) erhalten wir

$$W_{12} = \frac{1}{4}G\frac{mM}{R}.$$

Unter Berücksichtigung von $GM/R^2 = g$ ergibt sich die gesuchte Arbeit zu

$$W_{12} = \frac{1}{4}mgR.$$

Nach Einsetzen der Zahlenwerte erhalten wir $W_{12} = 187$ MJ.

5.6. *Gegeben*: $m_1 = 2$ kg, $m_2 = 0{,}5$ kg, $a_0 = 2{,}1$ m/s² (Bild L7).
Gesucht: F.
Lösung: Die Bewegung der Gewichte betrachten wir in einem mit dem Aufzug verbundenen Bezugssystem. Dieses System ist kein Inertialsystem (es bewegt sich

beschleunigt gegenüber der Erde). Die Bewegungsgleichungen der Gewichte in dem Nichtinertialsystem lauten

$$m_1\, \boldsymbol{a}' = m_1\, \boldsymbol{g} + \boldsymbol{T} + \boldsymbol{F}_{i1}, \qquad (1)$$

$$m_2\, \boldsymbol{a}' = m_2\, \boldsymbol{g} + \boldsymbol{T} + \boldsymbol{F}_{i2}, \qquad (2)$$

wobei $\boldsymbol{a}'$ die Beschleunigung der Körper in dem Nichtinertialsystem (infolge der Undehnbarkeit des Fadens für beide Körper betragsmäßig gleich), $\boldsymbol{T}$ die Fadenspannkraft (infolge der Massenlosigkeit von Faden und Rolle für beide Körper gleich) und $\boldsymbol{F}_{i1} = -m_1 \boldsymbol{a}_0$ und $\boldsymbol{F}_{i2} = -m_2 \boldsymbol{a}_0$ die Trägheitskräfte sind.

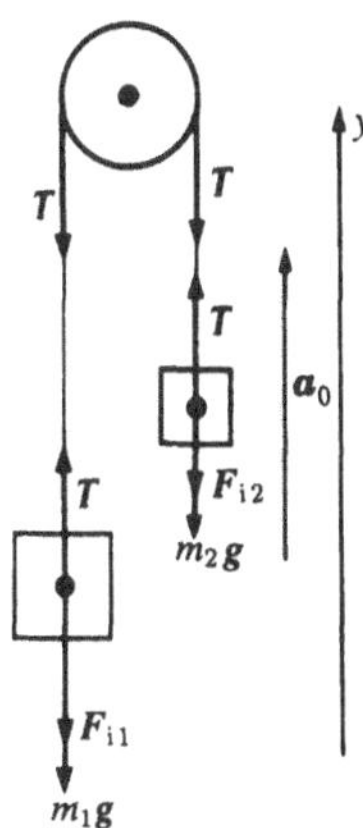

Bild L7

Wir legen die y-Achse nach oben und schreiben die Gleichungen (1) und (2) in den Projektionen auf diese Achse auf:

$$-m_1\, a' = -m_1\, g + T - m_1 a_0,$$

$$m_2\, a' = -m_2\, g + T - m_2 a_0.$$

Durch Lösung dieses Gleichungssystems erhalten wir:

$$a' = \frac{(m_1 - m_2)(g + a_0)}{m_1 + m_2},$$

$$T = m_1(g + a_0) - m_1 a' = \frac{2m_1 m_2}{m_1 + m_2}(g + a_0).$$

Die Druckkraft der Rolle auf die Achse ist

$$F = 2T = \frac{4m_1 m_2}{m_1 + m_2}(g + a_0).$$

Nach Einsetzen der Zahlenwerte erhalten wir $F = 19\,\mathrm{N}$.

6.2. *Gegeben*: $\Delta h = 8\,\mathrm{cm} = 0{,}08\ \mathrm{m}$, $A_1 = 6\,\mathrm{cm}^2 = 6 \cdot 10^{-4}\ \mathrm{m}^2$, $A_2 = 12\,\mathrm{cm}^2 = 12 \cdot 10^{-4}\,\mathrm{m}^2$, $\rho = 1\,\mathrm{g/cm}^3 = 10^3\ \mathrm{kg/m}^3$ (Bild L8).

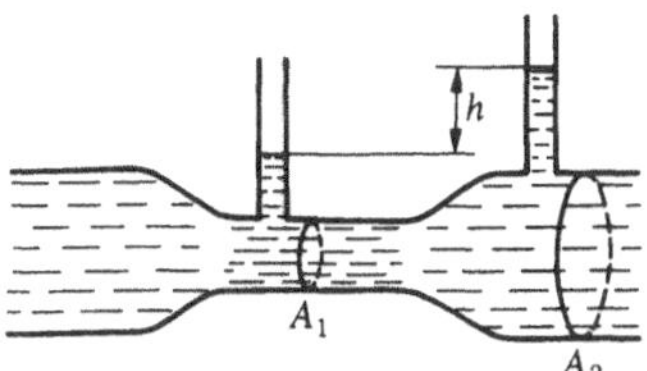

Bild L8

Gesucht: Q.

Lösung: Der Massendurchfluß ist die Wassermasse, die in einer Zeiteinheit durch den Querschnitt strömt,

$$Q = \frac{m}{\Delta t} = \frac{\rho v_2 A_2 \Delta t}{\Delta t} = \rho v_2 A_2, \qquad (1)$$

wobei ρ die Dichte des Wassers und v_2 die Strömungsgeschwindigkeit des Wassers an dem Querschnitt A_2 ist. Die stationäre Strömung einer idealen inkompressiblen Flüssigkeit genügt der Kontinuitätsgleichung

$$v_1 A_1 = v_2 A_2 \qquad (2)$$

und der Bernoullischen Gleichung für ein horizontales Rohr $(h_1 = h_2)$

$$p_1 + \frac{\rho v_1^2}{2} = p_2 + \frac{\rho v_2^2}{2}, \qquad (3)$$

wobei p_1 und p_2 der statische Druck in den Querschnitten der Manometerröhren und v_1 und v_2 die Strömungsgeschwindigkeiten des Wassers an den Querschnitten A_1 und A_2 sind. Unter Berücksichtigung von

$$p_2 - p_1 = \rho g \Delta h$$

erhalten wir aus der Lösung des Gleichungssystems (2), (3)

$$v_2 = A_1 \sqrt{\frac{2g\Delta h}{A_2^2 - A_1^2}}.$$

Durch Einsetzen dieses Ausdrucks in (1) finden wir den gesuchten Massendurchfluß des Wassers:

$$Q = \rho A_1 A_2 \sqrt{\frac{2g\Delta h}{A_2^2 - A_1^2}}.$$

Nach Einsetzen der Zahlenwerte erhalten wir $Q = 0{,}868\ \mathrm{kg/s}$.

6.7. *Gegeben*: $v = \mathrm{const}$, $\rho_1 = 9\ \mathrm{g/cm}^3 = 9000\ \mathrm{kg/m}^3$, $\rho_2 = 1{,}26\ \mathrm{g/cm}^3 = 1260\ \mathrm{kg/m}^3$, $\eta = 1{,}48\,\mathrm{Pa \cdot s}$, $\mathrm{Re} \le 0{,}5$.

Gesucht: $d_{\max}$.

Lösung: Bei der stationären Bewegung der Kugel in der Flüssigkeit $(v = \mathrm{const})$ wird die Schwerkraft (P) der Kugel durch die Summe aus der Auftriebskraft (F_A) und der Kraft der inneren Reibung (F) kompensiert:

$$P = F_A + F \quad \text{oder} \quad \rho_1 g V = \rho_2 g V + 6\pi \rho r v, \qquad (1)$$

wobei V das Volumen der Kugel ist. Durch Einsetzen von $V = 4\pi r^3/3$ in Gleichung (1) erhalten wir daraus v:

$$v = \frac{2(\rho_1 - \rho_2)gr^2}{9\eta} = \frac{(\rho_1 - \rho_2)gd^2}{18\eta}.$$

Für eine sich in einer zähen Flüssigkeit bewegende kleine Kugel beträgt die Reynoldszahl $\mathrm{Re} = \rho_2 vd/\eta$, woraus folgt

$$d_{\max} = \frac{\eta \mathrm{Re}_{\mathrm{krit}}}{\rho_2 v} = \sqrt[3]{\frac{18\eta^2 \mathrm{Re}_{\mathrm{krit}}}{(\rho_1 - \rho_2)\rho_2 g}}.$$

Nach Einsetzen der Zahlenwerte erhalten wir $d_{\max} = 5{,}91$ mm.

7.3. *Gegeben*: $E = 6\,\mathrm{GeV} = 9{,}6 \cdot 10^{-10}$ J, $\tau = 26\,\mathrm{ns} = 2{,}6 \cdot 10^{-8}$ s, $m_0 = 273\,m_e$, $m_e = 9{,}11 \cdot 10^{-31}$ kg.
Gesucht: τ'.
Lösung: Aus den Lorentztransformationen für die Zeit und der Masse-Energie-Beziehung ergibt sich

$$\tau' = \frac{\tau}{\sqrt{1 - \dfrac{v^2}{c^2}}}, \tag{1}$$

$$E = mc^2 = \frac{m_0 c^2}{\sqrt{1 - \dfrac{v^2}{c^2}}}. \tag{2}$$

Aus Gleichung (2) folgt

$$\sqrt{1 - \frac{v^2}{c^2}} = \frac{m_0 c^2}{E}. \tag{3}$$

Aus den Gleichungen (1) und (3) erhält man dann die gesuchte Lebensdauer des π-Mesons im Laborsystem:

$$\tau' = \frac{\tau E}{m_0 c^2}.$$

Nach Einsetzen der Zahlenwerte erhalten wir $\tau' = 1{,}11\ \mu$s.

7.7. *Gegeben*: $m_0 = 1{,}5\,\mathrm{t} = 1{,}5 \cdot 10^3$ kg, $v = 120\,\mathrm{Mm/s} = 1{,}2 \cdot 10^8$ m/s.
Gesucht: T.
Lösung: Die kinetische Energie der Rakete beträgt

$$T = (m - m_0)c^2,$$

wobei $m = m_0/\sqrt{1 - v^2/c^2}$ ist.
Aus diesen Ausdrücken erhalten wir

$$T = m_0 c^2 \left(\frac{1}{\sqrt{1 - \dfrac{v^2}{c^2}}} - 1 \right).$$

Nach Einsetzen der Zahlenwerte erhalten wir $T = 1{,}23 \cdot 10^{19}$ J.

7.9. *Gegeben*: $u' = 0{,}85\,c$.
Gesucht: u.
Lösung: Nach der relativistischen Additionsregel für Geschwindigkeiten gilt

$$u = \frac{u' + v}{1 + \dfrac{u'v}{c^2}},$$

wobei $v = c$ die Geschwindigkeit des Photons ist. Nach Einsetzen des Wertes $u' = 0{,}85\,c$ in diese Beziehung erhalten wir $u = c$, d. h., die Geschwindigkeit des Photons in seinem eigenen Bezugssystem und relativ zu dem Beschleuniger ist gleich und beträgt c.

8.2. *Gegeben*: $m_1 = 10\,\mathrm{g} = 10^{-2}$ kg, $M_1 = 2 \cdot 10^{-3}$ kg/mol, $m_2 = 16\,\mathrm{g} = 1{,}6 \cdot 10^{-2}$ kg, $M_2 = 4 \cdot 10^{-3}$ kg/mol, $T = 300$ K, $p = 0{,}1\,\mathrm{MPa} = 10^5$ Pa.
Gesucht: V_{Gem}.
Lösung: Nach dem Daltonschen Gesetz ist der Druck p eines Gasgemisches gleich der Summe der Partialdrücke:

$$p = p_1 + p_2. \tag{1}$$

Die Zustandsgleichung des idealen Gases liefert

$$p_1 V = \frac{m_1}{M_1}RT \quad \text{und} \quad p_2 V = \frac{m_2}{M_2}RT.$$

Die hieraus ermittelten Werte p_1 und p_2 setzen wir in (1) ein und erhalten

$$pV = \left(\frac{m_1}{M_1} + \frac{m_2}{M_2} \right) RT.$$

Das spezifische Volumen des Gemisches ist dann

$$V_{\mathrm{Gem}} = \frac{V}{m_1 + m_2} = \frac{\left(\dfrac{m_1}{M_1} + \dfrac{m_2}{M_2} \right) RT}{(m_1 + m_2)p}.$$

Nach Einsetzen der Zahlenwerte erhalten wir $V_{\mathrm{Gem}} = 8{,}63$ m³/kg.

8.4. *Gegeben*: $p = 35\,\mathrm{kPa} = 3{,}5 \cdot 10^4$ Pa, $\rho = 0{,}3$ kg/m³.
Gesucht: $\langle v \rangle$.
Lösung: Entsprechend der molekularkinetischen Theorie des idealen Gases ist

$$p = \frac{1}{3}nm_0 \langle v_{\mathrm{qu}} \rangle^2, \tag{1}$$

wobei n die Konzentration der Moleküle, m_0 die Masse eines Moleküls und $\langle v_{\mathrm{qu}} \rangle$ die mittlere quadratische Geschwindigkeit der Moleküle ist.

Unter Berücksichtigung von $\langle v \rangle = \sqrt{8kT/(\pi m_0)}$ und $\langle v_{\mathrm{qu}} \rangle = \sqrt{3kT/m_0}$ erhalten wir

$$\langle v \rangle = \sqrt{\frac{8}{3\pi}} \langle v_{\mathrm{qu}} \rangle. \tag{2}$$

Mit der Dichte des Gases

$$\rho = \frac{m}{V} = \frac{Nm_0}{V} = nm_0,$$

wobei m die Masse des Gases, V sein Volumen und N die Gesamtzahl der Gasmoleküle ist, kann man (1) in der Form

$$p = \frac{1}{3}\rho\langle v_{qu}\rangle^2$$

schreiben, oder $\langle v_{qu}\rangle = \sqrt{3p/\rho}$. Durch Einsetzen dieses Ausdrucks in (2) erhalten wir die gesuchte mittlere arithmetische Geschwindigkeit:

$$\langle v\rangle = \sqrt{\frac{8p}{\pi\rho}}.$$

Nach Einsetzen der Zahlenwerte erhalten wir $\langle v\rangle = 545$ m/s.

8.7. *Gegeben*: $f(u) = 4e^{-u^2}u^2/\sqrt{\pi}$, $u = v/v_w$, $v_{max} = 0{,}002\,v_w$, $N = 1{,}67\cdot 10^{24}$.
Gesucht: ΔN.
Lösung: Die Anzahl $dN(u)$ der Moleküle, deren relative Geschwindigkeit sich in den Grenzen von u bis $u + du$ befindet, beträgt

$$dN(u) = Nf(u)\,du = \frac{4N}{\sqrt{\pi}}e^{-u^2}u^2\,du, \qquad (1)$$

wobei N die Anzahl der Moleküle in dem Gasvolumen ist. Entsprechend der Aufgabenstellung ist $v_{max} = 0{,}002\,v_w$, es gilt dann $u_{max} = v_{max}/v_w = 0{,}002$. Wegen $u \ll 1$ ist $e^{-u^2} \approx 1 - u^2$. Unter Vernachlässigung von $u^2 \ll 1$ kann man den Ausdruck (1) wie folgt schreiben:

$$dN(u) = \frac{4N}{\sqrt{\pi}}u^2\,du. \qquad (2)$$

Durch Integration von (2) über u in den Grenzen von 0 bis u_{max} finden wir

$$\Delta N = \frac{4N}{\sqrt{\pi}}\int\limits_0^{u_{max}} u^2\,du = \frac{4N}{3\sqrt{\pi}}u_{max}^3.$$

Nach Einsetzen der Zahlenwerte erhalten wir $\Delta N = 10^{16}$ Moleküle.

8.11. *Gegeben*: $M_1 = 28\cdot 10^{-3}$ kg/mol, $M_2 = 44\cdot 10^{-3}$ kg/mol, $T_1 = T_2$, $p_1 = p_2$, $d_1 = d_2$.
Gesucht: D_1/D_2.
Lösung: Für den Diffusionskoeffizienten eines Gases gilt

$$D = \frac{1}{3}\langle v\rangle\langle l\rangle, \qquad (1)$$

wobei $\langle v\rangle = \sqrt{8RT/(\pi M)}$ die mittlere arithmetische Geschwindigkeit der Moleküle und $\langle l\rangle = 1/(\sqrt{2}\pi d^2 n)$ die mittlere freie Weglänge der Moleküle ist. Wegen

$p = nkT$ folgt aus der Aufgabenstellung ($p_1 = p_2$, $T_1 = T_2$) $n_1 = n_2$. Durch Einsetzen der Werte für $\langle v\rangle$ und $\langle l\rangle$ in (1) erhalten wir unter Berücksichtigung der Aufgabenstellung

$$\frac{D_1}{D_2} = \sqrt{\frac{M_2}{M_1}}.$$

Nach Einsetzen der Zahlenwerte erhalten wir $D_1/D_2 = 1{,}25$.

9.6. *Gegeben*: $p_1 = 0{,}5\,\mathrm{MPa} = 0{,}5\cdot 10^6$ Pa, $T_1 = 350$ K, $V_1 = 1\,\mathrm{l} = 10^{-3}\ \mathrm{m}^3$, $V_2 = 2\,\mathrm{l} = 2\cdot 10^{-3}\ \mathrm{m}^3$, $V_3 = 3\,\mathrm{l} = 3\cdot 10^{-3}\ \mathrm{m}^3$.
Gesucht: 1) W; 2) ΔU; 3) Q.

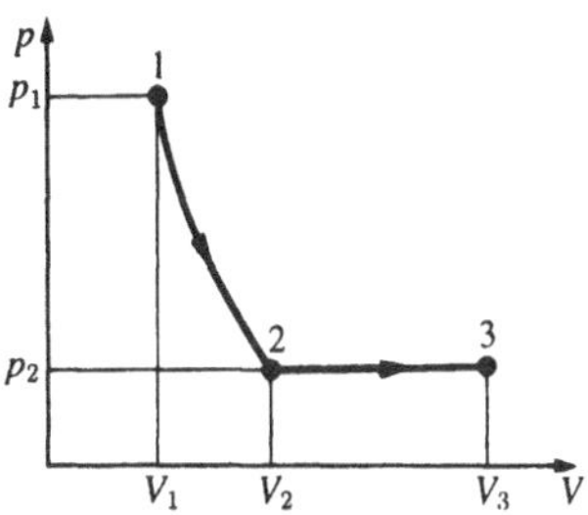

Bild L9

Lösung: Entsprechend dem ersten Hauptsatz der Thermodynamik wird die dem Gas zugeführte Wärmemenge Q zur Änderung der inneren Energie des Gases (ΔU) und zur Verrichtung von Arbeit (W) durch das Gas gegen äußere Kräfte verwendet:

$$Q = \Delta U + W. \qquad (1)$$

Der adiabatische Prozeß 1–2 (Bild L9) läuft ohne Wärmeaustausch mit der Umgebung ab, deshalb ist

$$Q_{12} = 0. \qquad (2)$$

Die vom Gas bei dem adiabatischen Prozeß verrichtete Arbeit beträgt:

$$W_{12} = \frac{p_1 V_1}{\gamma - 1}\left[1 - \left(\frac{V_1}{V_2}\right)^{\gamma - 1}\right], \qquad (3)$$

wobei $\gamma = (i + 2)/i = 1{,}4$ (Sauerstoff ist ein zweiatomiges Gas, die Anzahl der Freiheitsgrade beträgt $i = 5$).

Nach (1) ist bei einem adiabatischen Prozeß

$$\Delta U_{12} = -W_{12}. \qquad (4)$$

Bei dem isobaren Prozeß 2–3 beträgt die isobare Expansionsarbeit

$$W_{23} = p_2(V_3 - V_2), \qquad (5)$$

wobei wir den Druck p_2 unter Verwendung der Poisson-Gleichung für die Adiabate 1–2 ermitteln:

$$p_2 = p_1 \left(\frac{V_1}{V_2}\right)^\gamma .$$

Nach Einsetzen dieses Wertes in (5) erhalten wir

$$W_{23} = p_1(V_3 - V_2)\left(\frac{V_1}{V_2}\right)^\gamma . \tag{6}$$

Die Änderung der inneren Energie des Gases beträgt

$$\Delta U_{23} = \frac{m}{M}C_V\Delta T = \frac{m}{M}C_V(T_3 - T_2), \tag{7}$$

wobei m die Masse des Gases und C_V seine molare Wärmekapazität bei konstantem Volumen ist. Die Masse m des Gases ermitteln wir aus der Zustandsgleichung des idealen Gases $p_1 V_1 = (m/M)RT$, woraus sich $m = Mp_1V_1/(RT_1)$ ergibt. Die molare Wärmekapazität des Gases bei konstantem Volumen beträgt $C_V = iR/2$. Nach Einsetzen dieser Werte in (7) erhalten wir

$$\Delta U_{23} = \frac{i}{2}\frac{p_1V_1}{T_1}(T_3 - T_2). \tag{8}$$

Die Temperaturen T_1 und T_2 bestimmen wir unter Verwendung der Poisson-Gleichung für den adiabatischen Prozeß 1–2 und des Gay-Lussacschen Gesetzes für den isobaren Prozeß 2–3:

$$T_2 = T_1 \left(\frac{V_1}{V_2}\right)^{\gamma-1} = 265\,\text{K},$$

$$T_3 = T_2\frac{V_3}{V_2} = 397\,\text{K}.$$

Die dem Gas bei dem isobaren Prozeß zugeführte Wärmemenge Q_{23} beträgt nach (1)

$$Q_{23} = W_{23} + \Delta U_{23}. \tag{9}$$

Nach Einsetzen der Zahlenwerte erhalten wir: $W_{12} = 303$ J; $\Delta U_{12} = -303$ J; $Q_{12} = 0$; $W_{23} = 189$ J; $\Delta U_{23} = 471$ J; $Q_{23} = 660$ J.

9.9. *Gegeben*: $W = 600$ J, $T_1 = 500$ K, $T_2 = 300$ K.
Gesucht: 1) η; 2) Q_2.
Lösung: Der thermische Wirkungsgrad eines Carnotschen Kreisprozesses beträgt

$$\eta = \frac{T_1 - T_2}{T_1}.$$

Die an den Kühlbehälter abgegebene Wärmemenge ist

$$Q_2 = Q_1 - W, \tag{1}$$

wobei $Q_1 = W/\eta$ die von dem Wärmebehälter erhaltene Wärmemenge ist.

Durch Einsetzen dieses Ausdrucks in (1) erhalten wir

$$Q_2 = W\left(\frac{1}{\eta} - 1\right).$$

Nach Einsetzen der Zahlenwerte erhalten wir: 1) $\eta = 0{,}4$; 2) $Q_2 = 900$ J.

9.12. *Gegeben*: $m = 10\,\text{g} = 10^{-2}$ kg, $M = 28 \cdot 10^{-3}$ kg/mol, $p_1 = 0{,}1\,\text{MPa} = 10^5$ Pa, $p_2 = 50\,\text{kPa} = 5 \cdot 10^4$ Pa.
Gesucht: ΔS.
Lösung: Für einen isothermen Prozeß beträgt die Entropieänderung

$$\Delta S = \int_1^2 \frac{\mathrm{d}Q}{T} = \frac{1}{T}\int_1^2 \mathrm{d}Q = \frac{Q}{T}. \tag{1}$$

Die von dem Gas erhaltene Wärmemenge ist nach dem ersten Hauptsatz der Thermodynamik gleich $Q = W + \Delta U$. Bei einem isothermen Prozeß ist $\Delta U = 0$, daher gilt $Q = W$. Die Arbeit eines Gases bei einem isothermen Prozeß beträgt

$$W = \frac{m}{M}RT\ln\frac{V_2}{V_1} = \frac{m}{M}RT\ln\frac{p_1}{p_2}. \tag{2}$$

Durch Einsetzen von (2) in (1) erhalten wir die gesuchte Entropieänderung:

$$\Delta S = \frac{m}{M}R\ln\frac{p_1}{p_2}.$$

Nach Einsetzen der Zahlenwerte erhalten wir $\Delta S = 2{,}06$ J/K.

10.2. *Gegeben*: $v = 1\,\text{kmol} = 10^3$ mol, $V_1 = 1\,\text{m}^3$, $V_2 = 1{,}5\,\text{m}^3$, $W = 45{,}3\,\text{kJ} = 4{,}53 \cdot 10^4$ J.
Gesucht: a.
Lösung: Die gegen die zwischenmolekularen Anziehungskräfte verrichtete Arbeit beträgt

$$W = \int_{V_1}^{V_2} p'\,\mathrm{d}V,$$

wobei $p' = v^2a/V^2$ der durch die Wechselwirkungskräfte zwischen den Molekülen bedingte Druck ist. Somit ist

$$W = v^2a\int_{V_1}^{V_2} \frac{\mathrm{d}V}{V^2} = v^2a\left(\frac{1}{V_1} - \frac{1}{V_2}\right)$$

$$= \frac{v^2a(V_2 - V_1)}{V_1V_2},$$

woraus folgt

$$a = \frac{WV_1V_2}{v^2(V_2 - V_1)}.$$

Nach Einsetzen der Zahlenwerte erhalten wir $a = 0{,}136\ \text{N} \cdot \text{m}^4/\text{mol}^2$.

10.7. *Gegeben*: $h = 3{,}7$ mm $= 3{,}7 \cdot 10^{-3}$ m, $\rho = 13{,}6$ g/cm$^3 = 1{,}36 \cdot 10^4$ kg/m^3, $\sigma = 0{,}5$ N/m.
Gesucht: R.
Lösung: Der durch die Krümmung des Meniskus hervorgerufene zusätzliche Druck beträgt

$$\Delta p = \frac{2\sigma}{R},$$

wobei σ die Oberflächenspannung und R der Krümmungsradius des Meniskus ist. Da Quecksilber eine nichtbenetzende Flüssigkeit ist, sinkt es in der Kapillare so weit, bis der Druck der Flüssigkeitssäule (hydrostatischer Druck) $\rho g h$ durch den zusätzlichen Druck Δp kompensiert wird, d.h. bis

$$\frac{2\sigma}{R} = \rho g h$$

gilt, wobei ρ die Dichte des Quecksilbers und g die Fallbeschleunigung ist. Hieraus ergibt sich der gesuchte Krümmungsradius des Quecksilbermeniskus zu

$$R = \frac{2\sigma}{\rho g h}.$$

Nach Einsetzen der Zahlenwerte erhalten wir $R = 2{,}03$ mm.

11.2. *Gegeben*: $l = 20$ cm $= 0{,}2$ m, $Q_1 = 2$ nC $= 2 \cdot 10^{-9}$ C, $Q_2 = -3$ nC $= -3 \cdot 10^{-9}$ C, $r_1 = 15$ cm $= 0{,}15$ m, $r_2 = 10$ cm $= 0{,}1$ m.
Gesucht: 1) E; 2) φ.

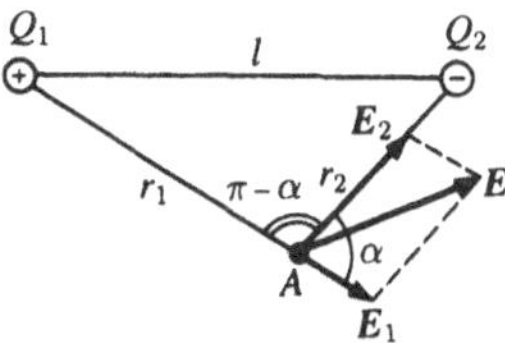

Bild L10

Lösung: Nach dem Superpositionsprinzip gilt

$$\boldsymbol{E} = \boldsymbol{E}_1 + \boldsymbol{E}_2$$

(die Richtung der Vektoren ist in Bild L10 dargestellt). Die Feldstärke des von den Ladungen Q_1 und Q_2 im Vakuum erzeugten elektrischen Feldes beträgt

$$E_1 = \frac{|Q_1|}{4\pi\varepsilon_0 r_1^2}, \quad E_2 = \frac{|Q_2|}{4\pi\varepsilon_0 r_2^2}. \tag{1}$$

Den Betrag des Vektors $\boldsymbol{E}$ bestimmen wir mit dem Kosinussatz

$$E = \sqrt{E_1^2 + E_2^2 + 2E_1 E_2 \cos\alpha}, \tag{2}$$

wobei

$$\cos\alpha = \frac{l^2 - r_1^2 - r_2^2}{2r_1 r_2} = 0{,}25 \tag{3}$$

ist. Durch Einsetzen von (1) und (3) in (2) erhalten wir die gesuchte Feldstärke in dem Punkt A:

$$E = \frac{1}{4\pi\varepsilon_0} \sqrt{\frac{Q_1^2}{r_1^4} + \frac{2|Q_1||Q_2|}{r_1^2 r_2^2}\cos\alpha + \frac{Q_2^2}{r_2^4}}.$$

Nach dem Superpositionsprinzip ist das Potential des resultierenden Feldes gleich

$$\varphi = \varphi_1 + \varphi_2,$$

wobei $\varphi_1 = Q_1/(4\pi\varepsilon_0 r_1)$ und $\varphi_2 = Q_2/(4\pi\varepsilon_0 r_2)$ die Potentiale der von den Ladungen Q_1 bzw. Q_2 erzeugten Felder sind. Diese setzen wir in obigen Ausdruck ein und erhalten

$$\varphi = \frac{1}{4\pi\varepsilon_0}\left(\frac{Q_1}{r_1} + \frac{Q_2}{r_2}\right).$$

Nach Einsetzen der Zahlenwerte erhalten wir: 1) $E = 3$ kV/m; 2) $\varphi = -150$ V.

11.6. *Gegeben*: $R = 7$ mm $= 7 \cdot 10^{-3}$ m, $\tau = 15$ nC/m $= 1{,}5 \cdot 10^{-8}$ C/m, $r_1 = 5$ mm $= 5 \cdot 10^{-3}$ m, $r_2 = 1$ cm $= 1 \cdot 10^{-2}$ m, $r_3 = 1$ cm $= 1 \cdot 10^{-2}$ m, $r_4 = 2$ cm $= 2 \cdot 10^{-2}$ m.
Gesucht: 1) E_{r_1}, E_{r_2}; 2) $\varphi_3 - \varphi_4$.
Lösung: Wir verwenden den Satz von Gauß

$$\oint_A \boldsymbol{E}\, \mathrm{d}A = \oint_A E_n\, \mathrm{d}A = \frac{1}{\varepsilon_0}\sum_i Q_i,$$

wobei wir als geschlossene Oberfläche einen zu dem geladenen Zylinder koaxialen Zylinder mit dem Radius r und der Länge l (Bild L11) nehmen. Wenn $r < R$ ist, enthält die geschlossene Oberfläche im Inneren keine Ladungen, in diesem Bereich ist deshalb $E = 0$.

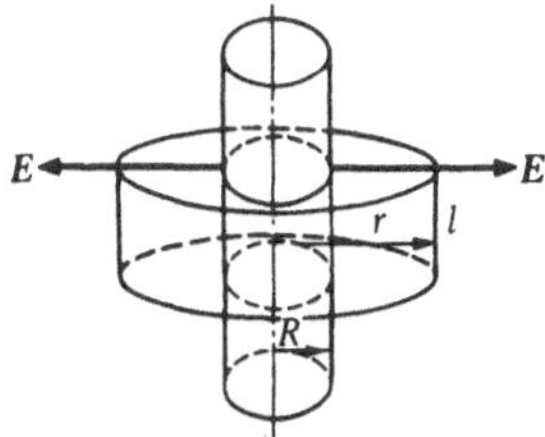

Bild L11

Der Fluß des Vektors $\boldsymbol{E}$ durch die Grundflächen des Zylinders ist gleich Null (sie liegen parallel zu den Feldlinien), durch die Mantelfläche beträgt der Fluß $2\pi r l E$. Nach dem Satz von Gauß ist bei $r_2 > R$ $2\pi r_2 l E = \tau l / \varepsilon_0$, woraus folgt

$$E = \frac{1}{2\pi\varepsilon_0}\frac{\tau}{r_2}.$$

Wegen $E = -\operatorname{grad}\varphi$ kann man die erhaltene Gleichung für ein axialsymmetrisches Feld in folgender Form schreiben:

$$E = -\frac{\mathrm{d}\varphi}{\mathrm{d}r} \quad \text{oder} \quad \mathrm{d}\varphi = -E\,\mathrm{d}r.$$

Wenn wir hierin den Ausdruck für die Feldstärke eines von einem unendlich langen Zylinder erzeugten Feldes $[E = \tau/(2\pi\varepsilon_0 r)]$ einsetzen, erhalten wir

$$\mathrm{d}\varphi = -\frac{\tau}{2\pi\varepsilon_0}\frac{\mathrm{d}r}{r}.$$

Die gesuchte Potentialdifferenz finden wir durch Integration dieses Ausdrucks:

$$\varphi_3 - \varphi_4 = \int\limits_{r_3+R}^{r_4+R} \frac{\tau}{2\pi\varepsilon_0}\frac{\mathrm{d}r}{r} = \frac{\tau}{2\pi\varepsilon_0}\ln\frac{r_4+R}{r_3+R}.$$

Nach Einsetzen der Zahlenwerte erhalten wir: 1) $E_{r_1} = 0$; $E_{r_2} = 27\,\text{kV/m}$; 2) $\varphi_3 - \varphi_4 = 125\,\text{V}$.

11.12. *Gegeben*: $v_1 = 1\,\text{Mm/s} = 10^6\,\text{m/s}$, $v_2 = 5\,\text{Mm/s} = 5\cdot 10^6\,\text{m/s}$, $e = 1{,}6\cdot 10^{-19}\,\text{C}$, $m = 9{,}11\cdot 10^{-31}\,\text{kg}$.
Gesucht: $\varphi_1 - \varphi_2$.
Lösung: Die von den Kräften des elektrostatischen Feldes bei der Verschiebung des Elektrons aus dem Punkt 1 in den Punkt 2 verrichtete Arbeit beträgt

$$W = e(\varphi_1 - \varphi_2). \qquad (1)$$

Andererseits ist sie gleich der Änderung der kinetischen Energie des Elektrons:

$$W = T_2 - T_1 = \frac{mv_2^2}{2} - \frac{mv_1^2}{2}. \qquad (2)$$

Durch Gleichsetzen der Ausdrücke (1) und (2) ermitteln wir die gesuchte beschleunigende Potentialdifferenz:

$$\varphi_1 - \varphi_2 = \frac{m(v_2^2 - v_1^2)}{2e}.$$

Nach Einsetzen der Zahlenwerte erhalten wir $\varphi_1 - \varphi_2 = 68{,}3\,\text{V}$.

11.14. *Gegeben*: $U_1 = 1{,}5\,\text{kV} = 1{,}5\cdot 10^3\,\text{V}$; $A = 150\,\text{cm}^2 = 1{,}5\cdot 10^{-2}\,\text{m}^2$; $\varepsilon_1 = 1$; $d = 5\,\text{mm} = 5\cdot 10^{-3}\,\text{m}$; $\varepsilon_2 = 7$.
Gesucht: 1) U_2; 2) C_1, C_2; 3) σ_1, σ_2.
Lösung: Wegen $E = \sigma/(\varepsilon_0\varepsilon) = U/d$ gilt vor Einbringen des Dielektrikums $\sigma d = U_1\varepsilon_0\varepsilon_1$ und nach Einbringen des Dielektrikums $\sigma d = U_2\varepsilon_0\varepsilon_2$. Daraus folgt

$$U_2 = \frac{\varepsilon_1 U_1}{\varepsilon_2}.$$

Die Kapazität des Kondensators vor und nach Einbringen des Dielektrikums beträgt

$$C_1 = \frac{\varepsilon_0\varepsilon_1 A}{d} \quad \text{und} \quad C_2 = \frac{\varepsilon_0\varepsilon_2 A}{d}.$$

Die Ladung der Platten bleibt nach Trennung von der Spannungsquelle unverändert, d. h. $Q = \text{const}$. Die Flächenladungsdichte der Platten vor und nach Einbringen des Dielektrikums ist daher

$$\sigma_1 = \sigma_2 = \frac{Q}{A} = \frac{C_1 U_1}{A} = \frac{C_2 U_2}{A}.$$

Nach Einsetzen der Zahlenwerte erhalten wir: 1) $U_2 = 214\,\text{V}$; 2) $C_1 = 26{,}5\,\text{pF}$; $C_2 = 186\,\text{pF}$; 3) $\sigma_1 = \sigma_2 = 2{,}65\,\mu\text{C/m}^2$.

11.17. *Gegeben*: $U = 1{,}5\,\text{kV} = 1{,}5\cdot 10^3\,\text{V}$; $\varepsilon = 2$; $d = 5\,\text{mm} = 5\cdot 10^{-3}\,\text{m}$.
Gesucht: σ'.
Lösung: Es ist $D = \varepsilon_0 E + P$, wobei D und E der elektrische Verschiebungsvektor bzw. der Feldstärkevektor des Plattenkondensators sind; P ist der Polarisationsvektor des Dielektrikums. Da die Vektoren D und E senkrecht auf der Oberfläche des Dielektrikums stehen, ist $D_n = D$ und $E_n = E$. Man kann dann schreiben $D = \varepsilon_0 E + P$, wobei $P = \sigma'$ ist, d. h., P ist gleich der Flächenladungsdichte der gebundenen Ladungen des Dielektrikums (dabei haben wir $P_n = P$ berücksichtigt). Es gilt dann

$$\sigma' = D - \varepsilon_0 E.$$

Mit Berücksichtigung von $D = \varepsilon_0\varepsilon E$ und $E = U/d$, wobei d der Abstand zwischen den Platten des Kondensators ist, finden wir

$$\sigma' = \varepsilon_0(\varepsilon - 1)E = \frac{\varepsilon_0(\varepsilon - 1)U}{d}.$$

Nach Einsetzen der Zahlenwerte erhalten wir $\sigma' = 2{,}65\,\mu\text{C/m}^2$.

12.4. *Gegeben*: $R = 50\,\Omega$, $\tau = 6\,\text{s}$, $I_0 = 0$, $I_{\max} = 3\,\text{A}$.
Gesucht: Q.
Lösung: Entsprechend dem Jouleschen Gesetz gilt für ein unendlich kleines Zeitintervall

$$\mathrm{d}Q = I^2 R\,\mathrm{d}t.$$

Nach der Bedingung wächst die Stromstärke gleichmäßig an, d. h. $I = kt$, wobei für den Proportionalitätskoeffizienten gilt $k = (I_{\max} - I_0)/\tau = \text{const}$. Man kann also schreiben

$$\mathrm{d}Q = k^2 R t^2\,\mathrm{d}t. \qquad (1)$$

Indem man (1) integriert und den Ausdruck für k einsetzt, gelangt man zu einem Ausdruck für die gesuchte Wärmemenge wie folgt:

$$Q = \int\limits_0^\tau k^2 R t^2\,\mathrm{d}t = \frac{1}{3}k^2 R\tau^3 = \frac{1}{3}\frac{(I_{\max} - I_0)^2}{\tau^2}R\tau^3$$

$$= \frac{1}{3}(I_{\max} - I_0)^2 R\tau.$$

Das Ergebnis lautet $Q = 900$ J.

12.6. *Gegeben*: $I_1 = 4$ A, $P_1 = 10$ W, $I_2 = 6$ A, $P_2 = 12$ W.
Gesucht: r.
Lösung: Für die von einem Strom entwickelte Leistung gilt

$$P_1 = I_1^2 R_1 \quad \text{und} \quad P_2 = I_2^2 R_2, \tag{1}$$

wobei R_1 und R_2 die Widerstände im äußeren Stromkreis sind.

Nach dem Ohmschen Gesetz gilt

$$I_1 = \frac{\mathcal{E}}{R_1 + r}; \quad I_2 = \frac{\mathcal{E}}{R_2 + r},$$

wobei $\mathcal{E}$ die EMK der Stromquelle ist. Indem wir diese beiden Gleichungen bezüglich r lösen, erhalten wir

$$r = \frac{I_1 R_1 - I_2 R_2}{I_2 - I_1}. \tag{2}$$

Wenn man $I_1 R_1$ und $I_2 R_2$ über (1) ausdrückt und in (2) einsetzt, erhält man die gesuchte Formel für r:

$$r = \frac{\dfrac{P_1}{I_1} - \dfrac{P_2}{I_2}}{I_2 - I_1}.$$

Das Ergebnis ist $r = 0,25\,\Omega$.

12.9. *Gegeben*: $\rho = 17\,\text{n}\Omega \cdot \text{m} = 1,7 \cdot 10^{-8}\,\Omega \cdot \text{m}$, $w = 1,7\,\text{J}/(\text{m}^3 \cdot \text{s})$.
Gesucht: j.
Lösung: Nach dem Jouleschen und dem Ohmschen Gesetz in Differentialform gilt

$$w = \gamma E^2 = \frac{E^2}{\rho}, \tag{1}$$

$$j = \gamma E = \frac{E}{\rho}, \tag{2}$$

wobei γ und ρ der spezifische elektrische Leitwert bzw. Widerstand des Leiters sind. Aus (2) folgt, daß $E = \rho j$ ist. Indem man diese Formel in (1) einsetzt, findet man den Ausdruck für die gesuchte Stromdichte:

$$j = \sqrt{\frac{w}{\rho}}.$$

Das Ergebnis ist $j = 10$ kA/m^3.

13.1. *Gegeben*: $R = 12\ \Omega$, $r = 200\ \Omega$, $\Delta T = 120$ K, $I = 30\,\mu\text{A} = 3 \cdot 10^5$ A.
Gesucht: α.
Lösung: Nach dem Ohmschen Gesetz ergibt sich die Stromstärke im Stromkreis des Thermoelementes zu

$$I = \frac{\mathcal{E}_\text{T}}{R + r}, \tag{1}$$

wobei $\mathcal{E}_\text{T}$ die EMK ist.

Für die EMK gilt

$$\mathcal{E}_\text{T} = \alpha \Delta T. \tag{2}$$

Dabei ist α die Konstante des Elementes und ΔT der Temperaturunterschied an seinen Lotstellen. Ausgehend von (1) und (2) finden wir die gesuchte Konstante:

$$\alpha = \frac{I(R + r)}{\Delta T}.$$

Das Ergebnis ist $\alpha = 53\ \mu$V/K.

14.3. *Gegeben*: $d = 15\,\text{cm} = 0,15$ m, $I_1 = 70$ A, $I_2 = 50$ A, $r_1 = 10\,\text{cm} = 0,1$ m, $r_2 = 20\,\text{cm} = 0,2$ m.
Gesucht: B.

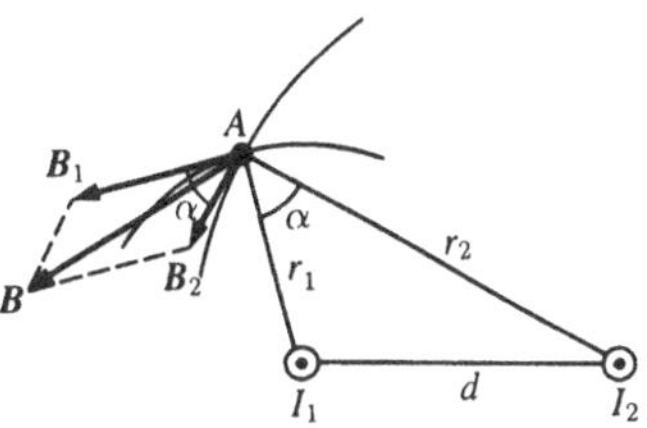

Bild L12

Lösung: Entsprechend dem Superpositionsprinzip ist die magnetische Induktion im Punkt A (Bild L12) gleich

$$\boldsymbol{B} = \boldsymbol{B}_1 + \boldsymbol{B}_2,$$

wobei $\boldsymbol{B}_1$ und $\boldsymbol{B}_2$ entsprechend die magnetischen Induktionen der Leiter mit den Strömen I_1 und I_2 sind (siehe Bild L12). Der absolute Betrag von $\boldsymbol{B}$ ist nach dem Kosinussatz gleich

$$B = \sqrt{B_1^2 + B_2^2 + 2B_1 B_2 \cos \alpha}, \tag{1}$$

wobei gilt $B_1 = \mu_0 I_1/(2\pi r_1)$; $B_2 = \mu_0 I_2/(2\pi r_2)$; $\cos \alpha = (r_1^2 + r_2^2 - d^2)/(2r_1 r_2)$.

Indem man diese Ausdrücke in Formel (1) einsetzt, erhält man die gesuchte Gleichung für B:

$$B = \frac{\mu_0}{2\pi} \sqrt{\frac{I_1^2}{r_1^2} + \frac{I_2^2}{r_2^2} + \frac{I_1 I_2}{r_1^2 r_2^2}(r_1^2 + r_2^2 - d^2)}.$$

Das Ergebnis lautet $B = 178\ \mu$T.

14.8. *Gegeben*: $B = 30\,\text{mT} = 3 \cdot 10^{-2}$ T, $R = 10\,\text{cm} = 0,1$ m, $m = 9,11 \cdot 10^{-31}$ kg.
Gesucht: p_m.
Lösung: Da die Kreisbewegung eines Elektrons einem Kreisstrom äquivalent ist, ergibt sich das magnetische Moment dieses Stromes zu

$$p_\text{m} = IA = \frac{|e|}{T}A, \tag{1}$$

wobei e die Elektronenladung, T die Periode der Kreisbewegung des Elektrons und A die Fläche des Kreises ist. Es gilt $T = 2\pi R/v$ (v ist die Geschwindigkeit des Elektrons); $A = \pi R^2$.

Nach dem zweiten Newtonschen Axiom gilt

$$ma_n = F_L \quad \text{oder} \quad \frac{mv^2}{R} = |e|vB \tag{2}$$

(die Lorentzkraft ist zum Geschwindigkeitsvektor senkrecht und vermittelt dem Elektron eine Beschleunigung in dieser Richtung). Aus Formel (2) erhalten wir, daß die Geschwindigkeit $v = |e|BR/m$ ist. Dann gilt $T = 2\pi m/(|e|B)$.

Indem die Ausdrücke für T und A in Formel (1) eingesetzt werden, erhalten wir die Gleichung der gesuchten Größe:

$$p_m = \frac{|e^2|BR^2}{2m}.$$

Das Ergebnis ist $p_m = 4{,}21\,\text{pA} \cdot \text{m}^2$.

14.13. *Gegeben*: $l = 2$ m, $d = 10\,\text{cm} = 0{,}1$ m, $I_1 = 50\,\text{A}$, $I_2 = 100\,\text{A}$.
Gesucht: F.

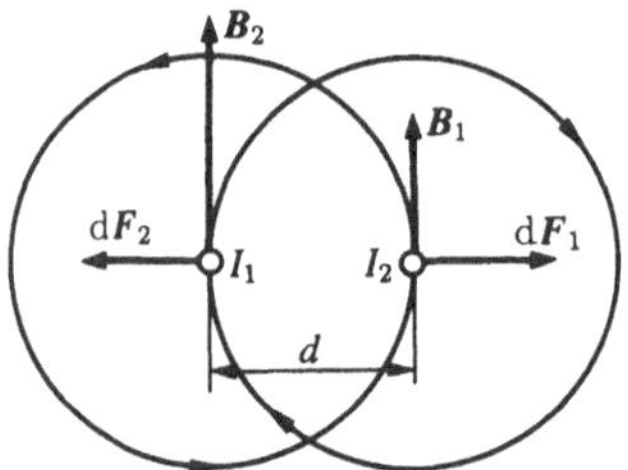

Bild L13

Lösung: Nach dem Ampèreschen Gesetz wirkt auf jedes Längenelement $\mathrm{d}l$ des Leiters mit dem Strom I_2 im Magnetfeld des Stromes I_1 die Kraft

$$\mathrm{d}F_1 = I_2 B_1\,\mathrm{d}l \tag{1}$$

(ihre Richtung wird durch die Rechte-Hand-Regel festgelegt und ist in Bild L13 dargestellt). Durch analoge Betrachtungen für den Leiter mit dem Strom I_2 (der Strom I_1 befindet sich im Magnetfeld des Stromes I_2) gelangen wir zu dem Ausdruck

$$\mathrm{d}F_2 = I_1 B_2\,\mathrm{d}l. \tag{2}$$

Die Beträge der magnetischen Induktionen B_1 und B_2 (die Richtungen für die Vektoren B_1 und B_2 sind in Bild L13 dargestellt) werden wie folgt bestimmt:

$$B_1 = \frac{\mu_0 I_1}{2\pi d}, \quad B_2 = \frac{\mu_0 I_2}{2\pi d}.$$

Indem man diese Formeln in die Gleichungen (1) und (2) einsetzt, erhielt man

$$\mathrm{d}F_1 = \mathrm{d}F_2 = \frac{\mu_0 I_1 I_2}{2\pi d}\,\mathrm{d}l = \mathrm{d}F \tag{3}$$

(die Richtung der Kraft ist der Abbildung zu entnehmen). Indem wir diesen Ausdruck integrieren, erhalten wir die Formel für die gesuchte Wechselwirkungskraft

$$F = \frac{\mu_0 I_1 I_2}{2\pi d} \int\limits_0^l \mathrm{d}l = \frac{\mu_0 I_1 I_2}{2\pi d}l.$$

Das Ergebnis ist $F = 20$ mN.

14.15. *Gegeben*: $d_1 = 60\,\text{cm} = 0{,}6$ m, $d_2 = 40\,\text{cm} = 0{,}4$ m, $N = 200$, $B = 0{,}16\,\text{mT} = 1{,}6 \cdot 10^{-4}$ T.
Gesucht: I.
Lösung: Für die Zirkulation des Vektors B gilt

$$\oint\limits_L B\,\mathrm{d}l = \oint\limits_L B_l\,\mathrm{d}l = \mu_0 \sum I_k, \tag{1}$$

d. h., sie ist gleich dem Produkt aus der magnetischen Feldkonstante und der Summe der Ströme, die von der Kurve, bezüglich der die Zirkulation bestimmt wird, eingeschlossen sind. Als Kurve wählen wir einen Kreis, der wie die Linien der magnetischen Induktion liegt, d. h. einen Kreis mit einem bestimmten Radius r, dessen Zentrum sich auf der Spulenachse befindet. Wegen der Symmetrie folgt, daß der Betrag von B in allen Punkten der magnetischen Induktionslinien gleich groß ist. Deshalb kann man Ausdruck (1) wie folgt schreiben:

$$\oint\limits_L B\,\mathrm{d}l = B \oint\limits_0^{2\pi r} \mathrm{d}l = 2\pi r B = \mu_0 NI \tag{2}$$

(wir haben dabei vorausgesetzt, daß die Stromstärke in allen Windungen gleich ist und die Kurve eine Anzahl von Strömen einschließt, die gleich der Windungsanzahl der Spule ist). Für die Mittellinie der Ringspule gilt $R = (d_1 + d_2)/4$. Wenn man R in (2) einsetzt, erhält man die gesuchte Stromstärke:

$$I = \frac{\pi(d_1 + d_2)B}{2\mu_0 N}.$$

Das Ergebnis lautet $I = 1$ A.

15.2. *Gegeben*: $B = 0{,}2$ T, $N = 600$, $n = 6\,\text{s}^{-1}$, $A = 100\,\text{cm}^2 = 10^{-2}\,\text{m}^2$.
Gesucht: $(\mathcal{E}_i)_{\max}$.
Lösung: Nach dem Faradayschen Gesetz gilt

$$\mathcal{E}_i = -\frac{\mathrm{d}\Psi^2}{\mathrm{d}t},$$

wobei für den Fluß durch die Spule gilt $\Psi^2 = N\Phi$ (N ist die Anzahl der Windungen, durch die der magnetische Fluß Φ dringt). Bei beliebiger Lage der Spule bezüglich des Magnetfeldes kann man schreiben

$$\Psi = NBA \cos \omega t, \tag{1}$$

wobei die Kreisfrequenz $\omega = 2\pi n$ beträgt. Wenn wir ω in (1) einsetzen, erhalten wir

$$\Psi = NBA \cos 2\pi nt.$$

Dann gilt

$$\mathcal{E}_i = -NBA \cdot 2\pi n(-\sin 2\pi nt) = 2\pi nNBA \sin 2\pi nt,$$

$\mathcal{E}_i = (\mathcal{E}_i)_{max}$ für $\sin 2\pi nt = 1$, und deshalb ist

$$(\mathcal{E}_i)_{max} = 2\pi nNBA.$$

Das Ergebnis ist $(\mathcal{E}_i)_{max} = 45{,}2$ V.

15.3. *Gegeben*: $l = 50\,\text{cm} = 0{,}5\,\text{m}, N = 200, I = 1\,\text{A}, \mu = 1$.
Gesucht: e.
Lösung: Für die räumliche Energiedichte des Magnetfeldes gilt

$$e = \frac{E}{V}, \tag{1}$$

wobei $E = LI^2/2$ die Energie des magnetischen Feldes ist (L ist die Induktivität der Spule); $V = lA$ ist das von der Spule umschlossene Volumen (A ist die Querschnittsfläche der Spule).

Für die Induktivität der Spule gilt $L = \mu_0\mu N^2 A/l$. Setzt man diese Formeln in den Ausdruck (1) ein, erhält man die Gleichung für die gesuchte Größe:

$$e = \frac{\mu_0\mu N^2 I^2}{2l^2}.$$

Das Ergebnis lautet $e = 0{,}1$ J/m^3.

15.5. *Gegeben*: $d = 0{,}4\,\text{mm} = 4 \cdot 10^{-4}$ m, $l = 0{,}5$ m, $A = 60\,\text{cm}^2 = 6 \cdot 10^{-3}\,\text{m}^2$, $U = 10$ V, $I = 1{,}5$ A, $\mu = 1, Q = E$.
Gesucht: t.
Lösung: Für den Strom I bei der Spannung U wird in der Zeit t in der Wicklung eine Wärmemenge

$$Q = IUt \tag{1}$$

freigesetzt.

Die Energie im Spuleninnern ist gleich

$$E = \frac{B^2}{2\mu_0\mu}V = \frac{B^2}{2\mu_0\mu}lA, \tag{2}$$

wobei gilt $B = \mu_0\mu NI/l$ (N ist die Anzahl der Windungen der Spule). Wenn die Windungen eng aneinander liegen, dann ist $l = Nd$, woraus folgt $N = l/d$. Durch Einsetzen der Formeln für N und B in (2) erhalten wir

$$E = \frac{\mu_0\mu}{2}\frac{I^2 lA}{d^2}. \tag{3}$$

Entsprechend der Bedingung der Aufgabe soll gelten $Q = E$. Durch Vergleich der Ausdrücke (1) und (3) erhalten wir die gesuchte Zeit:

$$t = \frac{\mu_0\mu IAl}{2Ud^2}.$$

Das Ergebnis ist $t = 1{,}77$ ms.

16.3. *Gegeben*: $l = 20\,\text{cm} = 0{,}2$ m, $A = 10\,\text{cm}^2 = 10^{-3}\,\text{m}^2$, $N = 400, L = 1\,\text{mH} = 10^{-3}$ H, $M = 20$ A/m.
Gesucht: I.
Lösung: Die Magnetisierung im Inneren der Spule ist

$$M = \chi H,$$

wobei χ die magnetische Suszeptibilität des Stoffes und H die Feldstärke des Magnetfeldes ist.

Da für die relative Permeabilität eines Stoffes $\mu = 1 + \chi$ gilt, ist

$$M = (\mu - 1)H. \tag{1}$$

Die Zirkulation des Feldstärkevektors ist

$$\oint_L \boldsymbol{H}\,\mathrm{d}\boldsymbol{l} = \oint_L H_l\,\mathrm{d}l = \sum_k I_k,$$

d. h. gleich der Summe der von der Kurve eingeschlossenen Ströme. Für eine Zylinderspule gilt $Hl = NI$, woraus folgt $H = NI/l$.

Die Induktivität einer Zylinderspule ist $L = \mu_0\mu N^2 A/l$. Dann gilt $\mu = Ll/(\mu_0 N^2 A)$. Durch Einsetzen der Formeln für μ und H in Gleichung (1) erhalten wir

$$M = \left(\frac{Ll}{\mu_0 N^2 A} - 1\right)\frac{NI}{l},$$

woraus sich für die gesuchte Stromstärke ergibt

$$I = \frac{Ml}{N\left(\dfrac{Ll}{\mu_0 N^2 A} - 1\right)}.$$

Wir müssen weiter berücksichtigen, daß für diamagnetische Stoffe $\chi < 0$ ist, und erhalten als Ergebnis unserer Berechnungen $I = 2{,}09$ A.

18.1. *Gegeben*: $m = 10\,\text{g} = 10^{-2}$ kg, $v = 0{,}2$ Hz, $A = 5\,\text{cm} = 5 \cdot 10^{-2}$ m.
Gesucht: 1) F_{max}; 2) E.
Lösung: Die Gleichung einer harmonischen Schwingung lautet

$$x = A\cos(\omega_0 t + \varphi).$$

Dann gelten für die Geschwindigkeit und die Beschleunigung der schwingenden Punktmasse

$$v = \frac{\mathrm{d}x}{\mathrm{d}t} = -A\omega_0 \sin(\omega_0 t + \varphi);$$

$$a = \frac{\mathrm{d}v}{\mathrm{d}t} = -A\omega_0^2 \cos(\omega_0 t + \varphi).$$

Entsprechend dem zweiten Newtonschen Axiom ist die auf die Punktmasse einwirkende Kraft gleich

$$F = ma = -A\omega_0^2 m \cos(\omega_0 t + \varphi).$$

Es ist $F = F_{\max}$ für $\cos(\omega_0 t + \varphi) = \pm 1$, deshalb gilt für die gesuchte Maximalkraft

$$F_{\max} = A\omega_0^2 m = 4\pi^2 \nu^2 A m$$

($\omega_0 = 2\pi\nu$).

Die Gesamtenergie der schwingenden Punktmasse ist

$$E = T_{\max} = \frac{1}{2} m v_{\max}^2 = \frac{mA^2\omega_0^2}{2}.$$

Indem man hier ω_0 einsetzt, erhält man die gesuchte Gesamtenergie:

$$E = 2\pi^2 m \nu^2 A^2.$$

Das Ergebnis lautet: 1) $F_{\max} = 0{,}8\,\text{mN}$; 2) $E = 19{,}7\,\mu\text{J}$.

18.5. *Gegeben:* $x = 20{,}2\,\text{cm} = 0{,}202\,\text{m}$, $\omega = \omega_{\max}$ (Bild L14).
Gesucht: l.

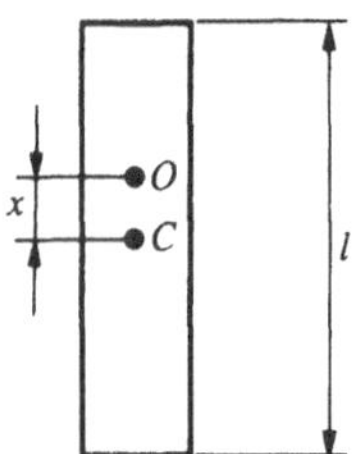

Bild L14

Lösung: Die Kreisfrequenz für die Schwingungen eines physikalischen Pendels kann aus

$$\omega = \sqrt{\frac{mgx}{J}} \qquad (1)$$

bestimmt werden, wobei m die Masse und J das Trägheitsmoment des Pendels ist.

Nach dem Steinerschen Satz ist das Trägheitsmoment eines Stabes bezüglich des Aufhängepunktes, der sich in einer Entfernung x vom Massezentrum befindet, gleich

$$J = \frac{ml^2}{12} + mx^2. \qquad (2)$$

Indem wir (2) in (1) einsetzen, erhalten wir

$$\omega = \sqrt{\frac{12gx}{l^2 + 12x^2}}. \qquad (3)$$

Weiter bestimmen wir die Extrempunkte der Funktion (3):

$$\frac{d\omega}{dx} = \frac{6g(l^2 - 12x^2)}{x^{1/2}(l^2 + 12x^2)^{3/2}} = 0,$$

woraus folgt

$$l^2 - 12x^2 = 0,$$

d. h., für die gesuchte Länge gilt

$$l = 2\sqrt{3}x.$$

Das Ergebnis lautet $l = 70$ cm.

18.10. *Gegeben:* $x = \cos \pi t$, $y = \cos(\pi/2)t$.
Gesucht: $y(x)$.
Lösung: Nach Bedingung ist bekannt, daß

$$x = \cos \pi t; \qquad (1)$$

$$y = \cos \frac{\pi}{2} t \qquad (2)$$

gilt. Zur Bestimmung der Bewegungsgleichung des Punktes müssen wir aus (1) und (2) die Zeit eliminieren. Wir erhalten dann

$$\cos \pi t = \cos^2 \frac{\pi}{2} t - \sin^2 \frac{\pi}{2} t$$

$$= \cos^2 \frac{\pi}{2} t - \left(1 - \cos^2 \frac{\pi}{2} t\right)$$

$$= 2\cos^2 \frac{\pi}{2} t - 1 = 2y^2 - 1,$$

woraus für die gesuchte Gleichung folgt

$$y = \sqrt{\frac{x + 1}{2}}.$$

Diese Gleichung beschreibt eine Parabel.

18.11. *Gegeben:* $m = 50\,\text{g} = 5 \cdot 10^{-2}\,\text{kg}$, $l = 20\,\text{cm} = 0{,}2\,\text{m}$, $r = 0{,}02\,\text{kg/s}$, $F = 0{,}1\cos\omega t$ N.
Gesucht: 1) ω_{res}; 2) A_{res}.
Lösung: Für die Resonanzfrequenz erzwungener Schwingungen gilt

$$\omega_{\text{res}} = \sqrt{\omega_0^2 - 2\delta^2}, \qquad (1)$$

wobei ω_0 die Eigenfrequenz der Schwingungen des Systems und $\delta = r/(2m)$ die Dämpfungskonstante ist.

Ein an einem Faden aufgehängtes Gewicht kann man als mathematisches Pendel betrachten. Dann gilt $\omega_0 = \sqrt{g/l}$. Indem wir ω_0 und δ in (1) einsetzen, erhalten wir die gesuchte Resonanzfrequenz:

$$\omega_{\text{res}} = \sqrt{\frac{g}{l} - \frac{r^2}{2m^2}}.$$

Setzen wir nun wiederum diesen Ausdruck in die Formel für die Amplitude einer erzwungenen Schwingung:

$$A = \frac{F_0}{m\sqrt{(\omega_0^2 - \omega^2)^2 + 4\delta^2\omega^2}},$$

wobei F_0 der Maximalwert der erregenden Kraft ist (entsprechend der Bedingung der Aufgabe gilt $F_0 = 0{,}1\,\text{N}$), so erhalten wir den gesuchten Ausdruck für die Resonanzamplitude:

$$A_{\text{res}} = \frac{F_0}{2m\,\delta\sqrt{\omega_0^2 - \delta^2}} = \frac{F_0}{r\sqrt{\dfrac{g}{l} - \dfrac{r^2}{4m^2}}}.$$

Die Ergebnisse lauten: 1) $\omega_{\text{res}} = 7\,\text{Hz}$; 2) $A_{\text{res}} = 71{,}4\,\text{cm}$.

18.13. *Gegeben*: $\nu = 50\,\text{Hz}$, $\theta = 0{,}01$, $A = 0{,}05\,A_0$.
Gesucht: 1) t; 2) N.
Lösung: Für die Amplitude gedämpfter Schwingungen gilt

$$A = A_0 e^{-\delta t}, \tag{1}$$

wobei A_0 die Amplitude der Schwingungen im Moment $t = 0$ und δ die Dämpfungskonstante ist.

Für das logarithmische Dämpfungsdekrement gilt $\theta = \delta T$ ($T = 1/\nu$ ist die bedingte Periode der gedämpften Schwingungen). Somit gilt $\delta = \theta\nu$, und (1) kann wie folgt geschrieben werden:

$$A = A_0 e^{-\theta\nu t},$$

woraus für die gesuchte Zeit folgt

$$t = \frac{1}{\theta\nu}\ln\frac{A_0}{A}.$$

Die Zahl der in dieser Zeit ausgeführten Schwingungen kann man wie folgt bestimmen:

$$N = \frac{t}{T} = t\nu.$$

Die Ergebnisse lauten: 1) $t = 6\,\text{s}$; 2) $N = 300$.

18.14. *Gegeben*: $L = 25\,\text{mH} = 2{,}5\cdot 10^{-2}\,\text{H}$, $C = 10\,\mu\text{F} = 10^{-5}\,\text{F}$, $N_e = 16$.
Gesucht: R.
Lösung: Für die Anzahl der Schwingungen in der Zeitspanne, für die sich die Amplitude um den Faktor e verringert, gilt

$$N_e = \frac{\tau}{T}, \tag{1}$$

dabei ist $\tau = 1/\delta$ die Relaxationszeit und $T = 2\pi/\sqrt{\omega_0^2 - \delta^2}$ die bedingte Periode für die Dämpfung der Schwingungen ($\omega_0 = 1/\sqrt{LC}$ ist die Eigenfrequenz des Schwingkreises; $\delta = R/(2L)$ die Dämpfungskonstante).

Indem wir diese Größen in (1) einsetzen, erhalten wir

$$N_e = \frac{\dfrac{2L}{R}\sqrt{\dfrac{1}{LC} - \dfrac{R^2}{4L^2}}}{2\pi} = \frac{1}{2\pi}\sqrt{\frac{4L}{R^2 C} - 1},$$

woraus für den gesuchten Wert folgt

$$R = 2\sqrt{\frac{L}{C(1 + 4\pi^2 N^2)}}.$$

Das Ergebnis lautet $R = 0{,}995\,\Omega$.

18.19. *Gegeben*: $L = 10\,\mu\text{H} = 10^{-5}\,\text{H}$, $C = 5\,\text{nF} = 5\cdot 10^{-9}\,\text{F}$, $R = 0{,}2\,\Omega$, $\langle P\rangle = 5\,\text{mW} = 5\cdot 10^{-3}\,\text{W}$.
Gesucht: U_{m_C}.
Lösung: Die mittlere Leistung eines Schwingkreises ist

$$\langle P\rangle = \frac{1}{2}R I_{\text{m}}^2, \tag{1}$$

wobei $I_{\text{m}} = U_{\text{m}_C}\omega C$ die Amplitude der Stromstärke ist.

Da im Schwingkreis ungedämpfte Schwingungen aufrechterhalten werden, gilt $\omega = \omega_0 = 1/\sqrt{LC}$. Indem wir diese Ausdrücke in (1) einsetzen, erhalten wir

$$\langle P\rangle = \frac{1}{2}R U_{\text{m}_C}\omega^2 C^2 = \frac{R U_{\text{m}_C} C}{2L},$$

woraus für die gesuchte Spannung folgt:

$$U_{\text{m}_C} = \sqrt{\frac{2L\langle P\rangle}{RC}}.$$

Das Ergebnis lautet $U_{\text{m}_C} = 10\,\text{V}$.

19.1. *Gegeben*: $v = 15\,\text{m/s}$, $x_1 = 5\,\text{m}$, $x_2 = 5{,}5\,\text{m}$, $A = 4\,\text{cm} = 0{,}04\,\text{m}$, $t = 3\,\text{s}$, $\Delta\varphi = \pi/5$.
Gesucht: 1) λ; 2) $\xi(x,t)$; 3) ξ_1.
Lösung: Für den Phasenunterschied der Schwingungen zweier Punkte gilt

$$\Delta\varphi = \frac{2\pi}{\lambda}\Delta x,$$

wobei $\Delta x = x_2 - x_1$ der Abstand der beiden Punkte voneinander ist.

Dann gilt

$$\lambda = \frac{2\pi(x_2 - x_1)}{\Delta\varphi}.$$

Die Kreisfrequenz berechnet sich wie $\omega = 2\pi/T$, wobei $T = \lambda/v$ gilt. Folglich ist $\omega = 2\pi v/\lambda$.

Die Gleichung einer ebenen harmonischen Welle, die sich entlang der positiven x-Richtung ausbreitet, lautet

$$\xi(x,t) = A\cos\omega\left(t - \frac{x}{v}\right) = A\cos\frac{2\pi}{\lambda}(vt - x).$$

Um die Auslenkung ξ_1 zu bestimmen, müssen in diese Gleichung die Werte für t und x_1 eingesetzt werden.

Die Berechnungen ergeben: 1) $\lambda = 5\,\text{m}$; 2) $\xi(x,t) = 0{,}04\cos(6\pi t - 2\pi x/5)$; 3) $\xi_1 = 4\,\text{cm}$.

19.3. *Gegeben*: $\xi = A\sin\omega t$.
Gesucht: 1) $\xi(x,t)$; 2) x_{K}; 3) x_{B}.

Lösung: Die Gleichung der einfallenden Welle lautet

$$\xi_1(x,t) = A \sin \omega \left(t - \frac{x}{v}\right),\tag{1}$$

und die Gleichung der reflektierten Welle ist

$$\xi_2(x,t) = A \sin \left[\omega \left(t - \frac{x}{v}\right) + \pi\right]$$

$$= -A \sin \omega \left(t + \frac{x}{v}\right)\tag{2}$$

(wir haben den Phasensprung von π berücksichtigt, der bei der Reflexion am dichteren Medium auftritt). Indem wir (1) und (2) addieren, erhalten wir die Gleichung der stehenden Welle:

$$\xi(x,t) = \xi_1(x,t) + \xi_2(x,t)$$

$$= A \sin \omega \left(t - \frac{x}{v}\right) - A \sin \omega \left(t + \frac{x}{v}\right),$$

woraus folgt, daß

$$\xi(x,t) = 2A \sin \omega \frac{x}{v} \cos \omega t = 2A \sin \frac{2\pi x}{\lambda} \cos \omega t$$

gilt.

In den Punkten des Mediums, für die $2\pi x/\lambda = \pm m \pi$ ($m = 0, 1, 2, \ldots$) gilt, wird die Amplitude der Schwingungen gleich Null (es werden Knoten beobachtet). In den Punkten, wo $2\pi x/\lambda = \pm(m + 1/2)\pi$ ($m = 0, 1, 2, \ldots$) gilt, erreicht die Amplitude ihren Maximalwert gleich $2A$ (es entstehen Bäuche). Wir erhalten also:
die Koordinaten für Knoten:

$$x_{\mathrm{K}} = \pm m \frac{\lambda}{2} \quad (m = 0, 1, 2, \ldots);$$

die Koordinaten für Bäuche:

$$x_{\mathrm{B}} = \pm \left(m + \frac{1}{2}\right) \frac{\lambda}{2} \quad (m = 0, 1, 2, \ldots).$$

Antwort: 1) $\xi(x,t) = 2A \sin(2\pi x/\lambda) \cos \omega t$;
        2) $x_{\mathrm{K}} = \pm m\lambda/2$ $(m = 0, 1, 2, \ldots)$;
        3) $x_{\mathrm{B}} = \pm(m + 1/2)\lambda/2$ $(m = 0, 1, 2, \ldots)$.

19.7. *Gegeben*: $v = 400$ Hz, $v_0 = 360$ Hz, $T = 290$ K, $M = 0{,}029$ kg/mol.
Gesucht: v_{S}.
Lösung: Ausgehend von dem allgemeinen Ausdruck für den Doppler-Effekt und unter Berücksichtigung des Umstandes, daß der Empfänger in Ruhe verharrt, können wir schreiben

$$v = \frac{v \, v_0}{v - v_{\mathrm{S}}},$$

wobei v die Schallgeschwindigkeit ist. Daraus folgt

$$v_{\mathrm{S}} = v \left(1 - \frac{v_0}{v}\right).\tag{1}$$

Die Geschwindigkeit von Schallwellen in Gasen ergibt sich zu

$$v = \sqrt{\frac{\gamma R T}{M}},\tag{2}$$

wobei für Luft gilt $\gamma = (i + 2)/i = 7/5 = 1{,}4$. (Bei Zimmertemperatur sind keine Freiheitsgrade mehr eingefroren.)

Indem wir (2) in (1) einsetzen, finden wir den Ausdruck für die gesuchte Fortbewegungsgeschwindigkeit der Schallquelle:

$$v_{\mathrm{S}} = \left(1 - \frac{v_0}{v}\right) \sqrt{\frac{\gamma R T}{M}}.$$

Als Ergebnis erhalten wir $v_{\mathrm{S}} = 34{,}1$ m/s.

20.2. *Gegeben*: $\varepsilon = 2$, $\mu = 1$, $E_0 = 12$ V/m.
Gesucht: 1) v; 2) H_0.
Lösung: Für die Phasengeschwindigkeit einer elektromagnetischen Welle gilt

$$v = \frac{1}{\sqrt{\varepsilon_0 \mu_0}} \frac{1}{\sqrt{\varepsilon \mu}} = \frac{c}{\sqrt{\varepsilon \mu}},$$

wobei $c = 3 \cdot 10^8$ m/s die Lichtgeschwindigkeit im Vakuum ist.

Für eine laufende Welle sind die Momentanwerte von E und H in einem beliebigen Punkt durch die folgende Beziehung miteinander verknüpft:

$$\sqrt{\varepsilon_0 \varepsilon} E = \sqrt{\mu_0 \mu} H.$$

Dann gilt für die Amplituden der elektrischen und der magnetischen Feldstärke des Wellenfeldes

$$\sqrt{\varepsilon_0 \varepsilon} E_0 = \sqrt{\mu_0 \mu} H_0,$$

daraus folgt für die gesuchte Amplitude der magnetischen Feldstärke

$$H_0 = \frac{\sqrt{\varepsilon_0 \varepsilon}}{\sqrt{\mu_0 \mu}} E_0.$$

Die Ergebnisse lauten also: 1) $v = 2{,}12 \cdot 10^8$ m/s; 2) $H_0 = 45$ mA/m.

20.4. *Gegeben*: $\varepsilon = 1$, $\mu = 1$, $I = 21{,}2 \, \mu\mathrm{W/m}^2 = 2{,}12 \cdot 10^{-5}$ W/m^2.
Gesucht: E_0.
Lösung: Da die Intensität einer elektromagnetischen Welle wie die mittlere Energie, die pro Zeiteinheit durch eine Flächeneinheit tritt, definiert ist, können wir schreiben

$$I = \langle S \rangle,\tag{1}$$

wobei S der Betrag des Vektors der elektromagnetischen Flußdichte – der Betrag des Poynting-Vektors – ist. Nach Definition gilt

$$S = EH,$$

wobei E und H entsprechend die Momentanwerte der elektrischen und magnetischen Feldstärken sind. Sie werden durch folgende Gleichungen beschrieben:

$$E = E_0 \cos(\omega t - kx);$$

$$H = H_0 \cos(\omega t - kx),$$

wobei E_0 und H_0 die entsprechenden Amplituden sind; ω ist die Kreisfrequenz und $k = \omega/v$ die Wellenzahl (die Anfangsphase φ der Schwingungen wird gleich Null angenommen).

Der Momentanwert des Betrages des Poynting-Vektors ergibt sich zu

$$S = E_0 H_0 \cos^2(\omega t - kx),$$

und für seinen Mittelwert gilt folgende Beziehung:

$$\langle S \rangle = \frac{1}{2} E_0 H_0 \tag{2}$$

(es ist zu berücksichtigen, daß $\langle \cos^2(\omega t - kx) \rangle = 1/2$ gilt). Indem wir schreiben (siehe Lösung der vorhergehenden Aufgabe)

$$\sqrt{\varepsilon_0 \varepsilon}\, E_0 = \sqrt{\mu_0 \mu}\, H_0,$$

erhalten wir

$$H_0 \frac{\sqrt{\varepsilon_0 \varepsilon}}{\sqrt{\mu_0 \mu}} E_0 = \sqrt{\frac{\varepsilon_0}{\mu_0}}\, E_0 \tag{3}$$

(es ist zu berücksichtigen, daß sich die elektromagnetische Welle im Vakuum ausbreitet).

Indem wir (3) in (2) einsetzen, und unter Berücksichtigung von (1) finden wir den Ausdruck für die gesuchte Amplitude der elektrischen Feldstärke des Wellenfeldes:

$$E_0 = \sqrt{2I \sqrt{\frac{\mu_0}{\varepsilon_0}}}.$$

Das Ergebnis lautet $E_0 = 126$ mV/m.

21.1. *Gegeben*: $\varphi_1 = 45°$, $n = 1{,}6$, $h = 2$ cm $= 0{,}02$ m.
Gesucht: d.

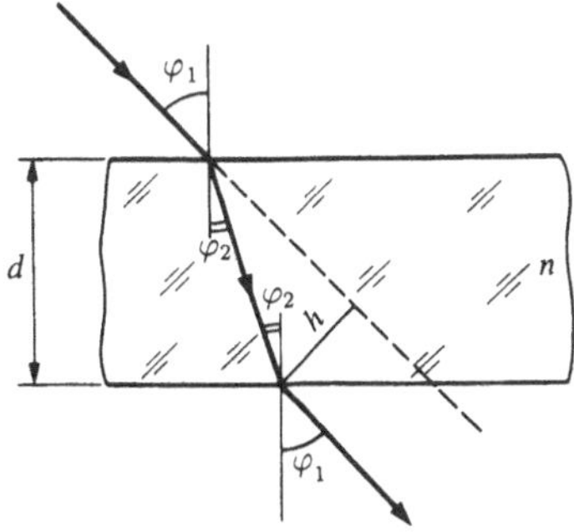

Bild L15

Lösung: Der aus der Platte austretende Strahl ist parallel dem einfallenden Strahl (der Gang der Strahlen ist in Bild L15 dargestellt). Aus der Zeichnung folgt, daß

$$\frac{d}{\cos \varphi_2} = \frac{h}{\sin(\varphi_1 - \varphi_2)},$$

woraus folgt

$$d = \frac{h \cos \varphi_2}{\sin(\varphi_1 - \varphi_2)}$$

$$= \frac{h \cos \varphi_2}{\sin \varphi_1 \cos \varphi_2 - \cos \varphi_1 \sin \varphi_2}. \tag{1}$$

Nach dem Brechungsgesetz gilt

$$\frac{\sin \varphi_1}{\sin \varphi_2} = n,$$

woraus folgt $\sin \varphi_2 = \sin \varphi_1 / n$. Indem wir diesen Ausdruck in (1) einsetzen und außerdem den Kosinus des Winkels über den Sinus ausdrücken, erhalten wir die gesuchte Gleichung für die Dicke der Glasplatte:

$$d = \frac{h \sqrt{n^2 - \sin^2 \varphi_1}}{\sin \varphi_1 (\sqrt{n^2 - \sin^2 \varphi_1} - \sqrt{1 - \sin^2 \varphi_1})}.$$

Setzen wir nun die gegebenen Werte ein, erhalten wir das Ergebnis $d = 5{,}58$ cm.

21.4. *Gegeben*: $d = 50$ cm $= 0{,}5$ m, $I = 500$ cd, $\rho = 0{,}7$, $\Phi_\mathrm{v}/\Phi_\mathrm{e} = 0{,}2$, $A_1 = 0{,}5$ m^2.
Gesucht: 1) Φ_e; 2) E_e; 3) E_v, E_v', L_v.
Lösung: Die gesamte Strahlungsleistung, die von einer punktförmigen isotropen Lichtquelle ausgesandt wird, ist gleich

$$\Phi_\mathrm{e} = 4\pi I.$$

Die Bestrahlungsstärke einer solchen Lichtquelle ergibt sich zu

$$E_\mathrm{e} = \frac{\Phi_\mathrm{e}}{A},$$

wobei A die Oberfläche des leuchtenden Körpers ist: $A = 4\pi r^2 = \pi d^2$. Dann gilt

$$E_\mathrm{e} = \frac{4\pi I}{\pi d^2} = \frac{4I}{d^2}.$$

Da nach den Bedingungen auf den Schirm ein Lichtstrom $\Phi_\mathrm{v} = 0{,}2\Phi_\mathrm{e}$ entfällt, ergibt sich die gesamte Beleuchtungsstärke des Schirms zu

$$E_\mathrm{v} = \frac{\Phi_\mathrm{v}}{A_1} = \frac{0{,}2\Phi_\mathrm{e}}{A_1}.$$

Für die spezielle Beleuchtungsstärke des Schirms gilt dann

$$E_\mathrm{v}' = \rho E_\mathrm{v},$$

und der Ausdruck für die Leuchtdichte des Schirms kann wie folgt geschrieben werden:

$$L_v = \frac{E_v'}{\pi}.$$

Durch Einsetzen der vorgegebenen Werte erhalten wir die Ergebnisse: 1) $\Phi_e = 6{,}28$ klm; 2) $E_e = 8$ klm/m^2; 3) $E_v = 2{,}51$ klx, $E_v' = 1{,}76$ klm/m^2, $L_v = 560$ cd/m^2.

22.2. *Gegeben*: $\lambda = 500\,\text{nm} = 5 \cdot 10^{-7}$ m, $n = 1{,}6$, $d = 5\,\mu\text{m} = 5 \cdot 10^{-6}$ m.
Gesucht: m.
Lösung: Durch die Aufstellung der Glasplatte ändert sich der Gangunterschied zwischen den Strahlen um $\Delta = nd - d = d(n-1)$, wobei d die Dicke und n die Brechzahl der Glasplatte ist.

Andererseits führt das Aufstellen der Platte zu einer Verschiebung des Interferenzbildes um m Streifen, d. h., es entsteht ein zusätzlicher Gangunterschied von m. Folglich gilt

$$d(n-1) = m\lambda.$$

Daraus können wir den gesuchten Ausdruck für m ableiten:

$$m = \frac{d(n-1)}{\lambda}.$$

Das Ergebnis lautet $m = 6$.

22.4. *Gegeben*: $n = 1{,}5$, $\alpha = 40'' = 1{,}94 \cdot 10^{-4}$ rad, $\lambda = 600\,\text{nm} = 6 \cdot 10^{-7}$ m.
Gesucht: b.

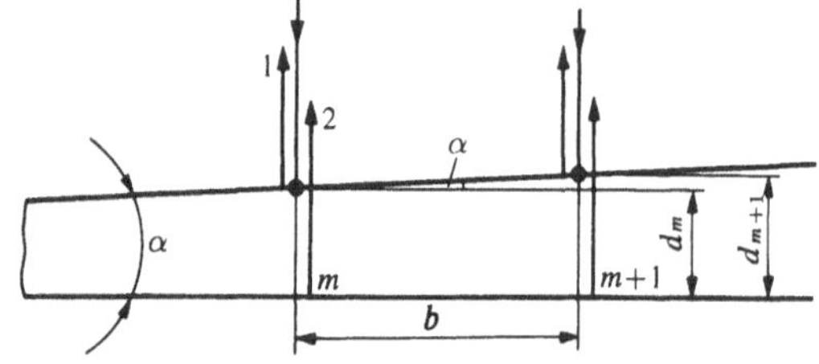

Bild L16

Lösung: Ein paralleles Lichtbündel, das rechtwinklig auf den Keil fällt, wird von seiner oberen und der unteren Begrenzungsfläche reflektiert (Bild L16). Da der Neigungswinkel des Keils klein ist, sind die reflektierten Strahlen 1 und 2 praktisch parallel zueinander. Außerdem sind sie kohärent. Deshalb kann man auf der Keiloberfläche Interferenzstreifen beobachten.

Die allgemeine Bedingung für ein Interferenzminimum an einem Keil ist

$$2dn \cos\varphi + \frac{\lambda}{2} = (2m+1)\frac{\lambda}{2}$$

$$(m = 0, 1, 2, \ldots). \tag{1}$$

Dabei ist d die Dicke des Keils an der Stelle eines dunklen Streifens der Nummer m, φ der Brechungswinkel und $\lambda/2$ der zusätzliche Gangunterschied, der durch die Reflexion der Welle 1 von einem optisch dichteren Medium entsteht.

Der Einfallswinkel ist entsprechend der Bedingung gleich Null, folglich gilt $\varphi = 0$. Dann kann Bedingung (1) wie folgt geschrieben werden:

$$2dn = m\lambda,$$

woraus folgt, daß $d = m\lambda/(2n)$ gilt.

Aus der Zeichnung geht hervor, daß

$$\sin\alpha = \frac{d_{m+1} - d_m}{b} \tag{2}$$

gilt. Wegen der geringen Größe des Winkels α gilt $\sin\alpha \approx \alpha$, und wir erhalten durch Einsetzen der Dicken d_{m+1} und d_m die Formel

$$\alpha = \frac{(m+1)\lambda - m\lambda}{2bn} = \frac{\lambda}{2bn}.$$

Daraus kann dann der gesuchte Ausdruck für den Abstand zwischen zwei benachbarten Minima gefunden werden:

$$b = \frac{\lambda}{2n\alpha}$$

(α wird hier in der Einheit Radian verwendet).
Das Ergebnis lautet $b = 1{,}03$ mm.

22.6. *Gegeben*: $n = 1{,}6$, $r_2 - r_1 = 0{,}5\,\text{mm} = 0{,}5 \cdot 10^{-3}$ m, $\lambda = 550\,\text{nm} = 5{,}5 \cdot 10^{-7}$ m.
Gesucht: Φ.
Lösung: Der allgemeine Ausdruck für die Brechkraft einer Linse ist

$$\Phi = (N - 1)\left(\frac{1}{R_1} + \frac{1}{R_2}\right),$$

wobei $N = n/n_1$ den relativen Brechungsindex darstellt (n und n_1 sind entsprechend die Brechzahlen der Linse und des umliegenden Mediums); R_1 und R_2 sind die Krümmungsradien der Linsenoberfläche.

Da die Linse plankonvex ist und sich in Luft befindet, ergibt sich die Brechkraft zu

$$\Phi = \frac{n-1}{R}. \tag{1}$$

Zur Bestimmung des Radius der Linse nutzen wir die Formel für den Radius eines dunklen Newtonschen Ringes in reflektiertem Licht:

$$r_m = \sqrt{m\lambda R} \quad (m = 0, 1, 2, \ldots).$$

Die Differenz der Radien der ersten beiden dunklen Ringe ist

$$r_2 - r_1 = \sqrt{R}(\sqrt{2\lambda} - \sqrt{\lambda}),$$

woraus folgt

$$R = \frac{(r_2 - r_1)^2}{(\sqrt{2} - 1)^2 \lambda}. \tag{2}$$

Indem wir (2) in (1) einsetzen, erhalten wir den Ausdruck für die gesuchte Brechkraft der Linse:

$$\Phi = (n - 1) \frac{\lambda (\sqrt{2} - 1)^2}{(r_2 - r_1)^2}.$$

Das Ergebnis lautet $\Phi = 0{,}226$ dpt.

23.1. *Gegeben*: $a = b = 2{,}5$ m, $\lambda = 550$ nm $= 5{,}5 \cdot 10^{-7}$ m.
Gesucht: r.

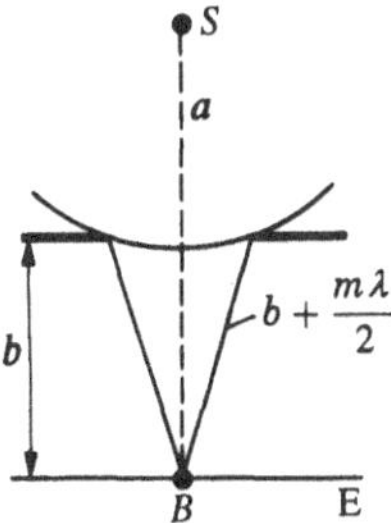

Bild L17

Lösung: Wir wollen annehmen, daß die Blende m Fresnelsche Zonen unverdeckt läßt (Bild L17). Der Radius der m-ten Fresnelschen Zone ist dann nichts anderes als der Radius der Blendenöffnung:

$$r_m = \sqrt{\frac{ab}{a + b} m\lambda},$$

dabei ist m die Nummer der Fresnelschen Zone und λ die Wellenlänge; a und b sind die Abstände der Blende von der Lichtquelle bzw. von dem Beobachtungsschirm E.

Das Zentrum der auf dem Schirm zu beobachtenden Interferenzringe ist am dunkelsten, wenn zwei Fresnelsche Zonen auf die Blendenöffnung entfallen, d.h. $m = 2$. Folglich können wir für den gesuchten Radius der Blendenöffnung schreiben

$$r = \sqrt{\frac{2ab}{a + b} \lambda}.$$

Das Ergebnis lautet $r = 1{,}17$ mm.

23.3. *Gegeben*: $a = 0{,}1$ mm $= 10^{-4}$ m, $\lambda = 500$ nm $= 5 \cdot 10^{-7}$ m, $l = 1$ cm $= 10^{-2}$ m, $m = 1$.
Gesucht: L.
Lösung: Die Bedingung für Beugungsminima bei Beugung an einem Spalt mit senkrechtem Lichteinfall lautet

$$a \sin \varphi = \pm m\lambda \quad (m = 1, 2, \ldots), \tag{1}$$

dabei gilt nach Aufgabenstellung $m = 1$. Aus Bild L18 folgt, daß $l = 2L \tan \varphi$ ist. Da aber $l/2 \ll L$ gilt,

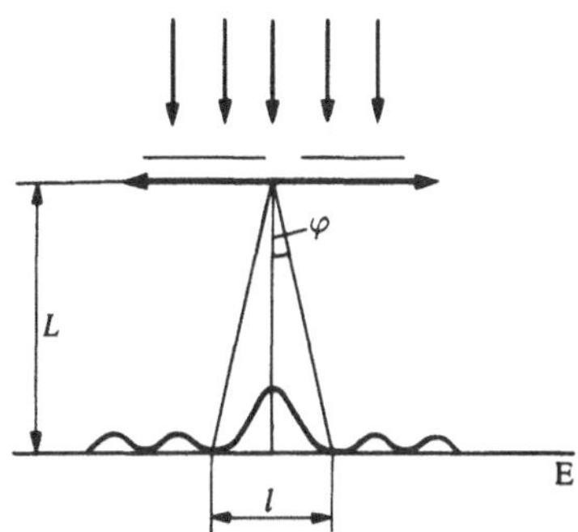

Bild L18

ist $\tan \varphi \approx \sin \varphi$. Deshalb kann man schreiben $l = 2L \sin \varphi$, woraus $\sin \varphi = l/(2L)$ folgt.

Indem wir diese Ausdrücke in (1) einsetzen, erhalten wir die gesuchte Gleichung für den Abstand des Beobachtungsschirms zur Linse:

$$L = \frac{al}{2\lambda}.$$

Das Ergebnis ist $L = 1$ m.

23.5. *Gegeben*: $\lambda = 550$ nm $= 5{,}5 \cdot 10^{-7}$ m, $L = 1$ m, $l = 12$ cm $= 0{,}12$ m, $m = 1$, $l' = 1$ cm $= 0{,}01$ m.
Gesucht: 1) d; 2) n; 3) N; 4) φ_{max}.

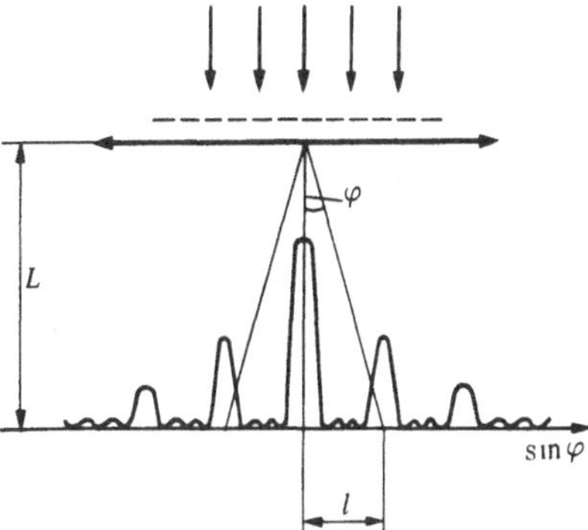

Bild L19

Lösung: Die Periode eines Beugungsgitters kann mit Hilfe der Bedingung für Hauptmaxima gefunden werden

$$d \sin \varphi = m\lambda, \tag{1}$$

wobei m die Ordnung des Spektrums ist (nach Aufgabenstellung ist $m = 1$).

Aus Bild L19 folgt, daß $\tan \varphi = l/L$ ist. Da $l \ll L$ gilt, ist $\tan \varphi \approx \sin \varphi$. Dann kann (1) wie folgt geschrieben werden:

$$\frac{dl}{L} = m\lambda,$$

woraus folgt

$$d = \frac{m\lambda L}{l}.$$

Für die Strichzahl auf $l' = 1$ cm gilt

$$n = \frac{l'}{d}.$$

Da der größte Beugungswinkel der Lichtstrahlen durch das Gitter kleiner als $\pi/2$ sein muß, kann man aus der Bedingung (1) die Bedingung für den Maximalwert finden:

$$m_{max} \leq \frac{d}{\lambda}$$

(wir haben $\sin \varphi_{max} = 1$ angenommen). Die Zahl m muß selbstverständlich eine ganze Zahl sein. Die Gesamtzahl der durch das Gitter erzeugten Hauptmaxima ergibt sich zu

$$N = 2m_{max} + 1,$$

da die Maxima zu beiden Seiten des zentralen Maximums auftreten (die eins steht für das zentrale Maximum).

Den Beugungswinkel, der dem letzten Maximum entspricht, finden wir, indem wir die Bedingung (1) auf folgende Weise schreiben:

$$d \sin \varphi_{max} = m_{max}\lambda,$$

daraus folgt

$$\varphi_{max} = \arcsin \frac{m_{max}\lambda}{d}.$$

Die Ergebnisse lauten: 1) $d = 4{,}58\,\mu$m; 2) $n = 2{,}18 \cdot 10^3\,\mathrm{cm}^{-1}$; 3) $N = 17$; 4) $\varphi_{max} = 73{,}9°$.

23.8. *Gegeben*: $l = 5$ mm $= 5 \cdot 10^{-3}$ m, $\lambda_1 = 589{,}0$ nm $= 5{,}890 \cdot 10^{-7}$ m, $\lambda_2 = 589{,}6$ nm $= 5{,}896 \cdot 10^{-7}$ m, $\lambda_3 = 600$ nm $= 6 \cdot 10^{-7}$ m, $m_1 = 1$, $m_3 = 3$.
Gesucht: φ.
Lösung: Zur Bestimmung des gesuchten Winkels schreiben wir die Bedingung für Beugungsmaxima

$$d \sin \varphi = m_3 \lambda_3.$$

Daraus folgt

$$\sin \varphi = \frac{m_3 \lambda_3}{d}. \tag{1}$$

Die Periode von Beugungsgittern ist definiert als $d = l/N$, wobei N die Gesamtzahl der Striche des Beugungsgitters ist. Den Wert von N bestimmen wir aus der Formel für das Auflösungsvermögen von Beugungsgittern:

$$R = m_1 N = \frac{\lambda_1}{\Delta\lambda},$$

wobei $\Delta\lambda = \lambda_2 - \lambda_1$. Dann ist $N = \lambda_1/(m_1 \Delta\lambda)$ und

$$d = \frac{m_1 l\Delta\lambda}{\lambda_1}. \tag{2}$$

Indem wir (2) in (1) einsetzen, erhalten wir den Ausdruck für den gesuchten Winkel:

$$\varphi = \arcsin \frac{m_3 \lambda_1 \lambda_3}{m_1 l\Delta\lambda}.$$

Das Ergebnis lautet $\varphi = 20°42'$.

24.3. *Gegeben*: $\lambda_0 = 550$ nm $= 5{,}5 \cdot 10^{-7}$ m, $v = 0{,}2c$, $\vartheta = \pi$.
Gesucht: λ.
Lösung: Entsprechend der Formel für den Doppler-Effekt für elektromagnetische Wellen im Vakuum ist

$$v = v_0 \frac{\sqrt{1 - \dfrac{v^2}{c^2}}}{1 + \dfrac{v}{c}\cos \vartheta}, \tag{1}$$

wobei v_0 und v die entsprechenden Frequenzen der elektromagnetischen Strahlung sind, die durch die Quelle ausgesandt und durch den Empfänger wahrgenommen worden ist; v ist die Geschwindigkeit der Quelle bezüglich des Empfängers; ϑ der Winkel zwischen dem Geschwindigkeitsvektor v und der Beobachtungsrichtung, gemessen in dem Koordinatensystem, das mit dem Beobachter verknüpft ist.

Da laut Bedingung der Aufgabe $\vartheta = \pi$ ($\cos \vartheta = -1$) und $v = c/\lambda$ ist, kann man (1) in folgender Form darstellen

$$\frac{1}{\lambda} = \frac{1}{\lambda_0} \frac{\sqrt{1 - \dfrac{v^2}{c^2}}}{1 - \dfrac{v}{c}},$$

woher die gesuchte Wellenlänge, die durch den Beobachter fixiert wird, gleich

$$\lambda = \lambda_0 \frac{\sqrt{1 - \dfrac{v}{c}}}{\sqrt{1 + \dfrac{v}{c}}}$$

ist.

Die gegebenen Werte eingesetzt, erhalten wir $\lambda = 449$ nm.

24.4. *Gegeben*: $m_0 = 9{,}11 \cdot 10^{-31}$ kg, $p_{min} = 2{,}44 \cdot 10^{-22}$ kg $\cdot$ m/s.
Gesucht: n.
Lösung: Die Tscherenkow-Strahlung wird bei Bewegung relativistischer geladener Teilchen in einem Medium mit der konstanten Geschwindigkeit v, die die

Phasengeschwindigkeit des Lichtes in diesem Medium übersteigt, beobachtet, d. h. bei der Bedingung

$$v > \frac{c}{n}. \tag{1}$$

Da $\beta = v/c$ ist, schreiben wir die Bedingung (1) in folgender Form

$$\beta n > 1. \tag{2}$$

Der Impuls eines relativistischen Teilchens ist

$$p = \frac{m_0 v}{\sqrt{1 - \dfrac{v^2}{c^2}}} = \frac{m_0 \beta c}{\sqrt{1 - \beta^2}}$$

(wir berücksichtigten, daß $v = \beta c$ ist). Dem minimalen Impuls entspricht der minimale Wert $\beta_{\min} = 1/n$ (siehe (2)). Dann ist

$$p_{\min} = \frac{m_0 c}{\sqrt{n^2 - 1}},$$

weshalb der gesuchte Brechungsindex des Stoffes gleich

$$n = \sqrt{\frac{m_0^2 c^2}{p_{\min}^2} + 1}$$

ist.

Die gegebenen Werte eingesetzt, erhalten wir $n = 1,5$.

25.1. *Gegeben*: $d = 2\,\text{mm} = 2 \cdot 10^{-3}\,\text{m}$, $\alpha = 15\,°/\text{mm}$.
Gesucht: I_0/I.

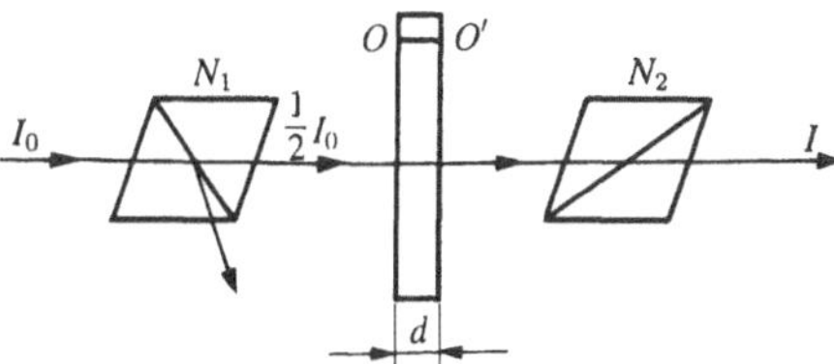

Bild L20

Lösung: Natürliches Licht, das durch das erste Nicol geht (Bild L20), wird infolge der Doppelbrechung in zwei Bündel aufgespalten: den ordentlichen (o) und den außerordentlichen (e). Beide Bündel besitzen die gleiche Intensität und sind vollständig polarisiert, jedoch in gegeneinander senkrechten Ebenen. Aus dem ersten Nicol tritt der außerordentliche Strahl (e) des Lichtes mit einer Intensität von $I_o/2$ heraus (der ordentliche Strahl (o) erfährt eine totale innere Reflexion).

In der Quarzplatte wird die Drehung der Polarisationsebene des außerordentlichen Strahls um den Winkel

$$\varphi = \alpha d = 30°$$

beobachtet.

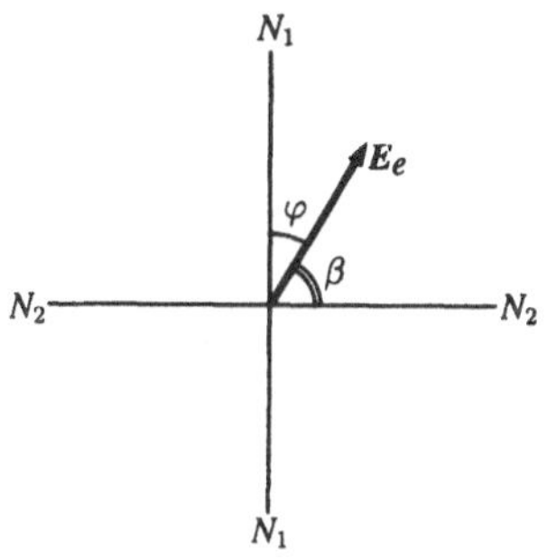

Bild L21

Der elektrische Vektor E_e des Strahls, der auf das Nicol N_2 fällt, bildet nach Durchgang durch die Platte (Bild L21) mit der Durchgangsrichtung einen Winkel von

$$\beta = 90° - \varphi = 60°.$$

Entsprechend dem Gesetz von Malus beträgt die Intensität des durch das zweite Nicol N_2 gegangenen Lichtes

$$I = \frac{1}{2} I_0 \cos^2 \beta.$$

Folglich ist

$$\frac{I_0}{I} = \frac{2}{\cos^2 \beta}.$$

Durch Einsetzen der gegebenen Werte erhalten wir $I_0/I = 8$.

25.3. *Gegeben*: $n = 1,73$.
Gesucht: α_2.
Lösung: Licht, reflektiert von einem Dielektrikum, ist vollständig polarisiert, wenn es auf das Dielektrikum unter dem Brewsterschen Winkel (Bild L22) einfällt. Entsprechend dem Brewsterschen Gesetz ist

$$\tan \alpha_B = \frac{n_2}{n_1},$$

dabei sind n_1 und n_2 die Brechungsindizes der beiden Medien, d. h. Luftes bzw. Glases: $n_2/n_1 = n$ (da $n_1 = 1$ ist). Dann ist

$$\alpha_B = \arctan n = 60°.$$

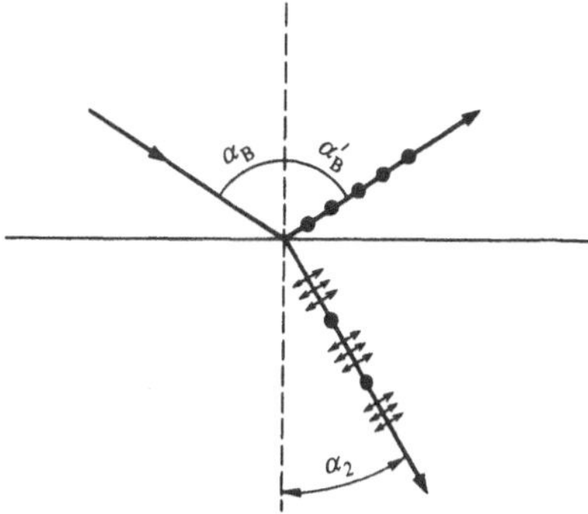

Bild L22

Wenn das Licht auf die Mediumgrenze unter dem Brewsterschen Winkel einfällt, so sind der reflektierte und der gebrochene Strahl zueinander senkrecht ($\tan \alpha_B = \sin \alpha_B / \cos \alpha_B$; $n_2/n_1 = \sin \alpha_B / \sin \alpha_2$; woher $\cos \alpha_B = \sin \alpha_2$). Folglich ist $\alpha_B + \alpha_2 = \pi/2$, doch $\alpha_B' = \alpha_B$ (Reflexionsgesetz), weshalb $\alpha_B' + \alpha_2 = \pi/2$ ist. Dann ist der gesuchte Brechungswinkel, bei dem der reflektierte Strahl vollständig polarisiert ist, gleich

$$\alpha_2 = 90° - \alpha_B = 30°.$$

25.5. *Gegeben*: $\lambda_0 = 530\,\text{nm} = 5{,}3 \cdot 10^{-7}\,\text{m}$, $d_{\min} = 13{,}3\,\mu\text{m} = 1{,}33 \cdot 10^{-5}\,\text{m}$.
Gesucht: $n_o - n_e$.
Lösung: $\lambda/4$-Platte nennt man eine Platte, die parallel zur optischen Achse herausgeschnitten wurde, für die der optische Gangunterschied

$$\Delta = (n_o - n_e)d = \pm \left(m + \frac{1}{4}\right) \lambda_0$$

$$(m = 0, 1, 2, \ldots)$$

ist, wobei das Vorzeichen „Plus" für optisch negative Kristalle gilt, „Minus" für positive. Bei Durchgang durch diese Platte senkrecht zur optischen Achse erlangen der ordentliche und der außerordentliche Strahl ohne Richtungsänderung einen Gangunterschied gleich $\lambda/4$.

Die minimale Dicke einer $\lambda/4$-Platte entspricht $m = 0$. Dann ist

$$d_{\min}(n_o - n_e) = \frac{\lambda_0}{4},$$

weshalb gilt

$$n_o - n_e = \frac{\lambda_0}{4d_{\min}}.$$

Mit den angegebenen Werten erhalten wir $n_o - n_e = 0{,}01$.

26.1. *Gegeben*: $\lambda = 480\,\text{nm} = 4{,}8 \cdot 10^{-7}\,\text{m}$, $r = 6{,}95 \cdot 10^8\,\text{m}$.
Gesucht: 1) T; 2) P.
Lösung: Entsprechend dem Wienschen Verschiebungsgesetz ist die gesuchte Temperatur der Sonnenoberfläche gleich

$$T = \frac{b}{\lambda_{\max}},$$

wobei $b = 2{,}9 \cdot 10^{-3}\,\text{m} \cdot \text{K}$ die Wiensche Konstante ist.

Die Leistung, die durch die Sonnenoberfläche abgestrahlt wird, ist

$$P = M_e A, \tag{1}$$

wobei M_e die Lichtausstrahlung des schwarzen Körpers (der Sonne) ist; $A = 4\pi r^2$ ist die Sonnenoberfläche. Entsprechend dem Stefan-Boltzmannschen Gesetz ist

$$M_e = \sigma T^4,$$

wobei $\sigma = 5{,}67 \cdot 10^{-8}\,\text{W}/(\text{m}^2 \cdot \text{K}^4)$ die Stefan-Boltzmann-Konstante ist.

Diese Formel setzen wir in (1) ein und erhalten so die gesuchte Leistung, die durch die Sonnenoberfläche abgestrahlt wird:

$$P = 4\pi\sigma T^4 r^2.$$

Bei den gegebenen Werten erhalten wir: 1) $T = 6{,}04\,\text{kK}$; 2) $P = 4{,}58 \cdot 10^{26}\,\text{W}$.

26.2. *Gegeben*: $A = 50\,\text{cm}^2 = 5 \cdot 10^{-3}\,\text{m}^2$, $t = 1\,\text{min} = 60\,\text{s}$, $T = 2043\,\text{K}$, $\alpha_T = 0{,}8$.
Gesucht: Q.
Lösung: Die Wärmemenge, die durch das Platin verloren wird, ist gleich der Energie, die durch seine glühende Oberfläche abgestrahlt wird (von Konvektionsverlusten sehen wir ab):

$$Q = W = \alpha_T M_e A t, \tag{1}$$

wobei M_e die Lichtausstrahlung des schwarzen Körpers, A die Strahlungsoberfläche und t die Zeit ist.

Entsprechend dem Stefan-Boltzmannschen Gesetz ist

$$M_e = \sigma T^4, \tag{2}$$

wobei $\sigma = 5{,}67 \cdot 10^{-8}\,\text{W}/(\text{m}^2 \cdot \text{K}^4)$ die Stefan-Boltzmann-Konstante ist. (2) in (1) eingesetzt, erhalten wir die gesuchte Wärmemenge, die durch die glühende Oberfläche von Platin verloren geht:

$$Q = \alpha_T \sigma T^4 A t.$$

Bei den gegebenen Werten erhalten wir $Q = 237\,\text{kJ}$.

26.6. *Gegeben*: $\lambda = 40\,\text{nm} = 0{,}4 \cdot 10^{-7}\,\text{m}$, $\lambda_0 = 584\,\text{nm} = 5{,}84 \cdot 10^{-7}\,\text{m}$.
Gesucht: U_0.
Lösung: Die Verzögerungsspannung kann man aus dem Ausdruck

$$eU_0 = \frac{mv_{\max}^2}{2} \tag{1}$$

bestimmen ($e = 1{,}6 \cdot 10^{-19}\,\text{C}$ ist die Elektronenladung), die kinetische Energie des Elektrons aus der Gleichung von Einstein

$$h\nu = \frac{hc}{\lambda} = W + \frac{mv_{\max}^2}{2} \tag{2}$$

(wir haben berücksichtigt, daß die Energie des Photons, das den Photoeffekt hervorruft, $\varepsilon = hc/\lambda < 5\,\text{keV}$ ist), wobei die Austrittsarbeit

$$W = h\nu_0 = \frac{hc}{\lambda_0} \tag{3}$$

ist. Wir setzen (3) in (2) ein und erhalten

$$\frac{mv_{max}^2}{2} = hc\left(\frac{1}{\lambda} - \frac{1}{\lambda_0}\right) = \frac{hc(\lambda_0 - \lambda)}{\lambda_0 \lambda}. \qquad (4)$$

(4) in (1) eingesetzt, erhalten wir die gesuchte Verzögerungsspannung:

$$U_0 = \frac{hc(\lambda_0 - \lambda)}{e\lambda\lambda_0}.$$

Mit den angegebenen Werten erhalten wir $U_0 = 28,9$ V.

26.9. *Gegeben*: $\lambda = 500\,\text{nm} = 5 \cdot 10^{-7}$ m, $\rho = 0,3$, $p = 0,2\,\mu\text{Pa} = 2 \cdot 10^{-7}$ Pa.
Gesucht: N.
Lösung: Der Druck, der durch das Licht bei normalem Einfall auf die Oberfläche ausgeübt wird, ist

$$p = \frac{E_e}{c}(1 + \rho),$$

wobei E_e die Bestrahlungsstärke der Oberfläche ist, d. h. die Energie aller Photonen, die in der Zeiteinheit auf das Flächenelement einfallen; $E_e = Nh\nu$. Da $\nu = c/\lambda$ ist, gilt

$$p = \frac{Nh(1 + \rho)}{\lambda},$$

woraus die gesuchte Photonenzahl, die pro Sekunde auf das Flächenelement der Oberfläche einfallen,

$$N = \frac{p\lambda}{(1 + \rho)h}$$

ist. Mit den angegebenen Werten erhalten wir $N = 1,16 \cdot 10^{20}\,\text{m}^{-2} \cdot \text{s}^{-1}$.

26.10. *Gegeben*: $\lambda = 100\,\text{pm} = 10^{-10}$ m, $\vartheta = 180°$.
Gesucht: W.
Lösung: Die Rückstoßenergie des Elektrons ist gleich dem Unterschied der Energie der einfallenden und der gestreuten Photonen:

$$\begin{aligned} W = \varepsilon - \varepsilon' &= h\nu - h\nu' \\ &= h\frac{c}{\lambda} - h\frac{c}{\lambda'} = \frac{hc\Delta\lambda}{\lambda\lambda'}, \end{aligned} \qquad (1)$$

wobei $\Delta\lambda = \lambda' - \lambda$ die Änderung der Wellenlänge des Photons nach der Streuung an einem freien Elektron ist:

$$\Delta\lambda = \frac{2h}{m_0 c}\sin^2\frac{\vartheta}{2}, \qquad (2)$$

wobei $m_0 = 9,11 \cdot 10^{-31}$ kg die Ruhmasse des Elektrons und $h = 6,63 \cdot 10^{-34}$ J $\cdot$ s die Plancksche Konstante ist.

Wir setzen (2) in (1) ein und berücksichtigen, daß $\lambda' = \lambda + \Delta\lambda$ ist, dann erhalten wir die gesuchte Rückstoßenergie des Elektrons:

$$W = \frac{2h^2 \sin^2\frac{\vartheta}{2}}{m_0\lambda\left(\lambda + \frac{2h}{m_0 c}\sin^2\frac{\vartheta}{2}\right)}.$$

Mit den angegebenen Werten erhalten wir $W = 9,2 \cdot 10^{-17}$ J $= 575$ eV.

27.1. *Gegeben*: $m = 2$, $r_n/r_2 = 9$.
Gesucht: ν.
Lösung: Entsprechend der allgemeinen Balmer-Formel ist die Frequenz des Lichtes, das durch das Wasserstoffatom ausgestrahlt wurde,

$$\nu = R\left(\frac{1}{m^2} - \frac{1}{n^2}\right), \qquad (1)$$

wobei $R = 3,29 \cdot 10^{15}$ s^{-1} die Rydbergsche Konstante ist; m bestimmt die Serie (laut Aufgabenstellung ist $m = 2$, die Balmer-Serie), d. h. die Nummer der Bahn, zu der das Elektron übergeht; n definiert die einzelne Linie der Serie, d. h. die Nummer der Bahn, von der das Elektron kommt.

Das zweite Newtonsche Axiom für das Elektron, das sich auf einer Kreisbahn mit dem Radius r_n unter Wirkung der Coulombschen Kräfte bewegt, lautet

$$\frac{m_e v_n^2}{r_n} = \frac{1}{4\pi\varepsilon_0}\frac{e^2}{r_n^2}. \qquad (2)$$

Entsprechend der Theorie von Bohr ist der Drehimpuls des Elektrons, das sich auf der n-ten Bahn bewegt, gleich

$$m_e v_n r_n = n\hbar \quad (n = 1, 2, 3, \ldots). \qquad (3)$$

Lösen wir (2) und (3), so erhalten wir

$$r_n = n^2 \frac{\hbar^2 \cdot 4\pi\varepsilon_0}{m_e e^2}. \qquad (4)$$

Aus (4) und der Aufgabenstellung folgt, daß

$$\frac{r_n}{r_2} = \frac{n^2}{m^2} = 9 \qquad (5)$$

ist. Aus der rechten Seite von (1) klammern wir den Faktor $1/m^2$ aus und verwenden (5). Damit erhalten wir die gesuchte Frequenz

$$\nu = R\left(1 - \frac{m^2}{n^2}\right)\frac{1}{m^2} = \frac{R}{4}\left(1 - \frac{1}{9}\right) = \frac{2}{9}R.$$

Mit den vorgegebenen Werten erhalten wir $\nu = 7,31 \cdot 10^{14}\,\text{s}^{-1}$.

27.2. *Gegeben*: $m = 1$.
Gesucht: 1) E_i; 2) $E_{\lambda_{max}}$.
Lösung: Die Ionisierungsenergie des Atoms (die Energie, die notwendig ist, ein Elektron von einem Atom loszureißen, das sich im Grundzustand befindet) wird durch die Gleichung

$$E_i = h\nu = hR\left(\frac{1}{m^2} - \frac{1}{n^2}\right)$$

bestimmt, wobei $R = 3,29 \cdot 10^{15}$ s^{-1} die Rydbergsche Konstante ist; $m = 1$ und $n = \infty$. Dann ist die gesuchte Ionisierungsenergie

$$E_\text{i} = hR. \qquad (1)$$

Die langwelligste Linie der Lyman-Serie (Bild L23) entspricht dem Übergang des Elektrons von dem zweiten Energieniveau auf das Grundniveau, d. h.,

$$E_{\lambda_\text{max}} = E_{21} = h\nu_{21} = hR \left(\frac{1}{1^2} - \frac{1}{2^2} \right) = \frac{3}{4} hR.$$

Mit (1) erhalten wir die gesuchte Photonenenergie, die der langwelligsten Linie der Lyman-Serie entspricht:

$$E_{\lambda_\text{max}} = \frac{3}{4} E_\text{i}.$$

Mit den vorgegebenen Werten erhalten wir 1) $E_\text{i} = 13,6\,\text{eV}$; 2) $E_{\lambda_\text{max}} = 10,2\,\text{eV}$.

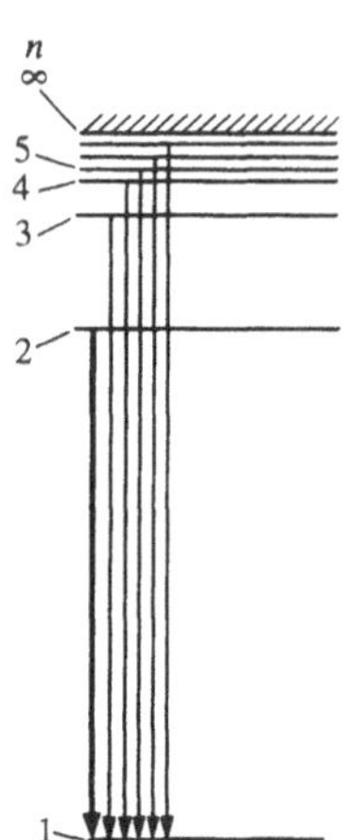

Bild L23

28.1. *Gegeben*: $U = 700\,\text{kV} = 7 \cdot 10^5\,\text{V}$.
Gesucht: λ.
Lösung: Die Beziehung zwischen Impuls und Wellenlänge lautet

$$\lambda = \frac{h}{p},$$

dabei ist $h = 6,63 \cdot 10^{-34}\,\text{J} \cdot \text{s}$ die Plancksche Konstante, wobei der Impuls auf verschiedene Weise für nichtrelativistische ($p = \sqrt{2m_0 T}$) und relativistische ($p = \sqrt{(2E_0 + T)T}/c$) Fälle ausgedrückt wird, wo m_0, T, E_0 die Ruhmasse, die kinetische Energie bzw. die Ruhenergie des Teilchens sind.

Die kinetische Energie des Elektrons, das die Beschleunigungsspannung U erfahren hat, beträgt

$$T = |e|U = 0,7\,\text{MeV},$$

und die Ruhenergie des Elektrons ist $E_0 = m_0 c^2 = 0,512\,\text{MeV}$, d. h., im gegebenen Fall haben wir es mit

einem relativistischen Teilchen zu tun. Dann ist die gesuchte de Brogliesche Wellenlänge gleich

$$\lambda = \frac{hc}{\sqrt{(2E_0 + T)T}} = \frac{hc}{\sqrt{(2m_0 c^2 + |e|U)|e|U}},$$

wobei $m_0 = 9,11 \cdot 10^{-31}$ kg, $c = 3 \cdot 10^8$ m/s und $e = 1,6 \cdot 10^{-19}$ C ist.

Mit den angegebenen Werten erhalten wir $\lambda = 1,13$ pm.

28.3. *Gegeben*: $U = 0,5\,\text{kV} = 500\,\text{V}$, $\Delta p_x = 0,001\,p_x$.
Gesucht: Δx.
Lösung: Entsprechend der Unschärferelation gilt

$$\Delta x \, \Delta p_x \geq h, \qquad (1)$$

wobei Δx die Koordinatenunschärfe des Elektrons, Δp_x die Unschärfe seines Impulses, $h = 6,63 \cdot 10^{-34}\,\text{J} \cdot \text{s}$ die Plancksche Konstante ist.

Die kinetische Energie des Elektrons, das den Beschleunigungspotentialunterschied U überwunden hat, ist $T = |e|U = 0,5\,\text{keV}$, d. h., das Elektron stellt unter den gegebenen Bedingungen kein relativistisches Teilchen dar (siehe Aufgabe 28.1), und der Impuls des Elektrons beträgt

$$p = \sqrt{2m_0 T} = \sqrt{2m_0 |e|U}$$
$$= 1,24 \cdot 10^{-23}\,\text{kg} \cdot \text{m/s}.$$

Entsprechend der Aufgabenstellung beträgt die Impulsunschärfe $\Delta p_x = 0,001 p_x = 1,24 \cdot 10^{-26}\,\text{kg} \cdot \text{m/s}$, d. h., $\Delta p_x \ll p_x$, und das Elektron stellt unter den gegebenen Bedingungen ein klassisches Teilchen dar. Aus (1) folgt, daß die gesuchte Koordinatenunschärfe des Elektrons gleich

$$\Delta x = \frac{h}{\Delta p_x}$$

ist.

Mit den angegebenen Werten erhalten wir $\Delta x = 53,5$ nm.

28.7. *Gegeben*: $l = 200\,\text{pm} = 2 \cdot 10^{-10}$ m, $x_1 = 0$, $x_2 = l/4$.
Gesucht: 1) E_min; 2) W.
Lösung: Die Energieeigenwerte des Elektrons, das sich im n-ten Energieniveau im eindimensionalen rechteckigen Potentialkasten mit unendlich hohen Wänden befindet, beträgt

$$E_n = n^2 \frac{\pi^2 \hbar^2}{2ml^2} \quad (m = 1, 2, 3, \ldots),$$

wobei $m = 9,11 \cdot 10^{-31}$ kg die Elektronenmasse, $\hbar = h/(2\pi) = 1,05 \cdot 10^{-34}\,\text{J} \cdot \text{s}$ die Plancksche Konstante ist.

Die minimale Energie besitzt das Elektron bei minimalem n, d.h. bei $n = 1$:

$$E_{\min} = \frac{\pi^2 \hbar^2}{2ml^2}.$$

Die Wahrscheinlichkeit dafür, das Teilchen in dem Intervall $x_1 < x < x_2$ aufzufinden, beträgt

$$W = \int_{x_1}^{x_2} |\psi_n(x)|^2 \, dx, \tag{1}$$

wobei $\psi_n(x) = \sqrt{2/l} \sin(n\pi/l)x$ $(n = 1, 2, 3, \dots)$ die normierte Eigenwellenfunktion ist, die dem gegebenen Zustand entspricht.

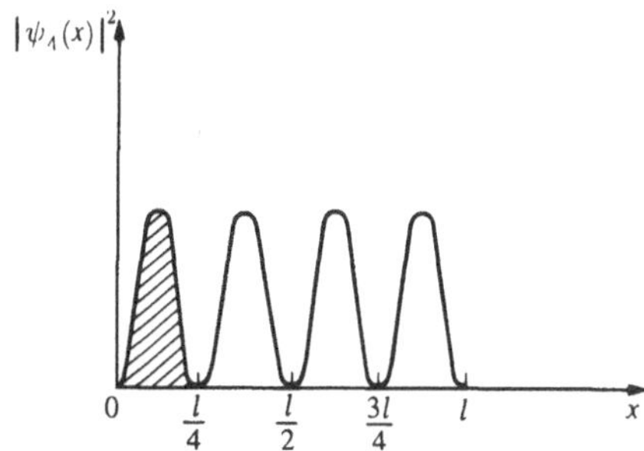

Bild L24

Dem angeregten Zustand entspricht die Eigenfunktion $(n = 4)$

$$\psi_4(x) = \sqrt{\frac{2}{l}} \sin \frac{4\pi}{l} x. \tag{2}$$

Entsprechend der Aufgabenstellung (Bild L24) ist $x_1 = 0$ und $x_2 = l/4$. Deshalb, wenn wir (2) in (1) einsetzen, erhalten wir

$$W = \frac{2}{l} \int_0^{l/4} \sin^2 \frac{4\pi}{l} x \, dx.$$

Wenn wir $\sin^2(4\pi x/l) = (1 - \cos(8\pi x/l))/2$ ersetzen, schreiben wir

$$W = \frac{1}{l} \left[\int_0^{l/4} dx - \int_0^{l/4} \cos \frac{8\pi x}{l} \, dx \right]$$

$$= \frac{1}{l} \left[\frac{l}{4} - \frac{l}{8\pi} \sin \frac{8\pi}{l} x \bigg|_0^{l/4} \right]$$

$$= \frac{1}{4} - \frac{1}{8\pi} (\sin 2\pi - \sin 0) = 0{,}25.$$

Mit den vorgegebenen Werten erhalten wir 1) $E_{\min} = 1{,}5 \cdot 10^{-18}\,\mathrm{J} = 9{,}37\,\mathrm{eV}$; 2) $W = 0{,}25$.

28.9. *Gegeben*: $E = 5\,\mathrm{eV} = 8 \cdot 10^{-19}\,\mathrm{J}$, $U = 10\,\mathrm{eV} = 1{,}6 \cdot 10^{-18}\,\mathrm{J}$, $l = 1\,\mathrm{pm} = 10^{-12}\,\mathrm{m}$.
Gesucht: $W_\mathrm{e}/W_\mathrm{p}$.
Lösung: Die Durchgangswahrscheinlichkeit der Teilchen durch die Potentialbarriere wird durch den Transmissionskoeffizienten bestimmt: $W = T$,

$$T = T_0 e^{(-2/\hbar)\sqrt{2m(U-E)}\,l}, \tag{1}$$

wobei $T_0 = 1$, m die Teilchenmasse und $\hbar = h/(2\pi)$ die Plancksche Konstante ist.

Ausgehend von der Formel (1) ist das gesuchte Verhältnis der Wahrscheinlichkeiten des Durchgangs der Teilchen durch die Barriere gleich

$$\frac{W_\mathrm{e}}{W_\mathrm{p}} = \frac{e^{(-2/\hbar)\sqrt{2m_\mathrm{e}(U-E)}\,l}}{e^{(-2/\hbar)\sqrt{2m_\mathrm{p}(U-E)}\,l}},$$

wobei $m_\mathrm{e} = 9{,}11 \cdot 10^{-31}\,\mathrm{kg}$; $m_\mathrm{p} = 1{,}672 \cdot 10^{-27}\,\mathrm{kg}$; $\hbar = 1{,}05 \cdot 10^{-34}\,\mathrm{J} \cdot \mathrm{s}$.

Mit den angegebenen Werten erhalten wir $W_\mathrm{e}/W_\mathrm{p} = 2{,}6$.

29.4. *Gegeben*: $\psi_{100}(r) = (1/\sqrt{\pi a^3})e^{-r/a}$, $r = 0{,}05\,a$.
Gesucht: W.
Lösung: Die ψ-Funktion, die den $1s$-Zustand des Elektrons im Wasserstoffatom beschreibt, ist sphärisch symmetrisch (hängt nur von r ab). Deshalb wählt man das Volumensegment, das einer einheitlichen Wahrscheinlichkeitsdichte entspricht, in der Form des Volumens einer sphärischen Schicht mit dem Radius r und der Dicke dr: $dV = 4\pi r^2 \, dr$.

Die Wahrscheinlichkeit für das Auffinden des Elektrons in dem Volumenelement dV ist gleich

$$dW = |\psi_{100}(r)|^2 \, dV$$

$$= \left| \frac{1}{\sqrt{\pi a^3}} e^{-r/a} \right|^2 4\pi r^2 \, dr.$$

Die Wahrscheinlichkeit W finden wir, indem wir dW in den Grenzen von $r_1 = 0$ bis $r_2 = 0{,}05\,a$ integrieren:

$$W = \frac{4}{a^3} \int_0^{0{,}05a} r^2 e^{-2r/a} \, dr. \tag{1}$$

Laut Aufgabenstellung ist r klein ($r_{\max} = 0{,}05\,a$; $a = 52{,}8\,\mathrm{pm}$), weshalb man den Faktor $e^{-2r/a}$ in eine Reihe entwickeln kann

$$e^{-2r/a} = 1 - \frac{2r}{a} + \frac{1}{2!}\left(\frac{2r}{a}\right)^2 - \cdots, \tag{2}$$

aus der wir nur das lineare Glied verwenden und in (1) einsetzen. Wir erhalten

$$W = \frac{4}{a^3} \int\limits_0^{0,05a} r^2 \left(1 - \frac{2r}{a}\right) \, \mathrm{d}r$$

$$= \frac{4}{a^3} \left[\int\limits_0^{0,05a} r^2 \, \mathrm{d}r - \frac{2}{a} \int\limits_0^{0,05a} r^3 \, \mathrm{d}r \right]$$

$$= \frac{4}{a^3} \left[\frac{r^3}{3}\bigg|_0^{0,05a} - \frac{2}{a}\frac{r^4}{4}\bigg|_0^{0,05a} \right] = 1,54 \cdot 10^{-4}.$$

Danach ist $W = 1,54 \cdot 10^{-4}$.

29.5. *Gegeben*: der d-Zustand.
Gesucht: 1) L_l; 2) $(L_{lz})_{\max}$.
Lösung: Der d-Zustand des Elektrons ist durch die Bahndrehimpulsquantenzahl $l = 2$ charakterisiert, und der Bahndrehimpuls des Elektrons ist gleich

$$L_l = \hbar\sqrt{l(l+1)},$$

wobei $\hbar = 1{,}05 \cdot 10^{-14}\,\mathrm{J \cdot s}$ die Plancksche Konstante ist.

Die Projektion des Drehimpulses auf die Richtung z des äußeren Magnetfeldes ist gleich

$$L_{lz} = \hbar m_l, \tag{1}$$

wobei $m_l = 0, \pm 1, \ldots, \pm l$ die magnetische Quantenzahl ist. Der Ausdruck (1) ist maximal bei $m_l = (m_l)_{\max}$:

$$(L_{lz})_{\max} = \hbar(m_l)_{\max},$$

wobei laut Aufgabenstellung $(m_l)_{\max} = 2$ ist.

Mit den angegebenen Werten erhalten wir 1) $L_l = 2{,}45\hbar$, 2) $(L_l)_{\max} = 2\hbar$.

29.8. *Gegeben*: $Z = 28$, $\Delta\lambda = \lambda_\alpha - \lambda_{\min} = 84\,\mathrm{pm} = 8{,}4 \cdot 10^{-11}\,\mathrm{m}$.
Gesucht: U.
Lösung: Die kurzwellige Grenze des kontinuierlichen Röntgenspektrums liegt bei

$$\lambda_{\min} = \frac{ch}{eU}, \tag{1}$$

wobei c die Lichtgeschwindigkeit im Vakuum, h die Plancksche Konstante und e die Elektronenladung ist. Laut Aufgabenstellung ist $\lambda_{\min} = \lambda_\alpha - \Delta\lambda$.

Entsprechend dem Moseley-Gesetz ist für die K_α-Linie

$$\nu_\alpha = R(Z-1)^2\left(\frac{1}{1^2} - \frac{1}{2^2}\right) = \frac{3}{4}R(Z-1)^2,$$

woraus folgt

$$\lambda_\alpha = \frac{c}{\nu_\alpha} = \frac{4c}{3R(Z-1)^2} = \frac{4}{3R'(Z-1)^2},$$

wobei $R' = R/c = 1{,}1 \cdot 10^7\,\mathrm{m}^{-1}$ die Rydbergsche Konstante ist. Dann ist

$$\lambda_{\min} = \frac{4}{3R'(Z-1)^2} - \Delta\lambda. \tag{2}$$

(2) in (1) eingesetzt, erhalten wir die gesuchte Spannung an der Röntgenröhre

$$U = \frac{ch}{e\left(\dfrac{4}{3R'(Z-1)^2} - \Delta\lambda\right)},$$

wobei $c = 3 \cdot 10^8\,\mathrm{m/s}$ und $h = 6{,}63 \cdot 10^{-34}\,\mathrm{J \cdot s}$ ist.

Die angegebenen Werte eingesetzt, erhalten wir $U = 15{,}1\,\mathrm{kV}$.

30.3. *Gegeben*: $T \ll T_\mathrm{D}$, $T_\mathrm{D} = 180\,\mathrm{K}$.
Gesucht: 1) $E_{\max}$; 2) λ.
Lösung: Im Temperaturbereich von $T \ll T_\mathrm{D}$ ist die maximale Photonenenergie gleich

$$E_{\max} = \hbar\omega_\mathrm{D} = kT_\mathrm{D},$$

wobei $\hbar = h/(2\pi)$ die Plancksche Konstante, ω_D die Grenzfrequenz der elastischen Schwingungen des Kristallgitters und $k = 1{,}38 \cdot 10^{-23}\,\mathrm{J/K}$ die Boltzmann-Konstante ist.

Da

$$E_{\max} = h\nu = \frac{hc}{\lambda}$$

gilt, ist die gesuchte Wellenlänge gleich

$$\lambda = \frac{hc}{E_{\max}}.$$

Mit den angegebenen Werten erhalten wir: 1) $E_{\max} = 2{,}48 \cdot 10^{-21}\,\mathrm{J} = 15{,}5\,\mathrm{meV}$; 2) $\lambda = 80{,}1\,\mu\mathrm{m}$.

31.1. *Gegeben*: $t_1 = 273\,\mathrm{K}$, $t_2 = 291\,\mathrm{K}$, $\gamma_1/\gamma_2 = 4{,}24$.
Gesucht: ΔE.
Lösung: Die spezifische Leitfähigkeit von Eigenhalbleitern beträgt

$$\gamma = \gamma_0 \mathrm{e}^{-\Delta E/(2kt)},$$

wobei γ_0 eine charakteristische Konstante für den gegebenen Halbleiter ist; ΔE ist die Breite der verbotenen Zone.

Dann ist

$$\frac{\gamma_1}{\gamma_2} = \frac{\mathrm{e}^{-\Delta E/(2kt_1)}}{\mathrm{e}^{-\Delta E/(2kt_2)}} = \exp\left[\frac{\Delta E}{2k}\left(\frac{1}{t_1} - \frac{1}{t_2}\right)\right]$$

oder, nach Logarithmieren,

$$\ln\frac{\gamma_1}{\gamma_2} = \frac{\Delta E}{2k}\left(\frac{1}{t_1} - \frac{1}{t_2}\right),$$

weshalb die gesuchte Breite der verbotenen Zone gleich

$$\Delta E = \frac{2kt_1t_2 \ln \dfrac{\gamma_1}{\gamma_2}}{t_2 - t_1}$$

ist.

Mit den angegebenen Werten erhalten wir $\Delta E = 1{,}1$ eV.

32.1. *Gegeben*: $^6_3\text{Li} + ^2_1\text{H} \rightarrow 2\,^4_2\text{He} + \Delta E$, $\Delta E = 22{,}3\,\text{MeV} = 35{,}68 \cdot 10^{-13}\,\text{J}$, $m_{^4_2\text{He}} = 6{,}6467 \cdot 10^{-27}\,\text{kg}$, $m_{^2_1\text{H}} = 3{,}3446 \cdot 10^{-27}\,\text{kg}$.

Gesucht: $m_{^6_3\text{Li}}$.

Lösung: Der Massendefekt des Kerns ist gleich

$$\Delta m = m_{^6_3\text{Li}} + m_{^2_1\text{H}} - 2\,m_{^4_2\text{He}}. \tag{1}$$

Andererseits gilt

$$\Delta m = \frac{\Delta E}{c^2}, \tag{2}$$

weshalb aus dem Ausdruck (1) und (2) die gesuchte Masse des Lithiumisotops berechnet werden kann:

$$m_{^6_3\text{Li}} = \frac{\Delta E}{c^2} + 2\,m_{^4_2\text{He}} - m_{^2_1\text{H}}.$$

Mit den angegebenen Werten erhalten wir $m_{^6_3\text{Li}} = 9{,}9884 \cdot 10^{-27}\,\text{kg}$.

32.4. *Gegeben*: $^{222}_{86}\text{Rn}$, $m_0 = 1{,}5\,\text{g} = 1{,}5 \cdot 10^{-3}\,\text{kg}$, $T_{1/2} = 3{,}82\,\text{Tage} = 3{,}82 \cdot 24 \cdot 3600\,\text{s}$, $t = 5\,\text{Tage} = 5 \cdot 24 \cdot 3600\,\text{s}$.

Gesucht: 1) A_0; 2) A.

Lösung: Die Anfangsaktivität des Isotops ist gleich

$$A_0 = \lambda N_0,$$

dabei ist $\lambda = (\ln 2)/T_{1/2}$ die radioaktive Zerfallskonstante; N_0 die Kernzahl der Isotope zu Beginn: $N_0 = m_0 N_A / M$, wobei M die molare Masse von Radon ist ($M = 222 \cdot 10^{-3}\,\text{kg/mol}$); $N_A = 6{,}02 \cdot 10^{23}\,\text{mol}^{-1}$ ist die Avogadro-Konstante. Damit erhalten wir die gesuchte Anfangsaktivität des Isotops:

$$A_0 = \frac{m_0 N_A \ln 2}{M T_{1/2}}.$$

Die Aktivität des Isotops ist $A = \lambda N$, wobei entsprechend dem radioaktiven Zerfallsgesetz $N = N_0 \mathrm{e}^{-\lambda t}$ die Anzahl der unzerfallenen Kerne zum Zeitpunkt t ist. Berücksichtigt man, daß $\lambda N_0 = A_0$ ist, erhält man, daß die Aktivität des Nuklids mit der Zeit nach folgendem Gesetz abnimmt

$$A = A_0 \mathrm{e}^{-\lambda t} = A_0 \mathrm{e}^{-(\ln 2/T)t}.$$

Mit den angegebenen Werten erhalten wir 1) $A_0 = 8{,}54 \cdot 10^{15}\,\text{Bq}$; 2) $A = 3{,}45 \cdot 10^{15}\,\text{Bq}$.

32.6. *Gegeben*: $^9_4\text{Be} + ^2_1\text{H} \rightarrow ^A_Z\text{X} + ^1_0\text{n}$.

Gesucht: Z, A, Q.

Lösung: Aus den Erhaltungssätzen der elektrischen Ladung und der Massenzahl folgt, daß $Z = 5$ und $A = 10$ ist, d. h., der sich bei der Kernreaktion bildende Kern ist das Bor-Isotop $^{10}_5\text{B}$. Deshalb kann die Kernreaktion in der folgenden Form geschrieben werden:

$$^9_4\text{Be} + ^2_1\text{H} \rightarrow ^{10}_5\text{B} + ^1_0\text{n}.$$

Der Energieeffekt der Kernreaktion ist gleich

$$Q = c^2 \left[\left(m_{^9_4\text{Be}} + m_{^2_1\text{H}} \right) - \left(m_{^{10}_5\text{B}} + m_{\text{n}} \right) \right], \tag{1}$$

wobei in den ersten runden Klammern die Massen der Ausgangskerne angegeben sind und in den zweiten die Kernmassen der Reaktionsprodukte. Bei den Berechnungen verwendet man anstelle der Kernmassen die Massen der neutralen Atome, da man entsprechend dem Erhaltungssatz von den Ladungszahlen in der Reaktion (die Ladungszahl Z des neutralen Atoms ist gleich der Anzahl der Elektronen in seiner Hülle) einheitliche Resultate erhält.

Die Massen der neutralen Atome in dem Ausdruck (1) sind: $m_{^9_4\text{Be}} = 1{,}4966 \cdot 10^{-26}\,\text{kg}$, $m_{^2_1\text{H}} = 3{,}3446 \cdot 10^{-27}\,\text{kg}$, $m_{^{10}_5\text{B}} = 1{,}6627 \cdot 10^{-26}\,\text{kg}$, $m_{\text{n}} = 1{,}675 \cdot 10^{-27}\,\text{kg}$.

Die gegebenen Werte eingesetzt, erhalten wir $Q = 4{,}84\,\text{MeV}$; der Energieeffekt ist positiv; die Reaktion ist exotherm.

Grundlegende Gesetze und Formeln

§ 1 Die physikalischen Grundlagen der Mechanik

Durchschnittsgeschwindigkeit

$$\langle \boldsymbol{v} \rangle = \frac{\Delta \boldsymbol{r}}{\Delta t}$$

Momentangeschwindigkeit

$$\boldsymbol{v} = \frac{\mathrm{d}\boldsymbol{r}}{\mathrm{d}t}.$$

Durchschnittsbeschleunigung

$$\langle \boldsymbol{a} \rangle = \frac{\Delta \boldsymbol{v}}{\Delta t}.$$

Momentanbeschleunigung

$$\boldsymbol{a} = \frac{\mathrm{d}\boldsymbol{v}}{\mathrm{d}t}.$$

Tangentialkomponente der Beschleunigung

$$a_\tau = \frac{\mathrm{d}v}{\mathrm{d}t}.$$

Normalkomponente der Beschleunigung

$$a_n = \frac{v^2}{r}.$$

Gesamtbeschleunigung

$$\boldsymbol{a} = \boldsymbol{a}_\tau + \boldsymbol{a}_n;$$
$$a = \sqrt{a_\tau^2 + a_n^2}.$$

Kinematische Gleichung der gleichmäßig beschleunigten Bewegung

$$\begin{cases} v = v_0 \pm at, \\ s = v_0 t \pm \dfrac{at^2}{2}. \end{cases}$$

Winkelgeschwindigkeit

$$\boldsymbol{\omega} = \frac{\mathrm{d}\boldsymbol{\varphi}}{\mathrm{d}t}.$$

Winkelbeschleunigung

$$\boldsymbol{\varepsilon} = \frac{\mathrm{d}\boldsymbol{\omega}}{\mathrm{d}t}.$$

Kinematische Gleichung der gleichmäßig beschleunigten Rotation

$$\begin{cases} \omega = \omega_0 \pm \varepsilon t, \\ \varphi = \omega_0 t \pm \dfrac{\varepsilon t^2}{2}. \end{cases}$$

Zusammenhang zwischen Bahn- und Winkelgrößen bei der Rotation

$$s = R\varphi; \qquad v = R\omega;$$
$$a_\tau = R\varepsilon; \qquad a_n = \omega^2 R.$$

Impuls

$$\boldsymbol{p} = m\boldsymbol{v}.$$

Zweites Newtonsches Axiom

$$\boldsymbol{F} = m\boldsymbol{a} = \frac{\mathrm{d}\boldsymbol{p}}{\mathrm{d}t}.$$

Gleitreibungskraft

$$F_\mathrm{R} = fN$$

Impulserhaltungssatz (für abgeschlossene Systeme)

$$\boldsymbol{p} = \sum_{i=1}^{n} m_i \boldsymbol{v}_i = \text{const.}$$

Arbeit einer veränderlichen Kraft auf dem Bahnabschnitt 1–2

$$W = \int_1^2 F \cos \alpha \, \mathrm{d}s.$$

Momentanleistung

$$N = \frac{\mathrm{d}W}{\mathrm{d}t} = \boldsymbol{F}\boldsymbol{v}.$$

Kinetische Energie

$$T = \frac{mv^2}{2}.$$

Potentielle Energie eines über die Erdoberfläche angehobenen Körpers

$$U = mgh.$$

Potentielle Energie eines elastisch verformten Körpers

$$U = \frac{kx^2}{2}.$$

Mechanische Gesamtenergie eines Systems

$$E = T + U.$$

Satz von der Erhaltung der mechanischen Energie (für konservative Systeme)

$$T + U = E = \text{const.}$$

Geschwindigkeit von Kugeln mit den Massen m_1 und m_2 nach einem vollkommen elastischen zentralen Stoß

$$v_1' = \frac{(m_1 - m_2)v_1 + 2m_2 v_2}{m_1 + m_2},$$

$$v_2' = \frac{(m_2 - m_1)v_2 + 2m_1 v_1}{m_1 + m_2}.$$

Geschwindigkeit der Kugeln nach einem vollkommen unelastischen Stoß

$$\boldsymbol{v} = \frac{m_1 \boldsymbol{v}_1 + m_2 \boldsymbol{v}_2}{m_1 + m_2}.$$

Trägheitsmoment eines Systems (Körpers)

$$J = \sum_{i=1}^{n} m_i r_i^2.$$

Trägheitsmoment eines Hohl- und Vollzylinders (oder einer Scheibe) bezüglich der Symmetrieachse

$$J = mR^2; \quad J = \frac{1}{2}mR^2.$$

Trägheitsmoment einer Kugel bezüglich einer Achse durch den Kugelmittelpunkt

$$J = \frac{2}{5}mR^2.$$

Trägheitsmoment eines dünnen Stabes bezüglich einer zu ihm senkrechten Achse durch die Stabmitte

$$J = \frac{1}{12}ml^2.$$

Trägheitsmoment eines dünnen Stabes bezüglich einer zu ihm senkrechten Achse durch ein Ende des Stabes

$$J = \frac{1}{3}ml^2.$$

Steinerscher Satz

$$J = J_C + ma^2.$$

Kinetische Energie eines rotierenden Körpers bezüglich einer feststehenden Achse

$$T_{\mathrm{rot}} = \frac{J_z \omega^2}{2}.$$

Drehmoment bezüglich eines festen Punktes

$$\boldsymbol{M} = \boldsymbol{r} \times \boldsymbol{F}.$$

Drehmoment bezüglich einer feststehenden Achse

$$M_z = (\boldsymbol{r} \times \boldsymbol{F})_z.$$

Drehimpuls eines Massenpunktes bezüglich eines festen Punktes

$$\boldsymbol{L} = \boldsymbol{r} \times \boldsymbol{p} = \boldsymbol{r} \times (m\boldsymbol{v}).$$

Drehimpuls eines Massenpunktes bezüglich einer feststehenden Achse

$$L_z = \sum_{i=1}^{n} m_i v_i r_i = J_z \omega.$$

Dynamische Gleichung der Rotation eines starren Körpers

$$M_z = J_z \varepsilon; \quad \boldsymbol{M} = \frac{\mathrm{d}\boldsymbol{L}}{\mathrm{d}t}.$$

Drehimpulserhaltungssatz

$$\boldsymbol{L} = \mathrm{const.}$$

Gravitationsgesetz

$$F = G\frac{m_1 m_2}{r^2}.$$

Schwerkraft

$$\boldsymbol{P} = m\boldsymbol{g}.$$

Feldstärke des Gravitationsfeldes

$$\boldsymbol{g} = \frac{\boldsymbol{F}}{m}.$$

Potential des Gravitationsfeldes

$$\varphi = \frac{U}{m} = -G\frac{M}{R}.$$

Zusammenhang zwischen dem Potential eines Gravitationsfeldes und seiner Feldstärke

$$\boldsymbol{g} = -\mathrm{grad}\,\varphi.$$

Kontinuitätsgleichung

$$Av = \mathrm{const.}$$

Bernoullische Gleichung

$$\frac{\rho v^2}{2} + \rho g h + p = \mathrm{const.}$$

Relativistische Verlangsamung des Zeitablaufs

$$\tau' = \frac{\tau}{\sqrt{1 - \left(\dfrac{v}{c}\right)^2}}.$$

Relativistische Verringerung der Länge eines Stabes (Lorentzkontraktion)

$$l_0' = \frac{l}{\sqrt{1 - \left(\dfrac{v}{c}\right)^2}}.$$

Relativistische Additionsregel für Geschwindigkeiten

$$u = \frac{u' + v}{1 + \dfrac{vu'}{c^2}}; \quad u' = \frac{u - v}{1 - \dfrac{vu}{c^2}}.$$

Masse eines relativistischen Teilchens

$$m = \frac{m_0}{\sqrt{1 - \left(\dfrac{v}{c}\right)^2}}.$$

Relativistischer Impuls

$$\boldsymbol{p} = m\boldsymbol{v} = \frac{m_0}{\sqrt{1 - \left(\dfrac{v}{c}\right)^2}}\boldsymbol{v}.$$

Masse-Energie-Beziehung

$$E = mc^2 = \frac{m_0 c^2}{\sqrt{1 - \left(\dfrac{v}{c}\right)^2}}.$$

Zusammenhang zwischen der Gesamtenergie und dem Impuls eines relativistischen Teilchens

$$E = \sqrt{m_0^2 c^4 + p^2 c^2}.$$

§ 2 Grundlagen der statistischen Physik und Thermodynamik

Boyle-Mariottesches Gesetz

$$pV = \text{const} \quad \text{für} \quad T, m = \text{const}.$$

Gay-Lussacsches Gesetz

$$V = V_0(1 + \alpha t) \quad \text{für} \quad p, m = \text{const},$$

$$p = p_0(1 + \alpha t) \quad \text{für} \quad V, m = \text{const}.$$

Daltonsches Gesetz

$$p = p_1 + p_2 + p_3 + \cdots + p_n.$$

Ideales Gasgesetz für eine beliebige Gasmasse

$$pV = \frac{m}{M}RT = \nu RT.$$

Grundgleichung der molekularkinetischen Theorie

$$p = \frac{1}{3} n m_0 \langle v_{\mathrm{qu}} \rangle^2.$$

Mittlere quadratische Geschwindigkeit eines Moleküls

$$\langle v_{\mathrm{qu}} \rangle = \sqrt{\frac{3kT}{m_0}} = \frac{\sqrt{3RT}}{M}.$$

Mittlere arithmetische Geschwindigkeit eines Moleküls

$$\langle v \rangle = \sqrt{\frac{8kT}{\pi m_0}} = \sqrt{\frac{8RT}{\pi M}}.$$

Wahrscheinlichste Geschwindigkeit eines Moleküls

$$v_{\mathrm{w}} = \sqrt{\frac{2kT}{m_0}} = \sqrt{\frac{2RT}{M}}.$$

Barometerformel

$$p = p_0 \mathrm{e}^{-Mgh/(RT)}.$$

Mittlere freie Weglänge eines Moleküls

$$\langle l \rangle = \frac{\langle v \rangle}{\langle z \rangle} = \frac{1}{\sqrt{2}\pi d^2 n}.$$

Mittlere Stoßzahl eines Moleküls in 1 s

$$\langle z \rangle = \sqrt{2}\pi d^2 n \langle v \rangle.$$

Fouriersches Wärmeleitungsgesetz

$$j_E = -\lambda \frac{\mathrm{d}T}{\mathrm{d}x}.$$

Wärmeleitfähigkeit

$$\lambda = \frac{1}{3} c_V \rho \langle v \rangle \langle l \rangle.$$

Ficksches Diffusionsgesetz

$$j_m = -D \frac{\mathrm{d}\rho}{\mathrm{d}x}.$$

Diffusionskoeffizient

$$D = \frac{1}{3} \langle v \rangle \langle l \rangle.$$

Newtonsches Gesetz der inneren Reibung (Viskosität)

$$j_p = -\eta \frac{\mathrm{d}v}{\mathrm{d}x}.$$

Dynamische Viskosität

$$\eta = \frac{1}{3} \rho \langle v \rangle \langle l \rangle.$$

Mittlere Energie eines Moleküls

$$\langle \varepsilon \rangle = \frac{i}{2} kT.$$

Innere Energie einer beliebigen Gasmasse

$$U = \nu \frac{i}{2} RT = \frac{m}{M} \frac{i}{2} RT.$$

Erster Hauptsatz der Thermodynamik

$$\delta Q = \mathrm{d}U + \delta W.$$

Molare Wärmekapazität eines Gases bei konstantem Volumen

$$C_V = \frac{i}{2} R.$$

Molare Wärmekapazität eines Gases bei konstantem Druck

$$C_p = \frac{i+2}{2} R.$$

Volumenarbeit eines Gases

$$\delta W = p\, \mathrm{d}V.$$

Arbeit eines Gases bei isobarer Ausdehnung

$$W = p(V_2 - V_1) = \frac{m}{M} R(T_2 - T_1).$$

Arbeit eines Gases bei isothermer Ausdehnung

$$W = Q = \frac{m}{M} RT \ln \frac{V_2}{V_1} = \frac{m}{M} RT \ln \frac{p_1}{p_2}.$$

Adiabatengleichungen (Poisson-Gleichungen)

$$pV^\gamma = \text{const},$$

$$TV^{\gamma-1} = \text{const},$$

$$T^\gamma p^{1-\gamma} = \text{const}.$$

Arbeit eines Gases bei adiabatischer Ausdehnung

$$W = \frac{m}{M} C_V (T_1 - T_2) = \frac{p_1 V_1}{\gamma - 1} \left[1 - \left(\frac{V_1}{V_2} \right)^{\gamma-1} \right].$$

Thermischer Wirkungsgrad eines Kreisprozesses

$$\eta = \frac{Q_1 - Q_2}{Q_1}.$$

Thermischer Wirkungsgrad des Carnotschen Kreisprozesses

$$\eta = \frac{T_1 - T_2}{T_1}.$$

Van-der-Waalssche Gleichung für ein Mol eines idealen Gases

$$\left(p + \frac{a}{V_\mathrm{m}^2} \right) (V_\mathrm{m} - b) = RT.$$

§ 3 Elektrizität und Elektromagnetismus

Coulombsches Gesetz

$$F = \frac{1}{4\pi\varepsilon_0} \frac{|Q_1 Q_2|}{r^2}.$$

Feldstärke eines elektrostatischen Feldes

$$E = \frac{F}{Q_0}.$$

Fluß des Feldstärkevektors eines elektrostatischen Feldes durch die geschlossene Fläche A

$$\Phi_E = \oint_A E\, \mathrm{d}A = \oint_A E_n\, \mathrm{d}A.$$

Superpositionsprinzip

$$E = \sum_{i=1}^{n} E_i.$$

Elektrisches Dipolmoment

$$\boldsymbol{p} = |Q| \boldsymbol{l}.$$

Satz von Gauß für ein elektrostatisches Feld im Vakuum

$$\oint_A \boldsymbol{E}\, \mathrm{d}A = \oint_A E_n\, \mathrm{d}A = \frac{1}{\varepsilon_0} \sum_{i=1}^{n} Q_i = \frac{1}{\varepsilon_0} \int_V \rho\, \mathrm{d}V.$$

Raum-, Flächen- und lineare Ladungsdichte

$$\rho = \frac{\mathrm{d}Q}{\mathrm{d}V}; \quad \sigma = \frac{\mathrm{d}Q}{\mathrm{d}A}; \quad \tau = \frac{\mathrm{d}Q}{\mathrm{d}l}.$$

Feldstärke des von einer gleichmäßig geladenen unendlichen Fläche erzeugten Feldes

$$E = \frac{\sigma}{2\varepsilon_0}.$$

Feldstärke des von zwei unendlichen parallelen gleichmäßig geladenen Flächen erzeugten Feldes

$$E = \frac{\sigma}{\varepsilon_0}.$$

Feldstärke des von einer gleichmäßig geladenen Kugelfläche erzeugten Feldes

$$E = \frac{1}{4\pi\varepsilon_0} \frac{Q}{r^2} \quad (r \geqq R),$$

$$E = 0 \quad (r < R).$$

Feldstärke des von einer geladenen Vollkugel erzeugten Feldes

$$E = \frac{1}{4\pi\varepsilon_0} \frac{Q}{r^2} \quad (r \geqq R),$$

$$E = \frac{1}{4\pi\varepsilon_0} \frac{Q}{R^3} r' \quad (r' \leqq R).$$

Feldstärke des von einem gleichmäßig geladenen unendlichen Zylinder erzeugten Feldes

$$E = \frac{1}{2\pi\varepsilon_0} \frac{\tau}{r} \quad (r \geqq R),$$

$$E = 0 \quad (r < R).$$

Zirkulation des Feldstärkevektors des elektrostatischen Feldes entlang einer geschlossenen Kurve L

$$\oint_L \boldsymbol{E}\, \mathrm{d}l = \oint_L E_l\, \mathrm{d}l = 0.$$

Potential des elektrostatischen Feldes

$$\varphi = \frac{U}{Q_0} = \frac{W_\infty}{Q_0}.$$

Zusammenhang zwischen dem Potential eines elektrostatischen Feldes und seiner Feldstärke

$$E = -\operatorname{grad} \varphi; \quad E = -\nabla \varphi.$$

Polarisationsvektor

$$P = \frac{\sum\limits_{i=1}^{n} p_i}{V}.$$

Zusammenhang zwischen den Vektoren P und E

$$P = \varkappa \varepsilon_0 E.$$

Zusammenhang zwischen ε und $\varkappa$

$$\varepsilon = 1 + \varkappa.$$

Zusammenhang zwischen dem elektrischen Verschiebungsvektor und dem Feldstärkevektor eines elektrostatischen Feldes

$$D = \varepsilon_0 \varepsilon E.$$

Satz von Gauß für ein elektrostatisches Feld in einem Dielektrikum

$$\oint\limits_A D\,\mathrm{d}A = \oint\limits_A D_n\,\mathrm{d}A = \sum\limits_{i=1}^{n} Q_i.$$

Elektrische Kapazität eines einzelnen Leiters

$$C = \frac{Q}{\varphi}.$$

Elektrische Kapazität:

Kugel $\quad C = 4\pi\varepsilon_0\varepsilon R,$

Plattenkondensator $\quad C = \dfrac{\varepsilon_0\varepsilon A}{d},$

Zylinderkondensator $\quad C = \dfrac{2\pi\varepsilon_0 l}{\ln\dfrac{r_2}{r_1}},$

Kugelkondensator $\quad C = 4\pi\varepsilon_0\varepsilon\,\dfrac{r_1 r_2}{r_2 - r_1},$

parallelgeschaltete Kondensatoren $\quad C = \sum\limits_{i=1}^{n} C_i,$

in Reihe geschaltete Kondensatoren $\quad \dfrac{1}{C} = \sum\limits_{i=1}^{n} \dfrac{1}{C_i}.$

Energie eines geladenen einzelnen Leiters

$$E = \frac{C\varphi^2}{2} = \frac{Q\varphi}{2} = \frac{Q^2}{2C}.$$

Energie eines geladenen Kondensators

$$E = \frac{C(\Delta\varphi)^2}{2} = \frac{Q\Delta\varphi}{2} = \frac{Q^2}{2C}.$$

Räumliche Energiedichte eines elektrostatischen Feldes

$$e = \frac{E}{V} = \frac{\varepsilon_0\varepsilon E^{*2}}{2} = \frac{E^* D}{2}.$$

Stromstärke

$$I = \frac{\mathrm{d}Q}{\mathrm{d}t}.$$

Stromdichte

$$j = \frac{I}{A}.$$

Elektromotorische Kraft in einem Stromkreis

$$\mathcal{E} = \frac{W}{Q_0}; \quad \mathcal{E} = \oint E\,\mathrm{d}l.$$

Ohmsches Gesetz für einen homogenen Leiterabschnitt

$$I = \frac{U}{R}.$$

Ohmsches Gesetz in Differentialform

$$j = \gamma E.$$

Stromleistung

$$P = \frac{\mathrm{d}W}{\mathrm{d}t} = UI = I^2 R = \frac{U^2}{R}.$$

Joulesches Gesetz

$$\mathrm{d}Q = IU\,\mathrm{d}t = I^2 R\,\mathrm{d}t = \frac{U^2}{R}\,\mathrm{d}t.$$

Joulesches Gesetz in Differentialform

$$\omega = jE = \gamma E^2.$$

Ohmsches Gesetz für einen nichthomogenen Leiterabschnitt (Ohmsches Gesetz in allgemeiner Form)

$$I = \frac{\varphi_1 - \varphi_2 + \mathcal{E}_{12}}{R}.$$

Kirchhoffsche Regeln

$$\sum\limits_k I_k = 0; \quad \sum\limits_i I_i R_i = \sum\limits_k \mathcal{E}_k.$$

Faktor der sekundären Elektronenemission

$$\delta = \frac{n_2}{n_1}.$$

Magnetisches Moment eines stromdurchflossenen Rahmens

$$p_\mathrm{m} = IAn.$$

Drehmoment auf einen stromdurchflossenen Rahmen in einem Magnetfeld

$$M = p_\mathrm{m} \times B.$$

Beziehung zwischen der Induktivität und der Feldstärke eines Magnetfeldes

$$B = \mu_0\mu H.$$

Biot-Savartsches Gesetz für ein stromdurchflossenes Leiterelement

$$\mathrm{d}\boldsymbol{B} = \frac{\mu_0 \mu I (\mathrm{d}\boldsymbol{l} \times \boldsymbol{r})}{4\pi r^3}.$$

Magnetische Induktion des Feldes eines geraden Stromes

$$B = \frac{\mu_0 \mu}{4\pi} \frac{2I}{R}.$$

Magnetische Induktion des Feldes im Zentrum eines kreisförmigen stromdurchflossenen Leiters

$$B = \mu_0 \mu \frac{I}{2R}.$$

Ampèresches Gesetz

$$\mathrm{d}\boldsymbol{F} = I(\mathrm{d}\boldsymbol{l} \times \boldsymbol{B}).$$

Magnetfeld einer frei beweglichen Ladung

$$\boldsymbol{B} = \frac{\mu_0 \mu}{4\pi} \frac{Q(\boldsymbol{v} \times \boldsymbol{r})}{r^3}.$$

Lorentzkraft

$$\boldsymbol{F} = Q(\boldsymbol{v} \times \boldsymbol{B}).$$

Hallscher Potentialunterschied

$$\Delta\varphi = \frac{1}{en} \frac{IB}{d} = R\frac{IB}{d}.$$

Durchflutungsgesetz

$$\oint_L \boldsymbol{B}\,\mathrm{d}\boldsymbol{l} = \oint_L B_l\,\mathrm{d}l = \mu_0 \sum_{k=1}^{n} I_k.$$

Magnetische Induktion in Innern einer Zylinderspule (im Vakuum) mit N Windungen

$$B = \mu_0 \frac{NI}{l}.$$

Fluß des Vektors der magnetischen Induktion durch eine beliebige Fläche

$$\Phi_B = \int_A \boldsymbol{B}\,\mathrm{d}\boldsymbol{A} = \int_A B_n\,\mathrm{d}A.$$

Gaußscher Satz für ein Feld mit der magnetischen Induktion $\boldsymbol{B}$

$$\oint_A \boldsymbol{B}\,\mathrm{d}\boldsymbol{A} = \oint_A B_n\,\mathrm{d}A = 0.$$

Verschiebungsarbeit eines stromdurchflossenen Leiters im Magnetfeld

$$\mathrm{d}W = I\,\mathrm{d}\Phi.$$

Verschiebungsarbeit einer geschlossenen stromdurchflossenen Leiterschleife im Magnetfeld

$$\mathrm{d}W = I\,\mathrm{d}\Phi'.$$

Faradaysches Induktionsgesetz

$$\mathcal{E}_i = -\frac{\mathrm{d}\Phi}{\mathrm{d}t}.$$

Selbstinduktionsspannung

$$\mathcal{E}_s = -L\frac{\mathrm{d}I}{\mathrm{d}t}.$$

Induktivität einer unendlich langen Zylinderspule mit N Windungen

$$L = \mu_0 \mu \frac{N^2 A}{l}.$$

Abschaltstrom

$$I = I_0 \mathrm{e}^{-t/\tau}.$$

Einschaltstrom

$$I = I_0(1 - \mathrm{e}^{-t/\tau}).$$

Energie des Magnetfeldes

$$E = \frac{1}{2}LI^2.$$

Räumliche Energiedichte des Magnetfeldes

$$e = \frac{E}{V} = \frac{\mu_0 \mu H^2}{2} = \frac{BH}{2}.$$

Magnetisierung

$$J = \frac{\sum \boldsymbol{p}_a}{V}.$$

Beziehung zwischen den Vektoren $\boldsymbol{J}$ und $\boldsymbol{H}$

$$\boldsymbol{J} = \chi\boldsymbol{H}.$$

Beziehung zwischen μ und χ

$$\mu = 1 + \chi.$$

Durchflutungsgesetz für Magnetfelder in Stoffen

$$\oint_L \boldsymbol{B}\,\mathrm{d}\boldsymbol{l} = \oint_L B_l\,\mathrm{d}l = \mu_0(I + I').$$

Durchflutungsgesetz für den Vektor $\boldsymbol{H}$

$$\oint_L \boldsymbol{H}\,\mathrm{d}\boldsymbol{l} = I.$$

Verschiebungsstromdichte

$$\boldsymbol{j}_V = \frac{\partial \boldsymbol{D}}{\partial t} = \varepsilon_0 \frac{\partial \boldsymbol{E}}{\partial t} + \frac{\partial \boldsymbol{P}}{\partial t}.$$

System der Maxwellschen Gleichungen:
in Integralform

$$\oint_L \boldsymbol{E}\,\mathrm{d}\boldsymbol{l} = -\int_A \frac{\partial \boldsymbol{B}}{\partial t}\,\mathrm{d}\boldsymbol{A}; \quad \oint_A \boldsymbol{D}\,\mathrm{d}\boldsymbol{A} = \int_V \rho\,\mathrm{d}V;$$

$$\oint_L \boldsymbol{H}\,\mathrm{d}\boldsymbol{l} = \int_A \left(\boldsymbol{j} + \frac{\partial \boldsymbol{D}}{\partial t}\right)\mathrm{d}\boldsymbol{A}; \quad \oint_A \boldsymbol{B}\,\mathrm{d}\boldsymbol{A} = 0;$$

in Differentialform

$$\operatorname{rot} \boldsymbol{E} = -\frac{\partial \boldsymbol{B}}{\partial t}; \quad \operatorname{div} \boldsymbol{D} = \rho;$$

$$\operatorname{rot} \boldsymbol{H} = \boldsymbol{j} + \frac{\partial \boldsymbol{D}}{\partial t}; \quad \operatorname{div} \boldsymbol{B} = 0.$$

§ 4 Schwingungen und Wellen

Gleichung einer harmonischen Schwingung

$$s = A \cos(\omega_0 t + \varphi); \quad \omega_0 = \frac{2\pi}{T} = 2\pi\nu.$$

Differentialgleichung freier harmonischer Schwingungen der Größe s

$$\frac{\mathrm{d}^2 s}{\mathrm{d}t^2} + \omega_0^2 s = 0.$$

Schwingungsperiode des physikalischen Pendels

$$T = 2\pi \sqrt{\frac{J}{mgl}} = 2\pi \sqrt{\frac{L}{g}}.$$

Schwingungsperiode des mathematischen Pendels

$$T = 2\pi \sqrt{\frac{l}{g}}.$$

Thomsonsche Schwingungsformel

$$T = 2\pi \sqrt{LC}.$$

Differentialgleichung freier gedämpfter Schwingungen der Größe s

$$\frac{\mathrm{d}^2 s}{\mathrm{d}t^2} + 2\delta \frac{\mathrm{d}s}{\mathrm{d}t} + \omega_0^2 s = 0.$$

Logarithmisches Dämpfungsdekrement

$$\theta = \ln \frac{A(t)}{A(t+T)} = \delta T.$$

Differentialgleichung erzwungener Schwingungen der Größe s

$$\frac{\mathrm{d}^2 s}{\mathrm{d}t^2} + 2\delta \frac{\mathrm{d}s}{\mathrm{d}t} + \omega_0^2 s = x_0 \cos \omega t.$$

Induktiver Widerstand

$$R_L = \omega L.$$

Kapazitiver Widerstand

$$R_C = \frac{1}{\omega C}.$$

Wechselstromwiderstand eines Stromkreises

$$Z = \sqrt{R^2 + \left(\omega L - \frac{1}{\omega C}\right)^2}.$$

Wellenlänge

$$\lambda = vT.$$

Gleichung einer ebenen Welle

$$\xi(x,t) = A \cos(\omega t - kx + \varphi_0).$$

Gleichung einer Kugelwelle

$$\xi(r,t) = \frac{A_0}{r} \cos(\omega t - kr + \varphi_0).$$

Phasengeschwindigkeit

$$v = \frac{\omega}{k}.$$

Wellengleichung

$$\Delta \xi = \frac{1}{v^2} \frac{\partial^2 \xi}{\partial t^2}.$$

Gruppengeschwindigkeit

$$u = \frac{\mathrm{d}\omega}{\mathrm{d}k}.$$

Gleichung einer stehenden Welle

$$\xi = 2A \cos \frac{2\pi x}{\lambda} \cos \omega t.$$

Doppler-Effekt in der Akkustik

$$\nu = \frac{(v \pm v_{\mathrm{E}})\nu_0}{v \mp v_{\mathrm{S}}}.$$

Poynting-Vektor

$$\boldsymbol{S} = \boldsymbol{E} \times \boldsymbol{H}.$$

Ausbreitungsgeschwindigkeit elektromagnetischer Wellen im Medium

$$v = \frac{c}{\sqrt{\varepsilon \mu}}.$$

§ 5 Optik. Quantennatur der Strahlung

Gesetz der Lichtreflexion

$$\varphi_1 = \varphi_1'.$$

Gesetz der Lichtbrechung

$$\frac{\sin \varphi_1}{\sin \varphi_2} = n_{21}.$$

Linsengleichung für dünne Linsen

$$(N - 1)\left(\frac{1}{R_1} + \frac{1}{R^2}\right) = \frac{1}{a} + \frac{1}{b}.$$

Strahlungsleistung

$$\Phi_e = \frac{Q_e}{t}.$$

Bestrahlungsstärke

$$E_e = \frac{\Phi_e}{A}.$$

Strahlstärke

$$I_e = \frac{\Phi_e}{\Omega}.$$

Strahldichte

$$L_e = \frac{\Delta I_e}{\Delta A}.$$

Brechungsindex eines Stoffes

$$n = \frac{c}{v}.$$

Optische Weglänge

$$L = ns.$$

Optischer Gangunterschied

$$\Delta = L_2 - L_1.$$

Bedingung der Interferenzmaxima

$$\Delta = \pm m\lambda_0 \quad (m = 0, 1, 2, \ldots).$$

Bedingung der Interferenzminima

$$\Delta = \pm(2m + 1)\frac{\lambda_0}{2} \quad (m = 0, 1, 2, \ldots).$$

Optischer Gangunterschied an dünnen Schichten im reflektierten Licht

$$\Delta = 2d\sqrt{n^2 - \sin^2 \varphi} \pm \frac{\lambda_0}{2}.$$

Radius der Fresnelschen Zonen

$$r_m = \sqrt{\frac{ab}{a + b}m\lambda}.$$

Bedingung der Beugungsmaxima an einem Spalt

$$a \sin\varphi = \pm(2m + 1)\frac{\lambda}{2} \quad (m = 1, 2, 3, \ldots).$$

Bedingung der Beugungsminima an einem Spalt

$$a \sin\varphi = \pm 2m \frac{\lambda}{2} \quad (m = 0, 1, 2, \ldots).$$

Bedingung der Hauptmaxima an einem Beugungsgitter

$$d \sin\varphi = \pm m\lambda \quad (m = 1, 2, 3, \ldots).$$

Bedingung zusätzlicher Minima an einem Beugungsgitter

$$d \sin\varphi = \pm \frac{m'\lambda}{N} \quad (m' \neq 0, N, 2N, \ldots).$$

Braggsche Reflexionsbedingung

$$2d \sin\vartheta = m\lambda \quad (m = 1, 2, 3, \ldots).$$

Auflösungsvermögen eines Spektralgerätes

$$R = \frac{\lambda}{\delta\lambda}.$$

Auflösungsvermögen eines Beugungsgitters

$$R = mN.$$

Lambert-Beersches Absorptionsgesetz

$$I = I_0 e^{-\alpha x}.$$

Longitudinaler Doppler-Effekt

$$\nu = \nu_0 \frac{\sqrt{1 - \dfrac{v}{c}}}{\sqrt{1 + \dfrac{v}{c}}}.$$

Transversaler Doppler-Effekt

$$\nu = \nu_0 \sqrt{1 - \left(\frac{v}{c}\right)^2}.$$

Polarisationsgrad

$$P = \frac{I_{max} - I_{min}}{I_{max} + I_{min}}.$$

Gesetz von Malus

$$I = I_0 \cos^2 \alpha.$$

Gesetz von Brewster

$$\tan\alpha_B = \frac{n_2}{n_1}.$$

Optischer Gangunterschied beim Kerr-Effekt

$$\Delta = l(n_o - n_e) = k_2 l E^2.$$

Drehwinkel der Polarisationsebene in Kristallen und Lösungen

$$\varphi = \alpha d; \quad \varphi = [\alpha]Cd.$$

Kirchhoffsches Strahlungsgesetz

$$m_{\nu,T} = \frac{M_{\nu,T}}{\alpha_{\nu,T}}.$$

Lichtausstrahlung des schwarzen Körpers

$$M_e = \int_0^\infty m_{\nu,T}\, d\nu.$$

Stefan-Boltzmannsches Gesetz

$$M_e = \sigma T^4.$$

Wiensches Verschiebungsgesetz

$$\lambda_{\max} = \frac{b}{T}.$$

Strahlungsformel von Rayleigh-Jeans

$$m_{v,T} = \frac{2\pi v^2}{c^2} kT.$$

Strahlungsgesetz von Planck

$$m_{v,T} = \frac{2\pi v^2}{c^2} \frac{hv}{e^{hv(kT)} - 1}.$$

Einsteinsche Gleichung für den äußeren Photoeffekt

$$hv = W + \frac{m v_{\max}^2}{2}.$$

Photonenenergie

$$\mathcal{E}_0 = hv = \frac{hc}{\lambda}.$$

Photonenmasse

$$m_\gamma = \frac{\mathcal{E}_o}{c^2} = \frac{hv}{c^2}.$$

Impuls des Photons

$$p_\gamma = \frac{\mathcal{E}_0}{c} = \frac{hv}{c}.$$

Lichtdruck bei senkrechtem Einfall auf die Oberfläche

$$p = \frac{E_e}{c}(1 + \rho) = w(1 + \rho).$$

Änderung der Wellenlänge beim Compton-Effekt

$$\Delta\lambda = \frac{h}{m_0 c}(1 - \cos\theta) = \frac{2h}{m_0 c}\sin^2\frac{\theta}{2}.$$

§ 6 Elemente der Quantenphysik der Atome, Moleküle und Festkörper

Allgemeine Balmer-Formel

$$v = R\left(\frac{1}{m^2} - \frac{1}{n^2}\right).$$

Erstes Bohrsches Postulat

$$m_e v_n r_n = n\hbar \quad (n = 1, 2, 3, \ldots).$$

Zweites Bohrsches Postulat (Frequenzbedingung)

$$hv = E_n - E_m.$$

Energie des Elektrons im wasserstoffähnlichen System

$$E_n = -\frac{1}{n^2}\frac{Z^2 m_e e^4}{8 h^2 \varepsilon_0^2} \quad (n = 1, 2, 3, \ldots).$$

De-Broglie-Wellenlänge

$$\lambda = \frac{h}{p}.$$

Unschärferelation

$$\begin{cases} \Delta x \Delta p_x \geqq h, \\ \Delta y \Delta p_y \geqq h, \\ \Delta z \Delta p_z \geqq h, \end{cases}$$

$$\Delta E \Delta t \geqq h.$$

Wahrscheinlichkeit für das Auffinden eines Teilchens in dem Volumensegment dV

$$dW = |\Psi|^2 dV.$$

Normierungsbedingung der Wahrscheinlichkeiten

$$\int\limits_{-\infty}^{+\infty} |\Psi|^2 \, dV = 1.$$

Allgemeine Schrödinger-Gleichung

$$-\frac{\hbar^2}{2m}\Delta\Psi + U(x, y, z, t)\Psi = i\hbar\frac{\partial\Psi}{\partial t}.$$

Stationäre Schrödinger-Gleichung

$$\Delta\psi + \frac{2m}{\hbar^2}(E - U)\psi = 0.$$

Wellenfunktion, die den Zustand eines Teilchens im eindimensionalen rechteckigen Potentialtopf mit unendlich hohen Wänden beschreibt,

$$\psi_n(x) = \sqrt{\frac{2}{l}} \sin\frac{n\pi}{l}x \quad (n = 1, 2, 3, \ldots).$$

Energieeigenwerte eines Teilchens im Potentialtopf mit unendlich hohen Wänden

$$E_n = \frac{n^2 \pi^2 \hbar^2}{2m l^2} \quad (n = 1, 2, 3, \ldots).$$

Transmissionskoeffizient einer rechteckigen Potentialbarriere

$$T = T_0 \exp\left[-\frac{2}{\hbar}\sqrt{2m(U - E)}\,l\right].$$

Energie eines Quantenoszillators

$$E_n = \left(n + \frac{1}{2}\right)\hbar\omega_0.$$

Schrödinger-Gleichung für das Elektron im Wasserstoffatom

$$\Delta\psi + \frac{2m}{\hbar^2}\left(E + \frac{e^2}{4\pi\varepsilon_0 r}\right)\psi = 0.$$

Normierte Wellengleichung, die dem 1s-Zustand des Elektrons im Wasserstoffatom entspricht

$$\psi_{100}(r) = \frac{1}{\sqrt{\pi a^3}} e^{-r/a}.$$

Moseley-Gesetz

$$\nu = R(Z - \sigma)^2 \left(\frac{1}{m^2} - \frac{1}{n^2} \right).$$

Bose-Einstein-Verteilung

$$\langle N_i \rangle = \frac{1}{e^{(E_i - \mu)/(kT)} - 1}.$$

Fermi-Dirac-Verteilung

$$\langle N_i \rangle = \frac{1}{e^{(E_i - \mu)/(kT)} + 1}.$$

Fermi-Niveau im Eigenhalbleiter

$$E_F = \frac{E_1 + E_2}{2} = \frac{\Delta E}{2}.$$

Spezifische Leitfähigkeit von Eigenhalbleitern

$$\gamma = \gamma_0 e^{-\Delta E/(2kT)}.$$

Stokessche Regel für Lumineszenzstrahlung

$$h\nu = h\nu_{\text{Lum}} + \Delta E.$$

§7 Elemente der Kern- und Teilchenphysik

Kernradius

$$R = R_0 A^{1/3}.$$

Bindungsenergie der Nukleonen im Kern

$$E_B = [Zm_p + (A - Z)m_n - m_K]c^2.$$

Massendefekt des Kerns

$$\Delta m = [Zm_p + (A - Z)m_n] - m_K.$$

Bohrsches Magneton

$$\mu_B = \frac{e\hbar}{2m_e}.$$

Kernmagneton

$$\mu_K = \frac{e\hbar}{2m_p}.$$

Radioaktives Zerfallsgesetz

$$N = N_0 e^{-\lambda t}.$$

Halbwertszeit

$$T_{1/2} = \frac{\ln 2}{\lambda}.$$

Mittlere Lebensdauer eines radioaktiven Kerns

$$\tau = \frac{1}{\lambda}.$$

Aktivität des Nuklids

$$A = \left| \frac{dN}{dt} \right| = \lambda N.$$

Verschiebungsregel für den α-Zerfall

$$^A_Z X \rightarrow {}^{A-4}_{Z-2} Y + {}^4_2 He.$$

Verschiebungsregel für den β^--Zerfall

$$^A_Z X \rightarrow {}^A_{Z+1} Y + {}^0_{-1} e.$$

Verschiebungsregel für den β^+-Zerfall

$$^A_Z X \rightarrow {}^A_{Z-1} Y + {}^0_{+1} e.$$

Symbolische Schreibweise für die Kernreaktion

$$X + a \rightarrow Y + b; \quad X(a, b)Y.$$

Namen- und Sachwortverzeichnis